U0217234

国家规划重点图书

水工设计手册

（第2版）

主　编　索丽生　刘　宁

副主编　高安泽　王柏乐　刘志明　周建平

第7卷　泄水与过坝建筑物

主编单位　水利部水利水电规划设计总院

主　　编　刘志明　温续余

主　　审　郑守仁　徐麟祥　林可冀

内容提要

《水工设计手册》（第2版）共11卷。本卷为第7卷——泄水与过坝建筑物，共分5章，其内容分别为：泄水建筑物，通航建筑物，其他过坝建筑物，闸门、阀门和启闭设备，水闸。

本手册可作为水利水电工程规划、勘测、设计、施工、管理等专业的工程技术人员和科研人员的常备工具书，同时也可作为大专院校相关专业师生的重要参考书。

图书在版编目（CIP）数据

水工设计手册. 第7卷, 泄水与过坝建筑物 / 刘志明, 温续余主编. -- 2版. -- 北京 : 中国水利水电出版社, 2014.2（2022.6重印）
ISBN 978-7-5170-1756-1

Ⅰ. ①水… Ⅱ. ①刘… ②温… Ⅲ. ①水利水电工程－工程设计－技术手册②泄水建筑物－建筑设计－技术手册③通航建筑物－建筑设计－技术手册 Ⅳ. ①TV222-62

中国版本图书馆CIP数据核字(2014)第031573号

书　　名	水工设计手册（第2版） 第7卷　泄水与过坝建筑物
主编单位	水利部水利水电规划设计总院
主　　编	刘志明　温续余
出版发行	中国水利水电出版社 （北京市海淀区玉渊潭南路1号D座　100038） 网址：www.waterpub.com.cn E-mail：sales@mwr.gov.cn 电话：（010）68545888（营销中心）
经　　售	北京科水图书销售有限公司 电话：（010）68545874、63202643 全国各地新华书店和相关出版物销售网点
排　　版	中国水利水电出版社微机排版中心
印　　刷	北京市密东印刷有限公司
规　　格	184mm×260mm　16开本　40.25印张　1363千字
版　　次	1987年12月第1版第1次印刷 2014年2月第2版　2022年6月第3次印刷
印　　数	5001—7000册
定　　价	**285.00元**

《水工设计手册》（第2版）

组织单位

水利部水利水电规划设计总院
水电水利规划设计总院
中国水利水电出版社

《水工设计手册》(第2版)

各卷卷目、主编单位、主编、主审人员

卷目		主编单位	主编	主审
第1卷	基础理论	水利部水利水电规划设计总院 河海大学	刘志明 王德信 汪德爟	张楚汉　陈祖煜 陈德基
第2卷	规划、水文、地质	水利部水利水电规划设计总院	梅锦山 侯传河 司富安	陈德基　富曾慈 曾肇京　韩其为 雷志栋
第3卷	征地移民、环境保护与水土保持	水利部水利水电规划设计总院	陈　伟 朱党生	朱尔明　董哲仁
第4卷	材料、结构	水电水利规划设计总院	白俊光 张宗亮	张楚汉　石瑞芳 王亦锥
第5卷	混凝土坝	水电水利规划设计总院	周建平 党林才	石瑞芳　朱伯芳 蒋效忠
第6卷	土石坝	水利部水利水电规划设计总院	关志诚	林　昭　曹克明 蒋国澄
第7卷	泄水与过坝建筑物	水利部水利水电规划设计总院	刘志明 温续余	郑守仁　徐麟祥 林可冀
第8卷	水电站建筑物	水电水利规划设计总院	王仁坤 张春生	曹楚生　李佛炎
第9卷	灌排、供水	水利部水利水电规划设计总院	董安建 李现社	茆　智　汪易森
第10卷	边坡工程与地质灾害防治	水电水利规划设计总院	冯树荣 彭土标	朱建业　万宗礼
第11卷	水工安全监测	水电水利规划设计总院	张秀丽 杨泽艳	吴中如　徐麟祥

《水工设计手册》
第1版组织和主编单位及有关人员

组织单位　水利电力部水利水电规划设计院

主 持 人　张昌龄　奚景岳　潘家铮

（工作人员有李浩钧、郑顺炜、沈义生）

主编单位　华东水利学院

主 编 人　左东启　顾兆勋　王文修

（工作人员有商学政、高渭文、刘曙光）

《水工设计手册》

第1版各卷（章）目、编写、审订人员

卷目	章目		编写人	审订人
第1卷 基础理论	第1章	数学	张敦穆	潘家铮
	第2章	工程力学	李咏偕　张宗尧 王润富	徐芝纶　谭天锡
	第3章	水力学	陈肇和	张昌龄
	第4章	土力学	王正宏	钱家欢
	第5章	岩石力学	陶振宇	葛修润
第2卷 地质　水文 建筑材料	第6章	工程地质	冯崇安　王惊谷	朱建业
	第7章	水文计算	陈家琦　朱元甡	叶永毅　刘一辛
	第8章	泥沙	严镜海　李昌华	范家骅
	第9章	水利计算	方子云　蒋光明	叶秉如　周之豪
	第10章	建筑材料	吴仲瑾	吕宏基
第3卷 结构计算	第11章	钢筋混凝土结构	徐积善　吴宗盛	周　氐
	第12章	砖石结构	周　氐	顾兆勋
	第13章	钢木结构	孙良伟　周定荪	俞良正　王国周 许政谐
	第14章	沉降计算	王正宏	蒋彭年
	第15章	渗流计算	毛昶熙　周保中	张蔚榛
	第16章	抗震设计	陈厚群　汪闻韶	刘恢先
第4卷 土石坝	第17章	主要设计标准和荷载计算	郑顺炜　沈义生	李浩钧
	第18章	土坝	顾淦臣	蒋彭年
	第19章	堆石坝	陈明致	柳长祚
	第20章	砌石坝	黎展眉	李津身　上官能

卷目	章目		编写人	审订人
第5卷 混凝土坝	第21章	重力坝	苗琴生	邹思远
	第22章	拱坝	吴凤池　周允明	潘家铮　裘允执
	第23章	支墩坝	朱允中	戴耀本
	第24章	温度应力与温度控制	朱伯芳	赵佩钰
第6卷 泄水与过坝建筑物	第25章	水闸	张世儒　潘贤德　沈潜民　孙尔超　屠　本	方福均　孔庆义　胡文昆
	第26章	门、阀与启闭设备	夏念凌	傅南山　俞良正
	第27章	泄水建筑物	陈肇和　韩　立	陈椿庭
	第28章	消能与防冲	陈椿庭	顾兆勋
	第29章	过坝建筑物	宋维邦　刘党一　王俊生　陈文洪　张尚信　王亚平	王文修　呼延如琳　王麟璠　涂德威
	第30章	观测设备与观测设计	储海宁　朱思哲	经萱禄
第7卷 水电站建筑物	第31章	深式进水口	林可冀　潘玉华　袁培义	陈道周
	第32章	隧洞	姚慰城	翁义孟
	第33章	调压设施	刘启钊　刘蕴琪　陆文祺	王世泽
	第34章	压力管道	刘启钊　赵震英　陈霞龄	潘家铮
	第35章	水电站厂房	顾鹏飞	赵人龙
	第36章	挡土墙	甘维义　干　城	李士功　杨松柏
第8卷 灌区建筑物	第37章	灌溉	郑遵民　岳修恒	许志方　许永嘉
	第38章	引水枢纽	张景深　种秀贤　赵伸义	左东启
	第39章	渠道	龙九范	何家濂
	第40章	渠系建筑物	陈济群	何家濂
	第41章	排水	韩锦文　张法思	瞿兴业　胡家博
	第42章	排灌站	申怀珍　田家山	沈日迈　余春和

水利水电建设的宝典

——《水工设计手册》（第2版）序

《水工设计手册》（第2版）在广大水利工作者的热切期盼中问世了，这是我国水利水电建设领域中的一件大事，也是我国水利发展史上的一件喜事。3年多来，参与手册编审工作的专家、学者、工程技术人员和出版工作者，花费了大量心血，付出了艰辛努力。在此，我向他们表示衷心的感谢，致以崇高的敬意！

为政之要，其枢在水。兴水利、除水害，历来是治国安邦的大事。在我国悠久的治水历史中，积累了水利工程建设的丰富经验。特别是新中国成立后，揭开了我国水利水电事业发展的新篇章，建设了大量关系国计民生的水利水电工程，极大地促进了水工技术的发展。1983年，第1版《水工设计手册》应运而生，成为我国第一部大型综合性水工设计工具书，在指导水利水电工程设计、培养水工技术和管理人才、提高水利水电工程建设水平等方面发挥了十分重要的作用。

第1版《水工设计手册》面世28年来，我国水利水电事业发展迈上了一个新的台阶，取得了举世瞩目的伟大成就。一大批技术复杂、规模宏大的水利水电工程建成运行，新技术、新材料、新方法和新工艺广泛应用，水利水电建设信息化和现代化水平显著提升，我国水工设计技术、设计水平已跻身世界先进行列。特别是近年来，随着科学发展观的深入贯彻落实，我国治水思路正在发生着深刻变化，推动着水工设计需求、设计理念、设计理论、设计方法、设计手段和设计标准规范不断发展与完善。因此，迫切需要对《水工设计手册》进行修订完善。2008年2月水利部成立了《水工设计手册》（第2版）编委会，正式启动了修编工作。在编委会的组织领导下，水利水电规划设计总院、水电水利规划设计总院和中国水利水电出版社3家单位，联合邀请全国4家水利水电科学研究院、3所重点高等学校、15个资质优秀的水利水电勘测设计研究院（公司）等单位的数百位专家、学者和技术骨干参与，经过3年多的艰苦努力，《水工设计手册》（第2版）现已付梓。

《水工设计手册》（第2版）以科学发展观为统领，按照可持续发展治水思路要求，在继承前版成果中开拓创新，全面总结了现代水工设计的理论和实践经验，系统介绍了现代水工设计的新理念、新材料、新方法，有效协调了水利工程和水电工程设计标准，充分反映了当前国内外水工设计领域的重要科研成果。特别是增加了计算机技术在现代水工设计方法中应用等卷章，充实了在现代水工设计中必须关注的生态、环保、移民、安全监测等内容，使手册结构更趋合理，内容更加完整，更切合实际需要，充分体现了科学性、时代性、针对性和实用性。《水工设计手册》（第2版）的出版必将对进一步提升我国水利水电工程建设软实力，推动水工设计理念更新，全面提高水工设计质量和水平产生重大而深远的影响。

当前和今后一个时期，是加强水利重点薄弱环节建设、加快发展民生水利的关键时期，是深化水利改革、加强水利管理的攻坚时期，也是推进传统水利向现代水利、可持续发展水利转变的重要时期。2011年中央1号文件《关于加快水利改革发展的决定》和不久前召开的中央水利工作会议，进一步明确了新形势下水利的战略地位，以及水利改革发展的指导思想、目标任务、基本原则、工作重点和政策举措。《国家可再生能源中长期发展规划》、《中国应对气候变化国家方案》对水电开发建设也提出了具体要求。水利水电事业发展面临着重要的战略机遇，迎来了新的春天。

《水工设计手册》（第2版）集中体现了近30年来我国水利水电工程设计与建设的优秀成果，必将成为广大水利水电工作者的良师益友，成为水利水电建设的盛世宝典。广大水利水电工作者，要紧紧抓住战略机遇，深入贯彻落实科学发展观，坚持走中国特色水利现代化道路，积极践行可持续发展治水思路，充分利用好这本工具书，不断汲取学识和真知，不断提高设计能力和水平，以高度负责的精神、科学严谨的态度、扎实细致的作风，奋力拼搏，开拓进取，为推动我国水利水电事业发展新跨越、加快社会主义现代化建设作出新的更大贡献。

是为序。

水利部部长 陳雷

2011年8月8日

序

经过500多位专家学者历时3年多的艰苦努力，《水工设计手册》（第2版）即将问世。这是一件期待已久和值得庆贺的事。借此机会，我谨向参与《水工设计手册》修编的专家学者，向支持修编工作的领导同志们表示敬意。

30年前，为了提高设计水平，促进水利水电事业的发展，在许多专家、教授和工程技术人员的共同努力下，一部反映当时我国水利水电建设经验和科研成果的《水工设计手册》应运而生。《水工设计手册》深受广大水利水电工程技术工作者的欢迎，成为他们不可或缺的工具书和一位无言的导师，在指导设计、提高建设水平和保证安全等方面发挥了重要作用。

30年来，我国水利水电工程设计和建设成绩卓著，工程规模之大、建设速度之快、技术创新之多居世界前列。当然，在建设中我们面临一系列问题，其难度之大世界罕见。通过长期的艰苦努力，我们成功地建成了一大批世界规模的水利水电工程，如长江三峡水利枢纽、黄河小浪底水利枢纽、二滩、水布垭、龙滩等大型水电站，以及正在建设的锦屏一级、小湾和溪洛渡等具有300米级高拱坝的巨型水电站和南水北调东中线大型调水工程，解决了无数关键技术难题，积累了大量成功的设计经验。这些关系国计民生和具有世界影响力的大型水利水电工程在国民经济和社会发展中发挥了巨大的防洪、发电、灌溉、除涝、供水、航运、渔业、改善生态环境等综合作用。《水工设计手册》（第2版）正是对我国改革开放30多年来水利水电工程建设经验和创新成果的总结与提炼。特别是在当前全国贯彻落实中央水利工作会议精神、掀起新一轮水利水电工程建设高潮之际，出版发行《水工设计手册》（第2版）意义尤其重大。

在陈雷部长的高度重视和索丽生、刘宁同志的具体领导下，各主编单位和编写的同志以第1版《水工设计手册》为基础，全面搜集资料，做了大量归纳总结和精选提炼工作，剔除陈旧内容，补充新的知识。《水工设计手册》（第2版）体现了科学性、实用性、一致性和延续性，强调落实科学发展观和人与自然和谐的设计理念，浓墨重彩地突出了生态环境保护和征地移民的要求，彰显了与时俱进精神和可持续发展的理念。手册质量总体良好，技术水平高，是一部权威的、综合性和实用性强的一流设计手册，一部里程碑式的出版物。相信它将为21世纪的中国书写治水强国、兴水富民的不朽篇章，为描绘辉煌灿烂的画卷作出贡献。

我认为《水工设计手册》（第2版）另一明显的特色在于：它除了提供各种先进适用的理论、方法、公式、图表和经验之外，还突出了工程技术人员的设计任务、关键和难点，指出设计因素中哪些是确定性的，哪些是不确定的，从而使工程技术人员能够更好地掌握全局，有所抉择，不致于陷入公式和数据中去不能自拔；它还指出了设计技术发展的趋势与方向，有利于启发工程技术人员的思考和创新精神，这对工程技术创新是很有益处的。

工程是技术的体现和延续，它推动着人类文明的发展。从古至今，不同时期留下的不朽经典工程，就是那段璀璨文明的历史见证。2000多年前的都江堰和现代的三峡水利枢纽就是代表。在人类文明的发展过程中，从工程建设中积累的经验、技术和智慧被一代一代地传承下来。但是，我们必须在继承中发展，在发展中创新，在创新中跨越，才能大大地提高现代水利水电工程建设的技术水平。现在的年轻工程师们一如他们的先辈，正在不断克服各种困难，探索新的技术高度，创造前人无法想象的奇迹，为水利水电工程的经济效益、社会效益和环境效益的协调统一，为造福人类、推动人类文明的发展锲而不舍地奉献着自己的聪明才智。《水工设计手册》（第2版）的出版正值我国水利水电建设事业新高潮到来之际，我衷心希望广大水利水电工程技术人员精心规划，精心设计，精心管理，以一流设计促一流工程，为我国的经济社会可持续发展作出划时代的贡献。

中国科学院院士
中国工程院院士 潘家铮

2011年8月18日

第 2 版 前 言

《水工设计手册》是一部大型水利工具书。自 20 世纪 80 年代初问世以来，在我国水利水电建设中起到了不可估量的作用，深受广大水利水电工程技术人员的欢迎，已成为勘测设计人员必备的案头工具书。近 30 年来，我国水利水电工程建设有了突飞猛进的发展，取得了巨大的成就，技术水平总体处于世界领先地位。为适应我国水利水电事业的发展，迫切需要对《水工设计手册》进行修订。现在，《水工设计手册》（第 2 版）经 10 年孕育，即将问世。

一

《水工设计手册》修订的必要性，主要体现在以下五个方面：

第一是满足工程建设的需要。为满足西部大开发、中部崛起、振兴东北老工业基地和东部地区率先发展的国家发展战略的要求，尤其是 2011 年中共中央国务院作出了《关于加快水利改革发展的决定》，我国水利水电事业又迎来了新的发展机遇，即将掀起大规模水利水电工程建设的新高潮，迫切需要对已往水利水电工程建设的经验加以总结，更好地将水工设计中的新观念、新理论、新方法、新技术、新工艺在水利水电工程建设中广泛推广和应用，以提高设计水平，保障工程质量，确保工程安全。

第二是创新设计理念的需要。30 年前，我国水利水电工程设计的理念是以开发利用为主，强调“多快好省”，而现在的要求是开发与保护并重，做到“又好又快”。当前，随着我国经济社会的发展和生产生活水平的不断提高，不仅要注重水利水电工程的安全性和经济性，也更要注重生态环境保护和移民安置，做到统筹兼顾，处理好开发与保护的关系，以实现人与自然和谐相处，保障水资源可持续利用。

第三是更新设计手段的需要。计算机技术、网络技术和信息技术已在水利水电工程建设和管理中取得了突飞猛进的发展。计算机辅助工程

(CAE)技术已经广泛应用于工程设计和运行管理的各个方面，为广大工程技术人员在工程计算分析、模拟仿真、优化设计、施工建设等方面提供了先进的手段和工具，使许多原来难以处理的复杂的技术问题迎刃而解。现代遥感（RS）技术、地理信息系统（GIS）及全球定位系统（GPS）技术（即“3S”技术）的应用，突破了许多传统的地球物理方法及技术，使工程勘探深度不断加大、勘探分辨率（精度）不断提高，使人们对自然现象和规律的认识得以提高。这些先进技术的应用提高了工程勘测水平、设计质量和工作效率。

第四是总结建设经验的需要。自20世纪90年代以来，我国建设了一大批具有防洪、发电、航运、灌溉、调水等综合利用效益的水利水电工程。在大量科学研究和工程实践的基础上，成功破解了工程建设过程中遇到的许多关键性技术难题，建成了举世瞩目的三峡水利枢纽工程，建成了世界上最高的面板堆石坝（水布垭）、碾压混凝土坝（龙滩）和拱坝（小湾）等。这些规模宏大、技术复杂的工程的建设，在设计理论、技术、材料和方法等方面都有了很大的提高和改进，所积累的成功设计和建设经验需要总结。

第五是满足读者渴求的需要。我国水利水电工程技术人员对《水工设计手册》十分偏爱，第1版《水工设计手册》中有些内容已经过时，需要删减，亟待补充新的技术和基础资料，以进一步提高《水工设计手册》的质量和应用价值，满足水利水电工程设计人员的渴求。

二

修订《水工设计手册》遵循的原则：一是科学性原则，即系统、科学地总结国内外水工设计的新观念、新理论、新方法、新技术、新工艺，体现我国当前水利水电工程科学研究和工程技术的水平；二是实用性原则，即全面分析总结水利水电工程设计经验，发挥各编写单位技术优势，适应水利水电工程设计新的需要；三是一致性原则，即协调水利、水电行业的设计标准，对水利与水电技术标准体系存在的差异，必要时作并行介绍；四是延续性原则，即以第1版《水工设计手册》框架为基础，修订、补充有关章节内容，保持《水工设计手册》的延续性和先进性。

三

为切实做好修订工作，水利部成立了《水工设计手册》（第2版）编委会和技术委员会，水利部部长陈雷担任编委会主任，中国科学院院士、中国工程院院士潘家铮担任技术委员会主任，索丽生、刘宁任主编，高安泽、王柏乐、刘志明、周建平任副主编，对各卷、章的修编工作实行各卷、章主编负责制。在修编过程中，为了充分发挥水利水电工程设计、科研和教学等单位的技术优势，在各单位申报承担修编任务的基础上，由水利部水利水电规划设计总院和水电水利规划设计总院讨论确定各卷、章的主编和参编单位以及各卷、章的主要编写人员。主要参与修编的单位有25家，参加人员约500人。全书及各卷的审稿人员由技术委员会的专家担任。

第1版《水工设计手册》共8卷42章，656万字。修编后的《水工设计手册》（第2版）共分为11卷65章，字数约1400万字。增加了第3卷征地移民、环境保护与水土保持，第10卷边坡工程与地质灾害防治和第11卷水工安全监测等3卷，主要增加的内容包括流域综合规划、征地移民、环境保护、水土保持、水工结构可靠度、碾压混凝土坝、沥青混凝土防渗体土石坝、河道整治与堤防工程、抽水蓄能电站、潮汐电站、鱼道工程、边坡工程、地质灾害防治、水工安全监测和计算机应用等。

第1、2、3、6、7、9卷和第4、5、8、10、11卷分别由水利部水利水电规划设计总院和水电水利规划设计总院负责组织协调修编、咨询和审查工作。全书经编委会与技术委员会逐卷审查定稿后，由中国水利水电出版社负责编辑、出版和发行。

四

修订和编辑出版《水工设计手册》（第2版）是一项组织策划复杂、技术含量高、作者众多、历时较长的工作。

1999年3月，中国水利水电出版社致函原主编单位华东水利学院（现河海大学），表达了修订《水工设计手册》的愿望，河海大学及原主编左东启表示赞同。有关单位随即开展了一些前期工作。

2002年7月，中国水利水电出版社向时任水利部副部长的索丽生提出了“关于组织编纂《水工设计手册》（第2版）的请示”。水利部给予了高度重视，但因工作机制及资金不落实等原因而搁置。

2004年8月，水利部水利水电规划设计总院、水电水利规划设计总院和中国水利水电出版社三家单位，在北京召开了三方有关人员会议，讨论修订《水工设计手册》事宜，就修编经费、组织形式和工作机制等达成一致意见：即三方共同投资、共担风险、共同拥有著作权，共同组织修编工作。

2006年6月，水利部水利水电规划设计总院、水电水利规划设计总院和中国水利水电出版社的有关人员再次召开会议，研究推动《水工设计手册》的修编工作，并成立了筹备工作组。在此之后，工作组积极开展工作，经反复讨论和修改，草拟了《水工设计手册》修编工作大纲，分送有关领导和专家审阅。水利部水利水电规划设计总院和水电水利规划设计总院分别于2006年8月、2006年12月和2007年9月联合向有关单位下发文件，就修编《水工设计手册》有关事宜进行部署，并广泛征求意见，得到了有关设计单位、科研机构和大学院校的大力支持。经过充分酝酿和讨论，并经全书主编索丽生两次主持审查，提出了《水工设计手册》修编工作大纲。

2008年2月，《水工设计手册》（第2版）编委会扩大会议在北京召开，标志着修编工作全面启动。水利部部长陈雷亲自到会并作重要讲话，要求各有关方面通力合作，共同努力，把《水工设计手册》修编工作抓紧、抓实、抓好，使《水工设计手册》（第2版）“真正成为广大水利工作者的良师益友，水利水电工程建设的盛世宝典，传承水文明的时代精品”。

修订和编纂《水工设计手册》（第2版）工作得到了有关设计、科研、教学等单位的热情支持和大力帮助。全国包括13位中国科学院、中国工程院院士在内的500多位专家、学者和专业编辑直接参与组织、策划、撰稿、审稿和编辑工作，他们殚精竭虑，字斟句酌，付出了极大的心血，克服了许多困难，他们将修编工作视为时代赋予的神圣责任，3年多来，一直是苦并快乐地工作着。

鉴于各卷修编工作内容和进度不一，按成熟一卷出版一卷的原则，逐步完成全手册的修编出版工作。随着2011年中共中央1号文件的出台和新中国成立以来的首次中央水利工作会议的召开，全国即将掀起水利水电工程建设的新高潮，修编出版后的《水工设计手册》，必将在水利水电工程建设中发挥作用，为我国经济社会可持续发展作出新的贡献。

本套手册可供从事水利水电工程规划、设计、施工、管理的工程技术人员和相关专业的大专院校师生使用和参考。

在《水工设计手册》（第2版）即将陆续出版之际，谨向所有关怀、支持和参与修订和编纂出版工作的领导、专家和同志们，表示诚挚的感谢，并祈望广大读者批评指正。

《水工设计手册》（第2版）编委会

2011年8月

第 1 版 前 言

我国幅员辽阔，河流众多，流域面积在 1000km^2 以上的河流就有 1500 多条。全国多年平均径流量达 27000 多亿 m^3，水能蕴藏量约 6.8 亿 kW，水利水电资源十分丰富。

众多的江河，使中华民族得以生息繁衍。至少在 2000 多年前，我们的祖先就在江河上修建水利工程。著名的四川灌县都江堰水利工程，建于公元前 256 年，至今仍在沿用。由此可见，我国人民建设水利工程有悠久的历史和丰富的知识。

中华人民共和国成立，揭开了我国水利水电建设的新篇章。30 余年来，在党和人民政府的领导下，兴修水利，发展水电，取得了伟大成就。根据 1981 年统计（台湾省暂未包括在内），我国已有各类水库 86000 余座（其中库容大于 1 亿 m^3 的大型水库有 329 座），总库容 4000 余亿 m^3，30 万亩以上的大灌区 137 处，水电站总装机容量已超过 2000 万 kW（其中 25 万 kW 以上的大型水电站有 17 座）。此外，还修建了许多堤防、闸坝等。这些工程不仅使大江大河的洪涝灾害受到控制，而且提供的水源、电力，在工农业生产和人民生活中发挥了十分重要的作用。

随着我国水利水电资源的开发利用，工程建设实践大大促进了水工技术的发展。为了提高设计水平和加快设计速度，促进水利水电事业的发展，编写一部反映我国建设经验和科研成果的水工设计手册，作为水利水电工程技术人员的工具书，是大家长期以来的迫切愿望。

早在 60 年代初期，汪胡桢同志就倡导并着手编写我国自己的水工设计手册，后因十年动乱，被迫中断。粉碎“四人帮”以后不久，为适应我国四化建设的需要，由水利电力部规划设计管理局和水利电力出版社共同发起，重新组织编写水工设计手册。1977 年 11 月在青岛召开了手册的编写工作会议，到会的有水利水电系统设计、施工、科研和高等学校共 26 个单位、53 名代表，手册编写工作得到与会单位和代表的热情支持。这次会议讨论了手册编写的指导思想和原则，全书的内容体系，任务分工，计划进度和要求，以及编写体例等方面的问题，并作出了相应的决定。会后，又委托华东水利学院为主编单位，具体担负手册的编审任务。随着编写单位和编写人员的逐步落实，各章的初稿也陆续写出。1980 年 4 月，由组织、主编和出版三个单位在南京召开了第 1 卷审稿会。同年 8 月，三个单位又在北京召开了与坝工有关各章内容协调会。根据议定的程序，手册各章写出以后，一般均打印分发有关单位，采用多种形式广泛征求意见，有的编写单位还召开了范围较广的审稿会。初稿经编写单位自审修改后，又经专门聘请的审订人详细审阅修订，最后由主编单位定稿。在各协作单位大力支持下，经过编写、审订和主编同志们的辛勤劳动，现在，《水工设计手册》终于与读者见面了，这是一件值得庆贺的事。

本手册共有 42 章，拟分 8 卷陆续出版，预计到 1985 年全书出齐，还将出版合订本。

本手册主要供从事大中型水利水电工程设计的技术人员使用，同时也可供地县农田水利工程技术人员和从事水利水电工程施工、管理、科研的人员，以及有关高校、中专师生参考使用。本手册立足于我国的水工设计经验和科研成果，内容以水工设计中经常使用的具体设计计算方法、公式、图表、数据为主，对于不常遇的某些专门问题，比较笼统的设计原则，尽量从简；力求与我国颁布的现行规范相一致，同时还收入了可供参考的有关规程、规范。

这是我国第一部大型综合性水工设计工具书，它具有如下特色：

(1) 内容比较完整。本手册不仅包括了水利水电工程中所有常见的水工建筑物，而且还包括了基础理论知识和与水工专业有关的各专业知识。

(2) 内容比较实用。各章中除给出常用的基本计算方法、公式和设计步骤外，还有较多的工程实例。

(3) 选编的资料较新。对一些较成熟的科研成果和技术革新成果尽量吸收，对国外先进的技术经验和有关规定，凡认为可资参考或应用的，也多作了扼要介绍。

(4) 叙述简明扼要。在表达方式上多采用公式、图表，文字叙述也力求精练，查阅方便。

我们相信，这部手册的问世将对我国从事水利水电工作的同志有一定的帮助。

本手册编成之后，我们感到仍有许多不足之处，例如：个别章的设置和顺序安排不尽恰当；有的章字数偏多，内容上难免存在某些重复；对现代化的设计方法如系统工程、优化设计等，介绍得不够；在文字、体例、繁简程度等方面也不尽一致。所有这些，都有待于再版时加以改进。

本手册自筹备编写至今，历时已近5年，前后参加编写、审订工作的有30多个单位100多位同志。接受编写任务的单位和执笔同志都肩负繁重的设计、科研、教学等工作，他们克服种种困难，完成了手册编写任务，为手册的顺利出版作出了贡献。在此，我们向所有参加手册工作的单位、编写人、审订人表示衷心的感谢，并致以诚挚的慰问。已故水力发电建设总局副总工程师奚景岳同志和水利出版社社长林晓同志，他们生前参加手册发起并做了大量工作，谨在此表示深切的怀念。

最后，我们诚恳地欢迎读者对手册中的疏漏和错误给予批评指正。

水利电力部水利水电规划设计院

华东水利学院

1982年5月

目　录

第2章 通航建筑物

第4章 闸门、阀门和启闭设备

第5章 水 闸

第1章

泄 水 建 筑 物

本章以第1版《水工设计手册》为基础，将原第6卷第27章“泄水建筑物”和第28章“消能与防冲”的内容合并为一章，内容调整和修订主要包括4个方面:

(1) 加强了高速水流相关内容的介绍，增加了“特殊消能工”、“水流掺气与掺气减蚀”、“急流冲击波”、“泄洪雾化”和“水力学安全监测”5节内容。

(2) 将溢洪道主要内容归并为“岸边溢洪道”一节，将原“泄洪洞与坝身泄水孔”一节分为“泄洪洞”与“坝身泄水孔”两节，将原“竖井溢洪道”一节的内容并入“泄洪洞”一节。

(3) 根据国内外新的科研成果和设计经验，增加了相关内容，如内消能泄洪洞、水垫塘、宽尾墩与底流消能的联合应用及新型抗空蚀材料等。

(4) 补充了新的工程实例。

章主编　金　峰

章主审　林可冀　韩　立　谢省宗　朱光淬

本章各节编写及审稿人员

节次	编　写　人	审稿人
1.1	金　峰	林可冀　韩　立　谢省宗　朱光淬
1.2	钮新强　廖仁强　向光红	
1.3	钮新强　廖仁强　向光红	
1.4	周鸿汉　黄　庆　郑小玉　张　东　刘善钧	
1.5	黄国兵　王才欢　王　列　向光红　陈安庆	
1.6	孙双科　张　东	
1.7	苏祥林　李延农　戴晓兵　侯冬梅　夏叶青	
1.8	金　峰　姜伯乐　陈　辉　刘　锐　张　晖	
1.9	黄国兵　韩继斌　程子兵　姜治兵　向光红	
1.10	金　峰　姜伯乐　陈　杨　姜治兵　张　东	
1.11	周　赤　江耀祖　何　勇　万里巍　曾　祥　吴英卓	
1.12	周　赤　史德亮　何　勇　万里巍　曾　祥　吴英卓	
1.13	金　峰　王才欢　陈　端　张　晖　李　利	
1.14	金　峰　王才欢　段文刚　李　利　刘继广	

第1章 泄水建筑物

1.1 概 述

泄水建筑物是水利水电枢纽工程的重要组成部分。其主要作用为泄洪、排沙、施工期导流及初期蓄水时向下游输水（防止河道断流），同时又要兼顾水电站进水口前冲沙、排漂及排冰等。

根据泄水建筑物在枢纽总体布置中的位置，可将其分为坝身泄洪和岸边泄洪两种方式。坝身泄洪即洪水通过修建在主河道的坝身表孔或其他孔口（中孔、深孔和底孔）下泄，水流易于归槽。

当河道特别狭窄，难以解决发电和泄洪布置的矛盾时，往往采取岸边泄洪布置方式，即本章1.4节和1.5节所介绍的泄洪洞和岸边溢洪道。

对于土坝和堆石坝等当地材料坝，坝身泄洪易造成溃坝，应利用坝肩有利地形采用岸边式泄水建筑物，如岸边陡槽溢洪道或垭口溢洪道等。如果岸边地形陡峻，则可采用泄洪洞，其特点是把水流导向距坝较远的地方，以保障安全。

对于泄洪量大、河谷狭窄、地质条件较差的工程，需要采用坝身泄洪和岸边泄洪的组合方式。这种分散泄洪、分区消能的方式已在一些高水头、大流量、大消能功率的工程中得到愈来愈多的运用。具体采用何种泄洪消能方式还要考虑对环境与生态的影响，体现人与自然和谐的理念，这也是泄洪消能方式的一种发展趋势。

泄水建筑物体型设计（包括消能工体型设计）非常重要，它涉及其泄流能力、过流面空化、水流掺气、动水荷载、结构振动、泥沙磨蚀及其下游河床冲刷等问题。泄水建筑物体型设计成功与否直接关系其自身乃至整个枢纽及其上游库区、下游河床、岸坡和相关区域的安全。泄水建筑物设计中还须注意与枢纽其他建筑物的协调，防止不利的影响。如泄水建筑物下泄洪水时，不得在引航道（包括口门区）和电站尾水渠形成不利于通航和发电的流速流态。

本章主要叙述溢流坝、坝身泄水孔、泄洪洞、岸边溢洪道等建筑物的水力设计。鉴于消能防冲和高速水流问题在泄水建筑物设计中的重要性，将底流消能、挑流消能、面流（戽流）消能及特殊消能工等消能防冲设计和空化空蚀、水流掺气、急流冲击波及泄洪雾化等高速水流问题计算内容纳入本章，并专设“水力学安全监测”一节（1.14节）。泄水闸（涵洞）、溢流厂房与闸门的设计问题，见其他各有关章节。

1.2 溢 流 坝

1.2.1 溢流坝分类及主要设计内容

溢流坝布置在主河道上，溢流表孔就其型式有开敞式和胸墙式两种。由于开敞式表孔具有超泄能力大、水流平顺、结构简单、检查维修方便和便于排除漂浮物等优点，实际工程以采用开敞式表孔为主。但对于有些防洪工程，为满足汛前预泄，腾出防洪库容的要求，可将溢流表孔降低，设计成胸墙式表孔。根据枢纽布置的要求，溢流表孔和坝身泄水孔可分区布置，也可相间布置，以缩短溢流前缘长度。对于洪水流量大而河道狭窄的高坝枢纽，两岸的地质条件又不利于布置岸边溢洪道和泄洪洞时，可选用厂顶溢流或厂前挑流的布置方式。

1.2.1.1 坝面溢流

溢流表孔就其坝面型式可分为光面式和台阶式两种。光面式坝面有一孔一区和多孔一区两种布置型式，对于需要采用大差动或窄缝消能的工程，或为充分利用溢流前缘宽度而采用溢流表孔和深式泄水孔间隔布置，即将泄水孔布置于表孔闸墩内，如三峡、彭水等工程，均采用一孔一区的布置型式（见图1.2-1和图1.2-2）。有些工程结合枢纽布置条件和运行调度要求，采用多孔一区的布置型式，如五强溪水电站9个表孔分为3孔和6孔两区布置（见图1.2-3），乌江银盘水电站10个表孔分三区布置（见图1.2-4）。

台阶式溢流坝面一般适用于碾压混凝土溢流坝面且单宽流量较小的情况。近年来，宽尾墩和台阶式溢流坝面相结合进行联合消能的新技术得到了很快的发展，这种新的消能方式兼有宽尾墩消能和台阶式溢流面消能的特点和优点：它既利用台阶式溢流面进一步提高消能率，又利用宽尾墩后形成的无水区向台阶和

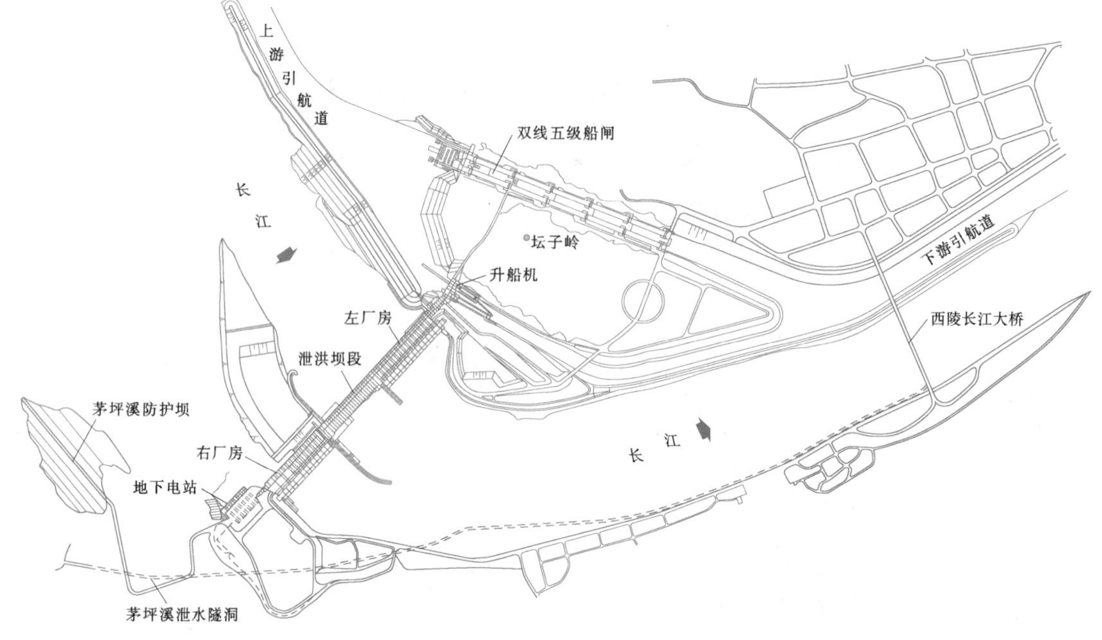

图 1.2-1 长江三峡水利枢纽工程平面布置图

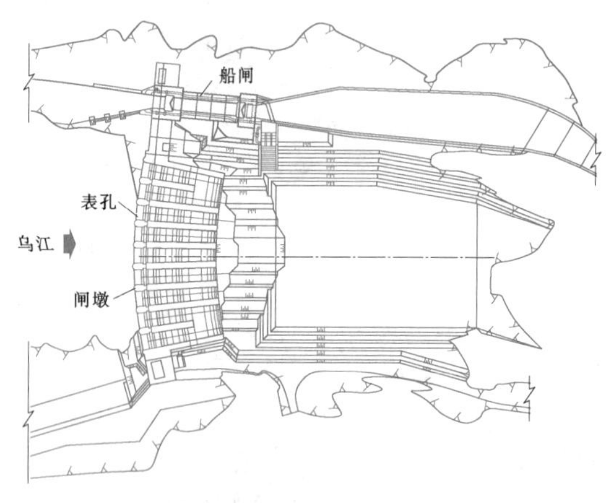

图 1.2-2 彭水大坝平面布置图

水舌底部进行通气来避免空化和空蚀。我国于 1994 年建成的水东水电站碾压混凝土重力坝(坝高 57m),采用了宽尾墩台阶式溢流坝,单宽流量为 $126m^3/(s \cdot m)$,通过了百年一遇的洪水实际运行考验。在此基础上,通过云南大朝山水电站将这一技术进一步运用于百米级以上的高坝。大朝山碾压混凝土重力坝高 111m(见图 1.2-5),经 500 年一遇设计流量的运行考验,没有发现台阶坝面上有空蚀破坏。

1.2.1.2 厂顶溢流及厂前挑流

厂顶溢流及厂前挑流均是狭窄河谷中溢流坝与厂房重叠布置的型式,如我国的新安江水电站(见图 1.2-6)及乌江渡水电站(见图 1.2-7)即分别采用了厂顶溢流及厂前挑流的布置型式。

1.2.1.3 溢流坝的主要设计内容

溢流坝的水力设计主要包括确定坝体断面、孔口尺寸和堰顶高程、溢流堰面曲线、闸墩及坝段宽度等。坝体断面选取除需满足水力学要求外,尚需满足重力坝基本断面的要求。溢流重力坝孔口尺寸和堰顶高程选取是一个技术经济比较问题。不同的堰顶高程和孔口尺寸将直接影响枢纽的泄流能力及调洪演算成果,从而影响坝顶高程、泄洪及消能设施的工程量和造价。在做孔口方案比选时,溢流重力坝的单宽流量选取是设计中的一个重要因素。在一定泄量条件下,单宽流量大,溢流坝总长度就短,闸门和桥梁较少,下游消能设施的宽度也较小,从而对电站厂房及其他建筑物布置有利,但下游消能防冲工程量将增加,因此需结合坝下水深及河床基岩条件综合考虑河床容许承受的单宽流量。此外,闸门及其启闭设备规模在选择单宽流量时亦需加以考虑。

1.2.2 开敞式溢流表孔

1.2.2.1 建筑物的组成

标准式溢流表孔一般由上游曲线段、堰面曲线段、直线段、反弧段以及两侧的闸墩组成。有闸墩的溢流表孔如图 1.2-8 所示。

1.2.2.2 堰面形状

1. 堰顶上游堰头的曲线型式

堰顶上游堰头曲线可采用下列三种曲线:

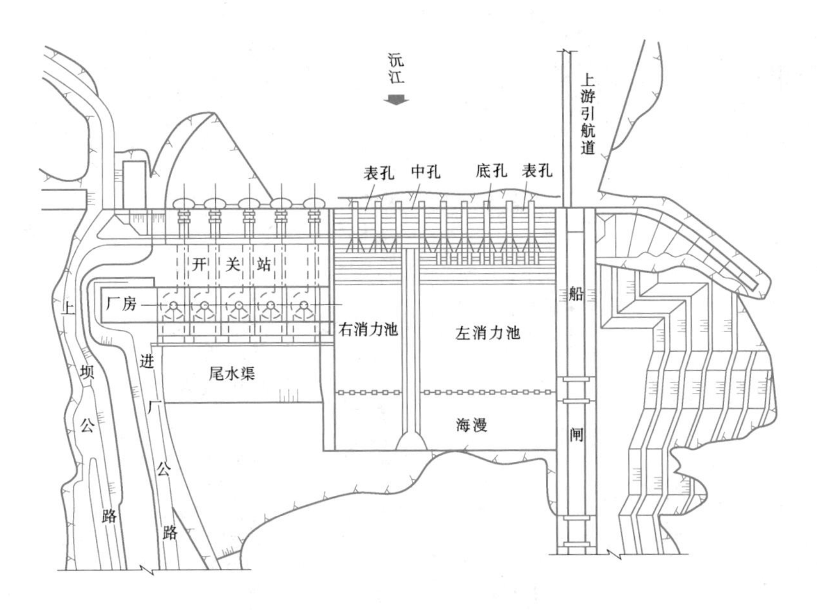

图 1.2-3 五强溪水电站平面布置图

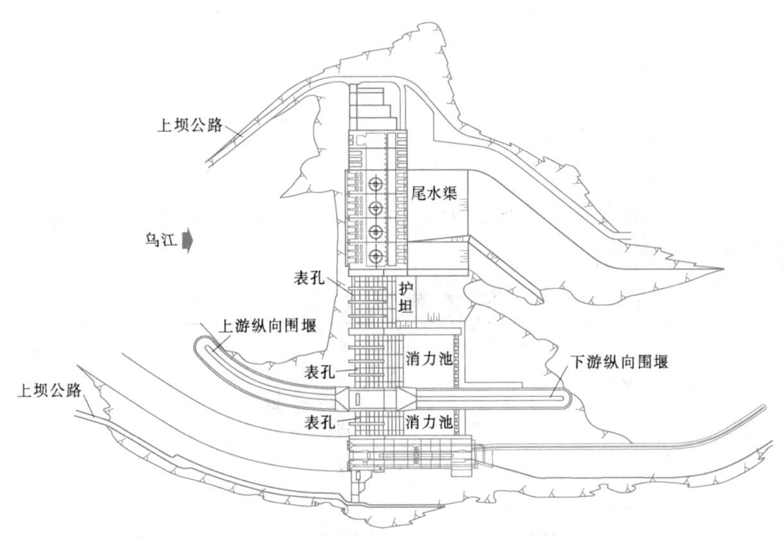

图 1.2-4 银盘水电站平面布置图

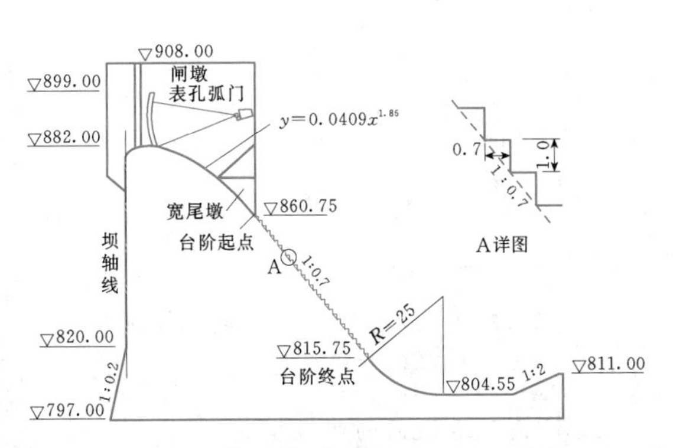

图 1.2-5 大朝山水电站溢流表孔剖面图（单位：m）

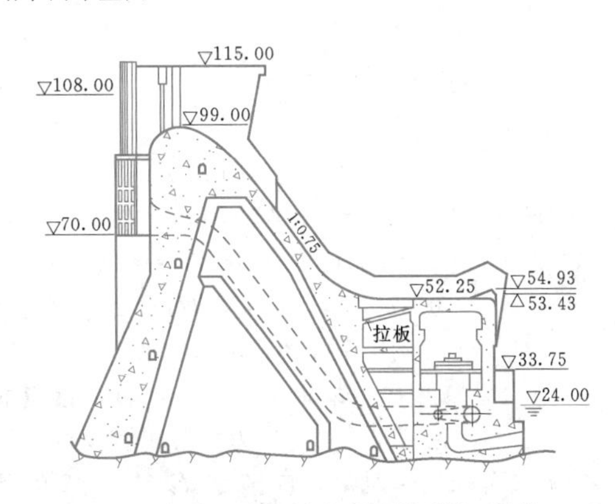

图 1.2-6 新安江水电站溢流坝剖面图（单位：m）

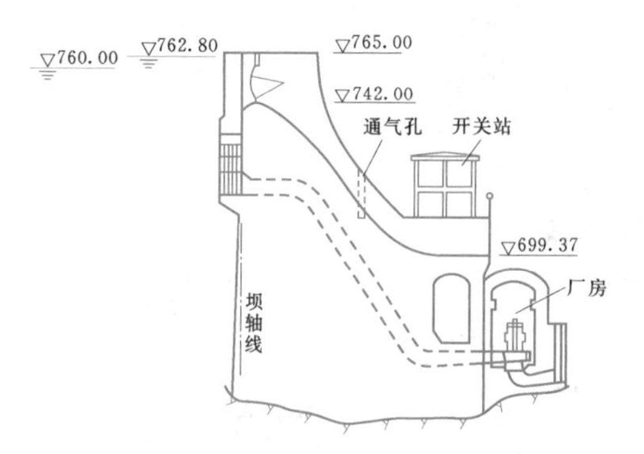

图 1.2-7 乌江渡水电站溢流坝剖面图（单位：m）

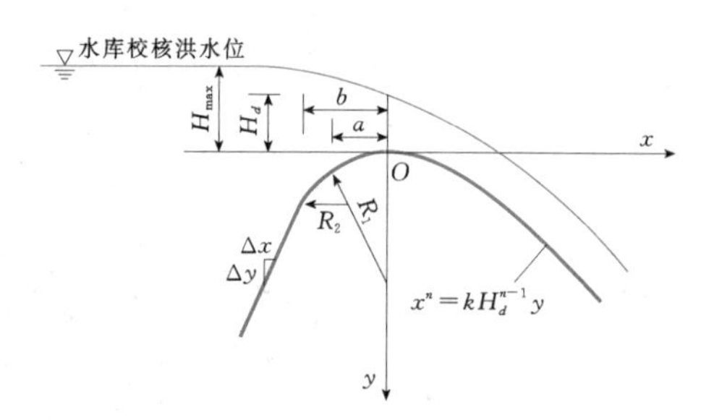

图 1.2-9 堰顶上游堰头为双圆弧曲线、下游为幂曲线

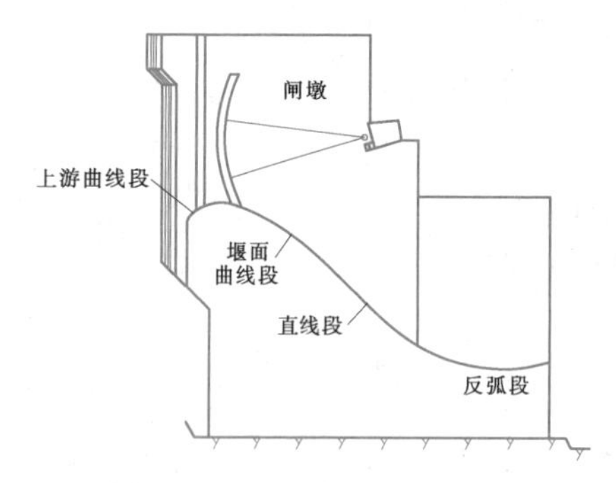

图 1.2-8 溢流坝段典型剖面图

(1) 双圆弧曲线，如图 1.2-9 所示，图中 R_1，R_2，k，n，a，b 等参数的取值见表 1.2-1。

(2) 三圆弧曲线，上游堰面铅直，如图 1.2-10 所示。

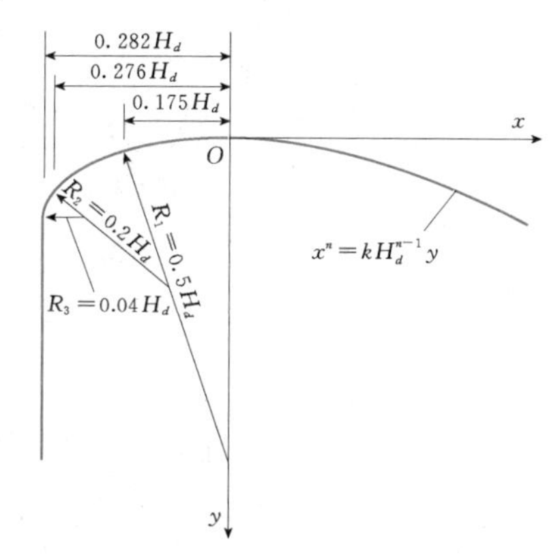

图 1.2-10 堰顶上游堰头为三圆弧曲线、下游为幂曲线

表 1.2-1 堰面曲线参数

上游面坡度 $\Delta y/\Delta x$	k	n	R_1	a	R_2	b
3∶0	2.000	1.850	$0.5H_d$	$0.175H_d$	$0.2H_d$	$0.282H_d$
3∶1	1.936	1.836	$0.68H_d$	$0.139H_d$	$0.21H_d$	$0.237H_d$
3∶2	1.939	1.810	$0.48H_d$	$0.115H_d$	$0.22H_d$	$0.214H_d$
3∶3	1.873	1.776	$0.45H_d$	$0.119H_d$	—	—

(3) 椭圆曲线，可按式 (1.2-1) 计算：

$$\frac{x^2}{(aH_d)^2}+\frac{(bH_d-y)^2}{(bH_d)^2}=1.0 \quad (1.2-1)$$

式中 a、b——设计系数；

H_d——堰面曲线定型设计水头；

aH_d、bH_d——椭圆曲线长半轴和短半轴（当 $P_1/H_d\geqslant 2$ 时，$a=0.28\sim0.30$，$a/b=0.87+3a$；当 $P_1/H_d<2$ 时，$a=0.215\sim0.28$，$b=0.127\sim0.163$；当 P_1/H_d 取值小时，a 与 b 相应取小值，其中 P_1 为上游相对堰高)。

上游堰面采用倒悬时，应满足 $d>H_{max}/2$ 的条件，如图 1.2-11 所示。

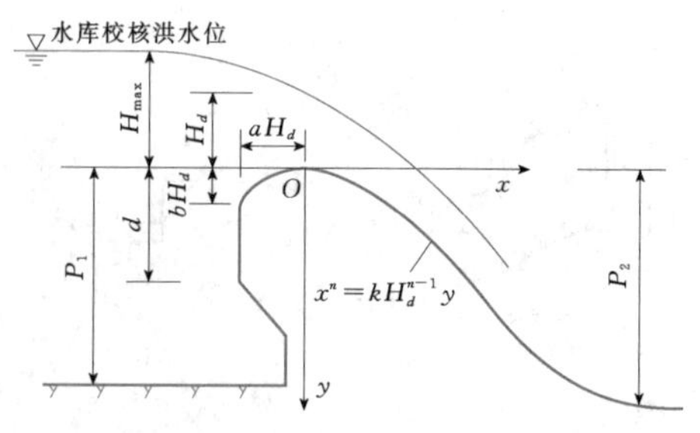

图 1.2-11 上游堰面倒悬，堰头为椭圆曲线，下游为幂曲线

2. 堰顶下游堰面的曲线型式

堰顶下游堰面采用 WES 幂曲线。WES 幂曲线可

按式（1.2-2）计算：

$$x^n = kH_d^{n-1}y \quad (1.2-2)$$

式中 H_d——可根据容许负压的大小按堰顶最大作用水头 H_{max} 的 75%～95%计算；

x、y——原点下游堰面曲线横、纵坐标（见图 1.2-9～图 1.2-11）；

n——与上游堰坡有关的指数，见表 1.2-1；

k——当 $P_1/H_d>1.0$ 时，k 值见表 1.2-1，当 $P_1/H_d\leqslant1.0$ 时，取 $k=2.0\sim2.2$。

3. 溢流堰面下游的切点

溢流堰面下游一般设直线段，也可不设直线段，直接与反弧段相切连接。溢流堰面下游切点可按照 WES 幂曲线切点斜率与直线段或反弧段切点斜率相等的原则计算得出。WES 幂曲线切点斜率 $y'=\frac{n}{kH_d^{n-1}}x^{n-1}$，直线段或反弧段切点的斜率为 $1/a$，a 为大坝坝坡系数（其意义见图 1.2-12），由大坝的结构要求确定。求得切点坐标为 $x_t=\left(\frac{k}{an}\right)^{1/(n-1)}H_d$，$y_t=\frac{1}{n}\left(\frac{k}{n}\right)^{1/(n-1)}H_d$。

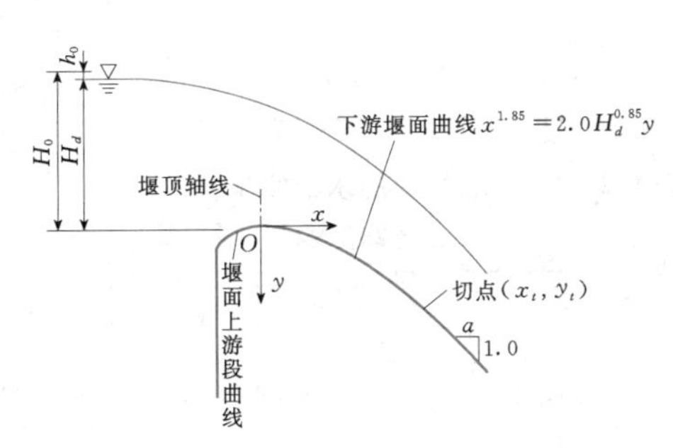

图 1.2-12 WES 型溢流坝面与下游直线段位置示意图

1.2.2.3 闸墩型式

溢流坝闸墩根据具体情况其墩头形状可采用矩形、半圆形、尖圆形和楔形等型式。

1.2.2.4 泄流能力

1. 表孔敞泄泄流能力

表孔敞泄泄流能力按式（1.2-3）计算：

$$Q = Cm\varepsilon\sigma_s B\sqrt{2g}H_0^{3/2} \quad (1.2-3)$$

式中 Q——流量，m^3/s；

B——溢流堰净宽，m；

H_0——计入行近流速的堰上总水头，m；

g——重力加速度，取 $9.81m/s^2$；

m——流量系数，见表 1.2-2；

C——上游面坡度影响修正系数，见表 1.2-3，当上游面为铅直面时，$C=1.0$；

ε——侧收缩系数，根据闸墩厚度及墩头形状而定，可取 $\varepsilon=0.90\sim0.95$；

σ_s——淹没系数，视泄流的淹没程度而定，不淹没时 $\sigma_s=1.0$。

表 1.2-2 流量系数 m 值

H_0/H_d	P_1/H_d				
	0.2	0.4	0.6	1.0	≥1.33
0.4	0.425	0.430	0.431	0.433	0.436
0.5	0.438	0.442	0.445	0.448	0.451
0.6	0.450	0.455	0.458	0.460	0.464
0.7	0.458	0.463	0.468	0.472	0.476
0.8	0.467	0.474	0.477	0.482	0.486
0.9	0.473	0.480	0.485	0.491	0.494
1.0	0.479	0.486	0.491	0.496	0.501
1.1	0.482	0.491	0.496	0.502	0.507
1.2	0.485	0.495	0.499	0.506	0.510
1.3	0.496	0.498	0.500	0.508	0.513

表 1.2-3 上游面坡度影响修正系数 C 值

坡度 $\Delta y/\Delta x$	P_1/H_d									
	0.3	0.4	0.5	0.6	0.7	0.8	0.9	1.0	1.2	1.3
3∶1	1.009	1.007	1.005	1.004	1.003	1.002	1.001	1.000	0.998	0.998
3∶2	1.015	1.011	1.008	1.006	1.004	1.002	1.001	0.999	0.996	0.993
3∶3	1.021	1.015	1.010	1.007	1.005	1.002	1.000	0.998	0.993	0.988

2. 表孔控泄泄流能力

坝上平板闸门及坝上弧形闸门控泄流量 Q 可按《水工设计手册》（第 2 版）第 1 卷相关公式计算。

1.2.2.5 水面线的确定

为了设计闸墩高度、边墙顶高程及选定弧形闸门支铰高程，需知道水面线。水面以上的安全超高可采用0.5～1.5m，对非直线段，安全超高宜适当增加。不掺气的水面线，按下列方法确定。

1. 高坝坝头部

对于高坝坝头部，无中墩时的水面线可由表1.2-4查取坐标 x、y 值来点绘；当有半圆形中墩时闸孔中心的水面线可由表1.2-5查取坐标 x、y 值来点绘，沿闸墩的水面线可由表1.2-6查取坐标 x、y 来点绘。所有这些 x、y 的坐标原点，都位于堰顶顶点，x 轴向下游为正，y 轴向下为正。当 H/H_d 介于0.5～1.33时，水面线的坐标 x、y 可以这样来求：针对某一给定的 x/H_d 值，画出 y/H_d—H/H_d 曲线，再按所给的 H/H_d 值，由曲线查取 y/H_d 值，从而求得 x、y 值。

表1.2-4 无中墩时的水面线坐标

x/H_d \ y/H_d \ H/H_d	0.50	1.00	1.33
−1.0	−0.490	−0.933	−1.210
−0.8	−0.484	−0.915	−1.185
−0.6	−0.475	−0.893	−1.151
−0.4	−0.460	−0.865	−1.110
−0.2	−0.425	−0.821	−1.060
0.0	−0.371	−0.755	−1.000
0.2	−0.300	−0.681	−0.919
0.4	−0.200	−0.586	−0.821
0.6	−0.075	−0.465	−0.705
0.8	0.075	−0.320	−0.569
1.0	0.258	−0.145	−0.411
1.2	0.470	0.055	−0.220
1.4	0.705	0.294	−0.002
1.6	0.972	0.563	0.243
1.8	1.269	0.857	0.531

2. 低坝坝头部

对于低坝坝头部，其水面线坐标 x/H 和 y/H 的值见表1.2-7。表中所用坐标系统如图1.2-13所示。

3. 整个坝面（包括直线段）

整个坝面（包括直线段）水面线的确定如图1.2-14所示。

(1) 根据斜率相等原理，确定切点坐标 x_t 和 y_t。

(2) 求曲线段长度 L_c：对于WES型堰面，L_c 可由图1.2-15按 x/H_d 查算，这里，x 是从堰顶开始向下游计算的。当取 $x/H_d = x_t/H_d$ 时，查得的便是

表1.2-5 闸孔中心的水面线坐标（半圆形中墩）

x/H_d \ y/H_d \ H/H_d	0.50	1.00	1.33
−1.0	−0.482	−0.941	−1.230
−0.8	−0.480	−0.932	−1.215
−0.6	−0.472	−0.913	−1.194
−0.4	−0.457	−0.890	−1.165
−0.2	−0.431	−0.855	−1.122
0.0	−0.384	−0.805	−1.071
0.2	−0.313	−0.735	−1.015
0.4	−0.220	−0.647	−0.944
0.6	−0.088	−0.539	−0.847
0.8	0.075	−0.389	−0.725
1.0	0.257	−0.202	−0.564
1.2	0.462	0.015	−0.356
1.4	0.705	0.266	−0.102
1.6	0.977	0.521	0.172
1.8	1.278	0.860	0.465

表1.2-6 沿闸墩的水面线坐标（半圆形中墩）

x/H_d \ y/H_d \ H/H_d	0.50	1.00	1.33
−1.0	−0.495	−0.950	−1.235
−0.8	−0.492	−0.940	−1.221
−0.6	−0.490	−0.929	−1.209
−0.4	−0.482	−0.930	−1.218
−0.2	−0.440	−0.925	−1.244
0.0	−0.383	−0.779	−1.103
0.2	−0.265	−0.651	−0.950
0.4	−0.185	−0.545	−0.821
0.6	−0.076	−0.425	−0.689
0.8	0.060	−0.285	−0.549
1.0	0.240	−0.121	−0.389
1.2	0.445	0.067	−0.215
1.4	0.675	0.286	−0.011
1.6	0.925	0.521	0.208
1.8	1.177	0.779	0.438

表 1.2-7　　低溢流坝的水面线坐标

x/H	y/H								
	上游坝面								
	直立	向上游倾斜（水平：垂直）					向下游倾斜（水平：垂直）		
		1∶3	2∶3	1∶1	2∶1	4∶1	1∶3	2∶3	1∶1
−2.4	0.989	0.988	0.985	0.983	0.980	0.973	0.990	0.990	0.990
−2.2	0.986	0.980	0.981	0.977	0.972	0.957	0.988	0.988	0.988
−2.0	0.984	0.983	0.977	0.971	0.964	0.940	0.985	0.985	0.985
−1.8	0.980	0.979	0.971	0.964	0.955	0.922	0.981	0.981	0.981
−1.6	0.975	0.974	0.965	0.957	0.945	0.904	0.976	0.976	0.976
−1.4	0.969	0.968	0.958	0.949	0.934	0.885	0.970	0.970	0.970
−1.2	0.961	0.959	0.950	0.941	0.921	0.865	0.962	0.962	0.962
−1.0	0.951	0.948	0.939	0.930	0.904	0.842	0.953	0.953	0.953
−0.8	0.938	0.935	0.926	0.917	0.883	0.817	0.940	0.940	0.940
−0.6	0.921	0.918	0.908	0.899	0.858	0.788	0.923	0.923	0.923
−0.4	0.898	0.895	0.885	0.875	0.826	0.754	0.900	0.900	0.900
−0.2	0.870	0.865	0.853	0.841	0.786	0.712	0.872	0.872	0.872
0.0	0.831	0.826	0.811	0.796	0.737	0.659	0.833	0.833	0.833
0.05	0.819	0.814	0.798	0.783	0.723	0.643	0.822	0.822	0.822
0.10	0.807	0.802	0.785	0.768	0.708	0.627	0.810	0.810	0.810
0.15	0.793	0.788	0.770	0.752	0.692	0.610	0.796	0.796	0.796
0.20	0.779	0.774	0.755	0.736	0.675	0.591	0.782	0.782	0.782
0.25	0.763	0.758	0.739	0.719	0.657	0.572	0.766	0.766	0.766
0.30	0.747	0.742	0.721	0.700	0.638	0.550	0.750	0.750	0.750
0.35	0.730	0.724	0.702	0.680	0.617	0.528	0.733	0.733	0.733
0.40	0.710	0.704	0.681	0.659	0.596	0.504	0.713	0.713	0.713
0.45	0.690	0.683	0.659	0.636	0.572	0.480	0.693	0.693	0.693
0.50	0.668	0.661	0.637	0.613	0.549	0.452	0.671	0.671	0.671
0.55	0.646	0.638	0.613	0.588	0.523	0.424	0.650	0.650	0.650
0.60	0.621	0.612	0.587	0.562	0.497	0.394	0.625	0.625	0.625
0.65	0.596	0.586	0.560	0.535	0.470	0.363	0.600	0.600	0.600
0.70	0.568	0.558	0.531	0.505	0.439	0.330	0.572	0.572	0.572
0.75	0.539	0.529	0.501	0.475	0.408	0.298	0.543	0.543	0.543
0.80	0.509	0.498	0.470	0.442	0.375	0.261	0.513	0.513	0.513
0.85	0.478	0.466	0.438	0.409	0.340	0.223	0.482	0.482	0.482

续表

x/H	y/H								
	上游坝面								
	直立	向上游倾斜（水平：垂直）					向下游倾斜（水平：垂直）		
		1：3	2：3	1：1	2：1	4：1	1：3	2：3	1：1
0.90	0.444	0.431	0.402	0.373	0.303	0.183	0.449	0.449	0.449
0.95	0.410	0.395	0.366	0.337	0.264	0.141	0.415	0.415	0.415
1.0	0.373	0.358	0.327	0.297	0.223	0.098	0.379	0.379	0.379
1.1	0.295	0.278	0.245	0.214	0.135	0.005	0.302	0.302	0.302
1.2	0.210	0.191	0.156	0.124	0.039	−0.096	0.218	0.218	0.218
1.3	0.118	0.097	0.060	0.026	−0.065	−0.205	0.127	0.127	0.127
1.4	0.019	−0.005	−0.044	−0.080	−0.177	−0.322	0.029	0.029	0.029
1.5	−0.088	−0.115	−0.156	−0.194	−0.297	−0.447	−0.077	−0.077	−0.077
1.6	−0.203	−0.233	−0.276	−0.316	−0.425	−0.580	−0.191	−0.191	−0.191
1.7	−0.326	−0.359	−0.404	−0.446	−0.561	−0.721	−0.313	−0.313	−0.313
1.8	−0.457	−0.493	−0.540	−0.584	−0.705	−0.870	−0.443	−0.443	−0.443
1.9	−0.596	−0.635	−0.684	−0.730	−0.857	−1.027	−0.581	−0.581	−0.581
2.0	−0.743	−0.785	−0.836	−0.884	−1.017	−1.192	−0.727	−0.727	−0.727
2.2	−1.061	−1.109	−1.164	−1.216	−1.361	−1.546	−1.043	−1.043	−1.043
2.4	−1.411	−1.465	−1.524	−1.580	−1.737	−1.932	−1.391	−1.391	−1.391
2.6	−1.793	−1.853	−1.916	−1.976	−2.145	−2.350	−1.771	−1.771	−1.771
2.8	−2.207	−2.273	−2.340	−2.404	−2.585	−2.800	−2.183	−2.183	−2.183
3.0	−2.653	−2.725	−2.796	−2.864	−3.057	−3.282	−2.627	−2.627	−2.627
3.2	−3.131	−3.209	−3.284	−3.356	−3.561	−3.796	−3.103	−3.103	−3.103
3.4	−3.641	−3.725	−3.804	−3.880	−4.097	−4.342	−3.611	−3.611	−3.611
3.6	−4.183	−4.273	−4.356	−4.436	−4.665	−4.920	−4.151	−4.151	−4.151
3.8	−4.757	−4.853	4.940	−5.024	−5.265	−5.530	−4.723	−4.723	−4.723
4.0	−5.363	−5.465	−5.556	−5.644	−5.897	−6.172	−5.327	−5.327	−5.327
4.2	−6.001	−6.109	−6.204	−6.206	−6.561	−6.846	−5.963	−5.963	−5.963
4.4	−6.671	−6.785	−6.884	−6.980	−7.257	−7.552	−6.631	−6.631	−6.631
4.6	−7.373	−7.493	−7.596	−7.696	−7.985	−8.290	−7.331	−7.331	−7.331
4.8	−8.107	−8.233	−8.340	−8.444	−8.745	−9.060	−8.063	−8.063	−8.063
5.0	−8.873	−9.005	−9.116	−9.224	−9.537	−9.862	−8.827	−8.827	−8.827
5.2	−9.671	−9.809	−9.924	−10.036	−10.361	−10.696	−9.623	−9.623	−9.623
5.4	−10.501	−10.645	−10.764	−10.880	−11.217	−11.562	−10.451	−10.451	−10.451

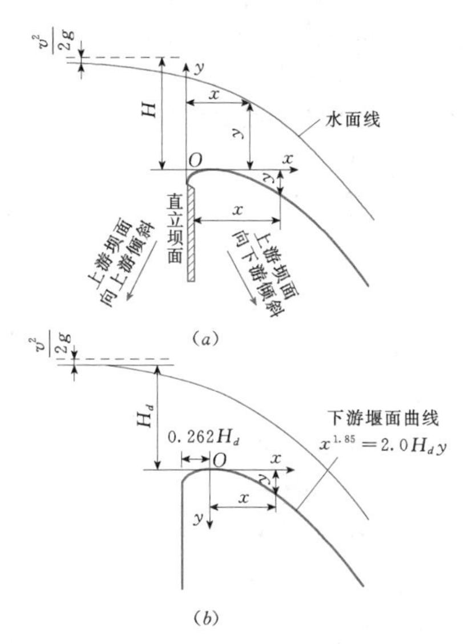

图 1.2-13 低坝坝头曲线

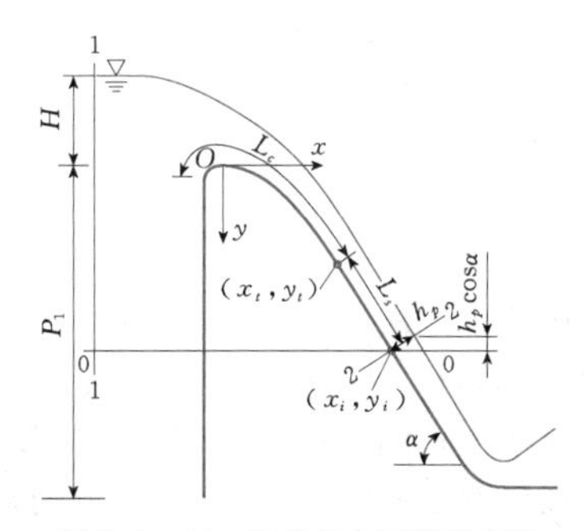

图 1.2-14 不掺气水面线示意图

曲线段总长度 $L_{c,t}$。堰顶上游段的曲线长度可取 $L_{c,u}=0.315H_d$。图 1.2-15 中，L_c，x，H_d 均以 m 计。在计算中，可直接从图纸量测。

(3) 求直线段长度 L_s：从切点到直线段上任意一点 (x_i,y_i) 的距离为

$$L_{s,i}=\frac{y_i-y_t}{\sin\alpha} \tag{1.2-4}$$

式中 α——直线段坝面与水平方向的夹角。

(4) 从堰顶曲线起点到点 (x_i,y_i) 的坝面距离为

$$L=L_{c,t}+L_{s,i} \tag{1.2-5}$$

(5) 按下列公式计算边界层厚度 δ (m)：

Bauer 公式 $$\frac{\delta}{L}=0.024\left(\frac{L}{k_s}\right)^{-0.1} \tag{1.2-6}$$

韩立公式 $$\frac{\delta}{L}=0.02\left(\frac{L}{k_s}\right)^{-0.1} \tag{1.2-7}$$

式中 k_s——坝面粗糙高度，对于混凝土坝面，建议取 $k_s=0.43\sim0.61$mm。

(6) 计算单宽流量的公式为

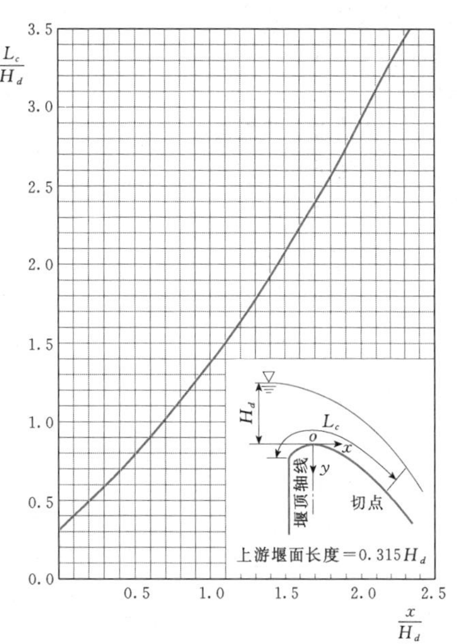

图 1.2-15 $\frac{x}{H_d}$—$\frac{L_c}{H_d}$曲线

$$q=m\sqrt{2g}H^{3/2} \tag{1.2-8}$$

式中 H——堰上水头，m；

m——水头为 H 时的流量系数；

g——重力加速度，取 9.81m/s^2。

(7) 用试算法推求势流水深 h_p，如图 1.2-14 所示，以 0—0 为基准面，对 1—1 断面和 2—2 断面建立能量方程，即

$$H+Y_i=h_p\cos\alpha+\frac{q^2}{2gh_p^2} \tag{1.2-9}$$

(8) 正交于坝面的坝面水深为

$$h=h_p+0.18\delta \tag{1.2-10}$$

(9) 按上述步骤，求得坝面各处水深，便可得到堰面不掺气的水面线。

1.2.2.6 自然掺气对水面线的影响

如水流掺气，则水深增加，边墙高度需相应加大。关于自然掺气后的水深增加的具体计算见本章 1.11 节。

1.2.2.7 反弧半径

溢流堰下游反弧段半径应结合下游消能方式来确定，对不同的消能方式应选用不同的公式。

1. 挑流消能

对于挑流消能，可按下式求得反弧段半径：

$$R=(4\sim10)h \tag{1.2-11}$$

式中 h——校核洪水位闸门全开时反弧段最低点处的水深，m。

反弧段流速 $v<16$m/s 时，反弧段半径可取下

限，流速较大时，反弧段半径也宜选用较大值，以至取上限。

2. 戽流消能

对于戽流消能，反弧段半径 R 与流能比 K 有关，一般选择范围为 $E/R=2.1\sim8.4$。

$$K=\frac{q}{\sqrt{g}E^{3/2}}$$

式中 E ——自戽底起算的总能头，m；

q ——单宽流量，$m^3/(s\cdot m)$；

g ——重力加速度，取 $9.81m/s^2$。

E/R 与 K 的相关曲线如图 1.2-16 所示。

3. 底流消能

对于底流消能，反弧段半径可参照式（1.2-11）进行计算。

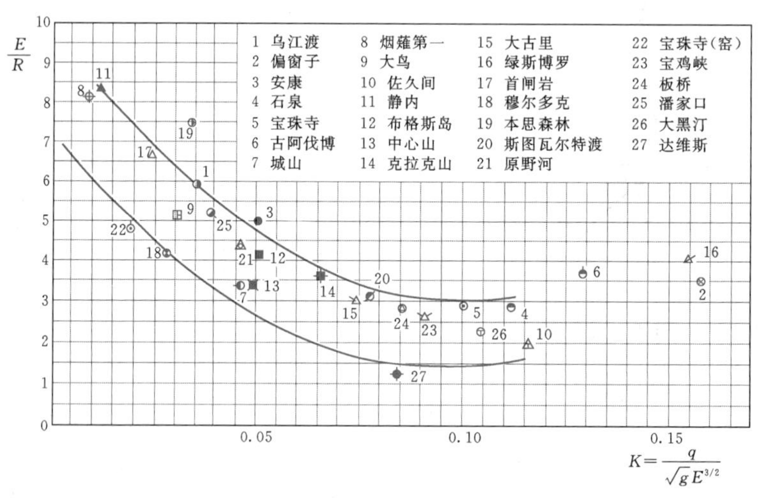

图 1.2-16 $\frac{E}{R}$与 K 的相关曲线

1.2.2.8 流速系数及能量损失

当下泄单宽流量为 q、上游水位到反弧底的落差为 H、收缩断面的急流水深为 h_1、平均流速为 v_1 时，相应的流速系数 φ_1 由下式定义：

$$v_1=\varphi_1\sqrt{2g(H-h_1)} \qquad (1.2-12)$$

流速系数 φ_1 的计算涉及许多因素，例如：坝面的糙率、体型、流程、紊流边界层、掺气作用、曲率影响及泄洪落差等，可按下式进行计算：

$$\varphi=\sqrt[3]{1-\frac{0.055}{K_1^{0.5}}} \qquad (1.2-13)$$

$$K_1=\frac{q}{\sqrt{q}Z^{1.5}}$$

式中 K_1 ——流能比；

q ——单宽流量，$m^3/(s\cdot m)$；

Z ——上、下游水位差，m。

流经坝面的能量损失则为 $H_0-\left(h_1+\frac{\alpha v_1^2}{2g}\right)$。

1.2.2.9 坝面压强和反弧段压强

1. WES 堰面的坝头压强

选择 WES 实用堰进行堰面曲线定型设计水头时，还应结合堰面容许负压值综合确定。堰顶附近的最小相对压力 h_{min}/H_d 与相对水头 h_{max}/H_d 和上、下游相对堰高 P_1/H_d、P_2/H_d 有关，见表 1.2-8。

在当地大气压条件下，当宣泄常遇洪水闸门全开时，溢流堰顶附近不宜出现负压；当闸门局部开启时，经论证容许出现不大的负压值；当宣泄设计洪水闸门全开时，负压值不应超过 3×9.81kPa；当宣泄校核洪水闸门全开时，负压值不应超过 6×9.81kPa。

对于堰顶上游采用三圆弧堰头、无闸墩和闸墩墩头采用尖圆形的 WES 堰面坝头的压强，如图 1.2-17 所示。不同 H/H_d 时的压强水头 h_p 值，可在各图间内插求得。由图 1.2-17 可见，一般 $H/H_d>1.00$ 时，堰面才产生较大的负压值，最大负压值常出现在堰顶偏上游侧。

2. 闸门局部开启时的坝面压强

在 $H=H_d$ 和 $H=1.33H_d$ 的情况下，弧形闸门局部开启时的坝面压强，分别参见《水工设计手册》（第 2 版）第 1 卷。

3. 动水总压力

高溢流坝表孔无闸墩部位，当 $H=H_d$ 时，在 $0<y<1.5H_d$ 范围内单位堰宽上的动水总压力如图 1.2-18 所示，其大小和位置见表 1.2-9，可供稳定分析之用。

表 1.2-8　　WES 实用堰堰顶附近最小相对压力 h_{min}/H_d

$\frac{H_d}{H_{max}}$	$\frac{H_{max}}{H_d}$	h_{min}/H_d													
		$\frac{P_1}{H_d}\geqslant 1.33$	$P_1/H_d=0.5$				$P_1/H_d=0.2$					$P_1/H_d=0.1$			
			P_2/H_d				P_2/H_d					P_2/H_d			
			0.5	1.0	1.5	3.0	0.2	0.4	0.6	1.2	2.2	0.1	0.2	0.8	1.1
0.6	1.67	−1.00	−0.02	−0.27	−0.48	−0.74	0.57	0.28	−0.18	−0.55	−0.72	0.85	0.34	−0.09	−0.48
0.65	1.54	−0.80	−0.01	−0.22	−0.42	−0.60	0.53	0.24	−0.16	−0.47	−0.56	0.79	0.24	−0.08	−0.42
0.70	1.43	−0.60	0.00	−0.15	−0.30	−0.41	0.48	0.21	−0.14	−0.38	−0.40	0.76	0.23	−0.07	−0.37
0.75	1.33	−0.45	0.02	−0.12	−0.23	−0.31	0.44	0.19	−0.10	−0.27	−0.27	0.71	0.20	−0.06	−0.30
0.775	1.29	−0.40	0.03	−0.09	−0.19	−0.26	0.43	0.18	−0.09	−0.24	−0.24	0.67	0.20	−0.05	−0.27
0.80	1.25	−0.30	0.05	−0.07	−0.16	−0.20	0.41	0.18	−0.07	−0.20	−0.20	0.65	0.20	−0.04	−0.24
0.825	1.21	−0.25	0.06	−0.04	−0.12	−0.16	0.39	0.18	−0.05	−0.16	−0.16	0.63	0.20	−0.03	−0.20
0.85	1.18	−0.20	0.07	−0.03	−0.11	−0.15	0.37	0.17	−0.04	−0.14	−0.14	0.62	0.20	−0.02	−0.18
0.875	1.14	−0.15	0.08	−0.02	−0.10	−0.12	0.36	0.17	−0.02	−0.11	−0.11	0.60	0.20	−0.01	−0.16
0.90	1.11	−0.10	0.08	0	−0.08	−0.09	0.35	0.17	0	−0.08	−0.08	0.57	0.20	0	−0.13
0.95	1.05	−0.05	0.10	0.02	−0.03	−0.04	0.33	0.16	0.03	−0.04	−0.04	0.55	0.20	0.03	−0.07
1.0	1.0	0	0.11	0.05	0	0	0.22	0.17	0.05	0	−0.01	0.52	0.20	0.03	−0.04

表 1.2-9　　高溢流坝表孔无闸墩部位单位堰宽上的动水总压力

合力（×9.81kN/m）	位 置（m）
$R_1=0.01923H_d^2$	$\Delta Y_1=0.16H_d$
$R_2=0.01124H_d^2$	$\Delta X_2=1.209H_d$
$R_3=0.0089H_d^2$	$\Delta Y_3=0.976H_d$

注　合力—单位堰宽承受的动水总压力；R_1—应从上游直立坝面所受静水总压力中减去的总压力；R_2—曲线坝头部动水总压力的铅垂分力；R_3—坝顶下游动水总压力的水平分力。

4. 反弧段压强

（1）对于消能戽反弧段和挑流鼻坎反弧段，在不受淹没的情况下，其压强分布可利用图 1.2-19 所示曲线查取。依次取不同的 α 值，直到 $\alpha=\alpha_T$，便可求得反弧曲线沿程压强分布。应当指出，这时 $\frac{\alpha}{\alpha_T}=1.0$ 的曲线采用纵坐标轴。

（2）对于坝趾反弧曲线段，其压强分布的求法如下。

1）高坝反弧段不受淹没时，利用图 1.2-19 查算。应当指出，这时 $\frac{\alpha}{\alpha_T}=0$ 和 $\frac{\alpha}{\alpha_T}=1.0$ 采用同一条曲线。

2）低坝时，利用图 1.2-20 查算，又分两种情况：①当 $R/H_T<1.0$ 时，由图查取 h_p/H_T 值，即可求出 h_p 值；②当 $R/H_T>1.0$ 时，把由图查得的 $\Delta(h_p/H_T)$ 值，与 h_p/H_T 值相加，然后再乘以 H_T 值，即得所求 h_p 值。

此外，也可采用流网法、势流理论解法和有限元法等方法进行计算。

1.2.2.10　坝面空蚀的防止与不平整度的控制

见本章 1.10 节相关内容。

1.2.2.11　闸门控制

根据运行及检修要求，溢流表孔一般设置工作闸门和检修闸门各一道。工作闸门可选用弧形闸门、平面闸门或其他型式的闸门，当闸门孔口尺寸较大时，宜选用弧形闸门；检修闸门一般选用平面闸门。

弧形闸门是应用十分广泛的门型，尤其适用于大面积的孔口，所需的机架桥高度和闸墩厚度较小，没有影响水流流态的门槽，所需启闭力较小，埋件数量少，但同时需要较长的闸墩，门叶所占据的空间位置较大，不能提出孔口外进行检修维护，不能在孔口之间互换，门叶承受的总水压力集中于支铰处，传递给土建结构时需作特别处理。

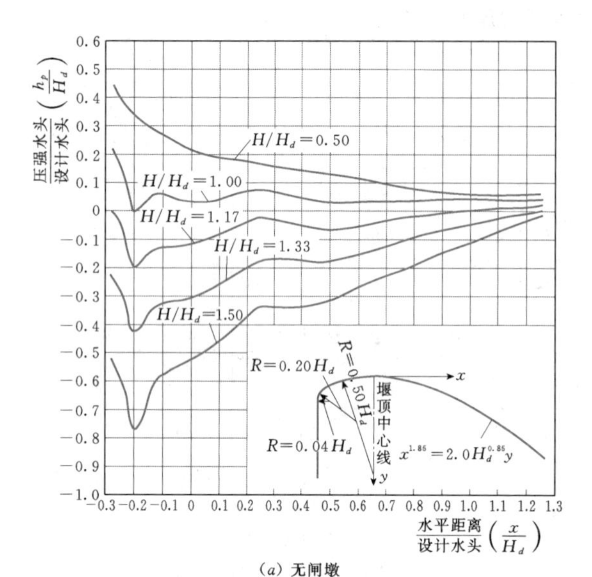

(a) 无闸墩

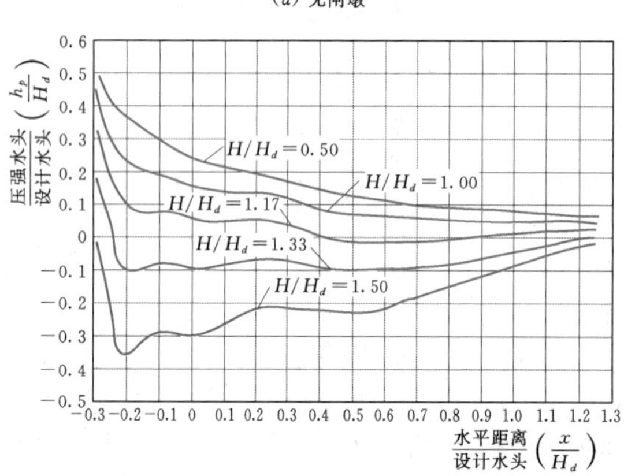

(b) 闸孔中心线上

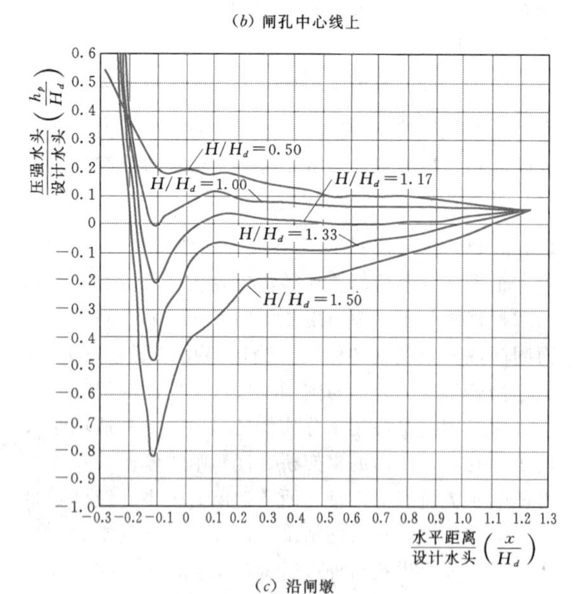

(c) 沿闸墩

图 1.2-17 堰面坝头压强

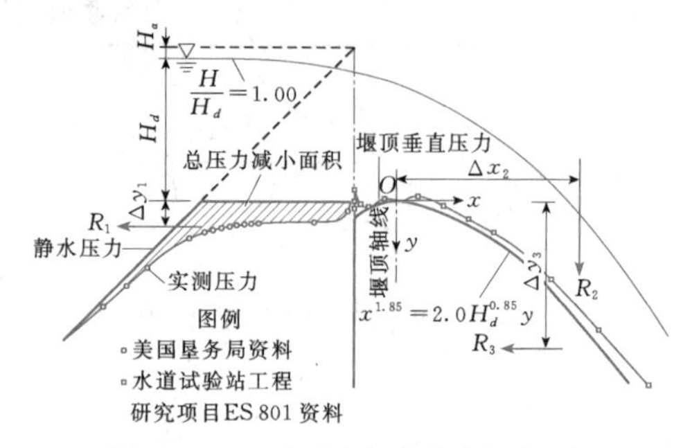

图 1.2-18 高溢流坝表孔动水总压力

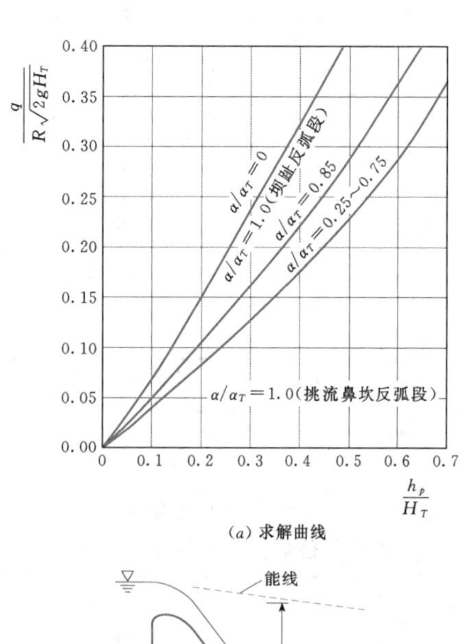

(a) 求解曲线

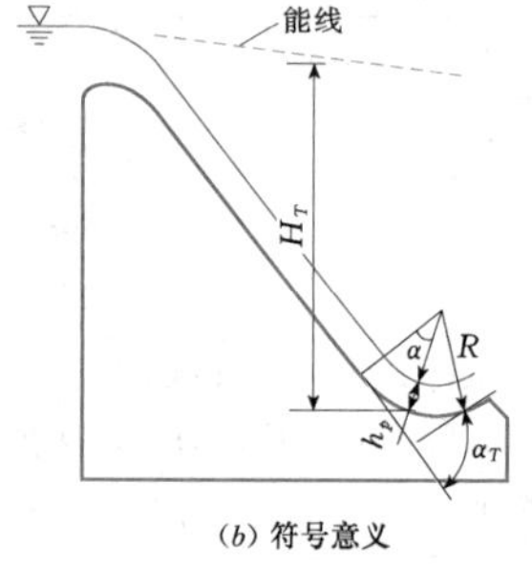

(b) 符号意义

图 1.2-19 反弧段压强求解曲线图

q—单宽流量，$m^3/(s \cdot m)$；R—反弧半径，m；g—9.81m/s²；α—从反弧起点至计算点的转角，(°)；α_T—总转角，(°)；H_T—反弧曲线上转角α处的计算点到能线的高度，m；$h_p=\frac{p}{\gamma}$—反弧边界上的压力水头，m；p—反弧边界上的压强，N/m^2；γ—水的重度，N/m^3

平面闸门所占顺水流方向的空间尺寸较小，门叶可移出孔口，便于检修维护，门叶可在孔口之间互换，故在孔数较多时，可兼作其他孔的事故门和检修门，门叶可沿高度分成数段，便于在工地组装，对于移动式启闭机的适应性较好。但平面闸门一般需要较

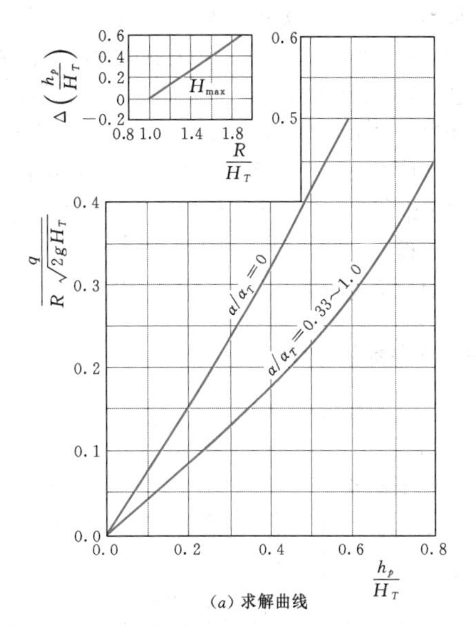

(a) 求解曲线

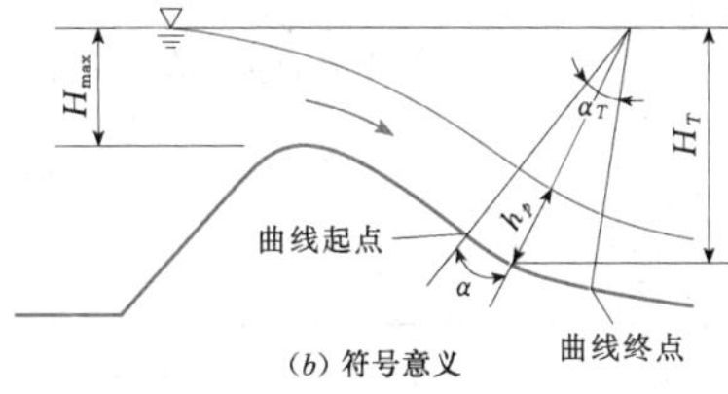

(b) 符号意义

图 1.2-20 低坝坝趾反弧压强求解图

H_{max}—堰上最高水头

高的机架桥和较厚的闸墩，有影响水流的门槽，对高水头闸门特别不利，容易引起空蚀现象，埋设件数量较大，所需启闭力较大，且受摩擦阻力的影响较大，需要选用较大容量的启闭设备。

闸门常用启闭机有螺杆式、固定卷扬机、台车式、门式和液压式等，一般根据闸门型式、尺寸、孔口数量及运行条件等因素选用。

1.2.2.12 排冰孔的设计

1. 泄水兼排冰的闸孔

(1) 闸孔高度 h。可取堰上水深加上足够的净空，需满足下式：

$$h \geqslant 1.2\delta + 0.2 \qquad (1.2-14)$$

式中 δ——排冰期所观测到的冰块最大厚度，m。

规定最小水深 $h_{min}=1.5$m。

(2) 闸孔宽度 b。对于轻微流冰的河流，$b \geqslant$ 12m；对于冰情严重的河流，b 应经专门调查研究及试验后确定。

2. 专用排冰坝段

排冰坝段可以由几个专用排冰孔组成。

(1) 就实践中遇到的许多情况而言，下列条件下，须修建专用排冰孔。

$$h_A < (3 \sim 4)h_{nat} \qquad (1.2-15)$$

而

$$h_A = h'_A + 0.9\delta_{A\max} \qquad (1.2-16)$$

式中 h'_A、h_A——溢流坝坝前断面 A—A 处的冰下水深、计示水深，m；

h_{nat}——天然状态下的河流深度，m；

$\delta_{A\max}$——断面 A—A 处最大的冰块厚度，m。

(2) 排冰坝段前沿总宽度 B_i 按一般的堰流公式来求，公式中的水头 H 和流量 Q_w 按下列条件选取：

$$H_{min} \leqslant H \leqslant H_{max} \qquad (1.2-17)$$

$$Q_w = Q_A - Q' \qquad (1.2-18)$$

而

$$H_{max} \approx \frac{Q_w}{Q_A}kh_A \qquad (1.2-19)$$

$$H_{min} = (1.10 \sim 1.30)\delta_{A\max} \qquad (1.2-20)$$

式中 Q_w——通过溢流孔宣泄的水流量，m^3/s，溢流孔中的水深约等于堰上水头 H；

Q_A——流冰期间，坝前断面 A—A 处的设计水流量，m^3/s；

Q'——通过各种用水孔和非专用排冰孔所宣泄的流量，m^3/s；

k——考虑冰在闸孔中运动的困难程度的一个系数，可采用 0.75；

h_A——溢流坝坝前断面 A—A 处的计示水深；

$\delta_{A\max}$——在大多数情况下，取其等于一层或两层冰的厚度，m；

H_{max}——坝前不发生聚积冰障所许可的最大堰上水头，m；

H_{min}——为防个别冰块撞击坝顶或卡在闸孔中所要求的最小堰上水头，m。

若按式 (1.2-19) 算得的 $H_{max} < H_{min}$，则必须在调度中减小 Q' 来加大 Q_w，以便满足 $H_{max} > H_{min}$ 的条件。

(3) 专用排冰孔的孔数计算式为

$$n = \frac{B_i}{b_i}(\text{取稍大的整数}) \qquad (1.2-21)$$

式中 b_i——单个排冰孔的宽度，m。

流冰严重的河流，取 $b_i > 15 \sim 20$m，流冰特别严重的河流，取 $b_i > 20 \sim 25$m。这样，孔中不会发生因卡住而致的"再生冰障"。

(4) 专用排冰坝段应尽可能布置在河流深泓线上；各排冰孔的堰顶高程应一致。

1.2.2.13 台阶式溢流坝

台阶式溢流坝因其外形呈台阶状而得名，在国外一般称为阶梯式溢流坝。与通常的光滑溢流坝面相比，它的显著特点是溢流面上的摩阻力大，掺气多，从而消能率高，可极大地缩短溢流坝下游所需消能工的尺寸，减少工程投资。但台阶式溢流坝一般只限于单宽流量小于 50m^3/(s·m)的工程。随着碾压混凝土(RCC)的推广应用，由于台阶能结合坝体上升，方便施工，且薄水舌容易掺气减蚀，RCC台阶溢流面得到了迅速的发展。鉴于宽尾墩具有非常强的水流掺气作用，类似闸门后的突扩突跌，故台阶式溢流坝面常和宽尾墩一起使用，称为宽尾墩台阶式溢流面联合消能工，如福建省水东、云南省大朝山、贵州省索风营等工程都相继采用这一技术。当大坝高度不高，宽尾墩水流条件不充分时，可不采用宽尾墩，只采用台阶式溢流坝面，如云南省土卡河水电站的表孔溢流面。国内外部分台阶式溢流坝工程实例基本参数统计见表1.2-10。这里仅介绍单纯的台阶式溢流坝水力及结构设计。

表1.2-10　国内外部分台阶式溢流坝工程实例基本参数统计表

坝名	国别	坝高(m)	最大单宽流量[m^3/(s·m)]	台阶尺寸(高×宽)(m×m)	备注
上静水	美国	61	11.6	0.61×0.366	1982年水工模型试验，1987年竣工，RCC坝
新蒙克斯维里	美国	36.6		0.61×0.476	1985年水工模型试验，RCC坝
拉格朗德二级岸坡溢洪道	加拿大	110	130	—	开挖岩石形成阶梯，且不衬砌
德米斯特克拉尔溢洪道	南非	30	28.97	1×0.6	20世纪80年代RCC坝
扎豪克坝溢洪道	南非	50	19.5	1×0.6	20世纪80年代RCC坝
奥利韦特溢流坝	法国	36	—	0.6×0.45	20世纪80年代RCC坝
安阿尔柯莱玛溢流坝	摩洛哥	26	—	—	20世纪80年代RCC坝
Puebla de Cazalla溢洪道	西班牙	71	10	0.9×0.72	1990年水工模型试验，RCC坝
Sierra Brava溢洪道	西班牙	53	4	0.9×0.675	1992年水工模型试验，RCC坝
Alcollarin溢洪道	西班牙	31	10	0.9×0.675	1994年水工模型试验，RCC坝
Monleargon溢洪道	西班牙	72	13.6	0.9×0.558	1995年水工模型试验，RCC坝
Boqueron溢洪道	西班牙	58	20	0.9×0.657	1995年水工模型试验，RCC坝
中筋川溢流坝	日本	71.6	5.33	0.75×0.533	1989年起进行水工模型试验
丹江口台阶坝段	中国	115	实际下泄85.75	2.0×4.0	19～24号坝段12孔至今未泄洪，仅在1984年9月20日对20号坝段左右2孔进行了放水试验
河龙溢流坝	中国	30.5	38.5	1.08×0.756	20世纪90年代RCC坝
水东宽尾墩—阶梯式溢流坝	中国	57	120	1.2×0.84	RCC坝，于1994年5月1～3日经历了一场百年一遇洪水，表孔单宽流量达90m^3/(s·m)
大朝山宽尾墩—阶梯式溢流坝	中国	111	193	1.0×0.8～1.0×0.7	1997年8月正式开工，RCC坝，表孔最大单宽流量达150m^3/(s·m)
索风营	中国	121.84	243	1.2×0.84	2007年首次泄洪运用

1. 水流流态

通过台阶式溢流坝的水流，可分为两种典型流态：水舌流和滑移流，如图 1.2-21 所示。

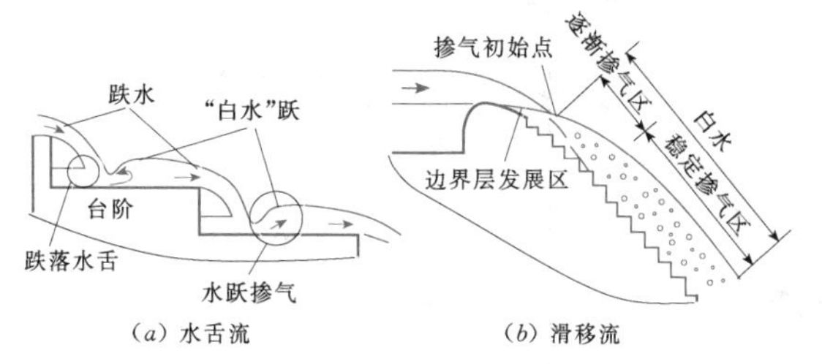

(a) 水舌流　(b) 滑移流

图 1.2-21　台阶式溢流坝

(1) 水舌流流态。当坡角小于 27°或小流量时，在跌落区内产生完全水跃或不完全水跃。H. Chanson❶认为，完全发展的水跃型水舌流出现于较小流量，其临界值为

$$\left(\frac{d_c}{h}\right)_{临} = 0.0916\left(\frac{h}{l}\right)^{-1.276} \quad (1.2-22)$$

式中　d_c ——临界水深，m；

h、l ——台阶的步高和步长，m。

完全发展的水跃型水舌流流态出现于 $(d_c/h) < (d_c/h)_{临}$ 的时候。

式 (1.2-22) 是在 $0.2 \leqslant h/l \leqslant 6$ 的条件下建立的。

(2) 滑移流流态。随着流量或坡角的加大（坡角大于 27°），可能由水舌流流态过渡到滑移流流态，临界值为

$$\left(\frac{d_c}{h}\right)_{特} = 1.057 - 0.46\frac{h}{l} \quad (1.2-23)$$

即当 $d_c/h > (d_c/h)_{特}$ 时，出现滑移流流态。

当为滑移流流态时，通过台阶面的水流为一种稳定流，它越过台阶，并被台阶上的旋转水体衬垫。

2. 水流掺气

(1) 水舌流的掺气。在水舌流流态中，每个台阶上的气水交换是在跌落点和下游水跃处形成的。每个单一台阶的掺气率可表示为

$$E_i = E_{水舌} + E_{水跃}(1 - E_{水舌}) \quad (1.2-24)$$

对于具有同等特征的 N 个台阶泄槽的掺气率可表示为

$$E = 1 - (1 - E_i)^N \quad (1.2-25)$$

式中　$E_{水舌}$ ——入射水舌的掺气率；

$E_{水跃}$ ——水跃的掺气率；

E_i ——单个台阶的掺气率。

(2) 滑移流的掺气。过堰水流一般开始为透明体，未掺气。待堰体上的水流边界层发展到水面出现初始掺气点，水流表面掺气，呈乳白色。从初始掺气断面开始，水舌内部掺气，经过若干距离后，全断面掺气，形成均匀掺气水流。

敞泄条件下，自由表面的掺气率可用下式估算：

$$E = \left[1 - \frac{q_w}{(q_w)_c}\right]^A \quad (1.2-26)$$

$$(q_w)_c = 0.1277(L_{溢})^{1.403}(\sin\alpha)^{0.388}(h\cos\alpha)^{0.0975} \quad (1.2-27)$$

式中　q_w ——边界层达到自由表面并且掺气尚未出现时的单宽流量，$m^3/(s \cdot m)$；

A ——含气量、温度和渠坡的函数，在计算范围内，$A = 3 \sim 9$；

$(q_w)_c$ ——特征流量值；

$L_{溢}$ ——溢流面的总长度，m；

α ——溢流面的坡角。

台阶式溢流坝的气水交换是一个很复杂的问题，尽管通过试验观测推荐了以上一些经验估算式，但精度有限，仅供参考。

3. 消能

1982 年，美国内政部垦务局为上静水坝（坝高 88.00m）的台阶式溢流坝（堰高 61.00m）首次进行了模型试验。结果表明，它的消能率超过光滑坝面的 75%。由于坝面消能的作用，使得其下游消力池长度只有同等规模泄洪要求消力池长的 50%。

1985 年，苏连森（R. M. Sorensen）对新蒙克斯维坝（New Monksville Dam）坝高 36.60m 的模型试验结果进行分析，表明台阶式溢流坝出口流速为 9.20m/s，而光滑溢洪道出口流速为 22.20m/s。说明台阶式溢流坝的消能率已达 84%。

1993 年，克里斯托道洛夫（G. C. Christodoulov）通过具有中等高度的台阶式溢流坝试验发现，消能率首先与 d_c/h 有关，同时与台阶数 N 有关。当 d_c/h 接近于 1 时，即接近分离流界限时，台阶表面消能很有效。当 d_c/h 值很大时，台阶数 N 的影响就明显了，如图 1.2-22 所示。克里斯托道洛夫综合各家试验结果绘制了消能率 $\Delta H/H$ 与相对堰高 $H_{堰}/d_c$ 的关系曲线，如图 1.2-23 所示。

图 1.2-23 表明，对于坝坡 $\theta = 45° \sim 55°$ 时，约当堰高 $H_{堰}/d_c \geqslant 20$ 时，坝面出现均匀流，这时的消能

❶ "台阶式溢洪道的水利计算方法"引自《水电站与大坝》，作者 H. Chanson 是澳大利亚的水利专家。

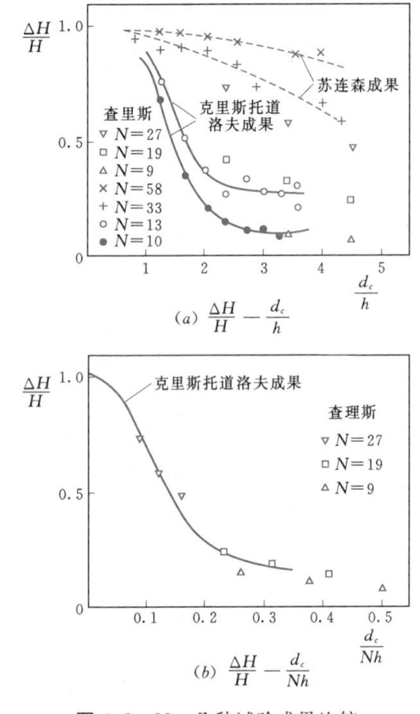

图 1.2-22　几种试验成果比较

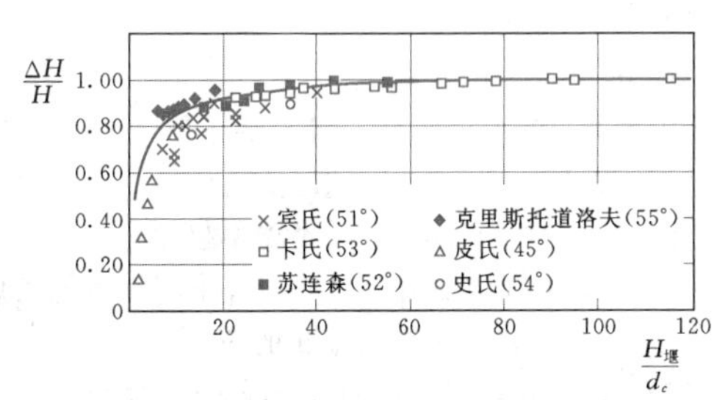

图 1.2-23　分离流的消能率（克里斯托道洛夫）

效果较好；反之，当 $H_{堰}/d_c<20$ 时，坝面不足以出现均匀流，消能效果差。

4. 台阶式溢流坝的设计

（1）因地制宜选择台阶消能型式。台阶式溢流坝依据具体条件可采用水舌流或滑移流的消能型式。当坡度陡、落差大，坝面能形成均匀流时，宜采用滑移流台阶消能；当坡度缓且短（落差不大），不足以形成滑移流时，宜采用水舌流消能。除此以外，还有的工程底坡较缓，泄槽又较长，如江苏省横山、广东省槁树下、虎局等工程，通过试验研究提出了在底坡上设置适当高度台阶的方案，对稳定水流流态并加大消能率的效果明显。

（2）砌石坝或混凝土坝上的台阶式溢流坝设计。控制堰一般为曲线堰、折线型堰或宽顶堰，台阶高度一般要求 $d_c/h\approx1$。为使水面平顺过渡，最好在曲线堰段设置变高台阶，如澳大利亚的忠诚路 RCC 坝，如图 1.2-24 所示。中非的蒙·巴利坝掺气诺姆图，如图 1.2-25 所示。

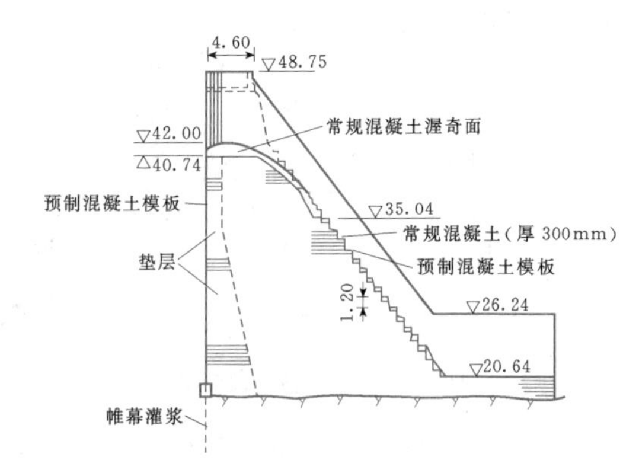

图 1.2-24　澳大利亚忠诚路 RCC 坝（单位：m）

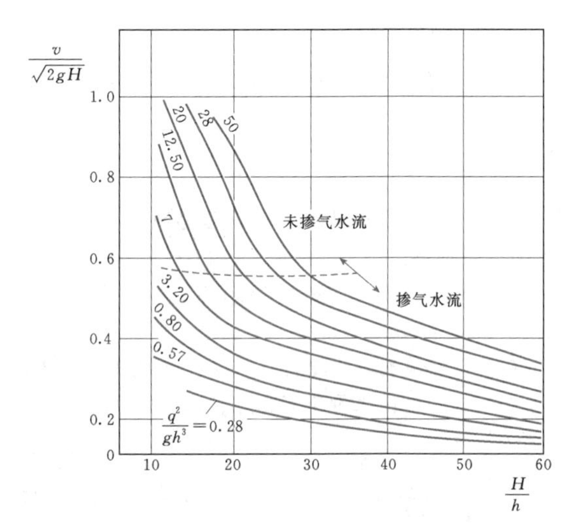

图 1.2-25　蒙·巴利坝掺气诺姆图

在坝坡的直线段上，一般为等高台阶。采用 RCC 方法筑坝时，要结合坝体升程选择台阶高度，目前，国内外多取台阶高为 0.60m、0.90m、1.00m 和 1.20m。

5. 水力计算

（1）流态验算。根据设计条件，首先给定泄流量或 q、堰高、堰的下游坡或坡角，拟定台阶的步高和步长。然后判别设计条件下的流态特征，即按式（1.2-22）和式（1.2-23）判定水流为水舌流流态或滑移流流态；如判定为水舌流流态，则按一般跌水进行水力学计算；如判定为滑移流流态，则按滑移流进行水力学计算。

（2）水力学计算。台阶式溢流坝坝面水深影响的因素很多，包括单宽流量、堰高，溢流面的底坡、台阶的步高和步长等。当前，国内外流行的台阶式溢流坝滑移流水力学计算方法有两类：一类是半经验方法，另一类是纯经验方法。前者是以昌桑（H. Chanson）为代表的昌桑—克里斯托道洛夫（G. C. Christodoulov）—拉贾拉兰（Rajaratnan）计算法，他们把台阶看成糙体，在糙体的作用下，坝面形成均匀掺气水流；后者是以试验观测为基础，推出无量纲的经验计算式（如我国南京水利科学研究院推荐的计算方法）或以无量纲诺姆图形式推出的计算方法，如比利时的宾多（M. Bindo）结合蒙·巴利坝试验推出的诺姆图法，如图 1.2-25 所示。

台阶式溢流坝滑移流水力学计算主要是确定坝面出现初始掺气点的位置、水深、流速和均匀掺气断面的位置、水深和流速。按此核算台阶末的消能率以及与下游水面的衔接型式。

1）H. Chanson 计算方法。对于矩形断面，均匀流水深 d_0 可表示为

$$d_0=\left(\frac{fq^2}{8g\sin\alpha}\right)^{1/3} \quad (1.2-28)$$

式中 f——摩擦系数；

q——单宽流量，$m^3/(s\cdot m)$；

α——泄槽的坡角，(°)。

H. Chanson 把台阶看成糙体，其糙度以 $k_*=h\cos\alpha$ 表示。摩擦系数 f 以参数 F_* 表示为

$$F_*=\frac{q}{\sqrt{gk^3{}_*\sin\alpha}} \quad (1.2-29)$$

从堰顶算起，至长度为 L_1 处开始出现表面掺气：

$$L_1=k_*\times 9.719(\sin\alpha)^{0.0796}F_*^{0.713} \quad (1.2-30)$$

该断面水深为

$$d_1=k_*\frac{0.4034}{(\sin\alpha)^{0.04}}F_*^{0.592} \quad (1.2-31)$$

该断面平均流速 v 为

$$v=\frac{q}{d_1} \quad (1.2-32)$$

出现均匀掺气水流的距离 L_2 为

$$L_2=\frac{8.60q^{0.713}}{k_*^{0.0695}(\sin\alpha)^{0.277}} \quad (1.2-33)$$

该断面以下为均匀掺气水流。为了计算均匀掺气水流的水深、流速，应先计算以下系数：

$$c_e=0.9\sin\alpha \quad (1.2-34)$$

$$x=0.628\frac{0.514-c_e}{c_e-(1-c_e)} \quad (1.2-35)$$

$$f_e=0.5(1+\mathrm{th}x) \quad (1.2-36)$$

式中 th$x$——双曲正切函数。

均匀掺气水流的水深 d_0 为

$$d_0=d_c\left(\frac{f_e}{8\sin\alpha}\right)^{1/3} \quad (1.2-37)$$

相应平均流速 v_0 为

$$v_0=\frac{q}{d_0} \quad (1.2-38)$$

根据 d_0、v_0 和泄槽末的高程，可以确定泄槽末的能量损失和判别与下游的水面衔接型式。

2）南京水利科学研究院方法。依据坝坡为 1∶0.75 的试验研究结果，获得台阶坝面上掺气产生点位置 L_1 与台阶高度 h、临界水深 d_c 的关系，如图 1.2-26 所示。

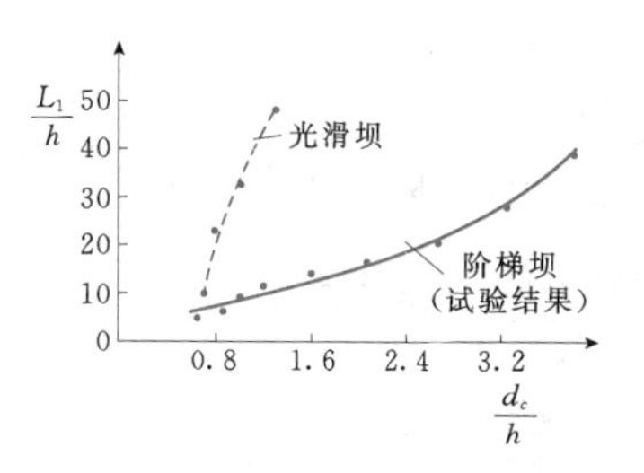

图 1.2-26 掺气点位置与台阶高度和临界水深的函数关系

台阶坝面上产生均匀流水深 d_0 与台阶高 h、临界水深 d_c 的函数关系如图 1.2-27 所示，计算公式为

$$\frac{d_0}{h}=-0.1+0.688\frac{d_c}{h}$$

$$\left(0.6\leqslant\frac{d_c}{h}<1.6;\ 0.31\leqslant\frac{d_0}{h}<1.0\right) \quad (1.2-39)$$

$$\frac{d_0}{h}=0.432+0.355\frac{d_c}{h}$$

$$\left(\frac{d_c}{h}\geqslant 1.6;\ \frac{d_0}{h}\geqslant 1.0\right) \quad (1.2-40)$$

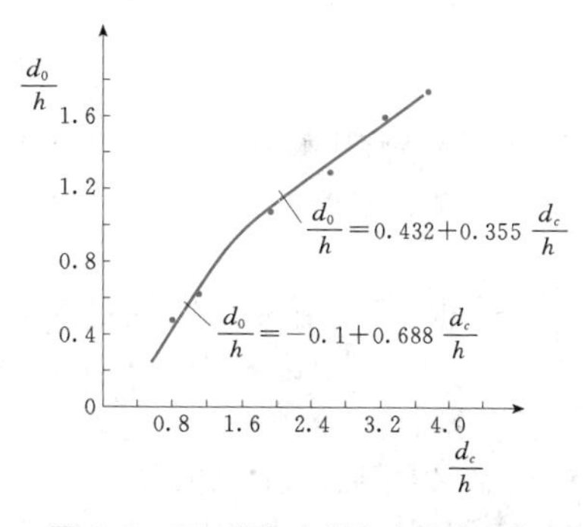

图 1.2-27 均匀水深与台阶高度和临界水深的函数关系

台阶坝面上出现均匀流的位置随单宽流量 q 的增大而下移，具体如图 1.2-28 所示。参数 L_2/h 和 d_c/h 存在以下线性关系：

$$\frac{L_2}{h}=3.06+11.69\frac{d_c}{h}$$

$$\left(0.6\leqslant\frac{d_c}{h}<1.8\right) \qquad (1.2-41)$$

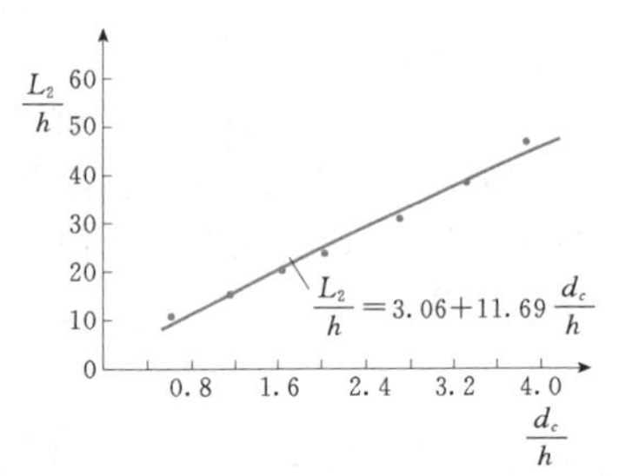

图 1.2-28 $\frac{L_2}{h}$ 和 $\frac{d_c}{h}$ 的线性关系

（3）消能率计算和下游水面衔接计算。坝趾处的消能率可表示为

$$\eta=\frac{E-\left(d_0+\frac{v_0^2}{2g}\right)}{E}\times100\% \qquad (1.2-42)$$

$$E=H_{堰}+H$$

式中 $H_{堰}$——坝趾以上堰高，m；

H——堰上水头，m；

其余符号意义同前。

关于下游水面衔接：由于坝面为均匀等速流，则坝趾处的水深、流速分别为 d_0 和 v_0。当下游水位确定后，可按一般水力学计算方法进行水面衔接计算。

1.2.3 胸墙式溢流表孔

1.2.3.1 堰面形状

带胸墙孔口式实用堰堰面曲线采用抛物线时，若校核洪水情况下最大作用水头 H_{max}（从孔口中心线计算）与孔口高 D 的比值 $H_{max}/D>1.5$，或闸门全开时仍属孔口泄流，可按式（1.2-43）计算：

$$y=\frac{x^2}{4\varphi^2H_d} \qquad (1.2-43)$$

式中 H_d——定型设计水头，m，一般取孔口中心线至水库校核水位水头的 75%～95%；

φ——孔口收缩断面上的流速系数，一般取 $\varphi=0.96$，若孔前设有检修闸门槽，则取 $\varphi=0.95$；

其余符号意义参照图 1.2-29。

堰顶上游堰头曲线可选用单圆、复式圆弧或椭圆曲线。

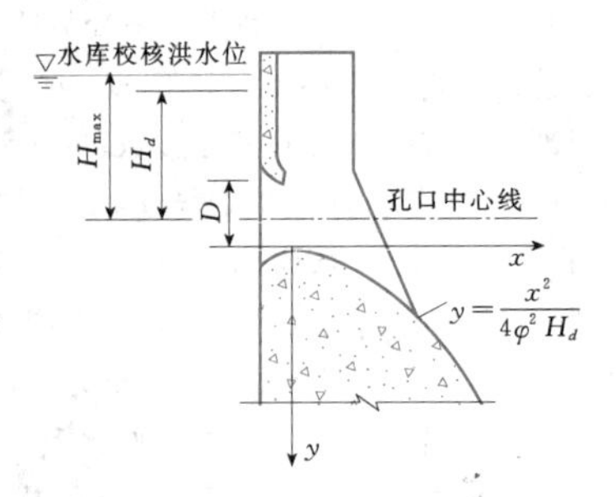

图 1.2-29 堰顶孔口式堰面曲线

1.2.3.2 非真空实用堰

带胸墙孔口式非真空实用堰典型布置如图 1.2-30 所示。

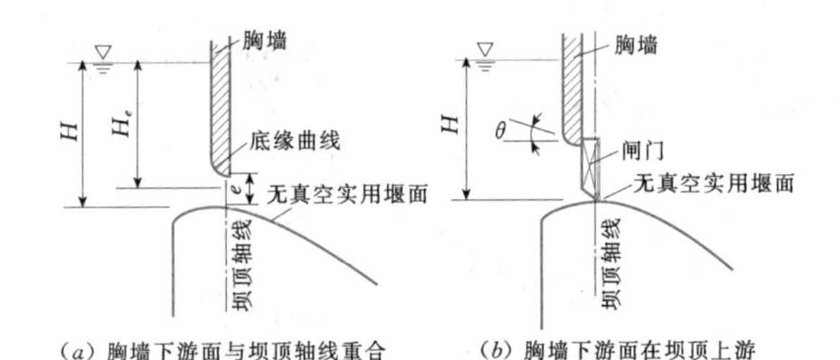

图 1.2-30 胸墙下游面位置示意图

1. 孔流与堰流分界准则

（1）当 $H_e/e<1.2$ 时，按堰流计算；当 $H_e/e>1.5$ 时，属于孔流，按本节所述孔流公式计算；当 $1.2<H_e/e<1.5$ 时，应通过试验决定，或者采用下述以 H/e 表征的准则。

（2）当 $H/e<1.2\sim1.3$ 时，按堰流计算；当 $H/e>1.75\sim1.8$ 时，属于孔流，按本节所述孔流公式计算；当 $1.2\sim1.3<H/e<1.75\sim1.8$ 时，应通过试验决定。

这里，e 为孔口高度；H_e 为孔口中心起算的水头；H 为坝顶起算的水头。

2. 胸墙下游面与坝顶轴线重合

如图 1.2-30（a）所示，胸墙底缘为圆弧或 1/4 椭圆，且末端切线呈水平线者，其泄流能力可按下式推求：

$$Q=\mu A\sqrt{2gH_0} \qquad (1.2-44)$$

$$H_0=H+\frac{\alpha_0v_0^2}{2g} \qquad (1.2-45)$$

$$\mu=0.85-0.31\frac{e}{H} \qquad (1.2-46)$$

式中 Q——泄流能力，m^3/s；

A——孔口面积，m^2；

H——坝顶起算的水头，m；

H_0——计入行近流速水头的总水头，m；

v_0——行进流速，m/s；

α_0——动能修正系数；

g——重力加速度，取 9.81m/s^2；

e——孔口高度，m；

μ——流量系数。

3. 胸墙下游面在坝顶上游

胸墙下游面在坝顶上游［见图 1.2-30（b）］的泄流能力按式（1.2-44）计算，但其中的流量系数为

$$\mu = 0.65 - 0.186\frac{e}{H} + \left(0.25 - 0.375\frac{e}{H}\right)\cos\theta \tag{1.2-47}$$

式中 θ——胸墙底缘末端切线与水平线间的夹角，如图 1.2-30（b）所示。

1.2.3.3 驼峰堰

（1）孔流与堰流分界准则：随胸墙底缘形状而异，见表 1.2-11。

表 1.2-11 驼峰堰式坝顶上的胸墙底缘形状对泄流能力的影响

胸墙底缘形状		孔流与堰流分界准则	流量系数 μ 的计算公式	流量系数 μ 计算公式的适用范围	备注
直角形		$\frac{e}{H}\approx 0.823\sim 0.843$	$\mu = 0.664 - 0.162\frac{e}{H}$	$\frac{e}{H} = 0.27\sim 0.823$	水流脱离现象自始至终存在
圆弧形，半径 $R=0.4e$		$\frac{e}{H}\approx 0.720\sim 0.740$	$\mu = 1.052 - 0.509\frac{e}{H}$	$\frac{e}{H} = 0.50\sim 0.72$	$\frac{e}{H}<0.50$ 时，水流脱离现象存在
1/4 椭圆形	$\frac{a}{e}=0.8$；$\frac{b}{a}=0.4$	$\frac{e}{H}\approx 0.685\sim 0.705$	$\mu = 1.08 - 0.507\frac{e}{H}$	$\frac{e}{H} = 0.27\sim 0.685$	椭圆方程为 $\frac{x^2}{a^2}+\frac{y^2}{b^2}=1$，其中，$a$ 为长半轴，b 为短半轴
	$\frac{a}{e}=1.0$；$\frac{b}{a}=0.4$	$\frac{e}{H}\approx 0.664\sim 0.684$	$\mu = 1.09 - 0.507\frac{e}{H}$	$\frac{e}{H} = 0.27\sim 0.664$	

（2）泄流能力：按式（1.2-44）计算，其中的流量系数，针对底缘形状按表 1.2-11 选取。

（3）直角胸墙的改建：底缘形状原为直角的工程，可以加设导流板（见图 1.2-31），改建为椭圆形底缘，以提高泄流能力。导流板上可以设置多排通水孔，以降低导流板内外的压差，便于结构处理。

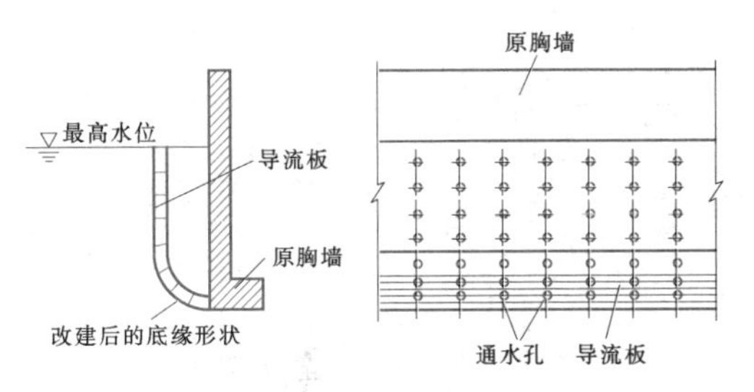

图 1.2-31 导流板示意图

1.2.3.4 活动式胸墙

活动式胸墙采用上、下双层闸门（例如，陆水蒲圻枢纽溢流坝，上层采用平板门，下层采用弧门；葛洲坝二江泄水闸，闸型为开敞式平底闸，每 3 孔底板连成整体。孔口宽 12m、高 24m，每孔设上、下双扉闸门，上扉为平板门，下扉为弧形门，均为宽 12m、高 12m），平时上门用作胸墙挡水，下门泄水；遇特大洪水，再提起上门（即活动胸墙），使溢流表孔按水头 3/2 次方的关系敞泄。这种方式，不仅把正常溢洪道与非常溢洪道结合起来，而且有利于缩小表孔（即下层闸门）的尺寸。

1.2.4 溢流拱坝

溢流拱坝布置方式、建筑物组成以及各项水力学计算与前述溢流坝基本相同，拱坝坝身孔口一般采用径向（弧形）布置的型式，由此带来了泄洪水流冲刷集中、挑距拉近以及水流归槽不顺等向心集中问题。为减轻或抵消拱坝泄流向心集中的不利影响，可通过调整孔口布置或鼻坎出口采取非对称窄缝、扩散、分流齿坎、舌形坎等辅助消能工以分散水流的工程措施，具体布置的工程实例参见《水工设计手册》（第 2 版）第 5 卷相关章节。

1.2.5 国内外溢流坝工程基本资料

表 1.2-12 列举了国内一些溢流坝（或溢流坝段）的基本资料；表 1.2-13 列举了国外峡谷高坝的大流量溢流坝资料；表 1.2-14 列举了国内已建的和在建的大流量水电站泄洪方式统计情况；表 1.2-15 列举了国内外峡谷高坝的大流量联合泄洪资料。

表 1.2-12 国内一些溢流坝的基本资料

编号	工程名称	坝型	溢流表孔类型①	堰面曲线	洪水标准频率(%)		泄量 Q (m^3/s)		单宽流量 q [$m^3/(s \cdot m)$]		堰顶水头 H (m)		定型设计水头 H_d (m)	堰面坡度		设计水头下流量系数	闸门		闸墩厚(m)	反弧半径(m)	消能方式	鼻坎型式
					设计	校核	设计	校核	设计	校核	设计	校核		上游	下游		型式	尺寸(宽×高)(m×m)				
1	丰满水电站	实体重力坝	孔口	$y=0.0342x^2$，首部 $R=2.5$m	0.1	0.01	7488	8366	37.8	42.3	12.0	14.0		直立	1∶0.78		平板	12×6	6.0	30.0	挑流	差动
2	桓仁水电站	单支墩大头坝	开敞	克—奥曲线	0.1	0.01	18800	23460	97.0	122.0	15.7	17.8	15.0	1∶0.4		0.46	平板	12×10	4.0	16.0、400	挑流	连续
3	回龙山水电站	实体重力坝	开敞	克—奥曲线，头部为椭圆，堰顶较宽	33.0	0.5	9500	12500	45.7	60.2	8.9	11.2	5.5	直立			弧形	12×8.2	4.0	11.0	面流	连续
4	葠窝水电站	实体重力坝	孔口	$y=\frac{1}{61.4}x^2$	1.0	0.1	6720	20400	39.3	92.5	17.0	17.2		直立	1∶0.9		弧形	12×12	4.0	18.1	面流	连续
5	珠窝水电站	实体重力坝	开敞	克—奥曲线，顶部有4.25m直线段			1200	2700	16.7	37.4	4.0	5.8		折线			弧形	12×6.3	3.0	11.4	底流	—
6	盐锅峡水电站	宽缝重力坝	开敞	克—奥曲线，首部 $R=6.5$m，有5.0m平顶	1.0	0.1	7500	8900	81.0	88.0	11.8	12.4		1∶0.2	1∶0.8	0.429～0.437	弧形	12×10	4.0	17.0	底流	—
7	八盘峡水电站	实体重力坝	开敞	$y=0.061x^{1.85}$，首部 $R=5.0$m				8500		100.0	12.5		11.8				弧形	10×12.5		10.0	挑流	连续
8	石泉水电站	实体重力坝	开敞	$y=0.045677x^2$，$R_1=3.0$m，$R_2=7.5$m，有倒悬头	1.0	0.2	19400	24200	111.0	167.0	16.7	21.0	16.7	直立		0.474	弧形	13.5×17.2		20.0	消力戽	连续
9	三门峡水利枢纽	实体重力坝	开敞	克—奥曲线													弧形				挑流	连续
10	枫树坝水库	宽缝重力坝	开敞	克—奥曲线，有倒悬头	0.1	0.01	11000	14300	90.0	118.0	13.4	14.3	13.4	直立	1∶0.75		弧形	13×13	4.0	20.0	挑流	连续
11	新丰江水电站	单支墩大头坝	开敞	克—奥曲线，有倒悬头	0.1	0.01	2700	3800	54.0	16.0	10.0	12.0	10.0	1∶0.5	1∶0.5		弧形	15×10		15.0、20.0	挑流	连续
12	长湖水电站	宽缝砂腔重力坝	开敞	克—奥曲线			6750	8950	84.0	112.0	13.3	15.9	13.3			0.484	弧形	13×13.2			面流	连续
13	柘溪水电站	单支墩大头坝	孔口	$y=0.0549x^{1.7}$，胸墙底缘及堰首均为椭圆	0.5	0.1	14160	15460	96.0	103.0	18.2	19.2		直立	1∶0.75		平板	12×9	4.0	11.0、18.0	挑流	差动
14	双牌水电站	双支墩大头坝	开敞	克—奥曲线	1.0	0.1	9250	12560	73.9	100.5	13.4	14.0		1∶0.3	1∶0.85		弧形	10×9	3.0	13.0	挑流	连续

续表

编号	工程名称	坝型	溢流表孔类型①	堰面曲线	洪水标准频率(%)		泄量Q(m³/s)		单宽流量q[m³/(s·m)]		堰顶水头H(m)		定型设计水头H_d(m)	堰面坡度		设计水头下流量系数	闸门		闸墩厚(m)	反弧半径(m)	消能方式	鼻坎型式
					设计	校核	设计	校核	设计	校核	设计	校核		上游	下游		型式	尺寸(宽×高)(m×m)				
15	西津水电站	宽缝重力坝	开敞	克—奥曲线			22600	30700	75.6	102.5	14.2	17.7	12.0	1∶0.2	1∶0.1	0.445	平板	14×12.3	3.2	6.287	面流	连续
16	新安江水电站	宽缝重力坝	开敞		0.1	0.01	9950	14000	54.0	76.5	12.0	15.0		直立	1∶0.75	0.485	平板	13×10.5	7.0	椭圆②曲线	挑流	差动
17	七里垄电站	实体重力坝	开敞	克—奥曲线	1.0	0.1	23100	33800	80.5	118.0	13.1	16.6	11.4	1∶0.8		0.445	弧形	14×13	2.9	21.0	面流	连续
18	黄坛口水电站	实体重力坝	开敞	$x^2+3.8552x+29.569y-8.813=0$, $R_1=2.906$m, $R_2=2.189$m	0.5	0.1	1300	11750	59.5	95.5	12.0	13.7		直立	1∶0.85		弧形	10.5×11	2.0	17.0	底流	—
19	湖南镇水电站	梯形重力坝	开敞		0.1	0.01	5260	7840	70.0	104.0	15.4	17.55		直立	1∶0.68			15×10	5.0		挑流	连续
20	龚嘴水电站	实体重力坝	孔口	$y=0.025x+0.0212x^2$，有倒悬头	0.1	0.01	13900	15800	200.0	230.0	18.0	23.63		直立				12×16.316	6.0	30.0	面流	连续
21	乌江渡水电站	拱形重力坝	开敞	克—奥曲线，拟合方程 $y=0.042x^{1.82}$	0.1	0.02	19600	23100	174.0	201.0	18.9	20.8	19.1	直立	1∶0.6	0.416③	弧形	13×19		52.0	挑流	连续
22	丹江口水利枢纽	宽缝重力坝	开敞	$x^{1.85}=2H_d^{0.85}y$				40000		166.0	23.3		20.0				平板			25.0	挑流	连续
23	黄龙滩水电站	宽缝重力坝	孔口	$y=0.0492x^{1.72}$ ($y=0.0158x^2$)	0.5	0.1	12895	14297	119.0	132.0	20.9	26.5		直立	1∶0.75		平板	12×10	4.0	20.0	挑流	差动
24	蒲圻水电站	实体重力坝	孔口 开敞	$y=0.046x^{1.8}$及$y=0.0296\times(x+4.07)^{1.85}-0.859$			4950	6090	77.2	95.0	14.5	16.5		直立			弧形	9.4×10.5			底流	—

① 孔口式溢流表孔指堰顶设有胸墙者，开敞式溢流表孔指堰顶无胸墙者。

② $\frac{x^2}{26.02^2}+\frac{y^2}{30.58^2}=1$。

③ 按本工程在设计水位下的流量系数有三种试验值，表列数字取自南京水利科学研究院的试验数据。

表 1.2-13　　国外峡谷高坝的大流量溢流坝资料

国别	坝名	坝型	坝高(m)	泄洪布置	泄洪流量(m^3/s)
印度	斯里赛兰（Srisailam）	重力坝	144	12孔，18.29m×16.67m弧门	37400
土耳其	卡拉卡亚（Karakaya）	重力拱坝	180	10孔，14m×14m弧门（厂顶溢流）	22000
澳大利亚	瓦拉冈巴（Warragamba）	重力坝	137	(1) 4孔，各12.2m×13.3m； (2) 1孔，各27.4m×7.6m	12740
美国	派因·费莱特（Pine Flat）	重力坝	134		11070
印度	拉克瓦尔（Lakhwar）	重力坝	192		8000
美国	莫西洛克（Mossyrock）	拱坝	185	4孔，13m×15.2m	7800
日本	佐久间	重力坝	156	5孔，12m×13.5m平板门	7700
苏联	托克托古尔（Токтогуль）	重力坝	215	溢流坝2孔，各宽10m；深孔2个；厂顶溢流	(3300)
法国	蒙提纳（Monteynard）	重力拱坝	155	2孔，各宽15m（厂房溢流）	(2820)
苏联	英古尔（Игурн）	拱坝	272	坝顶跌流	(2500)

注　括号内的数字不是最高水位时的流量。

表 1.2-14　　国内已建的和在建的大流量水电站泄洪方式统计表

电站名称	坝型	坝高(m)	泄洪流量(m^3/s)	泄洪建筑物尺寸				
				表孔[孔数—宽(m)×高(m)]	中孔[孔数—宽(m)×高(m)—工作水头(m)]	深孔/底孔[孔数—宽(m)×高(m)—工作水头(m)]	溢洪道[孔数—宽(m)×高(m)]	泄洪隧洞[孔数—宽(m)×高(m)—工作水头(m)]
三峡	重力坝	181.0	102500	22—8×11	2—8×11—42	23—7×9—85		
五强溪	重力坝	85.83	55962	9—19×23		5—3.5×7.0—51		
水口	重力坝	101.0	51800	12—22×15		2—5×8—40		
溪洛渡	双曲拱坝	278	49225	7—12.5×13.5	8—6×6.7—100			4—14×12—60
向家坝	重力坝	161.0	48680	12—10×16	10—6×5.6—84			
潘家口	重力坝	107.5	42600	18—15×15				
彭水	重力坝	116	41832	9—14×24.5				
水丰	重力坝	106.0	40000	26—12×6.5			10—9×10	1—ϕ8.6
安康	重力坝	128.0	37700	5—15×17	5—11×12—25	4—5×8—65		
龙滩	重力坝	216.5	35500	7—15×20		2—5×8—110		
岩滩	重力坝	111.0	33400	7—15×21	1—5×8—47			
构皮滩	双曲拱坝	232.5	28900	6—12×16.0	7—7.0×6.0—80			1—10×9—80
云峰	重力坝	113.75	24230	21—11×7.5		4—4.25×4.25—70		
二滩	双曲拱坝	240	23900	6—11×11.5	7—6.0×5.0—80			2—13×13.5—37
大朝山	重力坝	111.0	23800	5—14×17.8		3—7.5×10—56		
隔河岩	重力拱坝	151.0	23458	7—12×18.2		4—4.5×6.5—66		
凤滩	重力拱坝	112.5	23300	13—14×12		1—6×7—60		
漫湾	重力坝	132.0	23000	5—13×20		2—5×8—69		1—12×12—18.5
乌江渡	重力拱坝	165.0	21350	4—13×18.5	2—4×4.4		2—13×18.5	2—9×10.44—40
万家寨	重力坝	105.0	21100	1—14×10	4—4×8	8—4×6—62		

续表

电站名称	坝型	坝高(m)	泄洪流量(m^3/s)	泄洪建筑物尺寸 表孔[孔数—宽(m)×高(m)]	中孔[孔数—宽(m)×高(m)—工作水头(m)]	深孔/底孔[孔数—宽(m)×高(m)—工作水头(m)]	溢洪道[孔数—宽(m)×高(m)]	泄洪隧洞[孔数—宽(m)×高(m)—工作水头(m)]
小湾	双曲拱坝	292	20573	5—11×15	6—6.0×5.0—90			1—13×13.5
宝珠寺	重力坝	132.0	16060	2—15×17.3	2—13×15—34.7	4—4×8—64.7	3—11.5×17.0	
三门峡	重力坝	106.0	15100		12—3×8	8—3×8—52		2—8×8
故县	重力坝	125.0	13894	5—13×16.5	1—6×9—58	2—3.5×4.23—78.6		
黄龙滩	重力坝	107.0	13300	6—12×10		1—5×6—50	1—10×12	
白山	重力拱坝	149.5	11000	4—12×12		3—6×7		

表 1.2-15　国内外峡谷高坝的大流量联合泄洪资料

国别	坝名	坝型	坝高(m)	泄洪建筑物	流量(m^3/s) 分计	流量(m^3/s) 合计
中国	乌江渡	重力拱坝	165.0	(1) 溢流坝 4 孔，13m×19m 弧门； (2) 滑雪道 2 孔，13m×19m 弧门； (3) 中孔 2 条，4m×14m 弧门； (4) 泄洪洞 2 条，9m×10m	10440 5220 1150 4130	20940
西班牙	阿耳德阿达维拉(Aldeadavila)	重力拱坝	140.0	(1) 溢流坝 8 孔，14m×7.84m 弧门； (2) 右泄洪洞，ϕ10.4m，进口 12.5m×9.7m 弧门	11700 2800	14500
中国	白山	重力拱坝	150.0	(1) 溢流坝 4 孔，12m×11m； (2) 中孔 3 个，6m×7m		12020
洪都拉斯	厄耳卡扬(ElCajon)	拱坝	226.0	(1) 左泄洪洞 2 条，ϕ12m 各 2 个，4m×9.5m； (2) 底孔 3 个，各 2 个，3m×4.8m； (3) 坝顶表孔 5 个，各宽 15m	4000 1890 2700	8590
印度	巴克拉(Bhakra)	重力坝	226.0	(1) 溢流坝 4 孔，15.2m×14.5m 弧门； (2) 深孔 16 个，分为 2 排		8370
中国	东江	拱坝	157.0	(1) 左右滑雪道各 2 孔，10m×7.5m 弧门； (2) 泄洪洞，8.5m×8m 弧门（二级放空洞，7m×8m）	5860 1970	7830
中国（台湾）	大成	拱坝	180.0	(1) 左泄洪洞，ϕ11.6m 马蹄形，5 个 11.2m×8m 平板门； (2) 坝顶跌流，4 个 12m×5m 铰叶门； (3) 泄水深孔 2 个，4.3m×6.5m	3200 1600 1600	6400
美国	德沃夏克(Dworshak)	重力坝	219.0	(1) 溢流坝 2 孔，15.2m×16.8m； (2) 中孔 3 个，4m×5.2m		6260
中国	龙羊峡	重力拱坝	178.0	(1) 溢流坝 3 孔，12m×17m 弧门； (2) 中孔 1 个，8m×9m 弧门； (3) 深孔 1 个，5m×7m 弧门； (4) 底孔 1 个，5m×7m 弧门	6400 2170 (1200)① (1390)①	8570 (2590)①
加拿大	麦加 (Mica)	土石坝	242.0	(1) 岸边溢流坝 3 孔，12.2m×12.7m 弧门； (2) 中孔泄洪洞 2 个，3.04m×5.5m 弧门	4250 1040	5290

注 电厂机组在泄洪期内的发电流量未计入。

① 括号内的数字不是最高水位时的流量。

1.3 坝身泄水孔

1.3.1 坝身泄水孔分类

对混凝土重力坝和混凝土拱坝，除设置溢流式表孔作为主要泄洪设施外，根据需要还应在坝体的不同高程分别设置泄洪中孔、泄洪深孔、泄洪兼排沙中孔或底孔以及放空底孔等多层坝身泄水孔口泄流。在多泥沙河流上修建的河道型水库一般都采用“蓄清排浑”的运行管理方式，以保证汛期入库的泥沙过坝，从而减少库体内泥沙淤积，保持水库的有效兴利库容。为达到这一目的，汛期水库水位必须维持在水库的汛限水位下运行。坝身泄水孔可以增大汛限水位时库区水流的流速和挟沙能力，有利于泥沙过坝，泄洪和排沙是同时进行的。需要说明的是，排沙孔是为了将电站进水口前的泥沙拉出一个漏斗形的河槽，以保证“门前清”。排沙孔虽然也是坝身泄水建筑物，但泄量小，一般汛期不参与泄洪，其孔口高程应低于电站进水口。

坝身导流底孔是为了施工导流而设的临时泄水建筑物，在施工完建后下闸封堵，不再使用。但三门峡大坝底孔封堵后，为了解决水库泥沙严重淤积而重新打开使用，其情况比较特殊。

坝身深式泄水孔可布置在专设的泄水孔坝段，如安康、万安、高坝洲等；也可布置在溢流表孔的闸墩下部，如三峡、江垭、五强溪、皂市等。当坝身泄水孔（如导流底孔）与泄水表孔或施工期坝体缺口同时过流时，应考虑底孔出口受水舌封堵的影响，采取适当措施以避免空蚀，此外，应采取措施防止导流底孔进口门槽顶部进水。

泄水孔分为短有压泄水孔和长有压泄水孔两大类。对于混凝土重力坝，由于坝体断面较大，一般采用短有压泄水孔（见图1.3-1）的布置型式；对于混凝土拱坝，由于坝体断面尺寸较小，为减小坝身开孔对坝体产生不利影响，一般采用长有压泄水孔（见图1.3-2）的布置型式。亦有部分重力坝工程采用长有压泄水孔的布置型式。

混凝土坝坝身泄水孔一般布置在溢流坝段。由于泄洪深孔应力较大，布置单层深孔时，一般布置在同一溢流坝段中心线上，且不跨缝布置，当需布置泄洪中孔、泄洪底孔或导流底孔等多层深式进水口时，也可采用跨缝布置。若将泄水孔布置在非溢流坝段上时，需有单独的消能设施，或者需设法使泄水孔所泄水流泄入溢流坝段内的消力池内。

坝身泄水孔孔口尺寸与数量的关系需经技术经济论证决定。一般采用数量较多而尺寸较小的泄水孔，结构上比较有利。通常采用矩形断面，其最小尺寸以不妨碍检修为宜。

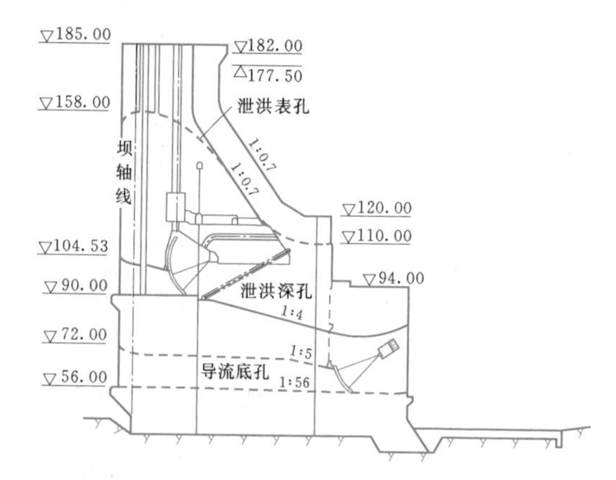

图1.3-1 三峡水利枢纽工程泄洪坝段典型断面图（单位：m）

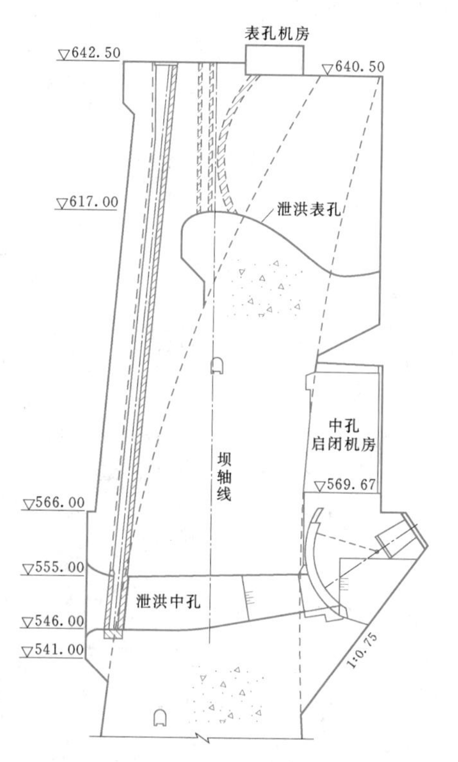

图1.3-2 构皮滩水电站泄洪坝段剖面图（单位：m）

坝身泄水孔的底板高程主要决定于水库的运用条件。就单纯的防洪水库而言，底板高程应尽可能低些，以放空水库，同时要考虑与消力池布置的协调。泄水孔洞线既可由进口至出口呈直线倾斜，也可呈曲线降低。压力孔末端常设出口束缩段。

1.3.2 短有压泄水孔

短有压泄水孔由短有压进口段和明流泄槽段组成。短有压进口段包括进口喇叭段、门槽段和压坡段三个部分，该段体型的设计应使其在各种流量下保持正压，并要求断面变化均匀，泄流能力大。有压段末端需设工作闸门，其上游设一道事故检修闸门，检修闸门采用平板门，工作闸门则多采用弧形门。短有压泄水孔体型如图1.3-3所示，短有压泄水孔工作闸门后为明流泄槽段，其孔顶需留有一定的裕量，其值可取最大流量时不掺气水流的30%～50%。

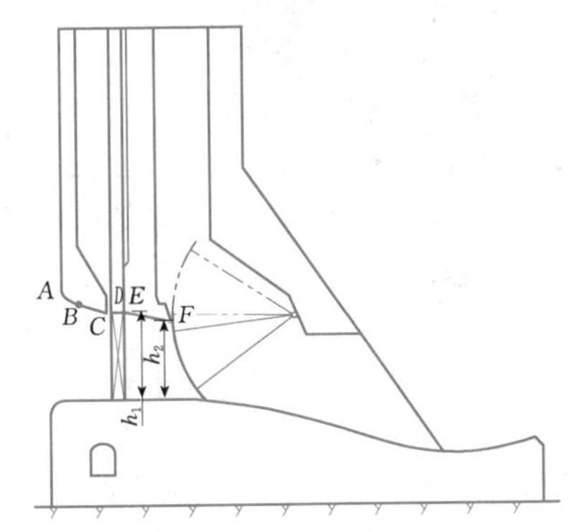

图1.3-3 短有压坝身泄水孔的典型布置图

明流泄槽段的布置根据闸门的布置型式一般采用光面式、跌坎式、突扩跌坎式三种型式。其中光面式泄槽又常采用抛物线和直线陡坡两种布置型式，其中对小孔口、低水头、高空化数的短有压泄水孔通常采用抛物线型式，反之则宜采用直线陡坡型式以达到提高坝面压力及水流空化数的目的。明流段出口一般布置有反弧段。

1.3.2.1 进口段

进口段各部分的体型可按如下方式进行设计。

1. 顶部曲线

进口段的顶部曲线可分为AB、BC两段，分述如下。

(1) AB段。顶部曲线宜采用椭圆曲线。椭圆的长半轴可取为进口段末端的孔高，短半轴可取为长半轴的1/3，即AB段的曲线（见图1.3-4）的方程式可表示为

$$\frac{x^2}{(kh_1)^2}+\frac{y^2}{(kh_1/3)^2}=1 \qquad (1.3-1)$$

式中 x、y——曲线的横、纵坐标轴；

h_1——进口段末端的孔高，m；

k——系数，通常取$k=1$，但为了使椭圆长、短半轴为整数，有时也可取k值稍大于1。

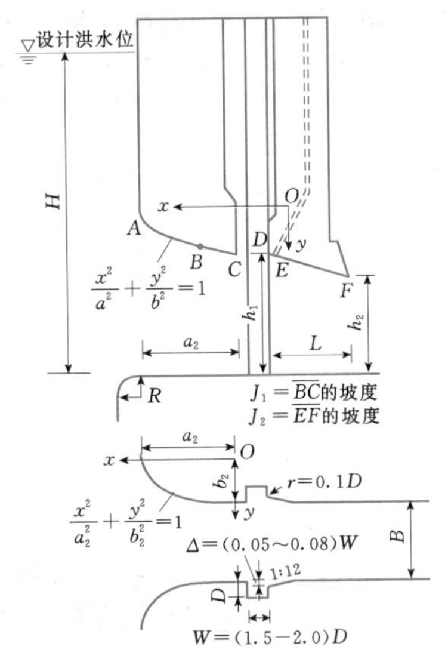

图1.3-4 压力段布置图

(2) BC段。为AB段的1/4椭圆在B点的切线，切点B的位置可由下式求得：

$$\begin{cases}\dfrac{x}{3\sqrt{(kh_1)^2-x^2}}=J_1\\[2ex]\dfrac{x^2}{(kh_1)^2}+\dfrac{y^2}{(kh_1/3)^2}=1\end{cases} \qquad (1.3-2)$$

式中 J_1——切线BC的坡度，一般取1∶4.5～1∶6.5。

进口段的顶部曲线亦可采用上述AB段的1/4椭圆，不设BC段。

2. 侧面曲线

侧面曲线可采用1/4椭圆，曲线方程可取为

$$\frac{x^2}{a_2^2}+\frac{y^2}{b_2^2}=1 \qquad (1.3-3)$$

$$b_2=(0.22\sim0.27)B$$

$$a_2=3b_2$$

式中 B——泄水孔的正常宽度，m。

3. 底部型式

底部型式可根据实际情况布置。

4. 上游面切点A以上的垂直面高度

上游面切点A以上的垂直高度不宜小于进口段末端的孔高。

1.3.2.2 事故检修门槽段

事故检修门槽段分为CD、DE段，该段应选择体型较优且初生空化数较低的门槽，其中CD间为一条空口，其宽度约为5倍止水宽度，点C宜高于点E。

1.3.2.3 压坡段

压坡段顶坡宜取稍陡于 BC 段的顶坡，以提高进口段压力，可相应采用1∶4～1∶6；高水头的坝身泄水孔压坡段的顶坡宜取大值（1∶4.0），水头较低或次要泄水建筑物可取小值（1∶6.0）。压坡段两端断面面积之比 A_2/A_1 可参照实际工程所选用的值确定。

当事故检修门的止水为下游止水时，应注意在该段的首端设置通气孔。

1.3.2.4 明流泄槽段

明流段坝面一般采用抛物线型式（见图1.3-5），其方程一般可采用：

$$y=\frac{g}{2(kv)^2\cos^2\theta}x^2+x\tan\theta \qquad (1.3-4)$$

式中 θ——抛物线起点（坐标 x、y 的原点）处切线与水平方向的夹角，当起始段呈水平时，则 $\theta=0$；

v——起点断面平均流速，m/s；

g——重力加速度，取9.81m/s²；

k——防止负压产生而采用的安全系数，其值可在1.2～1.6范围内选用，一般可取 $k=1.6$。

在较高流速又不设掺气坎时，明流段坝面宜采用陡槽式（见图1.3-5），陡槽斜面用半径不小于60m的圆弧在有压段内与水平底板衔接。在流速超过35m/s时，明流段坝面宜采用掺气坎接直坡式（见图1.3-5）。

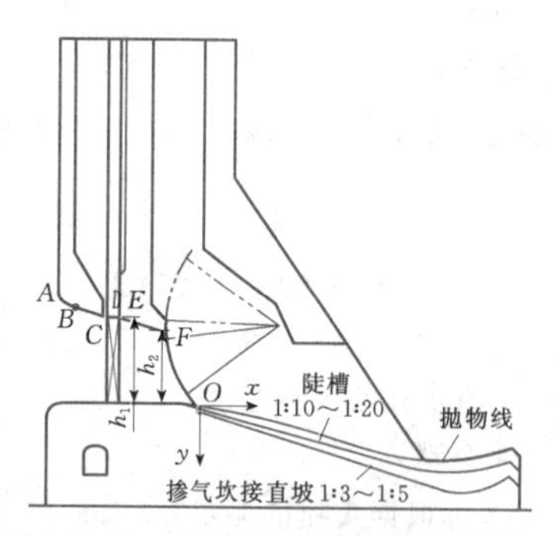

图1.3-5 短有压泄水孔明流泄槽段体型

明流段的反弧段一般采用单圆弧式，末端为挑坎，鼻坎高程应高于鼻坎处水位，以保证形成自由挑流，但可略低于坝下游最高水位。

1.3.2.5 突扩跌坎体型

对于高水头、高流速（大于30m/s）的压力管出口，通常采取跌坎或掺气槽等掺气减蚀措施，对于大孔口、高水头工作闸门也常结合压紧式止水闸门布置，采用突扩跌坎式门座（见图1.3-6），且兼做掺气之用。

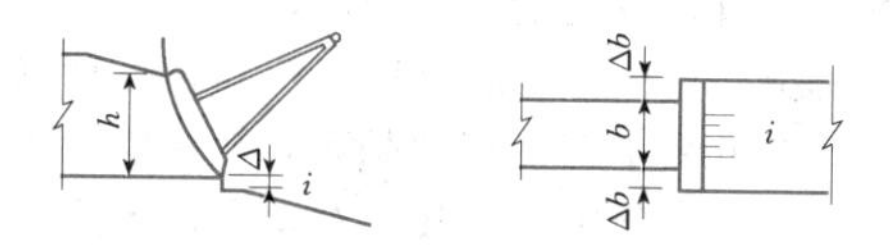

图1.3-6 突扩跌坎式门座典型体型示意图

根据国内外已建工程资料，侧扩比 $\Delta b/b$ 在0.04～0.18之间，Δ/h 多在0.03～0.29之间。根据有关试验研究，在水头75.00～100.00m、弗劳德数2.5～4.0的条件下，适宜的参数范围为：$1\text{m}\leqslant\Delta\leqslant2\text{m}$ 和 $0\leqslant i\leqslant20\%$，而侧扩 Δb 在可能的条件下应力求减小。国内外部分突扩跌坎式门座布置工程实例见表1.3-1。

1.3.3 长有压泄水孔

长有压泄水孔进口段体型布置要求与短有压泄水孔进口段基本相同，进口段下接事故检修闸门门槽段，再往下接平坡或1∶10的缓坡段，工作闸门设在出口端，出口段上游设一压坡段，孔出口断面一般为方形。长有压泄水孔的体型如图1.3-7所示，有压管段必要时可在平面上布置成弯道，但转弯半径一般不宜小于5倍洞径，转角不宜大于60°，且弯道前后均需设置足够的直线段，以使水流平顺。

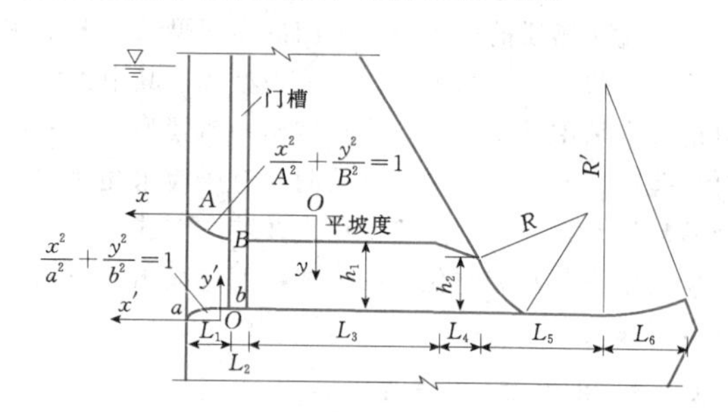

图1.3-7 长有压泄水孔典型布置图

根据压力段出口布置型式，长有压泄水孔型式又可分为平底式、压力上翘式或下弯式三种，其中平底式较为常见，对于希望增大水舌挑距者，常采用上翘式，反之则采用下弯式。此外，为使坝身底部放水孔出口水流与溢流坝面平顺相接，亦可采用下弯式布置。长有压泄水孔工作闸门的布置型式与短有压泄水孔基本相同。

统计国内外工程实例，坝身泄水孔以短有压泄水孔居多，长有压泄水孔相对较少，二者各有优缺点。对于短有压泄水孔，需考虑其明流段的防空蚀问题，而长有压泄水孔则需注意其有压段的衬砌问题。由于有压段的设计水头较高，为防止孔口开裂，高压水进入坝内产生不利影响，长有压泄水孔除断面采用圆形

表 1.3-1　　国内外突扩跌坎式门座布置工程实例

工程名称及型式	孔口尺寸 $b\times h$ (m×m)	设计水头 (m)	突扩宽度 Δb (m)	突跌高度 Δ (m)	挑坎高度 (m)	$\Delta b/b$	Δ/h	泄槽底坡 i	折流器宽度 (m)	通气孔直径 (m)	备注
龙羊峡底孔	5×7	120.00	0.60	2.0	0	0.12	0.29	20%接3%	0	2ϕ60	破坏过
龙羊峡深孔	5×7	105.00	0.60	2.0	0	0.12	0.29	10%接3%	0	2ϕ60	已建
东江放水孔	6.4×7.5	120.00	0.40	0.8	0.09	0.06	0.11	1:5	0～0.5	2ϕ80	已建
宝珠寺底孔	4×8	80.00	0.40	1.0	0.1	0.10	0.13	1:16.6	0	2ϕ80	已建
小浪底泄洪洞	4.8×5.4	140.00	0.50	1.5	0	0.10	0.28	1:13	0	2ϕ90	已建
天生桥放空洞	6.4×7.5	120.00 (100.00)	0.40	1.2	0	0.06	0.16	1:10	0～0.5	2ϕ80	已建
漫湾冲沙底孔	3.5×3.5	90.50	0.60	1.0		0.17	0.29				已建
苏联克拉斯诺雅尔斯克	5×5	100.00	0.50	7.0	0	0.10	1.40	0			破坏过
苏联努列克深孔泄洪洞	5×6	110.00	0.50	0.6		0.10	0.10	3%			已建
苏联罗贡	5×6.7	200.00	0.50	0.6		0.10	0.09	1:9			已建
巴基斯坦塔贝拉	4.9×7.3	122.00	0.31	0.38		0.06	0.05	1:8			破坏过
美国德沃歇客	2.7×3.8	81.00	0.48	0.15		0.18	0.04	抛物线			破坏过
日本二濑	5×2.26	69.00	0.19	0.25		0.04	0.11	抛物线			已建
日本大渡	5×5.6	60.00	0.20	0.17		0.04	0.03	抛物线			已建
瑞典霍尔斯		1.00	0.40								已建
苏联结雅泄水孔	5×5	83.00	1.50	6.5		0.30	1.30				已建
水布垭放空洞	6×7	150.00 (110.00)	0.60	1.2	0	0.08	0.14	20%接5.5%		2ϕ100	已建
三峡深孔	7×9	90.40	0	1.2	0	0	0.13	抛物线接1:4陡坡		2ϕ50	已建
构皮滩泄洪洞	10×9	80.00	0	1.5	0	0		1:4.9陡坡			已建

注　1. 为便于工程参照，本表亦收集了部分高水头泄水洞无压孔工程实例。
　　2. b 为孔口宽；h 为孔口高。

外，常需采用较大配筋或采取钢衬等工程措施。此外，采用短有压泄水孔布置型式，由于检修闸门与工作闸门布置较近，运行管理较为方便。坝身泄水孔典型布置如三峡水利枢纽工程，其坝身深孔为短有压泄水孔，导流底孔为长有压泄水孔。

坝身泄水孔应避免孔内有压流与无压流交替出现的现象，此外，坝身泄水孔还应根据需要设置通气孔以补气、排气，稳定水流。

1.3.4 闸门段

闸门段水力设计与闸门、门架、起重设备的设计中的结构问题和机械问题密切相关。闸门段最重要的问题之一是防止空化空蚀。高水头闸门局部开启运行时，可能遇到严重的空蚀与振动，并需要很大的通气量，设计和运行管理中都需要特别注意。对于通常的平面闸门和弧形闸门，闸门段采用矩形断面，对于蝶形阀、锥形阀、针形阀，则采用圆形断面。

1.3.4.1 闸门的位置

1. 闸门位于首部的情况

短有压泄水孔的检修闸门、工作闸门以及长有压泄水孔的检修闸门一般位于首部，如图1.3-1～图1.3-2所示。

2. 闸门位于尾部的情况

长有压泄水孔的工作闸门位于有压段尾部，如图1.3-7所示。

1.3.4.2 闸门的类型

1. 平面闸门与门槽

(1) 平面闸门的门底缘一般为楔形，其角度与止水位置、启闭机容量及门体结构等因素有关，一般在45°左右，如图1.3-8所示。

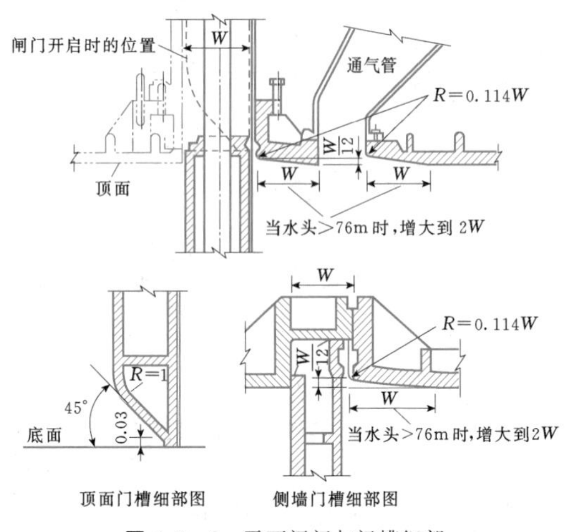

图1.3-8　平面闸门与门槽细部

(2) 门槽布置可参照《水利水电工程钢闸门设计规范》(SL 74) 设计，不同门槽体型的适应范围见表1.3-2。当门槽附近边界体型特殊，流态复杂，或要求经常部分开启的工作闸门门槽超出表1.3-2中两类槽型适用范围时，可参照已建工程的运行经验并通过水工试验选择能够减免空化空蚀的门槽型式。

2. 弧形闸门

弧形闸门的优点是无需闸门槽，启闭力小，闸门止水与闸室边壁的摩擦小；缺点是不易提出门井检修。闸门全开时，下游应为明流，如门后为压力流，需进行专门研究，论证并解决可能存在的空化空蚀和流激振动问题。

3. 其他类型的闸门

坝身泄水孔除采用平面闸门和弧形闸门外，还可以采用锥形门和空心射流阀（空注阀）等。

4. 平压设施

当进口段设置两道闸门时，需有平压设施，以减小启门力。图1.3-9所示为平压设施示意图。

表1.3-2　**平面闸门门槽型式**

槽型	图　形	门槽几何形状的参数	适　用　范　围
Ⅰ	水流 D W	(1) 较优宽深比：$W/D=1.6\sim1.8$； (2) 合宜宽深比：$W/D=1.4\sim2.5$； (3) 门槽初生空穴数的经验公式为 $K_i=0.38(W/D)$ 公式适用范围为 $W/D=1.4\sim3.5$	(1) 泄水孔事故门门槽和检修门门槽； (2) 水头低于12.00m的溢流坝堰顶工作闸门门槽； (3) 电站进水口事故、快速闸门门槽； (4) 泄水孔工作门门槽。水流空穴数$K>1.0$（约相当于水头低于30m或流速小于20m/s时）
Ⅱ	水流 X D Δ R W	(1) 合宜宽深比：$W/D=1.5\sim2.0$； (2) 较优错距比：$\Delta/W=0.05\sim0.08$； (3) 较优斜坡：$\Delta/X=1/10\sim1/12$； (4) 较优圆角半径：$R=30\sim50$mm，或圆角比：$R/D=0.10$； (5) 门槽初生空穴数：$K_i=0.4\sim0.6$（可根据已有科研成果及工程实例类比选用）	(1) 泄水孔工作门门槽。其水流空穴数$K>0.6$（约相当水头为30.00～50.00m，或流速为20～25m/s）； (2) 高水头、短管道事故门门槽，其水流空穴数$1.0>K>0.4$； (3) 要求经常部分开启，其水流空穴数$K>0.8$的工作门门槽； (4) 水头高于12m，其水流空穴数$K>0.8$的溢流坝堰顶工作门

5. 钢板镶衬

在闸门或阀门下游的混凝土壁面可能出现空蚀的地方，须用钢板镶衬。当水头大于80m时，钢板镶衬须由闸门向下游延伸2m左右，且不得终止于坝段接缝处或渐变段内。当水头小于80m时，可不采用钢板镶衬。

6. 通气孔

(1) 设于泄水管道中的工作闸门或事故闸门，其门后通气孔面积可按下列经验公式计算：

$$a \geqslant \frac{Q_a}{[v_a]}$$

$$Q_a = 0.09 v_w A \tag{1.3-5}$$

$$\frac{a}{A} = 0.09\frac{v_w}{[v_a]}$$

式中　a——通气孔的断面面积，m^2；

Q_a——通气孔的充分通气量，m^3/s；

$[v_a]$——通气孔的容许风速，m/s，采用40

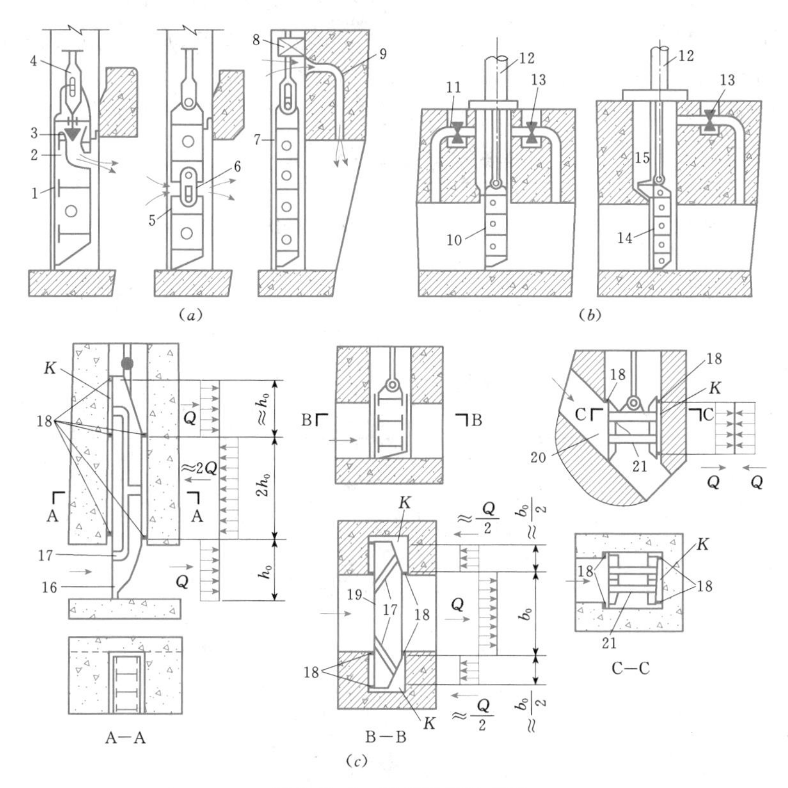

图 1.3-9 平压设施示意图

1、7、10、14—闸门；2—旁通管；3—阀门；4—活塞杆；5—上下两段闸门以其间隙为旁通管；6—带卵形孔的联锁装置；8—压载物；9—混凝土中的旁通管；11—上游旁通管；12—液压传动装置；13—下游旁通管；15—悬臂；16—无闸槽悬臂式闸门；17、21—向压力室 K 供水用的管子；18—闸门与压力室的止水；19—带深闸槽的平压闸门；20—平压闸门

m/s，对小型闸门可采用 50m/s；

v_w——闸门孔口的水流流速，m/s；

A——闸门后管道面积，m^2。

也可按下列半理论半经验公式计算：

$$\beta = K(Fr_g - 1)^{[a\ln(Fr_g-1)+b]} - 1 \quad (1.3-6)$$

$$\beta = \frac{Q_a}{Q_w}$$

$$Fr_g = \frac{v}{\sqrt{9.81e}}$$

式中 β——气水比；

Q_w——闸门一定开启高度下的流量，m^3/s；

Fr_g——闸门孔口断面的弗劳德数；

v——闸门流速，m/s；

e——闸门开启高度，m；

K、a、b——各区间的系数，见表 1.3-3。

(2) 引水发电管道快速闸门门后通气孔面积可按发电管道面积的 3%～5%选用；事故闸门的通气孔面积可酌情减少。

(3) 检修闸门门后通气孔面积可根据具体情况选定，宜不小于充水管面积。

1.3.5 泄流能力

孔口泄流能力按式 (1.3-7) 计算：

$$Q = \mu A_k \sqrt{2gH_w} \quad (1.3-7)$$

式中 Q——流量，m^3/s；

A_k——出口处的控制断面面积，m^2；

H_w——计算作用水头，m；

μ——孔口或管道流量系数；

g——重力加速度，取 $9.81m/s^2$。

1.3.5.1 短有压泄水孔闸门全开

短有压泄水孔闸门（见图 1.3-4）全开，为自由出流，泄流能力计算公式 (1.3-7) 中，控制断面面积 A_k 为短有压泄水孔出口断面面积 A_B，即

$$A_k = A_B = Bh_2 \quad (1.3-8)$$

H_w 可按下式计算：

$$H_w = H_0 - h_2 \quad (1.3-9)$$

式中 B——孔口宽度，m；

h_2——孔口高度，m；

H_0——上游水位至孔口底板的总水头（计及行近流速水头），m。

则短有压泄水孔自由出流泄流能力计算式为

$$Q=\mu Bh_2\sqrt{2g(H_0-h_2)} \quad (1.3-10)$$

流量系数 μ 一般取 0.83～0.93。

国内部分工程短有压泄水孔流量系数见表 1.3-4。

表 1.3-3 半理论半经验公式系数

型式	区间号	L/h	Fr_g 的范围	$\beta=K(Fr_g-1)^{[a\ln(Fr_g-1)+b]}-1$		
				K	a	b
平面闸门的压力管道	Ⅰ	6.100～10.660	3.960～20.300	1.1580	0.112	−0.242
			3.870～3.960	1.0154	0.000	0.000
	Ⅱ	10.660～27.400	1.940～6.290	1.0150	0.035	0.004
			1.610～1.940	1.0152	0.000	0.000
	Ⅲ	27.400～35.780	1.910～17.190	1.0420	0.039	0.008
			1.380～1.910	1.0413	0.000	0.000
	Ⅳ	35.780～77.000	1.080～15.670	1.1300	0.028	0.144
弧形闸门的无压管道	Ⅴ	6.100～10.660	4.570～32.590	1.3420	0.173	−0.438
			3.490～4.570	1.0153	0.000	0.000
	Ⅵ	10.660～27.400	1.700～18.060	1.0540	0.019	0.013
			1.560～1.700	1.0515	0.000	0.000
	Ⅶ	27.400～35.780	2.450～10.810	1.0730	0.053	0.070
	Ⅷ	35.780～77.000	2.330～8.310	1.1700	0.182	−0.019

注 L 为闸后管道长度；h 为管道净高度。

表 1.3-4 国内部分工程短有压泄水孔流量系数

工程名称	孔口尺寸 $B\times h_2$ (m×m)	设计水头 (m)	压坡	进口段末端孔高 h_1 (m)	顶曲线	侧曲线	设计水头对应的流量系数 μ
三峡	7×9	85.00	1∶4	11.0	$\frac{x^2}{11^2}+\frac{y^2}{3.67^2}=1$	$\frac{x^2}{4.5^2}+\frac{y^2}{1.3^2}=1$	0.875
丹江口	5×6	57.00	1∶6	7.5	$\frac{x^2}{7.5^2}+\frac{y^2}{1.7^2}=1$	$\frac{x^2}{3.6^2}+\frac{y^2}{0.9^2}=1$	0.89
高坝洲	9×9.4	35.00	1∶4	10.9	$\frac{x^2}{10.9^2}+\frac{y^2}{3.6^2}=1$	$\frac{x^2}{5.4^2}+\frac{y^2}{1.8^2}=1$	0.93
亭子口	6×9	84.00	1∶4	12.3	$\frac{x^2}{12.3^2}+\frac{y^2}{4.1^2}=1$	$\frac{x^2}{4.5^2}+\frac{y^2}{1.5^2}=1$	0.895
白虎潭	1.5×1.625	48.98	1∶4.3	2.125	$\frac{x^2}{2.5^2}+\frac{y^2}{0.85^2}=1$	$\frac{x^2}{4.2^2}+\frac{y^2}{0.625^2}=1$	0.924

1.3.5.2 长有压泄水孔闸门全开

长有压泄水孔孔口全开，为自由出流，泄流能力计算公式（1.3-7）中：流量系数 μ 是闸门全开时的有压段出口断面为 A_B 的流量系数，计算式为

$$\mu=\frac{1}{\sqrt{1+(\sum\zeta_l+\sum\zeta_M)\left(\frac{A_B}{A_i}\right)^2}} \quad (1.3-11)$$

即出口处的控制断面面积 A_k 为孔口出口断面面积，$A_k=A_B=Bh_2$，$H_w=H'$，则泄流能力公式型式与式（1.3-10）相同，只是流量系数不同。

局部水头损失系数 ζ_l 主要包括进口水头损失系数 ζ_{in}，渐变段水头损失系数 ζ_{gr}，闸槽水头损失系数 ζ_{sl} 和弯道水头损失系数 ζ_b 等。

进口水头损失主要包括进口曲线段、门槽、通气孔、进水口与洞身间的渐变段等局部损失，以及进水

口建筑物中的沿程损失。各部位的局部水头损失系数见表1.3-5。初步设计时，美国陆军工程兵团建议：对泄流能力设计，进口段水头损失系数采用0.16；而在高速水流为关键问题时，采用0.10。

表1.3-5　　局部水头损失系数

名　　称	简　　图	局部水头损失系数 ζ
进　口	v	直角：$\zeta=0.5$
	r, d, v	角稍加修改：$\zeta=0.2\sim0.25$ 完全修圆（$r/d\geqslant0.15$）：$\zeta=0.10$ 流线型（无分离绕流）：$\zeta=0.05\sim0.06$
	v	切角：$\zeta=0.25$
矩形变圆形渐缩管	v	$\zeta=0.05$（相应于中间断面的流速水头）
圆形变矩形渐缩管	v	$\zeta=0.1$（相应于中间断面的流速水头）
缓弯管段	d, θ, R, θ, v	$\zeta=\left[0.131+0.1632\left(\frac{d}{R}\right)^{7/2}\right]\left(\frac{\theta}{90^{\circ}}\right)^{1/2}$
标准门槽	v	$\zeta=0.05\sim0.2$（一般取0.1） 一般门槽水头损失系数详见图1.3-10
弧形门	R, a, e, v, c	ζ 0.2, 0.1, 0; 0.1, 0.5, 1.0; e/a; 1.8, 1.6, c/a≈1.2, 1.4 ζ值对应于收缩断面流速水头（$R/a\approx2$）
平板门	a, e, v	<table><tr><td>e/a</td><td>0.1～0.7</td><td>0.8</td><td>0.9</td><td>说　明</td></tr><tr><td>ζ</td><td>0.05</td><td>0.04</td><td>0.02</td><td>ζ值相应于收缩断面流速水头，不包括门槽损失</td></tr></table>

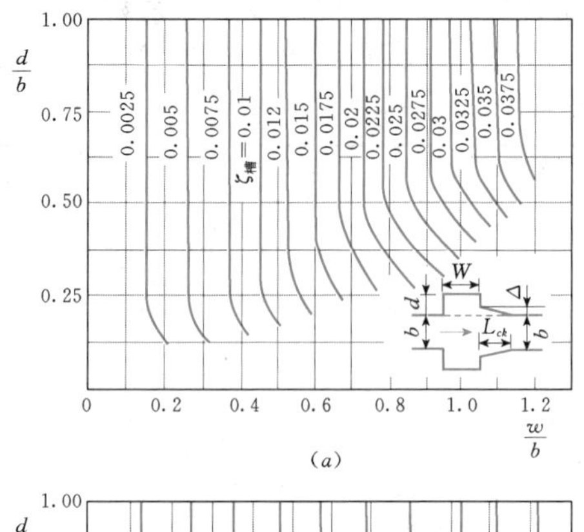

(a)

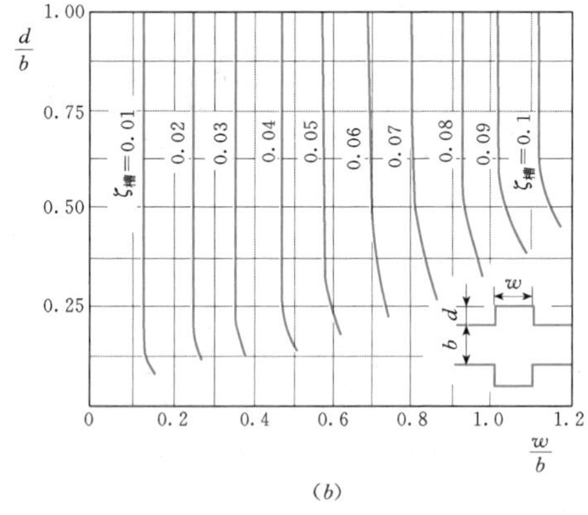

(b)

图 1.3-10　门槽水头损失系数 ζ

1.3.5.3　闸门局部开启

闸门局部开启，泄流为自由出流，泄流能力计算公式（1.3-7）中，流量系数 μ 仍按照式（1.3-11）计算，式中控制断面面积 A_k 为局部开启时闸后收缩断面面积 A_C，即

$$\mu = \frac{1}{\sqrt{1+(\sum\zeta_l+\sum\zeta_M)\left(\frac{A_C}{A_i}\right)^2}} \tag{1.3-12}$$

$$A_C = \varepsilon A_B \tag{1.3-13}$$

$$H_w = H_0 - \varepsilon e \tag{1.3-14}$$

式中　e——闸门开度，m。

在无侧收缩的条件下，平底坎平板闸门的垂直收缩系数 ε 与闸孔相对开度 e/h_2 的关系见表 1.3-6。

弧形闸门垂直收缩系数 ε 主要与闸门下缘切线与水平方向的夹角 α 有关，如图 1.3-11 所示，ε 可根据表 1.3-7 确定。

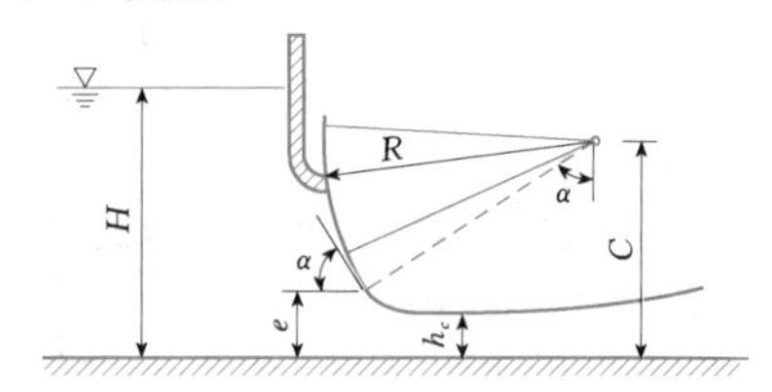

图 1.3-11　弧形闸门局部开启示意图

表 1.3-6　　**平板闸门的垂直收缩系数 ε**

e/h_2	0.10	0.15	0.20	0.25	0.30	0.35	0.40	0.45	0.50	0.55	0.60	0.65	0.70	0.75
ε	0.615	0.618	0.620	0.622	0.625	0.628	0.630	0.638	0.645	0.650	0.660	0.675	0.690	0.705

表 1.3-7　　**弧形闸门的垂直收缩系数 ε**

α (°)	35	40	45	50	55	60	65	70	75	80	85	90
ε	0.789	0.766	0.742	0.720	0.698	0.678	0.662	0.646	0.635	0.627	0.622	0.620

1.3.5.4　下游淹没出流

当下游淹没出流时，泄流能力计算公式（1.3-7）中：流量系数 μ 是对闸门全开时的有压段末端断面 A_B 而言的流量系数，按式（1.3-11）计算；出口处的控制断面面积 A_k 为孔口出口断面面积 A_B（$A_B = Bh_2$），有效水头 H_w 为上下游水头差 ΔH，则泄流能力公式为

$$Q = \mu B h_2 \sqrt{2g\Delta H} \tag{1.3-15}$$

1.3.5.5　多层泄水孔与坝面溢流联合泄洪

多层泄水孔与坝面溢流联合泄洪布置首先在美国大古力（Grand Coulee）坝中应用，在国内尚无应用实例。

对于图 1.3-12 所示的多层泄水孔与坝面溢流联合工作时，泄水孔计算作用水头为

$$H_w^* = H_w - \Delta H_w \tag{1.3-16}$$

式中　H_w——溢流表孔不工作，只有坝身泄水孔出流沿坝面下泄时的计算作用水头，m；

ΔH_w——因溢流表孔运行，坝面溢流对泄水孔有效水头的影响值。

图 1.3-13 所示为 $\frac{\Delta H_w}{H_w} = f\left(\frac{P}{a}, \frac{q_{ov}}{q_s}\right)$ 关系曲线，可供查算 ΔH_w 之用。q_{ov} 为坝面单宽流量，a 为泄水孔出口断面正交于水流方向的水深，P 为泄水孔出口断面处正交于坝面的盖顶厚度。为了降低泄水孔出口断面处出现的负压的可能性，美国陆军工程兵团

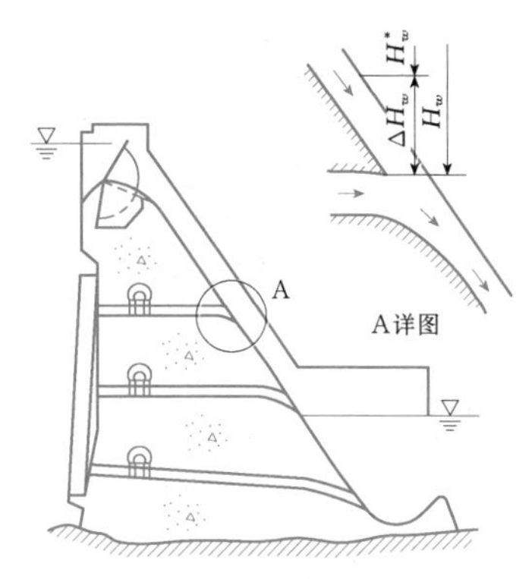

图 1.3-12 多层泄水孔的有效水头

建议，只有泄水孔出口断面处坝面溢流水舌的厚度至少 3m 时，溢流表孔和坝身泄水孔才联合运用。如水舌厚度不足 3m，而欲联合运用时，需将泄水孔流量限于闸门局部开启的 40%～70%。

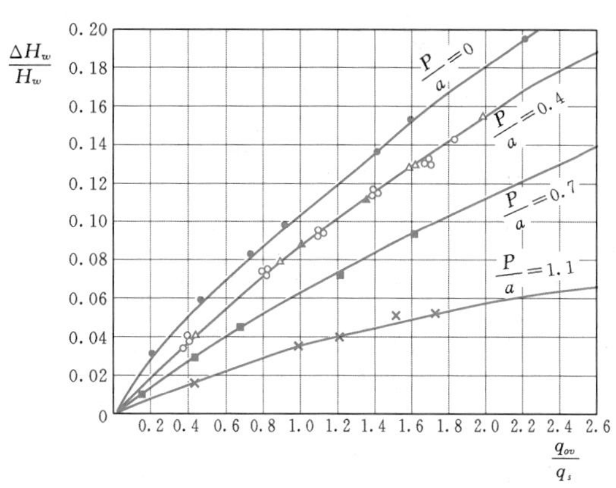

图 1.3-13 $\frac{\Delta H_w}{H_w}=f\left(\frac{P}{a}, \frac{q_{ov}}{q_s}\right)$曲线

1.3.6 国内外深孔闸门基本资料

国内外有代表性的深孔平面闸门及弧形闸门资料见表 1.3-8～表 1.3-11。

表 1.3-8　国内有代表性的深孔平面闸门资料

工程名称	孔口尺寸 $B\times D$ (m×m)	孔口面积 A (m^2)	中心水头 H (m)	静水总压力 $P=\gamma HA$ (×9.81kN)	备注
刘家峡	3×8	24	70	1680	工作闸门
三门峡	3×8	24	60	1440	
响洪甸	3×7	12	65	1365	
新丰江	2.5×3	7.5	83	623	
以礼河	2.5×2.5	6.25	57	355	
梅山	2.25×2.25	5.06	70	354	
碧口	9×11	99	55	5450	事故闸门
碧口	8×11.5	92	60	5550	
刘家峡	8×11	88	60	5300	
刘家峡	7×8	56	55	3080①	
丹江口	6.5×12	78	55	4280	
三门峡	3.5×11	38.5	50	1925	
关谷	6.6×9.3	61.3	39	2380	
新安江	3.7×8.2	30.3	45.6	1410	
陈村	3.7×8.1	30	43	1290	
陈村	3×10	30	48	1440	
碧口	4×4	16	75	1200	
碧口	10.5×12	126	45	5680①	
三门峡	6×7.5	45	53	2370①	
三门峡	7.5×12	60	60	5400①	
丰满	4.5×10	45	60	2700	

续表

工程名称	孔口尺寸 $B\times D$ (m×m)	孔口面积 A (m^2)	中心水头 H (m)	静水总压力 $P=\gamma HA$ (×9.81kN)	备　　注
宝珠寺	4×9.2	36.8	80	3245	事故闸门
天生桥一级	6.5×12	78	68.5	5166	
天生桥一级	6.8×9	61.2	120	7504	
龙羊峡	5×9.5	47.5	120	6670	
龙羊峡	8×11	88	60	5057	
龚嘴	5×10.5	52.5	56	3490	
三峡	7×11	77	85	6429	
漫湾	5×6	30	98	3073	
小浪底	8×11	88	66	5918	
小浪底	3.5×12	42	100	4592	
小浪底	5×9	45	80	4286	
水布垭	5×11	55	152.2	8632	
刘家峡(左岸)	10×13	130	110	14300	导流洞挡水门
刘家峡(右岸)	6×13.5	81	104	8400	
碧口	13×11.5	149	60	8950	

① 表示电站进水口闸门。

表 1.3-9　国外有代表性的深孔平面闸门资料

工　程　名　称	国　　别	闸门数量	孔口尺寸 $B\times D$ (m×m)	面积 A (m^2)	孔底水头 H (m)	静水总压力 $P=\gamma A\left(H-\dfrac{D}{2}\right)$ (×9.81kN)	门型	建成年份
伊泰普(Itaipu)	巴西	12	6.7×22	147.4	140	19000	定轮	1978
谢尔邦松(Shirponcon)	法国	2	6.2×11	68.2	126	8210	履带	1959
塔贝拉(Tarbela)	印度	2	4.1×13.7	56.1	141	7526	定轮	1970
索布拉丁赫(Sobradinho)	巴西	10	11×19.1	210	43.5	7130	定轮	1979
曼格拉(Mangla)	巴基斯坦	5	9.24×9.24	85.3	85.4	6890	定轮	1963
古里(Guri)	委内瑞拉	14	5.5×15.75	86.6	85.8	6748	履带	1965
皮科特(Picote)	葡萄牙	1	8×10	80	87	6560	履带	1954
吉尼西亚(Genissiat)	法国	2	11.6×8.9	103.2	67.5	6506	履带	1938
马尔帕索(Malpaso)	墨西哥	1	14×14	196	38	6076	定轮	1962
萨扬·舒申斯克(Саяншушенск)	俄罗斯	10	7.5×10.5	78.8	79	5810	滑动	1978
大库利Ⅲ级(Grand Coulee Ⅲ)	美国	6	8.8×13.3	117	52.4	5350	定轮	1975
杰巴(Jebba)		1	12×16	192	36	5376	定轮	1979
曼格拉(Mangla)	巴基斯坦	5	5.48×10.82	59.3	96	5372	定轮	1963
卡皮瓦拉(Capåvara)	巴西	4	8.5×12	102	58	5304	定轮	1975
努列克(Hypek)	塔吉克斯坦	2	5×10	50	110	5250	滑动	1971

续表

工程名称	国别	闸门数量	孔口尺寸 $B\times D$ (m×m)	面积 A (m^2)	孔底水头 H (m)	静水总压力 $P=\gamma A\left(H-\frac{D}{2}\right)$ (×9.81kN)	门型	建成年份
土库吕(Tucurui)	巴西	12	9×13.2	118.8	45	4562	定轮	1982
卡博拉·巴萨(Cabora Bassa)	莫桑比克	5	8.9×11	97.9	52	4552	履带	1969
泰多里Ⅰ级(Tedori Ⅰ)	日本	1	6.5×10	65	75	4550	履带	1978
艾瓦西克(Ayvacik)	土耳其	2	8.4×8.4	70.5	68.5	4533	履带	1978
阿尔坎塔拉(Alcantara)	西班牙	4	5.5×8.6	47.3	94.2	4252	履带	1966
维拉林诺(Villarino)	比利亚	1	5.5×7.5	41.2	105	4171	履带	1966
伊尔哈·索尔特里亚(Ilha Solteria)	巴西	10	8.5×9.0	76.5	58.5	4131	定轮	1969
卡斯特拉基(Kastraki)	希腊	1	6×8.5	51	85	4118	定轮	1968
奥多(Odo)	日本	2	8.5×8.6	73.1	60	4072	履带	1980
德尔本第·可汗(Derbendi Khan)	伊拉克	2	5.45×9.49	51.7	80	3890	履带	1957
勒·骚特(Le Sautet)		1	4×7	28	117	3178	滑动	1934
克拉斯诺雅尔斯克(Красноярск)	俄罗斯	8	5×5	25	102.5	2500	滑动	1967
欣塔卡斯(Shintakase)		2	6.4×6.43	41.1	60	2334	滑动	1979
纳奈罗(Nanairo)		1	7.1×11.6	82.3	31.8	2140	滑动	1969
格伦峡(Glen Canyon)	美国	10	4.2×6.7	28.1	73	1957	滚轮	1963

表 1.3-10　　国内有代表性的深孔弧形闸门资料

工程名称	孔口尺寸 $B\times D$ (m×m)	孔口面积 A (m^2)	孔底水头 H (m)	水平静水总压力 $P=\gamma A\left(H-\frac{D}{2}\right)$ (×9.81kN)
大朝山	7.5×10	75	89	6300
东江	6.4×7.5	48	120	5580
天生桥	6.4×7.5	48	120	5580
三峡	7×9	63	85	5072
碧口	9×8	72	74	5050
	8×10	80	65	4800
	4×3.15	12.6	90	1114
刘家峡	8×9.5	76	64.75	4560
珊溪	7×7	49	90	4239
龙羊峡	5×7	35	120	4078
新丰江	9×6.7	60.3	68.95	3950
鲁布格	7.5×7	52.5	74	3701
丰满	7.5×7.5	56.3	68.75	3660
小浪底	4.8×5.4	25.92	140	3559
	8×10	80	80	6000

续表

工程名称	孔口尺寸 $B\times D$ (m×m)	孔口面积 A (m²)	孔底水头 H (m)	水平静水总压力 $P=\gamma A\left(H-\frac{D}{2}\right)$ (×9.81kN)
三门峡	8×8	64	56	3330
龚嘴	5×8	40	82	3120
宝珠寺	4×8	32	80	2432
二滩	5×6	30	80	2280
风滩	6×7	42	63.5	2520
隔河岩	4.5×7	31.5	70	2095
山美	5×5	25	87.5	2130
上犹江	6×6	36	58.6	2000
丹江口	5×6	30	63	1800
乌江渡	4×4	16	99	1552
	7×7	49	97	4582
磨子潭	4.5×4.5	20.3	75	1477
黄龙	5×6	30	50	1410
梅山	4.5×4.5	20.3	70	1389
云峰	4.25×4.25	18	70	1222
陈村	5.5×5	27.5	42	1086
漫湾	3.5×3.5	12.25	90.5	1087
岗南	4.5×4.5	20.3	54	1051
密云	4.5×4.5	20.3	44.5	858

表 1.3-11　　国外有代表性的深孔弧形闸门资料

工程名称	国别	闸门数量	孔口尺寸 $B\times D$ (m×m)	面积 A (m²)	孔底水头 H (m)	水平静水总压力 $P=\gamma A\left(H-\frac{D}{2}\right)$ (×9.81kN)	建成年份
麦加(Mica)	加拿大	3	12.2×12.8	156.2	61	8528	1976
曼格拉(Mangla)	巴基斯坦	9	10.97×13	142.6	48.5	5989	1965
塔贝拉(Tarbela)	印度	4	4.88×7.3	35.6	135.6	4697	1972
特维利维耶任(Tweerivieren)		2	8.38×5.18	43.4	103.48	4378	1965
卡博拉·巴萨(Cabora Bassa)	莫桑比克	8	6×7.8	46.8	90	4029	1975
列扎·沙·卡必尔(Reza Shah Kabir)		4	8×6.7	53.6	71.5	3652	1970
杰巴(Jebba)	尼日利亚	6	12×9.5	114	36	3652	1979
罗赛列(Roseires)	苏丹	5	6×11.3	67.8	55.3	3366	1962
努列克(Hypek)	塔吉克斯坦	4	3.5×9	31.5	110	3323	1972
努列克(Hypek)	塔吉克斯坦		5×6	30	110	3210	—
萨扬·舒申斯克(Саяншушенск)	俄罗斯	11	5×6	30	107	3120	1978
克拉斯诺雅尔斯克(Kpacнoяpск)	俄罗斯		5.5×8.5	46.7	70	3070	—
卡斯特罗·多·保迪(Castelo do Bode)		2	14×8.5	119	30	3064	1949

续表

工程名称	国别	闸门数量	孔口尺寸 $B\times D$ (m×m)	面积 A (m²)	孔底水头 H (m)	水平静水总压力 $P=\gamma A\left(H-\frac{D}{2}\right)$ (×9.81kN)	建成年份
阿斯旺(Aswan)	埃及		5.8×6.7	38.9	79.3	2954	
罗赛列(Roseires)	苏丹	7	10×13.2	132	27.5	2759	1962
勒·罗依克斯(P. K. Le Roux)		4	15×9	135	23	2497	1972
加里森(Garrison)	美国	3	5.49×7.49	41.1	58.2	2238	1960
沙斯唐(Chastang)	法国	2	13.6×9.5	129.2	22	2228	1948
索布拉丁赫(Sobradinho)	巴西	12	9.8×7.5	73.5	33.87	2214	1974
迈赫拉·克里拉(Mechra Klila)	摩洛哥	4	16×12.3	196.8	16.9	2115	1960

1.4 泄 洪 洞

1.4.1 泄洪洞分类和工程实例

1.4.1.1 泄洪洞分类

泄洪洞是通过岸边水工隧洞来宣泄洪水的建筑物。泄洪洞可按水流流态、隧洞布置型式、工作闸门在隧洞中的位置和水流消能型式等进行分类。

1. 按水流流态分类

按照隧洞的水流流态，泄洪洞可分为有压隧洞（或满流隧洞，即隧洞断面被水流全部填充的隧洞）和无压隧洞（或明流隧洞，即隧洞断面被水流部分填充的隧洞）。有压隧洞和无压隧洞组合型式一般为上游有压接下游无压，有压和无压间的衔接段通常布置成闸门控制段。

2. 按隧洞在纵剖面上的布置型式分类

按隧洞在纵剖面上的布置型式，泄洪洞可分为斜坡型、弯曲连接型和竖井型。斜坡型根据坡度的陡缓又可分为陡槽型和斜直线型；弯曲连接型可根据弯曲段在隧洞中的位置进一步划分，弯曲段位于泄洪洞前部、中部和尾部时分别称为龙抬头型、龙弯腰型和龙落尾型。以上布置型式详见图 1.4-1。

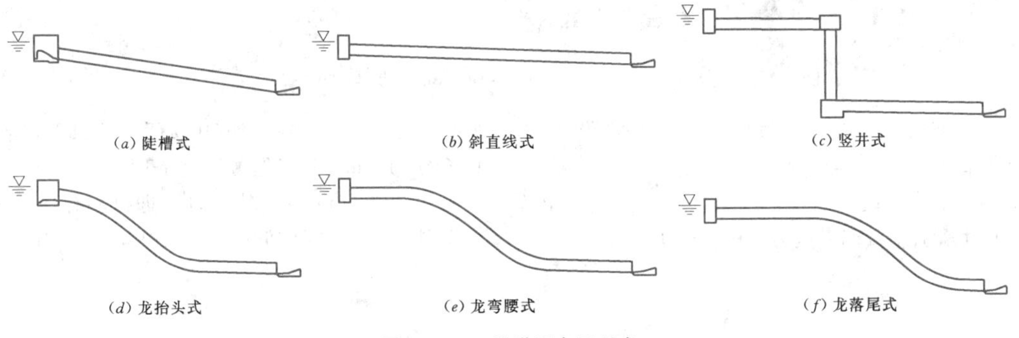

图 1.4-1 泄洪洞布置型式

3. 按工作闸门在隧洞中的位置分类

根据工作闸门处在泄洪洞的首部、中部或尾部，泄洪洞可分为闸门首部式、闸门中部式和闸门尾部式。

4. 按水流消能型式分类

按水流消能型式划分，泄洪洞可分为常规泄洪洞（可以理解为水流主要在隧洞外消能，是目前国内外绝大部分工程所采用的泄洪洞型式）、内消能泄洪洞（如旋流、孔板及洞塞泄洪洞等）以及洞内和洞外组合消能的泄洪洞。

1.4.1.2 工程实例

1. 闸门首部式

闸门首部式泄洪洞一般为明流隧洞。图 1.4-2 所示为二滩水电站两条泄洪洞中的 1 号泄洪洞，最大泄洪流量为 3800m³/s，采用浅水式有压短管进水口龙抬头明流泄洪洞型式。洞身设有 5 道掺气设施，在泄洪洞的中部还设有一条补气洞。

图 1.4-3 所示为瀑布沟水电站泄洪洞，为斜直线式明流泄洪洞，全长 2117m，其工作闸门设置于泄洪洞进口，为深水式有压短管进水口，最大泄流量为

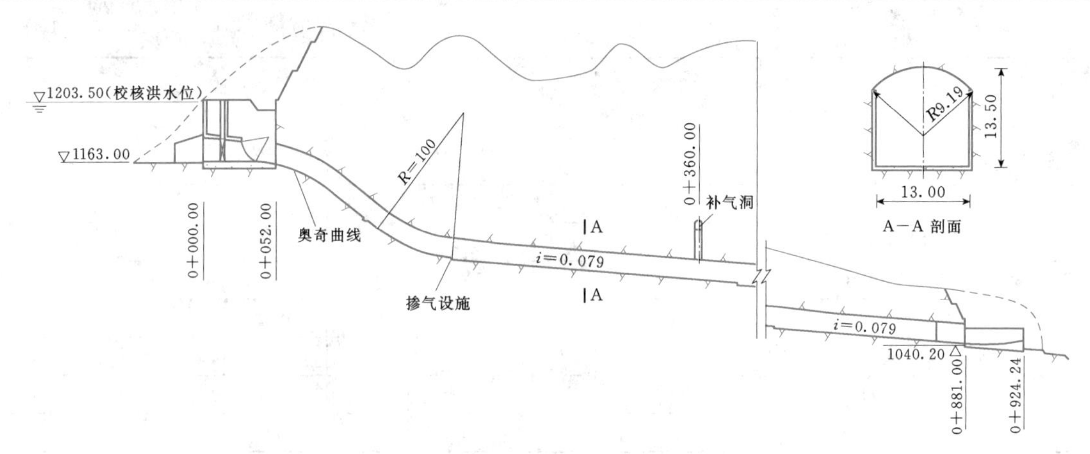

图 1.4-2 二滩水电站1号泄洪洞（单位：m）

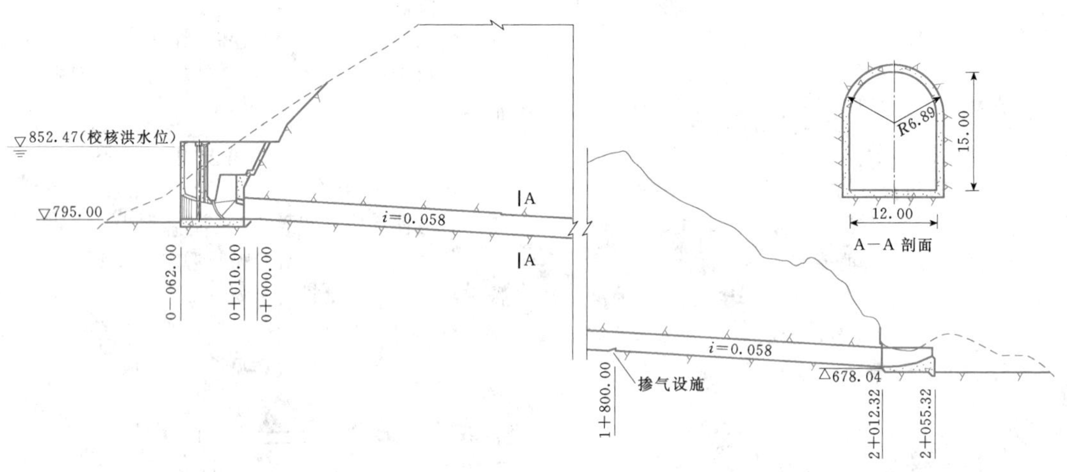

图 1.4-3 瀑布沟水电站泄洪洞（单位：m）

3418m³/s，隧洞设有8个掺气设施，隧洞中部设有1条补气洞。

2. 闸门中部式

闸门中部式泄洪洞一般为有压接无压泄洪洞。图1.4-4所示为锦屏一级有压接无压泄洪洞，泄洪洞总长约1445m，其工作闸门设置于泄洪洞的中部，最大泄量为3320m³/s，泄洪洞由进口、有压隧洞段、工作闸门室、无压隧洞段、出口挑坎及工作闸门室交

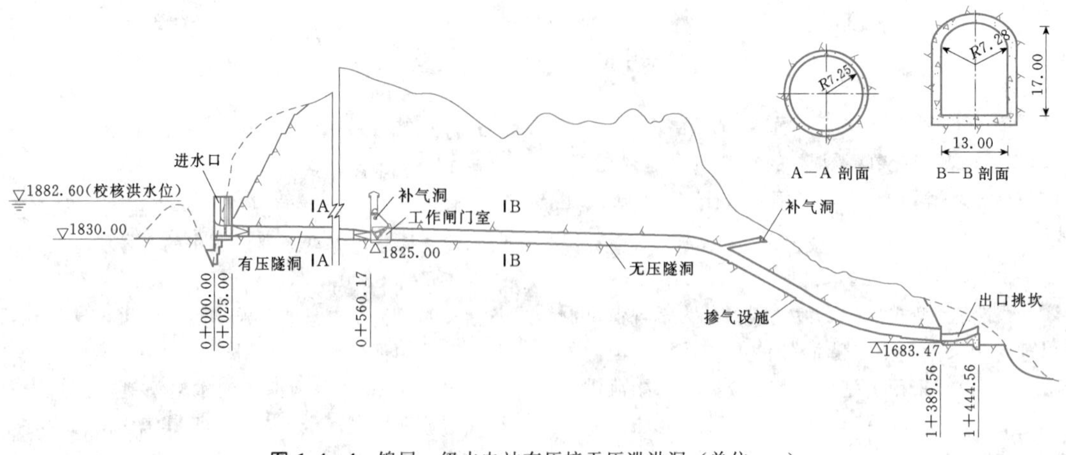

图 1.4-4 锦屏一级水电站有压接无压泄洪洞（单位：m）

通洞和补气洞组成，工作闸门处水流最大流速为25m/s，无压隧洞最大流速为51m/s，隧洞内设有4个掺气设施。

3. 闸门尾部式（有压隧洞）

图1.4-5所示为大渡河深溪沟水电站1号泄洪冲沙洞，该泄洪冲沙洞总长1390m，采取与工程导流洞全结合的方式布置，最大泄量约为2150m³/s，出口最大流速为20.6m/s。

4. 内消能泄洪洞

图1.4-6所示为沙牌水电站竖井旋流式泄洪洞，由进口及上平段、竖井消能段、明洞出水段三段组成，最大下泄流量为242m³/s，首次采用常规的压力

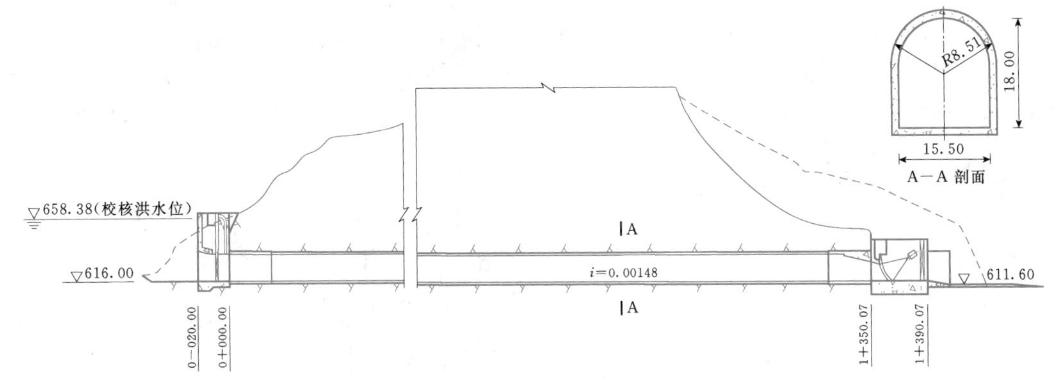

图1.4-5 大渡河深溪沟水电站1号泄洪冲沙洞（单位：m）

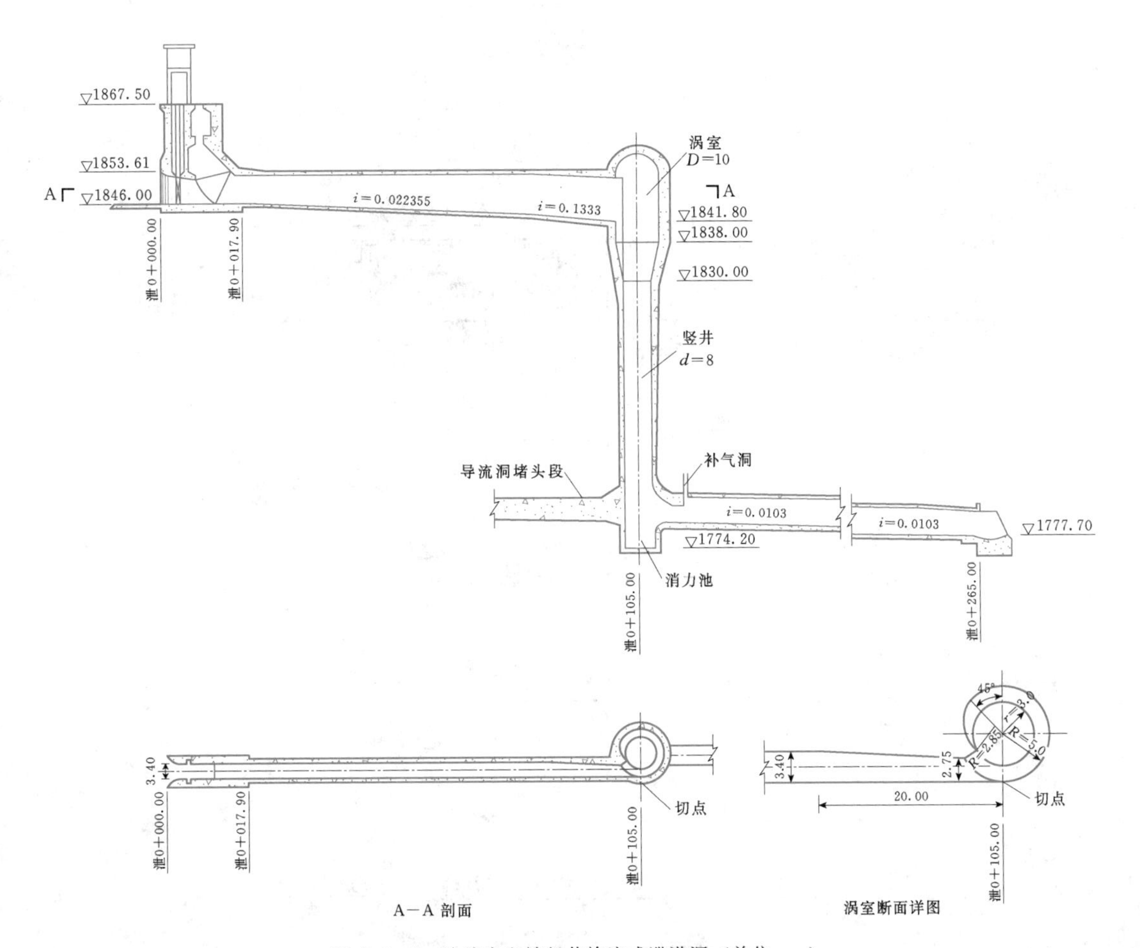

图1.4-6 沙牌水电站竖井旋流式泄洪洞（单位：m）

短进水口、明流引水洞同涡室连接的体型，涡室前的行近流弗劳德数 $Fr=2.3>1$，为急流。

印度特里水电站左、右岸各有两条水平旋流泄洪洞，其中左岸两条洞，进水口为单孔溢流堰，通过短引水道同竖井连接。进口弧形闸门尺寸为 12.0m×15.0m，堰上水头为 20.00m，单洞最大泄量为 1820m³/s。从最高库水位至洞轴线总水头为 203.00m。直径 12.0m 的竖井下部同直径 12.0m 的起旋室采用折线偏心相切连接。旋流洞长约 1320m，分两段：上游段长 120m，为圆形断面；下游段为马蹄形断面。由于尾水位很高，在起旋洞堵头端设直径 3.0m 的排气井与高 25.0m 处的气水分离室连通，同时沿洞线布置 6 道排气井通向洞顶的总排气洞，如图 1.4-7 所示。溢流堰与竖井为自由流，掺气充分，起旋室最大流速为 35m/s，底板最大压力水头为 170.0m。右岸两条旋流洞进水口为喇叭形。

黄河小浪底工程将 3 条导流洞改成孔板式泄洪洞（见图 1.4-8），总落差 140m，单洞最大泄量约 1500 m³/s。进口段为龙抬头式，洞径 $D=14.5$m。洞内采用三级孔板共可消能约 55m 水头，孔板总消能率约

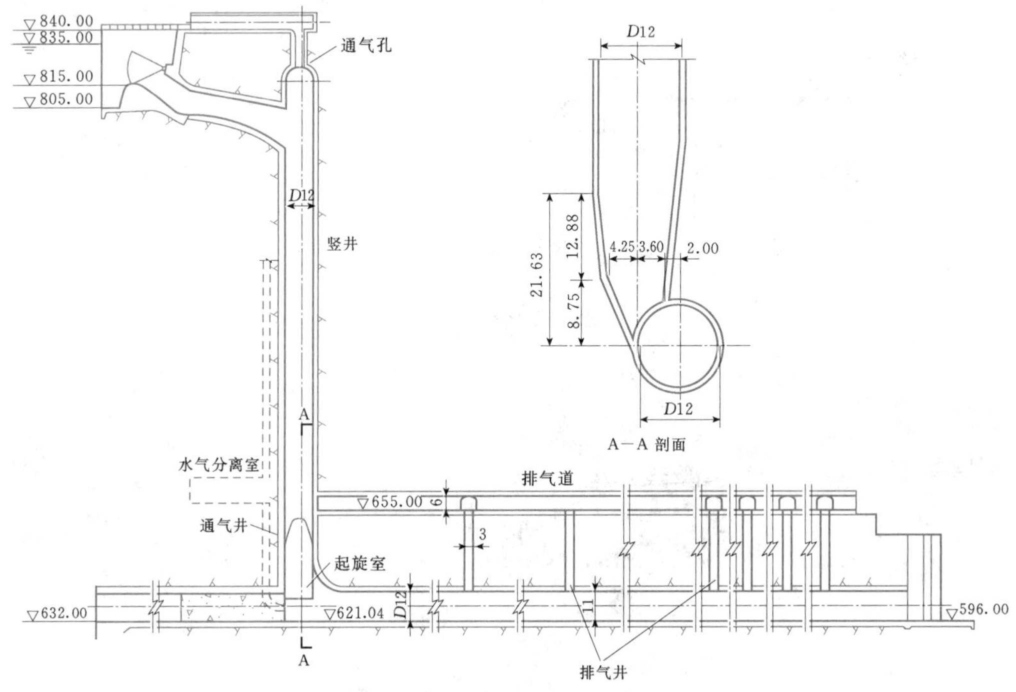

图 1.4-7 印度特里水电站水平旋流式泄洪洞（单位：m）

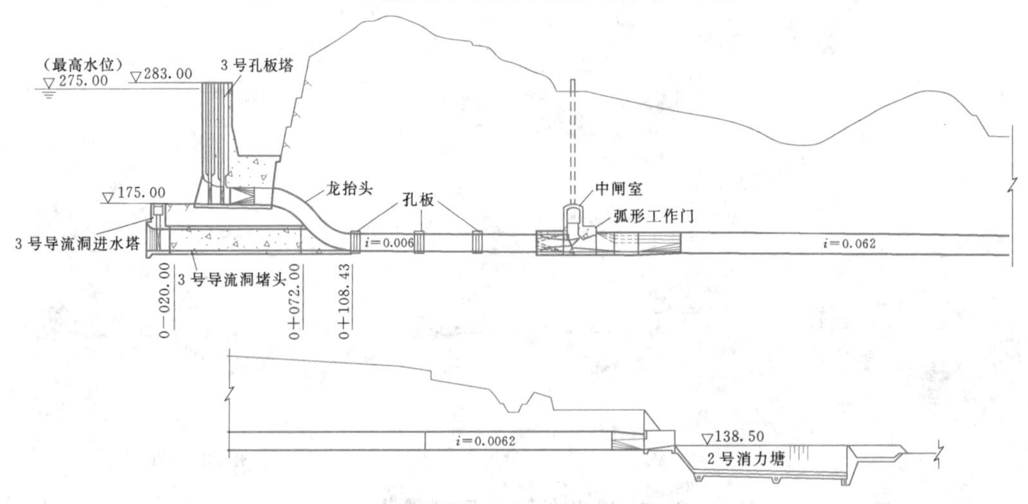

图 1.4-8 小浪底工程孔板消能泄洪洞（单位：m）

40%。小浪底尾水位较低，为了防止空蚀，在末级孔板下游设弧形工作闸门用来控制洞内压力和流量，下游为明流。

1.4.1.3 国内外部分典型泄洪洞工程特性

国内外部分典型泄洪洞工程特性见表1.4-1和表1.4-2。

1.4.2 常规泄洪洞

1.4.2.1 布置原则

1. 水力学条件

泄洪洞进口宜按直接进水布置，宜布置在地势开阔、水流平顺的岸坡边。当采用引渠进水时，渠线应尽量适应地形，减少开挖量，避免过度弯曲，使水流平顺匀畅。引渠的过流能力应不小于进水口的进流能力，进水口前方引渠长度宜有1～2倍渠宽的直线段，底部宜与进水口上游面衔接处等宽，渐变段长度不宜小于水深的2倍，墙顶应满足超高要求。

泄洪洞洞身布置应尽量“短、顺、直”，即洞线短、水流顺、线路直。对于低流速的无压隧洞，平面上设置弯道时，其弯道半径不宜小于洞径或洞宽的5倍，转角不宜大于60°；曲线段两端的直线段长度一般不宜小于洞径或洞宽的5倍。有压隧洞可适当降低要求。对于高流速的无压隧洞，需经水工模型试验，选择适宜的弯道型式与弯道半径。

泄洪洞出口应尽量选在地质条件较好、开挖工程量较少、下游河道比较开阔且河岸抗冲流速相对较大的位置。一般情况下，要求泄洪出流不应影响岸坡整体稳定，或形成大的堆丘，抬高尾水位，进而影响电站出力。当泄洪水流落水区范围受限时，也可预挖水垫塘或消力池。

泄洪洞与下游河道中泓线夹角的确定，需考虑泄洪洞出口的地形地质条件和水力学条件等因素，对于狭窄的河道，在保证隧洞洞身和出口结构稳定的情况下，其夹角应尽量小，以使得下泄水流归槽条件较好。

2. 洞线

在满足枢纽总布置要求的前提下，泄洪洞宜布置在地质构造简单、岩体完整稳定、水文地质条件有利的围岩中。

泄洪洞洞线与岩层层面、主要构造断裂面及软弱带的走向宜有较大的夹角，其夹角不宜小于30°；对于层间结合疏松的高倾角薄岩层，其夹角不宜小于45°。若夹角小于上述规定，必须采取工程措施。位于高地应力地区的隧洞，应考虑地应力对围岩稳定性的影响，宜使洞线与最大水平地应力方向一致，或尽量减小其夹角。

当多条泄洪洞平行布置时，相邻泄洪洞之间的间距除应满足隧洞最小间距要求外，还应考虑进口开挖协调、出口消能关系及下游河床的抗冲能力等。

泄洪洞紧靠坝肩布置时，隧洞与坝肩的距离宜大于3倍的泄洪洞洞径。泄洪洞应尽量避免穿过拱坝坝肩抗力体；与相邻建筑物较接近时（特别是大坝附近），应做好泄洪洞（特别是有压泄洪洞）的防渗设计，避免泄洪洞内水外渗，危及相邻建筑物安全。

距离水库和河道较近的泄洪洞，应考虑大量外水渗入洞内对隧洞检修造成的不利影响，以及外水压力对隧洞衬砌造成的不利影响，并应根据工程实际情况采取相应的截排水措施和结构措施。

3. 泄洪洞布置型式

泄洪洞布置型式应根据泄洪洞工程地形地质条件、闸门运行要求以及枢纽其他建筑物布置等确定。明流泄洪洞宜在平面上布置成直线型；当隧洞在平面上需布置转弯段时，可根据弯段所在的位置和闸门运行要求等，采用有压接无压泄洪洞型式或全有压泄洪洞型式；也可采用在低流速隧洞段转弯的明流泄洪洞型式，或采用大转弯半径的较高流速隧洞。

洞身纵剖面有多种型式，如斜坡式、弯曲连接式等，纵剖面的选择要视具体情况而定。若改造已有隧洞（一般为导流洞）作泄洪洞，为充分利用原有隧洞，可采用龙抬头式。若地形允许，也可采用龙落尾式将高流速段集中在隧洞尾部，以减小高流速隧洞的长度并降低工程运行风险；但低流速段的隧洞断面相对较大，与高流速隧洞相比，其工程造价相对较高。采用龙抬头式还是采用龙落尾式，需针对具体工程进行综合比较后确定。对隧洞长度较长且地形地质、枢纽布置及施工方法允许时，泄洪洞可采取一坡到底的斜直线式。

短压力隧洞可采用水平底坡，较长的压力隧洞纵坡一般采用不小于1/1000的顺坡，一般要求在正常运行工况下，洞顶压强水头不小于2m。对于无压泄洪洞，常采用洞身底坡J大于设计流量时的临界坡度J_k，同时需考虑掺气设施的布置要求和施工对隧洞纵坡的要求等。

4. 闸孔尺寸与进口高程

泄洪洞的闸孔尺寸应根据泄洪洞在枢纽泄洪中的任务来确定，同时考虑地形地质条件、闸门和启闭机设备的制造水平、闸门运行可靠性和灵活性、水流消能区消能承载能力等因素。一般来说，闸门承受的水头越高、总推力越大，闸门运行可靠性和灵活性就会相应降低；设有分流中墩的泄洪洞水流条件往往较独

表 1.4-1 国内外部分大流量泄洪洞工程特性

序号	泄洪洞工程名称	国别	坝型	泄洪洞类型	泄洪洞最大泄流量（m^3/s）	库水位至洞底高差（m）	堰上水头（m）	孔数—工作闸门型式	工作闸孔尺寸（宽×高）（m×m）	斜洞段坡度	斜洞段后反弧半径（m）	隧洞长度（m）	隧洞断面型式及尺寸（m）	最大流速（m/s）	建成年份	运行情况
1	胡佛	美国	拱坝	龙抬头	左—5650	170.40	10.00	4—鼓形门	30.5×4.9	50°	68.5	671	ϕ15.2	53.4	1936	1941 年小流量反弧末端破坏
					右—5650	170.40	10.00	4—鼓形门	30.5×4.9	50°	68.5		ϕ15.2	53.4	1936	1943 年修复后又破坏
2	饿马	美国	拱坝		1530	149.00	3.70	漏斗式环形门	R=19.5	50°	36.6		马蹄形 9.5	50	1946	
3	英菲尔尼罗	墨西哥	堆石坝	龙抬头	3 孔—2500	112.40	18.40	3—弧形门	7.42×15.5	48°	约 72		ϕ13		1964	有破坏
4	格兰峡	美国	拱坝	龙抬头/导流洞改建	左—3910	164.70	19.20	2—弧形门	12.2×16	55°	107		ϕ12.5	50	1968	1983 年反弧末端破坏
					右—3910	174.80	19.20	2—弧形门	12.2×16	55°	107		ϕ12.5	50		
5	黄尾	美国	拱坝	龙抬头	2605	148.00	20.50	2—弧形门	7.63×19.6	55°	88.45	520	ϕ9.75	48.8	1968	1967 年破坏，修复时增建掺气槽
6	刘家峡	中国	重力坝	龙抬头/左岸导流洞改建	2200	119.40	60.00	1—弧形门	8×9.5	33.4°	99.7		城门洞形 8×12.9	45	1972	1972 年破坏，已修复
7	碧口	中国	土坝	龙抬头/右岸导流洞改建	2250	88.50	65.20	1—弧形门	8×10	21.6°	70	252		32.6	1975	
8	努列克	哈萨克斯坦	土坝	龙抬头	2040	191.00	12.00	2—弧形门	12×12			1109	城门洞形 11.5×10		1979	
				直坡+龙落尾	2000	236.50	107.00	2—弧形门	5×6			1326	城门洞形 10×10.5			
9	奇科森	墨西哥	土石坝		3 孔—5790	180.00	10.00	9—弧形门	8×19			700	ϕ15		1980	

续表

序号	泄洪洞工程名称	国别	坝型	泄洪洞类型	泄洪洞最大泄流量（m^3/s）	库水位至洞底高差（m）	堰上水头（m）	孔数—工作闸门型式	工作闸孔尺寸（宽×高）（m×m）	斜洞段坡度	斜洞段后反弧半径（m）	隧洞长度（m）	隧洞断面型式及尺寸（m）	最大流速（m/s）	建成年份	运行情况
10	乌江渡	中国	拱形重力坝	龙抬头	左—2160	104.00	40.00	1—弧形门	9×10	33.7°	70	183	—	43.1	1983	—
11	鲁布革	中国	堆石坝	有压接无压	右—1658			1—弧形门	7.5×7			724	有压段 ϕ10，无压段 8.5×10.9	30.8	1988	工作闸门底坎附近钢衬和混凝土局部破坏
12	二滩	中国	拱坝	龙抬头	1号—3800	163.50	40.50	1—弧形门	13×15	37.6°	100	924	城门洞形 13×13.5	45	1998	2001年反弧末端下游破坏，已修复
					2号—3800	163.50	40.50	1—弧形门	13×15	32°	100	1270	城门洞形 13×13.5	42	1998	运行正常
13	东风	中国	拱坝	龙抬头	3590	72.53	27.53	1—弧形门				524	城门洞形 12×17.5	32	1995	
14	小浪底	中国	土坝	斜直线型	1号—2608		80.00	1—弧形门	8×10	纵坡 2%		430	城门洞形 10.5×13	34	2001	
15	洪家渡溢洪洞	中国	堆石坝	斜直线型	4591		23.40	2—弧形门	10×18	纵坡 7.5%		755	城门洞形 14×21.5	37.5	2004	
16	小湾	中国	拱坝	有压接无压	3811	80.55	48.30	1—弧形门	13×13.5			1501	有压段 ϕ16.5，无压段 14×16，14×14.5	47	2009	
17	瀑布沟	中国	堆石坝	斜直线型	3418	174.74	58.78	1—弧形门 1—平板门	11×11.5	纵坡 5.8%	—	2117	城门洞形 12×15	40	2010	
18	溪洛渡	中国	拱坝	有压接无压	3号—4162	180.03	68.90	1—弧形门	14×12	28°	300	1681	有压洞直径15m，无压段城门洞形 14×19	45	在建	

表 1.4-2 国内外部分内消能泄洪洞工程特性

序号	工程名称	国别	最高水头 H (m)	最大流量 Q (m^3/s)	竖井或隧洞直径 (m)	建成年份
1	麦卡洞塞泄洪洞	加拿大	140	850.0	13.7	1973
2	特里水平旋流洞	印度	203.36	1820.4	12.0	1990
3	小浪底孔板洞	中国	140	1500.0	14.5	1999
4	沙牌竖井旋流洞	中国	91.30	242.0	6.0	2003
5	公伯峡水平旋流洞	中国	102.50	1060.0	10.5	2004
6	冶勒竖井旋流洞	中国	89.1	213.52	5.3	2005
7	仁宗海竖井旋流洞	中国	56.88	145.7	4.8	2009
8	泸定洞塞泄洪洞	中国	78.11	1632	18×20	2012

洞独门泄洪洞情况差（主要是分流墩后容易出现不利的水流菱形波流态），对于高流速隧洞应更加注意闸门段的水力学条件。为了更好地与下游建筑物相衔接，一般情况下，泄洪洞控制闸门处的水流流速不宜大于 30m/s。

泄洪洞进口高程决定于运用要求，如枢纽分配给泄洪洞的泄量（考虑闸门的制作水平）、泄洪洞参与向下游供水或水库放空的要求等，同时需经技术经济比较确定。

5. 横断面型式

无压泄洪洞横断面常采用城门洞形或马蹄形断面（有时也采用圆形断面），一般圆拱中心角范围为 90°～180°；隧洞断面的高宽比一般为 1.1～1.5。与隧洞轴线垂直方向的水平地应力较大时，宜取较小的中心角和较小的高宽比；运用期间水深变化较大，或垂直山岩压力较大时，则宜取较大的中心角和高宽比。高流速情况下，水面应限制在直墙范围内。图 1.4-9 (a)、(b) 所示型式适合围岩条件较好的情况，图 1.4-9 (c)、(d) 所示型式适合围岩条件较差的情况。

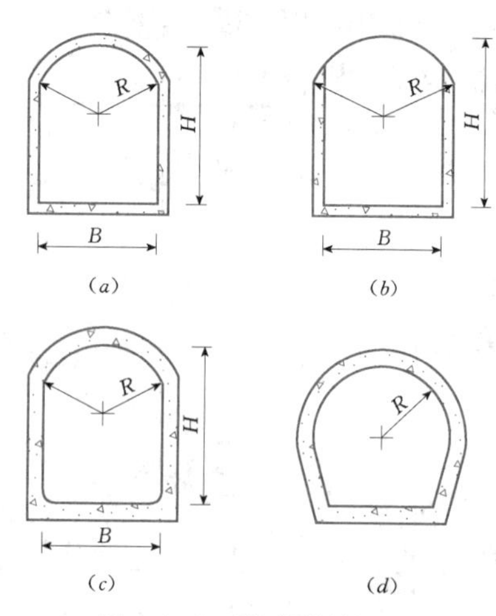

图 1.4-9 无压隧洞断面图

泄洪洞的断面尺寸应考虑泄洪洞在各种可能运行条件下都能够保证规定的过流能力，并需通过计算确定。但最小尺寸以方便施工和不妨碍检修为宜，非圆形断面隧洞的高度不宜小于 2.0m，宽度不宜小于 1.8m，圆形断面的直径不宜小于 2.0m。无压泄洪洞还要求在水面以上有足够的洞顶净空余幅面积。一般对于急流，考虑掺气后的水面线以上的余幅面积可根据水流弗劳德数按表 1.4-3 选用。表中，v 为平均流速，m/s；h 为水深，m；g 为重力加速度，取 $9.81m/s^2$。对于弗劳德数远大于表格中数值的或顶拱无混凝土衬砌的隧洞，宜适当加大洞顶余幅。当水流有冲击波时，应将波峰限制在直墙范围内。任何情况下，隧洞的净空高度都不得小于 0.4m。

表 1.4-3 洞顶净空余幅

$Fr^2 = \frac{v^2}{gh}$	<10	10～20	>20
净空面积 A_f / 隧洞断面面积 A_t	0.15	0.20	0.25

有压泄洪洞横断面常采用圆形断面，当围岩体条件较好，内水压力不大时，为了施工方便，也可采用无压隧洞常用的断面型式。

6. 导流洞的利用

在条件许可时，泄洪洞可利用部分临时性导流隧洞改建而成。是否利用导流洞改建，应根据工程的多方面具体条件，包括建成后的运行管理条件，进行全面比较后方可决定。利用导流洞改建泄洪洞有利有弊：一方面，在节约总投资和缩短总工期方面有利；而另一方面，改建工程也存在不少具体技术困难，主要在于导流洞的高程低，有的工程需修建较高高程的进水口成为龙抬头式泄洪洞，这时隧洞后半段流速很高，易于发生空蚀破坏；由于出口高程往往低于泄洪时的尾水位，也不利于自由挑流消能方式的采用；当采用洞内消能型式（竖井旋流、水平旋流或洞塞等型式）时，也会在一定程度上受到流激振动和空化空蚀等高速水流问题及泄流流量的制约（详见 1.4.4 中“内消能泄洪洞”部分）。一般说来，当导流洞下游出口处的水位变幅不太大，能够满足水流挑流消能时，宜将导流洞改建为常规明流泄洪洞；当下游水位变幅大，或下游出口对水流雾化有严格要求等限制条件，且布置出口消能工（如消力池）困难时，可考虑将导流洞改建成内消能泄洪洞。

7. 掺气设施

当无压泄洪洞内水流空化数小于 0.3 或流速大于 30m/s 时，宜设置掺气设施；同时当无压洞段较长时，宜增设补气洞，补气洞风速不宜大于 40m/s，以保证无压洞段通气顺畅。

1.4.2.2 明流泄洪洞

与有压泄洪洞相比，明流泄洪洞具有在各种水库水位下都可运行的灵活性和隧洞投资一般较为经济的优点，因此，在条件许可时，宜优先考虑采用明流泄洪洞型式。

1. 进水口

明流泄洪洞进口有开敞式和有压短进口两种进水口型式。开敞式进水口的整个进水口水流具有自由表面，具有开敞式进水口的泄洪洞俗称溢洪洞。有压短进水口工作闸门前为有压流，工作闸门后为无压流。有压短进水口又可细分为浅水式和深水式。浅水式进水口的孔口以上水头一般不超过 3 倍工作闸门孔口高度，其流量系数与水头高低关系密切；深水式进水口能满足淹没水深的要求，其流量系数基本上为一常数。由于深水式进水口的进口设置较低，能更多地参与枢纽的泄洪任务，故多被在建和已建工程采用。采用浅水式进水口的工程较少，其进水口的工程投资一般介于开敞式和深水式之间，闸门运行的可靠性与深水式进水口相比也更高，如二滩泄洪洞进水口为浅水式进水口。

由于弧形工作闸门具有操作灵活、能适应各种不同开度要求的优点，故大多数泄洪洞工作闸门采用这种闸门型式。对水头不高的工程，可采用平板工作闸门（如积石峡水电站中孔泄洪洞工作闸门）。

开敞式进水口与溢洪道进水口类似，其设计可参见本章 1.5 节“岸边溢洪道”部分。对于短有压进水口，目前国内多运用哈焕文提出的短有压进水口体型[见本章 1.3 节“坝身泄水孔”部分（图 1.3-4）]，

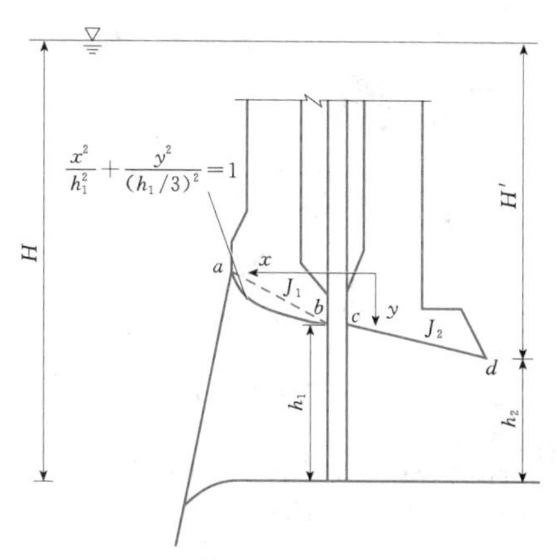

图 1.4-10 有压短进口段体型

J_1—$\overline{ab}$的坡度；J_2—$\overline{cd}$的坡度

也可采用丁灼仪提出的体型，如图 1.4-10 所示，其中，不同于哈焕文体型之处有以下三点：

(1) 规定 ab 段的平均坡度 $J_1=1:2$，水平长度为 $0.615h_1$，其中的顶曲线方程同哈焕文体型。

(2) cd 段的坡度 $J_2=1:4$，采用 $\eta=0.85\left(\eta=\frac{A_2}{A_1}\right.$，$A_1$ 和 A_2 分别为相应高度 h_1 和 h_2 的横断面面积$\left.\right)$，则水平长度为 $0.6h_1$。

(3) b 点与门槽相连，中间不留空口。

这时，泄流能力 $Q=\mu A_2\sqrt{2gH'}$，其中 H' 为上游水位与 d 点高程之差，μ 为流量系数，可取为 0.917（误差在 3%以内）。

2. 洞身段

目前已建的泄洪洞多采用龙抬头式，其洞身段一般包括渐变段、斜洞段和直洞段（纵剖面上有长的小底坡洞段）。其他型式的泄洪洞，如龙落尾、龙弯腰式泄洪洞，在斜洞的布置要求上与“龙抬头”泄洪洞相似；对于陡槽形和斜直线形泄洪洞，其布置要求类似于“龙抬头”的斜线段或直洞段。

(1) 渐变段。隧洞进口渐变段是用来连接矩形闸孔与隧洞洞身的过渡段，以便水流过渡平顺。矩形明流泄洪洞一般不设进口渐变段，洞身的宽度取得与闸孔宽度一致，若因闸门要求或其他原因不能保持一致时，可按《水工设计手册》（第 2 版）第 1 卷中的有关公式进行计算，确定扩散角或收缩角；或按本章 1.3 节中“突扩跌坎体型”部分设计。

(2) 斜洞段。其斜洞部分一般由竖曲线段、斜线段和反弧段组成，如图 1.4-11 所示。

1) 竖曲线段。竖曲线段常设计成抛物线。抛物

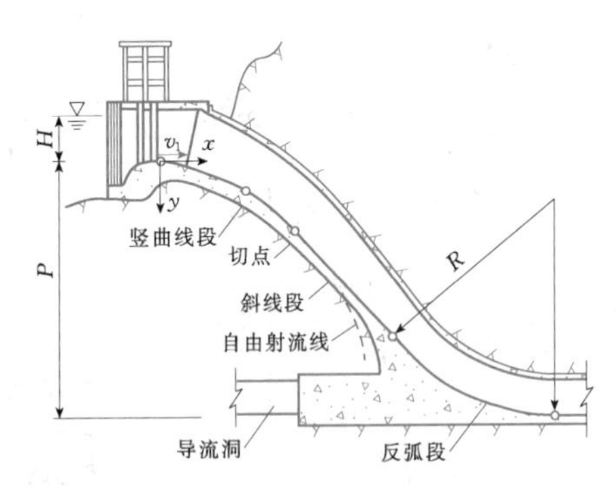

图 1.4-11 龙抬头式泄洪洞的竖曲线段、斜线段和反弧段

线方程为

$$y = \frac{g}{2(kv)^2\cos^2\theta}x^2 + x\tan\theta \quad (1.4-1)$$

或

$$y = \frac{1}{K \times 4\varphi^2 H_0 \cos^2\theta}x^2 + x\tan\theta \quad (1.4-2)$$

当 $\theta=0$ 时，有

$$y = \frac{1}{K \times 4\varphi^2 H_0}x^2$$

或

$$x^2 = K \times 4\varphi^2 H_0 y \quad (1.4-3)$$

其中

$$H_0 = H + \frac{v_0^2}{2g}$$

式中 θ——抛物线起点（坐标 x、y 的原点）处切线与水平方向的夹角；

v——起点断面平均流速；

H_0——计及行近流速 v_0 影响的总水头；

φ——流速系数；

g——重力加速度，取 9.81m/s^2；

K——实践中为防止负压发生而采用的安全系数，$K=k^2$。

对于完全新建的泄洪洞（不利用导流洞），为了获得较好的水力学条件，在地形地质条件有利、工程投资增加不多的情况下，可尽量选择比较"胖"的竖曲线。表 1.4-4 为部分泄洪洞抛物线方程统计表。

表 1.4-4　部分泄洪洞抛物线方程统计表

工程名称	水头(m)	流速(m/s)	抛物线方程	K	说明
碧口左岸泄洪洞	61.80	28.0	$x^2=350y$	1.42	按设计水头 56.30m，$K=1.55$
碧口右岸泄洪洞	65.20	23.4	$x^2=182y$	1.63	
碧口排沙洞		22.9	$x^2=150y$	1.40	
刘家峡右岸泄洪洞	60.00		$x^2=300y$	1.25	
石头河泄洪洞	66.00		$x^2=360y$	1.36	
乌江渡泄洪洞	40.00		$x^2=156y$	0.95	负压值较大
密云白河泄水支洞		约 20.6	$x^2=68.5y$	0.8	
恒山泄洪洞	35.00		$x^2=160y$	1.14	
波尔德坝泄洪洞	25.60		$x^2=129y$	1.264	
黄尾坝泄洪洞	20.40		$x^2=76y$	0.934	表孔
麦家坝泄洪洞	61.00		$x^2=244y$	1.00	
巴克拉泄洪洞	15.30		$x^2=67y$	1.09	表孔
二滩泄洪洞	40.50	19.0	$x^2=150y$	1.13	浅孔，龙抬头
锦屏一级泄洪洞	64.00	25.0	$x^2=400(y-0.023x)$	3.10	龙落尾
溪洛渡泄洪洞	78.00	25.0	$x^2=400(y-0.023x)$	3.13	龙落尾

2）斜线段。斜线段是竖曲线段与反弧段间的切线连接部分，切线斜率一般为 1∶0.7～1∶1.2，水头越高，单宽流量越大，则宜取切线斜率越小，斜率越小，相应位置的水流空化数增大，越不容易发生空化空蚀。从减小水流压强变化梯度，降低空蚀发生几率的角度出发，对于完全新建的泄洪洞，则应尽量选择斜率较缓的斜线段，即比较"胖"的体型。

当水流流速大于 30m/s 时，常在该段设置掺气设施，具体可参见本章 1.11 节。

3）反弧段。反弧段的体型可按下面的方法拟定：

a. 一般多采用单圆弧式，其反弧半径 R 可参照下列准则选定：取 $R=0.8h_v$，这里 h_v 为反弧段末端流速水头；或取 $R=(0.2\sim0.5)(H+P)$，H 和 P 的定义如图 1.4-11 所示。对于不利用导流洞完全新建的泄洪洞，为了使水流更平顺，反弧半径 R 可不受上述要求限制而取更大的值，具体取值可参考已建工程的经验。

b. 单圆弧反弧段上的压强计算，可参考本章 1.2 节。

c. 有的工程采用抛物线或悬链线反弧段，其压力变化比较平稳。

d. 采用单圆弧曲线反弧段的泄洪洞，在反弧末端与直洞段连接处附近，水流压强会迅速减小，容易发生空化和空蚀，因此，常在反弧末端采用跌坎型式或突扩型式与其下游的缓坡段隧洞相连接，并在此部位布置掺气设施。

(3) 直洞段。龙抬头式泄洪洞的直洞段一般采用导流洞（原有隧洞）的底坡，而其他情况下的泄洪洞可选择底坡，且宜使洞内水流保持急流状态。若流速大于 30m/s，需考虑强迫掺气，宜保持较大底坡以方便掺气，并考虑方便施工，底坡坡度宜取为 6%～10%。

(4) 补气洞。对于水流流速较高和隧洞较长的明流泄洪洞，为了保证水流的明流状态、水流压强的正常状态和水流的正常掺气（包括水流自掺气和强迫掺气），除了在泄洪洞进口附近有补气通道外，还有必要在泄洪隧洞的适当位置设置补气洞。补气洞内空气流速可按不超过 40m/s 控制，重要工程可通过模型试验验证。

3. 出口段

明流泄洪洞的出口消能方式一般常用的有挑流消能和底流消能两种，实际工程中使用较多的为挑流消能方式。为了减小工程量，并降低因开挖自然边坡带来的不利影响，一般情况尽可能按“晚出洞”的方式设计。出口段的水力设计参见本章 1.6 节“底流消能”和 1.7 节“挑流消能”。

1.4.2.3 有压泄洪洞和有压接无压泄洪洞

当高流速泄洪洞由于布置的原因不得不采用平面转弯时，为了避免明流泄洪洞的弯道水流水力学问题，可采用有压泄洪洞或有压接无压泄洪洞的型式。当地形地质条件适宜、闸门设计要求不超出现有的制造水平时，工作闸门可布置在泄洪洞出口，即泄洪洞为有压泄洪洞；当地形地质条件不适宜，或工作闸门布置在出口，闸门设计要求超出现有制造水平时，可采用有压接无压泄洪洞，利用有压段进行平面转弯，在弯段后一定距离和相对较高高程布置工作闸门室，工作闸门室后接无压洞。有压泄洪洞布置见大渡河深溪沟水电站 1 号泄洪冲沙洞（见图 1.4-5），有压接无压泄洪洞布置参见锦屏一级泄洪洞（见图 1.4-4）；国内部分有压接无压泄洪（放空）洞的特性参数见表 1.4-5。

1. 进口段

(1) 侧墙流线型进水口曲线。

1) 矩形断面进水口可采用图 1.4-12 (a) 所示的简单椭圆曲线。在进口压力过低时，也可采用图 1.4-12 (b) 所示的组合椭圆曲线。图中符号 D，对于顶曲线和底曲线系指孔高；对于侧曲线系指孔宽。图中同时示出各进口曲线对应的压降系数 $\overline{C_p}$ 的变化，可借以计算测管水头线（即压力线）的位置。这里 $\overline{C_p}$ 的定义为

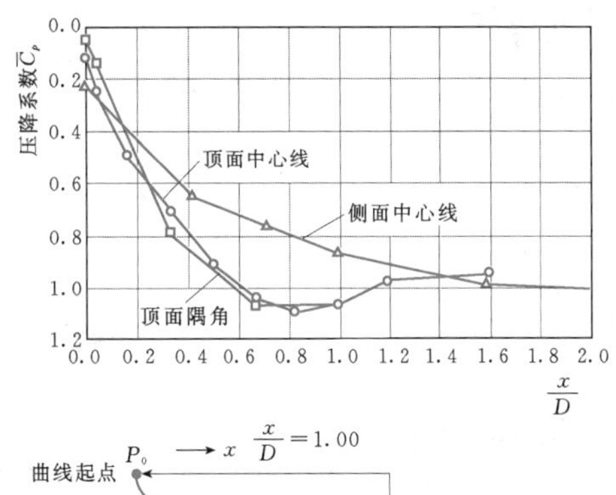

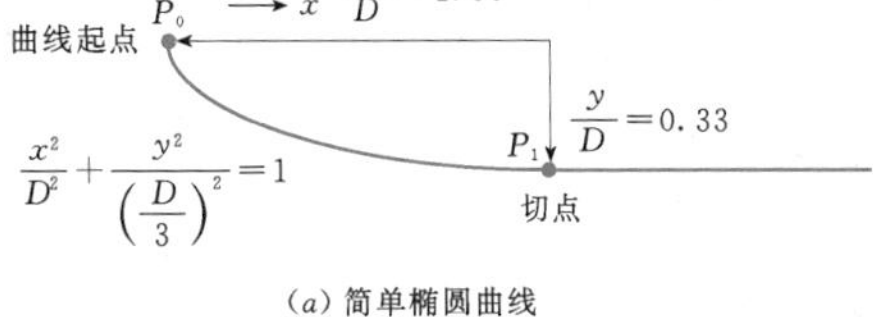

(a) 简单椭圆曲线

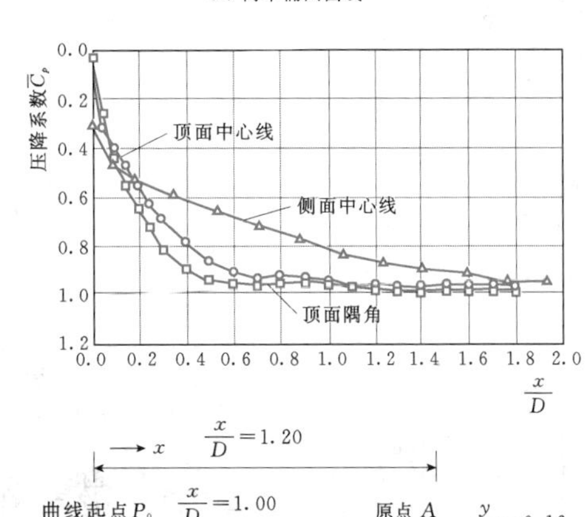

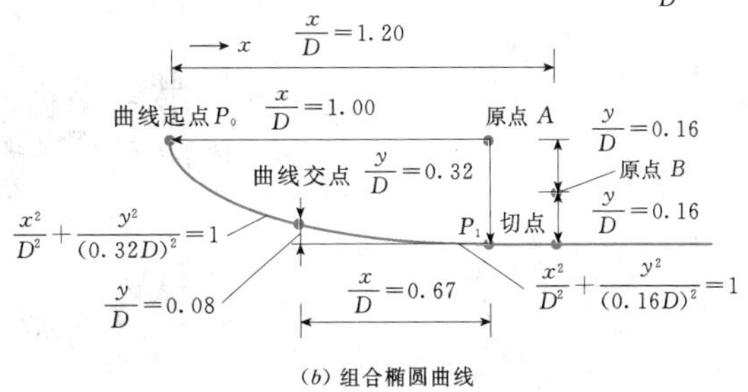

(b) 组合椭圆曲线

图 1.4-12 矩形进水口曲线及其压降系数

表 1.4-5 国内部分有压接无压泄洪(放空)洞特征参数

工程名称	坝型	工作门水头(m)	最大流量(m^3/s)	检修闸门尺寸(宽×高)(m×m)	有压段洞径(m)	有压段流速(m/s)	转弯段角度及半径(m)	有压段长度(m)	转弯段后直线长度(m)	工作闸门尺寸(宽×高)(m×m)	无压段断面尺寸(宽×高)(m×m)	无压段长度(m)	出口流速(m/s)	消能型式	建成年份
白龙江碧口水电站左岸泄洪洞	壤土心墙土石坝	69.24	1800.00	9.0×11.0	10.50	20.79	$\theta=56°05'$ $R=80$	759.00	98.80	9.0×8.0	10×12	161.94	30.10	挑流	1976
东江水电站一级放空洞	混凝土双曲拱坝	71.40	2000.00		10.00	25.46	$\theta=59°$ $R=55$	210.00	74.50	12.0×10.0	8.5×12	320.00	33.70	挑流	1988
东江水电站二级放空洞	混凝土双曲拱坝	123.40	1625.00	7.5×9.0	8.90	26.12	$\theta=38.5°$ $R=98$	334.00	115.00	6.4×7.5	7.2×12	341.00	38.60	挑流	1988
天生桥一级水电站右岸放空洞	混凝土面板堆石坝	110.00	1766.00	6.8×9.0	9.60	24.39	$\theta=35°$ $R=100$	557.67	318.50	6.4×7.5	8×11	489.50	32.10	挑流	1998
黄河公伯峡水电站深孔泄洪洞	混凝土面板堆石坝	73.00	1183.00	7.0×9.0	8.50	20.85	$\theta=85.93°$ $R=150$	607.00	254.89	7.5×6.0	7.5m宽泄槽	333.98	31.40	挑流	2004
乌江洪家渡水电站左岸泄洪洞	混凝土面板堆石坝	90.20	1643.00	6.8×9.0	9.80	21.78	无转弯	401.88	无转弯	6.2×8.0	7×12.6	401.42	38.10	挑流	2004
冶勒水电站放空洞	沥青混凝土心墙堆石坝	109.39	265.00	4.0×3.0	4.00	23.24	$\theta=43°$ $R=100$	500.00	35.00	4.0×3.0	4.5×5.5	497.00	29.10	底流	2005
硗碛水电站放空洞	砾石土心墙堆石坝	96.00	118.50	2.0×2.8	3.00	16.76	$\theta=50°$ $R=30$ $R=100$	170.70	44.44	2.0×2.6	5×5、5×7.5	308.47	24.48	底流	2007

续表

工程名称	坝　型	工作门水头(m)	最大流量(m^3/s)	检修闸门尺寸(宽×高)(m×m)	有压段洞径(m)	有压段流速(m/s)	转弯段角度及半径(m)	有压段长度(m)	转弯段后直线长度(m)	工作闸门尺寸(宽×高)(m×m)	无压段断面尺寸(宽×高)(m×m)	无压段长度(m)	出口流速(m/s)	消能型式	建成年份
清江水布垭水利枢纽放空洞	混凝土面板堆石坝	110.00	1605.00	5.0×11.0	9.00	25.23	$\theta=60.73°$ $R=200$ $R=30$ $R=100$	375.18	<80	6.0×7.0	7×12	546.18	34.30	挑流	2009
瀑布沟水电站放空洞	砾石土心墙堆石坝	122.50	1397.52	7.0×9.0	9.00	21.97	$\theta=41.05°$ $\theta=58.41°$ $R=50$	574.51	45.00	6.3×8.0	7×13	680.66	34.00	挑流	2010
小湾水电站左岸泄洪洞	混凝土双曲拱坝	48.30	3799.00	15.0×16.5	16.50	17.77	$\theta=60°$ $R=85$	438.00	170.66	13.0×13.5	14×16、14×14.5	1062.65	50.00	挑流	2009
锦屏一级水电站泄洪洞	混凝土双曲拱坝	57.60	3320.00	12.0×15.0	14.50	20.11	$\theta=62.5°$ $R=150$	560.19	100.00	13.0×10.5	13×17	884.37	51.55	挑流	2014
溪洛渡水电站3号泄洪洞	混凝土双曲拱坝	68.90	4128.00	12.0×15.0	15.00	23.36	$\theta=61.98°$ $R=200$	650.42	64.79	14.0×12.0	14×19	1030.49	45.00	挑流	2014
猴子岩水电站左岸深孔泄洪洞	混凝土面板堆石坝	67.41	2987.00	12.0×13.0	13.00	22.50	$\theta=53.34°$ $R=80$	309.99	85.00	12.0×9.0	12×16	270.22	41.98	挑流	在建
黄金坪水电站泄洪洞	沥青混凝土心墙堆石坝	66.90	2980.00	12.0×13.5	13.50	20.82	$\theta=57.21°$ $R=100$	370.38	82.00	11.4×10.0	13×16	288.05	30.50	底流	在建

$$\overline{C_p}=\frac{h_d}{\frac{v^2}{2g}} \tag{1.4-4}$$

式中 v——泄洪洞管道断面的平均流速，m/s；

h_d——由库水面至所论点处的测管水头线的压力降低值，m。

图 1.4-12 所示$\overline{C_p}$数据是在进口高度为 1.765×进口宽度的情况下得出的。图示$\overline{C_p}$值均以时均压强 $\overline{p}$ 为依据。在选定最终的顶曲线设计方案时，还需考虑脉动压强。

2）圆形断面进水口可采用下述椭圆曲线，做成喇叭口：

$$\frac{x^2}{(0.5D)^2}+\frac{y^2}{(0.15D)^2}=1 \tag{1.4-5}$$

式中 x、y——平行和垂直于管道中心线而度量的横、纵坐标；

D——管道直径。

（2）只有顶曲线的进口（底板高程与引渠底板高程相近时）。当无条件使侧墙为流线型时，其顶曲线可为短型，以便适用于进口反压力足够大的长洞情况；也可为长型（见图 1.4-13），适用于反压力不足的短洞情况。图 1.4-13 中同时示出压降系数$\overline{C_p}$的变化情况，其数值是在孔高/孔宽=1.785 的条件下得出的。

只有圆弧顶曲线的进水口压降系数变化情况如图 1.4-14 所示。此种进水口一般适用于洞身相当长，反压力足够，或出口断面束窄加大的情况。

（3）多孔进水口。有多孔进水口的分水墙或闸墩（其厚度为 1.2～3m，视结构和基础的要求而定），对于底面水平、顶面呈椭圆曲线、边墙呈“八”字形的进水口，其压降系数$\overline{C_p}$的变化情况如图 1.4-15 所示。

对于多孔进水口，当闸墩不向上游伸入到低流速区域内，底面水平、顶面呈椭圆曲线、边墙呈另一椭圆曲线时，其压降系数$\overline{C_p}$的变化情况见图 1.4-16。图中变量 D，对于顶曲线，取洞身高度；对于侧曲线，取洞身宽度。

（4）进口段孔口尺寸。进口段孔口尺寸主要取决于洞身断面面积，进口段孔口面积应稍大于洞身断面面积，以保证水流过渡平稳。同时，进口段孔口的尺寸及形状应综合闸门的制造能力及启闭机的启闭能力最终确定。

（5）拦污栅。拦污栅视保护闸门与水轮机的需要而设置。对于淹没很深的泄洪隧洞来说，可采用钢筋混凝土拦污栅，各栅孔的水平尺寸和竖直尺寸均不超过闸门尺寸的 2/3，其目的在于防止树木及其他大型

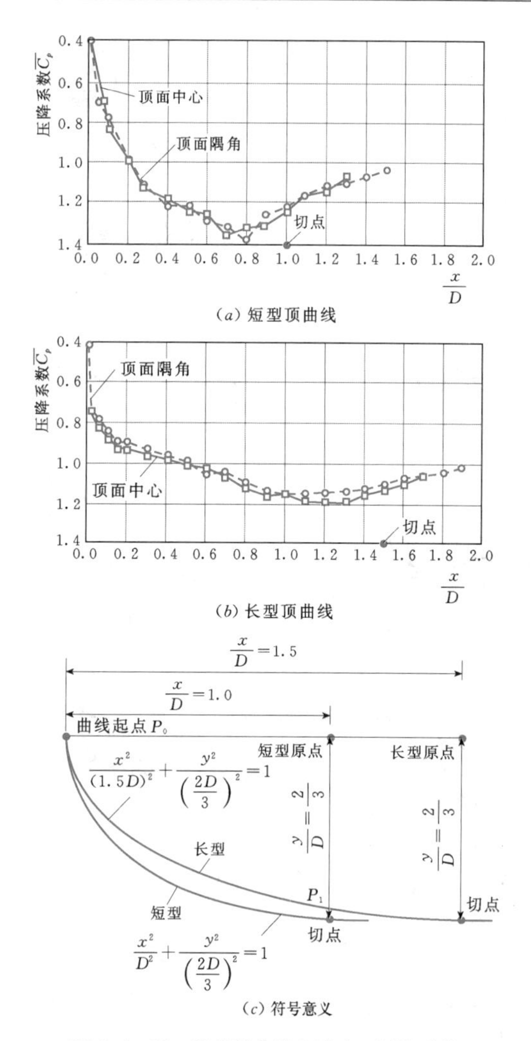

图 1.4-13 只有顶曲线的进水口压降系数

D—矩形泄水孔高度，m；x—沿泄水孔孔身的距离，m

污物堵塞闸室段。拦污栅的布置应使栅孔流速不超过 5m/s。栅杆或呈圆柱状，或为圆头方尾状，视结构设计要求与技术经济比较而定。拦污栅水头损失如需单独计算，则可取其等于 $0.02v^2/2g$。这里，v 为进水口下游均匀管道断面平均流速。工作平台应位于蓄水位以上，以便清除污物。

当泄洪洞兼有发电功能时，为防止损坏下游阀门或水轮机而设置的拦污栅应布置在流速不超过 1m/s 之处，并按 50%栅孔被堵塞的情况来设计。栅杆可采用圆钢及圆管；在需要额外加强的地方，可采用圆头、圆尾、中间为矩形断面的栅杆。

2. 闸门控制段

（1）有压泄洪洞控制段。有压泄洪洞控制段设在泄洪洞出口，绝大多数设有工作闸门，布置启闭机室，闸门前设有渐变段，将洞身从圆形断面渐变为闸

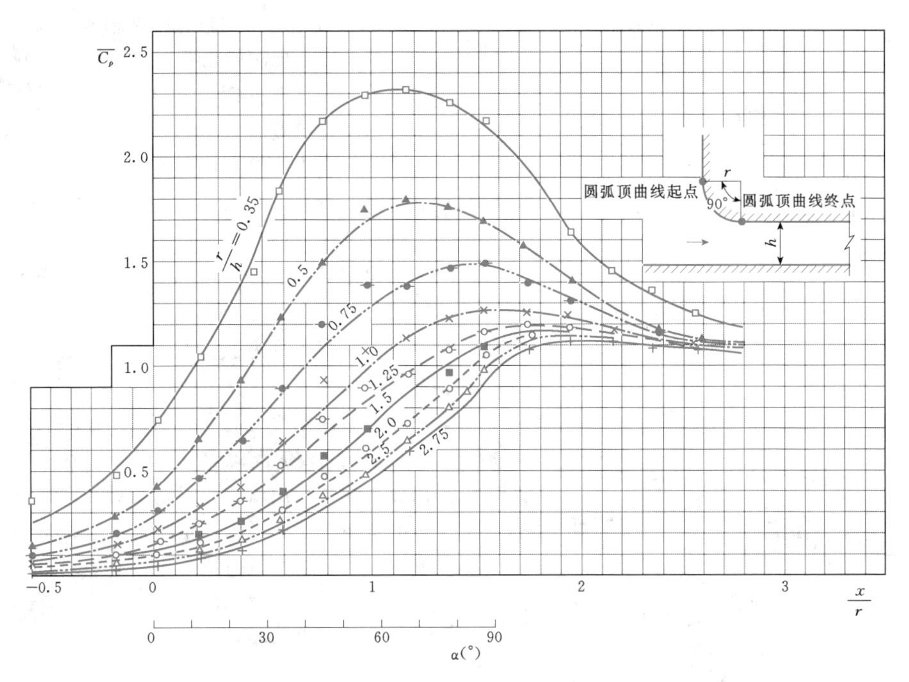

图 1.4-14 只有圆弧顶曲线的进水口压降系数

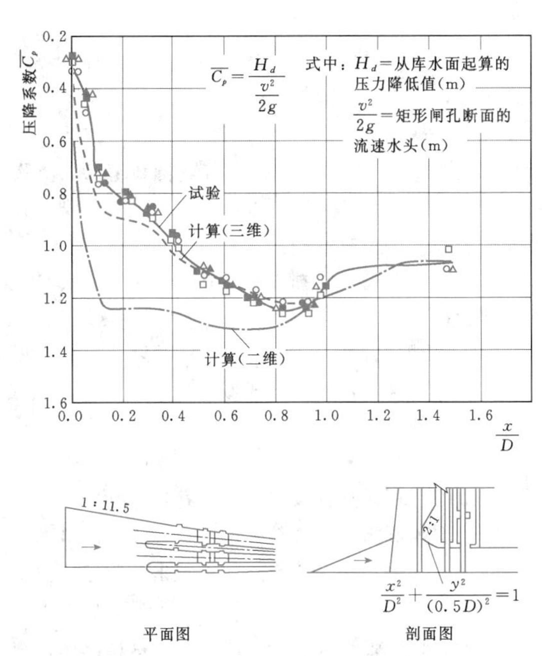

图 1.4-15 底面水平、顶面椭圆曲线、边墙“八”字形的进水口及其压降系数

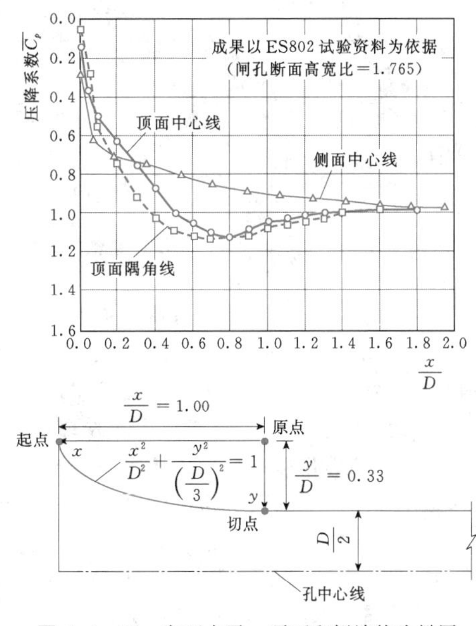

图 1.4-16 底面水平、顶面和侧墙均为椭圆曲线的进水口及其压降系数

门处的矩形孔口，出口之后即为消能设施。图 1.4-17 所示为冯家山水库右岸有压泄洪洞的出口布置图。

为防止有压泄洪洞出口闸门部分开启时水流下倾，需设托流挑坎，以使水流具有所需要的方向。

有压泄洪洞自由出流时，出口断面压坡线的位置亦即出口水深 y_{ou} 的位置，随出口托板型式及弗劳德数 Fr 而变。图 1.4-18 中的虚线示出各种托板型式下圆形断面出口水深 y_{ou} 与洞径 D 之比同 Fr 的关系，而实线则适用于无托板、射流自由跌落的情况。

初期设计时，如沿程边界无显著变化，出口面积收缩比可采用 0.85～0.9；断面变化较多，水流条件

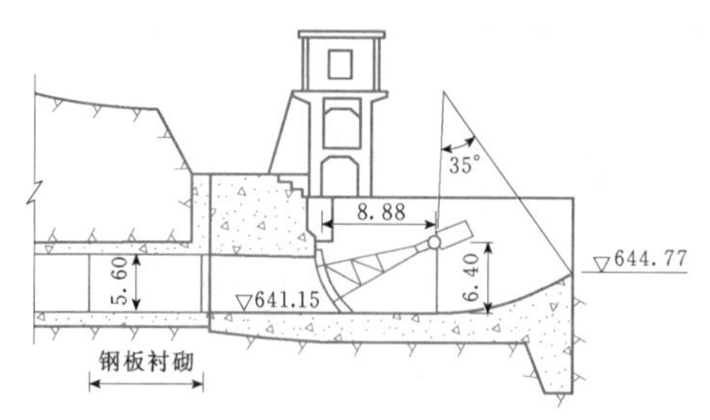

图 1.4-17　冯家山水库右岸有压泄洪洞出口布置图（单位：m）

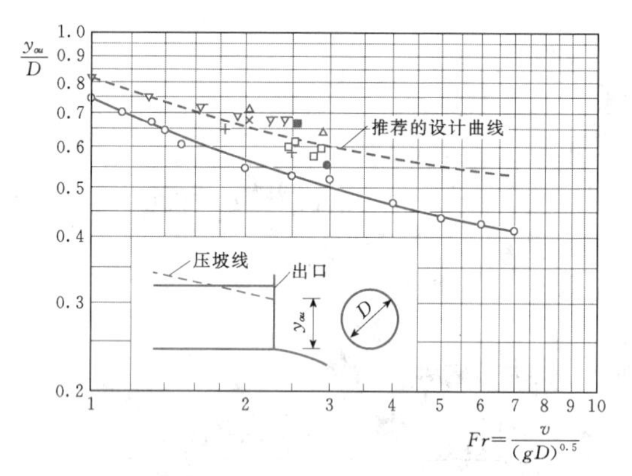

图例					
符号	资料来源	下游底部支承情况	符号	资料来源	下游底部支承情况
○	衣阿华州立大学	无底部支承	×	伊尼德水坝原型	抛物线底
□	丹尼森水坝模型	平底	△	兰道尔堡水坝模型	平底
■	丹尼森水坝原型	平底	▽	兰道尔堡水坝原型	平底
●	加里森水坝模型	抛物线底	+	奥阿希水坝原型	抛物线底
▽	尤弗奥凡尼河水坝模型	1∶2斜底			

图 1.4-18　圆形断面泄洪洞出口水深

较差时，可减小为0.8～0.85。有研究资料表明，出口渐变段宜采用顶侧三面收缩，底部不收缩，下接一段没有突扩的水平渠槽为好。该资料建议出口断面选用高、宽均为0.867D的正方形，虽收缩比已达0.957，出口洞顶仍有0.22D的正压（D为圆洞的直径）。考虑水力条件及闸门结构，出口宜采用正方形或接近正方形断面。

有压隧洞出口闸门孔口尺寸大小主要决定于要求的最大泄洪流量和保证出口结构不会发生空蚀破坏的限制流速，目前设计的有压洞工作闸门出口流速一般控制在30m/s以内，若流速大于上述值，或结构体型较复杂时，宜进行减压模型试验，以确定闸门区域是否发生水流空化，必要时在闸门处采取一定的防空蚀措施。

（2）有压接无压泄洪洞控制段。有压接无压泄洪洞控制段一般设在泄洪洞中部工作闸门室段，具体设计同有压洞控制段。为了泄洪洞有压洞段出口及无压段不发生空化空蚀，控制段出口流速尽量控制在30m/s以内。控制段是有压洞段和无压洞段水流衔接的部位，设计时宜使上、下游水流在此处平顺连接。工作闸门孔口宽度宜与工作闸门孔口后的流道宽度保持一致。若水头较高，因工作闸门水封的布置需扩宽流道时，可以采取渐变或突扩的方式与洞身相衔接，而突扩的体型设计可参见本章1.3节有关内容，并需考虑设置掺气设施，掺气设施的设计参见本章1.11节。

工作闸室分为上、下两层，上层为启闭设备操作室，下层为流道及闸门室。下层空间内宜设置通气洞，并应保证通气洞有充足且顺畅的气源。通气洞的进风通道宜尽量与操作室分开，并在进风口设格栅门以保证安全；出风口应尽量靠近闸门并布置在水面以上的位置。通气洞应尽量减少突变、弯头等，以减少气流阻力。当进风通道不可以避免经过操作室时，应保证操作室内风速不超过15m/s，并应设置相应的安全措施，如安全扶手栏杆等。

3. 洞身段

（1）有压泄洪洞及有压接无压泄洪洞有压洞身段。

1）渐变段。图1.4-19所示为$\varphi=5°$时各类渐变段的形状与长度L_{nep}。当压强较大时，为了不发生空化水流，可采用这样的逐渐扩大段，以防水流脱壁；在轴对称时，应控制其当量圆锥角α（见图1.4-20）不超过8°；在非轴对称的情况下，则控制其$\alpha=5°\sim6°$。

洞身渐变段的水头损失与压强分布情况往往需经模型试验确定。

2）有压隧洞段。有压泄洪洞一般设计成圆形断面，水压力不高时也可设计成城门洞形断面。有压洞洞身断面尺寸根据泄流量计算确定，设计工况下洞内水流流速宜控制在25m/s以内。有压洞洞身断面尺寸由泄流量、地质条件及工作闸门孔口尺寸等条件综合决定。有压洞出口的收缩比宜取为0.85～0.9；若沿程体型变化多，洞内水流条件差，出口收缩比宜取为0.80～0.85，对于重要的工程，应进行水工模型试验验证。在各种工况下，有压洞内严禁出现明满流交替的水流流态，在正常运行工况下有压洞内最小压力不宜小于0.02MPa。

（2）有压接无压泄洪洞无压洞身段。有压接无压泄洪洞无压洞身段断面设计见无压泄洪洞洞身段设计。

由于有压接无压泄洪洞前部为有压泄洪洞，为保证无压段的隧洞顶部气流通畅及保证掺气设施有合适

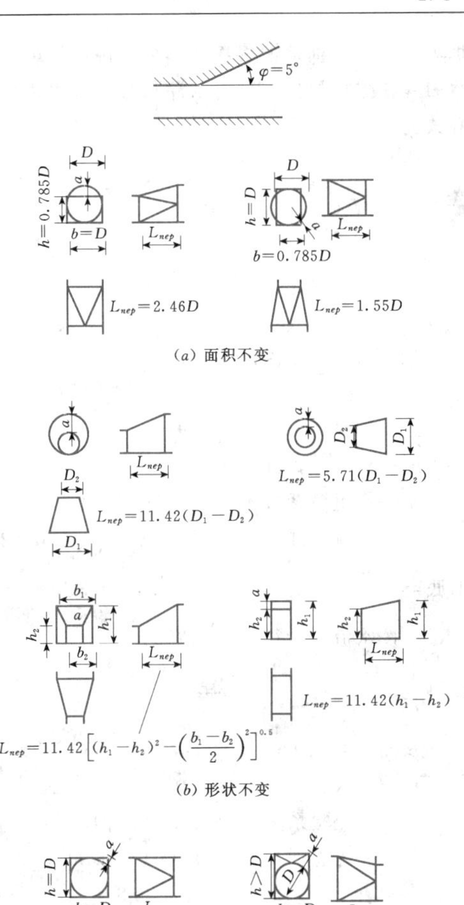

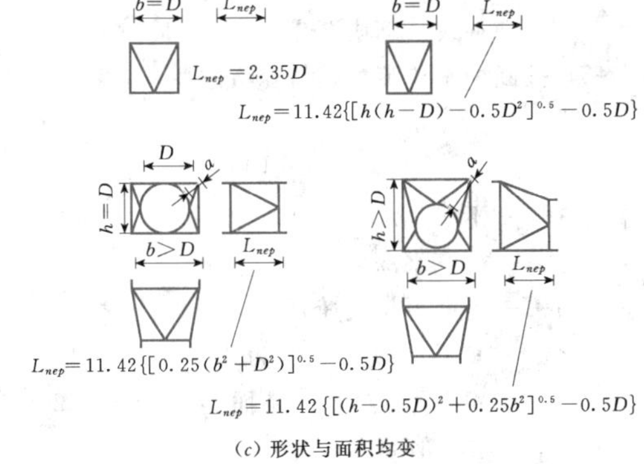

图 1.4-19 压力隧洞渐变段

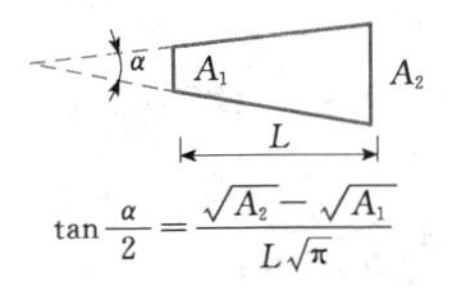

图 1.4-20 当量圆锥角

的气源，应在无压段起始端布置通气洞（或与交通洞结合），隧洞较长和水流流速较高时，还应在无压洞段的适当位置设置补气洞。

4. 出口段

有压泄洪洞及有压接无压泄洪洞出口设计可参照本章 1.4 节中“1.4.2.2 明流泄洪洞”进行。

1.4.2.4 水力计算

泄洪洞水力计算主要内容包括泄流能力、进水口淹没深度、检修门井水位、压强、水流空化数、沿程水面线、掺气水深、水头损失等。

1. 泄流能力

(1) 开敞式进口泄洪洞。开敞式进口泄洪洞泄流能力计算参见本章 1.5 节“岸边溢洪道”设计部分。

(2) 短有压泄洪洞。对于短有压进水口，目前多运用图 1.3-4 所示的体型。该体型检修门采用平板门，工作门采用弧形门，其泄流能力按本章 1.3 节“坝身泄水孔”中泄流能力相关公式计算。对于水头 H 小于 3 倍孔口高度的浅水式短有压进水口，流量系数 μ 随水头变化，其流量系数值一般需通过上述有关公式以及类似工程经验获得，重要工程需通过水工模型试验获得。

(3) 长有压泄洪洞。长有压泄洪洞或进水口后连接长度较大的有压隧洞的情况，其泄流能力也按照本章 1.3 节“坝身泄水孔”泄流能力相关公式计算。

2. 淹没水深

若有压隧洞进水口上游淹没深度不足，一方面可能在库水面发生立轴旋涡，降低进水口的泄流能力；另一方面则有可能造成进口或隧洞负压的产生，进而引起空化空蚀。为此，需保证进水口前有最小的淹没深度 s，即库水位至均匀洞身顶部的高差，可按下式计算：

前沿对称来水时 $$s = 0.52vh^{0.5} \tag{1.4-6}$$

斜向来水时 $$s = 0.7vh^{0.5} \tag{1.4-7}$$

式中 s ——进水口淹没深度，m；

h ——进口后的均匀洞身高度，m；

v ——相应于 h 的断面平均流速，m/s。

大型工程或重要的泄洪洞进水口淹没深度还需经模型试验论证。

3. 检修门井水位

对于哈焕文建议的体型（见图 1.3-4），有压短进水口检修门井的水位 H_w 可按下式计算：

$$H_w = H - \frac{1+\zeta_1}{\eta^2}\frac{v_2^2}{2g} \tag{1.4-8}$$

$$\eta = \frac{A_1}{A_2}$$

式中 H ——库水位至流道底板的水头，m；

v_2 ——相应于 h_2 处的流速，m/s；

ζ_1——进口至门槽参考断面的局部水头损失系数，当 EF 段坡度 J_2 分别为 1∶4、1∶5 和 1∶6 时，ζ_1 分别取 0.170、0.164 和 0.161；

η——面积比，当 $H<30\text{m}$ 时，$\eta=1.20\sim1.25$；

A_1、A_2——相应于高度 h_1 和 h_2 的横断面面积。

4. 压强、水流空化数

(1) 短有压进水口。图 1.3-4 所示的体型，其检修门槽顶部压强 p_1 及相应的水流空化数 σ，可按下式计算：

$$\frac{p_1}{\gamma}=H-\eta h_2-\frac{1+\zeta_1}{\eta^2}\frac{v_2^2}{2g} \tag{1.4-9}$$

$$\sigma=\frac{\dfrac{p_1}{\gamma}+\dfrac{p_a}{\gamma}-\dfrac{p_v}{\gamma}}{\dfrac{v_1^2}{2g}} \tag{1.4-10}$$

式中 p_a——大气压强，kN/m^2；

p_v——给定温度下的汽化压强，kN/m^2；

v_1——相应于 h_1 处的流速，m/s；

γ——水的重度，kN/m^3；

其余符号意义同前。

(2) 洞身。洞身段的水流空化数由下式求得：

$$\sigma=\frac{h_0+h_a-h_v}{\dfrac{v_0^2}{2g}} \tag{1.4-11}$$

$$h_a=10.33-\frac{\nabla}{900}$$

式中 h_0——计算断面处的压力水柱，m；

h_a——计算断面处的大气压压力水柱，m，对不同高程按 $(10.33-\nabla/900)$ 估算，即相对于海平面，高度每增加 900m，较标准大气压力水柱高降低 1m；

∇——计算点高程；

h_v——相应水温下，水的汽化压力水柱高，m；

$v_0^2/(2g)$——计算断面的断面平均流速水头，m。

5. 沿程水面线

明流泄洪洞沿程断面形状、大小和底坡都固定不变时，其不掺气的水面曲线按照棱柱体明槽的水面线计算；沿程断面形状、大小和底坡发生变化时，其不掺气的水面曲线按照非棱柱体明槽的水面线计算。具体算法参见《水工设计手册》(第2版)第1卷相关内容。

6. 掺气水深

目前，掺气水深的计算尚没有成熟的公式，可以根据各工程的具体情况选择适当公式进行估算。

(1) 王俊勇提出不掺气水深与掺气水深之比 β 的估算式为

$$\beta=\frac{h}{h_a}=0.937\left(\frac{v^2}{gR}\frac{n\sqrt{g}}{R^{1/6}}\frac{B}{h}\right)^{-0.088} \tag{1.4-12}$$

式中 β——含水比；

h——不掺气水深，m；

h_a——掺气水深，m；

v——断面平均流速，m/s；

R——水力半径，m；

B——槽宽，m；

n——粗糙系数。

式 (1.4-13) 的适应条件为 $\tan\theta=0\sim0.927$ (θ 为槽底与水平线的夹角)；$\dfrac{v^2}{gR}=9.4\sim283$。

(2) 按水流弗劳德数 Fr 估算：

$$\beta=\frac{1}{1+kFr^2} \tag{1.4-13}$$

式中 β——含水比；

Fr——水流弗劳德数；

k——经验系数，取决于过流面材料的性质，普通混凝土为 0.004～0.006，粗混凝土或光滑砌石为 0.008～0.012，粗砌石或浆砌块石为 0.015～0.020。

(3) 按断面平均流速估算掺气水深：

$$\frac{h_a}{h}=1+\zeta\frac{v}{100} \tag{1.4-14}$$

式中 h——不掺气水深，m；

h_a——掺气水深，m；

v——断面平均流速，m/s；

ζ——修正系数，一般为 1.0～1.4，依流速和断面收缩情况而定，当 $v>20\text{m/s}$ 时，宜采用较大值。

对于设有掺气设施的泄洪洞，进行掺气水深计算时，需另外加上相应的强迫掺气量(即由掺气设施掺入水中的部分)。强迫掺气量一般需通过水工模型试验获取，前期设计中，可按水流流量的 5%～10% 考虑(流速高时取大值)。

7. 水头损失

全部闸门都开启运行时，进口段的水头损失可为均匀洞身断面平均流速水头 $v^2/2g$ 的 0.06～1.32 倍，视进水建筑物的结构型式而异。图 1.4-21～图 1.4-23 所示为国外一些工程的水头损失系数 ζ 的模型试验值(标以字母“M”)及原型观测值(标

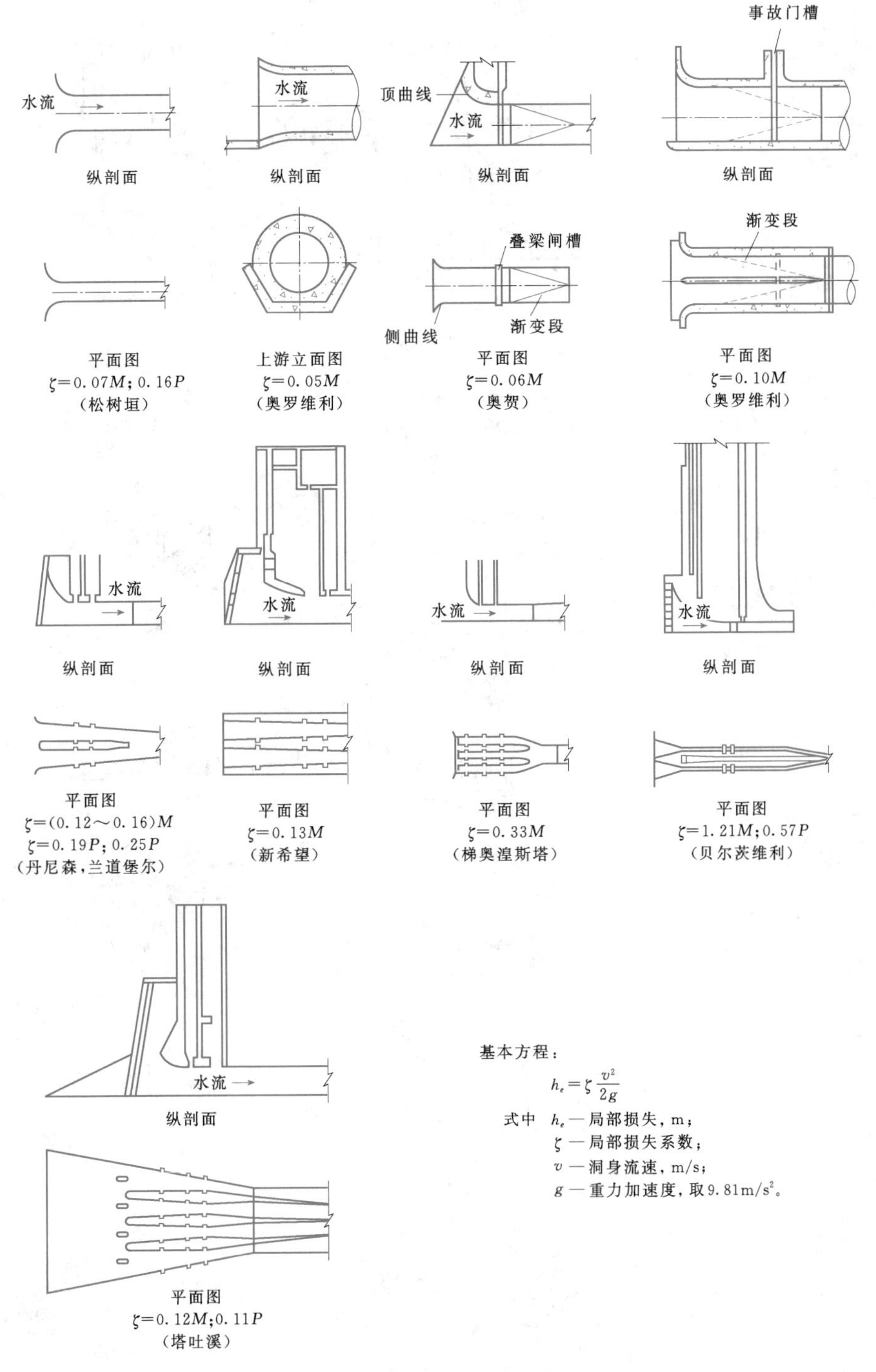

$$h_e=\zeta\frac{v^2}{2g}$$

式中 h_e—局部损失，m；

ζ—局部损失系数；

v—洞身流速，m/s；

g—重力加速度，取 9.81m/s²。

图 1.4-21 进口段水头损失参考值（各闸均全开）

M—模型试验值；*P*—原型观测值

以字母“*P*”），可供参考。图中系数只适用于满流状态，但只开启个别闸门时，门后未必呈满流，应注意核算。

有压隧洞转弯段，其局部水头损失采用如下公式计算：

$$h_j=\left[0.131+0.1632\times\left(\frac{D}{R}\right)^{3.5}\right]\left(\frac{\theta}{90°}\right)^{0.5} \tag{1.4-15}$$

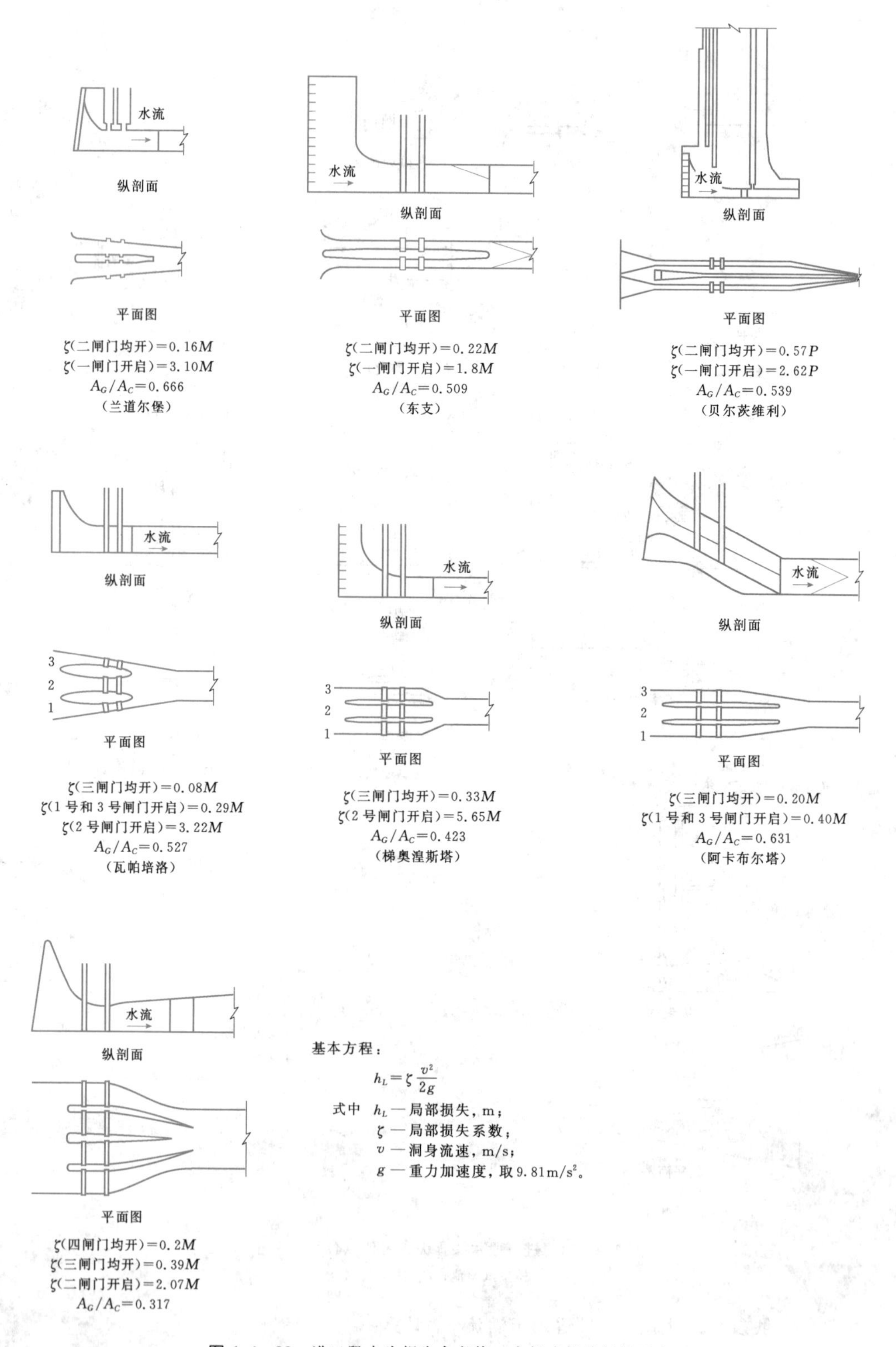

图1.4-22 进口段水头损失参考值(全部或部分闸门开启)

A_G/A_C——一条闸门通道水流面积与洞身面积之比；P—原型观测值；M—模型试验值

(注：如欲将图中ζ值换算为就闸门通道而言的系数，须将ζ值乘以运行着的闸门通道水流面积与洞身面积之比)

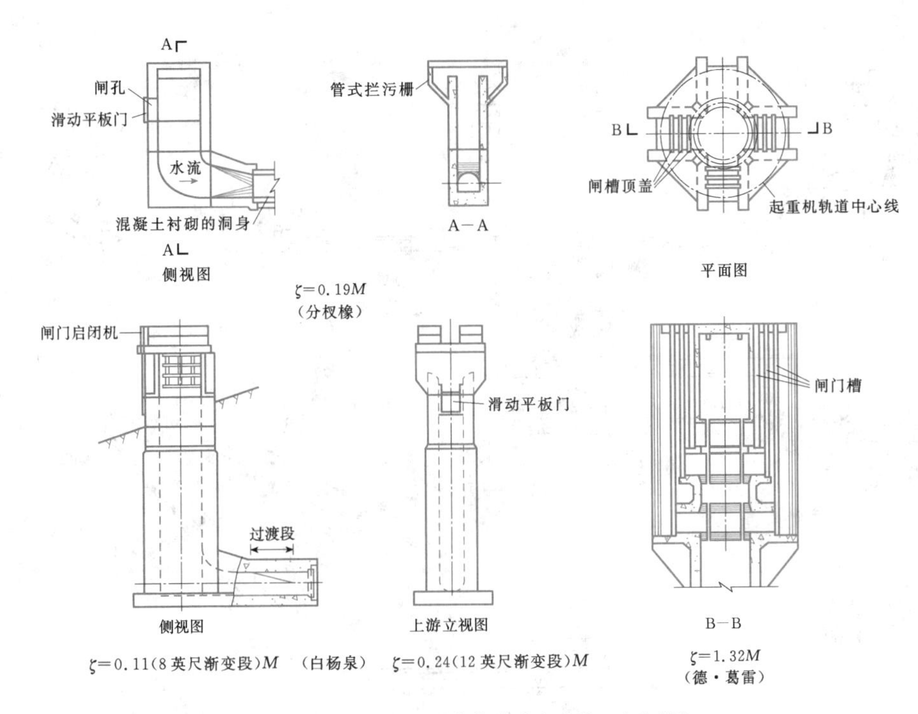

图 1.4-23 混凝土泄水管道跌水式进口水头损失

M—模型试验值

式中 D——洞径，m；

R——弯道半径，m；

θ——弯道转角，(°)。

1.4.3 竖井式泄洪洞

1.4.3.1 基本构成及水力特性

1. 基本构成

竖井式泄洪洞由井口导流防涡设施、环形溢流堰、过渡段、竖井（或斜井）段、弯管段（或消力井）、退水隧洞段及出口消能段组成（见图 1.4-24）。在峡谷中筑坝而岸坡较陡的情况下，或导流隧洞可以改建为退水隧洞的一部分时（见图 1.4-25），采用竖井（斜井）式泄洪洞较为有利。

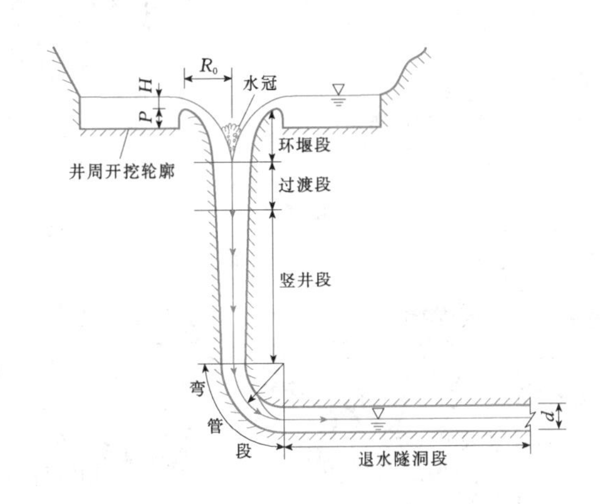

图 1.4-24 竖井式泄洪洞

2. 水力特性

竖井式泄洪洞的泄流特性往往随着水头变化而异，视环形溢流堰、过渡段和隧洞段三者泄流能力的对比，可呈三种水力工况，即堰流控制工况、孔流控制工况和管流控制工况。

加大环形堰的直径，水头较低时，过堰流量便可较大，而使孔流控制工况发生于堰上水头较小之际。如改变过渡段的喉道尺寸，则图 1.4-26 (d) 中所示相应于孔流控制工况的水头范围的曲线 cd 位置，也随之变动；若过渡段的尺寸恰好使曲线 cd 与 jf 重合，甚至位于 jf 的右侧，则堰流控制工况就直接转变为管流控制工况。

实践表明，若竖井式泄洪洞在设计流量 Q_d 时呈管流控制工况，则当 $Q<Q_d$ 时，过渡段及竖井段将出现很大负压；在退水隧洞内将出现不稳定的明满流过渡现象，同时，在弯管凸部可能出现很大负压，要想把它降低到容许范围内，就需把弯管半径加得很大，从而造成难以解决的结构上的困难。因此，一般不采用管流控制工况，而采用堰流或孔流控制工况进行设计，并将竖井设计成逐渐收缩的型式，保证退水隧洞段为明流。

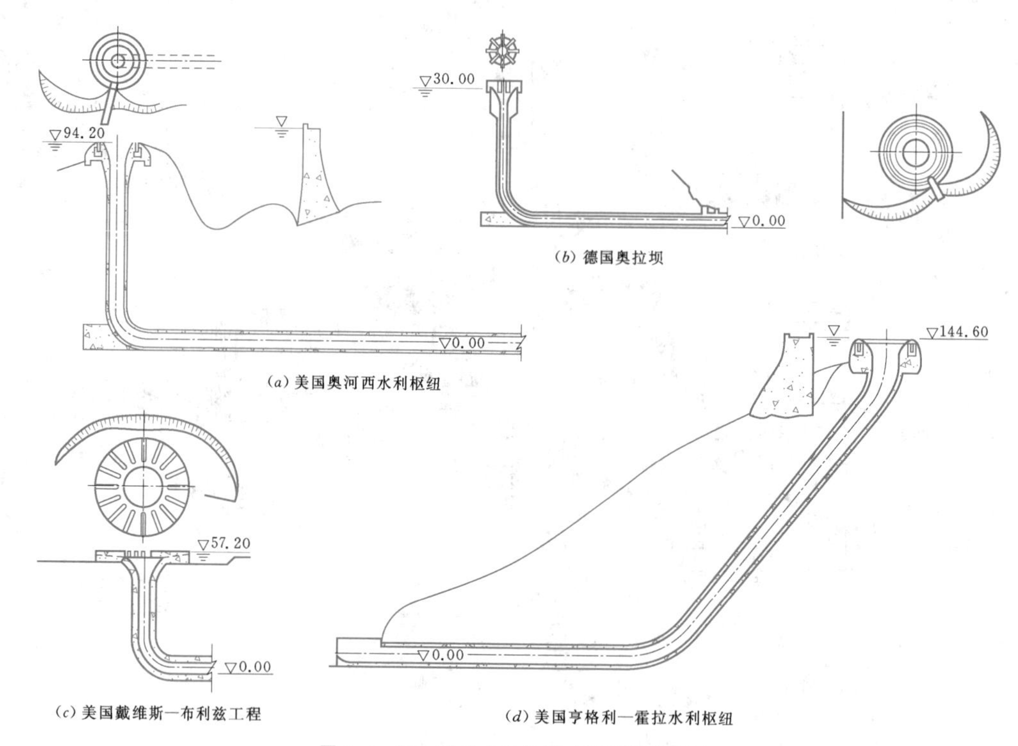

(a) 美国奥河西水利枢纽

(b) 德国奥拉坝

(c) 美国戴维斯—布利兹工程

(d) 美国亨格利—霍拉水利枢纽

图 1.4-25 竖井式泄洪洞工程实例示意图

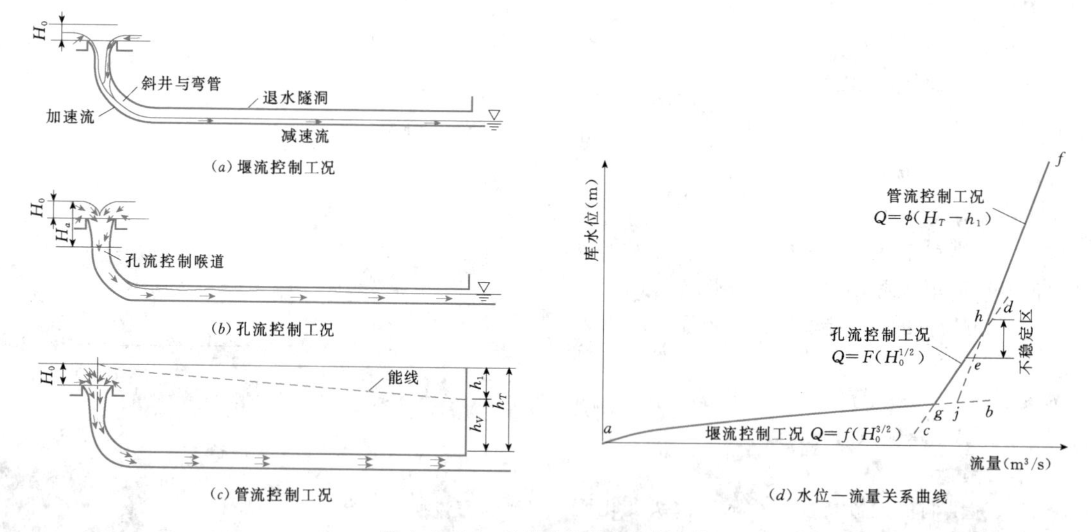

(a) 堰流控制工况

(b) 孔流控制工况

(c) 管流控制工况

(d) 水位—流量关系曲线

图 1.4-26 竖井式泄洪洞水力工况

1.4.3.2 溢流堰与井口导流防涡设施

1. 进口溢流堰的常用型式

如图 1.4-27 所示，进口溢流堰最常用的是实用堰[见图 1.4-27 (*a*)]和宽顶堰[见图 1.4-27 (*d*)]；图 1.4-27 (*b*) 所示的进口设有圆筒闸门；如图 1.4-27 (*e*) 所示受地形限制，其堰口为不完整的环形堰；如图 1.4-27 (*c*) 所示为了加大溢流前缘长度，堰口修成花瓣形；如图 1.4-27 (*f*) 所示，采用螺旋线堰，其目的是在竖井中形成旋流，以使井壁处形成正压。

2. 环形实用堰的堰面体型

(1) 容许负压的堰面体型。像一般实用断面堰一样，环形实用堰的堰面形状(漏斗段)是根据锐缘薄壁环堰的水舌下缘剖面绘制的(见图 1.4-28)。图 1.4-29

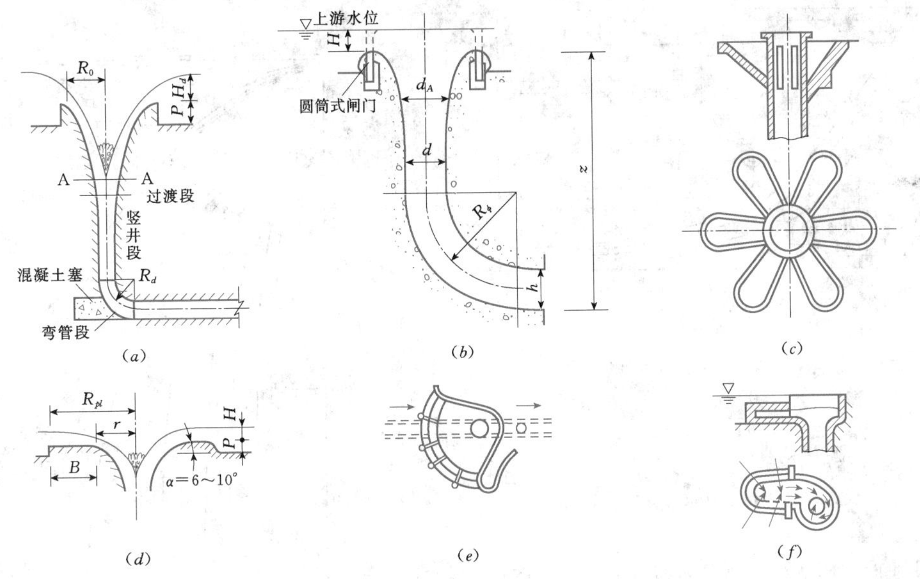

图 1.4-27 竖井式泄洪洞的进口布置型式

所示为一给定的环形堰在不同水头时的水舌下缘曲线坐标。由图 1.4-29 可见，随着水头或 H_s/R 比值的增加，在 $y>0$ 的范围内，x 值随之增加；在 $y<0$ 的范围内，x 值反而减小，以致各条曲线彼此交错。因此，若用较高水头或较大 H_s/R 值作为定型水头来设计堰面曲线，则当水头小于定型水头时，堰面将会发生负压。倘若容许堰面存在负压，则可按表 1.4-6 列出的堰面曲线方程及其适用界限计算堰面曲线各点坐标 (x, y) 值，表中坐标 x，y 的原点取在实用堰堰顶（见图 1.4-30）。

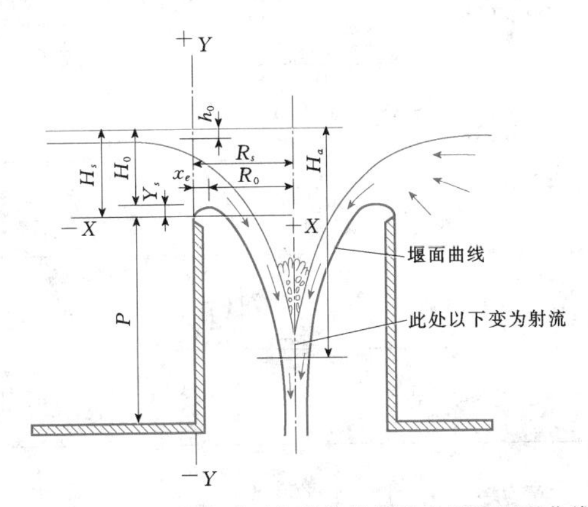

图 1.4-28 符合水舌下缘形状的环形实用堰堰面曲线

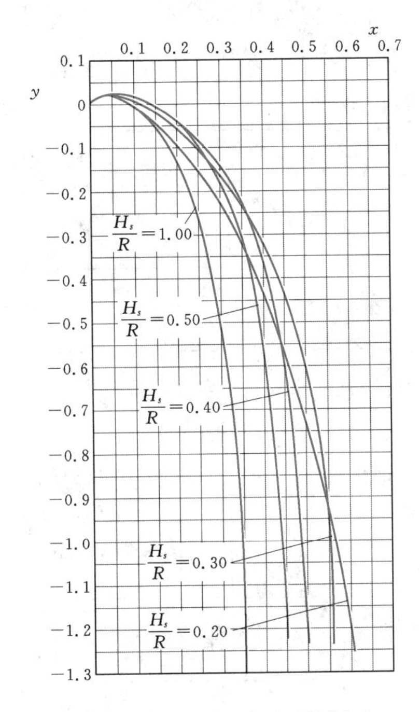

图 1.4-29 典型水舌下缘剖面

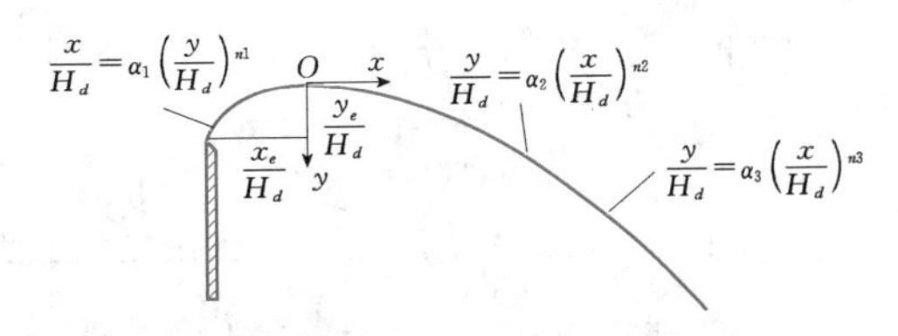

图 1.4-30 环形实用堰堰面曲线方程

表 1.4-6 中的 H_s 值，可根据已知的 H_0/R_s，由图 1.4-31 中查出 H_s/H_0，从而求得。

按表 1.4-6 所定出的实用堰堰面，其上的水面线，可按图 1.4-32 中所示的上缘曲线查算，或按表

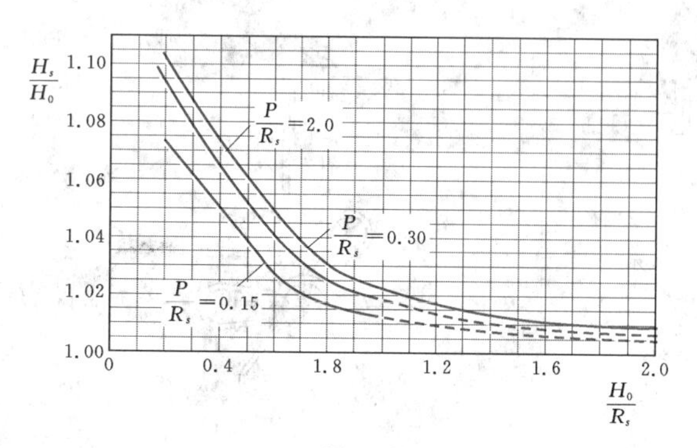

图 1.4-31　$\frac{H_0}{R_s}$—$\frac{H_s}{H_0}$关系曲线

（虚线是根据试验资料外延的）

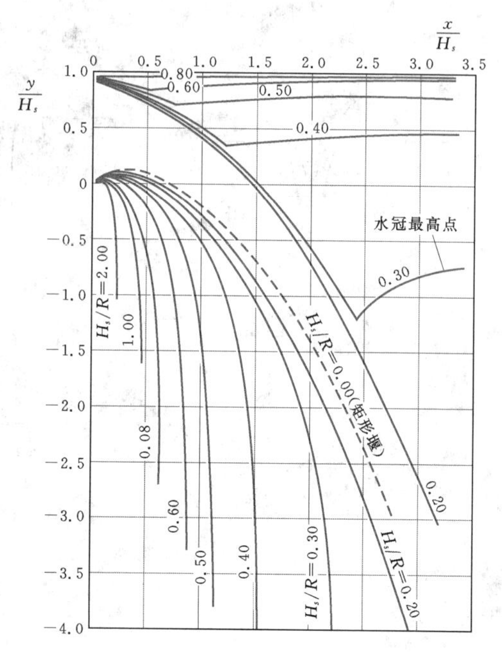

图 1.4-32　环堰水舌上、下缘曲线

（水舌下充分通气，不计行近流速）

1.4-7 中无因次坐标来确定。由图 1.4-29 可见，当 $H_s/R>0.20$ 后，环形实用堰中水流迅即汇合，形成水冠。

（2）使堰面负压最小的堰面体型。采用加大的堰口半径 R'_s，其值可由图 1.4-33 按 H_0/R_s 查取 R'_s/R_s，从而算出。确定 R'_s 后，堰面形状便可按表 1.4-6 中的堰面曲线方程计算，这时，取表中 $R=R'_s$。

表 1.4-6　　环形实用堰堰面曲线方程

$\frac{P}{R}$	$\frac{H_s}{R}$	$\frac{x_e}{H_d}$	$\frac{y_e}{H_d}$	堰顶上游曲线		堰顶下游曲线	
				方程	$\frac{x}{H_d}$限界值	方程	$\frac{x}{H_d}$限界值
2.0	0.2	−0.237	0.1035	$\frac{x}{H_d}=-0.635\left(\frac{y}{H_d}\right)^{0.410}$	−0.190	$\frac{y}{H_d}=0.610\left(\frac{y}{H_d}\right)^{1.85}$	3.20
	0.3	−0.209	0.0893	$\frac{x}{H_d}=-0.568\left(\frac{y}{H_d}\right)^{0.397}$	−0.166	$\frac{y}{H_d}=0.685\left(\frac{x}{H_d}\right)^{1.85}+0.000009\left(\frac{x}{H_d}\right)^{13.6}$	2.25
	0.4	−0.174	0.0764	$\frac{x}{H_d}=-0.538\left(\frac{y}{H_d}\right)^{0.424}$	−0.145	$\frac{y}{H_d}=0.830\left(\frac{x}{H_d}\right)^{1.85}+0.035\left(\frac{x}{H_d}\right)^{12.8}$	1.45
3.0	0.2	−0.219	0.0972	$\frac{x}{H_d}=-0.622\left(\frac{y}{H_d}\right)^{0.419}$	−0.155	$\frac{y}{H_d}=0.590\left(\frac{x}{H_d}\right)^{1.73}+0.00735\left(\frac{x}{H_d}\right)^{4.99}$	3.50
	0.3	−0.189	0.0817	$\frac{x}{H_d}=-0.637\left(\frac{y}{H_d}\right)^{0.451}$	−0.14	$\frac{y}{H_d}=0.650\left(\frac{x}{H_d}\right)^{1.73}+0.00174\left(\frac{x}{H_d}\right)^{8.83}$	2.15
	0.4	−0.156	0.0655	$\frac{x}{H_d}=-0.556\left(\frac{y}{H_d}\right)^{0.440}$	−0.12	$\frac{y}{H_d}=0.725\left(\frac{x}{H_d}\right)^{1.73}+0.140\left(\frac{x}{H_d}\right)^{6.98}$	1.35
0.15	0.2	−0.192	0.0724	$\frac{x}{H_d}=-0.625\left(\frac{y}{H_d}\right)^{0.430}$	−0.160	$\frac{y}{H_d}=0.600\left(\frac{x}{H_d}\right)^{1.73}+0.00735\left(\frac{x}{H_d}\right)^{4.77}$	3.45
	0.3	−0.164	0.0627	$\frac{x}{H_d}=-0.665\left(\frac{y}{H_d}\right)^{0.476}$	−0.125	$\frac{y}{H_d}=0.660\left(\frac{x}{H_d}\right)^{1.73}+0.0008\left(\frac{x}{H_d}\right)^{13.8}$	2.15
	0.4	−0.132	0.504	$\frac{x}{H_d}=-0.540\left(\frac{y}{H_d}\right)^{0.453}$	−0.105	$\frac{y}{H_d}=0.760\left(\frac{x}{H_d}\right)^{1.73}+0.155\left(\frac{x}{H_d}\right)^{6.67}$	1.35

表 1.4-7　　水舌上缘曲线坐标$\dfrac{y}{H_s}$（不计行近流速，水舌下充分通气）

$\dfrac{x}{H_s}$ \ $\dfrac{H_s}{R}$	0.20	0.25	0.30	0.35	0.40	0.45	0.50	0.60	0.80	1.00
−0.40	0.955	0.958	0.959	0.960	0.961	0.963	0.968	0.976	0.986	1.000
−0.20	0.925	0.927	0.929	0.930	0.935	0.936	0.942	0.958	0.973	0.996
0.00	0.880	0.886	0.892	0.895	0.900	0.905	0.920	0.932	0.955	
0.20	0.820	0.829	0.838	0.845	0.851	0.861	0.870	0.900		
0.40	0.740	0.753	0.763	0.772	0.787	0.801	0.815	0.855		
0.60	0.640	0.658	0.669	0.684	0.702	0.726	0.748			
0.80	0.518	0.540	0.556	0.578	0.600	0.633				
1.00	0.372	0.402	0.420	0.449	0.475					
1.20	0.205	0.240	0.265	0.300	0.328					
1.40	0.013	0.051	0.081	0.128						
1.60	−0.205	−0.160	−0.122	−0.063						
1.80	−0.457	−0.400	−0.357							
2.00	−0.473	−0.678	−0.613							
2.20	−1.072	−0.981	−0.895							
2.40	−1.440	−1.315	−1.198							
2.60	−1.845	−1.670								
2.80	−2.268									
3.00	−2.685									

注　对于表中 R，在堰面容许负压时，采用 R_s 值；欲使堰面负压为最小，采用 R'_s 值。

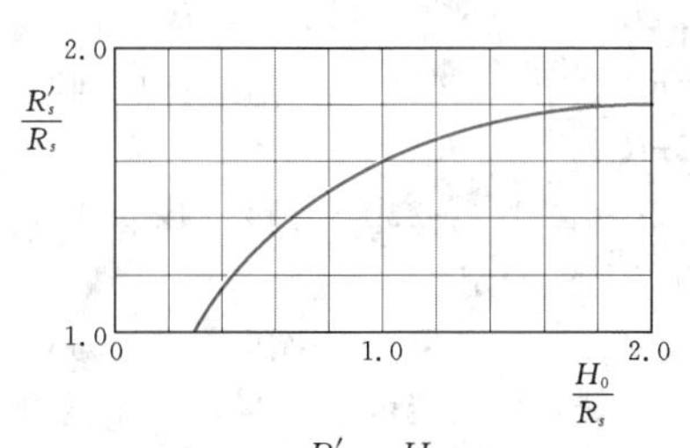

图 1.4-33　$\dfrac{R'_s}{R_s}$—$\dfrac{H_0}{R_s}$ 关系曲线

3. 环形宽顶堰的堰面体型

环形宽顶堰的堰顶有平台［见图 1.4-27(*b*) 的左侧］或斜台［见图 1.4-27(*b*) 的右侧］两种型式，适用于下列条件，即台的半径

$$R_{pl} \geqslant (5 \sim 7)H \tag{1.4-16}$$

对于平台或斜台的宽度 B，当 $R_{pl} \geqslant (5 \sim 7)H$ 时，一般取 $B=(3 \sim 4)H$，或 $B=(0.4 \sim 0.5)R_{pl}$；斜台的倾角 $\alpha=6° \sim 9°$，这时，堰顶末端水深为

$$h_e = 0.65H \tag{1.4-17}$$

堰顶末端流速为

$$v_e = \frac{Q}{2\pi R_e(0.65h)} \tag{1.4-18}$$

而

$$R_e = R_{pl} - B - 0.325H\sin\alpha \tag{1.4-19}$$

式中　Q、H——设计流量和相应的设计水头。

堰顶末端后接抛物线式漏斗段，漏斗段的求法如下：

（1）确定漏斗面上水舌中心线的轨迹。

$$y = \frac{gx^2}{2v_e^2\cos^2\alpha} + x\tan\alpha \tag{1.4-20}$$

式中 x 的取值范围为 $0 \sim R_e$；对于平台式堰顶，式中 $\alpha=0$。

（2）计算沿水舌中心线上距 x 轴 y_n 处的任意点的流速 v_n 及水股厚度 h_n（见图 1.4-34）为

$$v_n = \sqrt{v_e^2 + 2gy_n + 2v_n\sin\alpha\sqrt{2gy_n}} \tag{1.4-21}$$

$$h_n = \frac{Q}{2\pi(R_e - x_n)v_n} \tag{1.4-22}$$

（3）沿正交于水舌中心线的各断面处，取相应的 $h_n/2$，便可得到符合水舌下缘的漏斗面。

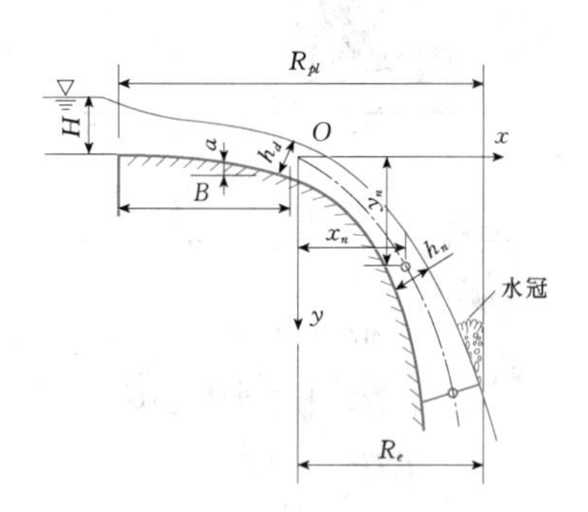

图 1.4-34 环形宽顶堰

4. 井口导流防涡措施

(1) 井口如有严重的水流旋涡，可使流量降低60%～75%，故应使进口周围有合适的开挖轮廓，并设置必要的导流防涡措施，引导水流平顺入井，保证和提高泄流能力。工程上采用的井口导流防涡措施，如图1.4-35所示，可因地制宜参照选用。一般在堰流控制工况范围 $\left(\frac{H}{R_0}=0.2\sim0.45\right)$ 内，开挖轮廓适当，且 $P/R_0\geqslant1.0$ 时，或井周来水流速 $v\leqslant0.3$m/s时，旋涡水流不会形成，这里 P 为环形堰的高度(m)；R_0 为环形实用堰堰顶半径(m)。

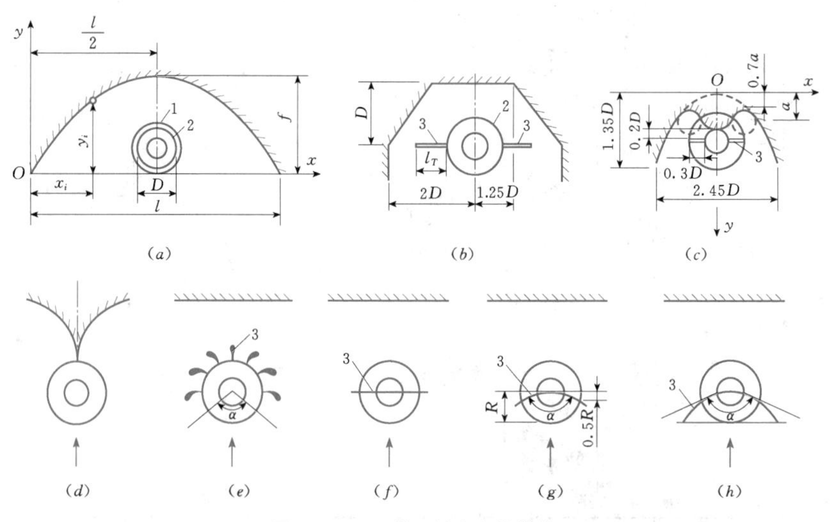

图 1.4-35 井口导流防涡措施

1—井口外缘；2—堰顶；3—导流墙

$$R_0=R_s-x_e \tag{1.4-23}$$

式中 x_e——环形实用堰堰顶至环形薄壁堰堰顶的距离，可由表1.4-6按已知的 P/R 值和 H_s/R 值查算。

(2) 图1.4-35(a)所示的岸墙边界呈下列抛物线形状：

$$y=\frac{4x(l-x)f}{l^2} \tag{1.4-24}$$

试验表明，当取 $l=(6.0\sim7.0)D$ 及 $f=2D$ 时，所形成的边界轮廓符合水流运动轨迹。符号意义如图1.4-35(a)所示。

(3) 在图1.4-35(b)所示折线型岸墙情况下，导水墙的长度 $l_T=(2.5\sim3)H$。

(4) 图1.4-35(c)所示抛物线岸墙适用于开挖深的情况，方程为

$$y=0.8D=\left(\frac{x}{D}\right)^{2.5} \tag{1.4-25}$$

岸墙附有隔墩，其中心角为70°，其相对尺寸为：$P/H=2$，$H/R_0=0.14$，这时，计算流量时，取有效堰顶长为 $0.8\pi R_0$。

(5) 采用图1.4-36(a)所示的隔墙时，隔墙的曲线外廓按下式确定：

$$\beta-\alpha=C' \tag{1.4-26}$$

式中 β、α——决定隔墙在平面图上轮廓位置的角度；

C'——常数，可在5°～10°间选用。

先选定 C' 值，然后在0°～70°之间设一系列的 α 角，按式(1.4-26)算出相应的 β 角，通过点1和点2，按各 α 角、β 角作直线，由这些线的交点定出所求隔墙上的一系列点，据以确定隔墙形状。

当井口位置靠近岸壁时，如图1.4-36(b)所示，堰顶上点 d 和点 e 的流速可按下式求得：

$$v_d=\frac{Q}{2\pi R_0(0.75H)}\frac{2k_2}{k_1+k_2} \tag{1.4-27}$$

$$v_e=\frac{Q}{2\pi R_0(0.75H)}\frac{2k_2}{k_1+k_2} \tag{1.4-28}$$

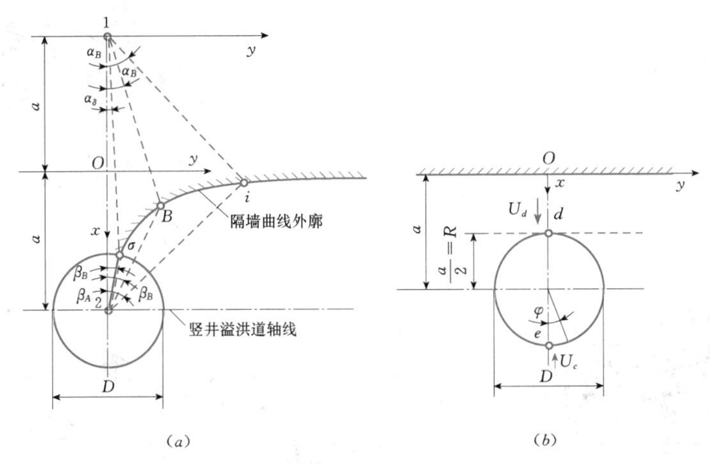

图 1.4-36 曲线型隔墙与直线型岸墙

式中 v_d、v_e——岸墙侧的点 d 和水库侧的点 e 处的堰顶流速，m/s；

R_0——堰顶半径，m；

k_1、k_2——系数，由图 1.4-37 按 R_0/a 值查取，这里 a 为竖井中心至直线型岸墙的距离，m。

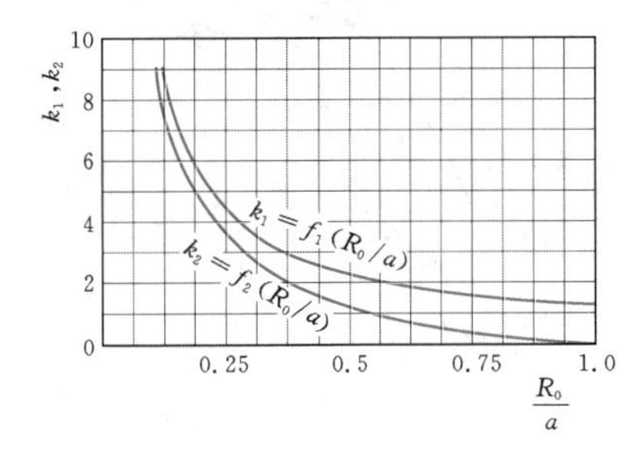

图 1.4-37 系数 k_1 和系数 k_2

堰口顶部其他各点处的水流流速 v_i，可按下式推求：

$$v_i - v_d + \frac{\pi-\varphi}{\pi}(v_e - v_d) \quad (1.4-29)$$

式中 φ——所求 v_i 处与直径 de 的夹角，在 0～π 之间取值。

在沿堰口顶部各处水流流速不一致的情况下，可将圆形堰口以下的堰面按顶部流速的平面分布情形修成非对称的曲面。这种做法，虽可减少涡流，但不便于施工。

(6) 采用图 1.4-35 (f) ～ (h) 所示曲线型导流墙时，其下端深入堰口内约 $0.5R$ 的距离，防涡比较有效。

5. 堰流流量公式

(1) 无闸墩时，堰流流量为

$$Q = m2\pi R_0\sqrt{2g}H^{3/2} \quad (1.4-30)$$

(2) 有闸墩时，堰流流量为

$$Q = \varepsilon m(2\pi R_0 - n\delta)\sqrt{2g}H^{3/2} \quad (1.4-31)$$

式中 Q——流量，m³/s；

R_0——堰顶半径，m；

H——环形实用堰或环形宽顶堰堰顶以上水头，m；

g——重力加速度，取 9.81m/s²；

δ——堰顶高程处的闸墩厚度，m；

n——闸墩数；

ε——侧收缩系数，一般可取 0.9；

m——流量系数。

流量系数取值可分以下两种情况：

1) 对于环形宽顶堰，流量系数 m 由图 1.4-38 (b) 所示的曲线按比值 H/R 和 P/H 查取，这里，H、R、P 的意义，如图 1.4-38 (a) 所示。图 1.4-38 (b) 所示曲线的适用条件是：斜台，$\alpha=9°$，堰入口修圆半径为 $0.03R$。

2) 对于环形实用堰，系数 m 按下式推求：

$$m = m_d\sigma_l\sigma_p\sigma_n k_H \quad (1.4-32)$$

其中
$$m_d = 0.507 - 0.136\frac{H_d}{R} \quad (1.4-33)$$

式中 m_d——堰上水头等于定型设计水头 H_d 时的流量系数；

σ_l——考虑井口开挖轮廓影响的系数，由图 1.4-39 (a) 查取；

σ_p——考虑堰高影响的系数，由图 1.4-39 (b) 查取；

k_H——实际堰上水头 $H_i \neq H_d$ 时的修正系数，由图 1.4-39 (c) 查取；

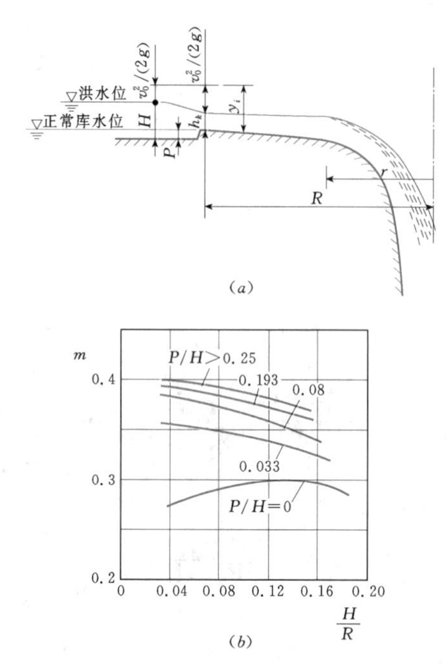

图 1.4-38 环形宽顶堰的流量系数

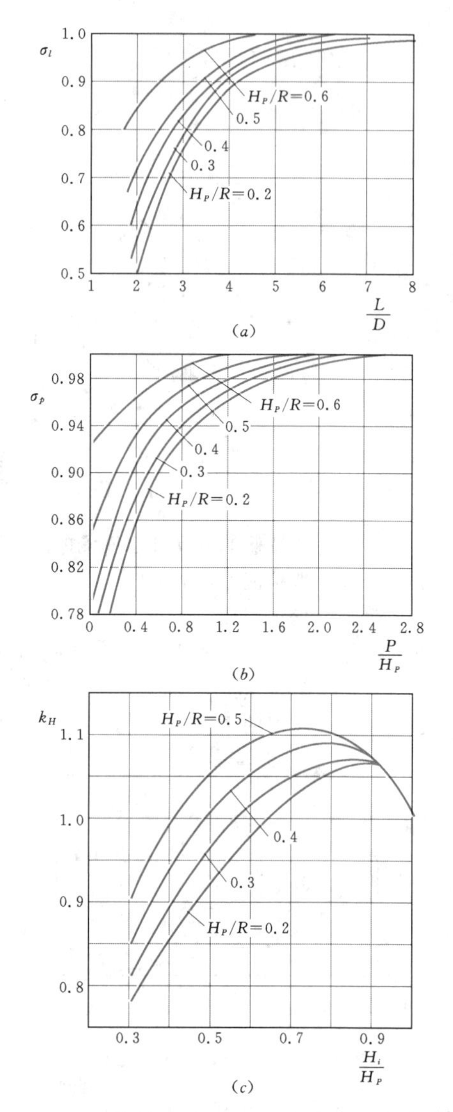

图 1.4-39 环形实用堰流量系数的几种修正系数

σ_n ——考虑防涡设施影响的系数，由表 1.4-8 查取。

式 (1.4-30) 与式 (1.4-31) 中的堰顶半径 R_0 需视所选定控制工况，根据流量 Q 及库水位的要求试算选定。

表 1.4-8 考虑防涡设施影响的系数

序号	防涡设施类型	σ_n	
		当 $l/D=4$ 时	当 $l/D=8$ 时
1		0.91～0.93	0.93～0.94
2		0.96～0.99	0.97～1.0
3		0.97～0.98	0.98～0.99
4		1.0	

注 1. 表中符号 l 的意义，见图 1.4-35。
2. 表列系数 σ_n，当 $P/H_d \geqslant 2.2$ 时，取较大值，当 $P/H_d < 2.2$ 时，取较小值，这里 P 为堰高，H_d 为设计水头。

1.4.3.3 过渡段与喉道断面

过渡段是流态发生转变的一段。当井口设计为堰流控制工况时，取过堰环状水流交汇而成圆柱状自由射流的起始处，作为过渡段起始断面。若该断面的直径大于竖井直径，则按水舌自由跌落的方式构成的、从汇流点到竖井之间的连接段，即为过渡段。过渡段中，水流呈自由射流状态，不受固体边界约束。若按水舌受重力作用自由跌落的特性，采用渐缩竖井时，则竖井实际上可看做是过渡段的延续。当井口设计为孔流控制工况时，水流只受控于喉道断面，亦即过渡段转化为喉道断面。

在竖井和隧洞均呈无压流的情况下，可按下述方法计算。

(1) 进口为堰流控制 ($0.2 < H/R_0 < 0.45$) 工况。当 $H_d/R_0 < 0.3$ 时，过渡段起始断面可通过绘制

水舌上缘剖面的交点（或与中心线的交点）而得到，如图 1.4－41 所示的断面 A—A，其直径为 d_A。水舌上缘剖面坐标可由表 1.4－7 求得。当 d_A 大于所选竖井直径时，则其后过渡段上各断面的平均流速可按下式求得［见图 1.4－40（a）］：

$$v_i = 0.98\sqrt{2gy_i} \qquad (1.4-34)$$

式中　y_i——堰顶水舌中心至所计算断面的高差，m。

其直径（i—i 断面）为

$$d_i = \sqrt{\frac{4Q}{\pi v_i}} \qquad (1.4-35)$$

算至 $d_i = d$（竖井直径）为止，过渡段结束。若 $d_A = d$，则无需计算过渡段。

对于堰流工况，过渡段作为堰面曲线的延长部分，泄洪洞的泄量由式（1.4－30）或式（1.4－31）计算。

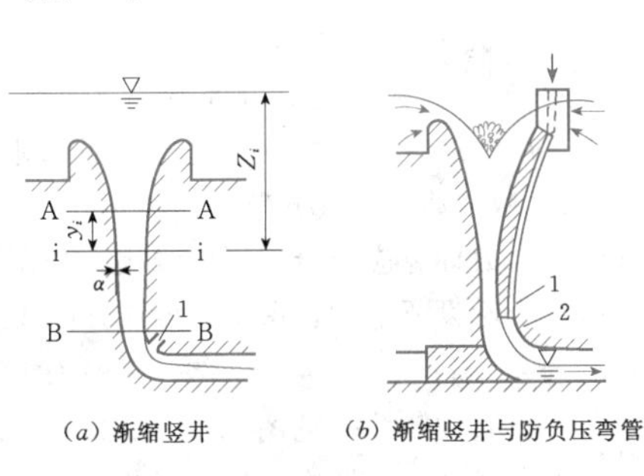

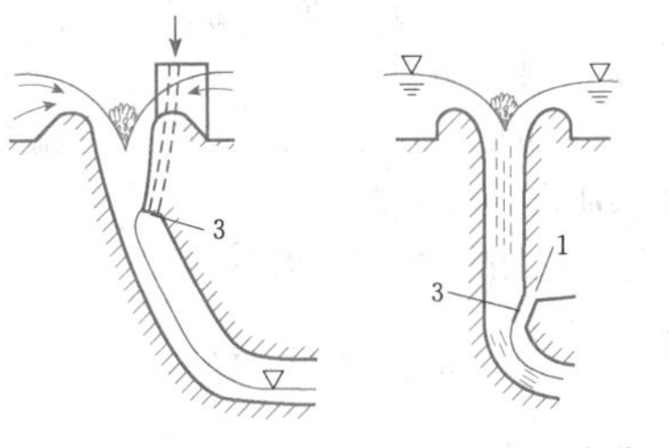

（a）渐缩竖井　（b）渐缩竖井与防负压弯管　（c）防负压斜井　（d）圆柱竖井与偏流棱

图 1.4－40　竖井与弯管布置

1—通气孔；2—防负压弯管；3—偏流棱

（2）当 $H_d/R_0 \geqslant 0.3$ 时，过渡断面可按下述方法确定。

根据一定水头下孔口出流的概念，在记入水舌的摩阻、变形损失后，可得到

$$Q = \left(\frac{R}{0.275}\right)^2 H_\partial^{1/2} \qquad (1.4-36)$$

或

$$R = 0.275\frac{Q^{1/2}}{H_\partial^{1/4}} \qquad (1.4-37)$$

式中　H_∂——库水位与所论断面间的高差，m；

R——相应于高差 H_∂ 的射流直径，m，如图 1.4－41 所示。

根据式（1.4－37）计算出过渡曲线（见表 1.4－9）。这时，取 Q_{max} 为设计流量 Q_d。利用表 1.4－9 中第（1）、第（4）栏数据，可画出过渡曲线 abc（见图 1.4－41）。堰面曲线和竖井井身都不得比曲线 abc 更窄，否则，无法保证泄流能力。如所采用的过渡曲线

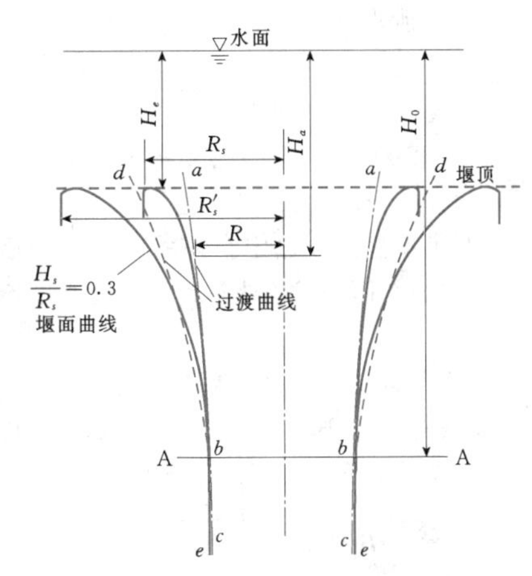

图 1.4－41　不同流动条件下竖井入口堰面曲线的比较

表 1.4－9　**过渡曲线计算表格**

项　目	断　面　高　程	H_a	$H_a^{1/4}$	R
计算步骤	（1）	（2）	（3）	（4）
说　明	任选一系列高程不同的断面	H_a＝设计水位－（1）		按式(1.4－37)计算

为 dbe，某一水头使得控制断面 A—A 为满流，则大于该水头的所有水头在断面 A—A 以上均为有压流动。过渡曲线 abc 与所绘制堰面曲线的交点即为转向竖井的过渡断面（断面 A—A）。对于按孔流控制工况设计的竖井式泄洪洞，该断面 A—A 即为喉道断面。在 $0.45 < H/R_0 < 1.0$ 范围内，泄量可按式（1.4－36）计算确定。

为了保证竖井及隧洞内为无压流，须在喉道断面

以下扩大竖井断面，或设通气孔，以便输入空气；或在喉道断面以下设置偏流棱，见图1.4-40。

1.4.3.4 竖井段、弯管段和退水隧洞段

1. 等直径竖井与隧洞

(1) 竖井及隧洞均呈无压流的情况。一般要求喉道断面以下的竖井及隧洞内，水流充满度不超过75%。这时，竖井直径的设计步骤如下：

1) 试选一个等于（或大于）喉道直径的竖井直径，确定其相应的喉道断面位置（即喉道高程）。

2) 计算从喉道断面至隧洞出口的长度。

3) 假设在喉道断面以下的泄水道全长上水流充满度为75%，推求泄水道的水头损失。

4) 按下式计算隧洞出口底板高程 z_{ou}：

$$z_{ou} = z_{th} + \frac{v_{th}^2}{2g} - \frac{v^2}{2g} - \sum h_w - y_{ou} \tag{1.4-38}$$

式中 z_{th}——喉道高程，m；

v_{th}——喉道断面流速，m/s；

v——充水度75%时泄水道流速，m/s；

$\sum h_w$——泄水道上的全部水头损失，m；

y_{ou}——出口断面水流深度，m。

5) 校核隧洞出口底板高程是否符合宣泄设计流量的要求。若第4）步算得的底板高程低于所拟定的底板高程，则需另选较大的竖井直径。

6) 按上述步骤大致选定合理的竖井直径后，再计算泄水道中的水面线，校核是否满足充水度不超过75%的要求。

(2) 当整个竖井式泄洪洞为有压流的情况时，竖井直径可取其等于过渡段末端断面（或喉道断面直径），泄洪洞泄量按下式计算：

$$Q = \mu_B A_B \sqrt{2g(H + Z_B)} \tag{1.4-39}$$

$$\mu_B = \frac{1}{\sqrt{\zeta_{in}(A_B/A_A)^2 + \sum \lambda_i \frac{L_i}{D_i}\left(\frac{A_B}{A_i}\right)^2 + \zeta_b\left(\frac{A_B}{A_b}\right)^2 + \alpha}} \tag{1.4-40}$$

式中 A_B——溢洪道内呈压力流状态泄水段的末端断面B—B的面积，m²，随压力泄水段长度及弯管和隧洞的布置不同，断面B—B的位置各异，如图1.4-42所示；

H——堰顶以上的水头，m，即库水位与堰顶高程之差；

Z_B——由堰顶至断面B—B间的水面落差，m；

μ_B——就断面B—B而论的系统流量系数；

A_A——喉道断面面积，m²；

ζ_{in}——进口摩擦系数，在0.05～0.1之间选用；

L_i——第 i 段的长度，m；

D_i——第 i 段的直径，m；

A_i——第 i 段断面的面积，m²；

λ_i——第 i 段沿程摩擦系数；

A_b——弯管断面面积，m²；

ζ_b——弯管局部水头损失系数；

α——动能修正系数，$\alpha \approx 1.1$。

L_i、D_i、A_i、λ_i 的确定方法见《水工设计手册》（第2版）第1卷3.6节。

水力计算应与绘制压坡线相配合，只有当压坡线也符合所设要求时，系统有压流方能成立。

2. 渐缩式竖井

渐缩式竖井［见图1.4-42(a)］的水力性能优于等直径竖井，但施工相对复杂一些，可按下列公式依次确定断面1—1，2—2，…，i—i，…，N—N的尺寸：

$$Q_d = \mu_i A_i \sqrt{2gZ_i} \tag{1.4-41}$$

其中
$$\mu_i = \frac{1}{\sqrt{\zeta_\lambda\left(\frac{A_i}{A_A}\right)^2 + \sum_1^i \frac{2gl_i n^2}{\overline{R}^{4/3}}\left(\frac{A_i}{\overline{A}}\right)^2 + \alpha}} \tag{1.4-42}$$

式中 Z_i——库水位至所论断面i—i的高差，m；

l_i——断面A—A至所论断面i—i间的距离，m；

A_i——所论断面i—i的面积，m²；

$\overline{A}$——l_i 段上的断面面积平均值，m²；

$\overline{R}$——l_i 段上的水力半径平均值，m；

n——曼宁粗糙系数；

μ_i——所论断面i—i的流量系数；

其余符号意义同前。

计算方法是假设断面i—i的直径，按式（1.4-41）及式（1.4-42）算出流量 Q；如果不等于拟定的设计流量 Q_d，则另设直径，直到符合 $Q=Q_d$ 这一条件为止。向下依次计算各断面的直径，一般算至弯管起点断面为止。若需算至弯管终点断面，在式（1.4-42）中的平方根号内需另加一项 $\zeta_b\left(\frac{A_i}{\overline{A}}\right)^2$，这里，$A_i$ 为弯管终点断面面积，m²；$\overline{A}$ 为弯管起点断面面积和终点断面面积的平均值，m²；ζ_b 为弯管局部水头损失系数［详见《水工设计手册》（第2版）第1卷3.4节］。一般而言，竖井收缩角 $\theta = \arctan(0.008 \sim 0.004)$。

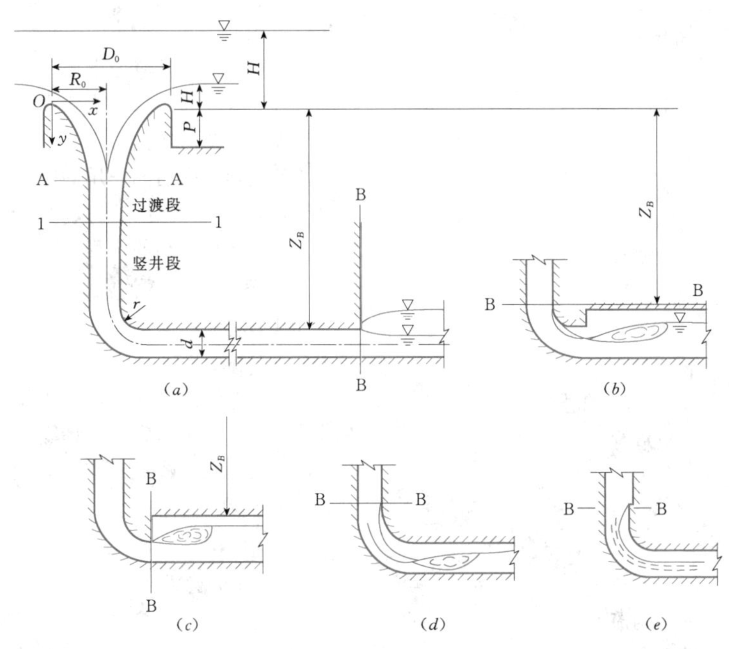

图 1.4-42 竖井、退水隧洞可呈有压流的情况

3. 斜井

斜井多呈无压流，如图 1.4-40 (*c*) 所示；或呈压力流，这时多靠压缩出口断面面积来实现。

4. 弯管段

(1) 直径不变的弯管。对于等直径竖井，取弯管直径等于竖井直径。对于渐缩式竖井，取弯管直径等于竖井末段断面直径；为保证弯管及隧洞内呈明流，可在弯管处设置通气孔，这时，弯管断面宜大于竖井末段断面（见图 1.4-40）。

在这种情况下，对于竖井布置，宜取弯管曲率半径不小于 $(2\sim5)D$；对于斜井，宜取弯管曲率半径等于 $(7\sim10)D$。其中，D 为弯管直径，m；曲率半径是对弯管中心轴线而言的。

(2) 渐缩弯管［见图 1.4-42 (*c*)］。隧洞如呈无压流时，全部弯管均充满水，弯管终点断面的直径可通过式（1.4-43）中的 A_i 计算。这时，其 μ_i 内要计及 ζ_b 的影响，如前所述。隧洞如呈压力流时，一般不采用渐缩弯管，宜采用压缩出口断面的方法。

(3) 弯管段应尽可能保证明流状态，其布置参见图 1.4-40 及图 1.4-42 (*d*)、(*e*)。在弯管处或横洞首部设置通气孔十分必要；对于落差大、隧洞长的情况，尤为重要。弯管段应注意控制施工不平整度，以防空蚀。流速很高时，也可采用通气槽，以减免空蚀。当采用偏流棱时，其形状和位置一般需经模型试验确定。

(4) 弯管段呈压力流时，管壁上的压强计算如下（各符号定义见图 1.4-43）：

$$\left(\frac{p}{\gamma}\right)_m = Z+\frac{p}{\gamma}-Z_m\pm\frac{p^*}{\gamma} \quad (1.4-43)$$

式中 $Z+\dfrac{p}{\gamma}$ ——相应于平均压强的计示压力线上的测压水头，利用伯努利方程按断面平均流速计算；

$\dfrac{p^*}{\gamma}$ ——因法向加速度而产生的压强水头。

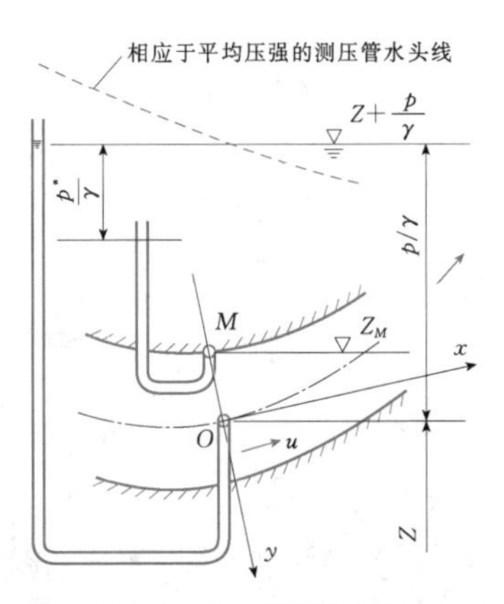

图 1.4-43 弯管管壁压强

$\dfrac{p^*}{\gamma}$ 算法如下：

$$\frac{p^*}{\gamma}=\frac{v^2}{g\left[1+\left(\frac{1}{R_1}-\frac{1}{R_2}\right)\frac{h}{24}\right]^2}\times\left[\left(\frac{1}{R_1}+\frac{3}{R_2}\right)\frac{h}{8}-\left(\frac{1}{R_1^2}+\frac{1}{R_2^2}\right)\times\frac{5h^2}{64}-\frac{3h^2}{32R_1R_2}+\left(\frac{1}{R_1^2}-\frac{1}{R_2^2}\right)\frac{h^2}{16}\right] \tag{1.4-44}$$

对于曲率半径为 R_1 $\left(即\ y=-\frac{h}{2}\right)$ 的管壁上的点：

$$\frac{p^*}{\gamma}=\frac{-v^2}{g\left[1+\left(\frac{1}{R_1}-\frac{1}{R_2}\right)\frac{h}{24}\right]^2}\times\left[\left(\frac{3}{R_1}+\frac{1}{R_2}\right)\frac{h}{8}-\left(\frac{1}{R_1^2}+\frac{1}{R_2^2}\right)\times\frac{5h^2}{64}-\frac{3h^2}{32R_1R_2}+\left(\frac{1}{R_1^2}-\frac{1}{R_2^2}\right)\frac{h^2}{16}\right] \tag{1.4-45}$$

式中 v——所论断面的平均流速，m/s；

h——所论断面处两个弯曲面之间的距离，m；

R_1、R_2——弯管内侧和外侧曲面的曲率半径，m。

对于等直径的弯管，取 $R_2=R_1+D$（D 为弯管直径，m）。

（5）设计中，应考虑冰及漂浮物堵塞弯管段的问题，对于这种问题低水头比高水头更为危险。

可在竖井后取消弯管段，设消力井与退水隧洞相连，形成具有内消能作用的竖井式泄洪洞（见图1.4-44），这种布置型式应按堰流或孔流设计，主要适用于泄洪流量较小的工程。

5. 退水隧洞段

（1）应保证退水隧洞呈无压流工况，充水度不超过隧洞面积的75%。

（2）如经分析论证，退水隧洞采用压力流工况，则隧洞计算可按压力管道计算。对于大口径隧洞，当下游水位不淹没隧洞出口时，出口断面水深 y_{ou} 并不充满全断面，可由图1.4-18按公式 $Fr=v/\sqrt{gD}$ 查算（D 为圆洞直径，m；v 为满断面的平均流速，m/s；Fr 为弗劳德数）。图1.4-18中推荐的设计曲线，可用于隧洞出口后接水平底板或抛物线曲面或椭圆曲面的情况，而图中的实线只适用于出口自由跌落的情况。

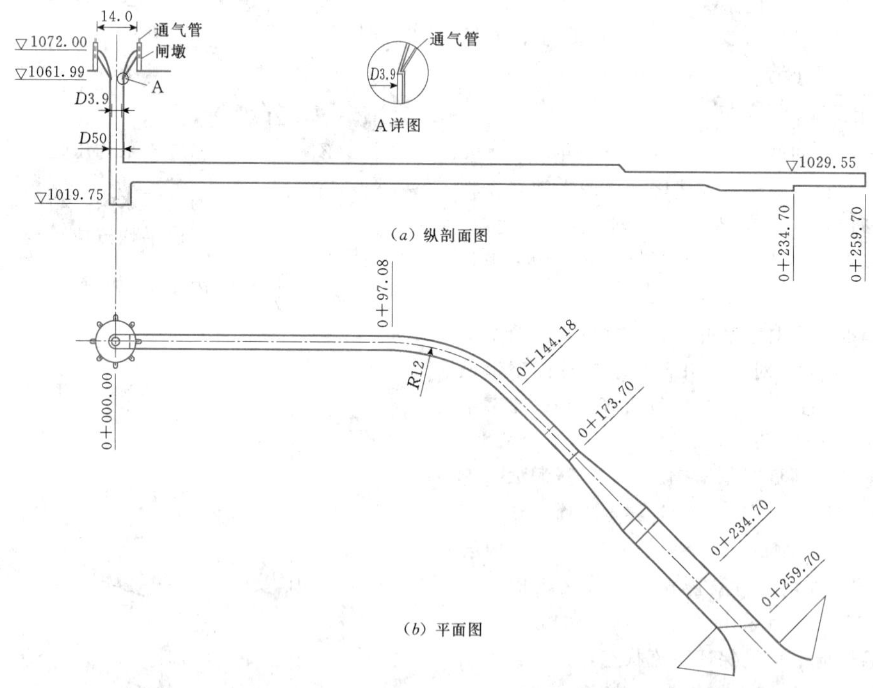

图1.4-44 大石门竖井式泄洪洞布置示意图（单位：m）

（3）退水隧洞内通过高速水流时，需采取相应减免空蚀的措施（见本章1.10节）。

6. 出口消能段

出口消能段可视具体情况，采用挑流消能或底流消能等措施。

1.4.4 内消能泄洪洞

内消能泄洪洞是一种通过隧洞内消能工消刹水流能量的泄洪洞，它通过急剧改变水流形态，使水流内部形成紊动掺混或涡旋，从而集中消耗水流能量，降低水流速度，以达到减轻下游河床消能负担的目的。内消能泄洪洞绝大多数是利用部分导流洞改建而成，有利于节省工程投资。

内消能泄洪洞按消能型式主要分为三种：旋流消能泄洪洞、孔板泄洪洞和洞塞泄洪洞。其中旋流消能泄洪洞按照旋流产生的部位不同又可分为竖井旋流泄洪洞和水平旋流泄洪洞。孔板泄洪洞也可称作洞塞泄洪洞的一种特殊情况，孔板泄洪洞的孔板厚度通常小于孔口直径的1/2。旋流泄洪洞往往可以消刹80%～90%的泄洪能量。孔板和洞塞泄洪洞的水流消能率与孔板和洞塞的级数有关，设计时可以根据工程的泄洪和消能要求选择孔板或洞塞的级数和相关参数。

由于内消能泄洪洞是通过水流剧烈紊动消能，因此，需要将消能洞段布置在良好的岩体中，并需要对隧洞泄流能力、水流流态、消能特性、时均压强与脉动压强以及空化特性等进行专门研究。另一方面，由于内消能泄洪洞在国内外的工程实例较少，这方面的理论研究更少，目前，针对内消能泄洪洞的设计工作主要依靠水工模型试验。

1.4.4.1　竖井旋流泄洪洞

1. 基本组成和适用条件

竖井旋流泄洪洞由短有压进水口、引水道、涡室、竖井（很多工程包含消力井）、退水洞和出口组成（见图1.4-45）。其进口、退水隧洞的中下游部分和出口与常规泄洪洞设计方法类似。

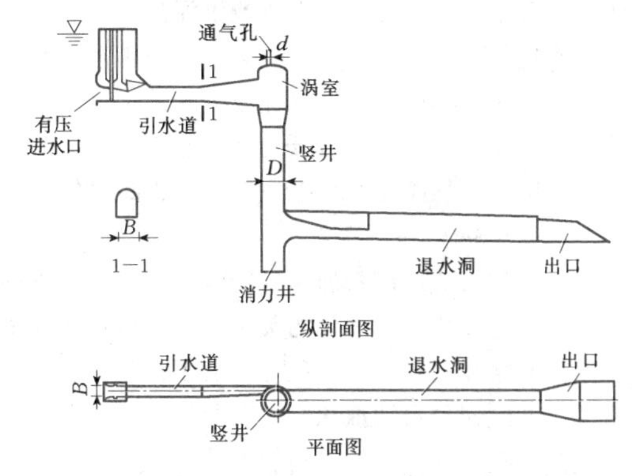

图1.4-45　竖井旋流泄洪洞的组成

竖井旋流泄洪洞进水口到竖井间的引水洞线的方向可根据地形、地质和施工条件任意选择，布置灵活；水流能量大部分在竖井及其下方的消力井中消刹，竖井下游的退水洞段水流流速相对较低，适合于下游为明流消能条件下的水利水电工程，有利于利用导流隧洞改建为永久泄洪洞。

利用导流隧洞改建为竖井旋流泄洪洞，其进水口、引水道、涡室、竖井和消力井均为新建，多数工程的退水洞的上游部分也为新建，然后与导流洞（或放空洞）侧面水平相接，如图1.4-46所示。

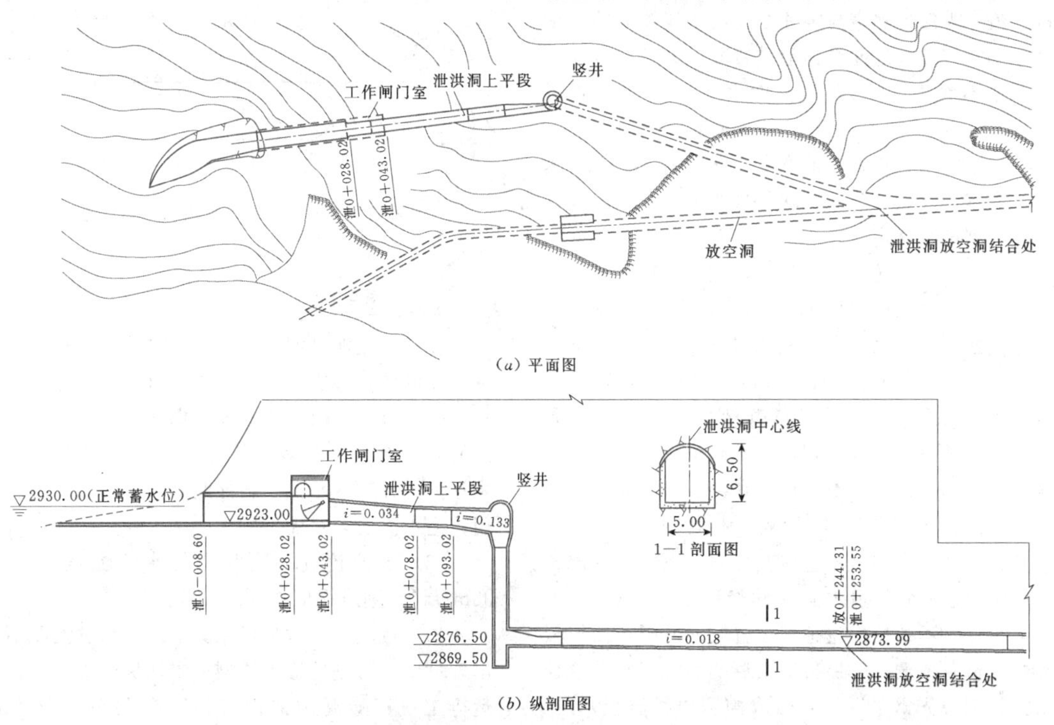

图1.4-46　仁宗海竖井旋流泄洪洞布置图（单位：m）

2. 进水口及引水道

进水口分开敞式进水口、短有压进水口和长有压进水口三种型式，其要求与常规泄洪洞进水口类似。

引水道是用于连接进水口与涡室的过渡段，根据地形地质条件，可将引水道布置为有压或无压。引水道外边墙与涡室边墙应以切线连接，连接型式可以采用直线相切，如布置需要也可以采用椭圆形曲线连接。

3. 涡室和竖井

涡室是使水流起旋、加速旋转流向竖井的转换装置，是旋流竖井泄洪洞设计的关键之一。涡室产生的旋转水流紧贴竖井壁做螺旋流运动而下。涡室直径及涡室与竖井的连接尺寸都和竖井直径有关，因此首先要确定竖井直径。

（1）竖井直径的确定。竖井直径可按如下公式初步估算：

$$D=\left(\frac{Q_m^2}{g}\right)^{0.2} \tag{1.4-46}$$

式中　Q_m——最大设计下泄流量，m^3/s；

g——重力加速度，取 $9.81m/s^2$。

（2）涡室的结构体型与尺寸。涡室的断面型式宜采用单圆弧形状，结构简单，施工容易控制。涡室的直径 D_V 与流量、引水道水流流态、流速、涡室进口断面的几何参数以及竖井尺寸等因素有关，根据经验一般可取竖井直径的1.2～1.6倍，引水道流速高时，宜取大值。为保证涡室与竖井之间的水流能够顺畅衔接，在涡室与竖井之间设锥形过渡段，锥形过渡段收缩角通常不大于11.5°，其长度大于1倍竖井直径即可。

平段至涡室入口处流道宽度收缩、高度增加；水流进入涡室，宜设计竖向挑坎，具体位置及型式尺寸应根据模型试验确定。

（3）涡室顶拱通气孔。为了防止旋流空腔压力过低，引起竖井壁面产生负压，可在涡室顶拱设置通气孔，通气孔的位置宜在距涡室顶拱中心 $0.2D$ 的上游处（D 为竖井直径），以避免水流封堵孔口，在没有试验资料时，通气井直径 d 可按 $d=0.2D$ 估算。若闸门下游有足够的通气面积，上平段及涡室进口的净空余幅大，涡室顶拱可不设通气孔。

4. 竖井与退水洞连接结构体型

竖井与退水洞连接构造体型要根据下平洞水流条件及下游水位确定。退水洞一般为无压泄洪洞，一般在竖井与退水洞连接部位顶部设置收缩压板，使压板下游的水流脱离洞顶，保持泄洪洞的明流流态。收缩压板的体型应光滑平顺（宜做成椭圆曲线压板），压板出口孔口高度 h 与流量、退水洞洞径、坡度等有关，可按压板出口处流速为退水洞洞身均匀流平均流速的要求设计。

竖井下部设置消力井（若竖井下部水垫厚度较大时，也可不设），消力井的作用除消能外，主要用以保持水垫层，防止初始落水冲蚀底板，见图1.4-47。底板上还可设置消能工，以便更多地消能。若退水洞宽度 B_0 大于竖井直径，则消力井直径取 B_0。消力井深度应根据模型试验确定，初步估算可取竖井直径的1.0～1.2倍。

压板后的洞顶需有足够的余幅，其要求同一般无压泄洪洞；为了保证洞顶有足够的通气量和适当的气压，常在压板后设置补气孔。竖井涡心有大量掺气卷入水体中，压板后一定距离内从水中排除，是补气的一部分，若退水洞不太长，或洞顶余幅很大（导流洞改建常遇），可不设补气孔。

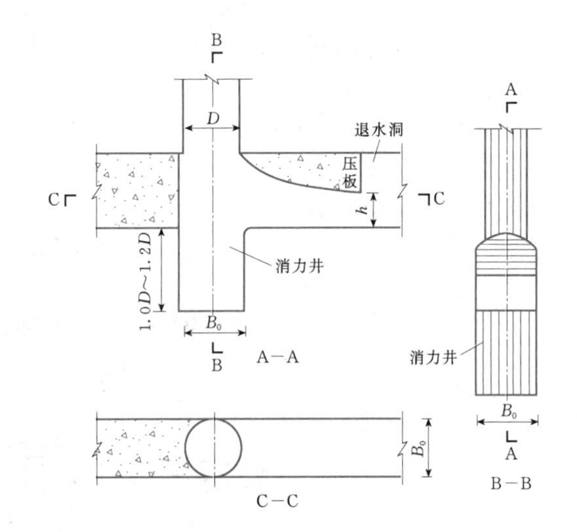

图1.4-47　竖井与泄洪洞（原导流洞）连接体型

5. 其他设计要求

竖井旋流泄洪洞的体型设计主要是通过水工模型试验完成的，其主要水力学要求有：

（1）流态。引水道洞段需保证流态稳定；涡室水流能有效起旋，且涡室与竖井中央能保持稳定的空腔；消力井和退水洞压板能起到消刹和调整流态的作用；退水洞要求水流平顺。

（2）水流流速。竖井内的水流流速不宜超过35m/s，否则应采取掺气减蚀等措施。

（3）负压。正常运行工况下，隧洞过流面不容许出现负压，否则应修改体型或采取掺气等措施；非常运行工况，隧洞过流面容许出现的负压值不得大于0.06MPa。

1.4.4.2 水平旋流泄洪洞

1. 基本组成及适用条件

水平旋流泄洪洞一般由进水口、竖井、起旋室、旋流洞、水垫池、退水洞和出口组成。与竖井旋流泄洪洞相同，水平旋流泄洪洞的进水口方向不受退水隧洞方向的限制，进水口的布置可以根据地形地质条件确定，布置灵活，适应性强。旋流洞与水垫池联合应用，消能率高，可以有效地降低退水洞内的水流流速，减轻高速水流引起的空化空蚀和出口集中消能的雾化问题，适合于狭窄河谷地区下游为明流消能条件下的水利水电工程，有利于利用导流隧洞改建为永久泄洪洞。公伯峡水电站水平旋流泄洪洞布置如图1.4-48所示。

2. 进水口

根据进口堰上水头、泄流量的大小，进水口可以设计成堰流、短有压进水口和长有压进水口。泄流能力的计算参考常规泄洪洞相同类型进水口进行。

3. 竖井

水平旋流泄洪洞的进水口与起旋室之间一般采用竖井连接，竖井直径的大小必须满足泄洪洞的泄流能力，同时还要维持竖井中水流流态稳定。保持竖井段呈有压管流流态，有利于水流稳定和减小作用于井壁上的脉动压力。为防止发生空化空蚀，竖井段的平均流速宜控制在20m/s以内。

4. 起旋室和旋流洞

旋流洞一般为圆形断面，要求其洞径大小不影响泄量且水流在旋流洞能形成稳定的空腔螺旋流流态。初期设计时，旋流洞的直径可按经验公式(1.4-46)确定。

起旋室为竖井与旋流洞的连接段，为使水流产生旋转，竖井底部的一侧可采用1/4椭圆曲线同旋流洞相切连接，另一侧逐渐收缩后同起旋洞偏心相交，其交点与圆心线的水平距离e一般为$(0.2\sim0.25)D$(D为旋流洞直径)，如图1.4-49所示。起旋室断面直径为旋流洞直径的1.1～1.2倍，起旋室中心线与竖井中心线的偏心距为旋流洞直径的0.32～0.50。

起旋室是引导水流形成旋流流态的关键部位，其体型尺寸对旋流洞的水力特性和消能效果均有影响。起旋室以上的竖井及进水口在有压流状态的情况下，起旋室出口的收缩断面可能成为决定水平旋流泄洪洞泄流能力的控制断面，因此，起旋室出口收缩断面的尺寸应与进水口和竖井尺寸协调匹配，使泄洪洞的泄流能力满足设计要求。

5. 通气井

在旋流洞的上游需设置通气井，以使旋流洞中心形成稳定的空腔，并适当增加旋流洞内的动水压力，改善抗空化性能。由于旋流洞内旋转水流受重力的作用，通气井应设在旋流洞中心偏上的位置。通气井宜采用圆形断面，其面积按控制最大风速小于60m/s确定。

可根据需要在竖井中上部设环形掺气坎，坎下用通气管补气，提高起旋室及升坎部位的掺气量，以防止过水面发生空蚀破坏；起旋室进口面积需与环形掺气坎过流面积相匹配，当掺气坎坡度为1：2.5～1：3.0时，两者面积比宜控制在1.05左右。

6. 旋流洞与退水洞（原导流洞）间连接段

水平旋流洞后一定距离处需设置阻塞墩，在旋流洞和阻塞墩之间形成水垫池，旋流洞与水垫池采用渐变段衔接，如图1.4-50所示。阻塞墩的壅水不能影响旋流洞内的旋流流态，阻塞墩的位置及体型尺寸需要通过水工模型试验确定。

7. 退水洞及其出口

一般情况下，退水洞及出口均为原导流洞及其出口，无需进行改造。若经过水平旋流洞的水流仍有较大的能量时，可根据情况对出口进行相应的改造，以使水流顺利归槽。

8. 公伯峡水电站水平旋流泄洪洞的布置和体型设计研究

公伯峡水电站右岸泄洪洞是我国首次采用水平旋流消能的大型泄洪洞，其最大泄洪水头为105.00m，最大下泄流量为1060m^3/s。通过搜集国外有关工程的资料拟定布置和体型方案，然后通过常压水工模型试验进行优化，在减压水工模型上试验验证，最后通过原型监测进行验证。其运行情况表明，公伯峡水电站采用水平旋流消能泄洪洞是基本成功的。其主要研究成果如下：

(1) 消能方式。通过对竖井旋流消能和水平旋流消能方式进行对比试验，水平旋流消能方式可以适应竖井上部不良的工程地质条件，减小竖井的施工和运行风险以及结构振动，并可节省工程投资。故选用水平旋流消能方式。

(2) 进口流态。通过对水平旋流消能泄洪洞进口流态的比较研究，其进口采用淹没流流态，使竖井上部成为管流，入流顺畅，水流平稳。

(3) 体型与防蚀。防空蚀是工程能否安全运行的关键问题之一，其措施主要是采用合适体型的边界条件来提高掺气浓度和提高边壁压力。

起旋室是形成旋流的关键部位，但起旋室及升坎部位又是空化空蚀的敏感部位，为了提高其抗空蚀性能，采取了两项措施：一是在竖井中上部设环形掺气坎，坎下用通气管通气；二是优化起旋室体型，即导流坎采用开口和削坡的体型，并在导流坎后（即旋流段进口）设收缩环，提高起旋室及导流坎部位的压力。

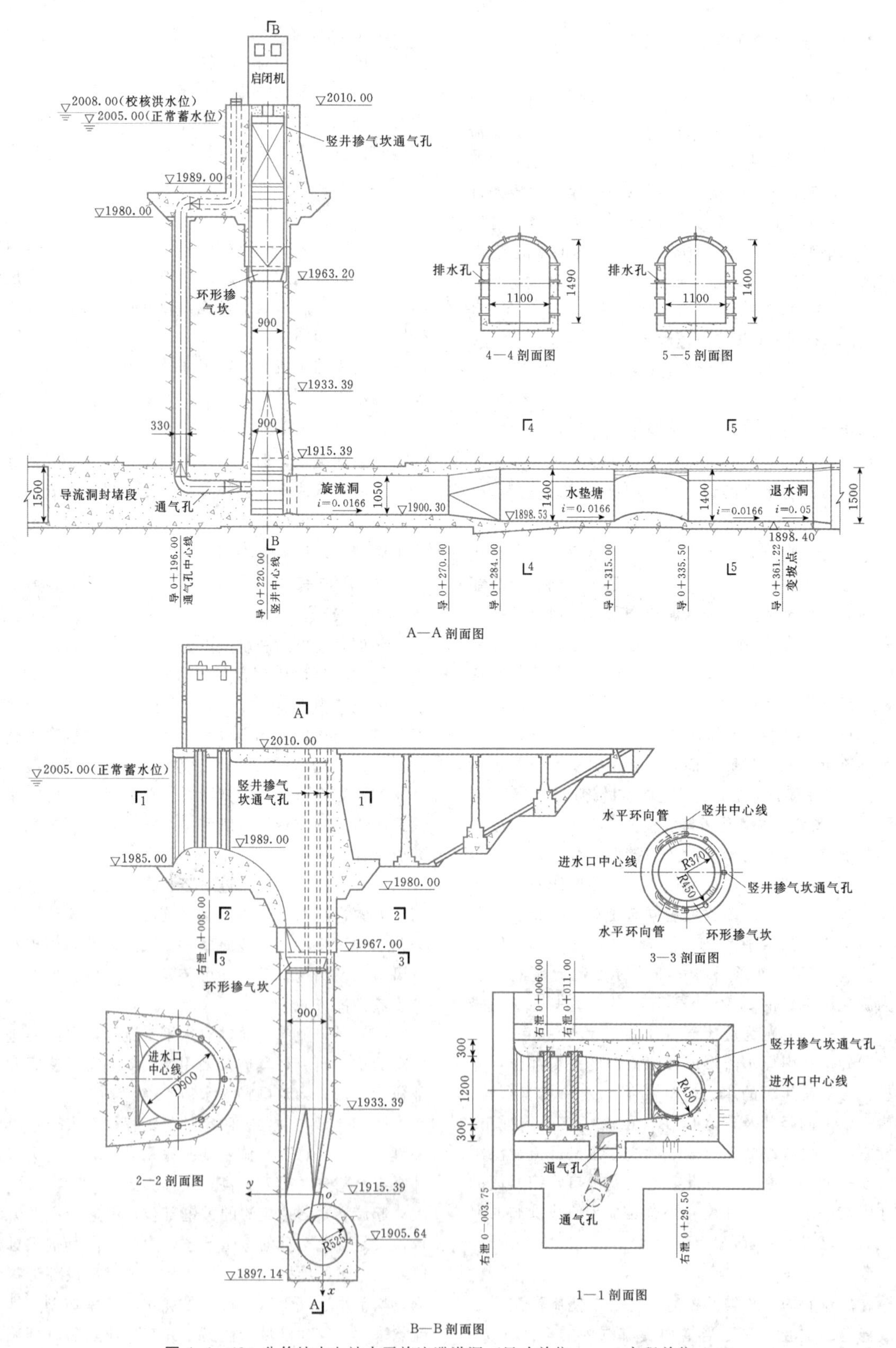

图 1.4-48 公伯峡水电站水平旋流泄洪洞（尺寸单位：cm；高程单位：m）

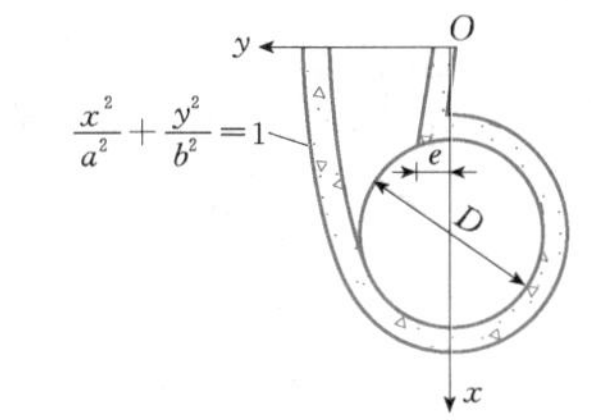

图 1.4-49　起旋室体型

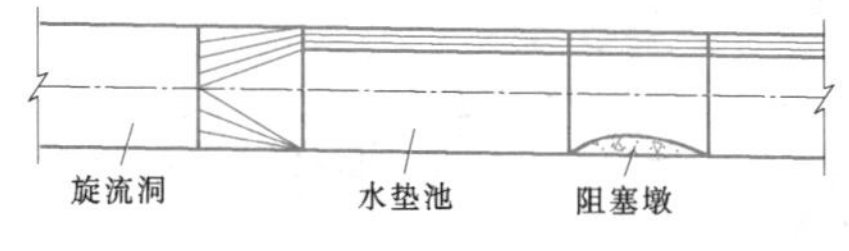

图 1.4-50　水垫池与阻塞墩

(4) 消能与防蚀。旋流洞及水垫池是水流消能的主要部位，其消能和抗空蚀两个方面应综合考虑。采用体型突扩或急剧变化，有利于提高消能率，但易造成边壁负压和脉动压力大的不利情况；采用渐变或流线型，可减小边壁负压和脉动压力，但对消能率有一定影响。经综合试验研究，最终采用水垫池进口长渐变段和出口边底流线型坎的方案，既提高抗空蚀性能，同时也满足消能率要求。泄洪洞的消能率达84.5%，退水洞段内的流速小于15m/s，导流洞内混凝土无需进行特殊改造就基本能满足要求。

(5) 出口。利用原导流洞的出口挑流鼻坎，在下泄设计或校核洪水时，下游水位较高，水流为面流衔接；下游水位较低时，水流为挑流衔接。

1.4.4.3　孔板泄洪洞

孔板泄洪洞是在洞内设置孔板，也称“凸环”，将孔板所在断面洞径缩小，利用水流流经孔板产生突缩和突扩造成的水流剧烈紊动来消刹水流能量，从而达到降低出口下游水流流速、减轻下游河床消能压力的目的。通常，为实现预定的消能目标，泄洪洞内需设置多级孔板。

1. 基本组成和适用条件

一般情况下，为了节省工程投资，孔板泄洪洞利用导流隧洞改建而成。孔板泄洪洞一般包括进水口、“龙抬头”连接段、多级孔板消能段、控制闸门段、闸后明流段和隧洞出口。进水口、“龙抬头”连接段、闸后明流段和隧洞出口的设计与常规泄洪洞差别不大。若将控制闸门放到泄洪洞进口，为了防止孔板发生空化，则需在孔板消能段出口修建尾堰；另外，在工作闸门开启时，泄洪洞内会出现明满流过渡流态，不利于防止水流空化发生。因此，宜将闸门控制段置于多级孔板消能段的下游。

孔板泄洪洞适合于利用导流隧洞改建的永久泄洪洞，黄河小浪底工程将三条导流洞改建为孔板泄洪洞，节省了大量的工程投资，其工程设计参数的获得主要依赖于模型试验，经运行检测，是较为成功的。

图 1.4-51 所示为小浪底导流洞改建为孔板泄洪洞的典型布置。

2. 水力设计

(1) 泄流能力。泄洪流量的表达式为

$$Q=\mu\omega_0\sqrt{2g(Z_{上}-Z_0-h/2)}\qquad(1.4-47)$$

其中

$$\mu=\frac{\varepsilon}{\sqrt{1+\sum\left(\zeta_n+\lambda_n\frac{l_n}{4R_n}\right)\left(\frac{\varepsilon\omega_0}{\omega_n}\right)^2+\sum\zeta_m\left(\frac{\varepsilon\omega_0}{\omega_n}\right)^2}}\qquad(1.4-48)$$

式中　Q——流量；
μ——流量系数；
ω_0——出口面积；
$Z_{上}$——上游库水位；
Z_0——出口末端底板高程；
h——出口高度；
ε——出口水流收缩系数；
ω_n——第 n 段过水面积；
λ_n——第 n 段沿程阻力系数；
ζ_m——孔板的局部水头损失系数(阻力系数)；
ζ_n——其余局部水头损失系数；
R_n——第 n 段水力半径。

式 (1.4-48) 中大多数局部水头损失系数（如进口、出口、门槽、弯道等水头损失系数)，可查阅相关文献，但孔板的局部水头损失系数因与其体型密切相关，而孔板的体型又与其空化特性等密切相关，一般需要通过水工模型试验确定。

(2) 孔板阻力系数。第 m 级孔板前后能量的损失由孔板间沿程损失和孔板局部损失组成，即

$$h_{wm}=h_{fm}+h_{jm}=$$
$$\left(Z_m+\frac{p_m}{\gamma}+\alpha_m\frac{\overline{v}^2}{2g}\right)-\left(Z_{m+1}+\frac{p_{m+1}}{\gamma}+\alpha_{m+1}\frac{\overline{v}^2}{2g}\right)=$$
$$\left(\zeta_m+\lambda_m\frac{l_m}{4R}\right)\frac{\overline{v}^2}{2g}\left(\zeta_m+\lambda_m\frac{l_m}{4R}\right)=$$
$$\frac{\Delta Z_m}{\overline{v}^2/(2g)}+\frac{\Delta p_m/\gamma}{\overline{v}^2/(2g)}+(\alpha_m-\alpha_{m+1})\qquad(1.4-49)$$

式中　p_m/γ——第 m 级孔板前 0.5D 处水柱高；
α_m——该处动能修正系数；
Z_m——该处洞顶高程；
l_m——孔板间距；
$\overline{v}$——孔板段洞内平均流速；
R——孔板段水力半径；
Δp_m——两级孔板间压强差。

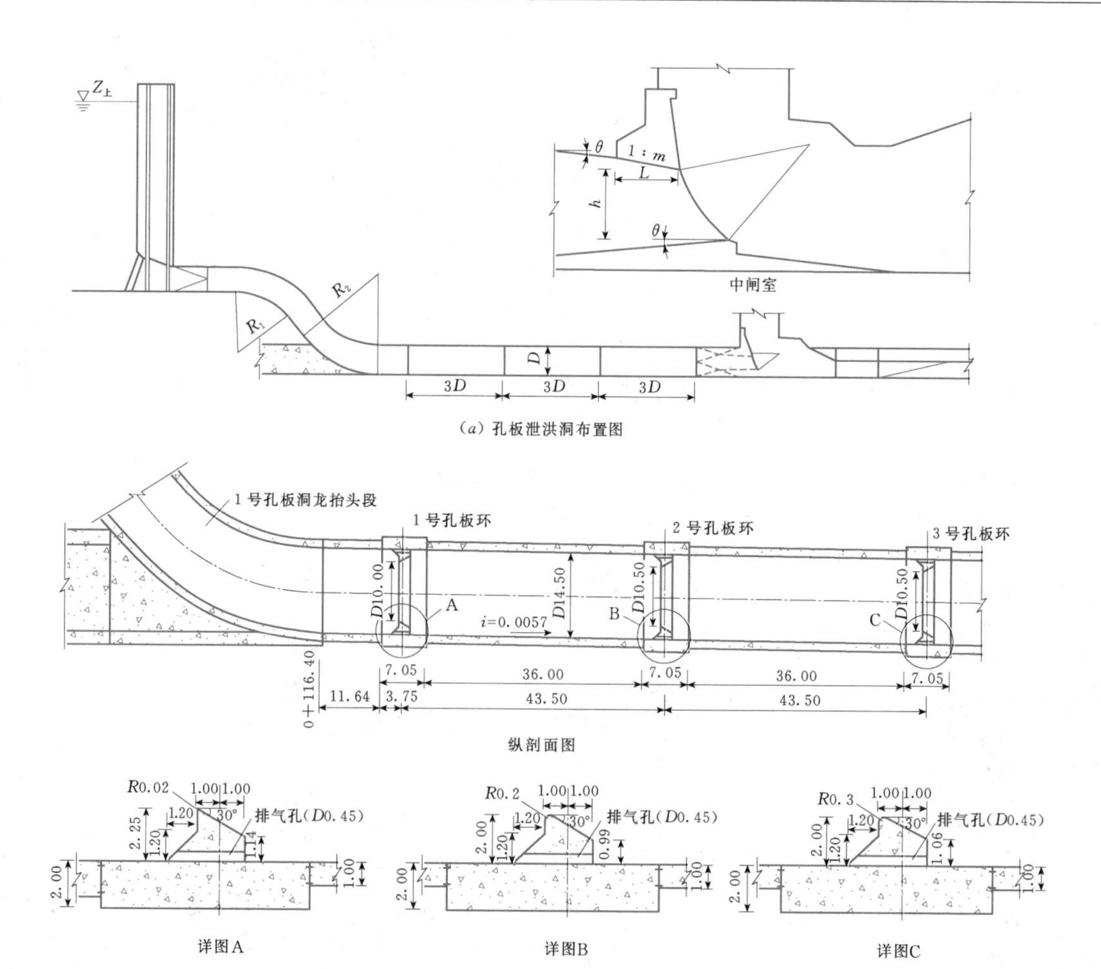

(a) 孔板泄洪洞布置图

(b) 孔板结构布置图

图 1.4-51　小浪底孔板泄洪洞典型布置图（单位：m）

当孔板间距足够长或在单级孔板洞中可以认为 $\alpha_m=\alpha_{m+1}$ 并忽略次要量时，则孔板的阻力系数为

$$\zeta_m=\frac{\Delta p_m}{\gamma}\frac{2g}{v^2} \tag{1.4-50}$$

孔板前后的压差与孔板的体型有关，孔板的阻力系数与体型的关系可用下列公式表示：

$$\zeta_m=[1+\sqrt{\zeta'(1-\beta_m^2)}-\beta_m^2]^2/\beta_m^4 \tag{1.4-51}$$

其中

$$\beta_m=\frac{d_m}{D}$$

式中　β_m——孔径比；

d_m——第 m 级孔板的孔径；

D——孔板段洞径；

ζ'——取决于孔板端部体型的形状系数。

图 1.4-52 给出了两种孔板体型的形状系数曲线，两种体型孔板的形状系数 ζ' 可拟合为下列经验公式。

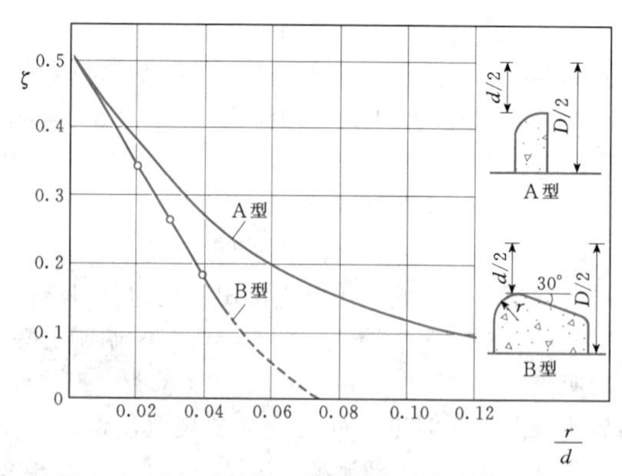

图 1.4-52　孔板阻力系数与体型关系曲线系数

1）A型孔板：

$$\zeta'=0.5e^{-15r/d}\quad (r/d\leqslant 0.12) \tag{1.4-52}$$

2）B型孔板：

$$\zeta'=0.5-8.3r/d+200(r/d)^3\quad (r/d\leqslant 0.06) \tag{1.4-53}$$

式中 r——孔板端部边缘半径。

式（1.4-52）和式（1.4-53）都是根据单级孔板的试验资料得出的，当用于多级孔板时还应考虑孔板上、下游计算断面的动能修正系数之差 $\alpha_m-\alpha_{m+1}$。在计算孔板阻力系数之和 $\sum\zeta_m$ 时，其叠加的结果为

$$\sum\zeta_m=\left(\frac{p_1}{\gamma}-\frac{p_e}{\gamma}\right)\Big/\frac{\bar{v}^2}{2g}+\alpha_1-\alpha_e \qquad (1.4-54)$$

式中 α_e——末级孔板下游计算断面上的动能修正系数；

p_e——该处洞顶压强。

由能量方程得

$$\frac{p_e}{\gamma}=\left(\frac{\pi^2D^4}{16\varepsilon^2\omega_0^2}-1\right)\frac{\bar{v}^2}{2g}-\frac{D}{2} \qquad (1.4-55)$$

虽然各计算断面的动能修正系数可能不同，但对多级孔板的阻力系数之和 $\sum\zeta_m$ 的影响较小。孔板级数愈多，其相对影响愈小。

(3) 出口水流收缩系数 ε。出口水流收缩系数与出口体型有关，主要的影响参数是出口段的收缩率、折流器的压坡 m 和折流器的相对长度 L/h，见图 1.4-51 (a)。根据试验资料得知，出口水流的收缩系数可拟合成下列经验公式：

$$\varepsilon=e^{-0.31360\theta}-1.85\left(\frac{L}{h}\right)^{0.2}m^{-2.9} \qquad (1.4-56)$$

式中的 θ 以弧度计。

(4) 孔板空化数。孔板空化数的定义如下：

$$\sigma_m=\left(\frac{p_m}{\gamma}+\frac{p_a}{\gamma}-\frac{p_v}{\gamma}\right)\Big/\left(\frac{v_{dm}^2}{2g}\right)\quad(m=1,2,3,\cdots) \qquad (1.4-57)$$

式中 v_{dm}——流经 m 级孔板的平均流速；

p_a——大气压强；

p_v——饱和蒸汽压强。

式（1.4-57）中，p_m/γ 可根据能量方程进行计算，即

$$\frac{p_m}{\gamma}=Z_{上}-\alpha_m\frac{\bar{v}^2}{2g}-h_{wm-1}-Z_m \qquad (1.4-58)$$

式中 h_{wm-1}——第 m 级孔板前的能量损失。

(5) 空化数与阻力系数的关系。当孔板间距较长并忽略次要量时，孔板空化数与孔板阻力系数有如下的简单关系：

$$\zeta_m=\frac{\sigma_m}{\beta_m^4}-\frac{\sigma_{m+1}}{\beta_{m+1}^4} \qquad (1.4-59)$$

3. 水力特性

(1) 孔板泄洪洞消能室特性。根据小浪底气流模型和常压水工模型，水流流经孔板孔口时，流体收缩，在孔缘后射流继续收缩，在孔板下游(0.3～0.5)D 处形成最小收缩断面，而后射流逐渐扩散至隧洞全断面，位置随泄洪洞的流量变化而变化，在(1.5～2.0)D 处，流经孔板后的水流流速得到调整，压力显著降低，随后，断面流速逐渐均化，压力逐渐提高，大约在孔板下游 2.5 倍洞径后，断面流速基本调整均匀，压力渐趋稳定。

(2) 孔板消能系数 K 及其影响因素。

1) 孔板的消能系数 K。孔板消能系数表达式为

$$K=\frac{\Delta H}{\frac{v^2}{2g}} \qquad (1.4-60)$$

其中 $\Delta H=H_1-H_2$

式中 H_1——孔板上游 0.5D 处的水头；

H_2——孔板下游 2.5D 处的水头；

v——孔板孔口处的平均流速。

2) 消能系数与流动特性的关系。小浪底气流模型试验和水工模型试验表明：不同孔径比的消能系数 K，当雷诺数 $Re>10^5$ 时，各孔径比的 K 值变化渐趋稳定；当 $Re>7\times10^5$ 时，不同孔径比的 K 值不随 Re 变化，为一常数。说明水流达到充分紊流后，水流的流动特性不再影响孔板的消能系数。

3) 孔板体型与消能系数 K 的关系。孔板的体型参数，即孔径比、孔板的顶圆半径（也称孔缘半径）以及孔板上游是否贴角等对消能系数 K 均有影响，可参看相关文献。

4) 多级孔板消能系数。高水头有压泄洪洞的孔板消能工采用多级，既可使每级孔板消能的负担适当，又可保证总的消能要求。

多级孔板消能工的每一级消能系数与单级孔板的消能系数有所差别，表 1.4-10 中汇集了清华大学所做的小浪底历次孔板试验成果，可以反映多级孔板消能系数的排列组合规律，多级孔板的第 1 级消能系数比单级孔板消能系数高，有时甚至高出 20%以上；第 2 级孔板则偏低，有时甚至低出 20%以上；第 3 级以后的各级孔板消能系数比较接近于单级孔板值。但是，无论几级孔板，如果孔板类型相同，则其消能系数的算术平均值近似单级孔板值，因此消能系数的总和与单级孔板消能系数之比大约等于孔板级数。

5) 孔板间距对消能的影响。多级孔板布置间距常以相邻孔板的中心线距离和隧洞直径的比值即距径比 L/D 表示。图 1.4-53 所示为小浪底两级孔板距径比与总消能系数的关系。

当孔板间距过小时，孔板间的消能室不能充分发挥作用，总水头损失下降，消能系数降低；当 $L/D>6$ 时，孔板消能量基本不再增加。与 6D 相比，间距 3D 时消能量已达 93%，如果受工程条件限制，取 3D 是可以的，如果条件容许，L/D 最好取 4.5。小

表 1.4-10　　**多级孔板消能试验的消能系数**

孔板级数	孔板消能系数						$\sum K_i$	$\sum K_i/K_0$	备注
	K_1	K_2	K_3	K_4	K_5	$\overline{K}$			
单级	1.03	—	—	—	—	1.03	1.03	1.00	D=24.2cm
2级	1.27	0.71	—	—	—	0.99	1.98	1.92	D=15.4cm
3级	1.08	0.932	1.046	—	—	1.022	3.066	2.97	D=24.2cm
4级	1.16	0.78	1.02	1.08	—	1.01	4.04	3.92	D=24.2cm
5级	1.22	0.88	1.04	1.00	1.13	1.05	5.25	5.09	D=24.2cm

注　1. 试验孔板型式相同，$\beta=0.69$，$t/D=0.14$，$\alpha=30°$，$r/D=0.0014$；t为孔板厚度，D为洞径，β为孔径比，r为孔板顶角半径。

2. 各组试验的进口型式不同，单级、3级为小浪底孔板泄洪洞的小圆塔方案，4级、5级为龙抬头方案，2级为碧口排沙洞孔板试验的塔式平直有压进口。

3. K_0为单级孔板消能系数1.03。

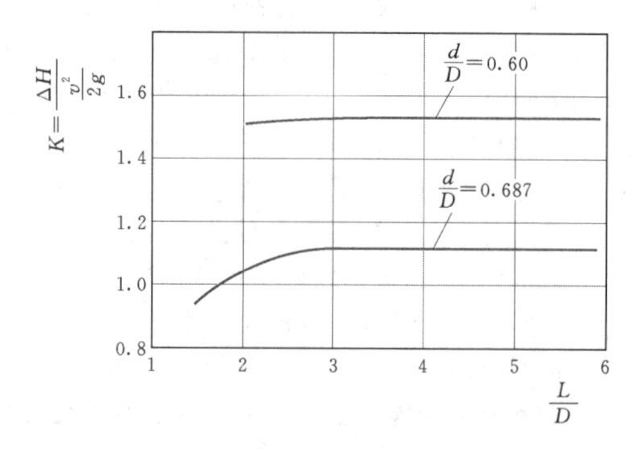

图 1.4-53　小浪底两级孔板距径比与总消能系数的关系

浪底工程取 $L/D=3$。

(3) 孔板消能紊动水流的脉动压力分布规律、频率和强度。在泄洪洞中采用多级孔板消能，水流流经孔板时发生突缩与突扩，产生强烈的紊动剪切流，必然在孔板和隧洞壁面上引起较大的压力脉动，并由此可能诱发洞身和围岩振动。

孔板及隧洞洞壁上任一点的脉动压力值是一个以时间为变量的随机过程，非常近似高斯随机过程。以标准差σ作为壁面脉动压力振动幅值的统计特征值，并采用2σ作为研究动水荷载的最大脉动强度。清华大学对小浪底孔板洞试验的各脉动压力分布成果表明：

1) 在各级孔板后的回流区附近，脉动压力出现峰值，表明孔板后由于水流突然扩散，产生分离和大尺寸旋涡，这种大涡体的紊动作用是管壁附近产生较大脉动压力的主要原因。

2) 脉动压力幅值与时均压力无关，而与库水位成正比，随着库水位升高，断面平均流速水头增大，洞壁脉动压力幅值也增大。

小浪底孔板泄洪洞的最大点脉动压力幅值：2σ约10m水头，大致相当于7%的静水头，17%～29%的孔板平均流速水头。试验中还研究了点脉动压力和面脉动压力的关系，通过专门设计的装置实测了面脉动压力，结果表明：面脉动压力的均方差值仅为点脉动压力的1/10～1/30。

(4) 孔板消能的水流空化和防空化措施。

1) 孔板初生空化数的估算。根据对试验资料进行回归分析，得孔板初生空化数的估算式为

$$\sigma_i = 4.35\beta_i^{1.3}\zeta_m^{0.5} + C'_P \tag{1.4-61}$$

或

$$\sigma_i = 4.35\beta_i^{-0.7}\left[1 + \sqrt{\zeta'(1-\beta_i^2)} - \beta_i^2\right] + C'_P \tag{1.4-62}$$

式中，C'_P为考虑来流紊动度影响的附加项，孔板间距为$3D$时，对第1级孔板取$C'_P=0$，其余孔板取近似值，$C'_P=0.3$。

2) 孔板泄洪洞空化发生的规律及防空化措施。小浪底模型试验表明：加大孔径比和孔缘半径r是消除空化的有效措施，但同时降低了孔板的消能作用，所以解决孔板的空化不能完全用加大孔径比和孔缘半径来解决，还应有其他措施。大量减压模型试验表明：在孔板体型不变时，初生空化数还与工作闸门孔面积有关。

为防止孔板洞内发生空化，设计时可采取以下措施：

a. 在每级孔板的上游面根部设置三角消涡环。

b. 选择适当的孔径比，并将每级孔板的孔缘做成不同半径的圆弧形状，以调整各级孔板的初生空化数。

c. 缩小压力段末端弧形工作闸门室的孔口面积。

同时选择可以更换或便于修复的抗磨损和抗空蚀的孔缘材料，确保孔板的消能作用。

4. 设计步骤

设计孔板泄洪洞时，通常落差及洞身直径是已知的。根据工程布置和运用条件需要设计孔板级数、孔板体型和出口断面尺寸。现假定泄洪洞设计流量为 Q，落差为 H，洞径为 D，出口限定流速为 v_0，则孔板泄洪洞的设计步骤简述如下：

(1) 选择出口体型参数 h、L、m，如图 1.4-51 (a) 所示。

(2) 利用式 (1.4-56) 计算水流收缩系数 ε。

(3) 根据出口限制流速 v_0 计算出口断面。

$$\omega_0 = \frac{Q}{\varepsilon v_0}$$

(4) 根据式 (1.4-54) 和式 (1.4-55) 计算 $\sum\zeta_m$。

(5) 各级孔板按同等空化安全度设计，$\sigma_1 = k\sigma_{1i}$，k 为空化安全系数，由式 (1.4-57) 及式 (1.4-62) 得

$$\sigma_1 = \left(\frac{p_1}{\gamma} + \frac{p_a}{\gamma} - \frac{p_v}{\gamma}\right) \Big/ \left(\frac{\overline{v}^2}{2g}\right)$$

$$\sigma_{1i} = 4.35\beta_1^{-0.7}\left[1 + \sqrt{\zeta'(1-\beta_1^2)} - \beta_1^2\right]$$

在计算 ζ' 时由设计者选择孔板类型及端部边缘半径 r，用迭代法解 β_1。

(6) 利用式 (1.4-51) 计算 ζ_1。

(7) 计算 σ_{2i} 及 β_2。$\sigma_2 = k\sigma_{2i}$，$\sigma_2 = \beta_2^4(\sigma_{1i}/\beta_1^4 - \zeta_1)$，$\sigma_{2i} = 4.35\beta_2^{-0.7}\left[1 + \sqrt{\zeta'(1-\beta_2^2)} - \beta_2^2\right] + 0.3$。

(8) 利用式 (1.4-51) 计算 ζ_2。

(9) 仿步骤 (7)、(8) 计算 β_3，σ_{3i}，σ_3，ζ_3，…，β_m，σ_{mi}，σ_m，ζ_m 直到 $\sum\zeta_m$ 等于步骤 (4) 中的计算值为止。

(10) 根据拟定的布置开展水工模型试验，并最终确定相关布置参数。

1.4.4.4 洞塞泄洪洞

洞塞泄洪洞具有水流流态稳定、结构简单、消能率较高等优点，适用于下游高尾水位条件，有利于利用导流隧洞改建为永久泄洪洞。但由于国内外使用洞塞泄洪洞的工程实例较少，其设计经验有待进一步积累和总结。

1. 基本组成与布置原则

洞塞泄洪洞一般包括进口闸门段、上平段、上弯段、竖井、洞塞消能段、退水洞及出口。图 1.4-54 所示为泸定洞塞泄洪洞布置情况。

(1) 工作闸门的布置。洞塞泄洪洞的工作闸门可以根据具体工程的地形地质条件等灵活布置，一般布置在泄洪洞进口（泸定电站、猴子岩电站）。合适的闸门尺寸和布置高程，以及控制泄洪洞的运行方式，能够保证泄洪洞正常运行时处于有压流状态。

(2) 竖井。关于竖井的尺寸，主要考虑竖井在压力流情况下流速不超过 20m/s，转弯半径宜大于 2 倍洞径（尽可能大一些），以避免产生水流空化。

泸定泄洪洞将第 1 级洞塞设在隧洞直弯段的下游，此布置型式适合于水头不太高（100m 以内）的工程；而当水头很高时，可在竖井内增设 1 级洞塞消刹水头，以降低隧洞的内水压力。

(3) 洞塞。洞塞根据局部体型的不同分为顺直式洞塞、收缩式洞塞及折线进口洞塞（见图 1.4-55）。三种体型中顺直式洞塞消能效果最好，但进口处易空化；折线进口洞塞的空化特性最优，但消能效果相对较差。具体采用哪种型式的洞塞，需根据工程特点，通过水力学模型试验确定。

2. 水力特性

(1) 洞塞消能方式充分利用了导流洞位置低，出口处于淹没状态的特点，尽可能地降低洞塞孔口与原导流洞的过水面积之比，从而在有较高消能率的同时，仍保证洞塞内有足够的正压，以防止发生空化空蚀。

(2) 洞塞体型简单，竖井段尺寸小，进口和出口均为常规泄洪洞布置。

(3) 洞塞式泄洪洞的过流能力、消能效果及压力特性取决于各级洞塞（含隧洞出口收缩断面）的体型尺寸及其比例关系，但若库水位过低，将不能形成有压流，此时流态复杂，因此，应严禁在临界库水位以下启用洞塞式泄洪洞。

(4) 工作闸门前置虽带来闸门开启之初竖井段无水的问题，但模型试验表明，闸门开启初期，竖井段能较快地充满，挟带到洞塞段的空气较少，因此不会形成大的气囊，时均压强变化平稳，脉动压强不大，且历时很短。

(5) 各级洞塞出口的高速水流与隧洞内相对较低流速的水体发生剪切是消能的重要因素，强剪切可能使水体产生空化，但只要设计合理，不会引起隧洞边壁空蚀。

3. 水力学计算

(1) 洞塞泄洪洞的泄流能力。洞塞泄洪洞为有压流，其泄流能力主要由各级洞塞的体型尺寸决定，进水口工作闸门不再是控制流量的关键设施，仅起到启闭泄洪洞的作用。各级洞塞及进、出口尺寸一旦确定，其过流能力也就相应地确定，其流量计算公式为

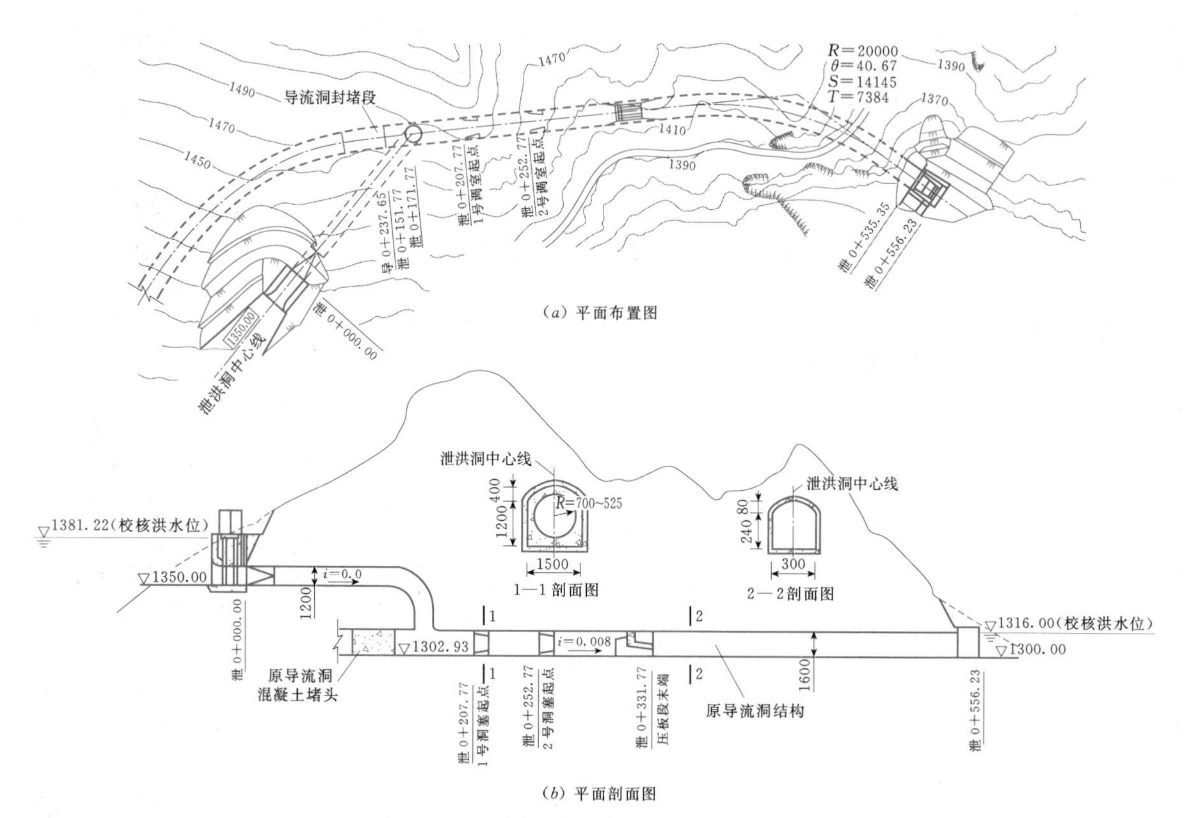

图 1.4-54 泸定洞塞泄洪洞布置图（单位：m）

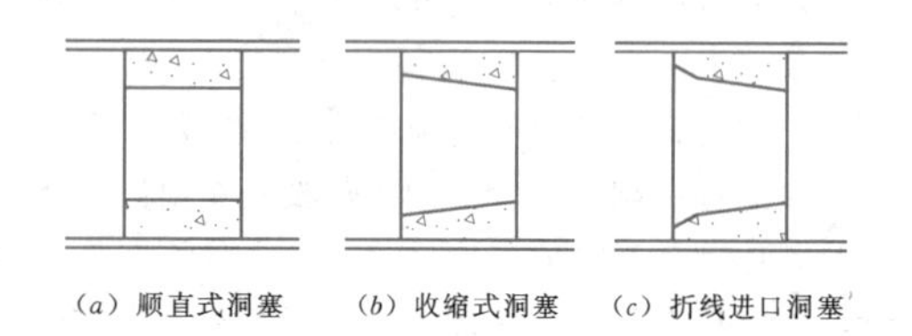

图 1.4-55 洞塞的主要型式

$$Q=\mu A_T\sqrt{2g\ (Z_{上}-Z_{下})}=\frac{1}{\sqrt{\sum\zeta_i+\lambda\dfrac{L}{d}}}A_T\ \sqrt{2g\Delta Z}\quad(1.4-63)$$

式中 μ——流量系数；

A_T——隧洞断面面积，m^2；

$Z_{上}$——上游水位；

$Z_{下}$——下游水位；

ζ_i——各部分水头损失系数，包括进口段（喇叭口、门槽、方变圆），竖井及弯头连接，各级洞塞（突缩、突扩），出口突缩等；

λ——沿程阻力系数；

ΔZ——上游库水位与下游水位之差，m。

（2）顺直型洞塞的消能计算。洞塞计算参见图1.4-56，根据动量方程推导出突扩水头损失的理论公式（波达公式）$\Delta H=\dfrac{(v_i-v_T)^2}{2g}$，但推导过程中假设压力分布近似均匀，且突扩前的压力 P_1 不仅充满过水断面 A_i，而且在整个横切面 A_T(包括边壁 A_T-A_i）上亦均为 P_1，分析认为此假设适合于理想流体或流速不大的情形，在高速水流存在水流分离、旋涡的情况下，压力分布相当复杂，上述假设与实际情况有较大出入，因此，可根据实验资料作出修正。

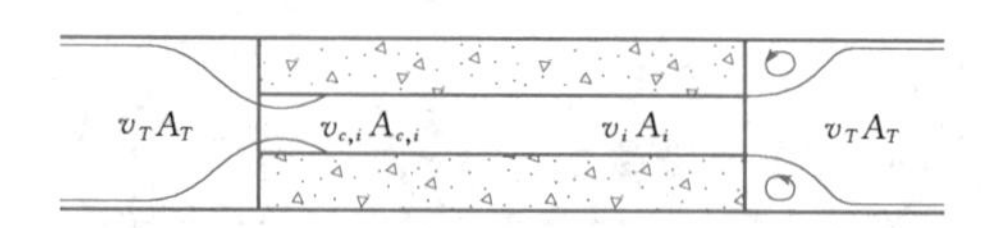

图 1.4-56 洞塞计算示意图

对于突扩水头损失

$$\Delta H_{E,i}=0.75\left[\frac{A_T}{A_i}-\left(\frac{A_i}{A_T}\right)^{0.25}\right]^2\frac{v_T^2}{2g}\tag{1.4-64}$$

对于突缩水头损失

$$\Delta H_{C,i}=\left[\frac{A_T}{A_i}-\left(\frac{A_i}{A_T}\right)^{0.25}\right]^2\frac{v_T^2}{2g}\tag{1.4-65}$$

式中 $\Delta H_{C,i}$、$\Delta H_{E,i}$——第 i 级洞塞的突缩、突扩水头损失，m；

v_T——泄洪洞内平均流速，m/s；

A_T、A_i——泄洪洞和第 i 级洞塞的截面积，m^2。

对于收缩式洞塞和折线进口洞塞，仍采用式（1.4-64）、式（1.4-65）计算。对于突扩水头损失，采用出口处的面积 $A_{E,i}$ 作为 A_i；对于突缩水头损失，则采用进口处的面积 $A_{C,i}$ 作为 A_i。

（3）洞塞内最小压力水头。各级洞塞内均应保证较高的压力水头，避免洞塞内出现空化，洞塞设计成功与否的关键问题就是其最小压力值的大小，因此，对洞塞内的最小压力的正确计算尤为重要。

洞塞内的最小压力可根据能量方程计算，但洞塞内最小压力处水流收缩断面的流速 v_{Ci} 大于洞塞内平均流速 v_i，且能量积分不均匀系数 α 也明显大于1.0，将这两种影响综合用系数 K 来反映。最小压力表达如下：

$$(P_i)_{\min} = P_{0,i} + \frac{v_T^2}{2g} - \Delta H_{C,i} - K\frac{v_i^2}{2g} \tag{1.4-66}$$

式中 $(P_i)_{\min}$——第 i 级洞塞内的最小压力水头，m；

$P_{0,i}$——第 i 级洞塞前泄洪洞内压力水头，m，由上游水位根据能量损失逐级计算；

K——反映水流收缩和流速分布的系数，由试验资料得 $K=2.1$；

其他符号意义同前。

（4）泄洪洞最低运行水位。洞塞泄洪洞要求全洞为有压流，洞塞系统充满水的条件是闸门顶部的压力水头大于零，即不会有空气从闸门槽卷入。所要求的上游水位由洞塞的泄流能力、闸门尺寸和安装高程确定。

$$Z_c = \frac{Z_{闸门底} + h - qZ_{下}}{1-q} \tag{1.4-67}$$

其中 $$q = (1+\zeta_a)\frac{A_T^2}{(Bh)^2\sum\zeta_i}$$

式中 Z_c——隧洞内充满水的最小水位；

h——闸门的高度；

$Z_{闸门底}$——闸门底高程；

q——闸门高度、宽度和洞塞的函数；

$Z_{下}$——下游水位；

ζ_a——喇叭口和闸门槽的局部水头损失系数，取为0.15；

B——闸门的宽度；

ζ_i——第 i 级洞塞的水头损失系数。

工作闸门尺寸及闸前水头要足够大，以确保开闸时能迅速充满竖井及有压洞身，并使整条泄洪洞处于有压运行状态。

（5）洞塞间距。根据每级洞塞出口下游隧洞边脉动压力沿程变化情况，设想水流恢复到正常分布所需隧洞长度与流速成正比，由试验成果可知，其长度约为 $L=3v_T$，即洞塞间距宜大于3倍隧洞水流流速。

（6）有压出口段的压力特性。有压出口段的压力特性与其顶部曲线形状密切相关，易产生水流空化。

4. 消能设计

在进行洞塞泄洪洞设计时，$Z_{上}$、$Z_{下}$ 和 A_T 为已知，假设泄流能力为 Q，可按下列步骤进行设计。

（1）由 $Q=\mu A_T\sqrt{2g(Z_{上}-Z_{下})}$ 求出流量系数 μ，最不利工况是上游取最高水位，下游取容许运行的最低水位。

（2）求出总的水头损失系数 $\sum\zeta_i = 1/\mu^2$（忽略了沿程水头损失）。

（3）由容许出口流速确定出口段的过水面积 $A_E = Q/v_E$。

（4）由 $\Delta H_{2,E}=\frac{v_E^2}{2g}$ 计算出口段水头损失系数。

（5）总水头损失系数减去闸室进口至垂直转弯段的水头损失系数，即为各级洞塞的水头损失系数之和。

（6）初拟洞塞尺寸，如准备设三级洞塞，可先初拟其中两级洞塞的尺寸，计算出水头损失系数，从而求得另一级洞塞所需的水头损失系数，继而求得其尺寸。

（7）将求得的洞塞尺寸由小到大按顺序排列，设为第1级、第2级、第3级。

（8）根据拟定的洞塞尺寸计算各级洞塞的水头损失系数，并重新计算总水头损失系数，进而计算流量系数和流量。

（9）计算各部分的水头损失 $\Delta H_i = \frac{\zeta_i}{\sum\zeta_i}H$。

（10）计算各处的压力水头：

第1级洞塞前

$$P_{0,1} = Z_{上} - \Delta H_P - \frac{v_T^2}{2g}$$

式中 ΔH_P——第1级洞塞前的水头损失，包括进水口、闸室检修门槽、工作门槽、上平段、垂直转弯、垂直段、与下平段的交汇等。

第2级洞塞前

$$P_{0,2} = P_{0,1} - \Delta H_1$$

第3级洞塞前

$$P_{0,3} = P_{0,2} - \Delta H_2$$

出口段前

$$P_{0,E} = P_{0,3} - \Delta H_3$$

(11) 由式 (1.4-66) 计算各级洞塞中的最小压力，最小压力减去洞塞上缘高程得出各级洞塞内的相对压力的最小值。若出现相对负压，这种情况下，必有某一级或两级洞塞的正压很大，将正压很大的一级洞塞尺寸减小，或将负压很大的一级洞塞尺寸扩大，或同时调整两级洞塞尺寸，重复步骤 (6) ～ (11)，必要时重复步骤 (3) ～ (11)，按此方法，一般可以得到合适的方案。

5. 空化空蚀及其防治措施

(1) 竖井与导流洞顶部相交形成锐缘，在此处容易产生绕流，形成水流分离而产生空化。应通过模型试验将竖井与导流洞顶部平顺相接。

(2) 竖井底板处容易形成空化。竖井出射水流在泄洪洞底部以附壁射流的型式流向下游，在底板上形成高流速带，同时造成水流剧烈紊动，在底部产生较大的脉动压力。在高流速和高脉动压力的共同作用下，在有压消能室底部的局部区域出现负压，形成空化源。可以考虑在竖井底板设置小挑坎。

(3) 顺直型洞塞段进口和出口附近容易产生空化。可采用收缩式或折线进口洞塞，以降低该处的脉动压力，改善抗空化性能。

洞塞段有明显的整流作用，洞塞出口处的轴向流速远大于径向流速，洞塞出口处的空化泡溃灭亦应位于水体内部，且应比相同孔径比的孔板更远离边壁，因此在设计时，重点保证洞塞内不产生空化，容许洞塞出口后水体有空化。

(4) 有压出口段的压力特性与其顶部曲线形状密切相关，设计时需要注意。当有压出口段设计成掺气压坎型式时，可有效地防止出口段空蚀破坏，但体型相对复杂。

1.5 岸边溢洪道

1.5.1 岸边溢洪道的分类

溢洪道是一种常见的泄水建筑物，对于土石坝以及某些混凝土轻型坝，或者河谷狭窄而泄洪量很大的混凝土坝，当坝体内不宜布置泄洪设施或泄洪设施布置不下时，都需在坝体以外建造泄洪设施，岸边溢洪道是其常用的布置型式。

岸边溢洪道按功用可分为正常溢洪道和非常溢洪道两大类。正常溢洪道的布置型式主要有正槽式、侧槽式和虹吸式等；非常溢洪道常用的型式有漫流式、自溃式和爆破引溃式等。

岸边溢洪道工程布置实例如图 1.5-1 和图 1.5-2 所示。其中图 1.5-1 所示的水布垭水电站岸边溢洪道布置在左岸台地上，为正槽式溢洪道，由引水渠、控制段、泄槽、挑流鼻坎及下游防冲段五部分组成。引水渠包括上游直线段、中间转弯段和堰前直线段三部分，全长 890.3m；渠底高程 350.00m，渠底宽度 90.0m，引水渠断面为复式断面。控制段为开敞式实用堰，堰顶曲线为 WES 型，堰顶高程为 378.20m，设 5 个表孔 (14.0m×21.8m)；泄槽段由纵向隔墙分成五个独立的区，每区泄槽的宽度为 16.0m，水平投影长度为 165.8～213.3m；在泄槽末端设窄缝式挑流鼻坎，窄缝收缩比为 0.20～0.25；下游防冲段采用两岸防淘墙与混凝土护岸相结合的结构型式。

大岩坑水电站溢洪道位于混凝土面板堆石坝的左坝头 (见图 1.5-2)，为侧槽式溢洪道，不设闸门控制，侧堰净宽 40m，泄槽底宽 5～12m，溢洪道总长度为 130.71m，采用挑流消能。侧槽段长 40.0m，溢流堰采用 WES 堰，堰高 7.0m，侧槽断面为梯形，侧槽底宽从槽首处的 5.0m 渐变至槽末处的 12.0m，侧槽底坡为 2.50%。侧槽后接 19.0m 长的调整段，由梯形断面渐变成矩形断面，底宽 12.0m，为平底。调整段后接泄槽段，泄槽段水平投影长度为 56.93m，纵坡 1∶30，为陡坡式泄水槽，矩形断面槽宽 12.0m。泄槽末端接反弧挑流鼻坎，挑射角为 20°；挑流鼻坎后接 43.0m 的混凝土护坦。

国内外部分岸边溢洪道典型工程基本情况见表 1.5-1。

1.5.2 正槽式溢洪道

正槽式溢洪道的泄槽轴线与溢流堰轴线正交，过堰水流与泄槽轴线方向一致。其特点是：水流平顺，泄水能力强，结构简单。岸边有合适的马鞍形山口时，开挖工程量较小。正槽式溢洪道通常由进水渠、控制段、过渡段、陡槽段、消能设施段及出水渠等部分组成。当控制段与陡槽段等宽时，不设置过渡段；当控制段宽度大于陡槽宽度时，宜设置过渡段。

1.5.2.1 进水渠

1. 设计原则

进水渠的设计原则是应使渠内水流顺畅，无横向流及旋涡，渠内水头损失小，在满足泄量要求下，兼顾进水渠开挖量并保持适宜的渠中流速。

2. 平面布置

(1) 当进水渠位于离坝较远的岸边时，进水渠前沿水面应力求开阔，进流不受阻碍。渠线应尽可能顺

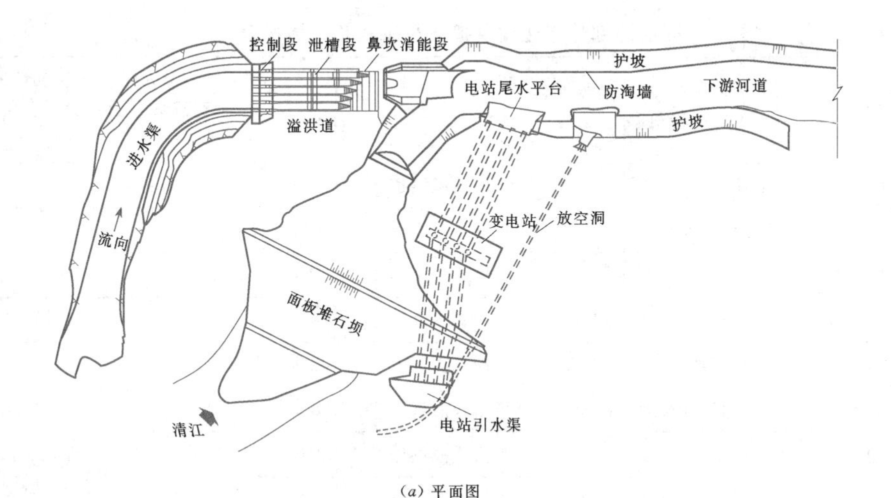

(a) 平面图

(b) 纵剖面图

图 1.5-1 水布垭水电站正槽式溢洪道布置图（单位：m）

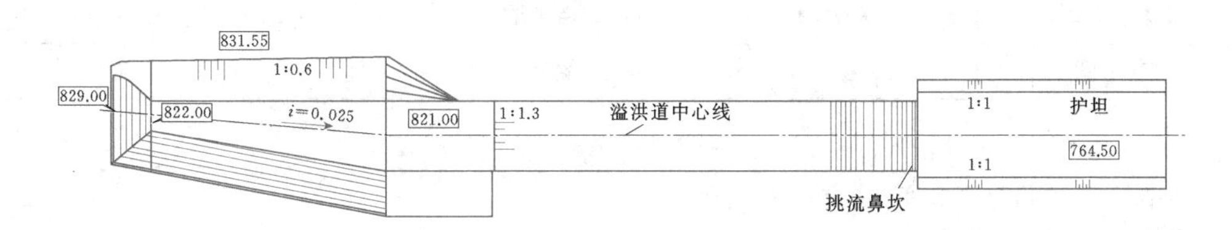

(a) 平面图

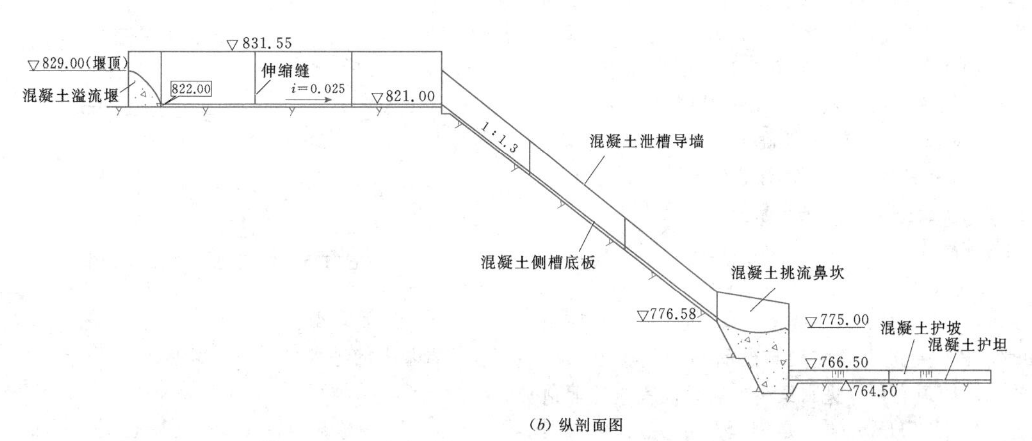

(b) 纵剖面图

图 1.5-2 大岩坑水电站侧槽式溢洪道布置图（单位：m）

表 1.5-1 国内外部分岸边溢洪道典型工程基本情况表

编号	工程名称	坝 型	最大坝高(m)	溢洪道型式	最大泄流量(m^3/s)	陡槽段最大单宽流量[$m^3/(s \cdot m)$]	孔口尺寸(孔数—宽×高,m×m)/堰口宽度(m)
1	糯扎渡水电站	心墙堆石坝	261.5	正槽式溢洪道	31318	232.2	8—15.0×20.0
2	水布垭水电站	混凝土面板堆石坝	233.0	正槽式溢洪道	18320	229.0	5—14.0×21.8
3	龙羊峡水电站	拱坝	178.0	正槽式溢洪道	5900	147.6	3—12.0×17.0
4	巴西辛戈水电站	混凝土面板堆石坝	151.0	正槽式溢洪道	33000	163.5	12—14.8×20.7
5	刘家峡水电站	重力坝	147.0	正槽式溢洪道	4260	127.8	3—10.0×9.8
6	巴西伊塔水库	混凝土面板堆石坝	125.0	正槽式溢洪道	45800	226.4	10—18.0×20.0
7	碧口水电站	心墙土石坝	101.8	正槽式溢洪道	2310	154.0	1—15.0×19.0
8	六都寨水库	心墙—斜墙土石坝	70.0	正槽式溢洪道	3158	94.3	3—10.0×10.0
9	龙源水库	黏土心墙土石坝	56.5	正槽式溢洪道	314	11.6	/27.0(宽顶堰)
10	大伙房水库	土坝	48.0	正槽式溢洪道	4511	78.1	5—10.4×7.0
				第一非常溢洪道	8624	102.7	7—12.0×12.0
11	寨志水库	均质土坝	36.0	正槽式溢洪道	34	5.6	/7.8(驼峰堰)
12	龙潭水库	黏土心墙坝	25.7	正槽式溢洪道	592	20.1	/29.5(迷宫堰)
13	加达水电站	砂砾石坝	14.0	正槽式溢洪道	275	13.1	/21.0(迷宫堰)
14	大岩坑水电站	混凝土面板堆石坝	76.8	侧槽式溢洪道	522	13.1	/40.0(侧堰)
15	南冲水库	黏土心墙坝	45.0	侧槽式溢洪道	375	6.3	/60.0(侧堰)
16	长田湾水库	斜墙堆石坝	40.0	侧槽式溢洪道	442	5.9	/75.0(侧堰)
17	武隆水电站	浆砌块石溢流重力坝	50.0	虹吸式溢洪道	88	22.0	1—1.6×2.7
18	花溪水库	双支墩大头坝	49.0	虹吸式溢洪道	84	21.0	1—2.5×4.0

直，以取得优良的水流条件；不得已而转弯时，弯道半径应不小于4～6倍渠底宽度，弯道至控制堰（闸）之间宜有长度不小于2倍堰上水头的直线段。

（2）当进水渠进口段毗邻主坝坝肩时，靠坝一侧应设置顺应水流的曲面导水墙，靠山一侧可开挖或衬护成规则曲面。进水渠可参考图1.5-3所示布置型式，其中，椭圆曲线长短轴之比一般可取$a/b=1.5$，a和b的绝对值可依布置条件确定；取$B_0/B=1.5\sim3$。椭圆曲线末端K点后，宜有渐变段，使进水渠断面形状和大小转变为控制段的断面形状及大小，其长度至少为控制段堰上定型设计水头的3～4倍。

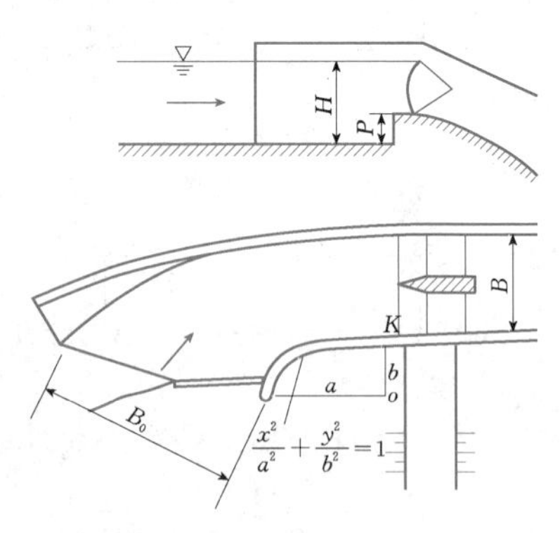

图 1.5-3 进水渠平面布置图

3. 底坡 i_0

底坡i_0常采用$i_0=0$或$i_0<0$（反坡）。当采用$i_0>0$时，必须使进水渠底最高点的高程低于首部控制建筑物的堰顶高程。进水渠终点渠底高程应比堰顶高程低$0.5H_d$（H_d为堰的定型设计水头）。进水渠过水断面必须大于控制段的断面。

4. 横断面型式

岩基上的进水渠可采用矩形或者梯形断面。对于新鲜岩石，边坡可采用1∶0～1∶0.3；风化岩石边坡可采用1∶0.5～1∶1.0；土基上的进水渠，可采用边坡为1∶1.5～1∶3.0的梯形断面。是否衬砌可根据工程重要性、地质条件、水流条件，结合开挖方量，通过技术经济比较确定。

5. 流速的控制

进水渠的设计流速应大于悬移质不淤流速，小于渠道不冲流速。对于离坝较远、渠道较长的进水渠，一般控制渠内流速不超过4.0m/s，渠段落差不超过0.8m；对于坝肩旁的进水渠，采用如图1.5-3的样式布置时，一般会在邻近进水渠入口的上游坝面前产生横向流。为使进水渠入口有较好流态，该处的最大流速不宜超过1.5m/s，椭圆末端断面的最大流速不宜超过5.0m/s。

6. 水面线计算

进水渠渠道水面线可采用分段求和法进行计算，以距离堰前3～5倍的堰上水头断面作为水流计算控制断面，通过两断面间的能量方程关系可求解另一断面的水深。

7. 拦鱼栅

如需放置拦鱼栅，应注意树木、水草堵塞造成进水渠泄水能力降低所产生的危害。

1.5.2.2 控制段

1. 控制段建筑物的类型

紧接进水渠的用于控制泄量的建筑物部分称为控制段。控制段建筑物的类型见表1.5-2。实用堰的泄流能力相对较大，使用较多；宽顶堰泄流能力较低，一般较少采用。

表1.5-2 控制段建筑物的类型

编号	堰面型式	
1	实用堰	WES型堰
		驼峰堰
		低堰
		梯形实用堰
2	宽顶堰	
3	迷宫堰	

2. 堰型的选择及体型参数

(1) 堰高和堰顶高程。

1) 堰高。对于WES型溢流堰及梯形实用堰，上游堰高$P_{上}\geqslant 0.5H_d$，下游堰高$P_{下}\geqslant 0.5H_{max}$；在中小型溢洪道上，可取$P_{上}\geqslant(0.5\sim0.8)H_d$，$P_{下}\geqslant(0.6\sim0.7)H_{max}$。这里，$H_{max}$为堰顶最大水头。

对于低堰，因为下游堰面水深较大，堰面一般不会出现过大的负压，在设计中常采用较小的水头作为堰面定型设计水头，以增大高水头下的泄量，减小溢流堰前缘长度，或是降低超载水头，节省投资。$H_d=(0.65\sim0.85)H_{max}$。

对于宽顶堰，$P_{上}$尽量选小些，堰上游斜坡坡度可采用1∶1.5～1∶2.0。堰下游斜坡需保证$i_0>i_k$，其中，i_0为下游斜坡坡度，i_k为临界坡度。

对于大型工程，除泄流能力外，当单宽流量较大时，应仔细核算堰面压强，控制堰面不平整度，防止空蚀发生。

当地形条件受限制时，可采用如图1.5-4所示的布置型式加大溢流前缘长度。其准确的流量系数需经水工模型试验确定。也有在平面上设置呈折线形的薄堰壁，例如，澳大利亚的阿旺（Avon）坝溢洪道。此外，在平面上呈锯齿形或梯形布置的迷宫堰，因其泄流能力比一般直线堰大，在国内外中小型工程上应用较多。

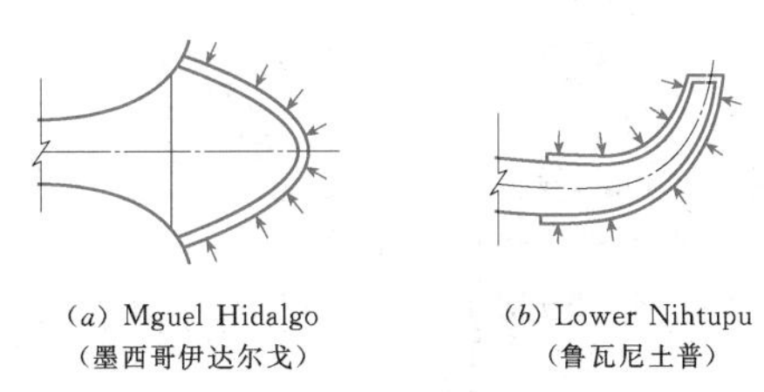

(*a*) Mguel Hidalgo（墨西哥伊达尔戈）　(*b*) Lower Nihtupu（鲁瓦尼土普）

图1.5-4 溢流前缘长度的加大布置

2) 堰顶高程。

a. 无闸门控制时：堰顶高程取其等于水库的正常高水位。

b. 有闸门控制时：堰顶高程应通过方案比较，选用满足泄洪要求而工程费用又最省的方案。

(2) 控制闸门。中小型工程宜选用《水利水电工程钢闸门设计规范》（SL 74）中所列各尺寸的闸门；对于大型工程，按运行要求，通过技术经济论证后确定闸门尺寸。

闸门落点位置设在堰顶下游$(0.1\sim0.2)H_d$处，有利于局部开启泄流时减小坝面负压。

(3) 低堰反弧段与陡槽段的连接（见图1.5-5）。

1) 反弧段与水平明槽连接于点P_2，水平明槽再与陡槽连接时，接点P_2与反弧中心O的坐标为

$$\left.\begin{aligned}x_0&=x_2=x_1+R\sin\alpha_1\\y_0&=y_1+R\cos\alpha_1\\y_2&=y_0-R\end{aligned}\right\}\qquad(1.5-1)$$

式中　R——反弧半径，m；

α_1——反弧与堰面切点处的斜角；

x_1、y_1——反弧与堰面切点的坐标。

2) 反弧与陡槽直接连接时，接点P的坐标为

$$x=\frac{R\tan\alpha_2}{(1+\tan^2\alpha_2)^{1/2}} \\ y=(R^2-x^2)^{1/2} \qquad (1.5-2)$$

式中 R——反弧半径，m；

α_2——陡槽底坡与水平方向的夹角。

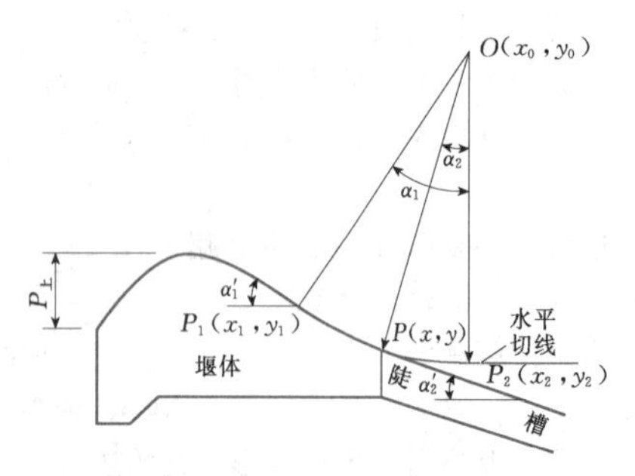

图 1.5-5 低堰反弧段与陡槽段的连接

1.5.2.3 过渡段

1. 过渡段的作用与设计原则

过渡段的作用是把控制段的宽度缩窄成适宜的陡槽宽度。过渡段大多是变宽、变坡，甚至在平面上为曲折的明槽。如地形条件合适，将溢洪道设计成全长等宽而不致增加太多工程量时，可不必设过渡段。

过渡段的设计原则：一是不得影响控制段的泄流能力；二是因收缩或改变流向而引起的水流扰动（如冲击波等）对泄槽段及末端消能段的水流特性的影响应较小；三是应尽可能地简化过渡段的型式。

2. 过渡段的型式及设计

过渡段的型式较多，边界条件也较复杂，用理论分析方法进行水力计算较困难。对大型工程，需通过水工模型试验确定；对中小型工程，可以采用近似方法计算。较成熟的布置型式有曲线收缩过渡段、直线收缩过渡段和缩窄消力塘式过渡段。

(1) 曲线收缩过渡段设计。该情况下，堰在平面上常呈曲线布置。当定型设计水头 H_d 与堰在平面上的曲率半径 R 之比 $H_d/R<0.10$ 时，堰面形状和流量系数仍可按直线堰采用。

曲线边墙（见图 1.5-6）设计方法如下。

1) 任选曲线终点 P_2 的坐标 x_2 值（注意：x 轴是沿初始流动方向）。

2) 曲线方程为

$$y=Ax^{3/2} \\ A=\frac{\tan\alpha}{1.5x_2^{1/2}} \qquad (1.5-3)$$

式中 α——1/2 中心角。

这里，y 轴与 x 轴正交。

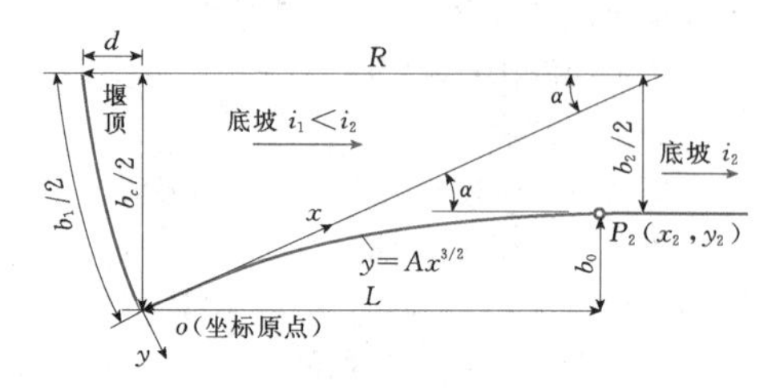

图 1.5-6 曲线收缩过渡段的设计

b_1—曲线堰顶长度；b_c—曲线堰顶弦长

3) 过渡段长度为

$$L=x_2\cos\alpha+Ax_2^{3/2}\sin\alpha \qquad (1.5-4)$$

4) 一侧的收缩量为

$$b_0=x_2\sin\alpha-Ax_2^{3/2}\cos\alpha \qquad (1.5-5)$$

5) 改变所设 x_2 值，使所得的 L 符合要求，同时须使 $b_0\leqslant 0.15b_c$。

(2) 直线收缩过渡段设计。直线收缩过渡段布置如图 1.5-7 所示。其适用于控制段与下游泄槽的流向一致，且泄流轴线相同的情况。

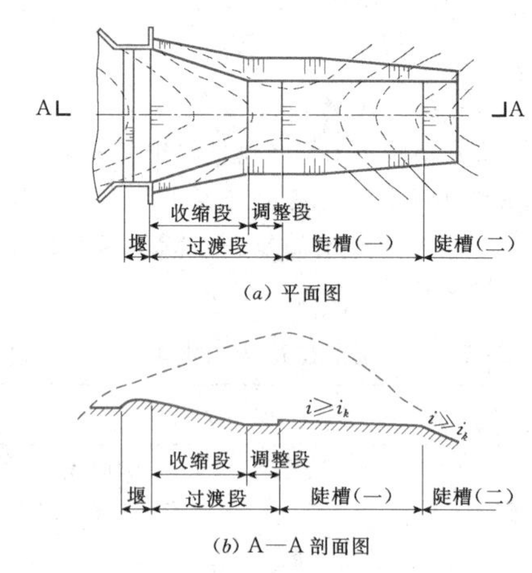

图 1.5-7 直线收缩过渡段布置及水力计算示意图

已知设计流量 Q 和过渡段上、下游断面尺寸（上游断面就是溢流堰口，下游断面就是陡槽的起始断面）。

1) 下游陡槽起始断面槽底与上游溢流堰顶高差 ΔZ_k 为

$$\Delta Z_k=(h_{k2}-h_{k1})+(1+\zeta')\frac{(v_{k2}^2-v_{k1}^2)}{2g} \qquad (1.5-6)$$

式中 h_{k1}、h_{k2}——通过流量 Q 时，过渡段上、下断面的临界水深，m；

v_{k1}、v_{k2}——相应的临界流速，m/s；

ζ'——过渡段水头损失系数，一般取 0.2～0.3。

2）收缩段长为

$$l_1 = \frac{B-b}{2}\cot\theta \qquad (1.5-7)$$

式中　B、b——上、下断面的槽底宽，m；

θ——收缩角，以弧度计，一般可选用 $\cot\theta=2.5\sim3.5$。

3）调整段长 l_2，一般取 $l_2\geqslant 2h_{k2}$。

4）调整段挖深 d，一般取 $d=(0.1\sim0.2)h_{k2}$。

（3）缩窄消力塘式过渡段设计。过堰水流经缩窄段转变为缓流，再经调整段调整后流入下游陡槽，如图1.5-8所示，这种型式适用于垭口中点高程较低、溢洪道进口需要建堰拦水的情况，也适用于过渡段左右边墙不对称布置，以及水流需要转向的情况；其对地形的适应能力比直线收缩过渡段强。

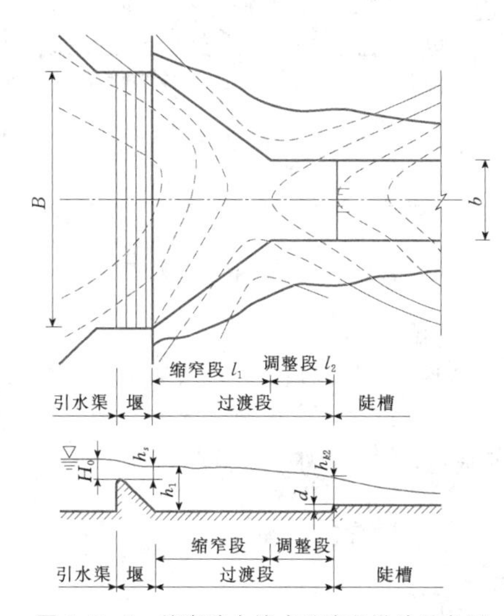

图1.5-8　缩窄消力塘式过渡段设计示意图

1）过渡段出口断面槽底与溢流堰堰顶的高差 ΔZ 计算式为

$$\Delta Z = h_1 - d - h_s \qquad (1.5-8)$$

$$h_s = \sigma_k H_0 \qquad (1.5-9)$$

式中　h_1——堰下断面水深，m；

d——消力塘挖深，m；

h_s——堰顶以上的下游水深，即淹没水深，m，一般在进口计算中已定；

H_0——堰上水头，m；

σ_k——相对淹没度，由堰型、堰上水头 H_0、设计流量 Q 和相应的流量系数 m 确定。

h_1 可按下式近似求解：

$$h_1 + \frac{v_1^2}{2g} = h_{k2} + \frac{v_{k2}^2}{2g} + d + \zeta\frac{v_{k2}^2}{2g} \qquad (1.5-10)$$

式中　v_1——堰下断面平均流速，m/s；

g——重力加速度，取 9.81m/s^2；

h_{k2}、v_{k2}——出口断面的临界水深和临界流速，m/s；

ζ——水头损失系数，$\zeta=0.1\sim0.3$（适用范围：$\cot\theta=1\sim2$，$B/b>3$）。

2）消力塘挖深 d 的计算。挖深消力塘的作用是促使较小流量时也能形成水跃，从而有利于水流的调整。一般可选 $d=(0.1\sim0.3)h_{k2}$，缩窄比 B/b 大时取小值，反之取大值。

3）收缩段长 l_1 的计算式为

$$l_1 = \frac{B-b}{2}\cot\theta \qquad (1.5-11)$$

一般取 $\cot\theta=1\sim2$。

4）调整段长 l_2 的计算式为

$$l_2 \geqslant (2\sim4)h_{k2} \qquad (1.5-12)$$

B/b 大时取小值，反之取大值。

5）过渡段全长为

$$l = l_1 + l_2 \qquad (1.5-13)$$

如要作不对称缩窄式改变流向，则应视具体情况来决定尺寸，以水流平顺、施工简单及工程量较省为原则。

1.5.2.4　陡槽段

1. 陡槽的水力特征

陡槽的主要水力特征是急流。急流的特点是流速大，受边界条件的影响敏感。设计时应考虑边界转折（如收缩、扩散、弯道或设有桥墩等）而产生的急流冲击波；当紊流边界层发展到水面后，泄槽水流会发生表面掺气现象；在一定水流条件下，泄槽还会出现滚波流态；当泄槽壁面平整度不好或边界体型不佳时，高流速泄槽还会产生水流空化现象。针对这些特点，均应进行相关的计算。

2. 陡槽的设计

（1）平面布置。陡槽的平面布置主要决定于地形、地质条件，也决定于控制建筑物的类型和消能方式，主要有边墙平行的等宽泄槽、边墙扩散的泄槽、边墙收缩的泄槽、平面上拐弯的弯道泄槽，以及以上的组合型式。

如条件容许，应尽量使泄槽轴线顺直，等宽对称布置，以降低冲击波的不利影响。

边墙扩散角或收缩角 α（边墙与泄槽中心线的夹角）可按下式计算：

$$\tan\alpha = \frac{1}{3Fr} \qquad (1.5-14)$$

其中

$$Fr = \frac{v}{\sqrt{gh}}$$

式中　Fr——平均弗劳德数；

v、h ——收缩段或扩散段起点断面和终点断面的流速平均值和水深平均值。

对于收缩角大于6°的收缩段，应进行急流冲击波验算。当泄槽在平面上布置弯道时，弯道半径宜采用6～10倍泄槽底宽，并应计算弯道段横向水面差。

(2) 纵坡。纵坡主要决定于地形、地质条件，同时还需综合考虑水力学条件、衬砌材料特性及施工条件等因素。泄槽纵坡必须保证槽中的水位不影响溢流堰自由泄流和泄水时槽中不发生水跃，使水流处于急流状态。因此，泄槽纵坡必须大于水流临界坡。常用的底坡 $i_0=1\%\sim5\%$，有时可达 $10\%\sim30\%$，坚硬的岩石上可以更陡；条件容许时，尽量采用一坡到底；必须改变坡度时，在变坡处要用曲线连接，以免高速水流在变坡处产生不利水力条件。变坡位置尽量与泄槽平面上的变化错开，尤其不要在扩散段变坡。泄槽上有掺气设施时，还应考虑掺气设施对泄槽纵坡的要求。

1) 当泄槽底坡由缓变陡时，可采用抛物线连接，如图1.5-9所示，抛物线方程按下列公式计算：

$$y=x\tan\theta+\frac{x^2}{K\left[4\left(h+\dfrac{\alpha v^2}{2g}\right)\cos^2\theta\right]} \tag{1.5-15}$$

式中　x、y ——以缓坡泄槽段末端为原点的抛物线横、纵坐标，m；

θ ——缓坡泄槽底坡坡角；

h ——断面 O 处的水深，m；

v ——断面 O 处的流速，m/s；

K ——系数，对于重要工程且落差大者取 $K=1.5$，落差小者取 $K=1.1\sim1.3$。

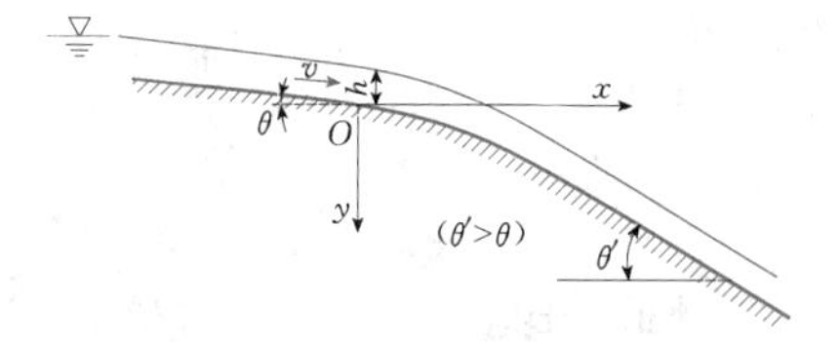

图1.5-9　抛物线连接段示意图

2) 当泄槽底坡由陡变缓时可采用反弧曲线连接，反弧半径为 (3～6) h (h 为变坡处的断面水深)，流速大者宜选用大值。

(3) 横断面。横断面决定于沿线地质条件及是否有衬砌。在岩基中的挖方断面以及有衬砌的陡槽断面，常呈矩形或边坡很陡的梯形 (1∶0.1～1∶0.3)；土基中的挖方断面，一般采用边坡1∶1～1∶2。应当指出，从水流条件看，梯形横断面不如矩形横断面良好。在弯道段，可根据计算，采用适当的横向底坡，或采用急流控制理论进行设计。

3. 陡槽水力计算

(1) 水面线的定性分析。计算水面线之前，必须先确定所要计算水面线的变化趋势，以及上、下两断面的位置 (定出水面线的范围)。以泄槽底坡线、均匀流的水面线 ($n—n$) 和临界水深线 ($k—k$) 三者的位置来区分，可将泄槽渠底以上的空间分成①、②、③三个区域。①区为缓流区，②区、③区为急流区。泄槽中可以发生①—Ⅱ型壅水曲线、②—Ⅱ型降水曲线及③—Ⅱ型壅水曲线三种，出现最多的是②—Ⅱ型降水曲线，其形状如图1.5-10所示。

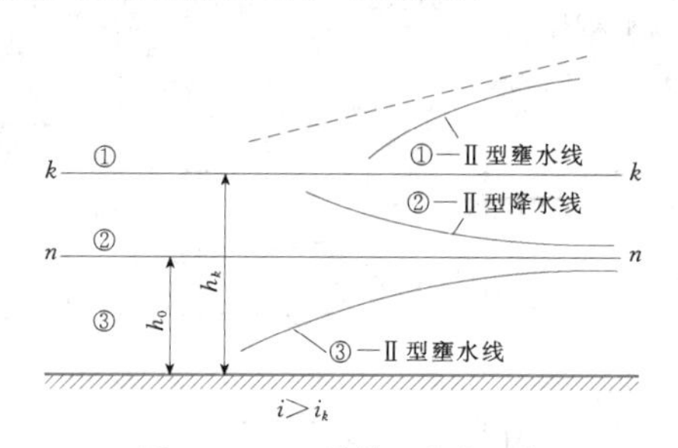

图1.5-10　陡槽上的水面线

(2) 起始断面的确定。

1) 泄槽上游接宽顶堰、缓坡明渠或过渡段 (见图1.5-11) 时，起始计算断面定在泄槽首部，水深 h_1 取用泄槽首端断面计算的临界水深 h_k。

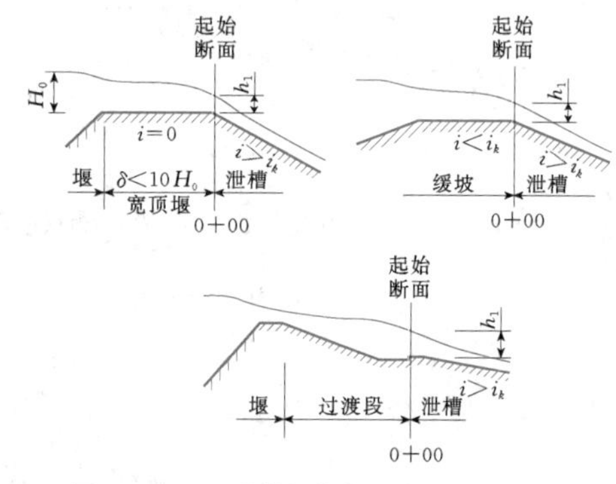

图1.5-11　泄槽起始断面水深 h_1 示意图

2) 泄槽上游接实用堰或陡槽 (见图1.5-12) 时，起始计算断面分别定在堰下收缩断面或泄槽首端以下 $3h_k$ 处，起始计算断面水深 $h_1<h_k$，可按下式计算：

$$h_1=\frac{q}{\varphi\sqrt{2g(H_0-h_1\cos^2\theta)}} \tag{1.5-16}$$

式中　q ——起始计算断面单宽流量，$m^3/(s\cdot m)$；

H_0 ——起始计算断面渠底以上总水头，m；

θ——泄槽底坡角，(°)；

φ——起始计算断面流速系数，取0.95。

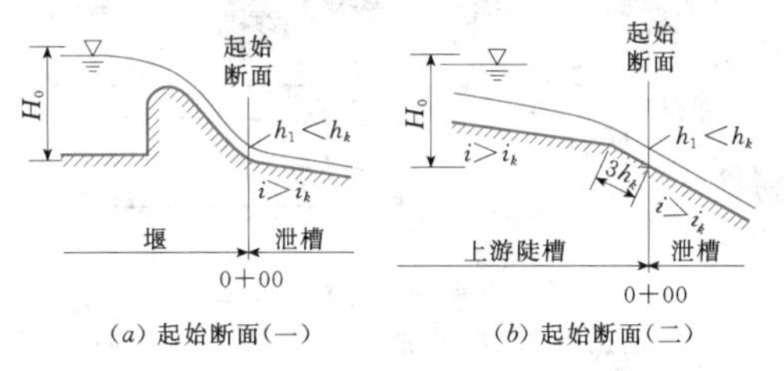

(a) 起始断面(一)　(b) 起始断面(二)

图 1.5-12 泄槽起始断面示意图

泄槽水面线根据能量方程，用分段求和法计算，计算公式如下：

$$\Delta l_{1-2}=\frac{\left(h_2\cos\theta+\frac{\alpha_2 v_2^2}{2g}\right)-\left(h_1\cos\theta+\frac{\alpha_1 v_1^2}{2g}\right)}{i-\overline{J}} \tag{1.5-17}$$

其中

$$\overline{J}=\frac{n^2\overline{v}^2}{\overline{R}^{4/3}} \tag{1.5-18}$$

式中 Δl_{1-2}——分段长度，m；

h_1、h_2——分段始、末断面水深，m；

v_1、v_2——分段始、末断面平均流速，m/s；

α_1、α_2——流速不均匀系数，取1.05；

θ——泄槽底坡的倾角，(°)；

i——泄槽底坡，$i=\tan\theta$；

$\overline{J}$——分段内平均摩阻坡降；

n——泄槽槽身糙率系数；

$\overline{v}$——分段平均流速，m/s，$\overline{v}=(v_1+v_2)/2$；

$\overline{R}$——分段平均水力半径，m，$\overline{R}=(R_1+R_2)/2$。

(3) 掺气水深的计算。当泄槽水流表面流速大过一定值（一般在7～8m/s）时，水流掺气，形成掺气水流，各断面水深将有所增加，掺气水深的计算详见本章1.11节。

(4) 冲击波的计算。冲击波使得在波峰点处水深比上述水面曲线计算的水深要高，要求边墙高度加大。冲击波计算方法见本章1.12节。

(5) 墩尾波。水流脱离闸墩尾部时会产生墩尾波，墩尾波现象如图1.5-13所示。墩尾波抵达边墙的位置z_1为

$$z_1=\frac{x_1}{\tan\alpha} \tag{1.5-19}$$

其中

$$\alpha=\arcsin\frac{\sqrt{gy}}{2v} \tag{1.5-20}$$

式中 y——断面A—A处的水深，m；

v——断面平均流速，m/s；

g——重力加速度，取9.81m/s²；

其余符号如图1.5-13所示。

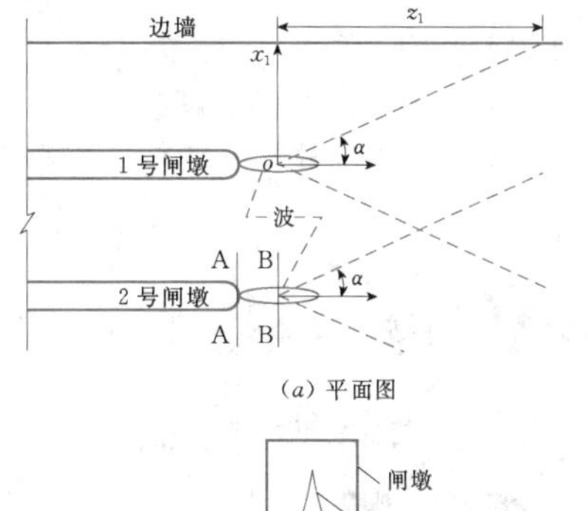

(a) 平面图

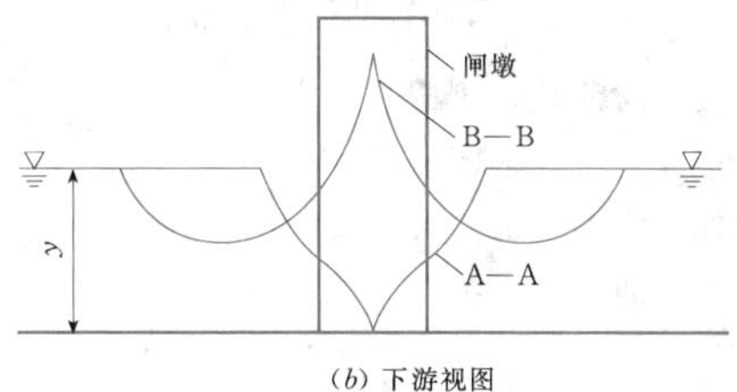

(b) 下游视图

图 1.5-13 墩尾波

墩尾波抵达边墙时的波高可按本章1.12节所述冲击波理论进行初步计算，目前多依靠水工模型试验确定。闸墩尾部应适当加修逐渐缩窄的延长部分，对削弱墩尾波有效。

4. 边墙高度与安全超高

边墙高度应以水不溢出泄槽为原则。为安全计，在估算出的掺气（或不掺气）水深上，加以墩尾波高和边墙转折导致的冲击波高之后，再加安全超高Δ值，其值可采用下式估算：

$$\Delta=0.61+0.0371vh^{1/8} \tag{1.5-21}$$

式中 h——不掺气水深，m；

v——断面平均流速，m/s。

在《溢洪道设计规范》（SL 253—2000）中，安全超高取0.5～1.5m。

为设计边墙高度而计算不掺气水面线时，对于急流的混凝土泄槽，其糙率系数n值宜采用0.015。

5. 泄槽衬砌

(1) 泄槽上流速超过当地土壤或岩石的抗冲流速时，常用混凝土加以衬砌，同时满足防渗要求。

(2) 水流所挟泥沙、岩石碎块、混凝土碎屑、金属碎块等施工残渣会对混凝土表面造成磨损，甚至破坏。在泄槽表面受大量泥沙作用的情况下，可结合当地具体条件，选用适当的耐磨材料进行护面。

(3) 衬砌底部要布置排水设备，防止底板下和边墙后产生过大的渗透压力。面板要合理使用钢筋锚固。

1.5.2.5 加墩泄槽

加墩陡槽适用于单宽流量小的情况，但在落差方面并无限制。它不同于人工加糙陡槽之处，是从陡槽开始段就布置消能墩，直至下游，末端无需另设消能设施，泄槽底坡可以用到50%，对下游尾水深度无特殊要求，加墩泄槽设计详见本章1.9节“特殊消能工”。

1.5.2.6 台阶泄槽

台阶泄槽设计详见本章1.2节（参见图1.2-5）。

1.5.3 侧槽式溢洪道

侧槽式溢洪道是在坝体一侧傍山开挖的泄水建筑物，主要由溢流堰、侧槽、泄水道（泄槽）和出口消能段等部分组成，如图1.5-14所示。其水力特征是侧向进流、纵向泄流，即水流通过溢流堰进入侧槽，过堰水流方向与泄槽轴线方向接近垂直。

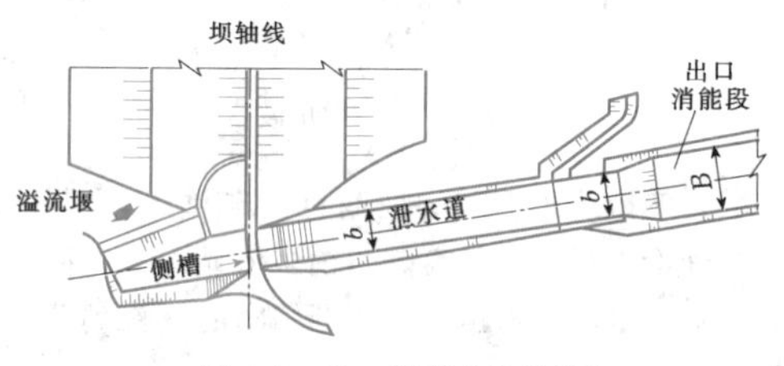

图1.5-14 侧槽式溢洪道

侧槽式溢洪道适用于坝址两侧山头较高、岸坡较陡的情况，尤其适用于中小型水库无闸门控制的溢洪道中。

溢流堰和泄槽的水力设计已分别在本章1.2节和本节中介绍过，以下主要阐述侧槽的水力设计。

1.5.3.1 设计原则

侧槽水流属于沿程增量流，其水流状态同时受溢流堰和泄水道的制约（见图1.5-15），其设计原则如下。

1. 侧槽水位

侧槽水位应不影响过堰流量，即保证堰为不淹没堰。根据经验其临界值可取

$$h_s = 0.5H_d \qquad (1.5-22)$$

式中 h_s——侧槽首端高出堰顶的水深高度，m；

H_d——相应于设计流量 Q_d 时的堰上水头，m。

一般取 Q_{max} 为设计流量 Q_d。

2. 侧槽末端水位

侧槽末端水位应不受泄水道中的水流状态影响，其应当满足：

(1) 泄水道的底坡 $i_2 > i_k$，i_k 为临界底坡。

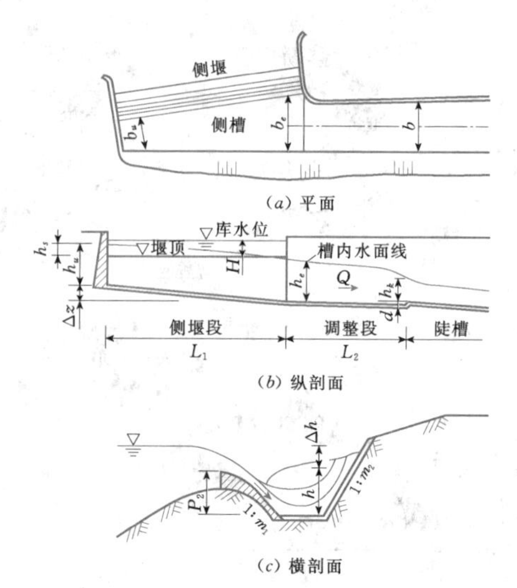

图1.5-15 侧槽式溢洪道水流分析示意图

(2) 侧槽内和槽末不得发生水跃，如槽内为缓流，即槽中各处水深均大于各断面相应流量下的临界水深 h_k，且侧槽末端水深 $h_e > h_{k,e}$，则需在侧槽末端设一水平段棱柱体明槽（见图1.5-16），其长度 $l \approx (2\sim3)h_{k,e}$，使水平段终点成为控制断面（临界水深断面）；侧槽内水流运动实际上是螺旋流（见图1.5-17），设一平段或缓坡段，有利于调整流态；一般情况下，应避免在侧槽后紧接收缩段和急弯段。

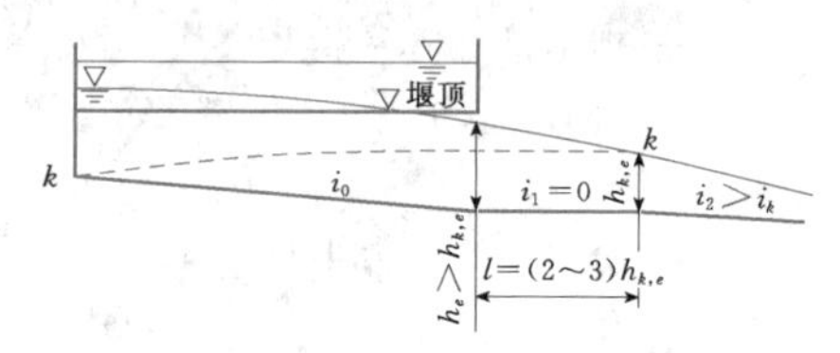

图1.5-16 侧槽末设水平段

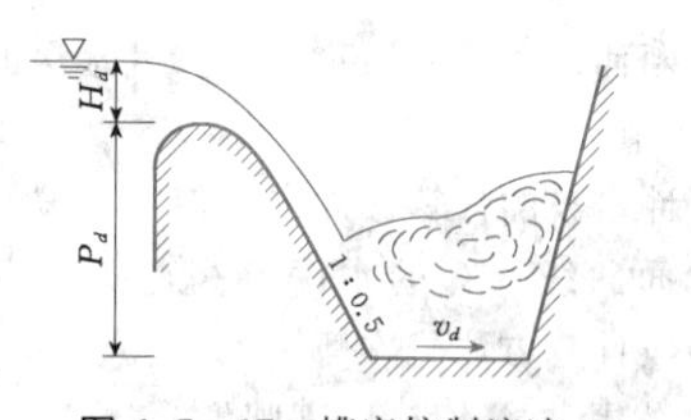

图1.5-17 槽底控制流速

(3) 若 $h_e \leqslant h_{k,e}$，则不设水平段；或设一段短的水平段。

3. 侧槽断面

侧槽一般宜做成底宽沿程不断扩大的非棱柱体明槽，以适应沿程增量流的特点。侧槽首、末端断面底宽比 b_u/b_e 可采用0.5～1.0。侧槽断面型式可结合岩石特性采用窄深式梯形断面，其边坡可为1∶0.5左

右，如图 1.5-17 所示。

4. 槽底控制流速

槽底控制流速建议取槽末断面水流垂直于侧槽流向的流速 v_d（见图 1.5-17），v_d 可按下式估算：

$$v_d = \varphi\sqrt{2g(P_e + H_d)} \quad (1.5-23)$$

式中 P_e——堰顶高程与槽底板间的高程差，m；

φ——计算系数，取 0.6～0.7。

5. 侧槽段横向水面差

侧槽段横向水面差应限制在一定范围内，靠山一侧水面壅高 Δh 宜取平均水深 h 的 10%～25%，必要时应经水工模型试验确定。

1.5.3.2 水力设计

1. 一般步骤

(1) 根据泄量、地形、地质及施工条件，在平面图上进行布置。可选择几组不同的堰长 L_0、侧槽首末端断面底宽比 b_u/b_e 以及底坡 i_0 进行工程比较。

(2) 根据选择的几种布置尺寸，针对设计流量推求控制断面水深 h_k，进而计算侧槽末水深 h_e 和侧槽首水深 h_u。

(3) 根据式 (1.5-22) 分别推求各种布置的槽底高程，并进行方案比选。

(4) 对选定的方案进行侧槽水面线计算。

(5) 对选定的堰型计算堰上水位—流量关系曲线。

(6) 进行泄水道的水力设计。

2. 控制断面的确定

计算侧槽中的水面线必须先确定控制断面，但侧槽的水流控制断面不是固定的，它受水流状态、侧槽底坡、下游泄水道底坡及泄流量等因素影响。

(1) 控制断面在侧槽末端。

1) 当侧槽底坡 i_0 为缓坡时，整个侧槽中水深均大于临界水深，临界水深可认为发生在水平段末端和泄水道交界处，或在平底衔接末端加建一升坎，如图 1.5-18 所示，坎高 d 按下式确定：

$$d = \left(h_e + \frac{v_e^2}{2g}\right) - \left[h_k + \frac{v_k^2}{2g} + \zeta\left(\frac{v_k^2 - v_e^2}{2g}\right)\right] \quad (1.5-24)$$

式中 h_k——升坎断面临界水深，m；

v_k——升坎断面流速，m/s；

h_e——侧槽出口断面水深，m；

v_e——侧槽出口断面流速，m/s；

ζ——局部阻力系数，可取 $\zeta=0.2$。

坎高 d 也可采用 $(0.1\sim0.2)h_k$。

式 (1.5-24) 中的侧槽末端断面水深 h_e 按以下方法确定。

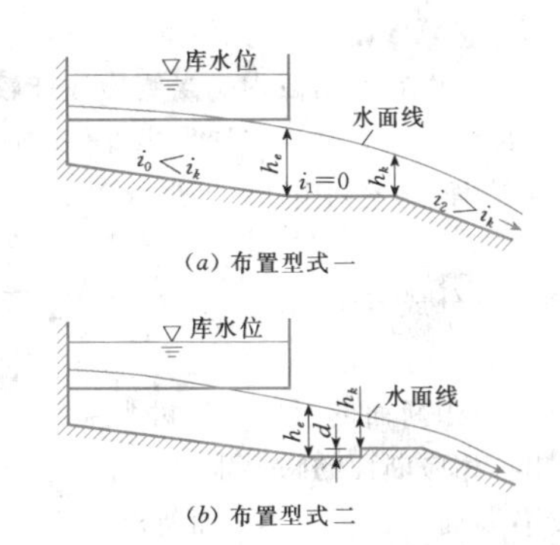

图 1.5-18 控制断面在侧槽末端时的布置

a. 对非棱柱体矩形侧槽：

$$h_e = nh_k \quad (1.5-25)$$

式中 n——系数，可以查表 1.5-3 得到。

表 1.5-3 系数 n

b_u/b_e	1	1/2	1/3	1/5
n	1.2～1.3	1.25～1.35	1.3～1.4	1.35～1.45

b. 对侧槽长宽比 $L_0/b\leqslant6$ 的棱柱体矩形侧槽：

$$h_e = 1.57(h_k - bc) \quad (1.5-26)$$

式中 h_k——出口断面临界水深，m；

b——侧槽底宽，m；

c——系数，随底坡 i_0 及侧槽长度 L_0 与宽度 b 之比而定，可查图 1.5-19 所示曲线求得。

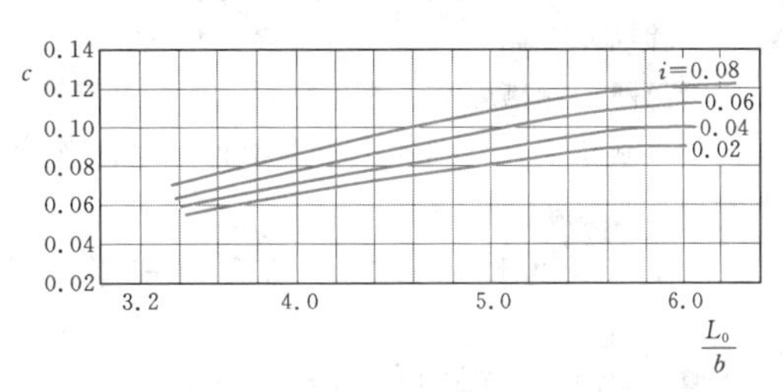

图 1.5-19 c—$\frac{L_0}{b}$关系图

2) 当侧槽底坡 i_0 较大，可能使侧槽出口刚好等于其相应的临界水深时，控制断面取在出口断面上。初步计算时，可用下式判别：

$$i_0 = \frac{1.8\omega_k}{L_0B_k} \quad (1.5-27)$$

式中 L_0——侧槽长度，m；

ω_k——相应于出口断面水深为临界水深时相应的过水断面面积，m^2；

B_k——相应于出口断面水深为临界水深时相应的水面宽度，m。

式（1.5－27）适用于棱柱体侧槽。

（2）控制断面在侧槽段内。当侧槽底坡较陡，槽内可能出现部分急流，临界水深发生在侧槽内某一断面上时，此断面位置可用临界曲线法求得，方法如下：

1）将侧槽分成若干流段，计算出各分段处断面流量。

2）根据侧槽断面的形状、尺寸及各分段断面流量，计算出各相应断面的临界水深 h_k。

3）令各断面水深等于该断面所对应的临界水深，并由式（1.5－31）算出各流段两端断面的水位差 ΔZ。计算时可选定上游某断面1—1的 h_k 作为水深 h_1，算出其相邻两断面水位差 ΔZ_{1-2}，即得第二断面水位。依此可分段推算出各断面水位，如图1.5－20所示的虚线。

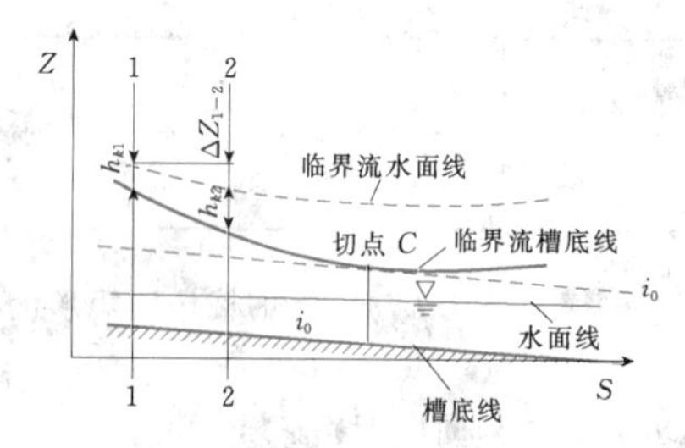

图1.5－20 确定侧槽内临界水深的临界曲线法

4）由临界水深的水面线减去各相应断面的临界水深，则得临界流的槽底线。

5）实际槽底线为一坡度等于 i_0 的直线，如将槽底线平行移动，令此线与临界流槽底线相切，在该切点处的断面即为侧槽内唯一产生临界水深的断面。以此断面为控制断面，分别向上、下游计算水面落差，便得侧槽水面线。

3. 侧槽首端槽底高程及槽首断面水深的确定

侧槽首端槽底高程应以溢流堰不受淹没为标准来确定（见图1.5－21）：

$$P_0 = h_u - h_s \tag{1.5-28}$$

其中

$$h_s = \sigma_{sk} H_0 \tag{1.5-29}$$

式中 P_0——堰高，m；

h_u——槽首断面水深，m；

h_s——槽首断面处水位高于堰顶的差值，m；

H_0——槽首断面的堰上水头，m；

σ_{sk}——临界淹没系数，为安全起见，取 $\sigma_{sk}=0.2$，若侧槽底坡为陡坡或坡度 $i_0>0.02$，可取 $\sigma_{sk}=0.5$。

堰顶高程减去 P_0，即为侧槽首端槽底高程。

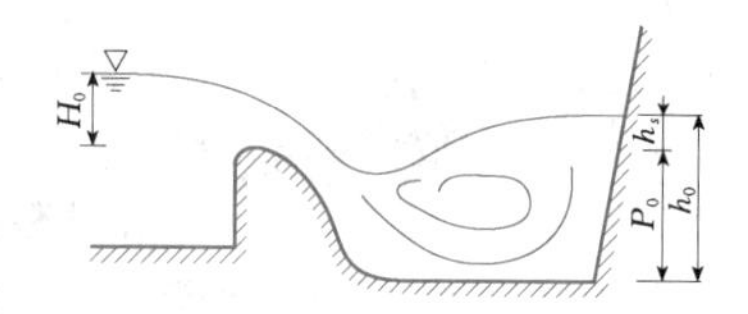

图1.5－21 侧槽首端槽底高程的确定示意图

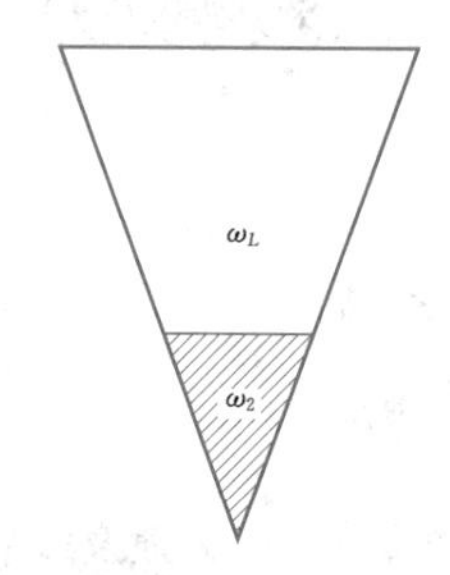

图1.5－22 侧槽梯形断面

为保证侧槽溢流堰在各流量条件下都为自由堰流，一般以校核洪水作为侧槽的设计流量。

在对侧槽进行方案比较和初步设计阶段，通常不必全部算出侧槽中的水面线，只需把侧槽首端水深 h_u 算出，即可确定侧槽的主要尺寸并估算工程量。

下面介绍已知侧槽出口水深 h_e 直接计算槽首断面水深 h_u 的图解法。此方法适用于棱柱体侧槽情况；对 $b_e/b_u \leqslant 2.5$ 的非棱柱体侧槽，也可近似应用。当侧槽断面为梯形时，有

$$\left(\frac{h_u}{h_e}\right)_T = \left(\frac{h_u}{h_e}\right)_G - \left(\frac{1}{3}\right)^{\beta}\left[\left(\frac{h_u}{h_e}\right)_G - \left(\frac{h_u}{h_e}\right)_S\right] \tag{1.5-30}$$

其中

$$\beta = \sqrt{\frac{\omega_2}{\omega_L}}$$

式中 ω_2——图1.5－22中带阴影的三角形面积，m^2，由出口断面边坡延长而得；

ω_L——出口面积，m^2；

T、G、S——表示断面为梯形、矩形和三角形。

$\left(\frac{h_u}{h_e}\right)_G$、$\left(\frac{h_u}{h_e}\right)_S$ 由图1.5－23查出，图中 $Fr=\frac{v_e}{\sqrt{gh_e}}$、$G=\frac{i_0 L_0}{h_e}$，其中，$v_e$ 表示出口断面的流速，m/s；h_e 表示出口断面的水深，m；i_0 表示底坡坡度；L_0 表示侧槽长度，m。

若侧槽断面为矩形或三角形，其槽首断面水深可直接分别通过图1.5－23求出。

在槽长和槽宽的比值 $L_0/b \leqslant 6$、底坡 $i_0=0.02 \sim 0.08$ 时，棱柱体矩形断面侧槽槽首断面水深也可从图1.5－24直接求出。

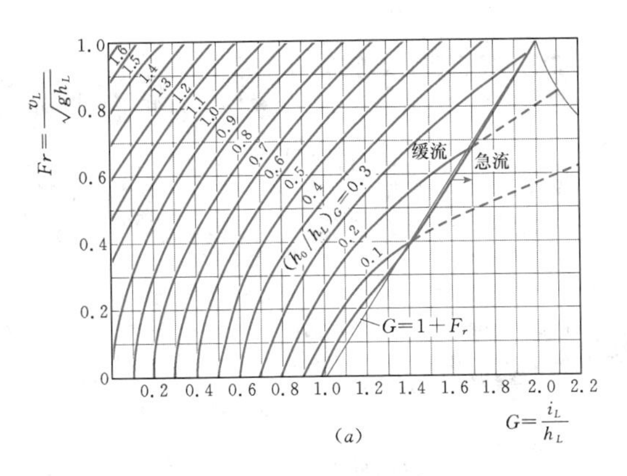

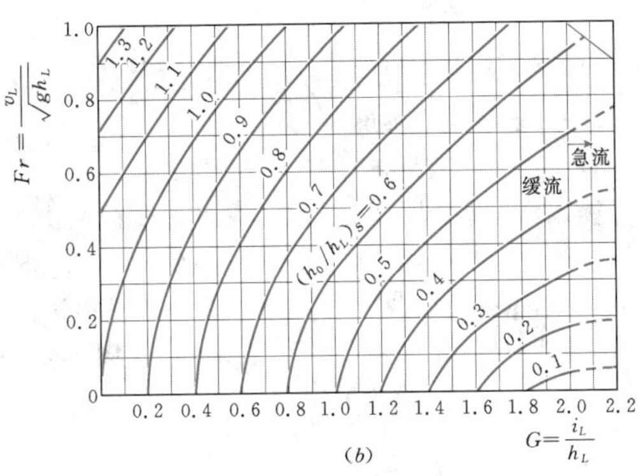

图 1.5-23 Fr—G 关系图

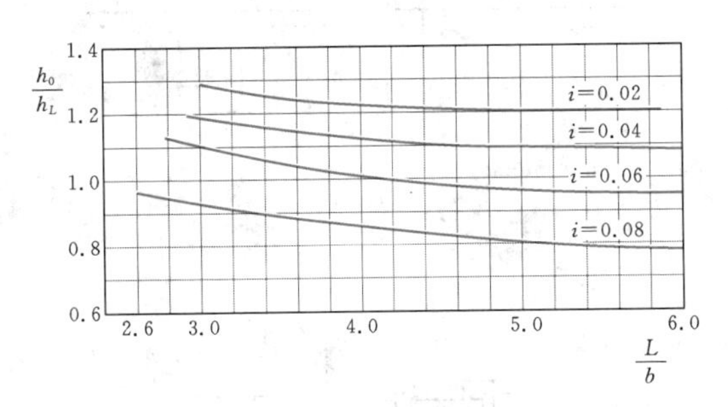

图 1.5-24 侧槽槽首断面水深 h_u 与侧槽长宽比关系图

4. 侧槽内水面线的计算

侧槽内水流为沿程变量流，其水面曲线可用下列方程式计算：

$$\Delta Z=\frac{Q_1(v_1+v_2)}{g(Q_1+Q_2)}\left[(v_2-v_1)+\frac{v_2}{Q_1}(Q_2-Q_1)\right]+\overline{J}\Delta s \tag{1.5-31}$$

其中

$$\overline{J}=\frac{n^2\overline{v}^2}{\overline{R}^{4/3}} \tag{1.5-32}$$

$$Q_2=Q_1+q\Delta s$$

$$\overline{v}=\frac{v_1+v_2}{2}$$

$$\overline{R}=\frac{R_1+R_2}{2}$$

式中 Δs——计算流段长，m；

ΔZ——计算流段 Δs 的两端断面的水位差，m；

$\overline{J}$——计算流段内平均水力坡降；

v_1、v_2——计算流段上、下游断面的平均流速，m/s；

R_1、R_2——计算流段上、下游断面的水力半径，m；

Q_1、Q_2——计算流段上、下游断面所通过的流量，m³/s；

q——过堰单宽流量，m³/（s·m）。

计算步骤如下：

（1）将侧槽划分为若干流段，并确定控制断面，把包括控制断面在内的流段作为起始的第一流段首先进行计算。

（2）由已知下游断面水深 h_2 算出该断面面积 ω_2、水力半径 R_2 及流速 v_2。

（3）根据地形及水流条件确定侧槽纵坡。

（4）假定水位差 ΔZ，算出上游断面水深 h_1，并算出相应的 ω_1、R_1、v_1。

（5）算出 $\overline{J}\approx\frac{\overline{v}^2n^2}{\overline{R}^{4/3}}$，$\overline{v}=\frac{v_1+v_2}{2}$，$\overline{R}=\frac{R_1+R_2}{2}$，如果计算流段不长，可略去 $\overline{J}\Delta s$ 项。

（6）将以上所得值代入式（1.5-31），求得计算流段两端的水位差 ΔZ，若计算的 ΔZ 与假定的水位差相等，则认为假定是正确的，否则需再次假定水位差，重复上述计算，直到两者一致为止。

（7）把第一流段所求出的上游断面水深 h_1 作为第二流段已知的下游水深进行第二流段的计算，以后各段类推。

以上计算方法适用于棱柱体侧槽和非棱柱体侧槽。

1.5.4 虹吸式溢洪道

1.5.4.1 原理及组成

虹吸式溢洪道是利用大气压强所产生的虹吸作用，在库水位超过堰顶以上水头时，较快形成虹吸泄流。它既可以与坝体结合建在一起，也可以建在坝体岸边。

组成部分：①断面变化的进口段；②虹吸管；③具有自动加速发生虹吸作用或停止虹吸作用的辅助设备；④泄槽及下游消能设备。虹吸式溢洪道组成如图 1.5-25 所示。

1.5.4.2 布置特点及适用条件

虹吸式溢洪道进口前端设有遮檐，位于正常蓄水

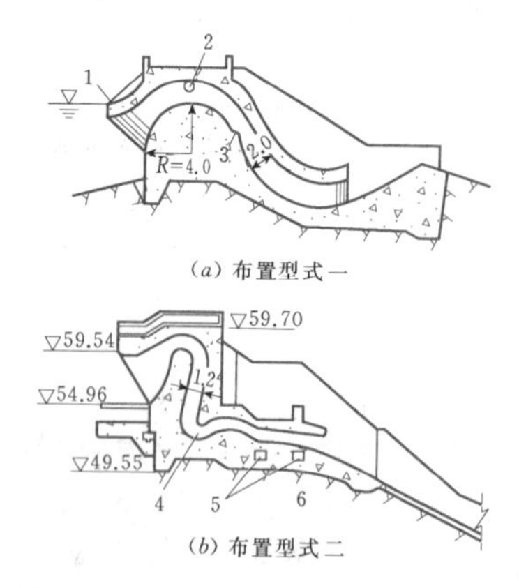

图 1.5-25 虹吸式溢洪道（单位：m）

1—遮檐；2—通气孔；3—挑流坎；4—弯曲段；5—排污孔；6—岩基

位以下，其淹没深度应保证进水时不致挟入空气和漂浮物。溢流堰顶与正常蓄水位在同一高程。在遮檐上或在虹吸管间的分水墙上，高于正常蓄水位处设置通气孔入口，通气孔与堰顶部位的虹吸管（即喉道）相连通，通气孔断面面积约为虹吸管顶部横断面面积的2%～10%。当上游水位下降到通气孔入口后，空气由入口通到喉道，虹吸管虹吸作用被破坏，泄流自动停止。

当上游水位超过溢流堰顶后，为了自动提前形成虹吸作用，可在管内设挑流坎等辅助设施，使小流量时的水帘封闭虹吸管的上部并将其中的空气带走，管内很快减压使虹吸作用自动发生。虹吸管喉道的真空值不容许超过73.6～78.5Pa，否则可能破坏水流的连续性。虹吸管在没有形成虹吸作用前，泄流量按堰流计算，一旦虹吸作用形成，即应按管流计算。

虹吸式溢洪道的优点：①较小的堰顶水头可得到较大的泄流量；②管理简便，可自动泄水和停止泄水，能比较灵敏地自动调节上游水位。

虹吸式溢洪道因结构复杂，检修不便，进口易被堵塞，超泄能力较小，真空度大时易空蚀等，故多用于水位变化不大且需要适时调节的水库、发电和灌溉的泄、放水渠道上。采用虹吸溢洪道作为主溢洪道时，最好配以辅助溢洪道或非常溢洪道，方能充分发挥效益，确保安全。

1.5.5 非常溢洪道

1.5.5.1 基本型式及布置原则

在建筑物运行期间，可能出现超过设计标准的洪水，由于这种洪水出现机会极少，泄流时间也不长，所以在枢纽中可用结构简单的非常溢洪道来宣泄。

非常溢洪道有漫流式、自溃式、爆破引溃式三种。

非常溢洪道应建在库岸有通往天然河道的垭口处，尽量将正常溢洪道与非常溢洪道分开布置；也可布置在主坝的坝端，但必须设置下泄洪水的出路，并注意避免洪水冲毁坝脚和其他建筑物，必要时应做好防冲准备。

1.5.5.2 漫流式溢洪道

漫流式溢洪道与正槽溢洪道类似，将堰顶建在准备开始溢流的水位附近，而且任其自由漫流。这种溢洪道的溢流水深一般较小，因而堰较长，多设于垭口或地势平坦之处，以减少土石方开挖量。如大伙房水库为了宣泄特大洪水，于1977年增加了一条长达150m的漫流式非常溢洪道。

1.5.5.3 自溃式溢洪道

自溃式溢洪道是在非常溢洪道的底板上加设自溃堤，堤体可根据实际情况采用非黏性的砂料、砂砾或碎石填筑，平时可以挡水，当水位达到一定高程时自行溃决，以宣泄特大洪水。自溃式溢洪道按溃决方式可分为溢流自溃和引冲自溃两种型式，如图1.5-26和图1.5-27所示。

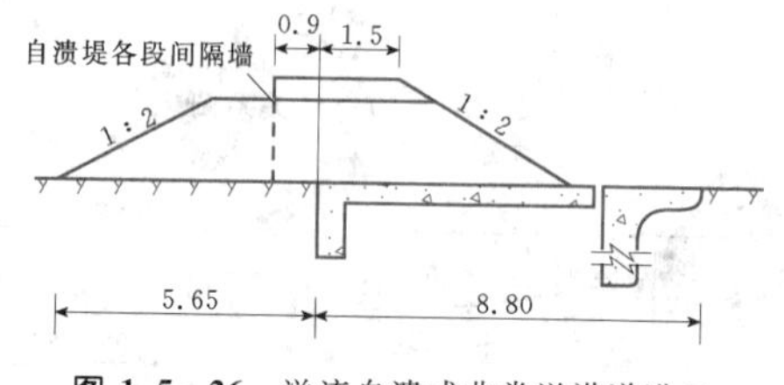

图 1.5-26 溢流自溃式非常溢洪道进口（单位：m）

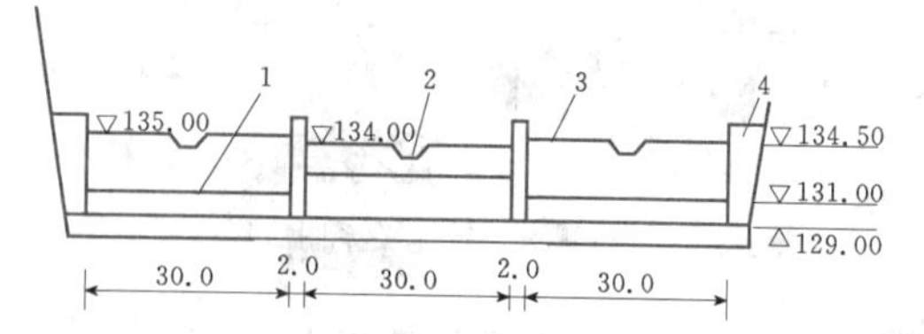

图 1.5-27 引冲自溃式非常溢洪道上游立视图（单位：m）

1—混凝土堰顶；2—引冲槽；3—自溃坝顶；4—子埝顶

溢流自溃式非常溢洪道构造简单、管理方便，但溢流缺口的位置和自溃时间无法进行人工控制，溃坝有可能提前或滞后。一般用于自溃坝高度较低，分担洪水比重不大的情况。当溢流自溃坝较长时，可用隔墙将其分成若干段，各段采用不同的坝高，满足不同水位的特大洪水下泄，避免当泄量突然加大时给下游造成损失。

引冲自溃式非常溢洪道是在自溃坝的适当位置加引冲槽，当库水位达到启溃水位后，水流即漫过引冲槽，冲刷下游坝坡形成口门并向两侧发展，使之在较短时间内溃决，在工程中应用较广泛。

1.5.5.4 爆破引溃式溢洪道

爆破引溃式溢洪道是当需要泄洪时引爆预埋的炸药，使非常溢洪道的坝体形成一定尺寸的爆破漏斗，形成引冲槽，通过坝体引冲作用使其在短时间内迅速溃决，达到泄洪目的。

为安全起见，漫流式、自溃式和爆破引溃式溢洪道这三种非常溢洪道每年汛前均要进行检查或装药演练，给工程运行和管理带来麻烦，部分工程已在除险加固中改建成常规带闸门控制的溢洪道。另一方面，由于这几类非常溢洪道的运用概率很小，实践经验还不多，目前在设计中如何确定合理的洪水标准、非常泄洪设施的启用条件及各种设施的可靠性等，尚待进一步研究解决。

1.6 底 流 消 能

1.6.1 底流消能特点

底流消能也称水跃消能，是一种利用水跃进行消能的传统消能方式。一般而言，过坝水流均为急流，当与下游河道的正常缓流衔接时，往往会形成水跃。在水跃段内，因主流位于水流底部，而表层存在强烈的逆时针漩滚，表层漩滚与主流区的交界面之间强烈的剪切、紊动与掺混作用不断将主流动量通过表层的漩滚运动转化为热能而耗散掉。由于高流速的主流区位于底部，因而在工程界通常将水跃消能称为底流消能。

底流消能具有流态稳定、消能效果较好、对地质条件和尾水水位变化适应性较强、泄洪雾化轻微等优势，能够适应高、中、低不同水头，但由于底流消力池几何尺寸较大，因而造价较高，对高坝工程更是如此。

1.6.2 不同形态平底消力池的水跃计算

在底流消能的实际工程应用中，以矩形断面平底消力池的水跃最为常见，其计算方法参见《水工设计手册》（第2版）第1卷第3章。而在实际应用中，除了矩形断面，也有其他不同的断面形态与平面布置，以下简要介绍几种不同形态平底消力池的水跃计算方法。

1.6.2.1 梯形断面

当平底消力池的翼墙采用对称斜坡布置时，即形成梯形断面。梯形断面水跃实验中观测到：水跃的跃首不齐，两侧出现“斜翼”，斜翼部分的水面较中间为高，甚至出现主流偏于一侧的不对称流态。由于水跃在平面图上前窄后宽，跃首断面的急流动能集中在中部，跃尾断面的“压力动量和”在横向也分配不匀，所以梯形断面的水跃流态不好，消能效率较低。在实际工程中，根据具体需要，也有应用实例。

梯形断面如图1.6-1所示，图中 b 为梯形断面的底宽，m；边坡坡比为1∶m；h 为水深，m；B 为水面宽度，m；χ 为湿周，m；A 为过水面积，m^2。上述参数分别为

$$B = b + 2mh \tag{1.6-1}$$

$$\chi = b + 2\sqrt{m^2+1}h \tag{1.6-2}$$

$$A = (b + mh)h \tag{1.6-3}$$

为了进行无量纲运算，可令 b、m、h 组成无量纲数 a：

$$a = \frac{mh}{b} \tag{1.6-4}$$

则式（1.6-1）～式（1.6-3）可分别改写为无量纲式如下：

$$\frac{B}{mh} = \frac{1}{a} + 2 \tag{1.6-5}$$

$$\frac{\chi}{mh} = \frac{1}{a} + \frac{2\sqrt{m^2+1}}{m} \tag{1.6-6}$$

$$\frac{A}{mh^2} = \frac{1}{a} + 1 \tag{1.6-7}$$

相应于流量 Q 的临界水深 h_k 可由下式求得：

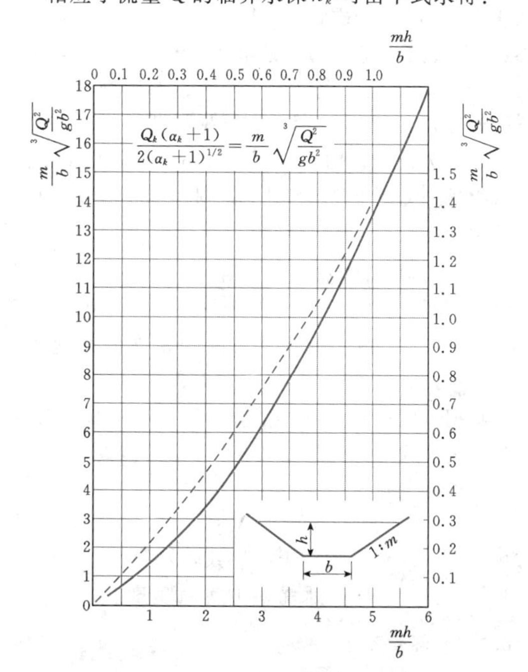

图1.6-1 梯形断面临界水深的图解曲线

$$\frac{A_k^3}{B_k}=\frac{Q^2}{g} \tag{1.6-8}$$

式中　A_k——相应于临界水深 h_k 的过水面积，m^2；

B_k——相应于临界水深 h_k 的水面宽度，m；

Q——流量，m^3/s。

引入式（1.6－7）及式（1.6－5），可得式（1.6－8）的无量纲表达式为

$$\frac{a_k(a_k+1)}{(2a_k+1)^{1/3}}=\frac{m}{b}\left(\frac{Q^2}{gb^2}\right)^{1/3} \tag{1.6-9}$$

式中　a_k——相应于 h_k 的 a 值，即 $a_k=mh_k/b$。

对式（1.6－9），已制成 $a_k-\frac{m}{b}\sqrt[3]{\frac{Q^2}{gb^2}}$ 关系曲线，如图1.6－1所示，可供无量纲运算查用。由图1.6－1查得相应于给定值 $\frac{m}{b}\sqrt[3]{\frac{Q^2}{gb^2}}$ 的 a_k 值，即由式（1.6－4）得所求的临界水深为 $h_k=ba_k/m$。

在梯形断面水跃的压力 P 与动量 M 的和函数式中，也引入式（1.6－4）的无量纲数 a，可写成

$$\frac{m^2}{b^3}(P+M)=\frac{a^2(3+2a)}{6}+\frac{Q^2m^3}{gb^5}\frac{1}{a(a+1)} \tag{1.6-10}$$

以 $\frac{Q^2m^3}{gb^5}$ 为参数，计算式（1.6－10）等号右侧的 a 函数值，制成梯形断面水跃的共轭水深无量纲图解曲线，如图1.6－2所示。

当 b、m、Q 为给定值时，先计算参数 $\frac{Q^2m^3}{gb^5}$，在图1.6－2所示曲线族之间进行插比，选定相应于该参数的曲线后，它与每一条水平线的两个交点，即为相应于一对共轭水深（h_1，h_2）的无量纲数：$a_1=mh_1/b$ 及 $a_2=mh_2/b$。因此，当梯形断面水跃的一个共轭水深为已知，即可根据图1.6－2按上述方法，图解得另一个所求的共轭水深，使复杂的计算工作大为简化。

当已知值为 b、m、Q 及跃前水深 h_1，可得无量纲图解曲线，如图1.6－3所示，图中横坐标为 $Q/(m\sqrt{g}h_1^{5/2})$，纵坐标为梯形断面水跃的共轭水深比 $\lambda=h_2/h_1$，参数为 $a_1=mh_1/b$。

根据实验资料，可得平底梯形断面水跃长度 L_j 的经验公式为

$$\frac{L_j}{h_2}=5\left(1+4\sqrt{\frac{B_2}{B_1}-1}\right) \tag{1.6-11}$$

式中　B_1、B_2——相应于第一共轭水深 h_1 及第二共轭水深 h_2 的水面宽度。

1.6.2.2　圆管断面

设圆形管道的直径为 D，水深 h 与相应的中心半角 θ 之间具有如下关系：

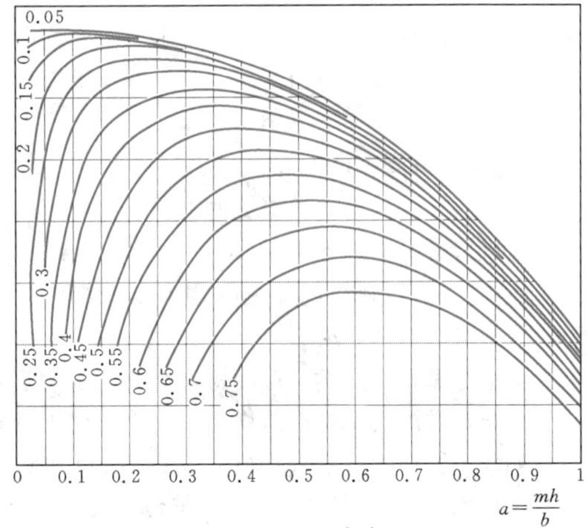

(a) 曲线上所注参数为 $\frac{Q^2m^3}{gb^5}=0.05\sim0.75$

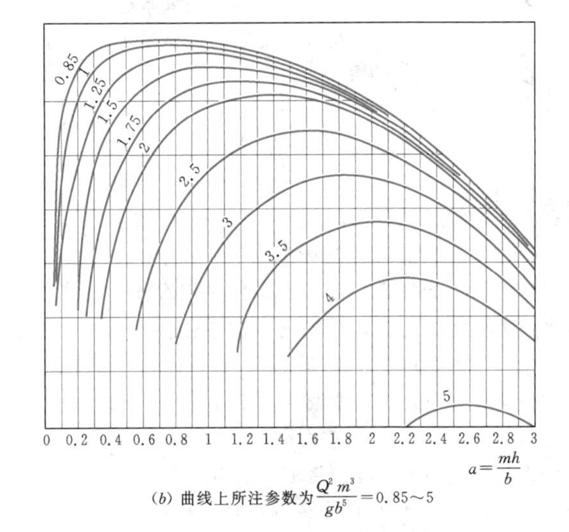

(b) 曲线上所注参数为 $\frac{Q^2m^3}{gb^5}=0.85\sim5$

图1.6－2　梯形断面水跃共轭水深的图解曲线

$$\frac{h}{D}=\frac{1-\cos\theta}{2} \tag{1.6-12}$$

过水面积 A 的无量纲数为

$$\frac{A}{D^2}=\frac{\theta-\cos\theta\sin\theta}{4} \tag{1.6-13}$$

水面宽度 B、湿周 χ、平均水深 δ、水力半径 R 的无量纲数，依次相应为 $B/D=\sin\theta$，$\chi/D=\theta$，$\delta/D=(A/D^2)/(B/D)$，$R/D=(A/D^2)/(\chi/D)$。

临界水深由相应的 $A_k^3/B_k=Q^2/g$ 关系求得，为

$$\frac{A_k^{3/2}}{B_k^{1/2}}=\frac{Q}{\sqrt{g}D^{2.5}}=\frac{(\theta_k-\cos\theta_k\sin\theta_k)^{3/2}}{8\sqrt{\sin\theta_k}} \tag{1.6-14}$$

应用曼宁（Manning）公式时，求正常水深 h_0 的算式为

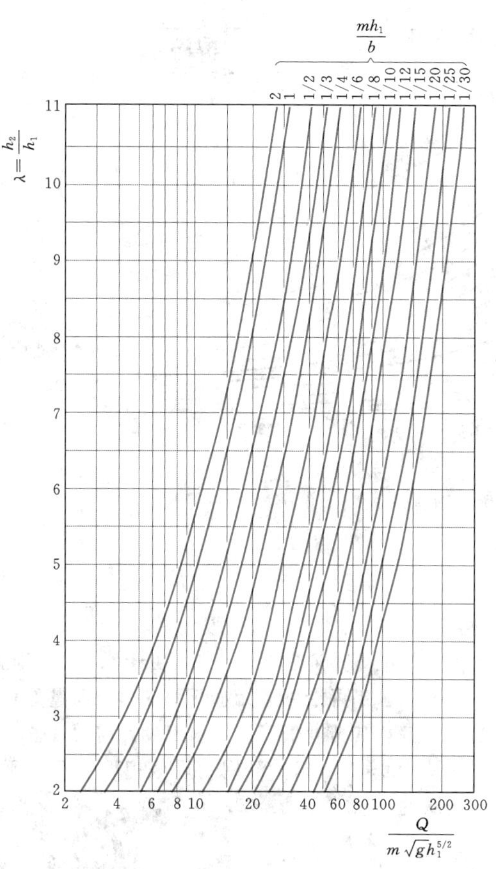

图 1.6-3 梯形断面水跃共轭水深的图解曲线（由 h_1 求 h_2）

$$\frac{nQ}{D^{8/3}\sqrt{i_0}}=\frac{A_0^{5/3}}{D^{8/3}P_0^{2/3}}=\frac{(\theta_0-\cos\theta_0\sin\theta_0)^{5/3}}{10.1\theta_0^{2/3}}\tag{1.6-15}$$

式中　n——圆管的糙率系数；

i_0——流量 Q 于圆管内在水深 h_0 时作均匀流动的底坡。

明流圆管的临界底坡 i_k 由下式进行计算：

$$\frac{i_kD^{1/3}}{n^2g}=\frac{\delta_k}{R_k^{4/3}}=\frac{(P/B)_k}{(R/D)_k^{1/3}}\tag{1.6-16}$$

圆形管道的上述各项无量纲水力要素均以相对水深 h/D 作为自变量，制成通用曲线，如图 1.6-4 所示，可供查用。

水平圆管内的水跃计算可分为两种情况：①明流水跃，$h_2/D<1$；②有压水跃，$h_2/D>1$，仍可取跃后断面的压坡线到管底的压力水头作为第二共轭水深。现将两种情况的水跃计算方法分述如下（见图 1.6-5）。

1. 明流水跃（$h_2/D<1$）

水平圆形管道内发生水跃现象时，第一、第二共轭断面的压力动量和守恒方程式为

$$\frac{Q^2}{gA_1^2}+A_1z_1=\frac{Q^2}{gA_2^2}+A_2z_2\tag{1.6-17}$$

式中　z_1、z_2——过水断面面积重心在水面下的深度，m。

z 可按下式作无量纲运算：

$$\frac{z}{D}=\frac{B^3}{12AD}-\frac{1}{2}\cos\theta=\frac{\sin^3\theta}{3(\theta-\cos\theta\sin\theta)}-\frac{1}{2}\cos\theta\tag{1.6-18}$$

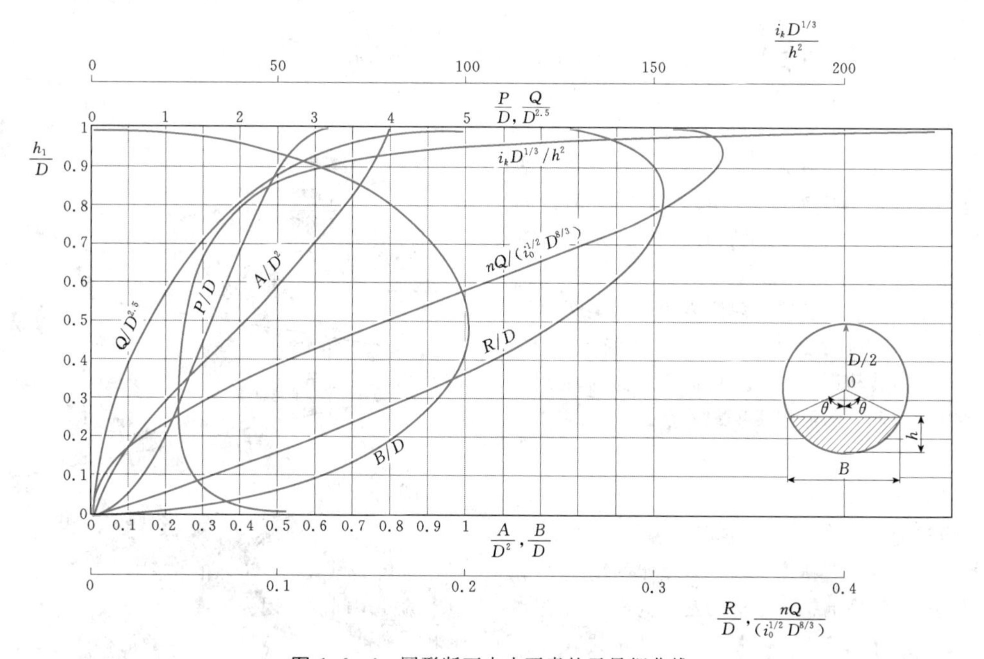

图 1.6-4 圆形断面水力要素的无量纲曲线

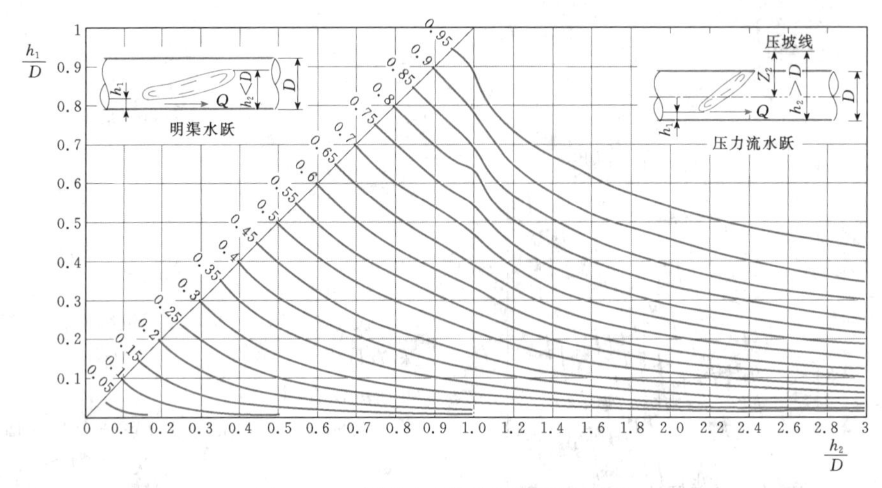

图 1.6-5　圆管内水跃的无量纲图解曲线

过水面积 A 的无量纲运算见式（1.6-13）。根据这些算式制成的水平圆管内明流水跃的共轭水深无尺度图解曲线如图 1.6-5 的左半部所示。图中纵坐标为 h_1/D，横坐标为 h_2/D，曲线的参数为 h_k/D，可供查用。

2. 有压水跃（$h_2/D>1$）

当水平圆管内水跃的第二共轭水深 h_2 大于直径 D 时，式（1.6-17）等号的左边不变，等号的右边 A_2 与 z_2 则改写为

$$A_2=\frac{\pi D^2}{4}$$

$$\frac{z_2}{D}=\frac{h_2}{D}-0.5$$

式中　h_2——跃尾断面由管底计起的压力水头，m。

据此，可制成水平圆管内有压水跃的共轭水深无量纲图解曲线，如图 1.6-5 的右半部所示。

对于水平圆管内的明流水跃和有压水跃，在根据已知条件（D、Q、h_k、h_1）求得第二共轭水深 h_2 后，可参照矩形断面平底消力池的水跃计算方法进行消能计算。

对于圆管，由水跃实验的观测表明，跃尾断面触及管顶的有压水跃有时出现跃首断面作不稳定迁移，跃尾断面的压力脉动也较强。这种流态不稳的有压水跃和管道内的明流、满流过渡现象，在工程实践中一般都应设法避免。

1.6.2.3　扩散型水跃

当泄槽宽度采用如图 1.6-6 所示的扩散体型时，会形成扩散型水跃。严格而言，扩散型水跃属于三元水跃，但实际工程中的扩散型消力池，为防止入池水流脱离边墙产生立轴旋涡，两侧边墙扩散角的取值通常都不大，一般按来流弗劳德数取

$$\tan\alpha\leqslant\frac{\sqrt{gh_1}}{kv_1} \qquad (1.6-19)$$

其中，$k=1.5\sim3.0$（来流底坡陡者取大值）。在这种小扩散角情况下（通常小于 5°），由于水跃的三元特性不甚明显，仍可沿用二元水跃所依据的动量方程进行简化求解，其精度仍可满足水工设计需要。

如图 1.6-6 所示，沿用动量原理可以写出平底扩散水跃的动量方程式：

$$\frac{Q}{g}(\alpha_1v_1-\alpha_2v_2)=\frac{b_2h_2^2}{2}-\frac{b_1h_1^2}{2}-2R_x \qquad (1.6-20)$$

式中　v_1、v_2——断面平均流速；

α_1、α_2——动量修正系数。

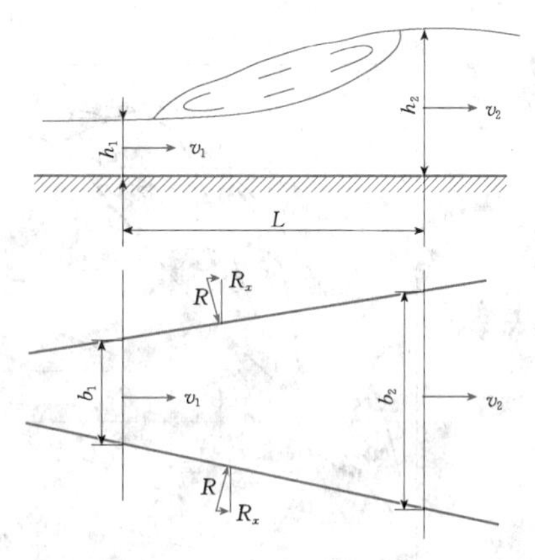

图 1.6-6　平底扩散水跃示意图

求解式（1.6-20）的关键在于对侧壁作用力 $2R_x$ 的处理问题，因为需要预知或假定水跃水面线的形状。研究表明，水跃水面线的沿程变化近似为线性分布时，共轭水深的计算结果与试验值较为吻合，由

此得到如下的共轭水深方程：

$$4Fr_1^2\left(1-\frac{h_1}{h_2}\frac{b_1}{b_2}\right)=\left(1+\frac{b_2}{b_1}\right)\left(\frac{h_2^2}{h_1^2}-1\right) \tag{1.6-21}$$

显然，在相同的来流条件下，扩散型水跃的第二共轭水深要小于等宽体型。

对于平底扩散型水跃而言，其水跃长度的估算可采用如下经验公式：

$$L_j=\begin{cases}(1+0.6Fr_1^2)h_2 & (3<Fr_1^2<6)\\ 4.6h_2 & (6<Fr_1^2<17)\end{cases} \tag{1.6-22}$$

1.6.2.4 扇形收缩水跃

对于弧形重力坝或拱坝而言，采用底流消能时，有时也需要采用扇形收缩式消力池，如俄罗斯的萨扬—舒申思克重力拱坝（坝高 242m）。我国二滩水电站也曾研究过收缩式消力池方案，但扇形收缩水跃完整的工程实例很少见到，相关研究也不多，读者可查阅相关文献。

1.6.3 水跃发生位置的控制

在相同来流条件下，水跃的发生位置取决于下游水深的高低；而在实际工程中，上游来流条件与下游水深的变化都会导致水跃发生位置出现比较明显的变动。因此，通常需要采用相应的工程技术措施控制并稳定水跃的发生位置。

当下游水深不足时，增设薄坎、厚坎或尾坎，能够抑制远驱水跃的发生；而当下游水深过深时，则宜采用斜坡型消力池或带跌坎的底流消力池，以避免出现高淹没度的水跃。

现将薄坎、厚坎、升坎、跌坎，以及斜坡对控制水跃的作用简介如下。

1.6.3.1 薄坎

根据巴静（Bazin）的研究，越过薄坎的水流不受尾水影响而保持自由溢流的限界条件是

$$h_3<h_2-0.75h \tag{1.6-23}$$

式中 h——薄坎的高度，m；

h_2、h_3——坎的上、下游水深，m。

当急流的流速低于一定数值（如 15m/s），可采用薄坎控制水跃的发生位置而不致遭受空蚀破坏，跃首断面位于薄坎上游的距离 x（m）可由以下无量纲函数式解求：

$$\frac{h}{h_1}=f\left(Fr_1,\frac{x}{h_2}\right) \tag{1.6-24}$$

式中 Fr_1——跃首急流的弗劳德数。

根据实验资料对式（1.6-24）作出的图解曲线如图 1.6-7 所示。图中横坐标为 Fr_1，纵坐标为 h/h_1，三条曲线的参数分别为 $x/h_2=3$、$x/h_2=5$、$x/h_2=10$，查用时可进行插比。相对于每一条曲线而言，位于它左上方的点代表坎高 h 值过大，水跃将向上游迁移；右下方的点代表坎高过小，水跃将向坎靠近；远的点表示可能急流状态越过坎顶。

工程设计应用较多的是 $x/h_2=5$ 曲线，其接近于采用薄坎作为消力池的尾坎；根据相应于 Q 的 h_1、h_2、h_3 资料，可借助该曲线求得合适的坎高 h。

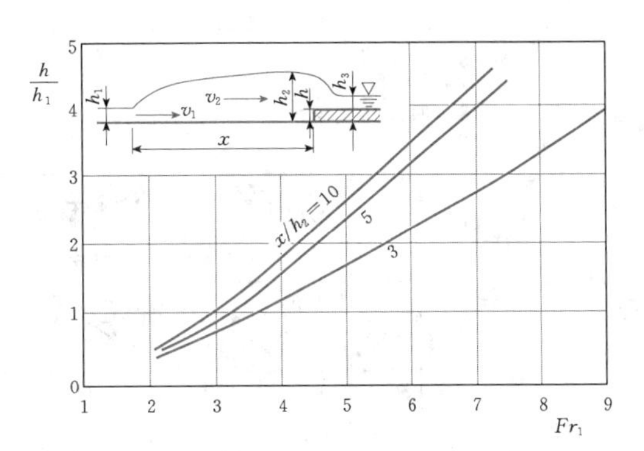

图 1.6-7 薄坎高度与水跃发生位置的关系

1.6.3.2 厚坎

设置于水平消力池末端的厚坎或宽顶坎的高度为 h，越过坎顶的自由溢流不受尾水影响的限界是

$$h_3<\frac{2h_2+h}{3} \tag{1.6-25}$$

也就是下游尾水位低于坎顶临界流的水面。符号含义如图 1.6-8 所示。取厚坎的自由溢流流量系数为 c，相应的越过坎顶的单宽流量 q 为

$$q=c(h_2-h)^{1.5} \tag{1.6-26}$$

引入共轭水深计算公式，可得

$$Fr_1^2=\frac{c^2}{g}\left(\sqrt{2Fr_1^2+0.25}-0.5-\frac{h}{h_1}\right)^3 \tag{1.6-27}$$

对式（1.6-27）所表达的 $h/h_1=f(Fr_1)$，已做成图解曲线，如图 1.6-8 所示。当跃首断面的急流水深 h_1 及相应的弗劳德数 Fr_1 为已知，下游尾水位不影响厚坎的自由溢流时，可由式（1.6-27）或图 1.6-8 得出应有的坎高 h。

1.6.3.3 升坎

在水平消力池末端设置高度为 h 的垂直升坎，相对于坎后的渠底而言，相当于将坎前的消力池挖深 h，如图 1.6-9 所示。当尾水位高出升坎顶 h_3，控制水跃的跃首发生在升坎的上游 $x=5(h_3+h)$ 处，相应的 $h_3/h_1=f(Fr_1, h/h_1)$ 分析和试验成果如图 1.6-9 所示。

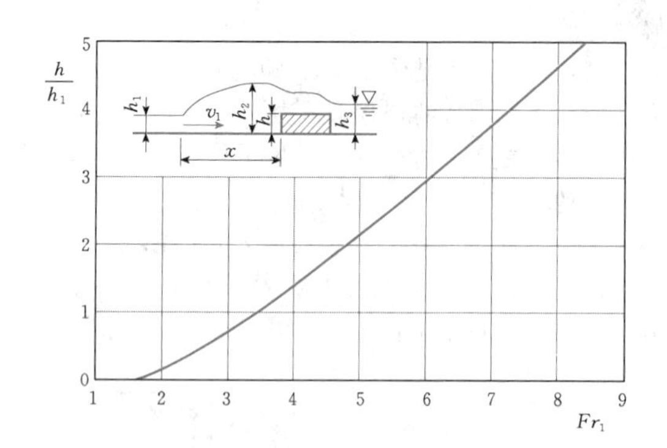

图 1.6-8 厚坎高度与水跃发生位置的关系

图 1.6-9 中横坐标为 Fr_1，纵坐标为 h_3/h_1，曲线的参数为 h/h_1，可进行内插计算。当 h_1、Fr_1、h_3 给定时，可借图 1.6-9 所示曲线得出所需的升坎高度 h。直线 $h_3=h_2$，代表尾水深度已能满足控制水跃发生位置的需要；位于它左上方的区域代表消力池有挖深，其表现为水跃淹没系数的增大。直线 $h_3=h_k$，代表升坎下游出现临界水流的限界；它的右下方表示将再度发生急流的区域。介于这两条直线间的四条曲线，分别相应于 $h/h_1=0.5$、$h/h_1=1$、$h/h_1=2$、$h/h_1=4$；另有 $h/h_1=3$ 的插比曲线和 $h/h_1=4$ 的理论曲线各一条。

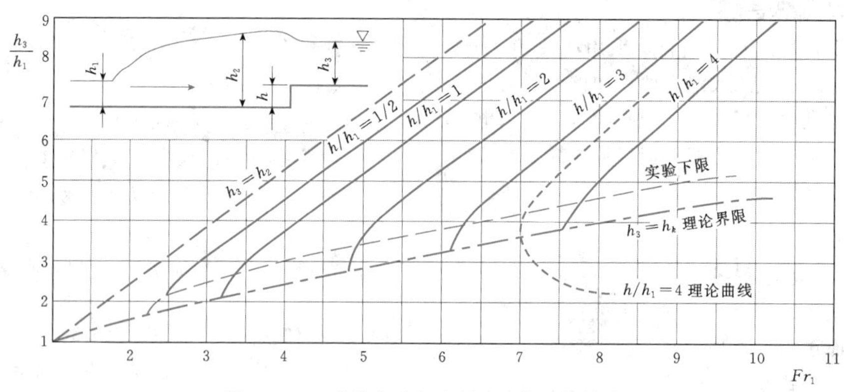

图 1.6-9 升坎高度与水跃发生位置的关系

1.6.3.4 斜坡

平底消力池内水跃发生点的位置受尾水位变动的影响较大，在消力池前部设置一段斜坡，可有效控制水跃发生点的位置，并解决尾水过深的问题，如图 1.6-10 所示。随着水跃的首、尾与消力池池底折坡点的相对位置不同，斜坡水跃可分为三种情况：

(1) 水跃的跃首和跃尾分别位于折坡点的上游和下游。

(2) 水跃的跃尾即位于折坡点断面。

(3) 水跃的跃尾在折坡点上游，即水跃全部在单一的斜坡段内。

在工程实践中，斜坡段的坡度一般不陡于 1/4。

对于图 1.6-10 所示后两种斜坡水跃的情况，在忽略消力池池底阻力、掺气影响、断面内流速分布不均匀的校正系数大于 1 的条件下，考虑了水跃自身重量的分项，可得共轭水深比的算式为

$$\lambda=\frac{h_2}{h_1}=\frac{1}{\cos\varphi}\left(\sqrt{\frac{2Fr_1^2\cos^3\varphi}{1-2C\tan\varphi}+0.25}-0.5\right) \tag{1.6-28}$$

式中 φ——斜坡与水平线的夹角；

C——主要随 φ 角而改变的校正系数，图 1.6-11 给出了 $C=f(\tan\varphi)$ 的实验资料。

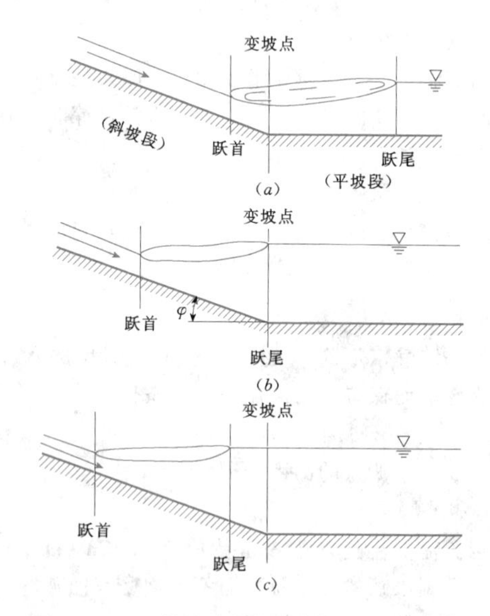

图 1.6-10 斜坡消力池三种水跃位置示意图

斜坡水跃所要求的第二共轭水深比同样来流条件下消力池底板为水平时的水跃高，所以适应较深的尾水条件。

斜坡水跃的高度 h_j 和长度 L_j 可根据平底水跃的高度 h_{j0} 和长度 L_{j0}，按如下经验公式计算：

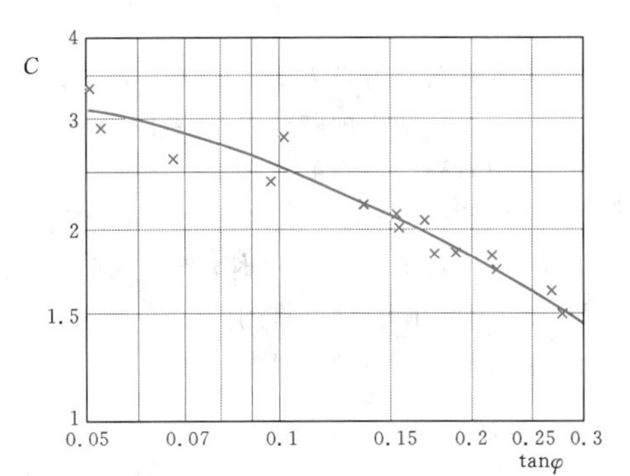

图 1.6-11 校正系数 C 与 $\tan\varphi$ 的关系

×—实验资料

$$\frac{h_j}{h_{j0}} = 1 + 3\tan\varphi \tag{1.6-29}$$

$$\frac{L_j}{L_{j0}} = 1 - 1.75\tan\varphi \tag{1.6-30}$$

较多的斜坡水跃实验资料都说明，底坡 i 值愈大，斜坡水跃的共轭水深比或水跃的高度也愈大，而斜坡水跃的长度则愈小。

1.6.3.5 跌坎

当尾水深度大于完整水跃的第二共轭水深时，除了在消力池的前端设置一段斜坡外，还可采用跌坎来控制水跃的发生位置。如图 1.6-12 所示，对于给定的来流条件，设置高度为 h 的跌坎后，下游水深可分为五区：Ⅰ区，水跃向上游迁移；Ⅴ区，水跃向下游迁移；Ⅲ区，发生波状水跃；Ⅱ区及Ⅳ区，水跃位置稳定。

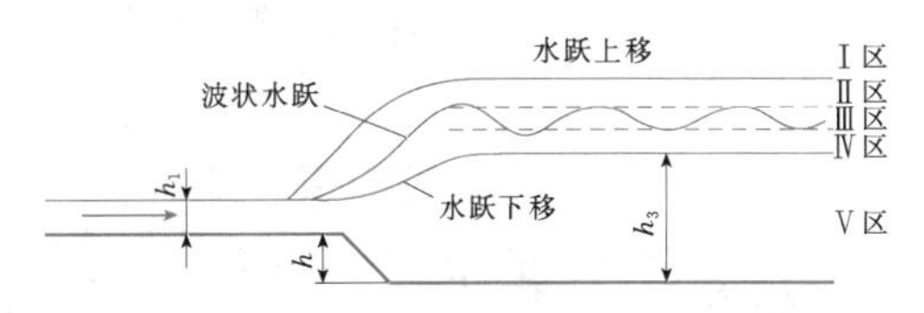

图 1.6-12 跌坎控制水流流态的分区示意图

对于加设跌坎后的稳定水跃，推导得 $h/h_1 = f(Fr_1, h_3/h_1)$ 的关系式为

Ⅱ区：
$$Fr_1^2 = \frac{h_3/h_1}{2(1-h_3/h_1)}\left[1-\left(\frac{h_3}{h_1}-\frac{h}{h_1}\right)^2\right] \tag{1.6-31}$$

Ⅳ区：
$$Fr_1^2 = \frac{h_3/h_1}{2(1-h_3/h_1)}\left[\left(\frac{h}{h_1}+1\right)^2-\left(\frac{h_3}{h_1}\right)^2\right] \tag{1.6-32}$$

这两个算式为实验资料所验证的情况，如图 1.6-13 所示。图 1.6-13 中横坐标为 Fr_1，纵坐标为 h_3/h_1，四条台阶状曲线的参数分别为 $h/h_1=1$、$h/h_1=2$、$h/h_1=3$、$h/h_1=4$，左上线代表Ⅱ区的式（1.6-31），右下线代表Ⅳ区的式（1.6-32）。当 h_1、Fr_1、h_3 为给定值时，所需的跌坎高度 h 即可由图 1.6-13 中的无量纲曲线确定。图 1.6-13 中还附了 $h=0$ 的无跌坎情况作为比较。

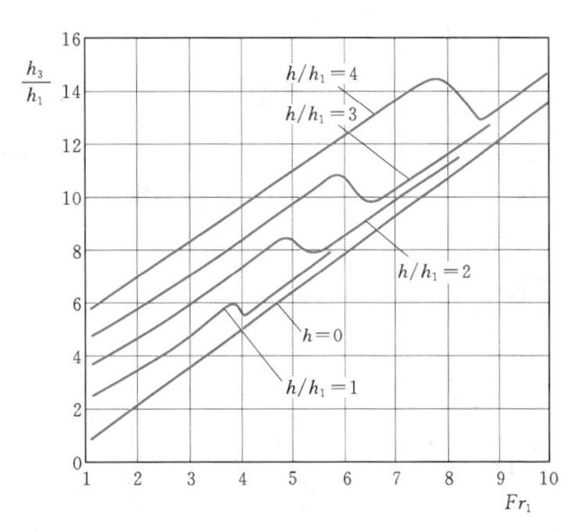

图 1.6-13 跌坎高度对水跃跃后水深的影响

1.6.4 辅助消能工

在底流消力池中设置墩、坎等辅助消能工，可以起到多方面的作用：加强紊动扩散，提高消能效率，从而使第二共轭水深有所降低，消力池的长度有所缩短，有时候还可以使水跃的流态稳定。但必须注意避免遭受高速水流的空蚀、磨损等破坏作用，确保消能工的长期安全运行，但需注意其使用条件。《混凝土重力坝设计规范》（SL 319—2005）明确规定：若 $Fr>4.5$，水流流速大于 16m/s，不能在消力池内设置消能墩。

现分别对趾墩、前墩、后墩、尾坎简述如下。

1.6.4.1 趾墩

趾墩是修建于消力池前斜坡段的末端或趾部，其纵剖面为三角形的齿墩。它的主要作用为：可使进入消力池的高速急流向水深方向扩散，分散成多股，从而减小入池弗劳德数 Fr_1 与水跃的第二共轭水深，并可稳定水跃的发生位置。根据美国 28 项已建工程的实践，趾墩的尺寸可参考以下经验选用。

（1）高度 h。趾墩的高度 h 一般略大于第一共轭水深 h_1，该 28 项工程的 h/h_1 平均值为 1.38；$h/h_1>2$ 及 $h/h_1<1$ 的各为三项工程。

（2）宽度 w。趾墩的宽度 w 基本上等于急流水深 h_1，28 项工程的 w/h_1 平均值为 0.97，变幅范围为 0.44～1.67。

（3）齿、槽宽度比 w/s。趾墩的槽宽 s 基本上等于齿宽 w，28 项工程中有 21 项是 $w/s=1$，平均值是 $w/s=1.15$，变幅范围为 $w/s=0.95$～1.91。

1.6.4.2 前墩

前墩是设置于水跃前部的消力墩，对急流的反力大，辅助消能作用高，可促使强迫水跃形成，缩短消力池长度的作用很明显。但在工程实践中，前墩易受高速水流空蚀破坏以及所挟带砂石的冲击及磨损破坏，因此，前墩的应用一般限于中、低水头的中、小型工程。

对于跃首急流断面，当单宽流量为 q [$\mathrm{m^2/(s\cdot m)}$]，泄洪落差为 H (m)，急流断面的平均流速为 v_1 (m/s)，急流水深 $h_1=q/v_1$，该断面的水流空化数 σ 为

$$\sigma=\frac{h_a-h_v+h_1}{v_1^2/(2g)} \tag{1.6-33}$$

其中

$$v_1=\varphi\sqrt{2gH} \tag{1.6-34}$$

式中 h_a——坝址的大气压水柱，m；

h_v——相应于水温的汽化压水柱，m；

v_1——平均流速；

φ——跃首急流断面的流速系数。

当水流绕过消力墩时，墩的侧面和顶部产生的压力降低，在冲向消力墩的流速逐渐加大的过程中，消力墩开始出现空化现象的水流空化数，称为该消力墩的初生空化数，用 σ_i 代表。比较 σ 及 σ_i 可得

$$\left.\begin{aligned}&\text{有空化现象}\quad \sigma\leqslant\sigma_i\\&\text{无空化现象}\quad \sigma>\sigma_i\end{aligned}\right\} \tag{1.6-35}$$

空泡不断在高压区突然溃灭，即对消力墩、边墙、护坦等固体边壁发生空蚀破坏作用。

防止消力墩发生空蚀破坏的技术措施有以下几种。

(1) 限制冲向前墩的流速。式 (1.6-35) 中水流空化数 σ 随流速的增大而减小，对流速的限制也就是控制 σ 值大于 σ_i 值，从而避免空化现象的发生。

(2) 改进前墩的体型。包括对前墩的棱线进行“圆化”，甚至做成流线型、齿墩前窄后宽使槽部水流收敛等，目标在于降低前墩的初生空化数 σ_i，使 σ_i 值不大于来流的水流空化数 σ 值。目前在这方面做过的工作较多，但对于高流速（如 20～30m/s）成效不显著；同时流线型前墩的辅助消能作用也较小。

(3) 通气。对前墩易于发生严重负压或空化现象初生的部位，如棱线下游的侧面及顶部开设通气孔，绕流时由此吸入空气，可使这些部位的压力升高，从而避免空化现象和空蚀破坏的发生。布置合理时，上述措施较为有效，但实际工程中应用较少。

(4) 超空化消力墩。结合 (2)、(3) 两点，选用前宽后窄的齿墩，有时并进行通气，使空化充分发育并同时保持空泡的溃灭远离固体边界，可使消力池的各部分不受空蚀破坏。

1.6.4.3 后墩

设置于水跃后部的消力墩，简称后墩。由于水流流速较小，后墩遭受空蚀破坏的可能性较小。后墩的辅助消能作用有限，但有助于改善水跃流态。后墩的高度 h 与第二共轭水深 h_2 须保持的一定比例，通常 h/h_2 宜小于 1/3；当尾水较深时，h/h_2 宜小于 1/4。在工程布置方面，两排交错排列的后墩，其作用大于单排；在平面图上，后墩也可做成菱形。

1.6.4.4 尾坎

设置于底流消力池末端的尾坎，可发挥的辅助消能作用，包括控制出池水流的底部流速，坎后可产生小的底部横轴回流，防止在尾坎下游发生较深的贴壁冲刷；调整下游的流速分布，使下游的局部冲刷有所减轻；适当降低所需的尾水深度（作用较小）。

尾坎可分为连续实体坎和齿坎两大类；后一类中的雷白克 (Rehbock) 齿坎常用于软基消力池，在分散水流、改进流速分布、防止贴壁冲刷等方面作用显著。尾坎的型式较多，图 1.6-14 所示为几种常见的型式。

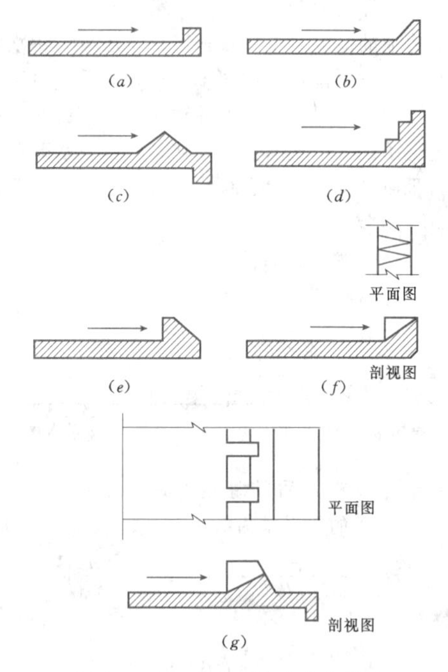

图 1.6-14 几种尾坎型式示意图

下面是根据美国 28 项工程统计得出的齿形尾坎尺寸：

(1) 坎高 h。h 与第二共轭水深 h_2 之比 h/h_2 的平均值为 0.21，变幅范围为 0.12～0.37。当尾坎为连续实体坎，坎的高度较小时，常用值为 $h/h_2=0.1$ 左右。

（2）齿宽 w。w 与坎高 h 之比 w/h 的平均值为 0.76，变幅范围为 0.33～1.25。

1.6.5 底流消能工的水力设计

底流消能工水力设计的首要问题是，下游水深要与水跃的第二共轭水深相匹配。在实际工程中，由于水闸与溢流坝下游的实际水深不可能在任意流量下都恰好等于第二共轭水深，当下游水深低于共轭水深时，将会发生远驱水跃，反之则会形成淹没水跃。从工程运用的实际效果看，对于远驱水跃，由于远驱段水流流速很高，对河床冲刷能力很大，河床必须有可靠的保护结构，增加了防护的技术难度与工程量，缺乏经济性；而对于淹没水跃，当淹没系数大于 1.2 时，不仅消能效率降低，水跃长度也有所增长，主要原因是随着淹没深度的增加，淹没水跃跃后断面的比能也增加，使消能效率降低，另一方面，位于表层漩滚下面的高速主流的扩散也受到抑制，从而增加了水跃长度，因此，具有较大淹没系数的淹没水跃也是工程中应力求避免的流态。

在实际工程中，当下游水深偏低时，通常对坝址下游进行适当挖深或修建尾坎（更多的则是二者兼备），形成一个消力池，提高池内水深使之与水跃的第二共轭水深相匹配，并通过池长的合理选定控制水跃在消力池内产生；当下游水深较深时，可采取斜坡式消力池，使水跃提前发生在水平消力池之前的斜坡段上，在这种情况下，水跃控制方程中将增加一项斜坡段底板对水跃段水体反向作用力的水平分量，因而相对于水平消力池而言，第二共轭水深势必有所增加，从而实现与下游深尾水的平稳衔接。斜坡式消力池的计算方法可查阅有关文献。

下面以矩形断面过流通道为例，扼要介绍底流消能工的水力设计方法。

1.6.5.1 消力池的水力计算

如前所述，当泄水建筑物下游产生远驱式水跃或临界水跃时，必须设法加大建筑物的下游水深，控制水跃的发生位置并形成淹没度不大的水跃。加大下游水深的工程措施有三大类：Ⅰ类进行基岩开挖，降低护坦高程；Ⅱ类在护坦末端建造尾坎，以壅高水位；Ⅲ类适当降低护坦高程，同时修建尾坎，形成综合式消力池。上述三种工程措施，形成了底流消力池三种不同的布置型式，如图 1.6-15 所示。

对于Ⅰ类，其矩形消力池池深可根据下列各式联合求解：

$$d = \sigma h''_c - h_t - \Delta z \tag{1.6-36}$$

$$h''_c = \frac{h_c}{2}\left(\sqrt{1+8Fr_c^2} - 1\right) \tag{1.6-37}$$

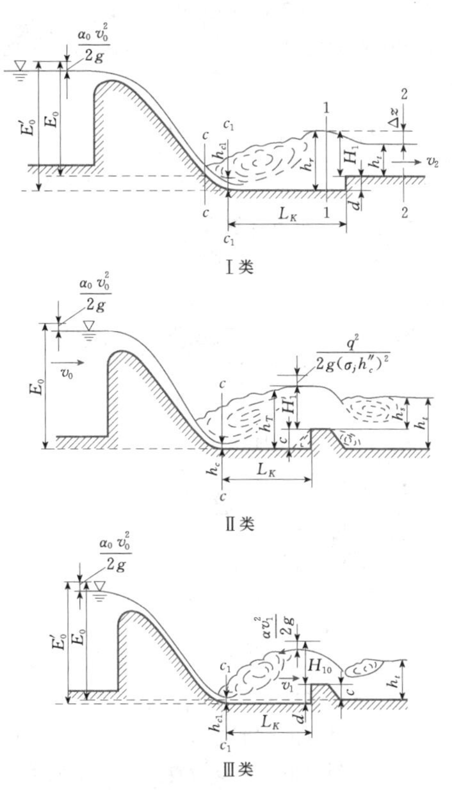

图 1.6-15 常规底流消力池的三种类型

$$\Delta z = \frac{q^2}{2g}\left(\frac{1}{\varphi'^2 h_t^2} - \frac{1}{\sigma^2 h_c''^2}\right) \tag{1.6-38}$$

$$E_0 = h_c + \frac{q^2}{2g\varphi^2 h_c^2} \tag{1.6-39}$$

式中 σ——水跃的淹没系数，一般取 $\sigma = 1.05 \sim 1.10$；

h''_c——护坦降低后对应于收缩断面水深 h_c 的跃后水深，m；

h_t——下游水深，m；

Δz——消力池出口的水面落差，m；

Fr_c——收缩断面的弗劳德数；

q——单宽流量，$m^3/(m \cdot s)$；

φ——流速系数；

φ'——消力池出流的流速系数，一般取 $\varphi' = 0.95$。

由于护坦高程降低后，E_0 也有所增大，因此各参数之间存在复杂的隐函数关系，通常需要采用试算法或图解法进行求解。

而消力池长度可按下式计算：

$$L_k = (0.7 \sim 0.8)L_j \tag{1.6-40}$$

其中，L_j 为自由水跃的长度，一般采用基于实验资料的经验公式进行计算。由于各实验资料的实验范围与量测标准均有所不同，因而出现了众多的经验公式。对于不设辅助消能工的自由完整水跃，目前常用的经验公式有：

$$L_j = 6.9\left(\frac{1}{2}\sqrt{1+8Fr_c^2} - 1.5\right) \quad (1.6-41)$$

$$L_j = 9.4(Fr_c - 1) \quad (1.6-42)$$

1.6.5.2 尾坎的水力计算

当下游河床不宜开挖或开挖代价较大时，可在护坦末端修建消力池尾坎，壅高水位形成消力池，以保证在建筑物下游形成淹没程度不大的水跃。

尾坎高度 c 可由下式计算：

$$c = \sigma h''_c - H_1 \quad (1.6-43)$$

式中 H_1——尾坎坎顶水头。

由于尾坎一般采用折线型或曲线型实用堰，其坎顶水头可用下式计算：

$$H_1 = H_{10} - \frac{q^2}{2g(\sigma h''_c)^2} = \left(\frac{q}{\sigma_s m\sqrt{2g}}\right)^{2/3} - \frac{q^2}{2g(\sigma h''_c)^2} \quad (1.6-44)$$

式中 H_{10}——尾坎顶全水头，m；

m——尾坎的流量系数，初步计算时可采用 $m=0.42$；

σ_s——尾坎的淹没系数。

由于尾坎前存在水跃，与一般实用堰前的水流流态不同，故淹没系数及淹没条件应有所不同。研究表明，当 $h_s/H_{10} \leqslant 0.45$ 时，尾坎为非淹没堰，$\sigma_s=1$；当 $h_s/H_{10} \geqslant 0.45$ 时，则为淹没堰，$\sigma_s<1$，见表1.6-1。

表1.6-1 消力池尾坎的淹没系数 σ_s

h_s/H_{10}	≤0.45	0.50	0.55	0.60	0.65	0.70	0.72	0.74	0.76	0.78	0.80	0.82	0.84	0.86	0.88	0.90	0.92	0.95	1.00
σ_s	1.000	0.990	0.995	0.975	0.960	0.940	0.930	0.915	0.900	0.885	0.865	0.845	0.815	0.785	0.750	0.710	0.651	0.535	0.000

根据式（1.6-43）和式（1.6-44），通过试算法即可确定尾坎高度 c。值得注意的是，若尾坎为非淹没堰，则需要对出坎水流与下游的衔接情况进行复核计算，从而判定是否需要设置二级或多级消力池。

1.6.5.3 综合消力池的水力计算

有时，单纯降低护坦高程的做法开挖量太大，且影响到消力池的检修；而单纯建造尾坎，尾坎高度又太高，坎后容易形成远驱式水跃，从而需要二级甚至多级消能。因此，底流消能工更为常用的做法是既适当降低护坦高程，同时也修建高度适当的尾坎，形成所谓的综合式消力池。

综合式消力池的水力计算可参照前述消力池与尾坎的计算方法进行：首先，按坎后产生临界水跃衔接的条件计算尾坎高度 c，采用稍许降低的 c 值，坎后即可形成淹没水跃；然后再计算消力池池深。

水跃消能方式的优点较为明显，但通常认为消力池较长，工程量较大，因而在设计时往往要求在安全条件下设法缩短消力池的长度。通常的做法是：

（1）对于设有趾墩及尾坎的大中型工程，消力池的长度可取水跃高度的5倍，即 $L_B/(h_2-h_1)=5$，相当于标准池长的72.5%。

（2）对于设有趾墩、前墩及尾坎的中小型工程，可用 $L_B/(h_2-h_1)=4.5$，相当于标准池长的65%。

1.6.5.4 底流消能水力设计中其他值得关注的问题

（1）进行底流消力池的水力设计时，除了长度、深度等参数需要合理选定外，消力池底板板块的稳定计算与分析也是重要内容，大型底流消力池工程通常需要开展相应的专项研究。一般而言，扬压力荷载与脉动压强荷载是影响底流消力池底板稳定的主要因素，布置抽排系统能够有效削减扬压力荷载，而当脉动荷载较大时，往往需要对消力池底板进行锚固。

（2）底流消能工的运行管理与检修维护也是水力设计中必须考虑的重要问题。

（3）在运行调度中，应本着“对称与齐步开启”的原则。另外，在闸门开启过程中，也应注意开启速度，避免因下游水位不足而出现远驱式水跃，影响消力池自身安全。

（4）对于溢流前缘较宽的底流消能工，由于孔口较多，为适应安全宣泄不同频率洪水的需要，可将消力池沿横向进行分区，各区之间用导墙隔开，以提高泄洪调度的灵活性与安全性。

（5）由于在底流消能中高流速的主体水流位于底层，因而对底流消力池自身安全而言始终是一个威胁，加之实际工程来流、来沙条件与泄洪调度运行的复杂性，消力池难免会出现这样或那样的问题，有的甚至出现严重破坏。因此，对于重要的底流消能工程而言，要特别关注消力池的检修问题，尤其在消力池尾坎高度的选定方面需要结合检修条件而定。

1.6.6 宽尾墩与底流消力池联合消能工

1.6.6.1 宽尾墩—消力池联合消能的机理

“泄量大且河谷狭窄”是我国大型水利水电工程普遍存在的技术特点之一，由于泄量大而溢流前缘有限，因而许多工程泄水建筑物的单宽流量都比较大。

对于底流消能工而言，当单宽流量较大时，消力池池首的来流弗劳德数 Fr 也往往会较小，如假定底流消力池的上、下游落差为100m，则当单宽流量为 $100m^3/(s\cdot m)$、$150m^3/(s\cdot m)$、$200m^3/(s\cdot m)$ 时，水跃的来流弗劳德数 Fr 估算值依次为2.78、2.27、1.97；即便是将底流消力池的上、下游落差由100m提高至150m，对应于单宽流量为 $100m^3/(s\cdot m)$、$150m^3/(s\cdot m)$、$200m^3/(s\cdot m)$，来流弗劳德数 Fr 估算值也只有3.40、2.78、2.41。可见，对于单宽流量较大的底流消能工程，即便是高水头工程，底流消力池的来流弗劳德数 Fr 也是比较小的。

当弗劳德数 Fr 较低时，底流消力池的消能效率明显不足，由于临底高流速水体的沿程衰减比较缓慢，因而往往需要更长的底流消力池，从而大大增加了工程造价。这一问题在我国许多大型底流消能工程（如安康、五强溪等）的设计与研究过程中都曾遇到过。

如图1.6-16所示，宽尾墩是将溢流坝闸墩尾部加宽，使墩后水流在纵向收缩，形成窄而高的堰顶收缩射流，然后沿溢流面下泄并在反弧段横向扩散，直至进入消力池内，形成斜坡上的三元水跃，从而取得较为满意的消能效果，这便是迅速发展并得到广泛运用的宽尾墩消力池联合消能工。20世纪80年代中期，这种新型消能工率先应用于安康水电站，其典型纵剖面如图1.6-17所示。研究表明，这种联合消能工明显优于之前所进行的宽尾墩与挑流或戽式消力池相结合的各种比选方案。它不仅明显提高了消力池的消能效率，而且使消力池长度缩短了1/3左右。在此之后，宽尾墩与底流消力池联合消能技术相继在隔河岩水电站、五强溪水电站得到了运用。在五强溪水电站泄洪消能研究中，又提出了宽尾墩—底孔挑流—底流消力池的联合消能工，较好地解决了该工程大流量、深尾水的泄洪消能布置难题。

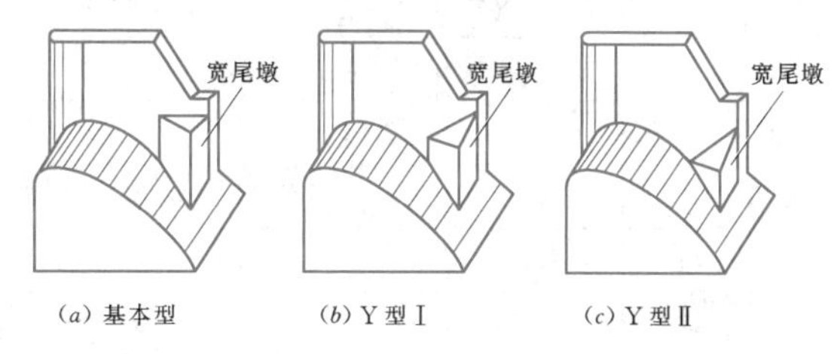

图1.6-16　宽尾墩基本体型

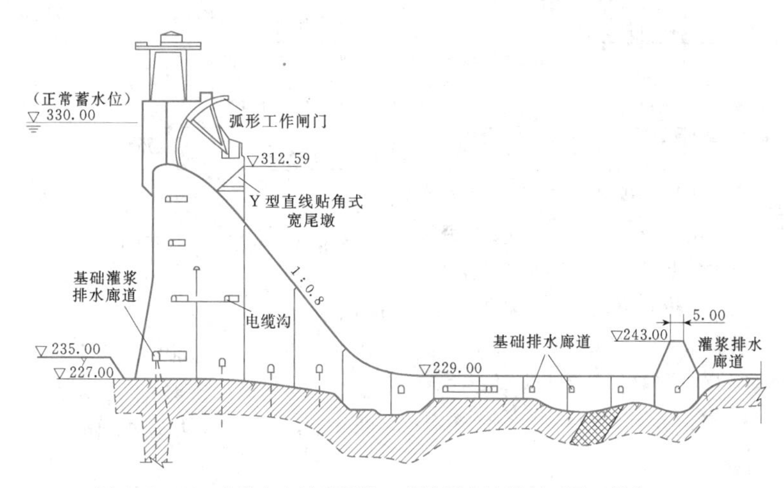

图1.6-17　安康水电站宽尾墩—底流消力池纵剖面图（单位：m）

宽尾墩技术是我国首创的一种新型消能工。尽管在此之前，国外已出现了窄缝式消能工，但窄缝消能工是一种布置在泄水建筑物出口部位的挑流消能工，通过挑流水舌的纵向拉开，分散入水能量，促进消能并减小下游河床冲刷，这与宽尾墩有明显不同。宽尾墩与各种传统消能方式的联合运用之所以能够增进消能效果，最主要的原因在于底流消力池内形成了不同于常规平底二元水跃的斜坡三元水跃流动，不仅各水股之间存在强烈的碰撞与掺混作用，各水股与消力池内水垫之间也存在强烈的紊动掺混作用，因而克服了二元水跃中因来流弗劳德数 Fr 较小导致池内水跃颤动和消能不够充分的弊端，大大增强了底流消力池的消能效率。

1.6.6.2　宽尾墩的布置型式与设计原则

宽尾墩有如下三种布置型式，即基本型、"Y型Ⅰ"与"Y型Ⅱ"（宽尾墩起始高度为0）。其体型参数包括：①闸孔收缩比 $\varepsilon=b_0/B_0$；②闸墩收缩率 $\xi=(1-\varepsilon)\times100\%$；③闸墩收缩角 $\theta=\arctan\left(\frac{B_0-b_0}{2L}\right)$，其中，$B_0$ 与 b_0 分别为闸孔收缩前后的净宽；L 为收

缩段起点至闸墩末端的水平距离。鉴于各工程的水力条件不尽相同，目前对宽尾墩体型的优化设计暂不可能根据计算确定，仍需通过水工模型试验予以确定。综合宽尾墩技术的科学研究与工程实践，目前推荐采用如下参数指标：$\varepsilon=0.30\sim0.50$、$\xi=50\%\sim70\%$、$\theta=12°\sim20°$。

表1.6-2列举了我国部分已建宽尾墩工程的技术资料。相关文献归纳总结了宽尾墩联合消能工的适宜应用范围，其结果为：①对于100m级高坝工程，消力池入池单宽流量$q=100\sim260\text{m}^3/(\text{s}\cdot\text{m})$；②对于中坝，消力池入池单宽流量$q=80\sim140\text{m}^3/(\text{s}\cdot\text{m})$，单宽流量过大时会影响消能效率；③宽尾墩的应用需要以深尾水为必要条件，表征下游尾水水深大小的参数h_d/P_d宜大于0.28，其中，h_d为下游水位与消力池底板高程差，m，P_d为溢流表孔堰顶与消力池底板高程差，m。

表1.6-2　国内部分已建的宽尾墩工程有关参数

工程名称	坝高(m)	表孔尺寸 $b\times h$ (m×m)	泄洪坝段宽度(m)	q [m³/(s·m)]	h_d/P_d	消力池			宽尾墩		备注
						类型	长度(m)	尾坎高度(m)	收缩角 θ(°)	收缩比 ε	
水东	63.00	4—15×15	69.00	120.6	0.62、0.69	戽式消力池	30.400	5.00	19.29	0.373	RCC台阶坝面
大朝山	115.00	5—14×17	86.00	193.6	0.47、0.55	戽式消力池	18.400	6.45	18.43	0.450	RCC台阶坝面
岩滩	110.00	7—15×21	130.00	257.0	0.79、0.85	戽式消力池	40.000	9.50	16.28	0.533	
五强溪	85.83	9—19×23	249.75	204.0	0.75、0.80	消力池	120.200	4.00(9.00)	16.70	0.368	
安康	128.00	5—15×17	91.00	209.3	0.52、0.56	消力池	100.000	14.00	21.80	0.400	
索风营	121.84	5—13×19.5	77.00	199.5	0.59、0.64	消力池	88.700	10.00	19.29	0.460	RCC台阶坝面
百色	130.00	4—14×18	80.00	121.2	0.28、0.29	消力池	100.400	16.00	14.04	0.393	
思林	101.00	7—13×25	115.00	286.3	0.76、0.87	戽式消力池	44.300	6.00	19.29	0.423	RCC台阶坝面
平班	67.20	7—17×16	115.00	140.0	0.65、0.70	戽式消力池	25.000	10.50	18.20	0.341	RCC台阶坝面
鱼剑口	50.00	5—11×15	69.00	115.2	1.23、1.31	戽式消力池	28.000	4.00			RCC台阶坝面
高坝洲	54.00	6—14×17	116.50	143.3		戽式消力池	60.245	5.00		0.500	

注　h_d为下游水位与消力池底板高程差，m；P_d为溢流表孔堰顶与消力池底板高程差，m。

需要注意的是，宽尾墩的设置会提高闸室段溢流坝面的动水压力，因而在某些情况下，可能会降低溢流坝的流量系数。因此，在设置宽尾墩时，有时需要适当下移闸室位置，或者采用相对陡一些的溢流面。至于宽尾墩导致泄洪雾化的问题，从安康、五强溪、岩滩等工程的泄洪运行情况与原型观测结果看都较为轻微，对工程安全的影响不甚明显。

1.6.6.3　宽尾墩—底流消力池联合消能工水力计算

宽尾墩—消力池联合消能工的水力计算主要涉及水跃第二共轭水深与消力池长度的计算。其中，共轭水深的计算同二元明渠水跃一样，也是采用动量方程进行的，具体计算方法可参考相关文献。由于在宽尾墩—消力池联合消能工的水力计算中涉及未知参数，因而其最终布置型式的细部尺寸通常需要通过水工模型试验予以确定。

研究表明，由于宽尾墩—消力池联合消能工的消能效率大大提高，其跃长也比二元水跃明显短一些，在初步计算中，可取二元水跃跃长的2/3。

1.6.6.4　宽尾墩—底孔挑流—消力池联合消能工

应用宽尾墩后，由于泄槽在墩尾被缩窄，泄槽中的水流出闸墩后沿纵竖向扩展成窄而高的三元收缩射流沿坝面下泄，此时，水舌底部占据的坝面范围已经很窄，使闸墩后出现了大片无水区，根据附加动量水跃理论，利用宽尾墩后坝面的大片无水区，增设坝身泄洪孔口，并采用挑流消能方式挑射进入底流消力池，这样非但不会影响消力池的消能效率，反而可以在增大消力池单宽流量的条件下进一步促进消能。五强溪水电站与百色水电站的科学研究与工程实践表明，这种宽尾墩—底孔（中孔）—消力池联合消能工是一种高效而可靠的新型消能工。

五强溪水电站最大坝高为85.83m，在校核洪水与设计洪水工况下最大下泄流量分别高达57900m³/s、49566m³/s。由于底流消力池入池水流的弗劳德数Fr只有2.72～4.09，消能效率不高，若采用常规底流消力池，其池长达185m，工程规模巨大，但消能效果有限。采用宽尾墩—底孔挑流—消力池联合消能工后，一方面，由于消能效率提高，使消力池长度缩短了50m；另一方面，利用宽尾墩后的坝面无水区布置的5个底孔减少了一个表孔，并使溢流前缘宽度缩短了20m，既提高了消能效率，确保了泄洪安全，又节省了工程造价，从而较好地解决了五强溪水电站泄洪消能布置的关键技术难题。

继五强溪水电站之后，坝高130.00m的百色水电站也采用了上述宽尾墩—底孔挑流—消力池联合消能工，其运行正常。

1.6.6.5 宽尾墩与阶梯坝面联合消能工

近些年来，随着碾压混凝土（RCC）筑坝技术的日臻成熟与广泛运用，在中、高水头电站的建设中，阶梯坝面的研究与应用得到越来越多的关注，从加快工程进度角度出发，对碾压混凝土重力坝阶梯坝面是否进行光滑处理成为一个备受关注的研究课题。

由于宽尾墩技术的采用，出闸墩的水流具有足够大的掺气界面与良好的挟气能力，且坝后大片无水区的存在更有利于阶梯坝面对水流底部的供气，因而对于采用宽尾墩的工程，采用阶梯坝面有可能使确保溢流坝面不出现空化水流与空蚀破坏的所谓“临界最大单宽流量”有所提高。

我国福建省水东水电站最大坝高为63.00m，溢流坝面最大入池单宽流量为120.6m^3/（s·m），为节省工期，经全面的试验论证，首次采用了宽尾墩与阶梯坝面联合消能工技术，1994年5月1～3日，该电站遭遇了百年一遇洪水，泄洪表孔单宽流量达78m^3/（s·m），汛后检查，阶梯坝面完好无损。

我国大朝山水电站继水东电站之后将这一技术首先在超过100m级的碾压混凝土大坝上运用成功。随后，我国索风营水电站也采用了宽尾墩—阶梯坝面—底流消力池联合消能工，该电站最大坝高为121.84m，最大入池单宽流量为199.5m^3/（s·m）。在溢流坝面设计中，为充分发挥阶梯坝面的消能作用，采用了一种新型的X型宽尾墩布置型式（所谓X型，系由Y型宽尾墩切去下部两个内角而形成）。研究表明，这种新的宽尾墩布置型式可以充分利用阶梯坝面的消能作用，在小洪水工况下促进坝面消能，从而有利于消力池的消能。

上述两个工程实例表明，宽尾墩与阶梯坝面联合运用，能够有效减免在高坝工程中单纯使用阶梯坝面所容易导致的空化水流与控制破坏。但目前，阶梯坝面的泄洪运行经验尚不充分，需要加强原型观测，不断积累经验。

1.6.7 底流消力池的常见类型与工程实例

底流消能方式可应用于岩基及软基、高中低水头、大中小流量的各类泄水建筑物，应用范围很大。从底流消能工的工程实践看，目前代表世界上底流消能工最高水平的当属俄罗斯的萨扬·舒申斯克水电站[Sayano－Shushensk，最大坝高242.00m，最大单宽流量184m^3/（s·m）]与印度的德里水电站[Tehri，最大坝高260.50m，其右岸溢洪道也采用了底流消能，最大单宽流量110m^3/（s·m）]。另外，印度的巴克拉工程[Bhakra，最大坝高226.00m，最大单宽流量104m^3/（s·m）]与美国的德沃夏克[Dworshak，最大坝高219.00m，最大单宽流量145m^3/（s·m）]等高坝工程也采用了底流消能方式。在我国，目前采用底流消能的高坝工程有百色水电站[底流消力池与宽尾墩联合，最大坝高130.00m，最大单宽流量178m^3/（s·m）]与安康水电站[底流消力池与宽尾墩联合，最大坝高128.00m，最大单宽流量254m^3/（s·m）]，它们都采用了以消力池为主体的消能方式。此外，五强溪水电站虽然坝高小于100m，但其表孔底流消力池的最大泄洪流量高达51000m^3/s，最大单宽流量298m^3/（s·m），目前仍居国内前列。表1.6－3列举了国内外24座已建高坝底流消能工程的部分技术资料。

底流消能工的常见类型如下。

1.6.7.1 传统的底流消力池

到目前为止，应用最为广泛的当属传统的底流消力池，它不采用任何辅助消能工，具有体型简洁、应用范围广的技术特点，适用于高中低不同水头，工程实践经验较多，水力设计也较为成熟。

对于大型高坝工程而言，采用传统底流消力池时，由于消力池临底水流流速较大，消力池规模很大，工程投资较多。另外，由于临底流速高，对消力池自身的泄洪安全有较大威胁，因此，对消力池的水力设计与底板的抗冲耐磨性能有较高的技术要求。

1.6.7.2 跌坎型底流消力池

为降低高水头底流消力池的临底流速，可在消力池池首设置一定高度的跌坎，即形成跌坎型底流消力池。此类消力池在国外高坝工程如俄罗斯的萨扬·舒申斯克与印度的德里等工程中已得到采用。我国在建的官地水电站（最大坝高168.00m）、向家坝水电站（最大坝高161.00m）、金安桥水电站（最大坝高161.00m）等工程也采用了这种布置型式。

相对而言，此类消能工的工程实践经验比较少，有待进一步积累经验，并完善其水力设计。

1.6.7.3 宽尾墩与底流消力池联合消能工

如前所述，宽尾墩技术是为解决我国大单宽流量、低弗劳德数底流消能工消能效率不高的问题而提

表 1.6-3 国内外高水头大型底流消力池工程实例(按坝高排序)

序号	坝　名	坝型	坝高(m)	泄水建筑物	设计流量(m^3/s)	入池单宽流量[m^3/(s·m)]	地质条件	消力池长度(m)	建成年份	国别
1	萨扬·舒申斯克(Sayano-Shushensk)	重力坝	242.00	中孔接溢流坝	13600	140.0	变质石英、砂岩	219.0	1978	俄罗斯
2	巴克拉(Bhakra)	重力坝	226.00	溢流坝4孔15.2m×14.5m;底孔16孔	8250	104.0	砂岩、页岩	145.0	1966	印度
3	德沃夏克(Dworshak)	重力坝	219.00	2表孔15.2m×16.8m;3中孔4m×5.2m	6260	145.0	花岗岩、麻岩	97.5	1973	美国
4	夏斯太(Shasta)	重力坝	184.00	溢流坝,长114m	5300	94.9	花岗岩、片麻岩	102.0	1945	美国
5	瓦拉根巴(Waragamba)	重力坝	137.00	溢流坝4孔12.2m×13.3m,溢流坝1孔27.4m×7.6m	12700	166.0	砾岩、砂岩、页岩	92.0	1961	澳大利亚
6	萨利摩(Salime)	重力坝	132.00	溢流坝,长45m	1800	40.00	—	40.0	1955	西班牙
7	百色	重力坝	130.00	4个14m×18m溢流表孔;3个4m×7m挑流中孔	9021	110.0	辉绿岩、硅质岩、泥质灰岩	114.4	2006	中国
8	安康	重力坝	128.00	5个15m×17m溢流表孔;5个11m×12m中孔;2个5m×8m底孔	37600(表孔14010)	154.0(表孔消力池)	千枚岩	107.0(表孔消力池)	1990	中国
9	孟格拉(Mangla)	堆石坝	116.00	岸边溢洪道9孔	31100	211.0 134.0	砂页岩	222.0(一级) 94.0(二级)	1967	巴基斯坦
10	索风营	重力坝	115.80	5个13m×19.5m溢流表孔	15956	207.0	灰岩	90.0	2006	中国

续表

序号	坝　　名	坝型	坝高（m）	泄水建筑物	设计流量（m^3/s）	入池单宽流量［$m^3/(s\cdot m)$］	地质条件	消力池长度（m）	建成年份	国别
11	井川(Igawa)	大头坝	104.00	溢流坝，长42m	2400	57.1	—	60.0	1957	日本
12	卡必朗诺(Capilano)	拱坝	99.00	—	1220	50.0	—	71.0	1954	加拿大
13	丸山(Maruyama)	重力坝	98.00	溢流坝，长74m	4800	120.0	砂质板岩	45.7	1954	日本
14	弗林脱(Friant)	重力坝	97.00	溢流坝，长99m	2600	26.7	—	66.0	1942	美国
15	列亨德(Rihand)	重力坝	93.00	溢流坝，长190m	10900	57.5	千枚岩、夹片麻花岗岩	102.0	1960	印度
16	五强溪	重力坝	85.83	9个19m×23m溢流表孔；1个9m×13m中孔；5个3.5m×7m底孔	57900	242.0	石英岩、砂岩、板岩	120.0	1999	中国
17	索西耳(Saucelle)	重力坝	83.00	溢流坝4孔	11200	23.3	—		1956	西班牙
18	诺列斯(Norris)	重力坝	81.00	溢流坝，长104m	6800	62.0	石灰岩	66.5	1936	美国
19	室牧(Muromaki)	拱坝	80.50	溢流坝，长80.5m	1070	44.5	—	46.5	1960	日本
20	诺尔伏克(Norfork)	重力坝	74.00	溢流坝，长173m	9500	55.0	—	55.0	1945	美国
21	柘林	土坝	62.00	—	3310	78.8	砂岩、长石、石英砂岩	234.0	1973	中国
22	瓦纳波姆(Wanapum)	土坝	57.00	溢洪道12孔，15m×20m	40000	222.0	—		1963	美国
23	盐锅峡	重力坝	55.00	溢流坝6孔，12m×10m	7020	112.0	砂岩、砂质砾岩	60.0 加二级消力池	1970	中国
24	岳城镇	土坝	51.50	溢洪道11孔，10m×10m泄洪孔	8300 4200	60.0 87.5	黏土性砾岩	195.0 （分三级） 第一级57.0	1961	中国

出的。自提出以来，该技术得到了较为广泛的工程运用，其水力设计也日臻成熟。值得提及的是，从坝高看，宽尾墩技术的使用范围也比较大，上至最大坝高达168.00m的官地水电站，下至最大坝高仅63.00m的水东水电站。

1.6.7.4 USBRⅡ型消力池

USBRⅡ型消力池是由美国内政部垦务局（USBR）基于平底水跃的系统研究归纳提出的，其基本特点是在消力池前端设置了趾墩并采用了差动式尾坎，其具体布置如图1.6-18所示。其中图1.6-18(*a*)注明了趾墩和差动式尾坎的建议尺寸。

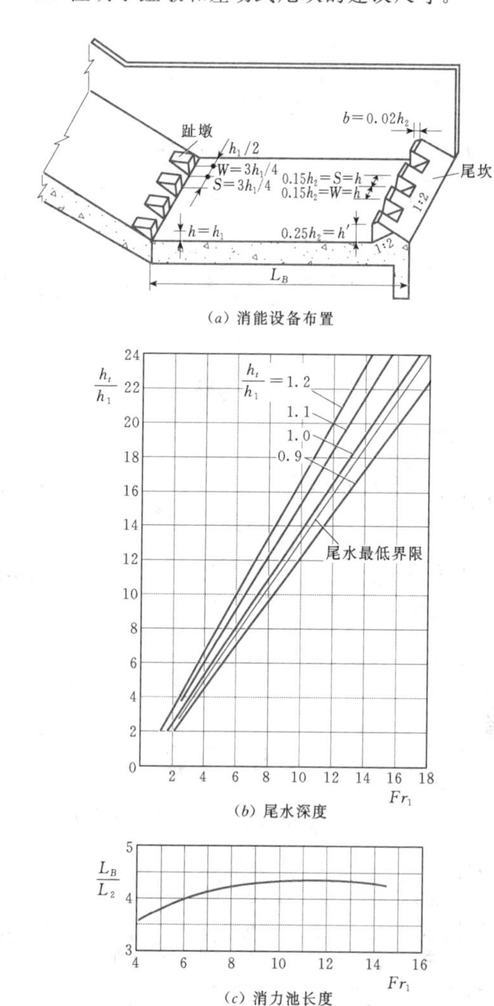

图1.6-18 USBRⅡ型消力池的布置、尾水深度和消力池长度

1. 趾墩

墩高h、齿宽W、槽宽S与跃首断面第一共轭水深h_1的比值分别为$h/h_1=1$，$W/h_1=3/4\sim1$，$S/h_1=3/4\sim1$。

2. 差动式尾坎

坎高h'、齿宽W、槽宽S与第二共轭水深h_2的比值分别为$h'/h_2=0.2\sim0.25$，$W/h_2=0.15$，$S/h_2=0.15$。齿的上游坡直立，槽的上游坡及全坎的下游坡为1∶2；齿的无量纲水平顶宽为$b/h=0.02$。

图1.6-18(*b*)给出了以h_t/h_2为参数的“$h_t/h_1—Fr_1$”关系曲线，并规定了尾水水深的最低界限，即h_t/h_2介于0.9～1.0之间，而接近于1。

图1.6-18(*c*)所示为消力池的相对长度L_B/h_2与Fr_1的关系曲线，当Fr_1值由4增大为10时，相应的L_B/h_2值由3.6增大为4.3。

表1.6-4列举了采用USBRⅡ型消力池的美国12座工程实例，表中工程所采用的趾墩及齿形尾坎的尺寸基本上符合图1.6-18(*a*)的建议，但所用的消力池长度L_B的平均值则较图1.6-18(*c*)的建议值小。从表1.6-4可见，12座已建USBRⅡ型消力池的上、下游水位差介于30～54.5m（消力池入池流速已超过15m/s）之间，最大单宽流量为66.1m³/(s·m)，Fr_1值的范围为6.4～11.4。

需要强调指出的是，应用USBRⅡ型消力池时必须注意其适用范围并认真研究可能的空化空蚀问题。我国的底流消能工程，下泄水流的单宽流量通常都较大，远高于表1.6-4所列工程，因此当采用USBRⅡ型消力池布置时往往需要采用较高的趾墩，且趾墩容易处于淹没状态，当入池流速较高时，趾墩自身与消力池底板有空化空蚀破坏的可能。我国早期的一些USBRⅡ型消力池工程，如陆水蒲圻、盐锅峡等都因出现严重的空蚀破坏而进行了改建。

1.6.7.5 USBRⅢ型消力池

美国内政部垦务局提出的USBRⅢ型消力池如图1.6-19所示，适用于水头不高的中小型工程，入池流速应低于15m/s。

图1.6-19(*a*)中注明了趾墩、前墩、尾坎的建议尺寸。

1. 趾墩

同USBRⅡ型消力池，$h/h_1=1$，$W/h_1=3/4\sim1$，$S/h_1=3/4\sim1$。

2. 前墩

相对墩高h'/h_1值，如图1.6-19(*d*)所示或见式(1.6-45)；$W/h'=S/h'=3/4$；相对顶宽$b/h_1=0.5$；齿的上游面直立，下游坡为1∶1，设置位置为$L_B/5$。

3. 尾坎

尾坎为实体坎，相对坎高$h''/h_2=0.2$，相对顶宽$b'/h_2=0.04$；上游坡为1∶2，下游面直立。

表 1.6-4　　美国 12 座 USBRⅡ型底流消力池和辅助消能工资料

序号①	坝名	上、下游水位差(m)	设计流量(m^3/s)	单宽流量[$m^3/(s \cdot m)$]	Fr_1	第二共轭水深 h_2(m)	尾水深度 h_t(m)	消力池长度 L_B(m)	L_B/h_t	趾墩			尾坎		
										h/h_1	W/h_1	W/S	h/h_2	W/h_2	W/S
1	卡朱马(Cachuma)	54.50	5500	46.5	8.8	17.05	17.10	46.7	2.70	1.19	0.92	1	0.21	0.42	1
2	铁波(Tibor)	54.50	1540	25.2	10.3	11.90	11.90	35.7	3.00	2.51	0.71	1	0.21	0.62	1
3	阿尔可伐(Alcova)	44.50	1560	34.2	8.9	13.90	13.75	38.2	2.78	1.15②			0.22	0.50	1
4	鹿溪(Deer Creek)	40.20	340	14.5	11.0	8.54	7.63	22.9	3.00	1.56	1	1	0.18	0.60	1
5	台维斯(Davis)	40.00	4950	60.2	6.4	18.90	17.10	30.6	1.79	0.83			0.23	0.91	1.86
6	巴埃生(Boysen)	37.80	566	28.2	8.0	11.67	10.38	46.1	4.45	1.13	1.31	1.75	0.23	0.60	1.75
7	杉崖(Cedar Bluff)	36.00	2480	40.7	7.6	14.65	11.90	43.0	3.61	1.49	0.86	1	0.19	0.67	1
8	彭纳(Bonney)	35.00	1840	28.0	7.8	11.60	10.37	31.2	3.01	1.96	0.91	1.86	0.21	0.62	1
9	阿拉莫哥达(Alamogodo)	34.20	1590	47.4	7.3	15.80	13.75	38.1	2.77	1.51	0.44	1	0.17	0.44	1
10	克利爱卢(Cle Elum)	33.60	1130	18.6	9.5	9.16		33.0	(3.60)③	1.92	0.74	1	0.33	1	1
11	草湖(Grassy Lake)	33.60	34	5.6	11.4	4.51	4.27	13.7	3.21	1.05	1.67	1	0.14	0.66	1
12	月湖(Moon Lake)	33.20	283	12.4	9.7	7.25	7.08	18.3	2.59	1.44	1.72	1	0.21	0.75	1

① 按上、下游水位差由大到小顺序排列。

② 连续式。

③ L_B/h_2 的值。

图 1.6-19 (b) 给出了以 h_t/h_2 为参数的 h_t/h_1—Fr_1 关系曲线，并提出了最低尾水水深的界限为 $h_t/h_2=0.8\sim0.9$。

图 1.6-19 (c) 给出了消力池相对长度 L_B/h_2 与 Fr_1 的关系曲线，当 Fr_1 值由 4.5 增大为 9 时，L_B/h_2 值由 2.2 增大为 2.7。由于采用了三种辅助消能工，故强迫水跃的消力池长度 L_B 较二元完整水跃短得多。

图 1.6-19 (d) 所示的两条直线分别代表前墩（消能墩）高度 h'和尾坎高度 h''随 Fr_1 值而改变的情况。这两条直线的经验式可写为：

前墩　　$$h'/h_1 = 0.5 + 0.18Fr_1 \qquad (1.6-45)$$

尾坎　　$$h''/h_1 = 1 + 0.05Fr_1 \qquad (1.6-46)$$

中、低水头的中、小型工程实例很多，在此从略。关于趾墩、前墩及尾坎的型式及尺寸，宜根据实际情况选定，图 1.6-19 所提出的建议可作一般参考。

1.6.7.6 斜坡消力池

在底流消力池前端设置斜坡段的情况较为常见，斜坡消力池工程实例的资料表明：

(1) 给定的尾水水深 h_t 多数略大于第二共轭水深 h_2，h_t/h_2 的平均值为 1.1，变幅范围为 0.86～1.39。

(2) 斜坡水跃的长度 L_B 比水跃长度 L_j 小，L_B/L_j 的平均值为 0.59，变幅范围为 0.39～0.81。

1.6.7.7 反坡消力池

如图 1.6-20 所示的反坡底流消力池，其消力池的前部为顺坡，后部为逆坡，在纵剖面上呈三角形，消力池的末端设置歪斜的大尾坎。当流量不超过设计流量时，反坡内出现水跃，成为底流消力池；当洪水流量过大时，水跃消失，大尾坎在平面图上起改变流向的作用，水流以急流状态挑射而出。因此，这种消能工也称为水跃与挑流相结合的消能工。

反坡消力池后部反坡的常用值为 $i_2=-1/6\sim-1/4$，与它相应的相对池长 L_B 一般为 $L_B/h_2=4.75$、$L_B/h_2=4.67$、$L_B/h_2=4.9$（依次对应于 $i_2=-1/6$、$i_2=-1/5$、$i_2=-1/4$）。可见，在上述范围内，池长 L_B 与第二共轭水深 h_2 的比值基本上保持不变，但反坡消力池的 h_2 值则较平底消力池的相应值小得多。以 $i_2=-1/4$ 为例，对于相同的 (h_1、Fr_1) 条件，反坡消力池的 h_2 值将较平底消力池减少 60%，因此，反坡消力池的长度较平底消力池短得多。

另外，还应注意反坡消力池内的水跃流态欠缺稳定性，对大流量挑流流态也需进行论证。

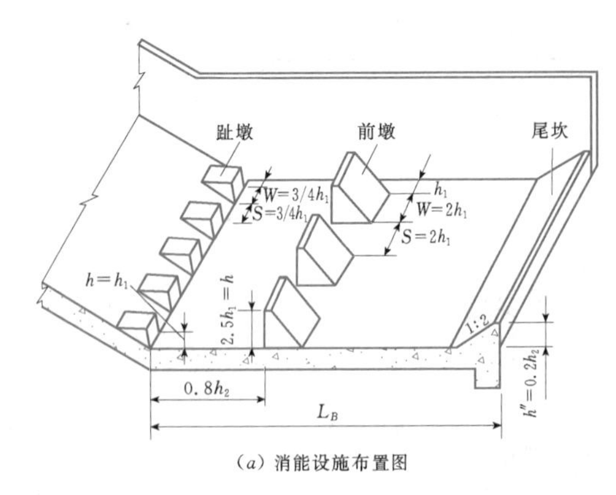

(a) 消能设施布置图

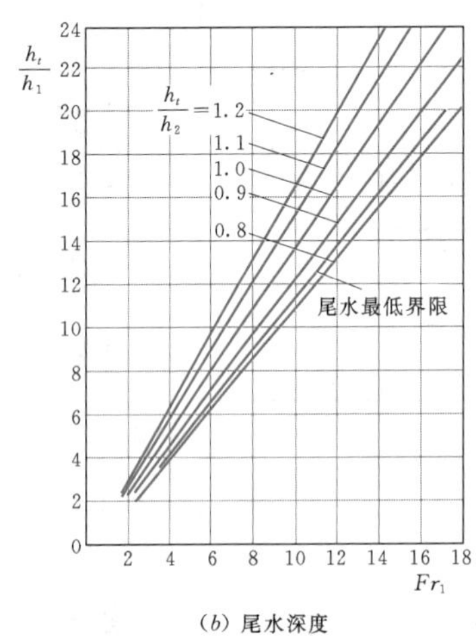

(b) 尾水深度

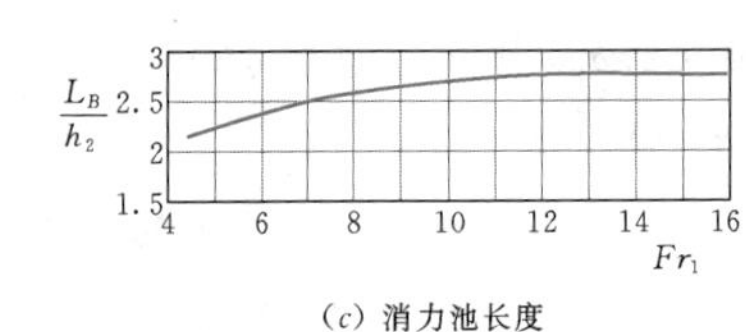

(c) 消力池长度

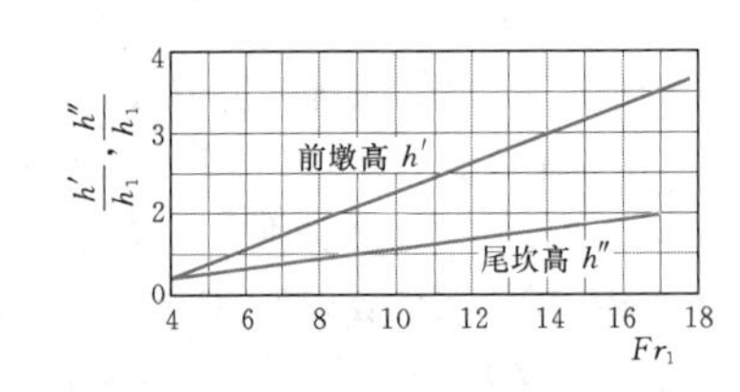

(d) 前墩及尾坎高度

图 1.6-19 USBRⅢ型消力池的布置、尾水深度、池长和辅助消能工高度

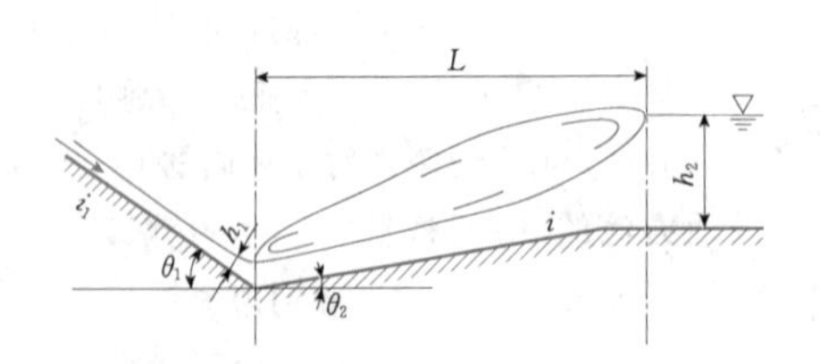

图 1.6-20 反坡底流消力池示意图

1.6.8 下游消能防冲

1.6.8.1 下游局部冲刷

底流消力池下游的局部冲刷一般为缓流对软基的冲刷，常用的冲刷深度估算方法如下。

当消力池下游海漫末端的平均单宽流量为 q 时，它的分配不均匀系数为 c_1，水流的脉动影响用大于1的系数 c_2 来反映；相应的尾水水深 h_t 常为给定值，设局部冲刷坑的坑底低于原河床 t，总水深 T 为 h_t+t；同时还已知水深为1m时的河床质容许流速为 v_{01}，相应于总水深 T 的河床容许流速 v_0 为

$$v_0 = v_{01} T^{1/6 \sim 1/4} \tag{1.6-47}$$

设式（1.6-47）中取指数为1/5，可得 q、v_0、T 之间的关系为

$$T = \frac{c_1 c_2 q}{v_0} = \frac{c_1 c_2 q}{v_{01} T^{1/5}}$$

或

$$T = \left(\frac{c_1 c_2 q}{v_{01}}\right)^{5/6} \tag{1.6-48}$$

关于单宽流量集中系数 c_1，除应以模型试验资料为依据外，可根据下游河渠水面宽度与消力池宽度的比例、出池后水流能否均匀扩散、下游翼墙布置、可能出现的回流及淘刷等，适当选用略大于1的数值。

关于脉动校正系数 c_2，其定义为：当平均流速相同时，跃后脉动较强的水流与河道正常水流的冲刷力之比，其值随共轭水深比 λ 的减小及相对距离 x/h_2 的增大而减小，其中，x 为自跃首断面计起的海漫末端距离。c_2 的函数式为

$$c_2 = f(\lambda, x/h_2) \tag{1.6-49}$$

图1.6-22给出了式（1.6-49）的实用成果曲线。图1.6-21还表明：当 $x/h_2>10$ 时，通过延长海漫长度来进一步降低 c_2 值的作用趋于不明显。此外，还需考虑海漫表面糙率的影响。

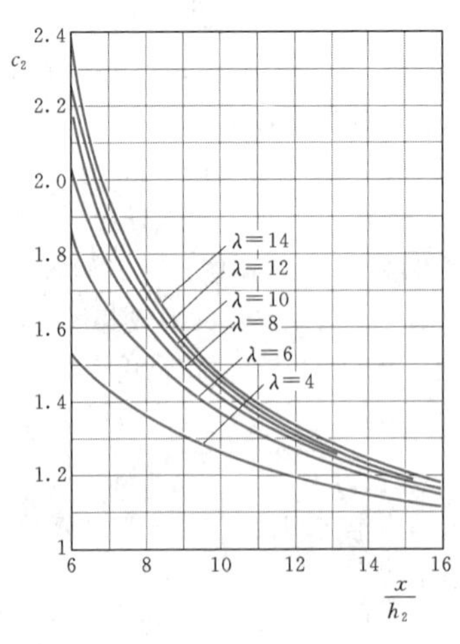

图 1.6-21 水流脉动系数 c_2 与 λ、$\frac{x}{h_2}$ 的关系

关于不同软基河床的容许流速，经验算式较多。通常可将水深与相应于该水深的 v_0 值相乘，从而得相应的容许单宽流量 q_0。对于松散质河床，取粒径 d_e 为参数，得容许单宽流量 q_0 与冲刷平衡水深 T_0 的关系曲线，如图 1.6-22 所示，图中 d_e 的幅度为 0.05～750mm。

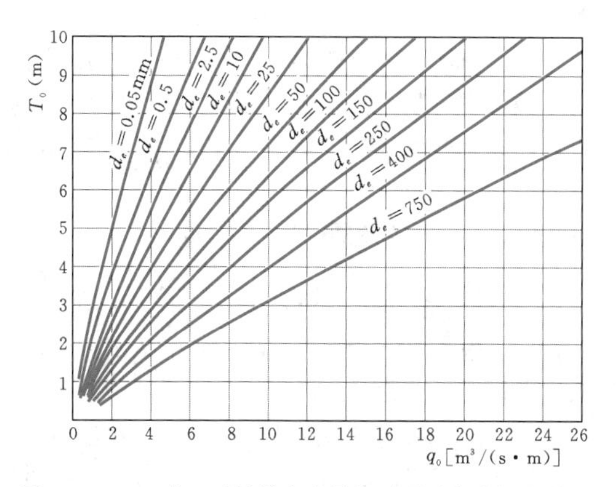

图 1.6-22 砂、砾的单宽流量与冲刷平衡水深的关系

当给定 d_e、q、h_t 时，选用合适的系数 c_1 和 c_2，得 $q_0=c_1c_2q$，由图 1.6-22 查相应于 d_e 的曲线（可内插），得相应于 q_0 的 T_0 值即为所求的冲刷平衡水深 T_0，冲刷坑底在原河床以下的深度为 $t=T_0-h_t$。

当软基河床为黏性土时，也可按绘制图 1.6-22 的步骤绘制成图 1.6-23，图中 8 条曲线对应于黏性土及沉陷过的黄土，各 4 条。查用此图的步骤同图 1.6-22。

对于冲坑深度的估算，还有很多种方法。如对于砂质河床的局部冲刷，毛昶熙基于底部漩滚水流分界面所产生的剪切力推导了冲刷深度的计算式，并引用了 40 多个闸坝模型的 219 组冲刷试验资料，率定了有关系数，得到如下计算公式：

$$T=\frac{0.66q\sqrt{2a-\dfrac{y}{h}}}{\sqrt{(s-1)gd}\left(\dfrac{h}{d}\right)^{1/6}} \qquad (1.6-50)$$

式中 T——冲刷坑在水面以下深度，m；

q——海漫末端的单宽流量，m³/(s·m)；

h——护坦末端水深，m；

y——护坦末端垂直流速分布的最大值距底面的高度，m；

a——流速分布不均匀性的动量修正系数，一般取 $a=1.0\sim1.5$；

d——冲刷河床的松散体颗粒直径，m；

s——土质密度，kg/m³。

对于黏性土的局部冲刷，毛昶熙的研究表明，通过等效粒径概念的引入，仍可沿用式（1.6-50）进行计算，并给出了不同土质的抗冲等效粒径 d，见表 1.6-5。

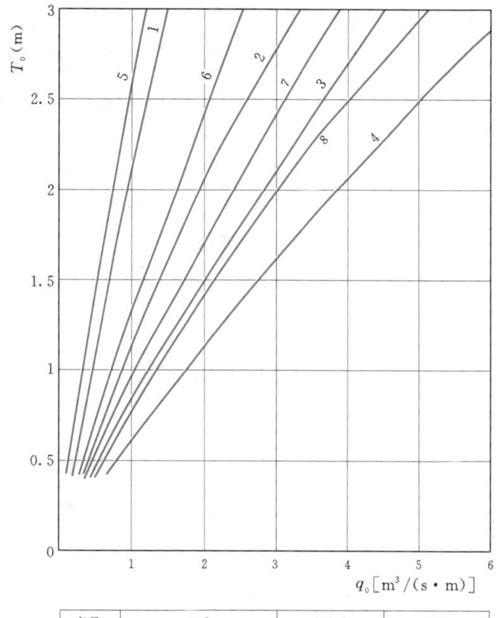

序号	土质	密实度	干容量
1	黏土、重黏壤土 轻黏壤土	不大密实	<1.2
2		中等密实	1.2～1.66
3		密实	1.66～2.04
4		极密实	2.04～2.14
5	已经沉陷的 黄土性土壤	不大密实	<1.2
6		中等密实	1.2～1.66
7		密实	1.66～2.04
8		极密实	2.04～2.14

图 1.6-23 黏性土的单宽流量与冲刷平衡水深的关系

表 1.6-5 各种土质的抗冲等效粒径

土质种类		抗冲等效粒径 d (mm)
松散体的砂、砾、石		按实有粒径 d_{85} 计算
粉土、砂淤土或夹有粉细砂层		0.2～0.5
粉质壤土、黄土、黏土质淤积或夹有砂层	不密实	0.5～1
	较密实	1～2
	很密实	2～4
粉质黏土、壤土夹有较多砂礓石	不密实	2～4
	较密实	4～8
	很密实	8～12
黏土、粉质黏土夹砂礓或铁锰结核	不密实	8～12
	较密实	12～20
	很密实	20～40
胶结性岩土、风化岩石破碎带		30～50

1.6.8.2 消能防冲措施

出底流消力池的水流含有一定的紊动及脉动，为了调整流速分布，减轻下游河床的局部冲刷，保障消力池工程的安全，通常在消力池的下游接建一段刚性或柔性海漫。在海漫的末端修建防冲槽，保持防冲槽的槽底低于原河床的深度。常用的准则是槽底大致与冲刷坑的坑底相平，有条件时宜做得更深一些。

软基泄水闸底流消力池下游海漫长度 L 可按如下经验公式计算：

$$L = k'q^{0.5}z^{0.25} \quad (1.6-51)$$

式中 q——消力池末端的单宽流量，$m^3/(s \cdot m)$；

z——上、下游水位差，m；

k'——主要随河床土质而改变的常数，对于细砂与砂壤土，$k'=10\sim12$；对于粗砂与黏性土，$k'=8\sim9$；对于硬黏土，$k'=6\sim7$。

海漫和防冲槽是底流消力池下游最常见的防冲措施。它的设置高程一般需略低于河床。对于开挖较深的消力池，海漫宜更低一些，以免出池水流有较大的二次跌差，这是保障海漫不被冲坏的重要措施。有时将海漫做成略向下倾斜，以降低防冲槽的高程，但坡度宜小些。软基消力池下游的海漫和防冲槽布置如图1.6-24所示。

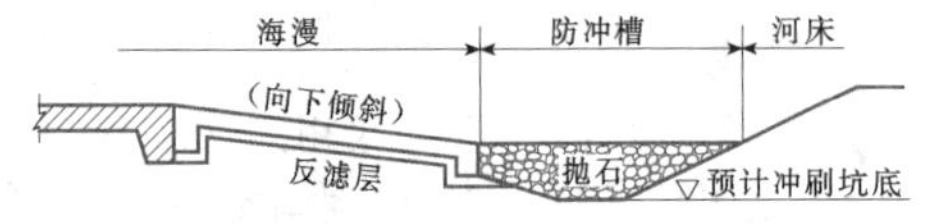

图1.6-24 海漫和防冲槽示意图

对于重要的大型工程，有时将海漫的一部分或全部做成混凝土护坦；它的末端需建防冲槽，有时也可用混凝土管柱来代替防冲槽，这是防止冲刷保证安全的一道重要防线。

在修建海漫的同时，两侧需修建较长的翼墙或导墙，有利于水流的适当扩散，并防止发生较严重的回流，减轻贴壁冲刷或三元流淘刷。对于多孔泄水建筑物，调度运用的合理与否，也对下游的防冲安全有很大影响。偏斜水流及折冲水流等不良流态应予以避免。

对于底流消力池下游的两岸岸坡，也需注意防止主流、回流和波浪的冲刷和淘刷破坏。岸坡的防冲措施包括护坡、顺坝、丁坝、潜坝、沉排及消浪设施等。对护坡工程及顺坝等，需注意护脚，使坡脚及坝基深入河床足够的深度，以保障工程的安全。丁坝及潜坝的主要作用在于拦截回流，改善局部流态，以减轻三元水流的淘刷。

一般来说，在水跃消能、挑流消能、面流消能三种方式中，底流消力池的工程量最大，而其下游的防冲措施则最省。但对于大流量及大单宽流量的低弗劳德数（跃首急流断面的 Fr_1 值）的水跃消能，以及河床质的抗冲能力低和岸坡的稳定性差时，则底流消力池下游的防冲问题显得更为突出。

对于重要的大型工程，更需注意管理运用中的安全监测以及对消能工进行维护检修。在消力池设计中，为避免消能工可能遭受的破坏，除了必须注意水流的脉动动力荷载及冲刷作用外，对推移质的磨损以及石块和漂浮的冰、木的冲击作用也应加以重视。

1.7 挑流消能

1.7.1 挑流消能的特点

在高、中水头的泄水建筑物中，下泄水流的动能较大，工程中常采用挑流消能的方式消刹能量，其特点是：泄水建筑物泄放的高速水流为挑坎所导引，将水流先抛射到空中，水流在空中掺入大量空气，形成逐渐扩散的水舌，然后在距坝趾较远处落入下游水垫中；水舌在水垫中继续扩散，并在主流前后形成两个大漩流，同时消散大部分动能；当扩散水舌的冲刷能力大于河床抗冲能力时，河床变形，形成冲刷坑，直至水流的冲刷能力小于河床抗冲刷能力时，冲刷坑才保持稳定状态。图1.7-1所示为溢流坝挑流消能剖面示意图。

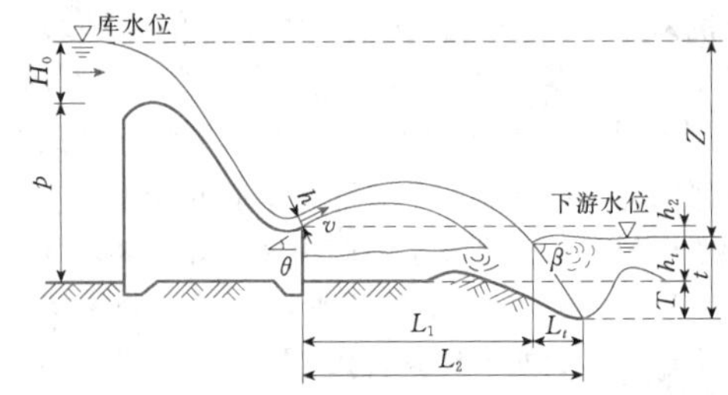

图1.7-1 溢流坝挑流消能剖面示意图

由于挑流消能工结构简单，当泄水建筑物下游地质条件较好时，为充分利用下游河道的抗冲刷能力，采用挑流消能方式是比较经济合理的。近几十年来，挑流消能在高、中水头泄水建筑物中广泛应用。挑流水舌在空中受大气的拖曳和卷吸作用发生破碎，并在与下游水体碰撞时产生激溅，雾化降雨难以避免。因此，在枢纽总体布置上必须考虑挑流消能的雾化影响。在泄洪雾化对环境和重要建筑物不会产生太大影响时，挑流消能常常作为首选消能方式。

1.7.2 水力计算

挑流消能水力计算的主要任务有：根据水力条件，确定挑坎体型、计算水舌挑距、估算冲刷深度等。

1.7.2.1 水舌挑距

挑流水舌挑距计算的主要目的是确定冲刷坑最深点的位置，试验和原型观测表明，最深点大致位于水舌外缘在水中的延长线上，如图1.7-2所示。

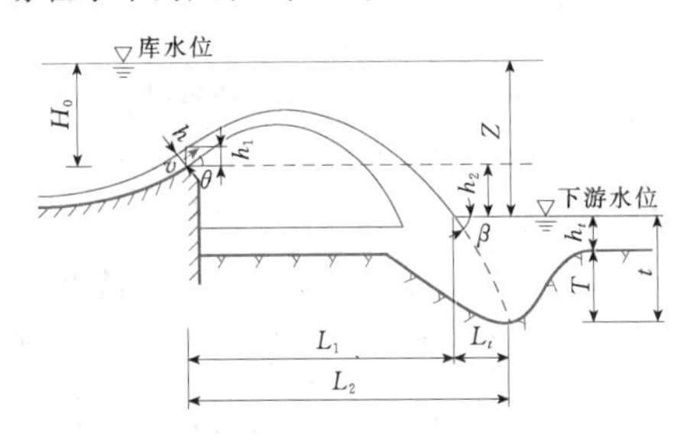

图1.7-2 等宽连续挑坎水舌形态与冲坑示意图

1. 挑坎坎顶至水舌外缘与下游水面交点的水平挑距 L_1

如图1.7-2所示，坎顶至水舌外缘与下游水面交点的水平挑距 L_1 的计算式为

$$L_1=\frac{v^2\sin\theta\cos\theta+v\cos\theta\sqrt{v^2\sin^2\theta+2g(h_1+h_2)}}{g} \tag{1.7-1}$$

其中

$$v=\varphi\sqrt{2gH_0}$$

$$h_1=\frac{h}{\cos\theta}$$

式中 v——挑坎出口断面的流速，m/s；

θ——水舌出射角（可近似取挑坎挑角），(°)；

h_1——挑坎坎顶铅直方向水深，m；

h——坎顶法向平均水深，m；

h_2——挑坎坎顶与下游水位的高差，m；

g——重力加速度，取9.81m/s^2；

H_0——上游水位至挑坎坎顶的高差（含行近流速水头），m；

φ——流速系数，可按经验公式（1.2-13）计算。

2. 水舌外缘入水点至冲坑最深点的水平距离 L_t

水面以下水舌长度的水平投影 L_t 为

$$L_t=\frac{t}{\tan\beta} \tag{1.7-2}$$

$$\tan\beta=\sqrt{\tan^2\theta+\frac{2g(h_1+h_2)}{v^2\cos^2\theta}} \tag{1.7-3}$$

式中 t——从下游水面起算的冲刷坑水垫深度，m；

β——水舌外缘入水处与下游水面的夹角，(°)。

3. 挑坎坎顶至冲坑最深点的水平总挑距 L_2

挑坎坎顶至冲坑最深点的水平总挑距 L_2 为 L_1 与 L_t 之和，即

$$L_2=L_1+L_t \tag{1.7-4}$$

较多的实测资料表明：原型水舌挑距和计算挑距之间存在一定差异，既有原型观测值小于计算值的情况，也有观测值大于计算值的情况。除了挑流水舌的表面和挑坎挑射角度不同，最重要的复杂因素是挑流水舌在空气中的掺气扩散作用，水舌挑离挑坎时已经掺气，抛射到空气中后又进行掺气扩散，情况极为复杂。

1.7.2.2 冲刷深度

水舌挑离挑坎后，在空气中掺气扩散跌入下游河道，并在下游河道的水体中进一步扩散。当水舌作用于河床的冲刷力超过河床质的抗冲能力时，即将河床冲刷成坑，直至坑壁的抗冲能力与水流作用于坑壁的冲刷力平衡为止。此时，冲刷坑的深度 T 与下游水深 h_t 共同组成冲坑水垫总水深 t，见图1.7-2。

冲坑水垫深度与上下游水位差、单宽流量、水舌入水角、下游水深、下游河床的地质条件、挑坎型式、坝面和空中的水流能量损失以及掺气程度等因素有关。

对于等宽挑坎，岩基河床冲坑水垫深度 t 的计算，我国目前普遍采用的计算公式为

$$t=Kq^{0.5}Z^{0.25}$$

或

$$T=Kq^{0.5}Z^{0.25}-h_t \tag{1.7-5}$$

式中 t——下游水面至坑底的最大水垫深度，m；

q——坎顶单宽流量，m^3/(s·m)；

Z——上、下游水位差，m；

T——冲坑深度，河床面与坑底的高差，m；

h_t——下游水深，m；

K——冲刷系数，主要与河床的地质条件有关，其数值见表1.7-1。

冲坑上游坡度 i 是判断大坝坝体安全稳定的基本参数，冲坑上游坡度定义为 $i=T/L_2$，T 为冲刷坑深度，L_2 为水平总挑距。i 值愈大，对坝体的安全稳定愈不利。许可的冲坑上游坡度应根据地质条件进行估计，可采用1∶3～1∶6。

1.7.3 消能工体型设计

挑流消能工包括导流墙、隔墙、折流墙、分流墩、挑坎等，而以挑坎为最重要。挑坎的平面型式有等宽式、扩散式和收缩式。挑坎体型则可分为连续挑坎、差动挑坎、窄缝挑坎和其他异型挑坎等，如图1.7-3所示。

表 1.7-1　　　　基岩冲刷系数 K 值

可冲性类别		难　冲	可　冲	较易冲	易　冲
节理裂隙间距（cm）		>150	150～50	50～20	<20
岩基构造特征	发育程度	不发育，节理（裂隙）1～2组，规则	较发育，节理（裂隙）2～3组，呈X形，较规则	发育，节理（裂隙）3组以上，呈X形或米字形，不规则	很发育，节理（裂隙）3组以上，杂乱，岩体被切割成碎石状
	完整程度	巨块状	大块状	块石、碎石状	碎石状
	结构类型	整体结构	砌体状结构	镶嵌结构	碎裂结构
	裂隙性质	多为原生型或构造型，多密闭，延展不长	以构造型为主，多密闭，部分微张，少有充填，胶结好	以构造型或风化型为主，大部分微张，部分张开，部分为黏性土充填，胶结较差	以风化型或构造型为主，裂隙微张或张开，部分为黏性土充填，胶结很差
K	范围	0.6～0.9	0.9～1.2	1.2～1.6	1.6～2.0
	平均	0.8	1.1	1.4	1.8

注　适用范围为水舌入水角在30°～70°之间。

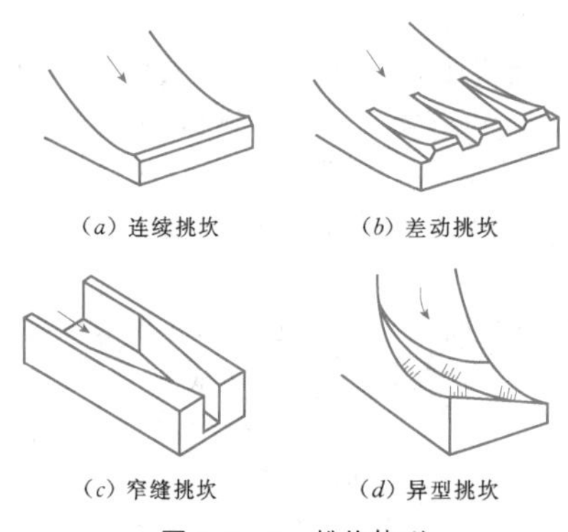

图 1.7-3　挑坎体型

连续挑坎施工简便，不易空蚀，一般情况下均可使用。但其水流比较集中，对下游河床冲刷不利，为了改善流态，减少冲刷，可用其他型式的挑坎。差动挑坎的高坎（齿）和低坎（槽）可把水流“撕开”，在垂直方向能有较大的扩散，使水舌入水面积大为增加，有利于减弱水流对河床的冲刷。但差动挑坎（尤其是矩形差动挑坎）在水流流速较高时，易产生空蚀破坏。窄缝挑坎和异型挑坎也在工程中广泛使用。挑坎型式的选择应视工程情况而定。为了避免因复杂的流态而引起空蚀破坏，并使挑流水舌的入水位置远离挑坎末端，挑坎高程一般高于下游最高尾水位。

以下仅对连续挑坎、差动挑坎、窄缝挑坎和异型挑坎分别加以介绍。

1.7.3.1　连续挑坎

连续挑坎体型最为简单，是半径为 R 的反圆弧，反弧末端的角度 θ 即为挑坎的挑角，由反弧底到挑坎顶的高差 a 即为挑坎的高度。由于 $a=R(1-\cos\theta)$，所以选定 R 和 θ 值后，a 值也就确定了。通常希望选用较大的 R 值和较小的 a 值，但存在一定的矛盾。有时在反弧底和挑坎之间设置一段水平段或较平坦的反坡段，则挑坎的角度 θ 和高度 a 可以与反弧半径 R 分开来进行选择，如图 1.7-4 所示。

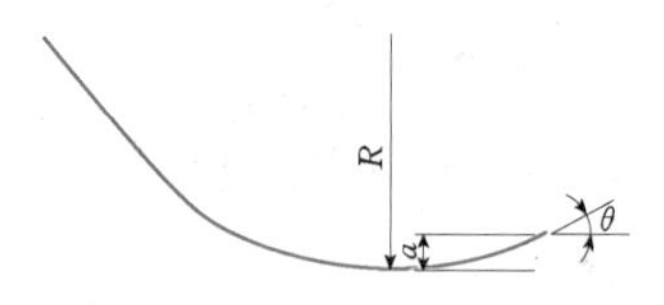

图 1.7-4　连续挑坎体型

1. 挑坎角度 θ

在相同水力条件下，当挑坎角度 $\theta=45°$ 时，水舌的挑距最远，挑射高度最大。相应的，水舌入水角大会增加对河床的局部冲刷，挑得很高的挑流水舌还将加重雾化。因此，在工程实践中一般采用小于45°的挑流仰角。挑坎挑角的大小应通过比较选定，宜选用15°～35°。当挑坎与河床面距离较大，冲坑最深点距坝趾较远，且冲坑上游坡度在许可的范围内时，挑坎角度也可以选用俯角或大挑角。

2. 反弧半径 R

挑坎的反弧段如为单圆弧，挑坎的反弧半径应结合泄槽的底坡、反弧段的流速和单宽流量、挑坎挑角等综合考虑。半径 R 常按反弧段处急流水深 h 的倍数选用，比值 R/h 的变幅范围较大，一般可达4～20，通常可采用6～12。在泄槽底坡较陡、反弧段流速或单宽流量较大时，反弧半径宜选用较大值。

当单圆反弧段的末端即为挑坎时，高挑坎可用 $R/a=10$，低挑坎可用 $R/a=8$。这个比值就是在 θ 值选定后的 $1/(1-\cos\theta)$。如前所述，R、θ、a 值应同时选择，互相核验。

反弧段的压力分布研究资料表明，R/h 愈小，水流的惯性离心力愈大。

3. 起挑流量 Q

在挑坎的体型参数选择中，还需考虑起挑流量 Q 的因素。坎高 a 值愈大，挑流水舌能自由挑离挑坎的起挑流量 Q 也愈大。对于挑坎基础条件不良、岸坡稳定性不好，以及挑坎下游设置有建筑物的情况，需进行重点研究。

起挑流量 Q 可按以下简单方法进行估算。

设挑坎的高度为 a，宽度为 B，挑坎上游反弧段处的急流水深为 h_1，该断面相应于起挑流量 Q 的弗劳德数为 Fr，由 h_1 及 Fr 即可求得相应的水跃第二共轭水深 h_2；设挑坎顶为自由溢流流态，则可由 Q 及 B 求得坎顶的溢流水头 h。将 $h+a$ 与 h_2 进行比较，即可判别出挑坎的流态：如 $h_2>h+a$，挑坎已能自由挑射；如 $h_2\leqslant h+a$，则为以溢流方式越过挑坎的跌流。

控制闸门逐步开启过程中的起挑单宽流量 q_i 与关闭过程中不再挑射的终挑单宽流量 q_s 存在一定差额，起挑和终挑单宽流量可按下式计算。

对于起挑单宽流量，原型有

$$\frac{q_i^{2/3}}{H_i}=1.77\left(\frac{a}{H_i}\right)^{1.332}$$

或

$$\overline{h}_{ki}=0.827\left(\frac{a}{H_i}\right)^{4/3} \tag{1.7-6}$$

模型有

$$\frac{q_i^{2/3}}{H_i}=2.25\left(\frac{a}{H_i}\right)^{1.38}$$

或

$$\overline{h}_{ki}=1.05\left(\frac{a}{H_i}\right)^{1.38} \tag{1.7-7}$$

对于终挑单宽流量，模型有

$$\frac{q_s^{2/3}}{H_s}=1.50\left(\frac{a}{H_s}\right)^{1.43}$$

或

$$\overline{h}_{ks}=0.701\left(\frac{a}{H_i}\right)^{1.43} \tag{1.7-8}$$

式中 H——上游水位到反弧底的水位差，m；

i、s——下角，分别对应于起挑条件和终挑条件；

q——挑坎末端断面单宽流量，$m^3/(s\cdot m)$；

a——挑坎高度，m。

1.7.3.2 差动挑坎

差动挑坎如图 1.7-5 所示，高坎（齿）的横剖面为顶小底大的梯形，平面图前窄后宽，有所扩张；低坎（槽）则为前宽后窄的倒梯形。这种体型将最易发生空化现象的齿的侧面由直立面改为斜面，同时又保持槽内的水流沿程收缩，使齿槽公用的斜壁上的压力有所增加，从而改善齿槽式挑坎的抗空化性能。

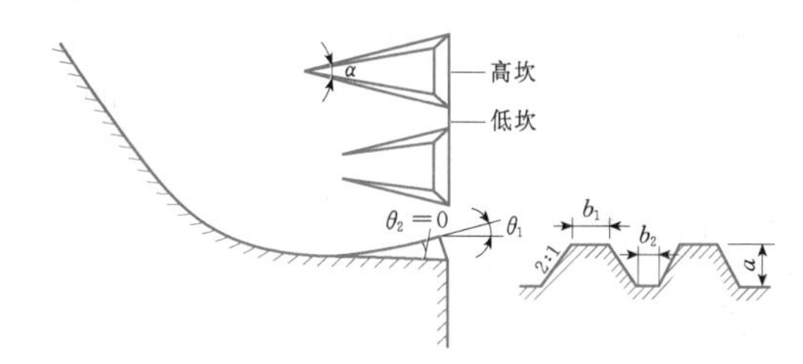

图 1.7-5 差动挑坎体型

采用差动挑坎，挑坎处平均流速大于 16m/s 时，应合理选择挑角差、高低坎宽度比和高低坎的高差，并考虑在挑坎和反弧段间用直线过渡段以改善流态。必要时高坎侧宜设通气孔，高坎顶面的棱角宜做成圆弧状，以防止挑坎空蚀破坏。

丁贤文在玻璃水槽内进行了扩散梯形齿槽挑坎体型尺寸试验研究（试验所用的收缩断面急流弗劳德数 Fr 分别为 4.8、5.6、8.3）：

挑流仰角：高坎（齿）用 $\theta_1=25°$；低坎（槽）成水平，$\theta_2=0°$。

坎高：高坎与低坎的高差 a 等于收缩断面急流水深 h_1，即 $a/h_1=1$。

齿宽及槽宽：高坎（齿）的末端宽度为 b_1，$b_1/h_1=2.5\sim2.7$，低坎（槽）的末端宽度为 b_2，$b_2/b_1=3/4$。

齿的扩张角：高坎（齿）在平面图上的扩张角为 25°。

齿或槽的侧坡：齿或槽的侧坡取为 1∶0.5（竖∶横）。

1.7.3.3 窄缝挑坎

窄缝挑坎（见图 1.7-6）适用于狭窄的河谷，在泄水建筑物中被广泛采用。它的主要特点是：挑离挑坎的射流水股厚度很大而宽度很小，水面和底部的挑角相差大，水股在空气中的紊动掺气扩散作用强烈，射流跌入下游水体时，外缘射距和内缘射距相差很大而横向宽度不大。

窄缝挑坎的体型选择要求挑离挑坎的射流能在空气中获得充分的上下扩散，射流跌入河道时又获得顺水流方向的充分扩散，射流在空气中消散的能量趋于

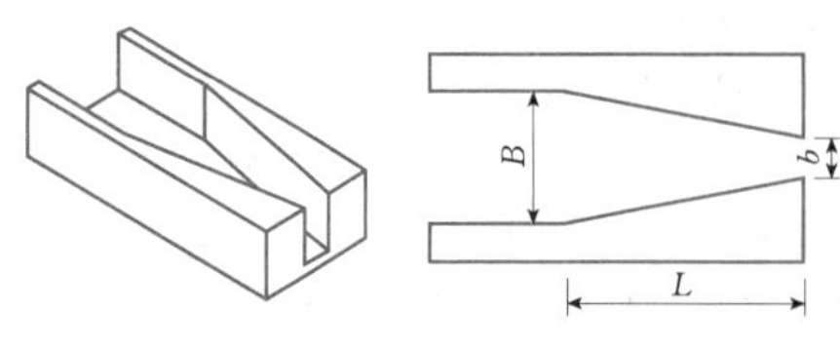

图 1.7-6 窄缝挑坎体型

最大，这样可以使河床的局部冲刷减轻，从而解决狭窄河谷高坝泄洪的消能防冲问题。窄缝挑坎出口断面可以呈矩形、梯形、Y形和V形等，也可采用不对称型式，应经比较选定。

1. 窄缝挑流水舌流态

典型的窄缝挑流水舌在空中明显存在三个区域，如图1.7-7所示。

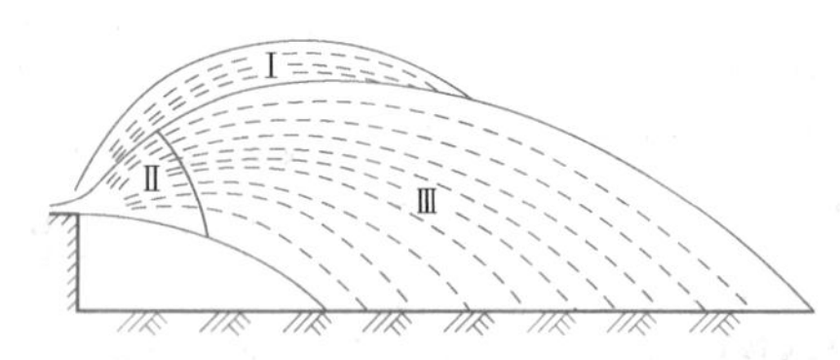

图 1.7-7 典型窄缝挑流水舌流态

Ⅰ区：Ⅰ区为冲击波在出口附近交汇产生的“水冠”部分。这部分水体由于“水冠”宽度小于水舌主体宽度，三面掺气并受空气阻力影响较大，因而流速小于水舌主体部分的流速，且出射角一般大于45°，故挑至一定高度时就会散落在水体上，在水舌外缘形成一条乳白色的条带。

Ⅱ区：Ⅱ区为整体扩散区。在水舌出坎以后，水流的中、下部宽度较大，水舌呈整体扩散状水股。随距出口末端距离的增大，扩散度、掺气量不断增加，这个区域随水头升高及收缩比变小而缩小，长度约为挑坎末端水深的1.5～3.0倍。

Ⅲ区：Ⅲ区为掺气扩散区。水舌外缘挑角在45°左右（小于“水冠”部分出射角），当距出口距离小于1.5～3.0倍坎末水深时，水舌在空中不再呈整体水股，而是分散成许多细股状。射流水舌较松散并明显掺气。

2. 体型参数

典型窄缝挑坎的体型如图1.7-6所示。

(1) 收缩比 b/B。收缩比与来流条件、相对收缩段长度 L/B 有关，一般可取 $b/B=0.125$～0.5。

根据相同来流条件下等宽挑坎与窄缝挑坎下游冲刷相等的原则，建议：

$$\left(\frac{b}{B}\right)=0.696-0.028Fr_1 \tag{1.7-9}$$

最小收缩比与边墙型式、水力条件等有关，一般可选 $\left(\frac{b}{B}\right)_{\min}\approx 0.15$。

当坝顶的溢流水头为坝高的1/19.1～1/6.7时，收缩比可按下式选用：

$$\frac{b}{B}=4\bar{h}_k \tag{1.7-10}$$

其中
$$\bar{h}_k=\sqrt[3]{\frac{\alpha q^2}{g}}$$

式中 b、B——挑坎末端及起始断面的宽度；

$\bar{h}_k$——起始断面的相对临界水深。

也就是说，起始断面的单宽流量愈小或泄洪落差愈大，挑坎的末端收缩比愈小。

(2) 相对收缩段长度 L/B。L/B 的大小与来流条件及 b/B 有关，在大流量低弗劳德数条件下，b/B 应取较大值，一般取 $L/B=0.75$～1.5，这时水舌可以得到较好的扩散又对起挑水头无明显影响。在高弗劳德数条件下，收缩比宜选较小值，一般取 $L/B=1.5$～3.0。

(3) 挑角。挑坎挑角一般可采用0°挑角。当地形、地质条件容许，在布置上也不影响建筑物安全时，可采用−10°～−3°的小俯角，这样既可降低起挑水头，增大运用范围，也加大了水舌的扩散和入水长度，有利于减轻下游的局部冲刷。当要求加大水舌内缘挑距时，可以采用有仰角的挑坎。

3. 水舌挑距计算

(1) 窄缝水舌外缘水平挑距。根据图1.7-8所示定义，挑坎至下游水面的水舌外缘挑距 L_1 按式(1.7-11)计算。

$$L_1=\frac{v_1{}^2\sin\theta_1\cos\theta_1+v_1\cos\theta_1\sqrt{v_1{}^2\sin^2\theta_1+2g(h_1+h_2)}}{g} \tag{1.7-11}$$

其中
$$\theta_1=\arctan\frac{1}{\sqrt{1+\frac{2g(h_1+h_2)}{v_1^2}}} \tag{1.7-12}$$

$$v_1=\varphi\sqrt{2g(H_0-h_1)}$$

$$h_1=\frac{Q}{b\bar{v}}$$

式中 L_1——自挑坎坎顶算起的挑流水舌外缘水平挑距（至下游水面），m；

Q——下泄流量，m³/s；

v_1——水舌外缘出射流速，m/s；

h_1——坎顶铅直方向水深，m；

$\bar{v}$——出口断面平均流速，m/s；

h_2——挑坎坎顶与下游水位的高差，m；

θ_1——坎顶水舌外缘流速 v_1 的出射角，初估可取40°～45°，也可按式(1.7-12)

计算；

g ——重力加速度，取 9.81m/s²；

H_0 ——上游水位至挑坎坎顶的高差（含行近流速水头），m；

φ ——流速系数，可按经验公式（1.2－13）计算。

（2）窄缝水舌内缘挑距。挑坎至下游水面的水舌内缘挑距 L_2（见图 1.7－8）的计算式为

$$L_2 = \frac{v_2^2\sin\theta\cos\theta + v_2\cos\theta\sqrt{v_2^2\sin^2\theta + 2gh_2}}{g} \tag{1.7-13}$$

$$v_2 = \varphi\sqrt{2gH_0}$$

式中 L_2 ——自挑坎坎顶算起的挑流水舌内缘水平挑距（至下游水面），m；

v_2 ——水舌内缘出射流速，m/s；

θ ——挑坎挑角，(°)。

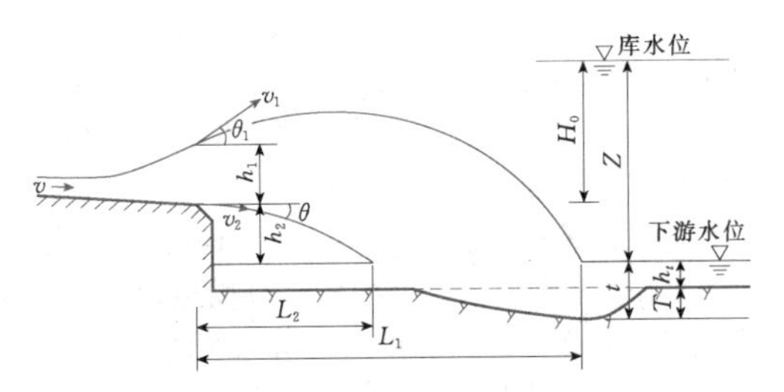

图 1.7－8 窄缝挑坎水舌形态与冲坑示意图

4. 冲坑最大水垫深度估算

如图 1.7－8 所示，窄缝挑坎冲坑最深点到挑坎坎顶的水平距离可近似取窄缝水舌外缘水平挑距 L_1。冲坑最大水垫深度估算式为

$$t = Kq^{0.5}Z^{0.25}\varepsilon^n \tag{1.7-14}$$

式中 t ——下游水面至坑底的最大水垫深度，m；

q ——挑坎起始断面的单宽流量，m³/（s·m）；

Z ——上、下游水位差，m；

ε ——挑坎收缩比，$\varepsilon=b/B$；

n ——指数，应通过试验确定，初设时可取 1/3～1/2，收缩比小时取大值，收缩比大时取小值；

K ——冲刷系数，它主要与河床的地质条件有关，其数值见表 1.7－1。

1.7.3.4 异型挑坎

异型挑坎的底面、边墙由多种曲面组合而成，挑坎型式各异。目前，国内主要采用的有扭曲挑坎、贴角挑坎、斜切挑坎、舌型挑坎及边墙不对称收缩或扩散的挑坎。

当下游河道狭窄，泄槽轴线与河道中心线夹角较大时，为了使挑流水舌挑落在预定的位置，减轻挑流水舌对岸坡的影响，可选用异型挑坎。异型挑坎的体型需经水工模型试验验证。

三板溪水电站（见图 1.7－9）设有 3 孔溢洪道，每孔设 20m×19m（宽×高）弧形工作门，百年一遇洪水下泄流量为 9850m³/s。溢洪道出口右侧边墙扩散角为 9.39°，左侧边墙扩散角为 9.57°，泄槽净宽由 70m 扩散到 117m，挑坎末端高程相等。挑坎水舌在空中充分扩散，下游河道冲刷轻微。

龙羊峡水电站和紫坪铺水利工程均采用了扭曲挑坎（见图 1.7－10）。龙羊峡水电站泄水建筑物有溢洪道、中孔、深孔及底孔 4 层，体型分别为：溢洪道差动式对称曲面贴角窄缝挑坎、中孔扩散斜扭挑坎、深孔扩散加小挑坎斜扭挑坎、底孔曲面贴角斜挑坎。紫坪铺水利工程泄洪排沙隧洞采用了扩散式扭曲挑坎，挑坎出射水流均匀，可避免挑流入水水舌和能量过于集中，减小单宽流量，从而控制冲刷。三门峡水电站两条左岸泄洪洞，工作弧形门为 8m×8m，末端采用扩散式扭曲挑坎，左侧为直线边墙，右侧为扩散边墙，内侧隧洞（1 号洞）的右边墙平面转角为 45°，挑坎右端高 2m、左端高 5m。运行实践经验表明，挑射过程中水舌向右扩散的情况良好。

图 1.7－9 三板溪水电站溢洪道

1.7.4 水垫塘水力设计

对于采用挑流消能的泄水建筑物，通常在挑流水

(a) 龙羊峡水电站

(b) 紫坪铺水利工程

图 1.7-10　龙羊峡水电站与紫坪铺水利工程

舌下游修建二道坝抬高下游水位，使之形成具有一定宽度、深度和长度的水垫塘。挑流水舌射入水垫塘后，在水垫中形成旋涡，产生极为强烈的紊动，从而消耗大量余能，避免河道冲刷。水垫塘典型断面如图 1.7-11 所示。

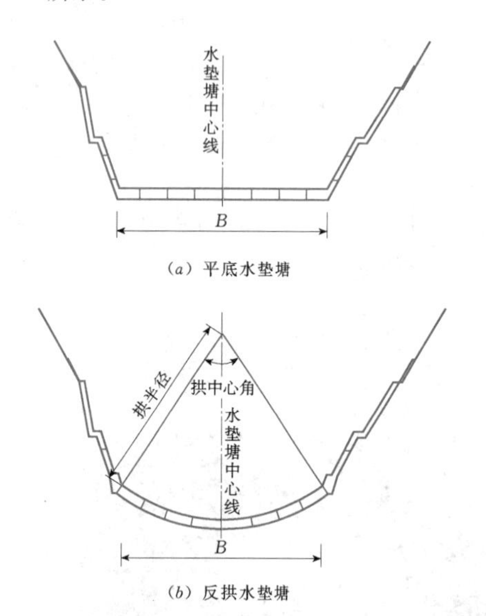

(a) 平底水垫塘

(b) 反拱水垫塘

图 1.7-11　水垫塘典型断面示意图

由于水垫塘内水流条件十分复杂，同时水垫塘结构型式与地形地质条件、水垫塘空间尺寸及水力特性等因素互相关联，交叉影响，因此，水垫塘设计的技术难度很大。表 1.7-2 列出了我国 8 个水垫塘的设计参数，可供参考，它们主要是根据水工模型试验进行设计的。

二滩水电站为混凝土双曲拱坝（见图 1.7-12），最大坝高为 240m。由于河谷狭窄、水头高、流量大，因此，泄洪消能设施成为二滩水电站枢纽中的重要组成部分。拱坝顶部设有 7 个泄洪表孔（11m×11.5m，宽×高），设计洪水位时泄流量为 6260m^3/s，校核洪水位时泄流量达 9500m^3/s。在表孔闸墩下方设有 6 个泄水中孔（6m×5m），设计洪水位时的泄流量为 6930m^3/s，校核洪水位时的泄流量为 6950m^3/s。在拱坝下游设置水垫塘和二道坝及二道坝下游护坦作为防冲保护措施，水垫塘用钢筋混凝土保护，采用复式梯形断面，底宽 40m，底板高程 980.00m，长 354.14m。底板分块尺寸为 9m×9m，底板厚度为 3～5m。水垫塘底板和边墙护坦板块周边设止水，同时在板缝下设排水廊道和排水暗沟，水垫塘和二道坝相互构成独立于大坝的排水系统，并在水垫塘左岸设深井水泵房，用专用水泵抽排来自水垫塘和二道坝的渗水。

隔河岩水电工程（见图 1.7-13）的枢纽建筑物由混凝土重力拱坝（坝型为“上重下拱”）、泄水建筑物、右岸岸边式厂房、左岸垂直升船机组成，最大坝高 151.0m，坝顶长 653.5m。溢流段位于坝的中部，共设 7 个表孔（12.0m×18.2m），4 个深孔（4.5m×6.5m）和 2 个放空兼导流底孔（4.5m×6.5m），溢流前缘长度为 188m。最大下泄流量达 23900m^3/s，上、下游水位差为 104.7m，入水单宽流量为 191.2m^3/(s·m)。由于下游页岩抗冲能力低、拱坝泄洪引起的水流集中等问题，采用表孔、深孔和底孔的 3 层布置，以表孔为主、深孔为辅的泄洪方式，同时下游采用水垫塘的消能布置型式，取得了良好的消能效果。

1.7.4.1　水垫塘深度

水垫塘深度与水流的水力条件、底板结构厚度、锚固措施、地质条件、排水和支护等因素有关。水垫塘底板的冲击动水压力是确定水垫塘深度的主要控制性参数。

我国几座高拱坝，如二滩、小湾、构皮滩等，以

表 1.7-2　　典型工程水垫塘设计参数

工程名称	总泄流量 (m^3/s)	坝高 (m)	上游水位 (m)	落差 (m)	泄洪功率 (MW)	水垫塘底宽 (m)	水垫塘高程 (m)	水垫塘长度 (m)	二道坝高程 (m)	备注
构皮滩	25710	232.5	638.36	149.60	37800	70	412.00	283.74	444.50	已建
隔河岩	23900	151.0	204.70	104.70	24500	162	58.00	154.00	82.00	已建
二滩	13000	240.0	1200.00	166.30	26600	40	980.00	276.00	1012.00	已建
小湾	15260	292.0	1240.00	278.00	33900	70	965.00	349.90	1004.00	已建
锦屏一级	10074	305.0	1880.00	225.00	22666	45	1595.00	390.00	1645.00	已建
溪洛渡	30903	278.0	600.00	188.50	55960	60	340.00	360.00	382.00	已建
白鹤滩	28200	289.0	825.72	190.70	52700		560.00	369.00	600.00	在建
拉西瓦	6310	250.0	2452.00	211.80	12984	61.647°/81.25m 拱中心角/拱半径	2214.50	218.30	2243.50	已建

图 1.7-12　二滩水电工程

图 1.7-13　隔河岩水电工程

冲击动水压力作为水垫塘深度和板块稳定设计的主要控制性参数。在平底水垫塘设计中将其取值定为 $\Delta P_m \leqslant 15.0\times 9.81$kPa。日本对水垫塘底板上采用的动水压力控制参数为 $\Delta P_m \leqslant 30.0\times 9.81$kPa。

对于反拱水垫塘（如拉西瓦工程），我国学者对其进行了有益的研究，提出了冲击动水压力控制参数为 $\Delta P_m \leqslant 30.0\times 9.81$kPa。

1.7.4.2　水垫塘长度

水垫塘的防护区和二道坝位置取决于水舌的挑射距离和水垫塘中的漩滚长度，可根据动水压力沿底板分布等因素确定。从时均压力分布规律得知，在水舌滞点（最大动水压力点或水舌作用在底板冲击点）下游，时均压力降到最低点，而后渐渐回升，一般要在滞点下游大于1倍水深处才能恢复到下游水位。考虑到让水流平稳均匀地自二道坝泄向下游，二道坝要设置在离挑射最远的水舌滞点下游1.5倍水垫深度之外。

1.7.4.3　二道坝高度

二道坝高度的设计应充分考虑水垫塘深度与长度、

表 1.7-3　100m 以上高坝采用挑流消能方式的泄洪建筑物工程实例

坝型	坝名	坝高(m)	泄洪建筑物	设计流量(m^3/s)	单宽流量[$m^3/(s \cdot m)$]	地质条件	建成年份	国别
重力坝	托克托古尔(Токтгуль)	215.0	泄槽1条，2孔各宽10m 深孔2个	4000		石灰岩	1977	苏联
	三峡	181.0	深孔23个，7m×9m 表孔22个，各宽8m 泄洪排漂孔2个，10m×12m 排沙孔7个，4m×7m			花岗岩	2009	中国
	乌江渡	165.0	溢洪道6孔，各宽13m×19m 泄洪中孔，4m×4m 左右泄洪洞，9m×10m 放空洞，7m×7m	15666 1154 4130 1480	201 289 211	页岩 灰岩	1983	中国
	小浪底	154.0	正常溢洪道3孔，11.5m×17.5m 非常溢洪道 明流泄洪洞3条，8m×10m、8m×9m、8m×9m 孔板泄洪洞3条，4.8m×5.4m、4.8m×4.8m、4.8m×4.8m 排沙洞3条，4.4m×4.5m	3764 3000 2680 1973 1796 1727 1549 1549		砂岩 黏土岩 粉砂页岩	2001	中国
	刘家峡	147.0	泄洪洞，门8m×9.5m 泄水孔2个，门3m×8m 溢洪道3孔，各宽10m 排沙洞，2m×2.8m	2140 1488 3785 105	268 248 126 52.5	板岩 片岩 砂岩	1974	中国
	田子仓(Tagokura)	145.0	溢流坝	2330	46.5	流纹岩 凝灰岩	1959	日本
	恰邦(Chambon)	136.0	底孔	110		片麻岩 石灰岩	1934	法国
	松坪(Pine Flat)	134.0	溢流坝	11200	125	闪岩	1954	美国
	漫湾	132.0	溢流表孔5个，13m×20m 泄洪洞，12m×12m 排沙底孔2个，5m×8m 泄洪中孔2个	2310	193	流纹岩	1995	中国

续表

坝型	坝名	坝高(m)	泄洪建筑物	设计流量(m^3/s)	单宽流量[$m^3/(s\cdot m)$]	地质条件	建成年份	国别
重力坝	宝珠寺	132.0	表孔2个，16m×16.3m 中孔2个，13m×15m 底孔4个，4m×8m			粉砂岩	1998	中国
	江垭	131.0	表孔4个，14m×12m 中孔3个，5m×7m			灰岩		中国
	安康	128.0	表孔5个，15m×17m 中孔5个，11m×12m，其中2孔采用挑流消能 排沙底孔2个，5m×8m，扩散式挑流（窄缝式，曲线形贴角斜鼻坎）消能	14010 11123 4654	187 202 465	千枚岩	1992	中国
	布位茨克(Бpack)	125.0	溢洪道11孔，各宽18m	7100	36	辉绿岩 砂岩	1964	苏联
	克拉斯诺雅尔斯克(Kpacиoяpck)	124.0	溢流坝7孔，各宽25m	12000	68.5	花岗岩	1972	苏联
	云峰	114.0	溢流坝21孔，各11m×7.5m 中孔4个，4.25m×4.25m	21900 2300	95 135	凝灰岩 花岗板岩	1967	中国、朝鲜
	棉花滩	111.0	溢洪道3孔，各宽16m 泄水底孔1个，5m×7.2m			花岗岩	2002	中国
	阿斯旺	111.0	非常溢洪道30孔，各宽8m 泄洪孔12个，宽40m	5000 11000	21 23	砂岩	1970	埃及
	岩滩	110.0	表孔7个，15m×21m 泄水底孔1个，5m×8m，底孔采用挑流消能	33400	242	岩浆岩 辉缘岩	1995	中国
	黄龙滩	107.0	溢洪道6孔，12m×10m 非常溢洪道1孔，10m×12m 泄水孔1个，5m×6m	11200 1030 830	156 103 166	片岩	1978	中国
	鲍(Bao)	107.0	溢流坝2孔，12.5m×8m	1180	47.2		1960	西班牙
	三门峡	106.0	双层泄水孔5个，上下各3m×8m 泄洪洞2条，门8m×8m	5760 3270	384 204	玢岩 花岗岩	1972	中国

续表

坝型	坝名	坝高(m)	泄洪建筑物	设计流量(m^3/s)	单宽流量[$m^3/(s·m)$]	地质条件	建成年份	国别
重力坝	新安江	105.0	厂顶溢流9孔，13m×10.5m，差动式挑流鼻坎	14000	120	砂岩 石英砂岩	1978	中国
	基柳依(Килюйская)	104.0	泄水底孔4个，5.5m×6m			片麻岩 片岩 粉砂岩	1998	苏联
堆石坝	伊斯摩拉达(Esmeralda)	237.0	溢洪道3孔，16m×14m	9000	187	板岩	1975	哥伦比亚
	水布垭	233.0	溢洪道5孔，14m×20m，窄缝挑流鼻坎（收缩比0.25） 深孔1孔，6m×9m 放空洞1孔，6m×7m	14810	185	砂页岩 灰岩 灰质泥岩及页岩 炭质页岩	2009	中国
	三板溪	185.5	溢洪道3孔，20m×19m 泄洪洞1孔，13m×13m	10633 2867	152	灰质砂岩 板岩和凝灰岩 层凝灰岩	2005	中国
	天生桥Ⅰ级	178.0	溢洪道5孔，13m×20m 放空隧洞，8m×11m	21750	334.6	石灰岩 砂岩 泥岩及泥灰岩	1998	中国
	紫坪铺	156.0	溢洪道 泄洪排沙洞2孔 冲沙放空洞1孔，3m×3.5m	12700			2006	中国
	塔倍拉(Tarbela)	143.0	岸边主溢洪道	18400	173	片麻岩	1974	巴基斯坦
	尼扎霍尔柯约塔(Netzahualcoytal)	138.0	非常溢洪道4孔，15m×18m	10650	177	砾岩 砂岩	1964	墨西哥
	德尔本第·可汗(Derbendi Khan)	128.0	溢洪道3孔，15m×15m	11400	253	砂页岩 泥灰岩	1961	伊拉克
	安波克劳(Ambuklao)		溢洪道8孔，12.5m×12m	11000	110	变质闪长岩	1955	菲律宾
	安盖脱(Angat)	125.0	溢洪道3孔，12.5m×15m	5800	155	变质熔岩	1967	菲律宾

续表

坝型	坝名	坝高(m)	泄洪建筑物	设计流量(m^3/s)	单宽流量[m^3/(s·m)]	地质条件	建成年份	国别
拱坝	英古尔(Ингури)	272.0	坝顶溢流	2200	15	石灰岩 白云岩	1974	苏联
	二滩	240.0	表孔7个，11m×11.5m 中孔6个，6m×5m 泄洪洞2条，13m×13.5m 下游设水垫塘和二道坝，表孔、中孔水舌碰撞消能			玄武岩 正长岩	2000	中国
	康特拉(Contra)	221.0	6个表孔溢流	1000		页岩 云母岩	1965	瑞士
	姆拉丁其(Mratinjie)	220.0	表孔3个，13m×5m 中孔3个，ϕ2.5m 底孔2个，ϕ2m	1670 613	43	石灰岩	1976	南斯拉夫
	礼萨·夏·卡比尔(Reza Shah Kabir)	200.0	溢洪道3孔，15m×20m	16000	355		1977	伊朗
	阿尔门德拉(Almendra)	198.0	岸边溢洪道 泄洪洞	3000 916	100/600 104/305		1970	西班牙
	新布拉巴(New Bullards Bar)	194.0	左岸泄槽	4600	166	斑状角闪岩	1970	美国
	摩西洛克(Mossyrock)	185.0	表孔4个，13m×15m	7800	150	玄武岩	1968	美国
	德基	181.0	表孔5个，11m×4.5m 泄水底孔2个，4.3m×5.8m 放水钢管2条，D=2m 泄洪隧洞，宽11.6m	1400 1600 250 3400	25 186 293	石英岩 板岩	1974	中国台湾
	阿密尔·卡比尔(Amir Kabir)	180.0	表孔2个，10m×10m	1400	70	正长岩	1962	伊朗
	龙羊峡	178.0	溢洪道3孔，各宽12m，差动式对称曲面贴角窄缝鼻坎 中孔，8m×9m，扩散斜扭鼻坎 深孔，5m×7m，扩散加小挑坎斜扭鼻坎 底孔，5m×7m，曲面贴角斜鼻坎	4493 2203 1340 1498	125 275 268 300	花岗闪长岩	1992	中国

续表

坝型	坝名	坝高(m)	泄洪建筑物	设计流量(m^3/s)	单宽流量[$m^3/(s\cdot m)$]	地质条件	建成年份	国别
拱坝	卡勃罗·巴沙(Cabro Bassa)	171.0	中孔8个，6m×7.8m	13100	273	片麻岩	1974	莫桑比克
	东风	168.0	表孔3个，11m×5m 中孔3个，2边孔：5m×6m 中间孔：2.5m×4.5m 泄洪隧洞：12m×20m 溢洪道：15m×20m	2300 2620 3410 4225	70 284 282	灰岩 页岩 白云岩	1995	中国
	李家峡	165.0	中孔2个，8m×10m 底孔1个，5m×7m	4640 1110	290 222	混合岩 片岩 花岗伟晶岩	1999	中国
	东江	157.0	溢洪道3孔，10m×7.5m，右岸溢洪道采用窄缝式鼻坎，左岸溢洪道采用扭曲鼻坎 一级放空洞，8.5m×12m 二级放空洞，7.2m×12m	4416 2000 1625	147 235 226	花岗岩	1988	中国
	蒙台纳尔(Monteyoard)	155.0	表孔2个，各宽15m	2820	94	泥质灰岩	1962	法国
	隔河岩	151.0	表孔7个，12m×18.2m 深孔4个，4.5m×6.5m 底孔2个，4.5m×6.5m 采用不对称宽尾墩结合“水垫池”的消能布置	17060	203	灰岩 页岩	1995	中国
	摩洛·波恩脱(Morrow Point)	142.0	坝顶溢流	1160	63	云母石英岩	1968	美国
	阿尔达维拉(Aldeadavila)	139.0	坝顶溢流8孔，各宽14m 泄洪洞	11700 2800	104 224	花岗岩	1963	西班牙
	卡勃利尔(Cabril)	136.0	中孔2个，8.9m×8.1m	2200	124	花岗岩	1954	葡萄牙
	乌格朗(Vouglans)	130.0	表孔溢流	1800	13.2	石灰岩	1968	法国
	卡里巴(Kariba)	128.0	中孔6个，9m×9m	9500	176	片麻岩	1960	津巴布韦、赞比亚

续表

坝型	坝名	坝高(m)	泄洪建筑物	设计流量(m^3/s)	单宽流量[$m^3/(s \cdot m)$]	地质条件	建成年份	国别
拱坝	鲍尔(Bort)	121.0	厂顶溢流，宽13.2m	1200	91	云母片岩 花岗岩	1952	法国
	川俣(Kawamata)	120.0	底孔2个，3.22m×3.22m	550	85	凝灰岩	1966	日本
	卡斯特罗·杜·博德(Castolo do Bode)	115.0	中孔2个，14m×10m	4000	143	结晶片岩	1953	葡萄牙
	风滩	112.5	溢洪道13孔，14m×13.13m 低坎为连续式，高坎为舌式扩散型	30940	170	细砂岩 板岩	1979	中国
	新成羽(Shinnariwagawa)	103.0	厂顶溢流，宽60m	2300	40		1969	日本
支墩坝	湖南镇	128.0	溢洪道5孔，14.5m×10m 泄水孔4个，2.5m×4m	8070 1430	139 143	流纹斑岩	1979	中国
	结雅(Зея)	115.0	溢流坝12孔，各宽8m	8800	91	闪长岩		苏联
	新丰江	105.0	溢洪道3孔，15m×10m 泄洪洞，7.5m×10m	3800 1700	84.4 227	花岗岩	1971	中国
	柘溪	104.0	溢流坝9孔，12m×9m，差动式挑流鼻坎	16160	150	石英砂岩 细砂岩 板岩	1975	中国
土石坝	本尼特坝	183.0				砂岩 页岩		加拿大
	布洛雅林(Blowering)	112.0	岸边溢洪道	2270			1968	澳大利亚
	西桑纳(Cethana)	110.0	岸边溢洪道	2000	44.2		1971	澳大利亚
	碧口	101.0	右泄洪洞，门8m×10m 左泄洪洞，门9m×8m 溢洪道1孔，宽15m	2340 1840 3030	280 189 154	千枚岩 凝灰岩	1976	中国

二次跌流、水垫塘检修、下游冲刷及工程量等因素，使塘底高程、二道坝坝顶高程和下游的防冲工程三者统筹考虑，总体最经济。

1.7.5 防冲措施

泄水建筑物采用挑流消能方式时，防冲措施主要包括护岸、护坦、二道坝等工程。挑流消能一般要求下游有足够的水深，并且有足够的水面宽度，通常不容许高流速的水舌直接冲击水面以上的岸坡。

对于V形河谷，即使水舌入水时离水边线有一定距离，挑流水舌仍可能冲击水面以下岸坡而引起冲刷，或可能受到回流的淘刷；有时河床发生较深的局部冲刷也会影响岸坡的稳定。因此，采用挑流消能方式时，是否需要修建护岸工程，需进行认真论证。如需进行护岸，工程量常较大。例如，某水电站下游抗冲能力较低的页岩可能发生较深的河床局部冲刷，修建了混凝土护岸墙；又如，某水库左岸泄洪隧洞挑坎的对岸修建了混凝土护坡工程；某水电站为了防御水花飞溅，保障进厂交通，修建了岸边混凝土隧洞；某水电站泄洪消能建筑物为岸边溢洪道，具有水头高、流量大、泄洪功率大、消能区地质条件复杂的泄洪消能特点，下游消能区防护方案采用了护岸不护底的防淘墙方案。

1.7.6 工程实例

挑流消能方式得到了广泛的应用。表1.7-3列举了100m以上高坝采用挑流消能方式的泄洪建筑物工程实例，包括重力坝23座、堆石坝10座、拱坝27座、支墩坝4座、土石坝4座，按坝高由大到小顺序排列。泄洪建筑物类别有溢流坝、溢洪道、泄洪洞、表孔、中孔、底孔等。

1.8 面流消能

1.8.1 面流消能特点

面流消能是利用泄水建筑物末端的跌坎或戽斗，将下泄急流的主流挑至水面，通过主流在表面扩散及底部漩滚和表面漩滚以消除余能的消能方式，如图1.8-1所示。面流消能方式可分为跌坎面流和戽斗面流两类。

戽斗面流与跌坎面流的共同点为：急流离开戽斗或跌坎后，高速水股漂在下游水面，底部出现横轴漩滚，水面也有一个或两个横轴漩滚，曲率显著的主流水股夹在表、底漩滚之间紊动扩散，尾部缓流水面的波浪较大并延伸较长的距离；主流水股与漩滚间的紊动剪切面和漩滚的紊动结构是消散动能的主要部位。

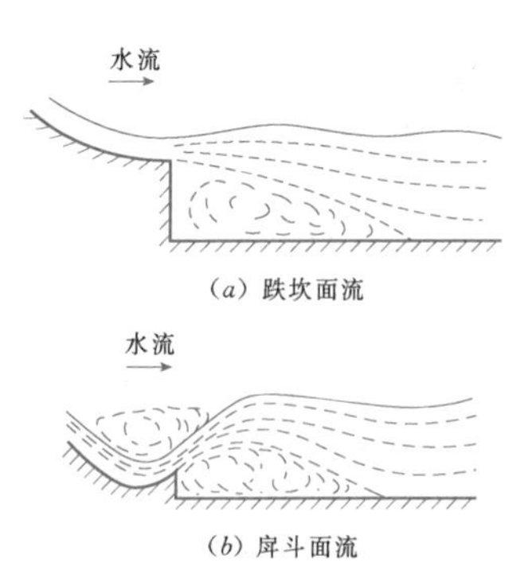

图1.8-1 面流消能示意图

戽斗面流与跌坎面流的主要区别为：戽斗面流的戽底高程低，戽坎挑角大，挑出的高速水股形成涌浪，涌浪的高度和曲率较大，表面横轴漩滚的强度较大；跌坎面流的跌坎设置高程高，坎顶水平或有较小的挑角，主流水股的曲率较小，横轴漩滚的强度较小。

1.8.2 跌坎面流

在泄水建筑物末端修建垂直的跌坎，坎的顶面水平或带有小的挑角，坎顶的高程低于下游尾水位。急流离开跌坎后，漂在表面，主要由较长距离内的扩散作用及底部横轴漩滚的配合而消能。跌坎面流的消能效率较低，对下游河床的冲刷作用也较轻；但面流的流速大，波浪大，对岸边的淘刷作用强，延伸的距离也长，因此，在跌坎下游应修建导墙和护岸工程。

跌坎面流的流态对下游水位的涨落很敏感。当尾水位很低时，可以出现跌流，跌落水股的前方底部有横轴漩滚；当尾水位过高时，由跌坎下泄的高速水股贴下游河底流动，经历一段距离后再漂浮到表面，称为淹没底流或潜流。这些都不是跌坎面流的实用流态，工程设计中应尽量避免。

我国采用跌坎面流消能方式的大型工程基本资料见表1.8-1。其中银盘水电站左区面流体型布置如图1.8-2所示。

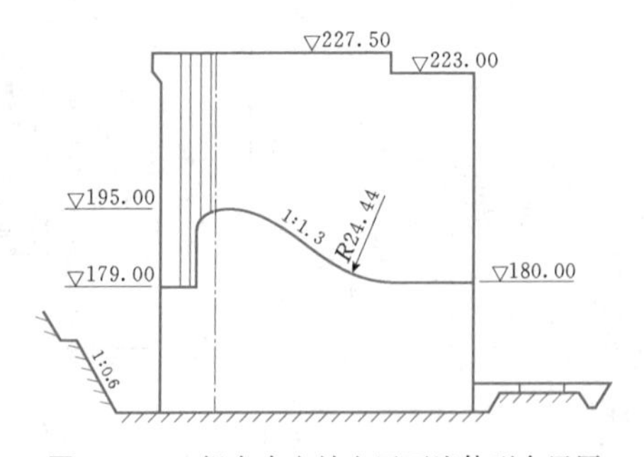

图1.8-2 银盘水电站左区面流体型布置图（单位：m）

表 1.8-1　　应用跌坎面流消能方式的大型工程实例

序号	项目	坝高(m)	设计流量(m^3/s)	单宽流量[$m^3/(s·m)$]	溢流孔数×每孔宽度(m)	反弧半径(m)	坎高(m)	仰角(°)	泄洪落差(m)	上下游水位差(m)	尾水高出坎高(m)	流态	单宽泄洪功率(万 kW)	建成年份
1	西津	41	30700	129	17×14	6.3	3～5	25	24.70～30.70	3.70	21.0～27.0			1964
2	青铜峡	42.7	4830	49.3	7×14	15	6	22	26.00	17.80	8.2	淹没混合面流，淹没面流	1.26	1966
3	富春江	47.7	33800	142	17×14	21	5	0	19.80	6.90	12.9	自由面流，淹没面流	2.76	1969
4	龚嘴	85.5	12200	254	4×12	30	21	0	53.00	39.80	13.2	自由面流	13.2	1970
5	天桥	42	13000	155	7×12 双层孔	12.5	5.5	上层：0 下层：15		15.80		上层：挑流 下层：混合面流，淹没面流		1975
6	长湖	54	9550		5×13	12	20	12						1972
7	银盘	78.5	27100	175	10×15.5	24.44	8～22	0	37.79	1.71	36.1	淹没混合面流，淹没面流	6.48	在建

1.8.2.1 基本流态

跌坎面流消能的基本流态有以下五种，如图 1.8-3 所示。

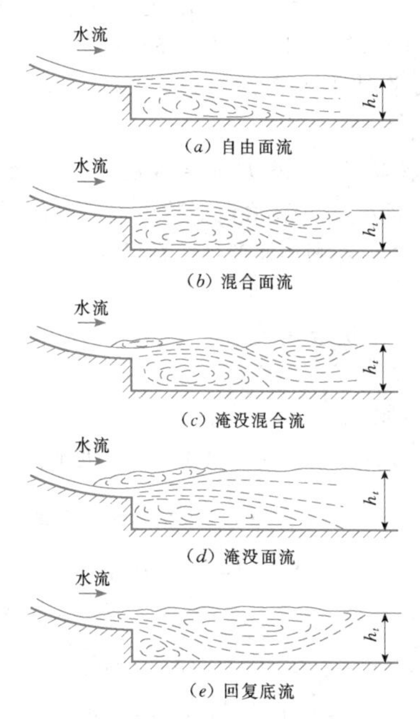

(*a*) 自由面流

(*b*) 混合面流

(*c*) 淹没混合流

(*d*) 淹没面流

(*e*) 回复底流

图 1.8-3　跌坎面流消能方式的基本流态

1. 自由面流

当下游水位高出跌坎的坎顶一定深度时，急流离开跌坎后，表面有一定的局部隆起，但基本上平滑而无漩滚，跌坎下游的面流水股底部则出现横轴漩滚，如图 1.8-3 (*a*) 所示，称为自由面流。主流水股的扩散与底部漩滚有机结合而进行消能；主流的扩散延伸较长的距离，并伴随较大的波浪。

2. 混合面流

随着下游水位升高，急流离开跌坎后，表面局部隆起的曲率加大，在隆起表面的下游出现横轴漩滚，或称表面后滚；主流水股的底部仍有横轴漩滚，如图 1.8-3 (*b*) 所示，称为混合面流。主流在表面与底部的漩滚之间扩散，具有较大的曲率。

3. 淹没混合流

下游水位继续升高，表面局部隆起的曲率继续增加，在跌坎顶上也出现横轴漩滚，或称前滚；跌坎下游底部仍有横轴漩滚，如图 1.8-3 (*c*) 所示，称为淹没混合流，同稳定戽流的“三滚一浪”典型流态相类似。在前滚、底滚、后滚之间曲折扩散的主流水股具有更大的曲率。

4. 淹没面流

下游水位的进一步升高，跌坎顶部的表面前滚增大，而下游的表面后滚则随之消失，即前滚下游为连续波浪，跌坎后的底部漩滚仍存在，如图 1.8-3 (*d*) 所示，称为淹没面流。

5. 回复底流

当下游水位再增加到某一值时，坎顶前滚蜕化为坎顶下游的大漩滚，主流被迫重新贴底潜行（需经较长距离才上升到水面），坎下底滚尺度也变小，如图 1.8-3 (*e*) 所示，称为回复底流，亦称淹没底流或潜流。

1.8.2.2 流态的界限水深计算

区别并确定流态的界限水深是跌坎面流水力计算的基础。基于跌坎面流流态对于下游水位的变动很敏感，下游水位逐步升高或逐步降低时，同一下游水位可能出现不同的流态。换言之，流态的界限水深随下游水位的升高或降低而有所不同。水位渐升时，称为“上限”，水位渐降时，称为“下限”。为简化起见，以下采用三个界限水深，都是“上限”。

(1) 第一区界水深 h_{t1}，发生自由面流流态的最小下游水深。

(2) 第二区界水深 h_{t2}，从自由面流或混合面流转为淹没面流的最小下游水深。

(3) 第三区界水深 h_{t3}，保持淹没混合面流或淹没面流流态，而不形成回复底流（或称潜流）的最大下游水深。

参考文献［60］对国内外的一些界限水深算式进行了综合比较并建议采用如下经验算式：

$$\frac{h_{t1}}{h_k}=0.84\frac{a}{h_k}-1.48\frac{a}{P}+2.24 \quad (1.8-1)$$

$$\frac{h_{t2}}{h_k}=1.16\frac{a}{h_k}-1.81\frac{a}{P}+2.38 \quad (1.8-2)$$

$$\frac{h_{t3}}{h_k}=\left(4.33-4\frac{a}{P}\right)\frac{a}{h_k}+0.9 \quad (1.8-3)$$

式中　a——跌坎高度，m；

h_k——临界水深，m；

P——坝高，m，可取用 $P=H+a-1.5h_k$（其中 H 为上游水位到跌坎顶的泄洪落差）。

由于 $h_t<h_{t3}$ 的试验资料较少，式（1.8-3）的精度也较低，如取用与式（1.8-1）、式（1.8-2）相同的表达方式，则可近似地改为

$$\frac{h_{t3}}{h_k}\approx 2.7\frac{a}{h_k}-2.5\frac{a}{P}+1.7 \quad (1.8-4)$$

根据已知条件求定区界水深 h_{t1}、h_{t2}、h_{t3} 值后，考虑常用的跌坎面流流态为自由面流或混合面流，控制下游水深为 $h_{t1}<h_t<h_{t2}$；有时也可用淹没混合流或淹没面流，控制下游水深为 $h_{t2}<h_t<h_{t3}$。

式（1.8-1）、式（1.8-2）、式（1.8-4）可在同一幅图上进行图解，如图1.8-4所示。图中横坐标为 a/h_k，纵坐标为 h_{t1}/h_k、h_{t2}/h_k、h_{t3}/h_k，曲线的参数为 $a/P=0.2$、$a/P=0.35$、$a/P=0.5$。图1.8-4可分为三区：h_{t3}/h_k 线的左上方为潜流区；h_{t1}/h_k 线的右下方为底流区；h_{t1}/h_k 与 h_{t3}/h_k 两条线之间的区域为面流区。其中在 h_{t1}/h_k、h_{t2}/h_k 两线之间的为自由面流及混合面流流态，范围较小；介于 h_{t2}/h_k、h_{t3}/h_k 两线之间的为淹没混合流及淹没面流流态，范围较大。

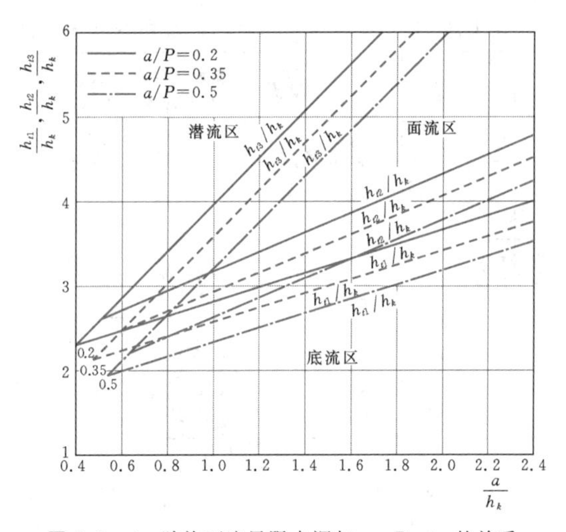

图1.8-4　跌坎面流界限水深与 a、P、h_k 的关系

1.8.2.3 跌坎面流水力计算

跌坎面流消能体型设计的重点在于确定坎台尺寸，使设计的各级流量均能与需要的面流流态衔接。从消能防冲和水流衔接来看，一般认为淹没面流最有利；如有排冰和过木要求，则以自由面流为佳。

设计时，一般按 $q_{\min}\sim q_{\max}$ 处于所需要的面流流态区间设计坎台尺寸。当上、下游水位与流量关系曲线、最大及最小单宽流量已经确定时，设计步骤如下。

1. 按坎高 $a=0$ 判别是否能产生面流

按坎高 $a=0$ 求得底流衔接时跃后水深 h_c''，若下游水深 $h_t<h_c''$，则不能产生面流；若 $h_t>h_c''$，则可能产生面流。

2. 选择坎台高度 a

(1) 按式（1.8-5）、式（1.8-6）计算相应于各级流量的 a_1、a_4 值。

(2) 按式（1.8-7）计算相应各级流量的 $a_{\min}$ 值。

$$a_1=h_{ocp}-2h_1-h_t+2\sqrt{h_t-A} \quad (1.8-5)$$

$$a_4=-h_{ocp}+\sqrt{(h_{ocp}-h_t)h_{ocp}+h_t^2-A} \quad (1.8-6)$$

$$a_{\min}=(4.05\sqrt[3]{Fr_1^2}-\eta)h_1 \quad (1.8-7)$$

其中

$$h_{ocp}=\frac{1}{3}(1+\sqrt{6Fr_1^2+1})h_1$$

$$Fr_1=\frac{v}{\sqrt{gh_1}}$$

$$A=2Fr_1^2h_1^3\left(\frac{\alpha_1}{h_1}-\frac{\alpha_t}{t_2}\right)$$

$$t_2 = a + h_1$$

$$\eta = -0.4\theta + 8.4$$

式中 h_{ocp} ——临界水头增值；

h_1 ——坎上水深，m；

Fr_1 ——坎上弗劳德数；

v ——坎上流速，m/s；

α_1、α_t ——动量修正系数，一般可取值为1.0；

θ ——挑角，(°)。

式（1.8-7）适用于 $15 < Fr_1^2 < 50$。

(3) 按设计要求的流态区间确定坎台高度。

1) 若按自由面流至淹没面流区间设计，则 a 值按 $a_4 < a \leqslant 0.93a_1$、$a > a_{min}$ 范围选择。

2) 若按淹没面流区间设计，则 a 值按 $a \leqslant 0.95a_4$、$a > a_{min}$ 范围选择。

3. 流态复核

对上述选择的坎台高度 a 进行流态复核。

(1) 按式（1.8-1）～式（1.8-3）计算各级流量下的区界水深值。

(2) 进行流态复核。

应该指出的是：面流流态区间的大小与相应坎台尺寸有关。因此，通过流态复核，可以进一步检查坎台尺寸的选择是否相当，从而根据工程的具体情况，通过优选或方案比较，确定合适的坎台尺寸值。

1.8.3 戽斗面流

戽斗面流是水流在戽斗内形成水跃后，再在戽斗后形成面流，是兼有底流、面流特点的混合型消能方式。

国内外采用戽斗面流消能方式的大中型工程见表1.8-2。其中石泉水电站消力戽体型布置如图1.8-5所示。

1.8.3.1 基本流态

1. 临界戽流

临界戽流的特点是除底部有横轴漩滚外，戽坎挑起的涌浪受尾水顶托而有足够的高度和曲率，涌浪的上游表面开始出现浪花或小漩滚，紧靠涌浪的下游有表面横轴漩滚，如图1.8-6(a)所示。

水力计算首先在于确定发生临界戽流所需的临界尾水深度 h_2（m）。水利部西北水利科学研究所在一项具体工程模型试验中，对单圆弧连续式戽斗做了54组水槽比较试验，连同国内外已建工程的15组原型资料，一并进行图解分析，得出临界戽流水跃共轭水深比的中值经验公式为

$$\frac{h_2}{h_1} = Fr_1\left[1.3 + \frac{0.3R(1-\cos\theta)}{h_c}\right] \quad (1.8-8)$$

$$h_1 = 0.71EK^{0.9} \quad (1.8-9)$$

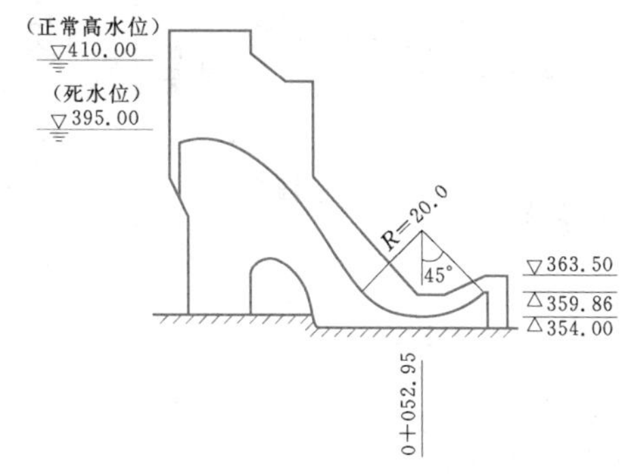

(a) 戽底高程 354.00m

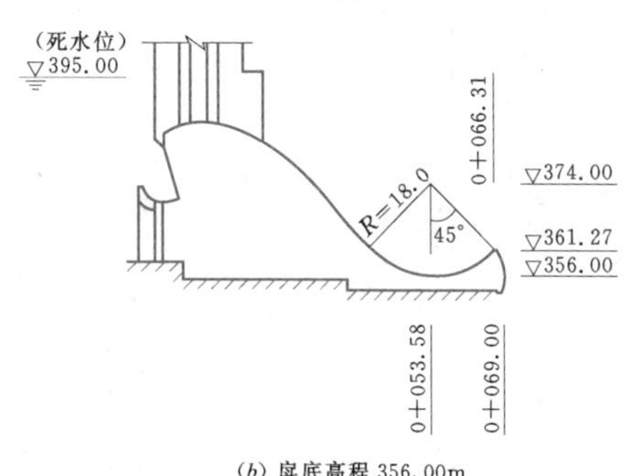

(b) 戽底高程 356.00m

图1.8-5 石泉水电站消力戽体型布置图（单位：m）

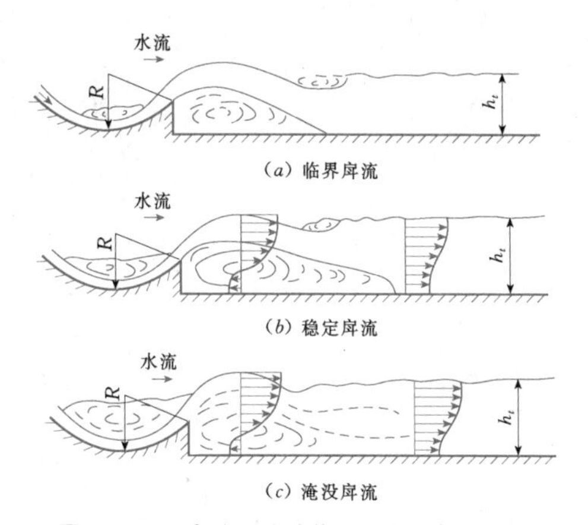

(a) 临界戽流

(b) 稳定戽流

(c) 淹没戽流

图1.8-6 戽斗面流消能的基本流态示意图

$$K = \frac{q}{\sqrt{g}E^{3/2}} \quad (1.8-10)$$

$$E = H + h_1$$

式中 h_2 ——临界戽流跃后水深，m；

h_1 ——跃前水深，m；

Fr_1 ——跃前水深 h_1 相应的弗劳德数；

h_c ——临界水深，m；

E ——戽底以上水头，m；

K ——流能比。

表 1.8-2 国内外采用戽斗面流消能方式的工程实例

序号	坝名	泄洪落差(m)	设计流量(m^3/s)	单宽流量[$m^3/(s·m)$]	下游水深 h_t(m)	戽斗体型参数				a/h_t	单宽泄洪功率(万 kW)	国别
						型式	半径 R(m)	仰角 θ(°)	坎高 a(m)			
1	佐久间(Sakuma)	134	9800	122.2	27.4	连续式	20	45	6.73	0.246	16	日本
2	高嘎波(Guagaobo)	56	15200	172	20	连续式	15	45	4.36	0.218	9.45	巴西
3	石泉	58.3	19600	154	31	连续式	20	45	5.86	0.189	8.8	中国
4	大古力(Grand Coulee)	121.1	28300	56.3	49.3	连续式	15	45	9.18	0.186	6.67	美国
5	中峰(Cebter Hill)	68.9	12940	90.2	26.5	连续式	15.2	45	4.45	0.168	6.09	美国
6	狼溪(Wolf Creek)	69.2	15150	84.2	31.2	连续式	15.2	45	4.57	0.147	5.71	美国
7	城山(Shiroyama)	65.5	5880	81.6	22.8	连续式	15.5	40	3.51	0.154	5.24	日本
8	大鸟(Ctorl)	78.5	2200	64.7	39	连续式	15	45	4.39	0.111	4.98	日本
9	克拉克峰(Clark Hill)	56.3	30000	88.6	21.1	连续式	15.2	45	4.45	0.211	4.88	美国
10	烟薙第一(Hadanaki,I)	90	2400	40		连续式	15				3.53	日本
11	布格司岛(Buggs Is)	50.9	21800	65.5	21.3	连续式	12.2	45	2.13	0.100	3.26	美国
12	静内(Shizunai)	61	1900	50.8	19	连续式	15	40	4.39	0.231	3.03	日本
13	台维斯(Davis)	40	4950	66.1	21.3	连续式	30.5	45	6.10	0.289	2.70	美国
14	司蒂瓦兹渡(Stewards Ferry)	37.2	5640	56.4	18.4	连续式	12.2	45	3.57	0.194	2.05	美国
15	渠首岩(Headgate Rock)	25.3	5670	46.4	16.9	连续式	12.2	45	3.05	0.180	1.15	美国
16	绿斯波罗(Green Sboro)	21.9	906	50.2	10.1	连续式	5.3	45	1.56	0.154	1.08	美国
17	卡因齐(Kainji)	34	8000	132		差动式	15				4.40	尼日利亚
18	安哥斯杜拉(Angostura)	35.8	7800	95.1		差动式	12.2	齿 45 槽 16	3.57		3.34	美国
19	回龙山	22.5	12500	80.1	11.6	连续式	11	25	3.85	0.332		中国

为了保证临界戽流流态的发生，尾水深 h_t 宜略大于临界戽流 h_2 计算值。

2. 稳定戽流

当下游水位超过上述临界条件而继续升高时，涌浪继续变形，涌浪上游表面的水体向戽斗倾泄而在戽斗内形成横轴漩滚，涌浪的下游表面和底部都有横轴漩滚。这种较稳定的流态称为稳定戽流，其特点是由“三滚一浪”所表征——一个涌浪，涌浪表面的前、后、底部共三个漩滚，可称为戽流的典型流态，如图 1.8-6 (*b*) 所示。

3. 淹没戽流

当下游尾水位继续升高，超过了稳定戽流的上限时，戽斗内的横轴漩滚的水体更大，涌浪的曲率减小，涌浪下游的表面漩滚消失而被成串的波浪代替，涌浪底部仍有横轴漩滚，称为淹没戽流，如图 1.8-6 (*c*) 所示。

1.8.3.2 戽斗体型及水力计算

消力戽按照其挑坎型式不同分为连续式（实体）戽斗和差动式戽斗两种，如图 1.8-7 所示。

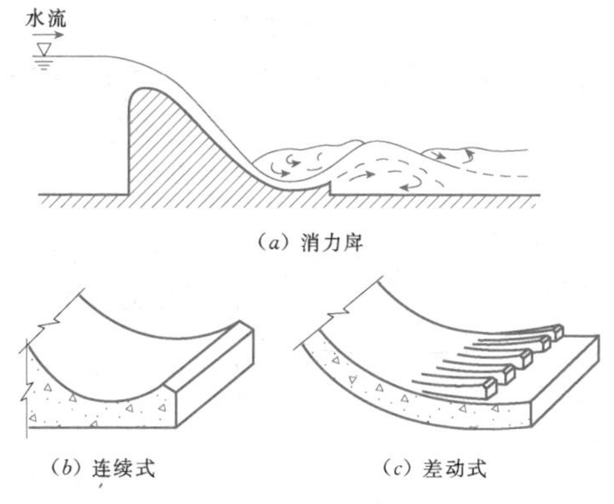

(*a*) 消力戽

(*b*) 连续式　(*c*) 差动式

图 1.8-7　消力戽型式

1. 连续式戽斗

连续式戽斗按反弧段的型式可以分为单圆弧型式、复合圆弧型式、戽式池型式三种，如图 1.8-8 所示。

(1) 体型尺寸。连续戽斗体型设计主要是对挑角、反弧半径、戽唇高度和戽底高程进行选定。

1) 挑角。目前兴建的工程，大多数采用挑角 $\theta=45°$，少数采用 $\theta=30°\sim40°$。试验表明，过去认为 $\theta=45°$为最优挑角是不完全恰当的。虽然挑角大，下游水位适应产生稳定戽流的范围增大，但是大的挑角将造成高的涌浪，使下游产生过大的水面波动和对两岸的冲刷，同时过大的挑角也会造成过深的冲刷坑；但 θ 过小，则戽内表面漩滚易“冲出”戽外，并易出

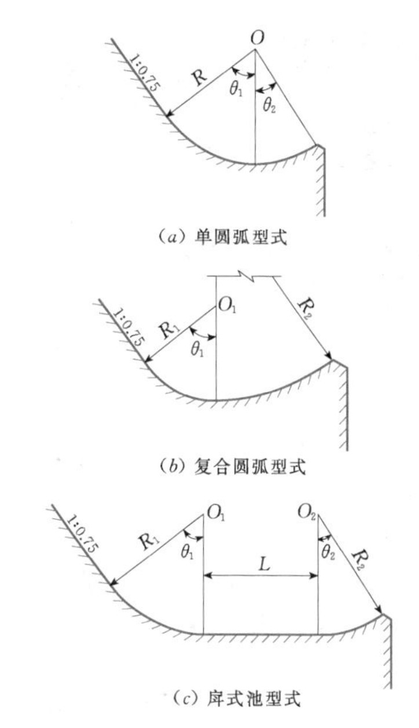

(*a*) 单圆弧型式

(*b*) 复合圆弧型式

(*c*) 戽式池型式

图 1.8-8　连续式戽斗型式

现潜底戽流。因此，θ 的选择应根据具体情况而定。

2) 反弧半径 R。一般来讲，消能戽戽底反弧半径 R 愈大，坎上水流的出流条件愈好，同时增加戽内漩滚水体，对消能也有利；但当 R 大于某一值时，R 的增大对出流状况的影响并不大。R 值的选择与流能比 $K=q/(\sqrt{g}E^{1.5})$ 有关，一般选择范围为 $E/R=2.1\sim8.4$，E 为从戽底起算的上游水头。图 1.2-16 是根据国内外 27 项工程的实际尺寸绘制的 E/R—K 关系图，可供初选半径时参考。

3) 戽唇高度。为了防止泥沙入戽，戽唇应高于河床，对于戽端无切线延长时，有 $a=R(1-\cos\theta)$，戽唇高度一般约取尾水深度的 1/6，高度不够的可用切线延长加高。

4) 戽底高程。戽底高程一般取与下游河床同高，其设置标准是以保证在各级下游水位条件下均能发生稳定戽流为原则。戽底太高，容易发生挑流流态；戽底降低，虽能保证戽流流态的产生，但降低过多，挖方量增大。因此，戽底高程的确定需将流态要求和工程量的大小统一考虑。

(2) 戽跃共轭水深的计算。按临界戽流动量方程计算戽跃的共轭水深 h_{2k}。产生临界戽流时，可用动量方程写出戽底断面与下游尾水断面水力要素之间的关系，得到下列临界戽流动量方程，求解戽跃的共轭水深（临界戽流区界水深）。

1) 戽底与河床不在同一高程，且有切线延长加高戽坎高程的情况，如图 1.8-9 所示。

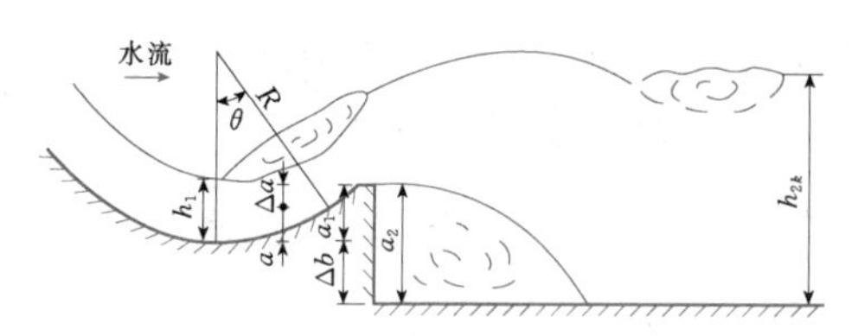

图 1.8-9 戽底与河床不同高程且有切线延长坎高

动量方程为

$$2Fr_1^2\left[\left(1-\frac{1}{\eta}\right)-\beta(1-\cos\theta)\right]=$$

$$(\eta^2-1)+\frac{R}{h_1}\sin^2\theta-\frac{2a_2}{h_1}\left(\alpha\eta-\frac{a_2}{h_1}\right)+\frac{2\Delta a}{h_1}\cos\theta$$

(1.8-11)

其中 $$Fr_1=\frac{q}{\sqrt{g}h_1^{1.5}}$$

$$\eta=\frac{h_{2k}}{h_1}$$

式中 Fr_1——戽底处的弗劳德数；

β——戽内离心力修正系数，可近似取为1.0；

θ——戽坎挑角，(°)；

a_2——自河床算起的戽坎高，m；

Δa——切线延长加高的坎高，m；

α——戽坎下游面动水压力校正系数，一般可取$\alpha=1.0$，当$\theta=45°$、$E/R<3.0$时，α值可按表1.8-3估算；

η——共轭水深比；

h_1、h_{2k}——戽底及尾水处的水深，m。

h_1可按式（1.8-12）计算：

$$q=\varphi h_1\sqrt{2g(E-h_1)} \quad (1.8-12)$$

式中 φ——流速系数；

E——以戽底为基准面的上游断面总水头，m。

表 1.8-3 **α 值**

E/R \ K	0.01	0.02	0.04	0.06	0.08	0.10
2.3～3.0	0.950	0.910	0.860	0.850	0.880	0.960
2.0～2.3	0.950	0.910	0.850	0.835	0.855	0.925
1.5～2.0	0.950	0.910	0.840	0.815	0.825	0.890

注 $K=q/(\sqrt{g}E^{1.5})$。

2）戽底与河床在同一高程，无切线延长坎高，即

$$a=a_1=a_2=R(1-\cos\theta)$$

$$\Delta a=0$$

$$\Delta b=0$$

动量方程为

$$2Fr_1^2\left[\left(1-\frac{1}{\eta}\right)-\beta(1-\cos\theta)\right]=$$

$$(\eta^2-1)+\frac{R}{h_1}\left\{\sin^2\theta-2(1-\cos\theta)\left[\alpha\eta-\frac{R(1-\cos\theta)}{2h_1}\right]\right\}$$

(1.8-13)

3）戽底与河床不在同一高程，无切线延长坎高，即

$$a=a_1=R(1-\cos\theta)$$

$$a_2=a+\Delta b$$

式中 Δb——戽底与河床高程的高差。

动量方程为

$$2Fr_1^2\left[\left(1-\frac{1}{\eta}\right)-\beta(1-\cos\theta)\right]=$$

$$(\eta^2-1)+\frac{R}{h_1}\sin^2\theta-\frac{2a_2}{h_1}\left(\alpha\eta-\frac{a_2}{h_1}\right)$$

(1.8-14)

4）戽底有一水平段（戽式消力池），无切线延长坎高。当下泄单宽流量过大时，为了加大戽内漩滚体积，增加消能效果，从戽体最低断面开始，设置一段水平池底，使戽体形似消力池，但却保持戽流的特点，故称为戽式消力池，如图1.8-10所示。

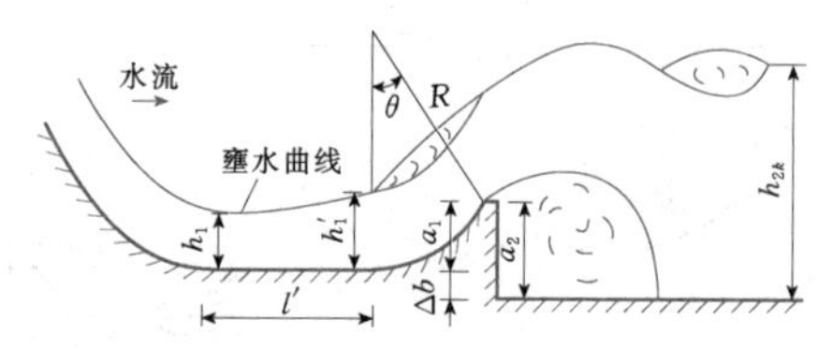

图 1.8-10 戽式消力池示意图

戽式消力池的水力计算可用式（1.8-13）或式（1.8-14），但式中h_1应用池底水平段末端的水深h_1'代替，h_1'由推算水面线求得（由h_1向h_1'推算），一般当水平段l'不长时，其水平段末端水深近似可用h_1代替。

在解求临界戽流的共轭水深h_{2k}时，为了避免利用式（1.8-13）的试算麻烦，图1.8-11绘出了戽底与河床齐平（即$a=a_1=a_2$），$\alpha=1.0$，$\beta=1.0$，$E/R=2.3\sim3.2$四种不同挑角时的$K—h_{2k}/E$计算曲线。当已知流能比$K=q/(\sqrt{g}E^{1.5})$时，可从图1.8-11中直接查出h_{2k}/E，从而得h_{2k}。当E/R不在2.3～3.2范围内时，可近似采用。

（3）产生稳定戽流及淹没戽流的区界水深。消能戽运行区间流态应为稳定戽流（或容许部分处于淹没戽流区），水力设计中消能戽产生稳定戽流及淹没戽

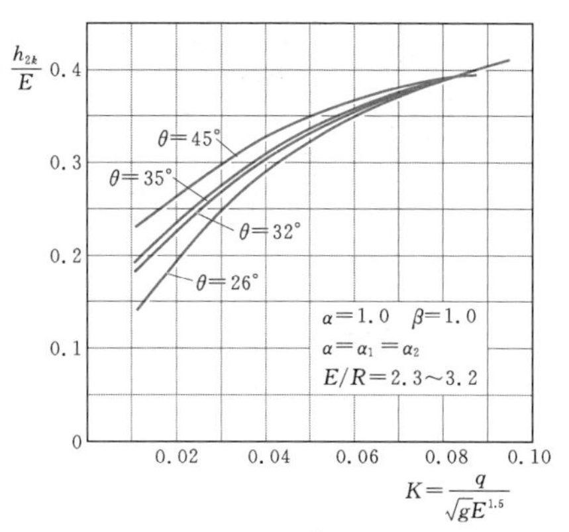

图 1.8-11 $K-\frac{h_{2k}}{E}$计算曲线

流的区界水深的计算步骤为：

通过式（1.8-11）～式（1.8-14）及图 1.8-11 求得临界戽流时的共轭水深 h_{2k}，但从临界戽流区到稳定戽流区有一个过渡区，因此，产生稳定戽流的区界水深 $h_{t1}=\sigma_1 h_{2k}$，其中 σ_1 称为第一淹没系数，取值为 1.05～1.10；从稳定戽流进入淹没戽流的区界水深 $h_{t2}=\sigma_2 h_{2k}$，其中 σ_2 称为第二淹没系数，其大小与流能比 K、挑角 θ、反弧半径 R 有关，可参照图 1.8-12 决定，为了保证产生稳定戽流，应使下游水深 $h_{t1}\leqslant h_t\leqslant h_{t2}$；当容许部分处于淹没戽流区运行时，则容许下游水深 $h_t>h_{t2}$；但以不出现潜底戽流为限，如图 1.8-12 所示。

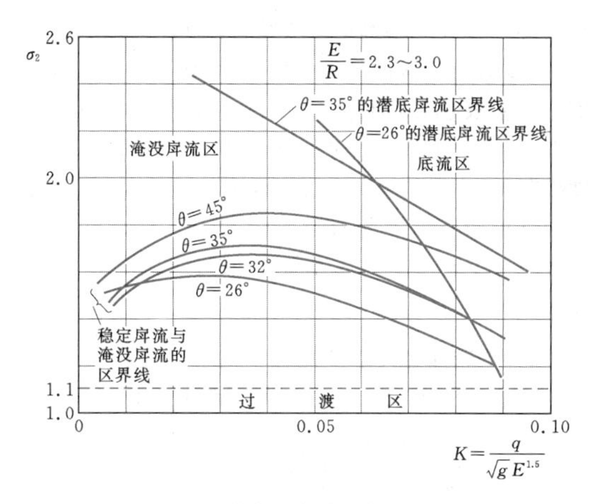

图 1.8-12 稳定戽流与淹没戽流的区界区别

2. 差动式戽斗

差动式戽斗是实体消能戽的一种改进型式，它的特点是戽末设一排不同挑角的齿（高坎）和槽（低坎）。由于槽齿的差动，与实体戽相比，可降低涌浪，缓和戽外底部漩滚，起到减浪和防止河床质回进戽内的作用。因此，这种戽的出流较实体戽均匀，流速分布的变化也比较和缓，对尾水深度范围较小时更为适用；但结构较复杂，齿坎可能产生空蚀破坏。当连续式消能戽的流态和消能防冲情况不能满足要求时，可考虑采用此种型式。

差动消能戽尺寸的确定及水力计算是复杂的，目前大都用模型验证确定。以下介绍的是根据模型试验资料分析而得的计算曲线。计算曲线在以下范围内是可靠的：①单宽流量 $q\leqslant 55.8\text{m}^3/(\text{s}\cdot\text{m})$；②按图 1.8-13 的尺寸型式布置；③入戽流速不大于 22.9m/s；④出口水流无特殊要求（如溢流坝尾端显然没有出现漩流的可能性以及下游渠道中的波浪不成问题）时。否则按上述计算曲线设计后，应通过模型试验验证，其水力设计方法和计算步骤如下。

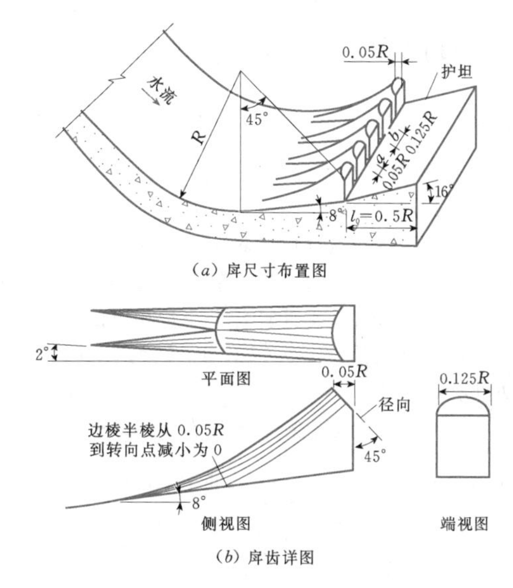

图 1.8-13 戽尺寸样图

（1）根据最大单宽流量确定戽半径。

1）根据坝面最大单宽流量 q 及 H、h（见图 1.8-14），计算坝面溢流水舌紧临下游水位处的平均流速 v_1、水舌厚度 D_1 及弗劳德数 Fr。

$$v_1=\varphi\sqrt{2g(H+h)} \qquad (1.8-15)$$

$$D_1=\frac{q}{v_1}$$

$$Fr=\frac{v_1}{\sqrt{gD_1}}$$

式中 φ——流速系数；

其余符号如图 1.8-14 所示。

2）戽的最小容许半径的计算及戽半径的选定：根据步骤 1）计算的弗劳德数 Fr 值，由图 1.8-15 查

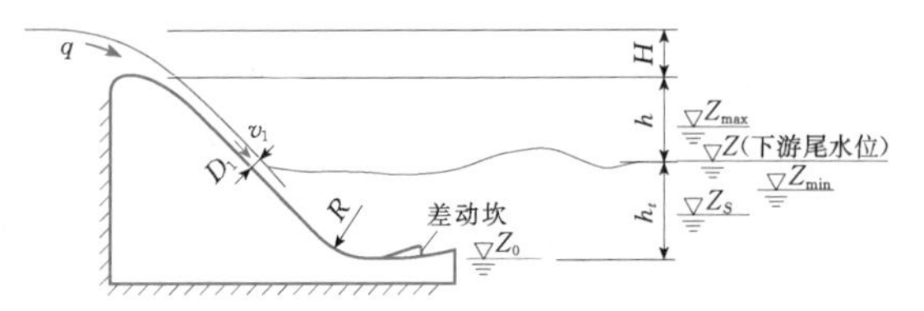

图 1.8-14 差动式消能戽

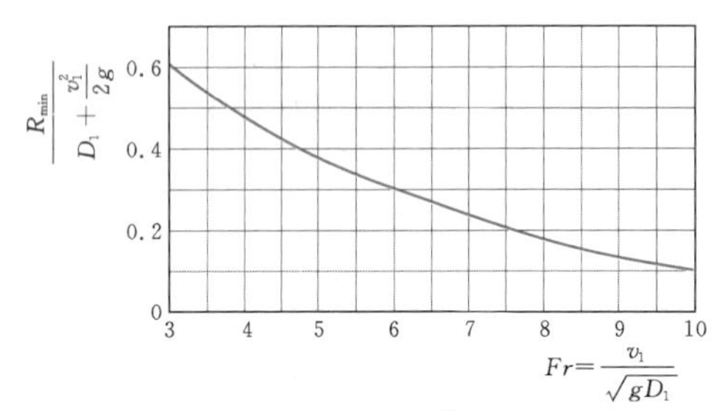

图 1.8-15 $R_{min}/\left(D_1+\dfrac{v_1^2}{2g}\right)$—$Fr$ 关系图

得相应的 $R_{min}/\left(D_1+\dfrac{v_1^2}{2g}\right)$ 值，按步骤 1）算得的 v_1、D_1 代入，算得最小容许半径 R_{min}，据此可按 $R \geqslant R_{min}$ 及工程实际选定戽半径 R。

（2）计算运用区间的各种尾水限制值。首先在运用区间 $q_{min} \sim q_{max}$ 中选取几个特征流量，算得其相应的 v_1、D_1 及 Fr，分别计算各个流量相应的最大和最小尾水深度极限值 h_{tmax}、h_{tmin}，以及滑出水深 h_s'。计算方法如下：

1）计算最小尾水深度极限值 h_{tmin}。根据选定的戽半径算得 $R/\left(D_1+\dfrac{v_1^2}{2g}\right)$，再用 $R/\left(D_1+\dfrac{v_1^2}{2g}\right)$ 和弗劳德数 Fr 值，由图 1.8-16 查得 h_{tmin}/D_1 值，然后计算出最小尾水深度极限值。

2）计算最大尾水深度极限值 h_{tmax}。由选定的戽半径算得 $R/\left(D_1+\dfrac{v_1^2}{2g}\right)$，按该值和 Fr 值由图 1.8-17 查得 h_{tmax}/D_1 值，然后计算出 h_{tmax}。

3）计算滑出水深 h_s'（尾水深度降到此深度时，水流将滑出戽外，形不成漩滚，起不到消能戽的消能作用）。以 $R/\left(D_1+\dfrac{v_1^2}{2g}\right)$ 和 Fr 值，由图 1.8-18 查得 h_s'/D_1，然后算得 h_s'。

（3）布置戽底高程，校核运用区间。戽底高程按工程实际情况确定，在可能情况下，可使戽唇和戽底高于河床，但必须核算以下两个条件：

1）布置的戽底高程应满足运用区间内的各个流量相应的下游尾水位，并处于最大和最小尾水位极限值（即 Z_{max} 和 Z_{min}，$Z_{max}=Z_0+h_{tmax}$、$Z_{min}=Z_0+h_{tmin}$）之间。为了达到运用良好，布置时，应使尾水

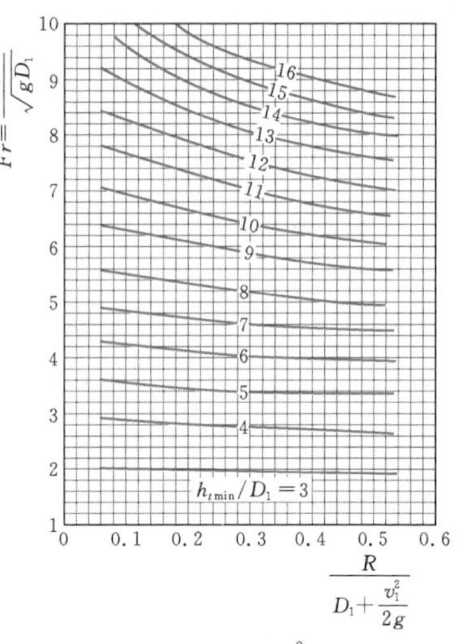

图 1.8-16 Fr—$R/\left(D_1+\dfrac{v_1^2}{2g}\right)$ 关系图（一）

位 Z 尽量接近最小尾水位极限值 Z_{min}。

2）布置的戽底高程，在运用区间的各种流量下，均应满足滑出水深的相应尾水位 $Z_s < Z$，并使其具有一定的安全度，其中 $Z=Z_0+h_s'$。

如果不满足上述要求，则应调整戽底高程或适当加大戽半径，从而扩大下游尾水位适应的范围。

（4）计算戽的尺寸。根据所选定戽半径 R，利用图 1.8-13，计算齿的大小、间距和其他有关尺寸。

（5）估算由戽内至戽下游的纵向水面线。根据最大流量，由"（1）"中步骤 1）算得弗劳德数 Fr 和选定的戽半径 R 与坝高 P（从戽底算起）的比值，由图 1.8-19 查得相应的 A/h_t 值，然后计算涌流处水深 A 值。试验表明：戽内水深 B 值在设计运转范围内，一般为 80%～85% 的下游水深值；当在最小尾水深度极限值时，上述百分数下降到 70%；当在最大尾水深度极限值时，此值增加接近于 90%。根据计算得的 B、A 及下游水深值 h_t，即可粗略估计纵向水面线。

1.8.4 下游冲刷及防冲措施

面流消能工（戽斗或跌坎）的下游冲刷包括河床局部冲刷及对岸坡冲刷。

此外，防止戽斗及跌坎遭受石块冲击磨损和空蚀破坏的问题也很重要。关于石块的冲击及磨损问题，主要是由于戽坎及跌坎的下游存在底部横轴漩滚，石块被往复不断地卷上来，冲击和磨损消能工的机会很多。为此，齿槽式戽坎虽具有较好的水流条件，但因抗御石块冲击磨损的性能差而很少应用。当允许漂浮物通过时，冰块及漂木对面流消能工也会产生撞击作用。一般面流消能工的下游底部漩滚范围内应清除石渣及覆盖层，并宜修建混凝土护坦。

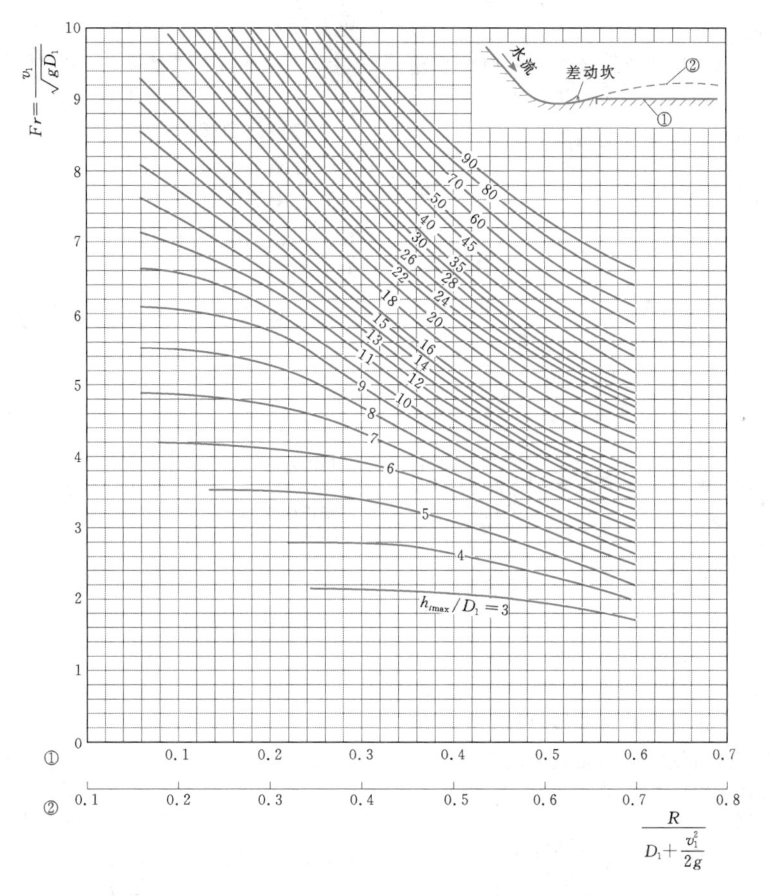

图 1.8-17 $Fr—R/\left(D_1+\frac{v_1^2}{2g}\right)$关系图（二）

①—河床大致低于岸唇 0.05R；②—河床在护坦后向上倾斜

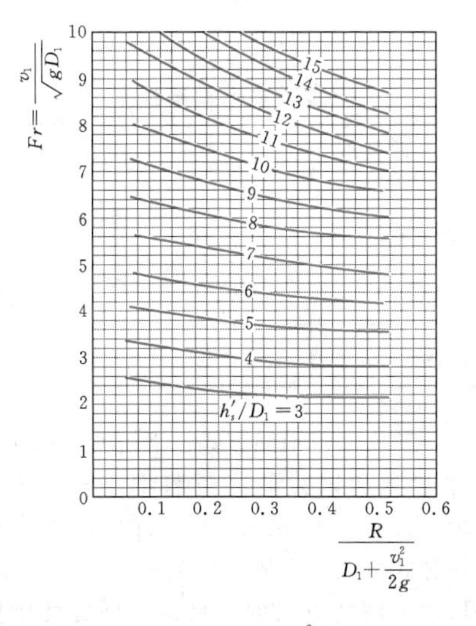

图 1.8-18 $Fr—R/\left(D_1+\frac{v_1^2}{2g}\right)$关系图（三）

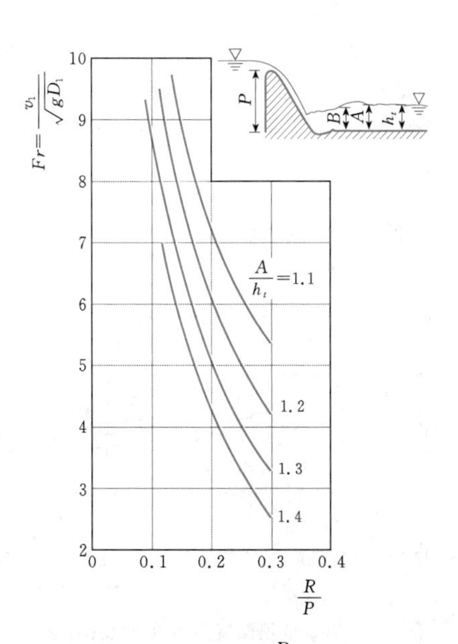

图 1.8-19 $Fr—\frac{R}{P}$关系图

1.8.4.1　冲深估算

陕西省水利科学研究所根据一项工程的原型观测和6项工程的二元动床模型试验资料，得出戽斗面流下游软基河床二元局部冲刷深度的估算式为

$$T = 0.83q^{0.67}\left(\frac{Z}{d_{50}}\right)^{0.18} \tag{1.8-16}$$

式中　T——由下游尾水位到冲刷坑底的总水深，m；

Z——上、下游水位差，m；

d_{50}——模型试验卵石冲刷料按重量计的中间粒径折合成的原型值，m；

q——越过戽坎顶的单宽流量，$m^3/(s\cdot m)$。

同时，给出冲刷坑最深点到戽坎末端的距离的经验公式为

$$L = 3q^{0.67}\left(\frac{t}{d_{50}}\right)^{0.095} \tag{1.8-17}$$

其中　$t = T - h_t$

式中　t——冲刷坑的深度，m；

h_t——给定的尾水深度，m。

对于跌坎面流，广东省水利水电科学研究所根据动床模型试验资料，得出低溢流坝的跌坎面流消能下游局部冲刷深度经验估算式为

$$T = h_t + t = Kq^{0.5}Z^{0.5}\left(\frac{\sqrt{h_{t1}}}{v_{01}}\right)^{0.5} \tag{1.8-18}$$

式中　h_{t1}——第一区界水深，m；

v_{01}——水深1m时的河床质启动流速，m/s；

K——系数。

系数K按图1.8-20的曲线查用，图中横坐标为单宽流量q，纵坐标为K，流态为自由面流及淹没面流两种，v_{01}值分1.19m/s、1.95m/s、2.89m/s三种。v_{01}按下式计算

$$v_{01} = 2.1\sqrt{g\left(\frac{\gamma_s-\gamma}{\gamma}\right)d}\left(\frac{h_t}{d}\right)^{0.16} \tag{1.8-19}$$

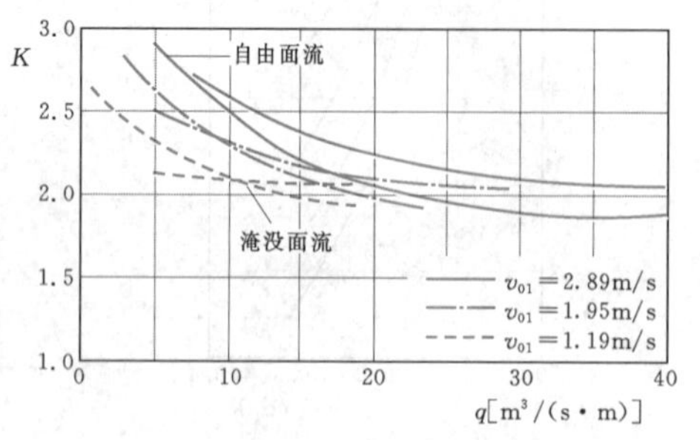

图1.8-20　低坝面流消能软基河床冲刷深度估算式的系数K

式中　γ_s、γ——河床质及水的重度；

d——河床质的中值粒径，m；

g——重力加速度，取$9.81m/s^2$。

低溢流坝跌坎面流消能的下游河床局部冲刷坑的型态近似于梯形，如图1.8-21所示。对于自由面流及淹没面流两种流态，冲刷坑的上游坡、下游坡、坑底长度、上游坡脚到跌坎末端的距离等项试验资料见表1.8-4。

表1.8-4　自由面流及淹没面流两种流态的试验资料

项　目	i_1	i_2	L_1/T	L_2/T
自由面流	3～6	4～8	2～4	0.9～1.2
淹没面流	2～4.5	4～8	2～2.5	0.9～1.1

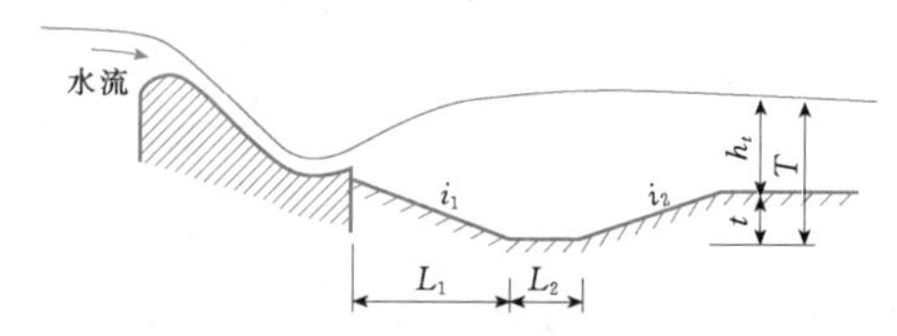

图1.8-21　低溢流坝面流消能软基河床冲刷示意图

长江科学院提出的适用于软基及岩基河床面流消能方式的冲刷深估算式为

$$T = \psi Kq^{0.5}Z^{0.25} \tag{1.8-20}$$

式中　K——反映挑流流态时不同性质河床的影响系数，岩基用$K=1.35$，软基用$K=3.3$；

ψ——面流流态影响系数，即相应于不同面流流态时对上述K值的折减系数，其值见表1.8-5。

表1.8-5　面流流态影响系数ψ

流态 \ 河床质	岩基，$K=1.35$	软基，$K=3.3$
自由面流，h_{t1}	0.48	0.70
自由面流，h_{t2}	0.59	0.79
混合面流，h_{t3}	0.82	0.91

目前，跌坎面流消能方式在下游河床局部冲刷方面的原型观测和试验研究资料都不多，例如，式(1.8-20)就是根据较少资料得出的。以上所引的几个经验估算式可供初步估算时参考。

跌坎面流消能方式的岸坡冲刷问题性质更为复杂，但资料更少，目前尚无较好的估算方法。

1.8.4.2 防冲措施

1. 护坦

为了保障坎脚的安全，有必要在戽坎或跌坎的下游修建一段混凝土护坦，护坦的末端建一定深度的齿墙；齿墙的底高程可参考1.8.4.1中局部冲刷深度估算；护坦的长度可参考底部漩滚长度及面流长度估算。

跌坎面流消能方式的底部漩滚长度 l_0 的估算式如下：

自由面流　$l_0=6(h_t-h_1)\sim 7(h_t-h_1)$

混合面流　$l_0=3.1(h_t-h_1)$

淹没面流　$l_0=0.7(h_t-h_1)(9.4-\sigma)$

$$\sigma=\frac{h_t}{h_{t2}}$$

式中　6、7——系数，自由面流的坎顶水股向下弯曲或接近水平时用系数7，自由面流的坎顶水股向上弯曲时用系数6；

σ——淹没面流的淹没系数；

h_t——下游水深，m；

h_{t2}——第二区界水深，m；

h_1——坎顶水深，m。

跌坎面流的总长度 l 可取跌坎末端到下游流速分布正常断面的距离，相应于不同面流流态的 l/l_0 值如下：

自由面流　$\frac{l}{l_0}=3$

混合面流　$\frac{l}{l_0}=2\sim 2.5$

淹没面流　$\frac{l}{l_0}=2.5\sim 3$

2. 导墙

为了抗御较高的表面流速、较强的涌浪和漩滚，以及成串的波浪在较长的距离内对岸坡的冲刷和淘刷作用，在戽坎或跌坎的下游修建长导墙和岸坡防护工程很有必要。导墙的长度一般至少将涌浪及表面漩滚包括在内，通常需超过水跃消力池的长度。长导墙有保持面流二元化、防止三元流淘刷和磨损的作用，工程量较大，为面流消能工的必要组成部分。

低溢流坝采用跌坎面流消能方式时，跌坎末端到下游尾水位最高点的距离可按下式估算：

$$l'=\left(3.85\frac{h_k}{h_1}-1.46\right)(h_t-h_1) \quad (1.8-21)$$

式中　h_k——相应于单宽流量 q 的临界水深，m；

h_t——尾水水深，m；

h_1——坎顶的急流水深，m。

导墙的长度一般宜按 $1.4l'$ 取用；当为避免回流淘刷面而需尽可能取用较短的导墙时，导墙长度也不宜小于 $0.9l'$。

导墙一般采用直立墙，在平面图上可做成小角度的扩散墙。广东省水利水电科学研究所根据低溢流坝跌坎面流消能的半整体模型试验资料，得出不同流态的导墙扩张角 α 为

自由面流　$$\tan\alpha=0.281-0.233\sqrt{\frac{h_t}{Z}} \quad (1.8-22)$$

混合面流　$$\tan\alpha=0.306-0.213\sqrt{\frac{h_t}{Z}} \quad (1.8-23)$$

淹没面流　$$\tan\alpha=0.557\sqrt{\frac{h_t}{Z}}-0.368 \quad (1.8-24)$$

式中　Z——上、下游水位差，m。

一般以式（1.8-22）给出的值为 α 最小，导墙的扩张角宜按式（1.8-22）～式（1.8-24）给出的最小值选用。

导墙插入河床宜有一定的深度，并顺墙脚建一定宽度的护坦，避免发生贴壁冲刷，以保障导墙的稳定安全。

3. 护岸措施

在导墙的下游，通常还需要较长的护岸工程，包括顺坝、丁坝、潜坝、沉排等。对于陡峻的高边坡，有时还需进行护坡。

（1）常规防护设施。对于大型水利水电工程下游岸坡，常规防护设施多为刚性护坡加挑流丁坝。如丰满水电站护岸，长达1100m，末端设一丁坝；刚性护岸末端与原河道岸坡之间多采用砌石、抛石、混凝土四面体、铅丝石笼等柔性材料作为过渡段连接。

常规防护设施的特点是利用材料强度来抵抗水流冲击，由于泄水建筑物下游水流紊动剧烈，需要一个较长的过程才能逐渐恢复平静，因此，护岸工程量往往很大，引起工程投资的增加。

另外，岸边设置的丁坝也易因洪水漫顶而破坏。因此，对于丁坝防护必须审慎对待，对于断面宽浅、水流多汊的河段，采用丁坝可以收到改变流向、造滩护岸的目的，但对于水深流急、洪水漫滩的河段，则不宜采用丁坝。

（2）土工织物护岸。近年来，随着化纤工业的发展，土工织物在水利领域内得到广泛应用。由于这种材料及其制品有较高的抗拉强度、延伸性及撕裂强度，有一定的止水性，抗侵蚀、抗腐蚀性能良好，能形成柔性结构以适应沉陷变形，且施工方便，工期较短，具有较好的抗冲、防渗、抗冻、防裂等性能，因而此类新材料在河岸防护工程中的应用也越来越广泛。

（3）硅粉混凝土预制块护坡。由于硅粉的颗粒极细，能增强水泥与骨料的胶结能力，从而大大提高混凝土的抗压、抗拉、抗裂强度，增强其耐冲磨、耐腐蚀能力，同时其成本较低，因而作为大面积岸坡防护

设施的添加材料具有明显优点。预制块呈H形，端部互相咬合，以增加其抵抗波浪冲刷的整体性强度。在空格内可填充块石或土料，栽种草皮，使之与预制块形成整体。

(4) 堤防生物防护。对于泄水工程下游较远部位的土质河堤，可以配合生物防护措施，以防止和减少拍岸波浪造成的土质流失，保证堤防的安全引洪。在堤岸以内的滩地上，可以营造护堤林，以防风、防浪、防冲，并可挂淤，使泥沙沉积以保护堤脚；迎水坡下部栽植灌木柳等湿生草类，中部种植芨芨草等中生草类，上部种植旱生草类和矮灌木；背水面下部可栽植紫穗槐、雪柳等树木，上部可种植花灌木，既可保护堤防，又可绿化环境。

(5) 堤岸防护裙台。水利部西北水利科学研究所近年来结合实际工程经验，提出了一种新型防护设施——堤岸防护裙台。其特点是借助水流自身的作用，采取简单的工程措施，形成自动保护堤岸基础的运行机制。这种裙台形体简单，效果显著，易于施工，便于推广。经多项工程水工试验验证，堤岸防护裙台一般可使堤岸基础淘刷深度减少50%～80%，有的甚至还有回淤，从而保证了堤岸的安全。裙台布置及体型如图1.8-22所示。

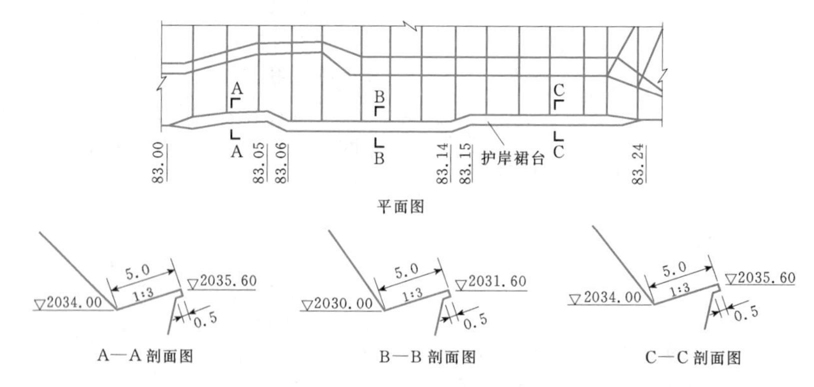

图1.8-22 裙台布置及体型（单位：m）

1.9 特殊消能工

特殊消能工主要针对单宽流量不大、水流流速不高的小型工程，包括加墩陡槽、涵管冲击消能箱、消能栅和消波工，可结合工程实际情况予以选用。

1.9.1 加墩陡槽

加墩陡槽如图1.9-1所示。

1.9.1.1 消能特点

陡槽上沿程加设消能墩后，水流在沿陡槽下行过程中进行消能，以保证陡槽出口处流速不大于进口流速，如进口为缓流，出口仍为缓流，无需在出口处再设置消能工。该型消能工的优点在于比较经济、长度无限制以及较低的出口流速，且对下游尾水无严格要求。若下游有尾水，可以进一步起到减少冲刷的作用；如下游无尾水，由于部分消能墩（至少1～2排）埋于河床下，最后可达到冲淤平衡。

1.9.1.2 适用范围

对于输水陡槽及渠道跌水处，当受地形地质、下游尾水深度等因素制约，开挖消力池既不实际又不经济时，可采用加墩陡槽，其长度无限制，断面采用矩形或梯形均可。一般认为最大单宽流量应小于5.6m^3/(s·m)，但也有工程设计单宽流量达到7.2m^3/(s·m)的。实际工程运行经验表明，通过2.0～2.5倍的设计单宽流量作短时间的超流量泄洪，也未造成下游严重冲刷破坏，设计上可灵活掌握。

1.9.1.3 工程实例

美国Conconully(康科纳利)大坝加墩陡槽如图1.9-2所示，陡槽底坡比为1∶2，消能墩高度为1.52m，排距为3.05m，设计单宽流量为7.2m^3/(s·m)。出于结构上的要求，该陡槽第一排消能墩放置位置低于堰顶0.55m。

1.9.1.4 水力设计

(1) 确定陡槽最大泄量Q。

(2) 确定陡槽单宽流量q。$q=Q/B$，B为陡槽宽度，可根据上游渠道宽度、下游渠道宽度、地形条件、洪水频率、最大泄量以及经济性等综合考虑来确定。

(3) 陡槽进口流速v_1愈低愈好，且应小于临界流速$v_c=\sqrt[3]{gq}$。陡槽单宽流量小于6.4m^3/(s·m)时，可按下式计算进口流速：

$$v_1=\sqrt[3]{gq}-1.52 \tag{1.9-1}$$

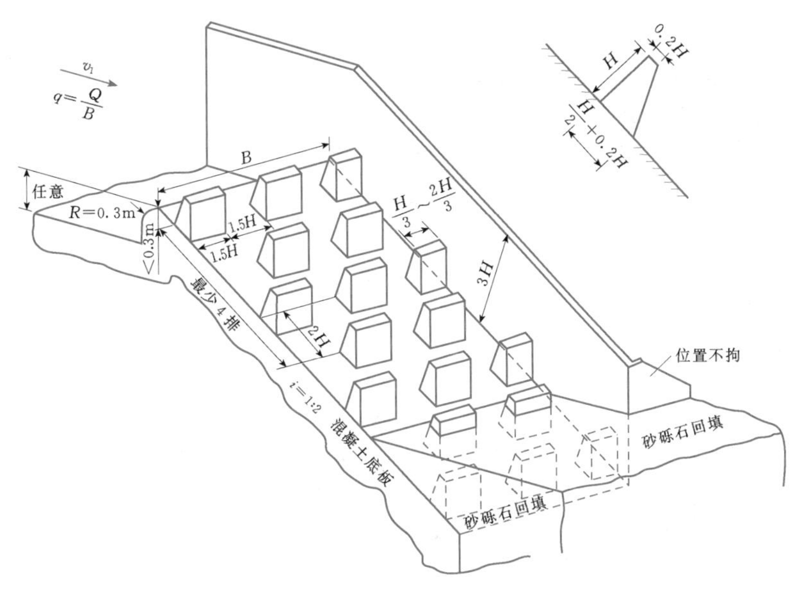

图 1.9-1　加墩陡槽

式中　q——陡槽单宽流量，$m^3/(s\cdot m)$；

　　　g——重力加速度，取 $9.81m/s^2$。

进口流速接近或超过临界流速时，会使水流在撞击第一排消能墩后被抛向空中，从而可能导致其完全跨过下一排或两排消能墩。另外，陡槽进口处进流应尽量平稳，以使整个结构获得最佳运行效果。

如陡槽前由闸门控制放水，且开启度较小或闸前水头较大，流速有可能超过临界流速。在此情况下，槽前应设一水跃消能池，但池长不必按底流消能的传统设计，只需2倍跃后水深即可，或根据试验确定。消能池尾坎可作为陡槽槽顶。

(4) 槽顶可高出上游渠底一定高度，以获得期望的进口流速，可根据具体情况来定。槽顶头部可采用圆弧，一般可取 $R=0.3m$。第一排消能墩宜靠近头部，放置部位与槽顶的高差一般不宜大于0.3m。

(5) 消能墩高度 H 可根据临界水深 $h_k=\sqrt[3]{q^2/g}$，按照 $0.8h_k \leqslant H < 0.9h_k$ 取值。墩高确定后，可按图1.9-1的比例确定墩的大小和位置，具体尺寸可根据布置的方便，在比例值范围内略作变动，不影响消能效果。

(6) 墩宽和墩的行距宜为 $1.5H$，最低不少于 $1.0H$。墩的纵剖面为梯形，顶长和底长可分别取为 $0.2H$ 和 $0.7H$，亦可灵活掌握。

(7) 墩的排距应按 H/i 来取值，即陡槽坡度 i 为1∶2时，排距为 $2H$；陡槽坡度 i 为1∶3时，排距为 $3H$；依此类推。

(8) 墩面一般与槽底正交，但亦可采用直立墩面（垂直于水平线）。

(9) 为控制水流，陡槽上至少应布置4排墩，实际工程中在短陡槽上也有少于4排墩而运行比较成功的，可作参考。第4排以下的消能墩可起到保持流态的作用。至少应有一排墩埋入河床下，以起到抗冲保护的作用。

(10) 第1、3、5等单数排设置边墩，其宽度在 $(1/3\sim2/3)H$ 之间，其余尺寸同中间墩。边墩可布置于陡槽的一侧或两侧。如间隙不容许，则无需布置边墩。

(11) 陡槽底坡坡比一般为1∶2或更缓。坡比大于1∶2的陡槽应开展模型试验，其结构稳定性亦应加以验证。

(12) 陡槽边墙高度宜不小于 $3H$，足以容纳主流和大部分水溅。

(13) 陡槽出口周围宜作抛石保护，以防回流淘刷岸坡。出口宜设“八”字翼墙。

1.9.2　涵管冲击消能箱

涵管冲击消能箱如图1.9-3所示，各细部尺寸见表1.9-1。

表 1.9-1　涵管冲击消能箱各细部尺寸

单位：cm

$Q(m^3/s)$	a	b	c	t_w	t_f	t_b	t_p
2.8	23	8	90	20	20	23	20
5.7	30	10	90	25	28	25	20
8.5	35	15	90	30	30	30	20
11.3	40	15	90	30	33	30	20

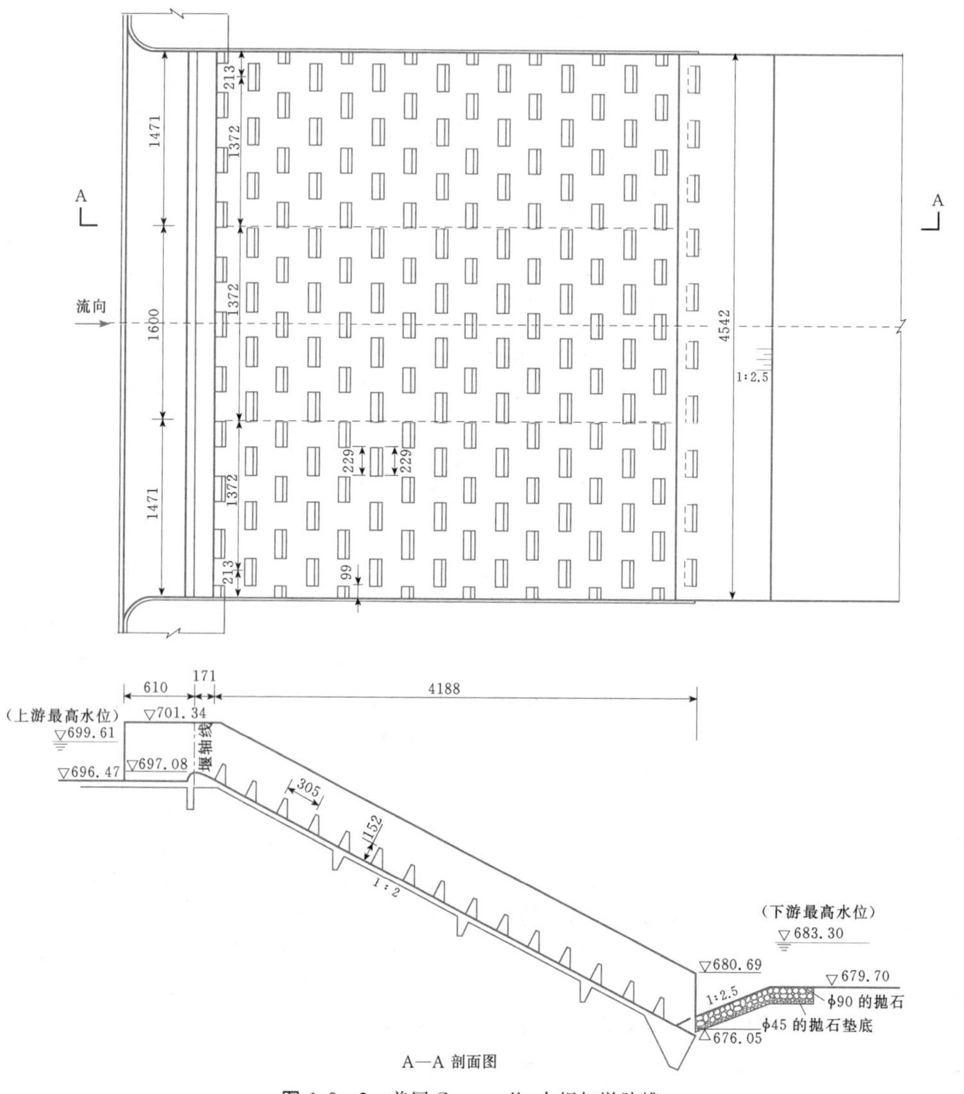

图 1.9-2 美国 Conconully 大坝加墩陡槽

（尺寸单位：cm；高程单位：m）

1.9.2.1 消能特点

由小型箱式结构构成的冲击消能工，无尾水要求。水流撞击胸墙，充分消能后通过胸墙底部出口进入下游。如下游有尾水，更可改善出流条件，降低出口流速，减少下游冲刷，但尾水以不超过 $h'+h/2$ 为限（h 及 h' 分别为胸墙高及尾坎高），否则水流漫过胸墙。在相同弗劳德数下，此型消能箱较底流消力池消能效率增加 12%～30%。

1.9.2.2 适用范围

涵管冲击消能箱适用于小型涵管、涵洞、输放水管道出口等，一般下游无尾水，或有尾水而变动范围较大者。管洞出口断面为圆形、矩形或马蹄形均可。对于矩形或梯形的渠道或陡槽出口，亦可适用，但渠槽宽必须小于箱宽。出口可采用向下倾斜的型式，但下倾角以不超过 15°为宜。

涵管冲击消能箱适用于单管流量不大于 11.3m^3/s和出口流速不大于 15.24m/s（为避免空蚀破坏或冲击破坏，出口流速宜小于 15m/s）的情况。如流量超过限度，可增加消能箱的数目，并排布置两个或多个消能箱。

1.9.2.3 工程实例

美国 Rio Grande（里奥格兰德）工程 Picacho North Branch（皮卡乔北支）大坝底孔涵管冲击消能箱如图 1.9-4 所示。该消能箱最大设计流量为 7.8m^3/s，

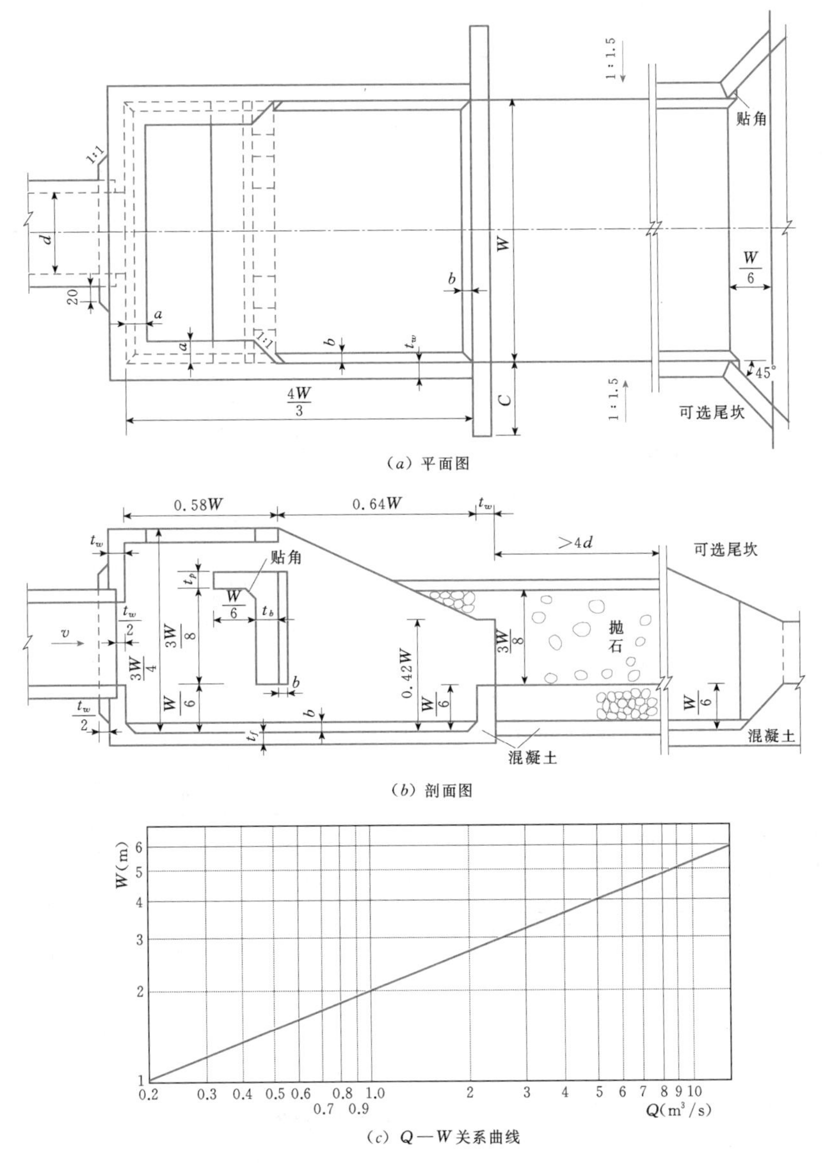

(a) 平面图

(b) 剖面图

(c) Q—W关系曲线

图 1.9-3 涵管冲击消能箱

箱宽为4.72m，尾坎后铺设粒径为46cm的抛石作防冲保护。1954年8月20日泄洪流量达到5.9m³/s，工程运行安全，消能效果良好，但尾坎后冲深为0.61m，认为抛石粒径偏小，后将抛石粒径增大为71cm。

我国云南省文山县芹菜塘水库坝高33m，出流高涵管径0.54m，最大工作水头16m。涵管出口与灌区主干渠相连，最大设计流量0.5m³/s，涵管出口最大流速8m/s。高涵出口原设计消能工采用跌水型矩形消力池，存在射流冲击消力池末端渠底和边墙后产生裂缝引起严重漏水的问题。受地形条件制约，消能工改建方案最终采用了涵管冲击消能箱，其布置如图1.9-5所示。该消能箱实际运行20多年，消能效果良好。

1.9.2.4 水力设计

(1) 根据设计流量计算来流的流速和弗劳德数，确保来流流速小于15m/s，弗劳德数小于10。

(2) 求箱宽 W。根据试验研究，可用下列经验公式：

$$W=(1.1\sim1.3)[\lg(36Q)+0.2Q] \quad (1.9-2)$$

式中，1.1为箱宽下限系数，小于此值不安全；1.3为箱宽上限系数，大于此值不经济；Q 的单位为m³/s，

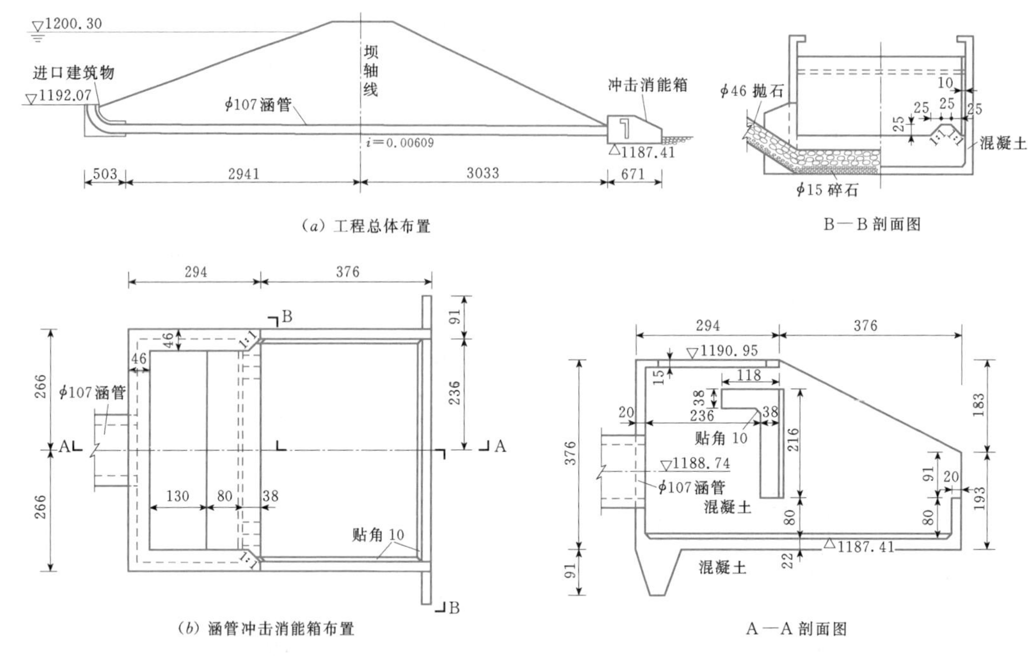

图 1.9-4 美国 Rio Grande（里奥格兰德）工程 Picacho North Branch（皮卡乔北支）大坝底孔冲击消能箱（尺寸单位：cm；高程单位：m）

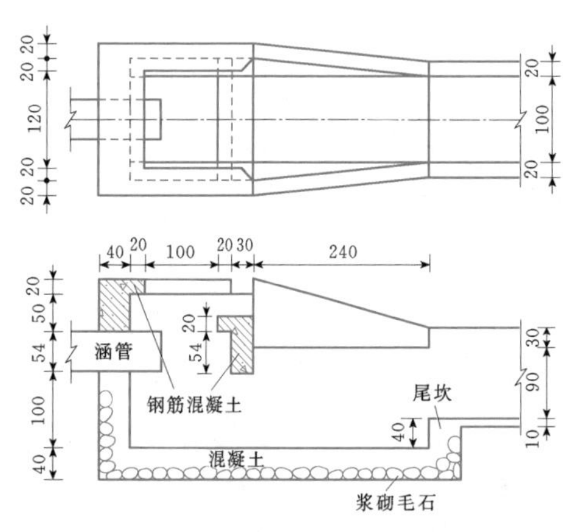

图 1.9-5 云南芹菜塘水库高涵冲击消能箱（单位：cm）

W 的单位为 m。也可按图 1.9-3 中的 Q—W 关系图查算 W 值。

(3) 求消能箱各部主要尺寸。当 W 确定后，即可按表 1.9-2 求得各部主要尺寸。

(4) 消能箱结构细部尺寸可参考图 1.9-3 采用，但宜根据所用材料及施工水平等确定各细部尺寸，不宜生搬硬套。

(5) 消能箱出口下游海漫长度至少应大于管径或渠槽宽的 4 倍。海漫底部以厚 0.15m 的粗砂铺底，抛石厚约 0.45～0.5m，抛石最小直径应在 0.12～0.36m 之间。

表 1.9-2　　消能箱尺寸

箱高 H	箱长 L	胸墙高 h	尾坎高 h'	箱末边墙高 H_1	边墙顶长 L_1	箱下游海漫长
$0.75W$	$1.34W$	$0.375W$	$0.17W$	$0.42W$	$0.58W$	>4d（管径）

1.9.3 消能栅

消能栅如图 1.9-6 所示。

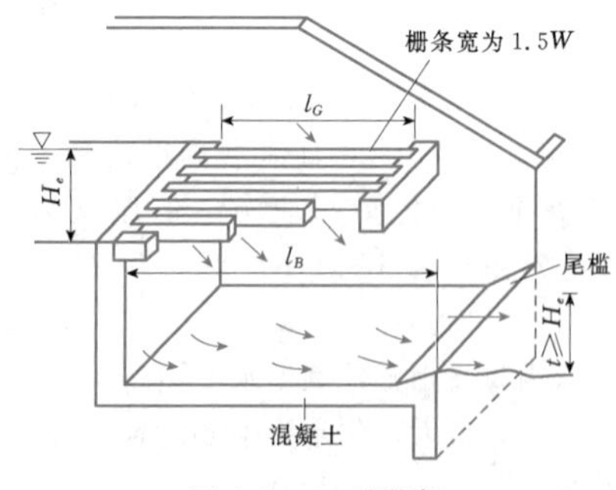

图 1.9-6 消能栅

1.9.3.1 消能特点

消能栅由多根钢棒、槽钢或木条组成。水流通过栅条间隙，分隔成许多薄长形水舌以接近铅垂的角度射入下游，消能效果很好，因而可缩短池长，并有效地消除波浪。

1.9.3.2 适用范围

消能栅适用于小型跌水，下游弗劳德数 $Fr=2.5\sim4.5$。

1.9.3.3 水力设计

（1）根据来流量 Q、包括水深及行近流速水头的上游水头 H_e、栅条间隙宽 W 及间隙数目 N，可依据以下经验公式求栅条长 l_G：

$$l_G=\frac{4.1Q}{WN\sqrt{2gH_e}} \tag{1.9-3}$$

（2）跌水下游池长 $l_B\approx1.2l_G$。

（3）栅条宽为栅条间隙宽的1.5倍，即 $1.5W$。

（4）要求尾水深 $t\geqslant H_e$。若跌水下游渠宽不大于上游引渠宽，则此条件能自行满足，无需挖深以增加尾水深度。

（5）若栅条下倾角不小于3°，可自动清洁。

1.9.4 潜涵式消波工

潜涵式消波工如图1.9-7所示。

1.9.4.1 消能特点

潜涵式消波工消波效率高，可消除波高60%～90%。

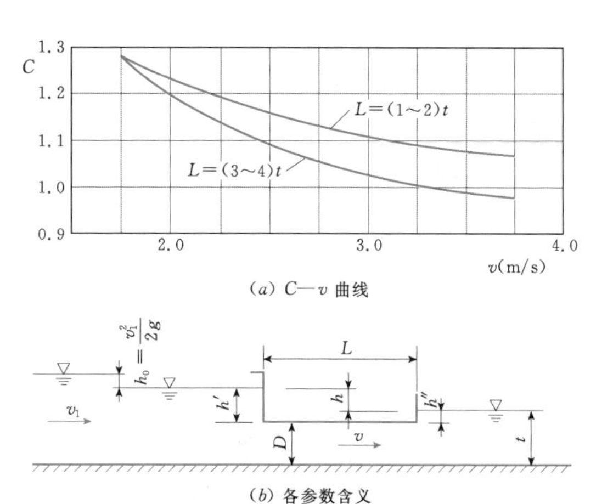

图1.9-7 潜涵式消波工

1.9.4.2 适用范围

潜涵式消波工对于解决运河输水道或消力池尾渠上的波浪问题，较为经济有效，但要求波浪周期小于5s。

1.9.4.3 工程实例

美国卡特湖水库1号大坝输水道与St. Vrain（圣维恩）运河相接，在消力池下游采用了潜涵式消波工来减小运河中的波高，如图1.9-8所示。输水道泄放最大流量 $17.7\text{m}^3/\text{s}$ 时，消波工上游处波高为1.16m，消波工下游波高减小至0.09m，消波率达到92.2%。

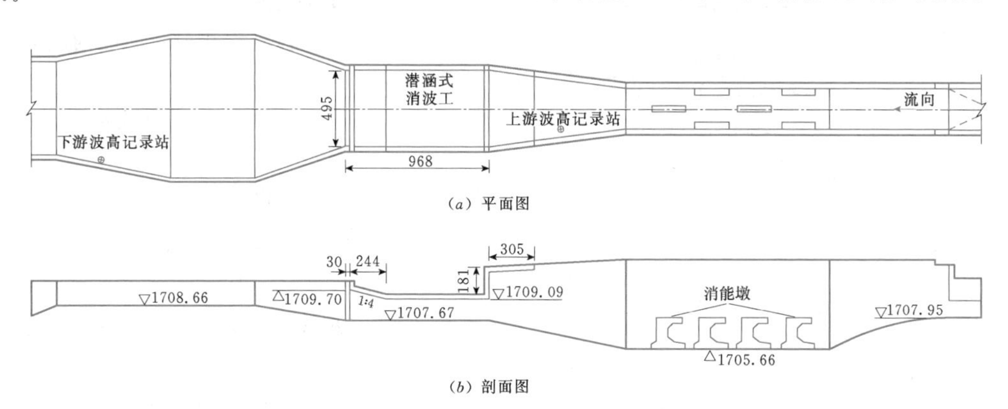

图1.9-8 美国卡特湖水库1号大坝输水道潜涵式消波工（单位：cm）

1.9.4.4 水力设计

（1）根据下游水深 t，计算潜涵洞高 $D=2t/3$，即潜涵顶盖需淹没于水下1/3处。

（2）根据拟达到的消波效率来设计洞长 L：以波周期小于5s及最大流速小于4.3m/s为限，$L=(1\sim1.5)t$，消波率可达60%～75%；$L=(2\sim2.5)t$，消波率可达80%～88%；$L=(3.5\sim4)t$，消波率可达90%～93%。

例如，流速小于4.3m/s，波高1.5m，周期小于5s，希望减至0.3m，则消波效率应为（1.5－0.3）/1.5＝80%，可采用洞长 $L=(2\sim2.5)t$。

（3）计算上游水深壅高值 h，由下式计算：

$$h+\frac{v_1^2}{2g}=\left(\frac{Q}{CA\sqrt{2g}}\right)^2 \tag{1.9-4}$$

先计算潜涵中平均流速 $v=Q/(DB)$，B 为渠宽，然后由图1.9-7查得相应的 C 值。需作两三次试算，即可得 h 值。潜涵消波作用使上游壅高的水深与原来水深及适当超高之和，以不超过渠顶为准。

1.9.5　其他型式的消波工

1.9.5.1　消波梁

消波梁如图 1.9-9 所示。

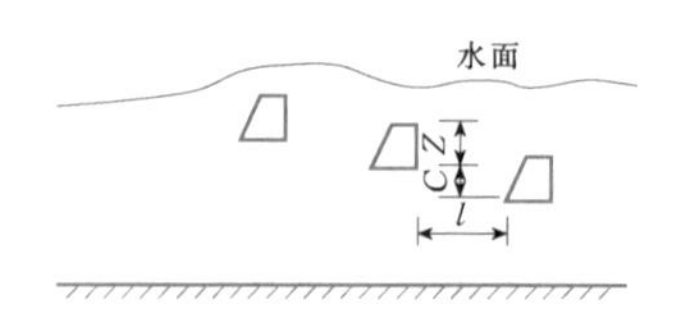

图 1.9-9　消波梁

图 1.9-9 所示各部分尺寸分别为

$$Z=(0.06\sim0.125)H$$
$$C=(0.05\sim0.2)t$$
$$l=(3\sim5)C$$

式中　H——以下游渠底为准的上游水头，m；

t——第一根梁的高度，约等于收缩断面处水深的 1.2～1.5 倍，m。

1.9.5.2　消波排

消波排如图 1.9-10 所示。

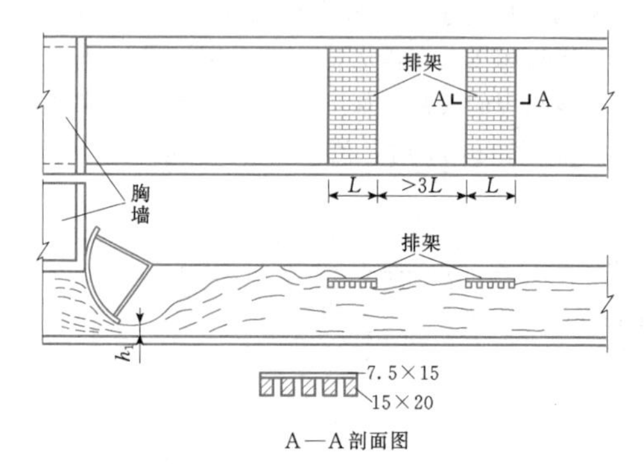

图 1.9-10　消波排（单位：cm）

图 1.9-10 所示消波排适用于弗劳德数 $Fr=2.5\sim4.5$，最大消波率可达 83%。

在设计上，排长 L 至少为 2.5m，两排之间排距至少为 $3L$。排架可用木制，其尺寸可参照图 1.9-10。

以上介绍的两种消波工，宜在较窄的渠道上，需要削减波高时使用。

1.10　空化空蚀

1.10.1　概述

当液流局部区域的压强在给定温度下降低到一定程度时，液体内部的气核发育成蒸汽型空泡（简称汽泡）或气体型空泡（简称气泡），汽泡或气泡被水流带到压强较高区域时，由于蒸汽的凝结或气体的溶解而迅速崩溃，并产生极大的压强，这种现象称为空化。当空化发生在固体边界附近时，空泡的瞬间破灭会使边界面受到强烈的、反复的压力冲击，引起材料的断裂或疲劳破坏而发生剥蚀，这种现象称为空蚀。空蚀是泄水建筑物遭受破坏的最常见现象，设计时应力求减免其危害。

1.10.1.1　空化发生条件

空化发生于以下条件：

$$\sigma\leqslant\sigma_i \tag{1.10-1}$$

其中

$$\sigma=\frac{h_0+h_a-h_v}{\dfrac{u_0^2}{2g}} \tag{1.10-2}$$

$$\sigma_i=\frac{h_{0i}+h_a-h_v}{\dfrac{u_{0i}^2}{2g}} \tag{1.10-3}$$

$$h_a=10.33-\frac{\Delta}{900}$$

式中　σ——空化数；

σ_i——临界空化数或初生空化数；

h_0——参考点水流边界压强水头，m；

h_a——参考点处的大气压强水头，m，与高程有关；

Δ——参考点的海拔高程；

h_v——相应水温下的水的汽化压强水头，m；

g——重力加速度，取 9.81m/s^2；

u_0——来流速度，m/s；

h_{0i}——发生初生空化时参考点的临界压力水头，m；

u_{0i}——发生初生空化时参考点的临界流速，m/s。

1.10.1.2　空化发展阶段

空化发展可分为三个阶段，可用比值 β 来表征：

$$\beta=\frac{\sigma}{\sigma_i} \tag{1.10-4}$$

式中　β——相对空化数，表征空化发展程度；

σ——参考断面或某局部位置的水流空化数；

σ_i——参考断面或某局部位置的初生空化数。

当 $\beta=1$ 时，为空化初生，此种程度的空化不具有空蚀破坏的危险性；当 $0.7<\beta<1.0$ 时，为空化初生阶段，此种程度的空化一般也不具有空蚀破坏的危险性，但应注意施工不平整度的控制和采用抗蚀材料保护；当 $0.3<\beta<0.7$ 时，为空化发展阶段，具有空蚀破坏的危险，工程上要尽量避免（采用超空化体型的除外）。

1.10.1.3　空化类型

目前，空化分类方法很多，水利工程中常见的分类方法见表 1.10-1。

表 1.10-1 空 化 类 型

分类方法	空化类型	特 点
按空泡内主含蒸汽或气体分	蒸汽型空化	空泡内含气量小，溃泡冲击压强高，空蚀危害性大
	气体型空化	空蚀可能性较小，但严重时可能引起较强的流激振动
按空化部位分	边界分离型空化	发生在固壁附近，空蚀危害性大
	剪切流空化	产生于水流剪切区的旋涡核心，空蚀危害性需具体分析
	旋涡空化	产生于纵轴旋涡和横轴旋涡等较大尺度旋涡核心区
按发生条件和物理特性分	游移型空化	随水流运动由单个的瞬态空泡组成的空化现象
	固定型空化	水流从绕流体或过流通道的固体边壁面上脱流，形成附着在边界上的空腔或空泡
	旋涡型空化	形成在高剪切区的旋涡核心

1.10.1.4 空蚀部位

泄水建筑物可能遭受空蚀的部位如图 1.10-1 所示。

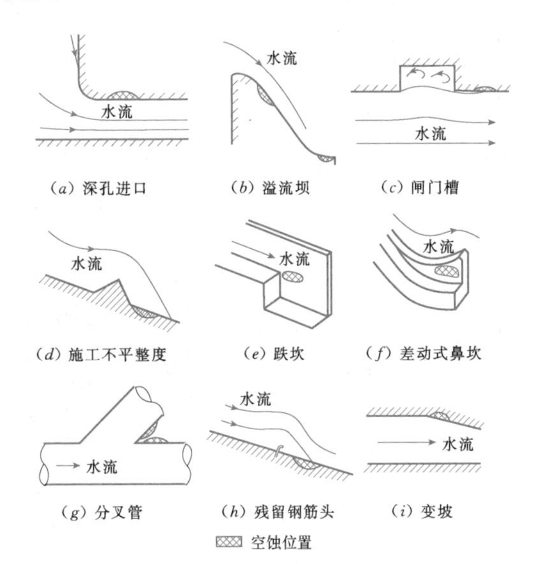

图 1.10-1 泄水建筑物可能遭受空蚀的部位

1.10.2 免空蚀体型设计

1.10.2.1 溢流坝

溢流坝堰面设计一般遵循以下三个原则，即在定型设计水头下不出现较大的负压，流量系数较大，断面较狭窄。

1. 曲线凸面

溢流坝面堰顶曲线的设计参见本章 1.2 节。

2. 反弧段

在已建工程中，绝大多数反弧采用比较简单的单圆弧曲线，半径取：

$$R=(4\sim10)h \qquad (1.10-5)$$

式中 h——反弧最低点处的平均水深，m。

根据国内外统计结果发现，实际采用的反弧半径变化区间为(1.95～55.55)h。郭子中根据影响反弧半径的因素对反弧半径进行优化后，得出适用于溢流坝的反弧半径为

$$R=\frac{2}{3}Fr^{1.5}h \qquad (1.10-6)$$

其中 $$Fr=\frac{v}{\sqrt{gh}}$$

式中 Fr——反弧段最低点处的弗劳德数。

根据国内外工程实例，对于高水头、大流量溢流坝面，采用单圆弧的反弧段易发生空蚀破坏，实例见表 1.10-2。反弧段采用抛物线、椭圆曲线、悬链线等曲线比单圆反弧优越，过流面上的压强分布较为均匀。

3. 消能工

常见的挑流、底流和面流消能是借助于各种型式的挑坎、齿坎及辅助消能工来实现的。各种型式的消能工均可使高速水流在平面或立面上急剧改变或扩散，有可能在这些坎、墩、齿的表面上形成低压区，造成空蚀破坏，这样不仅会降低它们的消能效果，有时还会影响到泄水建筑物的正常运用。因此，选择能减免空蚀的体型是非常重要的。

(1) 挑坎。挑坎体型及设计见本章 1.7 节。

(2) 辅助消能工。为提高底流消能的消能效果，常在消力池内增设一些辅助消能工，如趾坎、消力墩等。

消力墩免空蚀的工作范围与其型式及淹没系数 $\eta=h/h''$（h 为下游水深，h''为第二共轭水深）有关。免空蚀的临界流速 u 见表 1.10-3～表 1.10-5。

当流速超过免空蚀破坏的临界流速时，采用一般的消能工均会发生空蚀，此时可采用超空化体型的消能工，从而避免空蚀破坏。

目前应用超空化体型设计的已建或在建工程见表

表 1.10-2　反弧段空蚀破坏实例

龙抬头式泄洪洞名称	设计水头 H (m)	设计流量 Q (m^3/s)	隧洞直径 D (m)	单宽流量 q [$m^3/(s·m)$]	运行工况 日期(年.月.日)	运行工况 水头 H (m)	运行工况 流量 Q (m^3/s)	运行工况 单宽流量 q [$m^3/(s·m)$]	空蚀破坏情况 部位	空蚀破坏情况 长度 l (m)	空蚀破坏情况 宽度 b (m)	空蚀破坏情况 深度 h (m)	空蚀破坏情况 体积 V (m^3)	破坏原因
美国波尔德泄洪洞	150	5650	15.2	372	1941.8.14～1941.12.1；1941.10.28几小时		380(平均值) 1080(最大值)	25 71	反弧段后底板	35	9.2	13.7	1100	施工定线误差造成0.11m突体引起
西班牙圣埃斯提邦坝泄洪洞	100	550	6.0～5.5	100	1959.12过水几天				反弧段后及其下游底板	45	6(平均值)			由于下游堆渣尾水抬高，鼻坎不能挑流，水跃回缩洞内
西班牙阿尔德达维拉坝泄洪洞	115	2800	10.4	269	1962		100	96	反弧段尾部及其下游底板衬砌部分	50				由于施工误差造成突体引起
墨西哥英菲尔尼罗坝3条泄洪洞	112	10500	13.0	269	1964.8				反弧段下游40m范围内下半部衬砌全部冲光			基岩平均冲深4m		由于施工不平整度引起
美国黄尾坝泄洪洞	155	2600	9.75	267	1967.6～1967.7泄洪30d		560(最大值)	57	反弧段后	38	7.3	2m以上		由于有一块修补的环氧砂浆(面积0.25m^2，深约3mm)脱落
刘家峡右岸泄洪洞	122	2200	8×12.8～13×13.5①	275～169	1972.5.6起运行315h	约100m	560～587	70～73 43～45	反弧末端及其下游底板0+184～0+207	23	13	4.8	400	由于反弧尾端有施工错台及残留钢筋头等突体引起
美国格兰峡左右泄洪洞	176	7800	15.4～12.5	312	1983.6.6		左洞566～900～566② 右洞765	45～72 61	反弧段下游			左洞最大7.6m 右洞最大3.0m		由于洞底突体引起

① 指隧洞进口断面8m（高）×12.8m（宽），水平段城门洞形断面13m（宽）×13.5m（高）。

② 指流量从566m^3/s增大到900m^3/s，再减至566m^3/s。

表 1.10-3　立方体消力墩免空蚀临界流速 u

淹没系数 η	1.0	1.2	1.5
空蚀临界流速 u (m/s)	11	13	17

表 1.10-4　金字塔台体消力墩免空蚀临界流速 u

淹没系数 η	1.0	1.2	1.5
空蚀临界流速 u (m/s)	14	16	21

表 1.10-5 棱形体消力墩免空蚀临界流速 u

淹没系数 η	1.0	1.2	1.5
空蚀临界流速 u (m/s)	15	17	22

1.10-6，其成果可供设计时参考。其中蒲圻电站的差动式趾墩布置如图 1.10-2 所示，河溪电站的 T 形消能墩布置如图 1.10-3 所示。

4. 其他

溢流坝的设计还包括掺气坎、分流齿坎等，其中掺气坎的设计见本章 1.11 节。

表 1.10-6 采用超空化体型设计的工程

序号	工程名称	超空化体型设计	建成年份	备注
1	蒲圻电站	差动式趾墩	1966	
2	河溪电站	T 形消能墩	1984	
3	亭子口水利枢纽	底孔后为跌坎式消力池，坎高 8m，边底孔底板水流距导墙 4.5m	在建	坎上流速为 40m/s 左右，入池单宽流量为 133m³/(s·m)
4	向家坝电站	表孔、中孔后为跌坎式消力池，表孔后跌坎高 16m，中孔后跌坎高 8m，边表孔与消力池导墙间无突扩距离	在建	坎上流速为 38m/s 左右，入池单宽流量为 225m³/(s·m)
5	观音岩电站	表孔后为跌坎式消力池，溢洪道表孔后跌坎高 7m，消力池边墙突扩 5m	在建	坎上流速为 38m/s 左右，入池单宽流量为 159m³/(s·m)
6	缅甸密松电站	表孔后为跌坎式消力池，表孔闸墩后跌坎高 10m，边表孔底板水流距消力池边墙 4.5m	待建	坎上流速为 40m/s 左右，入池单宽流量为 225m³/(s·m)

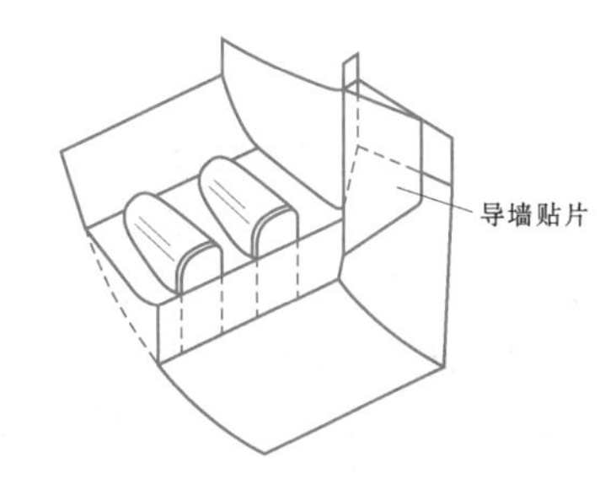

图 1.10-2 蒲圻电站差动式趾墩布置示意图

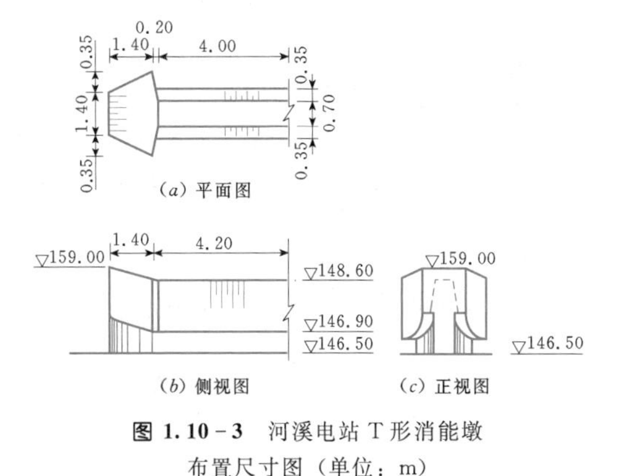

图 1.10-3 河溪电站 T 形消能墩布置尺寸图（单位：m）

1.10.2.2 平板闸门槽

影响门槽初生空化数的因素很多，一般可将其分为几何参数和物理参数两方面。重要的几何参数有宽深比（W/D）、错距比（Δ/W）、斜坡坡度（Δ/x）、圆角比（R/D）和挑角（θ），如图 1.10-4 所示。

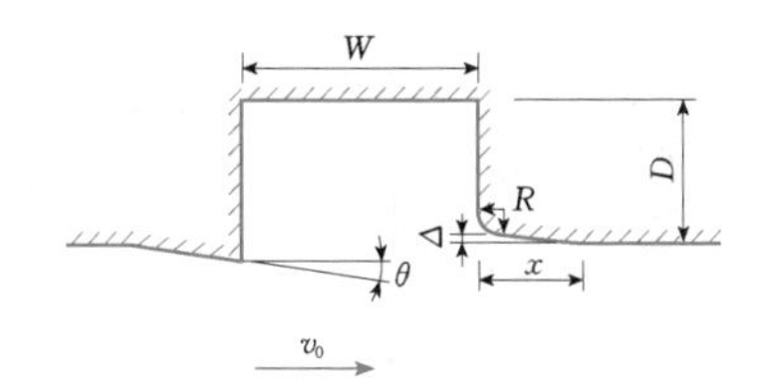

图 1.10-4 门槽几何参数

《水利水电工程钢闸门设计规范》(SL 74—1995) 所建议的门槽体型及其初生空化数 σ_i 值见表 1.10-7，其水流空化数按下式计算：

$$\sigma = \frac{h_1 + h_a - h_v}{\frac{v_1^2}{2g}} \tag{1.10-7}$$

式中 h_1——紧靠门槽上游附近断面的平均水头，m；

v_1——紧靠门槽上游附近断面的流速，m/s。

SL 74—1995 建议取：

$$\sigma > (1.2 \sim 1.5)\sigma_i \tag{1.10-8}$$

1.10.2.3 压力管进口曲线段

压力孔进口段形状可以概括为五种型式（见图 1.10-5），为便于闸门布置，常采用图 1.10-5②、③两种型式。工程实践上常采用 1/4 椭圆曲线来代替自由流线。研究表明：椭圆的长短轴不仅与进口段的

表 1.10-7　　SL 74—95 推荐的平板闸门门槽型式

槽型	门槽图形	门槽几何参数	门槽适用范围
A		(1) 较优宽深比 $W/D=1.6\sim1.8$； (2) 合宜宽深比 $W/D=1.4\sim2.5$； (3) 门槽初生空化数经验公式 $\sigma_i=0.38W/D$，该式的适用范围为 $W/D=1.4\sim3.5$	(1) 泄水孔事故门或检修门门槽； (2) 水头低于 12m 的溢流坝堰顶工作闸门门槽； (3) 电站进水口事故与快速闸门门槽； (4) 水流空化数大于 1（约相当于水头低于 30m 或流速小于 20m/s）的泄水孔工作门门槽
B		(1) 合宜宽深比 $W/D=1.5\sim2.0$； (2) 较优错距比 $\Delta/W=0.05\sim0.08$； (3) 较优斜坡坡度为 1/10～1/12； (4) 较优圆角半径满足 $R/D=0.1$； (5) 门槽初生空化数经验公式为 $\sigma_i=0.4\sim0.6$	(1) 深水孔工作门门槽，其水流空化数大于 0.6(约相当于水头为 30～50m 或流速为 20～25m/s)； (2) 高水头短管事故门门槽，其水流空化数大于 0.4 但小于 1； (3) 要求经常部分开启，其水流空化数大于 0.8 的工作门门槽； (4) 水头高于 12m，其水流空化数大于 0.8 的溢流坝堰顶工作门门槽

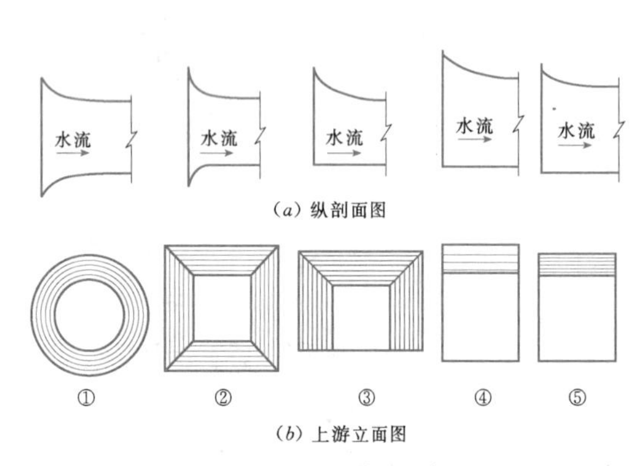

图 1.10-5　进口型式

孔径或孔高有关，而且还与孔前水头、迎水面的倾斜度、进口前水流的流态、压力孔段的长度、孔壁糙率等有关，其中最主要的影响因素是孔径或孔高和孔前水头。

我国的一些深孔泄水道进口通常采用椭圆曲线，即

$$\frac{x^2}{a^2}+\frac{y^2}{b^2}=1 \qquad (1.10-9)$$

1. 矩形进口

(1) 顶曲线满足：

$$a=H(H\text{ 为洞高})$$

$$b=\left(\frac{1}{3}\sim\frac{1}{4}\right)a$$

(2) 侧曲线满足：

$$a=B(B\text{ 为洞宽})$$

$$b=\frac{1}{4}a$$

(3) 对于底部圆弧，底部曲线一般取单圆弧接平地。

2. 圆形进口

对于圆形进口，可取：

$$a=\frac{1}{2}D(D\text{ 为直径})$$

$$b=\frac{1}{3}a$$

1.10.2.4　压力管渐变段及弯段

当有压洞身的断面变化时，应该设置渐变段使水流平顺过渡。在低流速时可以减少能量损失，在高流速时主要避免产生空蚀。

有压洞扩散渐变段的扩散角（边线与中线的夹角）一般取 4°～8°；收缩渐变段的收缩角一般取 7°～11°，其长度一般为均匀段洞径的 1.5～2.5 倍。

渐变段前后断面的型式一般是不相同的，故要注意断面形状的逐渐过渡，如对常用的收缩渐变段，可按下述方法确定：

(1) 由圆形断面过渡到矩形断面（见图 1.10-6)，其间任意断面的尺寸可按式 (1.10-10) 确定：

$$\left.\begin{aligned}S&=\frac{b}{l}x\\a&=\frac{h}{l}x\\r&=\frac{D}{2l}(l-x)\end{aligned}\right\} \qquad (1.10-10)$$

(2) 由矩形断面过渡到圆形断面（见图 1.10-7)，其间任意断面的尺寸可按式 (1.10-11) 确定：

$$
\left.\begin{aligned}
S &= \frac{b}{l}(l-x) \\
a &= \frac{h}{l}(l-x) \\
r &= \frac{D}{2l}(l-x)
\end{aligned}\right\} \qquad (1.10-11)
$$

式（1.10-10）和式（1.10-11）中的符号分别如图1.10-6和图1.10-7所示。

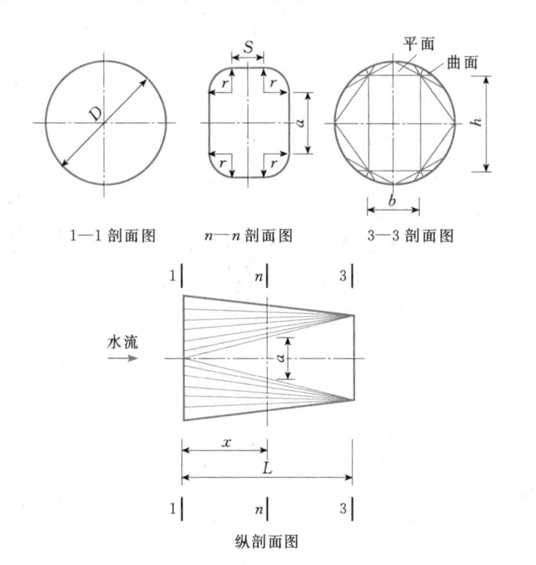

图1.10-6 圆形断面过渡到矩形断面渐变段

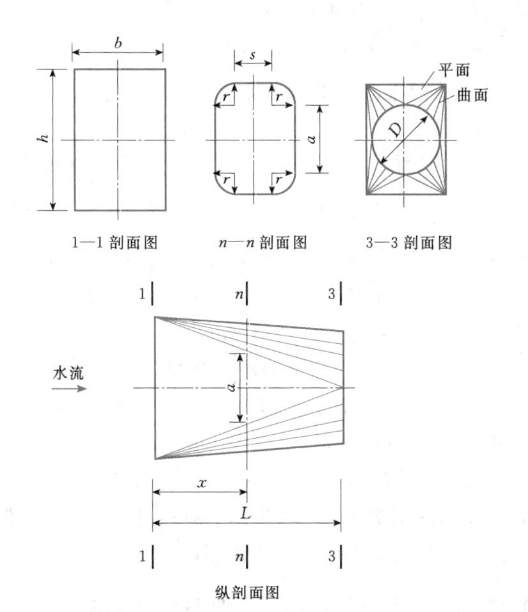

图1.10-7 矩形断面过渡到圆形断面渐变段

隧洞的路线布置应该考虑到洞内有良好水流流态的要求，在平面布置上应尽可能采用直线。对有压隧洞或低流速的无压隧洞，如必须转弯，为了保持良好的流态，其转弯半径一般不宜小于5倍洞径或洞宽，转角不宜大于60°（对发电引水隧洞的邻近厂房地段，可适当放宽要求）；曲线段首尾的直线段长度一般不宜小于5倍洞径或洞宽。对高流速的无压隧洞，为了避免在弯段上产生冲击波和水面壅高封顶等不良现象，应力求避免转弯，如必须转弯时，应通过水工模型试验确定适宜的曲线型式、弯曲半径和洞高。在竖直面上一般也布置成直线，如必须转弯，应设置平顺的竖曲线，无压隧洞竖曲线的半径一般不小于5倍洞径或洞高；有压隧洞竖曲线的半径一般不小于2倍洞径或洞高。对隧洞进口的“龙抬头”，其斜洞段可按抛物线设计，并用一定坡度的直线作为切线与抛物线连接，下游与平洞段连接时用反弧过渡，为使水流平顺，反弧半径 R 不宜小于7.5～10倍洞径或洞高，流速愈大或单宽流量愈大，要求 R 愈大。

1.10.2.5 压力管出口突扩突跌体型

压力管出口一般采用弧形门挡水，弧形闸门具有启闭力小、水流顺畅、门体水流初生空化数低、不易产生流激振动等优点。然而，由于弧形闸门顶止水与侧止水一般不在同一曲面，在两者连接处难以满足严密止水的要求，且角隅处应力集中，止水很容易撕裂，从而形成缝隙高速射流，导致空化、空蚀及声振等问题。为解决上述常规止水存在的问题，工程上采用偏心铰弧门和伸缩式水封方案。不论是偏心铰弧门止水还是伸缩式水封方案都要求门座侧向突扩，底部突跌。水舌离开门座后沿垂直与水平两个方向扩散，在一定条件下可形成相互贯通的侧空腔和底空腔，使水流掺气，对下游固壁形成保护，但也可能恶化流态，引发空化、空蚀等问题，其主要原因是进气不畅、过流边界的施工不平整度过大等。有关工程实例见图1.10-8及表1.10-8。

突扩和跌坎体型参考尺寸如图1.10-9所示：①底部跌坎，坎高 $d=(0.09\sim0.29)h$，跌坎高度的选择需结合下游泄槽坡度进行，当泄槽坡度较小时，跌坎高度 d 可选小值，反之，应适当加大跌坎高度；②侧扩，侧扩宽度 $b=(0.05\sim0.167)B$。

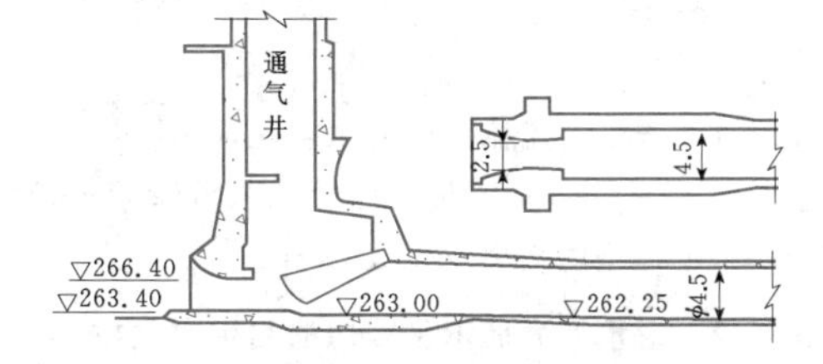

图1.10-8 泄水底孔偏心铰弧门配置的突跌和突扩示意图（霍尔吉斯）（单位：m）

表 1.10-8 国内外突扩突跌式布置工程实例

工程名称	孔口尺寸 $B\times h$ (m×m)	设计水头 H (m)	突扩宽度 b (m)	跌坎高度 d (m)	挑坎高度 Δ (m)	b/B	d/h	泄槽底坡 i	折流器宽度 (cm)	通气孔直径 (cm)	备注
龙羊峡底孔	5×7	120	0.6	2.0	0	0.12	0.29	20%接3%	0	2ϕ60	破坏过
龙羊峡深孔	5×7	105	0.6	2.0	0	0.12	0.29	10%接3%	0	2ϕ60	已建
东江放空洞	6.4×7.5	120	0.4	0.8	0.09	0.06	0.11	1∶5	0～0.5	2ϕ80	已建
宝珠寺底孔	4×8	80	0.4	1.0	0.1	0.10	0.10	1∶1.16	0	2ϕ80	已建
小浪底泄洪洞	4.8×5.4	140	0.5	1.5	0	0.10	0.28	1∶10	0	2ϕ90	已建
天生桥防空洞	6.4×7.5	120	0.4	1.2	0	0.06	0.16	1∶10	0～0.5	2ϕ80	已建
漫湾冲沙底孔	3.5×3.5	90.6	0.8	1.0		0.17	0.29				已建
苏联克拉斯诺亚尔斯克	5×5	100	0.5	7.0	0	0.10	1.40	0			破坏过
苏联努列克	5×6	110	0.5	0.6		0.10	0.10	3%			已建
苏联罗贡	5×6.7	200	0.5	0.6		0.10	0.09	1∶9			已建
巴基斯坦塔贝拉	4.9×7.3	122	0.31	0.38		0.06	0.05	1∶8			破坏过
美图德沃歇克	2.7×3.8	81	0.48	0.15		0.18	0.04	抛物线			破坏过
日本二濑	5×2.26	69	0.19	0.25		0.04	0.11	抛物线			已建
日本大莰	5×5.6	60	0.2	0.17		0.04	0.03	抛物线			已建
苏联结雅泄水孔	5×5	83	1.5	6.5		0.3	1.30				已建

注 B 为孔口宽；h 为孔口高。

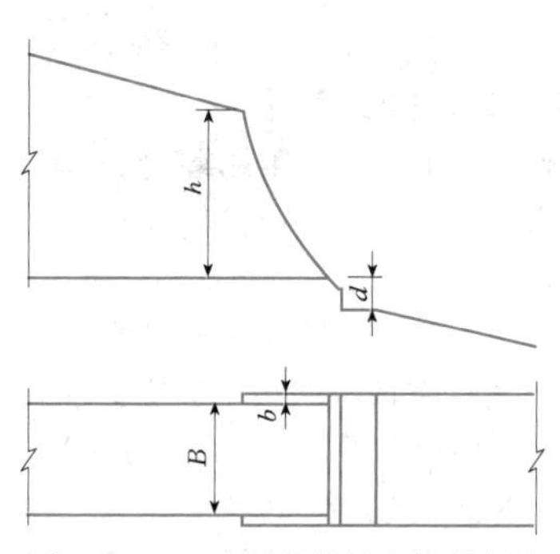

图 1.10-9 突扩跌坎门座体型布置

1.10.3 若干体型初生空化数

当泄水建筑物体型初生空化数小于水流空化数时，一般不会发生空蚀破坏。溢流体型的初生空化数一般需通过试验的方法得出，以下为若干体型的初生空化数。

1.10.3.1 若干溢流体型的初生空化数

表 1.10-9 为《溢洪道设计规范》(SL 253—2000)建议的若干体型的初生空化数。

1.10.3.2 泄水道表面不平整体的初生空化数

表 1.10-10 所列为泄水道各种表面不平整型式的初生空化数。各 σ_i 值计算时，取表中附图所示 $u=u_t$。u_t 可按实测流速分布图采用；如无实测资料，可按流速对数分布规律进行计算。

图 1.10-10 示出垂直升坎的 σ_i 值。

取 u_t 等于断面平均流速 v 而算得的初生空化数 $\sigma_{i,v}$，如图 1.10-10 及图 1.10-11 所示。

一般情况下，取 $u_t=v$，而按式(1.10-6)算得的实际水流空化数 $\sigma<0.1\sim0.3$ 时，一定要注意空蚀问题。

1.10.3.3 正向弧形闸门部分开启时的初生空化数

正向弧形闸门部分开启时的初生空化数随止水安装方式而不同：

(1)止水设在闸门上的正向弧形闸门布置型式如图 1.10-12 (a) 所示，σ_i 值可由图 1.10-12 (b) 按闸门相对开度 a/a_0 查取。

(2)止水设在侧墙和底坎上时的正向弧形闸门[布置型式如图 1.10-13 (a) 所示]，σ_i 值可针对自由出流与淹没出流由图 1.10-13 (b)、(c) 查取。

1.10.3.4 反向弧形闸门部分开启时的初生空化数

反向弧形闸门部分开启时的初生空化数随相对开度 a/a_0 而变，如图 1.10-14 所示。其中，图 1.10-14 (a) 所示为底缘尖锐的情况，图 1.10-14 (b) 所示为底缘平顺的情况。

表 1.10-9　若干体型的初生空化数

<table>
<tr><th colspan="2" rowspan="2">部　位</th><th colspan="7" rowspan="2">体 型 及 初 生 空 化 数</th><th colspan="3">计算初生空化数的参考断面及特征值</th></tr>
<tr><th>参考断面
(0—0)</th><th>特征水头
(m)</th><th>特征流速
(m/s)</th></tr>
<tr><td>闸墩墩头</td><td>半圆</td><td></td><td colspan="6">$t/b=0.125$，$\sigma_i=1.15$</td><td rowspan="7">墩侧闸孔
均匀段</td><td rowspan="7">断面平均
测压管水头</td><td rowspan="7">断面平均
流速</td></tr>
<tr><td rowspan="8">闸门槽①</td><td rowspan="6">复合曲线</td><td rowspan="6"></td><td>L_0/t</td><td>t/b</td><td>R_1/t</td><td>R_2/t</td><td>R_3/t</td><td>σ_i</td></tr>
<tr><td>2.5</td><td>0.125</td><td>0.5</td><td></td><td></td><td>1.15</td></tr>
<tr><td>1.25</td><td>0.25</td><td>5.15</td><td>1.48</td><td></td><td>0.75</td></tr>
<tr><td>1.0</td><td>0.5</td><td>1.48</td><td>0.7</td><td>0.15</td><td>0.22</td></tr>
<tr><td>1.15</td><td>0.4</td><td>2.1</td><td>0.75</td><td>0.15</td><td>0.21</td></tr>
<tr><td>2.0</td><td>0.5</td><td>9.2</td><td>1.6</td><td>0.15</td><td>0.2</td></tr>
<tr><td>矩形</td><td></td><td colspan="6">$W/D=1.5\sim2.0$
$\sigma_i=0.6\sim0.8$</td><td rowspan="2">紧靠门槽
上游断面</td><td rowspan="2">断面平均
测压管水头</td><td rowspan="2">断面平均
流速</td></tr>
<tr><td>斜坡圆化</td><td></td><td colspan="6">$W/D=1.5\sim2.0$
$\Delta/D=0.075\sim0.16$
$\Delta/X=1/10\sim1/12$
$R/D=0.10$
$\sigma_i=0.4\sim0.6$</td></tr>
<tr><td rowspan="2">堰面局部
变坡</td><td rowspan="2">堰面变坡</td><td colspan="3" rowspan="2"></td><td>α</td><td>5°</td><td>16°</td><td>31°</td><td rowspan="2">紧靠局部变
坡上游断面</td><td rowspan="2">断面水深</td><td rowspan="2">断面平均
流速</td></tr>
<tr><td>σ_i</td><td>0.3</td><td>1.1</td><td>1.25</td></tr>
</table>

续表

部位		体型简图	体型及初生空化数									参考断面（0—0）	特征水头（m）	特征流速（m/s）
泄槽不平整度	三角形	0 0 Δ	Δ/δ	0.015	0.03	0.06	0.1	0.2	0.6	1.0	$\Delta/\delta=12.2(\Delta/S)^{0.75}$ S—论及断面； δ—论及断面边界层厚度	紧靠突体上游断面	断面水深	断面平均流速
			σ_i	0.35	0.45	0.58	0.70	0.95	1.6	2.0				
	弓形	0 0 Δ	Δ/δ	0.035	0.06	0.1	0.2	0.6	1.8					
			σ_i	0.32	0.40	0.46	0.58	0.74	0.82					
挑流鼻坎分流墩	三角锥体	0 0 2Δ Δ 纵剖面；2Δ 1.2Δ 1.2Δ 平面	$\sigma_i=0.8$									紧靠坎上游断面	断面水深	断面平均流速
	梯形平面	0 0 Δ r为圆角半径 纵剖面；0.75Δ 1.25Δ 0.75Δ Δ Δ Δ 平面	r/Δ	0.1	0.075	0.05	0.025	0						
			σ_i	0.12	0.12	0.2	0.25	0.68						
消力池内消力墩	矩形平面	C C h_c $3h_2$ h Δ h_1 纵剖面；α α r r Δ Δ c Δ 平面	α	0°	5°	5°							墩顶以上水深	收缩断面流速
			r/Δ	0	0	C.13								
			c/Δ	0.37	0.30	0.30								
			σ_i	1.45	1.20	0.95								

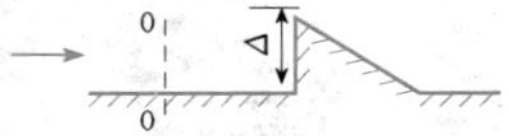

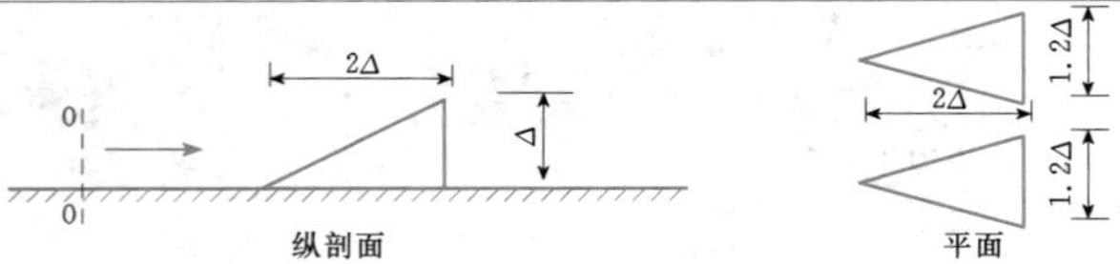

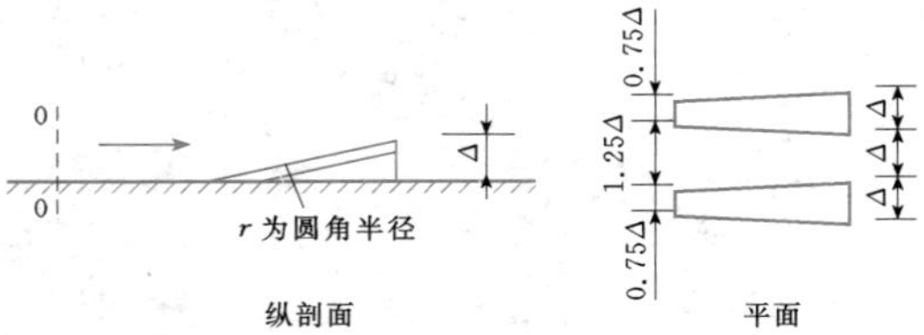

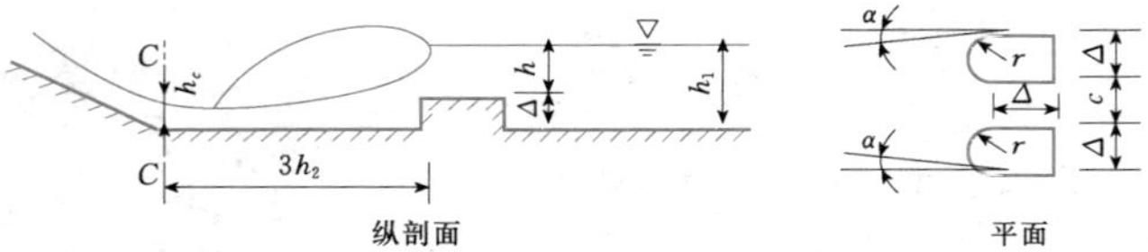

① 初生空化数适用于平底堰上的深孔门槽；对于设在曲线形堰上的表孔门槽，初生空化数应乘以1.2～1.5。

表 1.10-10　　不平整情况及其初生空化数 σ_i

序号	不平整型式及其可能成因	示意图	σ_i
1	斜坡突体(衬砌接缝,模板错位引起的混凝土升坎)	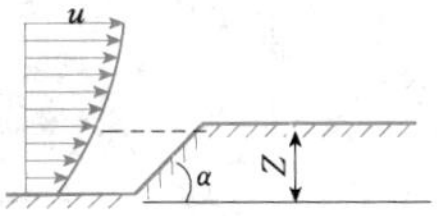	$0.446\sqrt[3]{\alpha}$ $(90°>\alpha>5°)$
2	深水二元流中的直立升坎	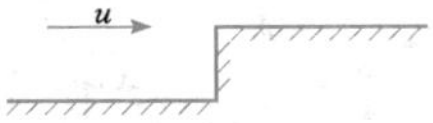	2.2
3	正坎升坎,下游坡为1∶10,顺流而降	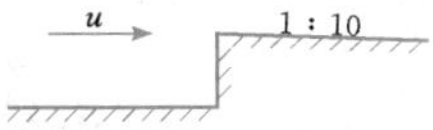	2.3
4	体型同3,但下游坡为1∶5	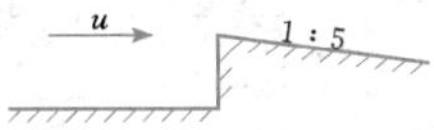	2.0
5	反坡升坎,下游坡为1∶10,顺流上升	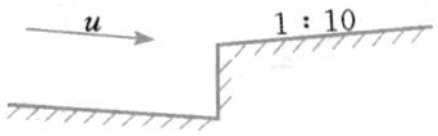	2.0
6	体型同5,但下游坡为1∶5	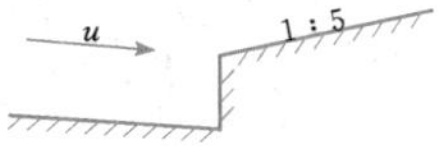	1.8
7	平坦表面上的半圆柱体		1.5
8	二元流中的跌坎,顺水流方向(衬砌接缝,模板错位引起的混凝土升坎)	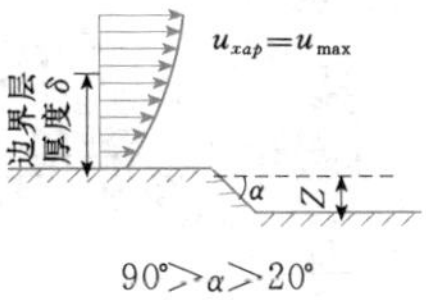 $90°>\alpha>20°$	①当 $Z\geqslant\delta$ 时,$\sigma_i=1$; ②当 $Z<\delta$,$\sigma_i=\left(\dfrac{Z}{\delta}\right)^{3/4}$
9	二元流中的直立跌坎,上游反坡为1∶5	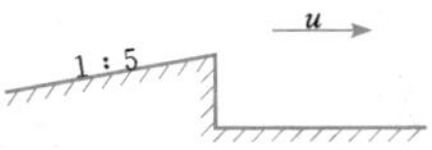	1.10
10	体型同9,但边棱磨圆	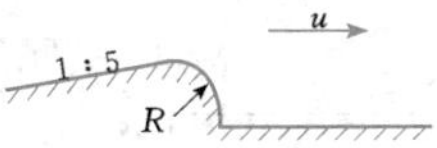	0.95
11	表面突然转折	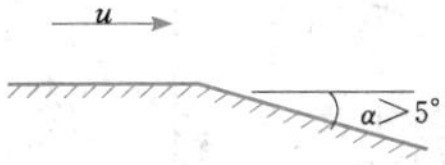	1.05
12	表面突然转折	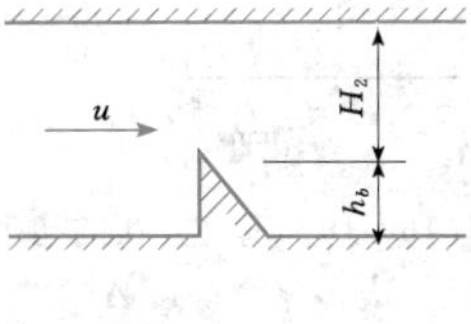	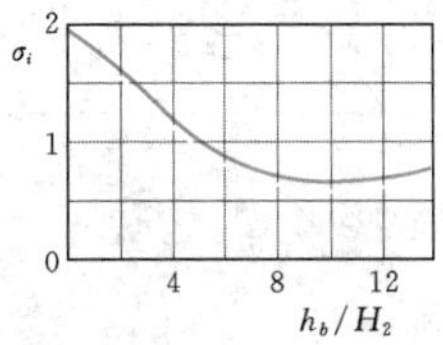

续表

序号	不平整型式及其可能成因	示意图	σ_i
13	单个的突体，顶端尖头（模板接缝造成的突体磨得不好的残迹）	u, Z	2
14	个别局部突体（大石头，钢筋头，焊沫）	u, Z (a)；u, Z (b)	(a)体型圆顺时，$\sigma_i=2$；体型急变时，$\sigma_i=3.5$；(b)$\sigma_i=3\sim4$
15	孤立的三角柱体	u	4.5
16	孤立的三角柱体	u	4.0
17	孤立的方柱	u	2.75
18	平面上的平行六面体	u	3.2
19	平面上的半球体	u	1.2
20	平面上的正圆锥体	u	1.5
21	表面上均匀的自然粗糙高度	$u=5.6u_*$, Δ	1.0
22	结构缝，裂缝，缝隙	u, b	σ_i: 0, 1, 2, 3；b(mm): 25, 50, 75, 100

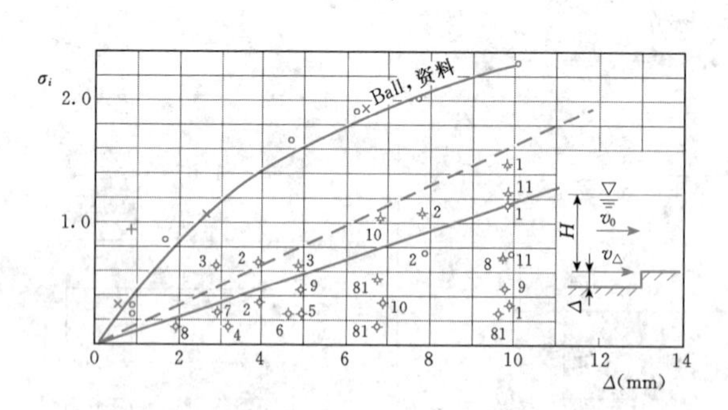

	符号	资料来源	流速
室内	∘	J.W.Ball	v=15m/s
	×	室内试验	v=20m/s
	∘	资料	v=25m/s
	∘1 ∘2 ∘3	西北所高压箱试验	v=17.4m/s
	+	日本安艺周一资料	
原型	✧11 ✧11	梅山泄洪隧洞出口 轻微	v_Δ=27m/s
	✧3 ✧3	佛库挑岸底部 无蚀	v_Δ=18m/s
	✧1 ✧1	佛库溢洪道侧墙 轻微	v=15m/s
	✧2 ✧2	响库出口侧墙 无蚀	v_0=27m/s
	✧4	美俄马坝处理标准 无蚀	v_0=50m/s
	✧5	丰满反弧 空蚀	v_0=30.6m/s
	✧10 ✧10	丰满鼻坎 麻面	v_0=30.5m/s
	✧6	柘溪溢流面 空蚀	v_0=30m/s
	✧7	新安江溢流面 空蚀	v=30m/s
	✧9	佛库泄洪管出口 轻微	v=21m/s
	✧8 ✧8	苏布拉茨克溢流坝 轻微	v_0=37m/s
	✧81 ✧81	苏布拉茨克溢流坝 空蚀	v_0=28m/s

图 1.10-10 垂直升坎的初生空化数 σ_i 与不平整高度 Δ 的关系

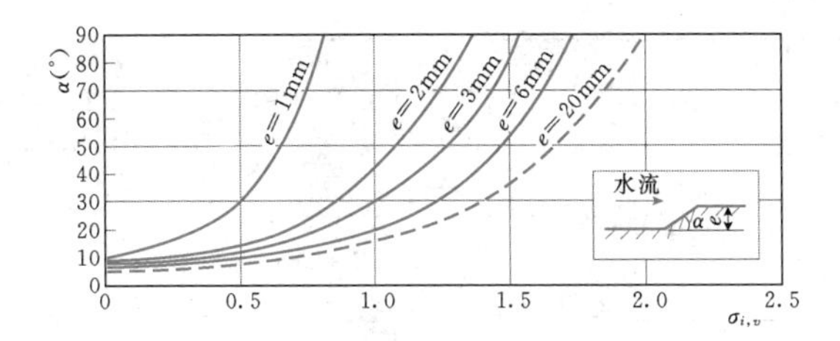

图 1.10-11 初生空化数 $\sigma_{i,v}$ 与斜坡角度 α 的关系

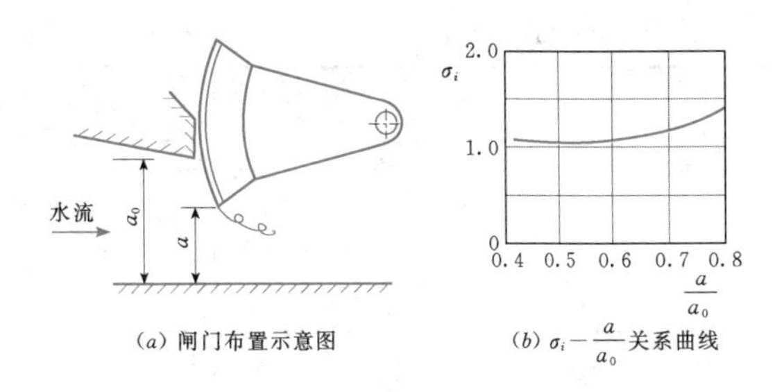

图 1.10-12 止水设在闸门上的正向弧形闸门

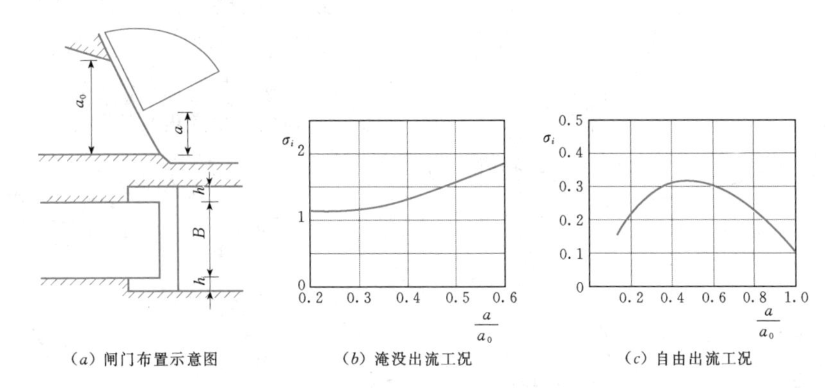

图 1.10-13 止水设在侧墙和底坎上的正向弧形闸门

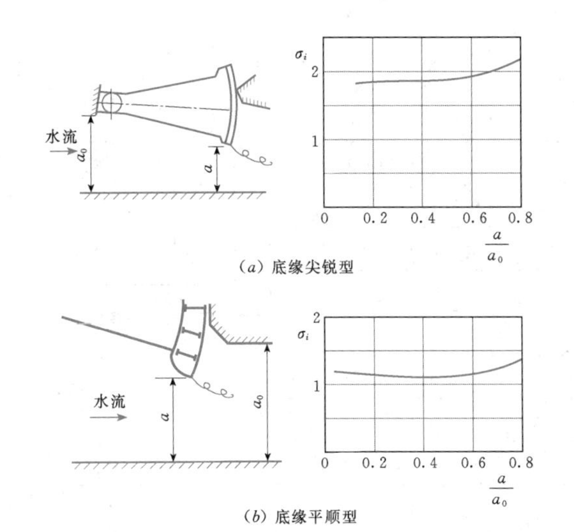

图 1.10-14 反向弧形闸门的布置及初生空化数

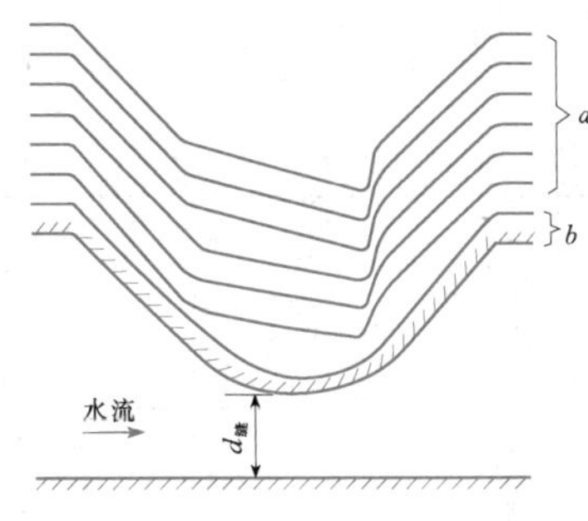

图 1.10-15 闸门止水构件体型

1.10.3.5 闸门止水缝隙的初生空化数

闸门止水缝隙的初生空化数取决于缝隙构成部分的形状和缝隙表面的粗糙程度。对于进口边缘急变的缝隙，可取其 $\sigma_i=3.5\sim4.0$；对于进口边缘体型匀顺的缝隙，可取其 $\sigma_i=0.4\sim0.5$。从防止空蚀角度来看，图 1.10-15 所示 a 所包括的形状的止水最合用，其次为 b 所包括的半圆形进口的止水。

1.10.3.6 弯管的初生空化数

1. 圆形断面弯曲管道

圆形断面弯曲管道的初生空化数可参阅表 1.10-11。

2. 矩形断面弯曲管道

参考文献[85]列出了方形断面弯管初生空化数的试验结果。试验是在减压箱内进行的，管道的断面为 150mm×150mm，试验结果表明，当弯管的转角 φ 为 15°、30°、60°和 90°时，初生空化数基本不变，但初生空化数随相对弯曲半径 $\overline{R_0}\left(\overline{R_0}=\dfrac{R_0}{R_2-R_1}\right)$ 的下降而急剧上升，如图 1.10-16 所示。

1.10.3.7 孔板的初生空化数

参考文献[86]比较详细地研究了孔板的初生空

表 1.10-11　　**圆形断面弯管的初生空化数 σ_i**

D(cm) \ p_0(×10⁵Pa)	0.10	1.76	2.81	4.22	简　图
7.62	2.40	2.40	2.40	2.40	v_0, p_0; $R=D$; D
15.2	3.30	3.20	3.15	3.40	
30.5	4.60	4.60	4.50	—	

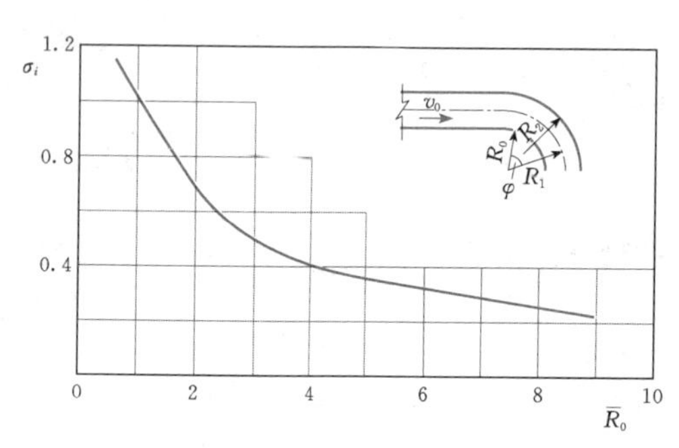

图 1.10-16　方形断面弯管的 σ_i

化数，它的结果表明，在一定条件下，孔板的初生空化数与试验时的流速无关，但与试件的尺寸有很强的相依性。不同管径、不同孔径比 (d_0/d_p) 时的实测初生空化数见表 1.10-12，表中 d_p 为管径，d_0 为孔板内径，v_p 为管道来流流速，空化数的参考流速和参考压强分别为 v_0 和 p_0（孔板前管壁压强）。

1.10.3.8　楔形体的初生空化数

楔形体的初生空化数和楔角 θ 的关系如图 1.10-17 所示。

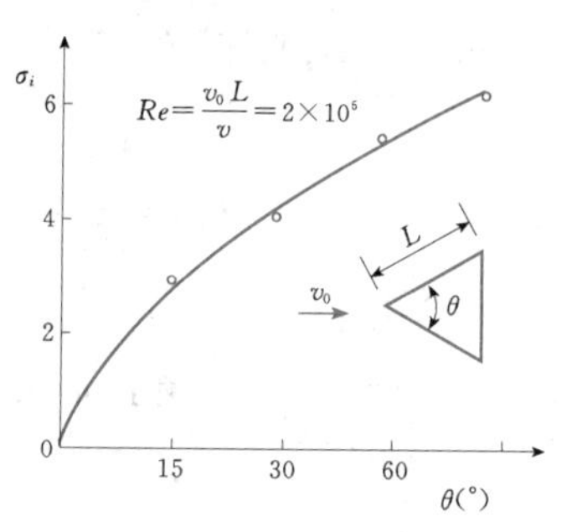

图 1.10-17　楔形体的 σ_i—θ 关系

表 1.10-12　　**孔板的初生空化数 σ_i**

d_p(cm)	2.74	7.80	7.80	7.80	7.80	7.80	15.4	15.4	15.4	简　图
d_0/d_p	0.386	0.380	0.489	0.651	0.782	0.875	0.381	0.493	0.658	v_p, p_0; d_0; v_0; d_p
v_p(m/s)	2.57	2.35	3.96	7.53	12.70	19.10	2.32	3.93	7.32	
σ_i	4.26	4.89	5.11	4.98	4.21	2.30	5.01	5.56	5.67	
d_p(cm)	15.4	15.4	30.5	30.5	30.5	30.5	30.5	59.7	59.7	
d_0/d_p	0.787	0.884	0.381	0.497	0.665	0.800	0.858	0.397	0.800	
v_p(m/s)	11.40	19.70	2.20	3.69	6.46	10.70	13.60	2.05		
σ_i	4.82	2.45	5.57	6.29	6.62	5.87	4.39	6.34	6.32	

注　简图中 p_0 为孔板前管壁压强。

1.10.3.9　消力墩的初生空化数

建于护坦开始段内第一排消力墩（包括三种墩型，见图 1.10-18）的初生空化数见表 1.10-13，与这些值对应的水跃淹没系数 $\eta \approx 1$。当实际的水跃淹没系数不等于 1 时，初生空化数用下式修正：

$$\sigma_{i,\eta} = \sigma_{i,\eta=1} - \alpha_s(\eta - 1) \qquad (1.10-12)$$

式中　$\sigma_{i,\eta=1}$ ——表 1.10-13 中的值；

α_s ——经验系数，对立方体墩、菱形墩、截头角锥墩可分别取 0.7、0.52 和 0.64。

表 1.10-13 中所列空化数的参考流速是收缩断面处的平均流速，参考压强近似取大气压强。

表 1.10-13　**第一排消力墩的初生空化数 σ_i**

消力墩的型式	C_r/h_c						
	0.5	1.0	1.5	2.0	2.5	3.0	3.5
立方体墩	1.51	1.49	1.45	1.37	1.30	1.20	1.10
菱形墩	0.88	0.90	0.86	0.80	0.74	0.67	0.60
截头角锥墩	1.13	1.12	1.08	1.02	0.97	0.92	0.86

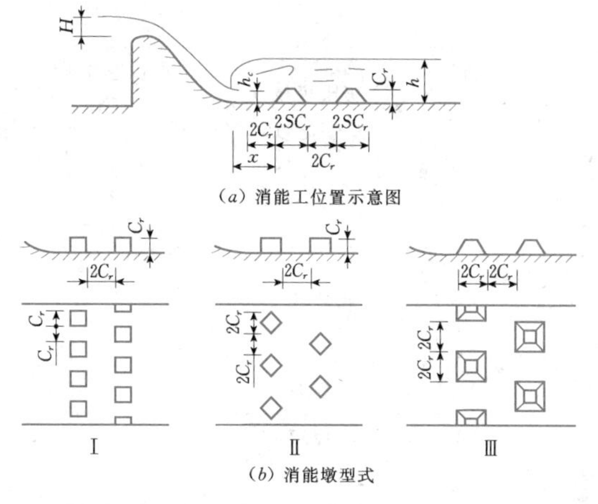

(a) 消能工位置示意图

(b) 消能墩型式

图 1.10-18 设在护坦起始段的第一排消能工

I—立方体墩；II—菱形墩；III—截头角锥墩

1.10.4 抗蚀材料

抗蚀材料能增强泄水建筑物过流壁面材料的抗蚀性能，使用抗蚀材料是防止和减免泄水建筑物空蚀破坏的主要措施之一。

(1) 对于普通混凝土，其抗裂与抗冲击力性能一般是较差的，尤其是界面条件发生变化的部位，更易受水流的空化作用而引起空蚀破坏，采取如下措施有助于提高混凝土的抗空蚀能力：

1) 采用高标号水泥及高水泥用量，高强度混凝土可使材料空蚀能力提高 3～4 倍。

2) 减少水灰比，水灰比一般不超过 0.4～0.42。

3) 粗骨料粒径不大于 40mm，并尽可能采用碎石。

4) 砂在骨料中所占的比例应为最优比例。

5) 采用表面真空作业或真空作业加磨石子。

6) 保证试件 28d 的极限拉伸性能的增加不少于 1×10^{-5}。

7) 在严寒地区采用抗冻标号高的水泥。

(2) 若取 $v=30$m/s，当空化发展程度 $\beta=\sigma/\sigma_i=\beta_0=0.675$ 时，C30 混凝土的抗空蚀能力为 1，则其他材料的相对抗蚀能力可用相对抗空蚀系数 n 来表征。n 值列于表 1.10-14。据此，各种材料在 $\beta=\beta_0=0.675$ 时的最大空蚀强度为

$$i_{\max}=\frac{i_{\max,300}}{n} \tag{1.10-13}$$

式中，$i_{\max,300}=0.13$cm/h，为 C30 混凝土在 $v=30$ m/s时的空蚀强度。

(3) 若 $v=30$m/s，而 $\beta=\sigma/\sigma_i\neq\beta_0$，则空蚀强度 i 分别按下式计算：

表 1.10-14　材料的相对抗空蚀系数 n 值

材　　料	成 分 及 强 度 特 性	相对抗空蚀系数 n
水工混凝土	C30　粗骨料—砾石，其 $d_{\max}=40$mm	1
水工混凝土，但具有提高了的抗空蚀性能	抗压强度大于 294×10^5Pa 而不足 588×10^5Pa。粗骨料—碎石或砾石，其 $d_{\max}=10\sim40$mm。水灰比为 0.38～0.42	达 15～20
活性的喷浆混凝土	水泥：磨细的砂：粗砂＝1：0.36：2；水灰比为 0.35；抗压强度为 490×10^5Pa	达 15
水泥砂浆	砂：水泥＝1：（1.3～2.5）。抗压强度达 686×10^5Pa	达 30～50
聚合物护面材料	根据环氧化合物的组成	达 200～500，有时更高
	根据类橡胶物质：聚氨酯类	达 500～1000，有时更高
钢	碳素钢（钢 3）	500～700
	不锈钢	大于 1000

当 $\beta\geqslant0.675$ 时

$$i=i_{\max}(1.9\sqrt{0.95-\beta}) \tag{1.10-14}$$

当 $\beta<0.675$ 时

$$i=i_{\max}(1.83\sqrt{\beta-0.375}) \tag{1.10-15}$$

(4) 若 $v\neq30$m/s，则空蚀强度可初步估算如下：

$$i=i_{30}\left(\frac{v}{30}\right)^m \tag{1.10-16}$$

其中，i_{30} 为 $v=30$m/s 时的空蚀强度；指数 $m=7\sim8$。

(5) 表 1.10-15 列出了含附加剂的灰浆性能，其附加剂含量为骨料的 4.6%。采用表 1.10-16 所推荐的聚合灰浆和聚合混凝土可使空蚀破坏量减少 90%以上，配置聚合混凝土时，采用的石子粒径为 20mm。

聚合物混凝土大体分三类：聚合物水泥混凝土（砂浆），聚合物树脂混凝土（砂浆），聚合物浸渍混凝土（砂浆）。其中，适合做聚合物水泥混凝土的聚合物材料详见图 1.10-19；聚合物树脂混凝土常用的液状树脂浆见图 1.10-20，聚合物树脂混凝土一般性能见表 1.10-17；聚合物浸渍混凝土的性能见表 1.10-18。

表 1.10-15 **含附加剂的灰浆性能**

附加剂种类及溶剂重量百分比		极限抗压强度（×10⁵ Pa）		极限抗拉强度（×10Pa）	单位冲击韧性（×10³N/m）	动弹模（×10³ Pa）	极限可拉性（×10¹⁰ Pa）	单位空蚀量（g/h）	
		28d	90d	28d	28d	28d		28d	90d
无附加剂		122	182	10.0	0.67	19.40	5.10	246	—
糠醇	20%	217	230	23.5	4.61	17.93	12.84	26.2	13.0
	40%	137	235	23.1	5.68	21.56	10.58	22.4	—
	70%	236	333	28.4	6.37	19.31	14.80	23.2	4.2
	100%	196	291	19.3	14.70	19.80	9.60	17.0	2.5
乙二醇	20%	241	367	24.1	36.46	18.62	12.74	13.2	4.9
	40%	232	318	28.6	34.40	18.23	15.39	20.2	6.1
丙醇	20%	223	313	25.5	12.25	19.11	13.03	20.2	6.1
	40%	224	298	31.1	6.66	18.03	15.88	24.3	10.9
双甘醇	20%	283	359	30.5	13.13	16.95	17.64	4.5	5.3

表 1.10-16 **推荐的聚合灰浆及聚合混凝土的组成成分**

组成成分	聚合混凝土的组成（kg/m³）		
	当抗空蚀强度提高为水泥混凝土的5倍时	当抗空蚀强度提高为水泥混凝土的10倍时	当抗空蚀强度提高为水泥混凝土的50倍时
硅酸盐水泥，C30		630	
砂，粒径2.30mm		1230	
水		315	
环氧树脂，ЭД-5型	25.2	58.0	58.0
增塑剂—聚酯，МГф-9型	7.56	17.4	17.4
溶剂—双甘醇，ДЭГ-1型	5.4	23.2①	11.6
固化剂—聚乙烯聚合物	4.56	8.7	10.4

① 溶剂为丙酮。

表 1.10-17 **聚合物树脂混凝土的一般性能（大浜）**

项目	各种聚合物混凝土						沥青混凝土	普通硅酸盐水泥混凝土
	呋喃树脂混凝土	聚酯树脂混凝土	环氧树脂混凝土	聚氨酯混凝土	酚醛树脂混凝土	丙烯酸混凝土		
单位体积质量(kg/m³)	2200～2400	2200～2400	2100～2300	2000～2100	2200～2400	2200～2400	2100～2400	2300～2400
抗压强度(MPa)	70～80	80～160	80～120	65～72	50～60	80～150	2～15	10～60
抗拉强度(MPa)	5～8	9～14	10～11	8～9	3～5	7～10	0.2～1.0	1～5
抗弯强度(MPa)	20～25	14～35	17～31	20～23	15～20	15～22	2～15	2～7
弹性模量(GPa)	20～30	15～35	15～35	10～20	10～20	15～35	1～5	20～40
吸水率(%)	0.05～0.3	0.05～0.2	0.05～0.2	0.3～1.02	0.1～0.3	0.05～0.6	1.0～3.0	4.0～6.0
热膨胀系数(×10⁻⁶/K)	（约10）（胶结料掺量特别多的除外）						—	10～12

表 1.10-18　聚合物浸渍混凝土的性能

特　　性	未浸渍混凝土	聚苯乙烯浸渍混凝土		聚甲基丙烯甲酯浸渍混凝土	
		放射线照射法	加热法	放射线照射法	加热法
抗压强度（$\times10^5$Pa）	370	1034	702	1424	1277
弹性模量（$\times10^9$Pa）	25	54	52	44	43
抗拉强度（$\times10^5$Pa）	29.2	84.7	59.1	114.3	106
抗弯强度（$\times10^5$Pa）	52	167.9	81.5	185.4	160.8
吸水率（%）	6.4	0.51	0.70	1.08	0.34
磨损（mm）	1.26	1.01	0.93	0.41	0.37
磨损量（g）	14	9	6	4	4
空蚀	8.13	0.89	0.23	1.63	0.51
透水性	0.16	—	0.04	0.02	0.04
导热系数（23℃）[W/（m·℃）]	1.98	1.91	1.94	1.94	1.88
热扩散系数（23℃）（m^2/h）	0.0036	0.0037	0.0038	0.0038	0.0036
热膨胀系数（$\times10^{-6}$cm/℃）	7.25	9.15	9.00	9.66	9.48
抗冻性（冻融循环次数：质量损失%）	490：25.0	620：6.5	620：0.5	750：4.0	750：0.5
抗冲击硬度（J/m^2）	32.0	48.2	50.1	55.3	52.0
耐硫酸盐性、浸渍 300d（膨胀%）	0.144	0.0	—	0.0	—
耐硫酸性、15%盐酸浸渍 84d（质量损失%）	10.4	5.5	4.2	3.64	3.49
耐蒸馏水性，97℃浸渍 120d	有显著浸蚀现象	无变化	—	无变化	—

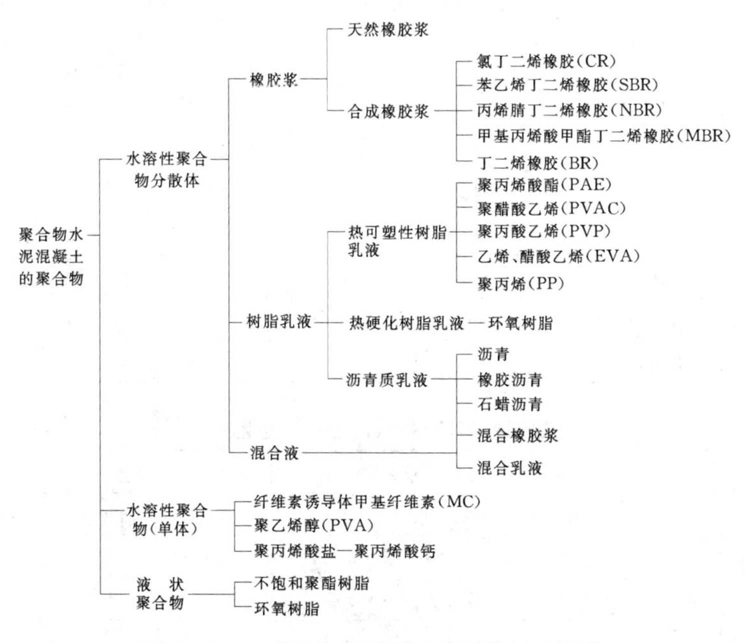

图 1.10-19　聚合物水泥混凝土掺用聚合物的种类

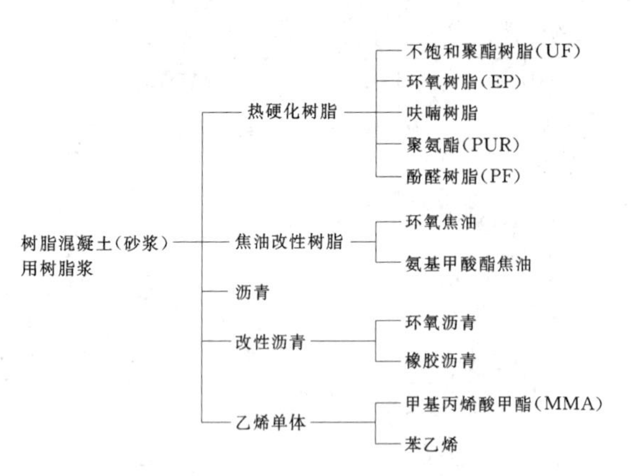

图 1.10-20 树脂混凝土(砂浆)用树脂浆的种类

南京水利科学研究院对不同材料的抗空蚀及抗磨蚀性能的试验结果见表 1.10-19，试验是在水流流速 v=48m/s，水流空化数 σ=0.1～0.136 的条件下进行的。

(6) 表面抗空蚀环氧护层的组成见表 1.10-20。

安徽省水利科学研究所给出表 1.10-21 所示配合比的环氧护面材料的抗空蚀性能、力学性能、黏结性能，见表 1.10-22～表 1.10-24。

长江科学院研制的 YHR 抗空蚀材料的原材料包括丙烯酸类树脂 (VE)、过氧化环己酮邻苯二甲酸二丁酯糊 (CHPO)、萘酸钴苯乙烯溶液 (COH)、二甲基苯胺 (DMA)、粉状填料 (以 Si 为主要成分)。其配方及其性能见表 1.10-25 及表 1.10-26。

表 1.10-19　　各种材料抗空蚀及抗磨蚀试验结果

序号	材料种类	抗压强度 ($\times10^5$Pa)	抗拉强度 ($\times10^5$Pa)	抗磨蚀强度 [h/(kg·m²)]	抗空蚀试验龄期及强度	
					龄期 (d)	强度 [h/(kg·m²)]
1	高强砂浆	605	54	0.84	230～233	4.43
2	高强混凝土配方 1	530	—	—	32～38	0.88
3	高强混凝土配方 2	637	47	0.80	127～131	1.05
4	高强混凝土+浸渍	864	55	1.32	125～128	2.64
5	高强混凝土+真空作业	572	42	0.53	147～149	3.78
6	高强混凝土+钢纤维	691	71	0.66	107～131	4.00
7	高强混凝土+钢纤维+浸渍	1001	92	1.02	121～129	5.00
8	AE-3200 树脂混凝土	1078	—	1.67	112～115	41.30
9	AE-3200 树脂砂浆(1)	1186	174	1.85	156～158	43.76
10	EP-6101 低毒树脂混凝土	1034	—	2.01	202～203	47.06
11	EP-6101 低毒树脂砂浆(1)	1075	171	1.62	122～136	58.18
12	EP-6101 树脂砂浆	942	140	1.64	184～185	31.41
13	干硬性砂浆	526	41	0.67	139～140	1.22
14	AE-3200 树脂砂浆(2)	923	180	3.64	36～41	55.17
15	AE-3200 树脂胶泥	950	196	1.33	123～124	113.00
16	EP-6101 低毒树脂砂浆(2)	1052	201	4.93	37～45	53.33
17	EP-6101 低毒树脂胶泥	811	216	1.65	121～122	213.00

表 1.10-20　　抗空蚀的环氧护层的组成(重量比)

原料组成	喷漆护层			油灰护层		聚合灰浆护层	
	第一层	第二层	第三层	油灰层 1	油灰层 2	灰浆层 1	灰浆层 2
环氧树脂，ЭД-20 型	100	100	100	100	—	100	—
环氧树脂，ЭД-6 型	—	—	—	—	100	—	100
聚酯，МГф-9 型	50	50	50	50	—	50	—

续表

原料组成	喷漆护层			油灰护层		聚合灰浆护层	
	第一层	第二层	第三层	油灰层1	油灰层2	灰浆层1	灰浆层2
聚硫橡胶，HBT-1型	—	—	—	—	50	—	50
聚乙烯聚合物	10	10	10	10	10	6	6
丙酮	20	30	30	—	—	—	—
石英砂，中等粒径(M_{kp}=2.0～2.2mm)	—	—	—	—	—	300	250
电炉刚玉	20	20	30	100	—	100	150
波纹石棉	—	—	—	—	—	10	15
三乙醇胺	—	—	—	—	—	6	6
磨细了的砂子	—	—	—	—	100	25	—

表 1.10-21　　环氧护面材料配合比

序号	试件名称	1624环氧树脂	6101环氧树脂	304聚酯树脂	加工煤焦油	二丁酯	乙二胺	丙乙二酮胺(1:1)	501稀释剂	酮亚胺	水杨酸	二乙醇胺	0.4cm方平纹布	石英粉	石英砂	水泥	细砂	水泥填料
1	环氧煤焦油板(2)	100	—	—	15	15	10	—	—	—	—	—	—	—	—	—	—	200
2	环氧煤焦油板(3)	100	—	—	15	15	9	—	—	—	—	—	—	—	—	—	—	100
3	环氧煤焦油玻璃钢(4)	—	100	—	15	15	—	20	—	—	—	—	2层	—	—	—	—	100
4	环氧煤焦油砂浆(5)	—	100	—	15	15	—	20	—	—	—	—	—	—	300	—	—	—
5	环氧煤焦油砂浆(6)	—	100	—	15	15	—	20	—	—	—	—	—	96	—	—	—	—
6	环氧煤焦油砂浆(7)	—	100	—	15	15	—	20	—	—	—	—	—	—	700	—	—	—
7	冯环氧砂浆[①]	—	100	20	—	—	10	—	15	—	—	—	—	100	—	—	—	—
8	陈环氧玻璃钢[②]	—	100	—	—	—	—	—	—	16	3	10	4层		—	160	640	—
9	陈3环氧砂浆[②]	—	100	—	—	—	—	—	—	16	3	10	—	200	600	—	—	—
10	环氧煤焦油砂浆(磨8)[③]	—	100	—	15	0	—	25	—	—	—	—	—	100	—	600	—	—
11	环氧煤焦油砂浆(磨9)[③]	—	100	—	15	15	—	25	—	—	—	—	—	100	—	—	—	—

① 冯指冯家山水库。
② 陈指陈村水库。
③ 磨指磨子潭水库。

表 1.10-22　　环氧护面材料抗空蚀性能

序号	材料	抗空蚀能力(h)
1	环氧煤焦油液	3960
2	环氧煤焦油玻璃钢	失重轻微
3	环氧煤焦油砂浆	792
4	C30混凝土	14.4

注　抗空蚀能力以每平方米损失1kg重所需的小时计。

表 1.10-23 环氧护面材料力学性能

序号	试件名称	抗压强度（$\times10^5$Pa）	抗拉强度（$\times10^5$Pa）	抗压弹性模量（$\times10^5$Pa）	抗胀强度（$\times10^5$Pa）	抗胀弹性模量（$\times10^5$Pa）	冲击韧性（$\times10^3$N/m）	抗拉弹性模量（$\times10^5$Pa）	备注
1	环氧煤焦油板(20)	—	—	—	204.8	1.05×10^5	—	—	
2	环氧煤焦油板(3)	—	—	—	227.4	1.11×10^5	—	—	
3	环氧煤焦油玻璃钢(4)	—	—	—	351.8	—	—	—	两层玻璃布
4	环氧煤焦油砂浆(5)	—	125.4	—	—	1.05×10^5	42.1	0.17×10^5	
5	环氧煤焦油砂浆(6)	—	107.8	—	—	—	—	0.19×10^5	
6	环氧煤焦油砂浆(7)	—	—	—	—	—	—	—	
7	冯环氧砂浆①	982	84.3	1.76×10^5	—	—	—	—	1∶800
8	陈环氧玻璃钢(四层)②	—	1176	—	—	—	92.1	0.74×10^5	四层玻璃布
9	陈3环氧砂浆	—	>75.5	—	—	—	—	3.13×10^5	1∶800
10	环氧煤焦油砂浆(磨8)③	—	179.3	—	—	—	—	0.34×10^5	无丁二酯 1∶100
11	环氧煤焦油砂浆(磨9)③	—	—	—	—	—	—	0.90×10^5	加丁二酯 1∶100
12	C30①混凝土	316	21.2	—	—	—	—	—	

① 冯指冯家山水库。
② 陈指陈村水库。
③ 磨指磨子潭水库。

表 1.10-24 环氧护面材料的黏结性能

序号	黏结条件	砂浆28d强度（$\times10^5$Pa）	
		抗压	抗拉
1	1∶3砂浆与环氧煤焦油	>37.6	—
2	1∶3砂浆与M47.7水泥砂浆	40.4	26.0
3	1∶3砂浆与M38.3氯偏水泥砂浆	41.7	34.3
4	1∶3砂浆与M10.6醋酸乙烯水泥砂浆	38.3	25.5

表 1.10-25 YHR配方（重量百分数，%）

材料名称	作用		基液（涂刷底层）	面料（涂覆层，即抗空蚀层）
VE	主剂		100	100
CHPO	助剂	氧化剂	2.5～3.0	2.5～3.0
CON		还原剂	2.0～2.5	2.0～2.5
DMA		促进剂	0.00096	0.00096
粉状填料	增强剂		0	300

表 1.10-26 YHR抗空蚀材料性能

序号	性能	基液	面料
1	颜色	浅棕	浅棕
2	相对密度	1.2	2.2
3	固化时间(20℃)	约1h	约2h
4	收缩率(%)	3	0.15
5	抗压强度(MPa)①	140	100
6	抗拉强度(MPa)	40	15.6
7	抗剪强度(MPa)②	13～14	—
8	耐水性	优	处在葛洲坝长江流动水中5年无明显变化
9	耐磨度(h/cm)③		6.12
10	弹性模量(GPa)		24
11	抗空蚀性		处在3号船闸反弧门金属空蚀严重部位上运行5年多未见其上出现空蚀坑

① 室内浸泡在水中的面料试件经1年，力学性能还有一定增长，抗压强度达120MPa，表明其有较好耐水解性能。
② 抗剪强度为黏结普通碳钢片测得，黏结面未作任何处理，数据偏低。
③ 耐磨度为用喷砂枪法测得，条件为：喷砂速度69m/s；风压0.3MPa；风砂入射角30°；每个试件冲磨15min。

（7）为了增强混凝土内部的黏结力，提高韧性，可以用各种纤维加入混凝土内部。如钢纤维、玻璃纤维、石棉纤维和塑料纤维等。常用的钢纤维多由普通碳素钢制成，其截面为圆形或方形，其长度多为 25～27mm，长度与直径之比为 30～150。

最实用的钢纤维含量不应超过混凝土体积的 2%，钢纤维混凝土的抗压强度约为普通混凝土的 0.8～1.2 倍，抗拉强度约为普通混凝土 1.4～1.6 倍，韧性可达普通混凝土的 30 倍，抗空蚀能力可提高 30%。

（8）使用钢板来保护混凝土，这一护面方法是国内外比较常用的。钢板本身的抗空蚀性能虽强，但必须妥善施工，使钢板护面与混凝土的结合紧密无隙，黏结牢固，以免被整块扯去，致混凝土失去保护。

1.10.5 施工不平整度控制

施工不平整度控制是指施工时对过流边壁表面孤立突体或凹坑的控制。常见于混凝土接缝错台、模板印痕、钢筋头、蜂窝麻面以及其他突体、跌坎等。当高速水流流经这些不平整突体时，将出现局部分离和绕流，导致压力降低造成空化与空蚀。因此，施工时必须严格控制表面不平整度。

（1）按照现有经验和有关规范规定，不同流速相应的不平整突体高度见表 1.10－27，不同水流空化数的突体磨平要求见表 1.10－28。

表 1.10－27　水流流速与不平整突体最大容许高度关系表

流速 v(m/s)	20～30	30～40	>40
不平整突体最大容许高度(mm)	10	5	3

表 1.10－28　不平整突体磨平规格表

水流空化数 σ	0.5～0.3	0.3～0.1	<0.1
垂直水流磨平坡度	1/30	1/50	1/100
平行水流磨平坡度	1/10	1/30	1/50

（2）在确定高 120～150m 的溢流坝和具有同样水头的泄洪隧洞及底孔之混凝土表面容许不平整度时，可参考表 1.10－29。表中数据得自下述情况：无压恒定流，迎水面坡度不同，其流速也不同（30～50m/s），水深 4m，沿程摩擦系数 $f=0.012$。

（3）对于 $v<30$m/s 的溢流坝面，可参考柘溪坝面不平整度控制标准（表 1.10－30 及表 1.10－31）。

在 $\frac{\sqrt{g}Z^{1.5}}{q}<500$ 的条件下，底流速 v_b 与断面平均流速 v 的关系式为

$$\frac{v}{v_b}=1+0.013\left(\frac{\sqrt{g}Z^{1.5}}{q}\right) \quad (1.10-17)$$

式中　q——单宽流量，$m^3/(s\cdot m)$；

g——重力加速度，取 $9.81m/s^2$；

Z——落差，m。

表 1.10－29　不同流速时的容许不平整度

不发生空化的升坎容许高度（mm）	不同平均流速 v（m/s）时的迎水面坡度				
	30	35	40	45	50
1	1∶1	1∶1	1∶2	1∶4	1∶6
2	1∶1	1∶2	1∶5	1∶6	1∶7.5
4	1∶2	1∶5	1∶6	1∶7.5	1∶9
6	1∶3.5	1∶6	1∶7	1∶8.5	1∶10
8	1∶4	1∶6	1∶7.5	1∶9	—
10	1∶5	1∶6.5	1∶8	1∶9	—
12	1∶5	1∶7	1∶8	1∶10	—
14	1∶5	1∶7	1∶8.5	—	—

表 1.10－30　垂直升坎控制高度

流速 v(m/s)	<20	≈25	≈31
控制升坎高度(cm)	<2	<1	<0.5

表 1.10－31　三角形突体控制坡度

底流速 v_b (m/s)	<20	22～23.5		≈27		≈31	
突体高度 Δ(cm)	<9	<3	3～9	<3	3～9	<3	>3
控制坡度 J	$<\frac{1}{10}$	$<\frac{1}{10}$	$<\frac{1}{20}$	$<\frac{1}{25}$	$<\frac{1}{30}$	$<\frac{1}{30}$	$<\frac{1}{50}$

（4）在容许空化存在，但使溢流坝面或无压隧洞混凝土表面不发生空蚀或只发生微不足道的空蚀，方法是控制不平整度处的水流空化数 σ 不小于该处的初生空蚀数 $\sigma_{i,\theta}$。具体步骤是：

1）先根据式（1.10－2）计算溢流坝面或无压隧洞混凝土表面的水流空化数 σ。

在溢流坝的直线段上有

$$h_0=t\cos\alpha \quad (1.10-18)$$

式中　t——不平整坝面以上垂直于溢流面的水深，m；

α——溢流坝面直线段与水平方向的夹角，rad。

在曲线段上，h_0 的计算应考虑水流近壁区流速

和压强因弯曲所产生的变化及弯段对其下游水流流速分布的影响。

2）再按表1.10-32查取当$\sigma_{i,\theta} \leqslant \sigma$时，该流段内不平整处的无空蚀破坏斜面坡度值。$\sigma_{i,\theta}$为初生空蚀数，它代表“无空蚀破坏”空化向能引起建筑物破坏的空蚀作用过渡的界限。设计中，$\sigma_{i,\theta}$值规定得有一定安全余度，以排除产生剥蚀现象。在粗略估计时，可取

$$\sigma_{i,\theta} = 0.85\sigma_i \qquad (1.10-19)$$

表1.10-32　不同斜面坡度时的初生空蚀数 $\sigma_{i,\theta}$

斜面坡度 \ 不平整型式	突体	升坎	纵向升坎
1∶2	0.73	0.77	0.40
1∶3	0.70	0.74	0.30
1∶4	0.67	0.71	0.23
1∶6	0.61	0.66	—
1∶10	0.52	0.57	—
1∶14	0.45	0.49	—
1∶18	0.39	0.43	—
1∶22	0.34	0.38	—
1∶26	0.31	0.34	—
1∶30	0.28	0.31	—
1∶34	0.25	0.28	—
1∶38	0.23	0.26	—
1∶40	—	0.24	—

1.10.6　空蚀破坏工程实例

泄水建筑物表面发生空蚀破坏的原因主要有两点：①由于体型不合理，致使某些局部水流的压强较低，当水流流速较大时，便会发生空蚀破坏；②由于混凝土表面局部不平整引起空蚀破坏，例如，混凝土表面粗糙突起或施工残留的钢筋头、错台、泥沙的磨蚀破坏等均可使水流发生局部分离，形成局部低压，因而创造了空蚀的条件。

国内外空蚀破坏的工程实例见表1.10-33。

表1.10-33　空蚀破坏工程实例

序号	工程名称	国别	空蚀部位	空蚀原因
1	丰满水电站	中国	溢流坝面及护坦	不平整突体
2	布拉茨克水电站	苏联	溢流坝面	局部不平整及混凝土表面埋件的存在
3	水丰电站	中国	溢流坝面	施工错台、混凝土表面有管子、钢筋露头及结构物构件残留物
4	柘溪水电站	中国	差动式挑流鼻坎	体型不合理
5	盐锅峡水电站	中国	消力墩	体型不合理
6	蒲圻电站	中国	消能趾墩	趾墩后形成立轴旋涡
7	刘家峡水电站	中国	右岸泄洪洞底板	施工错台及堆渣
8	刘家峡水电站	中国	泄水道工作闸门门槽主轨	体型不合理
9	柘溪水电站	中国	溢洪道工作闸门左侧门槽	体型不合理
10	龙羊峡水电站	中国	底孔泄槽左边墙	结构缝处理不好，缝下游有升坎
11	胡佛坝	美国	泄洪洞底部反弧段及其下游	定线误差，致使边墙突出
12	阿尔德亚达维拉坝	西班牙	泄洪隧洞反弧段及其下游	施工误差，连接曲线不顺
13	大古里坝	美国	溢流坝面	施工误差，坝面有“隆起”部位
14	塔贝拉坝	巴基斯坦	溢洪道泄槽	错台接缝
15	黄尾坝	美国	泄洪洞反弧段及其下游	环氧砂浆修补块脱落
16	塞尔蓬松坝	美国	泄水底孔渐变段末端	不平整度及定线误差
17	底特律坝	美国	下层底孔底板及两侧边墙	水平工作缝
18	幸福峰坝	美国	泄水道闸槽下游边墙	存在突出台阶
19	松坪坝	美国	泄水道控制闸门后与钢板衬砌相连的混凝土	水流使混凝土表面粗糙形成低压区
20	格兰峡	英国	左右泄洪洞反弧段下游	洞底突体
21	英菲尔尼罗坝	墨西哥	3条泄洪洞反弧段下游	施工不平整度
22	圣埃斯提邦坝	西班牙	泄洪洞反弧段及其下游	水跃回缩洞内
23	二滩水电站	中国	1#泄洪洞反弧段下游底板及侧墙	施工质量不好

1.11 水流掺气与掺气减蚀

1.11.1 基本特性

水流掺气按照掺气条件可分为自然掺气和强迫掺气。自然掺气是指水流边界和流态没有突然变化条件下的水流掺气现象；强迫掺气是水流受到了外界干扰，发生的自然掺气以外的掺气现象。

溢洪道或溢流坝面水流自然掺气的必要条件是边界层发展到了水面，充分条件是表面张力作用下的水面遭到破坏。因此，水深表征必要条件，表面流速表征充分条件。

水流掺气使水深增加，在溢洪道导墙高度和明流泄洪洞洞顶余幅的设计计算中，需要考虑掺气对水深的影响。

水流掺气可以提高消能效果。台阶溢流坝面可以增强水流紊动，促使水流表面掺气发生，在溢流坝面上消耗水流部分能量。

对于高速水流，贴近泄水建筑物过流边界的水流掺气可以减免空蚀破坏。

1.11.2 水流自掺气

进入泄槽的水流一般为缓流向急流转变，都是加速流。随着流速的增加，边界层发展，水面开始波动并发生水面掺气现象，其过程如图 1.11-1 所示。水流通过溢流堰进入泄槽，从溢流堰顶附近 A 点开始的边界层逐渐发展，在 B 点发展到达水面后，水面开始波动；若 B 点流速小于水面开始掺气的临界流速 v_k，B 点不会发生掺气，只有当流速进一步增大，到 C 点时流速达到临界流速 v_k，水面才会开始掺气，C 点称为掺气发生点。此后水流表面掺气量沿程增加，水深也不断增大，为掺气的非均匀流段。经过一段距离到达 D 点后，卷入的空气与逸出的空气相平衡，此后水深不变，为掺气的均匀流段。

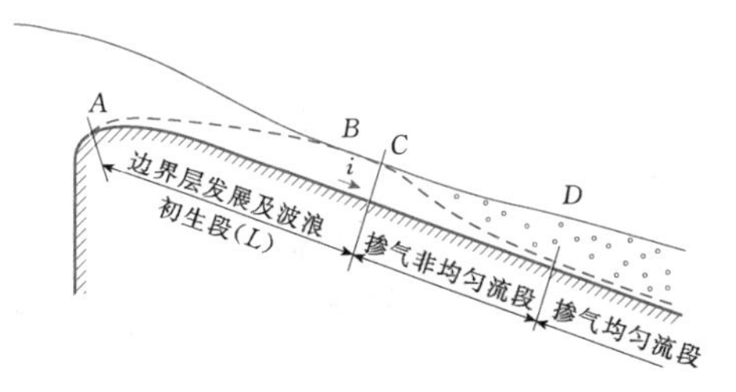

图 1.11-1 水流结构沿泄槽长度的变化

1.11.2.1 水流掺气的临界流速

影响水流掺气的临界流速的因素包括水质和温度，以及水流和泄槽的水力特性等。一般认为水流掺气的临界流速范围为 6.0～7.5m/s，计算公式有：

（1）经验公式

$$v_k = 6.7(gR)^{0.5}\left(1-\frac{\Delta}{R}\right)^7 \quad (1.11-1)$$

式中 g——重力加速度，取 9.81m/s^2；

R——未掺气水流水力半径，m；

Δ——水力糙度。

（2）根据水滴向空中抛射落下后使水流掺气的理论，推导得到：

$$v_k = 0.089C\cos\alpha \quad (1.11-2)$$

式中 C——谢才系数；

α——泄槽与水平面夹角，(°)。

（3）根据势流水气界面上扰动波传播速度的公式推导得到：

$$v_k = \frac{6.63\left[gR\cos\alpha\left(1+\frac{0.0011}{R^2}\right)\right]^{0.5}}{1+\frac{8.7n}{R^{1/6}}} \quad (1.11-3)$$

1.11.2.2 水流掺气起始点位置

（1）根据式（1.11-1）～式（1.11-3）计算水流掺气的临界流速，在 $v \geqslant v_k$ 处，即发生掺气。

（2）按经验公式估算。

$$L = cq^m \quad (1.11-4)$$

式中 L——距离，m；

q——单宽流量，m^3/（s·m）；

c、m——经验系数。

一般的计算公式为

$$L = 13.8q^{2/3} \quad (1.11-5)$$

1.11.2.3 台阶溢流坝水流掺气起始点位置

1. 汝树勋公式

$$\frac{Z}{P} = 2.858\frac{\frac{h_k}{\Delta h}}{\left(\frac{P}{\Delta h}\right)^{0.73}} \quad (1.11-6)$$

式中 Z——坝顶至掺气发生点高度，m；

P——坝高，m；

h_k——临界水深，m；

Δh——台阶高度，m。

2. R. 博依斯公式

$$L = \frac{5.90h_k^{1.2}}{(\sin\alpha)^{1.4}\Delta h^{0.2}} \quad (1.11-7)$$

1.11.2.4 掺气水深的计算

1. 溢洪道设计规范推荐公式 1

$$h_a = \left(1+\frac{\zeta v}{100}\right)h \quad (1.11-8)$$

式中 h——不计波动和掺气的水深，m；

h_a——计入波动和掺气的水深，m；

v——不计入波动和掺气的计算断面平均流速，m/s；

ζ——修正系数，一般为1.0～1.4，依流速和断面收缩情况而定，当$v>20$m/s时，宜采用较大值。

2. 溢洪道设计规范推荐公式2

$$h_a=(1+c)h \quad (1.11-9)$$

式中 c——掺气水流断面平均所含空气体积与水的体积之比，其值与槽壁的粗糙度和水流的弗劳德数有关。

对于十分光滑的表面：

$$c=(0.06\sim0.065)(Fr-Fr_a)^{0.5} \quad (1.11-10)$$

对于一般混凝土表面：

$$c=(0.07\sim0.075)(Fr-Fr_a)^{0.5} \quad (1.11-11)$$

对于砌石等粗糙表面：

$$c=(0.085\sim0.095)(Fr-Fr_a)^{0.5} \quad (1.11-12)$$

$$Fr=\frac{v}{(gR)^{0.5}}$$

式中 Fr——未掺气水流的弗劳德数；

R——水力半径，m；

v——断面平均流速，m/s；

Fr_a——开始产生显著掺气情况的弗劳德数，可取$Fr_a\approx6.7$。

1.11.3 掺气减蚀设施

1.11.3.1 掺气减蚀的应用原则

泄水建筑物采用掺气减蚀措施始于20世纪60年代，美国黄尾坝左岸泄洪洞反弧段及其下游泄洪后遭到破坏，修复时，在反弧段起点设置了通气槽，多次泄洪后观测，再未出现空蚀破坏。其后，掺气减蚀设施得到广泛应用，至今已有20多个国家数百座水工建筑物采用。掺气减蚀技术的应用减轻了对施工材料和技术的要求，可节省投资。实践证明，掺气减蚀是一项型式简单、运行安全可靠和有效的防蚀技术。

一般当泄水建筑物中流速超过15m/s时，就具备了发生空化的条件，但流速小于20m/s时，一般不设置掺气减蚀设施；流速超过30m/s时，宜设置掺气减蚀设施；流速超过35m/s时，应布置掺气减蚀设施。

掺气减蚀设施的布置应遵循以下原则：

(1) 在运行水位和各种流量条件下，挑坎水舌下方应保证形成稳定的空腔，并防止通气孔和掺气槽堵塞。

(2) 通气孔有足够的通气量，保证水流掺气和形成稳定空腔。最大单宽通气量宜为12～15m³/(s·m)，通气管平均风速宜小于60m/s，最大风速宜小于80m/s。

(3) 水流边壁、挑坎空腔内不出现过大的负压。空腔压力以保证空腔顺利进气，一般选择在-2～-14kPa之间。

(4) 对水流流态无明显不利影响。

(5) 设施结构安全可靠。

(6) 掺气减蚀设施应布置在易发生空蚀破坏部位的上游。

(7) 对于泄槽段较长的泄水建筑物，可设置多道掺气设施。掺气设施的保护长度，反弧段约为70～100m，直线段约为100～200m。

1.11.3.2 掺气减蚀的布置型式

掺气减蚀设施的主要布置型式见表1.11-1。掺气减蚀设施可采用挑坎、跌坎、掺气槽、侧扩及其各种组合型式。其体型、尺寸可按表1.11-1和下列规定初步拟定，并应经水工模型试验验证和优化：

(1) 掺气槽尺寸以能满足布置通气孔出口的要求而定。槽下游底坡宜水平布置。

(2) 掺气减蚀设施下游水舌跌落处泄槽底坡应采用较大坡度。

(3) 通气管系统布置宜简单、可靠，可采用两侧墙埋管，然后引至挑坎或跌坎底部进气。

1.11.3.3 掺气减蚀设施的水力计算

从掺气减蚀的原理看，明流泄水道水流底部掺气设施除供气构造上的不同考虑外，都可概化为图1.11-2所示的槽坎式布置。

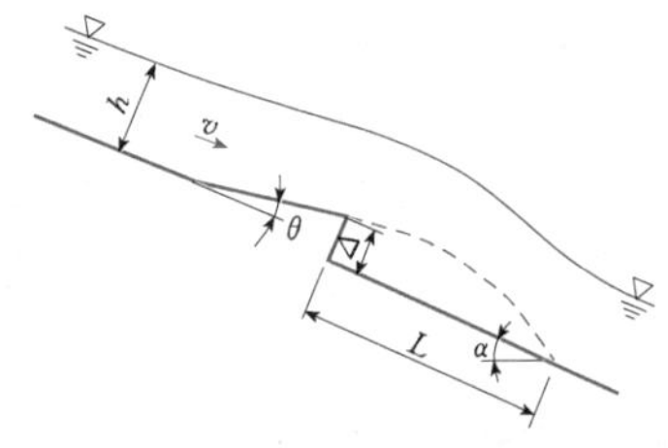

图1.11-2 底部掺气减蚀设施

过坎急流单宽挟气流量q_a可采用下式计算：

$$q_a=K_a vL \quad (1.11-13)$$

式中 v——过坎急流的特征流速，m/s，一般取坎前断面平均流速；

L——空腔长度，m；

K_a——经验系数，一些室内试验资料给出$K_a=0.022$，原型观测资料给出$K_a=0.033$。

通过试验资料总结，得到掺气槽坎的单宽挟气流量q_a和空腔长度L的计算公式为

表 1.11-1 **掺气减蚀设施主要布置型式**

序号	型 式	示 意 图	说 明
1	挑坎式	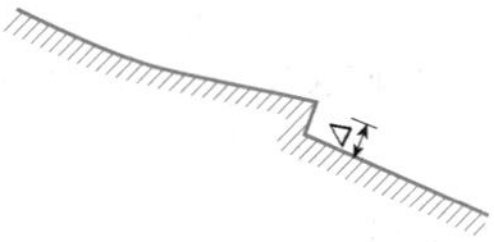 Δ	挑坎高度Δ可取0.5～0.85m
2	跌坎式	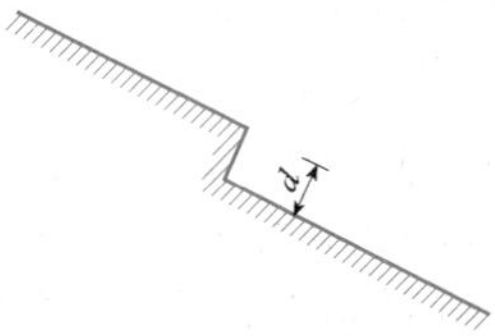 d	坎高 d 可取0.6～2.7m
3	跌槽式	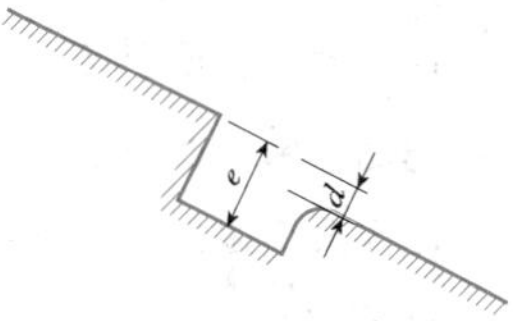 e d	跌槽高度 e 根据通气管直径并考虑一定安全余度0.1～0.2m选择；上、下溢流面高差可取0.1～0.3m
4	挑跌坎式	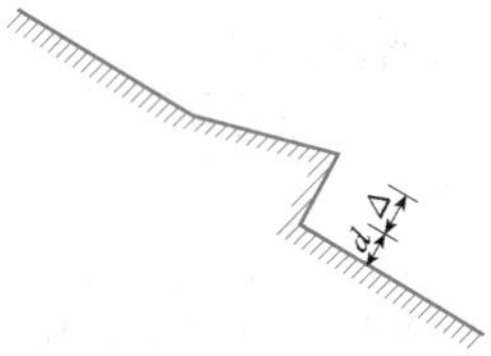 Δ d	挑坎高度Δ可取0.1～0.3m，挑角5°～7°。跌坎高 d 可比单纯跌坎高略小
5	槽坎式	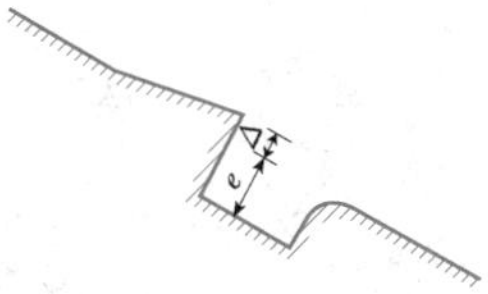 Δ e	挑坎高度Δ可取0.1～0.3m，跌槽高度 e 可根据通气管直径、挑坎高度和安全余度选取
6	平面突扩式	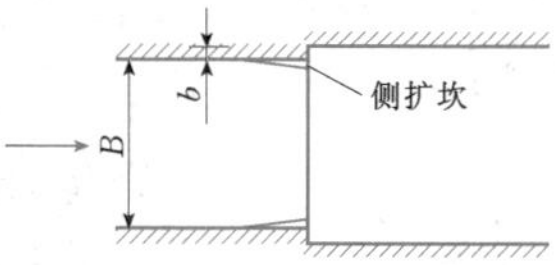 b 侧扩坎 B	一般侧扩与槽宽比 b/B=0.10～0.16，侧向突扩尺寸最大有1.5m，附加侧扩坎一般在0.1～0.2m，挑角5°～7°
7	突扩跌坎式	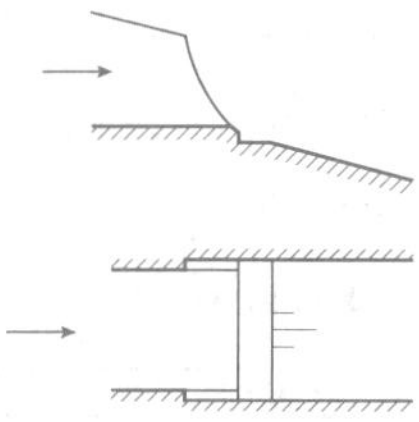	突扩宽度一般为0.5m，最大有1.5m；跌坎高参照单纯跌坎高选取

$$q_a = 0.0231vL\sqrt{\cos\alpha} \quad (1.11-14)$$

$$\frac{L}{h} = -0.0996X_1^2 + 3.5326X_1 - 1.3523 \quad (1.11-15)$$

$$X_1 = \frac{v}{\sqrt{gh}}\sqrt{\frac{\Delta}{h}}\frac{1}{\cos\alpha\cos\theta} \quad (1.11-16)$$

式中，v、h、Δ、α、θ 的意义如图1.11-2所示。

1.11.3.4 掺气减蚀设施的保护长度和尺寸布置

工程实践经验得出：选型良好的掺气设施，如下游为无竖曲率影响的陡坡直段，则保护长度约为150～200m；如下游为反弧，则保护长度为70～100m。

掺气槽坎一般设于流速为25～35m/s、空化数小于0.3的区段。陡坡流程很长时，若一道掺气设施不够，可据第一道实际可能保护长度设置下一道。

掺气设施的体型尺寸选择如下。

1. 跌坎高度δ

已有工程的跌坎尺寸多在0.5～2.75之间，即一般坎高与水深之比$\frac{\delta}{h}$=0.1～0.5，最大$\frac{\delta}{h}$=1.4。

2. 挑坎高度

从已有工程实例来看，常用单纯挑坎与槽组合，挑坎高度最低为5cm，最高为85cm，具体挑坎高度应根据过坎的单宽流量大小而定。坎面坡度一般为1∶5～1∶15，溢流坝上坎面坡度多采用1∶5～1∶6，泄洪洞坎面多采用1∶8～1∶10。

3. 掺气槽

掺气槽的主要作用是在形成微小空腔的情况下，保证通气管布置及顺利通气。掺气槽的尺寸应能满足布置通气孔出口的要求。

4. 侧向突扩

侧向突扩是通过侧向向底部供气的一种方式。大多数突扩与槽宽之比在0.10～0.16之间，侧向突扩尺寸一般为0.5m左右，也有的达到1.5m。采用的附加侧扩坎一般均较小，在0.05～0.20m之间。

5. 突扩跌坎

对于结合弧门止水要求设置的突扩跌坎掺气设施，突扩为曲线型式，突扩的宽度设置一般为0.4～0.6m，跌坎高度一般为2m。挑坎宜设成微小挑坎，高度在0.05～0.20m之间；侧向挑坎宜设为渐变型式，即从上至下逐渐增大，一般为0～0.5m。

1.11.3.5　国内典型掺气减蚀设施布置与应用

国内典型掺气减蚀工程应用见表1.11-2。一般

表1.11-2　　国内典型掺气减蚀工程应用

序号	工程名称	泄水建筑物	掺气设施布置			备注
			型式	布置简图	通气管数量及尺寸（m）	
1	冯家山水电站	泄洪洞	槽坎式	见图1.11-3	2×ϕ0.9	通气孔埋设于边墙中通至拱座处
2	乌江渡水电站	溢洪道	槽坎式	见图1.11-4	2×ϕ1.2	
3	三峡水利枢纽	泄洪深孔	跌坎式	见图1.11-5	2×ϕ1.4	
4	水布垭水电站	泄洪放空洞	突扩跌坎	见图1.11-6	2×ϕ1.0	
5	构皮滩水电站	泄洪洞	跌坎及槽坎式	见图1.11-7	—	布置3道掺气设施，第1道为跌坎，其余为槽坎式；3道掺气设施通气孔都引入通气洞
6	小浪底水利枢纽	孔板泄洪洞	突扩跌坎	见图1.11-8	—	复杂通气系统
7	紫坪铺水利枢纽	泄洪排沙洞	突扩跌坎	见图1.11-9	—	泄洪排沙洞明流段设置5道掺气减蚀设施；并利用导流洞，其连接处布置第3道掺气设施，采用改进的突扩跌坎型式

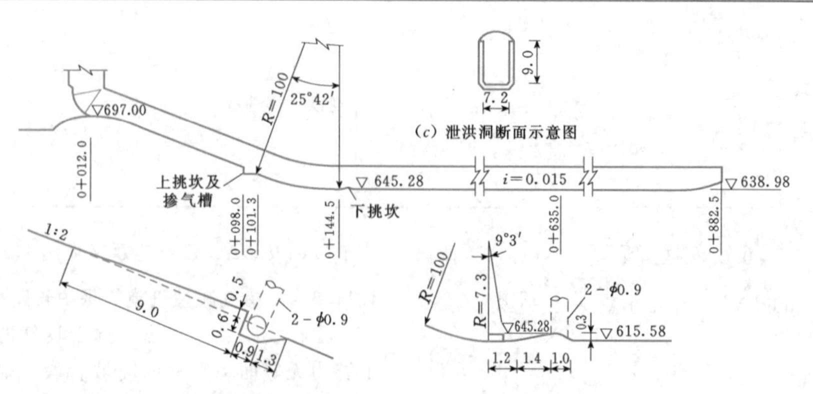

图1.11-3　冯家山水库左岸明流溢洪洞槽坎联合式通气槽（单位：m）

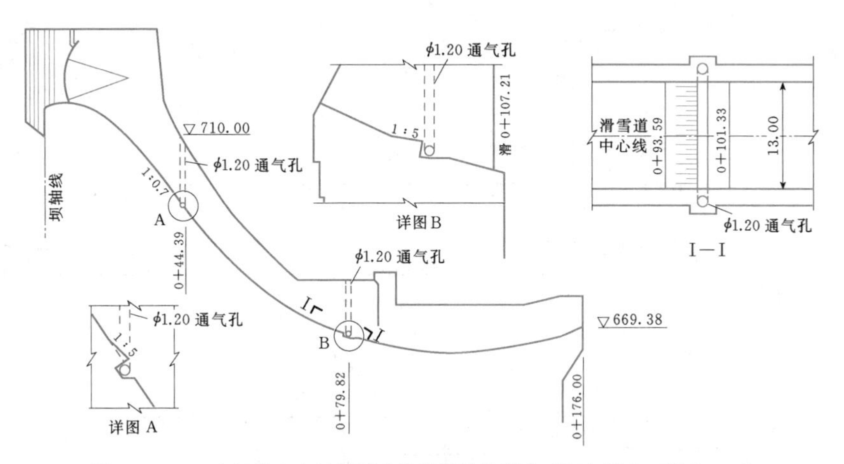

图 1.11－4　乌江渡水电站滑雪式溢洪道槽坎联合式通气设施（单位：m）

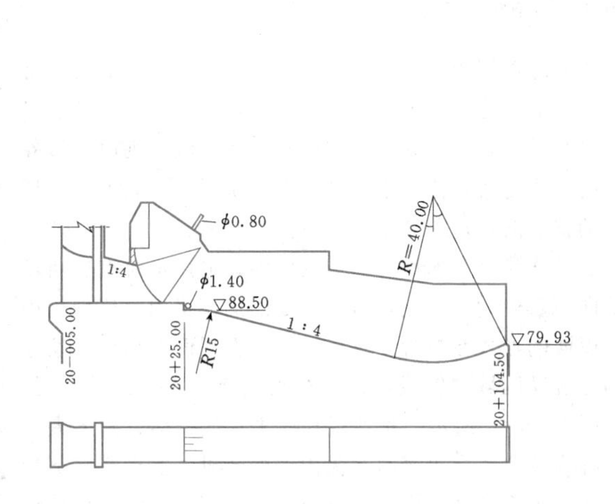

图 1.11－5　三峡水利枢纽泄洪深孔及跌坎掺气设施布置图（单位：m）

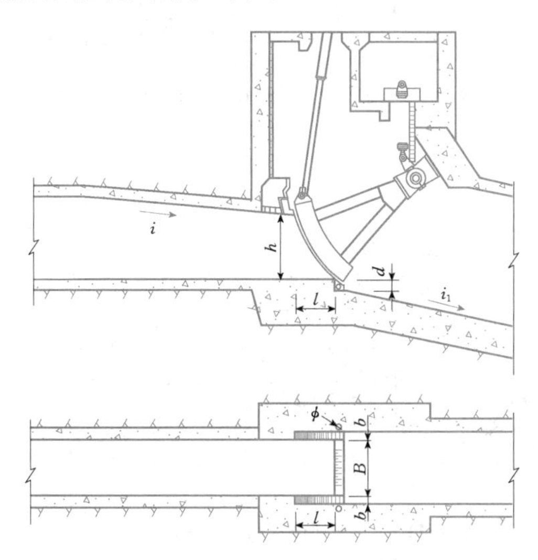

图 1.11－6　水布垭水电站泄洪放空洞突扩跌坎及掺气设施布置图

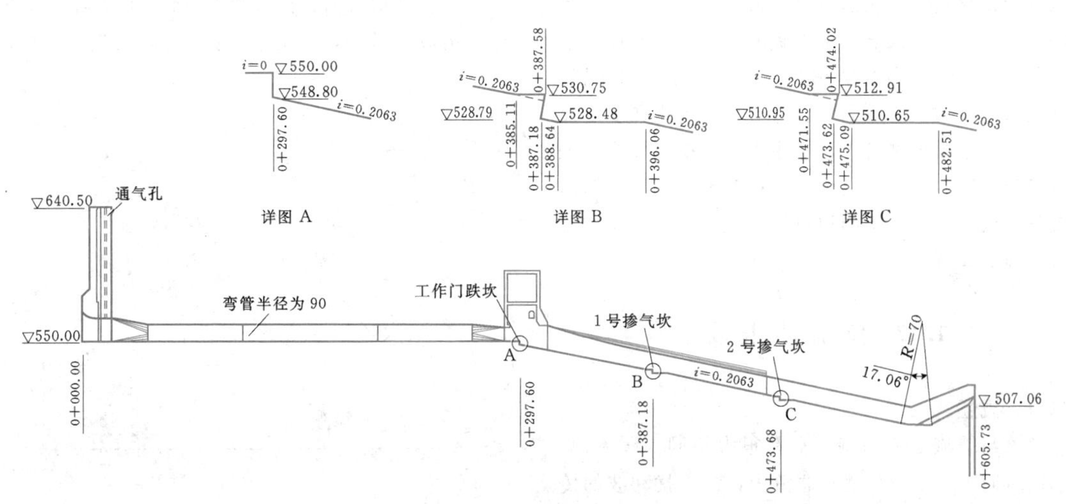

图 1.11－7　构皮滩水电站泄洪洞掺气设施布置图（单位：m）

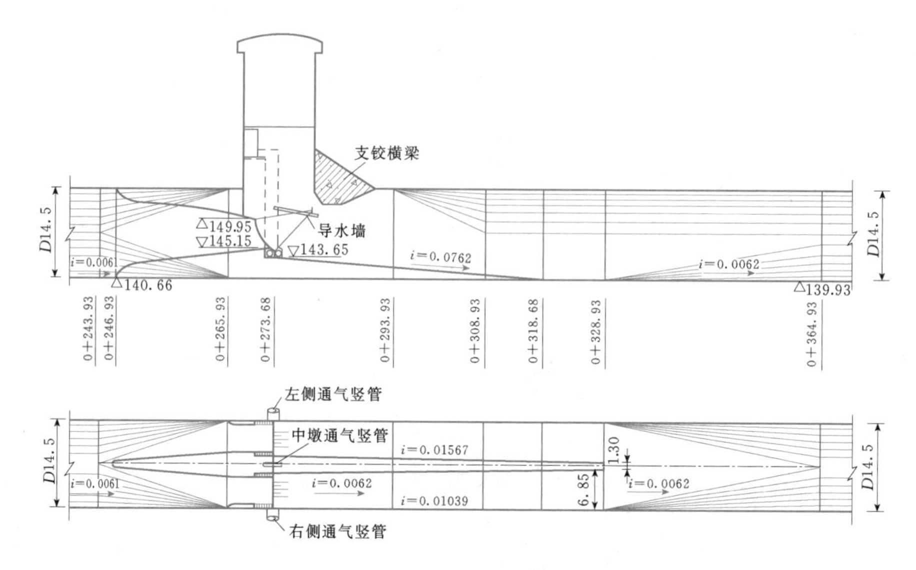

图 1.11-8 小浪底水利枢纽3号孔板洞中闸室布置图（单位：m）

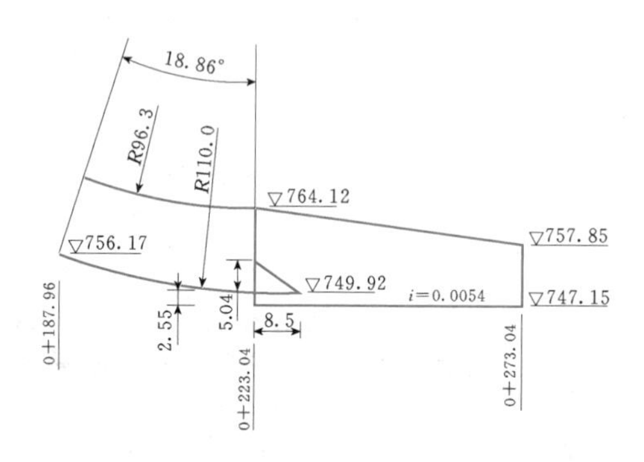

图 1.11-9 紫坪铺水利枢纽泄洪排沙洞突扩跌坎掺气设施布置示意图（单位：m）

来说，溢流坝面和溢洪道需要布置掺气设施，多采用槽坎式或跌坎式；有压出口段多采用突扩跌坎式；泄洪洞特别是大型泄洪洞，由于底坡较缓，研究提出了众多新型掺气设施布置型式。对于掺气设施的布置，应开展水工模型试验研究，以进行布置优化和确定通气管尺寸。在模型试验中，应注意观测掺气设施后侧壁水流清水层的压力和空化特性；对于明流泄洪洞内布置的掺气设施，由于洞顶空气的复杂流动，应注意通气管道的布置。

1.12 急流冲击波

1.12.1 概述

急流与缓流在流动特征上有很大不同。缓流中，扰动同时向上、下游传播；急流中，由于扰动波的传播速度小于水流运动的速度，扰动只能向下游传播。在实际工程中，由于地形的限制或工程上的需要，常需在泄水建筑物上布置一些扩散段、收缩段、弯段以及闸墩等，如果处于其中的水流为急流，则由于边界的变化将使水流产生扰动，在下游形成一系列呈菱形的扰动波，这种波动称为急流冲击波。

急流具有惯性，当边墙偏转，迫使水流沿边墙转向，产生动量变化，造成水面的局部扰动。这种扰动以波的形式在泄槽中传播，并且在平面上形成一条划分扰动区域的斜线，称为扰动线或波峰（波前），如图 1.12-1 所示。扰动线和原来水流运动方向的夹角称为波角。当边墙向水流内部偏转时，扰动线以下的区域水面壅高；而当边墙向水流外面偏转时，扰动线以下的区域将出现水面跌落。

急流泄槽收缩、扩散和平面转弯时，都将形成急流冲击波。以下对急流冲击波的分析讨论，除特别说

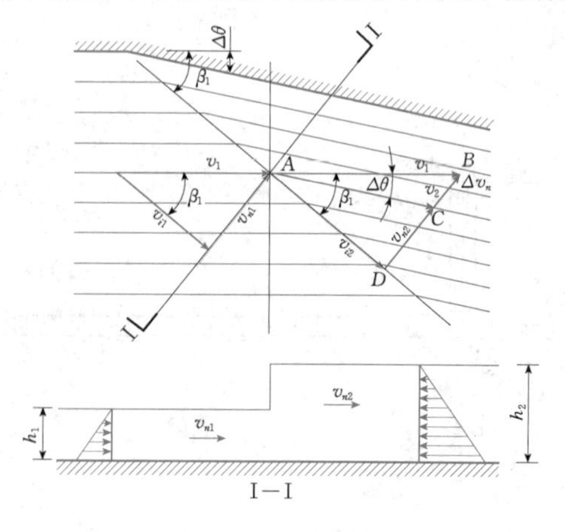

图 1.12-1 急流冲击波的形成

明，均是针对平底泄槽，且忽略摩阻力的影响。

1.12.2 冲击波的分析计算

发生冲击波后，水深、流速的变化以及波角的大小，显然与来流特性及造成扰动的外在条件有关。前者以扰动前弗劳德数 Fr_1 表示，后者以边墙偏转角 $\Delta\theta$ 表示。假定忽略水流的竖向分速，沿垂线各点的压力视为静水压力分布，且不计阻力，可用动量定律分析问题。

如图 1.12-1 所示，令 h_1、h_2 及 v_1、v_2 分别为波峰前、后的水深和流速，沿波峰的分速为 v_{t1}、v_{t2}，正交于扰动线的分速为 v_{n1}、v_{n2}。由于水深只在波峰前后有变化，即有

$$v_{t1} = v_{t2} \tag{1.12-1}$$

而连续方程给出

$$q = h_1 v_{n1} = h_2 v_{n2} \tag{1.12-2}$$

所以

$$\sin\beta_1 = \frac{1}{Fr_1}\sqrt{\frac{1}{2}\frac{h_2}{h_1}\left(\frac{h_2}{h_1}+1\right)} \tag{1.12-3}$$

式（1.12-3）表示出波角、水深变化与来流特性的关系。

1.12.2.1 小扰动引起的缓冲击波

当边墙转折角很小，波高很小，$h_2 \approx h_1$，则有

$$\sin\beta_1 = \frac{1}{Fr_1} \tag{1.12-4}$$

$$\theta = \sqrt{3}\arctan\frac{\sqrt{3}}{\sqrt{Fr^2-1}} - \arctan\frac{1}{\sqrt{Fr^2-1}} - \theta_1 \tag{1.12-5}$$

式中 Fr——相应总偏转角 θ 扰动后的水流弗劳德数；

θ_1——积分常数，根据 $\theta=0$ 时，$h=h_1$，$v=v_1$ 的初始条件求出。

1.12.2.2 较大扰动引起的陡冲击波

如果波峰陡峻，h_2 明显大于 h_1，波角 β_1 就不能按简化式（1.12-4）计算，且波峰线上有一定能量损失，不能视 E_s 为常数。这种波高显著的冲击波，可由直线边墙偏转较大角引起，也可由总偏转角较大的弯曲边墙引起的一连串小扰动会聚而成。在这种情况下，由连续原理、动量定律和图 1.12-1 可以得出：

$$\frac{h_2}{h_1} = \frac{v_{n1}}{v_{n2}} = \frac{\tan\beta_1}{\tan(\beta_1-\theta)} \tag{1.12-6}$$

$$\tan\theta = \frac{\left(\sqrt{1+8Fr_1^2\sin^2\beta_1}-3\right)\tan\beta_1}{2\tan^2\beta_1+\sqrt{1+8Fr_1^2\sin^2\beta_1}-1} \tag{1.12-7}$$

由式（1.12-6）和式（1.12-7）可确定陡冲击波的水力要素。

1.12.3 急流收缩段冲击波

1.12.3.1 急流收缩段的合理曲线

对于长度相同的同一收缩段，可以采用不同曲线的边墙进行连接。常见的陡槽收缩段设计是采用两侧对称的逐渐收缩的边墙，如图 1.12-2 所示，可选择直线、两个圆弧连成的反曲线和单曲线等。前述理论公式表明，冲击波波高由总收缩角确定，而与边墙曲率无关。对于长度相同的收缩段，单曲线渐变收缩段的总偏角及反曲线收缩段的总偏角比直线收缩段的总偏角都要大。从减小冲击波波高的方面来说，陡槽边墙渐变段宜用直线。

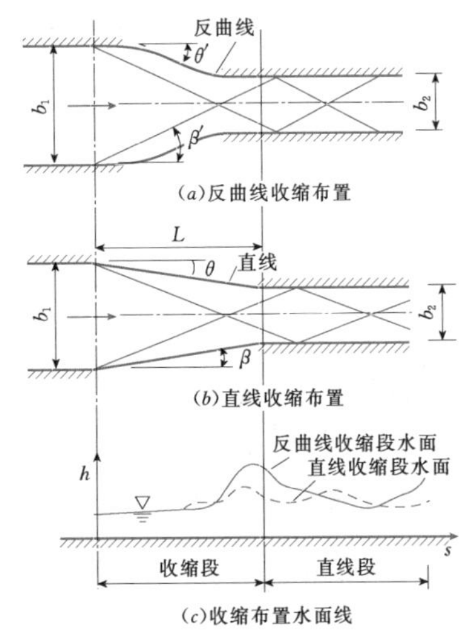

图 1.12-2 急流收缩段的合理曲线

1.12.3.2 直线收缩段的合理布置

在直线收缩段中，如图 1.12-3 所示，从收缩起点 A 和 A' 发生正冲击波，涌高的波峰在 B 点交汇后传播至 D 和 D' 点，再发生反射。从收缩段末端 C 和 C' 点起，因边墙向外转折而发生水面降低的负扰动，其扰动线也向下游传播，如图 1.12-3 中虚线所示。这些作用相叠加，会在下游形成不规则波动的复杂流态。显然，B、D、D' 等点的相对位置对下游槽内波高影响很大，例如，当 B 点与 D、D' 点在同一断面时，会造成最大的扰动；当交汇后的冲击波恰好在 D、D' 点与边墙相遇，亦即 C 与 D 点、C' 与 D' 点分别重合，则正、负扰动将相互抵消，从理论上来说，下游将不再有扰动。按照冲击波理论，陡槽收缩段根据图 1.12-3 (*b*)、(*c*) 的理想布置应满足下列条件：

(1) 斜水跃共轭条件，即

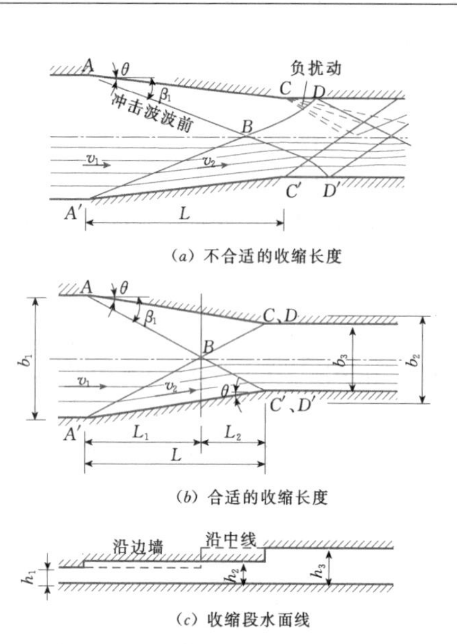

(a) 不合适的收缩长度

(b) 合适的收缩长度

(c) 收缩段水面线

图 1.12-3 直线收缩段的合理长度

$$\left.\begin{aligned}\frac{h_2}{h_1} &= \frac{1}{2}\left(\sqrt{1+8Fr_1^2\sin^2\beta_1}-1\right)\\ \frac{h_3}{h_2} &= \frac{1}{2}\left(\sqrt{1+8Fr_2^2\sin^2\beta_2}-1\right)\end{aligned}\right\} \tag{1.12-8}$$

(2) 沿波峰方向动量守恒条件（$v_{t1}-v_{t2}=v_{t3}$），即

$$\left.\begin{aligned}\frac{h_2}{h_1} &= \frac{\tan\beta_1}{\tan(\beta_1-\theta)}\\ \frac{h_3}{h_2} &= \frac{\tan\beta_2}{\tan(\beta_2-\theta)}\end{aligned}\right\} \tag{1.12-9}$$

(3) 入口与出口连续条件（$Q=b_1h_1v_1=b_3h_3v_3$），即

$$\frac{b_1}{b_2}=\left(\frac{h_3}{h_1}\right)^{3/2}\frac{Fr_3}{Fr_1} \tag{1.12-10}$$

几何关系为

$$L=\frac{b_1-b_2}{2\tan\theta} \tag{1.12-11}$$

1.12.4 急流扩散段的负冲击波

明渠急流扩散在工程中的主要扩散型式有平底明渠急流扩散、陡坡明渠急流扩散、底板为凸曲线的陡槽明渠急流扩散和溢流反弧凹曲面上的急流扩散。根据大量的试验成果和理论分析可知，由于底板曲线、坡度的不同，水流扩散特性也不同。

1.12.4.1 平底明渠急流扩散

1. 平底明渠的突扩

根据急流冲击波理论，在突然扩展区的水流等深线、流线及负冲击波的扩散情况如图 1.12-4 所示。水流脱离边墙后即自由向外扩散，水面线降落，发生负扰动。图 1.12-4 中下半部分表示干扰发生时的一系列负冲击波，在侧墙终点附近的每一条流股在其通过第一个负冲击波时开始改变方向，并形成水面跌落。每一个微波实际上代表一条水深线，这一系列的水深线与流线在图 1.12-4 上半部给出。

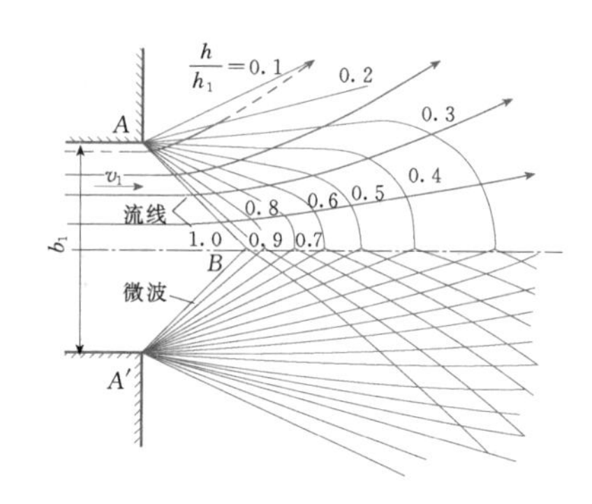

图 1.12-4 急流在边墙突扩后的流态

当急流在有限宽渠槽内扩散时，如图 1.12-5 所示，急流的发展可分成三个特性区间：第一区从突扩处开始至完全扩散断面（D—D）；第二区是斜水跃段，即从完全扩散断面到斜水跃与水流中心线相交的 E 点；第三区是从 E 点到直水跃跃首断面。一般认为，如果完全扩散断面后形成水跃，则在扩散段上不会出现折冲水流；若水跃发生在扩散段上，则会形成折冲水流。

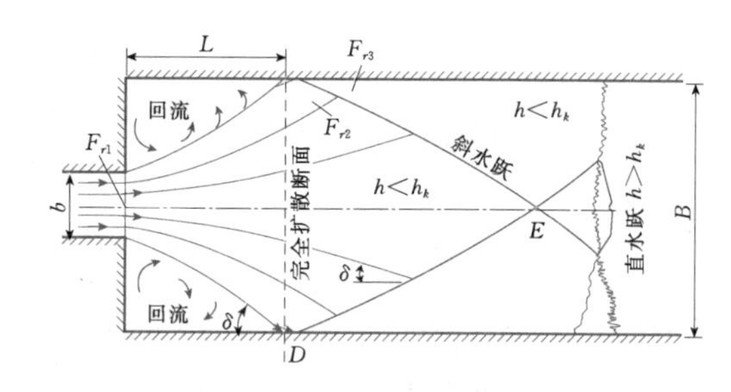

图 1.12-5 有限宽渠槽内水流突扩

受侧墙约束的急流完全扩散断面位置为

$$L=\frac{1}{2}(B-b)\cot\theta \tag{1.12-12}$$

式中 θ——平均扩散角。

根据试验资料有

$$\cot\theta=0.30Fr_1+0.54 \tag{1.12-13}$$

因此，有

$$L=(B-b)(0.15Fr_1+0.27) \tag{1.12-14}$$

2. 平底明渠的渐扩

对于逐渐扩宽明渠内的扩散段急流，其流态与边

墙的形状密切相关。如果设计不当，水流将发生分离现象，如图1.12-6所示。图中虚线表示分离面，其作用有如固壁边墙，因而压缩中间水流，形成类似收缩段的流动，产生复杂的冲击波。

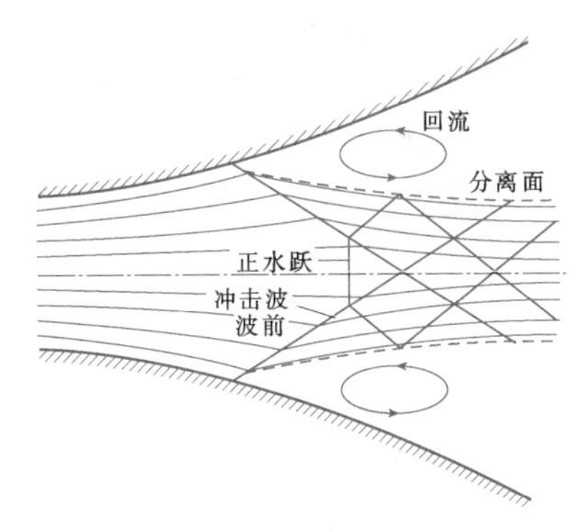

图1.12-6 急流与扩散边墙的分离

良好的边墙扩散形态应通过水工模型试验确定。相关文献通过试验提出的下列边墙曲线（见图1.12-7），能使急流得到良好扩散：

$$\frac{y}{b_1}=\frac{1}{2}\left(\frac{x}{b_1 Fr_1}\right)^{1.5}+\frac{1}{2} \quad (1.12-15)$$

其中
$$Fr_1=\frac{u_1}{\sqrt{gh_1}}$$

式中 b_1——扩展始端宽度，m；

x——从出口断面起水深为 h 的某点的纵向坐标；

y——从出口中心线起水深为 h 的某点的侧向坐标；

Fr_1——出口断面的弗劳德数；

u_1——出口断面流速，m/s；

h_1——出口断面水深，m；

g——重力加速度，取9.81m/s^2。

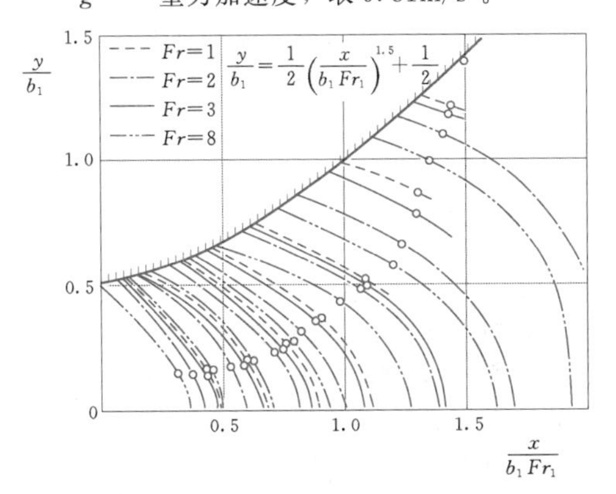

图1.12-7 平底明渠渐扩段边墙扩散曲线

如果渐扩段的下游连接等宽明渠，则不论该曲线边墙如何过渡到下游平行边墙，水流总会出现干扰，如图1.12-8所示的边墙线型能够消除冲击波。

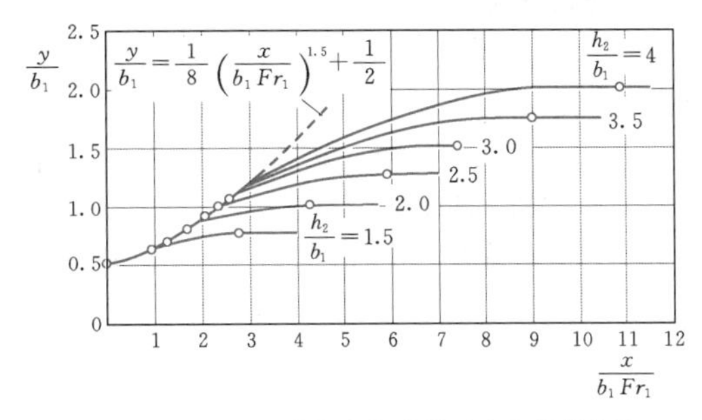

图1.12-8 下游接等宽明槽时边墙扩散曲线

按照式（1.12-15）设计的扩散段边墙曲线，急流在下游是均匀的，也不会发生分离。但有时为了设计简化，也可用直线段连接。此时，下游冲击波是不可避免的，为了使波动不致过分严重，侧壁扩散角应满足：

$$\tan\theta \leqslant \frac{1}{kFr_1} \quad (1.12-16)$$

式中 k——防止水流脱壁的经验系数，对于平底和坡度较小的明渠急流扩散情况，$k=1.5\sim3.0$。

3. 圆形隧洞出口的矩形扩散段

圆形隧洞出口连接一段矩形明渠，水流受扰动后将产生冲击波。若处理得当，冲击波能有助于水流扩散，促进消能。根据冲击波特性和系列试验成果，出口明渠扩散段扩散边界可用如下方法计算：

扩散点位置
$$\frac{x}{D}=0.4Fr_1^2+3.5 \quad (1.12-17)$$

扩散角
$$\theta=\arctan\left[\left(\frac{Fr_1}{0.4}\right)^2-1\right]^{-0.5} \quad (1.12-18)$$

其中
$$Fr_1=\frac{u_1}{\sqrt{gD}}$$

式中 x——隧洞出口至边墙扩张点的距离，m；

D——输水管道直径，m；

Fr_1——输水管道出口水流弗劳德数。

1.12.4.2 陡坡明渠急流扩散

急流在陡坡上的扩散实际上是处于加速运动的水流在陡坡上的扩散问题，其流速流向、水深和单宽流量等均沿程变化，属空间水流运动，具体工程问题主要通过水工模型试验研究解决。

1.12.4.3 反弧曲面上急流扩散

在泄水建筑物挑坎上，为了减轻下游冲刷，常将两侧墙布置成扩散型式。理论分析和试验表明，在反弧底面条件下，由于离心力和曲面阻力的影响，水流的扩散角远大于平底或陡坡上急流的扩散角。其扩散边界可用下述经验方法确定。

1. 经验方法一

具有不同反弧中心角和不同边墙扩散角的挑坎上水流运动的模型试验成果表明，导墙末端的扩散角存在一个极大值。当导墙角度超过这一值而继续增加时，挑坎末端的水深变化不大。

对直线、抛物线及其他型式的导墙平面曲线，在其下游均存在水面扰动，但曲线优于直线。试验得到：

$$y = Kx^{1.5} + A \qquad (1.12-19)$$

式中 x——底壁面上沿水流方向轴线的坐标，原点位于反弧起点；

y——沿底壁面垂直于 x 轴的坐标；

K、A——常数。

在挑坎挑角为20°～30°时，在挑坎末端处选用导墙平均扩散角为15°，则导墙边界的平面型式为

$$y = \frac{2.03x^{1.5}}{\sqrt{R\phi}} + \frac{b}{2} \qquad (1.12-20)$$

式中 R——反弧半径，m；

ϕ——反弧中心角，rad；

b——始扩处泄槽宽度，m。

2. 经验方法二

急流在挑坎上扩散时存在两种情况：一种是由两侧墙扩散处产生的负波交汇于中线且位于挑坎末端以内；另一种是由两侧墙扩散处产生的负波交汇在挑坎末端以外。由于水流扩散角沿程变化，因此，交汇点前、后的水舌扩散角有较大差别，扩散边界应分开讨论。区分以上两种情况的判别条件为特征宽度 b_k，其表达式为

$$\frac{b_k}{R} = 2\sin\phi\tan\delta \qquad (1.12-21)$$

其中

$$\delta = \arcsin\sqrt{\frac{h_1}{R} + \frac{\cos\phi}{Fr_1^2}\left(1 - 2\frac{h_1}{R}\right)} \qquad (1.12-22)$$

当 $b>b_k$ 时，挑坎上的急流扩散属宽浅型；而当 $b<b_k$ 时，挑坎上的急流扩散属窄深型。

若以扩散区内含95%流量的边界为有效边界，则当 $b>b_k$ 时，有

$$\frac{y}{b} = 12.5\frac{h_1}{b}\left(\frac{\varphi}{\phi}\right)^{1.5} + 0.5 \qquad (1.12-23)$$

式中 φ——计算断面与垂线之间的夹角，rad。

当 $b<b_k$ 时，有

$$\frac{y}{b} = 1.85\frac{R}{b}\left(\frac{h_1}{b}\right)^{1/3}\left(\frac{\varphi}{\phi}\right)^{2.4} + 0.5 \qquad (1.12-24)$$

1.12.5 弯道急流冲击波

当由于地形、地质条件限制，泄槽不得不设置弯段时，应尽量将转弯段置于流速相对较低的区域，并采用较大的转弯半径。

1.12.5.1 弯道急流冲击波形态

弯道急流流态复杂，不仅受离心力作用导致断面外侧水深增大、内侧水深减小，而且由于边墙偏转产生冲击波，使得沿纵、横向水深均有剧烈波动。图1.12-9给出了矩形断面单圆弧弯道的急流运动情况。急流进入弯段后，由于外墙向内偏转，从 A 点开始发生冲击波，使水面壅高，正扰动线沿 AB 方向；同时由于内墙向外偏转，从 A' 点开始水面降落，负扰动线沿 $A'B$ 方向；两线交汇于 B 点。B 点以下两墙侧边墙的扰动便相互影响，扰动不再沿直线传播，而分别沿 BD 和 BC 曲线传播。结果为：ABA' 区域内水流未受扰动；ABC 仅受外侧边墙扰动影响，水面沿程升高，到 C 点达到最高；$A'BD$ 只受内侧边墙影响，水面沿程降低，至 D 点最低；CBD 以下受两侧边墙交互影响，不断发生波的干扰、反射，并向下游传播。

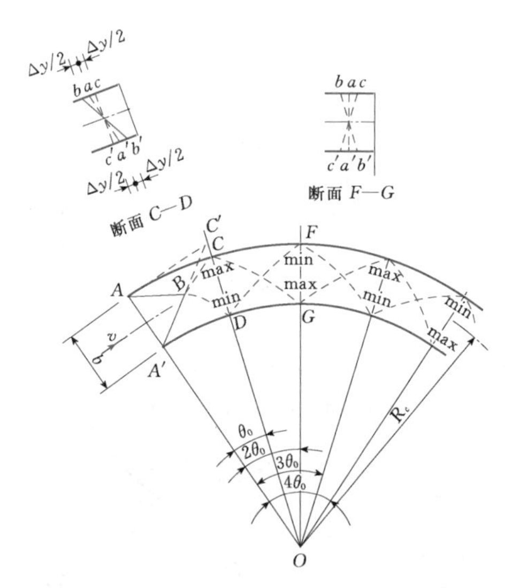

图1.12-9 单圆弧弯道急流冲击波形态

图1.12-9中，表征那些 h 为最大值或最小值发生位置的角度 θ，就是扰动图形的半波长。水深最大值将依次发生在沿外墙的 θ_0、$3\theta_0$、…处，沿内墙的 $2\theta_0$、$4\theta_0$、…处；而水深最小值则发生在沿外墙的 $2\theta_0$、$4\theta_0$、…处，沿内墙的 θ_0、$3\theta_0$、…处。

1.12.5.2 弯道急流冲击波计算

1. 理论计算公式

由图1.12-9中几何关系得到

$$\theta_0 = \arctan\frac{b}{\left(R+\frac{b}{2}\right)\tan\beta} \qquad (1.12-25)$$

由于连续渐变弯道段导致的冲击波属于缓冲击波，故其波角为

$$\sin\beta = \frac{1}{Fr_1} = \frac{\sqrt{gh}}{v} \qquad (1.12-26)$$

假定比能恒定，有

$$\theta_1 + \theta = \sqrt{3}\arctan\frac{\sqrt{3}}{\sqrt{Fr^2-1}} - \arctan\frac{1}{\sqrt{Fr^2-1}} \qquad (1.12-27)$$

式中 θ_1——积分常数，根据 $\theta=0$，$h=h_1$，$Fr=Fr_1$，按式（1.12－27）确定，θ 取正、负值，可得出沿弯道外侧及内侧相应的弗劳德数、水深及流速。

边墙水深计算也可采用以下计算式：

$$h = \frac{v^2}{g}\sin^2\left(\beta+\frac{\theta}{2}\right) \qquad (1.12-28)$$

式中 θ 取正、负值，分别计算得到外侧、内侧边墙的水深。

2. 经验公式

弯道段仅需平衡离心力而需的横向水面差为

$$\Delta h = \frac{bv^2}{gR} \qquad (1.12-29)$$

式中 Δh——弯道外侧水面与中心线水面的高差，m。

根据式（1.12－27），在 $\theta=\theta_0$ 处计算得出的水深差接近 $2\Delta h$，因此，冲击波在平衡水深上下振荡，并具有 $2\theta_0$ 的波长和$\frac{bv^2}{2gR}$的振幅。

《溢洪道设计规范》（SL 253—2000）中，推荐的计算弯道最大横向水面差的经验公式为

$$\Delta h_m = K\frac{bv^2}{gR} \qquad (1.12-30)$$

式中 Δh_m——弯道外侧水面与中心线水面的最大高差，m；

K——超高系数，可按表 1.12－1 查得。

表 1.12－1　横向水面超高系数 K 值

泄槽断面形状	弯道曲线的几何形状	K 值
矩形	简单圆曲线	1.0
梯形	简单圆曲线	1.0
矩形	带有缓和曲线过渡段的复曲线	0.5
梯形	带有缓和曲线过渡段的复曲线	1.0
矩形	既有缓和曲线过渡段，槽底又有横向坡的弯道	0.5

1.12.5.3　弯道急流冲击波控制

由图 1.12－9 可知，在弯道的 $2\theta_0$、$4\theta_0$、…处，水面差接近于零。因此，曲线段在上述断面结束，可使弯道后的直线段不再产生干扰。

为削减弯道内急流冲击波，一是采用尽量大的弯道半径，二是采取工程措施。采用削减弯道冲击波的工程措施应通过水工模型试验确定。

1. 弯道半径

根据我国工程实践，矩形断面的弯道半径宜采用 6～10 倍泄槽宽度。简单圆曲线的弯道最小半径可按下式计算：

$$R_{\min} = \frac{4v^2b}{gh_1} \qquad (1.12-31)$$

不论弯道底面是否横向倾斜，此准则均适用。

2. 复合曲线法

为了消除水面干扰，可在简单圆曲线弯道的前、后设置过渡曲线，弯道段呈复曲线型式。

若采用简单圆曲线作为过渡段，如图 1.12－10 所示，弯道段由三段组成，中间段半径为 R_c、中心角为 θ_c（可根据需要取值），为主曲线段，其前、后各接半径为 R_t、中心角为 θ_t 的过渡曲线段。R_t、θ_t 取值为

$$\left.\begin{aligned} R_t &= 2R_c \\ \theta_t &= \arctan\frac{b}{\left(R_t+\frac{b}{2}\right)\tan\beta} \end{aligned}\right\} \qquad (1.12-32)$$

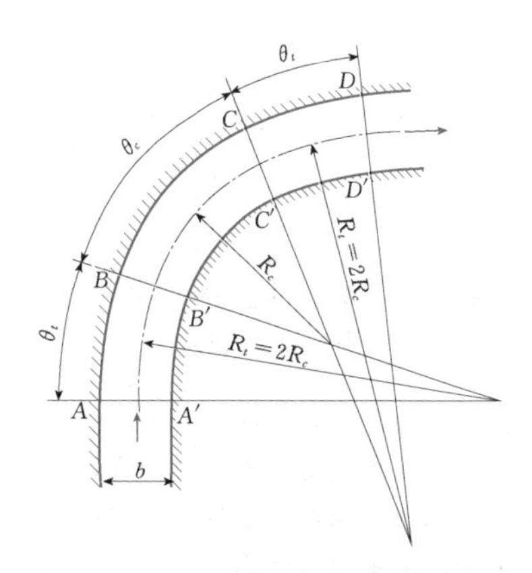

图 1.12－10　陡槽弯段的复曲线布置图

有了从 AA' 到 BB' 的前过渡曲线段，水流从直段进入后，水面内外侧高差将逐渐加大到仅由主曲线段离心力决定的平衡值，并在主曲线段全程保持这种状态。而有了 CC' 到 DD' 的后过渡曲线段，则将消除下游直段扰动。

急流弯段泄槽按复曲线布置，能较好地消除波动，但不能消除离心力的影响。

3. 渠底超高法

渠底超高法只适用于矩形渠道。渠底超高法横断面布置如图 1.12－11 所示，将弯道槽底以其中心线为轴旋转，使得内墙槽底降低 Δh，外墙槽底抬高 Δh，从而槽底具有横向底坡，以保持弯道中水流的稳定性。Δh 可采用式（1.12－29）计算。

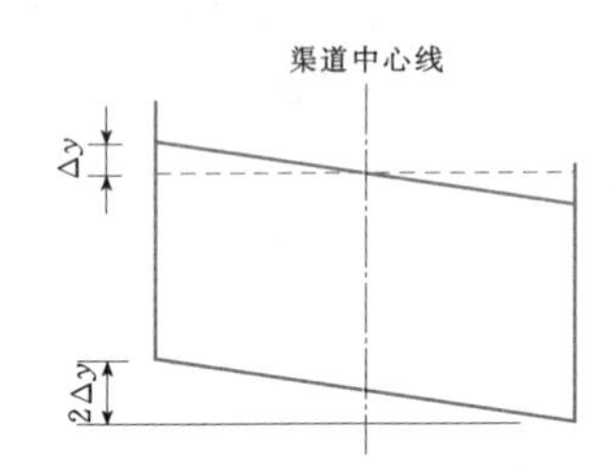

图 1.12－11 弯段陡槽槽底超高法布置图

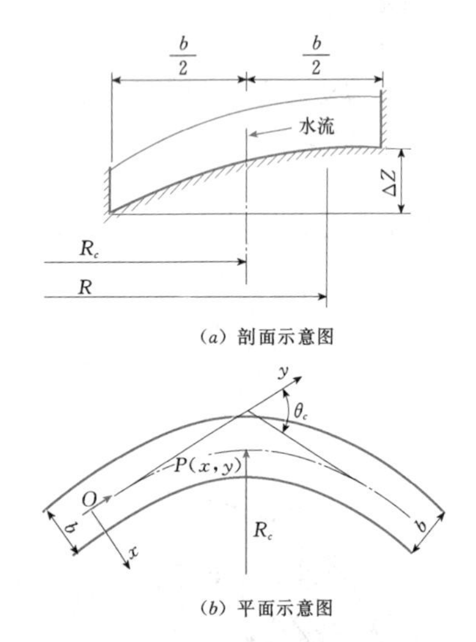

图 1.12－12 弯段陡槽槽底超高法渐变段布置图

采用渠底超高法时，槽底超高在曲线两端要渐变引入，以免由水平槽底突变成超高槽底，或由超高槽底突变为水平槽底时引起强干扰。槽底渐变引入超高时，平面上也应加渐变曲线，其曲率半径从直段的∞逐渐变小到有限值 R_t，然后又从 R_t 变到下一直段起点的∞。平面渐变曲线可采用铁路渐变线布置，按图 1.12－12 所示取坐标，原点位于直线段末端，也即弯段起点，x 轴垂直于槽底中心线，y 轴在原点切于槽底中心线，于是渐变段中心线任一点 $P(x,y)$ 的坐标为

$$\left.\begin{aligned} x &= \frac{L_x^3}{6R_cL_c} \\ y &= L_x - \frac{L_x^5}{40R_cL_c^2} \end{aligned}\right\} \qquad (1.12-33)$$

$$L_c = R_c\theta_c$$

式中 L_x——$\overline{OP}$的曲线长，每给一个 L_x，可确定一对坐标值；

θ_c——前、后两直段中心线的总偏转角，rad。

应用槽底加高法时，常以降低内侧槽底来获得外侧槽底的相对超高 Δh；也可通过内侧降低 $0.5\Delta h$，而外侧升高 $0.5\Delta h$ 来实现。它适用于泄槽流量经常等于或接近设计流量的情况，可做到完全免除冲击波引起的水面升高。其缺点是：当泄流量与设计流量相差很大时，不能保持弯道水流平衡。不过，当泄流量小于设计流量时，所产生的扰动可保持在设计水面线之下。

4. 导流板法

由式（1.12－28）和式（1.12－29）可以得出：对于一个给定的水深、流速和转弯半径，最大的水面超高与泄槽宽度成正比。因此，如果将一个弯段陡槽用一个或多个同圆心的弯曲导流板分成宽度较窄的泄槽段，在这些窄小的泄槽段内，水面超高及波动均将相应降低。此外，在导流板下游泄槽内，因为支持水面差的导流板没有了，扰动将很快消失。

导流板起、止位置宜布置在弯道进、出口断面位置，其顶部应保证在水面以上。导流板设置个数，可以根据需要控制的水面超高和波动，通过前述的计算方法初步选择，并由模型试验确定。

5. 斜槛法

对于已建成的单圆弧或其他不合适形状的急流弯道泄槽，斜槛法可以作为一种补救方法。在槽底设置斜槛的作用是使底层的水流改变方向，由动量交换的机械作用很快将该部分水流的变化传到整个水流。

如图 1.12－13 所示，导流槛设置在弯段进出口位置。其中导流槛引起的水流流向变化的计算公式为

$$\theta_s = \arctan\left(\frac{d}{h_1}\frac{\sin2\alpha}{2}\right) \qquad (1.12-34)$$

式中 θ_s——斜槛下游水流方向与中心线夹角，(°)；

d——斜槛高度，m；

h_1——来流水深，m；

α——斜槛与中心线夹角，(°)。

根据试验成果，$\alpha=30°$时可取得较好的水流流态；可取 $\theta_s=\frac{\theta_0}{2}$，但为了不使斜槛太高，$\theta_s$ 不宜超过 10°。由此，可由式（1.12－34）计算得到斜槛高度 d。

斜槛位置可由下式计算：

$$L_{us}=\frac{b}{\tan\beta}\left[\frac{1.12}{\left(1+\frac{3\Delta h_i}{2h_0}\right)^{0.25}}+\frac{0.0313}{\frac{h_i}{h_0}\sin\beta}\right] \tag{1.12-35}$$

其中 $\Delta h_i=h_i-h_0$

式中 L_{us}——从斜槛靠近主曲线的一端到曲线起点的距离，m；

h_i——扰动水深，m；

h_0——正常水深，m。

斜槛位置及数量的布置应通过模型试验确定。

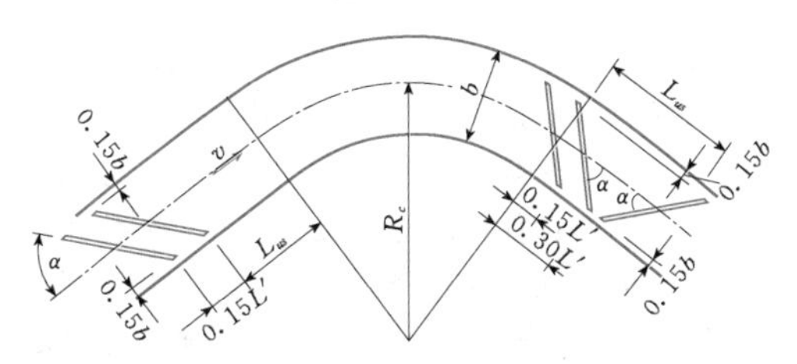

图 1.12-13 斜底槛平面布置图

1.13 泄 洪 雾 化

1.13.1 泄洪雾化现象及影响

泄洪雾化现象一般是指在水利枢纽泄洪过程中，下游局部区域内产生的非自然的雨雾弥漫现象。它包括降雨和雾流两部分，水舌入水处附近一般形成强度较大的降雨区，然后沿程衰减，同时产生大量雾流。

运行实践表明，大型水利水电工程的泄洪雾化，与常规的自然降雨过程相比较，由于其降雨强度及其影响范围相当大，对水利枢纽及其附属建筑物和下游岸坡所造成的威胁与破坏要大得多，其对工程的主要影响表现在：①岸坡山体滑坡、塌方；②电厂变压器跳闸、机组停机；③进厂公路交通中断；④雾化结冰，影响发电和交通；⑤影响工作和生活，迫使工作大楼搬迁；⑥对航运安全产生影响。一方面，泄洪雾雨引发的水舌风、暴雨、飞石对水电站的正常运行造成了严重影响；另一方面，随着人们环境保护意识的不断提高，泄洪雾化作为环境问题也开始受到来自社会各方面的极大关注，如目前拟建中的一些水电工程，在确定泄洪消能方式时，已开始考虑并评价泄洪雾化对水利枢纽周边人类生活、工农业生产以及自然景观的不利影响。部分受泄洪雾化影响的工程见表 1.13-1。

泄洪雾化现象从其结果来看，可以归结为雨和雾两方面。从众多工程泄洪雾化原型观测和实际运行情况看，雨比雾对工程的影响要大，而雾的运动规律要比雨复杂。目前的研究成果主要是关于降雨的，而对于雾流的研究则较少。

表 1.13-1 部分受泄洪雾化影响的工程

工程名称	坝 型	坝高 (m)	泄洪雾化对工程的影响简述
乌江渡水电站	重力坝	165.0	下游两岸碎石滚落，雾化范围至坝后 900m，雾流升腾高度超过坝顶
龙羊峡水电站	重力拱坝	178.0	坝下游右岸山体滑坡约 87 万 m^3
白山水电站	重力拱坝	149.5	临时建筑物倒塌，岸坡局部被淘；施工期间，泄洪雾化导致地下厂房进水
黄龙滩水电站	重力坝	107.0	厂区被密集水雾笼罩，厂房被淹，停电 49d，高压线路短路，交通中断
漫湾水电站	重力坝	132.0	影响右岸进厂交通，为此在雾雨影响区专门修建约 400m 防雾廊道
东江水电站	双曲拱坝	157.0	雾雨中断进厂公路交通，两岸山体风化岩及土体滑落
东风水电站	双曲拱坝	162.0	电厂进厂公路受阻，交通洞进水，为此将洞线更改
刘家峡水电站	重力坝	147.0	雾雨结冰，迫使电厂停电，为此专门修建了备用线路。道路结冰，交通受影响
凤滩水电站	重力坝	112.5	雾雨阻断进厂交通
柘溪水电站	重力坝	104.0	工程局办公楼及部分生活区受雾雨影响，被迫迁往右岸下游

1.13.2 主要影响因子

影响泄洪雾化范围和强度的因素十分复杂，根据现有的原型观测成果可将主要影响因素分为三大类，即水力条件、地形条件和气象条件。受到研究手段以及条件的制约，目前大部分研究成果仅能定性表述，尚未能定量。

1.13.2.1 水力参数的影响

上述三个影响因素中，水力参数对泄洪雾化引起的降雨强度（简称雨强）及其分布的影响最大。水力参数包括大坝的坝型以及消能方式，主要体现为鼻坎水头（库水位与鼻坎末端高程之差）、水舌入水角度（水舌与入水处水平面的夹角）、入水范围、泄量、落差以及水舌是否在空中碰撞等。

通常来讲，在其他条件保持不变的前提下，鼻坎水头越高，水舌入水角度越大，泄量越大，落差越高，则雾化雨强越大；水舌入水横向范围越大，水舌空中碰撞，则同级雾化雨强分布的横向范围将增大。

1.13.2.2 地形参数的影响

地形参数对泄洪雾化的影响主要体现在河谷形态。一般而言，狭窄河谷（如深V形）不利于雾雨扩散，雾化形成降雨的雨强极值大，降雨集中，纵向变化较快，且雾雨容易抬升。而开阔河谷（如U形）则有利于雾雨横向扩散，雨强分布较为平均，雾雨爬升高度相对较低。

1.13.2.3 气象参数的影响

对泄洪雾化产生的降雨和雾流主要的气象参数有：山谷风、自然风、湿度和温度。相关研究表明，上述气象参数对雾流的影响较大，其中山谷风为主要影响因子。山谷风越强，雾流扩散越远，影响范围也越大。

1.13.3 泄洪雾化分区及其产生的分级

1.13.3.1 分区

泄洪雾化的运动特征可描述为：下泄水流受泄水建筑物的壁面和周围空气的影响，水流内部产生紊动，射流水股表面产生波纹，并掺气、扩散，导致部分水体失稳、脱离水流主体，碎裂成水滴，随后，掺气射流落入下游河床内，与下游水体相互碰撞，所产生的喷溅水体向四周抛射形成降雨。同时，喷溅过程中产生的大量小粒径水滴飘浮在空中形成浓雾，雾滴受到水舌风的影响，不断扩散、飘逸，形成降雨及雾流。

结合上述运动特征及相关原型、模型研究成果，泄洪雾化引发降雨的影响范围沿纵向（顺河向）可大致划分为抛洒降雨区、溅水降雨区以及雾流降雨区三个区域。

抛洒降雨区产生的降雨基本为挑流水舌出挑时，高速运动的水舌部分水体失稳、碎裂后形成的降雨，其主要特征是雨滴个体直径较大，雨强分布较均匀，雨强绝对值与出流水舌的流速成正相关；溅水降雨区为水舌入水后与下游水体碰撞，激溅形成的降雨，其主要特征是雨滴个体直径变幅大，雨强绝对值大，短距离内变幅大，是影响工程安全的主要区域，也是需重点进行雾化防护的区域；而雾流降雨区则是溅水降雨区后部分水体在空中飘浮一定距离后落于地面形成的降雨，该区降雨类似于天然降雨，雨滴直径小且较为均匀，雨强值不大。

1.13.3.2 降雨强度分级

泄洪雾化现象中“雨”的概念与自然现象中的雨有很大的差异，天然降雨一般在较大范围内变化小，且强度较弱，而雾化降雨仅局限在泄洪区域内，且强度大，变化大；现有原型观测的泄洪雨强可以达到4000～5000mm/h。枢纽泄水建筑物泄洪时，雾化降雨区的雨强大多会超过天然降雨中特大暴雨的标准。根据相关原型观测成果，综合考虑泄洪雾化对环境的影响并参照了自然降雨中的强度等级划分，考虑到雨强的大小与引起山体滑坡等地质灾害的可能性和破坏程度成正比，因此，参考地质灾害预警的分级原则（级别数字越大越危险）将泄洪雾化雨强人为地划分成4个等级：一级降雨雨强小于10mm/h，基本与天然降雨中大暴雨的雨强值下限11.67mm/h一致，对其防护时，可较为方便地参考自然降雨的防护准则；二级降雨的雨强值为10～200mm/h；三级降雨的雨强值为200～600mm/h；雨强大于600mm/h以上为四级降雨，在该级别降雨区内可见度极低，对工程破坏力大。

1.13.3.3 雾流分级

泄洪雾化中产生的雾流与天然雾流的区别不大，目前亦缺乏相关的对比研究成果。由于泄洪雾化观测条件恶劣，能见度观测大部分为肉眼观测，因此，泄洪雾化中雾流浓度的观测宜尽量精简，以减少观测人员的观测风险。根据对江垭大坝观测经验以及其他原型观测成果的分析，水利工程泄洪雾化时产生的雾流在水舌入水区域附近浓度很大，区域外则浓度急剧减少，呈现明显的分级特征，因此，建议泄洪雾化雾流按照浓、淡两级进行分类：能见度小于50m为浓雾；能见度不小于50m时为淡雾。

1.13.4 预测研究现状与计算

1.13.4.1 预测研究现状

目前，对雾化问题的研究大体上可分为原型观测、数学模型及物理模型试验三种方法。原型观测是研究雾化的主要手段之一。其主要理论是通过积累原型观测资料分析得到一些相关的经验公式，以此来预测预报其他原型的泄洪雾化。

物理模型试验是指建立一定比例的水工模型，量测模型的降雨强度，然后按一定的相似关系引申至原型。模型试验是原型观测的延伸和补充，避免了原型观测受时间和其他条件的限制，可以进行重复试验。数学模型计算则通过对雾化现象进行概化处理，再根据流体力学或随机的理论与方法进行定量研究。

1.13.4.2 预测计算

1. 原型观测

原型观测预测的主要方法是进行工程类比分析，选取已有原型观测资料的工程，通过对比泄洪雾化的影响因子，分析得到拟建工程的雾化影响范围。

(1) 经验公式。国内通过相关工程资料总结的较有代表性的经验公式如下：

1) 天津大学建议公式。

$$L=(2.3\sim3.4)h \tag{1.13-1}$$

$$W=(1.5\sim2.0)h \tag{1.13-2}$$

$$T=(0.8\sim1.4)h \tag{1.13-3}$$

式中 L、W、T——雾流降雨区的长度、宽度和高度；

h——坝高。

2) 四川大学建议公式。

坝址或水舌起挑点至雾流降雨区末端长度 L 为

水舌无碰撞时 $L=5.6h+(130\sim330)$ (1.13-4)

水舌有碰撞时 $L=5.6h+(330\sim450)$ (1.13-5)

雾流降雨区宽度为

$$W\approx0.6L \tag{1.13-6}$$

3) 中国水利水电科学研究院建议公式。

坝址或水舌起挑点至雾流降雨区末端长度 L 为

$$L=10.267\left(\frac{v_c^2}{2g}\right)^{0.7651}\left(\frac{Q}{v_c}\right)^{0.11745}(\cos\theta)^{0.06217} \tag{1.13-7}$$

式中 v_c——水舌入水速度，m/s；

θ——入水角度；

Q——流量，m^3/s；

g——重力加速度，取 $9.81m/s^2$。

式(1.13-7)适应范围为：$100m^3/s<Q<6856m^3/s$，$19.3m/s<v_c<50.0m/s$，$31.5°<\theta<71.0°$。

(2) 泄洪雾化同类型工程的模糊识别。具有相似泄洪雾化特征的工程称为泄洪雾化同类型工程。将坝型参数、消能方式参数、上下游水位差、单宽泄流量、下游地形的宽高比参数及对称参数作为泄洪雾化工程分类的综合特征指标，通过模糊数学方法可对泄洪雾化同类型工程进行识别，从而可利用已有工程的泄洪雾化原型观测成果对类似工程进行初步预报和预测。

2. 物理模型

通过建立一定比尺的水工模型，量测模型的降雨强度，然后按一定的相似关系引申至原型。模型试验能定量描述雾化现象，可以进行泄洪雾化影响范围及其雨强等值线的测试，是进行雾化研究的主要手段之一。因两相流动的复杂性，目前在模型的选择及缩尺效应影响等方面业内尚未取得一致意见。

3. 数学模型

通过概化雾化水流运动模式，分别建立描述挑流水舌运动、水舌与下游水体碰撞、雾流扩散的数学模型，进而建立统一描述泄洪雾化降雨和雾流的全场数学模型，可对工程的泄洪雾化现象进行定量研究。

(1) 挑流水舌运动。通过分析卷吸掺气条件以及掺气断面形态演化，建立挑流水舌运动二维模型。

(2) 水舌与下游水体碰撞。通过刚体反弹斜抛运动模式简化及随机模拟，建立水舌与下游水体碰撞运动模型。

(3) 雾流扩散。通过分析超饱和水气运动过程及雾流的输运扩散，建立雾流运动的平面与剖面二维数学模型。

雾化降雨以及雾流漂移过程是一个具有三维特征的水气两相流问题，受气象因素以及地形条件的影响又十分显著，理论计算中对雾化现象进行的概化处理难免具有一定的主观性，尚有待于接受更多原型观测资料的检验或验证。

1.13.5 防护设计原则

泄洪雾化防护设计的主要原则：按避免、削减和防护的顺序进行泄洪雾化的防护设计。

1.13.5.1 避免原则

避免雾化影响可主要从以下两方面进行：

(1) 在泄洪建筑物设计时，应充分考虑雾化的影响，综合权衡消能防冲设计与泄洪雾化防护之间的矛盾，选取消能效果较好而雾化影响相对较小的消能防冲布置方案，从源头上减少雾化影响。

(2) 在枢纽布置时，电厂、变压站等建筑物应置于较高处，尽量避免将工作和生活区置于雾流降雨区及浓雾区，坝区交通公路也应尽量避开溅水降雨区，以避免交通受阻。

1.13.5.2 削减原则

对受到雾化影响的建筑物应采取必要的削减措施，主要设计原则为：

(1) 对雾化影响区域内大的边坡裂缝、断层进行喷锚支护。

(2) 对公路高边坡进行防滚石柔性防护。

(3) 对坝区公路根据必要性设置防雨雾廊道。

(4) 必要时，可在开关站设置防雾措施。

(5) 北方地区雾化可能引起结冰，需设置一定的除冰措施。

(6) 开展对泄洪雾化的原型观测，对雾化影响情况进行动态监护。

1.13.5.3 防护原则

泄洪雾化的防护设计应根据物理模型或数学模型研究的降雨等值线进行分区分级的防护，重点应对溅水降雨区以及工程安全重要的区域进行防护，防护的材料以及级别应根据相应的降雨强度进行设计。

1.13.6 防护措施

1.13.6.1 防护措施的研究现状

目前，专门针对雾化防护措施的研究较少，主要是参照已有原型工程的设计经验和相关原型观测成果，尚无统一的设计规范。

1.13.6.2 分区防护

泄洪雾化引起的降雨影响范围沿纵向、顺河向可大致划分为抛洒降雨区、溅水降雨区及雾流降雨区三个区域。其中溅水降雨区雨强最大，是工程的重点防护区域，应根据雨强等值线进行分级防护。抛洒降雨区靠近坝址，建筑物也较多，应结合降雨强度和该区建筑物的重要性进行削减雾化影响的设计。雾流降雨区离坝址较远，布置的建筑物较少，可参照天然降雨的防护标准和原则进行设计。

1.13.6.3 分级防护

四级雾化降雨区：降雨强度 $S>600$mm/h，破坏力强，雨区内空气稀薄，人畜不能呼吸和生存。此范围不能布置电站厂房、开关站等建筑物和附属工作、生活设施，边坡需修筑钢筋混凝土护坡进行保护，并做好排水措施。泄洪期间，雨区范围内必须禁止人员、车辆通行和作业。

三级雾化降雨区：200mm/h$<S\leqslant$600mm/h，破坏力比四级雾化降雨区稍低。此范围尽量不要布置电站厂房、开关站等建筑物和附属工作、生活设施，边坡宜修筑混凝土护坡进行保护，并做好排水措施，对滑坡体以及风化岩石需做好监测工作。泄洪期间，雨区范围内宜禁止人员、车辆通行和作业。

二级雾化降雨区：10mm/h$<S\leqslant$200mm/h，该雨强范围大部分超过了自然特大暴雨强度下限(11.67mm/h)，相应范围的边坡仍需保护，土坡需用喷锚混凝土保护，或者采用砌石护坡，必要时其下部用混凝土护坡，并宜设置相应排水设施。泄洪期间，雨区范围内限制人员、车辆通行和作业。

一级雾化降雨区：$S\leqslant$10mm/h，雨强介于自然大暴雨和大雨之间，一般不需特殊的雾化防护措施，防护方法类同于自然降雨的防护方法，可加强绿化，增加植被；必要时需设置排水设施；泄洪期间，雨区范围内可以允许人员、车辆通行和作业。

浓雾区：该区域能见度小于50m，区域内雾气潮湿，视线很差。此范围尽量不要布置开关站等建筑物和附属工作、生活设施。泄洪期间，雾区范围内必须禁止人员、车辆通行。

淡雾区：该区域能见度大于50m，区域内雾气较少，且可能随风飘逸扩散。对开关站、高压线路及交通和工作与生活环境会产生一些影响，但影响较小，进行一般防护即可。

1.13.6.4 运行调度防护原则

对于多层多孔泄水建筑物，可通过运行调度进行泄洪雾化主动防护。在同等或相近泄洪流量工况下，宜采用出口水舌较为分散的泄洪孔泄洪，并尽可能通过调度增大水体入水面积，同时避免或减少水舌空中碰撞。

1.14 水力学安全监测

1.14.1 监测目的

水力学监测的主要目的是掌握各泄水建筑物的水动力特性及其运行状况；判断或预测可能发生的异常状况并及时采取有效的工程措施；优化枢纽调度方案及各泄水建筑物的运行规程；为工程验收和运行管理提供依据；验证设计方案，为今后的工程建设提供经验；配合模型试验开展水力学专题研究。

根据对近百年来多起水利水电工程事故的原因进行分析，泄水时的水力条件是使水工建筑物遭受破坏的重要原因之一。其中，最为普遍的是高速水流引起的工程破坏。随着我国水利水电建设的迅速发展，高坝大库越来越多，包括空化空蚀、混凝土磨损、水流脉动与结构振动、水流掺气、泄洪雾化及坝下冲刷等高速水流引起的问题也愈发突出。

下泄水流的水力学特性直接关系到水利水电工程的安全运行。开展水力学监测可以及时发现问题，防止事故的发生和发展，避免造成更大危害。三峡水利枢纽在135～172m蓄水期对泄洪深孔、导流底孔、排漂孔、排沙洞及水轮机过流系统等建筑物进行了水力学监测。其中，在对排沙洞的水力学监测中发现，其工作闸门启闭过程中，闸门区出现严重空化，空化在启闭机房乃至厂房引起严重声振。通过水力学监测结果的综合分析，得知上述强烈空化现象产生于闸门后洞顶的通气孔口，在闸门开启过程中，门后洞顶开始出现负压，通气孔进气。随着闸门开度增大，负压绝对值由大变小，并转换为正压，随着压强进一步增高，通气孔开始过水，并在进水孔口的边缘发生空化。根据观测成果，制定了适时启闭通气孔阀门的操作程序，使原来运行中出现的强烈空化和声振现象得以减免。向家坝二期导流底孔从 2009 年起开始进行混凝土磨蚀监测，监测结果表明，导流底孔底板磨蚀深度小于 2cm，属轻度磨蚀（Ⅰ级），边墙和顶拱无磨蚀，导流底孔处于安全运行状态。

事实上，绝大多数建筑物的破坏过程均非突然发生，一般会有一个缓慢地从量变到质变的过程，即使建筑物或运行方式存在缺陷，或客观条件存在未定因素，只要加强现场监测，就能及时发现问题，防患于未然，因此，水力学安全监测是保证工程安全的一项重要措施。

1.14.2 监测内容

水力学安全监测的主要内容有空化空蚀、混凝土磨损、消能与冲刷、泄洪雾化、通气与掺气、动水荷载及水击等。针对上述内容需开展的水力学监测项目包括水流流态、水位、流速、动水压强、混凝土磨蚀、水下噪声、水下地形、波浪、通气管风速、近壁掺气浓度、冲淤及雾雨强度等。

1.14.2.1 水流流态

水流流态是水流总体流势和局部流动形态的总称。局部流态可直观地反映出过水建筑物的某些水力特性，如泄水建筑物进口的收缩水流、漏斗旋涡、跌水等流态；溢流坝坝面的水面线、冲击波、扩散水流、掺气水流以及闸墩、导墙、尾坎处的水冠花和水翅等流态；泄水建筑物下游的挑流水舌轨迹、底孔射流、水跃和漩滚流等流态；还有闸墩的绕流流态，泄水隧洞中的无压流、有压流、半有压流。枢纽及其上、下游或河流某河段范围的流态组成枢纽或河流的整体流态。流态的特征一般可用其位置、范围及有关参数来描述，但有些流态更适合用其形态来描述。

1.14.2.2 水位

水位资料是工程设计、施工及运行管理的重要依据。水位可分为时均水位和瞬时水位。

1.14.2.3 流速

流速是水力学基本参数，是泄水建筑物的重要设计依据之一，是进一步研究消能与冲刷、空化与空蚀、脉动与振动等问题的基础。根据实际需要，可将监测的流速分为时间平均流速、区段平均流速、断面平均流速和瞬时脉动流速。

1.14.2.4 动水压强

动水压强是泄水建筑物动水荷载监测的基本参数，也是分析空化空蚀及消能防冲等问题的重要依据。动水压强分为时均压强和脉动压强，在高速水流条件下，动水脉动压强不仅增加了结构物瞬时荷载，还可能引起结构的流激振动和固壁的空化空蚀等问题。

1.14.2.5 混凝土磨蚀

混凝土磨蚀具有磨损和空蚀两层含义：磨损是泄水建筑物表面在含沙水流的摩擦作用下产生的混凝土材料的流失；空蚀是由于高速水流中空泡溃灭时产生的微射流的冲击作用导致泄水建筑物混凝土材料的流失。混凝土磨蚀破坏是含沙水流磨损和空化水流空蚀共同作用的结果，是磨损破坏和空蚀破坏的组合。在泄水建筑物泄洪过程中，通过对过流表面进行实时监测，测量混凝土表面磨蚀深度，及时了解混凝土表面性状，实时评判结构物的安全状态。

1.14.2.6 水下噪声

水下噪声特性是水流空化的重要判断依据之一。由于空泡崩溃的脉冲性和随机性，空化噪声具有一般水下噪声不具备的高频宽带特性。通过对水下噪声特性进行分析，可以判断是否出现空化、空化源位置、空化类型及空化强度。

1.14.2.7 水下地形

下游水下地形冲刷情况是衡量消能工布置是否合理与消能效果是否充分的重要指标，也直接关系到大坝的安全，是水力学安全监测的重要项目之一。观测内容主要包括冲刷坑位置与范围、冲刷坑形态与坡比、最深点高程以及堆丘情况。

1.14.2.8 波浪

波浪是由扰动力和恢复力共同作用下水体达到的一种平衡状态。波浪的监测成果可用于库区护岸和土坝护坡设计；决定大坝安全超高及防浪墙高度，确定明渠、水道边墙安全超高及明流隧洞洞顶余幅高度；研究波浪对闸门等轻型结构的作用力；分析波浪对岸边淘刷或引起建筑物振动的可能性。

1.14.2.9 通气管风速

通气管风速是检验通气设施设计合理性与安全性的重要依据。为了避免高速水流引起的泄水建筑物过流边壁的空蚀破坏，常在拟保护区上游布置掺气设施，并配置相应通气管道；在中长泄水管道的闸门下游也常因运行过程中补气、排气、避免空蚀和声振及改善流态的需要而设置通气管道。通气管风速及由此计算的通气量直接反映了通气、掺气设施运行是否正常及其布置和体型的合理性，是通气和掺气监测的重要项目之一。

1.14.2.10 近壁掺气浓度

近壁掺气浓度是掺气减蚀设施有效性与合理性的

一个直接判据。设置掺气设施是为了将空气导入水中，通过改变水的物理性质，防止空化的发展，并削弱空泡崩溃产生的冲击力，从而达到减蚀的目的。减蚀效果与掺气浓度尤其是近壁掺气浓度密切相关。

1.14.2.11 冲淤

泄水建筑物下游的冲淤直接影响到大坝、岸坡、电站、船闸等建筑物的安全运行，是检验消能效果的最直接的尺度，也是评价泄洪对发电和航运影响的重要指标。冲淤结果通过泄洪前后相关河床地形的测量和分析获得。

1.14.2.12 雾雨强度

雾雨强度是雾化灾害评价的重要指标。通过雾雨强度的测量分析，可以优化泄洪调度，或确定边坡、道路和其他建筑物的防护范围和防护措施，对减免雾化灾害具有重要意义。

1.14.3 监测方法

水力学监测方法及相应仪器的选择适当与否，从根本上决定了整个监测系统的有效性和合理性。以下按监测项目简述各监测方法和相应监测仪器。

1.14.3.1 流态

水流流态通常采用文字描述、摄影和录像进行记录和监测。为定量测定某一流态（如水舌轨迹、平面回流、漏斗旋涡、雾区范围等）的平面（或空间）位置、范围及形态等参数，还需辅助采用经纬仪交汇测量或全站仪测量等手段。

1.14.3.2 水位

水位主要采用水尺和自记水位计监测。水尺据实际情况可取直立、倾斜或悬垂等多种形式，制作的要求是坚固耐用，保证精度，利于观测和便于维护。自记水位计主要由感应系统和记录系统组成，具有记录连续、完整准确和节省人力等优点。为减少水面波动对测量精度的影响，自记水位计感应系统需配置静水井以保持施测水面的稳定。

1.14.3.3 流速

监测流速常用的方法有旋桨式流速仪测速、毕托管（或动压管）测速、超声波测速及浮标测速等。

旋桨式流速仪适用于低流速测量，其特点是体积较小，便于安装，多用于泄水闸测流。

毕托管流速仪常用于渠道或管道中流速分布的较精确测量，流速按毕托管测得的水柱高差 ΔH（m）或压强 ΔP（Pa）计算水流速度 v（m/s）。

$$v = C\sqrt{2g\Delta H} \quad 或 \quad v = C\sqrt{2\frac{\Delta P}{\rho_w}} \tag{1.14-1}$$

式中 ρ_w——水的密度，kg/m^3；

C——修正系数，需率定确定，对于标准毕托管，在 Re=330～360000 范围内，C 值可取 1。

ΔH（或 ΔP）由比压计（或差压传感器）测得，利用比压计测值可得到流速的时均值，而通过差压传感器测量的信号既可得出流速的时均值，又可得出其脉动值。

由于毕托管测速适应范围较小，在较高流速测量情况下，常采用动压管流速仪，该流速仪只测量动水总压强，静压强取自流速仪附近过流边壁所测压强，或动压孔至水面距离对应的压强水头，ΔP 为动水压强与上述静压强之差，在实际运用中，动压管流速仪外形可做成不同的流线型，如鱼形和闸墩形等。

超声波流速仪常用于天然河道测速，一套流速仪由两个超声波换能器组成，换能器相对分装在河道两岸，流速仪轴向与流向成一定夹角，利用超声波在顺流和逆流中传播的时间差计算水流流速。一套流速仪所测量计算的流速为河道相应高程平均流速，一组流速仪（多套）则可测量和计算河道断面垂向流速分布。

在河道、泄槽流速较高，用流速仪测速困难的情况下，也可采用浮标法观测区段平均流速。用水面浮标测表面流速，用深水浮标测深层流速。观测浮标的方法主要有目测、照相、录像、经纬仪交汇及全站摄像仪测定等。浮标观测应注意适当选取观测段，根据测速实际需要，确定观测区段长度并设置参考断面标记。

1.14.3.4 动水压强

过流边界上的动水时均压强可通过测压管系统测取。测压管测头埋设于过流面监测点，通过导管将测点压强由过流面传至观测站与压强表、比压计等测压计连接。测头顶面需与过流面齐平，孔口需与顶面垂直，测点周边应光滑平整。测压计与导管的衔接部分需有排气装置，其安装位置应尽可能低于测压管孔口高程。当测压计位置高出测压管孔口高程较多时（测值可能为负压），宜采用比压计。

动水压强的电测仪器一般为压阻式压强传感器或压阻式压强变送器（以下统称压强传感器），利用压强传感器既可进行时均压强测量，又可进行脉动压强测量，尤其是可进行非稳定水力过程的动水压强过程线测量——这一点是测压管所不可替代的。

压强传感器安装于预埋在过流面的底座上，通过预埋的电缆线将所测信号传至观测站。

需要注意的是，由于测压管一般都处于水下，易产生锈蚀，从测头、导管到观测站连接件，应尽可能采用不锈钢或其他耐腐蚀材料。否则，不仅会影响压强测量，还有可能危及建筑物安全运行。

在压强传感器选型中，除应考虑其量程和精度外，还要确保其防水性，压阻式传感器的测头宜选用不锈钢双隔离膜型式。

由压强传感器接收的信号需经放大、适当滤波才能送入计算机采集系统，用于放大、滤波的二次仪表应当稳定性好、精度高且具有足够的通道，还要求与传感器和计算机采集系统匹配良好。常用的二次仪表主要有动态应变仪和放大器等。

1.14.3.5 混凝土磨蚀

混凝土磨蚀监测是在泄水建筑物运行期间，对其混凝土表面性状进行监控和测试，实时评判建筑物的安全状态。对于重要的泄水建筑物，尤其是洞式泄水建筑物、消力池等不易直接观测到的混凝土部位，应对磨蚀破坏进行实时监测。混凝土磨蚀破坏程度划分标准见表1.14-1。

表1.14-1　混凝土表面磨蚀破坏程度划分标准

破坏程度划分标准	轻度级（Ⅰ级）	中度级（Ⅱ级）	重度级（Ⅲ级）	破坏级
磨蚀深度（mm）	$0<d<20$	$20\leqslant d<50$	$50\leqslant d<100$	$d\geqslant 100$
混凝土表面性状	混凝土表面浅表层粗糙或砂浆层剥离	粗骨料外露，并有磨损痕迹。保护层剥离，偶有钢筋出露	钢筋大量出露，并有磨损痕迹，钢筋偶有剪断或拉断现象	混凝土大面积损毁，钢筋剪断或拉断，结构缝止水破坏

磨蚀传感器垂直安装在混凝土中，传感器顶面与混凝土表面齐平。初始状态时，各引线之间均处于连通状态。当混凝土表面受到磨蚀破坏时，相应地，传感器也开始从顶部受到磨蚀破坏，随着破坏的深入发展，相应深度的引线与基准导线出现断开状态。通过测量引线与基准导线是否处于连通状态，可以分级判断混凝土磨蚀深度。

1.14.3.6 水下噪声

水听器是目前通过水下噪声获取空化信息的常用一次仪表，它是一种利用压电效应制作的声电换能器。

水听器可分为平面型、柱型和球型等类型，以适应不同的接收需要。平面型水听器可接收以安装平面法线为轴线、具有一定开角（大约40°）的近似锥体范围内的水下噪声信号；柱型水听器可接收其感应元件安装平面（实际也有一较小开角）内的水下噪声信号；球型水听器从理论上可接收其安装点周围一定范围三维空间的水下噪声信号。对于水工建筑物水流空化的监测，由于不容许在过流面上设置突起物或在水流中设置绕流物，故一般将水听器与过流表面齐平安装，或加保护罩后在低流速水环境中垂吊。

水听器的灵敏度频率响应曲线特性是其性能的关键指标，根据大量监测实践经验，水听器的开路电压灵敏度达到−190dB，频响范围为4～200kHz，频响曲线波动一般在±3dB范围，局部不超过±7dB。

水听器安装在预埋底座上，其接收表面与过流面齐平，通过预埋的电缆将水声信号传至观测站，水听器带有前置放大器，监测时需提供专门电源，由高频率大容量采集系统进行信号的采集和分析，如丹麦B&K公司制造的频谱分析仪和尼高力公司生产的Odyseey大容量数据采集系统。

1.14.3.7 通气管风速

通气管风速一般采用毕托管法和风速仪法监测。

用毕托管测量的水流流速的毕托管，其流速系数应在风洞内进行标定。根据毕托管所测水柱高差ΔH(m)或压强之差ΔP(Pa)可计算通气管内空气流速v_s(m/s)。

$$v_s=\varphi\sqrt{2\frac{\rho_w}{\rho_a}g\Delta H}\quad 或\quad v_s=\varphi\sqrt{2\frac{\Delta P}{\rho_a}} \tag{1.14-2}$$

式中　φ——毕托管流速系数，一般取$\varphi=1.0$；

ρ_w——水的密度，kg/m^3；

ρ_a——空气密度，kg/m^3。

当测速断面前后管长大于3倍管径时，可看做均直长管，可利用通气管轴线处安装的一支毕托管所测最大风速$v_{a\max}$，计算圆管断面平均空气流速v_a。

$$v_a=kv_{a\max} \tag{1.14-3}$$

式中，$k=0.80\sim0.85$，一般取$k=0.84$。

对于非均直长管，则采用多点法监测，以计算断面平均风速。对圆形断面，测点可设在等面积的同心圆的分界线上；对于矩形断面，测点可设在等面积矩形单元的形心。

气象风速仪（如热球式风速仪）也可用于通气管风速的测量，与毕托管相比，所测结果基本相同。但要注意其测量范围与使用环境（潮湿和雨雾环境不宜采用），并作标定。

通气管风速的观测断面应选通气管形状较规则的部位，且前后有一定长度的顺直段，若测点距进口较近，则需加设喇叭口，以使进流平顺。

1.14.3.8 掺气浓度

目前，国内外大多数工程监测中都采用电阻（比测）法测水流掺气浓度。根据麦克斯韦（Maxwell）理论，水流掺气浓度 C（特指体积浓度）可用置于水流中的传感器电极间的水电阻来表示。

$$C=\frac{R_t-R_{ot}}{R_t+\frac{R_{ot}}{2}}\times 100\% \qquad (1.14-4)$$

式中 R_{ot} ——清水时两电极间的水电阻，Ω；

R_t ——掺气水流两电极间的水电阻，Ω。

电阻式掺气浓度传感器主要是由电极和支撑板组成，电极导线与掺气浓度二次仪器相接，水流掺气浓度可由二次仪器直接显示，或由数据处理系统作进一步分析。

掺气浓度传感器一般采用自制，设计制作时应当注意：①电极及其支撑面应当有足够的刚度和平整度，以保持其间的恒定距离并避免水流脱壁；②电极导电性需稳定，极间绝缘性能好，一般采用不锈钢材料做电极，用有机玻璃做支撑面。

掺气浓度测量分析的一个重要环节是清水电阻 R_{ot} 测定。清水电阻是掺气浓度传感器两电极间在水流未掺气条件下的自然水电阻，其大小随水流的水温、水质等条件变化而变化，R_{ot} 的选值是否准确，将直接关系到掺气浓度测量结果的准确性和可靠性。

在实际监测中，常采用在掺气水流上游（未掺气水流处）设置专用比对的传感器来测定清水电阻。有条件时也可利用清水盒测定，这种清水盒是在常规掺气浓度传感器电极下方的盒内安装另一对电极，其大小尺寸、导电性与表面电极相同，并设有进出水孔，这种方法成功的关键是保证盒内、外水流的自由交换，盒内电极不受气泡、杂物等影响，且盒内水质和水温与盒外相同。

1.14.3.9 波浪

监测波浪最简单的方法是目测法，利用直立于水面并绘有刻度的标杆，目测波高并记录周期。电测波高仪较常用的有电容式和水声式。电容式波高仪利用表面绝缘的金属丝与导电水体间构成电容器的原理制成，当水深变化时，电容值随之呈线性变化。水声式波高仪其实是一种水声换能器，根据置于水底的换能器发射并接收到回声波的历时，可得到瞬时水深，亦即水面波动过程。

对于高速水流情况下的水面波动，往往采用在过流边墙上绘制水尺或网格，通过目测和照相、录像的方式监测，对于倾斜的岸坡及其他建筑物边墙的波浪爬高也采用类似的方法监测。

1.14.3.10 雾雨强度

雾雨强度依其大小分别采用自记式雨量计和自制电测雨量筒测量。自记式雨量计一般为气象测量用的虹吸式雨量计，所测降雨强度一般在 240mm/h 以下。自制电测雨量筒则用于降雨强度较大、人员不便到达或较危险区域，其可测量最大降雨强度可达 2000mm/h 以上。自制雨量筒制作有两种思路：其一是上部承雨口面积仍采用与自记式雨量计相同的标准口径，下部加设分流装置，通过其分流比例分析测量超强降雨；其二是将上部承雨口面积缩小，通过调整承雨口面积与储水容器水平截面面积的比值，达到测量超强降雨的目的。自制电测雨量筒一般用压强变送器通过电缆远距离测量筒中水深的变化，再计算降雨强度。

在实际工程中，需要根据泄洪雾化降雨的强度和范围确定防护措施和防护范围，为此，需根据数学模型计算或物理模型试验的成果，同时结合现场条件，在适当范围内布置测点，并选择合适的测量仪器。

雨量计的安装，尤其是自制雨量筒的制作和安装必须特别注意其牢固性，因为在泄洪强降雨区，由于水舌喷溅常伴有水柱、水股和水片或水团等现象，加上强劲的水舌风，会形成巨大的冲击力；在泄洪中，小强度降雨区也存在较强的水舌风的冲击。

1.14.3.11 水下地形

泄水建筑物下游的冲淤情况（水下地形）主要采用水下测量的方式获得。常用超声波探测仪配以经纬仪或水平测距仪进行测量，少数情况下可抽水后直接用普通地形测量法测量坝下冲淤。测量中应关注基岩冲刷剧烈部位，必要时需加密测点，甚至潜水检查。

各参数的测量分析系统和观测方法如图 1.14-1 所示。

1.14.4 测点布置

1.14.4.1 水流流态

水流流态观测主要包括泄水闸出流流态、泄洪孔洞进出口流态、坝面溢流流态、下泄水舌流态、坝下消能区流态、泄洪水流雾化流态、河道平面流态等。

1.14.4.2 水位

水位测点应设在水流平稳、风浪影响小且便于观测的部位。泄水建筑物上游水位测点应设于坝前跌水线以上水面平稳处，最好设置于距泄水建筑物较远的两岸附近。下游水位应设置在坝下消能区下游的较顺直河段，观测断面应水流平顺。对局部坡降较大区域的水位观测应适当加大测点密度，对弯道水位应在两岸设置测点（观测水面横比降）。

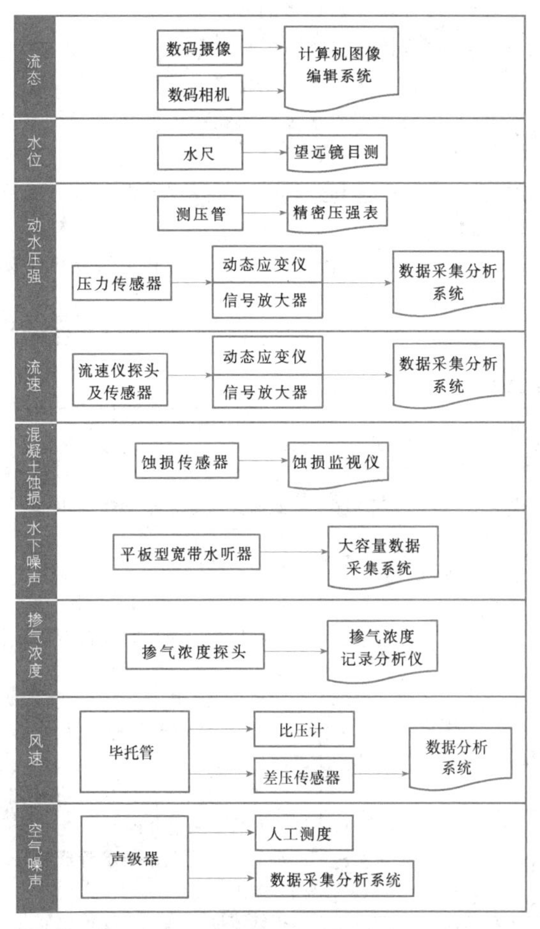

图 1.14-1 各参数测量分析系统和观测方法流程图

1.14.4.3 动水压强

由于施工条件的限制及对建筑物安全性考虑，测点布置数量不宜过多，在测点选择中，应根据监测的主要问题，将测点布置在水流特性复杂或边界条件突变及其他空化敏感部位、水流冲击部位及可能引发流激振动的结构相关部位。

溢流堰面、闸底板中线、闸墩下游中线、消力池底板和边墙挑流鼻坎反弧段和边墙体型突变区的测点，应沿水流方向选定若干控制断面布置，有条件的可与水工模型试验测点相对应。

对于泄水孔、洞，应测定边壁动水压强。

对于有压隧洞，应选定若干控制断面测量洞壁动水压强，确定压坡线。

1.14.4.4 流速

泄水、引水建筑物前沿、消能建筑物（消力池、挑流鼻坎）和电站尾水渠内应布置测点。应顺水流方向选择若干观测断面，在每一断面上测量不同水深点的流速，特别应注意水流特征与边界条件有突变部位的流速观测。

1.14.4.5 混凝土磨蚀

对于重要的泄水建筑物，尤其是洞式泄水建筑物、消力池等不易直接观测到的混凝土部位，应对磨蚀破坏进行实时监测。磨蚀测点应布置在流速较高的泄槽底板、侧墙、局部突变处以及易发生空蚀的部位。

1.14.4.6 水下噪声

水听器一般埋设在可能发生空化的部位，如边界突变区、边壁曲率较大部位、水流剪切区、压强梯度较大区域及压强值较低部位等，为分析需要，有时也在非空化区设置“背景”噪声测点。主要在以下部位布置测点：

(1) 水流曲率突变或水流发生分离现象的下游处、扩散段、弯道岔道、消力墩背水面及底部。

(2) 隧洞、闸门门槽和门框、溢流面反弧处、挑流鼻坎、辅助消能工。

(3) 高水头底孔出流与坝面溢流交汇处，水流受到干扰而流速达到 15m/s 以上的区域。

(4) 施工不平整、人工突体处。

(5) 水工模型试验表明容易发生空化的部位。

1.14.4.7 通气量

在通气孔、槽区等部位，通气管形状规则且前后均有一定直段的部位设置通气量测点。

1.14.4.8 掺气浓度

在坝后掺气水流底层设置测点，观测掺气平均浓度及其发展过程，研究掺气浓度分布规律。应加密水舌落点和冲击区的测点，测出沿流向底部的掺气浓度分布，并延伸至上游空腔中，测出水舌落点附近的最大掺气浓度。

1.14.4.9 雾雨强度

在下游两岸岸坡、开关站、高压电线出线处、发电厂房等受泄洪雾化影响部位布置测点。

1.14.5 资料分析

水力学安全监测是监视大坝或水工建筑物安全运行的重要保障。通过监测，可获得大量水工建筑物泄洪运行水力特性的资料数据，但是，这些资料是原始的、片段的、零散的，甚至是杂乱无章的。为了深刻揭示泄水建筑物运行规律，从繁多的监测资料中找出存在的问题，得出科学结论，必须对监测资料进行整理和分析。

资料分析常用的方法有比较法、作图法和特征值统计法。比较法通常将原型监测数据与水工模型试验数据和理论值进行比较，必要时进行工程类比分析等。作图法根据分析的要求，绘出相应的过程线图、分布图等，由图可直观地了解和分析观测值的变化、大小及其规律。特征值统计法将历次（包括不同观测条件）物理量的最大值和最小值统计汇总，通过统计分析，可以看出各物理量在数量变化方面是否具有一致性和合理性。

资料分析一般包含以下内容：

（1）分析监测资料的准确性、可靠性和精度。

（2）分析监测物理量随时间或空间而变化的规律。

（3）统计有关物理量的特征值。

（4）判别监测物理量的异常值。

（5）分析监测物理量变化规律的稳定性。

（6）评估大坝或水工建筑物的工作状态。

每次泄洪观测后，都应对原始数据及时进行整理分析。在资料整理和分析中，如发现异常情况，应及时作出判断，有问题的需及时上报。通过对资料进行分析，提出资料分析报告。监测报告和整编资料应按档案管理规定及时存档。

表1.14-2列举了部分水力学安全监测工程资料。

表1.14-2　　部分水力学安全监测工程

序号	工程名称	监测建筑物	监测内容	监测方法
1	三峡	泄洪深孔、表孔、排沙孔、排漂孔、机组过流系统和永久船闸	水面线、水流流态、时均压强、脉动压强、流速、水下噪声、掺气浓度、风速、空气噪声、含沙率、闸门开度行程	水面线：刻划水尺辅助望远镜目测。 流态：数码摄影、录像和文字描述。 时均压强：测压管和精密压强表记录。 脉动压强：压强传感器、动态应变仪和DASP数据采集分析系统。 流速：动压管流速仪、动态应变仪和数据采集分析系统。 水下噪声：平板型水听器和高频数据采集系统。 掺气浓度：掺气浓度传感器和掺气浓度仪。 风速：毕托管和比压计记录。 空气噪声：声级计记录。 泄洪雾化：自记式雨量计和自制电测雨量筒测量。 水下地形：超声波探测仪测量。 岸坡涌浪：电容式波高仪。 开度行程：滑线式电位器或光电编码器
2	水布垭	溢洪道及两岸边坡	水面线、流态、脉动压强、流速、掺气浓度、风速、泄洪雾化	
3	隔河岩	泄洪表孔、深孔和水垫塘	水面线、流态、时均压强、脉动压强、流速、水下噪声	
4	江垭	泄洪表孔、中孔	水面线、流态、时均压强、脉动压强、流速、水下噪声、掺气浓度、风速、泄洪雾化和下游冲刷	
5	小浪底	1号、2号孔板泄洪洞	进出口水面线、流态、时均压强、脉动压强、流速、水下噪声、通气量、空腔负压、掺气浓度、闸门及孔板环振动	
6	二滩	坝身中孔、表孔、2号泄洪洞、水垫塘	上下游（进出口）水面线、流态、时均压强、脉动压强、流速、水下噪声、通气量、空腔负压、掺气浓度、闸门坝体及副厂房振动、消能区岸坡涌浪、泄洪雾化降雨	
7	公伯峡	竖井水平漩流消能泄洪洞	进出口水面线、流态、时均压强、脉动压强、流速、水下噪声、通气量、空腔负压、掺气浓度、空腔长度、洞内流态影像	
8	大朝山	表孔宽尾墩、台阶坝面、消力池	上下游（进出口）水面线、流态、时均压强、脉动压强、流速、空腔负压、掺气浓度、水舌形态、消能区岸坡涌浪、泄洪雾化降雨	

参考文献

[1] 周建平，钮新强，贾金生．重力坝设计二十年[M]．北京：中国水利水电出版社，2008.

[2] SL 319—95 混凝土重力坝设计规范［S］．北京：中国水利水电出版社，2005.

[3] 湖南省水利水电勘测设研究总院．中小型水利水电工程典型设计图集——溢洪道与泄洪隧洞分册［M］．北京：中国水利水电出版社，2007.

[4] 童显武．高水头泄水建筑物收缩式消能工［M］．北京：中国农业科技出版社，2000.

[5] 周胜，周赤，才君眉，等．长江三峡水利枢纽水力学问题研究［M］．北京：中国水利水电出版社，2006.

[6] 武汉大学水利水电学院水力学流体力学教研室，李炜．水力计算手册［M］．第二版．北京：中国水利水电出版社，2007.

[7] SL 74—95 水利水电工程钢闸门设计规范［S］．北京：中国水利水电出版社，1995.

[8] 郭军，张东，刘之平，范灵．大型泄洪洞高速水流

的研究进展和风险分析［J］．水利学报，2006，37（10）：1193－1198.

［9］ 刘善均，许唯临，王韦．高坝竖井泄洪洞、龙抬头放空洞与导流洞“三洞合一”优化布置研究［J］．四川大学学报（工程科学版），2003，8（35.2）：10－14.

［10］ 高鹏，杨永全，许唯临．导流洞改建有压突扩泄洪洞研究［J］．四川大学学报（工程科学版），2008，3（40.2）：1－7.

［11］ 薛阳．积石峡水电站中孔泄洪洞平面工作闸门槽空化特性试验研究［D］．西北农林科技大学，2008.

［12］ 哈焕文，章福仪，周胜．明流泄洪隧洞短进水口体型的研究［R］．中国水利水电科学研究院，1978.

［13］ 丁灼仪．明流泄洪隧洞和泄洪底孔压力进口段的设计［R］．长江科学院，1978.

［14］ 章福仪，章林俊．明流泄水建筑物短进水口的研究与应用［J］．水力发电，1997（4）：48－50.

［15］ 李超．有压泄水隧洞出口段体型的比较研究［R］．长江水利水电科学研究院，1983.

［16］ 董兴林，高季章，钟永江，等．导流洞改为旋涡式竖井溢洪道综合研究［J］．水力发电，1995（3）：32－37.

［17］ 董兴林，高季章，余闽敏．导流洞改建旋涡竖井式泄洪洞放空洞试验研究报告（瓦屋山水电站可行性研究报告）［R］．中国水利水电科学研究院水力学所，1995.

［18］ 董兴林，高季章．超临界流旋涡竖井式溢洪道设计研究［J］．水力发电，1996（1）：44－48.

［19］ 高季章，郭军，等．结合溪洛渡 3# 导流洞改建旋流竖井式泄洪洞试验研究［R］．中国水利水电科学研究院，1999.

［20］ 安盛勋，王君利，等．水平旋流消能泄洪洞设计与研究［M］．北京：中国水利水电出版社，2008.

［21］ 李忠义，陈霞，陈美法．导流洞改建为孔板泄洪洞水力学问题研究［J］．水利学报，1997（2）：1－7.

［22］ 潘家铮．黄河小浪底水利枢纽规划设计丛书——泄洪排沙建筑物设计［M］．郑州：黄河水利出版社，2008.

［23］ 水利水电泄水工程与高速水流信息网，东北勘测设计研究院科学研究院．泄水建筑物的破坏与防治［M］．成都：成都科技大学出版社，1996.

［24］ 杨邦柱，焦爱萍．水工建筑物［M］．北京：中国水利水电出版社，2005.

［25］ 张光斗，王光纶．水工建筑物［M］．北京：中国水利水电出版社，1994.

［26］ 水利部展览图片社．中国大坝［M］．北京：水利出版社，1980.

［27］ 水利部长江水利委员．水布垭水利枢纽溢洪道施工设计图集［R］．长江勘测规划设计研究院枢纽设计处，2002.

［28］ 江西省水利科学研究所．无闸控制溢洪道水力设计［M］．北京：水利出版社，1981.

［29］ 中南勘测设计院．溢洪道设计规范专题文集［M］．北京：水利电力出版社，1989.

［30］ SL 253—2000 溢洪道设计规范［S］．北京：中国水利水电出版社，2000.

［31］ Caric D M. Flow in circular conduits［J］. Water Power and Dam Construction，1977，29（11）.

［32］ 王世夏．水工设计的理论与方法［M］．北京：中国水利水电出版社，2000.

［33］ Kindsvater C E. The Hydraulic Jump in Slopping Channels［J］. Trans ASCE，1944（109）.

［34］ Elevatorski E A. Hydraulic Energy Dissipators［M］. Mcgraw－Hill Book Co，1959.

［35］ 林可冀，邓毅国，韩立，等．重力坝宽尾墩台阶溢流坝面联合消能工设计导则［M］．北京：中国水电工程顾问集团公司发布，2007.

［36］ Bradely J N，Peterka A J. The Hydraulic Design of Stilling Basins［J］. Journal of the Hydr. Division，Proc. of the ASCE，Vol. 83，No. Hy5，Oct. 1957.

［37］ 水利电力部南京水利科学研究所．水工建筑物下游局部冲刷综合研究［M］．北京：水利电力出版社，1959.

［38］ 库明．水工建筑物下游加固的水力设计［M］．许宗贻，译．北京：水利电力出版社，1958.

［39］ 毛昶熙，周名德．闸坝工程水力学与设计管理［M］．北京：水利电力出版社，1995.

［40］ 水利部教育司．水工建筑物下游消能问题［M］．北京：水利出版社，1956.

［41］ 陈椿庭．关于高坝挑流消能和局部冲刷深度的一个估算方法［J］．水利学报，1963（2）：13－24.

［42］ 崔广涛．挑越式厂坝联合泄洪建筑物的若干水力学问题［J］．水力发电，1981（6）：18－23.

［43］ 徐秉衡，刘新纪．溢流坝鼻坎挑流对岩基冲刷深度与位置的估算［C］//泄水建筑物消能防冲论文集．北京：水利出版社，1980.

［44］ 陈椿庭．关于高坝泄洪消能的若干进展［C］//水利水电科技进展，第一册，水利部科学技术局、电力部科学技术委员会．北京：水利出版社，1980.

［45］ 戴振霖，于月增．深孔窄缝挑流水力参数及挑距的研究［J］．陕西水力发电，1992，8（1）：7－13.

［46］ 戴振霖，宁利中．窄缝式消能工的冲刷特性［J］．陕西水力发电，1985（2）：67－76.

［47］ 高季章，李桂芬．窄缝式消能工在泄水建筑物中应用条件的初步研究［J］．水利水电技术，1984（10）：7－14.

［48］ 童显武，苏祥林．东江滑雪式溢洪道窄缝式消能工的试验研究［J］．水力发电，1988（6）：41－44.

［49］ 童显武，李桂芬，等．高水头泄水建筑物收缩式消能工［M］．北京：中国农业科技出版社，2000.

［50］ 崔广涛，林继镛，彭新民，练继建．二滩拱坝水垫塘工作条件、防护措施和泄洪对坝体影响研究报告

[R]. 天津大学，1990.

[51] 刘沛清，冬俊瑞，等. 水垫塘内冲击射流特征及其对岩石河床的冲刷 [J]. 水利学报，1995 (1)：19-26.

[52] 许多鸣，余常昭. 平面水射流对槽底的冲击压强及其脉动特性 [J]. 水利学报，1983 (5)：52-58.

[53] 崔广涛，等. 澜沧江小湾拱坝反拱水垫塘稳定性研究 [R]. 天津大学水利系，1995.

[54] 刘沛清，高季章，李永梅. 高坝下游水垫塘内淹没冲击射流实验 [J]. 中国科学 (E辑)，1998，28 (4)：370-377.

[55] 刘沛清，李福田. 水垫塘内淹没冲击射流中的大尺度涡结构及其特征 [J]. 水利学报，2000 (1)：60-66.

[56] 刘沛清，侯建国. 高坝下游水垫塘混凝土底板块的稳定性分析 [J]. 水利学报，1998 (7)：1-7.

[57] 杜生宗，王亚娥. 反拱水垫塘体型专题研究成果报告 [R]. 西北勘测设计研究院，2009.

[58] 胡自兴. 面流消能在我国大坝建设中的应用 [C] //泄水建筑物消能防冲论文集. 北京：水利出版社，1980.

[59] 王正泉. 溢流坝面流式鼻坎衔接流态的水力计算 [C] //泄水建筑物消能防冲论文集. 北京：水利出版社，1980.

[60] 张志恒. 连续式消力戽的水利计算和设计 [C] //泄水建筑物消能防冲论文集. 北京：水利出版社，1980.

[61] 清华大学水力学教研组. 水力学 (1980年修订版) [M]. 北京：人民教育出版社，1981.

[62] Сурова Н Н. Концевое Сооружение Водосброса Гидроузла Джумин [J]. Гидротехническое, Строительство，1965 (8).

[63] 于亿年，刘兴贵，孙鹏. 辽河单一下挑短丁坝护岸工程水毁原因及整治措施 [J]. 东北水利水电，1989 (1)：17-21.

[64] 马伯生. 土工织物在护岸工程中的应用 [J]. 东北水利水电，1988 (10)：11-13.

[65] 程得功. 搞好辽河堤防生物防护 [J]. 东北水利水电，1988 (5)：30-31.

[66] 谢建江. 柳树石笼防洪堤坝 [J]. 水利工程管理技术，1985 (3).

[67] 张志恒. 堤岸防护裙台 [P]. 中华人民共和国专利局. 实用新型专利公报第10卷第26号 (上册). 1994-06-29.

[68] H M Martin. Progress Report V Research study on stilling basins energy dissipators and associated appurtenances Section 9 Baffled apron on 2：1 slope for canal or spillway drops (Basin IX) [R]. United States Bureau of Reclamation，1961.

[69] T J Rhone. Studies to determine the feasibility of a baffled apron drop as a spillway energy dissipater [R]. United States Bureau of Reclamation，1961.

[70] H M Martin. Progress Report II Research study on stilling basins energy dissipators and associated appurtenances [R]. United States Bureau of Reclamation，1955.

[71] G L Beichley. Hydraulic Design of Stilling Basin for Pipe or Channel Outlets [R]. United States Bureau of Reclamation，1978.

[72] A J Peterka. Stilling basin performance studies an aid in determining riprap sizes [R]. United States Bureau of Reclamation，1956.

[73] 黄伟. 新型冲击式消力箱的设计应用 [J]. 云南水力发电，2005，21 (5)：11-13.

[74] G L Beichley. Hydraulic Model Studies of The Outlet Works at Carter Lake Reservoir Dam NO. 1 Joining The ST. Vrain Canal [R]. United States Bureau of Reclamation，1955.

[75] R T Knapp，J W Daily，F G Hammit. Cavitation [M]. McGraw-Hill Book Co，1970.

[76] Р С Галъдерин. Кавитадия на гидросооружениях [M]. Энергия，1977.

[77] 郭子中. 消能防冲原理与水力计算 [M]. 北京：科学出版社，1982.

[78] 郭子中. 反弧半径优化公式的研究 [C] //高速水流情报网第二届全网大会论文集 (上册)，1986.

[79] Stinebring D R. Scaling of Cavitation Damage [D]. Pennsylvania State University，1976.

[80] 黄继汤. 空化与空蚀的原理及应用 [M]. 北京：清华大学出版社，1991.

[81] 金峰，周赤，廖仁强，等. 突扩跌坎型门座的水力学问题研究 [J]. 人民长江，2001，32 (11)：37-39.

[82] С М Слисский. Гидравлические расеты высоконадорных гидротехнических сооружений [M]. 1979.

[83] Н П Розанов. Гидравлические сооружения [M]. Стройиздат，1978.

[84] J Paul Tullis. Modeling Cavitation for Closed Conduit Flow [J]. Proc. ASCE，1981，107 (11)：1135-1149.

[85] ф. г. 古恩科，等. 弯曲的压力管道中的空化现象的研究 [C] //高速水流译文选集 (上册). 水利电力部西北勘测设计院：水利水电泄水建筑物高速水流情报网，1983：216-225.

[86] J Paul Tullis. Rangachari Govindarajan. Cavitation and Size Effects for Orifices [J]. Proc. ASCE，1973 (3)：417-430.

[87] Arndt R E A. Cavitation in Fluid Machinery and Hydraulic Structures [J]. Ann. Rev. Fluid Mech，1981 (13)：273-328.

[88] 尹洪昌，等. 泄水工程水力学 [M]. 长春：吉林科学技术出版社，2002.

[89] 黄少勤. 聚合物混凝土的性能与应用 [J]. 化学建材，1990 (1)：29-33.

[90] 薛希亮，蒋硕忠，方绪非．水工建筑物抗气蚀高分子涂层材料（YHR）研究［J］．长江科学院院报，1993，10（1）：66－71.

[91] DL/T 5195—2004 水工隧洞设计规范［S］．北京：中国电力出版社，2004.

[92] 夏毓常，张黎明，水工水力学原型观测与模型试验［M］．北京：中国电力出版社，1999.

[93] C M 斯里斯基．高水头水工建筑物的水力计算［M］．毛世民，杨立信，译，北京：水利电力出版社，1984.

[94] 汝树勋，唐朝阳，梁川．曲线型阶梯溢流坝坝面掺气发生点位置的确定［J］．长江科学院院报，1996，13（2）：7－10.

[95] 时启燧．高速水气两相流［M］．北京：中国水利水电出版社，2007.

[96] Rouse H，et al. Some design of channel expansions［C］//Transactions of ASCE，1951：116.

[97] 赵世俊．利用输水道出口冲击波改进下游扩散消能的措施［J］．水利学报，1959（6）：30－36.

[98] 袁银忠，朱炳如．圆弧形挑流鼻坎上急流的扩散［J］．华东水利学院学报，1982（4）：25－34.

[99] 王复兴．反弧面急流突扩的水力特性［J］．高速水流，1985（2）：26－30.

[100] 美国陆军工程师团．美国陆军工程师团水力设计准则［M］．王诘昭，张元禧，等，译．北京：水利出版社，1982.

[101] 陈端，金峰，李静．高坝泄洪雾化降雨强度模型律研究［J］．水利水电技术，2005，36（10）：47－49.

[102] 孙双科，刘之平．泄洪雾化降雨的纵向边界估算［J］．水利学报，2003（12）：53－58.

[103] 陈端，金峰，向光红．构皮滩工程泄洪雾化降雨强度及雾流范围研究［J］．长江科学院院报，2008，25（1）：1－4.

[104] 金峰，王才欢，陈端，等．江垭大坝泄洪雾化原型观测研究［R］．长江科学院，2002.

[105] 陈端，金峰．高坝泄洪雾化雨强降雨强度分布及模型律研究［R］．长江科学院，2010.

[106] 陈端，渠立光，等．构皮滩工程泄洪雾化专题研究［R］．长江科学院，2006.

[107] 曾祥，肖兴斌．高坝泄洪水流雾化问题研究介绍［J］．人民珠江，1997（2）：22－25.

[108] 金峰，王才欢，张晖，等．水布垭泄洪雾化原型观测［R］．长江科学院，2009.

[109] 柴恭纯，等．高坝泄洪雾化及其影响研究——二滩水电站泄洪雾化及其影响研究的总报告［R］．南京水利科学研究院，1990.

[110] 刘宣烈．二滩水电站泄洪水流雾化水流及其影响的研究［R］．天津大学，1989.

[111] 李渭新，王伟，许维临，等．挑流消能雾化范围的预估［J］．四川联合大学学报（工程科学版），1999（11）：17－22.

[112] Liu Shihe，Liang Zaichao，Hu Minliang. Simulation of the aerated flow in hydroelectric engineering［C］. Proceedings of 29－th IAHR Congress.，Beijing，Theme D，2001：734－739.

[113] 陈端，金峰．泄洪雾化防护措施研究［R］．长江科学院，2011.

[114] 松辽水利委员会科学研究所，长江流域规划办公室长江科学院．水工建筑物水力学原型观测［M］．北京：水利电力出版社，1988.

[115] 王德厚，等．水利水电工程安全监测理论与实践［M］．武汉：长江出版社，2007.

[116] DL/T 5178—2003 混凝土坝安全监测技术规范［S］．北京：中国电力出版社，2003.

[117] SL 60—94 土石坝安全监测技术规范［S］．北京：中国水利水电出版社，1995.

[118] 戴晓兵，李延农．混凝土表面磨蚀破坏划分标准初议［C］//水力学与水利信息学进展．西安：西安交通大学出版社，2009.

[119] 戴晓兵，李延农．混凝土磨蚀计及其测量方法［C］//水利量测技术论文选集．郑州：黄河水利出版社，2010.

[120] 戴晓兵，李延农．水利水电工程泄洪雾化降雨强度观测器［J］．水文，2010，30（6）：42－44.

[121] 董林兴．旋流泄水建筑物［M］．郑州：黄河水利出版社，2011.

第2章

通 航 建 筑 物

本章重点介绍水利枢纽通航建筑物的设计内容，并适当介绍一些通航建筑物基本概念、基础理论和已建工程的资料。

本章共分4节。2.1节“概述”，介绍水利枢纽通航建筑物的功能、特点、发展趋势，以及设计工作的主要内容和必需的资料；2.2节“总体设计”，介绍通航建筑物等级、基本型式、设计规模和主要设计条件，通航建筑物在水利枢纽中的布置，以及水力学整体模型试验；2.3节“船闸设计”，介绍船闸基本型式、总体布置、船闸输水系统水力设计、建筑物结构设计、金属结构及机械设计、机电与消防设计，以及安全监测设计；2.4节“升船机设计”，介绍升船机基本型式、总体布置、建筑物结构设计、金属结构及机械设计、电气与消防设计。

第1版《水工设计手册》中，通航建筑物为第29章中的3个小节。在第2版中，将通航建筑物单独设一章。本章在总结20多年通航建筑物设计和建设实践经验的基础上，突出了中、高水头船闸和大、中型升船机设计的技术特点，进一步反映了现代水工设计的理论和方法，突出了其科学性和实用性；手册内容与水利水电标准一致，充实了通航建筑物设计的新理念、新规程、新标准，部分参考了交通部门的有关规定。本章内容力求概念新颖，实用方便。

章主编　钮新强

章主审　田詠源　曲振甫

本章各节编写及审稿人员

节次	编　写　人	审稿人
2.1	钮新强　宋维邦　王俊生　张亚利	田詠源 曲振甫
2.2	钮新强　任继礼　宋维邦　生晓高	
2.3	童　迪　钮新强　宋志忠　田连治　段　波 覃利明　宋维邦　蒋筱民　胡　敏　宣国祥 李中华　江耀祖　江宏文　徐　玮	
2.4	于庆奎　钮新强　廖乐康　朱　虹　唐　勇 覃利明　宋维邦　汪云祥　扈晓文　吴俊东 江国明　江宏文　武方洁　杨　薇	

第2章 通航建筑物

2.1 概　　述

2.1.1 主要功能、特点与发展趋势

2.1.1.1 建筑物主要功能

人类在河流上拦河筑坝，利用在大坝上游形成的水库蓄水防洪，利用集中的水位落差发电，同时淹没上游河道的碍航滩险。通过修建通航建筑物，使船舶（或船队）得以克服枢纽集中的水位落差。在枯水期下泄调节流量，全面改善河道通航条件，扩大河道运输能力，提高船舶运营效率，降低运输成本，增加航行安全度，促进航运快速发展。

2.1.1.2 设计工作特点

（1）影响航道等级和通航建筑物规模的因素多，决策难。

（2）上、下游引航道口门区的水、沙条件变化大，对远期通航条件的预测难。

（3）影响通航建筑物布置的因素多，协调难。

（4）上、下游水位的变幅和变率大，适应难。

2.1.1.3 工程发展趋势

（1）随着水利水电工程逐渐向河流的上游发展，水利枢纽通航建筑物的规模今后将以中、小型为主，设计水头将以中、高水头为主。

（2）水利枢纽梯级开发使天然河道逐步渠化，河道通航条件的改善，航道尺度和过坝船舶的大型化、标准化进程将逐步加快。

（3）设计、建设通航建筑物技术水平逐步提高，过坝船舶和通航建筑物设计将逐步走向标准化，通航建筑物设备的运行将逐步实现自动化；在岩基上的船闸，可能更多采用衬砌式闸墙结构。

（4）通航建筑物运行管理水平将渐趋科学化。

2.1.2 设计的主要技术问题和工作内容

2.1.2.1 技术问题

（1）通航建筑物规模的确定。

（2）在水库泥沙淤积平衡后，引航道口门区水、沙条件变化对远期通航条件的影响。

（3）与枢纽其他建筑物的布置关系，与枢纽工程施工和运行管理的关系。

（4）通航建筑物对上、下游水位较大变幅的适应。

（5）船闸的高水头充、泄水水力学。

（6）建筑物结构、金属结构和机电设备的关键技术。

2.1.2.2 工作内容

1．确定通航建筑物型式、线数和有效尺寸

依据建筑物所在河流的航运规划和设计条件，如航道等级或近期与远期客货运量，代表船型，地形、地质、水文，以及施工条件等资料，按照有关的技术标准，通过不同方案的技术经济比较，确定兴建通航建筑物的型式、线数、船闸闸室（或升船机承船厢，下同）的有效尺寸。

2．确定通航建筑物在枢纽中的位置和布置

按照通航建筑物的型式、线数和布置尺度要求，确定通航建筑物在枢纽中的位置，协调解决通航建筑物与枢纽其他建筑物、通航建筑物与河道及枢纽工程施工总布置之间的关系。

3．确定建筑物和设备的总体布置

在通航建筑物水工结构和机电设备的型式初步选定的基础上，按照船舶正常、安全过坝的要求，对通航建筑物的水工建筑物、金属结构、机电和消防设备，以及其他附属设备和设施进行布置。

4．船闸输水系统设计

确定输水系统及其阀门型式，输水系统上、下游进、出水口的型式和布置，进行廊道结构设计。

5．建筑物结构设计

遵循有关技术标准，按照结构先进、工程安全可靠、工程量节省和施工方便等原则，选定结构型式，进行建筑物设计。

6．金属结构、机械、电气和消防设计

综合考虑材料、制造、运输、安装、运行及管理维修等因素，遵循有关技术标准，按照结构型式合理、先进，操作运行灵活、可靠，管理维修简单、方便和满足节能、环保要求等原则，对金属结构及机

械、电气和消防设备的型式和布置进行设计。

7. 安全监测设计

对建筑物关键部位的应力、应变、水力学、通航水流条件及泥沙淤积等观测仪器的型式和布置进行设计。

2.1.3 基本资料

2.1.3.1 航运规划

(1) 航道等级。

(2) 现有及规划的过坝货运量及客运量。

(3) 现有及规划的船型组成及尺寸。

(4) 河道梯级开发以及现有的和规划的上、下游跨河建筑物的通航净空。

2.1.3.2 自然资料

(1) 地形、地质和地震基本烈度。

(2) 水文、泥沙。

(3) 气象。

(4) 环境。

2.1.3.3 枢纽资料

1. 水位及流量

(1) 水库正常蓄水位。

(2) 水库死水位。

(3) 枢纽最高挡水位。

(4) 枢纽最大下泄流量及相应的下游最高水位。

(5) 枢纽最大通航流量及相应下游最高通航水位。

(6) 枢纽最小通航流量及相应下游最低通航水位。

(7) 下泄最大通航流量时上、下游水流条件。

(8) 下泄最小通航流量时上、下游河道尺度。

2. 枢纽建筑物布置及运行调度的方式

(1) 枢纽建筑物的布置及主要尺度。

(2) 枢纽调度运行方式。

3. 枢纽施工布置与计划进度

(1) 枢纽施工总平面布置。

(2) 枢纽总体的施工进度计划。

(3) 施工期通航解决方案。

4. 生态、环境

水利枢纽的生态、环境规划方案。

2.2 总体设计

总体设计主要根据河道航运规划及坝区自然条件，从全局出发，对影响通航建筑物的功能、整体技术水平、工程量、造价、工期、运行条件等的技术方案进行研究与决策，以控制通航建筑物设计成果的总体质量和技术水准。

2.2.1 通航建筑物等级

在已经由国家定级的河道上，通航建筑物等级可直接根据所定航道的等级，遵照《内河通航标准》(GB 50139—2004) 和《船闸总体设计规范》(JTJ 305—2001) 进行确定，见表 2.2-1。

表 2.2-1 通航建筑物分级表

航道等级	Ⅰ	Ⅱ	Ⅲ	Ⅳ	Ⅴ	Ⅵ	Ⅶ
通航建筑物级别	Ⅰ	Ⅱ	Ⅲ	Ⅳ	Ⅴ	Ⅵ	Ⅶ
船舶吨级 (t)	3000	2000	1000	500	300	100	50

注 1. 船舶吨级按船舶设计载重吨位确定。
2. 在尚未定级的河道上，主要根据河道在建坝后的通航条件，提出通航建筑物的设计等级，经有关部门审批确定。

2.2.2 通航建筑物基本型式

2.2.2.1 船闸

通过启、闭充、泄水系统的阀门向闸室充、泄水，使闸室水位分别与上、下游引航道水位齐平，启、闭工作闸门，船舶进、出闸室。通过以上方式克服大坝水位落差的通航建筑物，称为船闸。

船闸是目前世界上采用的通航建筑物的一种主要型式。

2.2.2.2 升船机

通过机械力驱动承船厢升降，使承船厢内的水位分别与上、下游引航道水位齐平，启、闭工作闸门，船舶进、出承船厢。通过以上方式克服枢纽水位落差的通航建筑物，称为升船机。

升船机是目前世界上采用的通航建筑物的另一种型式。

2.2.2.3 型式选择

两种通航建筑物型式的主要特点比较，见表 2.2-2。

2.2.3 建筑物规模

通航建筑物的设计规模包括通航建筑物的有效尺寸和一次修建通航建筑物的线数。枢纽上、下游航道的条件和上、下游枢纽通航建筑物的规模对通航建筑物规模的确定有重要影响。

通航建筑物的规模一般以有关部门审定的航运规划作为依据。对无航运规划的河道，通常需由航运规划部门按河道的通航条件、设计船型和设计水平年预测的客、货运量，编制技术经济论证报告，由上级主管部门审定。

表 2.2-2 船闸与升船机主要特点比较表

序号	适应条件	船闸	升船机	备注
1	通过能力及过船吨位	大	小	船闸可通过船队，在国外升船机通常只通过单船
2	单级的工作水头	相对较小	大	船闸单级水头一般以40m左右为限。水头更高时需采用多级船闸或升船机
3	对地基条件要求	相对较小	相对较高	
4	船舶通过所需时间	较长	较短	
5	技术条件	比较成熟	有设计建设经验	升船机与船闸相比较，运行管理经验较少
6	关键技术问题	高水头船闸水力学	机电设备设计、制造和施工精度	还需深入研究斜面升船机停电事故的安全技术
7	单位造价	相对较低	相对较高	具体由设计规模和水头大小决定
8	已建工程情况	绝大多数	相对较少	升船机通常在水头较高的情况下使用，国外通常在以通行单艘货船为主的河道上采用，德国等欧洲国家在运河上采用较多

注 在特殊情况下，也可根据枢纽水位和坝址地形、地质等特点，采用由船闸和升船机两种型式相结合的方案。

2.2.3.1 设计水平年

《内河通航标准》（GB 50139—2004）有如下规定："船闸的设计水平年应根据船闸的不同条件采用船闸建成后20～30年"，并规定"对增建和改建、扩建船闸困难的工程，应采用更长的设计水平年"。

通航建筑物设计水平年的长短，既取决于河道的通航条件和承载能力、运量发展的速度和工程扩建的难度，又取决于对沿河经济、过坝运量的发展，河道运量和运输能力的预测，以及预测的难度、预测成果的准确性和工程建设投资的合理性等多种因素。设计水平年既不能太短，也不宜过长，应按照航运发展的客观需要和对运量的预测结果，在切实收集资料的基础上，客观、合理地进行分析论证，由有关部门提出报告，经上级部门审查确定。

2.2.3.2 规划运量

规划运量应以审定的航运规划为依据，其中包括货物的种类及其主要流向。

在无规划的情况下，应由航运部门在调查收集流域地区经济和各种交通运输能力综合发展和分担运量等资料的基础上，通过近似推算提出报告，由上级主管部门审定。

推算规划运量通常采用的方法包括按历史运量的年增长率推算和按调查资料统计推算。

1. 按历史运量的年增长率推算

按历史运量的年增长率推算运量的方法通常适用于经济发展比较平稳、运量增长规律比较明显的河道。但在实际工作中，运量增长的速度会有较大的起伏，往往在不同时段有明显的不同。对这种情况，可考虑按不同时段划分运量的年增长率，分段进行统计。

2. 按调查资料统计推算

按调查资料统计推算规划运量是通过对沿河地区国民经济发展、水运能力提高的可能性及运量增长的可能性进行综合分析，从中得出设计水平年的过坝运量。与按历史运量的年增长率推算的方法相比，这种方法得出的成果能更客观地反映沿河经济和运量的实际变化和发展情况。但如果调查样本的代表性不足，预测的年限过长，预测的准确度和合理性将会下降。特别应防止简单地把腹地的工农业产量直接看作水运运量，忽视水运自身能力的配套和运量在各种运输方式间的分配等对水运运量的影响。

2.2.3.3 设计船型

规划船型及其尺度主要根据《内河通航标准》（GB 50139—2004）中的有关规定，需按照航道的合理等级、主力船舶对航道的适应性、通航保证率、收集现行和规划船舶（船队）的船型、载重吨位、外形尺度和不同吨位船舶承运比例等资料。

2.2.3.4 船闸有效尺寸

船闸闸室的有效尺寸可直接根据规划审定的航道等级，参照《内河通航标准》（GB 50139—2004）的规定选用。

1. 基本原则

(1) 应与枢纽所在航道的等级相适应。

(2) 满足设计船舶，兼顾现行代表性船舶过闸的要求。

(3) 满足设计水平年客、货运量的要求。

2. 有效尺寸

在船闸的有效尺寸不能直接采用《内河通航标

准》(GB 50139—2004)表 4.1.4 规定时，可参照式(2.2-1)～式(2.2-4)计算，拟定有效尺寸。

(1)闸室有效长度。闸室有效长度采用不小于按式(2.2-1)计算的长度，并取整数。

$$L_T = l_c + l_f \qquad (2.2-1)$$

式中 L_T——闸室有效长度，m；

l_c——设计船舶(船队)的计算长度[当一闸次只有一个船队或一艘船舶单列过闸时，为设计最大船舶(船队)的长度；当一闸次有两个或多个船舶(船队)纵向排列过闸时，则为各最大船舶(船队)长度之和加上各船舶(船队)间的间隔长度]，m；

l_f——闸室的富余长度，m，对于顶推船队取 $l_f \geqslant 2+0.06l_c$，对于拖带船队取 $l_f \geqslant 2+0.03l_c$，对于货船和其他船舶取 $l_f \geqslant 4+0.05l_c$。

升船机承船厢富余长度的取值，通常可较船闸闸室的略小。

1)闸室有效长度的上游边界。采用下列几种情况中的最靠下游者。

a. 帷墙的下游面。

b. 上闸首门龛下游边缘。

c. 头部输水船闸的镇静段末端。

d. 其他影响船舶停泊物体的下游端。

2)闸室有效长度的下游边界。采用下列几种情况中的最靠上游者。

a. 下闸首门龛的上游边缘。

b. 防撞装置的上游面。

c. 其他影响船舶停泊物体的上游端。

(2)闸室有效宽度。闸室有效宽度采用不小于按式(2.2-2)计算的宽度。

$$B_T = \sum b_c + b_f \qquad (2.2-2)$$

其中

$$b_f = \Delta b + 0.025(n-1)b_c \qquad (2.2-3)$$

式中 B_T——船闸闸首和闸室有效宽度，m；

$\sum b_c$——设计规定同一闸次过闸船舶并列停泊于闸室的最大总宽度，m，当只有一艘船舶单列过闸时，b_c 即为设计最大船舶(船队)的宽度；

b_f——闸室富余宽度，m；

Δb——闸室富余宽度附加值，m，当 $b_c \leqslant 7$m 时 $\Delta b \geqslant 1.0$m，当 $\Delta b_c > 7$m 时，$\Delta b \geqslant 1.2$m；

n——过闸时停泊在闸室(或承船厢)内船舶的列数。

闸室有效宽度即为闸首边墩和闸室两侧闸墙之间净宽度。

(3)槛上最小水深。设计采用的槛上最小水深是指船闸闸首、闸室和承船厢最小水深，其计算公式为

$$H \geqslant 1.6T \qquad (2.2-4)$$

式中 H——槛上最小水深，m；

T——设计船舶(船队)满载时的最大吃水，m。

升船机承船厢有效尺寸可参考船闸闸室有效尺寸拟定，但其富余度宜较船闸的略小。

2.2.3.5 通航建筑物线数

1. 确定线数的基本因素

确定通航建筑物线数的基本因素是通航建筑物的通过能力和通航建筑物的布置型式。

2. 确定线数的原则

(1)绝大多数单级或多级分散布置的船闸，在方案的通过能力不能满足规划运量时，通常首先考虑增加通航建筑物的有效尺寸，并先修建一线通航建筑物。

(2)必要时可对增加通航建筑物的有效尺寸与一次修建两线船闸进行通过能力、技术和经济比较分析。

(3)在航运比较发达，采用连续布置多级船闸或客运船舶、区间小船、渔船和农副业船舶过闸频繁，影响通航建筑物货运通过能力的发挥，或必须解决某些船舶快速过坝问题的河流上，通常会倾向于考虑一次修建两线通航建筑物。两线的有效尺寸应根据实际需要确定。

2.2.4 通航水位及流量

2.2.4.1 通航水位

1. 上游最高通航水位

通航建筑物上游最高通航水位按《船闸总体设计规范》(JTJ 305—2001)规定的设计洪水频率采用。不同等级通航建筑物上游最高通航水位设计洪水频率见表 2.2-3。通航建筑物上游通航水位通常采用水库的正常蓄水位。

表 2.2-3 通航建筑物上游最高通航水位设计洪水频率

通航建筑物级别	Ⅰ、Ⅱ	Ⅲ、Ⅳ	Ⅴ～Ⅶ
洪水重现期(a)	100～20	20～10	10～5

注 对水位出现历时很短的山区性河流，Ⅲ级船闸的洪水重现期可采用10年，Ⅳ、Ⅴ级船闸可采用5～3年，Ⅵ、Ⅶ级船闸可采用3～2年。

2. 上游最低通航水位

上游最低通航水位通常为水库的死水位或防洪下

限水位。

3. 下游最高通航水位

下游最高通航水位为枢纽下泄最高通航流量时的下游水位。当与下游梯级衔接时，应采用下游梯级的上游最高通航水位，并计入动库容的水位抬高值。

4. 下游最低通航水位

下游最低通航水位按《船闸总体设计规范》(JTJ 305—2001) 规定采用，见表 2.2-4。且需考虑由于清水下泄导致河床下切以及是否存在下一梯级回水顶托等因素的影响。

表 2.2-4 通航建筑物最低通航水位保证率

通航建筑物级别	Ⅰ、Ⅱ	Ⅲ、Ⅳ	Ⅴ～Ⅶ
保证率 (%)	99～98	98～95	95～90

5. 上游最高挡水位

上游最高挡水位通常采用枢纽的校核洪水位。

6. 下游防洪水位

下游防洪水位可根据通航建筑物设计标准参照枢纽下游防洪水位确定。但应对船闸闸室或升船机的承船厢室可能被淹没造成的影响以及是否允许淹没的问题进行研究。

7. 上、下游检修水位

上、下游检修水位应根据水文情况，船闸的规模、重要性，枢纽运行条件，船舶航运与工程检修的要求综合分析确定。通常可采用不少于 3 个月检修历时的水位。

2.2.4.2 通航流量

根据工程等级，通航流量原则上应采用表 2.2-3 规定的洪水重现期相应的下泄流量。河流梯级开发的上、下级水利枢纽的最高通航流量一般应该相同。但确定通航流量大小的是应保证枢纽通航建筑物的通航时间。当枢纽的通航建筑物受到河道地形的限制，总体布置的难度较大或增加投资较多，而枢纽本身对下泄流量具有较大的调节能力时，上、下级水利枢纽的最高通航流量可以分别进行考虑。

2.2.5 通航建筑物布置

2.2.5.1 一般原则

(1) 满足船舶过闸运行的总体布置尺度要求。

(2) 与枢纽其他建筑物布置相协调。

(3) 尽量避开不良地形、地质区域。

(4) 上、下游引航道口门区的通航水流条件较好，泥沙淤积碍航的可能性较小。

(5) 工程施工条件较好。

(6) 后期具备进行扩建的可能性。

2.2.5.2 通航建筑物组成

通航建筑物由上、下闸首，闸室（或升船机承船厢室），以及上、下游引航道三大部分组成。

(1) 上、下闸首为闸室与上、下游引航道之间的控制性建筑物。

(2) 闸室为过坝船舶克服水位落差的建筑物，与上、下闸首一起，构成通航建筑物的主体段。

(3) 上、下游引航道由引航道及其口门区两个部分组成，是主体段与天然河道之间的连接段。

2.2.5.3 线路选择要点

1. 线路与坝址河段及其两岸地形、地质条件的关系

(1) 坝址的河势和两岸地形对通航建筑物上、下游引航道进、出口的通航水流条件具有决定性影响。一般要求上、下游引航道轴线在出口处与主河道的交角不大于 25°。在大、中型水利枢纽上，通航建筑物引航道口门区的水流条件需通过水工模型试验进行验证。

(2) 建筑物基础的地质条件好。通航建筑物的主要建筑物的基础应尽量避开需要深挖方才能坐落在基岩上的地段。

(3) 在满足线路布置尺度要求的前提下，通常首先考虑通航建筑物在靠近河床的两侧河岸上进行布置；其次才考虑在离河床较远的河岸上或在河床中间进行布置。

2. 线路与枢纽建筑物、施工布置的关系

(1) 在枢纽下泄各级通航流量时，通航建筑物上、下游引航道口门区的通航水流条件都能满足通航的要求。

(2) 同时修建两线通航建筑物时，两线通航建筑物应尽可能并列布置在与陆上联系比较方便的一岸。

(3) 在通航建筑物的施工和运行过程中，对枢纽其他工程和施工布置的干扰小。

2.2.5.4 通航建筑物布置

1. 通航建筑物的级数

(1) 船闸的级数由输水水头的大小确定。单级船闸的控制水头一般在 40m 以内；多级连续布置船闸上、下两级闸室之间的控制水头一般在 60m 以内。

(2) 升船机一般不需按水头大小分级。但在上游水位变幅很大或受坝址的地形、地质条件限制时，为适应上游水位变幅、降低承重结构技术难度或节省工程量，可考虑进行分级。

2. 通航建筑物的直线段长度

通航建筑物的直线段长度对线路位置选择的难易程度和通航建筑物工程量的大小具有决定意义，由主体段及其上、下游的闸前直线段三部分长度组成。

(1) 主体段长度由主体建筑物布置确定，为上、下闸首和闸室结构（垂直升船机为承船厢室段，斜面升船机为斜坡道）长度之和。

(2) 上、下游闸前直线段长度由通航建筑物过闸方式确定。对单线单级通航建筑物，一般由船舶迎向运行和船舶（船队）进闸的方式决定，当船舶（船队）采用直线进闸、曲线出闸的方式时，闸前直线段的长度通常为设计船舶（船队）长度的3.5倍；当闸前直线段长度受设计船舶（船队）的长度控制时，如采用曲线进闸的方式，闸前直线段的长度可比采用直线进闸方式短。但目前对曲线进闸方式计算上、下游闸前直线段长度的方法尚未明确规定，必要时，另参阅有关资料。

3. 过河建筑物的通航净空

通航净空可按《内河通航标准》(GB 50139—2004)对过河建筑物通航净空的规定采用，见表2.2-5。

表2.2-5　天然和渠化河流水上过河建筑物通航净空尺度　单位：m

航道等级	代表船舶(船队)	净空	单向通航孔			双向通航孔		
			净宽	上底宽	侧高	净宽	上底宽	侧高
Ⅰ	(1)4排4列	24.0	200	150	7.0	400	350	7.0
	(2)3排3列	18.0	160	120	7.0	320	280	7.0
	(3)2排3列		110	82	8.0	220	192	8.0
Ⅱ	(1)3排2列	18.0	145	108	6.0	290	253	6.0
	(2)2排2列		105	78	8.0	210	183	8.0
	(3)2排1列	10.0	75	56	6.0	150	131	6.0
Ⅲ	(1)3排2列	18①,10	100	75	6.0	200	175	6.0
	(2)2排2列	10	75	56	6.0	150	131	6.0
	(3)2排1列		55	41	6.0	110	96	6.0
Ⅳ	(1)3排2列	8.0	75	61	4.0	150	136	4.0
	(2)2排2列	8.0	60	49	4.0	120	109	4.0
	(3)2排1列		45	36	5.0	90	81	5.0
	(4)货船							
Ⅴ	(1)2排2列	8.0	55	44	4.5	110	99	4.5
	(2)2排1列	8.0或5.0②	40	32	5.5或3.5②	80	72	5.5或3.5②
	(3)货船							
Ⅵ	(1)拖5	4.5	25	18	3.4	40	33	3.4
	(2)货船	6.0			4.0			4.0
Ⅶ	(1)拖5	3.5	20	15	2.8	32	27	2.8
	(2)货船	4.5						

① 该尺度仅适用于长江。

② 该尺度仅适用于通航拖带船队的河流。

4. 主体段布置要点

(1) 通航建筑物在水利枢纽中的布置是决定通航建筑物总体设计质量的关键因素之一，其核心是确定主体段和上、下游引航道口门区的位置。通航建筑物的主体段应尽可能布置在基础条件较好的靠近河床的岸边，且其上、下游除能满足布置直线段、引航道口门外，其位置还能满足通航条件的要求。

(2) 主体段上闸首的布置应考虑到枢纽整体布置和通航建筑物对上、下游引航道布置的要求。通常布置在枢纽坝轴线上，作为枢纽挡水建筑物的一部分；特殊情况下，也可布置在坝轴线的上游或下游。

(3) 主体段的轴线与坝轴线之间的交角应尽可能

为直角。但受地形限制，或为满足闸前直线段长度的要求时，船闸轴线也可与坝轴线斜交。

5. 引航道布置要点

（1）引航道布置的内容包括引航道闸前直线段长度、中心线与河道主流的交角、引航道宽度、最小水深、弯曲半径及其加宽值等。

1）引航道各部分布置尺度按《船闸总体设计规范》（JTJ 305—2001）的规定执行，见表 2.2-6。

表 2.2-6　引航道布置尺度参考表

项 目 名 称		单线单级船闸	双线单级船闸
直线段长度		$\geqslant 3.5 l_c$	$\geqslant 3.5 l_c$
底　宽	正常段	$\geqslant (2\sim4) b_c$	$\geqslant (4\sim6) b_c$
	停靠段	$\geqslant 3.5 b_c$	$\geqslant 7.0 b_c$
水　深	Ⅰ～Ⅳ级	$\geqslant 1.5T$	
	Ⅴ～Ⅶ级	$\geqslant 1.4T$	
弯道半径	Ⅰ～Ⅲ级及以上	$\geqslant 4 l_c$	
	Ⅳ～Ⅶ级及以下	$\geqslant 3 l_c$	

注　1. 表中 l_c 为设计船舶（船队）的长度，m；b_c 为设计船舶（船队）的宽度，m；T 为设计船舶（船队）满载吃水深度，m。
2. 双线多级船闸的闸前直线段长度，可充分利用双线引航道宽度较大的条件适当缩短。
3. 靠船建筑物的布置长度一般不小于规划船舶的长度的 2/3。

2）口门区布置。引航道轴线在口门内、外应布置成直线，长度分别为 1.0 和 2.0 倍设计船舶的长度。口门区宽度宜不小于正常段宽度的 1.5 倍。

（2）进、出船闸的布置方式。

1）单线船闸引航道的闸前布置方式有反对称式、不对称式和对称式三种，如图 2.2-1 所示。

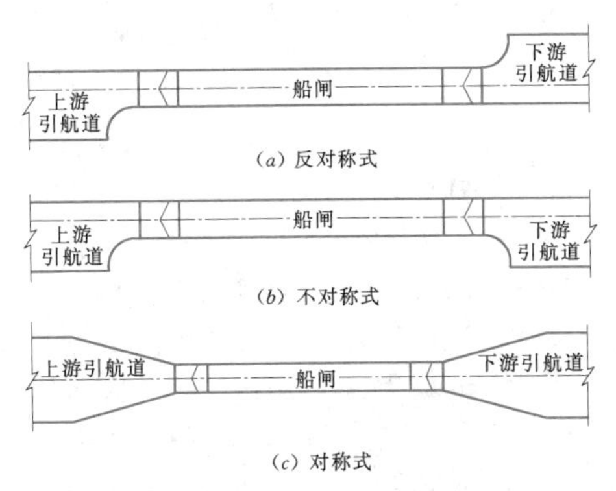

图 2.2-1　单线船闸引航道闸前段布置示意图

2）在船舶（船队）长度控制引航道闸前直线段长度时，曲线进闸可以缩短引航道闸前直线段长度，但可能延长船舶的进闸时间。曲线进闸布置如图 2.2-2 所示，限制性引航道曲线布置如图 2.2-3 所示。

图 2.2-2　曲线进闸布置示意图

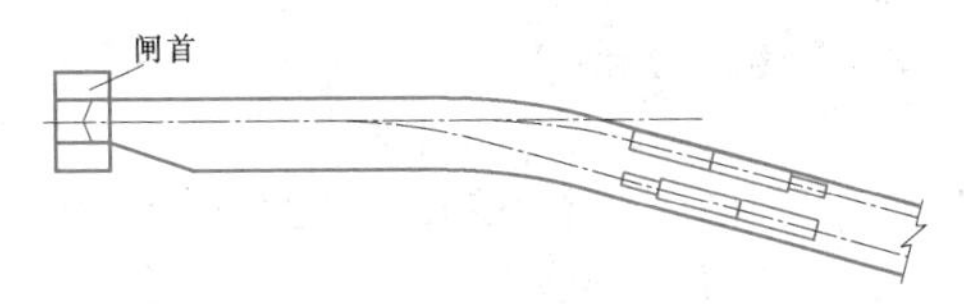

图 2.2-3　限制性引航道曲线布置示意图

3）双线并列船闸的引航道闸前布置如图 2.2-4 所示。

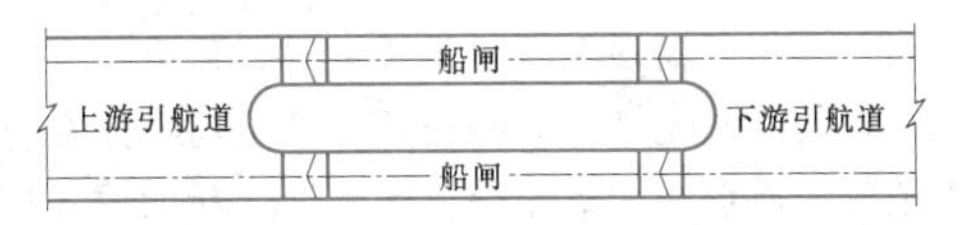

图 2.2-4　双线并列船闸引航道闸前段布置示意图

升船机引航道布置可参照执行。

（3）引航道容许流速。引航道容许流速可按《船闸总体设计规范》（JTJ 305—2001）的规定执行。引航道内，在闸前约 3.5 倍设计船队长度范围内，应为静水区；其他部位流速，纵向不大于 0.5m/s，横向不大于 0.15 m/s。引航道口门区水面最大流速限值见表 2.2-7。

表 2.2-7　引航道口门区水面最大流速限值　　单位：m/s

船闸级别	平行航线的纵向流速	垂直航线的横向流速	回流流速
Ⅰ～Ⅳ	≤2.0	≤0.30	≤0.40
Ⅴ～Ⅶ	≤1.5	≤0.25	

（4）布置要点。

1）引航道口门区的流速、流态取决于通航流量的大小、引航道口门区的布置，及水上、水下的地形。应对采用较高的通航流量而增加的通航天数，与可能增加通航建筑物布置的难度和投资，进行技术经济论证。

2）口门区的流速标准取决于船舶的航行性能。在确定口门区流速标准，对布置方案进行可行性评估时，应将设计水平年可能出现和控制通航条件的流速标准，与设计水平年时过闸船舶的航行性能相对应。

3）引航道口门区应布置在河道水深较大和泥沙淤积较少的区域。在口门区以外，应有清晰的视野。

在必要的情况下，口门区的通航条件需通过模型试验进行验证。

4）在上、下游引航道上布置弯段或隔流堤，可对口门区中心线与河道主流的交角进行调整。口门区应满足通航水深的要求，附近应无导致不良水流的水下地形。

5）引航道内一般不能布置与引航道交叉的取水或泄水建筑物，在无法避免时，应采取措施，使这些建筑物在引航道内产生的水流不致妨碍船舶（船队）的正常航行和停靠。引航道上空应避免有交叉建筑物和高压线跨越，不可避免时，应有足够的净空，在高压线下应有保护网。在引航道内，严禁布置客、货码头，以及其他有碍过坝船舶正常航行、停泊安全和影响船闸通过能力的建筑物。

6. 解决施工期通航问题的主要途径

（1）在坝址河段现有运量较大时，通常需要考虑施工期通航。施工期通航的流量标准应与河道在枢纽施工前的通航流量大致相等。施工期通航的方式同样有船闸和升船机两种。既可以专门修建临时通航设施，也可采用与永久通航建筑物或导流明渠相结合的其他措施。施工期通航建筑物的等级，原则上按临时工程考虑。

（2）现有通过坝址的船舶较少、运量较小时，可采用将运量提前、推后或在水陆间驳运的方式，也可通过协商，采用经济补偿的方式解决施工通航问题。

2.2.5.5 通航建筑物运行

1. 运行调度

（1）决定船舶过闸效率的主要因素。

1）船闸的有效尺度及运行指标。

2）过闸船舶与规划船舶的符合度和河道航运调度的合理化程度。

3）船舶过坝的管理水平。

（2）船舶过闸运行方式。主要取决于通航建筑物的线数和级数。

1）单线单级通航建筑物通常采用单向与迎向各半的运行方式；双线单级通航建筑物的运行方式比较灵活，两线可分别采用单向与迎向各半的运行方式或一线上行、一线下行的运行方式。

2）单线或双线分开布置的多级通航建筑物，可将各级通航建筑物均视为单级，按提高过闸效率的原则，灵活采用上述单级通航建筑物的运行方式。

3）单线连续布置的多级通航建筑物，通常采用船舶单向通航定时换向的运行方式。

4）双线连续布置的多级通航建筑物，通常采用一线上行、一线下行的运行方式。在两个方向来船不均匀的情况下，也可采用一线定时换向、另一线较长时间为单向运行的方式。在一线船闸进行维修时，另一线船闸采用与单线连续布置的多级通航建筑物相同的运行方式。

（3）船舶过闸调度工作要点。

1）加强船舶过闸与上、下游发船调度之间的联系，建立来船预报、登记制度，尽可能做到船舶按调度到闸，有计划过坝。

2）建立过闸船舶的档案，分析、掌握船舶技术特点，对过坝船舶按不同特点进行过闸优先权分类；对特殊船舶(油轮、危险货物船舶等)有计划地安排过坝。

3）开发、应用使船舶过闸总体效率最高的计算机软件，合理安排船舶过坝。

2. 通过能力计算

单级通航建筑物年单向通过能力按《船闸总体设计规范》（JTJ 305—2001）规定确定，船闸单向年过坝运量计算公式为

$$P=\frac{1}{2}(n-n_0)\frac{NG\alpha}{\beta} \qquad (2.2-5)$$

其中 $n=1320/T$

式中 P——船闸单向年过坝货运量，t；

n——日平均过闸次数；

T——一次过闸时间，min，当单向和双向过坝各占50%时，$T=(T_{单}+T_{双}/2)/2$；

n_0——日非货运船舶过闸次数；

N——年通航天数，d，可采用335～345d；

G——一次过闸载货平均吨位，t；

α——船舶装载系数，可采用0.5～0.8；

β——船舶到达不均匀系数，可取1.3～1.5。

3. 船闸耗水量计算

按《船闸总体设计规范》(JTJ 305—2001)规定，船闸一天内平均耗水量的计算公式为

$$\overline{Q}=\frac{nV}{86400}+eu \qquad (2.2-6)$$

式中 $\overline{Q}$——一天内平均耗水量，m^3/s；

n——日平均过闸次数；

V——一次过闸用水量，m^3；

e——闸门、阀门止水线总长度，m；

u——沿止水线每延米的渗漏损失，$m^3/(s\cdot m)$，当水头小于10m时取0.0015～0.0020$m^3/(s\cdot m)$，当水头大于10m时取0.002～0.003$m^3/(s\cdot m)$。

对枢纽弃水量大于发电用水和船闸耗水的时段，可不计算船闸的耗水量。

升船机运行无耗水量计算。

2.2.5.6 枢纽整体水工及泥沙模型试验

1. 目的要求

当工程规模较大，上、下游引航道口门区地形和水流条件比较复杂，无法按照一般的规定和经验判定通航建筑物的适航性能时，需通过水工或泥沙模型对引航道的通航水流、泥沙条件进行整体模型试验验证。

为确保试验成果的相似性，除合理地选用模型比尺外，需对模型试验的条件，如模型的范围、边界条件、水位、流量和水沙系列的相似性和合理性进行论证和验证。

2. 模型比尺

试验工作在枢纽整体模型上进行，模型比尺采用1∶100～1∶150。

3. 试验依据及基本资料

(1) 河道地形图。

(2) 枢纽总布置图。

(3) 通航建筑物总布置图。

(4) 枢纽施工布置图。

(5) 通航建筑物总体布置图。

(6) 与通航建筑物有关的枢纽的各种泄水方式。

(7) 通航建筑物永久期和施工期最大、最小流量。

(8) 通航建筑物最高及最低水位。

(9) 设计船舶有关资料。

4. 试验主要内容

(1) 验证引航道口门区的通航水流条件，评价引航道口门区的适航性能。

(2) 评价在库区泥沙冲淤平衡前、后，泥沙淤积对通航条件的影响。

(3) 对通航建筑物布置方案进行验证，并提出优化建议。

5. 试验成果

(1) 枢纽在通航期内按不同泄流方式下泄各级通航流量时，引航道口门区流速、流态分布图，船模航行试验航迹线上的纵、横向流速和回流流速分布图。

(2) 库区泥沙达到冲淤平衡的年限。

(3) 泥沙冲淤平衡前、后，上、下游引航道及其口门区的泥沙淤积地形图，引航道及其口门区泥沙碍航淤积部位、通航尺度和年需要清淤的方量和次数。

(4) 对通航建筑物布置的优化建议。

6. 成果评价及使用

(1) 必须在充分理解有关技术标准规定的基础上制订试验成果的判别标准。

(2) 船舶过闸原型资料表明，试验中船舶航线上有少数点的流速超标并不影响设计船舶的正常安全航行，相似性有保证的船模试验成果可能更直接地反映原型的情况。

(3) 目前尚难判定涌浪试验成果的相似性。应用试验成果时，需结合已建工程的经验进行具体分析和评估。

(4) 对于达到冲淤平衡年限很长的泥沙验证试验，除模型本身的相似性以外，模型试验采用的条件与原型的相似性尚无法进行试验验证，对试验成果的相似性和应用价值的正确评估尚存在极大的难度，因此，在应用试验成果时，应对为保证后期通航水流条件而导致工程前期投资大量增加的必要性进行十分谨慎的评估。

2.3 船 闸 设 计

2.3.1 基本型式

2.3.1.1 单级船闸

1. 普通型船闸

水头较低的单级船闸通常称为普通型船闸，如图2.3-1所示。

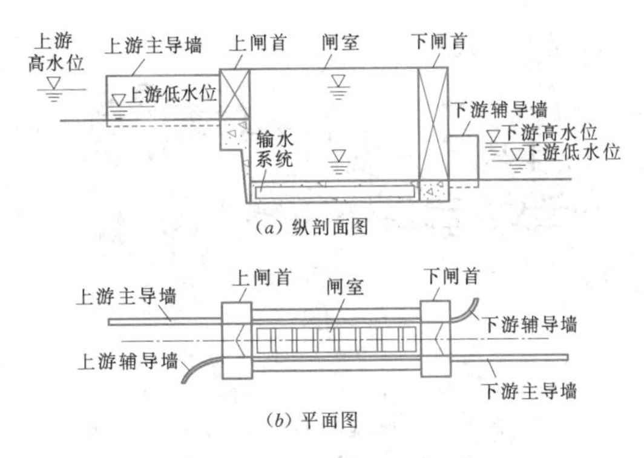

图2.3-1 普通型船闸示意图

2. 井式船闸

对于水头较高的单级船闸，船闸的工作闸门只在上闸首底槛至最高通航水位之间和下闸首通航净空以下至闸首的底槛之间进行布置，在上闸首的底槛以下和下闸首通航净空以上，与上、下游通航水位变化和船舶进出船闸闸室无关的部位分别设置帷墙和胸墙的船闸，通常称为井式船闸，如图2.3-2所示。

3. 节水船闸

对设计水头较高、耗水量较大或用水较为宝贵的船闸，可布置多层节水池，通过对闸室逐层进行充、泄水，使闸室的部分水体得到重复利用，节省船舶过闸耗水量，这样的船闸通常称为节水船闸，如图2.3-3所示。

节水船闸闸室设置节水池的层数决定了闸室的节

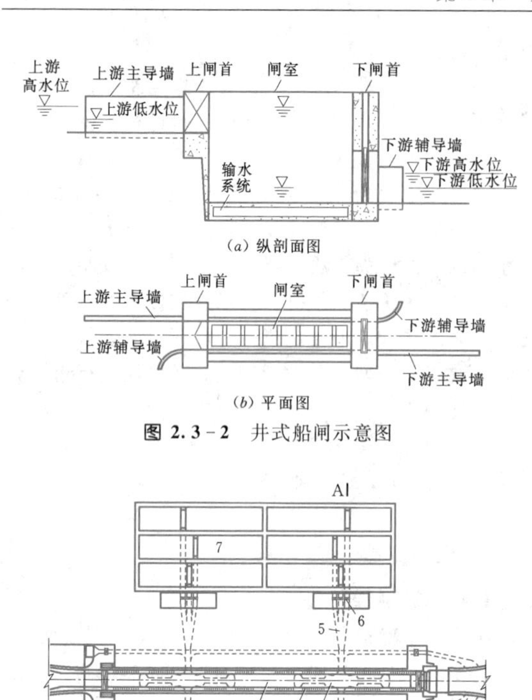

图 2.3-2 井式船闸示意图

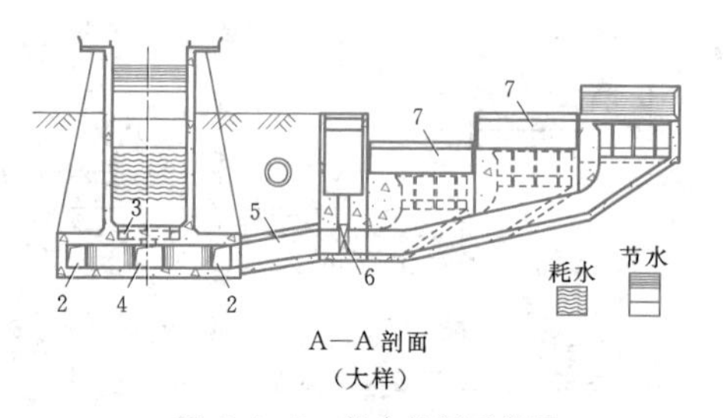

图 2.3-3 节水船闸示意图

1—闸室；2—纵向廊道；3—底部廊道；4—分配廊道；5—横向廊道；6—节水池阀门；7—节水池；8—进水口；9—泄水口；10—灌水阀门；11—泄水阀门

水量。闸室设置的节水池的层数越多，节水量越大。设置不同节水池层数的节水量占闸室充、泄水总量的比值为：设一层节水池为 33%；设两层节水池为 50%；设三层节水池为 60%；设四层节水池为 66%；设五层节水池为 71%；设六层节水池为 75%。节水量的计算公式为

$$v = \frac{n}{n+2} \times 100\% \qquad (2.3-1)$$

式中 v——节水量，%；

n——节水池层数。

节水池层数可通过技术经济比较确定。闸室建造的节水池越多，闸室的工作水头越小。但随着节水池层数的增加，工程的总投资增大，闸室充、泄水时间加长，船闸的通过能力降低。

2.3.1.2 多级船闸

1. 连续多级船闸

船闸设计水头较高时，由多个单级船闸连续布置组成的船闸通常称为连续多级船闸，如图 2.3-4 所示。

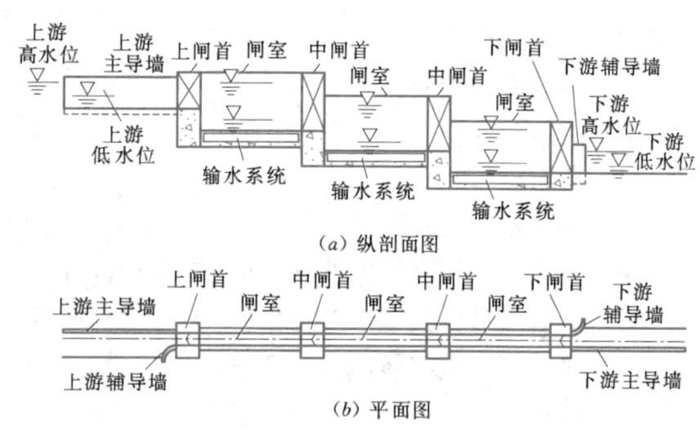

图 2.3-4 连续多级船闸示意图

对于连续多级船闸，当工作闸门两侧的水位齐平时，逐级启闭闸门，船舶逐级进、出闸室，并通过逐级启闭输水主廊道阀门为逐级闸室进行充、泄水，使船舶随闸室水位的升降克服上、下游之间的水位落差通过大坝。

2. 分散多级船闸

由多个单级船闸分开布置，在船闸与船闸之间用中间渠道进行连接的船闸，通常称为分散多级船闸，如图 2.3-5 所示。

当分散多级船闸之间的中间渠道的尺度满足船舶双向进出船闸的要求时，船舶相当于逐级进出多个单

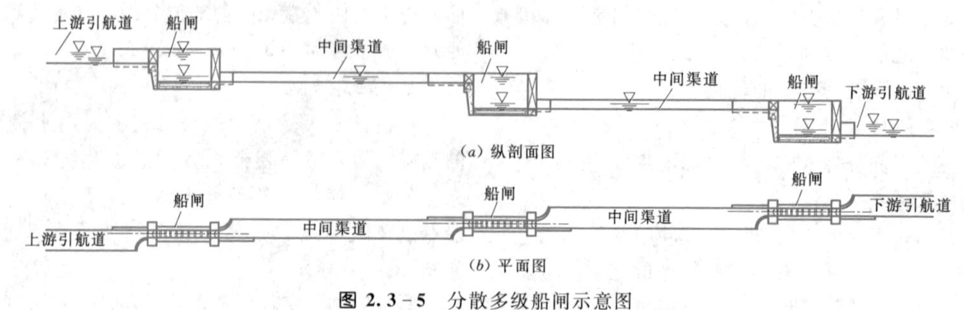

图 2.3-5 分散多级船闸示意图

级船闸，逐级克服上、下游的水位落差通过大坝。

3. 多级节水船闸

在多级船闸闸室一侧或两侧设置节水池时，通常称为多级节水船闸。根据船闸的布置方式，又可分为连续式多级节水船闸或分散式多级节水船闸。

国内、外设计水头20m以上船闸主要技术指标见表2.3-1和表2.3-2。

2.3.1.3 型式选择

(1) 船闸型式比选首先取决于船闸的设计水头和枢纽是否需要采取节水措施。

(2) 船闸设计水头在40m以下时，单级船闸为首选型式。普通型船闸结构和设备布置简单，运行方式灵活，国内、外设计水头小于40m的船闸，绝大多数采用这种型式。当船闸的设计水头更大时，根据地形、地质条件、船闸耗水情况和水力学问题的难度，需要对连续或分散多级船闸、井式船闸和节水船闸等型式进行比较。

(3) 通常，多级船闸主要在解决高水头船闸输水问题时采用。多级连续船闸为单线时，必须采用定时换向的运行方式，平均过闸间隔时间较长，对通过能

表2.3-1　国内设计水头20m以上船闸主要技术指标一览表
（按设计水头大小排序）

序号	船闸名称	河流	线数	设计水头(m)	级数	有效尺寸(m×m×m)	建成年份
1	三峡	长江	2	113.00	5	280×34.0×5.0	2003
2	五强溪	沅水	1	60.50	3	130×12.0×2.5	1995
3	双牌	萧水	1	43.00	2	56×8.0×2.0	1962
4	水口	闽江	1	41.70	3	160×12.0×3.0	1994
5	酒埠江	三汶江	1	38.50	2	29×9.2×1.5	1959
6	安谷	大渡河	1	37.65	1	120×12.0×3.0	在建
7	银盘	乌江	1	34.65	1	120×12.0×3.0	在建
8	万安	赣江	1	32.50	1	175×14.0×2.50	1989
9	乐滩	红水河	1	29.10	1	120×12.0×3.0	2006
10	大化	红水河	1	29.00	1	120×12.0×3.0	2006
11	水府庙	涟水	1	28.00	2	56×8.0×1.8	1963
12	葛洲坝1号	长江	1	27.00	1	280×34.0×5.0	1984
13	葛洲坝2号	长江	1	27.00	1	280×34.0×5.0	1981
14	葛洲坝3号	长江	1	27.00	1	120×18.0×4.0	1981
15	洪江	沅水	1	26.95	2	80×12.0×2.0	2003
16	草街	嘉陵江	1	26.70	1	180×23.0×3.5	2010
17	巴江口	桂江	1	26.60	1	80×8.0×1.5	2006
18	桥巩	红水河	1	24.65	1	120×12.0×3.0	2008
19	东西关	嘉陵江	1	24.50	1	120×16.0×3.5	2002
20	沙溪口	沙溪	1	24.20	1	130×12.0×2.5	1990
21	小江	小江	1	23.10	1	53×11.0×1.2	1978
22	麻石	融江	1	22.00	1	40×8.0×1.2	1972
23	西津	郁江	1	21.70	2	190×15.0×4.5	1966
24	西津	西江	1	21.50	2	191×15.0×4.5	1965
25	富春江	富春江		21.22	1	300×23.0×4.5	在建
26	昭平	桂江	1	20.00	1	60×8.0×1.5	1994

表 2.3-2 国外设计水头 20m 以上船闸主要技术指标一览表
（按设计水头大小排序）

序号	船闸名称	国别	河流	线数	设计水头(m)	级数	有效尺寸(m×m×m)	建成年份	备注
1	布赫达明	哈萨克斯坦	额尔齐斯河	1	68.50	4	100×18.0	1963	缺少水深数据
2	石山嘴	哈萨克斯坦	额尔齐斯河	1	42.00	1	100×18.0×3.00	1953	
3	第聂伯1号	乌克兰	第聂伯河	1	38.70	3	120×18.0×3.65	1932	
4	新第聂伯	乌克兰	第聂伯河	1	38.40	1	290×18.0	1980	缺少水深数据
5	扎波罗热2号	乌克兰	第聂伯河	1	37.40	1	100×18.0	1975	缺少水深数据
6	图库鲁伊	巴西	托坎廷斯河	1	36.50	2	210×33.0×6.50	在建	
7	约翰德	美国	哥伦比亚河	1	34.50	1	206×26.2×4.75	1968	
8	铁门1号	南斯拉夫	多瑙河	2	34.40	2	310×34.0×4.50	1970	
9	铁门2号	罗马尼亚	多瑙河	2	34.40	2	310×34.0×4.50	1970	
10	巴甫洛夫	哈萨克斯坦	美法河	1	33.00	1	120×15.0×2.00	1989	
11	冰港	美国	斯内克河	1	31.40	1	206×26.2×4.75	1962	
12	下纪念碑	美国	斯内克河	1	31.40	1	206×26.2×4.75	1969	
13	小鹅	美国	斯内克河	1	30.80	1	206×26.2×4.75	1970	
14	下花岗岩	美国	斯内克河	1	30.80	1	206×26.2×4.75	1975	
15	新威尔逊	美国	田纳西河	1	30.50	1	183×33.5×3.96	1959	
16	老威尔逊	美国	田纳西河	1	30.50	2	183×33.5	不详	缺少水深数据
17	古比雪夫	俄罗斯	伏尔加河	2	29.00	2	290×30.0	1955	缺少水深数据
18	伏尔加格勒	俄罗斯	伏尔加河	2	27.00	2	290×30.0	1958	缺少水深数据
19	达莱斯	美国	哥伦比亚河	1	26.80	1	206×26.2×4.60	1957	
20	乔治	美国	恰塔贺齐河	1	26.80	1	154×25.0×4.00	1962	
21	麦克纳里	美国	哥伦比亚河	1	25.60	1	206×26.2×6.00	1953	
22	卡因奇	尼日利亚	尼日尔河	1	25.30	1	198×12.2	1969	缺少水深数据
23	劳登堡	美国	田纳西河	1	24.40	1	110×18.3×3.60	1943	
24	老邦纳维尔	美国	哥伦比亚河	1	23.00	1	152×23.1×7.37	1938	
25	新邦纳维尔	美国	哥伦比亚河	1	23.00	1	205×26.2×5.79	1993	
26	沃特金	俄罗斯	卡马河	1	22.50	1	240×30.0×5.00	1961	
27	肯塔基	美国	田纳西河	1	22.40	1	183×33.6×3.40	1944	
28	巴克莱	美国	坎伯藏河	1	22.20	1	224×33.5	1964	缺少水深数据
29	瓦特巴尔	美国	田纳西河	1	21.30	1	110×18.3×3.60	1942	

力影响较大，通常在枢纽的过坝运量较大，需要同时修建两线船闸时优先采用。多级分散船闸运行方式比较灵活，通过能力与单级船闸相当；船闸布置分散，工程量大，造价和运行费用相对较高，船闸的管理相对不便，一般在枢纽只建单线船闸时优先采用。

（4）节水船闸的优点是在节省过闸耗水量的同时，可以减小船闸的输水水头，解决高水头船闸的输水问题。缺点是充、泄水时间较长，通过能力较低。船闸下闸首及其闸门的结构和节水系统的设备布置比较复杂，运行管理不便，使工程量和造价增加。这种船闸型式，目前在世界上仅在极少数为减少耗水的船闸上采用。

不同型式船闸的优缺点及适用情况见表 2.3-3。

表 2.3-3 不同型式船闸的优缺点及适用情况

船闸型式		优点	缺点	适用情况	备注
单级船闸	普通型	(1) 布置集中，管理方便。 (2) 船闸的运行方式比较灵活，船舶过闸历时较短。 (3) 通过降低上闸首底槛，可解决枢纽施工期通航问题	(1) 船闸的设计水头受到船闸水力学条件的限制。 (2) 设计水头较高时，过闸耗水量大	设计水头 40m 以下	国内、外大多数船闸采用此种型式
	井式	(1) 基本与普通型船闸相同。 (2) 船舶的运行方式比较灵活。 (3) 可降低下闸首闸门的高度	(1) 基本与普通型船闸相同。 (2) 船闸下闸首结构的条件较复杂。 (3) 下闸首闸门的型式和布置要求较高	水头较高，通航净空较小的船闸，鉴于降低闸门高度等原因，应与普通型船闸进行比较后采用	已建成的船闸极少采用此种型式
	节水式	(1) 节约闸室耗水量。 (2) 可减小输水系统的工作水头。 (3) 通过降低上闸首的底槛，可解决枢纽施工期通航问题	(1) 船闸设置节水系统，使船闸结构和设备相对复杂。 (2) 充、泄水时间较长，与普通型船闸相比，相同有效尺寸条件下，节水船闸的通过能力较小。 (3) 管理工作复杂化，工程量和维修工作量增加	在水资源稀缺的地区采用	已建成船闸中极少采用。德国的于尔岑船闸为设有 3 个节水池的节水船闸，并有另一个船闸在建。巴拿马运河扩建方案中采用节水船闸
多级船闸	连续式	(1) 能适应高水头，每级船闸的水头较小。 (2) 耗水量与船闸级数成反比。 (3) 中间级充、泄水条件较相同水头的单级船闸为好	(1) 布置线路较长，控制设备较多。 (2) 船闸运转的灵活性差。 (3) 管理和维修工作量较大。 (4) 船舶过坝历时较长	在设计水头超过单级船闸输水的技术可行性时采用	已建成的三峡船闸为双线连续五级船闸
	分散式	(1) 能适应高水头，每级船闸的水头较小。 (2) 船闸分级后相当于多个单级船闸，运行比较灵活	(1) 线路长，控制设备多。 (2) 管理和维修工作量较大。 (3) 船舶过坝的总历时长。 (4) 中间渠道水力学和泥沙淤积问题较复杂	(1) 在设计水头超过单级船闸输水的技术可行性时采用。 (2) 地形和地质条件不利于多级船闸采用连续梯级式布置时采用	我国在湖南双牌建有此类船闸，船闸充、泄水时，中间渠道无法通航

2.3.2 总体布置

2.3.2.1 布置要求及影响因素

1. 布置要求

(1) 船闸能够正常、安全、高效运行。

(2) 水工建筑物、金属结构、机电设备布置合理。

(3) 与枢纽其他建筑物的相互协调。

2. 影响因素

(1) 船闸的型式。

(2) 分部建筑物的型式。

(3) 输水系统的型式与布置。

(4) 金属结构和机电设备的型式及布置。

2.3.2.2 建筑物

1. 主体建筑物

(1) 上闸首。

1) 上闸首结构按设备布置和结构受力的要求进行布置。闸首两侧边墩宽度由其上部的闸门、阀门、启闭设备和下部输水廊道布置，结构受力，以及交通要求等确定。中间航槽的宽度与闸室有效宽度相同。

2) 输水廊道的工作阀门和检修阀门，及其阀门井和机电设备等，应尽可能集中布置在闸首范围内。但为减少闸首的布置长度，也可将输水廊道阀门及其设备布置在相邻的闸室段内。输水系统的进水口通常布置在导航墙内。

3）上闸首的顶部高程通常与枢纽挡水建筑物相同，底槛高程按上游最低通航水位和槛上最小水深要求确定，闸首结构的底部高程按基础开挖的要求确定。

4）闸首长度按照输水廊道及其闸门、阀门和结构的受力要求布置，应尽量减少不能作为闸室有效长度的结构长度。在闸首的长度不能满足稳定和应力的要求时，应优先考虑延长闸首工作门后的结构长度。

（2）闸室。

1）闸室结构的总长度。为闸室有效长度扣除上、下闸首可利用的长度。结构需在纵向进行分缝、分块，其长度按基础约束条件从强到弱一般为12～20m。对有特殊要求的结构块，在采取必要的防裂措施后，其分块长度可适当加长。

2）闸墙结构的总宽度。为闸室有效宽度加上两侧由闸室不同结构型式决定的闸墙的结构宽度。

3）边墙顶部高程。单级船闸或多级船闸的第一级闸室为上游最高通航高水位加超高，超高值按设计船舶（船队）干舷高度选取，通常采用2.0m。

4）底板的顶面高程。单级船闸或多级船闸的末级闸室为下游最低通航水位减闸室最小水深；多级船闸的中间级闸室由水级划分的级差和槛上最小水深确定。

（3）下闸首。

1）结构平面尺寸，可参照上闸首布置确定。

2）顶部高程一般与闸室相同。

3）底槛高程为下游最低通航水位减去闸室最小槛上水深。

闸首结构的底部高程由基础开挖的要求确定。

2. 输水系统

输水系统的型式及其布置主要取决于船闸的设计水头、闸室有效尺寸和闸室输水时间。因此，有关输水系统布置的内容将集中在船闸的输水系统水力设计中进行介绍。见第2章2.3节中2.3.3“船闸输水系统水力设计”。

3. 导航及靠船建筑物

（1）主导航墙。

1）主导航墙分别紧接上、下闸首迎水面向上、下游的延长线方向进行布置，建筑物尺寸按照结构型式和受力要求确定。

2）导航墙的长度一般为1～2倍设计船舶（船队）的长度。

3）顶部高程分别为上、下游最高通航水位加超高，超高值一般采用1.5m。

（2）副导航墙。

1）副导航墙布置在主导航墙对侧，在平面上有全部为圆弧，端部为圆弧、其他为直线两种形式，其中，后者的迎水面通常向引航道外呈20°角。

2）导航墙的布置长度一般为20m。

3）顶部高程与主导航航墙相同。

（3）靠船建筑物。

1）船舶过闸方式为直线进闸、曲线出闸时，靠船建筑物一般与主导航墙同侧布置，布置在距闸首2.5～3.5倍设计船舶（船队）长度的位置；船舶过闸方式为曲线进闸、直线出闸时，靠船建筑物布置在副导航墙的同一侧，其长度方向与船闸轴线平行，布置在距闸首1.5～2.5倍设计船舶（船队）长度的位置。

2）靠船墩布置长度一般为3/4～1倍设计船舶（船队）长度，墩中心距一般采用15～25m。

3）顶部高程与导航建筑物相同。

4）靠船墩基座在水下控制点的高程与引航道底部高程相同。

船闸建筑物顶部和底部高程见表2.3-4。

2.3.2.3　金属结构及机械

1. 闸门、阀门

（1）布置。船闸上、下闸首应布置工作闸门和检修闸门，对于大型水利枢纽或重要航道上的船闸，如闸门失事可能造成严重灾害时，其上闸首尚应与检修闸门相结合，布置事故闸门。工作闸门的启闭时间应

表2.3-4　船闸建筑物顶部和底部高程

部位	顶部高程	底槛高程	备注
上闸首	布置在枢纽挡水线上时，顶高程通常与枢纽挡水建筑物相同	上游最低通航水位减槛上最小水深	
闸室	上游最高通航水位加1.5～2.0m	下游最低通航水位减槛上最小水深	特殊情况下，经论证，闸室顶部高程可适当加高
下闸首	与闸室相同	与闸室相同	
上、下游导航及靠船建筑物	上游最高通航水位加1.5m	上、下游水下控制点的高程为最低通航水位减槛上最小水深	

注　槛上最小水深一般与闸室有效水深相同。

根据货运量要求分析计算确定。输水廊道除了布置工作阀门以外，在其上、下游侧尚需布置检修阀门，工作阀门启闭时间应根据水力学试验结果确定。输水廊道上游进口处一般还应设置拦污栅，栅条间距根据经验为10～20cm。

为防止船舶进闸时操作控制失灵，撞击下闸首工作闸门造成事故，必要时可在下闸首工作闸门前设置防撞警戒装置，防撞设计荷载可按船舶排水量和减速时间计算确定。

(2) 选型。选择闸门、阀门型式时，应根据船闸水工布置、通过能力、口门尺寸、通航净空、运行水位、水力学条件以及设备制造安装和维护管理等因素进行综合分析，经过技术经济比较后选定。为方便运行管理和维护检修，同一条河流的相邻船闸或同一个枢纽的多级船闸，其闸门、阀门及启闭机型式宜采用同一种类型。

高水头船闸上、下闸首工作闸门广泛采用了人字闸门，输水廊道工作阀门多采用了反向弧形阀门；中小型低水头船闸上、下闸首工作闸门除采用人字闸门外，还采用了横拉门，提升（下沉）式平面闸门以及三角门等多种门型，输水廊道工作阀门则采用平面阀门居多。船闸上闸首事故检修闸门一般均选用平面闸门，水位变幅较大时，尚需布置叠梁。船闸下闸首检修闸门一般采用浮式闸门或叠梁门。

(3) 闸门和阀门设计的工作内容。

1) 人字工作闸门。

a. 确定闸门底枢中心位置。

b. 确定闸门处于关闭状态时门轴线与左、右门支点连线之间的夹角，通常采用22.5°。

c. 确定闸门顶枢两根定位的A、B拉杆与迎水面间的角度，通常分别采用90°和10°。

d. 确定闸首底板在闸门启闭部位底槛高程，闸首在该部位的高程通常低于闸首底槛高程1.00～1.50m。

e. 初定人字门门龛的形状和尺寸，门龛周边与开终位时人字门门面之间按减小阻力的要求应留有一定富余。

2) 反向弧形工作阀门。

a. 确定阀门井的尺寸和位置。

b. 确定阀门支铰中心高程，阀门曲率半径。

c. 初选结构型式与底缘夹角。

3) 平面工作闸门。

a. 确定门槽尺寸位置。

b. 初选结构型式与支承方式。

2. 启闭机

高水头船闸人字工作闸门的启闭机主要有直推式液压启闭机、机械式四连杆扇齿轮启闭机和液压缸驱动四连杆扇齿轮启闭机。中小型低水头船闸人字工作闸门启闭机大都采用直推式液压启闭机。通常启闭机均布置在闸首顶部两侧，与人字闸门门顶连接。

上闸首事故检修闸门启闭机可采用桥式启闭机或固定式卷扬机，如布置有叠梁时，则宜采用桥式启闭机通过自动挂勾梁与闸门或叠梁连接，便于水上或水下自动脱挂勾。

下闸首检修闸门一般采用浮式闸门或叠梁闸门。浮式闸门可由拖轮牵引定位，充水下沉，排水上浮，不需专门的启闭机；叠梁闸门则需配备专用吊车，便于操作、检修与吊运。

高水头船闸输水廊道工作阀门启闭机一般采用布置在闸顶，且通过吊杆与阀门连接的竖缸式液压启闭机；中小型低水头船闸输水廊道工作阀门启闭机采用的型式较多，如液压直推式、机械轮盘式、固定卷扬式和台车式等多种机型，但仍以液压式居多，其主要优点是布置紧凑、操作方便、便于计算机集中控制。

2.3.2.4 电气及消防

(1) 确定船闸的控制方式、控制室的位置、尺寸及管线廊道的布置。

(2) 确定通航信号、工业电视、照明等设备，以及广播、照明的位置及布置高程。

(3) 确定供电变电站的位置及布置高程。

(4) 确定消防设备及其管线的布置。

2.3.2.5 附属工程及设施

1. 道路和桥梁

通常按照枢纽工程的总体要求，将交通道路和桥梁的布置与枢纽总体布置统一进行考虑，并尽可能与施工交通相结合。

(1) 船闸上、下游和左、右两侧之间联系的道路和桥梁。

(2) 闸面至闸室底板输水廊道、闸底基础排水廊道和管线廊道的交通。

2. 防渗排水设施

(1) 上游挡水线基础防渗灌浆和排水廊道。

(2) 闸室底部基础排水廊道和墙后排水。

(3) 阀门井、集水井及其排水管道。

(4) 开挖坡防渗护面、排水孔和排水沟。

3. 其他

(1) 系船设备。

1) 在闸室墙的迎水面布置浮式系船柱，纵向布置间距为20～40m。

2）在闸室墙的迎水面、导航墙、靠船墩正面布置凹入墙面的系船柱，顶部布置固定式系船柱，竖向布置间距1.5～2.0m。

（2）安全运行防护设施。

1）闸首、闸墙顶部临水面、对侧临空面和桥梁两侧布置护栏和护轮坎，护栏的高度为1.2～1.5m，护轮坎的高度为0.3～0.5m。

2）下闸首工作闸门的防撞设备。跨闸室拦船钢索离水面的高度一般为设计船舶满载时艏部至水面高度的2/3，且能适应闸室通航水位的变化，不妨碍船只进出闸室。

3）在适当位置配置落水人员逃生的爬梯。

（3）水位计井。在闸首工作闸门的前、后控制室一侧靠近迎水面，各设置一个竖井，直径通常为1m，井底在最低通航水位以下1.00～1.50m，以45°倾角与闸室连通。

（4）通航指挥信号。主要包括标志、水尺、船舶停靠限界和系船柱的编号等。

（5）环境保护设施。船闸管理区内的环保和绿化，根据国家有关政策、法规进行近期、远期规划和布置。

（6）消防设施。闸面消火栓及其他消防设备应按国家有关规定布置。

2.3.3 船闸输水系统水力设计

2.3.3.1 一般要求

1. 闸室的充、泄水时间

闸室充、泄水的时间应根据通过能力和水力学条件确定，一般控制在8～15min以内。

2. 充、泄水时船舶在闸室内的停泊条件

闸室充、泄水时，闸室中停泊船舶的容许系缆力作为衡量闸室的停泊条件的指标。《船闸输水系统设计规范》（JTJ 306—2001）规定的船舶容许系缆力见表2.3-5。

表2.3-5 船舶容许系缆力

船舶吨级（t）	3000	2000	1000	500	300	100	50
容许系缆力的纵向水平分力（kN）	46	40	32	25	18	8	5
容许系缆力的横向水平分力（kN）	23	20	16	13	9	4	3

注 1. 顶推船队的容许系缆力，按顶推船队中系缆的最小单船吨位计算。
2. 在使用固定系船设备时，计算的容许系缆力需乘以$\cos\beta$，β为系船缆绳与水平面的最大夹角。

3. 输水系统水力学条件

闸室充、泄水时，输水主廊道不产生强烈声振和空蚀破坏，输水系统上游进水口无危害闸室停泊条件的吸气旋涡；下游泄水不影响船舶的安全停泊。

2.3.3.2 工作内容

（1）选择输水系统型式。

（2）确定输水系统运行的技术指标和各部位尺寸，以及输水阀门的型式，确定输水系统布置。

（3）进行输水系统结构和设备设计。

2.3.3.3 型式选择

1. 集中式输水系统

（1）主要型式。短廊道输水系统主要型式见表2.3-6。

（2）适用条件。在水利枢纽上修建的船闸，其设计水头和工程规模一般较大，较少采用集中输水系统。以下仅对短廊道集中输水系统进行简要介绍。

短廊道输水系统的设计水头一般在14m以下。按已建工程的经验，船闸消能工水力指标见表2.3-7。

上、下闸首输水时，过水断面的最大平均流速的计算公式为

上闸首
$$\bar{v}_{max} = 2L_c H \frac{1}{T\left(S_c + \frac{H}{2}\right)} \tag{2.3-2}$$

下闸首
$$\bar{v}_{max} = 1.8L_c H \frac{1}{TS_c} \tag{2.3-3}$$

式中 $\bar{v}_{max}$——在上闸首充水时，为闸室内过水断面最大平均流速；在下闸首泄水时，为下闸首门后段过水断面最大平均流速，m/s；

L_c——闸室水域长度，m；

T——闸室充、泄水时间，s；

H——设计水头，m；

S_c——槛上最小水深，m。

应根据消能工对水流扩散消能的效果（主要包括对称性、均匀性、紊动性和掺气性等）选用消能工的型式。对此，一般可先参考已建工程的经验，并根据需要进行水力学试验验证。

2. 分散式输水系统

（1）系统分类。按照输水系统主输水廊道和闸室出水廊道的布置，分散式输水系统分类及其特点见表2.3-8。

表 2.3-6 短廊道输水系统主要型式

序号	型式	布置特点	示意图
1	格栅式	(1) 由消能室前后帷墙、顶面格栅，以及帷墙上出水孔组成，适用于帷墙高度不大的情况。 (2) 出水总面积应大于廊道出口面积的2倍，消能室顶部出水面积与正面出水面积的比值，近似于闸室出现最大断面平均流速时消能室顶板以上与顶板以下水深的比值。 (3) 顶面格栅中间密、两侧疏，用立柱或挡板调整正面出水流量分布，使流量分布均匀。 (4) 为进一步调整流速分布，还可在正面出水孔的下游侧设消力槛或消力池	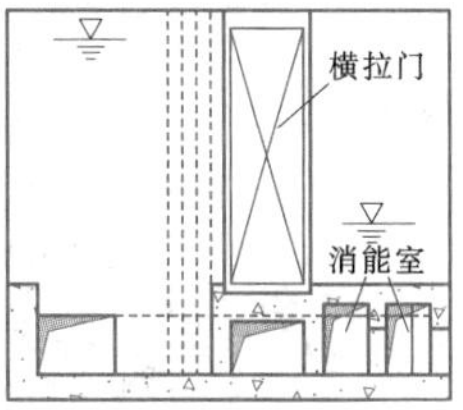 横拉门 消能室 纵剖面图 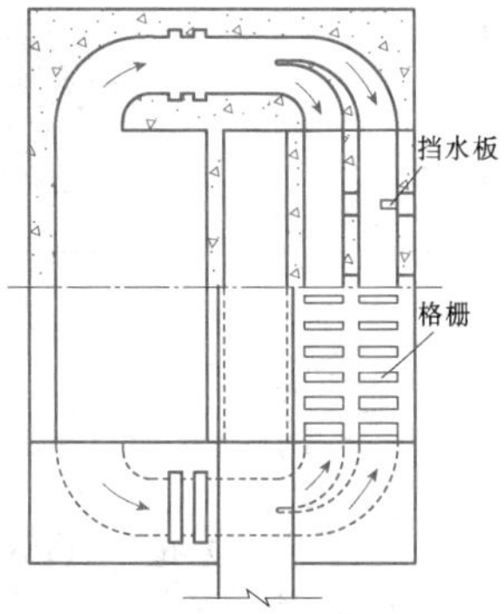 挡水板 格栅 平面图
2	封闭式	(1) 消能室的特点是其顶部不出水，但在顶部应设通气孔，水流全部由消能室正面进入闸室。 (2) 消能室的进口应尽可能布置在闸首的前端。 (3) 消能室内设置导流墙和隔墙，使水流在平面上扩散，并应设置消力梁、消力齿或消力槛，以调整竖向流速分布。 (4) 消能室的体积基本上不随闸室水位而变化。 (5) 出口面积应大于2倍廊道出口面积	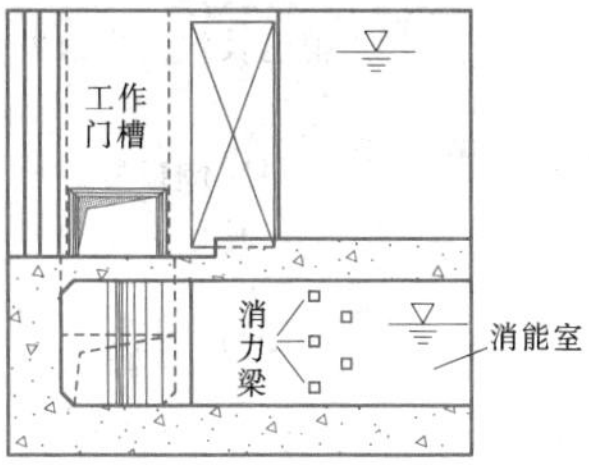 工作门槽 消力梁 消能室 纵剖面图 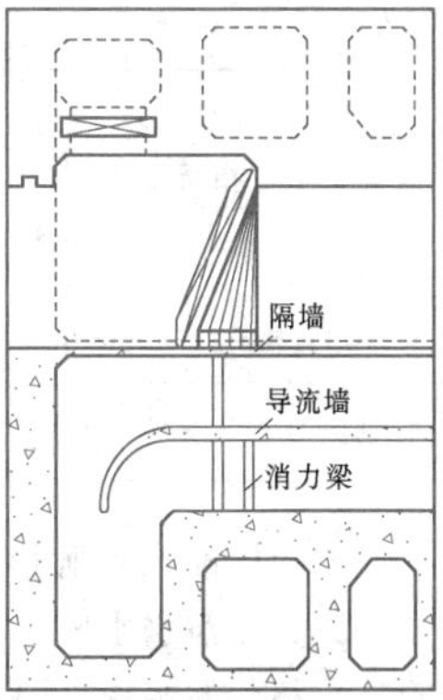 隔墙 导流墙 消力梁 平面图

续表

序号	型式	布置特点	示意图
3	开敞式	(1) 消能室由帷墙和消能工之间的空间组成。 (2) 特点是消能室的水面随闸室水位的变化而变化，较易适应闸室水位的变化。 (3) 利用水流对冲及消能工消能，消能工的高度较大，消能室的高度应高于闸室最大断面平均流速出现时的闸室水深	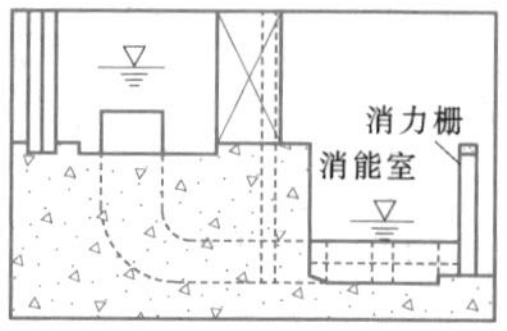 消力栅 消能室 纵剖面图 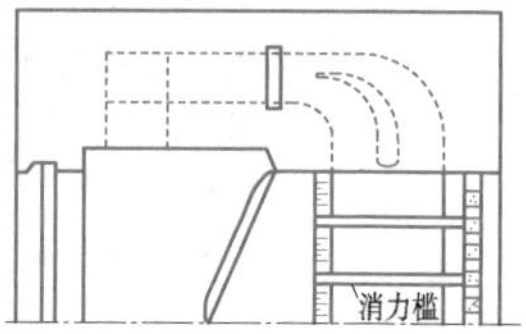 消力槛 平面图
4	倒口式	(1) 在闸首内不设消能室，连接左右两侧廊道出口的两条横向廊道相互隔开，在隔墙上，开一定面积的连通孔。 (2) 横向出水廊道的顶部高程应低于下游最低通航水位，在廊道顶部开一定面积的通气孔；出水口布置在出水廊道的底部。 (3) 出水口的下方应设池底距出水口的高度能满足水流消能及泄流要求的消力池，池底与闸室底部之间可用斜坡相连。 (4) 倒口廊道外壁与帷墙应保持一定距离	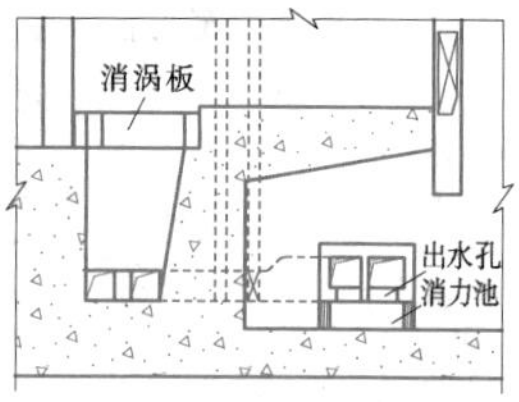 消涡板 出水孔 消力池 纵剖面图 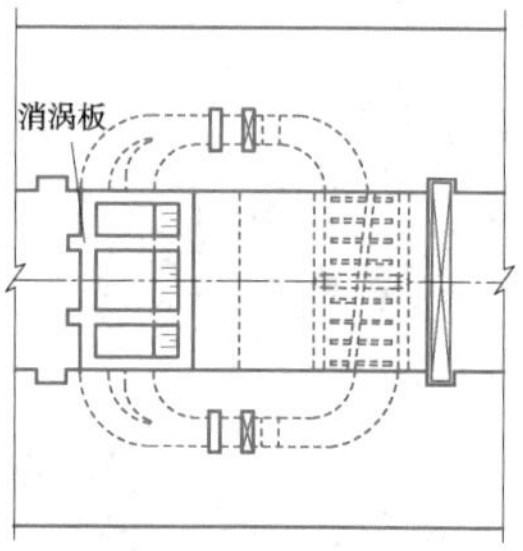 消涡板 平面图

表 2.3-7　船闸消能工水力指标表

消能工类型及水力指标	无消能工		简单消能工		复杂消能工	
	$\bar{v}_{max}$ (m/s)	H (m)	$\bar{v}_{max}$ (m/s)	H (m)	$\bar{v}_{max}$ (m/s)	H (m)
上闸首	0.25～0.45	≤4	0.45～0.65	4～7	0.65～0.90	7～11
下闸首	≤0.8	≤4	0.80～1.90	4～8	1.90～2.30	8～11

(2) 选择型式的标准。船闸分散式输水系统的型式选择与设计水头、充泄水水体大小、输水时间、船舶（船队）的吨位和起始水深等因素有关，除满足设计输水时间、闸室停泊条件和输水系统的水力学条件要求外，还应结合枢纽的水文、地形、地质等条件，结合闸室结构特点等，进行技术经济比较选定。水头较高时，还应通过水工模型试验进行验证。

目前，在不同国家，输水系统可适应的船闸最大设计水头并无统一标准，但可参照判别系数 m 初步选定，其计算公式为

表 2.3-8　　分散式输水系统分类及其特点

类别	常用型式	主要特点	示意图
一	闸墙长廊道侧支孔出水输水系统	(1) 在闸室底板内不布置出水支廊道，底板结构简单。 (2) 工程造价较低。 (3) 在分散式输水系统中，适应水头较低	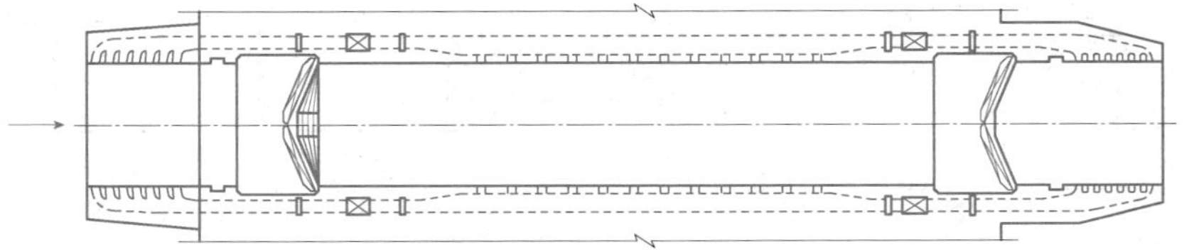
二	(1) 闸底长廊道顶支孔出水。 (2) 闸底长廊道侧支孔出水。 (3) 闸墙长廊道经闸室中部横支廊道侧支孔出水。 (4) 闸墙长廊道经闸室中段进口纵、横支廊道侧支孔出水。 (5) 闸墙长廊道经闸室中心进口平面分流、闸底支廊道二区段顶支孔出水	(1) 闸室底部布置 1～3 区段［右侧图中 (1)、(2) 为 1 区段，(3)、(4) 为 2 区段，(5) 为 3 区段］出水支廊道。 (2) 分流口采用平面分流。 (3) 结构相对复杂。 (4) 工程造价较高。 (5) 在分散式输水系统中适应中等水头	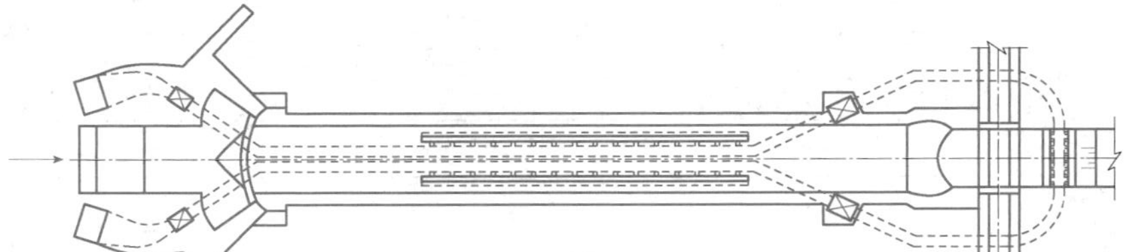 (1) 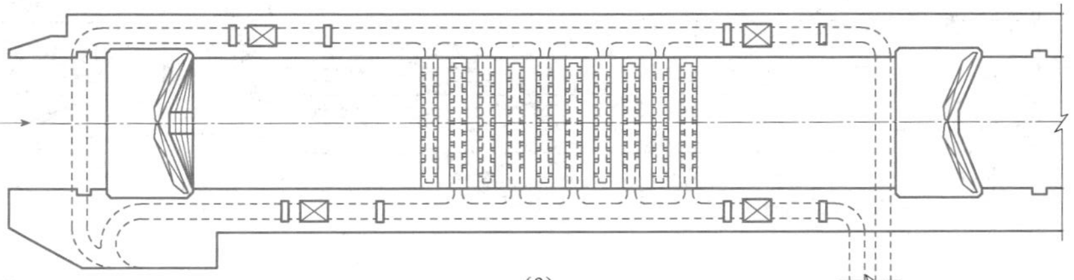 (2) 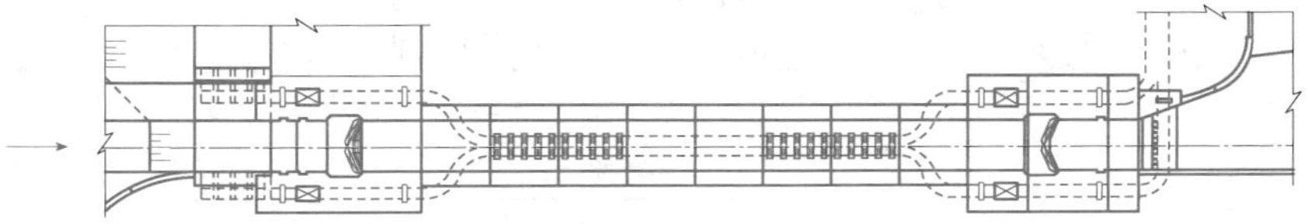 (3)

续表

类别	常用型式	主要特点	示意图
二	(1) 闸底长廊道顶支孔出水。 (2) 闸底长廊道侧支孔出水。 (3) 闸墙长廊道经闸室中部横支廊道侧支孔出水。 (4) 闸墙长廊道经闸室中段进口纵、横支廊道侧支孔出水。 (5) 闸墙长廊道经闸室中心进口平面分流、闸底支廊道二区段顶支孔出水	(1) 闸室底部布置1～3区段[右侧图中(1)、(2)为1区段,(3)、(4)为2区段,(5)为3区段]出水支廊道。 (2) 分流口采用平面分流。 (3) 结构相对复杂。 (4) 工程造价较高。 (5) 在分散式输水系统中适应中等水头	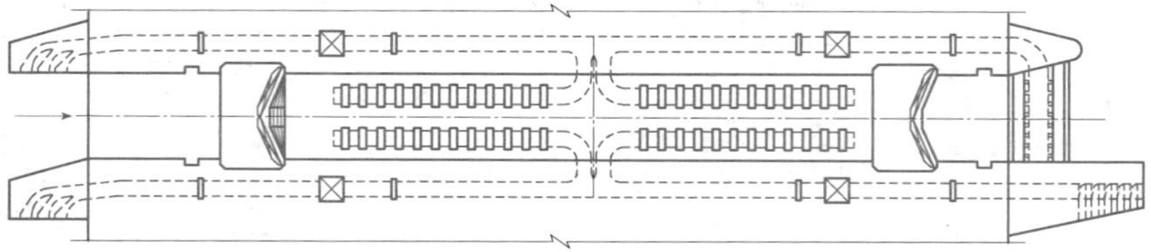 (4) 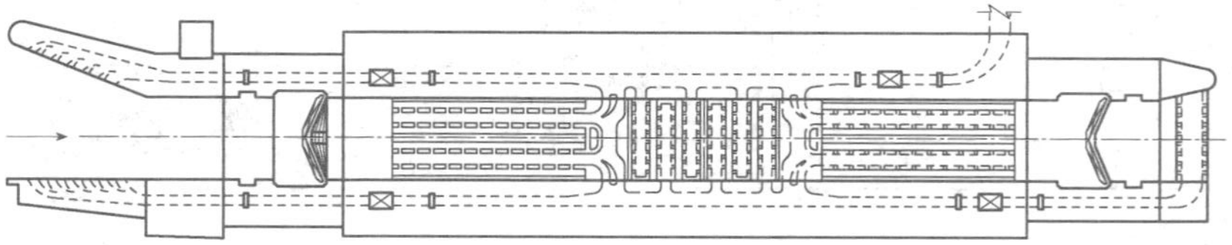 (5)
三	(1) 闸墙长廊道经闸室中心进口立体分流、闸底支廊道二区段侧支孔出水。 (2) 闸墙长廊道经闸室中心进口立体分流、闸底支廊道四区段全平衡顶支孔出水	(1) 分流口采用立体分流。 (2) 闸室两侧布置主廊道,底部布置两区段或四区段出水支廊道。 (3) 底板结构比较复杂。 (4) 工程造价高。 (5) 在分散式输水系统中适应水头较高	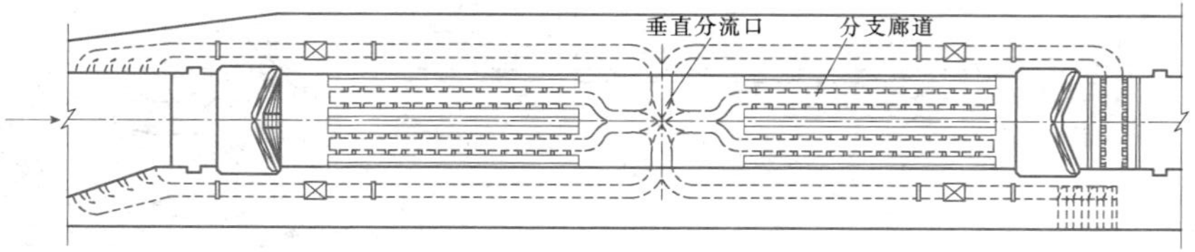 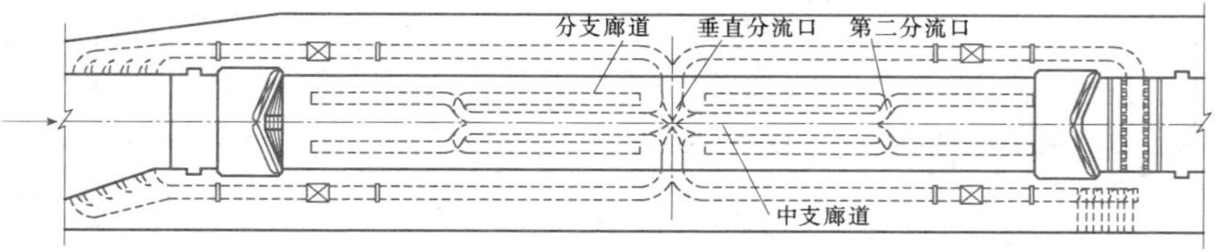 垂直分流口 分支廊道 (1) 分支廊道 垂直分流口 第二分流口 中支廊道 (2)

$$m = T/\sqrt{H} \quad (2.3-4)$$

式中 H——设计水头，m；

T——闸室充水时间，min。

输水系统选型判别系数 m 取值范围见表 2.3-9。

表 2.3-9 输水系统选型判别系数 m 取值范围

m 取值范围	输水系统型式
>3.5	集中输水系统
2.5～3.5	进行技术经济论证或参照类似工程选定
<2.5	分散输水系统
2.4～2.5	第一类分散输水系统
1.8～2.4	第二类分散输水系统
<1.8	第三类分散输水系统

2.3.3.4 输水系统布置

1. 集中式输水系统

(1) 布置原则。

1) 系统集中布置在闸首的范围内。

2) 尽可能使水流在系统中充分消能，在进入闸室时均匀扩散。

3) 平面布置应和闸室或下游引航道的布置相适应；在立面上布置输水系统的进水口和泄水口时，应在上、下游引航道和闸室的最低通航水位以下有足够的淹没深度。

(2) 布置要点。

1) 集中输水系统一般布置在闸首的结构段内，并尽量将上游进水口和下游泄水口布置在船闸上、下游检修闸门之内。

2) 输水廊道各部位体型力求平滑渐变，以降低局部水头损失，提高输水效率；输水系统布置应有利于水流的消能及均匀扩散。廊道出水口的过水断面应适当扩大并设置分水隔墙。输水系统和消能工的布置在平面上应和闸室或下游引航道的布置相适应，一般为对称布置。但下闸首泄水系统及其消能工，也可与下游不对称布置的引航道相对应，采用不对称布置。

3) 充水廊道从上闸首工作闸门上游引入两侧边墩，平行于船闸轴线引向工作闸门下游，再从两侧边墩引入闸室。廊道的工作阀门、检修阀门及其阀门井布置在主廊道直线段的适当位置，并视船闸水头大小，考虑是否在闸首底板内布置消能室。

4) 泄水廊道一般由下闸首工作闸门前引入两侧边墩，平行于船闸轴线引向工作闸门下游，再从两侧边墩引入下游引航道。廊道的工作阀门、检修阀门及其阀门井布置在廊道直线段的适当位置，应视船闸水头大小及最小通航水深选择合适消能工。

5) 阀门断面尺寸可按水力学公式计算或按一般经验确定。

6) 确定进、出水口的顶高程时，顶部应有足够的淹没水深，且应保证在充、泄水时，无掺气旋涡和泥沙淤积，以免影响输水效率。

廊道进口的最小淹没水深的计算公式为

$$h = 1.2 \times \frac{v_m^2}{2g} \quad (2.3-5)$$

式中 h——最小淹没水深，m；

v_m——最大流量时廊道进口断面的平均流速，m/s；

g——重力加速度，取 9.81m/s^2。

在确定淹没水深时，还需考虑充水廊道进口前水面的降低，并留有一定余地。

7) 廊道进口断面最大平均流速不宜大于 4.0m/s。廊道进口应修圆，修圆半径可取 0.1～0.15 倍廊道进口宽度。

8) 廊道进口转弯段中心线的平均曲率半径不应小于 0.9～1.0 倍廊道转弯段的平均宽度，廊道内侧的曲率半径可取为 0.15 倍设计水头；廊道出口转弯段中心线的平均曲率半径不应小于 1.0～1.4 倍廊道转弯段的平均宽度，廊道内侧的曲率半径可取为 0.20～0.25 倍设计水头；廊道其他部位转弯段中心线的平均曲率半径不应小于廊道转弯段的平均宽度。

9) 廊道出口最小淹没水深可按表 2.3-10 确定。当不能满足要求时，宜将廊道出口压扁放宽，并在转弯段的起点至出口断面间设置分水隔墙，将出口断面面积扩大至廊道阀门处断面的 1.2～1.6 倍。

表 2.3-10 廊道出水口最小淹没水深

船闸级别		Ⅰ、Ⅱ	Ⅲ、Ⅳ	Ⅴ～Ⅶ
最小淹没水深（m）	上闸首	2.0	1.5	1.0
	下闸首	1.5	1.0	0.5

10) 廊道需在立面上转弯时，应将工作阀门置于高程最低的廊道直线段上。

11) 消能工布置。

a. 应分别使上闸首和下闸首出口断面立面上和平面上的水流均匀扩散。

b. 上闸首充水系统的消能工布置，在立面上应与闸室最大断面平均流速出现时段的闸室水位相适应；下闸首泄水系统的消能工布置需满足下游最低通航水位时的工作条件。可通过对消能工布置进行调整，使其适应输水系统或下游引航道布置的不对称性。

c. 在消能工后，一般应设镇静段。倒口消能的短廊道输水可不设镇静段，但其布置需通过水工模型试验验证。

12）无消能室的短廊道输水适用于没有帷墙或帷墙高度较小的上闸首，以及闸首底槛与引航道底部齐平的下闸首。其消能方式一般为水流对冲消能或另增设消力槛或消力池等。

13）有消能室的短廊道输水适用于有帷墙的上闸首。目前常用的消能室按其结构型式可分为格栅式、封闭式、开敞式和倒口式四种。格栅式也常用于下闸首。

a. 格栅式消能室适用于帷墙高度不大的情况，其出水总面积应大于廊道出口面积的2倍。消能室顶部出水面积与正面出水面积的比值宜近似于闸室出现最大断面平均流速时，消能室顶板以上与顶板以下水深的比值。顶面的格栅以中间密、两侧的疏方式布置，正面出水可用立柱或挡板调节流量，使其分布均匀。为进一步调整流速分布，还可在正面出水孔的下游侧设消力槛或消力池。

格栅式消能室的体积计算公式为

$$V = A_0 E_{\max} \tag{2.3-6}$$

当 $k_v \leqslant 0.25$ 时

$$E_{\max} = \frac{313.9CH^2(1-k_v)^3}{T(2-k_v)^4} \tag{2.3-7}$$

当 $k_v > 0.25$ 时

$$E_{\max} = \frac{9.3CH^2}{T\sqrt{k_v(2-k_v)}} \tag{2.3-8}$$

式中 V——消能室体积，m^3；

A_0——系数，取0.09～0.13；

$E_{\max}$——充水时水流的最大能量，kW；

k_v——输水阀门开启时间与闸室充水时间的比值；

C——闸室水域面积，m^2；

H——设计水头，m；

T——闸室充水时间，s。

b. 封闭式消能室的体积也可按式（2.3-6）计算，其中 A_0 取0.18～0.24。消能室的出水口断面面积应大于2倍廊道的出水口断面面积。该型式消能室比较适合的帷墙高度与闸室起始水深基本相同。

2. 分散式输水系统

（1）布置原则。

1）布置输水系统的进水口、斜坡段、拐弯段、阀门段、分流口和泄水段的型式和尺寸时，应保证系统具有良好的水力学特性，尤其避免阀门及周围廊道产生强烈声振和空蚀破坏。

2）通过分散布置闸室内的支廊道及其不同类型出水口，使进入闸室的水流尽可能对称、分散、均匀。

3）应满足设计要求的闸室输水时间。

（2）布置要点。主要按照选定的输水系统型式和上述基本原则，结合船闸结构型式确定输水系统主廊道的位置及体型，不同部位断面的面积和高程，上游进水口和下游泄水口的方式，闸室内出水支廊道的布置方式及相应的分流口的型式和面积，闸室出水孔的型式和布置方式、面积、个数、高程等。

1）进水口。

a. 根据闸前引航道水域面积和闸室充水流量大小确定进水口布置在引航道以内还是以外，并确定输水系统由引航道正向取水还是侧向取水。

b. 根据输水流量和进水口可能的淹没水深确定采用集中式还是分散式进水口。常见的进水口布置方式，有闸首边墩侧向多支孔进水口、槛上正面和顶面格栅型进水口、导墙多支孔进水口、引航道底部横支廊道进水口等几种。进水口型式见表2.3-11。分散式输水系统进口的最大断面平均流速一般不宜大于2.5m/s。

2）输水主廊道。

a. 主廊道可直接布置在闸室底板内，与出水分支廊道相结合，也可布置在闸室边墙内。衬砌式船闸输水系统的主廊道和阀门井可与闸室结构分开，采用在基岩内开挖隧洞和竖井的型式。

b. 主廊道阀门段布置高程需根据船闸的规模和水头大小，按照不小于计算要求的最小淹没水深确定。阀门后廊道顶部高程必须布置在下游最低通航水位以下。

c. 主廊道的断面面积应根据闸室输水水体的大小和要求的输水时间通过计算确定，通常为阀门处孔口断面的1.3倍左右。

d. 阀门前廊道要有一定长度的平直段，平直段上游为过渡段，可向顶部扩大，坡度一般不大于1∶4。阀门后的廊道体型有：在门后不扩大且设置一定长度的平直段、在门后顶部逐渐扩大和在门后上下乃至四周突然扩大三种型式，可根据经验结合模型试验验证确定。对于中高水头船闸通常选择向顶部逐渐扩大的廊道体型，其坡度一般为1∶10～1∶12。在工作阀门上游的检修阀门井，可按门槽的受力要求进行布置。下游检修阀门井与工作阀门井的距离一般应大于廊道高度的3倍，在必要时还需封闭检修门井。

3）闸室出水支廊道。

a. 第一类型式为闸墙长廊道侧支孔输水系统。这种输水系统的纵向输水主廊道布置在闸墙内，直接在输水主廊道上设置侧向支孔，与闸室连通，将水流

表 2.3-11　　　进 水 口 型 式

序号	布置方式	技术特点	示意图
1	闸首边墩侧向多支孔进水口	(1)布置在闸首边墩的前端。 (2)取水范围有限，水流比较集中。 (3)布置高程有调节余地。 (4)结构比较简单。 (5)适用于水头较低，水流含沙量较小的分散式输水系统	
2	槛上正面和顶面格栅型进水口	(1)布置在闸首底板前端。 (2)取水范围有限，水流比较集中。 (3)布置高程较低，对防沙不利。 (4)结构比较简单。 (5)适用于水头较低，水流含沙量较小的分散式输水系统	
3	导墙多支孔进水口	(1)布置在导墙内侧或外侧。 (2)取水范围较大，水流比较分散。 (3)布置高程有调节余地。 (4)结构比较复杂。 (5)适用于中、高水头的分散式输水系统	单侧进水 双侧进水
4	引航道底部横支廊道进水口	(1)布置在引航道底部。 (2)取水范围大，水流分散。 (3)布置高程有调节余地。 (4)结构比较复杂。 (5)适用于大型高水头船闸或双线船闸	

引入闸室。支孔一般分散布置在长度为闸室长度的1/2～2/3的闸室中部。闸墙两侧主廊道的支孔应错开布置，两侧相对支孔出水的射流边界容许有少量交叉。支孔的间距一般为闸室宽度的1/4。在下游最低通航水位条件下，当出水支孔布置在设计船舶吃水以下时，支孔段的前1/3支孔出口外需设三角形消力槛或消力塘。当设计船舶的富余水深小于支孔间距的1/2时，需在全部出水支孔出口外设置消力槛。在设计水头较高时，应设置消力塘或从四个方向出水的分流罩，并应进行模型试验验证。短支孔沿孔内水流方向的长度一般不小于其断面宽度或直径的2～4倍。矩形断面的短支孔宽高比一般为1∶1.5，支孔的进出口应修圆，支孔喉部后面的孔口扩大角一般小于3°。喉部断面总面积一般按主廊道断面面积的0.95倍采用，支孔断面的总面积一般与主廊道断面面积相等。

b. 第二类型式为在闸墙或闸室底板内布置主廊道，在底板内分1～3个区段出水的分散式输水系统。

a) 底板布置输水廊道一区段短支孔输水系统。底板长廊道有单根和两根两种。当为两根时，一般需在两根廊道之间设连通管。出水孔段一般设在闸室中部，长度为闸室长度的1/2～2/3。出水孔有设在廊道顶面和设在廊道侧面两种。出水孔设在顶面时，廊道断面一般采用宽浅型，出水孔沿闸室宽度方向的长度一般为闸室宽度的1/3～1/2，孔的上方需设消能盖板。侧向出水孔一般设消能明沟，明沟的宽度约为支孔宽度的5倍，在明沟壁的上端设置水平挡板。当相邻两段廊道共用一个明沟时，出水支孔应交错布置。当相邻两根廊道的出水孔对应布置，其净距大于10倍支孔宽度时，在两根廊道之间需加设T形隔墙。明沟的高度（挡板和T形隔墙横板的下板面至沟底的距离）按式（2.3-9）计算。

$$h \geqslant d_0 + 0.24y \tag{2.3-9}$$

式中 h——明沟高度，m；

d_0——出水孔高度，m；

y——出水孔至明沟壁的距离，m。

消能明沟如图2.3-6所示。

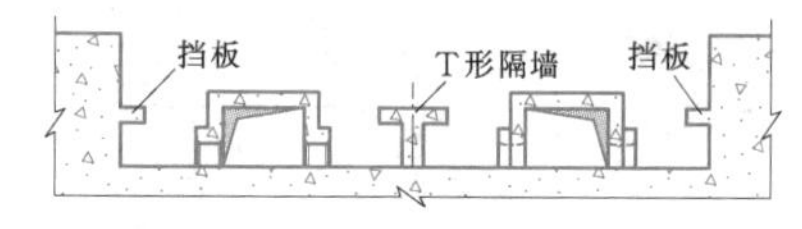

图 2.3-6 消能明沟示意图

b）闸墙内长廊道闸室中部底板内横支廊道出水。连接两侧闸墙内长廊道的横支廊道交错布置。横支廊道布置范围在闸室中部，一般为闸室长度的1/3～1/2，在横支廊道两侧设侧向出水孔。出水孔的布置要求各支孔间水流均匀、平直。廊道断面型式可分为等断面、阶梯形变断面和斜直线渐变断面三种型式。对于等高度阶梯形变断面的支廊道，其出水支孔总面积一般为支廊道进口断面面积的1.2倍，支廊道末端的断面面积一般为进口断面面积的40%。

c）底板长廊道分段出水输水系统。各出水区段中心对称于闸室水体中心。各出水区段的长度约为各段闸室长度的50%。当闸室平面尺寸较小时，闸室底部可设一条宽浅型长廊道，廊道宽度应大于闸室宽度的1/3。当闸室平面尺寸较大时，闸室底部可设多条长廊道。在长廊道的顶部设置与船闸水体中心线对称布置的顶部出水孔，在出水孔上方设消能盖板。

d）闸墙内长廊道在闸室水体中心处水平分流至闸室底板内，分成上、下游两区段出水。闸墙内的长廊道在位于闸室水体中心处一侧，垂直于闸墙设一个断面较闸墙内廊道断面稍大、采用水平向分流的分流口。当分流口处流速较大时，分流墩容易发生空化，使其应用范围受到一定限制。分流口的分流墩位置、转弯半径大小等对水流的均匀分配极为敏感。设计中一般先根据类似工程经验拟定尺寸，然后通过水工模型试验验证。分支廊道的出水孔可采用顶部出水、盖板消能或侧向出水、明沟消能方式。

水平分流口如图2.3-7所示。

e）闸室底部纵、横支廊道三区段出水。纵、横支廊道进口在闸室长度中部的1/3范围内，由闸墙内

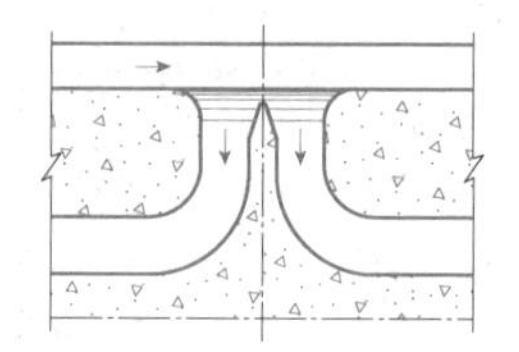
图 2.3-7 水平分流口示意图

输水长廊道，以集中进口的方式进入闸室底板，横支廊道分布在闸室长度中部的1/5范围内，沿横向分散出水；纵支廊道分别在横支廊道区段的上游侧和下游侧，各自形成一组分布长度一般为闸室长度1/4的纵向分散出水的孔段。横支廊道的进口总面积一般为纵、横支廊道进口总面积的30%，前、后纵支廊道进口面积一般各为总面积的35%。

c. 第三类型式为在闸墙内布置主廊道，在底板内分四个区段的分散式输水系统。这种型式通常称为等惯性输水系统。其最大特点在于廊道水流惯性对各供水区段的影响基本一致。位于闸室水体中心的第一分流口采用垂直分流。第一分流口如图2.3-8所示。

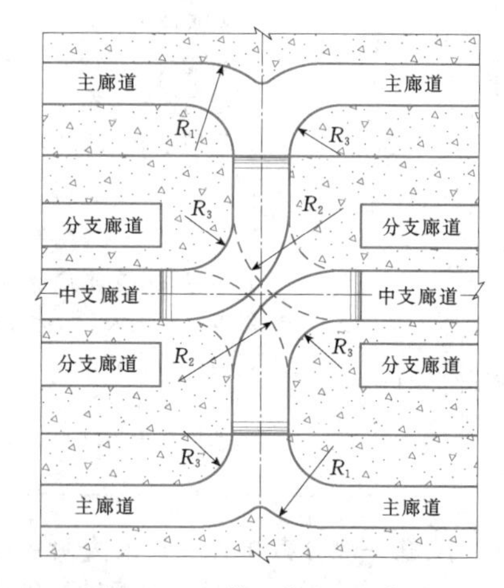

图 2.3-8 第一分流口示意图

在分流口水平隔板的头部与弯道起点之间应保持一定的距离，避免在曲面上出现水流分离现象，使分流隔板的压力降低，避免在水流流速较大时产生空化。经分流口分流后，两侧的上、下层水流按反对称的形式分别通往上、下半闸室，进入闸室中支廊道汇合。这种分流口布置型式、结构比较复杂，一般只在高水头船闸中采用。

水流由输水系统的第一分流口均分成向上游和向下游的两份，由上、下游中支廊道分别送到闸室底板四分点的部位，再由第二分流口，等分为四份，分别由两条向上游方向、两条向下游方向的出水分支廊道

通过布置在顶部的出水孔和消能盖板进入闸室。

对于第二分流口，中支廊道可采用 4 条分支廊道按水平进行分流的方式，如图 2.3-9 (*a*) 所示；中支廊道也可采用先按水平分成左、右两条，再按垂直分为 4 条水平分流与垂直分流相结合的分流方式，如图 2.3-9 (*b*) 所示。

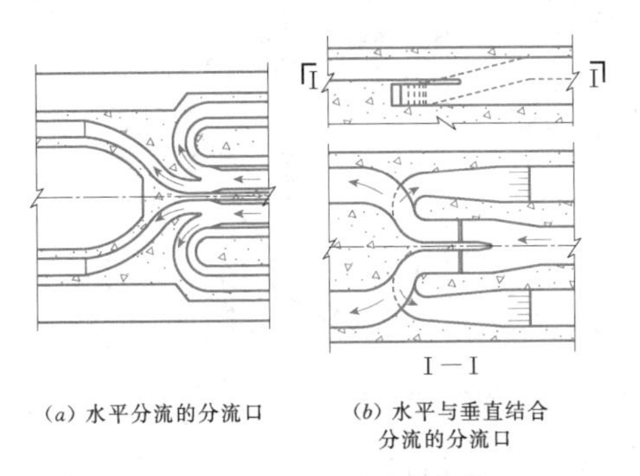

(*a*) 水平分流的分流口　(*b*) 水平与垂直结合分流的分流口

图 2.3-9　四区段输水系统第二分流口示意图

采用 8 根分支廊道四区段出水时，出水段中心应在闸室长度的 1/8、3/8、5/8、7/8 点处，每一出水区段的分布长度应占闸室长度的 1/8。

4）闸室出水孔布置。出水孔的总面积应大于阀门面积，约为输水主廊道断面面积的 0.9～1.2 倍。当该比值较小、出水区段较多时，可等间距、等面积布置；当该比值较大、出水区段较少、布置范围较大时，出水孔面积可采用顺闸室出水支廊道内充水水流方向递减布置。出水孔沿出流方向的长度一般不小于孔宽的 2～4 倍。对于顶部出水孔，由于闸室底板有一定厚度，该长度较易满足；对于侧向出水孔，闸底廊道侧壁厚度有限，当该长度不能满足时，可在出水孔上方加水平挡板或在出水孔周边加导流墙，以增加出水孔的水流行程，如图 2.3-6 所示。顶部出水孔沿闸室宽度方向的长度一般为闸室宽度的 1/3～1/2。闸室出水孔可采用侧向出水明沟消能或顶部出水盖板消能。盖板四周的出水面积与出水孔面积比一般为 2.5～5，盖板周边超出孔口四周的距离大于盖板距孔口的净高。

5）泄水口布置。下游泄水口的布置方式与上游进水口基本相似，可分为全部泄入引航道、部分泄入下游河道、部分泄入引航道和全部泄入下游河道三种型式，视引航道内停泊条件、闸门工作条件和泥沙淤积等情况选择。比较常见的泄水口如图 2.3-10～图 2.3-12 所示。

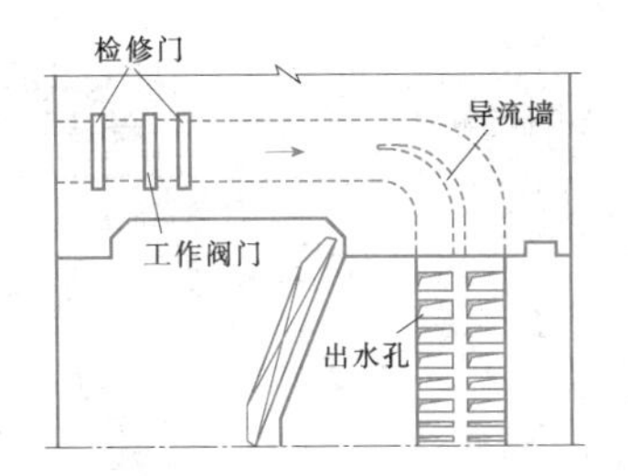

图 2.3-10　底部多支孔泄水口示意图

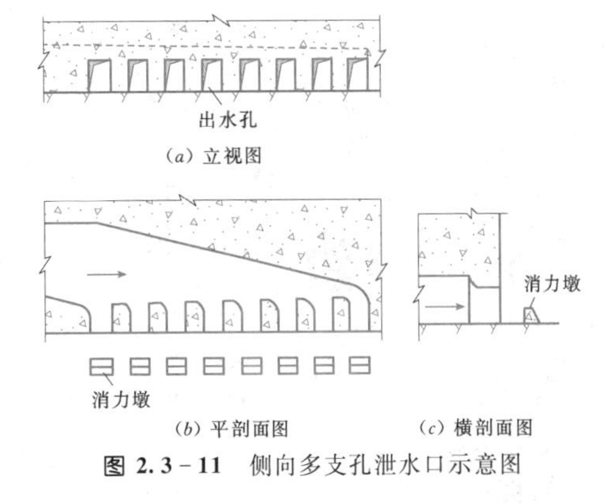

(*a*) 立视图　(*b*) 平剖面图　(*c*) 横剖面图

图 2.3-11　侧向多支孔泄水口示意图

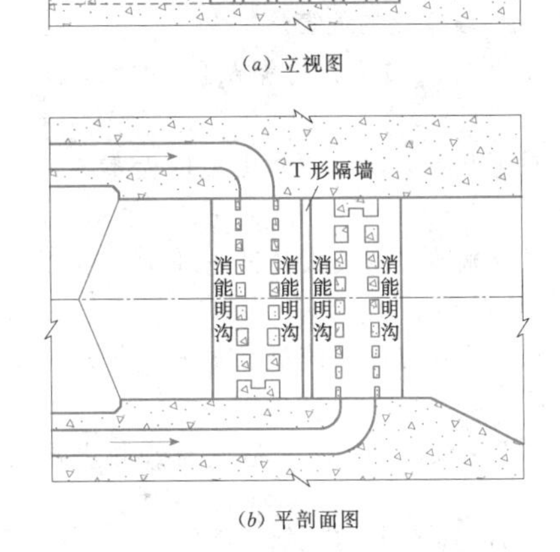

(*a*) 立视图　(*b*) 平剖面图

图 2.3-12　底部横向支廊道泄水口示意图

对布置在引航道以外的泄水口，一般情况下无统一的规定，主要视工程对主河道泄水区域的具体要求而定。

当下游引航道较长时，需要布置旁侧泄水系统，通常采用在下闸首上增设一套由闸室直接向引航道泄水的辅助泄水系统，以保证在泄水结束时工作闸门前、后的水位齐平。三峡船闸下游泄水箱涵如图 2.3-13 所示。

3. 阀门防空化空蚀措施

(1) 空化的部位及危害。船闸水头超过 20m 时，阀门在动水启闭过程中承受非常复杂的水动力荷载，在非恒定高速水流作用下极易发生空化、振动而危害

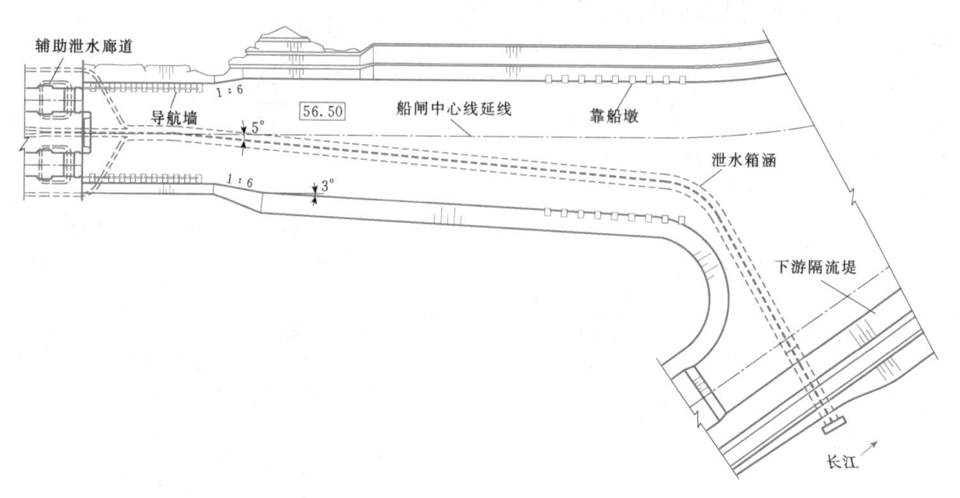

图 2.3-13 三峡船闸下游泄水箱涵示意图（单位：m）

其安全运行。

1）空化部位。

a. 阀门底缘。

b. 门楣缝隙。

c. 跌坎。

d. 升坎。

e. 门槽。

2）阀门段空化的危害。

a. 导致阀门面板、门楣及门后廊道边壁空蚀破坏。

b. 空化严重时，廊道常出现巨大雷鸣声，发生声振现象。

c. 门后廊道产生较大的冲击压力，压力脉动及阀门启门力脉动增大。

d. 阀门及其启闭系统振动加剧，造成液压系统元件损坏。

e. 阀门支铰脉动增大，造成支铰固定螺栓振松和破坏。

f. 闸首强烈振动。

(2) 阀门防空化空蚀措施。

1）降低阀门段廊道高程，增加淹没水深，提高阀门工作空化数。

2）优化阀门段廊道体型，通过采用复杂的门后突扩等廊道体型，降低阀门临界空化数，改善水流流态。

3）通气。在门后埋设通气管通气或利用阀门开启过程面板与胸墙形成的20～30mm缝隙而产生的高速射流，在门楣缝隙处采用特定掺气措施，实现自然通气，减免在门楣缝隙中产生空化，保护阀门面板免遭空蚀破坏，对底缘空化也能起到抑制作用，可有效保护阀门下游廊道区域。

4）快速开启阀门，利用开启过程中非恒定流形成的水体惯性，抵消阀门前后压差，提高门后压力（和减小阀门开启过程中的流量）以及抑制阀门底缘水流漩滚的发展，从而抑制门后水流空化的发生与发展。

5）选择合适的阀门体型。反向弧形阀门面板和支臂均用钢板包封，阀门门体的过流条件好，面板采用不锈钢复合钢板，对防止阀门段局部不利水流导致的空化空蚀效果明显。

(3) 阀门防空化设计原则。

1）对于20m以下的中低水头船闸，门后廊道体型可为平顶或者顶渐扩廊道体型，阀门后廊道高程一般与进入闸室的主廊道相同，采用门楣自然通气或结合廊道顶自然通气措施解决阀门空化问题。

2）对于30m以上的超高水头船闸，采用复杂阀门段廊道体型+综合通气措施。

3）对于20～30m之间的高水头船闸，可根据船闸的重要性及规模，结合闸室消能特点选择平顶廊道体型+小淹没水深+门楣自然通气+廊道顶自然通气措施。在平顶廊道体型下，根据门后廊道顶负压（控制在−8～−5m水柱之间）确定阀门处廊道高程。也可选择复杂阀门段廊道体型+各种通气措施，根据阀门底缘处于发展空化阶段相对空化数不小于0.5这一原则确定阀门处廊道高程。

我国水头为20m以上船闸阀门防空化技术应用实例见表2.3-12。

高水头船闸输水阀门底缘空化情况，可通过阀门底缘工作空化数K和临界空化数K_0两个指标判定，底缘工作空化数K可按式（2.3-46）计算，临界空

表 2.3-12 水头为 20m 以上船闸阀门防空化技术应用实例

序号	工程名称	水头（m）	闸室尺寸（m×m×m）	阀门型式	阀门防空化措施	建设情况
1	三峡五级	113.00(总) 45.20(级间)	280×34×5.0	反弧门	底扩廊道体型＋大淹没水深＋快速开启＋门楣自然通气	完建
2	红水河大化	29.00	120×12×3.0	反弧门	平顶廊道体型＋小淹没水深＋门楣自然通气＋廊道顶自然通气	完建
3	红水河乐滩	29.10	120×12×3.0	反弧门	平顶廊道体型＋小淹没水深＋门楣自然通气＋廊道顶自然通气	完建
4	红水河桥巩	24.65	120×12×3.0	平板门	小门槽＋新型突扩廊道体型＋门楣自然通气＋台阶状跌坎自然通气	完建
5	嘉陵江草街	26.50	180×23×3.5	反弧门	新型突扩廊道体型＋门楣自然通气＋升坎自然通气＋台阶状跌坎强迫通气	完建
6	乌江银盘	36.46	120×12×3.0	反弧门	新型突扩廊道体型＋门楣自然通气＋升坎自然通气＋台阶状跌坎强迫通气	在建
7	桂江巴江口	26.60	80×8×1.5	空腹式平板门	门楣自然通气	在建
8	柳江红花	17.71	180×18×3.0	平板门	门楣自然通气	完建
9	右江那吉	13.91	190×12×3.5	平板门	门楣自然通气	在建

化数 K_0 可通过模型试验或参考类似工程确定。输水阀门底缘空化判定指标及应对措施见表 2.3-13。

表 2.3-13 输水阀门底缘空化判定指标及应对措施

序号	条 件	状 态	措 施
1	$K>K_0$	不会产生空化	控制廊道顶部不超过 3m 负压
2	K 与 K_0 相近	可能产生空化	增加廊道淹没水深，使廊道顶保持一定正压
3	$K<K_0$	产生空化	采取综合的防空化措施

2.3.3.5 水力计算

1. 计算内容

(1) 输水阀门处廊道断面面积。

(2) 系统的流量系数及各分段阻力系数。

(3) 闸室输水时间。

(4) 输水系统水力特性曲线。

1) 闸室水位—时间关系曲线。

2) 流量—时间关系曲线。

3) 上、下游引航道断面平均流速—时间关系曲线。

(5) 闸室及引航道内船舶停泊条件。

1) 充水时上游引航道及闸室内船舶停泊条件。

2) 泄水时下游引航道及闸室内船舶停泊条件。

(6) 输水阀门的水力计算。

1) 密封式输水阀门门后水流收缩断面处廊道顶部压力水头。

2) 开敞式输水阀门门后的水跃。

(7) 针对集中、分散输水系统特点的水力计算。

1) 集中输水系统。

a. 消能室体积计算。

b. 镇静段长度计算。

c. 输水阀门的开启时间计算。

2) 分散输水系统。

a. 输水廊道的换算长度，闸室水面惯性超高（超降）计算。

b. 闸室廊道内最大剩余压力计算。

c. 廊道转弯段内侧的最低压力计算。

d. 阀门工作空化数计算等。

2. 计算方法

(1) 输水阀门处廊道断面面积。输水阀门处廊道断面面积可按式（2.3-10）估算，亦可根据给定的输水时间和阀门全开时的输水系统流量系数按式（2.3-11）计算。

$$\omega = 0.0065\sqrt{CL_cH} \quad (2.3-10)$$

$$\omega = \frac{2C\sqrt{H}}{\mu T\sqrt{2g}[1-(1-\alpha)k_v]} \quad (2.3-11)$$

式中　ω——输水阀门处廊道断面面积，m^2；

C——计算闸室水域面积，m^2，单级船闸取闸室水域面积，多级船闸中间级取闸室水域面积的一半；

L_c——闸室水域长度，m；

H——设计水头，m；

μ——阀门全开时输水系统的流量系数，取0.6～0.8；

T——闸室充水时间，s；

α——系数，可按表2.3-14选用；

k_v——系数，短廊道输水系统取0.6～0.8，分散输水系统取0.4～0.6；

g——重力加速度，取$9.81m/s^2$。

表2.3-14　输水阀门的α值（阀门全开时）

阀门型式 \ 流量系数	0.5	0.6	0.7	0.8	0.9
锐缘平面阀门	0.63	0.59	0.56	0.53	0.50
反向弧形阀门	0.58	0.51	0.46	0.43	0.41

（2）分段阻力系数和流量系数估算。分段阻力系数和流量系数可分别按式（2.3-12）和式（2.3-13）估算：

$$\zeta_t = \sum_{i=1}^{n-1}\zeta_i\left(\frac{\omega}{\omega_i}\right)^2 + \zeta_n + \zeta' \quad (2.3-12)$$

$$\mu_t = \frac{1}{\sqrt{\zeta_t}} \quad (2.3-13)$$

式中　ζ_t——t时刻以阀门处廊道断面平均流速为表征的输水系统阻力系数的总和；

μ_t——t时刻输水系统的流量系数；

ζ_i——第i段输水廊道的阻力系数，可按表2.3-15计算；

ζ_n——阀门开度为n时阀门的阻力系数，可按表2.3-15计算；

ζ'——阀门井或门槽的阻力系数，平面阀门取0.1，反弧门取0；

ω——计算断面面积，一般取为阀门处廊道断面面积，m^2；

ω_i——第i段廊道的断面面积，m^2。

（3）闸室输水时间。

对集中输水系统

$$T = \frac{2C\sqrt{H}}{\mu\omega\sqrt{2g}} + (1-\alpha)t_v \quad (2.3-14)$$

表2.3-15　输水廊道及阀门的阻力系数

类　型	阻力系数的符号和数值
进口局部损失	进口边缘未做成圆弧形：$\zeta_{en}=0.5$ 进口边缘微带圆弧形：$\zeta_{en}=0.2\sim0.25$ 进口外形很光滑，或多支孔进口段：$\zeta_{en}=0.05\sim0.1$ 或按以下公式计算： 对于非平底廊道单进口：$\zeta_{en}=0.50e^{-16.8r/b}$ 对于平底廊道单进口：$\zeta_{en}=0.55e^{-13.8r/b}$ 式中　ζ_{en}—进口阻力系数； e—自然对数的底； r—进口圆弧半径，m； b—廊道宽度，m
拦污栅局部损失	$\zeta_{bar}=\beta\left(\frac{S}{b}\right)^{4/3}$ 式中　ζ_{bar}—拦污栅阻力系数； S—栅条厚度，cm； b—栅条净间距，m； β—栅条形状系数，对长方形栅条，前端做成圆形，$\beta=1.83$；对长方形栅条，前、后端均做成圆形，$\beta=1.67$；对长方形栅条，前端做成圆形，后端自栅条长度的0.6倍处开始做成斜的，$\beta=1.035$；对前端圆形，两边做成斜的栅条，$\beta=0.92$；对两端都做成楔形的光滑栅条，$\beta=0.76$；对圆形栅条，$\beta=1.79$

续表

<table>
<tr><th>类　型</th><th>阻力系数的符号和数值</th></tr>
<tr><td>廊道圆滑转弯局部损失</td><td>

$$\zeta_k = \zeta'_k \frac{\theta}{90^\circ}$$

式中　ζ_k—廊道转弯阻力系数；
θ—转角，(°)；
ζ'_k—系数，与廊道形状及转弯曲率半径有关，其数值如下：

对圆形廊道：

<table>
<tr><td>$\frac{d}{2R}$</td><td>0.1</td><td>0.2</td><td>0.3</td><td>0.4</td><td>0.5</td><td>0.6</td><td>0.7</td><td>0.8</td><td>0.9</td><td>1.0</td></tr>
<tr><td>ζ'_k</td><td>0.13</td><td>0.14</td><td>0.16</td><td>0.21</td><td>0.29</td><td>0.44</td><td>0.66</td><td>0.98</td><td>1.41</td><td>1.98</td></tr>
</table>

对矩形廊道：

<table>
<tr><td>$\frac{b}{2R}$</td><td>0.1</td><td>0.2</td><td>0.3</td><td>0.4</td><td>0.5</td><td>0.6</td><td>0.7</td><td>0.8</td><td>0.9</td><td>1.0</td></tr>
<tr><td>ζ'_k</td><td>0.12</td><td>0.14</td><td>0.18</td><td>0.25</td><td>0.40</td><td>0.64</td><td>1.02</td><td>1.55</td><td>2.27</td><td>3.23</td></tr>
</table>

其中　d—圆形廊道直径，m；
b—矩形廊道宽度，m；
R—廊道轴线的曲率半径，m
</td></tr>
<tr><td>突然扩大局部损失</td><td>

$$\zeta'_{BP} = \left(1 - \frac{\omega_1}{\omega_2}\right)^2$$

$$\zeta''_{BP} = \left(\frac{\omega_2}{\omega_1} - 1\right)^2$$

式中　ζ'_{BP}—以扩大处前面断面为计算断面的突然扩大阻力系数；
ζ''_{BP}—以扩大处后面断面为计算断面的突然扩大阻力系数；
ω_1—扩大处前面断面的面积，m^2；
ω_2—扩大处后面断面的面积，m^2
</td></tr>
<tr><td>突然收缩局部损失</td><td>

<table>
<tr><td>$\frac{\omega_2}{\omega_1}$</td><td>0.1</td><td>0.2</td><td>0.4</td><td>0.6</td><td>0.8</td><td>1.0</td></tr>
<tr><td>ζ_{BC}</td><td>0.5</td><td>0.42</td><td>0.34</td><td>0.25</td><td>0.15</td><td>0</td></tr>
</table>

其中　ζ_{BC}—突然收缩阻力系数（相对于收缩断面）；
ω_1—收缩处前断面的面积，m^2；
ω_2—收缩处后断面的面积，m^2
</td></tr>
<tr><td>圆锥形扩大局部损失</td><td>

$$\zeta'_{PK} = k\left(1 - \frac{\omega_1}{\omega_2}\right)^2$$

$$\zeta''_{PK} = k\left(\frac{\omega_2}{\omega_1} - 1\right)^2$$

式中　ζ'_{PK}—以扩大前的断面ω_1为计算断面的阻力系数；
ζ''_{PK}—以扩大后的断面ω_2为计算断面的阻力系数；
k—系数，与圆锥顶角θ有关，其值如下：

<table>
<tr><td>θ</td><td>5°</td><td>10°</td><td>15°</td><td>20°</td><td>30°</td><td>40°</td><td>50°以上</td></tr>
<tr><td>k</td><td>0.13</td><td>0.17</td><td>0.26</td><td>0.41</td><td>0.71</td><td>0.90</td><td>1.0～1.1</td></tr>
</table>
</td></tr>
<tr><td>圆锥形缩小</td><td>不考虑</td></tr>
</table>

续表

类 型	阻力系数的符号和数值
鹅颈管局部损失	(1) 对于 $30° \leqslant \theta < 60°$： 1) 当 $l/b < (l/b)_k$ 时，计算公式为 $$\zeta_{gm}=\frac{(k_1-k_2+k_3+0.26)\left(\frac{\theta}{2.331-1.042\theta}+0.15\right)}{2.6(r/b)-1.6}$$ 2) 当 $l/b \geqslant (l/b)_k$ 时，计算公式为 $$\zeta_{gm}=\frac{(k_4+0.170)k_5+[(l/b)-(l/b)_k](0.00495-0.00475\theta)}{2.6(r/b)-1.6}$$ (2) 对于 $60° \leqslant \theta \leqslant 90°$： 1) 当 $l/b < (l/b)_k$ 时，计算公式为 $$\zeta_{gm}=\frac{(k_1-k_2+k_3+0.26)k_5}{2.6(r/b)-1.6}$$ 2) 当 $l/b \geqslant (l/b)_k$ 时，计算公式为 $$\zeta_{gm}=\frac{(k_4+0.170)k_5+[(l/b)-(l/b)_k]\left[0.114\left(\theta-\frac{\pi}{3}\right)^{1.5}\right]}{2.6(r/b)-1.6}$$ $$(l/b)_k=10.08\times10^{-0.532(\theta-\pi/6)}$$ $$k_1=0.00352[(l/b)/P_1]^3$$ $$k_2=0.038[(l/b)/P_1]^2$$ $$k_3=0.103[(l/b)/P_1]$$ $$k_4=0.0154[(l/b)/P_2]$$ $$k_5=0.25\times10^{0.599\theta-0.017\theta^2}$$ $$P_1=3.462\times10^{-0.95(\theta-\pi/6)}$$ $$P_2=1.833\times10^{-0.532(\theta-\pi/6)}$$ 式中 ζ_{gm}—鹅颈管阻力系数； k_1、k_2、k_3、k_4、k_5—系数； P_1、P_2—参数； l—衔接直段长度； b—管道宽度； r—弯头曲率半径； θ—弯头转角，rad
闸室出水孔段廊道局部损失	分散输水系统带有出水支孔的廊道段局部阻力系数的计算公式为 $$\zeta_m=\frac{1}{\sin^2\left(k_f\frac{\sum\omega_B}{\omega}\right)}$$ 式中 ζ_m—输水廊道出水支孔段局部阻力系数，包括出水孔的损失在内； $\sum\omega_B$—出水支孔控制断面总面积，m^2； ω—出水支孔段的廊道断面面积，m^2； k_f—出水支孔形状系数。 k_f 取值条件：对未修圆的底部侧向矩形孔口取 0.63；对修圆的底部侧向矩形孔口取 1.15；对喇叭型的底部侧向矩形孔口取 1.90；对未修圆的顶部缝隙孔口，无消能盖板取 0.80，有消能盖板取 0.65～0.75；对修圆的顶部缝隙孔口，无消能盖板取 1.15，有消能盖板取 0.75～1.1。有消能盖板时，由于盖板四周出流孔口的面积影响出流阻力系数，当盖板周边孔口面积与廊道出水孔面积的比值大于 5 时取大值，小于 3 时取小值

续表

<table>
<tr><th>类型</th><th>阻力系数的符号和数值</th></tr>
<tr><td>阀门局部损失</td><td>
<table>
<tr><th colspan="3">门型及有关系数 \ 阀门开度 n</th><th>0.1</th><th>0.2</th><th>0.3</th><th>0.4</th><th>0.5</th><th>0.6</th><th>0.7</th><th>0.8</th><th>0.9</th><th>1.0</th></tr>
<tr><td rowspan="4">反向弧形阀门</td><td rowspan="2">横梁全包</td><td>ζ_n</td><td>145.2</td><td>36.31</td><td>17.38</td><td>8.32</td><td>3.98</td><td>1.91</td><td>0.91</td><td>0.44</td><td>0.21</td><td>0.10</td></tr>
<tr><td>ε_n</td><td>0.767</td><td>0.713</td><td>0.646</td><td>0.647</td><td>0.673</td><td>0.711</td><td>0.751</td><td>0.791</td><td>0.835</td><td>1.00</td></tr>
<tr><td rowspan="2">竖梁式</td><td>ζ_n</td><td>273.8</td><td>57.95</td><td>20.6</td><td>9.87</td><td>4.94</td><td>2.73</td><td>1.33</td><td>0.56</td><td>0.23</td><td>0.10</td></tr>
<tr><td>ε_n</td><td>0.570</td><td>0.581</td><td>0.603</td><td>0.606</td><td>0.625</td><td>0.636</td><td>0.677</td><td>0.744</td><td>0.82</td><td>1.00</td></tr>
<tr><td colspan="2" rowspan="2">平面阀门</td><td>ζ_n</td><td>186.2</td><td>43.78</td><td>17.48</td><td>8.38</td><td>4.28</td><td>2.16</td><td>1.01</td><td>0.39</td><td>0.09</td><td>0</td></tr>
<tr><td>ε_n</td><td>0.683</td><td>0.656</td><td>0.643</td><td>0.642</td><td>0.652</td><td>0.675</td><td>0.713</td><td>0.771</td><td>0.855</td><td>1.00</td></tr>
</table>
注　ζ_n 为阻力系数；ε_n 为收缩系数。反向弧形阀门阻力系数值已包括阀门井损失；平面阀门阻力系数值不包括门槽及阀门井损失
</td></tr>
<tr><td>出口局部损失</td><td>对单支孔出水，$\zeta_{ex}=1.0$；
对多支孔出口段，$\zeta_{ex}=0.7\sim0.9$；
对类似闸室廊道出水支孔段，ζ_{ex} 可按闸室出水孔段廊道局部损失计算公式计算</td></tr>
<tr><td>输水系统摩擦阻力</td><td>（1）对不带出水孔、缝的廊道摩擦阻力系数的计算公式为
$$\zeta_c=\frac{2gL}{C^2R}$$
式中　ζ_c —沿程摩擦阻力系数；
L —廊道长度，m；
R —廊道水力半径，m；
C —谢才系数；
g —重力加速度，取 9.81m/s²。
（2）对带有出水孔、缝廊道的摩擦阻力系数，可按不带出水孔、缝的廊道摩擦阻力系数的 1/3 计算</td></tr>
</table>

注　局部阻力系数以障碍物后断面为计算断面。

对分散输水系统

$$T=\frac{2C(\sqrt{H+d}-\sqrt{d})}{\mu\omega\sqrt{2g}}+(1-\alpha)t_v \tag{2.3-15}$$

$$d=\frac{\mu^2\omega L_{np}}{C} \tag{2.3-16}$$

式中　T ——输水系统的输水时间，s；

C ——计算闸室水域面积，m²，单级船闸取闸室水域面积，多级船闸中间级取闸室水域面积的一半；

H ——设计水头，m；

d ——阀门全开后惯性水头，m，即闸室水面惯性超高及超降值；

μ ——阀门全开时输水系统的流量系数，可取 0.6～0.8；

ω ——输水阀门处廊道断面面积，m²；

L_{np} ——输水廊道换算长度，m；

α ——系数，可按表 2.3-14 选用；

t_v ——输水阀门开启时间，s；

g ——重力加速度，取 9.81m/s²。

（4）水力特性曲线计算。输水系统各输水瞬间闸室水位、流量与输水时间的关系见式（2.3-17）～式（2.3-19）。

$$H_t=\frac{1}{\mu_t^2}\frac{Q_t^2}{2g\omega^2}+\frac{L_{np}}{g\omega}\frac{dQ_t}{dt} \tag{2.3-17}$$

$$Q_t=-\frac{\Omega_1\Omega_2}{\Omega_1+\Omega_2}\frac{dH_t}{dt} \tag{2.3-18}$$

$$h_{1t}-h_{2t}=H_t \tag{2.3-19}$$

式中　t ——时间，s；

Q_t ——t 时刻的输水流量，m³/s；

H_t ——t 时刻的作用水头，m；

ω ——计算断面面积，一般取为阀门处廊道断面面积，m²；

μ_t ——t 时刻输水系统的流量系数，可按式（2.3-13）计算；

L_{np} ——输水系统廊道换算惯性长度，m，集中输水系统可近似取 0。

对于多级连续船闸，Ω_1、Ω_2 分别为上、下闸室

水域面积（m^2），h_{1t}和h_{2t}分别为上、下闸室t时刻的水位（m）。

对于单级船闸或多级船闸首级，充水时，Ω_1为上游引航道的水域面积，$\Omega_1=\infty$；Ω_2为闸室水域面积；h_{1t}为上游水位，可认为充水过程基本保持不变，为恒定值；h_{2t}为t时刻闸室水位。

对于单级船闸或多级船闸末级，泄水时，Ω_1为闸室水域面积；Ω_2为下游引航道的水域面积，$\Omega_2=\infty$；h_{1t}为t时刻闸室水位；h_{2t}为下游水位，可认为输水过程基本保持不变，为恒定值。

将式（2.3-17）～式（2.3-19）改写为有限差分格式，用数值积分以获得其数值解。设下标t表示各物理量的目前状态值，$t+1$表示下一步计算各物理量的预测值，则

$$H_{t+1}=\frac{1}{\mu_{t+1}^2}\frac{Q_{t+1}^2}{2g\omega^2}+\frac{L_{np}}{g\omega}\frac{Q_{t+1}-Q_t}{\Delta t} \tag{2.3-20}$$

$$Q_{t+1}+\frac{H_{t+1}-H_t}{\Delta t}\frac{\Omega_1\Omega_2}{\Omega_1+\Omega_2}=0 \tag{2.3-21}$$

$$h_{1,t+1}-h_{2,t+1}=H_{t+1} \tag{2.3-22}$$

通过式（2.3-20）～式（2.3-22）的迭代计算，可以得出船闸输水系统输水过程闸室内水位、流量与时间的变化过程，而其他的输水水力特性可由所求得的水位流量过程得出。

（5）闸室及引航道内船舶停泊条件的计算。

1）闸室内船舶的停泊条件。船舶（船队）在闸室内的停泊条件可按下式计算：

$$P_1\leqslant P_L \tag{2.3-23}$$

式中 P_1——船舶(船队)所受的水流作用力，kN；

P_L——容许系缆力的纵向水平分力，kN，可按表2.3-5确定。

对分散输水系统进行水力计算时，一般可通过模型试验确定。

对于集中输水系统，船舶（船队）所受的水流作用力计算公式为

充水时
$$P_1=P_B=\frac{k_r\omega DW\sqrt{2gH}}{t_v(\omega_c-\chi)} \tag{2.3-24}$$

泄水时
$$P_1=P_i+P_v \tag{2.3-25}$$

式中 P_B——充水初期的波浪作用力，kN；

k_r——系数，取0.6～0.8；

W——船舶（船队）排水量，t；

H——设计水头，m；

t_v——输水阀门开启时间，s；

ω_c——初始水位的闸室横断面面积，m^2；

χ——船舶（船队）浸水横断面面积，m^2；

g——重力加速度，取9.81m/s^2；

D——波浪力系数，计算公式见式（2.3-26）；

P_i——泄水水面坡降所产生的作用力，kN，计算公式见式（2.3-27）；

P_v——闸室纵向流速所产生的作用力，kN，计算公式见式（2.3-28）。

波浪力系数D的计算公式为

$$D=\frac{1+2a\sqrt{\alpha}+4b(\sqrt{\alpha}-\alpha\beta)}{1+2a} \tag{2.3-26}$$

其中
$$a=\frac{l_B}{l_C}$$
$$l_C=\frac{W}{\chi}$$
$$b=\frac{l_H}{l_C}$$
$$\alpha=\frac{\omega_c-\chi}{\omega_c}$$
$$\beta=\frac{4\sqrt{\alpha}}{(1+\sqrt{\alpha})^2}$$

式中 D——波浪力系数，当船舶（船队）的长度接近闸室长度时取1.0；

a——系数；

l_C——船舶（船队）换算长度，m；

l_B——船首离上闸首的距离，m；

b——系数；

l_H——船尾离下闸首的距离，m；

α——断面系数；

β——系数；

其余符号意义同前。

泄水时闸室水面坡降所产生的作用力P_i的计算公式为

$$P_i=\psi\rho g\chi\left(\frac{\sqrt{h^4-4h\frac{q_1^2}{g}}}{4h}-\frac{\sqrt{h^4-4h\frac{q_2^2}{g}}}{4h}\right) \tag{2.3-27}$$

其中
$$h=H_t-\frac{\chi}{B_c}$$
$$q_1=\frac{Ql_T}{B_cL_c}$$
$$q_2=\frac{Q(l_T+l_c)}{B_cL_c}$$

式中 ψ——校正系数，取1.2；

ρ——水的密度，t/m^3；

h——换算的船底以下水深，m；

H_t——t时刻的闸室水深，m；

B_c——闸室宽度，m；

q_1——船尾处的单宽流量，$m^3/(s\cdot m)$；

Q——泄水流量，m^3/s；

l_T——船尾离上闸首的距离，m；

L_c——闸室水域长度，m；

q_2——船首处的单宽流量，$m^3/(s\cdot m)$；

其余符号意义同前。

闸室纵向流速所产生作用力 P_v 计算公式为

$$P_v=\left\{\delta\varphi\chi[1+(m_c-1)\alpha^2]+\frac{1}{3}\left(fO+\frac{W}{C^2R}\right)\right\}\times\frac{gQ^2}{(\omega-\chi)^2}\qquad(2.3-28)$$

其中 $$\alpha=\frac{\omega-\chi}{\omega}$$

式中 δ——船舶（船队）排水量方形系数；

φ——剩余阻力系数，非自航楔形木船和金属船取 10.5×10^{-3}；非自航勺形铁壳船取 8.0×10^{-3}；

m_c——船前流速不均匀系数，闸室泄水及引航道取1.0；闸室充水，当采用复杂消能工时取2.0～2.5，当采用简单消能工时取3.0～4.0；

f——摩擦系数，金属船舶取 0.17×10^{-3}，木船取 0.25×10^{-3}；

O——船舶浸水表面面积，m^2；

α——系数；

R——水力半径，m；

C——谢才系数；

Q——流量，m^3/s；

其余符号意义同前。

2）引航道或中间渠道内船舶的停泊条件。集中或分散输水系统船闸引航道内船舶停泊条件的计算相同。

船舶（船队）在闸室内的停泊条件可按 $P_2\leqslant P_L$ 核算。

在引航道或中间渠道内等待过闸的船舶所受的水流作用力等于波浪力与纵向流速力之和，其计算公式为

$$P_2=P'_B+P'_v\qquad(2.3-29)$$

$$P'_B=\frac{\Delta Q}{\Delta t}\frac{W\sqrt{\alpha}}{\omega_n-\chi}+\frac{2Q_2W(1-\sqrt{\alpha})\sqrt{g}}{l_c\sqrt{(\omega_n-\chi)B_n}}\qquad(2.3-30)$$

$$P'_v=\left(\delta\varphi m_c\chi+fO+\frac{W}{C^2R}\right)\frac{gQ^2}{(\omega-\chi)^2}\qquad(2.3-31)$$

$$\frac{\Delta Q}{\Delta t}=\frac{Q_2-Q_1}{t_c}$$

$$t_c=\frac{l_c\sqrt{B_n}}{\sqrt{g(\omega_n-\chi)}}$$

式中 P'_B——充、泄水时引航道内的波浪作用力，kN；

P'_v——充、泄水时引航道内的流速力，kN；

$\frac{\Delta Q}{\Delta t}$——波浪沿船舶（船队）行进时段内的平均流量增率，$m^3/s^2$；

t_c——行进时段，s；

ω_n——引航道过水断面面积，m^2；

B_n——引航道水面的宽度，m；

Q_1——时段开始的流量，m^3/s；

Q_2——时段末的流量，m^3/s；

其余符号意义同前。

（6）输水阀门水力计算。针对阀门的布置和开启状况进行输水阀门水力计算。当阀门局部开启时，水流通过阀门断面后首先被压缩，然后再扩大到充满整个廊道。这时阀门后面的水力条件主要决定于阀门的淹没水深，亦即阀门与闸室或下游水面的相对高程，也决定于阀门后面的通气条件。根据阀门的通气情况，输水阀门水力计算可分为密封式和开敞式两种情况。

1）密封式阀门水力计算。对于密封式阀门主要应该核算阀门后的压力值及阀门的工作空化数，以验证是否发生空化。

密封式阀门后水流收缩断面处廊道顶部压力水头 P_c 的计算公式为

$$P_c=H_T-\zeta_1\frac{v^2}{2g}-\frac{v_c^2}{2g}\qquad(2.3-32)$$

$$v_c=\frac{v}{n\varepsilon_n}\qquad(2.3-33)$$

式中 P_c——阀门后水流收缩断面处廊道顶部的压力水头，m；

H_T——船闸上游水位与阀门后廊道顶部高程的差值，m；

v——阀门段廊道断面的平均流速，m/s；

ζ_1——输水阀门前廊道段各部分阻力系数之和；

v_c——水流收缩断面的平均流速，m/s；

n——阀门开度；

ε_n——收缩系数；

g——重力加速度，取 $9.81m/s^2$。

2）开敞式阀门后水跃的计算。开敞式阀门主要核算阀门后是否发生远驱式水跃。阀门后不产生远驱式水跃的条件为

$$P_1\geqslant k[P_1]\qquad(2.3-34)$$

$$P_1=\frac{q^2}{2gh_1^2}(\zeta_2-1)+\left(a_0-\frac{h_1}{2}\right)\qquad(2.3-35)$$

$$[P_1]=P_c+\frac{q^2}{gh_1^2}\left(\frac{1}{n\varepsilon_n}-1\right)-\frac{h_1(1-\varepsilon_n^2n^2)}{2}$$

(2.3-36)

式中 P_1——阀门后水流充分扩散处廊道顶部的压力水头，m；

$[P_1]$——阀门后水跃始于收缩断面时水流充分扩散处廊道顶部的压力水头，m；

q——廊道中单宽流量，$m^3/(s\cdot m)$；

h_1——阀门后水流充分扩散处的廊道高度，m；

ζ_2——阀门后输水系统各部分阻力系数之和；

a_0——阀门处廊道断面中心在闸室（充水时）或下游（泄水时）水位以下的深度，m；

P_c——阀门后水流收缩断面处廊道顶部的压力水头，m；

k——安全系数，取1.1；

n——阀门开度；

ε_n——收缩系数；

g——重力加速度，取$9.81m/s^2$。

（7）集中输水系统消能室体积、镇静段长度及输水阀门开启时间的计算。消能室位于输水孔口与消能设备之间，其体积可以是固定的，也可以是随闸室水位而变化的。镇静段为自消能设备后至船舶停泊段前的一段闸室长度，对于无消能工或消能工仅布置在闸首范围内的上、中闸首，均自闸首后缘算起。镇静段的长度不包括在闸室的有效长度之内。

1）消能室的体积V可用与充水时水流最大能量E_{max}有关的经验公式计算，其计算公式为

$$V\geqslant AE_{max} \qquad (2.3-37)$$

式中 V——消能室体积，m^3；

A——与消能室型式有关的系数，m^3/kW，它表示消耗单位千瓦能量所需要的水体积，对格栅式消能室取$0.09\sim0.13m^3/kW$，对封闭式消能室取$0.18\sim0.24m^3/kW$，对开敞式消能室取$0.25\sim0.40m^3/kW$；

E_{max}——水流最大能量，kW。

2）镇静段长度L可由充水时进入闸室的最大水流比能来决定，其计算公式为

$$L\geqslant BE_{Pmax} \qquad (2.3-38)$$

式中 L——镇静段长度，m；

B——与消能室型式有关的系数，m^3/kW，对无消能工取为$0.7\sim1.3m^3/kW$，对简单消能工取为$0.3\sim0.7m^3/kW$，对复杂消能工取为$0.1\sim0.3m^3/kW$；

E_{Pmax}——水流最大比能，kW/m^2。

为了在开始进行水力计算时能估计闸室水域面积，可取镇静段长度为6～12m，对闸室宽度较大或消能措施较差的可取大值。

3）输水阀门开启时间t_v。输水阀门开启时间的计算公式为

$$t_v=\frac{k_r\omega DW\sqrt{2gH}}{P_L(\omega_c-\chi)} \qquad (2.3-39)$$

式中 t_v——输水阀门开启时间，s；

k_r——系数，对锐缘平面阀门取0.725，对反向弧形阀门取0.623；

ω——输水阀门处廊道断面面积，m^2；

H——设计水头，m；

g——重力加速度，取$9.81m/s^2$；

ω_c——初始水位的闸室横断面面积，m^2；

χ——船舶（船队）浸水横断面面积，m^2；

D——波浪力系数，可按式（2.3-26）计算；

W——船舶（船队）排水量，t；

P_L——容许系缆力的纵向水平分力，kN，按表2.3-5确定。

此外集中输水系统水力计算还应包括：能量与时间的关系曲线计算、比能与时间的关系曲线计算，闸室断面平均流速与时间的关系曲线计算，上述计算可按《船闸输水系统设计规范》（JTJ 306）中有关公式计算。

（8）分散输水系统输水廊道换算长度和闸室水面惯性超高及超降值计算。

1）输水廊道换算长度计算。对于输水系统串联廊道，换算长度的计算公式为

$$L_{np}=\sum_{i=1}^{m}\frac{\omega}{\omega_i}l_i \qquad (2.3-40)$$

式中 L_{np}——输水廊道的换算长度，m；

ω——阀门处廊道断面面积，m^2；

ω_i——第i段输水廊道断面面积，m^2；

l_i——第i段输水廊道长度，m。

对于具有出水支孔段的廊道，近似认为各支孔等间距布置且各支孔的出流是均匀的，则支孔段廊道换算长度的计算公式为

$$L_{np}=\frac{L}{2} \qquad (2.3-41)$$

式中 L_{np}——出水支孔段廊道的换算长度，m；

L——出水支孔段的廊道长度，m。

对于具有分支廊道的廊道换算长度，其主廊道段的换算长度按式（2.3-41）计算，仅把各分支廊道

作为出水支孔考虑。所有分支廊道相当于并联管道，假定并联分支廊道的总换算长度为各分支廊道换算长度的算术平均值，其计算公式为

$$L_{np}=\frac{1}{n}\sum_{i=1}^{n}\frac{v_i}{v}l_i \qquad (2.3-42)$$

式中 L_{np}——并联分支廊道的总换算长度，m；

v——阀门处廊道的流速，m/s；

v_i——第 i 根分支廊道的流速，m^2；

l_i——第 i 根分支廊道的长度，m；

n——分支廊道个数。

当各分支廊道的长度、流量及断面均相等时，则并联分支廊道的总换算长度等于任一根分支廊道的换算长度。

2）惯性超高及超降。闸室水面惯性超高及超降值可按式（2.3-16）计算。

（9）闸室廊道内最大剩余压力及廊道转弯段内侧压力计算。分散输水系统充、泄水时，闸室廊道内压力水柱高程与闸室水面高程之差称为剩余压力。充水时，廊道内的水压力大于廊道外的静水压力，剩余压力为正；泄水时，剩余压力为负。充、泄水时的最大剩余压力均发生在出水支孔段末（沿水流方向）最大流量时，其计算公式分别为

充水时 $$\frac{p_m}{\gamma}\approx\zeta_m\frac{v_m^{\ 2}}{2g} \qquad (2.3-43)$$

泄水时 $$\frac{p'_m}{\gamma}=-(1+\zeta_m)\frac{v_m^{\ 2}}{2g} \qquad (2.3-44)$$

式中 $\frac{p_m}{\gamma}$、$\frac{p'_m}{\gamma}$——充、泄水时闸室内的最大剩余压力水头，m；

ζ_m——出水支孔段的阻力系数；

v_m——充、泄水时闸室输水廊道出水孔段断面的最大平均流速，m/s。

此外，由于分散输水系统的水头较高，廊道内流速较大，廊道转弯段内侧的压力有可能较低而发生气蚀破坏。因此，应核算廊道转弯段内侧的压力，其计算公式为

$$H_i=H_p-C_p\frac{v^2}{2g} \qquad (2.3-45)$$

其中 $$C_p=\left[\frac{2}{\left(\frac{R}{c}-1\right)\ln\left(\frac{\frac{R}{c}+1}{\frac{R}{c}-1}\right)}\right]^2-1$$

式中 H_i——廊道弯段内侧的最低压力水头，m；

H_p——廊道弯段中心按上游压力坡度直线延长的平均压力水头，m；

v——廊道弯段的平均流速，m/s；

C_p——压降参数；

g——重力加速度，取 $9.81m/s^2$；

R——廊道弯段中心线的曲率半径，m；

c——廊道宽度的 1/2，m。

（10）输水阀门底缘的空化数。其计算公式为

$$K=\frac{p+(p_a-p_v)}{v^2/2g} \qquad (2.3-46)$$

式中 K——输水阀门底缘的空化数；

p——参考点的压力水头，m；

p_a——以水头表示的大气压力，m；

p_v——以水头表示的饱和水蒸气压，m；

v——参考点的速度，m/s。

2.3.3.6 水力学模型试验及原型观测

1. 模型试验

（1）试验目的。对闸室输水系统充、泄水过程中的充、泄水阀门运行情况和水力特性，水位升降过程中的闸室水流条件进行检验，并按照试验成果优化通航建筑物的布置。

（2）模型比尺。试验工作在船闸水力学整体模型上进行。模型比尺采用 1∶20～1∶40。

对于高水头单级或多级船闸，输水阀门启闭运行过程中因高速水流引起的空化、声振、阀门流激振动、通气等特殊问题，以及对于大型高水头船闸输水系统上、下游进出口的分流口布置型式与流量分配影响到船舶（船队）停泊安全的情况，在必要时，需进一步采用大比尺的局部模型进行试验，模型比尺一般采用 1∶10～1∶30。

（3）试验依据及基本资料。

1）船闸输水系统平面及纵、横剖面图。

2）工作闸门和输水阀门的启闭系统及结构布置图。

3）闸室输水时间，水位惯性超高（超降）和系缆力容许值。

4）输水阀门启闭方式、时间。

5）设计船舶有关资料。

6）输水系统水力设计资料。

（4）试验内容。

1）闸室充、泄水水力特性。

2）测定闸室内船舶的缆绳拉力。

3）测定引航道内的流速分布及观测引航道的流态。

4）测定输水廊道各部位的压力。

5）观测输水系统进、出口附近及闸室内的局部水流现象。

6）高水头船闸闸门、阀门的水力特性试验。

（5）试验成果。

根据试验成果，对输水系统的充、泄水效率，输水系统及其设备的运行状态和安全度作出评价，提出优化输水系统设计的建议。

2. 原型观测

（1）观测目的。对设计水头较高，布置较复杂的船闸输水系统，通常应考虑阀门设备和充、泄水在实际运行中的输水效率或安全问题，是否与设计和模型试验的预期相一致，因此需通过原型观测进行必要的检验。

（2）工作安排。观测工作一般在船闸试运行期间进行。在船闸施工过程中，在输水主廊道的阀门段、主廊道及出水支廊道内布置测点，埋设监测仪器的底座。测试工作开始前，临时安设探测仪器，在阀门及其启闭机等有关部位布置其他静力和动力监测设备。船闸水力学监测的仪器主要有流速仪、脉动压力计、水听器、应力计、动应变计和振动加速度计等。应对船闸运行中出现的各种工况（如双侧阀门运行或单侧阀门运行，或事故动水关闭阀门等工况）进行全面、系统的监测。出于安全考虑，监测过程中船闸的工作水头应由小到大逐级增加，直至达到最大设计水头。

（3）观测内容。

1）闸室充、泄水时间及其水位变化过程。

2）闸室停泊条件，主要测试闸室水面的上升速度，观察闸室水面的平稳情况；监测船舶的纵、横向缆绳拉力。

3）输水廊道阀门段水力学特性，包括流量过程、空化噪声、脉动压力（幅值及频率）、阀门井内水位变化、阀门的通气量、阀门的水动力参数；闸室超充、超泄值和通过提前关闭阀门减小超充、超泄值的提前量；输水系统时均压力分布和沿程阻力；阀门启闭时间和启闭力；人字门启闭时间和启闭力；人字门在充、泄水过程中由关终位进入合拢位的时间等。

（4）观测成果。

1）闸室充、泄水时间及闸室水面升、降速度。

2）输水时闸室及上、下游通航和停泊条件。

3）输水系统上、下游引航道口门区水流流态。

4）输水系统主要水力学参数。

5）人字闸门、阀门在运转过程中，阀门的升降速度、启闭力、振动和阀门底缘空化数，以及人字门的启门力与运行速度的关系、振动等数据。

（5）数据分析。

1）船闸运行参数对比分析。

2）对目前无法通过模型试验解决的问题进行必要的分析研究。

3）对船闸在运转过程中出现的异常情况进行必要的分析研究。

2.3.4 建筑物结构设计

2.3.4.1 设计标准

1. 水工建筑物级别

按《船闸水工建筑物设计规范》（JTJ 307—2001）规定船闸水工建筑物分为五级，见表2.3-16。

表2.3-16 船闸水工建筑物级别划分

船闸级别	水工建筑物级别		
	永久建筑物		临时建筑物
	闸首、闸室	导航、靠船建筑物	
Ⅰ	1	3	4
Ⅱ、Ⅲ	2	3	4
Ⅳ、Ⅴ	3	4	5
Ⅵ、Ⅶ	4	5	—

注 1. 在综合性枢纽中，位于挡水前沿的闸首和闸室等挡水建筑物的级别应与枢纽中其他挡水建筑物一致。
2. 2级及以下永久建筑物符合下列情况之一者，其级别可提高一级：①水头超过15m；②建筑物失事后，将对下游工矿企业、城乡居民的生活和生产造成重大损失；③工程地质条件特别复杂；④建筑物采用实践经验较少的新结构、新材料或新工艺。
3. 临时建筑物符合下列情况之一者，其级别可提高一级：①临时建筑物失事后，将对下游工矿企业、城乡居民的生活和生产造成重大损失；②临时建筑物失事后，将使工期严重延误。

2. 设计荷载及其组合

（1）设计荷载。作用于船闸水工建筑物上的荷载主要有：建筑物及设备重、水压力、土压力、扬压力、船舶荷载、活荷载、波浪力、水流力、地震力等。其中多数荷载与一般水工结构的荷载相同，有些则略有不同。

1）水压力。作用于闸墙迎水面的水压力，随着闸室的充、泄水迅速变化，计算时一般取其可能出现的高水位，按静水压力考虑。作用于输水廊道结构上的内水压力包括静水压力和动水压力两部分。其中动水压力系数应由试验确定。

2）土压力。对于作用于船闸闸墙后的土压力，应根据地基性质、结构类型及回填土性质等因素判别土压力的计算状态。土基或风化软弱岩基上的分离式闸墙可按主动土压力计算；岩基上的重力式、扶壁式、悬臂式和混合式闸墙，以及一般的整体式结构按静止土压力计算，静止土压力系数根据地基岩性和闸墙刚度按主动土压力系数的1.25～1.5倍采用。墙背与垂线夹角较小时，主动土压力一般采用库仑理论计算；墙背较平缓时（包括扶壁式、L墙式），一般采用朗肯理论计算主动土压力，墙背与后趾垂直面之间的土体按自重计。

3）船舶荷载。

a. 船舶撞击力。作用在船闸结构上的船舶撞击力的计算公式为

$$F_c = 0.9KW^{0.67} \qquad (2.3-47)$$

式中 F_c——船舶撞击力，kN；

K——系数，闸室段取1.0，导航建筑物直线段取1.67，曲线段和靠船建筑物取2.0；

W——船舶（船队）排水量，t。

船舶撞击力作用方向可按垂直于建筑物表面考虑。作用于墩式结构的撞击力按集中荷载考虑。对于作用于连续墙上的撞击力，其分布长度的计算公式为

$$L_y = 0.67Y \qquad (2.3-48)$$

$$2b < L_y \leqslant L_d$$

式中 L_y——撞击力沿连续的闸墙长度方向的分布长度，m；

Y——撞击力作用点到计算截面的距离，m；

b——计算截面处连续墙的厚度，m；

L_d——建筑物的分块长度，m。

b. 船舶系缆力。按《船闸水工建筑物设计规范》（JTJ 307—2001）的规定，船舶系缆力见表2.3-17。

表2.3-17 内河船舶系缆力表

船舶载重 DWT (t)	系缆力值 (kN)
$DWT \leqslant 100$	30
$100 < DWT \leqslant 500$	50
$500 < DWT \leqslant 1000$	100
$1000 < DWT \leqslant 2000$	150
$2000 < DWT \leqslant 3000$	200
$3000 < DWT \leqslant 5000$	250

4）扬压力。扬压力包括浮托力和渗压力两部分。作用于船闸结构基础底部的渗压力按照结构最大水头和基础底部设置防渗排水的情况按三角形分布计算，浮托力按矩形分布计算，强度由低水位侧的水深确定。

（2）荷载组合。结构计算荷载组合见表2.3-18。

表2.3-18 结构计算荷载组合表

荷载组合		计算情况	自重	设备重	水压力	土压力	扬压力	船舶荷载	波浪力	水流力	活荷载	地震力
基本组合	①	运用工况	√	√	√	√	√	√	√	√	√	
	②	检修工况	√	√	√	√	√				√	
		施工工况	√			√					√	
		完建工况	√	√		√	√					
特殊组合	①	校核洪水	√	√	√	√	√		√	√	√	
		排水或止水失效	√	√	√	√	√	√			√	
	②	运用情况＋地震	√	√	√	√	√	√			√	√
		检修情况＋地震	√	√	√	√	√				√	√

3. 结构安全标准

（1）建筑物稳定安全系数。按《船闸水工建筑物设计规范》（JTJ 307—2001）规定的建筑物抗滑、抗倾、抗浮稳定安全标准选取，结构整体稳定安全系数见表2.3-19。

（2）建筑物基底应力控制标准。为保证船闸止水结构的正常工作和防止出现过大的不均匀沉降，应适当控制土基上船闸结构的基底应力分布；闸首结构的最大与最小基底应力比，砂性土地基应不大于5.0，黏性土地基应不大于3.0；土基上的分离式闸墙结构，其地基不得出现拉应力。

对于岩基上的船闸结构，在各种荷载组合情况下（地震荷载除外），建筑物基底面最大垂直正应力均应小于基岩容许承载力；运用期，建筑物基底面最小垂直正应力均应大于零；施工期或检修期，背水面垂直正应力允许有不大于0.1MPa的拉应力。

2.3.4.2 闸室结构

1. 结构型式

闸室通常采用大体积混凝土或钢筋混凝土结构，包括边墙和底板两部分。按底板与两侧闸墙的连接方式，结构型式有分离式和整体式两大类。

表 2.3-19 结构整体稳定安全系数表

项目		建筑物级别	荷载组合			
			基本组合①	基本组合②	特殊组合①	特殊组合②
抗滑	土基	1	≥1.4	≥1.3	≥1.3	≥1.2
		2、3	≥1.3	≥1.2	≥1.2	≥1.1
		4、5	≥1.2	≥1.1	≥1.1	≥1.05
	岩基	1	≥1.1	≥1.05	≥1.05	≥1.0
		2～5	≥1.05	≥1.0	≥1.0	≥1.0
抗剪断（岩基）		1～5	≥3.0	≥2.5	≥2.5	≥2.3
抗倾		1	≥1.6	≥1.5	≥1.5	≥1.4
		2、3	≥1.5	≥1.4	≥1.4	≥1.3
		4、5	≥1.4	≥1.3	≥1.3	≥1.2
抗浮		1、2	≥1.1			
		3～5	≥1.05			

注 表中基本组合①为相应于运用情况的荷载组合；基本组合②为相应于施工、完建和检修情况的荷载组合；特殊组合①为相应于校核洪水、排水或止水失效情况的荷载组合；特殊组合②为相应于运用、检修期发生地震情况的荷载组合。

(1) 分离式结构。

1) 分离式闸墙。分离式闸墙可分为普通分离式和衬砌式两大类。普通分离式闸墙结构型式主要有重力式、L墙式和扶壁式等，如图2.3-14所示；衬砌式闸墙结构型式有重力衬砌式、薄壁衬砌式和混合式，如图2.3-15所示。普通分离式和衬砌式闸墙的结构工作特点及适用条件见表2.3-20和表2.3-21。

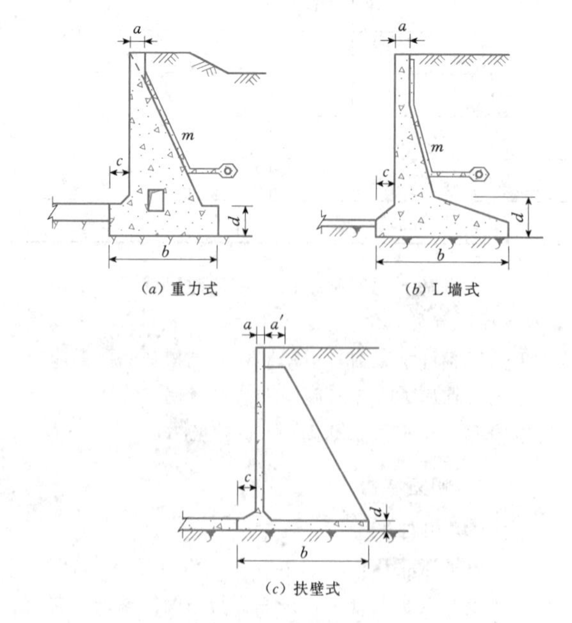

图 2.3-14 普通分离式闸墙结构型式

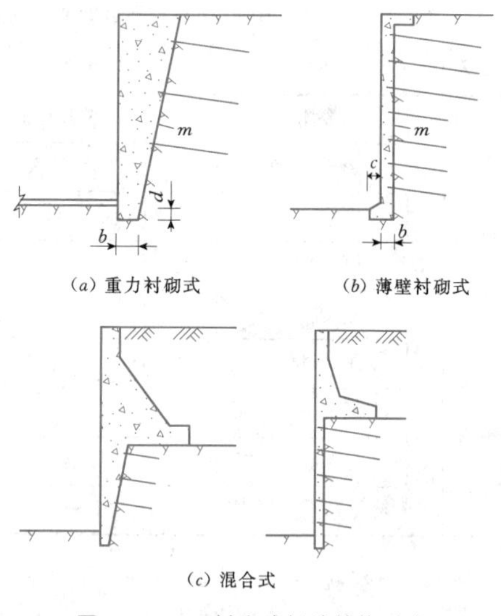

图 2.3-15 衬砌式闸墙结构型式

2) 分离式闸室底板。分离式闸室底板有透水式和不透水式两种。透水式底板一般仅适用于水头不高、地基透水性较小，且对渗透变形不敏感的工程；在土基上，通常采用设纵、横格梁及反滤层的透水式底板；岩基上可采用混凝土找平层或设置带排水孔的混凝土护面。水头较高或地基渗透稳定性较差的船闸，闸室底板通常结合输水系统布置，采用不透水式结构。为提高闸室底板抗浮能力，在土基上可采用底

表 2.3-20　　普通分离式闸墙结构工作特点及适用条件

闸墙型式	结构工作特点	适用条件	备　　注
重力式	结构简单，基本不用钢材，便于机械化施工，结构耐久性好，可利用墙身布置输水廊道。但混凝土工程量大，材料强度利用不充分，地基应力大，对地基要求较高	适用于地基条件较好、施工机械化程度较高，尤其是需采用分散式输水系统的船闸	墙后填土较高时，可采用衡重式断面以节省工程量
L墙式	结构较简单，混凝土工程量较省，材料强度利用较充分，对地基要求相对于重力式闸墙较低。但耗钢材，施工较重力式复杂	在水头不高，为节省混凝土工程量或降低地基应力时采用	墙后一般需填土至一定高度以满足结构的稳定要求
扶壁式	结构轻巧，对地基要求相对于重力式闸墙较低，混凝土工程量较省，材料强度利用充分。但结构形态复杂，钢材用量大，施工较复杂	一般用于土基上采用集中输水系统的船闸	墙后一般需填土至一定高度以满足结构的稳定要求

表 2.3-21　　衬砌式闸墙结构工作特点及适用条件

闸墙型式	结构工作特点	适用条件	备　　注
重力衬砌式	结构简单，施工方便，节省钢材，结构自身具有较好的抗倾覆能力。但混凝土工程量相对薄壁衬砌式结构大	闸墙两侧可利用岩体较坚硬，但裂隙发育，基槽两侧需放坡开挖	两侧边坡的坡度按边坡的稳定要求确定
薄壁衬砌式	结构轻巧，混凝土工程量省。但对基岩条件要求较高，需要利用锚杆维持结构稳定，并需设置墙后排水系统，施工难度较大	闸墙两侧可利用岩体坚硬完整，基槽边坡近乎直立开挖时采用	水头不高时两者结合面上可不设排水系统，采用透水式闸墙
混合式	上部为重力式、下部为衬砌式的组合结构，同时具有衬砌式和重力式两类闸墙的结构特点	闸墙两侧可利用岩体顶面处于墙顶和墙底之间时考虑采用	上部闸墙也可采用轻型结构

板与两侧闸墙间设置楔口连接的双铰式底板；在岩基上，可在底板下设置抗浮锚杆。分离式闸室底板结构如图 2.3-16 所示。

(2) 整体式结构。整体式结构一种为闸室底板与两侧闸墙刚性连接的钢筋混凝土坞式结构，结构受力特点类同弹性地基上的U形框架；另一种为钢筋混凝土悬臂式结构，闸室在底板中间分缝，每侧底板与闸墙刚性连接。整体式闸室结构如图 2.3-17 所示。

整体式闸室结构工作特点及适用条件见表 2.3-22。

表 2.3-22　　整体式闸室结构工作特点及适用条件

型　式	结构工作特点	适用条件	备　　注
坞式	地基应力的分布比较均匀，对地基承载力要求较低；结构整体性好，闸墙两侧的不均匀沉陷较小；一般无抗滑稳定问题。但底板的结构应力和钢筋用量大，施工温控要求较高	适用于地基较差或有软弱夹层的情况，以及需控制闸室结构布置宽度或墙后没有回填条件的工程	大型船闸宜考虑对底板设置施工缝，通过控制施工程序以改善底板工作条件，防止底板产生温度裂缝
悬臂式	闸室底板受力状态较坞式结构有改善，底板厚度及钢筋用量可相对减少。但地基应力状态较坞式结构差，对地基要求相对较高，需控制底板两端的地基应力比	一般用于土基上地基承载能力较低，闸室高度与宽度之比较大，且两侧墙后具有基本对称回填条件的工程	墙后填土较高时可通过设置适当长度的后悬臂来调整基底的应力

(3) 结构型式选择。分离式结构受力明确，施工相对简单，但闸墙断面、地基应力及应力比较大，通常在地基条件较好的工程中采用。钢筋混凝土整体式闸室利用闸室底板与闸墙共同受力，具有闸墙断面和

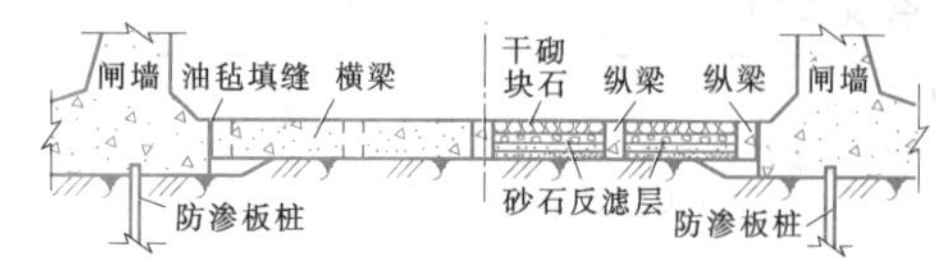

(a) 土基上透水式底板

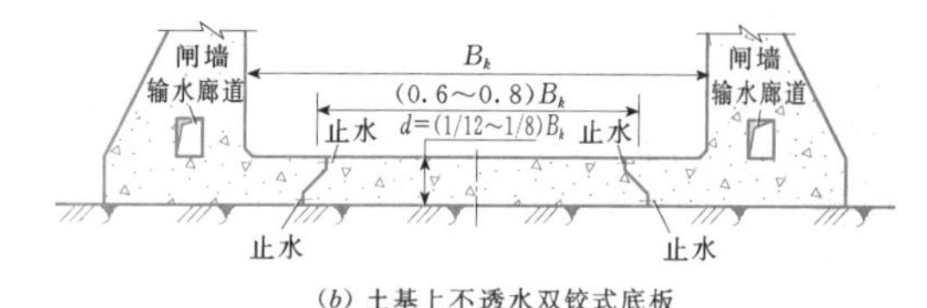

(b) 土基上不透水双铰式底板

(c) 岩基上设抗浮锚杆的不透水底板

图 2.3-16 分离式闸室底板结构示意图

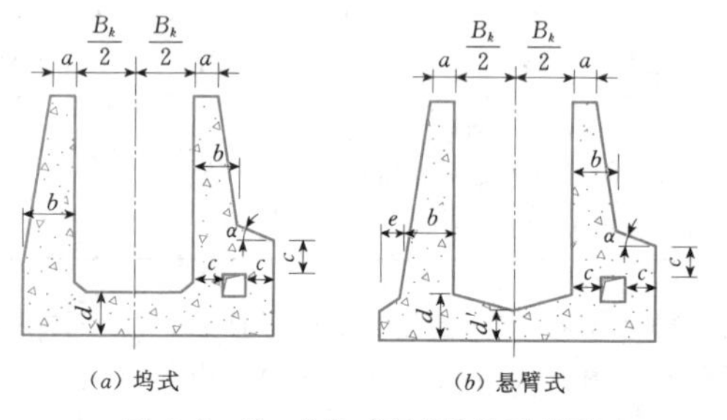

(a) 坞式　(b) 悬臂式

图 2.3-17 整体式闸室结构示意图

地基应力较小、整体稳定性好、对地基适应性强等优点，但闸室底板结构的拉应力和钢筋用量较大，对施工要求高，一般用于地基条件较差、工作水头及闸室高宽比较大，以及闸室两侧没有填土条件的工程。苏联有资料指出，除特别松软的土基外，当闸墙自由高度与闸室有效宽度的比值小于0.3时，整体式闸室结构不应是主要考虑方案；当比值大于0.6时，分离式闸室结构则不应是主要考虑方案。

水利枢纽中的船闸通常地基条件较好，闸室一般可采用分离式结构，闸墙型式选择可参考以下基本原则：

1）对于需采用闸墙长廊道分散输水系统的船闸，在地基条件较好的情况下，应优先考虑实体重力式闸墙。

2）当可利用的基岩面高程较低或岩体质量较差时，闸室墙宜采用重力式结构；当可利用的基岩顶面高于闸室基础面，且岩体强度及完整性较好时，可考虑采用衬砌式结构。

3）对于采用复杂式分散输水系统的高水头船闸，闸墙型式则应结合输水系统的布置要求和墙后可利用岩体条件综合选定。若墙后可利用岩面很高，应优先考虑采用衬砌式闸墙，可在岩体内开挖隧洞及竖井形成相应输水主廊道及阀门井；若墙后可利用岩体较低，闸墙结构宜采用重力式或重力衬砌混合式。

2. 结构布置

（1）结构断面尺寸。闸室结构断面尺寸可先根据采用的结构型式和闸室有关设施布置要求，参考已建同类工程拟定，再通过结构稳定计算、强度计算确定。初步布置分离式闸室闸墙基本断面尺寸可参考表2.3-23，整体式闸室断面尺寸可参考表2.3-24。

表 2.3-23　分离式闸室闸墙基本断面尺寸参考表

闸墙型式＼尺寸	a (m)	b (m)	c (m)	d (m)	m
重力式	≥1.0	$(0.5\sim0.8)H$	1.0～5.0	$(1/6\sim1/8)H$	1∶(0.5～0.7)
L墙式	≥0.6	$(0.7\sim1.3)H$	$(0.1\sim0.3)H$	$(1/4\sim1/6)H$	1∶(0.22～0.28)
扶壁式	$a\geqslant0.3$ $a'\geqslant0.8$	$(0.7\sim1.3)H$	$(0.1\sim0.3)H$	$(1/10\sim1/15)H$ 且≥0.3	
重力衬砌式		$(0.5\sim1.0)mH$ 且≥0.4		≥0.5	1∶(0.1～0.4)
薄壁衬砌式		0.5～1.5			1∶0
混合式	参照重力式和衬砌式				

注　1. H为闸墙总高度；其他尺寸参数如图2.3-15和图2.3-16所示。
2. 扶壁式结构扶壁间距可采用$(0.3\sim0.5)H$。

表 2.3-24　　整体式闸室断面尺寸参考表

型式＼尺寸	a (m)	b (m)	c (m)	d (m)	d' (m)	A (°)
坞式	≥0.6	(1/4～1/6)H	—	(1/4～1/6)H 且>(1/5～1/8)B_K	—	30～45
悬臂式	≥0.6	(1/4～1/6)H	1.0～2.0	(1/4～1/6)H 且>(1/5～1/8)B_K	≥0.6	30～45

注　B_K 为闸室有效宽度；H 为闸墙在底板以上高度，其他尺寸参数如图 2.3-17 所示。

(2) 结构分缝。闸室结构的分缝有永久结构缝和临时施工缝两大类。永久结构缝又有纵缝、横缝和水平缝三种。

分离式结构在闸室底板两侧各布置一条纵缝。整体式坞式结构一般不设纵缝，但大型坞式船闸通常在底板两侧各设置一条临时施工缝，施工缝通常为宽槽缝，宽度采用 1.0～1.5m，距两侧闸墙迎水面的距离一般为闸室有效宽度的 1/10。悬臂式闸室结构沿船闸中轴线分一条纵缝。

沿闸室纵向每隔一定距离（按基础不同：岩基每隔 15～20m，土基每隔 20～25m）以及闸室与闸首结构之间，闸室结构体型或地基条件变化处设置横缝。

一般在混合式闸墙上、下不同型式之间和衬砌式闸墙较高时，可考虑结合边坡开挖梯段高度设置水平缝。

永久结构缝采用平直贯通缝，缝宽在岩基上可取 10～20mm，土基上可取 20～30mm。为方便止水布置，相邻结构块的分缝应尽可能对齐。

(3) 闸室结构缝止水。除透水式结构外，闸室永久结构缝面均需设置垂直或水平止水，重要部位的结构缝应设两道止水。结构缝是船闸防渗系统的薄弱环节，特别是闸室底板的水平缝，必须保证施工质量。否则，由于混凝土振捣不密实，容易形成集中渗漏通道。因此，设计船闸止水系统时，应充分考虑止水检查和渗漏处理等要求，宜将闸室底板的上、下两道纵向止水进行分区，并设置检查槽。对于通过压水检查发现的渗漏区段，采用灌注遇水膨胀的材料，在底板缝面采取嵌填塑性止水材料，粘贴防渗盖片等措施进行补救。

(4) 墙后排水。墙后排水分为地表排水和地下排水两部分。在地表结合地表防渗布置排水沟、管，以控制地表水在墙后入渗；在墙后回填料内设置带反滤层的排水暗管或排水棱体，降低地下水位。对衬砌式闸室，其地下排水通常包括墙后山体内部排水和衬砌结构与岩坡结合面上的排水两部分。山体排水一般在两侧山体内，根据岩体顶面至闸室底部之间高度，按一定间距，开挖与船闸轴线平行的排水洞，并在各层排水洞之间钻设排水孔幕；衬砌结构与岩坡结合面上的排水采用与基础排水廊道连接、由水平和垂直排水管组成的排水管网，将墙后的地下水汇入排水廊道抽排至下游引航道内。

(5) 墙后回填。为改善结构受力条件，并兼顾闸顶交通需要，在水利枢纽闸室墙背后通常需用回填料进行回填，回填料通常采用粗砂、中砂或其他粗骨料。填料的高度按闸室最高通航水位和闸室抽干检修两种情况，经结构稳定计算和基础受力平衡计算确定。

3. 结构计算

(1) 计算内容及工况。

1) 计算内容。计算的基本内容包括整体稳定、结构强度，以及基础变形等。计算的重点视结构型式和地基性质的不同而定，一般按平面问题进行计算；在闸室断面或地基条件变化较大时，可选取几个代表性断面分别进行计算；土基上的透水式底板需验算渗透稳定；在岩基上一般不验算地基沉降。

闸室墙结构计算基本内容参考表见表 2.3-25。

2) 计算工况。

a. 运用工况。闸室内最高通航水位，组合墙后最低地下水位，并有船舶撞击力作用；闸室内最低通航水位，墙后最高地下水位，并有船舶系缆力作用。

b. 检修工况。闸室排干、墙后为检修期最高地下水位。

c. 施工工况。应考虑闸室施工程序对结构应力的不利影响，对于底板设有临时施工缝的整体式闸室，还须计算临时缝封合前后两种情况。

d. 完建工况。闸墙及墙后填土已施工完成，闸面有施工活荷载，地下水位与底板齐平。

e. 非常工况。止水或墙后排水失效，以及发生地震等。

(2) 分离式闸墙结构计算。

1) 普通分离式闸墙。

a. 整体稳定计算。

a) 抗滑稳定。对于岩基上的重力式闸墙，沿建基面的整体抗滑稳定安全系数可按抗剪强度和抗剪断强度计算，其计算公式为

$$K_c=\frac{f\sum V}{\sum H} \tag{2.3-49}$$

表 2.3-25　　闸室墙结构计算基本内容参考表

结构型式及地基性质		分离式闸室			整体式闸室	
		重力式		衬砌式	坞式	悬臂式
		岩基	土基			
计算基本内容	抗滑稳定	√	√	√	仅两侧填土高差较大时验算	
	抗倾稳定	√	√	√	—	—
	抗浮稳定	—	—	—	√	√
	地基承载力	√	√	—	√	√
	结构强度	√	√	√	√	√
	锚杆强度	—	—	√	—	—
	地基沉降变形	—	√	—	√	√

注　分离式不透水闸室底板，需验算抗浮稳定。

$$K'_c=\frac{f'\sum V+c'A}{\sum H}\qquad(2.3-50)$$

式中　K_c——按抗剪强度计算的抗滑稳定安全系数；

K'_c——按抗剪断强度计算的抗滑稳定安全系数；

$\sum V$——作用于结构上全部荷载对滑动面法向投影的总和，kN；

$\sum H$——作用于结构上全部荷载对滑动面切向投影的总和，kN；

f——闸墙底与基础接触面的抗滑摩擦系数；

f'——闸墙底与基岩接触面的抗剪断摩擦系数；

c'——闸墙底与基岩接触面的抗剪断黏结力，kPa；

A——闸墙建基面的压应力作用面积，m^2。

对于土基上重力式闸墙，沿基底面的整体抗滑稳定安全系数的计算，非黏性土地基可采用式（2.3-49）计算，黏性土地基宜按式（2.3-51）计算。闸底设有钢筋混凝土格梁或底板作为横撑时，一般按闸墙自身的抗滑稳定安全系数 K_c 达到1.0控制。

$$K_c=\frac{\tan\varphi_0\sum V+c_0A}{\sum H}\qquad(2.3-51)$$

式中　K_c——土基抗滑稳定安全系数；

$\sum V$——作用于结构上全部荷载对滑动面法向投影的总和，kN；

$\sum H$——作用于结构上全部荷载对滑动面切向投影的总和，kN；

φ_0——闸墙底与土基之间的内摩擦角，(°)；

c_0——闸墙底与土基之间的黏聚力，kPa；

A——闸墙底与地基的接触面面积，m^2。

在闸墙建基面以下有软弱夹层或缓倾角结构面时，应复核闸墙沿倾斜面的滑动稳定性，其抗滑稳定安全系数 K_c 的计算公式为

$$K_c=\frac{f(\sum V+\sum H\tan\alpha)}{\sum H-\sum V\tan\alpha}\qquad(2.3-52)$$

式中　K_c——闸墙沿软弱夹层或缓倾角结构层面的抗滑稳定安全系数；

f——软弱夹层或缓倾角结构层面的摩擦系数；

$\sum V$——作用于滑动面以上的垂直力总和，含滑动面以上地基自重，kN；

$\sum H$——作用于滑动面以上的水平力总和，kN；

α——滑面与水平面的夹角，(°)，有利于稳定的倾角为正，反之为负。

b）抗倾稳定。对于重力式闸墙，整体抗倾稳定安全系数的计算公式为

$$K_0=\frac{M_R}{M_0}\qquad(2.3-53)$$

式中　K_0——抗倾稳定安全系数；

M_R——闸墙自重（含水重、土重）及其上部竖向荷载对基底前趾的稳定力矩之和，kN·m，其中包括由浮托力产生的力矩；

M_0——外荷载对闸墙基底前趾的倾覆力矩之和，kN·m，其中包括由渗透压力产生的力矩。

b. 基底应力计算。重力式闸墙断面整体刚度较大，基底应力基本上按直线分布，基础边缘最大、最小正应力可按偏心受压公式计算，其计算公式为

$$\sigma_{\min}^{\max}=\frac{\sum V}{B}\left(1\pm\frac{6e}{B}\right)\qquad(2.3-54)$$

式中 $\sigma_{\min}^{\max}$——基础边缘最大、最小正应力，kPa；

$\sum V$——作用于闸墙基底面上外荷载合力的垂直分力，kN；

B——闸墙底宽，m；

e——外荷载合力对基底面重心的偏心距，m。

c. 地基承载力、沉降及渗透稳定计算。

a）地基承载力。对于岩基上的重力式闸墙，应控制其基底最大正应力小于基岩容许压应力。硬岩地基的容许压应力，视其裂隙发育和风化程度，可取岩石单轴饱和抗压强度的1/5～1/8；软岩地基容许压应力，宜由现场荷载板试验确定，一般可取极限承载力标准值的1/3～1/5。

土质地基的承载力破坏通常表现为支承基础的土体发生剪切破坏，其地基承载能力除主要取决于土体抗剪强度外，还与闸墙基础形状及埋置深度、地基反力分布及其合力方向等因素有关。重力式闸墙的基础尺寸、荷载偏心距及倾斜度均较大时，其地基极限承载力宜采用汉森（J. B. Hansen）公式计算，相应闸墙基础宽度应换算为中心受压的有效宽度。土质地基承载力安全系数可取2.0～3.0，对大型船闸或黏性土地基取大值，中、小型船闸或砂性土地基取小值。对于地基持力层为多层土的情况，可采用按土层厚度加权平均得到的抗剪强度指标及重度计算地基极限承载力；若各土层抗剪强度指标相差较大，宜适当提高地基承载力安全系数，或者按魏锡克（A. S. Vesic）法进行计算。确定土层加权平均抗剪强度指标和重度时，持力层的最大深度 $Z_{\max}$ 可按式（2.3-55）～式（2.3-57）试算，计算时，先假定 $Z_{\max}$，根据假定的 $Z_{\max}$ 及相应各土层厚度，计算加权平均 c、φ、γ 及 $Z_{\max}$，直至 $Z_{\max}$ 计算值与假定值基本相等为止。

$$Z_{\max} = B_e e^{\varepsilon \tan\varphi} \sin\varepsilon e^{-(0.87\lambda^{0.75})/(4.8+\lambda^{0.75})} \tag{2.3-55}$$

$$\lambda = \frac{B_e \gamma}{c + q\tan\varphi} \tag{2.3-56}$$

$$\varepsilon = \frac{\pi}{4} + \frac{\varphi}{2} - \frac{\delta}{2} - \frac{1}{2}\arcsin\left(\frac{\sin\delta}{\sin\varphi}\right) \tag{2.3-57}$$

其中 $$B_e = B - 2e$$

式中 B_e——闸墙基础有效宽度，m；

B——基础宽度，m；

e——外荷载合力的偏心距，m；

δ——合力方向与铅直线的夹角，(°)；

c——地基土层黏聚力，kPa；

φ——地基土层内摩擦角，(°)；

γ——地基土层重度标准值，kN/m³；

q——作用于闸墙的基底面以上边荷载的标准值，kN/m²。

b）地基沉降计算。建筑在松软土基上的船闸，需验算闸墙地基沉降量和沉降差。天然地基最终沉降量一般采用单向压缩分层总和法（即 e—p 曲线法）计算。当闸墙地基为岩基、碎石土、密实砂土和老黏土时，可不进行地基沉降验算。闸墙地基沉降计算可按地质条件、土层压缩性、闸墙基础断面和荷载均基本相同的原则，将地基划分为若干区段，选取代表性断面作为计算断面。在每个计算断面内，选取包括基础两端及中点在内的3～5个计算点，根据各计算点的计算成果绘制计算沉降曲线 bcd，再考虑基础刚度的影响对沉降曲线进行调整。对于刚性基础，可按如图2.3-18所示方法调整：连接 bd，作平行于 bd 的直线 fg 与曲线 bcd 相交，使四边形面积 $afge$ 与曲多边形面积 $abcde$ 相等，且 fg 即为该断面调整后的沉降线。

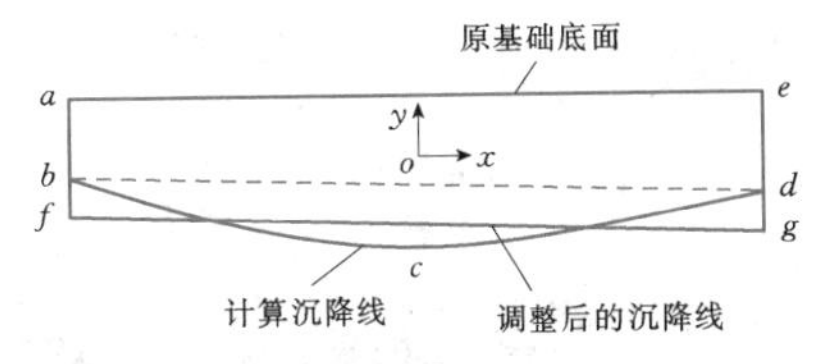

图2.3-18 沉降计算成果调整示意图

c）地基渗透稳定验算。土基上闸室采用分离式透水式底板，需验算地基土壤在渗流作用下的渗透稳定性。一般可选取闸墙地基承受最大渗透水头的检修情况，按平面渗流问题进行验算。当闸室位于挡水线上游时，墙后地下水位应按上游水位确定；位于挡水线下游的闸室，墙后未设排水管时，可采用上、下游水位的纵向连线作为墙后地下水位；墙后设有排水管时，墙后地下水位可按排水管高程确定，并应不低于下游水位。渗流计算可采用渗径系数法和改进阻力系数法。

d. 结构强度计算。

a）重力式闸墙。重力式闸墙的结构强度，主要验算墙身水平截面的正应力。一般应控制迎水面不出现拉应力，背水面拉应力不大于0.05MPa；对高水头船闸还应验算截面边界点主应力，控制主压应力不大于墙体材料的容许抗压强度。墙身截面正应力一般采用材料力学方法，假定截面正应力呈直线分布，按偏心受压公式计算；截面边界点的主应力可由截面正应力、边界面形状及外荷载强度，根据边界点三角形微分体静力平衡条件求解。

b）L墙式闸墙。钢筋混凝土重力式闸墙需分别验算垂直墙和基础板的结构强度，两者截面内力均按悬臂式结构计算。计算基础板截面的内力时，地基反力可按直线分布假定，并应计入基础板与地基接触面的摩擦力，L墙荷载计算简图如图2.3-19所示。

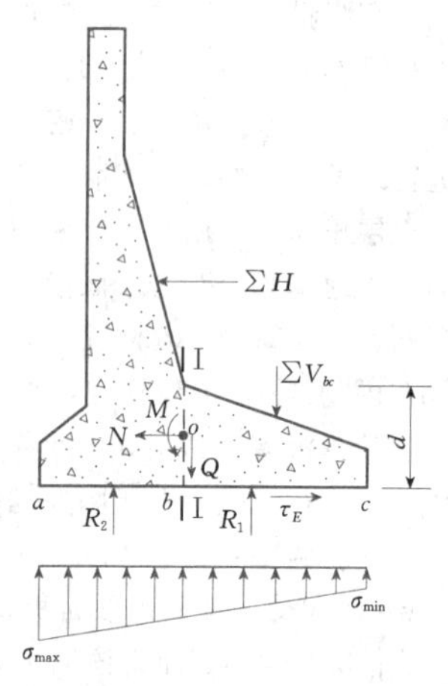

图2.3-19 L墙荷载计算简图

基础板的计算截面Ⅰ—Ⅰ的内力计算公式为

$$N=\sum H-\frac{fR_2}{K_c} \quad (2.3-58)$$

$$Q=\sum V_{bc}-R_1 \quad (2.3-59)$$

$$M=\sum V_{bc}e_v-R_1e_1-\frac{fR_1}{K_c}\frac{d}{2} \quad (2.3-60)$$

式中 N——计算截面的轴力，kN；

Q——计算截面的剪力，kN；

M——计算截面的弯矩，kN·m；

$\sum H$——作用于闸墙上的水平外荷载的合力，kN；

$\sum V_{bc}$——作用于基础板 bc 段的竖向外荷载的合力，kN；

e_v——$\sum V_{bc}$ 对计算截面形心点 o 的偏心距，m；

R_1——基础板 bc 段地基反力，kN；

e_1——R_1 对计算截面形心点 o 的偏心距，m；

R_2——基础板 ab 段的地基反力，kN；

f——基础板与地基间的摩擦系数；

K_c——闸墙抗滑稳定安全系数。

c）扶壁式闸墙。扶壁式闸墙的结构强度计算包括立板计算、底板计算、趾板计算及肋板计算四个部分。计算立板截面内力时，距底板1.5L（L为肋板间距）范围内的立板按三边固定一边自由的双向板计算；距底板1.5L以上的立板按单向连续板计算。作用于立板上的土压力应考虑谷仓效应，按梯形分布计算。底板内力计算模式与立板相同，趾板可按嵌固于立板的悬臂板计算。作用于底板和趾板上的荷载有结构自重、填土重或水重、扬压力及地基反力，地基反力可按直线分布假定。肋板截面内力按嵌固于底板上的悬臂梁计算，结构强度计算截面可取为以肋板为腹板、肋板两侧的立板为翼板的T形截面。

2）薄壁衬砌式闸墙。在闸室高水位情况下，衬砌式闸墙受到墙后岩体的支撑，结构稳定和受力一般不起控制作用。衬砌式闸墙的结构计算主要是复核闸室低水位运行和检修时，衬砌式闸墙在墙背渗压力作用下的整体稳定、截面强度以及锚杆受力。

a. 墙背面渗压力。对于衬砌式船闸，设置可靠的防渗排水设施是降低闸墙背面渗压力、优化结构设计、提高结构安全度的最有效途径。通常假定闸墙背面渗压力为呈三角形或梯形分布的静水压力乘以折减系数 α，墙背面渗压力计算公式为

$$p=\alpha\gamma H \quad (2.3-61)$$

式中 H——计算点在墙后地下水位以下的深度，m；

γ——水的重度，取10kN/m^3；

α——折减系数，在闸墙背面设有排水管网时，其值可取0.2～0.5，在闸墙背面不设排水系统时，其值可取0.3～1.0，岩体透水性小、地表防渗排水系统较完备时，其值可取较小值，反之取较大值。

b. 衬砌式闸墙最小厚度。衬砌式闸墙厚度主要取决于锚头布置及其施工要求，如图2.3-20所示。

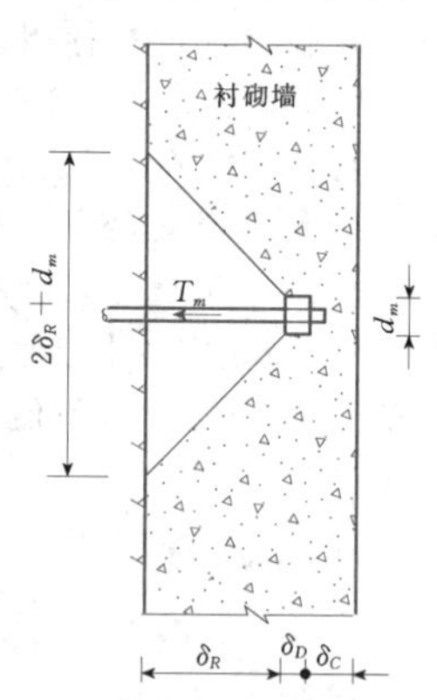

图2.3-20 衬砌厚度计算简图

衬砌式闸墙最小厚度 δ_{min} 的计算公式为

$$\delta_{min}=\delta_R+\delta_D+\delta_C \quad (2.3-62)$$

其中

$$\delta_R\geqslant\sqrt{\frac{d_m^2}{4}+\frac{KT_m}{1.4\pi f_{tk}}}-\frac{d_m}{2} \quad (2.3-63)$$

式中 δ_{min}——衬砌式闸墙最小厚度，m；

δ_R——锚杆抗拔出最小锚入深度，m；

δ_D——锚头段长度，m；

δ_C——锚头保护层厚度，m；

d_m——锚垫板直径，m；

T_m ——锚杆拉拔力，kN；

f_{tk} ——衬砌混凝土轴心抗拉强度标准值，kPa；

K ——混凝土抗拉拔破坏强度安全系数。

为改善锚头附近的混凝土受力状态，布置锚杆时，应尽量将锚头靠近闸墙迎水面，并不使相邻锚头在混凝土内的剪力锥产生重叠，即锚杆间距满足 $\Delta \geqslant 2\delta_R + d_m$。此外，衬砌式闸墙厚度还应满足闸墙施工及结构构造的基本要求。

c. 结构计算。设置锚杆的薄壁衬砌式闸墙在墙后渗压力作用下的受力状态，通常可不考虑衬砌式闸墙与基岩结合面的黏结作用，将衬砌式闸墙视为以锚杆为支点的连续板。其结构受力可按如下两种模式进行计算：

(a) 模式1。当衬砌式闸墙很薄时，可忽略衬砌式闸墙的法向刚度对体系受力的影响，即不考虑衬砌式闸墙基底面约束作用，按以锚杆为支撑的无梁楼盖进行计算。其锚杆拉力及衬砌式闸墙最大应力（发生在锚杆支点处）的计算公式为

$$T_m = qa^2 \quad (2.3-64)$$

$$\sigma_{\max} = q\frac{a^2}{4t^2}\left(2.4\ln\frac{a}{2t}+1.1\right) \quad (2.3-65)$$

式中 T_m ——计算部位锚杆所受的拉力，kN；

$\sigma_{\max}$ ——计算部位衬砌式闸墙最大应力，kPa；

a ——按正方形布置的锚杆间距，m；

t ——薄壁衬砌式闸墙的计算厚度，m；

q ——作用于衬砌式闸墙计算部位，由4个锚杆支点围成的正方形中心点的水压力强度，kPa。

在拟定锚杆间距和衬砌厚度后，可直接利用上述公式计算出锚杆拉力和衬砌结构支点处最大应力，据此即可进行结构强度和配筋计算。也可先拟定衬砌厚度和结构最大容许拉应力，反算锚杆间距和拉力。

(b) 模式2。当衬砌式闸墙较厚，且在墙底有可靠的嵌固条件时，结构受力按以锚杆为弹性支点支撑的多跨悬臂梁（板）进行计算，模式2计算简图如图2.3-21所示。此时，各锚杆的拉力为曲线分布，曲线形状决定于墙后渗压力图形、衬砌式闸墙刚度及锚杆弹性系数等因素，最大锚杆拉力通常出现在衬砌式闸墙的中下部，锚杆反力分布如图2.3-22所示。

采用模式2进行计算时，应根据悬臂梁在固端处内力的计算结果，复核衬砌式闸墙基底抗滑稳定及截面应力，并满足抗滑稳定及基底面不出现拉应力的要求。若基底不满足抗滑稳定要求，则应按模式1计算锚杆反力，如基底能满足抗滑稳定要求，但拉应力较大，可对衬砌结构底部改用铰支的模式进行计算。

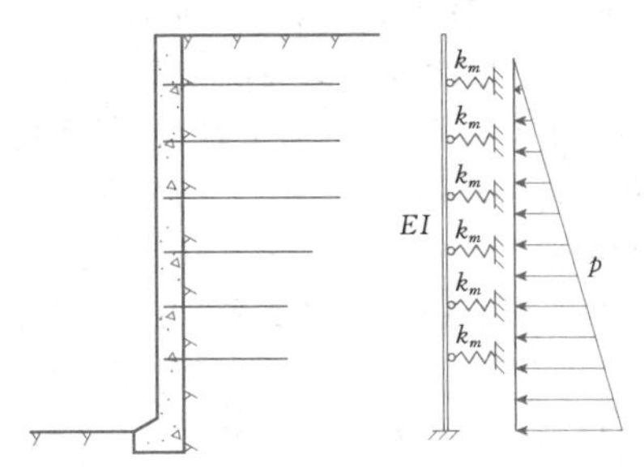

图 2.3-21 模式2计算简图

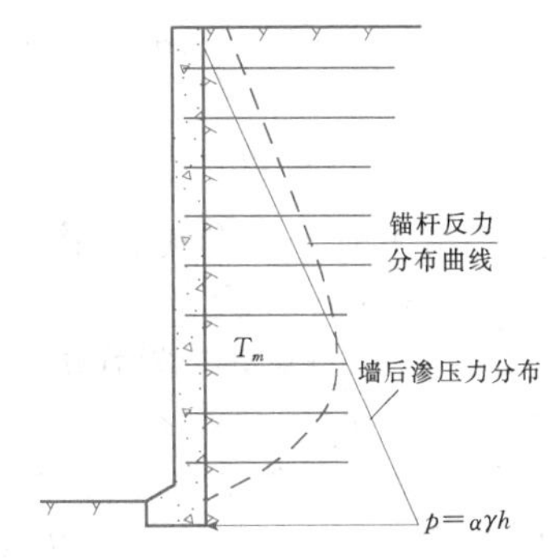

图 2.3-22 锚杆反力分布示意图

布置衬砌式闸墙结构锚杆时，宜对锚杆在衬砌式闸墙与岩体接触面靠岩体一侧设置自由变形段。

3) 重力衬砌式闸墙计算。

a. 抗滑稳定计算。不设结构锚杆的重力衬砌式闸墙，整体抗滑稳定计算通常按下述方法进行，如图2.3-23所示。

主要验算衬砌式闸墙在外荷载作用下沿衬砌基底面（AB）的抗滑稳定。即将作用于衬砌式闸墙斜坡部

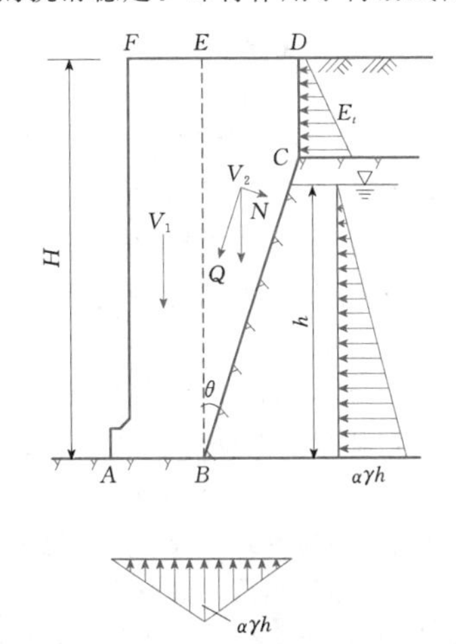

图 2.3-23 重力衬砌式闸墙整体抗滑稳定计算简图

分（BCDE）的总垂直力 V_2 分解为垂直于斜坡面的分力 N 和平行于斜坡面的分力 Q，再把 Q 扣除 N 在斜坡面上的摩擦力，即得剩余下滑力 S；将 S 作为斜坡部分作用于衬砌式闸墙（ABEF）的外荷载，并分解为垂直和水平向的分力 S_v、S_H，按常规重力式闸墙验算衬砌式闸墙（ABEF）的抗滑稳定，计算公式为

$$N = V_2 \sin\theta \tag{2.3-66}$$

$$Q = V_2 \cos\theta \tag{2.3-67}$$

$$S = Q - Nf' = V_2\cos\theta - f'V_2\sin\theta \tag{2.3-68}$$

$$S_V = V_2\cos^2\theta - \frac{1}{2}f'V_2\sin2\theta \tag{2.3-69}$$

$$S_H = \frac{1}{2}V_2\sin2\theta - f'V_2\sin^2\theta \tag{2.3-70}$$

式中 V_2——需扣除斜坡面上渗压力的垂直分力，kN；

f'——衬砌式闸墙沿斜坡面的摩擦系数；

θ——斜坡面与铅直线之间的夹角，(°)。

有锚杆的重力衬砌式闸墙的抗滑稳定可考虑锚杆的阻滑作用，一般假定锚杆拉力分布与墙后渗压力分布相同，呈三角形分布，且底排锚杆的最大拉力不超过其设计抗拉力。同样按上述假定计算斜坡部分的下滑力，相应闸墙整体抗滑稳定计算公式为

$$K_c = \frac{f(V_1 + V_2\cos^2\theta - \frac{1}{2}f'V_2\sin2\theta) + \frac{1}{2}NF_m}{E_H + \frac{1}{2}V_2\sin2\theta - f'V_2\sin^2\theta} \tag{2.3-71}$$

式中 K_c——抗滑稳定安全系数；

f、f'——衬砌式闸墙沿基底面、斜坡面的摩擦系数；

V_1、V_2——作用于衬砌式闸墙矩形部分、斜坡部分的总垂直力，kN；

E_H——作用衬砌式闸墙上的水平方向的外荷载（渗压力、土压力等），kN；

N——布置在衬砌墙背面的锚杆数量；

F_m——布置在衬砌墙背面的锚杆设计抗拉力，kN；

θ——斜坡面与铅直面之间的夹角，(°)。

b. 抗倾稳定计算。不设结构锚杆的重力衬砌式闸墙的抗倾稳定计算的方法与常规的重力式闸墙相同。设有锚杆的重力衬砌式闸墙的抗倾稳定与锚杆受力状态密切相关，当衬砌结构自身不能满足基底抗滑稳定要求时，锚杆的反力分布可按与墙后渗压力分布成正比考虑，一般假定呈正三角形，且底排的锚杆达到设计抗拉强度时，其抗倾稳定计算公式为

$$K_0 = \frac{M_R + F_m\sum_{i=1}^{N}\left(h_i - \frac{h_i^2}{H}\right)}{M_o} \tag{2.3-72}$$

式中 K_0——抗倾稳定安全系数；

M_R——结构及设备自重（包括填料和水重）、浮托力等对衬砌式闸墙建基面前趾的稳定力矩之和，kN·m；

M_o——水压力、渗透压力、填土压力等荷载对衬砌式闸墙建基面前趾的倾覆力矩之和，kN·m；

N——衬砌式闸墙背面抗倾计算方向的有效锚杆数量；

h_i、H——衬砌式闸墙前趾距各排锚杆、顶排锚杆的垂直距离，m；

F_m——锚杆设计抗拉力，kN。

当衬砌结构自身能够满足抗滑稳定要求时，锚杆反力分布则取决于体系刚度，应采用弹性力学的方法计算锚杆反力分布规律，并按受力最大的锚杆达到设计抗拉力计算锚杆的总抗倾力矩。由于重力衬砌式闸墙的结构刚度通常较大，在这种情况下，锚杆反力多呈倒三角形分布。

c. 基底应力及截面强度计算。计算重力衬砌式闸墙的基底应力及截面强度时，采用考虑衬砌结构与岩体结合面接触的非线性弹性力学方法，通过建立衬砌结构—锚杆—岩体联合受力的有限元计算模型进行整体计算。计算模型中，衬砌混凝土和岩体可分别按连续弹性体采用块体单元离散；结构锚杆采用具有一定自由变形长度的梁单元模拟；衬砌结构与岩体接触面采用法向闭合时可传压、传剪，张开时不传力的非线性传力接触单元模拟，其物理方程为

$$\{\sigma\} = \begin{Bmatrix}\tau_s \\ \sigma_n\end{Bmatrix} = \begin{bmatrix}K_s' & 0 \\ 0 & K_n'\end{bmatrix}\begin{Bmatrix}\left(1 - \frac{\omega_0}{|\omega_r|}\right)\upsilon_r \\ (\omega_r + \omega_0)\end{Bmatrix} \tag{2.3-73}$$

$$K_s' = \begin{cases}k_s, \omega_r + \omega_0 \leqslant 0 \text{ 且 } \tau_s < c - f\sigma_n \\ 0, \omega_r + \omega_0 > 0 \text{ 或 } \tau_s \geqslant c - f\sigma_n\end{cases} \tag{2.3-74}$$

$$K_n' = \begin{cases}k_n, \omega_r + \omega_0 \leqslant 0 \\ 0, \omega_r + \omega_0 > 0\end{cases} \tag{2.3-75}$$

式中 τ_s——接触面的切向应力；

σ_n——接触面的法向应力；

f——接触面摩擦系数；

c——接触面黏聚力，kPa；

ω_0——接触面的初始法向间隙，m；

ω_r、υ_r——在荷载作用下接触面两侧产生的法向、切向相对位移，m；

k_s、k_n——接触面单位面积的切向和法向刚度，kN/m³，$\omega_r+\omega_0<0$ 表示法向闭合，$\omega_r+\omega_0\geqslant 0$ 表示法向张开。

按照施工过程分层施加墙体自重荷载。对于大型衬砌式闸墙，还需考虑在施工及运行过程中混凝土的温度变形对衬砌结构与岩坡结合面接触性态的影响。

4）混合式闸墙结构计算。混合式闸墙为上部重力墙与下部衬砌式闸墙—锚杆—岩体联合受力的复杂结构体系，其结构受力与基岩特性、闸墙体型及荷载条件和建基面抗剪强度等密切相关，通常采用弹性力学方法按整体进行计算。相应的有限元计算模型中，闸墙与基岩结合面可按接触非线性问题处理。

对于下部为薄壁衬砌式闸墙的混合式闸墙，因衬砌式闸墙的法向刚度较小，可假定上部重力墙与下部衬砌式闸墙之间只相互传递垂直力，不传递水平力，并将两者作为独立体，分别按常规重力墙和衬砌式闸墙进行验算。

对于下部为重力衬砌式结构的混合式闸墙，在结构布置阶段，可按简化的材料力学方法对闸墙整体及分部结构进行近似计算，混合式闸墙结构计算简图如图 2.3-24 所示。

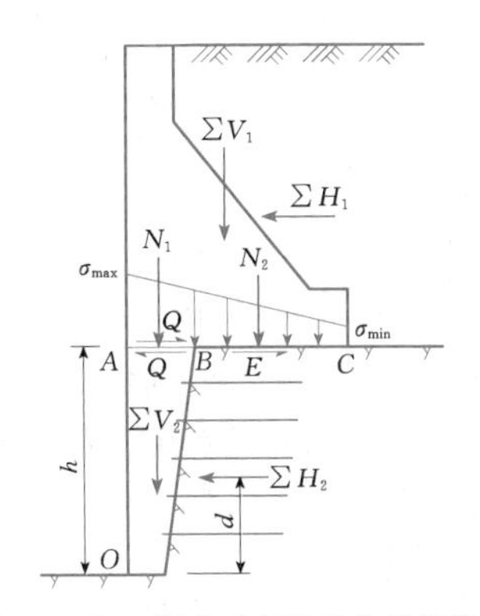

图 2.3-24 混合式闸墙结构计算简图

一般按上部的重力墙与下部的衬砌式闸墙联合受力考虑。验算抗倾稳定时，可将闸墙视为刚性整体，并假定在极限平衡条件下，重力墙基底面 BC 处于脱开状态，按常规静定结构验算整个闸墙在外荷载作用下绕衬砌式闸墙前趾 O 点的抗倾稳定性。在分别验算上部重力墙和下部衬砌式闸墙稳定条件时，可先按偏心受压公式计算上部重力墙的基底应力分布，并按应力图形面积求出上部重力墙作用于衬砌式闸墙顶面的垂直力 N_1；再考虑重力墙与衬砌式闸墙交联面的剪力 Q，由脱离体各自稳定要求，按式（2.3-76）或式（2.3-77）验算上部重力墙建基面的抗剪强度 E 或抗剪断强度 E'，如 E、E'不能满足要求，应调整闸墙断面或采取其他工程措施。

$$E=N_2 f\geqslant[K_c]\left(\sum H_1+[K_0]\sum H_2\frac{d}{h}\right)-[K_c]\left(N_1\frac{e_1}{h}+\sum V_2\frac{e_2}{h}\right) \quad (2.3-76)$$

$$E'=N_2 f'+c'A\geqslant[K'_c]\left(\sum H_1+[K_0]\sum H_2\frac{d}{h}\right)-[K'_c]\left(N_1\frac{e_1}{h}+\sum V_2\frac{e_2}{h}\right) \quad (2.3-77)$$

式中 $\sum H_1$——作用于重力墙上的水平外荷载的合力，kN；

$\sum H_2$——作用于衬砌式闸墙上的水平外荷载的合力，kN；

$\sum V_2$——作用于衬砌式闸墙的竖向外荷载的合力，kN；

N_1——重力墙作用于衬砌式闸墙顶面的垂直力，kN；

N_2——重力墙作用于基岩面 BC 的垂直力，kN；

e_1、e_2——N_1、$\sum V_2$ 对衬砌式闸墙前趾 O 点的偏心距，m；

f、f'——重力墙与基岩的抗剪、抗剪断摩擦系数；

c'——重力墙与基岩接触面的抗剪断黏聚力，kPa；

A——重力墙建基面 BC 的压应力作用面积，m²；

$[K_c]$、$[K'_c]$——抗剪和抗剪断稳定安全系数容许值；

$[K_0]$——抗倾稳定安全系数容许值。

5）闸室底板计算。

a. 抗浮计算。岩基上分离式闸室的底板一般用纵缝与闸墙分开，其底板结构需独立满足抗浮稳定要求，当底板自重不能满足抗浮稳定时，可采用锚筋将底板锚固在基岩上，底板抗浮稳定安全系数 K_f 的计算公式为

$$K_f=\frac{a^2(\gamma_h t+\gamma_s h)+F_m}{a^2\gamma_s H} \quad (2.3-78)$$

式中 K_f——闸室底板抗浮稳定安全系数；

a——按正方形布置的抗浮锚筋间距，m；

t、h——底板厚度、闸室内水深，m；

γ_h——闸室底板材料的重度，kN/m³；

γ_s——水的重度，kN/m³；

F_m——抗浮锚筋设计抗拔力，kN；

H——作用于底板上的扬压力水头，m。

有抗浮锚杆的分离式闸室底板的截面强度可按反向支撑于锚筋上的无梁楼盖计算。

b. 结构计算。对于土基上分离式闸室的双铰底

板，其截面强度一般按弹性地基梁计算。当底板柔度指数大于1时，双铰底板的地基反力及截面内力宜按带双铰的弹性地基梁考虑，并采用连杆法计算（见图2.3-25）；当底板柔度指数小于1时，可近似假定底板地基反力呈折线分布（见图2.3-26）。地基反力和截面内力可由静力平衡条件计算，其计算公式为

$$\sigma_1=\frac{4}{4a+b}\Sigma V-\frac{6}{4ab+b^2}\Sigma M-q \tag{2.3-79}$$

$$\sigma_2=\frac{12l}{4ab^2+b^3}\Sigma M-\frac{6}{4a+b}\Sigma V \tag{2.3-80}$$

$$Q=\frac{4a}{4a+b}\Sigma V-\frac{6a}{4ab+b^2}\Sigma M \tag{2.3-81}$$

$$M_C=d\left(\frac{4ab+2bd-d^2}{4ab+b^2}\Sigma V-\frac{2ld^2-3b^2d-6ab^2}{4ab^3+b^4}\Sigma M\right) \tag{2.3-82}$$

$$M_D=\frac{2a^2}{4a+b}\Sigma V-\frac{3a^2}{4ab+b^2}\Sigma M \tag{2.3-83}$$

式中 ΣV——作用于闸墙上的垂直力总和，kN；

ΣM——作用于闸墙上的外荷载对铰点的合力矩，kN·m；

q——作用于底板上的均布荷载，kN/m；

Q——铰接处闸墙传递给底板的垂直剪力，kN；

M_C、M_D——双铰顶部跨中C、支座D截面弯矩，kN·m。

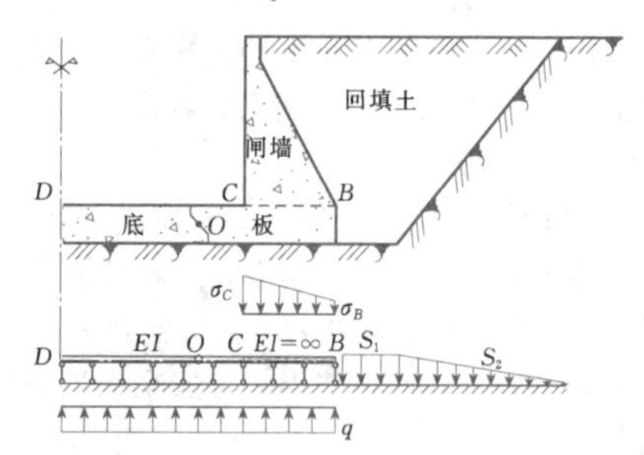

图 2.3-25 连杆法计算简图

σ_C、σ_B—按偏心受压计算的闸墙BC截面正应力；S_1、S_2—闸墙以外的边荷载

当闸墙需利用双铰底板的横撑作用维持抗滑稳定时，闸墙作用于底板铰接处的水平力E可按式（2.3-84）计算。水平力作用点的位置一般取底板中心线以下1/8～1/6板厚处。

$$E=\Sigma H-f\left(\frac{b}{4a+b}\Sigma V+\frac{6a}{4ab+b^2}\Sigma M\right) \tag{2.3-84}$$

式中 E——作用于双铰底板的水平力，kN；

ΣH——作用于闸墙上的水平外荷载的合力，kN；

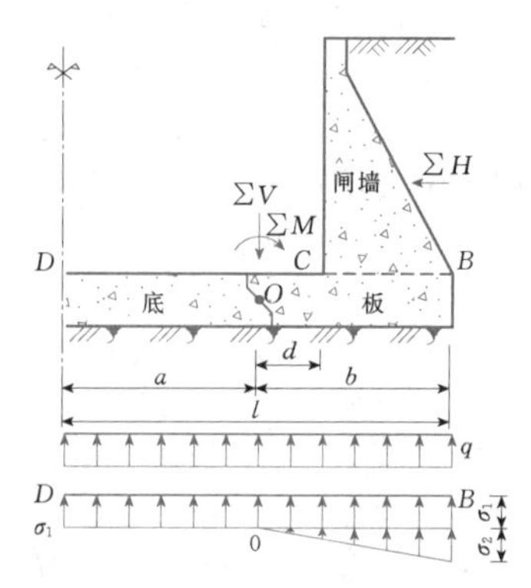

图 2.3-26 折线反力法计算简图

ΣV——作用于闸墙上的垂直力总和，kN；

ΣM——作用于闸墙上的外荷载对于铰点O的合力矩，kN·m；

f——闸墙与地基间的摩擦系数；

a——底板半宽，m；

b——闸墙底宽，m。

（3）整体式闸室结构计算。

1）悬臂式结构。

a. 整体稳定计算。悬臂式闸室结构不存在整体滑移稳定问题，通常也不需要验算抗倾稳定。但需验算闸室结构的抗浮稳定性，其抗浮稳定安全系数K_f的计算公式为

$$K_f=\frac{\Sigma V}{U} \tag{2.3-85}$$

式中 ΣV——作用于闸室结构上的垂直力总和，kN；

U——作用于闸室底板上的扬压力总和，kN。

悬臂式闸室结构的基底应力可按偏心受压公式计算，基底最小正应力须大于零。对于土基上的悬臂式闸室，为防止地基不均匀沉降过大而导致底板中缝处止水破坏，一般还应控制其基底最大应力与最小应力之比，砂性土地基应不大于5.0，黏性土地基应不大于3.0。当基底最大应力与最小应力之比或抗浮稳定性不满足要求时，可适当调整后悬臂的长度，但不宜过大，一般当闸墙自由高度与闸室有效宽度的比值小于0.5时，不宜再采用悬臂式闸室结构。

b. 地基计算。悬臂式闸室不存在地基渗透稳定问题，其地基计算只需验算地基承载力及沉降变形两项，具体计算方法与重力式闸墙相同。

c. 结构强度计算。悬臂式闸室的闸墙可按固定在底板上的悬臂梁计算截面内力，并按钢筋混凝土偏心受压构件验算截面强度。悬臂式闸室的底板和后悬臂可按嵌固在闸墙上的悬臂梁进行计算。当闸室宽度较小时，可假定作用于闸底面上的地基反力按直线分布，

采用偏心受压公式近似计算；当闸室宽度和闸墙高度较大时，可将底板作为变截面弹性地基梁采用连杆法计算，或采用有限元法进行分析。计算底板截面强度时，应计入底板与地基之间的摩擦力 E_f 和作用于底板中缝处的水平力 E_P 对计算截面的附加轴力 N 和附加弯矩 M，悬壁式闸室底板计算简图如图 2.3-27 所示。

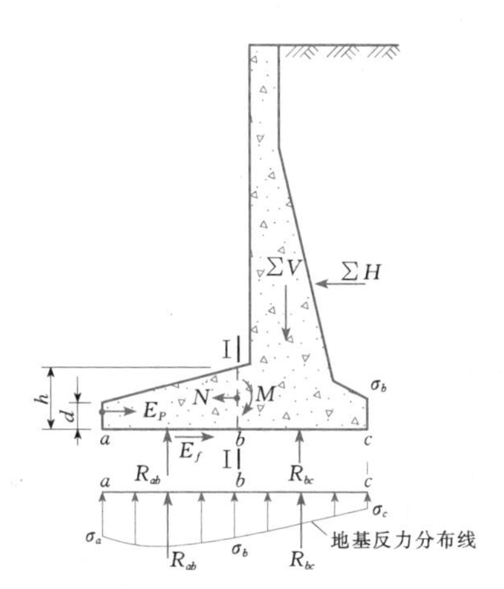

图 2.3-27 悬臂式闸室底板计算简图

悬臂式闸室底板荷载、内力计算公式为

$$\left.\begin{aligned} N &= E_P + fR_{ab} \\ M &= \left(\frac{h}{2} - \frac{3d}{4}\right)E_P + \frac{h}{2}fR_{ab} \end{aligned}\right\} \tag{2.3-86}$$

$$\left.\begin{aligned} E_P &= \sum H - f\sum V \\ E_f &= f\sum V \end{aligned}\right\} \tag{2.3-87}$$

式中 E_P ——作用于底板中缝处的水平力，kN；

E_f ——闸室底板与地基之间的摩擦力，kN；

$\sum H$——作用于闸室结构的水平外荷载的合力，kN；

$\sum V$——作用于闸室结构的竖向外荷载的合力，kN；

N ——E_P、E_f 对计算截面的附加轴力，kN；

M ——E_P、E_f 对计算截面的附加弯矩，kN·m；

R_{ab} ——作用于底板 ab 段的地基反力；

f ——闸室底板与地基间的摩擦系数。

2）坞式结构。

a. 整体稳定及地基计算。坞式结构的整体稳定主要验算闸室在抽干检修情况下的整体抗浮稳定性，只有当闸墙两侧填土高差较大或底板设有临时施工缝时，才需要对闸室整体侧滑或闸墙施工期的抗滑稳定性进行验算。坞式闸室不存在地基渗透稳定问题，地基计算一般只需验算沉降变形。

b. 结构强度计算。对于坞式闸室的闸墙，可将其视为固定在底板上的悬臂梁计算其截面内力，并按钢筋混凝土偏心受压构件验算截面强度。作用于闸墙上的土压力，通常可根据最不利荷载组合分别取值。土压力起加载作用时，如闸室低水位运行或检修时，墙后土压力可取为静止土压力；土压力起减载作用时，如闸室高水位运行情况，则墙后土压力可取为主动土压力。土基上坞式闸室底板可按平面应变问题简化为地基梁进行计算。地基梁的计算方法视地基可压缩层厚度 H 与闸室底板半宽 L 的比值，可按基床系数法（当 $H/L\leqslant0.25$ 时）、半无限弹性体法（当 $H/L\geqslant4$ 时）、有限弹性压缩层法（当 $0.25<H/L<4$ 时）三种地基假定进行计算。按半无限弹性体或有限弹性压缩层地基假定计算底板内力时，应考虑闸墙两侧一定范围内边荷载的影响。边荷载分布值由墙后回填土断面形状或相邻建筑物基底应力而定，一般呈梯形或矩形分布，其计算范围可取为底板半宽 L 的 1～1.5 倍。一般地，砂性地基在施工期即可以完成大部分沉降，而黏性土地基的沉降固结则需要经历相当长时间，因此由边荷载产生的底板弯矩一般可按以下原则取值：当边荷载使底板弯矩增加时，砂性地基取计算值的 50%～100%，黏性土地基取 70%～100%；当边荷载使底板弯矩减小时，砂性地基取计算值的 30%～50%，黏性土地基取 20%～30%。土基上闸室底板的地基梁大都属于有限压缩层的范围，可采用考虑地基非均质和有限压缩层影响的改进连杆法计算，或者直接采用弹性力学有限元法计算。整体坞式闸室底板地基梁计算简图如图 2.3-28 所示。

对于岩基上的整体坞式闸室，其结构受力应考虑基岩面水平约束的影响，采用有限元法进行计算，闸室底板与地基的接触面可按接触非线性问题采用具有切向强度判定准则的接触单元模拟。研究表明，与不考虑水平约束的弹性地基梁方法相比，按非线性有限元法计算的底板跨中弯矩值可降低 15% 以上，底板的柔性指数越大，底板端部负弯矩值降低越显著。

c. 结构孔洞应力计算。闸室墙体和闸室底板内的孔洞局部应力计算可根据孔洞周边混凝土的厚度及结构情况，按杆件系统简化为平面框架或弹性力学无限弹性体中的孔洞进行计算。

闸室底板内输水系统分流口的结构强度一般按结构模型试验成果或有限元法参考相似工程实例进行计算。

2.3.4.3 闸首结构

1. 结构型式

闸首结构按其受力状态，可分为整体式结构和分离式结构两大类。前者的两侧边墩与底板连成整体，结构整体受力；后者在两侧边墩与底板间设结构缝，

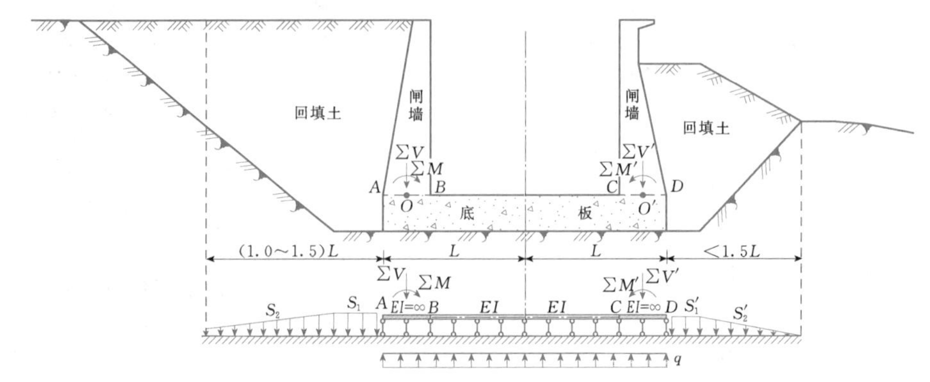

图 2.3-28 整体坞式闸室底板地基梁计算简图

结构分开受力。闸首结构型式的选择主要取决于船闸的设计水头、地基条件和设备布置等因素，其控制性技术条件一般为地基承载力及边墩变形，设计时应通过技术经济比选确定。

整体式闸首结构稳定性好，基底应力均匀，边墩不均匀变形小，对地基的适应性强，闸门的工作条件好，一般应用于水头和边墩高、地基条件较差的情况。但其底板拉应力大，钢筋用量多，且混凝土浇筑的仓面大，温控要求高，施工难度大。

分离式结构受力相对简单，当地基较坚实，边墩自身能满足稳定要求，且其变形不致影响闸门等设备的正常工作时，可采用分离式结构。对于分离式闸首结构，当墙后填土或地下水位较高，在闸室低水位运行或检修工况，边墩的整体稳定或变形不能满足要求时，往往可以将左、右的边墩与底板之间的纵向结构缝设计成键槽缝并进行接缝灌浆，利用闸首底板对边墩的顶撑作用来加强结构的整体性，改善边墩的受力状态，提高其稳定性。

岩基上的船闸通常采用分离式闸首，其边墩结构型式分为重力式、衬砌式和混合式三种。土基上的船闸通常采用整体式闸首结构，以保证闸首具有足够的整体刚度，避免由于闸首边墩产生相对沉陷，影响闸门及其启闭设备的正常工作。

2. 结构布置

在船闸闸首的结构内，一般设有输水廊道、闸门、阀门及相应的启闭机械，以及其他设备。闸首结构的布置及尺寸，与地基及结构受力条件和闸门、阀门型式及其启闭机械布置、输水系统的型式及其布置等密切相关。闸首的布置主要是在基本选定闸门、阀门和输水系统型式的基础上，根据闸首的使用要求、结构稳定、强度、刚度等，按经验进行必要的计算，拟定闸首的轮廓和各部位尺寸。闸首结构的典型布置如图 2.3-29～图 2.3-31 所示。

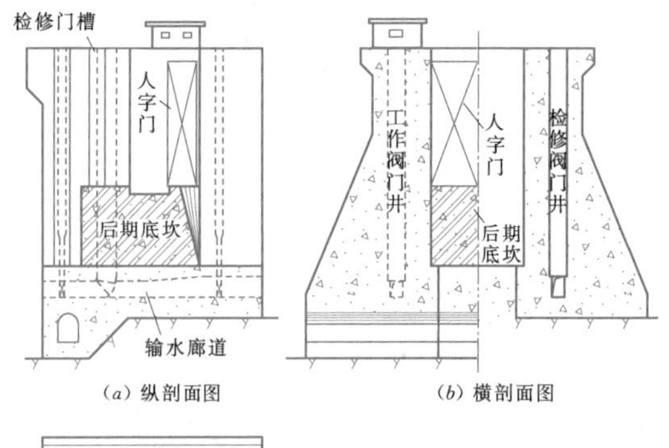

(a) 纵剖面图　　(b) 横剖面图

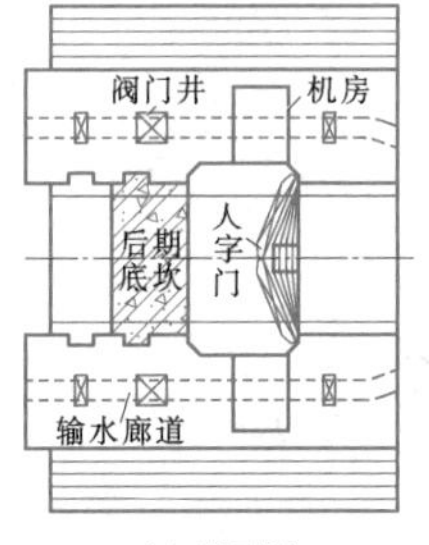

(c) 平面图

图 2.3-29 设分散输水系统的分离式闸首

(1) 闸首结构长度。闸首在顺水流方向一般由三段组成，即门前段 L_1、门龛段 L_2 和支持体段 L_3，闸首纵向平面布置长度如图 2.3-32 所示。

根据结构长度、受力特点和施工条件，上述三个结构分段间通常需要设施工缝或结构缝。从结构受力考虑，在门龛段和支持体段之间宜设一道结构缝。

1) 门前段长度。主要根据检修门尺度、门槽构造及检修门作用荷载的要求确定。门槽尺度主要取决于航槽宽度和闸门挡水高度，初步布置时，门槽宽度计算公式为

$$L_{mc} = 0.035H\sqrt{B} \qquad (2.3-88)$$

式中 L_{mc}——门槽宽度，m；

B——航槽宽度，m；

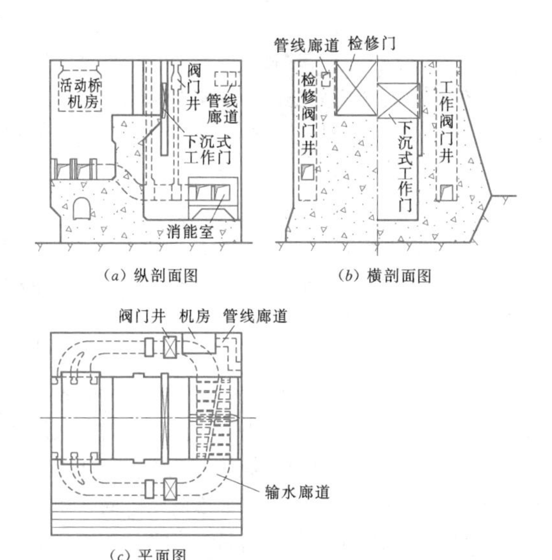

图 2.3-30 设集中输水系统的整体式闸首

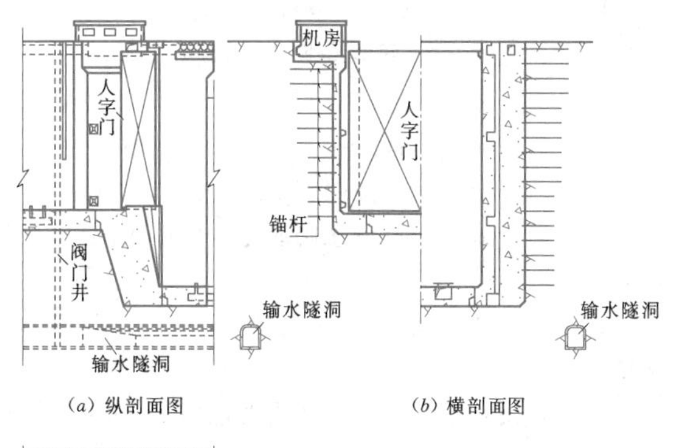

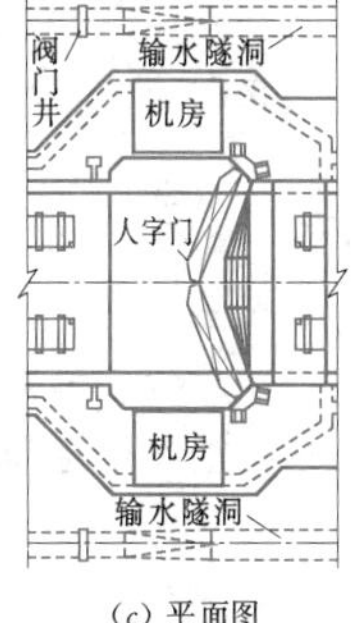

图 2.3-31 闸首外设输水隧洞的衬砌式闸首

H——闸门挡水高度，m。

检修门前段长度主要由工作闸门启闭设备及水位计井等布置要求确定；检修门后段长度除应满足布置要求外，还要满足闸门支承结构强度及裂缝限制要求，需通过结构计算确定，中、小型船闸一般可采用1.5～2.0m，高水头大型船闸支承结构的尺度相应较大，如三峡船闸第一闸首事故检修门最大门推力达650t/m，其门后段长度为6.4m。

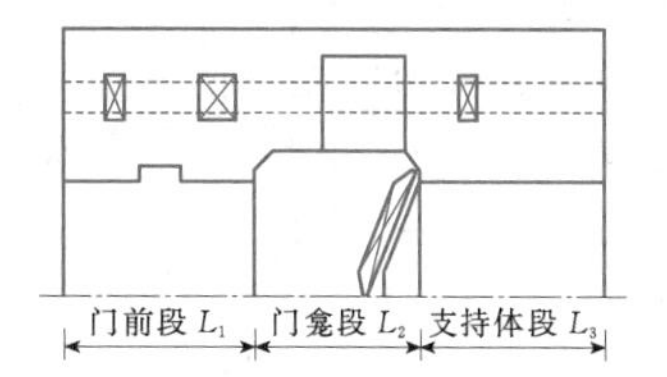

图 2.3-32 闸首纵向平面布置长度

当船闸需满足施工期通航或水库分期蓄水通航要求时，上闸首底坎通常分期修建，门前段一般设有封堵门槽，此时闸首的门前段往往需适当加长。

下闸首及多级船闸中间闸首的门前段长度较短，视设备布置要求，通常为0.5～4.0m。如中间闸首的门前设有防撞装置，其门前段长度需要适当加长。

采用短廊道输水的船闸，门前段长度还需考虑廊道进水口布置要求。

2）门龛段长度。闸首门龛段的长度计算公式为

$$L_2 = (0.55 \sim 0.6)\frac{B+d}{\cos\theta} \quad (2.3-89)$$

式中 L_2——门龛段的长度，m；

B——航槽宽度，m；

d——门龛深度，m，初步布置可取 $d=(0.1\sim0.15)B$；

θ——人字门轴线与闸首人字门在两侧支撑点连线间的交角，一般取 $20.0°\sim22.5°$。

人字门的门龛长度通常为门扇宽度的1.1～1.2倍；门龛深度通常为闸门厚度的1.3～1.5倍。

平板闸门门龛段长度主要取决于闸门厚度。据国内外已建船闸统计，矩形横拉门的门厚与跨度之比一般在1/4～1/7之间，上、下游支承总厚度通常为1m左右。横拉闸门门库的内部尺寸，还应考虑闸门安装、检修和维护的要求，增加适当富余。提升式或下沉式平板闸门门槽宽度，通常为航槽宽度的1/6～1/8。

3）支持体段长度。闸门支持体段的长度主要取决于结构整体稳定性及强度要求。当船闸采用短廊道输水系统时，还需满足输水廊道布置要求。根据已建船闸统计，闸首支持体段的长度大致为设计水头的0.3～1.2倍，或者为闸首边墩自由高度的0.4～2倍。

闸首人字门的支持体段为三向受力结构，通常按独立工作进行稳定性和强度验算，不能满足要求时，应优先采用延长支持体段长度的方案。但也可采用设置纵向腰带钢筋将支持体与门龛段连成整体，或采用使支持体与其后的闸室墙或岩体联合受力等其他措施。

（2）闸首边墩宽度。闸首两侧边墩一般对称布置，闸首边墩的宽度取决于结构受力条件和布置要求。

1）边墩下部宽度。对于中、低水头船闸，边墩下部宽度通常取决于输水廊道的布置要求，一般为2.0～3.0倍输水廊道的宽度；对于高水头船闸，通常由结构受力要求控制，需根据所选用的闸首结构型式，通过稳定性、强度和变形验算确定。分离式闸首的边墩通常采用重力式结构，断面尺寸一般较大，强度和刚度要求较易满足，边墩宽度主要取决于整体稳定性和基底应力的要求。根据已建船闸统计资料，重力式闸首边墩的底部宽度一般为其高度的0.5～0.7倍。整体式结构边墩宽度取决于输水廊道布置和结构强度。边墩不布置廊道时，底部宽度一般为边墩高度的0.16～0.35倍。

2）边墩顶部宽度。边墩顶部宽度主要由启闭机械及其机房和交通布置，管理及维修所需的场地，以及其他设备的布置要求确定。必要时，在边墩顶部可设外挑牛腿或高架平台予以加宽。

（3）闸首底板厚度。

1）整体式闸首。闸首底板厚度一般可取为边墩自由高度的1/3.5～1/4.5，但不应小于闸首净跨的1/6～1/7，黏性土地基上取较大值，砂性土或软弱岩石地基上可取小值。

2）分离式闸首。分离式闸首的底板厚度通常由抗浮稳定要求确定。为减小底板厚度，在土基上可采用防渗排水以降低底板扬压力，或将底板与边墩的结构缝设置成可传递剪力的键槽缝，以利用边墩重量抗浮；在岩基上可采取加设抗浮锚杆及排水等措施。较高水头船闸的上闸首和多级船闸的中间闸首通常设有帷墙，应尽量缩短闸门下游帷墙顶部平台的纵向长度，并将帷墙下游面设为倾向闸室方向的斜面，使其不致影响闸室的停泊条件。

（4）闸首分缝及止水。闸首边墩通常不分纵缝，横向分缝一般应选择在地基性质和结构工作条件、外形、重量有较大变化的位置，分缝间距主要取决于地基性质、浇筑能力及温控措施，岩基上一般取12～20m，土基上可加大到30m。

闸首边墩的横缝包括永久缝和临时缝两大类。当分缝后的各结构块能独立满足稳定性和强度要求时，应采用永久缝，缝面采用垂直贯通的平面，缝宽一般采用1～2cm。当闸首结构承受的荷载很大时，按受力要求确定的结构块尺度通常不能满足温控要求，往往需要设置临时施工缝。闸首底板临时施工缝通常采用宽槽缝；闸首边墩采用键槽缝，至施工后期选择有利温度进行宽槽回填和键槽缝接缝灌浆。对于有受拉或抗弯要求的临时施工缝，通常在断面周边设置浅槽，浅槽宽度一般采用1.0～1.5m，根据通过浅槽钢筋排数的多少确定浅槽的深度，一般不应小于20cm。在浅槽内布置过缝钢筋的接头，对钢筋进行连接，并对浅槽进行回填，施工时间一般选择在低温季节。

闸首所有的结构分缝应与闸室结构缝一样，设置两道止水，并具有对止水进行检查和渗漏处理的条件。

3. 结构计算

（1）计算内容和工况。

1）计算内容。闸首结构为空间受力体系，结构计算主要验算结构的稳定性、变形和强度。

2）计算工况。

a. 正常运用工况。对上闸首需考虑上游最高通航水位与闸室最低通航水位组合、闸室最高通航水位与墙后最低地下水位组合、最低通航水位与墙后最高地下水位组合等。对下闸首需考虑闸室最高通航水位与下游最低通航水位组合、最高通航水位与墙后最低地下水位组合、闸室最低通航水位与墙后最高地下水位组合等。

b. 检修工况。闸室完全排干，墙后检修期最高地下水位，船闸上、下游均为检修水位。

c. 完建工况。闸首结构及墙后的回填料均已施工完成，但地下水位尚未抬升，与底板底面齐平。

d. 施工工况。按闸首施工过程中的不利情况进行计算。对于底板设有施工临时缝的整体式闸首，需计算临时缝封合前、后两种工况。

e. 非常工况。非常工况包括校核洪水、墙后排水堵塞、地震三种工况。

此外，闸首的结构计算还需考虑闸门、阀门局部检修、闸首与其他结构间的止水局部破坏，以及相邻建筑物检修和水库产生泥沙淤积等不利情况。

基本组合一：正常运用工况。

基本组合二：施工工况、完建工况、检修工况。

特殊组合一：校核洪水工况及排水堵塞工况。

特殊组合二：正常运用加地震工况。对位于地震频繁地区，特别重要的船闸还需计算检修期发生地震的工况。

（2）整体稳定性验算。

1）抗滑稳定。闸首建基面的整体抗滑稳定采用抗剪或抗剪断公式计算。

对于两侧填土基本对称的整体式闸首，可只核算沿船闸轴线方向的稳定性，并考虑闸首空间受力的特性。在抗滑力中，计入闸首边墩背面与回填料之间的摩擦力。

对于分离式闸首，计算闸首边墩沿水平力合力方向的抗滑稳定时，当边墩有指向墙后的滑动趋势时，也可考虑边墩墙背与回填土之间摩擦力的阻滑作用。

闸首边墩沿建基面的抗滑稳定计算公式为

$$K_c = \frac{f\sum V + E_f + E_p}{\sum H} \tag{2.3-90}$$

$$E_f = K_f E \tan\delta \tag{2.3-91}$$

式中 K_c——抗滑稳定安全系数；

f——闸首沿地基面的摩擦系数；

$\sum V$——作用于闸首的垂直力（含基础扬压力）总和，kN；

$\sum H$——作用于闸首的水平力总和，kN；

E_f——闸首边墩墙背与回填土之间的摩擦力，kN；

E_p——作用于闸首下游端面埋深部分的抗力，kN，土基和埋置不深的岩基可不计；

K_f——摩擦力计算折减系数，上闸首和多级船闸的中闸首可取 0.6，下闸首可取 0.4，黏性填土段取 0；

E——作用于边墩墙背的土压力，kN，按静止土压力计算；

δ——边墩背面与回填料间的摩擦角，(°)，可取 $\delta=\varphi/2$（φ 为回填料内摩擦角）。

2）抗倾稳定。闸首结构抗倾稳定的验算方法与闸室结构基本相同，可参见本章 2.3 节中 2.3.4.2 闸室结构相关内容。整体式闸首可只核算沿船闸轴线方向的整体抗倾稳定；分离式闸首边墩还需验算横向抗倾稳定。

（3）强度计算。

1）闸首边墩。闸首边墩的门前段和门龛段工作条件及受力状况与闸室墙基本相同，可参照一般水工结构的计算方法，按偏心受压结构分层计算各控制截面的应力。承受闸门推力的支持体段的强度和稳定性一般需单独进行验算。通常假定支持体与门龛段有缝分开，并考虑门前假想缝面有渗压力 E_3 作用，人字闸门支持体段荷载计算简图如图 2.3-33 所示。

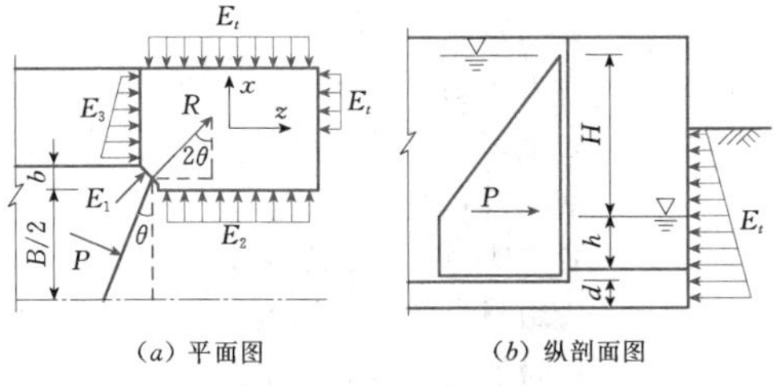

图 2.3-33 人字闸门支持体段荷载计算简图

闸首支持体主要外荷载有自重及设备重、闸门推力 R、门龛内水压力 E_1、门后水压力 E_2、支持体与门龛段的假想缝面渗压力 E_3（应乘以小于 1 的系数，一般取为 0.5）、填土压力 E_t 等。

人字门推力 R 及其纵、横向分力 R_z、R_x 的计算公式为

$$R = \frac{P}{2\sin\theta} \tag{2.3-92}$$

$$\left.\begin{aligned} R_z &= R\sin 2\theta \\ R_x &= R\cos 2\theta \end{aligned}\right\} \tag{2.3-93}$$

式中 P——作用于每扇闸门水压力的合力，kN；

θ——闸门关闭时门轴线与闸门在两侧支撑点间连线的夹角，(°)。

闸门支持体的正截面强度可采用双向偏心弯曲组合公式计算，计算公式为

$$\sigma_{\min}^{\max} = \frac{\sum N}{A} \pm \frac{\sum M_x}{W_x} \pm \frac{\sum M_z}{W_z} \tag{2.3-94}$$

式中 $\sigma_{\min}^{\max}$——各计算截面最大、最小正应力，kPa；

$\sum N$——作用于计算截面的垂直力合力，kN；

A——计算截面的面积，m^2；

M_x、M_z——外荷载对计算截面 x 轴、z 轴的合力矩，kN·m；

W_x、W_z——计算截面对 x 轴、z 轴的截面模量，m^3。

为保证结构的整体受力，通常在闸门的支持体段与门龛段之间设置腰带钢筋。一般采用简化材料力学方法将支持体段作为脱离体，作用在其上的门推力纵向分力和纵向渗压力由支持体在建基面上的摩擦力平衡，不足部分由腰带钢筋传给门龛段，按腰带钢筋承担的总拉力配筋。腰带钢筋承担的总拉力的计算公式为

$$E_n = P_n + E_s + \alpha E_w - \frac{f\sum N}{K_c} \tag{2.3-95}$$

式中 E_n——腰带钢筋承担的总拉力，kN；

P_n——闸门推力纵向分力，kN；

E_s——作用于支持体上的纵向水压力，kN；

E_w——作用于假想缝面上的纵向水压力，kN；

α——作用于假想缝面上纵向水压力的折减系数，取 0.5；

$\sum N$——作用于建基面上的垂直力总和，kN；

f——建基面摩擦系数；

K_c——支持体抗滑稳定安全系数。

腰带钢筋沿高程的分布与闸门推力分布相同，即下游低水位以下按矩形分布，以上按三角形分布。

由于简化材料力学方法计算未考虑边墩结构的整体刚度和变形协调的因素，并引入了一些假定条件，因此计算结果不尽合理。试验研究和数值分析均表明，对于整体性较强的钢筋混凝土闸首，按边墩结构

整体计算是比较经济和合理的。对于大型船闸，应采用三维有限元法对闸首结构进行整体计算分析，并综合考虑材料力学方法或模型试验成果，对结构尺寸及配筋进行优化。

2）闸首底板。

a. 分离式闸首底板强度与分离式闸室的不透水底板相同，一般可按弹性地基上的梁或框架计算。

b. 整体式闸首底板属三向受力结构，由于在纵向有刚度较大的边墩约束，底板纵向受力通常不大，因此底板强度的计算主要是核算横向强度。简化计算可沿纵向将底板划分成若干个截面厚度不同、自由跨度和荷载条件大致相同的特征段，按平面问题分段作为弹性地基上的梁进行计算，然后考虑整体影响，将各段计算内力适当进行调整。作用于各特征段的荷载，一般可按该段实际荷载计算，并计入各段间的不平衡剪力，各特征段不平衡剪力 Q_i 的计算公式为

$$Q_i = R_i - V_i \tag{2.3-96}$$

式中　R_i——整体式闸首按直线反力法求得的特征段地基反力，kN；

V_i——作用于特征段上的自重、土重、水重等竖向力总和，kN。

不平衡剪力在闸首分割截面中按弹性力学方法进行分配，闸首剪力计算简图如图2.3-34所示。边墩上的不平衡剪力可按作用于两侧边墩中点的集中力考虑，底板上按均布力考虑，分配于闸首边墩和底板上的不平衡剪力 Q_t、Q_h 的计算公式为

$$Q_t = \frac{Q_i}{J_y}\left[H(S_y)_{abcd} - \frac{1}{2}(J_y)_{abef}\right] \tag{2.3-97}$$

$$Q_h = Q_i - 2Q_t \tag{2.3-98}$$

式中　H——边墩高度，m；

J_y——分割截面对 y 轴的惯性矩，m^4；

$(S_y)_{abcd}$——截面 $abcd$ 对 y 轴的静矩，m^3；

$(J_y)_{abef}$——截面 $abef$ 对 y 轴的惯性矩，m^4。

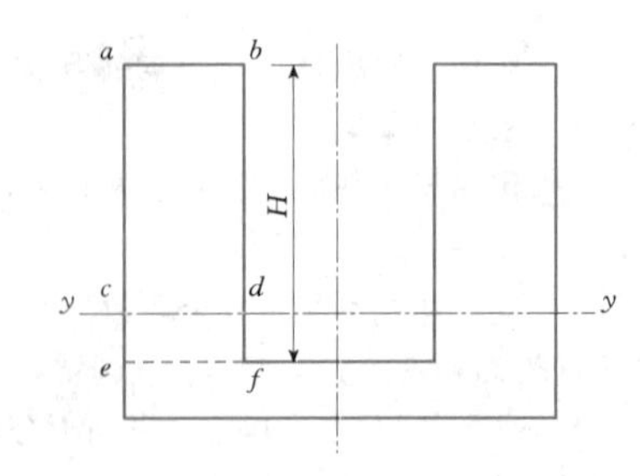

图2.3-34　闸首剪力计算简图

通常情况下，分配于边墩上的剪力值约占总不平衡剪力的80%。采用人字闸门的闸首，一般可不进行剪力分配计算，直接按边墩承担总不平衡剪力的85%、底板承担总不平衡剪力的15%考虑。

对于水头较高及采用人字门、三角门的整体式闸首底板，作用于闸首边墩上的侧向水压力及闸门横向推力等荷载，沿闸首纵向的变化较大，尚应考虑闸首边墩的整体作用，将这些横向荷载分配到各个特征段。闸门横向推力沿闸首纵向分配，可将门推力化为沿高程分布的若干集中力，每个集中力均通过支、枕垫在边墩上按45°角向下扩散，通过边墩传递到单位长度底板上的闸门横向推力 T 及其弯矩 M 的计算公式为

$$T = \sum_{i=1}^{n} \frac{E_i}{L_i} \tag{2.3-99}$$

$$M = \sum_{i=1}^{n} \frac{E_i Z_i}{L_i} \tag{2.3-100}$$

式中　E_i——由闸门横向推力概化的沿高程分布的 n 个集中力，kN；

Z_i——各横向集中力 E_i 距底板中心轴的距离，m；

L_i——各横向集中力 E_i 通过边墩在底板上的扩散宽度，m。

闸门上、下游侧向水压力沿闸首纵向分配。假定通过边墩传递到底板上的水压力与边墩受弯扭产生的横向变位成正比，将作用于闸门上游（或下游）的侧向水压力转化为沿闸首纵向线性分布的等效荷载，再分配至各特征段，相应等效荷载的计算公式为

$$P = \frac{1}{2}(P_a + P_b)L \tag{2.3-101}$$

$$P_a/\Delta a = P_b/\Delta b \tag{2.3-102}$$

$$\Delta a(\text{或}\ \Delta b) = -\frac{PZ^3}{3EJ} \pm m\tan\left(\frac{7200M_k Z}{17\pi EJ_k}\right) \tag{2.3-103}$$

式中　P——作用于边墩闸门上游（或下游）的侧向水压力总和，kN；

L——闸首长度，m；

P_a、P_b——线性等效荷载在边墩上游、下游端的作用强度，kN/m；

Δa、Δb——合力 P 作用下边墩水平截面（相应合力 P 作用点高程）上游、下游端的横向变位，m；

Z——合力 P 作用点至底板顶面的距离，m；

E——边墩材料的弹性模量，kPa；

J——边墩的惯性矩，m^4；

m——边墩截面形心至上游或下游端面的最大距离，m；

M_k——合力 P 对边墩截面形心点的扭矩，kN·m；

J_k ——边墩截面扭转时的惯性矩，m^4。

采用上述不平衡剪力法和横向荷载分配方法调整各特征段荷载后，可按一般整体式闸室计算方法，将底板作为弹性地基上的梁求解内力。对由此计算出的各特征段的内力，还须再次进行调整。当底板断面沿纵向变化不大时，可先将各特征段计算内力，按段长进行加权平均，再将加权平均内力与各段计算内力进行算术平均，即得该段设计内力值；当底板断面沿纵向变化很大时，各特征段的内力应按刚度进行调整。

鉴于整体式闸首结构的体型及其三向受力的复杂性，对大型船闸整体式闸首底板，应进行三维有限元法整体计算或通过模型试验进行分析研究。采用有限元法计算时，对于闸首建基面宜考虑其非线性传力特性，采用接触单元或其他具有切向强度判定准则的非线性单元模拟。

3）局部强度。

a. 孔洞及廊道。闸首上的孔洞及廊道的局部应力可根据孔洞及廊道结构布置的情况，简化为平面框架计算，或按弹性力学无限弹性体孔洞，采用常规方法进行计算。

b. 门槽及闸门的支、枕垫。高水头大型船闸的闸首平板检修门槽和人字工作闸门支、枕垫部位，直接承担闸门传来的集中荷载，这些部位需要复核其局部抗压强度。当闸门压力较大时，直接承压部位应采用高强度混凝土并按构造要求配置承压钢筋网。此外，对于检修门槽支撑部位的强度复核，可截取单位厚度水平截面按平面问题考虑，根据边墩轮廓形状，按水工钢筋混凝土中的牛腿或弧形门支座进行复核。

（4）边墩变形。闸首边墩的变形，主要包括地基不均匀沉降引起的边墩倾斜和边墩结构在外荷载作用下的挠曲变形两部分。对于地基不均匀沉降，在土基上一般采用单向分层总和法（即 $e—P$ 曲线法或 $e—\lg P$ 曲线法）进行计算；岩基上可采用单向分层总和法或将地基作为半无限弹性体进行计算。计算中，应考虑边墩受侧向限制和边荷载的影响。对于边墩断面形状较为规则的情况，一般可采用材料力学法计算边墩的挠曲变形；边墩断面形状比较复杂时，需采用三维有限元法进行计算。

目前国内规范尚没有明确地规定闸首的容许倾斜度。苏联规范中规定：人字门闸首的容许倾斜度为1/200，其他门型的闸首，其容许倾斜度应不大于1/100～1/150。

2.3.4.4 引航道结构

1. 导航墙

导航墙的型式可分为固定式和浮式两大类。一般在水深和水位变幅不大的情况下，采用固定式导航墙；水深和水位变幅较大时，采用浮式导航墙。国外有关设计规范建议：通航水深在20m，水位变幅在6m以内时，采用固定式；当水深和水位变幅更大时，采用浮式。

（1）固定式导航墙。固定式导航墙的主要型式有重力式、墩板式、扶壁式、框架式、板桩式和衬砌式等。地基条件较好且有挡土要求时一般采用重力式结构，墙高较小时常采用浆砌块石圬工结构；扶壁式和框架式结构适用于地基条件较差或石料缺乏的地区；在软土地基上可采用板桩式；在开挖边坡较陡的岩槽中可采用衬砌式。

固定式导航墙可参照类似的挡墙结构进行设计。

（2）浮式导航墙。浮式导航墙由浮箱和定位设施两部分组成，其型式可分为锚系式和支墩式两种。

锚系式浮箱的一端与闸首边墩上导槽的埋件呈铰接，另一端用锚链或钢丝绳锚定在锚墩上。目前这种型式在已建工程中应用较为普遍。

支墩式浮式导航墙在各节浮箱之间设置定位支墩，浮箱通过两端的连接装置限制在支墩的导槽内随水位升降。目前这种型式在大型船闸上应用相对较少。浮箱结构分钢结构和钢筋混凝土结构两种，钢筋混凝土结构浮箱又分普通钢筋混凝土结构和预应力钢筋混凝土结构两种，这些型式在国内都有应用。

浮式导航墙的荷载包括风、浪、水流等自然荷载，撞击力、系缆力等船舶荷载，以及结构自重、水压力、甲板活荷载等。锚系式浮式导航墙的受力状态十分复杂，目前其结构计算主要采用经验方法。通常先采用经验方法确定浮箱艏艉的最大反力，再假定荷载按线性分布，根据静力平衡条件计算结构内力。艏部主锚链拉力可采用由试验得出的浮码头锚系动力反应公式计算。对于大型锚系式浮式导航墙的整体受力状态，一般需通过模型试验进行研究。对于支墩式浮式导航墙的荷载，一般简化为静力问题，按两端水平支承在支墩上的简支梁计算其整体荷载作用效应。对于两端采用刚性支铰连接的浮箱，其支座反力和结构内力可直接按设计荷载作用计算。当作用于浮箱上的动荷载较大时，通常需在浮箱两端采用具有缓冲功能的弹性铰，其支座反力可参照浮码头弹性撑杆建立在原形观测基础上的能量法经验公式计算，对于重要工程应进行模型试验验证。浮箱竖向应复核中垂、中拱两种情况，一般按自由浮体计算，并考虑静水加自重、静水加波浪、静水加破舱等工况，计算各控制断面的总弯矩和剪力。浮箱纵向的总强度可将浮箱作为钢筋混凝土空腹箱型梁计算，分别验算各控制断面横向和竖向整体抗弯、抗剪强度。验算浮箱横向总强度时，一般取浮箱的单舱长度为计算单元，按以舷板为虚支座，横舱壁为腹板，甲板和底板为翼缘板的简支工字梁计算。浮箱断面在纵、横向荷载整体作用下，其甲板、舷板及底板等各构件的内力可采用双向受弯的钢筋混凝土箱型等价梁截面模数法计算。水压力、撞击力等荷载对浮箱结构的局部作用效应，可按简化的框架结构或采用三维有限元法计算。复核各构件强度及裂缝时，应考虑荷载整体作用和局部作用对各构件，以及同一构件不同部位的综合作用效应，按钢筋混凝土构件强度及裂缝理论复核。

2. 靠船结构

靠船结构有固定式和浮式两种，通常采用固定式结构。当水深和水位变幅很大时，采用浮式结构。固定式靠船建筑物布置型式一般为独立墩式，当同时有隔流要求时，采用墩板式结构。

当地基条件较好时，靠船墩结构一般采用重力式，重力式结构有全重力式和大底板墩柱式两种。前者通常为混凝土或浆砌块石圬工结构，用于高度不大的靠船墩；后者为钢筋混凝土结构，用于高度较大的靠船墩。当地基较软弱且覆盖层较厚时，靠船墩需采用桩基墩式结构或带浮筒的钢管桩结构。前者结构型式类似于高桩码头，一般用于水位变幅很小的情况。后者为一种柔性结构，墩体由钢管桩和浮筒两部分组成。钢管桩为承受水平荷载的柔性桩，桩径和入土深度主要取决于船舶撞击力和地基性质。浮筒分上、下两部分，上部为钢护舷，在其与钢管桩间的环形间隙设置橡胶护舷，以缓冲船舶撞击荷载；下部为带水密隔舱的圆形钢浮箱，可随水位沿钢管桩上、下升降。这种柔性靠船墩具有吸收能量大、运行可靠、可随水位升降、可在水上施工和维修方便等优点。

全重力式靠船墩结构需进行稳定性和强度复核。大底板墩柱式靠船墩的整体稳定性也可参照常规重力式结构计算。但其底板和墩柱应按钢筋混凝土构件进行强度和变形验算。位于地震区的高耸墩柱式靠船墩，其结构稳定和强度往往受地震工况控制，因此，上部的墩柱通常采用空心结构。桩墩式靠船墩的结构设计可参照港口码头中的高桩码头。

3. 隔流、防淤设施

(1) 结构布置。隔流堤的堤头部分通常为鱼嘴形。堤身段为当地材料梯形断面，堤身填料分区设置，内部可采用混合料填筑，两侧则采用石渣料分层碾压填筑。堤顶的宽度按施工设备和检修要求确定，通过稳定分析拟定两侧坡比，堤身高度较大时，应分级设置马道。

(2) 稳定计算。一般按内外两侧水位齐平计算堤身代表断面的整体抗滑稳定，淤积区还应计入淤沙压力作用，计算需考虑正常运行水位和水位陡降两种情况。当考虑引航道拉沙时，应验算内侧水位骤降形成的水位差对堤身稳定的影响。抗滑稳定计算可采用瑞典圆弧法或简化毕肖普法。当堤基存在软弱土层时，需采用改良圆弧法进行复核。隔流堤的沉降通常选取代表断面采用单向分层总和法（即 e—P 曲线法或 e—$\lg P$ 曲线法）进行计算。

(3) 护坡、护脚。护坡常用的结构型式有浆砌块石、干砌块石、混凝土面板或草皮护坡等。护坡在水下施工时，通常采用抛石或柔性的沉排。护脚在堤基覆盖层较薄时，应直接伸至基岩。护坡在陆上施工时，通常采用浆砌块石或混凝土脚坎，在水下施工时，可采用抛石；覆盖层较厚时，通常采用柔性水平护脚型式，其防护宽度应不小于可能冲刷深度的2.5倍。陆上施工时，可采用钢筋柔性连接的混凝土板；水下施工时，一般采用沉排抛石的结构或水下浇筑混凝土等型式。护脚砌体的稳定验算可参照《堤防工程设计规范》(GB 50286)。

2.3.4.5 地基处理特点和要求

船闸地基处理的方法和工艺要求与枢纽工程其他建筑物基本相似，以下仅针对船闸工程地基处理的特点和要求作简要介绍。

(1) 上、下游引航道的地基处理与枢纽其他引水建筑物基本相同。当隔流建筑物位于枢纽泄水建筑物与船闸之间时，对靠枢纽泄水建筑物一侧地基的防冲和防淘刷有较高的要求。

(2) 高水头船闸上闸首是枢纽挡水建筑物的一部分，地基处理需考虑沿纵向和横向两个方向的水荷载和闸门推力的作用，对地基变形控制的要求较严。

(3) 在船闸充、泄水时，闸室结构的横向作用力在闸墙前、后两个方向变化；船闸闸室两侧对地基的强度、完整性和均匀性要求较高。

(4) 船闸下闸首主要受纵向和横向两个方向的水压力及闸门推力等荷载作用，对地基处理有较高要求。

(5) 船闸地基除有沿河道纵向的渗流外，还有垂直于河流方向的横向渗流，并可能产生沿闸室内、外的往复式渗流。

(6) 船闸上、下闸首地基处理的重点，是严格控制地基应力和沉陷变形，防止在闸首结构与周围相邻结构间发生相对变位，损坏结构块之间的止水，影响闸门的工作条件。应按枢纽挡水要求，做好上闸首地基的防渗处理。

(7) 船闸开挖边坡处理的重点是保证边坡总体和局部块体的长期稳定。

(8) 软基上的船闸地基处理，除应满足地基应力和沉陷变形要求外，还需做好防渗处理，防止发生渗透破坏。

2.3.5 金属结构及机械设计

2.3.5.1 金属结构设计

船闸金属结构主要是闸首的工作闸门和输水系统的工作阀门。以下仅对闸、阀门的设计要点进行介绍。

1. 人字闸门

人字闸门由两扇各自围绕其端部竖直轴旋转的门页组成。闸门开启后，门页各自转到闸首两侧边墩的门龛内；闸门关闭后，两扇门页互相支承，形成人字形三铰拱结构，将门面水压力传递至闸首边墩。

人字闸门如图 2.3-35 所示。

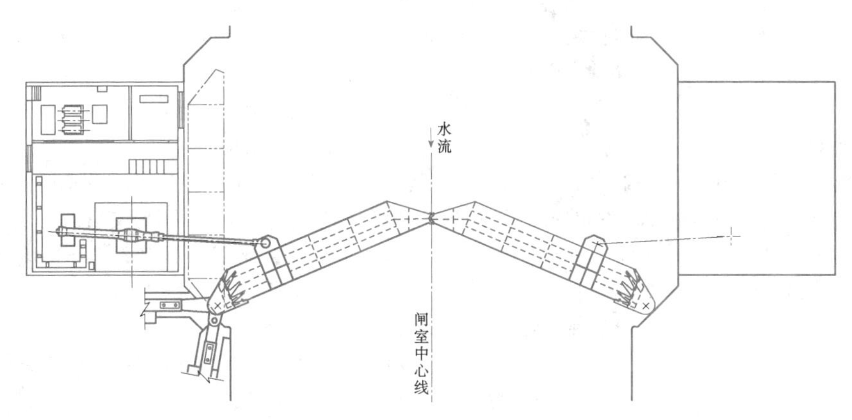

图 2.3-35 人字闸门示意图

人字闸门按门面形状分为平面形与拱形两种。在水压力作用下，平面形门页结构受到轴向压力和弯矩的联合作用，拱形门页结构只受轴向压力，且节省材料，但门龛尺寸较大，闸门制造工艺复杂，故绝大多数船闸采用平面形人字闸门。

平面形人字闸门按其梁系布置分为横梁式和竖梁式两种。门页的高度较大，且大于门页宽度时，一般采用横梁式；门页的高度小于门页宽度或为闸室有效宽度的 0.4～0.5 倍时，采用竖梁式。

横梁式人字闸门主横梁的高度根据闸门高度、宽度和荷载等选取，一般采用门页宽度的 1/8～1/12，并经强度与刚度计算后选定。

人字闸门关门时，门页轴线与闸首人字门两侧支撑点连线间的夹角，我国多数船闸采用 22.5°。门页旋转中心的位置，按闸门进入全关位置时，底枢不承受水平推力，而在开门时，闸门与支、枕垫座间又能迅速脱开，恢复顶、底枢在门页旋转时的支承状态的原则确定。旋转中心位置需位于支、枕垫座反力作用线上游 100mm 左右。

人字闸门主横梁内力、挠度和三铰拱顶的坍拱度，可按平面三铰拱进行计算。对易引起开裂的局部位置，需加大板厚或采用高强钢板和节点连接圆滑过渡等工艺措施。

闸门下游面设置交叉布置倾角为 40°～50°的背拉杆。背拉杆通常采用预应力结构，当抗扭刚度足够时，也可采用非预应力结构。背拉杆一般设两层，根据闸门高宽比大小设置。在门页启闭过程中，背拉杆最大拉应力不应大于材料的容许应力，最小拉应力不应小于 10MPa。

人字闸门顶枢主要有两种结构型式：一种是可用法兰螺母调整的铰接框架，斜拉架用锚栓固定在预留二期混凝土槽底部，必要时也可采用预应力锚栓；另一种由 A、B 两根拉杆组成，通过拉杆及其下的斜拉架，将力传递至闸首的边墩，A、B 拉杆可用楔块调整。顶枢拉杆设计荷载包括门页自重、门格内可能沉积的淤沙重、开关门时的动水压力、风压力和启闭机推拉杆的作用力等。顶枢的设计荷载应乘以 1.1～1.2 的冲击系数。

人字闸门底枢有固定式与微动式两种。需确保固定式底枢挡水时不承受水压力。近年来，底枢的润滑系统已开始采用自润滑球形轴瓦装置，代替了底枢通过管路加油润滑的装置。

人字闸门的支垫座设在门页左右两端的斜接柱和门轴柱上，枕垫座设在闸门的门龛内。人字门门面水压力通过支、枕垫传给闸首的混凝土边墙。支、枕垫座一般采用连续式，也可采用分段式，其超载系数可分别取 1.1 和 1.2，闸门支承的位置应与端柱的推力隔板位置一致。分段式支、枕垫座应与主横梁对应布置。支垫块与枕垫块分别设有可调整的间隙，通过调整螺栓进行垂直度与接触间隙的调整，使斜接柱或门轴柱上的支、枕垫座的接触点位于一条垂直线上。在门轴柱一端，闸门承压条的支承面可采用相同或不同半径的弧面，在斜接柱一端，可采用弧面或平面，其材料宜采用抗腐蚀性能好的锻钢。人字闸门采用连续式支、枕垫座时，可兼作侧止水；采用分段式支、枕垫座时，则应专门布置橡胶侧止水。门页底止水的布置包括：在闸首底槛的竖向侧面布置或在水平顶面布置两种型式，其布置应考虑人字门三铰拱变形的影响，并避免对门体产生过大的浮力。

2. 反向弧形阀门

设计高水头船闸反向弧形阀门时，需解决的首要问题是：廊道输水引起的阀门振动，空化导致的阀门面板蚀损。必须通过综合分析，确定工作阀门的布置、结构型式、面板采用的材料和各种设计参数，并通过水力学模型的试验验证。反向弧形阀门如图2.3－36所示。

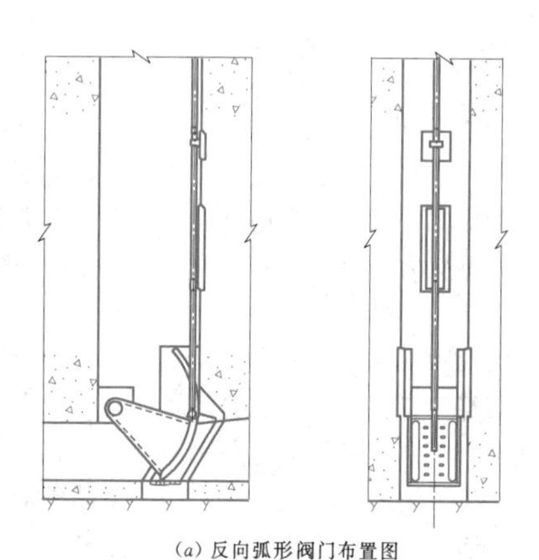

(a) 反向弧形阀门布置图

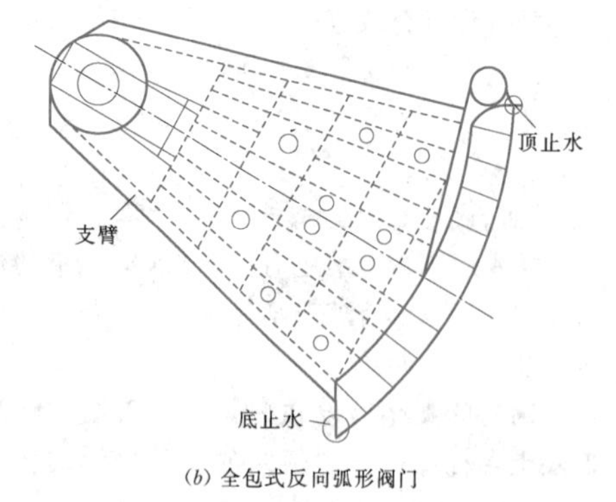

(b) 全包式反向弧形阀门

图 2.3－36 反向弧形阀门示意图

(1) 阀门结构型式与设计荷载。

1) 阀门型式。一般有横梁式、竖梁式和横梁全包式三种。横梁式阀门易产生强烈振动，对安全运行极为不利。竖梁式阀门的面板由竖梁支撑，门体受到的水动力作用小，但结构整体刚度弱，抗振能力相对较差。横梁全包式阀门的梁系和支臂周边全用钢板包护，门体刚度大，水力学条件和抗振性能好，尽管这种型式阀门的制造和维护难度较大，用钢量较多，但仍为中、高水头船闸阀门首选的结构型式。

2) 阀门的设计荷载。《船闸闸阀门设计规范》(JTJ 308—2003) 规定，对于长廊道输水系统，且有动水关阀要求的阀门，动水荷载应取设计静水荷载乘以动力系数，动力系数为1.8～2.0。

(2) 阀门结构布置。

1) 门面的曲率半径可取阀门孔口高度的1.3～1.6倍，廊道底板以上阀门支铰的高度为孔口高度的1.1～1.3倍，阀门面板与廊道底面的夹角以30°为宜，阀门底缘型式及尺寸宜通过模型试验确定。

2) 阀门面板与门楣间的缝隙可取20～30mm，形成上小下大的喇叭形断面，并在负压区设置通气孔。高水头船闸的通气孔设置需根据模型试验确定。门楣如图2.3－37所示。

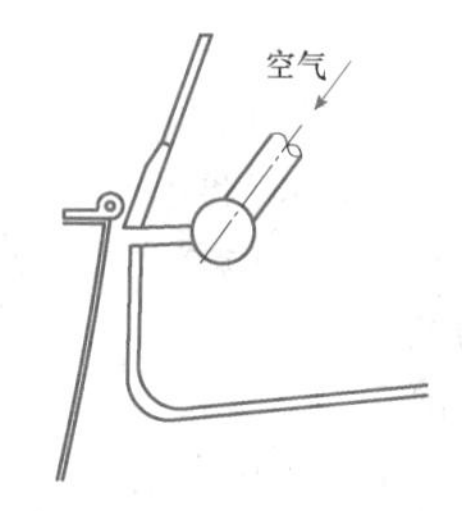

图 2.3－37 门楣示意图

3) 反向弧形阀门的两侧支铰轴应与支铰大梁整体连接。承载框架的支铰座应按受压结构布置在廊道两侧孔口上方的平台上。锚固设计应考虑动水产生的正、反向不稳定荷载及门体振动的影响。固定支铰座用的螺栓应有可靠的防松设施。支铰的轴瓦宜采用自润滑轴承。

4) 反向弧形阀门启闭吊杆的横截面尺寸与分段长度应满足刚度和抗振要求，吊杆的分段节点处应设置铰接撑架或导向滑槽。吊杆设计尚应考虑紧急关阀时下压力的要求。

5) 反向弧形阀门的底止水可采用不锈钢刚性止水或橡胶止水，高水头船闸的阀门宜采用刚性止水。侧止水一般采用P形橡胶水封，并预留3～4mm压缩量，阀门的侧轨板应埋设至阀门全开位置，在孔口以上，侧轨板宜做成可拆卸式。阀门的顶止水可采用P形、Ω形或半圆头平板止水，在阀门关闭时，顶止水应与门楣的鼻坎紧贴，但不得承受门重压力。阀门开启时，顶止水应能迅速脱离鼻坎。由于阀门运用频繁且处于水下，止水强度与拐角的连接型式应满足使用要求。

6）高水头反向弧形阀门长期处于水下，并在高速水流作用下频繁开启，阀门面板与阀门底缘结构宜采用不锈钢。阀门周边的廊道应采用不锈钢衬护。阀门体其他部位应采用耐久性好的防腐蚀涂层体系，所有紧固件材料也宜采用不锈钢。

3. 平面阀门

（1）适用条件。低水头船闸由于工作水头小，其充、泄水时，廊道内水流流速低，水力学条件较简单，布置平面阀门，其门槽区的紊流不致发生有害的空化和空蚀而造成阀门振动，影响船闸运行。同时，平面阀门结构简单，制造安装容易，检修维护方便。因此，小于15m的低水头船闸可采用平面阀门作为廊道工作阀门。

（2）阀门布置。

1）门槽结构。平面阀门的门槽宽度、深度、门槽体型和门楣的布置应满足阀门水力学条件的要求，并应满足支承埋件设置的要求，当工作水头超过15m时，门槽体型应通过模型试验确定。

2）导向装置。平面阀门应设置反向和侧向导向装置，导向装置结构可采用导轮或滑块，导轮或滑块与轨道之间宜有5～10mm的间隙，当采用弹性导轮时，可不留间隙。

3）平压阀。平面阀门一般均设有平压阀装置，该装置可通过启闭机吊杆或阀体上手柄进行操作，应注意防止泥沙或杂物淤积和堵塞。

4）阀门止水。平面阀门可根据船闸挡水要求设置单向止水或双向止水。设置双向止水时，其顶、侧止水可布置在阀门上、下游面两侧，并应与底止水相连形成封闭止水线。设置单向止水时，短廊道输水系统和长廊道输水系统下闸首的平面阀门的止水可设在上游面。长廊道输水系统上闸首的平面阀门顶止水应设在下游面，长廊道输水系统底缘止水线的位置宜根据启闭力的要求确定。底缘上游面倾角可为45°～60°，下游面倾角可不小于30°。平面阀门的顶止水布置在下游面，且需利用水柱启闭门时，阀门在一定运行范围内，其顶止水应与胸墙贴紧，顶止水与胸墙的推荐尺寸可参见《船闸闸阀门设计规范》(JTJ 308)。

（3）阀门结构。阀门由一块面板和梁格系统（主梁、小梁、隔板和边柱）构成门页主体。主梁可采用多主梁式或双主梁式，平面阀门的主梁应采用实腹式，由于廊道孔口跨度一般不大，主梁宜采用等断面结构。边柱亦应采用实腹式，滑动支承可采用单腹板；滚动支承宜采用双腹板；也可采用单腹板边柱做成悬臂轮的布置型式。要求动水启闭的平面阀门，宜采用滚动支承，滚轮位置可按等荷载原则布置，并使各个主梁受力基本均匀。滚轮轴承宜采用自润滑材料，滑块宜采用低摩材料，多轮式平面阀门的滚轮宜采用偏心轴或偏心套装置，作用在主轮上的荷载一般应乘以不低于1.1的不均匀系数。

4. 叠梁门

船闸叠梁门设计要点如下：叠梁门由门页结构、正向支承、反向支承、侧向导轮、止水橡皮等组成。单节叠梁的高度应根据引航道水位变化和启闭机容量等条件确定。叠梁门一般采用双腹板结构，跨度较大的主梁采用变腹板高度、变翼缘板厚度和宽度的变截面型式。叠梁门一般由自动挂钩梁操作，通常采用滑块式支承，跨度大时，需采用低摩材料。侧止水一般选用橡胶复合材料，叠梁门的埋件为常规埋件。叠梁门设计遵循《水利水电工程钢闸门设计规范》(SL 74)和《钢结构设计规范》(GB 50017)执行。

单节叠梁如图2.3-38所示。

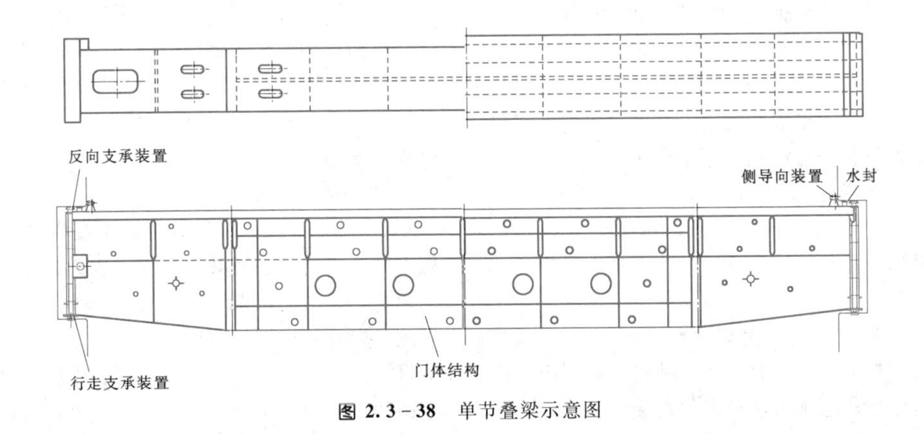

图2.3-38 单节叠梁示意图

5. 其他金属结构

(1) 防撞警戒装置。

1) 机构布置与选型。船闸工作闸门前面布置的防撞警戒装置一般有柔性结构与刚性结构两种型式。柔性结构主要通过钢丝绳横跨闸室作为拦船索，拦船钢索的两端通过托辊滑轮组等导向装置，与设置在闸槽内升降托架上的制动油缸活塞杆相连。过闸船舶与拦船钢索相撞后，拦船钢索被张紧，当钢索的张力达到设计值时，制动油缸溢流阀打开，油缸活塞杆被拉出，船舶的动能被油缸活塞所做的功吸收，直至船舶停止。防撞警戒装置除了考虑能吸收船只撞击的能量以外，还应具备能随通航水位升降的功能。刚性结构是将防撞钢丝绳换成钢梁，钢梁断面根据撞击能量设计，在钢梁上游面再安装缓冲橡胶垫或橡胶轮胎等，钢梁亦可通过闸首两侧卷扬机提升或下降，并锁定在工作状态。

2) 机构设计。

a. 撞击力。撞击力的计算公式为

$$E_0 = \rho \frac{1}{2} M v^2 \qquad (2.3-104)$$

式中 E_0——船舶的有效撞击能量，kJ；

ρ——有效动能系数，可采用0.7～0.8；

M——船舶的质量，t，一般按满载排水量计算；

v——对闸门撞击的法向速度，m/s。

b. 拦船钢索。钢索直径根据撞击力选择，拦船钢索一般布置2根。滑轮组包括动滑轮、定滑轮与均衡轮。动滑轮与制动油缸活塞杆相连，定滑轮作为导向装置，并承受拦船钢索拉力，均衡轮把两个滑轮连接起来，使拦船索两侧的力量均衡。

c. 制动油缸及液压系统。由制动油缸与制动溢流阀组成稳压制动回路，回路上设有液控单向阀，制动回路直接与油箱连接，从而向制动油缸无杆腔补油。制动回路与操纵回路用一个电磁换向阀相连，当制动油缸活塞杆被拦船钢索拉出后，借助于操纵回路油泵的压力使制动油缸活塞杆恢复原位。

d. 升降机构。升降机构可选用QP型标准卷扬式启闭机定型产品，设置在闸槽上方的机房内，用以启闭升降机架平台。升降机架平台为钢板焊接结构，用以支承和安装拦船钢索导向装置、制动油缸、液压系统、弹簧锁定器和导向支承轮。机架平台设有吊耳，并与卷扬机吊具相连，采用电气同步实现拦船钢索的升降。

e. 闸墙升降槽埋件。升降机架平台沿槽内预埋件的正向与侧反向轨道垂直升降，并将油缸所吸收的能量通过机架导轮经闸槽轨道埋件传递到闸墙上。升降机架设有弹簧锁定器，将升降机架平台锁在闸槽指定的位置。

(2) 系船设备。

1) 结构布置。系船设备有浮式和固定式两种。船闸的水头和充、泄水水位升降速率较大时采用浮式，较小时采用固定式。浮式系船柱为圆筒形结构，通常在筒体上、下部的侧向与正向各设一组支承导向走轮。对高水头大型船闸，通常在浮筒顶部布置上、下两层距离为1～2m的系缆柱。上层系缆柱采用铰接的方式布置在浮筒顶部的支架上，并相应地在系缆柱高程布置一层支承导向走轮，下层系缆柱直接固定在浮筒顶部；支承导向走轮在开口的圆弧形沟槽内，沿竖向布置的轨道随水位升降上、下滚动，来自各个方向的缆绳拉力传递至闸墙。导轮轴承可选用自润滑轴承或选用通过油嘴加注润滑油脂的铜瓦。系船缆绳张角范围在150°以内。浮筒底部装设缓冲木垫或橡胶垫作支承。固定系船柱通常按一定间距用锚筋锚固在闸室墙上的凹龛内，随闸墙混凝土同步施工。

2) 机构设计。浮筒、系缆柱和导轨等金属结构按常用的方法计算。大型船闸船舶的系缆力通常可按5t进行设计，按8t进行校核。筒体壁厚按外水压力要求的强度和刚度通过计算确定，筒体为水密焊接结构，根据计算的浮力与筒体重量，通过调整筒内的加载物确定浮筒吃水线的高度。

2.3.5.2 机械设计

1. 人字闸门启闭机

人字闸门启闭机的型式主要有液压直联式、四连杆机械式与钢丝绳牵引式三大类。液压直联式启闭机的适应性较大，以摆动油缸直推闸门，油缸装设在一个可以绕垂直轴转动的支座上，活塞杆头部与门页铰接，启闭闸门时，油缸绕支座摆动，活塞杆沿油缸做往复运动，关门时活塞杆受压，开门时活塞杆受拉。近年来，这种启闭机型式的应用日益广泛。早期极少数船闸也有采用将液压启闭机布置在闸门下游，以四连杆机构曲柄启闭人字门的型式。钢丝绳牵引式启闭机的主要优点是结构简单，制造与操作方便。但受钢丝绳使用寿命和启闭容量的限制较大，目前在船闸上已极少采用。

(1) 液压直联式启闭机。

1) 机构布置。人字闸门液压直联式启闭机由液压直联式启闭油缸及其弹性支承装置、行程指示及检测装置、开关门限位装置、液压系统泵站总成、输油管道，以及相应埋件和启闭机的现地、集中控制系统等组成。对于大型船闸，液压直联式启闭机操作的人字闸门，一般采用无级变速运行方式，启闭机按给定的变速特性曲线控制运行，变速运行方式由比例变量泵配合电气可编程序控制器（PLC）实现，并可在现场根据实际工况对运行曲线进行修改调整。

2）启闭力确定。人字闸门启闭力的大小主要取决于闸门运行过程中的动水阻力和摩擦、惯性、风载等荷载的大小。动水阻力是启闭机设计的主要荷载，占总阻力的85%以上，在采用液压直联式启闭机无级变速运行时，根据阻力矩曲线编制相应的变速曲线进行程序操作，以使动水阻力矩峰值大大降低。

根据《船闸闸阀门设计规范》（JTJ 308—2003），人字闸门启闭力的计算公式为

$$T = K\frac{M_{总}}{R} \qquad (2.3-105)$$

式中 T——人字闸门的启闭力，kN；

$M_{总}$——最大总阻力矩，kN·m；

K——安全系数，取1.2；

R——牵引力到旋转中心的力臂，m。

大型人字闸门宜绘制阻力矩随时间变化的曲线，并求得总阻力矩最大值。总阻力矩的计算公式为

$$M_{总} = M_1 + M_2 + M_3 + M_4 \qquad (2.3-106)$$

其中
$$M_1 = 0.5fNd_1 + 0.25fG_0d_2$$
$$M_2 = 0.5qh_1L^2\sin\theta$$
$$M_3 = 0.126\varphi\frac{G_mL^2}{t_0{}^2}\cos\frac{\pi t}{t_0}$$
$$M_4 = 0.5h_2L^2Z$$

式中 $M_{总}$——最大总阻力矩，kN·m；

M_1——顶枢和底枢的摩擦阻力矩，kN·m；

f——摩擦系数；

N——在垂直荷载作用下顶枢的水平反力，kN；

d_1——顶枢轴直径，m；

G_0——门页及工作桥上的垂直荷载，kN；

d_2——底枢蘑菇头轴径，m；

M_2——风载阻力矩，kN·m；

q——风压强度，kPa，参照现行行业标准《港口工程荷载规范》(JTJ 215)选取；

h_1——门页露出水面以上部分的高度，m；

L——门页宽度，m；

θ——计算风向与门页轴线的夹角，(°)；

M_3——闸门运动惯性阻力矩，kN·m；

φ——门页全开的转动角度，rad；

G_m——门页及门页上的垂直荷载相应的质量，t；

t_0——开启闸门所需的总时间，s；

t——开门过程中的任意时间，s；

M_4——水对闸门产生的阻力矩，kN·m；

h_2——门页淹没在水中部分的高度，m；

Z——人字门启闭时容许的水位差形成的压强，kPa，取$Z=0.5\sim1.5$kPa。

3）机构设计。油缸根据有利于整体稳定性的初始挠度值最小的原则，采用最小挠度法和极限应力法进行布置和计算。闸门启闭力对机构杆件的挠度和稳定性影响很大，尤其是对液压直联式启闭机的卧式细长油缸影响较大。设计时应设法在油缸的上翘、下挠和S形挠曲形态中，选择油缸初始挠度最小的S形挠曲型式，以使油缸接近于理想中心压杆状况。不考虑挠度对稳定性的影响直接用临界应力进行计算，计算公式为

$$P \leqslant \frac{P_6}{n} \qquad (2.3-107)$$

式中 P——轴向压力，kN；

P_6——临界压力，kN；

n——稳定安全系数，取$n=5.5\sim6$。

计算通常以最小挠度法作为常规设计方法，极限应力法作为校核方法。

油缸材料宜优先选用45号无缝钢管或45号锻钢，热处理正火，缸体内表面粗糙度$Ra0.35$，应对缸体焊接环缝进行100%超声波探伤，内径尺寸公差不低于$H8$。活塞杆材料宜选用40Cr或45号锻钢，调质热处理，活塞杆表面镀铬，其表面粗糙度$Ra0.35$，活塞杆导向段外径尺寸公差不低于$f7$。导向套材料宜选用$ZCuAl_{10}Fe_3$或$ZCuSn_5PbZn_5$，表面粗糙度$Ra0.35$，配合面的配合尺寸公差$H8$与$h8$。宜选用耐油、耐水、抗老化和减磨性能良好的橡胶V形组合密封件。高荷载双向摆动U形机架的材料宜选用ZG40Gr、ZG3SiMnMo或ZG35CrMo合金铸钢，采用真空浇铸，100%探伤，达到GB/T 233 Ⅱ级要求。

液压系统应设置可靠的液控平衡阀，在人字闸门正常运行过程中因可能产生的负向荷载造成失速时，液压系统能够迅速平稳地调整过渡，并应考虑闸室超灌、超泄反向水头对启闭机的作用。在闸室超灌、超泄时，应由水位计控制液压系统，实现人字闸门的自动开启，以免反向水头过大造成启闭机活塞杆受压过载。在油缸旁应设置安全保护阀块。启闭机在采用无级变速运行方式时，推荐用比例变量泵配合电气PLC。

启闭机行程检测装置宜选用内置式，并配置液压油污染检测仪、油水分离器、过滤油泵等必备的辅助设备。

（2）四连杆机械式启闭机。

1）机构布置。四连杆机械式启闭机布置的特点是电机以匀速运动方式启闭闸门，闸门启、闭过程的初始和末尾均以较小的角速度运行，能使其力矩与两头大、中间小的马鞍形动水阻力矩基本吻合。但当闸门尺寸及淹没水深较大时，扇形齿轮模数与节圆直径均会增加，相应地增加了加工制造的难度。

2）启闭力确定。启闭力的计算与液压直联式启闭机相同，但对于大型船闸，特别是大淹没水深下人字闸门的启门力可用上游水位超高0.05～0.10m条件下的动水阻力矩值进行计算，并考虑1.2～1.4的安全系数。闭门力一般可按相当于0.2m的反向水头所产生的荷载计算启闭机的整体稳定性和挠曲。对于临时荷载可按相当于0.4m反向水头验算推拉杆的推力，并以此校核机构的强度。机构强度的许用应力取0.75倍的屈服极限。

3）机构设计。电动机、制动器和卧式减速器等标准产品，可根据《水利水电工程启闭机设计规范》（SL 41—2011）的要求按标准进行选配，其他非标产品需按机构的功能要求和受力条件进行专门设计。

2. 阀门启闭机

（1）反向弧形阀门液压启闭机。

1）机构布置。反向弧形阀门液压启闭机由油缸总成、机架、吊杆、导轨装置、卡箍（支承）装置、开度检测装置、管路、液压系统以及埋件等组成。启闭机为双作用油缸，采用铰轴支承，吊头与多节吊杆铰轴连接。一般情况下，动水开启阀门，静水关闭阀门；特殊情况下，可动水关闭阀门。启闭机一般在中央控制室集中控制，亦可在液压泵站现地操作。

2）启闭力确定。船闸输水反向弧形阀门启门力和闭门力按《船闸闸阀门设计规范》（JTJ 308—2003）计算，计算公式为

$$F_Q=\frac{n_T(T_{zd}r_0+T_{zs}r_1)+n'_GGr_2+G_jR_1+P_xr_4}{R_2} \tag{2.3-108}$$

$$F_W=\frac{n_T(T_{zd}r_0+T_{zs}r_1)+P_tr_3-n_GGr_2}{R_1} \tag{2.3-109}$$

式中 F_Q——反向弧形阀门启门力，kN；

R_2——启闭力对阀门转动中心的力臂，m；

n_T——摩擦阻力安全系数，取1.2；

r_0——转动铰摩阻力对阀门转动中心的力臂，m；

T_{zs}——止水摩阻力，kN，计入因压缩橡皮而引起的摩阻力；

r_1——止水摩阻力对阀门转动中心的力臂，m；

n'_G——计算启门力用的阀门自重修正系数，取1.1；

G——阀门自重，kN；

r_2——阀门自重对阀门转动中心的力臂，m；

G_j——加重块重量，kN；

R_1——配重或下压力对阀门转动中心的力臂，m；

P_x——下吸力，kN，宜通过模型试验确定；

r_4——下吸力对阀门转动中心的力臂，m；

F_W——反向弧形阀门闭门力，kN；

P_t——上托力，kN，宜通过模型试验确定；

r_3——上托力对阀门转动中心的力臂，m；

n_G——计算闭门力用的阀门自重修正系数，取0.9～1.0。

3）机构设计。

a. 油缸总成。双作用油缸缸体中部由耳轴支承，支承轴承一般采用自润滑滑动球面轴承。油缸支承轴及轴承座与两侧机架连接，机架通过地脚螺栓固定在埋件上；缸体采用无缝钢管或整体锻钢，材质为45#钢，正火热处理，内表面粗糙度不大于Ra0.35；活塞杆材质一般为40Cr合金钢或45#锻钢调质处理。外表面镀铬，粗糙度不大于Ra0.35；密封件宜选用耐油、耐水、抗老化和减磨性能良好的橡胶V形组合密封圈。

b. 液压泵站。泵站设计一般均考虑200kN的下压力。液压泵宜选用重型手动变量斜盘式轴向柱塞泵，额定压力为31.5MPa。速度调整目前通常采用比例变量泵，通过PLC进行自动调速。驱动电机一般选用Y系列三相异步电动机。目前插装式阀组已成为液压启闭机、液压泵站最常见的一种集成方式。每个泵站一般布置两套电机液压泵，一套工作，一套备用。

（2）平面工作阀门启闭机。

1）启闭机型式。平面工作阀门一般可用液压启闭机或固定卷扬机进行操作。液压启闭机活塞杆可承受一定压力，若采用卷扬机进行操作，则阀门应可依靠自重或利用水柱下落，钢丝绳始终承受拉力。

2）启闭力确定。平面阀门启闭机的启门力和闭门力的计算公式为

$$F_Q=n_T(T_{zd}+T_{zs})+P_x+n'_GG+G_j+W_S \tag{2.3-110}$$

式中 F_Q——启门力，kN；

W_S——作用在阀门上的水柱重量，kN；

其余符号意义同前。

$$F_W = n_T(T_{zd} + T_{zs}) - n_G G + P_t - W_S \tag{2.3-111}$$

式中 F_W——闭门力，kN；

P_t——上托力，kN，参照《船闸闸阀门设计规范》(JTJ 308—2003)附录A采用；

其余符号意义同前。

3）机构设计。可参照弧形阀门启闭机进行设计。

2.3.6 机电与消防设计

2.3.6.1 机电设计

1．设计内容

船闸机电设计内容包括供配电与照明系统设备，工作闸门和输水阀门启闭机的电力拖动与控制系统设备，船闸运行监控系统设备，信号检测装置，通航指挥信号及广播装置，图像监视系统设备，通信系统设备，闸室检修与渗漏排水控制设备等。

2．供配电系统

船闸通常设置单独的变电站，多级连续式船闸则应根据需要设置多座变电站。

(1) 确定用电负荷等级。Ⅰ、Ⅱ级船闸为一级用电负荷；Ⅲ、Ⅳ级船闸为二级用电负荷；其他等级的船闸为三级用电负荷。船闸事故检修闸门启闭机的用电负荷均应为一级。一级用电负荷的船闸应设两个独立的供电电源。二级用电负荷的船闸视具体情况也可设两个独立的供电电源。

(2) 供电范围。供电范围包括上游事故检修闸门启闭机，上、下闸首的工作闸门与输水阀门启闭机，运行监控系统，防撞警戒装置，闸室检修、渗漏等各类抽、排水泵，船闸区域内的照明、通风、空调、通信以及其他控制和检修等用电设备。

(3) 负荷统计。供电容量应计算同时工作的最大负荷。供电变压器容量的选择应考虑负荷的同时率，一般为0.6～0.7。负荷计算是依据船闸的运行流程，采用综合系数法统计。选最大一组电动机计算船闸运行的动力用电负荷。负荷统计时，分别计算动力计算负荷、控制系统负荷和照明计算负荷，并统计出总计算负荷。按计算负荷选择变压器后，需校验启动电流最大的一组电动机启动时的端电压或电压损失，该值不宜低于额定电压的85%。若启动电压不能满足要求，则应重新选择电动机的启动方式或供配电系统，直至满足要求。

3．电力拖动与控制

船闸电力拖动与控制对象主要是工作闸门启闭机、输水阀门启闭机、事故检修门启闭机、防撞警戒装置等。对于不同类型的闸门、阀门，通常采用下列专用启闭机启闭操作。

(1) 液压式启闭机。人字闸门和输水阀门的液压启闭机一般共用一个液压泵站驱动，并按照启闭力大的启闭机配置液压泵站。液压泵站的油泵电动机为空载启动，并无反转和制动要求。通常情况下，10kW以下的电动机可采用鼠笼电动机全压启动。采用全压启动方式时，应核算线路压降，如不能满足供电要求，则应采用降压启动，主要采取Y/△降压启动和软启动器启动。大型船闸人字闸门所需的驱动力很大，液压系统往往配置多台油泵，其油泵应采用分时启动，以避免启动电流过大导致电动机启动转矩不足而无法启动。对于设有备用油泵的液压泵站，应采用工作油泵和备用油泵轮换工作的方式。人字闸门一般做变速运行，且必须准确地控制人字闸门的关终位置，也可对两扇门页作同步运行控制，其液压驱动采用调速控制系统，即液压驱动油泵可采用由变量泵或交流变频调速装置构成的液压调速系统来实现。若采用交流变频调速装置构成的液压调速系统，则不需另设其他降压启动设备。设计中采用何种降压启动方式，应结合供电负荷与设备投资综合确定。

(2) 固定卷扬式启闭机。用在平面工作闸门、工作阀门和事故检修门上的固定卷扬式启闭机，有单吊点和双吊点两种。固定卷扬式启闭机一般选用交流起重运输型电动机驱动。对于中间无条件设置同步轴支撑点的两台固定卷扬式启闭机，可选用电气同步拖动系统。若两个悬吊点的间距较小，可采用机械同步驱动，也可以选用电气同步拖动系统。对于水头不高、启门力不大，且无特殊要求的小型船闸的闸门、阀门电力拖动，可采取全压启动或降压启动。对水位差较大的船闸，通常采用变速拖动，即低速提升阀门一段开度，待闸室内、外水位差减小，电动机负载减轻后，转为高速提升阀门。当两台固定卷扬式启闭机采用机械刚性同步轴同步时，电力拖动系统的调节使两台电机的输出转矩同向且相等，即解决出力均衡的问题。当采用电气同步系统时，可使电动机根据行程偏差信号调节各自的转速，以消除由于机械特性差异导致的两吊点间的行程偏差。

(3) 桥式启闭机。大型桥式启闭机的起升机构常设有两个吊点。当由两台电动机同步驱动时，就需要在两套电力拖动系统之间附加转矩同步环节，对电动机的负荷进行均衡调节，使两台电机的出力均衡；如选用电气同步驱动，则应在两套电力拖动系统中，附加速度同步或位置同步控制环节，使闸门保持水平升降。大型桥式启闭机的起升机构，除要求其电力拖动系统同步控制和两台电机出力均衡外，还要求两台电机能在重载时低速、恒转矩运行，轻载时高速、恒功率运行。交流变频调速系统是满足这几个要求的最佳选择。大型桥机大车运行机构为多电机驱动机构，需要解决同步传动或出力均衡问题，或需要同时兼顾两者。因此，需采用具有平滑调速、同步控制和出力均衡等多种功能的电力拖动系统。对此，交流变频调速传动装置是首选。

(4) 四连杆机械式启闭机。人字闸门的四连杆机械式启闭机通常采用双速或多速交流电动机驱动。由于电动机的两挡或多挡速度是固定的，阶跃式的变速会对人字闸门和启闭机产生一定的冲击，电气设备宜采用交流变频调速。

4. 船闸运行监控

(1) 监控系统结构。船闸计算机监控系统采用工业过程控制的分布式控制系统（DCS）结构，系统由上位机上位监控层设备和下位机现地控制层设备构成，上位机与下位机之间一般采用交换式工业以太网络互联。船闸计算机监控系统的方案设计和设备配置遵循硬件冗余、软件容错的设计原则，特征是管理的集中性和控制的分散性。

1）现地控制站通常以PLC作主控器件，将可视操作面板用于闸门运行信号显示和辅助操作。中、小型船闸在控制层设置PLC主机，各闸首配置远程I/O和现地操作面板，统一由一套PLC进行控制；亦可在同一闸首设一个现地控制站控制两侧的启闭机。大型船闸可在每个闸首的两侧各设一个现地控制站，两侧现地控制站设置的PLC＋远程I/O可互为冗余配置。

2）现地控制站一般设集中控制、现地控制两种操作控制方式。现地控制方式的优先级别高于集中控制方式，且两种操作控制方式只能在现地进行切换。

3）船闸设置闸门、阀门及单边、双边点动与联动运行控制。但同一闸首的工作闸门和输水阀门，只有在阀门开启后，才能开启闸门；多级船闸相邻闸首之间的闸门或阀门，除有特殊要求外均不能同时开门；单级船闸上、下闸首之间的闸门、阀门不能同时开门；充、泄水阀门可无条件关阀，并可为避免闸室产生超灌、超泄提前关闭阀门。

4）为使船闸设备可靠运行，系统至少应引入人字闸门前、后未平压，输水阀门开终、关终极限限位，人字闸门未能合拢，闸门开终、关终极限限位，防撞装置的警告等控制信号。

(2) 系统功能及操作功能。

1）现地控制站功能。

a. 在集中控制方式下，现地控制站处于集控状态，仅受控于集控自动和集控手动指令。现地PLC采集和上传现地设备的闭锁条件，闸门、阀门启闭行程及其终点位置等运转和状态信息。现地控制站严格按集控指令执行，并反馈运行信息。

b. 在现地程序控制方式下，控制站处于现地控制状态，受控于现地控制指令，检查判断是否满足相邻闸首工作闸门、输水阀门之间的闭锁保护控制条件，同时还需判断是否满足最低通航水深及为防止超灌、超泄，实现自动的动水关阀等通航条件。

c. 现地单步控制仅控制某些部件或机构单独运行或得电，以达到对局部线路、机构检修的目的。

d. 当集控站或通信网络发生故障不能正常工作时，现地控制站仍具有通过现地硬连接的闭锁，各自独立、安全地进行现地单机操作运行的功能。

2）集中控制站功能。

a. 设置自动和手动运行两种模式的切换装置，通过通信网络向各现地控制站发布操作命令，控制船闸按照船舶过闸工艺流程和闸门、阀门的闭锁关系，进行上行、下行连续或断续的自动程序运行或手动分步操作运行。

b. 能够通过通信网络或硬连线的方式发布紧急控制命令，对运行中发生的故障或事故进行应急处置。

c. 在任何方式运行中，都能自动跟踪显示各现场设备的运行过程、实时运行参数及状态信息等。

d. 对于上、下游水位变幅大的多级船闸，监控系统应设置能根据上、下游水位变化情况，自动确定运行级数及补（溢）水、不补（溢）水等运行方式的控制程序。

e. 可进行多级船闸的换向运行切换。

3）系统故障报警及保护控制功能。

a. 工作闸门前、后水位齐平时平压开门保护。

b. 防超灌、超泄过大时的开门保护。

c. 人字闸门关门时的合拢失败保护。

d. 充水、泄水阀门开、关门保护。

e. 过闸运行过程中，相邻闸首的闸门、阀门之间的相互闭锁保护。

f. 误操作闭锁保护。

g. 启闭机在运行中的机械过载保护。

4）操作功能设置。监控系统根据需要设置上行、下行选择，进闸，暂停，继续，停航，复航，开、关闸门，开、关阀门，紧急停机，紧急关阀等操作。

(3) 信号检测。

1）闸门开度检测。闸门开度检测装置应依据闸门的门型、启闭机型式、闸门运行要求及检测装置使用环境条件选择。主要有旋转式编码器、与活塞杆陶瓷保护层结合在一起的液压缸行程测量装置和磁感应型传感器等。

2）闸门位置检测。闸门位置检测一般采用接触型位置开关或感应型接近开关。

3）水位及水位差测量装置。水位测量通常采用压力式水深传感器。水位差的测量除了直接测量法外，多采用分别测量上、下游水位，然后求其差值的方法。对于大变幅的水位测量，可采用分段接力测量法。

5. 工业电视

在上下游航道、各闸室的有效水域和人字闸门运行区域设置适当数量的工业电视摄像机，对船闸特别是人字闸门区域摄像，并将图像信息传送至集中监控室进行显示，为操作员提供是否发出转步控制操作的图像依据。工业电视还具有其他重要的监视、保护功能，当出现异常情况时，操作员可及时采取应急措施，避免事故的发生和扩大。

工业电视系统由摄像设备、传输设备、显示和控制设备等组成。现场摄像按闸首分区，每个摄像区由分布在该区域的工业摄像机组成。显示和控制设备一般由布置在集中监控室的控制台、电视墙、视频及控制信号传输设备、电源设备、多媒体信息处理计算机等组成。现场摄像设备与显示和控制设备的连接可采用分区汇聚、公共总线集中传输的方式。

6. 通航指挥信号

通航指挥信号分为远程信号、进闸信号和出闸信号，以及航道中心线标志、闸室宽度边界标志。远程信号、进闸信号和出闸信号装置可采用透镜灯、LED或其他发光装置，并应以红色信号灯表示禁止通行，绿色信号灯表示允许通行。无论是单级船闸还是多级船闸，通航指挥信号灯、中心灯、边界灯都由各闸首现地控制站控制，并可由船闸集中监控系统通过现地控制站PLC输出信号控制。远程信号、进闸信号和出闸信号应能进行程序控制和手动控制，在集中控制室控制和现地控制站操作。

7. 通信

通信系统包括船闸内部有线通信、船岸无线通信、与水电站光纤或微波通信、与梯级通航的集中调度或集中管理部门的通信，以及配套的通信电源等部分。有线程控交换设备的容量可按实际业务需要的1.3～1.6倍设计。调度台设置在集中控制室，在各控制室、变电站、闸首启闭机机房、办公室，以及同一枢纽内梯级通航设施等生产调度重要部位，配置通信用户终端。

8. 电气设备的型式、布置及要求

（1）供电设备布置。

1）供电设备布置。船闸变电站应尽可能布置在船闸负荷中心附近。

2）电缆廊道布置。船闸左右两侧均应设置电缆廊道。电缆廊道应贯穿整个船闸，联通上闸首启闭机房与下闸首启闭机房，并通过分支电缆廊道或电缆沟与变电站和集控室相连。当电缆与水管共用廊道时，两者应尽量分两侧布置，如只能布置在同侧，则应电缆在上水管在下。

3）照明设备布置。船闸照明包括工作照明和应急照明。在变电站、集控室、启闭机房、电缆廊道、设备间、通道等处，除布置工作照明外，还布置有应急照明。工作照明应采用节能的荧光灯，但应急照明需采用快速点燃的灯具。廊道照明则宜采用防潮的工矿型灯。

（2）监控设备布置。现地控制站的动力柜、控制柜就近布置在启闭机房内。集控设备布置在集控室内，集控室设置集中控制操作台。计算机、UPS及电源设备、网络设备均布置在操作台内，监视器、打印设备布置在操作台台面上。

（3）工业电视及广播设备布置。

1）各闸首左、右启闭机房各设置1台摄像机，用于监视启闭机及现地控制设备的运行。

2）根据船闸变电站大小可设1～2台摄像机。

3）船闸上游侧布置3台摄像机。其中2台监视上游航道，1台监视工作闸门和闸室。

4）闸室上、下游禁停线附近左、右侧的闸顶上，各布置1台固定摄像机，监视船舶停靠是否超越禁停线。

5）上、下游导航墙顶端各布置1台摄像机，监视过闸船舶进出船闸的状况。

6）多级船闸除按上述要求布置摄像机外，在中间闸室的适当部位亦应布置摄像机，用以对过闸船舶和人字闸门启闭进行监视。

7）工业电视显示和控制设备、广播扩音设备布置在船闸集控室内。

8）对航道广播的喇叭布置在上、下游导航墙上，对闸室广播的喇叭布置在上、下闸首上。

（4）通航指挥信号设备布置。远程信号设备设置在上、下游航道口门区附近，其布置高程应高于通航高水位4～5m；进、出闸信号设备布置在上、下闸首，其布置高程应高于通航高水位2～5m。

（5）通信设备布置。程控交换机、配线柜和光纤及微波等主要通信设备，布置在船闸集中控制室或通信设备室内。高频开关电源及两组蓄电池，布置在通信电源室和值班室等通信用房间内。船、岸无线电台放置在集中控制室内。

2.3.6.2 消防设计

1. 设计范围

船闸的消防设计范围包括上、下闸首和闸室。重点消防部位为集中控制室、配电装置室、启闭机房及其液压泵房、电缆廊道等，并兼顾闸室及上、下游引航道内失火船只的灭火和救援。

2. 火灾分类及灭火方式

船闸建筑物一般为钢筋混凝土结构，闸门为钢结构，船闸机电设备主要包括0.4kV动力设备、液压启闭设备、10kV/0.4kV供电设备、弱电控制保护设备等，火灾类别一般为A类、B类和E类。船闸管理楼、闸室等建筑物，灭火方式为消防车、室内/外消火栓及移动式灭火器等。0.4kV动力设备等机电设备，灭火方式主要为移动式灭火器，若集控室面积超过140m²，其灭火方式应以气体灭火系统为主，移动式灭火器为辅。闸室内船只辅助灭火方式为消防车、消火栓、移动式灭火器、泡沫消防炮或固定式水成膜灭火装置等，可根据船舶所载货物的类别及危险性，选用适当的灭火方式。

3. 消防供水系统

(1) 船闸消防用水可由城市给水管网、天然水源或专用消防水池供给。利用天然水源时，其保证率不应低于97%，且应设置可靠的取水设施。

(2) 当采用与生产、生活给水共用管路的低压室外消防给水系统时，给水系统的供水量应同时满足消防用水和生产、生活用水的需求。

(3) 船闸消防用水量应按一次火灾最大灭火用水量考虑，用水量应为其室内、外消火栓等灭火、冷却系统同时开启的用水量之和。

(4) 当船闸室外消防给水采用高压或临时高压给水系统时，管道的供水压力应能保证用水总量达到最大，且水枪在船闸任何建筑物的最高处时，水枪的充实水柱均不小于10m；当采用低压给水系统时，室外消火栓栓口处的水压从室外设计地面算起，不应小于0.1MPa。

计算水压应采用喷嘴口径19mm的水枪和直径65mm、长度120m的有衬里消防水带的参数，每支水枪的计算流量应不小于5L/s，消火栓给水管道的设计流速不宜大于2.5m/s。

(5) 船闸室外消防给水管网应布置成环状，当室外消防用水量不大于15L/s时，可布置成枝状；向环状管网输水的进水管不应少于两条，当其中一条发生故障时，其余的进水管应能满足消防用水总量的供给要求；应采用阀门将环状管道分成若干独立段，每段内室外消火栓的数量不宜超过5个；室外消防给水管道的直径不应小于*DN*100。

4. 船闸建筑物消防

(1) 建筑物火灾危险性类别和耐火等级。船闸各类建筑物、构筑物的火灾危险性类别和耐火等级不应低于表2.3-26的规定。

表2.3-26 各类建筑物、构筑物火灾危险性类别及耐火等级

火灾危险性类别	丙		丁		戊	
耐火等级	一级	二级	一级	二级	二级	三级
建筑物	驱动室、配电室、液压泵房	电池室、电缆层、变电站、电气设备室、集中控制室、电缆竖井	闸室结构	水泵房、储藏室、办公室、会议室、休息室	通风机房、卫生间	污水处理设备室、管线竖井

(2) 建筑物防火。

1) 船闸建筑物一般为钢筋混凝土结构或砖混结构，结构本体耐火等级均能达到一级或二级，火灾可燃物主要为装修材料或室内家具。为减少发生火灾的可能性，集中控制室、会议室及办公室等房间的装修材料均应采用不燃性和难燃性材料，且尽量不用在燃烧时产生大量浓烟或有毒气体的材料。

2) 变电站、集中控制室、固定灭火装置室、电气设备室、液压机房等火灾危险性类别为丙类的生产场所之间，以及与其他生产场所之间，应以防火墙作局部分隔，防火墙上的门为乙级防火门，且该门不应开向丙类生产场所；各防火墙上的通风口为防火风口；穿越楼板、防火墙及电气盘柜的电缆孔洞在设备及线路安装完毕后，应进行防火封堵。

(3) 安全疏散通道。

1) 闸室两侧闸墙上应分别设置由闸室底部直达闸室墙顶的疏散爬梯，其间距不应大于50m。

2) 启闭机房安全疏散出口一般不少于两个。但当单个启闭机房建筑面积不超过800m²，且同时值班人数不超过15人时，可只设一个安全疏散出口。

3) 安全疏散用门的净宽不应小于0.9m，且应向疏散方向开启；安全疏散走道净宽不应小于1.2m；安全疏散楼梯净宽不应小于1.1m，坡度不宜大于45°。

(4) 事故排烟系统。

1) 排烟系统尽可能与正常通风系统相结合，风量按正常运行需要计算，以事故排烟校核。

2）变压器室、电缆通道等应有独立的排风系统。机电设备室严禁用明火或开敞式电热器采暖。

3）液压泵房和蓄电池室应采用独立的通风系统，其进风管应与其他房间进风管分开，并采用防爆型排风机和电动机。

（5）Ⅰ～Ⅳ级船闸应设室外消火栓，Ⅴ～Ⅶ级船闸宜设室外消火栓；船闸管理楼超过5层或体积大于10000m^3，则应设室内消火栓。

（6）电缆廊道及电缆夹层的消防。集中敷设的动力电缆数量较少，通常与安全监测的引张线或其他管线共用管线廊道。电缆一般应与其他管线分别布置在廊道两侧，至少应布置在同侧其他管线的上部。电缆应分层排列，在上、下电缆层之间应装设耐火隔板；宜在电缆桥架上每隔150m左右设一个防火分隔物；当集中控制室设有电缆夹层或电缆室时，每300m^{2}宜设一个防火分隔物；电缆穿越楼板、隔墙等的孔洞和电缆沟道盖板的缝隙处均应进行防火封堵；船闸管线廊道、电缆夹层或电缆室一般不设置水喷雾灭火系统。但在电缆室、电缆廊道的出、入口处，应设置沙箱、手提式灭火器等灭火器材，并配备防毒面具。

（7）闸室消防。在闸室两侧闸墙顶部，Ⅰ～Ⅳ级船闸应布置室外消火栓，Ⅴ～Ⅶ级船闸宜布置室外消火栓。消火栓应与对侧交叉布置，同侧室外消火栓的间距不应大于120m，应保证有两股充实水柱能同时到达闸室内任何位置。每个室外消火栓的用水量按10～15L/s考虑，火灾延续时间按2h考虑。

通过油轮的船闸可设置移动式或固定式泡沫炮。闸室内失火油轮灭火的设防标准，以扑灭最大过闸吨位油轮的两个最大油舱同时着火为准。

（8）当工程需设置航道工作艇时，应结合消防的需求，优先考虑采用消防艇。

5. 火灾自动报警系统

（1）警戒范围与报警分区。

1）警戒范围。警戒的重点为启闭机房及其液压泵房、集中控制室、变电站、管线廊道等。

2）报警分区。中、小型单级船闸一般不分区，大型单级船闸可按闸首划分报警区域。多级船闸则需结合区域报警器的探测覆盖范围进行分区，一般按闸首划分报警分区。

3）探测区域。根据《火灾自动报警系统设计规范》（GB 50116—2008），在船闸下列部位设置火灾自动报警探测器：集中控制室、启闭机及其液压泵房、变压器室、配电盘室、电缆室及电缆夹层、管线廊道、主要出入口等。

（2）探测器选型。

1）会议室、参观室、风机房、蓄电池室、内部走道及储藏室等部位宜布置感烟探测器。

2）集中控制室、电气设备室、启闭机房等部位宜布置感烟和感温探测器。

3）变电站、变压器上方及液压泵房等部位宜布置感烟和红外火焰探测器。

4）电缆通道、电缆桥架及电缆竖井等部位宜布置线型缆式感温探测器、感烟探测器。

6. 消防供电、消防应急照明

（1）消防供电。

1）消防排烟设施，消防应急照明和疏散指示标志，火灾自动报警器和自动灭火装置，水、气、液等灭火管路系统的电动阀门等部位应按照消防设备的要求供电。

2）消防设备的电源按二级负荷供电。主要消防用电设备采用双电源供电，并能自动切换。

正常情况下，消防应急照明灯具、灯光疏散指示标志由交流供电，当交流电源故障时，能自动切换到直流电源上，一般连续供电时间不少于30min。消防用电设备应采用专用的供电回路，当生产、生活用电被切断时，应仍能保证消防用电需求。

（2）消防应急照明。

1）建筑物内主要疏散通道、楼梯、安全出口等处均应设置消防应急照明，疏散照明可以采用指示标志灯的方式。

2）消防应急照明、灯光疏散指示标志的供电线路上不设置开关。

3）在没有直流电源的场所，应备有照明时间不少于90min的应急灯。

2.3.7 安全监测设计

2.3.7.1 变形监测

船闸的变形监测，主要监测船闸结构及其基础、较高的岩石边坡的变形、重要断层或夹层的相对位移和主要裂缝及接缝的开度等。当船闸规模较大，需要监测的部位较多时，通常需要以枢纽的监测网为基础，扩建组成船闸区域的水平位移和垂直位移监测网，提供稳定可靠的监测基点和工作基点。

水平位移监测网通常采用从整体到局部逐层发展的方式，以枢纽监测网的两个基点为固定点，在船闸区域内建立简网来监测船闸各代表点的水平位移量，再以简网的网点为固定点建立其下一层的若干个最简网，作为施工期临时进行监测的基点，并对最简网固定点的稳定性定期进行检查。

通常在船闸一侧闸墙顶部的管线廊道内布置一条引张线，在闸首部位布置引张线的端点。上闸首及其基础是枢纽挡水前缘的一部分，承担上游面及船闸迎水面两个方向的水压力和闸门的集中推力，如工作门采用人字闸门，闸首边墩变形将影响人字闸门的结构受力和止水的可靠性，以至影响船闸的正常运行，故为船闸水平位移观测的关键部位。一般需在上闸首上设置一对正倒垂线，以测量不同高程的水平位移。其中倒垂线可兼作引张线端部的工作基点。

当船闸的闸首和闸室与上游水库的水域接通时，船闸的闸首或闸室墙均可能成为枢纽挡水线的组成部分，在这些部位，应按重要监测断面设置垂线，配合引张线监测闸首和闸室的水平位移。

多级船闸其他各级不作为枢纽挡水建筑物的闸墙及基础，可作为一般部位观测其水平位移，在墙顶部的管线廊道内布置一条引张线，针对闸墙结构特点，每一段闸墙或间隔一段闸墙设一个测点。视需要与可能，也可采用激光正直系统进行监测。

为测量闸首人字门枢轴的挠度，在每个闸首的门枢部位布置一条测量挠度的垂线。

对开挖高边坡关键断面的水平位移进行监测，除布设交会观测的表面位移观测点外，一般还应在边坡马道及监测支洞内布置钻孔倾斜仪、伸缩仪和水平向的滑动变位计等监测仪器；高边坡重点断面的水平位移监测仪器设备的布置，与关键部位仪器设备的布置相似，但数量相对较少；一般部位的水平位移主要通过表面位移测点进行观测。

垂直位移监测网通常以枢纽垂直位移监测网中的一个水准点为基准点，根据需要在船闸区域内选定几个垂直位移工作基点，将枢纽的监测网适当扩充，组成一个精密水准环线。

通常在船闸闸顶布置精密水准测点，在基础廊道内布置静力水准测线，用水准测量方法测量船闸结构的垂直位移。

对于船闸高边坡关键监测断面的垂直位移的监测，需从最高一级马道至闸室建基面内布置多点位移计和滑动测微计等监测仪器，监测岩体的相对位移。对于关键断面边坡表层水平位移监测，应对应地布置垂直位移监测点，用精密水准法定期监测边坡的绝对垂直位移。对于重点部位的垂直位移监测，仪器设备的布置与关键部位仪器设备的布置相似，但数量相对较少。一般部位的监测主要由变形监测网进行控制。

2.3.7.2 渗流监测

岩基上的船闸，特别是对于有较高边坡或采用与岩体联合工作的衬砌式结构的船闸，岩体内的渗流状态和结构周围的渗透压力是船闸岩质边坡和结构的主要设计条件。在土基上的船闸，渗透还可能导致基础或边坡发生渗透破坏，威胁船闸的安全。

渗流观测主要包括渗流量观测和渗透压力观测，必要时还需对水质进行分析。

渗流量观测的方法可根据渗流量的大小和汇集条件，采用量水堰法或容积计时法。对有条件的大型船闸，可采用高精度量水堰水位计、遥测等进行渗流量的自动化观测。

渗透压力观测一般在墙后设置长期观测井或测压管，在建基面上埋设测压管和渗压计。

2.3.7.3 结构应力、应变监测

根据船闸结构特点和受力条件，选择若干断面布置应力、应变监测仪器，以随时掌握结构内部应力、应变变化的情况。需要进行应力、应变监测的部位一般有上、下闸首，输水廊道，阀门井，整体式船闸的底板，岩石基础，以及衬砌式结构与基岩的接触面的应力、应变控制部位和锚索、锚杆等。

应力、应变监测仪器主要有钢筋计、无应力计、应变计、测缝计、锚索和锚杆测力计、多点位移计、基岩变形计等。

温度变化对船闸结构的应力、应变有不同程度的影响，特别是对于基岩上的薄衬砌结构的船闸，温度应力甚至为混凝土结构的主要应力，应在船闸边墙和底板的混凝土中结合施工期测温的需要，网格状布置温度计，以了解混凝土结构温度场的变化，并对应地布置监测周围环境温度、结构应力、应变的监测仪器。

对较高的岩质高边坡，还应对岩石开挖过程中的地应力变化、岩体回弹变形和加固支护块体的预应力锚索、锚杆的锚固力，以及主要断（夹）层的应力、应变进行监测。

2.4 升船机设计

2.4.1 基本型式

按照不同的分类方法，升船机有多种不同的型式。但比较普遍的分类法是按承船厢提升的不同路径，分为垂直升船机和斜面升船机两大类。

2.4.1.1 垂直升船机

1. 全平衡式

全平衡式垂直升船机均为湿运。承船厢及其设备的重量全部由平衡重系统平衡，承船厢在无水的承船厢室中上、下运行，承船厢升降仅需克服误载水深对应重力，以及承船厢的惯性力、摩擦阻力和钢丝绳僵性阻力、风载等荷载。

按照升船机承船厢平衡和驱动方式的不同，全平

衡式垂直升船机有以下几种主要型式。

(1) 钢丝绳卷扬提升式。该型式的升船机主体部分由承船厢及其机电设备、平衡重系统，以及钢筋混凝土承重结构及其顶部机房等组成。承船厢及厢内水体的重量由多根钢丝绳悬吊的平衡重块全部平衡，承船厢的升降通过卷扬提升机构的正、反向运转实现。卷扬机上设有安全制动器和工作制动器，在停机状态对卷扬机实施安全锁定，并在事故状态对卷扬提升机构实施制动。钢丝绳卷扬提升式全平衡垂直升船机如图 2.4-1 所示。

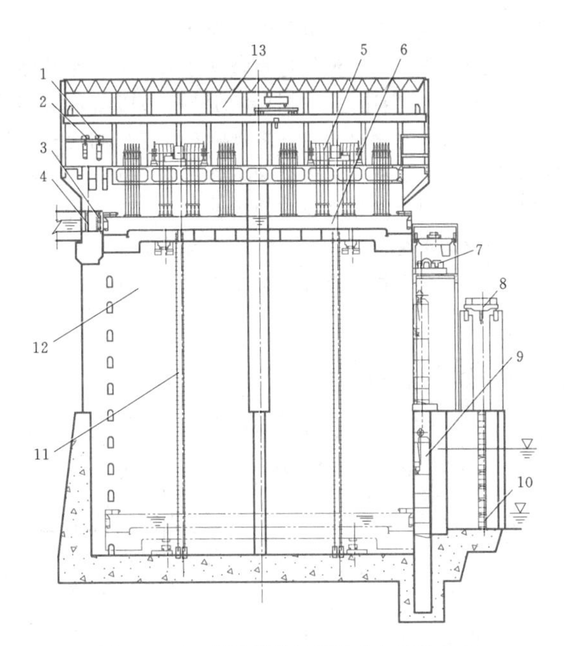

图 2.4-1 钢丝绳卷扬提升式全平衡垂直升船机示意图

1—上闸首检修门启闭机；2—上闸首工作门启闭机；3—上闸首检修门；4—上闸首工作门；5—主提升机；6—承船厢；7—下闸首工作门启闭机；8—下闸首检修门检修桥机；9—下闸首工作门；10—下闸首检修门；11—平衡链；12—混凝土承重结构；13—机房

(2) 齿轮齿条爬升式。该型式的升船机的组成与钢丝绳卷扬提升式全平衡式垂直升船机基本相同，但在承船厢室部分有所不同，主要差别在于承船厢驱动设备的型式与布置以及安全保障系统的构造与工作原理。升船机承船厢的驱动设备布置在承船厢上，采用开式齿轮或链轮沿竖向齿条或齿梯驱动承船厢升降。事故安全机构采用长螺母柱—旋转短螺杆式（或长螺杆—旋转短螺母式），通过机械轴与相邻的驱动机构连接并同步运转。承船厢正常升降时，安全机构螺母与螺杆的螺纹副间保持一定的间隙。当升船机的平衡状态遭到破坏时，驱动机构停机，螺杆或螺母停止转动，在不平衡力作用下，安全机构螺纹副的间隙逐渐减小直至消失，最后使承船厢锁定在长螺母柱或长螺杆上。齿轮齿条爬升式全平衡垂直升船机如图 2.4-2 所示。

(3) 浮筒式。此种型式的升船机承船厢的重量由底部浸没在若干个密闭盛水竖井中的钢结构浮筒的浮力平衡，井壁由钢筋混凝土衬砌，承船厢由钢结构支架支承在浮筒上，浮筒及其支架设有导向装置。水下浮筒的浮力与承船厢、筒体及支架等活动部件的总

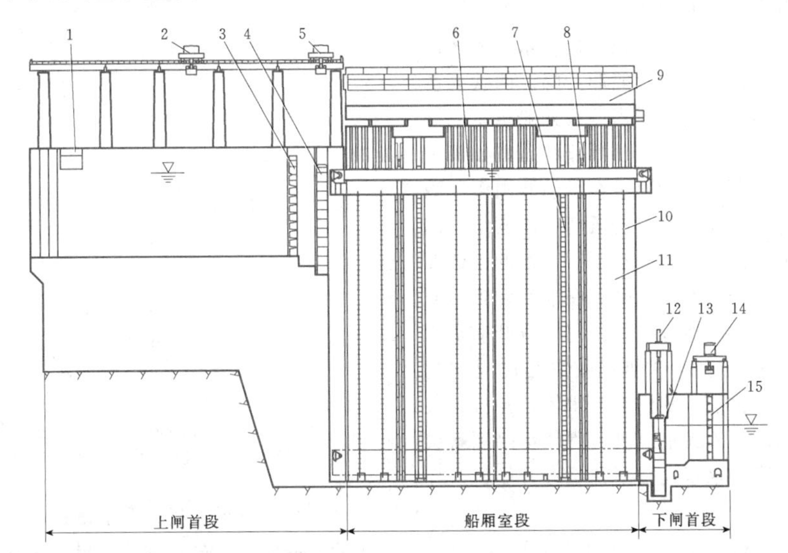

图 2.4-2 齿轮齿条爬升式全平衡垂直升船机示意图

1—活动桥；2—上闸首辅助门启闭机；3—上闸首辅助门；4—上闸首工作门；5—上闸首工作门启闭机；6—承船厢；7—齿条；8—螺母柱；9—机房；10—平衡链；11—混凝土承重结构；12—下闸首工作门启闭机；13—下闸首工作门；14—下闸首检修门启闭机；15—下闸首检修门

重量相等，保持升船机处于全平衡状态。在浮筒内部注入压缩空气，防止浮筒进水降低浮力。承船厢及浮筒的升降由4套通过机械同步的螺杆—螺母系统实现。驱动方式有螺杆固定—螺母旋转和螺母固定—螺杆旋转两种。螺杆—螺母驱动系统螺纹副的螺旋角小于与对偶材料摩擦系数对应的摩擦角。当平衡状态破坏时。驱动系统停机，承船厢即自行锁定在螺母系统上。浮筒式全平衡垂直升船机如图2.4-3所示。

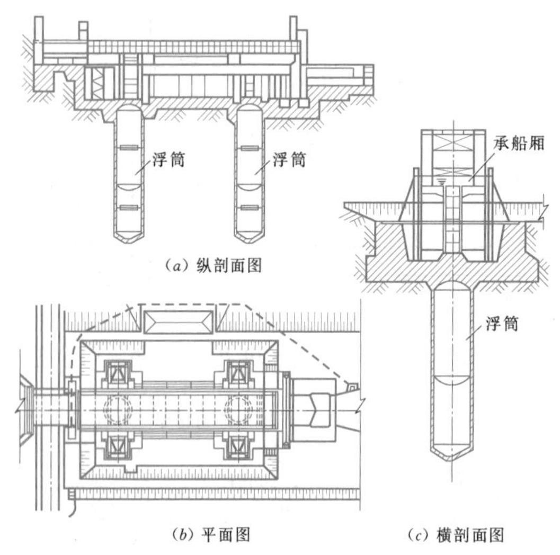

(a) 纵剖面图　(b) 平面图　(c) 横剖面图

图 2.4-3　浮筒式全平衡垂直升船机示意图

(4) 水压式。该型式的垂直升船机根据流体静压平衡的原理工作，均采用双线布置。左右承船厢底部通过活塞连接，并由活塞井中作用在活塞上的水压力平衡承船厢的重量。通过活塞在充满压力水且密闭的活塞井内的上、下运动，带动承船厢升降。两线升船机的活塞井通过管路相互连通。当两线升船机承船厢的载水量相等时，两线承船厢处于静止状态。处于上游位置的承船厢需要下行时，通过在承船厢内多装载一部分水体，并打开设在管路上的阀门，使两线升船机的井与井之间的水体连通，驱动下行一线的承船厢下降，同时带动另一线承船厢上升。在承船厢到达对接位置时，将多装载的水体泄掉，恢复两线升船机之间的平衡状态。如重新启动升船机使承船厢反向运转，需对此时处于上位的升船机增补水体，并打开装设在管路上的连通阀。不断重复该过程，承船厢就会周而复始地上下升降。水压式全平衡垂直升船机工作原理如图2.4-4所示。

2. 下水式

下水式垂直升船机是适应引航道较大的水位变幅和较快水位变率的一种升船机型式。承船厢可直接进入引航道水域。已建和在建的下水式垂直升船机主要

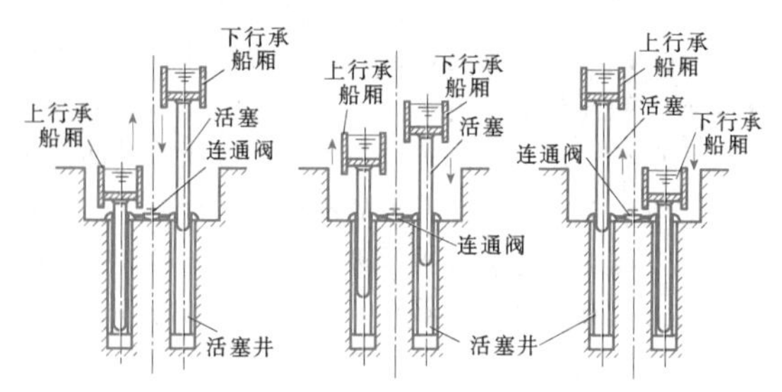

(a) 承船厢上行(下行)起始位置　(b) 承船厢上行(下行)中间位置　(c) 承船厢上行(下行)终了位置

图 2.4-4　水压式全平衡垂直升船机工作原理示意图

有钢丝绳卷扬提升部分平衡式、钢丝绳卷扬提升水平移动式以及水力浮动式等型式。

(1) 钢丝绳卷扬提升部分平衡式。该型式的升船机设备布置及结构型式与钢丝绳卷扬提升式全平衡垂直升船机基本相同，只是平衡重不按承船厢及其设备和全部水体重量进行配置；为减小主提升设备的规模，采用部分平衡的方式应对承船厢入水前后重量的变化。钢丝绳卷扬提升部分平衡式垂直升船机如图2.4-5所示。

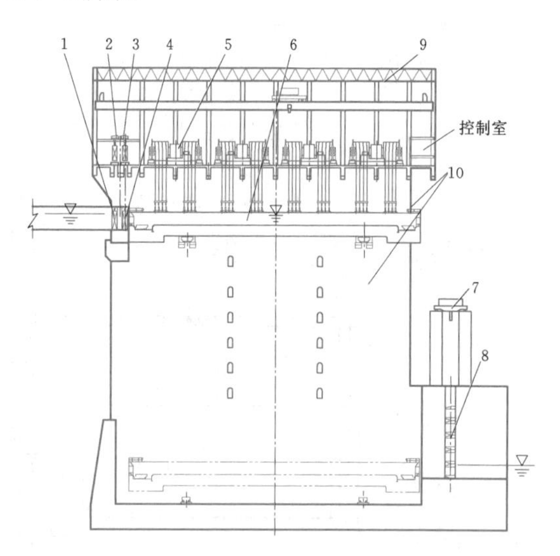

图 2.4-5　钢丝绳卷扬提升部分平衡式垂直升船机示意图

1—上闸首检修门；2—上闸首检修门启闭机；3—上闸首工作门启闭机；4—上闸首工作门；5—主提升机；6—承船厢；7—下闸首检修门检修桥机；8—下闸首检修门；9—机房；10—混凝土承重机构

(2) 钢丝绳卷扬提升水平移动式。该型式的升船机的承船厢由4吊点移动式提升机悬吊，其提升机布置在排架上，线路从上游水域横跨坝顶后一直延伸到下游航道内。提升机构的卷扬机提升承船厢竖直升降，行走机构使承船厢水平移动翻越坝顶。升船机的

移动提升机构有桥机式和门机式两种型式。该型式升船机一般为干运，也可干、湿两用。钢丝绳卷扬提升水平移动式垂直升船机如图2.4-6所示。

（3）水力浮动式。此种型式的升船机综合浮筒式和钢丝绳卷扬提升式两种型式的特点，由钢丝绳悬吊的平衡重布置在充水的钢筋混凝土竖井内，总重量与承船厢总重量相等的装水浮筒通过控制与上游水库和下游引航道连通的管路上的阀门，向竖井内充水或泄水，浮筒式的平衡重在混凝土竖井内随井内水位升降，驱动在平衡滑轮另一侧的承船厢升降。水力浮动式垂直升船机运行原理如图2.4-7所示。

国内外具有代表性的大、中型垂直升船机的主要技术指标见表2.4-1。

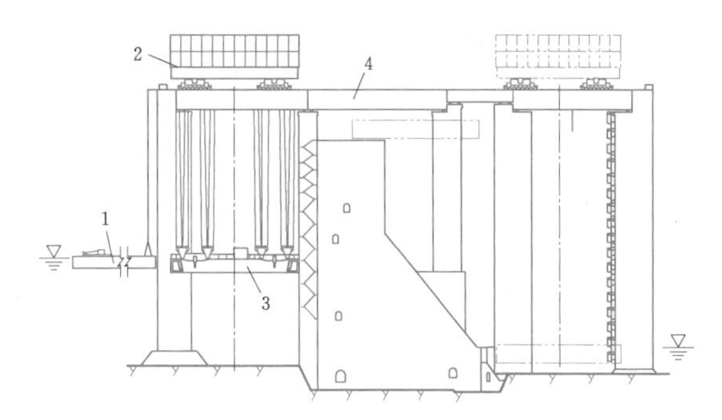

图2.4-6 钢丝绳卷扬提升水平移动式垂直升船机示意图

1—上游浮式导航墙；2—主提升机；3—承船厢；4—轨道梁

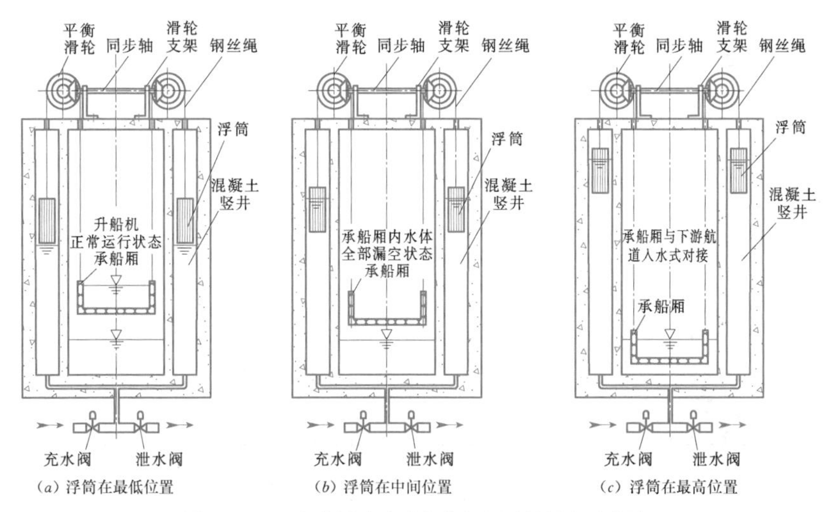

图2.4-7 水力浮动式垂直升船机运行原理示意图

2.4.1.2 斜面升船机

1. 全平衡式

（1）全平衡钢丝绳牵引纵向斜面升船机。该型式的升船机在上、下游顺河道轴线方向布置斜坡道，在斜坡道两端设上、下闸首，在承船厢两侧的主纵梁上各布置一列支承台车，承船厢通过机械驱动牵引钢丝绳，在上、下闸首之间沿铺设在斜坡道上的两条轨道上下升降。承船厢沿斜坡道顶部外侧轨道行走的承船厢及其设备的重量与沿斜坡道底部内侧轨道行走的平衡重车的重量全部平衡。缠绕在钢丝绳卷扬机卷筒上的钢丝绳一个出绳端绕过斜坡道最高处一组滑轮与承船厢连接，另一个出绳端绕过斜坡道最高处另一组滑轮与平衡重车连接。为使钢丝绳的张力均衡，多套牵引卷扬机之间通过机械同步轴联结，钢丝绳与承船厢的连接处设液压均衡油缸。通常在上闸首的下方布置卷扬机的机房。全平衡钢丝绳牵引纵向斜面升船机如图2.4-8所示。

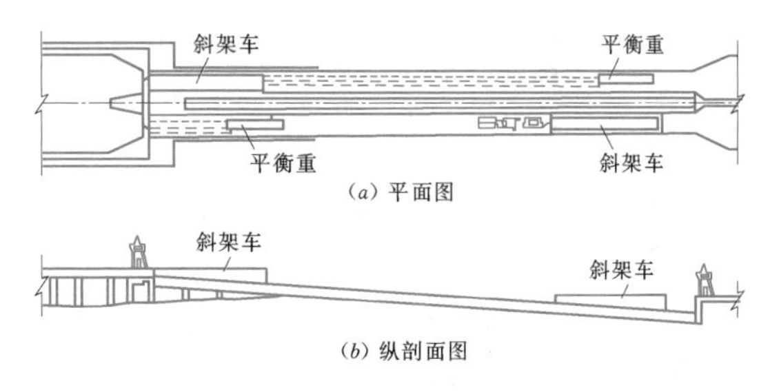

图2.4-8 全平衡钢丝绳牵引纵向斜面升船机示意图

（2）全平衡钢丝绳牵引横向斜面升船机。该型式的升船机斜坡道垂直于河道轴线方向布置。升船机上、下闸首，承船厢轨道，平衡重小车及其轨道等的布置与全平衡钢丝绳牵引纵向斜面升船机相似。这种型式较之纵向斜面升船机，可以适应较陡的坡度。全

表 2.4-1 国内外大、中型垂直升船机的主要技术指标

工程名称	国家—河流	升船机型式	过船吨位(t)	提升高度(m)	升降速度(m/min)	承船厢水域有效尺寸(长×宽×水深)(m×m×m)	承船厢总质量(t)	平衡方式	驱动方式	安全保证方式	建成年份
尼德芬诺(旧)	德国—霍亨索伦运河	全平衡式齿轮齿梯爬升垂直升船机	1000	36	7.2	85×12×2.5	4300	由平衡重全部平衡	链轮沿固定链梯爬升	长螺母柱—短螺杆	1934
尼德芬诺(新)	德国—霍亨索伦运河	全平衡式齿轮齿条爬升垂直升船机	3110	38	14.4	115×12.5×4	9000	由平衡重全部平衡	齿轮沿固定齿条爬升	长螺母柱—短螺杆	在建
吕内堡	德国—易北河支运河	全平衡式齿轮齿条爬升垂直升船机	1350	38	12	100×12×3.5	5700	由平衡重全部平衡	齿轮沿固定齿条爬升	长螺杆—短螺母	1975
三峡	中国—长江	全平衡式齿轮齿条爬升垂直升船机	3000	113	12	120×18×3.5	15500	由平衡重全部平衡	齿轮沿固定齿条爬升	长螺母柱—短螺杆	在建
向家坝	中国—金沙江	全平衡式齿轮齿条爬升垂直升船机	1000	114.2	12	116×12×3	9200	由平衡重全部平衡	齿轮沿固定齿条爬升	长螺母柱—短螺杆	在建
斯特勒比	比利时—中央运河	全平衡式钢丝绳卷扬提升垂直升船机	1350	73.8	12	112×12×(3.35～4.15)	7500～8800	由平衡重部分平衡	钢丝绳卷扬	安全制动器	2001
水口	中国—闽江	全平衡式钢丝绳卷扬提升垂直升船机	2×500	59	12	114×12×2.5	5500	由平衡重全部平衡	钢丝绳卷扬	安全制动器+沿程锁定	2005
隔河岩	中国—清江	全平衡式钢丝绳卷扬提升垂直升船机	300	42/82	7/15	42×10.2×1.7	1495	由平衡重全部平衡	钢丝绳卷扬	安全制动器+沿程锁定	2008
彭水	中国—乌江	全平衡式钢丝绳卷扬提升垂直升船机	500	66.6	12	59.0×11.7×2.5	3250	由平衡重全部平衡	钢丝绳卷扬	安全制动器+沿程锁定	在建
高坝洲	中国—清江	全平衡式钢丝绳卷扬提升垂直升船机	300	40.3	7.5	10.8×42×1.7	1560	由平衡重全部平衡	钢丝绳卷扬	安全制动器+沿程锁定	2008
亭子口	中国—嘉陵江	全平衡式钢丝绳卷扬提升垂直升船机	2×500	85.4	15	116×12×2.5	6100	由平衡重全部平衡	钢丝绳卷扬	安全制动器+沿程锁定	在建
思林	中国—乌江	全平衡式钢丝绳卷扬提升垂直升船机	500	76.7	12	59×12×2.5	3300	由平衡重全部平衡	钢丝绳卷扬	安全制动器+沿程锁定	在建
沙陀	中国—乌江	全平衡式钢丝绳卷扬提升垂直升船机	500	74.9	12	59×12×2.5	3300	由平衡重全部平衡	钢丝绳卷扬	安全制动器+沿程锁定	在建

续表

工程名称	国家—河流	升船机型式	过船吨位(t)	提升高度(m)	升降速度(m/min)	承船厢水域有效尺寸(长×宽×水深)(m×m×m)	承船厢总质量(t)	平衡方式	驱动方式	安全保证方式	建成年份
罗滕湖	德国—中德运河—易北河	浮筒式垂直升船机	1000	18.67	15	85×12×2.5	5400	由浮筒浮力平衡	螺母绕固定螺杆转动	短螺母—长螺杆	1938
亨利兴堡(新)	德国—多特蒙得—埃姆斯运河	浮筒式垂直升船机	1350	14.5	15	90×12×3.0	5000	由浮筒浮力平衡	长螺杆在固定螺母内转动	长螺杆—短螺母	1962
中央运河	比利时—中央运河	水压式垂直升船机	300	16.93		45×5.8×3.5	974～1048	由水压平衡	超载水重力		1917
Peterborough	加拿大—Trent - Severn	水压式垂直升船机	800	19.81		42.67×10.06×2.13	1542	由水压平衡	超载水重力		1904
Kirk - field	加拿大—Trent - Severn	水压式垂直升船机	800	14.39		42.67×10.06×2.13	1700	由水压平衡	超载水重力		1907
岩滩	中国—红水河	部分平衡式钢丝绳卷扬垂直升船机(承船厢在下游下水)	250	68.5	11.4	40×10.8×1.8	1430	由平衡重部分平衡	钢丝绳卷扬	安全制动器	2000
构皮滩	中国—乌江 第一级	部分平衡式钢丝绳卷扬垂直升船机	500	47	8	59×11.7×2.5	3250	由平衡重部分平衡	钢丝绳卷扬	安全制动器	在建
	第二级	平衡式钢丝绳卷扬提升垂直升船机	500	127	15	59×11.7×2.5	3250	由平衡重全部平衡	钢丝绳卷扬	安全制动器	在建
	第三级	部分平衡式钢丝绳卷扬垂直升船机	500	79	8	59×11.7×2.5	3250	由平衡重部分平衡	钢丝绳卷扬	安全制动器	在建
丹江口(旧)	中国—汉江	钢丝绳卷扬提升移动式垂直升船机	150	45	8	湿运：24×10.7×0.9 干运：32×10.7	450		钢丝绳卷扬	安全制动器	1973
丹江口(新)	中国—汉江	钢丝绳卷扬提升移动式垂直升船机	300	62	5	湿运：28×10.2×1.4 干运：34×10.2	890		钢丝绳卷扬	安全制动器	在建
景洪	中国—澜沧江	水力浮动式垂直升船机	300	66.42	12	53×12×2	2240	由浮动式平衡重全部平衡	水浮力	安全制动器	在建

平衡钢丝绳牵引横向斜面升船机如图 2.4－9 所示。

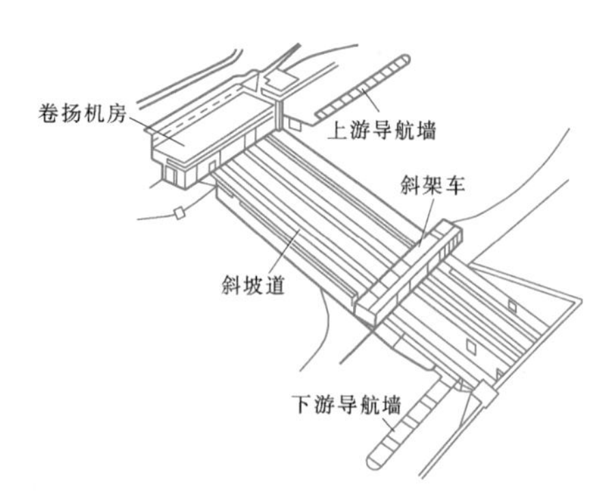

图 2.4－9 全平衡钢丝绳牵引横向斜面升船机示意图

2. 下水式

下水式斜面升船机承船厢不设平衡重，主要有以下两种型式。

(1) 自行式纵向斜面升船机。该型式升船机分为只在下游设置斜坡道的单坡式和在上、下游均设斜坡道的双坡式两种型式。如上、下游斜坡道不在同一轴线时，升船机在坡顶两侧斜坡道的交会处需设置供斜架车在坡顶转向的转盘。斜架车通常采用可浸水的液压电动机驱动，沿斜坡道上的齿轨上、下行走。自行式纵向斜面升船机如图 2.4－10 所示。

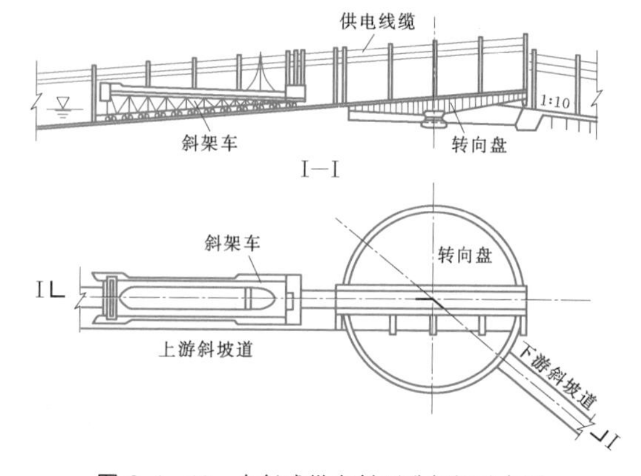

图 2.4－10 自行式纵向斜面升船机示意图

(2) 钢丝绳牵引双坡式纵向斜面升船机。该型式升船机的船舶过坝一般为干运，既不设平衡重，也不设闸首，在上、下游直接下水，从而适应引航道水位的变化。升船机的上、下游斜坡道布置尽可能为同轴，坡度相同，两条轨道在坝顶交会处纵剖面上布置成驼峰型式，卷扬机布置在驼峰下方或两侧。斜架车设置高低轮，靠摩擦装置、转盘或惯性轮等多种驱动方式实现换轨、改变钢丝绳驱动方向和通过坝顶。纵向斜面升船机摩擦驱动通过驼峰如图 2.4－11 所示。

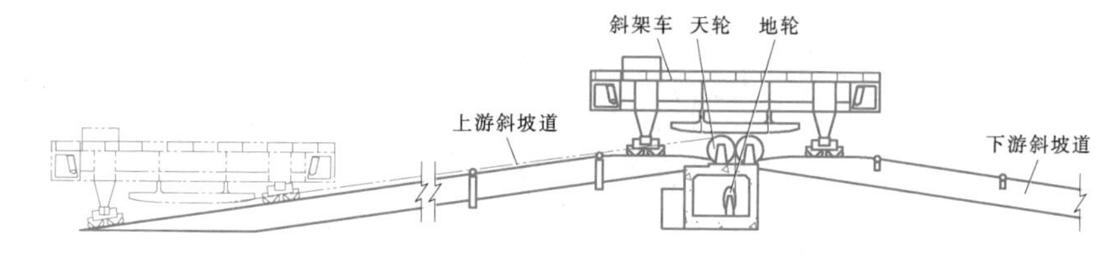

图 2.4－11 纵向斜面升船机摩擦驱动过驼峰示意图

3. 水坡式

水坡式斜面升船机在斜坡道上设置 U 形槽，在槽内设置可沿斜坡道上、下滑动，与 U 形槽间带有严密止水的刮板，由机械驱动刮板带动槽内的楔状水体和船舶沿斜坡道升降。

目前，已建具有代表性的大、中型斜面升船机主要技术指标见表 2.4－2。

2.4.1.3 型式选择

1. 主要影响因素

主要影响因素包括升船机的规模、船型、货运量等航运条件，地形、地质、通航水头、水位变幅与变率、水文、气象等自然条件，枢纽总体布置、施工安排、对外交通、枢纽运行（发电、泄洪）等工程条件，以及设备与船舶运行的安全可靠性、施工与设备制造安装难度、运行费用、工程投资等。

2. 不同型式升船机的技术特点和适用条件

(1) 全平衡齿轮齿条爬升式垂直升船机。

1) 应对承船厢漏水事故的能力强。

2) 设备安装和混凝土承重结构施工的精度要求高，设备制造和工程施工的难度大。

3) 工程造价高。

从 1934 年在德国首座这种型式的升船机问世以来，德国有两座升船机采用这种型式；近年来，我国在建工程中，有两座升船机采用了这种型式。

(2) 全平衡钢丝绳卷扬提升式垂直升船机。

1) 技术成熟，设备制造、安装难度和工程造价相对较低，可以适应较大的提升高度。

表 2.4－2　国内外大、中型斜面升船机的主要技术指标

工程名称	国家—河流	升船机型式	工作水头(m)	过船吨位(t)	承船厢有效水域尺寸(长×宽×水深)(m×m×m)	承船厢总质量(t)	运行速度(m/min)	斜坡道坡比	承船厢支承行走机构	承船厢驱动方式	斜坡道轨道结构性能	驱动设备功率(kW)	其他	建成年份
隆库尔	比利时—沙勒乐瓦—布鲁塞尔运河	钢丝绳牵引全平衡式纵向斜面升船机	67.50	1350	87×12×3.7	5700	72	1∶20	118套双轮台车和24个侧向导轮	2套卷扬机构分别驱动1只摩擦卷筒	轨道梁为钢筋混凝土U形槽结构；承船厢轨道为2线、4条钢轨，平衡重轨道为2组、4条钢轨	750	通过平衡重全部平衡，上游经由渡槽与运河连接，船厢可适应上、下游0.70m水位变幅。升船机为双线，每线独立运行	1967
阿尔兹维累	法国马恩—来因运河	钢丝绳牵引全平衡式纵向斜面升船机	44.55	350	42.5×5.5×2.52	900	36	1∶2.44	4组由8个走轮组成的支承台车及侧向导轮	2套卷扬机构分别驱动1只摩擦卷筒，承船厢由24根钢丝绳牵引	承船厢轨道为在设在矩形钢筋混凝土轨道梁顶部的2组双钢轨，平衡重轨道为2组、4条钢轨	150	通过平衡重全部平衡，可同时有2个船厢在运行，但在初期只一个船厢运行	1969
蒙特施	法国—加龙支运河	水坡式斜面升船机	13.30	400	水坡宽6m、刮水挡板前水深3.75m	1750(楔形水体重量)	84	1∶33.3	刮水挡板上布置有支承轮和导轮	刮水挡板由2台电气同步的超重型轮胎柴油—电力机车驱动	水坡槽为钢筋混凝土结构，槽底宽6m，侧壁高4.35m，侧壁坡比为1∶10	1500	刮水板漏水量小于300m³/h	1973
克拉斯诺雅尔斯克	俄罗斯—叶尼塞河	自行式纵向斜面升船机	101.00	1500	90×18×2.2	8200	60(上行) 80(下行)	1∶10	布置有78台由液压支承的双轮台车	承船厢通过安装在支承台车两侧的156台液压马达，驱动齿轮沿齿轨爬升	在2条⊥形钢筋混凝土轨道梁顶各设1条承重钢轨，在轨道梁两侧设爬行齿轨	8000	上、下斜坡道不在同一直线上，在坝顶设有转盘转向。 上、下游水位变幅分别为13.00m和6.50m	1976
丹江口(旧)	中国—汉江	钢丝绳牵引不带平衡重纵向斜面升船机	41.00	150	湿运：24×10.7×0.9 干运：32×10.7	360	30	1∶7	4组双轮支承台车（在上游由4条高腿支承，在下游由2条高腿和2条低腿支承）	2套卷扬提升机构分别驱动1只螺旋槽卷筒，每只卷筒缠绕2根牵引钢丝绳	上游斜坡道设2条低轨和2条高轨，下游斜坡道设2条高轨。在上、下游轨道顶部形成驼峰	400	通过中间渠道与上游的垂直升船机连接。 下游水位变幅5.75m，承船厢经过驼峰时，由卷扬机牵引改为摩擦驱动	1973
丹江口(新)	中国—汉江	钢丝绳牵引不带平衡重纵向斜面升船机	34.60	300	湿运：28×10.2×1.4 干运：34×10.2	900	18	1∶7	4组4轮支承台车（在上游由4条高腿支承，在下游由2条高腿和2条低腿支承）	2套卷扬提升机构分别驱动1只螺旋槽卷筒，每只卷筒缠绕2根牵引钢丝绳	上游斜坡道设2条低轨和2条高轨，下游斜坡道设2条高轨。在上、下游轨道顶部形成驼峰	630	通过中间渠道与上游的垂直升船机连接。 下游水位变幅6.30m，承船厢经过驼峰时，由卷扬机牵引改为摩擦驱动	2013

2）可根据防止事故的要求，设置不同类型的安全装置，保证升船机整体运行的安全可靠性。

这种型式的升船机在我国水利枢纽工程中广泛应用。

（3）全平衡浮筒式垂直升船机。

1）升船机通航规模和提升高度都不能太大。

2）驱动系统兼作安全机构，其螺纹副的自锁可靠性相对较差。

该型式升船机问世以来，在工程中应用较少。

（4）全平衡水压式垂直升船机。

1）必须同时修建双线，互为平衡。

2）两线的承船厢上、下必须同时、交替运行，明显影响运行效率。

3）承船厢重量不可能太大，提升高度也不可能太高。

该型式升船机问世以来未被采用。

（5）水力浮动式垂直升船机。

1）过船规模和提升高度都较大。

2）承船厢可以下水，能够适应下游较大的水位变幅和变率。

3）承船厢无须设置专用的提升机构。

4）设备制造、安装难度相对较小。

5）应对承船厢漏水事故的能力较强。

6）通过阀门控制升船机运行的技术和水力学问题较为复杂。

该型式升船机目前尚无工程运行实践经验。

（6）部分平衡钢丝绳卷扬式垂直升船机。

1）可适应航道下游较大的水位变幅和变率。

2）应对承船厢漏水事故的能力相对较强。

3）设备相对简单、运行环节较少。

4）主提升机构规模较大。

5）工程总造价和运转费用一般高于全平衡式升船机。

（7）钢丝绳卷扬提升移动式垂直升船机。

1）能很好地适应上、下游水位变幅和变率，可干、湿两用，通常以干运为主。

2）土建结构相对简单，设备技术成熟。

3）运行环节相对较少。

钢丝绳卷扬提升移动式垂直升船机不宜在有客轮或游船通过的工程上采用，在通航规模较小或已建碍航闸坝上，仍有较广阔的应用前景。

（8）全平衡钢丝绳牵引式斜面升船机。

1）对地形和通航水位变化的要求较高。

2）运行中断电安全问题的解决方案有待进一步探索。

3）适应水利枢纽上、下游水位变幅的能力差。

4）横向斜面升船机斜坡道坡度可较纵向斜面升船机斜坡道适当加大，但多组牵引钢丝绳之间的同步要求高。

（9）自行式纵向斜面升船机。

1）对地形条件和上、下游引航道水位变化的适应能力较强。

2）无需设置上、下闸首，土建结构相对简单。

3）对水头有一定限制。较大的水头导致较大的坡度或较长的坡道，导致工程量较大。

4）驱动机构技术复杂，驱动功率相对较大，使用寿命相对较短，设备造价较高。

5）经转盘调转方向后，船只需要倒车退出承船厢，过船的条件较差、时间较长。

该型式升船机仅在苏联西伯利亚河克拉斯诺雅尔斯克水电站中采用。根据国内专家在20世纪80年代的考察，该升船机调试时间很长。未见其运行情况的报道。

（10）下水式钢丝绳牵引纵向斜面升船机。

1）可以很好地适应航道水位的变幅与变率。

2）设备布置相对简单，技术比较成熟。

3）双坡式升船机斜架车过驼峰时存在一定的速度变化和冲击，不适宜用于湿运方案。

4）在多沙的河道上，斜坡道水下部分有泥沙淤积，对承船厢下水不利。

该型式升船机适用于规模较小的货运升船机，且有一定应用前景。

（11）水坡式升船机。

1）止水可靠密封的难度大，使用寿命短。

2）斜坡道的坡度不能大，线路较长，驱动功率较大。

3）上、下游引航道不能有太大的水位变化。

4）适应的水头和工程的规模较小。

1973年、1983年，国外有两座低水头小型升船机使用该型式，除此以外，未有其他升船机采用该型式。

3. 型式比选要点

（1）对枢纽各种条件的适应性。

（2）设备运行和升船机防御重大事故的能力及安全设施的可靠性。

（3）土建结构和机电设备解决关键技术问题的难度和解决方案的合理性。

（4）升船机功能满足船舶过坝要求的程度。

（5）升船机总体布置、土建结构与机电设备布置的协调性。

（6）土建施工及设备制造、安装的难易程度。

(7) 设备操作、维护和工程运行管理条件的优劣。

(8) 工程量、造价及运转费用的高低。

2.4.2 总体布置

2.4.2.1 设计条件及参数

升船机的主要设计参数如下。

1. 承船厢有效尺寸

升船机承船厢有效尺寸目前尚无专门规定。湿运升船机承船厢的有效尺寸原则上可按工程所在航道的设计等级，参照船闸有效尺寸的有关规定确定，但国际上通常只考虑通过单船。承船厢富余尺寸值的采用通常按比船闸略小的原则考虑。确定干运升船机承船托架的平面有效尺寸时，宽度应满足最大设计船舶宽度的需要，但长度按船舶在架上支承的需要，可较设计船舶的长度略小。

2. 承船厢升降速度

全平衡垂直升船机承船厢的正常升降速度与升船机的型式、最大提升高度、承船厢驱动方式、设计通过能力等有关，在初步设计阶段，可结合工程自身的特点，参照已建同类升船机的经验确定。

对于移动式垂直升船机，除承船厢的升降速度外，还包括升船机水平移动的速度，具体按照承船厢水平移动的距离、移动过程中承船厢的稳定要求等决定。

对于斜面升船机承船厢沿斜坡道的运行速度，可根据升船机的过船吨位、适应水头、承船厢内水体的稳定和斜坡道坡度的大小，参考已建工程的经验确定。

3. 承船厢容许误载水深

湿运升船机承船厢设计水深的容许误差对升船机驱动荷载大小的影响，与枢纽的调度运行的关系较大，需按引航道的水位变率、承船厢停靠误差及停靠的时间、承船厢富余水深的大小，以及该参数对承船厢驱动设备的提升力、对设备规模的直接影响等条件确定，通常取±（5～20）cm。

4. 防事故能力

升船机防止可能出现事故的能力按设计考虑的事故状态和升船机相关机构预防、应对事故的能力确定。

2.4.2.2 布置需考虑的问题

(1) 应在升船机的规模、线路位置和升船机型式确定后，对升船机的主体建筑物、机械与电气设备、各种附属设备及设施进行合理布置。

(2) 升船机总体布置以承船厢为中心，形成船舶顺利进出承船厢和安全平稳升降的条件，应能满足枢纽的通航要求和充分发挥工程的航运效益。

(3) 在总体设计阶段，对于升船机金属结构、机械设备的选型与布置，重点解决保证承船厢及船舶在正常、安全运行中可能面临的各种问题。

(4) 对于电气设备的选型与布置，重点解决机械设备正常可靠运行中可能面临的各种问题。

(5) 对于土建结构的选型与布置，重点解决金属结构、机械与电气设备的布置与运行中可能面临的各种问题，以及升船机与枢纽的其他工程项目间的相互协调问题。

2.4.2.3 布置要点

1. 垂直升船机

(1) 主要建筑物。

1) 上、下闸首。

a. 全平衡垂直升船机的上、下闸首分别与上、下游引航道连接，为枢纽上、下游挡水建筑物的组成部分。

b. 湿运升船机的上、下闸首需分别承担上、下游正、反向水荷载和侧向水荷载。

c. 闸首结构有整体式和分离式两种型式。

d. 闸首各部位高程和尺寸的确定原则与船闸基本相同。

钢丝绳卷扬提升式和齿轮齿条爬升式全平衡垂直升船机的闸首建筑物布置基本相同。

2) 承船厢室段。

a. 承重结构。承重结构为承船厢室段的主要建筑物，承受承船厢和平衡重设备重力以及运行过程中产生的各种荷载，布置方式有全筒式、全墙式、筒梁式和筒墙式等。根据地基的不同，承重结构与承船厢室底板的连接型式有分离式和整体式两种。承重结构对称布置在承船厢的两侧，根据承船厢运行及结构设备布置和受力需要，确定承船厢室段的总体长度、宽度和两侧承重结构的布置宽度。两侧承重结构在顶部的连接结构主要有联系梁或连接平台。联系梁与塔柱的连接方式有铰接和固接两种。铰接可减少节点的内力，固接可增加结构的整体刚度。升船机承重结构示意图如图 2.4-12 所示。

b. 型式比较。

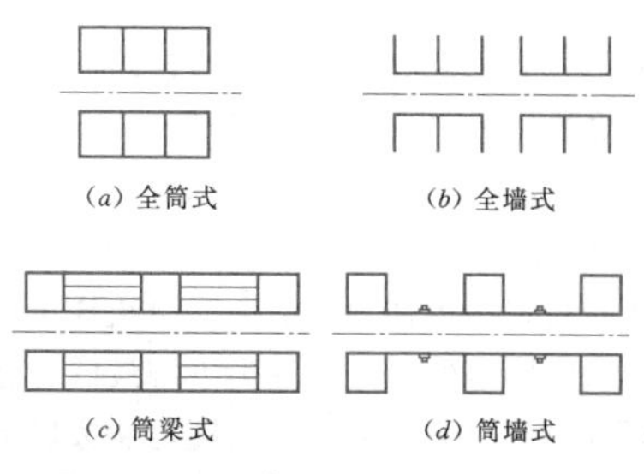

图 2.4-12 升船机承重结构示意图

a）四种型式的横向刚度相近，纵向刚度全筒式最大，筒梁式最小。

b）四种型式的优缺点。①全筒式结构横向承受的风荷载相对较大，结构的温度应力最高，混凝土用量最大；全筒式结构的优点是结构整体性好，传力明确，结构布置规则、对称，结构的质量和刚度分布均匀，对抗震有利；筒体结构在施工过程中稳定性最好，结构刚度大，结构上部相对的水平位移小，有利于满足筒顶机房和设备运行的要求；②全墙式结构的温度效应明显改善，但受风时涡流最强，风振系数不易正确确定，体型系数也最大，抗扭性能相对较弱；③筒梁式结构横向迎风面较小，可改善风载对塔柱的影响；自重相对较轻，既可节省混凝土工程量，又可减弱结构的地震效应，闸室采光最佳，但大跨度预应力箱梁高空施工有一定难度，结构体型比较单薄，地震时的振型复杂，对机房布置相对不利；④筒墙式布置受风面积和墙体的风振效应最大，地震时筒体受扭，振动效应不易计算准确。

c. 结构布置要点。

a）承船厢室的横向总宽度。承船厢室的总宽度为两侧塔柱间的净距与两侧塔柱结构宽度之和。两侧塔柱间净距的计算公式为

$$B = B_k + \Delta b \qquad (2.4-1)$$

式中 B——两侧塔柱的净距；

B_k——承船厢的外形宽度；

Δb——承船厢与塔柱之间的间隙，由承船厢与塔柱间机械设备布置的要求确定。

两侧塔柱的结构宽度按设备布置和结构刚度、强度及稳定条件，参照已建工程经验确定，同时还需满足平衡重、人员疏散通道、楼梯、电梯及其他管线通道等布置的要求。

b）塔柱顺水流向的长度。塔柱顺水流向长度由承船厢长度，塔柱与上、下闸首之间的距离，承船厢厢头门与上、下闸首工作闸门的型式，以及承船厢提升设备的布置等要求确定。钢丝绳卷扬提升式垂直升船机承重结构的顺流向长度还需考虑转矩平衡重和重力平衡重的布置要求；齿轮齿条爬升式垂直升船机则需考虑平衡重、爬升和安全机构等的布置要求综合确定。两种型式升船机的承船厢与闸首间的对接锁定机构，纵、横导向机构、平衡链和平衡重的导向机构等，均在承重结构相应部位沿高程布置。

c）塔柱柱身结构高度。塔柱柱身结构高度为承船厢室地面高程与塔柱顶部横向联系结构顶面高程间的高差。承船厢室的地面高程为下游最低通航水位减去承船厢水位线以下最大结构高度与厢底以下检查和检修所需高度之和；承船厢室顶部横向联系结构的顶面高程为上游最高通航水位加通航净空和横向联系梁高度。塔柱柱身结构高度为

$$H_c = H + H_k + \Delta h_B + \Delta h_H + H_l \qquad (2.4-2)$$

式中 H_c——塔柱柱身结构高度；

H——承船厢的最大提升高度，即上游最高通航水位与下游最低通航水位之差；

H_k——承船厢水位以下的结构高度；

Δh_B——船舶的通航净空；

Δh_H——承船厢在最低位置时，承船厢底至船厢室地面间的距离；

H_l——顶部横向联系梁高度。

齿轮齿条爬升式垂直升船机与钢丝绳卷扬提升式垂直升船机塔柱布置的主要不同点取决于升船机驱动机构的布置。齿轮齿条爬升式垂直升船机承船厢的驱动和事故安全设备的活动部分布置在承船厢上，四个塔柱靠承船厢一侧需布置凹槽，在凹槽内布置承船厢驱动和事故安全机构的固定部分。

d）承船厢补水、排水及排污设施布置。在承船厢室段的塔柱上设置补、泄水管道，补水可直接由上游引航道补入承船厢，泄水可直接泄至下游引航道。排水泵井布置在下闸首边墙内，在承船厢室底板上设置向下游汇水的坡度，并在下闸首门槽与水泵井之间布置连通管，将闸首和承船厢闸门的渗漏水、汇入承船厢室的雨水以及下闸首下沉式工作门门槽内的积水，全部汇集到水泵井并抽排至下游引航道内。排水泵的容量按实际需要的排水量通过计算并结合经验确定。卫生间下水及其他污水可根据需要，在适当位置布置相应的处理设施。

e）顶部机房布置。塔柱顶部机房应沿纵向连续布置，提供机械、电气设备安装、运行、检修的场地，机房内的门机或吊车运行的空间，主电室、控制室、电梯机房和其他辅助用房。垂直升船机顶部机房的布置型式包括两侧塔柱顶各布置一个机房、覆盖承船厢室的整体大跨度机房、在两侧和中间分设三跨机房三种型式。采用何种型式由设备布置要求确定。塔柱顶部机房布置分主厂房、副厂房和控制室等。在机房底板上设吊物孔、悬挂承船厢及其平衡重钢丝绳的绳孔和与楼梯间位置相对应的电梯井。副厂房及其卫生间和其他附属房间通常布置在机房的外侧。控制室通常布置在承船厢室的顶部。机房的总高度按照满足设备安装、检修要求和机房屋顶的结构高度确定。

3）引航道建筑物。升船机导航及靠船建筑物布置与船闸导航及靠船建筑物布置基本相同。

（2）金属结构。

1）闸首。

a. 闸门布置的一般原则。

a）安全可靠，技术先进，经济合理。

b）在闸门开启时有良好的水力学条件。

c）应考虑启闭机布置、闸门安装及其运行和维修的要求。

d）制造闸门的材料及所需零部件的种类应尽量少，且尽可能地采用标准化和定型化产品。

e）尽可能减少闸门在工地现场装配的工作量与高空作业量。

f）闸门设计应满足运输、安装和存放的要求。

b. 闸门布置。全平衡升船机的上、下闸首各布置一道挡水工作门和一道检修门。根据枢纽的重要性，上闸首检修门还可兼作事故门和非常洪水的挡水门，下闸首检修门可兼作下游校核洪水的挡水门。下游下水式部分平衡升船机的下闸首和上游下水式部分平衡升船机的上闸首只设一道检修门。

a）挡水工作门。当通航水位变幅较小时，上、下闸首的工作门可采用提升式平面闸门，由固定式卷扬启闭机操作。如上游水位变幅很大，上闸首工作门通常由移动式启闭机操作，采用上层为提升式平面闸门、下层为叠梁门的组合门；如水位变幅介于两者之间，上、下闸首的工作门一般采用由固定式启闭机操作的下沉式双扉平板门。采用这种型式的闸门时，小幅度的水位变化可由设在大门上的卧倒门适应，仅当水位变化超出卧倒门的适应范围时，才通过升、降大门适应。工作门及其启闭机按与承船厢对接和满足通航净空的要求进行布置。卧倒门的高度按适应小幅度水位变化的要求确定；工作门的总高度按照满足最高通航水位并在闸门顶部留有适当的超高确定。

b）检修门。上、下闸首检修门分别布置在工作门的上游和下游。当航道水位变幅较小时，一般采用提升式平板门，由固定卷扬机操作；当航道水位变幅较大时，通常采用由移动式启闭机操作的上层为平板门、下层为叠梁门的组合门。上闸首事故检修门由独立的启闭机操作，要求能在事故发生时快速关闭。检修门及其启闭机的布置应满足通航净空的要求，门高度按照挡上游校核洪水位的条件确定，且具备动水下门的条件。

c）其他设备。如需要，闸门还需布置连接坝顶交通的固定公路桥，或在不能满足通航净空要求时采用的活动桥，以及为使上闸首工作大门在无水条件下调整位置所需的泄水系统等。

钢丝绳卷扬提升式垂直升船机与齿轮齿条爬升式垂直升船机闸首金属结构布置基本相同。

2）承船厢室段。承船厢室段的主要金属结构为承船厢。湿运承船厢的盛水结构由两端的闸门、侧壁与底铺板构成。承船厢的盛水结构与承载结构有连成一体或相对独立两种型式。承船厢门有提升式、下沉式和卧倒式平板门和下沉式弧形门等几种不同型式。提升式平板门一般通过设在闸首上的启闭机操作。但其他型式的厢头闸门通常用设在承船厢上的启闭机进行操作。干运承船厢一般采用桁架式托架，构造相对简单，其上一般不设机械与电气设备。湿运的承船厢在水槽的两侧设护舷，两护舷的净距即为承船厢的有效宽度；承船厢两端闸门的内侧设有防撞装置。承船厢外形长度应综合考虑闸门型式、结构尺寸、运行方式、防撞缓冲距离等因素确定，外形宽度主要根据承船厢结构布置和强度、刚度等条件确定。承船厢两侧的承载结构与钢丝绳连接，为满足承船厢正常升降和与闸首对接，以及安全保护的需要，在不同型式升船机的承船厢上需装设相应功能的机械设备。齿轮齿条爬升式与钢丝绳卷扬提升式垂直升船机承船厢的主要不同点，是齿轮齿条爬升式升船机承船厢在其两侧各设有两个用于布置驱动和事故安全设备的钢结构平台。钢丝绳卷扬提升式全平衡垂直升船机的承船厢结构及设备如图2.4-13所示。

（3）机械设备。

1）闸首。升船机闸首的主要机械设备为各种闸门的启闭机。启闭机的布置主要根据启闭机和闸门的型式确定。

2）承船厢室段。

a. 承船厢驱动设备。

a）钢丝绳卷扬提升式升船机的驱动设备为卷扬机，布置在塔柱顶部的机房内。卷筒两侧通过钢丝绳分别与承船厢和转矩平衡重连接。各驱动机构之间通过机械同步轴连接，驱动机构的纵向间距按照承船厢主纵梁应力与变形尽量小的原则，结合塔柱结构的布置条件确定。

b）齿轮齿条爬升式升船机承船厢的齿轮驱动机构对称布置在承船厢两侧的平台上，与之对应的齿条安装在混凝土承重结构上。4套驱动机构同样由机械同步轴连接。齿轮机构的构造应能适应升船机运行过程中承船厢与混凝土承重结构之间纵向和横向产生的相对变位。当齿轮啮合力——承船厢驱动荷载过载时，机构应具有自动限载功能。

b. 事故安全机构。

a）钢丝绳卷扬提升式垂直升船机在卷扬机的卷筒上设有安全制动器，在承船厢两侧设有锁定装置。

b）齿轮齿条爬升式升船机的安全机构采用长螺母柱—短螺杆或长螺杆—短螺母。4套短螺杆或短螺母及其机械传动系统与驱动机构相邻布置在承船厢上，长螺母柱或长螺杆安装在土建结构上。

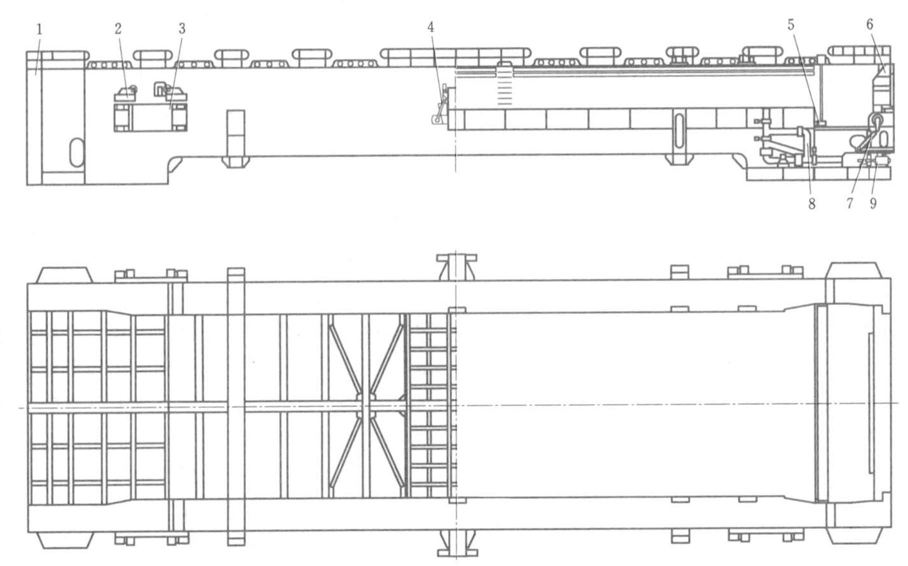

图 2.4-13 钢丝绳卷扬提升式全平衡垂直升船机承船厢结构及设备示意图

1—承船厢结构；2—上游导向轮组；3—对接锁定装置；4—顶紧装置；5—防撞装置；6—厢头门；7—厢头门启闭机；8—充、泄水装置；9—间隙密封机构

c. 对接锁定装置。平衡重式垂直升船机设有对接锁定装置，其构造应能适应航道的水位变化，该装置同时兼作沿程锁定装置。

d. 顶紧机构。该机构布置在承船厢两侧中部，有活动式和固定式两种型式。一般对应于变化的水位采用活动式，对应于恒定或变化很小的水位采用固定式。

e. 间隙密封机构。用于封闭承船厢头部与闸首间的间隙，布置在承船厢的两端或闸首上。该机构是由机械或液压设备驱动的可活动的U形钢结构。在U形结构的端面上，装有止水橡皮。U形框密封的高度按照承船厢正常水深加上闸首工作门上的卧倒门可适应的水位变幅确定，宽度对应于承船厢头部的结构条件确定。为确保止水可靠，在密封框端部一般设两道止水。

f. 闸门防撞装置。布置在承船厢两端闸门内侧，拦船的部分一般采用带缓冲油缸的钢丝绳或带缓冲油缸的钢梁和不带油缸的钢梁等几种能吸能的装置。工作时，该装置横在承船厢闸门前，不工作时，该装置可提升至通航净空以上或下沉至承船厢底铺板以下。

g. 间隙充、泄水系统。用于闸首与承船厢厢头门之间间隙的充水或泄水，以及调节承船厢内的误载水深。该系统一般由水泵、电动阀门和管道等组成。引航道水位变幅较小时，充、泄水系统可布置在闸首上；引航道水位变幅较大时，通常将该系统布置在承船厢两端底铺板下面的机舱内。

h. 钢丝绳张力均衡装置。该装置的作用是保持提升钢丝绳张力的均衡和调节承船厢的水平状态，仅用于钢丝绳卷扬提升式升船机。该装置通常布置在提升钢丝绳与承船厢主纵梁相连接的部位。

i. 导向装置。4套横向导向装置和两套纵向导向装置均对称布置在承船厢两侧的承重结构上。

j. 检修锁定装置。该装置只用于钢丝绳卷扬提升式垂直升船机，布置在承船厢运行的最低和最高位置，上、下各4套。该装置一般由锁定梁、驱动装置、液压千斤顶及其泵站等组成。具体布置位置一般选在距承船厢两端为总长的1/5附近。上锁定装置的锁定梁设在承船厢上或承重结构上，一般由人力操纵。齿轮齿条爬升式垂直升船机无需另外设置锁定装置，其安全机构可使承船厢在任意高程锁定。

k. 液压泵站。布置位置根据所控制设备的数量和功能要求等确定，全平衡升船机的液压泵站一般布置在承船厢厢头下部机舱和驱动机构的机房内，下水式升船机的液压泵站布置在承船厢走道板上，控制阀组布置在机构附近。

l. 安全疏散设施。安全疏散设施用于承船厢非正常停机时人员的安全疏散。根据升船机总体疏散方案，该装置与承重结构上的疏散通道对应布置。

m. 消防设施。消防设施包括消防水枪、水炮、泡沫灭火炮、灭火器等，根据升船机总体消防方案的要求进行选型与布置。

3）平衡重系统。包括平衡重组、滑轮组、钢丝绳、平衡链及其导向、锁定装置和轨道等。全平衡式升船机的平衡重总重与承船厢结构、设备和厢内水体总重相等，承船厢下水式升船机的平衡重总重根据总体要求配置。一般地，提升高度较小的垂直升船机和下水式垂直升船机可不设平衡链。平衡重系统的布置、构造应与主提升设备及承重结构相互协调。

a. 钢丝绳卷扬提升式垂直升船机的平衡重组分重力平衡重组、转矩平衡重组和可控平衡重组等几种型式，平衡重组布置在塔柱的平衡重井内。一般每根钢丝绳分别悬吊一块平衡重块，由钢结构框架将每组的平衡重块框为一组，框架上布置有导向装置。平衡重组与承船厢底部之间悬挂平衡链。在平衡重井内沿竖向布置每组平衡重的导轨。

b. 齿轮齿条爬升式垂直升船机的平衡重全部为重力平衡重。平衡重组在两侧承重结构内对称布置，承船厢的悬挂钢丝绳一般通过设置在承重结构顶部的双槽滑轮转向后，再与承船厢相连。

(4) 电气设备。主要包括供配电、承船厢驱动电气传动及控制、计算机监控，以及信号检测、工业电视、通航信号、广播、通信、火灾报警及联动控制等电气设备。

承船厢驱动电气传动及控制设备通常采用多电机交流变频同步传动系统；计算机监控及信号检测设备一般采用集中管理分散控制的集散型监控系统；工业电视监视设备采用模拟与数字相结合的系统方案。

电气设备的布置应遵循管理集中与控制分散相结合的原则。供配电设备集中布置在升船机变电站内；承船厢驱动电气传动及控制设备就近布置在驱动单元机房内；计算机监控设备的上位机设备布置在升船机中控室内，现地控制站就近布置在设备的现地机房内；通航信号设备布置在相应的现场；工业电视监视设备、广播设备、火灾报警及联动控制设备的终端控制设备布置在升船机中控室内；前端设备就近布置在设备现场。

(5) 其他附属设备与设施布置。其他附属设备与设施主要包括消防暖通设施，交通设施和安全通道，承船厢补、排水装置，检修起吊设备，安全监测设备，通信、供电、照明等设施。这些设备和设施的布置可参考船闸设备布置的有关内容，也可根据具体情况参照已建工程的经验。

2. 斜面升船机

(1) 主要建筑物。

1) 连接建筑物。斜面升船机承船厢与挡水建筑物以及上、下游引航道之间连接建筑物的型式和布置，主要由承船厢是否下水和引航道水位的变幅确定。

a. 下水式斜面升船机。斜坡道与上、下游引航道之间直接连接，承船厢采用高低轮换轨直接通过挡水坝坝顶，无须设置连接建筑物。

b. 全平衡式斜面升船机。在上、下游引航道水位变幅不超过 3.00～4.50m 时，斜坡道与引航道之间可通过闸首进行连接，并适当增加承船厢闸门和干舷的高度，在承船厢上设置充、泄水设备。承船厢停靠在闸首时，承船厢与闸首一起可发挥船闸的作用，通过在承船厢内充、泄水克服承船厢与引航道间的水位差。当上、下游水位变幅超过 3.00～4.50m 时，可根据需要在斜坡道两端设置船闸以适应上、下游的水位变幅。

2) 承船厢室段。

a. 斜坡道段。升船机的斜坡道一般采用单一坡度，当上、下游斜坡道不在一条直线上时，上、下游斜坡道在分水岭处需采用转盘连接。当地形、地质条件合适时，上、下游斜坡道之间可布置中间渠道。当中间渠道较长，地形、地质条件适宜时，渠道的尺度可按满足船舶双向运行的要求布置；当中间渠道较短不能双向运行时，为提高通过能力，可在中间渠道内设横移架。斜坡道坡度的大小主要取决于升船机通航水头的大小、过坝船舶的规模、升船机型式，以及布置区域的地形、地质条件等因素，需通过多方案比较确定。纵向斜面升船机斜坡道通常采用的坡比为1∶8～1∶22，横向斜面升船机斜坡道通常采用的坡比为1∶6～1∶12。斜坡道长度取决于升船机的设计水头和斜坡道的坡度，宽度取决于承船厢的有效宽度和支承轮的横向跨度。

b. 机房。斜面升船机机房主要用于布置卷扬提升机、转向滑轮和电气设备以及检修起吊设备等。机房的平面尺寸应满足设备布置、运行与检修维护的要求，高度按照安装和检修设备的起吊高度及运行空间要求确定。

c. 驼峰结构。双坡下水不带平衡重的卷扬式斜面升船机的承船厢直接过坝时，越过坝顶的主要办法是在坝顶处的轨道设置驼峰、摩擦驱动装置和转向滑轮组。自爬式斜面升船机越过坝顶的主要办法是在坝顶设置换向转盘装置。

3) 引航道建筑物。各种型式升船机采用的引航道建筑物型式和布置大同小异。不下水斜面升船机的斜坡道与上、下游引航道的连接方式及其导航、靠船建筑物的布置与船闸基本相同。下水式纵向斜面升船机上、下游水位变幅较大，承船厢入水后停靠的位置随水位的变化而变化，承船厢的停靠位置在较大范围内变动。导航墙的布置长度为沿斜坡道从最高通航水位至最低通航水位。在承船厢的停靠范围内，按0.5～1.0倍设计船舶使用长度的要求布置固定式导航。

(2) 金属结构。

1）斜面升船机闸首的金属结构与垂直升船机基本相同，即在闸首的端部需设置工作门和事故检修门及其启闭设备。工作门和事故检修门采用平板门；闸门启闭设备采用固定卷扬式启闭机，启闭机安装在闸首端部的塔楼上。此外，还需根据升船机运行需要设置承船厢的对接锁定机构等。

2）斜坡道金属结构。斜坡道金属结构主要为承船厢，湿运斜面升船机承船厢主体结构与垂直升船机相似，但在承船厢底部设有承载机构和行走机构，并在承船厢朝向坝顶的一端与牵引钢丝绳相连接。

（3）机械设备。

1）钢丝绳牵引式斜面升船机主提升设备。

a. 全平衡式斜面升船机。卷扬提升设备布置在位于坝顶附近的机房内，由摩擦式卷扬机构、同步轴系统和转向滑轮等组成。牵引钢丝绳的一端连接在承船厢端部，绕过摩擦卷筒、转向滑轮后与平衡重车端部相连接。在钢丝绳与承船厢连接处设牵引钢丝绳的液压均衡装置。卷扬机的构造与垂直升船机基本相同，卷扬机一般由卷筒组、减速器、电动机、安全制动器、工作制动器及机架等组成，各套卷扬机构之间由机械同步轴连接。纵向斜面升船机卷扬机在轴向可利用的尺寸有限，在牵引钢丝绳直径、数量等初步确定的情况下，需要通过对不同布置方案进行技术经济比较后确定。转向滑轮和卷筒的布置位置、高程应保证钢丝绳在卷筒上的包角满足摩擦驱动的要求。在斜坡道上，每隔一定间距布置一组托轮装置，托轮安装在横跨轨道梁的横梁上，以避免牵引钢丝绳下垂与斜坡道产生摩擦。

b. 不带平衡重的双坡式斜面升船机。主提升设备包括卷扬提升机构、转向滑轮组、摩擦驱动装置等。转向滑轮组由布置在驼峰顶部的天轮和底部的地轮组成。卷扬提升机构布置在驼峰一侧，由卷筒组、减速器、电动机、安全制动器、工作制动器，以及开式齿轮副、惰轮等组成。卷扬机的机械同步通过卷筒上的大直径开式齿轮直接啮合或通过中间惰轮相啮合实现。与船厢相连接的牵引钢丝绳绕过驼峰处的转向滑轮组后缠绕在卷筒上，卷扬机构至转向滑轮组之间的距离应满足钢丝绳与卷筒绳槽之间，以及钢丝绳与滑轮绳槽之间最大偏角的要求。在斜坡道上滑轮组至卷扬机之间的绳道下面布置托辊装置。托辊的外缘应衬橡胶保护层，以减轻钢丝绳的磨损。一般地，大、中型斜面升船机船厢两端的外侧各设一套侧向导向装置。导向装置的导轮通常采用弹性支承，以适应轨道的制造、安装误差和承船厢的变位。

2）船厢行走机构。船厢的行走机构设在船厢支承结构的底部，其布置应综合考虑支承荷载、轨道布置、车轮强度、船厢结构的刚度与强度等因素。行走机构一般为4套由2条轨道支承的台车。当船厢较长、重量较大时，可采用多套台车或双轮方案，各台车之间应设荷载均衡装置。

3）平衡重。全平衡式斜面升船机的平衡重系统由平衡重车及其轨道、钢丝绳、荷载均衡装置等组成。平衡重车采用整块平衡重块由4组台车支承的型式，在沿斜坡道铺设的钢轨上运行。当一节平衡重车的重量不足以平衡船厢重量时，可采用列车的型式。各节小车之间通过轴铰连接。

（4）电气设备。斜面升船机的电气设备布置原则和要点与垂直升船机基本相同，可参照执行。

2.4.3 建筑物结构设计

2.4.3.1 垂直升船机

1. 闸首结构

（1）结构布置。升船机的闸首是承船厢室上、下游引航道或中间渠道之间的连接建筑物，不同型式升船机闸首的功能各不相同。

1）全平衡式垂直升船机闸首。上、下闸首是承船厢室和上、下游引航道间的挡水结构。闸首结构的长度和宽度主要决定于结构的整体稳定、结构强度的要求和设备的布置宽度，以及航槽的有效宽度。闸首的顶面高程由上、下游运行水位确定，闸槛高程由通航水深确定。

2）下水式垂直升船机。不下水侧闸首结构的功能和布置与全平衡式垂直升船机相同，下水侧闸首结构仅在承船厢室检修时挡水，闸首结构按升船机检修水位时的整体稳定结构强度和设备布置的要求确定。

3）渡槽结构布置。与上闸首相接的渡槽是上闸首与承船厢室间的连接建筑物，航槽宽度和水深分别按承船厢有效宽度和有效水深确定。

（2）结构计算要点。

1）上、下闸首有整体式和分离式两种型式，通常采用整体式结构，可参照船闸闸首进行结构计算。

2）渡槽结构计算要点。渡槽为一槽形结构，结构型式一般采用简支梁或连续梁。渡槽结构的整体计算可按承受水荷载，并参考桥梁结构进行。渡槽上部的挡水结构可采用空箱式、扶壁式和悬臂式等轻型结构。挡水结构的计算需考虑船舶碰撞荷载，并参考船闸闸室墙计算的有关内容。

2. 承船厢室段结构

（1）承重结构布置。承重结构布置在承船厢两侧，平衡重系统和机械及电气设备对称布置。结构的总体尺寸需满足结构稳定和刚度、强度，以及承船厢的正常运行等要求。

承重结构的型式通常采用薄壁结构，主承重墙的壁厚一般为1.0m左右，布置螺母柱、齿条的部位需根据受力要求适当加厚。下部有挡水和挡土要求的挡土结构厚度需通过计算确定。

承船厢室的底板与承重结构的连接型式有整体式和分离式两种。在承船厢室内周围有挡水要求时，通常采用断面为U形的整体结构。在承重结构下部需布置平衡链坑和防水、排水等设施。整体式底板的厚度按承船厢室结构强度和横向刚度要求确定。分离式底板的厚度需根据基础条件按避免不均匀沉陷和防渗要求确定，并在底板和承重结构的分缝上设置止水。

承重结构的顶部一般有横向联系梁或连接平台连接，并根据顶部机房的功能和旅游、观光等要求设置机房的底板或参观平台。顶部机房底板的厚度根据结构的整体性及房内机械设备集中荷载对底板冲切的要求确定。底板需满足结构整体性、强度和刚度要求，但不宜太厚。

（2）顶部机房结构布置。机房的内部净空高度为吊车高度、需吊设备高度、吊钩极限起吊高度、安全超高和机房照明装修所需要高度的总和。机房的结构型式可采用钢结构、钢筋混凝土结构和钢筋混凝土与钢结构组合的混合式结构。近年来大型升船机顶部机房的屋顶基本上采用网架或钢桁架结构的型式。

（3）结构计算。

1）设计荷载。承重结构和顶部机房的永久荷载包括结构自重、机械设备作用的恒定荷载、土压力等；可变荷载包括水荷载、风荷载、雪荷载、温度荷载、桥机荷载、机房楼面和屋面的活荷载、塔柱筒体内各功能层的活荷载等。此外，还有承船厢及设备在运行过程中作用在结构上的荷载，包括承船厢提升或爬升荷载、承船厢运行的导向荷载、承船厢对接停靠时的锁定荷载、平衡重系统的导向荷载等；偶然荷载包括地震荷载和承船厢内水漏空、水满厢、沉船和承船厢室进水引起的承船厢浮力或平衡重浮力等事故荷载。

2）设计工况。承重结构的设计一般考虑正常运行、检修、施工和事故等四种工况。正常运行工况，承船厢处于垂直升、降状态，结构设计主要考虑结构自重及机械设备重、风荷载、雪荷载、温度荷载和承船厢运行的机构传给结构的导向荷载、承船厢爬升或提升的荷载等。施工工况，主要考虑结构完建工况承船厢及设备的安装荷载等。检修工况和事故工况，主要考虑承船厢锁定时安全装置传来的荷载。

3）设计要点。承重结构采用空间或平面有限元法进行静、动力计算，得出结构各主要截面上的弹性应力值。根据塔柱结构水平截面上的应力图形面积，采用应力图形配筋方法进行配筋计算；位于压应力区的受压钢筋可按最小配筋率及构造要求配置。对结构进行正常使用极限状态验算时，在施工期间，混凝土在温度作用下应抗裂，结构构件受拉边缘的应力应不超过以混凝土拉应力限制系数控制的应力值；在运行期间，不考虑抗裂，但应控制其裂缝宽度。塔柱结构的构造设计主要参照建筑结构和高层建筑结构。顶部机房按一般大型工业厂房的要求进行设计，但作为高空结构，应对风荷载和地震放大系数的取值进行专门的论证。

4）抗震设计。地震设计烈度6度及其以上地区的升船机，需进行抗震设计。一般情况下，设计烈度为7度及低于7度的升船机，可只考虑水平向的地震作用；设计烈度高于7度，需同时考虑水平向和竖直向的地震作用。升船机抗震设计依据《水工建筑物抗震设计规范》（DL 5073）和《建筑抗震设计规范》（GB 50011）。抗震计算需确定承重结构的固有频率、振型和阻尼比等动力特性，确定设计地震烈度作用下的动力反应，评价结构的抗震安全性，对影响升船机承船厢设备安全运行的塔柱动位移进行论证。确定地震加速度峰值对塔柱结构设计和承船厢与塔柱连接机构的设计至关重要，需通过充分论证后确定。承重结构和承船厢的相互作用力是承船厢导向机构和承重结构相应部位设计的依据。塔柱和顶部机房基本可认为是主从结构，在地震时的动力耦合影响取决于机房和塔柱间的质量比值λ_m和基本频率比值λ_f。按照《水工建筑物抗震设计规范》（DL 5073—2000），当满足$\lambda_m<0.01$；或$0.01\leqslant\lambda_m\leqslant0.1$，且$\lambda_f\leqslant0.8$或$\lambda_f\geqslant1.25$，可不与主体结构作耦联分析。与地震作用组合的各种静态作用需考虑相应的分项系数，地震作用的分项系数取为1.0。在采用动力法计算地震作用效应时，钢筋混凝土结构构件对地震作用效应进行折减的系数可取为0.35。

（4）地基处理特点和要求。垂直升船机承船厢室承重结构地基处理工作的重点是保证建筑物的地基满足承载能力要求，防止不均匀沉降或变形过大，影响建筑物、金属结构及机械设备的正常运行。

3. 引航道结构

垂直升船机引航道结构设计与船闸基本相同，见本章2.3节中2.3.4.4“引航道结构”的有关内容。

2.4.3.2 斜面升船机

1. 连接结构

全平衡单向坡斜面升船机的连接结构为斜坡道两端的闸首，包括设在坝顶的上闸首和与下游引航道相接的下闸首。闸首的结构分别与垂直升船机的上、下闸首基本相似；上、下闸首均设有工作闸门，检修闸门及其启闭设备，与承船厢对接时的拉紧装置及闸门间的充、泄水系统。另外，在上闸首上设有承船厢牵引钢丝绳的卷扬机房。

2. 斜坡道结构

（1）结构型式及其布置。斜坡道的结构型式有实体式、架空式和两者相互结合的混合式三种。

1）实体式斜坡道。其主体部分由回填料、护面和反滤层组成，除了能经受水流、波浪的冲刷外，还需承受承船车和平衡重车的荷载。斜坡道填方段两侧设置坡度不陡于1∶2的护坡和护脚。斜坡道的回填料最好采用砂、碎石、矿渣等无黏性、透水性好的填料；护面通常采用干砌或浆砌块石，厚度一般为20～40cm，也可采用预制或现浇混凝土板护面，厚度一般为20～25cm。在护面、护坡、护脚和抛石棱体与回填料之间设置反滤层。坡脚处于水下或水位经常变化的部位通常采用抛石棱体。抛石块体的重量一般为10～100kg。对处于冲刷河床凹岸的坡脚，必要时还需采用低桩承台、重力式方块、板桩、竹笼等坡脚型式。

2）架空式斜坡道。一般适用于河岸较陡而河滩平缓的凹岸，或修建实体式斜坡可能出现回淤的情况，由墩台及上部结构组成。墩台主要型式有重力式和桩柱式两种。重力式墩台一般适用于岩基或其他较好的土基，有浆砌块石和混凝土墩台两种。施工水位以上的墩身通常采用浆砌块石，石料应新鲜、质硬、无裂隙。施工水位以下的墩身一般采用在抛石基床上干砌预制混凝土方块的型式，也可采用在钢筋混凝土空箱模板内浇筑水下混凝土的型式。桩柱式墩台一般在软弱地基上采用。桩柱式墩台的型式有单桩柱式和双桩柱式两种。当斜坡道顶面较宽时，宜采用双柱式墩台，其型式有直桩式、斜桩式、框架式、桁架式等；当桩柱的计算高度大于桩柱间距的1.5倍时，应在柱间设联系梁或斜撑。上部结构一般采用钢筋混凝土梁板结构或钢桁架结构。钢筋混凝土梁板结构一般采用装配式。非预应力钢筋混凝土梁的跨度一般不大于15.0m。架空斜坡道纵梁的断面通常为T形或矩形，纵梁之间用横向联系梁连接，联系梁的间距一般取3.0～5.0m。钢桁架结构一般只在地质和施工条件受限制时采用。钢桁架由主桁架和纵、横向联系杆件组成，承船车和平衡重车的轨道直接安装在主桁架的上弦杆上。

（3）混合式斜坡道。当受地形、地质、水文和施工等条件的制约，斜坡道部分采用实体式、部分采用架空式，即为混合式斜坡道。

斜面升船机承船车、平衡重车轨道梁布置在斜坡道上，其基础的型式一般有轨枕道渣基础、钢筋混凝土轨道梁、板和架空结构三种。轨枕道渣基础由钢轨、轨枕及道渣等组成，与铁路基本相同。轨枕一般采用梯形断面的钢筋混凝土轨枕，布置的间距根据轮压力大小，一般采用50～80cm；道渣厚度不得小于20cm，一般采用3.0～7.0cm粒径的坚硬碎石；轨枕道渣基础布置在水下时，应对该处岸坡的冲淤情况作比较充分的调查分析。钢筋混凝土轨道基础的型式有梁式和板式两种。轨道梁的断面有矩形、倒T形及工字形等。在一组轨道的两个轨道梁之间用横向联系梁连接，其间距一般为3～5m；对布置在水下的轨道基础，可采用预制的井字形构件，安放在水下铺好的抛石基床上。轨道梁的分段长度一般采用30～45m；选择预制轨道梁的长度时，应考虑吊装设备的起重能力。板式轨道基础型式有平板、肋形板等。板式轨道基础的变形缝间距一般采用15～20m。轨枕道渣基础和钢筋混凝土轨道梁适用于较好的地基；对于岩基，轨道梁可直接铺在用混凝土或砂浆找平的岩面上；当地基承载力不足时，轨枕和轨道梁下面可设较厚的碎石或块石基床，基床的厚度由计算确定，如地基很软，可采用人工换砂进行加固。架空结构一般适用于软基或天然岸坡较陡的情况，多采用桩柱式基础，其结构与架空斜坡道的桩柱式墩台基本相似。

（2）结构设计要点。

1）实体式斜坡道的设计要点是采用圆弧滑动法验算斜坡道的稳定性。

2）架空式斜坡道。

a. 重力式墩台结构设计的计算内容包括验算墩台截面强度、地基强度、墩台的水平滑动和倾覆稳定性。可参照《公路钢筋混凝土及预应力混凝土桥涵设计规范》（JTG D62）和《公路圬工桥涵设计规范》（JTG D61）的有关规定进行。在进行地基强度和稳定性验算时，应分别考虑顺轨道方向和垂直于轨道方向两种荷载情况。对于双柱式墩台，有斜撑时按桁架计算，其他情况按刚架计算。

b. 上部结构一般为钢筋混凝土梁或钢桁架，其内力按结构力学方法计算。计算荷载主要有结构自重、轮压力、动水压力和风压力等。上部结构的计算跨度取支座中心线之间的水平距离，轮压力为移动荷载，按内力影响线方法作轨道梁的内力包络图。

c. 轨道梁计算。

a）地基轨道梁的计算关键在于根据已知外力求未知的地基反力及其分布，再用材料力学方法求得基础梁的内力和变形。目前，地基系数假设的方法应用比较广泛。可参照一般地基梁计算的有关规定进行。

b）轨枕道渣结构计算时，可以简化为连续的弹性地基，钢轨也可以按文克勒假设的弹性地基上的无限长梁进行计算。

c）架设在刚性墩座上的架空轨道梁，可根据梁在支座处的连接型式，参照有关规定，按简支梁或刚性支承连续梁计算。

3. 引航道结构

引航道建筑物的设计与船闸和垂直升船机相同，参见本章2.3节中2.3.4.4进行设计。

2.4.4 金属结构及机械设计

2.4.4.1 闸首

1. 金属结构

(1) 设计原则。闸首的工作门、检修门（或辅助门、事故门）及其启闭机械，以及其他设备运行安全可靠、操作灵活、维修方便。

(2) 闸门结构设计。

1) 带卧倒小门的工作大门。

a. 结构布置。带卧倒小门的工作大门为升船机工作闸门的典型布置型式，由U形闸门、卧倒小门以及卧倒小门启闭机和锁定机构等部分组成。在应用上分为平压操作的工作大门和下沉式工作大门两种型式。平压操作的工作大门与叠梁门组合，适用于较大的水位变化，卧倒小门用于较小的水位变化，超出卧倒小门适应范围的水位变化通过增减叠梁门并平压升降工作大门适应；下沉式工作大门适用于水位变化不大的情况，不设叠梁门，当通航水位超出卧倒小门适应范围时，由启闭机带水压操作升降。两种工作大门的结构型式大致相同。

对于平压操作的工作大门和下沉式工作大门，卧倒小门均布置在U形闸门的航槽内，通过下部的两个支铰与U形闸门连接，由液压启闭机在平压条件启闭。不过船时，卧倒小门由设在门体两侧的锁定油缸锁定；过船时，绕底部铰轴朝航道方向旋转90°呈平卧开启状态。

带压操作的下沉式工作大门反向支承一般采用滑块，正向支承一船采用定轮；平压操作的工作大门正向支承一般采用滑块。工作大门的侧、底止水均采用两道异形P型止水，止水材料采用橡塑复合止水橡皮。

在U形闸门背水面与承船厢对接的范围内，贴焊不锈钢止水座板。闸门两侧分别设置侧向支承导轮，在侧向导轮与门槽之间以及支承导轮与轨面之间，留有适当的间隙，用于适应闸门与埋件制造、安装的误差。两套摆臂式锁定机构，分别设在闸门两侧，摆臂由液压油缸操作。当闸门挡水时，摆臂摆出并支承在门槽两侧的锁定埋件上，调整门位时，摆臂收回。液压泵站和电气设备布置在闸门中部的结构空腔内，闸门的动力电源和控制信号通过电缆输送。

U形闸门一般采用多主梁、双吊点、双面板结构。为便于运输和安装，U形闸门结构一般分节制造，在现场拼装成整体。闸门节间应尽量采用螺栓连接，以减少现场焊接引起的变形，螺栓连接板的接合面应进行机械加工，在接合面的四角及中间位置需布置适当数量的铰制孔螺栓，以便于现场拼接定位。

卧倒小门一般采用实腹式双主梁或多主梁结构，面板和止水设在背水面，在关闭后靠水压压紧达到密封状态。卧倒小门侧、底止水均采用P型橡皮，支承采用钢块。工作大门设备典型布置如图2.4-14所示。

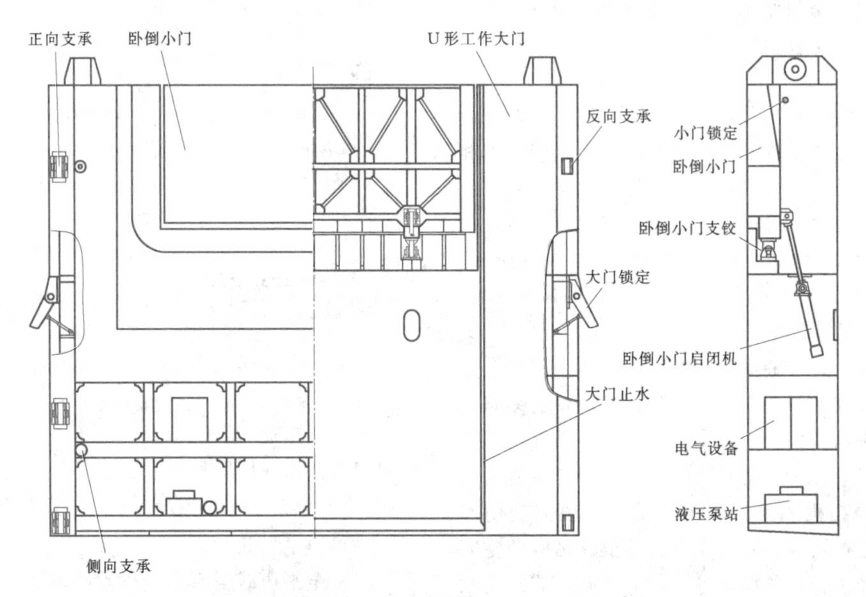

图2.4-14 工作大门设备典型布置示意图

b. 工作大门结构计算简介①工况和载荷。计算主要考虑挡水和对接两种工况。挡水工况U形闸门和工作小门迎水面承受水压，工作荷载为水压力和闸门自重。对接工况承船厢厢头的U形密封框与工作大门对接，荷载除了水压力和闸门自重外，还包括U形密封框对U形闸门面板的推力。②有限元计算。有限元计算模型一般将U形闸门和卧倒小门以及闸门启闭机和锁定作为一个整体，采用壳单元、梁单元、杆单元、块体单元的组合模拟工作大门各部分的结构。在工作大门的锁定处施加竖直方向位移约束，在U形闸门边梁的定轮处施加顺流向的位移约束。③解析计算。U形闸门主梁和次梁结构强度、刚度和稳定性，按实际可能发生的最不利的荷载进行验算，U形闸门边梁计算力学模型如图2.4-15所示。

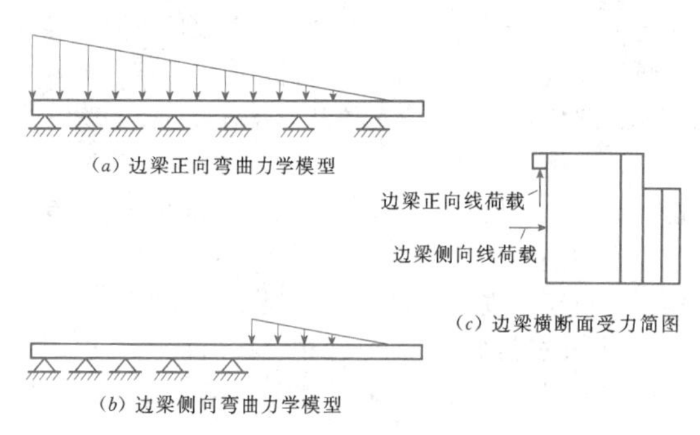

图2.4-15 U形闸门边梁计算力学模型简图

U形闸门边梁和主梁的应力与变形的控制条件，稳定性计算方法，其他构件的应力、变形和稳定性计算方法，以及卧倒小门的结构计算，可参见《水电站机电设计手册 金属结构》（水利电力出版社，1988年）、《水利水电工程钢闸门设计规范》（SL 74）等。

2）提升式平面闸门。在上游水位变幅不大时，提升式平面闸门与上部带卧倒小门的工作大门联合使用，应用条件和结构型式与船闸上的平面闸门基本相同。但由于闸门需与承船厢对接，其布置需设置支承U形密封框的埋件，同时需在门槽顶部设置锁定导向架。提升式工作门埋件典型布置图如图2.4-16所示。

3）叠梁门。见本章2.3节中2.3.5.1有关内容。

2. 机械设备

闸首机械设备一般有闸门启闭机、泄水系统、活动公路桥等。闸首与承船厢对接的相关设备大多布置在承船厢厢头结构内。

（1）闸门启闭机。闸门启闭机型式有桥机、门机、固定式卷扬机和液压启闭机等，可根据闸门布置、安装、运行及检修的需要，闸首土建结构的空间条件，以及经济合理的原则等选定。当闸门需在门槽上方水平移动时，采用门机或桥机，当闸门无水平移动需要时，采用固定卷扬启闭机。液压启闭机常用于提升高度不大的平板闸门的启闭。卧倒小门一般采用双缸液压启闭机操作。

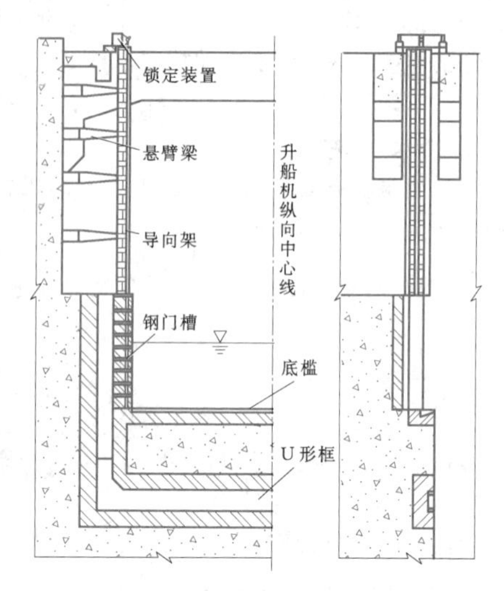

图2.4-16 提升式工作门埋件典型布置示意图

升船机闸门启闭机的设计遵循《水利水电工程启闭机设计规范》（DL/T 5167）和《起重机设计规范》（GB/T 3811）等的规定。

（2）泄水设备。泄水设备的进水口通常布置在航槽的一侧，由两线钢管、消能阀门及相应的检修阀门、补气和排气阀门等设备组成。泄水系统典型布置如图2.4-17所示。

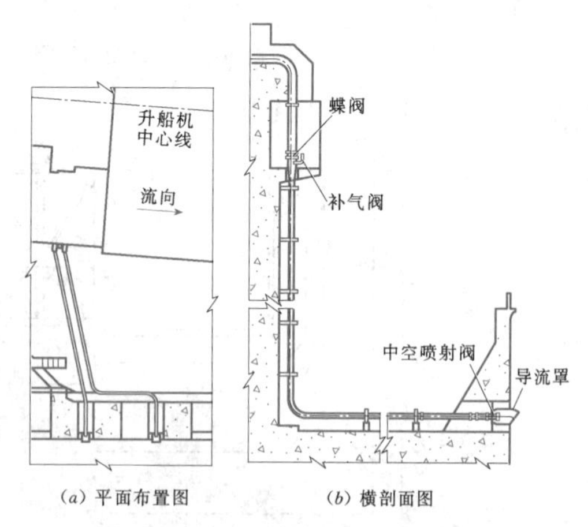

图2.4-17 泄水系统典型布置示意图

2.4.4.2 承船厢室段

1. 钢丝绳卷扬提升式垂直升船机

（1）承船厢。

1）全平衡式垂直升船机承船厢结构。

a. 结构布置。承船厢为整体焊接钢结构，由主体结构和附属结构两部分组成。主体结构由主纵梁、横梁、底铺板、次纵梁、小纵梁等组成。其中，主纵梁和横梁等组成框架体系，主纵梁一般采用箱形梁。主纵梁的内腹板、底铺板和两端的船厢门共同构成承船厢可盛水的槽形结构。其附属结构包括护舷、系缆装置、厢头闸门门槽、防撞装置的导向槽、交通通道及栏杆、锁定结构、电控设备室、液压设备机房等。主要承载结构的材料一般选用 Q345C 或 Q345D。

b. 结构计算。主要计算内容为整体和局部结构的静态应力与变形，必要时还需对结构模态和结构屈曲稳定性进行计算分析。结构计算的方法通常为以解析计算确定结构尺寸，以有限元数值分析法全面分析和校核结构应力、变形和稳定性。全平衡升船机承船厢结构典型横断面如图 2.4-18 所示。

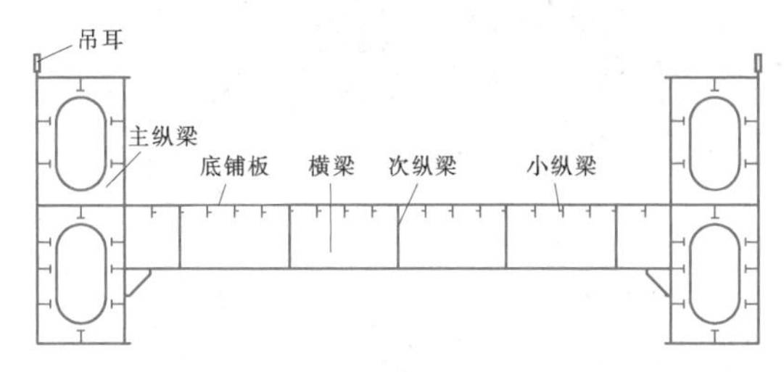

图 2.4-18 承船厢结构典型横断面示意图

承船厢结构的计算工况为：承船厢在正常运行时的升降、与闸首对接和锁定三种工况。承船厢应力控制采用许用应力法。许用应力值可参照《水利水电工程钢闸门设计规范》(SL 74) 确定。计算时，对于主纵梁结构，所有荷载均乘以 1.1 的动载系数，许用应力乘以 0.9 的折减系数；对于横梁结构，所有荷载均乘以 1.05 的动载系数，许用应力乘以 0.95 的折减系数。承船厢主纵梁结构计算的校核工况包括：对接状态水满厢、对接状态下沉船和带水锁定检修及空厢锁定检修等。

承船厢结构的设计计算采用解析计算法。利用该方法计算承船厢在正常升降、正常对接、正常检修时锁定以及对接锁定时水满厢事故工况条件下，承船厢主承载结构的应力及整体位移。该方法将船厢结构分解为主纵梁、主横梁、底铺板等简单结构。船厢结构主纵梁在升降工况和对接锁定工况的强度和刚度解析计算分两步进行。首先计算设计水深下主纵梁的应力和位移，然后再计算误载水深引起的主纵梁的应力和位移。此处误载水深通指升降工况和对接工况承船厢实际水深和设计水深的差值。在设计水深下，提升绳经张力均衡系统调平，提升绳可简化为不变的集中力，因而该情况下船厢主纵梁简化为悬臂简支梁模型，其跨度为船厢吊点纵向中心距，如图 2.4-19 (a) 所示。承船厢结构这一部分的应力和位移是升降工况和对接工况承船厢结构应力和位移的基本部分。升降工况下船厢主纵梁结构的应力和位移还需叠加由升降工况误载水深引起的应力和位移，其计算模型为多支点弹性支承结构，计算模型如图 2.4-19 (b) 所示。对接工况（包括正常对接工况和水满厢事故工况）船厢主纵梁结构的应力和位移还需叠加对接工况误载水深引起的船厢主纵梁结构应力和位移，其计算模型同样为多支点弹性支承结构，但支承跨度不同，为承船厢对接锁定机构的纵向中心距，如图 2.4-19 (c) 所示。主纵梁在下锁定工况的结构计算模型如图 2.4-19 (d) 所示。主横梁的力学计算模型如图 2.4-20 所示。

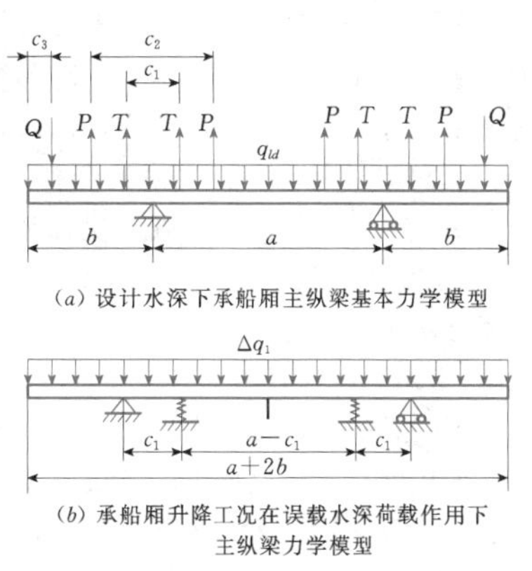

(a) 设计水深下承船厢主纵梁基本力学模型

(b) 承船厢升降工况在误载水深荷载作用下主纵梁力学模型

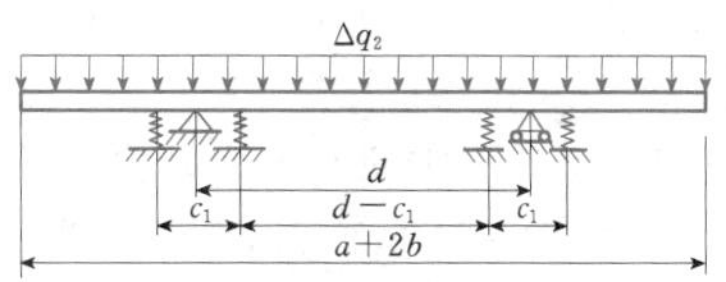

(c) 对接工况下在误载水深荷载作用下承船厢主纵梁力学模型

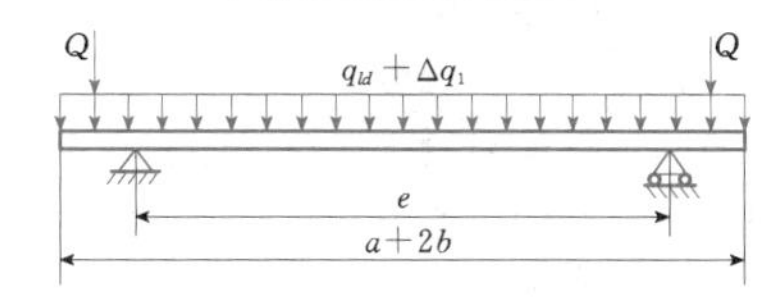

(d) 承船厢下锁定状态主纵梁力学模型

图 2.4-19 全平衡升船机承船厢主纵梁的力学计算模型简图

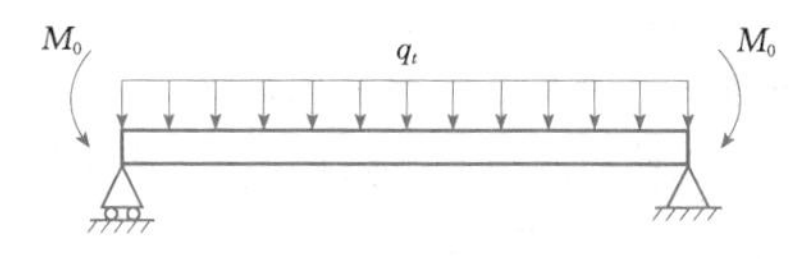

图 2.4-20 承船厢主横梁的力学计算模型简图

图 2.4-19 和图 2.4-20 中的符号说明如下：a 为承船厢吊点中心距；b 为单侧吊点中心距承船厢端部距离，因此承船厢总长为 $L=a+2b$。T 为承船厢

设计水深下单个吊点区提升绳张力和的一半，在数值上等于转矩平衡重总重量的1/8；c_1 为单个吊点区对应两组提升绳中心距。P 为单个吊点区重力平衡绳张力和的一半，数值上等于重力平衡重总重量的1/8；c_2 为单个吊点区对应两组滑轮组的中心距。q_{ld} 为承船厢在设计水深下单根主纵梁承受的均布线荷载。Q 为承船厢端部设备及底铺板以下水体的重量之和，c_3 为该重力的合力作用点距承船厢端部的距离。Δq_1 为升船机正常升降工况下船厢的最大容许误载水深荷载引起的单根主纵梁线荷载；Δq_2 为升船机对接工况下承船厢的最大容许误载水深荷载引起的单根主纵梁线荷载，在承船厢正常对接和承船厢水满厢工况分别取不同的值。d 为对接工况下承船厢的支承跨度，也即承船厢对接锁定机构的纵向中心距。e 为承船厢底部锁定工况下承船厢主纵梁的支承跨度，也即承船厢下锁定机构的纵向中心距。q_t 为主横梁受到的线荷载，在正常升降、正常对接和水满厢工况取不同的值。M_0 为由水平水压力引起的主横梁端部力矩。

承船厢结构主纵梁和横梁的整体稳定性和局部稳定性，根据《钢结构设计规范》(GB 50017)和《水利水电工程钢闸门设计规范》(SL 74)进行计算。承船厢结构其他构件如底铺板、小横梁等以及机构的安装支座等，可参照《水利水电工程钢闸门设计规范》(SL 74)的类似结构进行计算或直接根据结构力学、材料力学和弹性力学方法进行计算。

2）下水式垂直升船机承船厢结构。下水式垂直升船机承船厢结构和设备布置以及设计的控制条件与全平衡式垂直升船机相似，主要差别如下：

a. 为了减小承船厢出入、水时的下吸力和上托力，结构布置需避免在承船厢底部形成封闭空间，不下水的承船厢主纵梁一般采用箱形断面，下水式承船厢主纵梁断面则宜采用“工”字形，以减少在承船厢入水时浮力对提升力的影响。

b. 下水式承船厢底部横断面宜为三角形，而不下水式则宜为矩形。

c. 若平衡重均为转矩平衡重，结构计算时可将提升绳全部简化为固定支座、滑动支座和弹性支座。

不下水式承船厢断面示意图如图2.4-18所示，下水式承船厢断面如图2.4-21所示。

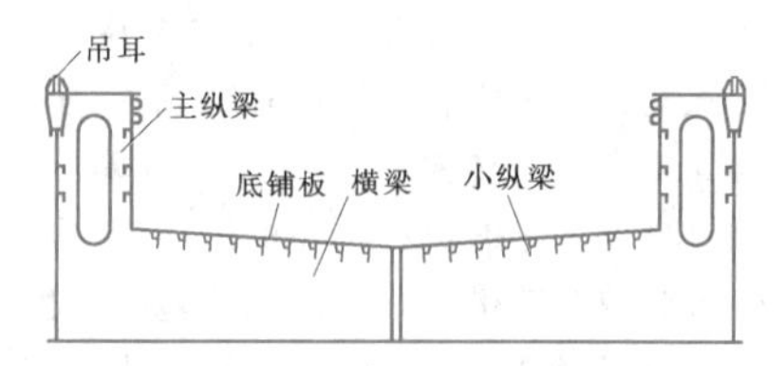

图2.4-21　下水式承船厢横断面示意图

3）承船厢设备设计。

a. 承船厢厢头闸门防撞装置。升船机通常采用的防撞吸能装置有钢丝绳—液压油缸、刚性防撞梁和刚性防撞梁—液压油缸三种型式。钢丝绳—液压油缸防撞装置由防撞钢丝绳、缓冲油缸、导向滑轮、调节螺母、螺杆等组成。设计程序是先确定溢流阀设计油压力，据此计算相关零部件（如液压油缸、钢丝绳、调节装置、导向滑轮等）的强度，然后根据能量转换原理，计算缓冲油缸的行程。钢丝绳—液压油缸防撞装置布置如图2.4-22所示。

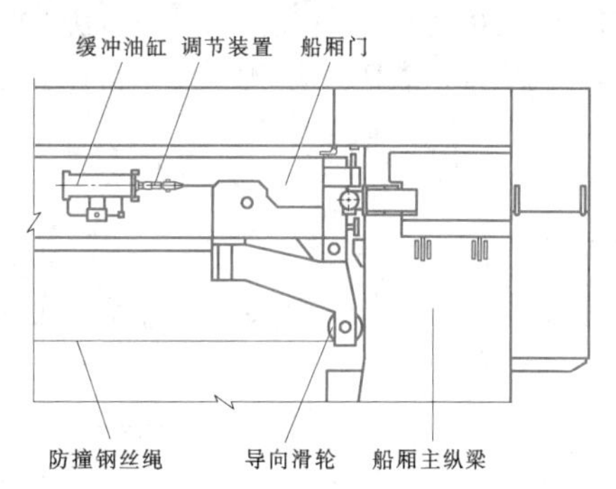

图2.4-22　钢丝绳—液压油缸防撞装置布置示意图

缓冲油缸的缓冲行程计算公式为

$$s=\frac{2Kmv^2}{P\pi(d^2-d_0^2)} \tag{2.4-3}$$

式中　s——缓冲行程，m；

m——船舶和附连水体总质量，kg；

v——船舶在承船厢中的航行速度，m/s；

P——溢流阀设定油压，MPa；

d——油缸内径，mm；

d_0——活塞杆直径，mm；

K——安全系数，一般取1.8～2.0。

刚性防撞梁装置由升降机构、刚性防撞梁、液压缸、钢丝绳、滑轮及其导槽组成。刚性防撞梁—液压油缸装置与刚性防撞梁装置的差异是，前者在防撞梁的两端分别布置一套液压油缸，防撞梁升降时与油缸脱离，挡船时与油缸连接。刚性防撞梁装置设备布置及结构如图2.4-23所示。

防撞梁结构通常按塑性理论进行设计，防撞吸能系统按升船机最大过坝船舶的动能设计。考虑附涟水体的影响，船舶及货物系统的质量在其自身质量的基础上乘以1.3的系数，并按控制防撞梁发生的塑性应变为0.010～0.015的原则，选择防撞梁的断面。防撞梁的材料宜选用低碳钢材料。

b. 承船厢厢头闸门选型及布置。目前国内钢丝绳

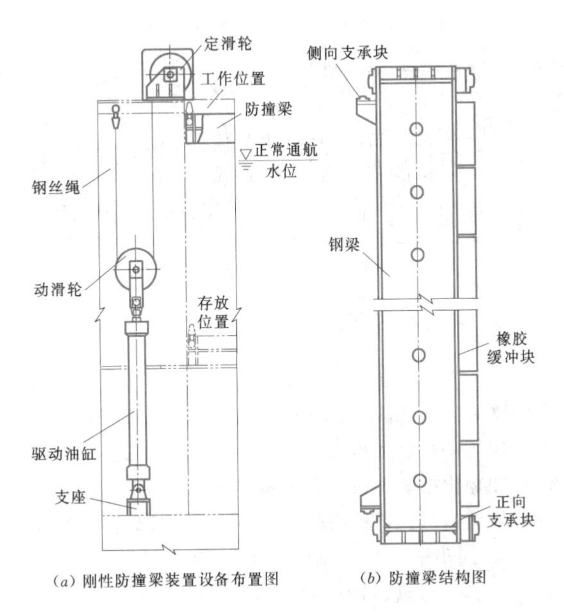

(a) 刚性防撞梁装置设备布置图　(b) 防撞梁结构图

图 2.4-23 刚性防撞梁装置设备布置及防撞梁结构示意图

卷扬式升船机承船厢的厢头闸门通常采用卧倒门，由布置在闸门两侧底部的启闭机操作。国内少数升船机采用下沉门，液压启闭机布置在闸门上方，通过吊杆直接与闸门连接。每扇船厢门设两套由油缸、锁定销、支座等组成的锁定机构。为保证闸门两个吊点的同步性，通过行程传感器对吊点位置进行监测。国外升船机承船厢的厢头门都采用提升式平板门，通过布置在闸门上方的固定卷扬机与闸首闸门联动启闭。典型的厢头闸门结构及启闭机布置如图 2.4-24 所示。

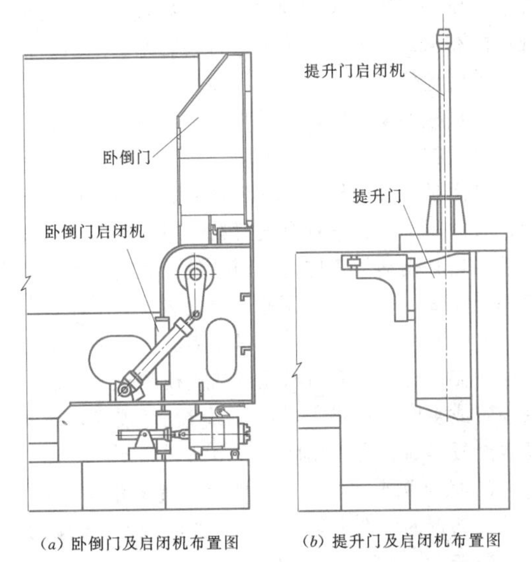

(a) 卧倒门及启闭机布置图　(b) 提升门及启闭机布置图

图 2.4-24 承船厢厢头闸门结构及启闭机布置示意图

承船厢厢头门及启闭机的设计遵循《水利水电工程钢闸门设计规范》(SL 74) 和《水电水利工程启闭机设计规范》(DL/T 5167) 的规定。

c. 承船厢调平与钢丝绳张力均衡装置。

a) 调平机械设备均采用液压控制方式，主要包括调平液压缸、液压控制系统、液压泵站及承船厢水平度检测装置等。

b) 设备型式及布置设计。由于承船厢结构的超静定性质，承船厢的提升钢丝绳受力将不均匀。此外，尽管设置了机械同步轴，由于主提升机低速级设备的制造误差，承船厢 4 个吊点区在升降运行时仍将存在较大的水平度偏差。为解决这两个问题，采用液压控制技术，在安装过程中通过调节均衡油缸的活塞位置以控制承船厢的水平度，同时在该状态下通过液压油缸联通，使各吊点内提升钢丝绳的受力均衡。在升船机升降运行时则将各调节均衡油缸隔离。承船厢的调平液压缸设置在每根提升钢丝绳与承船厢吊耳之间，控制阀组和液压泵站按主提升吊点分区独立设置在承船厢上。承船厢上还设有承船厢水平度检测装置。

c) 调平液压缸的结构型式大多为附带行程检测装置的单杆或双杆液压缸。

d) 液压调平控制阀组的主控制回路宜采用电液比例阀，只需要在水平度出现超差时进行必要的静态调平即可，无须进行承船厢升降运行中的动态调平控制。

e) 液压调平控制系统由液压泵站、管路系统及其控制阀组，以及附件等组成。泵站的外形尺寸及其布置必须根据承船厢的实际空间，并应充分考虑安装、检修条件。水平度检测装置的检测信号应准确反映各个吊点处承船厢的水深偏差，检测精度应不低于承船厢最大容许偏差值的 10%，装置发送的检测信号的响应速度应与电液调节控制系统的响应速度相匹配。检测装置的方案有沿承船厢纵向水域布置多点高精度压力传感器方案、连通管四竖井水位和水深检测方案、主提升机械各个吊点相对位置检测方案等。

f) 调平液压缸的结构型式通常采用双作用活塞式单杆或双杆液压缸，支承连接点应设置球形铰。

g) 调平液压缸按承船厢侧出现最大超载情况的静态荷载进行强度设计，按额定荷载进行运行调平设计。

h) 液压缸的设计行程取±(0.15～0.40)m 已足够。

i) 最大静态荷载时的压力。在最大静态荷载作用下，液压缸的工作压力宜取为 20～25MPa。

j) 行程检测装置。每套液压缸均应设有可连续对全行程检测的行程检测装置，在行程两端极限位置应设置行程极限开关。行程检测装置的输出信号应是数字式或模拟量信号。

k) 调平液压泵站及液压系统设计。液压泵站及液压系统设备的结构设计应尽量紧凑。液压阀组宜采用以滑阀为主的集成式方案，液压系统应具有完备的安全保护回路报警信号，包括超压和欠压保护、油箱液位和液温报警、行程极限报警等。

l）设备布置设计。液压调平设备的布置应满足运行可靠、安装及维修方便的要求。调平液压缸安装在主提升钢丝绳与承船厢之间，液压泵站及阀组宜尽量靠近液压缸布置，并注意设备间的通风、防潮，方便设备安装及维修。

（2）主提升设备。

1）设备组成。主提升设备主要包括卷筒装置、机械传动及驱动装置、同步轴、安全制动系统及润滑设备等。

2）设备型式及布置。主提升设备的型式为通过机械同步轴驱动的四吊点或多吊点钢丝绳卷扬机，每个吊点布置一套带转矩平衡重的单卷筒或双卷筒卷扬设备，在每个卷筒上设置多根单层缠绕的提升钢丝绳和转矩平衡钢丝绳。提升钢丝绳的一端固定在卷筒上，另一端通过调平液压缸与承船厢连接；转矩平衡钢丝绳的一端固定在卷筒上，另一端悬挂转矩平衡重块。提升钢丝绳和转矩平衡钢丝绳在卷筒上的出绳方向相反，二者共用工作绳槽以减小卷筒长度。每套卷扬设备设置一套机械传动装置，并在传动系统的中速级间设置同步轴系统。在每套卷扬设备的电动机及减速机输入轴上设置工作制动器，在卷筒上设置制动盘和安全制动器，由液压控制站集中控制各制动器的松闸和上闸。

a. 卷筒装置。卷筒装置主要由卷筒体、支承轴及轴承、制动盘、钢丝绳固定件、机架等组成。卷筒体采用钢板焊接结构。当每个吊点仅设置一个卷筒时，在卷筒上加工左旋和右旋的绳槽，且轴向对称布置；当每个吊点设置两个卷筒时，在每个卷筒上分别加工左旋和右旋的绳槽。当采用全闭式传动方式时，卷筒轴一端的轴承座布置在减速器箱体内，再通过鼓形齿联轴器直接与减速器输出轴相连接，另一端则通过独立的轴承座支承在机架上。制动盘设置在卷筒体不与传动系统连接的一端，与卷筒之间采用螺栓连接，设置抗剪套或抗剪销以传递扭矩。钢丝绳大多采用压板固定在卷筒上。卷筒装置的所有设备安装在一个机架上，机架为钢结构焊接件，可采用整体式或用螺栓连接的组合式结构。垂直升船机主提升卷筒结构如图 2.4-25 所示。

b. 驱动方式。电力驱动是主提升机械使用最多的驱动方式，并以调速性能良好的直流电动机或交流变频电动机作为驱动电动机。

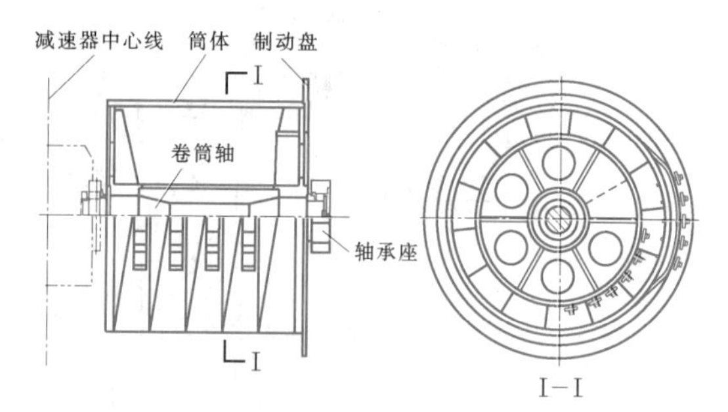

图 2.4-25 垂直升船机主提升卷筒结构示意图

c. 机械传动系统。机械传动系统的工作特点是运行频繁，传动比大，低速级输出扭矩大。升船机主提升机械传动系统大多数采用全闭式传动方案，根据传动比和输出扭矩配置一体式减速器或对高、低速段分别配置减速器。传动齿轮采用中硬齿面或硬齿面齿轮。

d. 同步轴。同步轴大多数采用内环式矩形闭环布置方式。在纵、横向同步轴节点处通过换向齿轮装置连接。同步轴可设置独立的换向齿轮箱，也可将换向齿轮设置在减速器内。当同步轴的布置跨越土建结构的伸缩缝时，设置的联轴器需要既具有足够的轴向伸缩量，还应能够适应一定的角变位，以满足土建结构最大的水平变位和沉陷。同步轴与传动系统的连接点大多设置在传动系统的中速级上，转速取 70～120r/min。

e. 安全制动系统。安全制动系统的设计必须在各种工况下确保升船机的安全。当承船厢处在设计容许的最大荷载时，安全制动系统的静制动力矩应足以制动正在运行的承船厢；当承船厢在升降过程中遇到突发的设备故障，包括动力电源中断时，安全制动系统应能在额定速度下可靠地进行动态紧急制动，使承船厢平稳地停止运行。钢丝绳卷扬提升式垂直升船机主提升机械的安全制动系统需要配置两种制动器：一种是设置在电动机与减速机输入轴上的工作制动器，主要作用是配合主提升机械设备完成承船厢正常升降运行时的制动；另一种是设置在主提升卷筒上的安全制动器，其制动力矩应足以制动设计规定的系统最大不平衡荷载。安全制动器的型式大多为液压盘式制动器。安全制动控制系统应配置专用的液压站。液压站的配置需结合主提升机械设备的规模和布置情况，采用一站或多站的方式。当各制动点相距较远，制动单元数量较多时，宜采用两站或多站式配置。

f. 润滑设备。主提升机械设备宜采用集中润滑，并可与邻近的平衡滑轮支承轴承的润滑点一起设置集中的润滑站。

3）设备设计要点。承船厢每个吊点分区可布置一套、两套或多套卷扬机构，四个区域的卷扬机构之间通过机械同步轴连接。

a. 主提升设备布置包括确定主要设备的结构型式、技术参数，以及主要尺寸、设备间的相互关系与定位尺寸等。

b. 卷筒布置的关键是确定卷筒的数量、直径、长度等主要参数。卷扬提升式垂直升船机的卷筒一般采用螺旋槽式，缠绕提升钢丝绳和转矩平衡钢丝绳，两者的缠绕方向相反，共用绳槽的工作圈。提升钢丝绳的正常荷载为转矩平衡重的重量与提升力之和。转矩平衡重的重量一般应大于承船厢结构及其设备的重量，同时小于承船厢结构及其设备的重量与提升力之差，以保证在不悬挂重力平衡重的条件下，用卷扬机即可提升不盛水的空船厢，进行升降运行调试；可按照提升钢丝绳的正常荷载、安全系数和钢丝的强度等级等，初步选择钢丝绳的直径和数量，然后根据提升钢丝绳的数量、直径、固定方式等，计算卷筒直径和总长度。为便于制造，每只卷筒的长度不宜过长。在满足安全系数的条件下，卷筒上转矩平衡绳的数量可以少于提升绳的数量。闭式传动的每台减速器的两侧分别布置一只卷筒；开式传动的每台减速器驱动一只卷筒。每只卷筒端部设一个制动盘，布置一套安全制动器。在电机与减速器之间布置一套工作制动器，设在减速机输入轴上。制动器均采用机械弹簧上闸、液压或气动松闸。近年来兴建的升船机已全部采用液压盘式制动器。液压盘式安全制动器和工作制动器由液压泵站集中控制。

c. 驱动电机。主提升机的驱动电机通常采用交流变频电机。

a）进行主提升机械的提升力和驱动电动机功率计算。

b）零件强度计算原则。主提升机械设备的零件强度可参照《水电水利工程启闭机设计规范》（DL/T 5167）和《起重机设计规范》（GB/T 3811）的有关规定确定。强度计算包括静强度和疲劳强度计算。

c）计算荷载。①疲劳计算基本荷载。正常运行时的额定荷载与电动机同轴零件的疲劳计算基本荷载，取电动机额定扭矩的1.3～1.4倍；其余各传动轴上零件的疲劳计算基本荷载，取与电动机额定功率以及该传动轴转速所对应的扭矩。②工作最大荷载。可能出现的超载运行荷载，用于计算零件的静强度。与电动机轴同轴零件的工作最大荷载取计算零件承受的电动机额定力矩的1.3～1.4倍，其余各传动级零件的工作最大荷载根据升船机的具体工作条件，取额定提升力产生的力矩的1.0～1.2倍。特殊情况可按电动机最大转矩进行校核计算，其零件的许用应力取材料屈服强度的0.9倍。③非工作最大荷载。非经常性荷载，如主提升机械进行紧急制动和事故制动时的惯性荷载，可用于验算零件的静强度。

d）卷筒装置设计。①卷筒直径及其偏差控制。根据国内外已建升船机的经验，卷筒直径应不小于钢丝绳直径的55倍。主提升机卷筒直径的偏差需根据最大升程、承船厢水平度偏差值、制造可行性等条件进行合理控制。应特别注意各吊点之间卷筒直径相对偏差的控制。②卷筒装置总成的挠度及强度计算。卷筒装置总成的最大挠度在额定提升力和最大工作荷载作用下，均应确保制动器正常工作的要求。卷筒装置总成的挠度应包括筒体挠度和卷筒轴挠度两部分。在正常运行工况下，可按额定提升力计算筒体结构应力、卷筒轴的疲劳强度和轴承的动荷载。上述零件在非工作最大荷载作用下，应按承船厢水满厢荷载或承船厢在额定升降速度下，以设计规定的系统最大偏载和制动加速度，按$-0.08\sim-0.04\mathrm{m/s^2}$进行事故紧急制动时的惯性荷载验算静强度。强度安全系数按《水电水利工程启闭机设计规范》（DL/T 5167）的规定设计。③卷筒筒体的结构及材料。钢丝绳卷扬提升式升船机的卷筒均采用钢板焊接结构，筒体采用焊接技术支承在端腹板上，在加工前必须采取整体退火等有效的工艺措施消除结构的焊接应力。卷筒筒体结构的材料应按《水电水利工程启闭机设计规范》（DL/T 5167）的规定，选用机械性能和焊接性能良好的低合金结构钢。

e）机械传动系统设备设计。①减速器设计寿命应与升船机设计寿命一致。为使主提升机械的布置更紧凑，传动齿轮通常采用硬齿面。选用标准型号减速器时，减速器应按额定提升力或电动机额定功率进行选择，必要时还应对输出轴端部的最大径向荷载进行验算。采用非标准型号减速器时，宜将连接同步轴的换向齿轮装置布置在减速器的次高速轴上。非标准减速器的齿轮设计应符合《起重机设计规范》（GB/T 3811）、《渐开线圆柱齿轮承载能力计算方法》（GB/T 3480）等相关规范的规定。在正常运行工况下，按额定提升力计算齿根弯曲疲劳强度安全系数，应不小于1.5，齿面接触疲劳强度安全系数应不小于1.25。减速器零件还应按最大工作荷载计算静强度。②同步轴及联轴器。同步轴及联轴器的疲劳强度和静强度计算荷载取主提升机构一台电动机的额定力矩，强度安全系数按《水电水利工程启闭机设计规范》（DL/T 5167）的规定设计。同步轴的支承间距应结合塔柱结构分缝的位置确定，必要时应验算同步轴的临界转速。

f）安全制动系统设计。安全制动系统所配置的安全制动器和工作制动器均采用液压控制的盘式制动器，盘式制动器结构如图2.4-26所示。①制动力宜

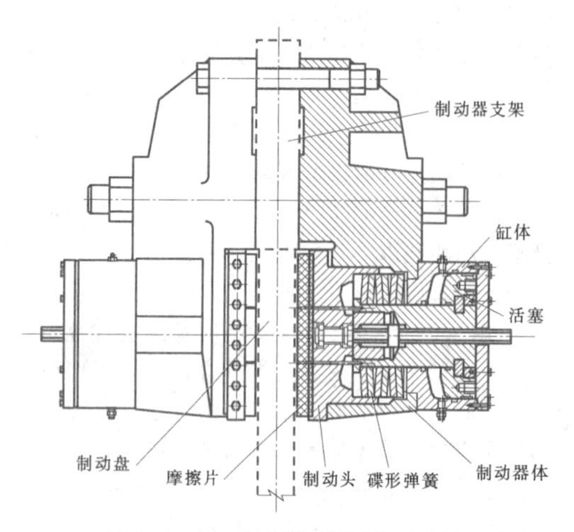

图 2.4-26 盘式制动器结构示意图

按悬吊系统最大不平衡荷载确定，安全系数不小于1.5。②盘式制动器均选用标准产品。通常每台电动机配置一对或两对工作制动器，制动器应尽量选择制动力大的型号，以尽可能减少制动器的对数。③工作制动器应实施事故紧急制动的方案。通常采用液压系统的无级调压控制，使制动力按设计要求逐渐施加到制动盘上。如采用两级调压制动方式，则应根据系统可能出现的最大不平衡荷载，通过计算和现场调试确定第一级的控制压力及保压时间，使承船厢制动距离和制动加速度符合设计要求；如液压控制系统采用比例压力阀实施无级调压制动方式，需通过计算和现场调试预设卸压的曲线，预设的卸压曲线是在两级上闸的基础上使制动力的施加随卸压曲线呈线性增加，从而使制动过程更加平稳。安全制动器可以采用分级调压上闸的方式。事故紧急制动过程中，承船厢运行的最大加速度绝对值不宜大于 $0.08m/s^2$；最大制动距离在行程的绝大部分范围不必作严格规定，主要应对承船厢在接近上、下行程极限时实施事故制动，进行越限保护。④制动系统液压站设计。控制工作制动器和安全制动器的液压站，首先应确保制动器制动状态的可靠性和制动过程的平稳性。多站式通常适用于规模大、吊点间距较大的主提升机械，但应注意各站液压控制系统阀件动作不同时性的影响。液压控制动力源的设计采用液压泵组＋蓄能器的组合方式，宜采用大容量蓄能器与小容量液压泵组的组合方式，松闸和上闸的液压控制回路应设置必要的备份。对于设有可控平衡重的升船机，可控平衡重装置安全制动器的液压控制阀组应独立配置。升船机正常运行时，一般通过电气控制系统实施卷扬机制动器与可控平衡重制动器的同时控制。

(3) 平衡重系统。

1) 平衡系统组成。平衡系统主要包括平衡滑轮装置、钢丝绳组件、悬挂调节装置、平衡链、平衡重组、锁定装置及导轨等。对于设有可控平衡重的升船机，还包括随动卷筒装置。平衡滑轮装置由滑轮、轴、轴承和支架等组成。平衡滑轮可采用单槽或双槽型式，滑轮直径应不小于钢丝绳直径的55倍，滑轮设计大多采用焊接结构，绳槽部分宜采用环形轧制件。滑轮绳槽可采用深度约为钢丝绳直径的浅型绳槽。滑轮轴及其支承采用滚动轴承支承的定轴方式。钢丝绳组件为经过预拉伸处理，两端已固定了索具的定长度钢丝绳成品。平衡重钢丝绳的结构、直径、性能、与索具的连接固定、旋向配置等与主提升钢丝绳相同。索具与钢丝绳的连接固定通常采用热浇铸纯锌铝合金或灌注树脂类高分子材料。每个吊点相邻的两根钢丝绳采用左旋和右旋间隔配置。每根悬挂平衡重块的钢丝绳应通过悬挂调节装置与平衡重块连接，最大可调节量不宜小于钢丝绳长度容许偏差的5倍，调节装置的额定荷载应与钢丝绳组件的额定荷载相一致。调节装置的设计应满足在带荷载条件下能完成调节操作的要求。平衡链的单位长度质量与相应数量钢丝绳单位长度的质量相等，两端分别与承船厢底部和平衡重组框架的底部连接。平衡链的结构可采用钢丝绳串联铸铁块的结构或用钢板制造的链式结构。平衡重块的型式通常有多钢丝绳共同悬吊一个平衡重块的整体式和单钢丝绳悬吊单个平衡重块的分块式两种。当每组平衡重的悬吊钢丝绳数量较多时，宜采用分块式方案。平衡重均应包括基本块和调整块。平衡重块的材料可采用普通混凝土、高重度混凝土和铸铁，外形尺寸根据材料的容重度确定。分块式平衡重按每组平衡重块设置一个钢结构框架，组内各块平衡重由各自的钢丝绳悬吊，在铅垂方向都有一定的自由度，以适应钢丝绳的不等伸长变形。当组内任一钢丝绳发生断绳事故时，平衡重块落在框架上，其重量通过框架分担给其他钢丝绳，保证升船机的全平衡条件不变。框架结构的受力条件按平衡重组锁定及最不利位置一根钢丝绳破断的工况考虑，并在框架上对应于各块平衡重块坠落部位设置缓冲垫。平衡重块通常按组设置导向装置和导轨，导向装置通常采用轮式结构，导轨通过埋件，安装在平衡重井的混凝土壁上。

2) 平衡重系统设计要点。

a. 平衡重配置及布置。平衡重系统的转矩平衡重数量与重力平衡重的数量根据承船厢的最大容许误载水深值和承船厢发生漏水事故时的保安要求确定。原则上转矩平衡重块的总质量应大于承船厢结构及其设备的质量。根据力矩平衡重的数量和平衡重系统布置计算上述工况的承船厢稳定安全系数，使系统的抗倾覆力矩与倾覆力矩的比值大于1.1。

b. 平衡重系统布置原则。

a）转矩平衡重悬挂在主提升卷筒上，四个吊点区对称布置，并尽量加大纵向间距以增加承船厢的纵向抗倾覆力矩。

b）通过单根钢丝绳悬挂重力平衡重块，并尽量靠近承船厢中部，在两侧对称布置，以尽量减小倾覆力矩。

c）平衡重块重力对承船厢的作用点应尽量多，使承船厢结构受力接近均匀分布。

d）在每根钢丝绳上悬挂的转矩平衡重块和重力平衡重块的调整块总质量应不少于平衡重总质量的3%。调整块宜采用铸铁块。单块平衡重块的外形尺寸偏差宜小于±5mm，应在平衡重块的适当部位设置起吊专用埋件。

3）钢丝绳组件设计要点。钢丝绳卷扬提升式垂直升船机的提升钢丝绳和平衡重钢丝绳的数量一般都很多，每根钢丝绳均独立承载。钢丝绳的技术特性、尺寸精度、试验要求等对确保承船厢的运行安全性至关重要，必须予以详细的规定。

a. 钢丝绳技术要求。

a）钢丝绳的结构。提升钢丝绳和平衡钢丝绳结构宜选用线接触、不松散、不旋转或微旋转、具有独立金属绳芯的圆形股镀锌钢丝绳。相邻的钢丝绳应为左旋和右旋间隔配置。

b）安全系数。钢丝绳的安全系数都是按承受纯拉伸荷载计算的，但钢丝绳在绕过滑轮和缠绕在卷筒上时，同时承受着拉伸应力、弯曲应力和压应力，设计宜根据《起重机设计规范》(GB/T 3811—2008)规定的C系数法进行钢丝绳直径的计算与选择，然后对选定的钢丝绳按额定提升工况和《起重机设计规范》(GB/T 3811—2008)规定的最小安全系数法核算其工作静拉力作用下的安全系数，提升钢丝绳的安全系数应不小于8，平衡钢丝绳的安全系数应不小于7。

c）钢丝绳的强度。制造钢丝绳的钢丝应镀锌，钢丝公称抗拉强度应不大于1960MPa，弹性极限应不低于钢丝绳公称抗拉强度的55%。在选用钢丝强度等级时，必须兼顾其抗弯曲疲劳性能和合理的造价。

d）钢丝绳的整绳弹性模量。多绳悬挂的各提升钢丝绳弹性模量的一致性和稳定性对保证承船厢良好的悬挂状态和各钢丝绳的受力均衡非常重要。国内各已建升船机的实践表明，整绳弹性模量在20%～50%额定荷载下测量时达到(1±5%)$\times 10^5$N/mm^{2}是合适的。

b. 尺寸精度要求。直径和长度偏差：平衡重悬挂钢丝绳的直径偏差应符合《重要用途钢丝绳》(GB/T 8918)的规定，具体取值应根据升程大小、承船厢水平度容许偏差值等确定。悬挂重力平衡重的钢丝绳两端均与索具连接，其长度容许偏差按在额定荷载、常温20℃的测量条件下，不大于50mm控制；仅一端与索具连接的提升钢丝绳和转矩平衡钢丝绳，其长度容许偏差可较重力平衡钢丝绳适当放宽。

c. 试验要求。钢丝绳组件属于成套采购件，在厂内与索具连接前，应进行预拉伸处理和破坏性试验。

a）预拉伸处理。预拉伸荷载宜取为钢丝绳最小破断荷载的40%，持续时间不少于60min。

b）破坏性试验。通常对每种规格的钢丝绳组件，按每一批量5%左右的数量进行破坏性试验，采用长度约为2m的试件，破坏性试验荷载不小于钢丝绳的破断荷载。

2. 齿轮齿条爬升式垂直升船机

(1) 承船厢结构。

1）结构布置。承船厢结构基本型式有盛水结构与承载结构分开的托架式和盛水结构与承载结构焊接成一个整体的自承载式两种。近年来，国内外修建的齿轮齿条爬升式垂直升船机的承船厢均采用自承载式。自承载式船厢的结构布置与钢丝绳卷扬提升式升船机相近，其主承载结构由两根箱形主纵梁、四根箱形主横梁及适当数量的工字形横梁和T形次纵梁、底铺板等构成。承船厢的驱动和事故安全设备布置在主纵梁两侧的主横梁上方，悬挂平衡重的钢丝绳与平衡重井内的平衡重块对应地分散布置在承船厢两侧，与主纵梁外腹板直接连接。承船厢两端设挡水闸门及防撞装置，两端及中部的底铺板下设机房，在相应的部位布置对接锁定装置、导向装置、顶紧装置等设备和必要的护舷、系船柱、人行通道、交通梯、护栏、机房等附属结构。承船厢的驱动机构和安全机构各有4套，两者相邻布置，主要设备安装在由承船厢两侧伸出的四个侧翼结构上。与之对应的驱动系统的齿条和安全机构的螺母柱通过二期埋件安装在钢筋混凝土塔柱凹槽的墙壁上。四套驱动机构通过布置在承船厢底部的机械轴连接，形成机械同步系统。安全机构的旋转螺杆通过与之相邻的驱动机构齿轮的机械传动轴连接同步运行。典型的承船厢结构与设备总体布置如图2.4-27、图2.4-28所示。

2）承船厢结构设计要点。齿轮齿条爬升式垂直升船机承船厢结构设计的基本原则与钢丝绳卷扬提升式升船机相同，按照设备布置需要和受力要求进行设计。自承载式船厢的主承载结构一般采用Q345C或Q345D，主梁应力按照正常工况不大于0.9[σ]、事故工况不大于1.1[σ]控制，承船厢结构变形应满足设

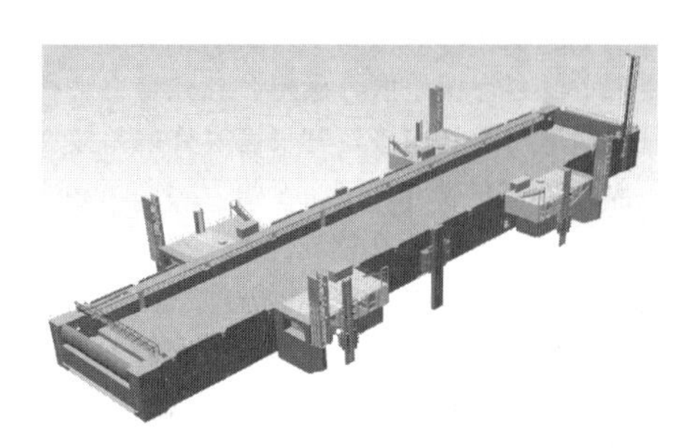

图 2.4-27 典型的承船厢结构与设备布置俯视图

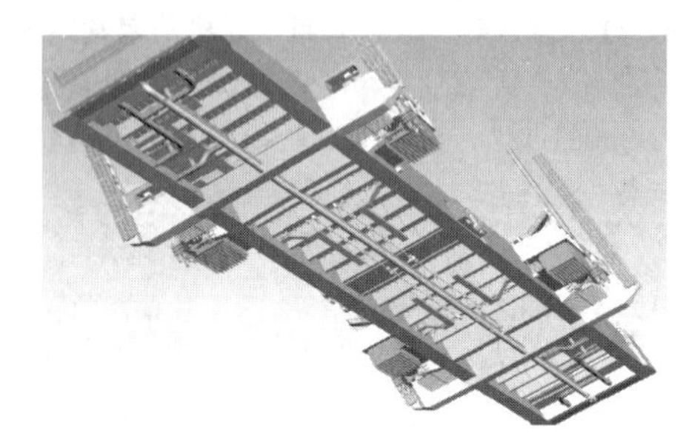

图 2.4-28 典型的承船厢结构与设备布置仰视图

备运行的要求。船只系缆力按设计船型和《船闸水工建筑物设计规范》(JTJ 307—2001)的规定确定基本值，再在此基本值上乘以1.1的系数。人行道及工作桥荷载按均布荷载5kN/m^{2}考虑。结构设计应充分考虑分块单元的运输及现场起吊条件和场地条件。基本结构确定后，应对主承载结构的静、动力特性进行有限元计算分析。承船厢结构设计需考虑的工况和荷载主要包括：

a. 在正常运行水深条件下正常升降运行。

b. 在正常运行水深条件下与闸首对接。

c. 在最大变化水深条件下与闸首对接。

d. 在空厢条件下由安全机构锁定。

e. 在水满厢条件下，由对接锁定装置与安全机构联合锁定。

f. 承船厢室进水后由对接锁定装置与安全机构联合锁定。

g. 平衡重井进水后由对接锁定装置与安全机构联合锁定。

h. 对接状态发生沉船事故时由对接锁定装置与安全机构联合锁定。

i. 在正常运行水深时承船厢升降过程中遇地震。

j. 与闸首对接状态时遇地震等。

结构计算内容和计算方法与钢丝绳卷扬提升式升船机基本相同。

(2) 承船厢设备。

1) 驱动系统。

a. 设备布置。承船厢驱动系统由4套驱动机构和一套同步轴组成。4套驱动机构对称安装在承船厢两侧的平台结构上，由布置在承船厢底部的机械同步轴连接成一体。驱动机构由小齿轮托架、可伸缩万向联轴器、机械传动单元，以及向安全机构传递动力的锥齿轮箱和传动轴等组成。每套驱动机构的小齿轮由一组或两组机械传动单元驱动，传动单元由交流变频电机、减速器、工作制动器、安全制动器及相关的联轴器等设备组成。减速器的低速轴通过可伸缩万向联轴器与小齿轮轴的两端连接，高速轴通过带制动盘的联轴器与电动机连接。工作制动器设在电动机与减速器之间，安全制动器布置在减速器高速轴的另一端。其中，位于驱动机构外侧的减速器的次低速轴与相邻的安全机构连接；位于内侧的减速器的高速轴与同步轴连接。驱动机构设备布置三维效果如图2.4-29所示。

图 2.4-29 驱动机构设备布置三维效果图

b. 小齿轮托架。小齿轮托架是用于传递、监测并限制齿轮荷载，适应承船厢与塔柱之间存在的各种误差与变位的装置。满足运行要求的小齿轮托架有多种型式，已采用的有四连杆式、摇臂式、杠杆式。

a) 四连杆式。托架机构由小齿轮、保持架、旋转架、前后摆臂、底横梁、铰座、液气弹簧以及导向架等组成。四连杆式齿轮托架机构如图2.4-30所示。

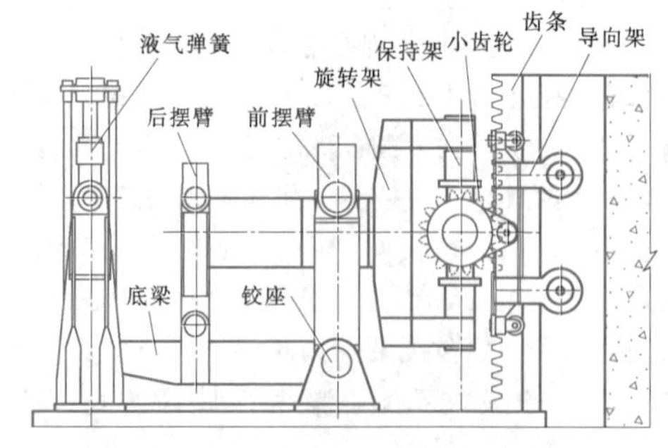

图 2.4-30 四连杆式齿轮托架机构示意图

齿轮轴的两端通过调心轴承支承在保持架上。保持架的垂直轴承和旋转架的水平轴承构成齿轮的万向支架，使小齿轮可适应齿条在垂直面内的偏斜及水平面内的扭转。旋转架、前摆杆、后摆杆和底梁通过支铰构成的四连杆机构，可适应塔柱和承船厢之间的横向变位；塔柱和承船厢之间的纵向变位则通过开式齿轮与齿条在齿宽方向的相对位置变化来适应；两套导向架布置在小齿轮的两侧，每套导向架分别设 2 组正、反向导轮，其中正向导轮与齿条底板导轨面接触。液气弹簧油缸是小齿轮的限载装置，由油缸和液压控制系统组成。油缸的油腔与液压泵站的气囊式蓄能器连通，液气弹簧预紧力通过蓄能器的油压确定，并可根据需要调整。油缸与蓄能器组成的液气弹簧具有与机械弹簧相近的特性。

b）摇臂式。摇臂式齿轮托架主要由齿轮、摆臂、摇臂、液气弹簧、水平液压油缸、导向轮、支架等组成。摇臂式齿轮托架三维效果图如图 2.4－31 所示。

图 2.4－31 摇臂式齿轮托架三维效果图

齿轮安装在摇臂机构的竖向摆臂上，通过纵向和横向导向轮对齿条的两个方向导向，保证齿轮与齿条之间的啮合，其中横向导轮兼作承船厢的横向导向。摆臂下端与水平油缸连接，通过油缸向横向导向轮施加恒定荷载。摆臂上端与摇臂连接，摇臂中部支承在承船厢结构上，另一端则与液气弹簧油缸连接，由弹簧油缸限定驱动机构齿轮的提升力。

c）杠杆式。主要由小齿轮、齿轮支架、导向架、杠杆梁及其铰座和液气弹簧等组成，杠杆式齿轮托架机构如图 2.4－32 所示。

小齿轮支承架的构造与四连杆方案基本相同，但在上、下横梁上不设竖向轴，仅下横梁与一支撑杆焊接。支撑杆与杠杆梁的前端通过球面关节轴承连接，杠杆梁的尾端与液气弹簧油缸下部活塞杆吊头连接，杠杆梁的前端支承在承船厢结构上。船厢与塔柱之间的横向水平相对变位，由保持架绕水平纵轴的偏转适应；齿条的歪斜变位，由保持架绕水平横轴的偏摆适应；齿条的偏转变位，由保持架绕铅垂轴的转动适应；承船厢与塔柱之间的水平纵向相对变位，则通过齿条的齿宽裕度适应。齿轮超载时，杠杆梁尾部的液气弹簧油缸将动作。

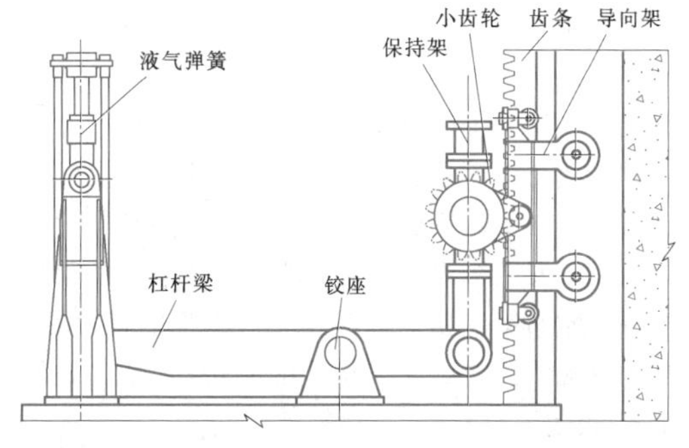

图 2.4－32 杠杆式齿轮托架机构示意图

c. 驱动荷载。升船机正常运行时，作用于齿轮上的圆周力由承船厢误载水体重量、系统惯性力、各运动副的摩擦阻力、风阻力、钢丝绳的僵性阻力、承船厢与平衡重之间的不平衡重量等组成。驱动系统的机械传动装置的强度应按照驱动荷载进行设计，电动机的驱动功率应根据驱动荷载计算。

a）误载水重 F_{1j}。平衡重的重量是按照承船厢结构重量、承船厢内设计水深的水体重量配置的，承船厢内的误载水重是驱动荷载的主要构成部分。为尽量减小驱动功率，承船厢的误载水深超过容许值时，需要通过水泵系统进行调整。承船厢误载水体重量的计算公式为

$$F_{1j} = \gamma \Delta HLB \qquad (2.4-4)$$

式中　F_{1j}——误载水体重，kN；

γ——水的重度，kN/m^3；

ΔH——误载水深，m；

L——承船厢水域长度，m；

B——承船厢水域宽度，m。

以 ΔH_1 作为正常运行时的代表性误载水深值，ΔH_2 作为运行时的最大误载水深，分别按 80％和 20％的出现概率计算等效荷载，作为驱动机构疲劳强度计算的误载水重荷载分别为 F_{11}、F_{12}。

b）惯性力 F_2。驱动系统将升船机悬吊系统由静止状态启动，加速到匀速运动状态，施加的荷载为等效质量与加速度的乘积。惯性力是一种质量分布荷载，对不同的部件，等效质量的值不同。对于齿轮、齿条、万向联轴节等低速级部件，系统质量为平衡重、承船厢及含误载水深的水体、钢丝绳，以及平衡链等所有做平面运动的悬吊系统质量的总和，另外，应计及滑轮的转动惯量。对于电动机、制动器及减速器等高速级部件，除了上述悬吊系统的惯性力之外，还应计及各旋转构件的惯性力。

c）运行风阻力 F_3。它是承船厢升降过程中水平面承受的风载，与承船厢水平面的迎风面积、竖向计算风压成正比，其计算公式为

$$F_3 = qA \qquad (2.4-5)$$

式中　F_3——运行风阻力，kN；

q——竖向计算风压，kN/ m²；

A——承船厢在水平面的迎风面积，m²。

d）系统摩阻力 F_4。系统摩阻力包括运动副摩擦阻力和钢丝绳僵性阻力。运动副摩擦阻力主要包括滑轮轴承阻力、承船厢导向轮阻力等运动副的摩擦阻力。钢丝绳绕入、绕出滑轮时，需要外力做功，钢丝绳僵性阻力是该外力功的等效荷载。僵性阻力与钢丝绳的张力和直径以及滑轮直径等因素有关，其计算公式为

$$F = F_{钢丝绳张力}\lambda \qquad (2.4-6)$$

式中　F——钢丝绳僵性阻力，kN；

$F_{钢丝绳张力}$——钢丝绳的张力之和，kN；

λ——钢丝绳僵性阻力系数，根据原型观测与经验，对于大直径钢丝绳，λ 可取 0.01。

e）承船厢与平衡重的不平衡重量 F_5。承船厢与平衡重系统连接并对其调整后，两侧的重量仍不可避免地存在差异，该差异在设计阶段可根据经验设定。

f）主要设计荷载的确定。①正常运行最大荷载。即驱动机构小齿轮在正常运行过程中最大荷载，其计算主要考虑设计误载水深的重量、正常制动时悬吊系统惯性力、风荷载、系统摩阻力、承船厢与平衡重不平衡重量差等。四套驱动机构之间考虑 1.1 的荷载不均系数。②停机荷载。在驱动机构最大荷载基础上，再考虑少许余量确定驱动机构停机荷载。③齿轮极限荷载。即为驱动机构液气弹簧变形终了时，齿轮荷载不再增加的极限荷载。

d. 系统运行的保证条件。驱动系统运行的保证条件，一般作如下规定：

a）承船厢误载水深可由水泵系统调节，在正常运行条件下，按设计容许误载水深 ΔH_1 控制，特殊情况下，不得超过 ΔH_2。

b）升船机需在小于正常运行风速条件下运行，超过正常运行风速时，升船机停航。

c）承船厢升降过程中，驱动系统任意一台或两台电动机失效时，其余电动机应能驱动承船厢完成当次运行。

d）承船厢升降过程中误载水深超过 ΔH_2 后，驱动机构的电动机断电、制动器上闸制动；误载水深继续增加时，液气弹簧动作，事故安全机构投入工作。

e）承船厢对接过程中，驱动机构不承担误载水荷载。

f）在各种运行条件下，驱动机构应能适应承船厢与塔柱之间各个方向的相对变位。

e. 电动机驱动功率与选型。驱动机构选用交流变频电动机，电动机功率应满足在一套驱动机构的电气传动装置失效时，其余三套驱动机构的电动机在容许的过载条件下继续驱动承船厢到达与闸首对接的位置。

a）电动机负荷与驱动功率。驱动机构运转过程中，电动机需要克服小齿轮荷载、安全机构摩阻力矩，以及系统惯性力矩等负荷，驱动功率除直接克服上述负荷做功以外，尚需考虑传动机构的机械效率。驱动机构的效率见表 2.4-3。

表 2.4-3　驱动机构的效率表

机构	齿轮齿条传动	万向联轴节	减速器	锥齿轮传动	同步轴系统	减速器高速轴至次低速轴	安全机构
效率	0.93	0.99	0.90	0.95	0.95	0.92	0.98

b）电动机额定功率与选型。单台电动机的额定功率按照任意一套驱动机构的电气传动装置发生故障时，其余三套驱动机构的电机能在容许过载条件下完成本次承船厢运行所需功率计算。电动机的额定功率应满足在承船厢一个上升或下降的最大行程内，过载的倍数不超过容许范围。

f. 齿轮、齿条强度计算。齿轮和齿条应进行弯曲疲劳强度、接触疲劳强度、弯曲静强度和接触静强度等计算。齿轮疲劳强度按等效荷载计算。齿轮疲劳强度计算荷载包括误载水体的重量、悬吊系统惯性力和系统摩阻力。根据结构疲劳计算的 Palmgren - Miner 线性累积损伤准则，考虑齿轮、齿条材料和热处理方式，以及荷载不均匀系数（通常取 1.1），分别计算齿轮、齿条的弯曲和接触疲劳强度的等效荷载。齿轮、齿条静强度的计算荷载为液气弹簧变形终了时的齿轮极限荷载。

g. 液气弹簧。液气弹簧由液气弹簧油缸和液压控制系统组成。其作用是当驱动机构荷载超过限定值时，使承船厢的不平衡荷载从驱动机构向安全机构线性转移。在液气弹簧油缸下部活塞杆吊头的销轴上，设有载荷检测装置，当作用于齿轮上的载荷达到停机载荷时，载荷检测装置发讯，使驱动机构电机停机，制动器上闸，小齿轮被制动。液气弹簧的最大可压缩量，应大于安全机构螺纹副间隙的完全消失量和安全机构将承船厢锁定后油缸活塞可能产生的最大位移。因此，液气弹簧的设计应考虑各种相关因素，并预留一定的余量。

h. 安全制动系统。安全制动系统由设在机械传

动装置高速轴上的工作制动器和设在低速轴上的安全制动器组成。每套驱动机构设一套工作制动器和一套安全制动器。受布置尺寸的限制，安全制动器也可设在减速器的高速轴上。安全制动器作为停机制动器，用于持住齿轮轴上的最大荷载，工作制动器用于制动电动机轴上的扭矩。工作制动器在电动机实行电气制动、转速接近零时投入，随后安全制动器延时上闸；启动时，工作制动器先松闸，电动机接电并施加力矩，消除传动间隙后，安全制动器松闸。安全制动器在任何情况下都在工作制动器上闸后延时上闸。制动器的安全系数及选型原则与钢丝绳卷扬提升式垂直升船机相同。

i. 机构对变位的适应。驱动机构正常运行的必要条件是齿轮与齿条的正确啮合，机构设计时，必须充分考虑所有可能影响啮合的因素，特别是在外荷载和变化气温作用下，承船厢与铺设齿条的承重结构之间可能发生的各个方向的相对变位，以及齿条、导向轨道等相关设备的制造与安装误差。设计时需对影响纵、横向相对变位及设备制造、安装误差的因素进行综合分析，并对变位与误差值进行正确的估算，确保机构对变位的适应能力大于实际变位、误差值。

j. 齿条及其埋件。齿条除传递齿轮的驱动荷载外，还在发生地震时作为承船厢横导向轨道，传递横向地震耦合力。齿条通过连接结构固定在塔柱墙壁上，沿塔柱墙壁高度方向连续铺设。与螺母柱连接结构相近，齿条连接结构的范围包括齿条、钢结构埋件、齿状灌浆缝、高强度螺栓、预应力钢筋束，以及二期混凝土、一期混凝土等。齿条连接结构平面布置如图 2.4-33 所示。

驱动机构齿轮作用于齿条的荷载为垂直荷载和水平力，横导向作用于齿条的荷载为水平横向拉力或压力。齿条采用组合式结构，铸钢齿与锻钢底板之间通过抗剪螺栓连接。底板两侧还通过部分预应力螺栓与钢埋件结构连接，并有部分预应力钢筋束与一期混凝土连接。齿条上的三种螺栓交替布置在同一直线上。齿条底板背面设有两列梯形齿，与埋件结构外表面的梯形齿相互咬合，梯形齿的上、下各预留一定的间隙，齿条安装定位后，再用灌浆材料填充间隙。齿条埋件用于向二期混凝土传递垂直和水平荷载。驱动荷载的水平分力、平衡垂直荷载偏转力的水平拉力，以及横向导向装置的地震耦合力则由预应力钢筋束传递给一期混凝土。在一期、二期混凝土之间采用钢筋连接。

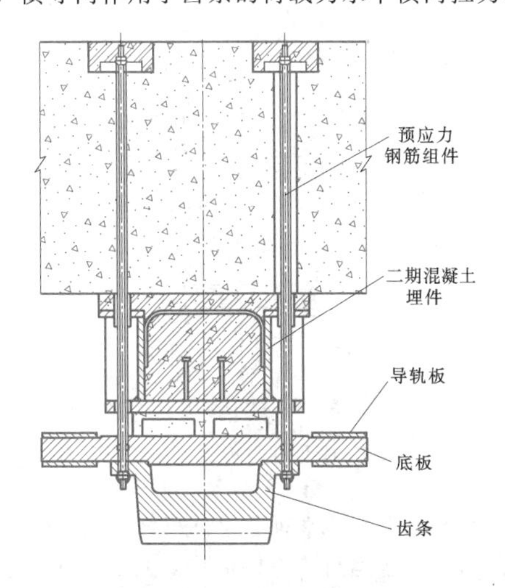

图 2.4-33 齿条连接结构平面布置示意图

2）事故安全机构。

a. 设备构造。升船机设四套事故安全机构对称布置在承船厢两侧，通过机械轴与驱动机构连接。事故安全机构有长螺杆—短螺母式和长螺母—短螺杆式，现多采用长螺母—短螺杆式。长螺母—短螺杆式安全机构主要由旋转螺杆、铰接支柱、导向架、球面轴承、机械传动系统、螺母柱等组成。安全机构示意图和三维效果图如图 2.4-34 和图 2.4-35 所示。

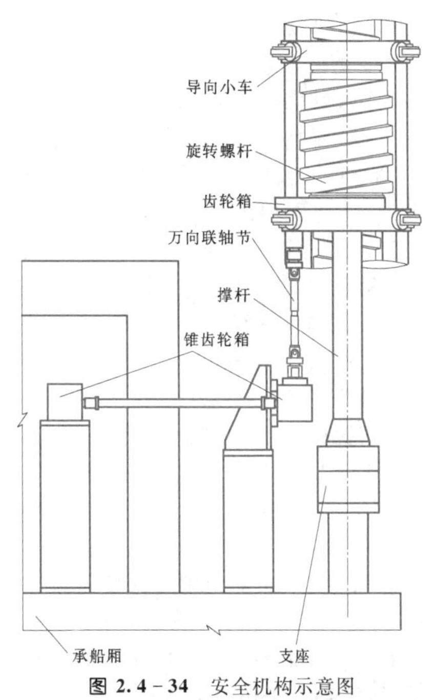

图 2.4-34 安全机构示意图

螺母柱为一剖分式结构，两个互不连接的螺母片，沿船厢升程分节相对布置，螺母柱的螺牙与螺杆的螺牙之间，在垂直和水平方向均留有一定的间隙。螺母柱通过高强螺栓与钢埋件连接，背面与钢结构外表面有梯形齿相嵌，其间的间隙用砂浆填充。承船厢的不平衡荷载通过撑杆及旋转短螺杆传递至螺母柱。

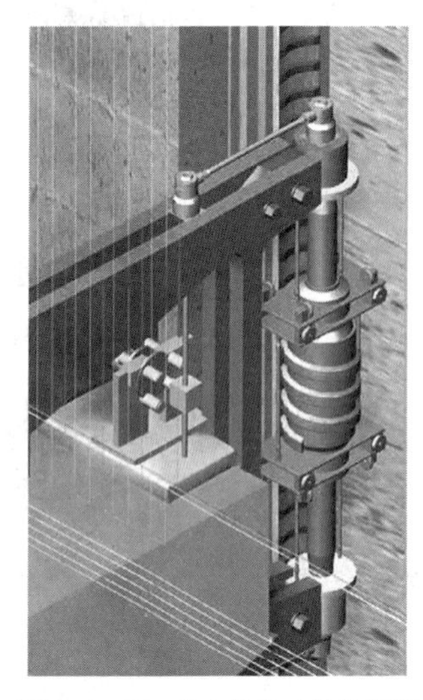

图 2.4-35　安全机构三维效果图

b. 事故工况与事故荷载。升船机在运转过程中出现任何平衡破坏的事故时，安全装置均应能将承船厢可靠锁定。设计事故安全机构时，通常应考虑以下几种非正常工况。

a）工况 1：承船厢内水体全部漏空或承船厢空厢检修，不平衡荷载为全部水重。

b）工况 2：在承船厢与闸首对接状态水满厢，不平衡荷载为承船厢干舷高的水体重。

c）工况 3：承船厢与闸首对接时发生沉船，不平衡荷载为满载船只的自重。

d）工况 4：承船厢室进水，承船厢承受水的浮力，不平衡荷载为承船厢内水体重与干舷高度船厢浮力、船厢结构入水后将产生的浮力的和。

e）工况 5：平衡重井进水、平衡重被水淹没，不平衡重荷载为平衡重的浮力。

在以上工况中，对安全机构设计起控制作用的工况通常为工况 4 和工况 5。前者使安全机构的下支柱承受最大压力，后者使安全机构的上支柱承受最大压力。

c. 螺牙强度计算。需分别对螺杆和螺母柱螺牙的强度进行计算，计算内容主要有螺母柱、螺杆的螺牙弯曲应力、剪应力及合成应力，以及螺母柱和螺杆的齿面压应力。计算采用的受力条件一般包括两圈螺牙良好受力和只有一圈螺牙齿的顶部受力。

d. 螺母柱与螺杆间螺纹副的间隙。影响螺纹副间隙变化的主要因素有各种误差和变位等，可参见有关资料。通常可根据升船机的提升高度及机械的加工水平，参照已建同类升船机工程的经验确定。

e. 驱动系统减速器的末级传动比。驱动机构小齿轮与安全机构螺杆之间的传动比误差对承船厢升降过程中螺纹副间隙量的变化有很大影响。为此，必须保证开式小齿轮与螺杆之间的传动比的精度，减速器末级传动比应根据齿轮爬升速度和旋转螺杆旋升速度相等的原则确定。最有效的措施是对驱动机构减速器末级传动比采用整数，以使传动比误差得到严格控制。

f. 螺母柱传力机构。螺母柱通过连接结构及二期埋件安装在混凝土塔柱墙壁上，主要由螺母柱、预埋钢构件、接缝灌浆材料、预应力钢筋束、高强度螺栓等组成。螺母柱通过预应力高强度螺栓固定在预埋钢构件上，预埋钢构件埋设在二期混凝土中，并通过钢筋与塔柱一期混凝土相连。通过预应力钢筋束将螺母柱、预埋钢构件和塔柱一期、二期混凝土连成整体。螺母柱底板背面和工字梁的外翼缘表面均有凸齿，二者间相互咬合，在凸齿的上、下方设计有一定的间隙，在高度方向可进行调整，螺母柱定位后凸齿间的缝隙由抗压防缩灌浆材料充填，使螺母柱和预埋钢构件连成整体。螺母柱受到的垂直荷载和水平荷载通过灌浆材料传递给钢结构梁。在钢埋件两侧焊接有栓钉，用于将埋件的垂直荷载传递给二期混凝土。预应力钢筋束连接，用于承受平衡螺母柱受到的偏心力。螺母柱与埋件连接立面如图 2.4-36 所示。

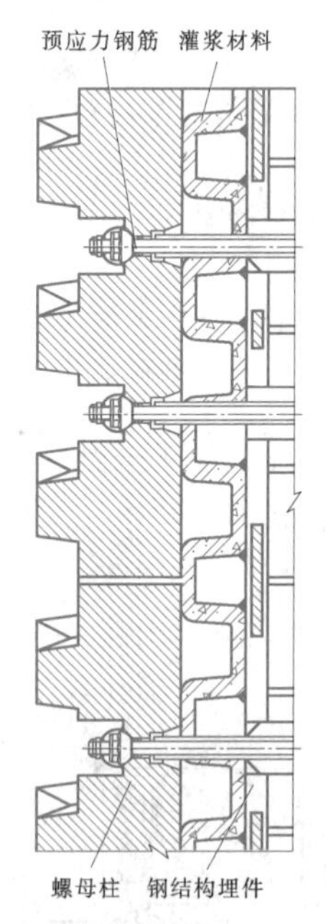

图 2.4-36　螺母柱与埋件连接立面示意图

螺母柱是升船机保证安全的构件，其工作可靠性对升船机的安全运行有直接影响。由于螺母柱连接结构荷载大、构造复杂、没有工程先例，有必要对螺母柱及其埋件与混凝土结构的初步设计成果进行有限元计算复核。

3）承船厢对接锁定机构设计。

a. 对锁定机构功能的基本要求。

a）机构应能适应上、下游的水位变化。

b）能适应在对接期间可能出现的承船厢最大竖向荷载的变化。

c）机构应具有超载退让功能，使超载的荷载转由安全机构承担。

d）应能适应正常工况和地震工况下承船厢相对于塔柱在各个方向的变位。

e）残余锁定荷载向驱动齿轮的转移应平稳无冲击。

f）应采取可靠的保压措施，确保在电源中断或液压系统故障情况下，装置具有足够的安全可靠性。

b. 机构构造型式。齿轮齿条爬升式升船机已采用的对接锁定的型式有旋转螺杆式、摩擦锁定式和液压插板式。国内升船机已采用前两种构造型式。

a）旋转螺杆式锁定机构。在事故安全机构旋转螺杆的上方另加设一套开合式旋转螺杆，四套螺杆式锁定机构装设在四套安全机构旋转螺杆的正上方，螺杆由可开、合的上、下两段锁定块构成，闭合时可随安全机构螺杆旋转，张开时将承船厢锁定。旋转螺杆式锁定机构三维效果图如图 2.4－37 所示。

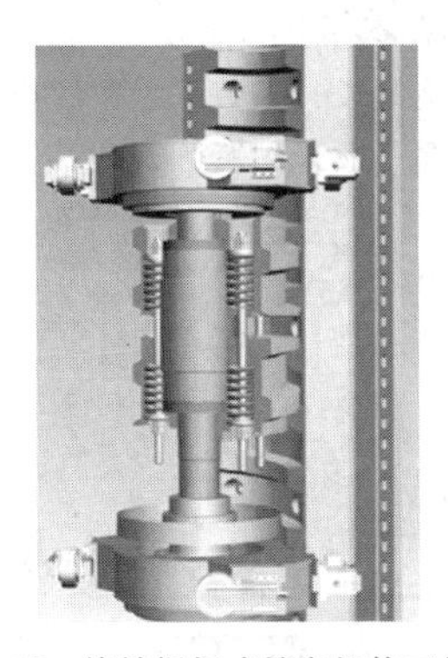

图 2.4－37 旋转螺杆式锁定机构三维效果图

b）摩擦锁定方案。四套摩擦式对接锁定机构对称布置在承船厢两侧，每套锁定机构由撑紧油缸、限载油缸、液气弹簧油缸、框架结构、导向装置、液压控制系统及埋件等组成。摩擦式锁定机构如图 2.4－38 所示。

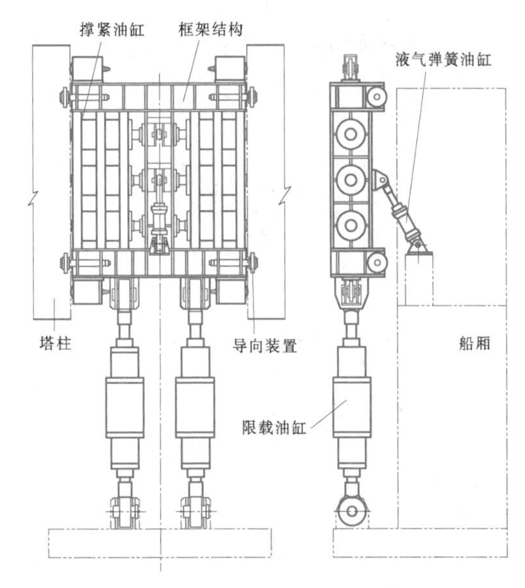

图 2.4－38 摩擦式锁定机构示意图

4）承船厢横向导向装置。横向导向装置用以保证承船厢始终沿两侧横向轨道的中心线升降和缓冲，并在地震时传递承船厢与塔柱之间的地震耦合力。四套横向导向机构对称布置在承船厢两侧，位于驱动机构正下方，以齿条作导轨。每套横向导向机构由双活塞杆导向油缸、支铰架、导向架、弹性导轮组、弹性支承滑块、吊杆、补偿油缸和液压站等组成。承船厢横向导向装置三维效果图如图 2.4－39 所示。

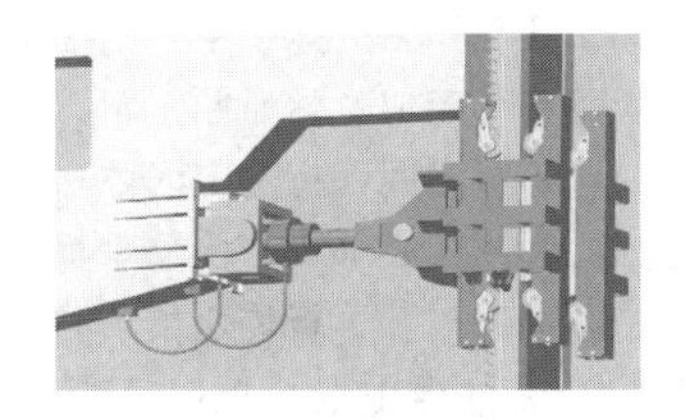

图 2.4－39 承船厢横向导向装置三维效果图

导向液压缸通过万向支座安装在承船厢结构上，活塞杆端部则通过支铰架与导向架连接。在导向架的上、下游侧设有纵向导轮，用于保持导向架与齿条的纵向相对位置不变，导向架的重量由两根安装在齿轮横梁下方的吊杆承担。每个导向架上安装了 8 组正、反向弹性导轮和 4 组正、反向弹性支承滑块，均以齿条两侧底板的正、反面作为轨道踏面。

承船厢在承受横向风力作用时，导轮碟簧的预紧力按承船厢和船只承受最大工作风压下不发生退缩的要求确定。每套横导向机构的总刚度根据地震耦合力的计算确定。导向架无需适应塔柱的结构变形及齿条的制造、安装误差，只需适应同一根齿条导轨厚度方向的制造误差。

5）承船厢纵导向与顶紧装置。承船厢纵导向装置布置在船厢中部，纵导向装置的作用是使船厢在升降过程中，将由风载和地震荷载等引起的纵向位移控制在允许范围内，根据正常工况和地震工况的需要，该装置为由一个弯曲梁结构、两个端梁结构、8套装设于端梁内的导向轮组、4套顶紧机构，以及两套阻尼装置等组成的集成式结构。承船厢纵导向与顶紧装置三维效果图如图2.4-40所示。

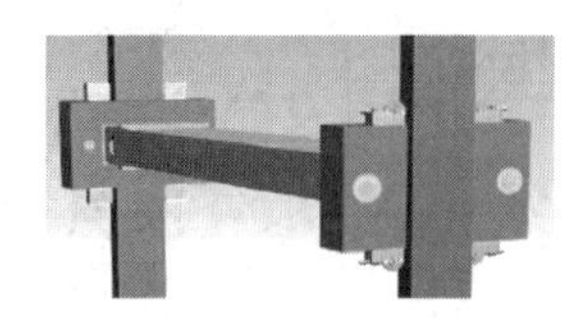

图2.4-40　承船厢纵导向与顶紧装置三维效果图

弯曲梁布置在承船厢底铺板下方，与端梁结构通过高强螺栓连接。弯曲梁用于连接两侧端梁，将承船厢的纵向地震荷载传递至塔柱，同时需要具有适当的刚度，使承船厢在地震工况时，不致产生过大的位移和过大的地震耦合力，弯曲梁的水平弯曲刚度需通过地震工况的耦合动力分析计算确定。

导向装置由导向轮和经过预紧的碟形弹簧组构成，碟形弹簧组的预紧力按照承船厢最大工作风载确定，使承船厢能够在最大工作风压作用下不发生纵向偏摆，平稳地沿纵向导轨上、下运行。

顶紧机构采用偏心轴方案，主要由油缸、偏心轴机构及顶紧板等部件组成。承船厢正常升降时油缸收回，顶紧板与轨道板之间保持一定间隙。承船厢对接时，油缸伸出，利用偏心轴机构使顶紧板与轨道板压紧，纵向水平荷载通过顶紧板传递给塔柱。

在承船厢升降过程中遇地震时，导轮将首先承载，超过弹簧的预紧力后，导轮产生位移，位移量达到设计间隙值后，顶紧装置的顶紧板与轨道接触，增加的地震荷载将由顶紧板传递给塔柱结构。

在对接期间遇地震时，地震荷载将直接由顶紧板传递给塔柱结构。

6）其他设备。设在承船厢上的间隙密封机构、承船厢门及启闭机、防撞装置等设备的设计，均可参考钢丝绳卷扬提升式垂直升船机的相关内容。

（3）平衡重系统。齿轮齿条爬升式垂直升船机平衡重系统的设备组成，与钢丝绳卷扬式垂直升船机基本相同。但该型式升船机的平衡重组全部为重力平衡重组，无须设锁定装置，顶部滑轮一般采用双槽型式。设计可参考钢丝绳卷扬提升式垂直升船机的相关内容。

3. 卷扬式斜面升船机

卷扬式斜面升船机由于受到自然条件和自身技术条件的影响，升船机在电网停电时的安全问题和斜架车下水时的平衡问题等尚待进一步解决，目前，这种型式的升船机在实际工程中的应用较少。以下以一种双坡下水式钢丝绳卷扬斜面升船机为例，对斜面升船机的设计要点进行介绍。该类型升船机主要由斜架车、主卷扬机、斜坡道及其轨道、摩擦驱动机构等组成。

（1）斜架车结构。

1）斜架车结构型式。斜架车一般包括承船结构、支承结构和行走机构等几部分。承船结构可为干、湿两用承船或干运承船平台，由主纵梁、主横梁及次横梁、小横梁、纵向隔板、小纵梁、底板等构成。承船厢底板上沿纵向铺设衬条，主纵梁腹板内侧设有钢护舷。主纵梁中部一般采用单腹板式结构，两端采用空腹式框架结构。斜架车结构及设备布置如图2.4-41所示。

斜架车的支承结构包括牵引结构和支承台车。支承台车与承船厢间的连接结构一般采用V形桁架结构。导向滑轮支承钢架采用工字形截面U形梁，其端部与位于斜架车中部两根横梁的底部焊接，并用加劲板加强。

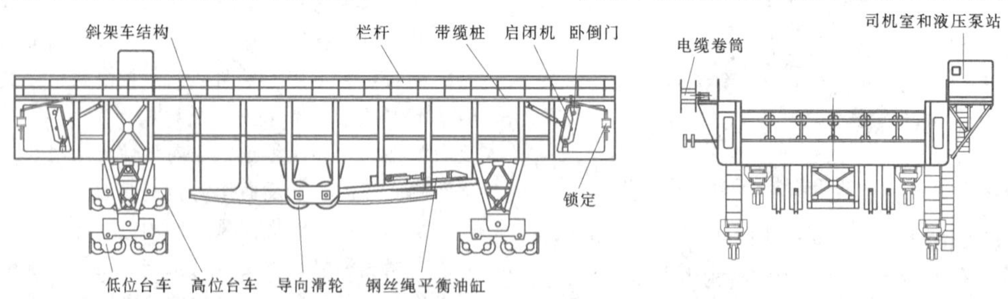

图2.4-41　斜架车结构及设备布置示意图

2）结构设计要点。斜架车主要受力构件采用Q345C或Q345D，由刚度和稳定性控制的构件可采用Q235C。斜架车结构按照实际荷载条件和工况进行强度、刚度和稳定计算。主要包括外部荷载（干运时主要为船舶自重及载重，湿运时主要为厢内水体重量及结构自重），钢丝绳牵引力，运行摩阻力，惯性力和风荷载等。在斜架车过驼峰时，存在着牵引钢丝绳对斜架车的惯性冲击力；在斜架车出入上、下游水域过程中，还分别存在着水体的下吸力和入水阻力。所有这些荷载需按不同工况进行组合。干运斜架车的主要荷载是船舶自重和载重，与船舶载重的分布、船体结构和底部线形以及斜架车结构等因素有关。为了准确地计算斜架车的强度、刚度和稳定性，应收集过坝船型的相关资料，分析并确定合理的荷载分布和传递方式。

a. 设计荷载及工况。斜架车的设计工况主要为正常运行工况。校核工况为斜架车湿运时的水满厢工况和下水时的浮力工况。设计工况的荷载如下：

a）船舶荷载。船舶荷载是指斜架车正常运行时船舶的载重和自重。设计中可以假设在船舶与斜架车之间的压力在接触面上均匀分布，然后再乘以偏载系数。偏载系数在有设计船舶相关资料的情况下，可根据相关信息通过分析确定；若无设计船舶的资料时，偏载系数可取1.1～1.2。

b）承船厢内的水体压力。对湿运的斜架车，可根据承船厢的水域尺寸加容许的误载水深，计算斜架车结构的静水压力。

c）斜架车自重。

d）工作风压。其计算公式为

$$P_w = CK_h qA \qquad (2.4-7)$$

式中 P_w——作用在斜架车和船舶上的最大风压，kN；

C——风力系数，根据结构物的体型、尺寸等进行选取，参见《起重机设计规范》(GB/T 3811)；

K_h——风压高度变化系数，对于陆地，$K_h=(h/10)^{0.3}$；对于海岛及海面，$K_h=(h/10)^{0.2}$；

q——工作状态计算风压，kPa；

A——斜架车和船体垂直于风向的迎风面积，m^2。

e）惯性力。斜架车的惯性力为运行加速度引起的对斜架车结构的作用力。

干运的斜面升船机惯性力的计算公式为

$$P_I = (m_c + m_s)a \qquad (2.4-8)$$

式中 P_I——作用在斜架车上的惯性力，kN；

m_c——斜架车的质量，t；

m_s——船舶及其装载物的质量，t；

a——斜架车运行过程中的最大加速度，一般可取紧急制动时的加速度，m/s^2。

湿运的斜面升船机惯性力的计算公式为

$$P_I = (m_c + m_w)a \qquad (2.4-9)$$

式中 m_w——承船厢内水体的质量，t；

其余符号意义同前。

f）船舶系缆力。

g）斜架车行走偏斜力。此外，斜架车还承受钢丝绳牵引力、台车组正压力和摩擦力。这些力在斜架车整体受力分析建模中作为支承反力，通过受力平衡条件进行确定。在结构局部计算中，通常将这些力作为外荷载施加到局部结构上。在湿运水满厢校核工况中，荷载为上述的b）、c）、d）、f）项，其中b）项荷载的水深取厢头门门顶至底铺板的距离和主纵梁顶部至底铺板的距离的较小值。湿运时承受浮力的工况除上述四项外，还包括斜架车外水压力（浮力）。

b. 结构计算。斜架车为空间结构，且局部结构不太规则，需采用有限元方法对结构的应力、变形进行详细分析。斜架车基本构件解析计算方法要点如下：

a）底铺板可参照《水利水电工程钢闸门设计规范》(SL 74）的相关公式进行计算。

b）承船结构主纵梁可简化为一受均布荷载的两端悬臂的简支梁进行计算，计算力学模型如图2.4-42所示。

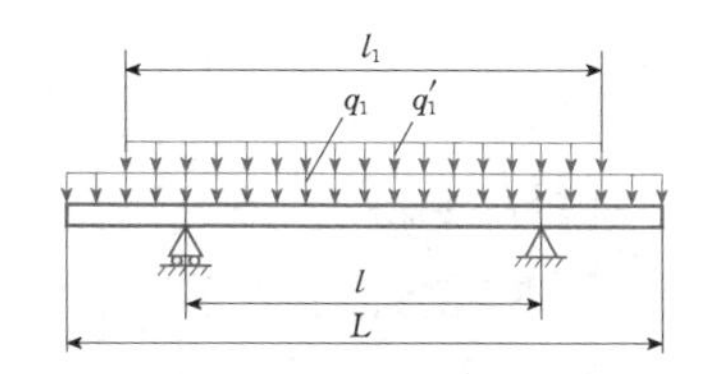

（a）主纵梁力学计算模型

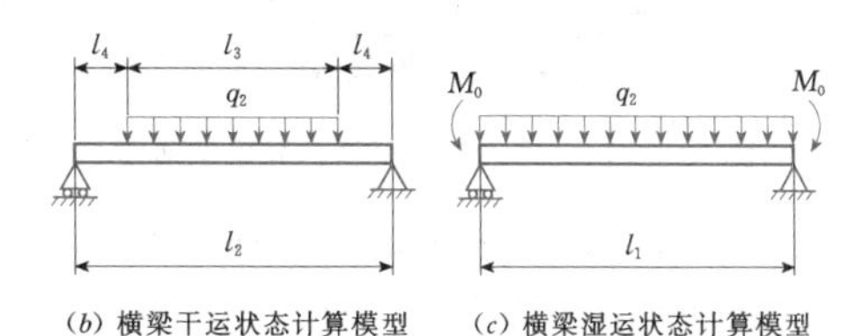

（b）横梁干运状态计算模型　（c）横梁湿运状态计算模型

图2.4-42 斜架车主纵梁和横梁计算力学模型简图

c）承船结构主横梁和次横梁。对于干运斜面升船机，承船结构主横梁和次横梁可以简化为中部受均布荷载的两端简支梁进行计算。计算模型简图如图2.4-43所示。

d）支腿。斜面升船机斜架车支腿计算可分为纵向平面内的计算和横向平面内的计算。在纵向平面内，支腿可简化为平面桁梁组合结构，计算模型如图2.4-43所示。

e）导向滑轮支架。导向滑轮支架为一平面框架结构。钢丝绳拉力通过滑轮作用在与滑轮轴相配合的

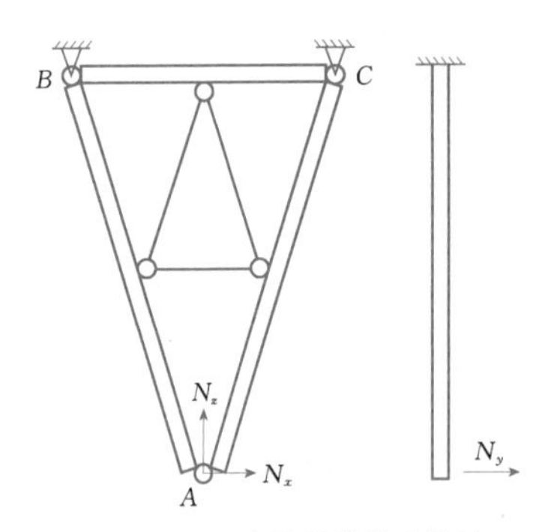

图 2.4-43 支腿计算模型简图

滑轮支架孔壁。当斜架车处于不同的斜坡道位置时，滑轮支架受力状态因绕过滑轮的进出段钢丝绳的相对位置变化而有所不同。图 2.4-44 表示滑轮支架在最不利受力状态（此时绕过滑轮的进出段钢丝绳位于同一侧，且接近于平行）的受力模型。进行滑轮支架内力及滑轮支架与斜架车主体结构连接焊缝的计算时，可将滑轮支架简化为根部固接的门形钢架，根据求得的框架根部内力进行计算。此外，与滑轮轴相配合的滑轮支架孔壁应进行局部压应力核算。

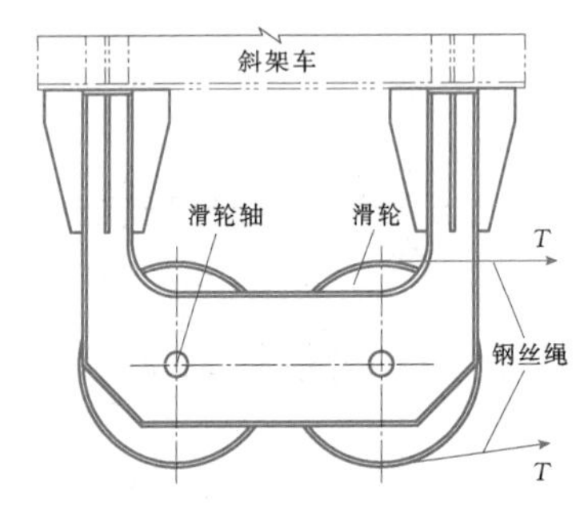

图 2.4-44 导向滑轮支架计算模型简图

f）摩擦轨道支架。摩擦轨道支架由两片纵向钢架以及连接两片纵向钢架的横向斜撑组成。承受的荷载则是摩擦驱动机构摩擦轮作用在摩擦轨道上的正压力和摩擦力。作用在摩擦轨道的正压力为一定值，其数值由摩擦机构的平衡重以及杠杆梁的杠杆比确定。摩擦力包括水平横向摩擦力 N_y 及与轨道纵向相切的纵向摩擦力，摩擦力的数值为摩擦轮正压力乘以钢轨和摩擦轮之间的摩擦系数。在轨道平段，正压力为 N_z，纵向摩擦力为 N_x。计算力学模型如图 2.4-45 所示。

摩擦轨道支架是超静定空间结构。但可分解为纵向平面结构和横向平面结构，纵向平面结构为倒 π 形钢架加上两根二力杆组成的二力杆组合钢架，其中二力杆是为减小 π 形刚架横梁悬臂端根部应力而设置的。为避免斜架车承船结构的变形对摩擦轨的轨面曲线形状产生影响，在保证横梁悬臂根部应力及二力杆

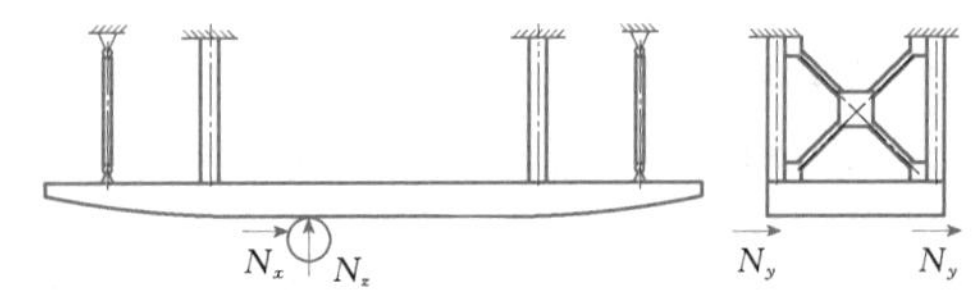

图 2.4-45 摩擦轨道计算力学模型简图

应力和稳定性的前提下，二力杆自身刚度及其与承船结构的连接刚度应尽可能的小。纵向平面组合钢架的荷载为集中荷载 N_x 和 N_z 以及由 N_y 引起的扭矩。横向平面结构则为钢架和桁架组合结构，承受集中荷载 N_y。组合钢架主纵梁采用单腹板结构。在承船结构底部设承重支腿桁架、导向平衡轮支承钢架和摩擦驱动轨道支承钢架等，构成斜架车的牵引结构。斜架车两端设有卧倒门库和启闭机室，布置闸门部位采用空腹式框架结构，其中部兼起挡水作用。

（2）斜架车附属设备。

1）承船厢厢头门及启闭机。承船厢厢头门一般采用卧倒式闸门。湿运时闸门关闭，与主纵梁腹板及底板构成盛水空间；干运时闸门卧倒于门龛内，闸门面板与承船厢底板齐平。卧倒门采用露顶式双主梁平面钢闸门，由门叶结构、止水橡皮、支铰座等组成。闸门支铰设在卧倒门的底部。门叶结构材料一般为Q345B，主要受力焊缝为一类焊缝，其余均为二类焊缝。斜架车船厢门、启闭机及锁定布置如图 2.4-46 所示。

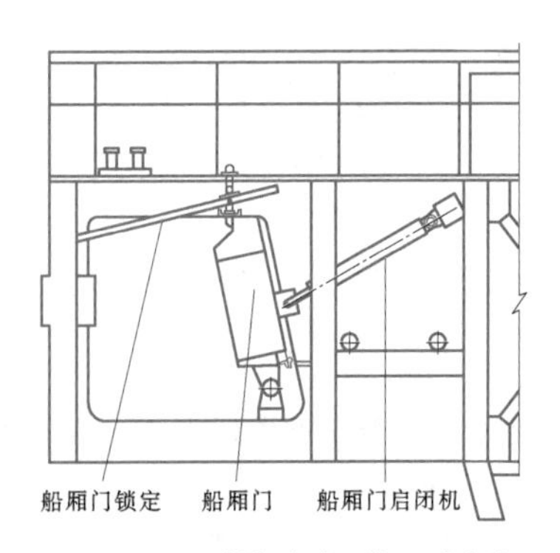

图 2.4-46 斜架车船厢门、启闭机及锁定布置示意图

2）支承台车。主要由车轮、台车架、支架、轴承、轴承座、轴、套筒等组成，每个台车车轮的数目可根据斜架车上的荷载确定。斜架车上的荷载主要是轮压荷载及轨道对车轮的侧向反力，支承台车可按《起重机设计规范》（GB/T 3811）进行设计。

与一般起重机不同的是斜坡道轨道对车轮的作用垂直于轨道，在台车和斜架车承重支腿结构的接合面

之间有水平方向的荷载，该处连接结构的设计必须考虑水平力的传递。同时台车和支腿结构之间需设置减振机构，以保证斜架车的平稳运行。由于台车组需在水中出、入，车轮轴和铰轴均采用自润滑轴套。在台车架外侧设置轨铲，清除轨道顶面的淤泥或砂石。斜架车台车组如图 2.4-47 所示。

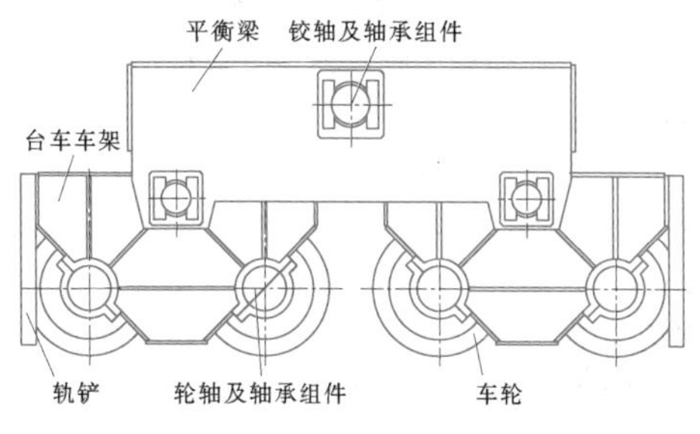

图 2.4-47 斜架车台车组示意图

3）液压平衡油缸。液压平衡油缸是设在牵引钢丝绳和斜架车之间，用以保持各牵引钢丝绳之间张力均衡的装置。液压平衡油缸的调整由设在船厢上的液压泵站实施。

（3）牵引设备。

1）基本型式。斜架车一般由采用开式传动的钢丝绳主卷扬机牵引。斜面升船机主卷扬机典型布置如图 2.4-48 所示。

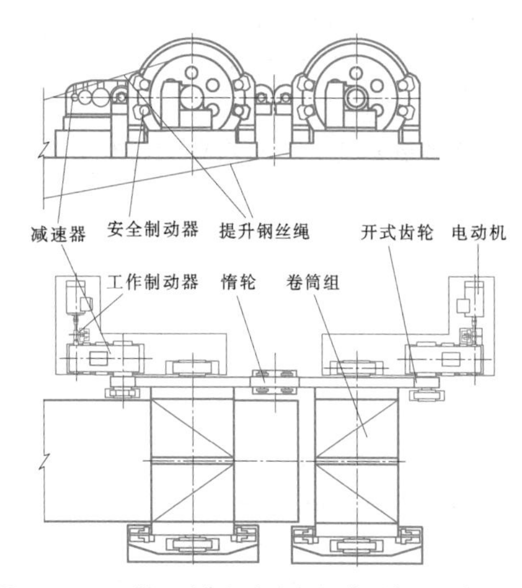

图 2.4-48 斜面升船机主卷扬机典型布置示意图

卷扬机主要由电动机、带开式小齿轮的减速器、带开式大齿轮的卷筒组、惰轮、工作制动器、安全制动器、制动器液压泵站、钢丝绳，以及机架和埋件等组成。电动机通过高速联轴器、减速器和开式齿轮驱动卷筒转动收、放钢丝绳。两卷筒组置于同一高程。为实现两卷筒组的机械同步，两开式大齿轮可直接啮合，当两开式大齿轮直接啮合的间距不能满足卷筒上安全制动器的布置需要时，可在两个开式大齿轮之间设置一对惰轮。

2）荷载与工况。斜架车主卷扬机的荷载为钢丝绳的牵引力、设备自重，以及设备在正常启、制动时的惯性力。其中，钢丝绳的牵引力包括坡道阻力、风阻力、摩擦阻力和惯性力。对于干运和湿运的斜面升船机，其坡道阻力分别为斜架车自重及船舶自重加载重沿斜坡道的分力和斜架车自重加水重沿斜坡道的分力。风荷载包括船舶和斜架车的风荷载，在正常设计工况，风荷载取正常工况最大风压。惯性力为斜架车及所载船舶（或水体）的总质量引起的惯性力，按正常运行的启、制动加速度进行计算。摩擦阻力包括车轮轴承的摩擦阻力、由侧向偏斜力引起的轨道对车轮轮缘的摩擦力，以及钢丝绳转向滑轮的摩擦阻力等。

卷扬机的校核工况为由于斜架车卡阻、异常冲击，以及非工作风荷载等因素使钢丝绳均衡油缸达到所设定的最大荷载的情况，该荷载一般设定为正常钢丝绳牵引力的 1.7～1.8 倍。

3）驱动功率计算。主卷扬机的电动机功率一般根据实际所需功率，且适当考虑电动机间出力不均的因素进行计算。当一台电动机驱动一台卷筒时，单台电动机功率的计算公式为

$$P = k\frac{Fv}{1000\eta} \tag{2.4-10}$$

式中 P——单台电动机计算功率，W；

F——单个卷筒上全部钢丝绳的牵引力之和，N；

v——牵引速度，m/s；

η——机构总效率，一般取 $\eta=0.85$；

k——多台电动机间的出力不均系数，取 1.05～1.1。

4）卷扬机零部件设计。

a. 钢丝绳。斜面升船机斜架车牵引钢丝绳的结构型式与垂直升船机船厢悬吊钢丝绳相同。一般要求钢丝绳对应于正常工况钢丝绳牵引力，安全系数不小于 8.0，并应对钢丝绳直径的相对偏差提出控制要求。此外，应配备移动式钢丝绳涂油器装置，及时对钢丝绳进行润滑。

b. 开式齿轮与减速器。开式大齿轮连接在卷筒上；开式小齿轮固定在减速器的输出轴端部。开式齿轮一般采用正齿轮，中硬齿面。减速器内部齿轮一般采用硬齿面齿轮，箱内的齿轮、轴承采用油浴润滑，或由润滑泵站强制润滑，箱体一般采用焊接结构。

对开式齿轮及减速器使用寿命的要求为：在减速

器额定输出荷载和开式齿轮额定荷载下，减速器内齿轮和开式齿轮应满足设计寿命的要求；在1.8倍额定输入功率条件下，减速器高速级零部件使用寿命不小于10000h，其余零部件不小于5000h；同时减速器按电动机最大输出扭矩进行静强度校核。

对于开式齿轮和减速器零部件的安全系数的要求为：减速器高速级零部件按1.4倍电动机额定功率计算疲劳强度，其余各级零部件按电动机额定功率计算疲劳强度，齿根弯曲疲劳强度安全系数 SF 为1.5，齿面接触疲劳强度安全系数 SH 为1.25；按与电动机最大力矩对应的齿轮荷载核算齿轮的静强度，许用应力不大于屈服强度的0.8倍；开式齿轮和减速器齿轮的计算，遵循《起重机设计规范》（GB/T 3811）及其他相关规范。

c. 卷筒组。卷筒组的整体结构型式及部件计算方法与钢丝绳卷扬式全平衡垂直升船机主提升机开式传动的卷筒组基本相同，对卷筒绳槽底直径公差及卷筒直径相对偏差方面的要求也基本一致。但需注意斜面升船机卷扬机的卷筒有以下不同特点。

a）由于水利枢纽上的斜面升船机上、下游水位变幅较大，斜架车需下水，一般不设平衡重，每个卷筒上只缠绕牵引钢丝绳。应按规范验算钢丝绳对卷筒和导向滑轮绳槽的偏角，如果不满足规范要求，则应采取增大卷筒直径、减少卷筒长度、加大卷扬机与导向滑轮之间的距离等措施。

b）作用于卷筒组的钢丝绳拉力，除了考虑不均匀系数外，还应考虑冲击系数，该冲击系数通常取1.2～1.3。

c）斜面升船机卷扬机的钢丝绳拉力同时具有垂直分量和水平分量，卷筒轴承座宜采用整体剖分结构。在机架和轴承座之间应同时具有水平接触面和垂直接触面。机架与基础应采取可靠措施传递荷载。卷筒的设计计算应包括卷筒筒壁压应力，卷筒与端部支轮连接部位的组合应力，卷筒结构稳定性，开式齿轮和筒体的连接，钢丝绳压板螺栓的强度，卷筒轴的疲劳强度，卷筒轴的挠度，卷筒轴与筒体的连接强度，轴承的寿命，制动盘与筒体的连接强度等，设计应遵循《起重机设计规范》（GB/T 3811）和《水电水利工程启闭机设计规范》（DL/T 5167）。此外，还应采用有限元法对卷筒结构的应力进行综合分析，并对卷筒特别是制动盘部位的变形进行分析。

d. 安全制动系统。卷扬机的安全制动系统由工作制动器、安全制动器以及液压油泵站、管路系统、检测元件、电气控制设备等组成。工作制动器装设在每台电动机输出轴与减速器高速轴之间，其结构型式可采用液压盘式制动器或电力液压盘式制动器，当采用后者时，一般由自身的液压系统单独操作。安全制动器一般采用液压盘式制动器，其工作方式均为机械弹簧上闸、液压松闸，采用单台液压站集中操作。液压控制系统应由制动器专业厂根据斜面升船机的特殊要求专门设计、制造。工作制动器的额定工作荷载为电动机额定力矩，安全系数应不小于1.75；安全制动器的额定工作荷载为钢丝绳最大荷载在卷筒上产生的力矩，安全系数不小于1.5。

（4）摩擦驱动机构。

1）结构布置。对上、下游斜坡道合用一台斜架车的下水式升船机，斜架车在越过布置有驼峰式轨道的坝顶时，需要使用一种专用的摩擦驱动机构。其设备关系和机构布置如图2.4-49和图2.4-50所示。

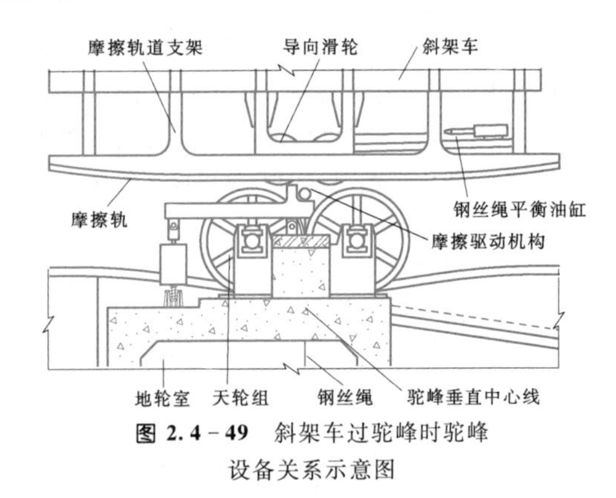

图2.4-49 斜架车过驼峰时驼峰设备关系示意图

2）设计要点。

a. 摩擦驱动力。包括风阻力、摩擦阻力和惯性力。

b. 驱动功率。摩擦驱动机构单台电动机驱动功率，按式（2.4-10）计算。

c. 平衡重重量。单个机构平衡重的重量的计算公式为

$$W=\frac{\lambda F}{\mu} \qquad (2.4-11)$$

式中 W——单个机构平衡重的重量，N；

F——单个摩擦轮的牵引力，N；

λ——平衡杠杆梁的杠杆比，即平衡重中心线至支铰中心线的距离与摩擦轮中心线至支铰中心线的距离之比；

μ——摩擦轮与斜架车摩擦轨间的摩擦系数，对于钢材，$\mu=0.2$。

d. 摩擦轮强度。可参照参考文献［35］中车轮的计算方法进行计算。

e. 其他零部件。减速器、联轴器、传动轴、键、平衡杠杆梁、支铰、缓冲器等部件按照相关规范进行

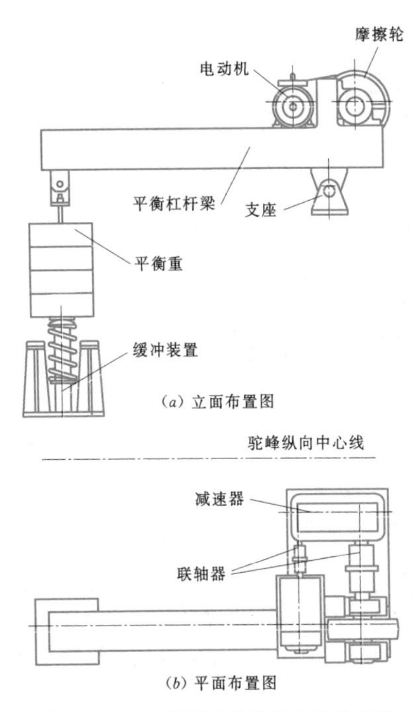

图 2.4-50　摩擦驱动机构布置示意图

设计计算。

(5) 其他部件。

1) 转向滑轮。驼峰处转向滑轮的数量与驱动钢丝绳数量相同。滑轮组一般分成天轮组和地轮组。天轮组布置在驼峰顶部平台的摩擦驱动机构两侧，各天轮沿驼峰横向中心线的布置位置与各牵引钢丝绳的位置相对应。天轮组中每两个滑轮相对于驼峰横向中心线对称布置，两滑轮中心间距应能保证钢丝绳在换向过程中不脱槽。地轮组布置在天轮组的正下方，设置在驼峰底部的地轮室内，其出绳位置与天轮组进绳位置位于同一铅垂线，其方位则与绳道的中心线相平行。地轮总数等于牵引钢丝绳的根数，天轮总数等于牵引钢丝绳根数的 2 倍。导向滑轮的直径与钢丝绳直径的比值不小于 40。天轮组和地轮组结构型式基本相同，均由滑轮、支架、滑轮轴、轴承、定位套等组成。滑轮轴为不转动的心轴，滚动轴承安装在滑轮轮毂内，轴两端支承在支架上，并在轴端用挡板固定，支架以地脚螺栓与二期埋件连接。按照作用于滑轮钢丝绳张力的合力方向，在支架端部的二期埋件上焊接剪力板，以向基础传递滑轮组的水平荷载。斜面升船机滑轮组结构如图 2.4-51 所示。

根据天轮组和地轮组不同的布置和受力特点，其支架采用不同的结构型式。天轮组轴向布置空间狭小，为便于现场安装，改善受力条件，支架为整体结构，滑轮轴直接支承在支架上部的开口半圆形槽上。地轮组布置空间较为宽裕，但荷载竖直分量向上，滑轮轴只能支承在支架上部的圆孔内，支架分成两片独立的结构以便现场安装。

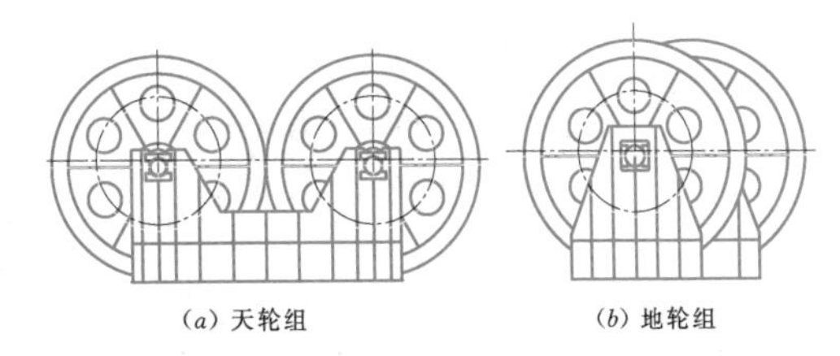

图 2.4-51　斜面升船机滑轮组结构示意图

转向滑轮的计算包括滑轮结构的强度和稳定性，滑轮轴强度，轴承寿命，支架强度、刚度和稳定性，以及地脚螺栓强度等。设计计算按正常工况进行，牵引钢丝绳的拉力为正常工况最大拉力；校核计算按事故工况进行，牵引钢丝绳拉力为事故工况最大拉力。滑轮和支架结构不规则，应采用有限元法进行校核计算。

2) 轨道。斜面升船机斜架车的行走轨道通常为起重机钢轨，其设计与起重机轨道基本相同。

3) 托辊和托轮。在上、下游斜坡道上方布置钢丝绳的托轮装置，在导向滑轮与卷扬机之间的绳道面上布置有托辊装置。托轮设在混凝土横梁上，其数量、间距与钢丝绳对应，沿斜坡道方向的间距则根据钢丝绳的挠度要求考虑。托轮装置由托轮、轴及其轴承、支架及埋件等组成，为焊接结构。下水式斜面升船机的部分托轮会被水淹没，托轮轮毂内的轴承宜采用自润滑轴承，轴承支承在不转动的心轴上。心轴则支承在左、右相互独立的两个支架上。托轮和托辊结构布置如图 2.4-52 所示。

绳道托辊装置分为安装于绳道底部支墩和安装于绳道顶部托辊梁两种不同型式。支架支承于支墩二期混凝土上，地脚螺栓通过搭接板与一期插筋焊接。安装于顶部的托辊梁支架位于托辊上部，并在顶部与埋设在托辊梁中的埋设焊接件采用螺栓连接。托辊装置由托辊、轴、滚动轴承、轴承盖、轴承座等组成，全部装设在坡面上，一般采用滚动轴承支承。

2.4.5　电气与消防设计

2.4.5.1　电气

1. 设计内容

大、中型水利枢纽升船机主要电气设备包括供配电、电气传动及控制、计算机监控及信号检测、工业电视、通航信号、广播、通信等。

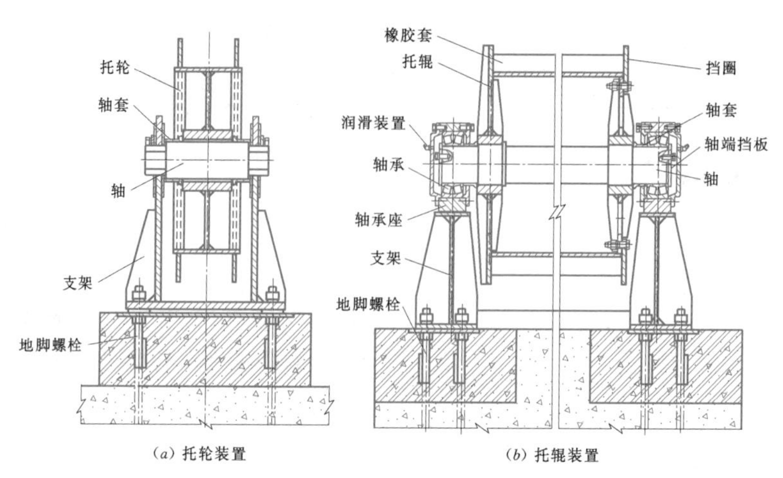

(a) 托轮装置　　(b) 托辊装置

图 2.4-52　托轮和托辊装置结构布置示意图

2. 供配电

(1) 设计原则。

1) 应严格遵循现行相关规程、规范的要求。

2) 升船机应设置单独的变电站。多级升船机应每级分别设置变电站。

(2) 供电范围。包括上、下闸首区间，升船机承船厢室段，以及上、下游引航道区间受升船机管控的用电设备等。

(3) 供电负荷种类与分级。升船机用电负荷等级应根据升船机的吨级、运输繁忙程度和用电设备的重要性确定。

1) 300t 级及以上升船机或每天运行时间不少于 16h 的其他级别升船机的工作门启闭机、承船厢驱动机构、承船厢对接锁定机构、承船厢充、泄水机构、计算机监控系统、广播与信号系统、通信系统，以及电梯和生产照明等主要用电负荷应为一级负荷。

2) 升船机上、下闸首事故检修门启闭机的用电负荷应为一级负荷。

3) 150t 级及以下的干运升船机或每天运行时间在 8～16h 的其他级别升船机的工作门启闭机、承船厢驱动机构、承船厢对接锁定机构、承船厢充、泄水机构、计算机监控系统、广播与信号系统、通信系统，以及电梯和生产照明等主要用电负荷应为二级负荷。

4) 其他用电负荷应为三级负荷。一级用电负荷应设两个独立的供电电源。二级用电负荷可设一个独立供电电源，但视具体情况必要时也可设两个独立的供电电源。

(4) 负荷计算与统计。升船机过船运行属典型的条件定序、事件驱动顺序控制，用电负荷应按照实际所有运行动力负荷的最大负荷进行计算。升船机运行动力用电负荷以外的其他用电负荷采用需要系数法计算。负荷统计时，应分别统计运行动力计算负荷和其他用电计算负荷，然后相加，并按总计算负荷的视在功率选择变压器。

(5) 主接线方案。一般采用 10kV 和 0.4kV 两级供电电压；对一级负荷升船机，10kV 供电接线方案一般采用两回 10kV 电源进线，组成中间设联络断路器的 10kV 单母线分段接线，两回电源互为备用。

(6) 设备布置。变电站应就近布置在升船机负荷中心附近。

3. 电气传动及控制

不论是垂直升船机，还是斜面升船机，承船厢驱动机构的电气传动系统均为多电机同步传动。

(1) 系统构成与设备型式。

1) 升船机承船厢驱动机构电气传动的主流方案为交流变频传动系统。

a. 交流变频传动装置与电动机通常采用一对一连接方案，变频装置一般采用电压型，其制动方式采用再生回馈制动。

b. 传动控制部分采用位置、速度、电流（力矩）嵌套结构组成的全数字闭环调速系统，承船厢运行速度给定信号通常采用 S 形速度图。

c. 多电机同步传动控制方式一般采用多电动机机械同轴同步传动出力均衡控制的传动控制策略，控制方式有速度环出力均衡控制和电流环出力均衡控制两种。

2) 多电机同步传动的承船厢驱动机构电气传动系统设备型式和结构应采用开放式控制结构。

a. 系统结构采用传动协调控制器＋多传动控制器的两级控制结构方案，两级之间通过主从式底层现场总线相连，网络通信宜采用光纤介质。

b. 传动协调控制器可采用双机热备结构的PLC，同时应配置彩色图形操作面板。

c. 多传动控制器应设置主/从控制结构和冗余切换逻辑。

(2) 系统功能及性能。

1) 能适应由误载水重引起的负载变化，能在其机械特性的四个象限内运行。

2) 正常运行过程中，当负载在额定值的20%～150%范围内时，要求多台电动机的出力基本均衡。

3) 能适应升船机上、下游水位变化的点对点高精度定位控制。

4) 按给定速度运行曲线平稳启、制动运行。

5) 电气传动系统应具有良好的整体动态、静态特性，且静态转速精度高，动态冲击速降小。

(3) 设计要点。

1) 电动机的选型与额定功率的确定。

a. 多电机同步传动系统应选用固有机械特性差小于5‰的交流变频异步电动机。

b. 电动机应选择连续工作制电动机，并按最大运行工况下连续运行不过载来确定电动机的额定功率。

c. 当采用PWM调制方式的交流变频调速装置驱动鼠笼异步电动机时，电动机容量应考虑1.05～1.10的裕量系数。

2) 传动系统控制方式。承船厢多电机传动控制系统的控制方式应设置检修操作、现地控制、远方控制三种控制方式。

3) 传动控制技术。

a. 承船厢驱动机构传动控制工艺设计包括正常启动、停机控制，预加力矩控制，紧急停机控制，电气制动与机械制动配合等。

b. 制动器故障分类与制动器上闸故障应对处理技术、制动器松闸故障应对处理技术。

c. 同步传动轴的扭振抑制技术。

4. 计算机监控及信号检测

(1) 计算机监控。

1) 系统构成。升船机计算机监控系统采用工业过程控制的分布式控制系统（DCS）体系结构。系统由上位机上位监控层设备和下位机现地控制层设备构成，上位机与下位机之间一般采用交换式工业以太网络互联。升船机计算机监控系统的方案设计和设备配置遵循硬件冗余、软件容错的设计原则。

2) 设备型式。

a. 上位监控层设备的结构型式在网络体系结构和数据库体系结构上，既可采用单节点结构型式，亦可采用客户机/服务器（Client/Server）结构型式。

b. 操作员站应按双主机热备、一机双屏方式进行配置，其设备选型一般可采用桌面型通用计算机或工控机，但要求有大尺寸的显示器——CRT和液晶屏，并按双屏配置。

c. 监控系统网络应采用交换式工业以太网，其拓扑结构采用环形结构较好，网络设备的配置宜采用全冗余双网方式，通信介质为光纤。

d. 在合理设置升船机现地控制层的现地控制站点的前提下，现地控制单元宜选择采用具有以太网网络通信模块和双机热备功能的高性能PLC。同时，配置与PLC接口的彩色图形操作面板等人机接口设备（HMI）来提高升船机现地操作与控制的实时性和直观性。

3) 系统功能与性能。

a. 系统功能包括数据采集与处理、数据库管理、运行监视、控制与操作、人机接口、安全闭锁与故障保护、运行管理、系统通信、系统维护、开发与培训等。

b. 计算机监控系统的硬件设备应具有高利用率。系统硬件利用率应达到：关键设备最小利用率不低于99%，完整系统最低工程实际利用率不低于96%。其平均无故障时间（MTBF）不小于30000h；平均故障恢复时间（MTTR）不大于0.5h。

4) 设计要点。

a. 升船机运行流程。不同型式升船机过船动作的运行流程有所不同。一般升船机的运行控制流程包括通航初始化、上行、下行、停航和紧急保护等流程。

b. 升船机运行控制与操作方式。一般应设置集中/现地两种运行控制模式，以及自动顺序/单机构两种操作方式。其中，现地控制的优先权高于集中控制优先权；单机构的优先权高于自动顺序优先权。

c. 升船机现地控制站点设置原则。一般应在充分考虑机械执行机构的布置、控制对象的控制要求、通航流程工艺过程的相对独立性和闭锁关系、故障与危险的分散原则、I/O控制规模等综合因素的前提下，根据升船机运行工艺的分段情况来合理设置和规划计算机监控系统的现地控制站点，并定义各现地控制站点的控制功能。单个现地控制站点的I/O控制规模一般配置在400物理I/O点以下。

d. 升船机的安全设计。升船机计算机监控系统应设置一套安全联（闭）锁设备，并具有完善的安全联（闭）锁功能。工业过程控制安全联（闭）锁的方案主要有两种：一种是设置一套自成体系并完全独立于计算机监控系统之外的安全联（闭）锁控制系统；另一种是通过对安全联（闭）锁条件的“引用”，由计算机监控系统来实现工业过程控制安全联（闭）锁功能。升船机安全联（闭）锁系统宜采用后一种技术方案。

（2）信号检测。不同升船机的信号检测设备配置与组成不尽相同，在实际升船机工程设计中，应具体情况具体分析，合理设计并配置升船机的信号检测设备（系统）。

1）设备配置与组成。升船机非电量信号检测设备可以分为运行检测设备和监护检测设备两大类。

a. 运行检测主要有水位（水深）检测、位移检测、位置检测、扭矩检测、船舶探测。

b. 监护检测主要有钢丝绳磨损检测、钢丝绳受力检测、卷筒结构应力检测、承船厢结构应力检测、闸皮磨损检测、承船厢主梁的挠度检测等。

2）设备型式。

a. 升船机的水位和水深检测主要采用气泡式水位计和浸入式静压水位计，其主要技术指标为：综合测量精度不大于1cm；分辨率不大于1cm。

b. 升船机承船厢行程（位移）的检测主要采用长光栅直线编码式、圆光栅轴角编码式、格雷母线长行程测量、激光测距式等几种形式。其主要技术指标为：综合测量精度不大于1cm；分辨率不大于1cm。

c. 开度（位移）的检测主要采用圆光栅轴角编码式和长静磁栅编码式两种，其主要技术指标要求与承船厢行程检测设备相同。

d. 升船机可采用的位置开关主要有电磁式感应接近开关、红外光电式接近开关、机械式微动开关等。

e. 垂直升船机承船厢驱动机构同步轴系统需要设置相应的扭矩传感器。同步轴扭矩传感器一般应选用电阻应变断轴接触式扭矩传感器。其主要技术参数检测方式为电阻应变断轴接触式；综合测量精度不大于±0.5%FS；重复精度不大于0.1%FS；线性偏差优于±0.1%FS；分辨率为10N·m。

f. 承船厢停位找点检测。承船厢直接找点停位控制是不下水式垂直升船机承船厢多位置点对点（PTP）高精度停位控制方案中的一种，其检测方案的原理是：采用对射式红外光电检测开关组合检测承船厢的正常减速点、事故减速点、正常停车点、超行程紧急停车点。由上述位置接点信号直接发出承船厢的正常减速令、快停减速令、到位停机令、紧急停机令。

5. 工业电视

（1）系统构成。

1）工业电视监视系统的结构一般采用单级集控、模拟＋数字相结合的监控系统方案。

2）工业电视摄像机的布置应根据升船机的建筑特点采用分区布置型式。

3）工业电视视频信号的传输方案取决于视频图像信号传输距离的远近，应根据实际的传输结构和选择的传输设备来确定。

4）升船机工业电视监视系统终端设备包括图像显示与图像控制两大部分，设备配置方案根据升船机的图像监视与控制的功能需求不同而有所不同。

（2）设备型式。

1）摄像机设备选型和配置应根据监视对象的工作环境、监视范围、监视系统方案、设备安装方式、监视控制要求等多种因素确定。

2）摄像机一般选择具有预置位设定功能的摄像机。

3）在升船机上、下游引航道和承船厢水域等监视区内，通常选择枪式摄像机；在升船机各机械和电气设备房、安防巡视等监视区域，通常选择一体化摄像机；在升船机中控室、操作室等监视区域，通常选择半球形摄像机。采用彩色摄像机即可满足升船机通航运行的图像监视要求，但对于上、下游航道和需要24h全天候监视的安防巡视区域仍需选用黑白摄像机来提高监控图像的质量。

4）终端设备的配置与选型方案需满足升船机图像监视的规模大小与控制功能繁复程度的要求；多媒体控制主机通常选用高性能的商用PC机或工作站；监视器与摄像机的配置比例一般为1∶4～1∶6，监视器尺寸以533.4mm（21in）为最佳；针对现场条件和显示要求确定大屏幕的数量和信号显示数量；一般视频输入和输出容量应该留有10%～30%的裕量；视频矩阵控制器应配置相应的报警输入接口板卡，对接入的报警信号进行处理并响应，报警接口点应比实际报警探测器的数量多10%；工业电视监视系统的控制台与升船机计算机监控系统控制台统一布置；工业电视图像监视系统的设备布置、照明、供电和接地应符合现行国家标准。

（3）设计要点。

1）设计原则。

a. 原则上应根据升船机通航运行特点、升船机设备布置的具体情况、系统需监视的范围大小、前端监视点的多少、图像显示及控制的要求、用户使用功能的需求等多方面因素综合考虑并确定系统结构和方案。

b. 建立面向以升船机各运行机构和工作区域为监视对象，以升船机集中控制室为监控中心来实施视频图像监视和控制的工业电视监视系统。

c. 应采用最新的数字图像处理技术、数字视音压缩技术、计算机网络传输技术等多媒体技术，实现视频图像的数字化和网络化。

d. 系统设计和设备选型应国际化、标准化、规范化，并具有开放性、可扩充性、兼容性和灵活性。

2）摄像机布点应合理分配工业电视视频监视点的布置位置，要避免重复设置和重要位置的漏防，尽量减少摄像区的死角。一般应根据上、下游引航道的长短，在上、下游引航道各布置2～3个摄像点；上、下闸首工作门区各布置1～2个摄像点；上、下闸首启闭设备机房内各布置1～2个摄像点；升船机主机房内按对角线布置2～4个摄像点；承船厢室段（土建结构上）按对角线布置2个摄像点；承船厢上按对角线布置2个摄像点；承船厢机房及设备房，升船机变、配电所内各布置1～2个摄像点；升船机重点安防位置按实际需求布置摄像头。

6. 通航信号

（1）设备组成。主要包括承船厢进出船通航信号灯、航道中心灯、航道边界灯、承船厢升降运行警示灯等。

（2）设备型式。

1）承船厢进出船通航信号灯。可采用红、绿两色透镜灯、LED或其他发光装置。通航信号灯布置在承船厢两端的干舷上，高度应高于承船厢干舷2.5～4.0m。通航信号灯应保证在正常气候条件下的有效视距不小于800m。

2）航道中心灯。航道中心灯应采用紫色信号灯，布置在升船机上、下闸首中心线上，面向上、下游引航道。航道中心灯应保证在正常气候条件下的有效视距不小于600m。

3）航道边界灯。通常采用橘黄色航道障碍灯，布置在升船机上、下闸首左、右内侧的边界线上，面向上、下游引航道。航道边界灯的布置高程应高于上、下游引航道最高通航水位4～5m。航道边界灯应保证在正常气候条件下的有效视距不小于600m。

4）承船厢升降运行警示灯。当承船厢在升降运行时，警示灯发出黄色频闪警示信号，表示承船厢正处于升降运行状态。警示灯布置在承船厢上、下厢两端高于承船厢干舷2.5～4m的高度上。承船厢升降运行警示灯应保证在正常气候条件下的有效视距不小于400m。

7. 广播

（1）系统构成。广播系统应采用多区域定向播音、定压传输有线广播系统结构型式，主要设备有多媒体控制主机、信号源、智能分区控制器、调音及均衡控制器、广播监听控制器、功率放大器、现场末端扬声器和传输线路等八大部分，与工业电视图像监视系统共用一套多媒体控制主机。

（2）设备型式与配置。

1）前置控制设备包括智能分区控制器、调音及均衡控制器、广播监听控制器，通常按多功能使用要求和工程项目实际需求配置。

2）功率放大器原则上按功率放大器额定功率等于扬声器额定功率配置，功放设备应配置备用单元。

3）信号源一般应配置话筒、激光唱机、录音卡座、无线电广播等。

4）现场末端扬声器主要有号角喇叭、高保真音箱。扬声器的型式根据升船机广播的声场和视听效果的具体要求选定，一般室外扬声器选择号角喇叭，室内扬声器选择高保真音箱。

5）根据升船机广播系统的布置特点，其音频传输方式通常采用100V定压传输技术。

8. 通信设备

升船机对通信设备的功能、设备配置、技术指标等要求与船闸基本相同。升船机通信设备的基本设计原则和主要技术要求，见本章2.3节中2.3.6.1相关内容。

2.4.5.2 消防

1. 设计范围

升船机的消防设计范围包括上、下闸首，承船厢室段，以及上、下游引航道。重点消防部位为塔柱顶部机房、集中控制室、配电装置室、电缆廊道及竖井、电梯、钢丝绳、承船厢及其设备房、液压泵房、水泵房等，并兼顾承船厢及上、下游引航道内失火船只的灭火和救援。

2. 火灾分类及灭火方式

升船机建筑物主要为钢筋混凝土结构、承船厢的钢结构及其设备以及机电设备等，火灾类别一般为A类、B类和E类。承船厢和塔柱筒体灭火方式为消防车、室内消火栓、室外消火栓及移动式灭火器等；0.4kV电动设备和机电设备的灭火方式主要为移动式灭火器；集中控制室的灭火方式以气体灭火系统为主，移动式灭火器为辅；承船厢内船只辅助灭火方式为消防水枪、移动式灭火器和固定式水成膜灭火装置等。

3. 消防供水系统

升船机消防供水系统可参照本章2.3节中2.3.6.2相关内容设计。但根据升船机结构和设备布置的特点，原则上采用高位水池供水。消防供水系统静水压力大于1.0MPa时，应采用分区供水的系统。

4. 消防设计注意事项

（1）在垂直升船机承船厢室两侧的混凝土承重结构内，沿高度方向与建筑物各层分层对应地各设置一条水平疏散廊道。疏散廊道与承船厢相接的一端应设置能双向开启的自闭式甲级防火门，防火门附近应设置消火栓或手提式灭火器。疏散廊道的另一端应设置通往室外安全区的疏散楼梯。

（2）升船机的提升高度超过32m时，在承重结构内的疏散楼梯间应设置前室，并应设置向疏散方向开启的乙级防火门。在前室与疏散楼梯间内应设置火灾自动报警装置、防烟系统、室内消火栓和移动式灭火器等消防设施。

（3）升船机承船厢上应设置消防水枪和固定式水成膜灭火装置。

（4）升船机的钢丝绳应采取隔热措施。

（5）承船厢室上方有楼板时，楼板下部可设置自动喷水灭火系统。

（6）斜面升船机的斜面轨道两侧、中间渠道及渡槽两侧均应设置室外消火栓，同侧室外消火栓间距不应大于50m。

5. 火灾自动报警及联动控制系统

（1）保护分级与分区。

1）保护对象分级。根据《火灾自动报警系统设计规范》（GB 50116）对火灾自动报警系统保护对象的分级原则，结合升船机实际使用性质、火灾危险性、疏散和扑救难度等因素，将升船机定义为一级保护对象。

2）警戒范围与分区。

a. 警戒范围。升船机火灾报警系统的警戒范围主要包括上、下闸首现地启闭机房和电气设备房，中央控制室，变电站，变流机房，主机房，承船厢及其设备房，各类管理及生活用房，观光及疏散通道，电梯各出站层，电缆廊道及电缆竖井等。

b. 报警分区。升船机火灾报警分区原则上按防火分区、保护对象的类别、耐火等级进行合理划分。

c. 探测分区。根据《火灾自动报警系统设计规范》（GB 50116）的探测分区要求，按照所有设备房和丙类及以上火灾危险场所均设火灾自动报警探测器的原则进行分区。

（2）系统构成。升船机火灾自动报警与联动控制系统一般包括火灾自动报警及联动控制设备、消防广播、消防电话三大部分。其中，升船机火灾自动报警与联动控制设备一般包括一台消防工作站、一台集中报警控制屏或控制柜、多个区域报警控制器、若干探测器、若干联动控制模块、若干手动报警按钮，以及现场信号传输总线等设备。

（3）设备型式与配置。

1）设计原则。进行设备选型与配置设计时，需重点考虑智能化、报警与联动控制一体化、数字化总线技术，尽量选用无极性信号二总线的设备，尽量选用底座和设备分离的报警产品，尽量选用光电感烟探测器，尽量选用十进制电子编码的外部设备。

2）探测器选型。

a. 升船机中央控制室、变电站、主电室等处通常配置光电感烟探测器、感温探测器。

b. 升船机主机房通常配置红外对射式感烟探测器。

c. 电缆廊道及电缆竖井通常配置缆式线性定温探测器、光电感烟探测器、空气采样探测器。

d. 升船机上、下闸首启闭机房通常配置光电感烟探测器、感温探测器。

e. 走道、电梯、楼梯通常配置光电感烟探测器、感温探测器。

f. 各类生活用房通常配置光电感烟探测器、感温探测器。

g. 承船厢室通常设置火焰探测器。

h. 承船厢设备房通常配置光电感烟探测器、感温探测器、火焰探测器。

i. 升船机中央控制室和变流机房的地面，通常都采用架空式计算机防静电底板。当控制室采用下走线方式时，在架空底板下应布置光电感烟探测器和缆式线性定温探测器。

6. 消防供电、应急照明与防雷接地

消防供电、应急照明与防雷接地可参照本章2.3节中2.3.6.2相关内容进行设计。

2.4.6 安全监测设计

2.4.6.1 变形监测

1. 垂直位移监测

垂直升船机垂直位移通常采用精密水准、静力水准、基岩变形计、多点位移计、沉降计等方式进行监测。精密水准点一般布置在以下部位：

（1）上闸首基础廊道。

（2）上闸首左、右墩顶部。

（3）承船厢室段底板。

（4）承船厢室段塔柱基座（筏基面上）等。

以上各水准点保护盒尽量随混凝土施工浇筑一并安装，待混凝土凝固后再将标芯埋入，以便施工期及时观测。

静力水准一般布设在升船机上闸首基础廊道内和塔柱顶部起重平台上，并与前述精密水准点配套布设。

垂直位移工作基点至少布置一组，一般布置在距升船机及其他建筑物影响范围以外，稳定、安全，且便于观测的基岩或坚实的土基上（有条件的大型工程可用双金属标），垂直位移工作基点纳入工程垂直位移控制网。

基岩变形计、多点位移计一般布设在上闸首、承船厢室段基岩内。在基岩混凝土浇筑前钻孔埋设，钻孔深度根据工程的地质情况而定。

斜面升船机垂直位移重点监测斜坡道地基不均匀沉陷，可根据工程地质情况顺斜坡道轨道梁布设沉降计、基岩变形计或多点位移计。

2. 水平位移及挠度监测

垂直升船机水平位移宜采用垂线法进行监测，若有特殊要求或布置困难，也可采用交会法观测。垂线一般布设在上闸首左、右边墩以及承船厢室段筒体内，每条垂线均采用一线多测站式，单段垂线长度不宜大于50m。当正、倒垂线结合布置时，宜在同一个观测台上衔接。交会法观测时，其水平位移标点可布设在承船厢室段筒体外墙、筏基顶部及上闸首左、右墩顶，工作基点布设在两岸稳定的地方，并定期用三角网进行校验。

斜面升船机通常仅对上闸首或挡水结构的水平位移进行监测。

2.4.6.2　渗流监测

1. 基础扬压力监测

升船机基础扬压力可通过埋设测压管或渗压计的方法进行观测。测点的数量及位置根据升船机的结构布置型式、基础帷幕排水系统的设置以及地质条件等因素确定，以测出基底扬压力的分布及其变化为原则，应至少在升船机中部顺流向设1个扬压力监测纵断面，测点布置在监测断面帷幕前后，排水孔轴线上，承船厢室底板中部及上、下游侧的建基面处，断面上测点不少于3个。

当升船机左、右侧承压水头不对称时，还应设置垂直于升船机轴线的扬压力监测横断面，一般设在升船机上闸首和承船厢室底板基础部位，各断面上的测点数量不应少于3个。

2. 基础渗漏量监测

升船机基础渗漏量监测设计时应结合基础廊道排水设施的布置、渗漏水的流向等具体情况进行统筹规划。一般采用量水堰或流量计量测，当升船机部位基础排水孔的渗漏水较少时采用容积法量测。

2.4.6.3　应力、应变监测

1. 钢筋混凝土结构应力监测

垂直升船机主要结构受力复杂，需对其在各种运行工况（含施工期）下的结构应力进行监测。一般应根据闸首和塔柱结构受力状态和结构应力计算成果，有针对性地布设监测仪器。

闸首整体式结构的U形槽底部是应力监测的主要对象，可在闸首垂直流向布设监测断面；分离式结构特点是闸首底板沿流向设有结构缝，结构受力明确，可根据结构计算成果选择监测断面。对于钢筋混凝土塔柱，根据塔柱的高度可沿高程截取3～4个监测断面。在上述这些监测断面上有选择地布设若干钢筋计、应变计、无应力计、锚索测力计等仪器，以监测钢筋混凝土结构受力及预应力损失等情况。

对于大、中型斜面升船机，应对斜坡道上的轨道梁和板式基础结构进行应力监测，根据斜面升船机的结构要求，选择一定的轨道横向联系梁布设钢筋计、应变计、无应力计、压应力计等仪器。

2. 混凝土温度监测

主要针对上闸首、承船厢室筏基及典型塔柱筒体等大体积混凝土结构布设温度计，温度计一般按网格状布置，可选择对称结构的一半布设。

3. 接缝和裂缝监测

升船机上闸首和承船厢室筏基通常布设有纵、横向永久缝或施工缝以及宽槽缝。可在结构缝、宽槽缝面上沿层高布设测缝计，对于宽缝回填还应布设钢筋计，在大体积混凝土中可能出现裂缝的部位适当布设裂缝计。

2.4.6.4　强震动安全监测

强震动安全监测应根据垂直升船机各相关结构所规定的地震设计烈度、等级、结构类型和地形地质条件进行仪器布置。通常对地震设计烈度为7度及其以上的升船机均应布置强震仪，强震仪主要布置在塔基、塔顶及沿塔柱高度方向刚度有较大变化处。要求各强震仪能在发生4度以上地震时自动触发和自动记录。

参考文献

[1]　华东水利学院．水工设计手册：第六卷　泄水与过坝建筑物［M］．北京：水利电力出版社，1987.

[2]　钮新强，宋维邦．船闸与升船机设计［M］．北京：中国水利水电出版社，2007.

[3]　长江水利委员会．三峡工程永久通航建筑物研究［M］．武汉：湖北科学技术出版社，1997.

[4]　钮新强，李江鹰．三峡工程永久通航建筑物的设计与研究［J］．水力发电，1997（7）：41－44.

[5]　钮新强．三峡工程永久船闸水工建筑物设计研究［J］．人民长江，1997，28（10）：7－9.

[6]　钮新强，宋维邦．长江三峡水利枢纽通航建筑物设

计 [J]. 人民长江，2003，34 (8)：58-62.

[7] 钮新强，宋维邦. 三峡工程船闸设计中的关键技术 [C] //长江水利委员会长江勘测规划设计研究院. 三峡工程设计论文集. 北京：中国水利水电出版社，2003.

[8] 郑守仁，钮新强，宋维邦，等. 三峡船闸对世界水利科技的创新与发展 [J]. 中国水利，2004 (22)：25-27.

[9] 钮新强，童迪. 三峡船闸关键技术研究 [J]. 水力发电学报，2009，28 (6)：38-44.

[10] 钮新强，宋维邦. 三峡通航建筑物总体布置 [C] //长江水利委员会长江勘测规划设计研究院. 三峡工程设计论文集. 北京：中国水利水电出版社，2003.

[11] 田詠源. 三峡水利枢纽升船机研究 [J]. 人民长江，1986 (5)：7-15，60.

[12] 杨逢尧，于庆奎. 三峡升船机金属结构和机械设备的关键技术问题 [J]. 人民长江，1997，28 (10)：33-35.

[13] 田詠源. 三峡工程通航建筑物机械设备和金属结构 [J]. 水利水电施工，1992 (1)：38-44.

[14] 张勋铭，田詠源，杨逢尧. 丹江口枢纽升船机设计研究与运行分析 [J]. 人民长江，1998，S1：12-15.

[15] 廖乐康，于庆奎，吴小宁. 钢丝绳卷扬垂直升船机设备布置设计与研究 [J]. 人民长江，2009，40 (23)：61-64.

[16] 陆景孝. 钢丝绳卷扬平衡重式垂直升船机若干设计问题探讨 [J]. 红水河，1999，18 (4)：13-14.

[17] DL/T 5399—2007 水电水利工程垂直升船机设计导则 [S]. 北京：中国电力出版社，2007.

[18] GB 50139—2004 内河通航标准 [S]. 北京：中国计划出版社，2004.

[19] JTJ 305—2001 船闸总体设计规范 [S]. 北京：人民交通出版社，2001.

[20] JTJ 307—2001 船闸水工建筑物设计规范 [S]. 北京：人民交通出版社，2001.

[21] SL 191—2008 水工混凝土结构设计规范 [S]. 北京：中国水利水电出版社，2009.

[22] GB 50010—2010 混凝土结构设计规范 [S]. 北京：中国建筑工业出版社，2011.

[23] DL 5077—1997 水工建筑物荷载设计规范 [S]. 北京：中国电力出版社，1997.

[24] GB 50009—2001 建筑结构荷载规范 (2006 年版) [S]. 北京：中国建筑工业出版社，2006.

[25] JGJ 3—2010 高层建筑混凝土结构技术规程 [S]. 北京：中国建筑工业出版社，2011.

[26] DL 5073—2000 水工建筑物抗震设计规范 [S]. 北京：中国电力出版社，2000.

[27] GB 50011—2010 建筑抗震设计规范 (2008 年版) [S]. 北京：中国建筑工业出版社，2010.

[28] JTJ 308—2003 船闸闸阀门设计规范 [S]. 北京：人民交通出版社，2003.

[29] GB/T 50017—2003 钢结构设计规范 [S]. 北京：中国计划出版社，2003.

[30] SL 74—95 水利水电工程钢闸门设计规范 [S]. 北京：中国水利水电出版社，1995.

[31] DL/T 5167—2002 水电水利工程启闭机设计规范 [S]. 北京：中国电力出版社，2002.

[32] GB/T 3811—2008 起重机设计规范 [S]. 北京：中国标准出版社，2008.

[33] 周氏，章定国，钮新强，等. 水工混凝土结构设计手册 [M]. 北京：中国水利水电出版社，1998.

[34] 《水电站机电设计手册》编写组. 水电站机电设计手册 金属结构 [M]. 北京：水利电力出版社，1988.

[35] 张质文，虞和谦，王金诺，等. 起重机设计手册 [M]. 北京：中国铁道工业出版社，2002.

[36] 梁维燕，邴凤山，饶芳权. 中国电气工程大典：第五卷 水力发电工程 [M]. 北京：中国电力出版社，2010.

[37] 蔡方耀. 电动机应用计算指南 [M]. 北京：中国计划出版社，1998.

[38] 刘小敏，于庆奎，彭定中. 隔河岩枢纽垂直升船机设计研究 [J]. 人民长江，1998，S1：42-44.

[39] 杨逢尧，魏文炜，李锦云，等. 水工金属结构[M]. 北京：中国水利水电出版社，2005.

[40] 廖乐康，于庆奎，黄发涛. 清江隔河岩升船机主提升机安全制动系统设计 [J]. 人民长江，2004，35 (4)：20-22.

[41] 于庆奎，彭定中. 对升船机用钢丝绳有关技术问题的分析 [J]. 港口装卸，1999，增刊 B12：71-73.

[42] 单毅，于庆奎. 彭水水电站 500t 级垂直升船机总体布置 [J]. 人民长江，2006，37 (1)：25-28.

[43] 刘小敏，伍有富. 适应大水位变幅的垂直升船机上闸首布置探讨 [J]. 人民长江，1998，29 (3)：35-37.

[44] 余友安，廖乐康. 通航设施防撞梁的塑性吸能原理与应用 [J]. 人民长江，1998，S1：52-54.

[45] 袁鹰，方晓敏，廖乐康. 高坝洲升船机防撞梁设计 [J]. 湖北水力发电，2001 (3)：18-20.

[46] GB/T 3480—1997 渐开线圆柱齿轮承载能力计算方法 [S]. 北京：中国标准出版社，1997.

[47] 苏超，钮新强. 三峡永久船闸衬砌墙结构及结构锚杆受力仿真分析 [J]. 河海大学学报：自然科学版，1999，27 (6)：25-29.

[48] 张燎军，钮新强. 三峡升船机上闸首的自振特性分析 [J]. 河海大学学报：自然科学版，2000，28 (5)：34-37.

[49] 钱向东，傅作新，钮新强，等. 三峡升船机上闸首——基岩整体稳定性研究 [J]. 岩土力学，2000，21 (3)：213-216.

[50] 汪基伟，钮新强，杨本新，等. 三峡升船机上闸首结构配筋方案研究 [J]. 人民长江，2001，32 (11)：8-10.

第3章

其他过坝建筑物

本章是以第1版《水工设计手册》框架为基础，对以下几个方面作了补充和修订：

（1）介绍了一些国内外的研究和应用成果，如过鱼建筑物中的特殊型式鱼道及导鱼电栅的应用等内容。

（2）在“过鱼建筑物”一节中明确了需要考虑修建过鱼建筑物保护的鱼种。根据鱼道结构特点对鱼道结构型式进行了重新分类，提供了与不同鱼类相适宜的鱼道隔板参考尺寸，并以横隔板式鱼道为例介绍了工作原理，细化了设计流程；增加了鱼道“水工模型试验”内容；补充了多个近年来国内外新建的过鱼工程实例。

（3）在“过木建筑物”一节中对第1版进行了删减和完善，增加了“木材浮运方式”和“浮运设施”的内容；在“木材水力过坝”的类型中增加了“流木槽”的内容；在“木材机械过坝”中补充了索道设计内容。

（4）增加了“排漂建筑物”一节，主要介绍坝身排漂孔和导拦漂设施的布置、型式及设计，以及模型试验等内容。

章主编　潘赞文

章主审　宋维邦　宗慕伟　杨　清

本章各节编写及审稿人员

节次	编　写　人	审稿人
3.1	潘赞文　李中华　莫伟弘　农　静　林德芳　宣国祥	宋维邦 宗慕伟 杨　清
3.2	胡　纲　李雪凤　农　静　杨红玉　周云虎	
3.3	陈鸿丽　吴效红　钱军祥　廖仁强　张良骞	

第3章　其他过坝建筑物

3.1　过鱼建筑物

3.1.1　概述

在拦河筑坝时，为保护江河鱼类生态平衡，需考虑是否采取修建过鱼建筑物或其他保护鱼类的措施，妥善解决洄游鱼类的过坝问题。

过鱼建筑物类型主要有鱼道（又称鱼梯）、鱼闸、升鱼机、集运鱼船等。前三种过鱼建筑物主要由过坝主体建筑物、拦鱼设施、诱鱼设施、集鱼设施等组成。集运鱼船由集鱼船和运鱼船组成。其中鱼道是一种比较常用的过鱼建筑物型式，一般适宜于中、低水头，鱼闸和升鱼机适宜于中、高水头。

必须指出，过鱼建筑物是保护鱼类、连接水生物洄游通道的重要工程设施，但也有一定局限性。因此，除修建过鱼建筑物外，还可考虑采取其他措施，如人工放流、开闸纳苗、建立人工孵化场等。

水库为鱼类的生存提供了广阔的水域，适宜在缓流和静水中生活的鱼类数量将增多。如美国加利福尼亚州萨克拉门托河沙斯塔水库修建后，改变了坝上游80km库区条件，鲑鱼和鳟鱼的产量增加。澳大利亚墨累河上建坝后，能适应新情况的鱼种，如鲫鱼、鲈鱼、丁鱥大量繁衍。我国大部分水库也是如此。

然而，拦河坝会给洄游鱼类的生活条件带来某些改变，对鱼类的生存也会带来一些不利影响。如阻隔鱼类洄游，影响鱼类的繁殖；使水库中水质、水位、流量及河道生态发生变化，影响鱼类的产卵场环境和生长环境；延长了鱼类的洄游时间，影响鱼类的健康；洄游鱼类通过水轮机或溢洪道时，易发生伤亡。

拦河筑坝虽然改变了洄游鱼类的生活条件，但洄游鱼类也会根据环境的变化寻找新的产卵场。如在修建葛洲坝枢纽后，进长江繁殖的中华鲟很快适应了新的环境，在葛洲坝坝下江段找到了新的产卵场。

3.1.1.1　设计基本资料

1. 鱼类洄游特性

（1）洄游鱼类分类。按照洄游鱼类不同的生活习性和不同的洄游方式，大致可将洄游鱼类分为海洋性洄游鱼类、溯河性洄游鱼类、降河性洄游鱼类和淡水洄游鱼类（又称半洄游鱼类）四种类型。过鱼建筑物一般只涉及后三种洄游鱼类，且主要针对的是溯河性洄游鱼类。

1）溯河性洄游鱼类。生活在海洋，需上溯至江河的中上游繁殖后代，如中华鲟、鲥鱼、大麻哈鱼等。

2）降海性洄游鱼类。绝大部分时间生活在淡水里，但需洄游至海中繁殖，如松江鲈、鳗鲡等。

3）淡水洄游鱼类。完全在内陆水域中生活和洄游，其洄游距离较短，洄游情况多样。有的鱼生活于流水中，到静水处产卵；有的则在静水中生活，到流水中产卵。如我国的青鱼、草鱼、鲢鱼、鳙鱼、鲤鱼等鱼类，通常在河道湖汊中育肥，秋末到江河的中下游越冬，次年春季再溯江至中上游产卵。

（2）鱼类洄游习性。

1）中华鲟。国家Ⅰ级保护动物，属典型的溯河洄游性鱼类，分布于我国长江和珠江，在东海、黄海大陆架水域觅食、生长。长江中华鲟繁殖群体7～8月间由近海进入江河，至翌年秋季繁殖，产卵场位于金沙江和珠江上游。葛洲坝水利枢纽修建后，中华鲟的洄游路线被阻断，已在坝下形成了一定规模的产卵场，主要分布于宜昌葛洲坝坝下至庙嘴长约7km的江段。

中华鲟是水体底层鱼类，喜在夜晚活动，不善于改变运动方向。受惊时游速加快，甚至跃出水面。雌鱼初次性成熟年龄为14龄，体长为213～239cm；雄鱼初次性成熟年龄为9龄，体长为169～171cm。喜好流速为1.0～1.2m/s，极限流速为1.5～2.5m/s。

2）大麻哈鱼（又名鲑鱼）。属典型的溯河洄游性鱼类，在我国的产卵场主要分布于黑龙江流域，包括乌苏里江、呼玛尔河和松花江等。通常在北太平洋摄食生长，繁殖季节从外海游向近海，进入淡水河流。我国分布的大麻哈鱼分为夏季和秋季两个繁殖类群。夏季群6月下旬出现在黑龙江河口，约8月中旬抵达产卵场；秋季群洄游时间较短，一般始于8月下旬，9月中旬即可抵达产卵。产卵后亲鱼死亡，幼鱼于第二年4月下旬开始顺流降河入海。

大麻哈鱼性成熟年龄以4龄为主，体长约60cm。

其喜好流速约1.3m/s，极限流速约5m/s。大麻哈鱼喜跳跃，跳跃高度可达4m。

3）刀鲚。属典型的溯河洄游性鱼类，主要分布在我国黄河、长江、钱塘江等流域。平时栖息在东海、黄海浅海区域及河口摄食，繁殖季节溯河进入淡水中产卵。长江刀鲚历史上每年1月开始洄游，形成渔汛，最远可上溯到洞庭湖，产卵场分布于长江中下游干流和通江湖泊；20世纪80年代以来，刀鲚的资源量显著减少，目前3月底才开始洄游，洄游最远一般不超过鄱阳湖湖口。繁殖后亲鱼降河入海。

刀鲚平时在水体底层栖息，洄游时则多在水体的中上层活动。刀鲚的初次性成熟年龄以2龄为主。最小性成熟雌鱼体长约20cm。其喜好流速为0.2～0.5m/s，极限流速一般在0.4～0.7m/s之间。

4）鲥鱼。属典型的溯河洄游性鱼类，主要分布在我国长江和珠江。鲥鱼孵化后第1年生活在淡水或河口水域，第2年进入近海摄食育肥，待到性成熟时再溯河进入淡水中繁殖。长江鲥鱼每年4月左右开始溯河洄游，繁殖季节为每年6～7月。赣江的新干至峡江江段是长江鲥鱼的主要产卵场。

鲥鱼主要生活于水体的中下层，初次性成熟年龄一般为3～4龄，个体一般为1～1.5kg。成鱼生活在近海，20世纪80年代以来，长江鲥鱼已基本绝迹，成为濒危种类。美洲鲥鱼是长江鲥鱼的亲缘种，其喜好流速约0.4～0.9m/s之间，极限流速大于1m/s，可以作为长江鲥鱼游泳速度的参考。

5）鳗鲡。属典型的降海洄游性鱼类。在太平洋马里亚纳群岛西部海域繁殖，每年春季，大批幼鳗自外海聚集于河口，溯河进入淡水中。在我国主要分布于黄河、长江、闽江、珠江等流域，台湾和海南岛的一些河流中也有分布。鳗鲡一般在淡水中生活5～8年达到性成熟，之后降河到海洋中繁殖。繁殖后亲鱼死亡。

鳗鲡幼鱼溯河的喜好流速为0.2～0.3m/s，能爬行通过障碍物。

6）以青鱼、草鱼、鲢鱼、鳙鱼“四大家鱼”为代表的淡水洄游鱼类（又称半洄游鱼类）。“四大家鱼”等淡水洄游鱼类广泛分布在我国珠江、长江、黄河、黑龙江等流域。在长江流域，江湖淡水洄游鱼类在每年春季的繁殖季节集群逆水洄游到干流中的上游产卵场产卵繁殖；产卵后亲鱼又陆续洄游到原来食饵丰富的干流下游、支流和附属湖泊索饵；幼鱼常沿河逆流作索饵洄游，进入支流和附属湖泊育肥。

“四大家鱼”的最小性成熟年龄在2～4龄之间，游泳能力较强，有逆流而上的习性，其中鲢鱼喜跳跃。

7）白鲟。国家Ⅰ级保护动物，主要分布于长江干流和通江湖泊，有生殖洄游习性。白鲟主要栖息于水体中下层，每年6～8月洪水期进入岷江、沱江、嘉陵江和乌江等支流的下游索饵；9月以后又返回干流越冬；在长江中游江段，白鲟也常进入大型湖泊或与大湖相通的支流索饵；幼鱼有集群和近岸游弋的习性，常在岸边浅水区觅食。白鲟雌鱼性成熟年龄约为6龄，雄鱼性成熟年龄为4龄；成熟个体长约2～3m，体重约140～150kg。白鲟于春季（3～4月）在长江上游产卵；葛洲坝水利枢纽截流前，唯一产卵场位于长江上游的宜宾县柏溪至马门溪江段。

8）长江鲟（又名达氏鲟）。国家Ⅰ级保护动物，属淡水定居性鱼类，依靠底栖生物为食。雌鱼性成熟年龄为7～11龄，体长92～115cm，体重7.8～14.2kg，绝对繁殖力4.5万～7.0万粒。雄鱼性成熟年龄为7～9龄，体长87～102cm，体重5.1～9.5kg。长江鲟产沉性卵，最适发育温度为18～20℃。长江鲟产卵场较分散，主要分布于长江上游冒水至合江江段。

9）胭脂鱼。国家Ⅱ级保护动物，主要分布于我国的长江、闽江等流域，属水体底层鱼类。在长江流域上、中、下游均有分布，以上游数量为多。胭脂鱼有生殖洄游习性。在秋末冬初，干流中下游和通江湖泊的亲鱼相继洄游到长江上游。产卵场主要分布在长江上游干、支流，如金沙江下游段、岷江的犍为至宜宾、嘉陵江等。葛洲坝水利枢纽兴建后，被阻隔在坝下江段的胭脂鱼可以发育成熟，产卵场主要分布在葛洲坝水利枢纽大江段下至孝子岩、胭脂坝至虎牙滩、红花套至后江沱、白洋至楼子河、枝城上下等江段。雌鱼初次性成熟年龄约为7龄，体长约82.0cm，体重约9.2kg；雄鱼初次性成熟年龄约为4龄，体长约76.5cm，体重约8.0kg。最大个体达40～50kg。

10）花鳗鲡。国家Ⅱ级保护动物，属典型的降河洄游性鱼类，分布于长江、钱塘江、九龙江等。性成熟前，由江河的上、中游移向下游，降河洄游到河口附近时性腺开始发育；而后入深海进行繁殖，生殖后亲鱼死亡；卵在海流中孵化，幼鳗进入淡水河湖内摄食生长。花鳗鲡可以较长时间离开水，能到水外湿草地和雨后的竹林及灌木丛内觅食。

11）虎嘉鱼。国家Ⅱ级保护动物，仅见于川西北岷江上游。虎嘉鱼属冷水性定居性鱼类，喜栖息于深水河湾或流水环境。性活泼健泳、凶猛，喜单独活动。虎嘉鱼目前已确知的产卵场仅见于四川省芦山县大川河上游大川乡至快乐乡的皮洛石河段。虎嘉鱼为筑窝产卵鱼类，卵窝内产卵群体性比为1∶1，性成熟年龄约为3龄。

12）秦岭细鳞鲑。国家Ⅱ级保护动物，仅分布于渭河上游干、支流，属冷水性鱼类。具有生殖洄游习性，每年5～6月由主河道逆河向上，进入具有砂砾底质的山涧支流中繁殖，9～10月由山涧支流进入主河道，在深水潭中越冬。最小性成熟年龄为3龄。雌鱼体长约30cm，绝对繁殖力为2670～4510粒；雄鱼体长约26cm，精巢粉红色。

13）长薄鳅。我国特有鱼类，主要分布在长江中、上游干、支流，属水体底层鱼类，喜栖息于近岸缓流区的石砾缝隙。长薄鳅有生殖洄游习性，每年4～6月，性成熟个体进入上游水流湍急紊乱的深水区产卵场产卵。长薄鳅性成熟最小个体体重约100g，体长约23cm。分批产卵，绝对繁殖力为11688～30900粒，平均19206粒；相对繁殖力为每克体重33.8～47.8粒，平均为40.5粒。

14）岩原鲤。长江特有鱼类，主要分布于长江上游，属水体底层鱼类。岩原鲤具有生殖洄游习性，立春后开始溯河到长江上游的干流及支流中摄食生长及产卵。产卵场大多分布于干支流激流江段，底质为砾石。产卵季节为3～5月，怀卵量随着体重增长而增加，体重0.7～1.0kg，个体绝对繁殖力为27000～43000粒。

15）圆口铜鱼。长江特有鱼类，属水体底层鱼类，喜集群生活。圆口铜鱼有生殖洄游习性，产卵季节在每年4月初至7月初，产卵场主要分布于金沙江中、下游江段。圆口铜鱼雌鱼的初次性成熟年龄为3龄；雄鱼初次性成熟年龄为2龄。性成熟最小个体体重0.7kg，体长34cm。绝对繁殖力为46386～51589粒；相对繁殖力为每克体重36.6粒。

16）铜鱼。长江特有鱼类，在长江水系分布广泛。铜鱼有生殖洄游习性，产卵场分布于长江干流的中、上游及主要支流。铜鱼雌鱼的初次性成熟年龄为4龄，体长28～52.9cm，体重0.3～1.8kg；雄鱼初次性成熟年龄为3龄。铜鱼的绝对繁殖力为7000～204000粒；相对繁殖力为每克体重13.5～150.0粒，平均96.5粒。

17）齐口裂腹鱼。我国特有鱼类，分布于长江、金沙江、岷江等的上游，属水体底层鱼类，喜栖息于山区河弯急流处。齐口裂腹鱼有生殖洄游习性，产卵前上溯到栖息地以上的江段产卵。繁殖季节为每年3～6月，卵多产于急流浅滩的砂、砾石上。齐口裂腹鱼雌鱼初次性成熟年龄为4龄，雄鱼初次性成熟年龄为3龄，相对繁殖力为每克体重16粒。

18）中华绒螯蟹。俗名河蟹，属降河洄游性甲壳动物。在我国长江、辽河和瓯江等流域均有分布。河蟹在淡水中生长育肥，长江中下游地区，每年10月中下旬，成蟹在夜间从湖泊中成群进入长江向河口迁徙过程中，性腺逐步发育，在长江口附近的浅海中越冬，并于翌年春季繁殖，繁殖后亲蟹死亡。孵出后的幼体经5次蜕皮后变态为大眼幼体。大眼幼体具有明显的趋淡性、趋流性和趋光性，随潮水进入淡水江河口，蜕壳变态为一期仔蟹。然后继续上溯进入江河、湖泊中生长。

幼蟹上溯过程中有较强的爬行能力，能爬越障碍物进入其摄食环境。

2. 流域规划及枢纽特性

（1）流域规划。根据流域规划的任务确定兴建过鱼建筑物的必要性、规模和类型等。

（2）地形地质资料。建设场地的地形地质条件，包括附近障碍物、河道形态以及两岸的地形地貌等。

（3）枢纽水头及布置。枢纽水头尤其是主要过鱼季节枢纽运行水头，直接影响过鱼建筑物的类型。鱼道适用于中、低水头枢纽；鱼闸适用于中等水头；水头较高时，可考虑采用机械升鱼机、集运鱼船等其他过鱼设施。

当过鱼建筑物与枢纽的其他建筑物同时规划时，其他建筑物（船闸、电站、泵站、溢洪道等）的布置会影响河流流态和鱼类集群规律，应在枢纽整体布置中统一考虑，力求经济合理，有利于鱼类通行。

（4）枢纽上下游水文特性。拟建过鱼建筑物的枢纽，如沿海挡潮闸、沿江或内湖节制闸及内河电站（泵站）枢纽等，其上下游水文特性不同，直接影响其布置规模和结构。

3.1.1.2 过鱼建筑物的基本类型

过鱼建筑物基本类型有鱼道、鱼闸、升鱼机、集运鱼船等。

1. 鱼道

鱼道又称鱼梯，类似多级跌水，一般由进口、槽身、出口及观测室等其他附属设施组成。鱼道多采用一条长的斜坡式或阶梯式的水槽，槽中布置一系列消能阻板或设有过鱼孔的隔板，以降低过鱼孔流速和改善隔板间水池中的流态。上游来水经过鱼孔，以鱼类能克服的流速下泄，下游的鱼在进入鱼道进口后，能依靠自己的力量通过鱼道抵达上游。

鱼道是连通鱼类洄游路线的常用设施，适用于中、低水头拦河坝枢纽（水头差在20～25m以下）。其优点是操作简单，运行保证率高、运行费用低；对鱼的伤害较小；可以持续过鱼。在适宜条件下，其他水生生物也可以通过鱼道，对维护原有的生态平衡有较好的作用。其缺点是鱼道一般较长，在枢纽中较难布置，造价较高；鱼类上溯需要耗费较大能量；鱼道的流速、流态受上、下游水位和流量的变化影响较大。

2. 鱼闸

鱼闸的工作原理和运行方式与船闸相似，一般由下游进口水槽、闸室和上游出口水槽三部分组成。鱼在鱼闸中凭借水位上升，不必溯游便可过坝。鱼闸可适应上游水位一定的变幅，下游进口一般布置有短鱼道相接。鱼闸适用于水头较高的枢纽工程。与鱼道相比，鱼闸的容量较小，且不能连续运行，每次过鱼的数量有限。

3. 升鱼机

升鱼机通常指用缆车起吊盛鱼容器至上游，也可用专用运输车在上下游之间转运投放，适用于高坝过鱼和水库水位变幅较大的枢纽工程，也适用于长距离转运。其下游进口一般布置有短鱼道相接，以诱鱼至集鱼池，然后驱鱼进升鱼机。升鱼机过鱼不连续，也不能大量过鱼，机械设施繁多，运行和维护费用较高。

4. 集运鱼船

集运鱼船由集鱼船和运鱼船两部分组成。集鱼船驶至鱼群集区，打开两端，水流通过船身，并用补水机组使其进口流速比河床流速大0.2～0.3m/s，以诱鱼进入船内，通过驱鱼装置将鱼驱入紧接其后的运鱼船，即可通过通航建筑物过坝后将鱼投放入上游适当的水域。集运鱼船机动灵活，可在较大区域内诱鱼、运鱼，对枢纽工程布置无干扰，适用于需补建过鱼设施且已建有通航建筑物的枢纽工程。其缺点是运行费用较高，诱集水体底层鱼类较困难，噪音、振动及油污等也会影响集鱼效果。

3.1.2 鱼道

3.1.2.1 国内外鱼道工程发展概况

世界上最早的鱼道在17世纪建成，进入20世纪，水利水电工程的发展对鱼类资源的影响也日益突出，鱼道的研究和建设也相应加快。

1. 国外发展概况

国外鱼道的主要过鱼对象为鲑鱼、鳟鱼等洄游性鱼类。其过鱼方式一般是通过枢纽设置的鱼道上溯至固定的产卵场产卵。这些鱼类个体较大，克服流速的能力很强，对复杂流态的适应性也较好，故国外近代鱼道的底坡达1/16～1/10；过鱼孔设计流速达2.0～2.5m/s，每块隔板的前后水位差在30cm以上。

在20世纪，世界上水头最高、长度最长的鱼道分别是美国在20世纪50年代建设的北汉坝鱼道（提升高度60m，全长2.7km）和帕尔顿鱼道（提升高度57.5m，全长4.8km）。目前水头最高、长度最长的鱼道则是巴西在2003年建成的伊泰普鱼道，其水位落差120m，渠道的总长度约为10km。

据不完全统计，到20世纪60年代初，美国、加拿大两国已建各种过鱼建筑物200座以上（主要是大型鱼道），西欧有100座以上（主要是中型），日本达1万多座（主要是小型）。

国外部分鱼道概况见表3.1-1。

2. 国内发展概况

国内鱼道的主要过鱼对象一般为濒危鱼类、珍稀及特有鱼类、鲤科鱼类和虾、蟹等幼苗。由于其个体较小，克服水流流速的能力也小，对复杂流态的适应能力也差，所以，在我国鱼道设计中，对流速和流态的控制要求较严。目前，国内已建的鱼道大多布置在沿海、沿江平原地区的低水头闸坝上，底坡较缓，提升高度也不大。

我国过鱼建筑物的建设和研究历史还较短。1958年，我国在浙江富春江水利枢纽首次设计了鱼道，最大水头约18m，并进行了一系列的科学试验和水系生态环境的调查。1960年，黑龙江省兴凯湖首先建成新开流鱼道，总长70m，宽11m，运行初期效果良好，后毁于洪水；1962年，又建成鲤鱼港鱼道。1966年，江苏大丰县斗龙港鱼道建成，初显效益，推动了江苏省低水头水闸型鱼道的建设。此后，在江苏省建成了太平闸等29座鱼道。至20世纪80年代，国内相继建成了安徽裕溪闸鱼道、江苏浏河鱼道、江苏团结河闸鱼道、湖南洋塘鱼道等40余座过鱼建筑物。其中洋塘鱼道在建成初期，过鱼量较多，效果较好，据1980年统计，共过鱼40.92万尾，但由于鱼道淤积及需投入的维修资金较大，从1987年以后已停止运行。

在20世纪，我国在沿海挡潮闸和平原水闸处修建的鱼道较多，在内河上修建的鱼道较少。鱼道设计、建设、运行管理存在一定问题，导致鱼道运行效果不佳。主要问题如下：

（1）对洄游鱼类的基础资料研究不够深入。过鱼种类多，习性差异大，是我国鱼道建设中需要解决的重要问题。

（2）目前，我国对鱼道的设计主要参考国外设计规范和国内外一些已建工程的经验，对鱼道的规划设计还不够成熟。

（3）生态环境问题存在多样性和复杂性，影响鱼道过鱼效果。

随着我国对水利工程建设中生态环境保护的日益重视，各种过鱼建筑物的建设逐渐增多，其他保护鱼类资源的措施（如人工增殖、放流以及人工再造鱼类适宜生态环境等）也得到丰富和发展。

21世纪以来，国内建成或正在修建的鱼道主要有北京的上庄新闸鱼道、吉林老龙口鱼道、广西长洲鱼道、广西鱼梁鱼道和江西石虎塘鱼道等。其中，广西长洲鱼道全长1443m，提升高度15m，池室宽度为5m，主要通过的鱼类有中华鲟、鲥鱼、花鳗鲡、鳗鲡、七丝鲚、白肌银鱼。

国内部分鱼道概况见表3.1-2。

表 3.1-1 国外比较著名的鱼道概况

国别	鱼道地点	所在河流及建成年份	过鱼品种	底坡	长度(m)	池数	流量(m^3/s)	水池尺寸(m)				过鱼尺寸(m)		备注
								宽	长	深	级差	潜孔	表孔	
美国	邦纳维尔坝	哥伦比亚河 1938	鲑鱼、鳟鱼、鲱鱼	1:16	3×399	75	3×4.5	11(1道) 12(2道)	4.8	1.8	0.30～0.45			连同诱鱼流量共约226m^3/s，年平均过鱼65万尾，坝高18.9m，尾水波幅很大
美国	麦克纳里坝	哥伦比亚河 1953	鲑鱼、鳟鱼、鲱鱼	1:20	2×670		3×5.1	9.0	6.0	1.8	0.30～0.45	0.58(高) 0.53(宽)	9.0×0.3	连同诱鱼流量共约283m^3/s，1954年过鱼106万尾，坝高48m，提升高度约25m
美国	冰港坝	蛇河 1965	鲑鱼	1:16 1:10			4 1.87	7.32 4.88	4.88 3.05	1.83 1.83	0.30	0.53×0.53 (2个) 0.46×0.46 (2个)	7.32×0.60 1.52×0.60 (2个)	连同诱鱼流量共约72m^3/s，坝高68m
美国	威尔斯坝	哥伦比亚河 1969	鲑鱼、鳟鱼	1:10	2×225	2×56 2×17	2×1.5	3.6	3.0 4.8	2.1	0.30 0.15～0.30	0.46×0.38 0.76×0.61	总宽2.1	连同诱鱼流量共约142m^3/s，坝高22m
美国	帕尔顿坝	德苏特斯河 1950s		1:16	4800	900～1000	1.22	3.05	4.80	1.83	0.30	0.4×0.43		当前世界上最长的鱼道，总提升高度57.5m
美国	北汉坝	克拉克马斯河 1950s		1:16	2700		1.22	3.05	4.90 10.50	1.83	0.30 0.15	0.43×0.43		当前世界上总提升高度最大的鱼道(60m)
美国	博舍坝	詹姆斯河 1999												垂直竖缝式鱼道
加拿大	鬼门关	弗雷塞河 1946	鲑鱼	1:18	48.5			6.0 2.7	5.4 3.0	1.8				导竖式隔壁，缝宽0.75m及0.3m，上、下游水位波幅大
加拿大	拖碧克坝	拖碧克河	鲑鱼	1:10	240	73 4		1.8	3.0		0.30			
英国	汤格兰德坝	提兹河 1935		1:7.5	170	31 4	0.53	3.6	4.5	1.8	0.6			20世纪60年代修建了溢流表孔，过鱼较好
英国	皮特罗基里坝	通迈耳河 1954	鲑鱼、鳟鱼	1:17.3		21 13	1.36	4.2	7.8	2.1	0.45	直径0.82		年过鱼约4000尾
日本	河口堰	利根川 1971	鲑鱼、鳟鱼、鳗鱼		135	14	1.37	7.5	5.0	1.3	0.10			两岸各设1条鱼道，同侧溢流表孔深25cm
日本	北上大堰	饭野川 1976			60.5	16		3.0						两岸各设1条鱼道，总水位差2.5m
巴西	伊泰普鱼道	巴拉那河 2003			10000									2003年建成，水位降落120m，为一原生态式鱼道

表 3.1-2 国内部分鱼道概况

鱼道名	鱼道类别	地点	主要过鱼品种	长度（m）	宽度（m）	水深（m）	底坡	设计水位差（m）	设计流速（m/s）	隔板型式	隔板块数	隔板间距（m）	备注
斗龙港	沿海	江苏大丰	鳗鱼、蟹、鲻鱼、梭鱼、鲈鱼	50	2	1	1∶33.2	1.5	0.8～1.0	两侧导竖式	36	1.17	钢筋混凝土槽式，有补水管，1966年建成
太平闸	沿江	江苏扬州	鳗鱼、蟹、青鱼、草鱼、鲢鱼、鳙鱼、刀鱼	297.3 127.0 117.0	3 2 4	2	1∶115 1∶86 1∶115	3.0	0.5～0.8 小流速区为0.3	梯形表孔，长方竖孔	117	4.5 2.5 4.5	2个进口，1个出口，梯形＋矩形综合断面，有分流交会池、岛形观测室及闸门自控设备，1973年建成
浏河	沿江	江苏太仓	鳗鱼、蟹、青鱼、草鱼、鲢鱼、鳙鱼、刀鱼	90	2	1.5	1∶90	1.2	0.8	梯形表孔，正方底孔	35	2.5	进口在小电站旁，电站尾水平台有集鱼系统，1975年建成
裕溪闸	沿江	安徽和县	鳗鱼、蟹、青鱼、草鱼、鲢鱼、鳙鱼、刀鱼	256	2 1	2	1∶64	4.0	0.5～1.0	两侧导竖式	97 197	2.4 1.2	进口在深孔闸旁，有补水孔及纳苗门，大小鱼道并列，1972年建成
团结河闸	沿海	江苏南通	梭鱼、鲈鱼、鲻鱼	51.3	1	2.5	1∶50	1.0	0.8	平板长方孔	32	1.5	进口在闸门旁，闸墩上有侧向进鱼孔，1971年建成
洋塘	低水头枢纽	湖南衡东	银鲴鱼、草鱼、鲤鱼、鳊鱼	317	4	2.5	1∶67	4.5	0.8～1.2	两表孔，两潜孔	100	3.0	主进口在泵站下游，有3个辅助进口，泵站及电站尾水平台上有集鱼、补水系统，有会合池，上游补水渠，1979年建成
上庄新闸	低水头枢纽	北京	细鳞鱼、鳗鲡、麦穗鱼、大鳞泥鳅、中华多刺鱼	160	2.0	1.2	1∶40	3.8	0.87	垂直竖缝	61	2.5	布置于拦河闸右岸35m处，平面布置为倒置的C形，2006年12月建成
老龙口	低水头枢纽	吉林珲春	大麻哈鱼、七腮鳗	281.6	2.5	0.7～3.1	1∶10	28	1.8～2.0	垂直竖缝	140	3.2	钢筋混凝土槽式，进口在厂房尾水旁，2011年建成
长洲	低水头枢纽	广西梧州	中华鲟、鲥鱼、花鳗鲡、鳗鲡、七丝鲚、白肌银鱼	1443	5	3	1∶80	15.29	0.8～1.3	一侧竖孔＋坡孔，一侧底孔	198	6.2	钢筋混凝土层面加浆砌石槽式，进口在厂房尾水旁，2011年建成
石虎塘	低水头枢纽	江西吉安	青鱼、草鱼、鲢鱼、鳙鱼、鲥鱼	683	3	2	1∶60	9.34	0.7～1.2	一侧垂直竖孔＋坡孔，一侧表孔	150	3.6	布置在枢纽右岸电厂与土石坝之间，在建
鱼梁	低水头枢纽	广西百色	鳗鲡、白肌银鱼、青鱼、草鱼、鲢鱼、鳙鱼	754.27	3	2.5	1∶61.7	10.75		垂直竖缝	201	3.3	布置在电站右岸岸坡，在建

3.1.2.2 分类及其适用条件

鱼道可按结构型式或枢纽位置进行分类。

1. 按结构型式分类

鱼道按其结构型式可以划分为仿生态式鱼道、隔板式鱼道、槽式鱼道和特殊结构型式的鱼道等。

(1) 仿生态式鱼道。这种类型鱼道很接近天然河道的情况，主要依靠延长水流路径和增加糙率来消能。其适应鱼类范围广，但适用水头小，且占地面积大。常见的有鱼坡和旁通鱼道等。

1) 鱼坡。如图 3.1-1 所示，一般适用于低堰或水头较低的枢纽，适用水头在 4～6m 以内。芬兰锡卡河上修建的一个小型鱼坡，是通过 20 个自然水池(两个水池间的落差 $\Delta h=0.2$m) 消耗水流中的能量，使七鳃鳗、鲈鱼、白斑狗鱼能克服 4m 高的坝游到上游。

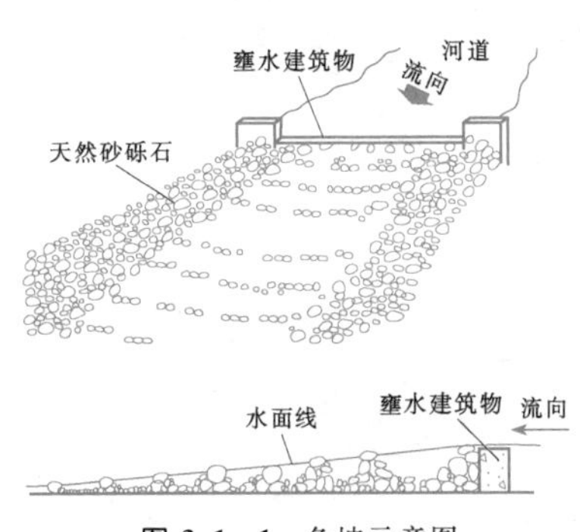

图 3.1-1 鱼坡示意图

2) 旁通鱼道。主要利用原河道或在枢纽旁侧天然的地形地貌修建的鱼类洄游通道，如图 3.1-2 所示。这类鱼道一般只能在特定的地形条件下采用，坡度一般小于 1∶30。旁通鱼道的典型代表是 2003 年建成的伊泰普鱼道，其水位差 120m，渠道的总长度约为 10km，其中 6.5km 是在原河道的基础上改建而成，另外的 3.5km 渠道为新建部分，如图 3.1-3 所示。

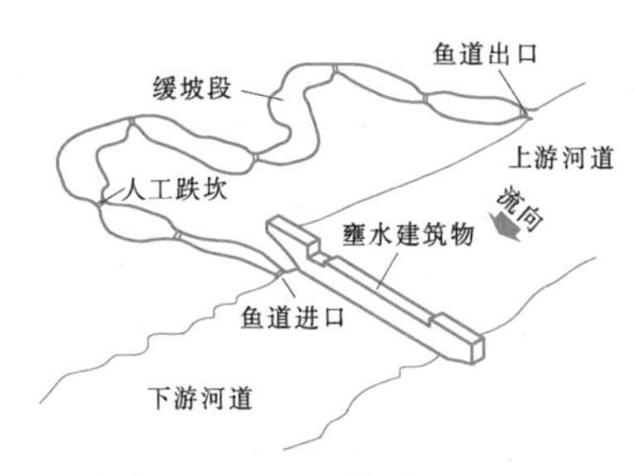

图 3.1-2 旁通鱼道示意图

(2) 隔板式鱼道。也称池室式鱼道，在鱼道槽身上设置横隔板将上下游的总水位差分成许多梯级，利用水垫、水流对冲、扩散及沿程摩阻来消能，形成适合于鱼类上溯的流态，如图 3.1-4 所示。其优点是水流条件容易控制、结构简单、维护方便，能适应相对较高的水头，是目前国内外使用最多的鱼道型式。

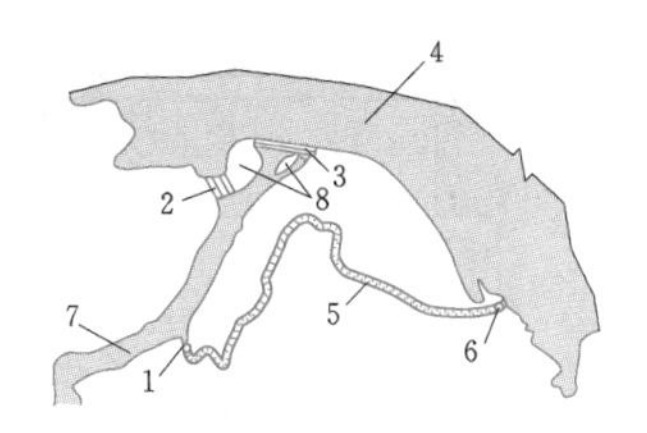

图 3.1-3 伊泰普电站总体布置示意图

1—鱼道进口；2—电站溢洪道；3—大坝及厂房；4—水库；5—鱼道；6—鱼道出口；7—下游河道；8—河心洲

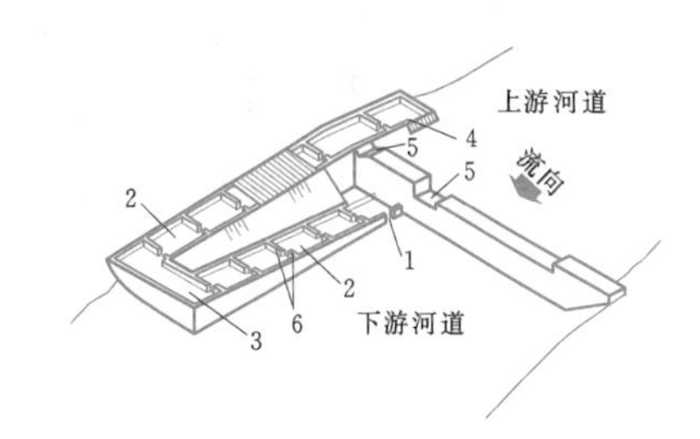

图 3.1-4 隔板式鱼道示意图

1—鱼道进口；2—鱼道池室；3—休息室；4—鱼道出口；5—辅助诱鱼水流通道；6—隔板

该类型鱼道根据横隔板过鱼孔的形状、位置及消能机理的不同分为溢流堰式、淹没孔口式、竖缝式和组合式等四种。

1999 年，美国在弗吉尼亚州詹姆斯河博舍坝上修建了垂直竖缝式鱼道，当年就通过近 20 种鱼类 6 万余尾。2000 年，共通过近 20 种鱼类 11 万余尾。

(3) 槽式鱼道。为一条连接上下游的矩形断面倾斜水槽，按其是否有消能设施分为简单式和加糙式两种。

1) 简单式鱼道。仅利用延长水流途径和槽壁自然糙率来降低流速。此类鱼道长度大、坡度缓，运行水位差较小。

2) 加糙式鱼道。主要通过在槽壁和槽底布置间距较密的各类阻板和底坎，以消减能量，降低流速，如图 3.1-5 和图 3.1-6 所示，其优点是宽度小、坡度陡、长度短，因而较为经济；且过鱼速率较高。该类型鱼道占地面积小，但鱼道适应上下游水位变幅的能力差，鱼道内水流掺气、紊动剧烈，槽身加糙部件结构复杂，不便维修。最典型的加糙式鱼道就是由比利时工程师丹尼尔发明的丹尼尔式鱼道。

该类型鱼道主要适用于水头差不大且游泳能力强

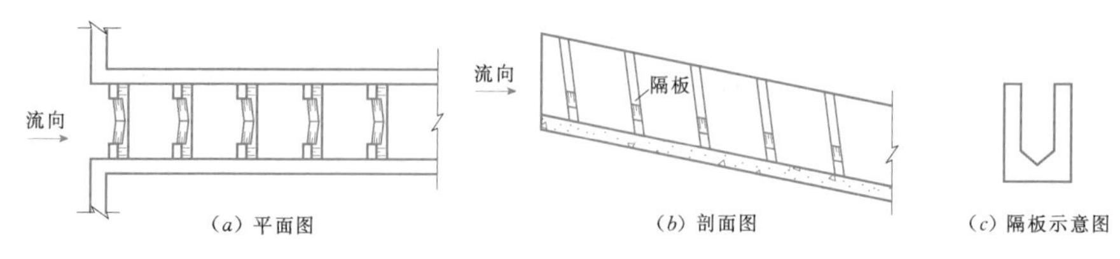

图 3.1-5 丹尼尔槽式鱼道示意图

(a)

(b)

图 3.1-6 槽式鱼道

的鱼类。

(4) 特殊结构型式的鱼道。如图 3.1-7 和图 3.1-8 所示，此类鱼道具有独特的结构型式，通常仅为那些爬行、黏附以及善于穿越草丛缝隙的鱼类（如幼鳗等）上溯而设。如 1974 年加拿大圣劳伦斯河莫塞斯—桑德斯大坝修建的供美洲鳗上溯的鳗鱼道，该鳗鱼道槽坡陡达 70°，全长 156m，爬升高度 29.3m，建成四年就通过了美洲鳗鱼 300 多万尾。

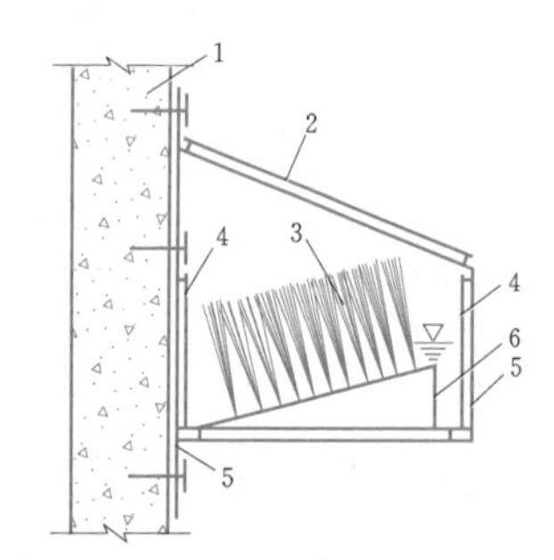

图 3.1-7 某鳗鱼道横剖面示意图

1—混凝土墙；2—遮盖物；3—尼龙类物体；4—矩形槽身；5—支撑结构；6—内支架

图 3.1-8 加拿大圣奥尔斯大坝的鳗鱼道

2. 按枢纽位置分类

(1) 沿海型。位于沿海挡潮闸上，上游水位比较固定，下游受潮汐影响，每天有两次倒灌。主要过鱼对象为幼鱼和蟹苗，几乎没有溯游能力，潮水倒灌时可随潮纳入上游。

(2) 内湖型。位于沿江或通江湖泊的节制闸上，上游水位比较固定，下游受江水或潮汐影响，倒灌机会不多。主要过鱼对象为幼鱼、幼蟹（其体型比沿海型要大些）及上溯湖区育肥的中小鱼。

(3) 河流枢纽型。位于电（泵）站枢纽上，上下游水位受枢纽运行影响，运行水位差较大，有一定变幅，不可能倒灌。所过鱼的体型较大。

3.1.2.3 鱼道设计基本要求

(1) 鱼道布置应选择合适地形，减少工程量。

(2) 鱼道内流速流态应能适应主要过鱼对象的特性。

(3) 鱼道在主要过鱼季节的各种鱼道设计水位组合下能正常运行。

(4) 鱼道进口布置应能使鱼类易于发现并顺利进入。

(5) 鱼道应当保证上溯鱼类的安全，不需太费力就能通过，不致对鱼类的生理机能产生不利影响。

(6) 鱼道结构力求简单，就地取材。

(7) 鱼道应避免布置在人口密集、交通繁忙、噪音大、有污水排放的区域。有船闸时，鱼道应尽量布置在通航建筑物的对岸，减少上下游引航道对鱼道进、出口位置选择的影响。

(8) 鱼道布置应注意对环境的保护。

3.1.2.4 基本设计参数的选择

1. 过鱼种类及其生物特性

通过鱼道的鱼类及其生物特性是鱼道设计的最基本参数，一般需要掌握的资料包括鱼类品种、生存状况、游泳能力以及生理特性。

据不完全统计，我国的淡水（包括沿海河口）鱼类约有1050种，分别属于18目52科294属。按照鱼类生态环境和鱼种的差异，全国划分为六大鱼区。

(1) 东北鱼区。鱼类耐寒性强，以冷水性鱼类为主，共100余种。具有代表性的是鲑鱼类，包括哲罗鱼、细鳞鱼、乌苏里鲑及大麻哈鱼，还有江鳕鱼等。

(2) 华北鱼区。主要分布于黄河中下游、辽河、海河等水域。该鱼区径流量小，湖泊水面少，河流含沙量大，不利于鱼类生活，鱼种少，以温水性鱼类为主。主要有鲤鱼、鲫鱼、鳇鱼、赤眼鳟、红鲌鱼、中华细鳊、鲇鱼等。

(3) 华中鱼区。主要在长江流域。这里河网密布，湖泊众多，水温较高，饵料丰富，鱼种多达260余种，以温水静水性鱼类为主。主要有鯿鱼、鳊鱼、鲴鱼、鲢鱼、青鱼、草鱼、鳑鱼、鲥鱼、香鱼、银鱼等鱼类，还有中华鲟、白鳄。

(4) 华南鱼区。包括浙闽东部、台湾、粤桂及滇南。该区发育了南方型的暖水性鱼系，鱼种丰富。主要有鲮鱼、鲇鱼、鯿鱼、鳊鱼、鳃鱼、青鱼、草鱼、鲥鱼等鱼类。

(5) 宁蒙鱼区。主要包括河套地区水域和内蒙古高原内陆水域，是一个与周围联系很少的淡水鱼区。该区鱼种贫乏，主要有鲤鱼、鲫鱼、麦穗鱼、铜鱼、赤眼鳟等。

(6) 华西鱼区。包括新疆、青海、西藏、甘肃的全部和川西、滇北地区。区内大部分地区地势较高，气候寒冷干燥。鱼类以冷水底栖型的裂腹亚科和条鳅亚科为主。

鱼道设计时，可以参考相同鱼区已成功建成鱼道的设计参数，对不同鱼区之间鱼道的参数，需经认真分析比较后才能采用，东北鱼区的鱼道参数一般宜在本鱼区内进行参考。

洄游鱼类对声、光、水、色有一定的敏感性和趋近性，鱼道设计可考虑设置相应的辅助设施，提高鱼道的过鱼效果。如对声音高度敏感的鱼类有鲤科鱼类（乌鲂、雅罗鱼、拟鲤、鲤鱼、圆鳍雅罗鱼等）、鲱科鱼类（鲱、西鲱等）、鲶科鱼类；对声音中度敏感的鱼类有鲑科鱼类、鲈科鱼类。

2. 鱼道设计流速

鱼类的游泳能力和在鱼道中的停留时间，是决定鱼道设计水流速度的重要因素。

(1) 鱼类的游泳能力。鱼类游泳能力一般以感应流速、喜爱流速和极限流速等表示。

感应流速是指鱼类可能产生反应的最小流速值；喜爱流速是指鱼类所能适应的多种流速值中的最适宜的流速范围，在该流速范围内，鱼类能长时间（通常30～60min）持续游泳，因此又称为巡航速度或耐久速度；极限流速是指鱼类所能适应的最大流速值，又称之为临界流速，是鱼类能在极短时间内（数秒）持续游泳的流速。

各种鱼类的感应流速大致相同，但各种鱼类的极限流速和喜爱流速，由于其体长、季节、生活环境不同，即使同种鱼类，都有很大差别。一般而言，鲑科鱼类的游泳能力较强，鲤科鱼类较弱；大鱼较强，小鱼较弱；鱼类在产卵洄游期的溯游能力比平时要强。常见鱼类的游泳能力见表3.1-3。

(2) 设计流速。鱼道设计流速是指在设计水位差时，鱼道最小过鱼断面处的最大流速。鱼道设计流速应不大于需要通过鱼类的极限流速。

目前，国内外对各种鱼类的游泳能力还很难准确确定。根据我国一些室内外的试验观测资料以及鱼类的生活习性，鱼类极限流速可参阅表3.1-3，表中未列鱼类可根据体长L按下式近似估算：

$$v = 1.98\sqrt{L_f} \qquad (3.1-1)$$

式中　v——鱼类极限流速，m/s；

L_f——鱼类体长，m。

式(3.1-1)仅考虑了鱼类体长的因素，而忽略了鱼的种类、生长阶段、生活环境、水温等影响，不能反映出相同体长、不同鱼类在游泳能力上的较大差异。而且同种鱼类因其生长阶段不同，也具有不同的游泳能力，不完全遵循与体长成比例的关系，因此，式(3.1-1)有其局限性。但在没有更可靠的设计依据时，可按此初估。

3. 鱼道主要过鱼季节及设计水位

鱼道的过鱼季节是指主要过鱼对象通过鱼道上溯洄游的季节，不考虑鱼类下行降河洄游的时期。一般鱼道的主要过鱼季节历时为3～4个月。

表 3.1-3　　常见鱼类的游泳能力

生态类型	种　类	体　长 (m)	感应流速 (m/s)	喜好流速 (m/s)	极限流速 (m/s)
溯河洄游性鱼类	中华鲟	0.5～7	—	1～1.2	1.5～2.5
	大麻哈鱼	—	—	1.3	5
	虹鳟	0.096～0.204	—	0.7	2.02～2.14
		0.245～0.387	—	0.7	2.29～2.65
	刀鲚	0.10～0.25	—	0.2～0.3	0.40～0.50
		0.25～0.33	—	0.3～0.5	0.60～0.70
	美洲鲥①	0.40	—	0.4～0.9	>1.00
降海洄游性鱼类	幼鳗	0.05～0.10	—	0.18～0.25	0.45～0.50
淡水洄游性鱼类	鲢鱼	0.10～0.15	0.2	—	0.70
		0.23～0.25	0.2	—	0.90
		0.4～0.5	—	0.9～1.0	—
	草鱼	0.15～0.18	0.2	0.3～0.5	0.70
		0.18～0.20	0.2	0.3～0.6	0.80
	鲂鱼	0.10～0.17	0.2	0.3～0.5	0.60
	鲌类	0.20～0.25	0.2	0.3～0.7	0.90
洄游性蟹	河蟹幼蟹	体宽 0.01～0.03	—	0.18～0.23	0.40～0.50

① 我国尚无鲥鱼相关数据，美洲鲥的数据供参考。

设计水位可根据鱼道的重要性和过鱼量的大小来选取。对于上游运行水位相对较稳定的枢纽，鱼道上游设计水位可采用主要过鱼季节相应的闸、坝正常运行水位；下游设计水位取主要过鱼季节的多年平均低水位。对于上游运行水位变化较大的枢纽，鱼道上游最高设计水位取正常蓄水位或者主要过鱼季节的工程限制运行水位，最低设计水位不宜低于工程死水位；下游最高设计水位可选主要过鱼季节闸、坝下游历时较长的平均高水位，最低设计水位取主要过鱼季节的多年平均低水位。

在确定下游最低设计水位时，在不过多增加投资和尽可能多过鱼的原则下，一般采用主要过鱼季节中多年平均低水位，而不采用多年平均最低水位。当然，这与过鱼保证率有关，必要时，也可通过下游典型水位概率分析确定，即当要求过鱼保证率较高时，下游设计水位可定得低一些，过鱼历时适当长一些。下游设计水位选取时，还应考虑工程运用后对河道、河势变化的影响，如清水下切、下游挖沙造成的水位下降等。

3.1.2.5　鱼道布置

1. 鱼道位置选择

(1) 鱼道修建在水闸上。有下列三种布置情况：

1) 鱼道和水闸构成一个整体，布置在边孔中。其进口位置也有两种：一是与水闸底板下游前缘齐平，如图 3.1-9 (*a*) 所示；二是伸出闸外，如图 3.1-9 (*b*) 所示。前一种布置还可在鱼道旁边闸孔的边墩上开孔，使其他闸孔的鱼也能找到鱼道进口，其布置优于后一种。

2) 鱼道与水闸分开，布置在岸坡上。此时，进口一般都离水闸较远，如图 3.1-9 (*c*) 所示。这种布置的鱼道槽身布置较为灵活。

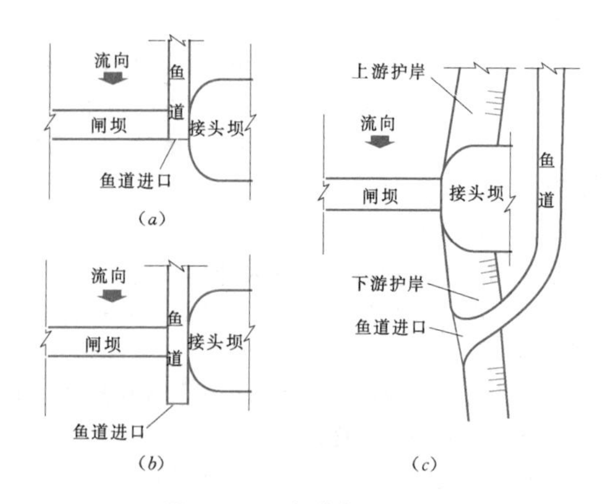

图 3.1-9　鱼道布置图（一）

3）鱼道与水闸统筹布置，结合以上两种布置的特点，将进口布置紧靠水闸，整个鱼道由边孔伸至岸坡，绕过一定距离，再到达上游出口，是较为理想的布置型式，如图 3.1-10 所示。

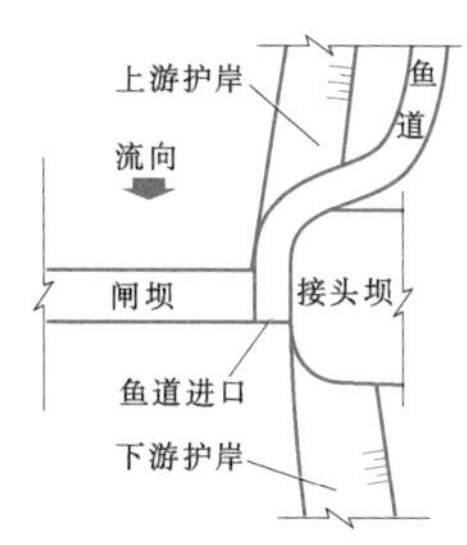

图 3.1-10 鱼道布置图（二）

（2）鱼道布置在电（泵）站旁。电（泵）站枢纽上的鱼道宜布置在电（泵）站旁侧，因该处常有水流下泄，鱼类常集群于尾水管附近，故可在尾水管上方设置集鱼系统，以增加进鱼前沿的长度，鱼类进入集鱼系统进口后，再通过与鱼道相连的输鱼渠进入鱼道，然后上溯，如图 3.1-11 所示。

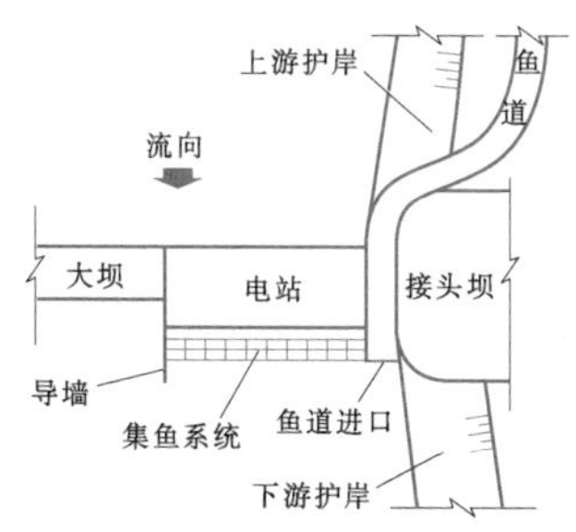

图 3.1-11 鱼道布置图（三）

（3）鱼道布置在枢纽中的导墙或隔墩中。鱼道也可布置在枢纽中的导墙或隔墩中，以充分利用空间，减少枢纽轴线长度。但其进口常远伸于枢纽之外，鱼类难以找到，布置有很大的局限性。有时为克服布置中的困难，可分三层盘折式布置，在下两层下游端各有一个进口，以适应下游不同水位。也可将鱼道布置在位于上游的圆塔中，如图 3.1-12 所示。

（4）多鱼道的布置。在河床较宽的情况下，有时仅一条鱼道不能吸引整条河道的洄游鱼类，需根据枢纽布置设计多条分开的鱼道，每条鱼道有一个或一个以上入口，如图 3.1-13 所示。多鱼道的布置方案在国外工程实例中较多出现。

2. 国内外部分鱼道布置实例简介

（1）广西长洲鱼道。长洲水利枢纽位于西江干流浔江河段梧州市上游 12km 处，是以发电为主，兼顾航运、灌溉的大型水利工程。长洲鱼道位于外江厂房安装间的左侧，全长 1443m，上下游水位差 15m。主要通过中华鲟、鲥鱼、鳗鲡等，每年 1～4 月为主要过鱼季节。鱼道由下至上布置有进口段、鱼道水池、挡洪闸段和出口段，其中，在鱼道水池还布置了休息池和观测室。下游进口设置在厂房尾水下游约 100m 处，上游出口布置在外江左侧河岸。为了便于鱼类找到鱼道进口，在进口河段设置了导鱼电栅，如图 3.1-14 所示。

（2）吉林老龙口鱼道。吉林老龙口鱼道位于东北珲春河，是我国第一座通过大麻哈鱼的鱼道，鱼道水位差 28.00m，底坡 1∶16，是目前全国水头最高、坡度最陡的鱼道。该鱼道主要通过马苏大麻哈鱼、大麻哈鱼、驼背大麻哈鱼、日本七鳃鳗等洄游性鱼类，每年 8～10 月为主要过鱼季节。鱼道位于溢洪道内侧，进口布置在左岸坝下约 340m 处、厂房尾水渠出口对岸。鱼道共 140 块隔板，槽身具有矩形和梯形两种断面，两种隔板型式，鱼道水池净

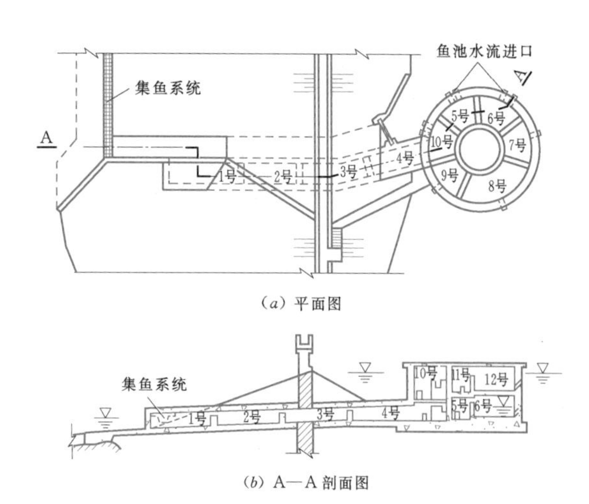

图 3.1-12 英国一鱼道的圆塔型布置

（图中编号代表鱼道池室编号，即鱼类游行顺序）

图 3.1-13 哥伦比亚河上冰港大坝鱼道布置

（图中显示发电厂房的第一条鱼道和溢流坝旁的第二条鱼道）

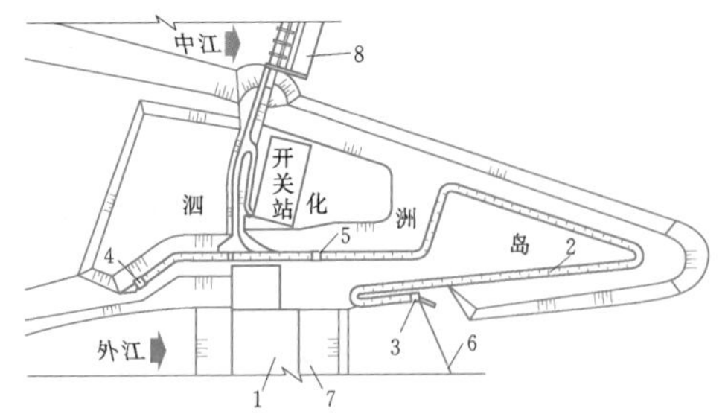

图 3.1-14　广西长洲鱼道布置图

1—厂房；2—鱼道；3—鱼道进口；4—鱼道出口；5—鱼道观测室；6—导鱼电栅；7—厂房尾水；8—泄水闸

尺度 2.5m×3.0m。老龙口枢纽鱼道布置如图 3.1-15 所示。

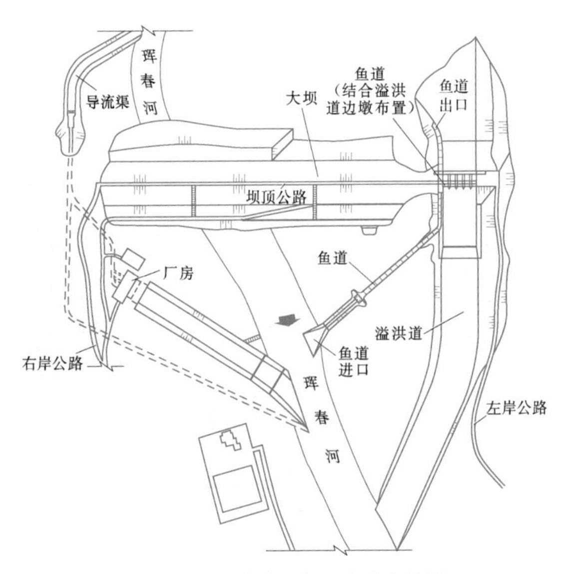

图 3.1-15　老龙口枢纽鱼道布置图

（3）江西石虎塘鱼道。石虎塘鱼道位于赣江中游，主要为保护赣江干流青鱼、草鱼、鲢鱼、鳙鱼、鲥鱼等鱼类。鱼道布置在枢纽右岸电厂与土石坝之间。鱼道主要过鱼季节为每年 4～7 月。鱼道水位差 9.00m，底坡 1∶60，槽身采用下部为矩形、上部为梯形的复式断面。设计鱼道槽身断面底宽 3.0m，水池净深 2.0m，每级水池长 3.6m。石虎塘鱼道全程设四个平底休息室，并在进口设置了集鱼系统。石虎塘鱼道平面布置如图 3.1-16 所示。

（4）右江鱼梁鱼道。鱼梁鱼道位于广西右江河段，最大设计水位差 10.75m，鱼道底坡 1∶61.7，总长 754.27m。主要通过河海洄游的鱼类有日本鳗鲡和白肌银鱼，淡水洄游鱼类有青鱼、草鱼、鲢鱼、鳙鱼“四大家鱼”，土著鱼类有倒刺鲃、唇鲮和鳊鱼等。鱼道建在电站右岸岸坡上，隔板采用竖缝式结构，布置有鱼道进口、鱼道池室、休息池、出口、观测室、集鱼槽、补水系统、挡洪闸门、检修闸门等。鱼梁鱼道布置如图 3.1-17 所示。

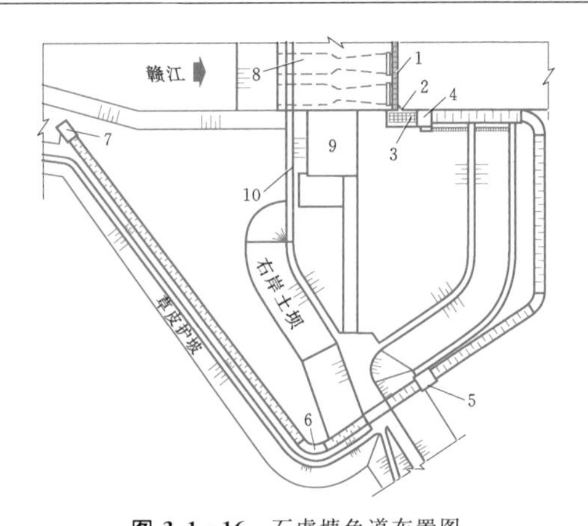

图 3.1-16　石虎塘鱼道布置图

1—集鱼系统；2—主进鱼口；3—补水消能格栅；4—会合池及进口检修闸段；5—观测室；6—休息池段；7—出口检修闸段；8—厂房；9—安装间；10—过坝交通

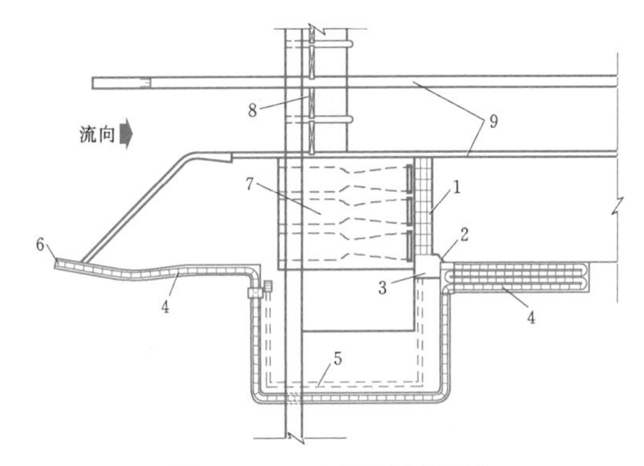

图 3.1-17　鱼梁鱼道布置图

1—集鱼系统；2—主进鱼口；3—会合池；4—鱼道；5—鱼道补水管道；6—鱼道出口；7—厂房段；8—溢流坝段；9—纵向导墙

（5）国内早期的水闸典型鱼道。我国沿江、沿海水闸上鱼道平面布置较为简单，一般都有进口、出口各一个。有的鱼道有两个进口，分别设在相邻的两座闸的下游，上游来水经过交会池分别向两个进口宣泄，同时解决两座闸的过鱼问题，如图 3.1-18 所示；浏河鱼道和洋塘鱼道在其电（泵）站尾水管上方布置了集鱼系统，如图 3.1-19 和图 3.1-20 所示。

（6）国外枢纽鱼道布置。国外以过鲑鱼、鳟鱼类为主的鱼道大多建在电站枢纽上，其长度和水头较大，有的鱼道有几个进口，有的枢纽有多种过鱼建筑物。国外几个比较著名的过鱼建筑物布置如图 3.1-21 所示。

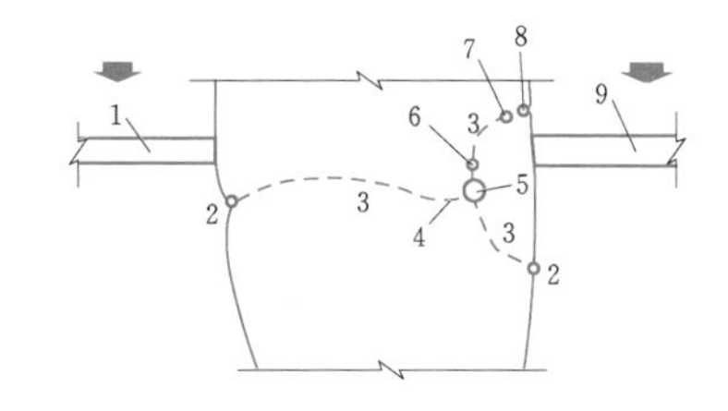

图 3.1-18 太平闸鱼道布置图

1—万福闸；2—鱼道进口；3—鱼道；4—涵洞；5—交会池；6—老观测室；7—新观测室；8—鱼道出口；9—太平闸

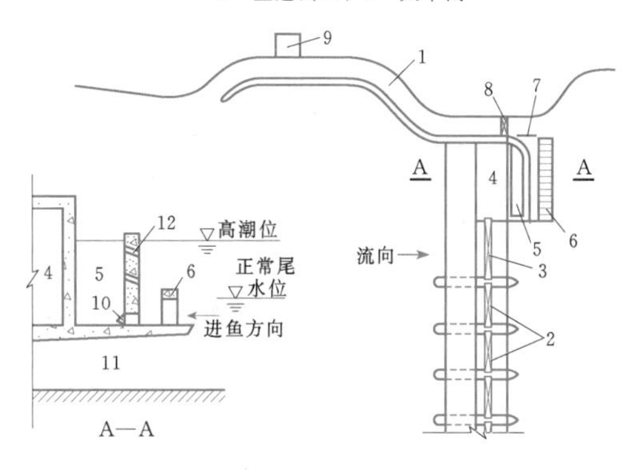

图 3.1-19 浏河鱼道布置图

1—鱼道；2—水闸；3—通航孔；4—厂房；5—储水池；6—集鱼系统；7—插板门；8—鱼道进口门；9—鱼道观测室；10—引潮活门；11—尾水出口；12—出水管

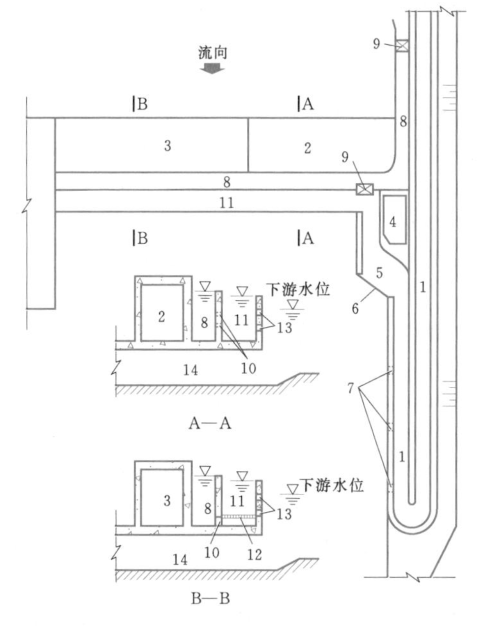

图 3.1-20 洋塘鱼道布置图

1—鱼道；2—泵站；3—厂房；4—鱼道观测室；5—会合池；6—鱼道主进口；7—鱼道副进口；8—补水渠；9—补水闸；10—补水孔；11—集鱼系统；12—格栅；13—进鱼孔；14—尾水管

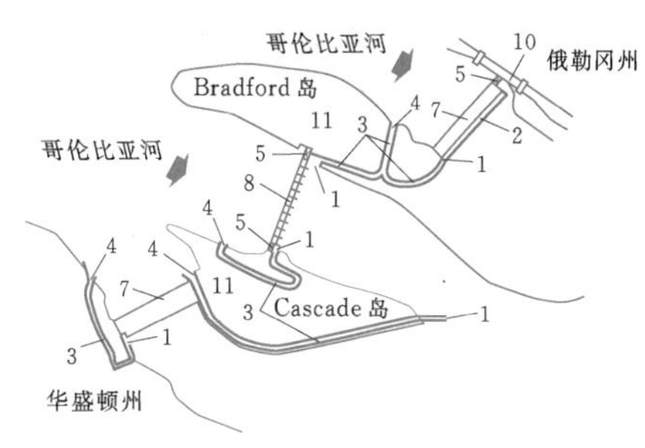

(*a*) 邦纳维尔(Bonneville)坝

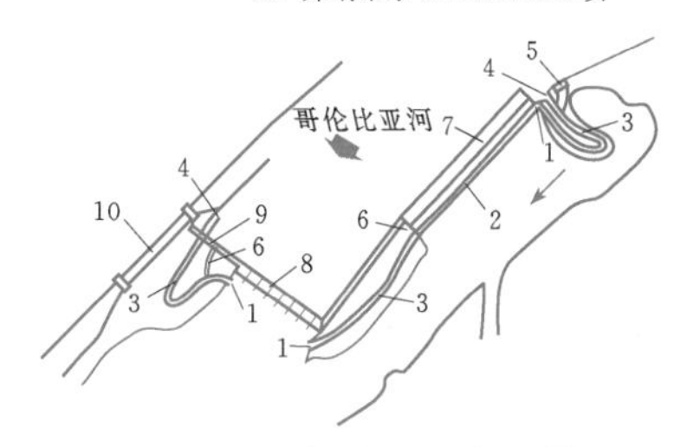

(*b*) 美国多列斯(The Dalles)坝

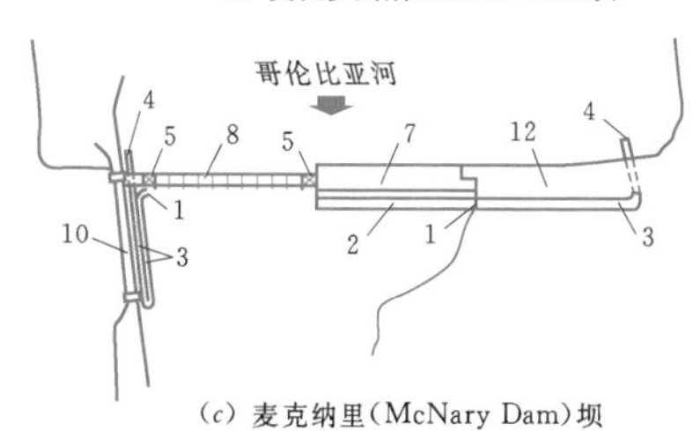

(*c*) 麦克纳里(McNary Dam)坝

图 3.1-21 国外几个枢纽的过鱼建筑物布置图

1—鱼道进口；2—集鱼系统；3—鱼道；4—鱼道出口；5—诱鱼水闸；6—鱼道补水；7—厂房；8—溢流坝；9—非溢流坝；10—船闸；11—江心滩；12—接头土石坝段

3.1.2.6 主体建筑物设计

1. 鱼道进口设计

(1) 设计内容。

1) 确定进口的合适位置及平面布置。

2) 选择进口的高程、形态。

3) 确定诱鱼、导鱼、集鱼设施。

(2) 布置原则。鱼道进口位置直接影响过鱼效果。鱼道的进口必须根据当地主要过鱼对象的习性、水文情况、枢纽组成及周围环境等因素和通过鱼类的洄游规律确定。

鱼道进口布置原则一般如下：

1) 鱼道进口应设在经常有水流下泄、鱼类洄游线路及鱼经常聚集的地方，并尽可能靠近鱼类能上溯到达的最前沿。

2) 鱼道进口附近水流不应有旋涡和水跃，从鱼道进口下泄的水流应使鱼类易从枢纽下泄的各种水流中分辨出来，进鱼口附近区域的流速应大于鱼类的感应流速，即在各种过鱼水位组合下应有大于0.2m/s的流速，必要时需补充诱鱼水流和设置诱鱼、导鱼设施。

3）鱼道进口应避开易淤积部位，避免由于淤积造成鱼道进口堵塞和水深不足。

4）鱼道进口高程应适应主要过鱼季节下游水位的变化，必要时，需设置两个或更多不同位置和高程的进口。并满足过鱼对象对水深的要求，一般水深不小于1m。进口不宜高踞于下游河床之上，否则，水体底层鱼不易找到，此时，可设斜坡与河底相连，如图3.1-22所示。鱼道进口也不宜低于河床，以免泥沙淤积，减少进口水深，可用一倒坡与河床相连。

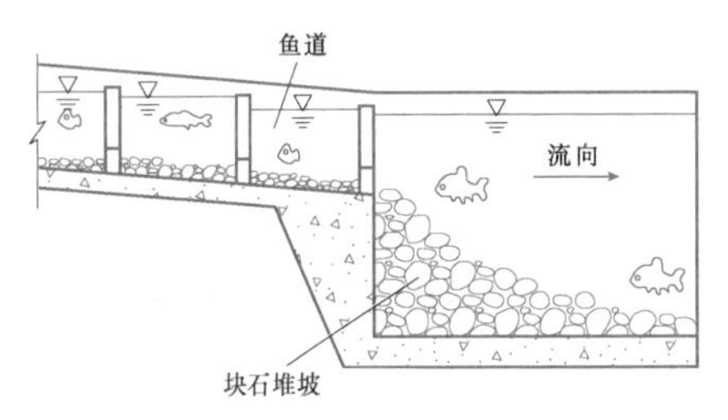

图3.1-22 进口与河道连接示意图

5）鱼道进口一般为开敞式，不宜封闭成管道。如封闭成管道，需配以人工光源来模拟自然光照。

（3）几种常见的鱼道进口布置。在工程枢纽布置中，常见的鱼道进口布置方式有水闸旁的进口布置、溢洪道旁的进口布置和电站厂房旁的进口布置。

1）水闸旁的鱼道进口。这种布置结构比较简单，一般都布置在岸边或闸孔旁，尽可能地靠近闸轴线。进口多为敞开式，也可用短涵洞和鱼道槽身相连。为了调节流量和流速，需设置进口闸门。当下游水位变幅较大时，可设置两个或更多不同高程的进口。鱼道进口前应设渐扩过渡段与下游河床相连。

2）溢洪道旁的鱼道进口。溢流坝泄水时，对下游鱼类的诱导作用极好，能把鱼类诱集至溢流坝下及两侧，因此也有在溢流坝下及两侧靠近岸边处设置进鱼口的，但当溢流坝停止泄水时，坝下鱼类就较难发现静水区内部的进鱼口，此时，下游的来鱼也易被厂房的尾水吸引而游向厂房。因此，这类间歇性泄水建筑物，除非在鱼道流出的水量相当大、溢流坝又能经常泄水等过鱼量较多的情况下，才在坝下及两侧岸边设置鱼道及进鱼口。此时，可在两侧鱼道之间设置导鱼栅，通过调节溢洪道闸门，使鱼道进口下游形成有利于鱼类寻找进口的流态，如图3.1-23所示。

美国哥伦比亚河上溢洪道旁有导鱼栅的鱼道进口布置如图3.1-24所示。

3）电站厂房旁的鱼道进口。这种布置方式分别有设集鱼系统和不设集鱼系统两种。当设集鱼系统时，

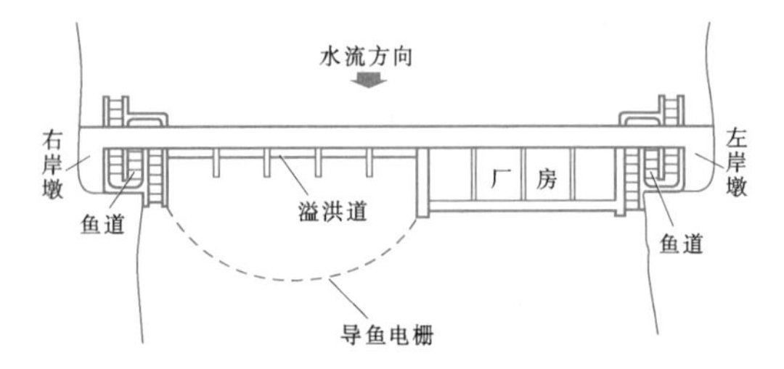

图3.1-23 溢洪道与电站厂房旁鱼道进口布置图

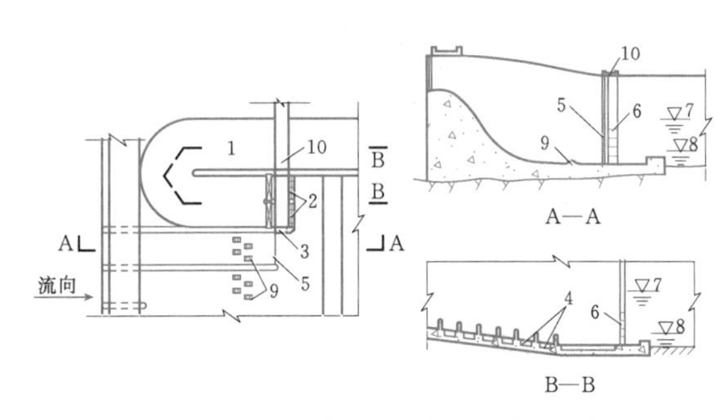

图3.1-24 溢洪道旁有导鱼栅的鱼道进口布置图

1—鱼道；2—鱼道主进口；3—鱼道辅助进口；4—补水出口；5—导鱼电栅；6—自动叠合滑动堰；7—最高过鱼水位；8—最低过鱼水位；9—消能工；10—交通桥

可使鱼道进口与电厂尾水管上方集鱼系统相连，其典型布置如图3.1-25所示。这种布置方式一般需要设置补水、扩散、消能、配水等系统，以保证集鱼系统各进口有一定流速的水流下泄，诱鱼进入鱼道并上溯。

我国江苏浏河鱼道设有六个梳齿形进口的集鱼系统，布置在鱼道旁潮汐电站尾水平台上，并利用平台空间布置了蓄水池。当下游涨潮时，潮水推开池底活门蓄入池内，直至高潮位；退潮时，活门自动关闭。蓄水池用管道接通到鱼道进口和集鱼系统上方，洒水诱鱼。鱼道布置如图3.1-19所示。

湖南洋塘鱼道的集鱼系统布置在泵站和电站的尾水平台上，如图3.1-20所示。上游来水经专用补水渠进入补水系统，再经补水系统与集鱼系统之间隔墙上的补水孔进入集鱼系统，通过集鱼系统的19个设有两个不同高程的进鱼孔泄入下游，经会合池进入鱼道上溯。

（4）进口高程和形态。通常，在主要过鱼季节，鱼道下游最低设计水位时，鱼道进口底部高程可在水面以下1.00～1.50m。幼鱼和中上层鱼类要求的水深不大，进口高程可高些；水体底层鱼习惯在河道底部活动，进口高程可适当降低；对于个体较大的鱼类，应适当加大进口水深。

鱼道进口外应设一个逐渐扩大的过渡性水域，供

游近进口的鱼在进入鱼道前短暂停留，逐步适应环境。在水域中，从进口流出的水流应明确。两侧的翼墙有助于将鱼导入进口，翼墙的下游端应伸展到鱼类能上溯到的地方。

(5) 进口集鱼系统。在枢纽电站下游厂房尾水渠中，常聚集大量从下游循着厂房尾水溯游上来的鱼。由于电厂尾水是经常性水流，其流量又远比鱼道下泄流量大，所以，这部分鱼受这股水流诱集，久久徘徊在厂房尾水管附近，有的甚至游进尾水管，而不易找到鱼道进口。

1938年，美国兴建哥伦比亚河上的邦纳维尔坝过鱼设施时，首先建成了厂房集鱼系统，把进入集鱼系统的鱼顺利地导向过坝的鱼道上溯。

厂房集鱼系统由许多分布在厂房尾水平台中的进鱼口、集鱼（输鱼）渠、扩散室和补水设施组成，如图3.1-25所示。

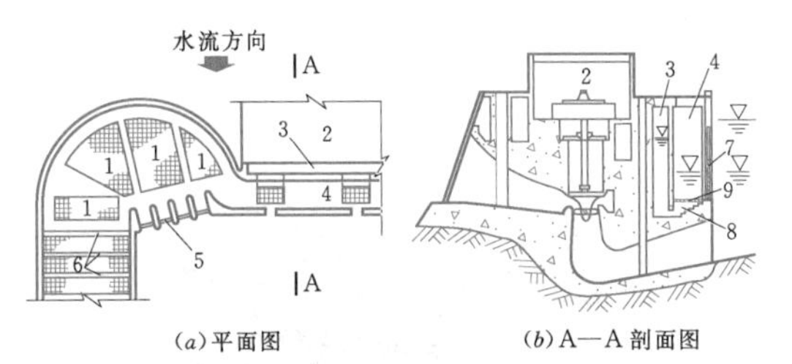

图3.1-25 水电枢纽鱼道进口与厂房集鱼系统、补水系统示意图

1—扩散室；2—厂房；3—补水渠；4—集鱼渠；5—调节堰及主进鱼口；6—过鱼堰；7—调节堰及辅助进鱼区；8—扩散室；9—格栅

集鱼系统的集鱼（输鱼）渠横跨厂房尾水前沿，其进口即为集鱼（输鱼）渠下游面侧壁上的一系列孔口，常等间距地布置在电厂各机组段，孔口高程可以不同。这些进口常设自动控制的闸门，这些闸门随下游尾水位调节开度，控制从槽中流至下游的流量、流速和水深。

厂房集鱼系统应设补水设施，因为鱼道下泄的水量远不能满足集鱼系统各进口（包括鱼道主进口）的流量要求。当尾水位抬高时，为强化各进口水流，需要适当补水。

(6) 进口诱鱼补水系统。由于鱼道下泄流量与枢纽中其他建筑物下泄流量相比较小，其诱鱼作用有限。为了提高进鱼效果，可在鱼道进口或进口外一定范围内布置一组喷洒水管网，向进口一定范围水域洒水。根据鱼道进口的尺寸，管网控制的面积20～50m^{2}为宜。在不过鱼时，容许管网被淹没。下游鱼类在这股水流和水声引诱下集聚到这片水域，再在鱼道下泄水流导引下进入鱼道。这种洒水诱鱼方式用水量少、效果好。日本一鱼道进口的诱鱼水管布置简图如图3.1-26所示。

我国江苏省浏河鱼道的进口诱鱼补水系统的水来自下游（见图3.1-19）。当下游涨潮时，潮水推开设在厂房尾水管顶板上的蓄水池底部的活门，进入蓄水池，直蓄至高潮位；退潮时，活门在池内蓄水压力下自动关闭。这些蓄水通过侧墙上的出水管流向集鱼系统诱鱼。

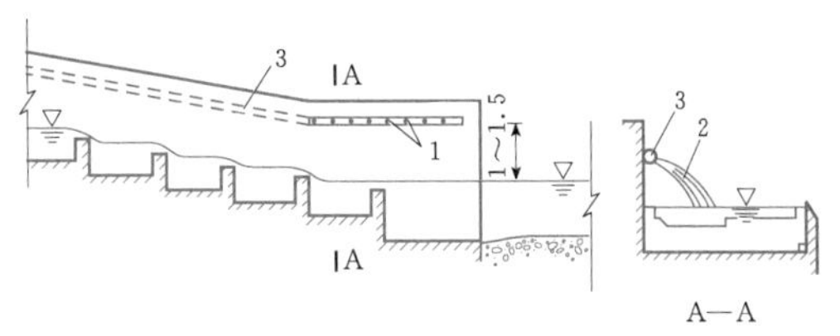

图3.1-26 鱼道进口诱鱼水管布置图（单位：m）

1—诱鱼水流出口；2—诱鱼水流；3—有调节阀的输水管

(7) 导鱼设施。在过鱼季节，闸坝和电站常有水流下泄，为了避免鱼类受下泄水流诱导进入闸坝和电站下游和增强鱼道进口的进鱼效果，宜在鱼道进口设置导鱼设施。

2. 鱼道槽身设计

隔板式鱼道是目前较常用的一种鱼道结构型式。现以该类型为例说明鱼道槽身设计。

(1) 工作原理。隔板式鱼道的工作原理是：在鱼道槽身上等间距地布置一系列横隔板，如图3.1-27所示，将槽身分隔成连续的阶梯形水池，水流通过隔板上布置的孔口逐级向下流动并消耗水流能量。鱼群通过隔板上的孔口从下一个池室进入上一个池室，鱼群只有在通过隔板孔口时才会遇到较快的水流，通过隔板后池中的水流速度较缓，鱼群可借此机会调整休息。

(2) 设计流程。隔板式鱼道设计流程如图3.1-28所示，具体设计步骤如下：

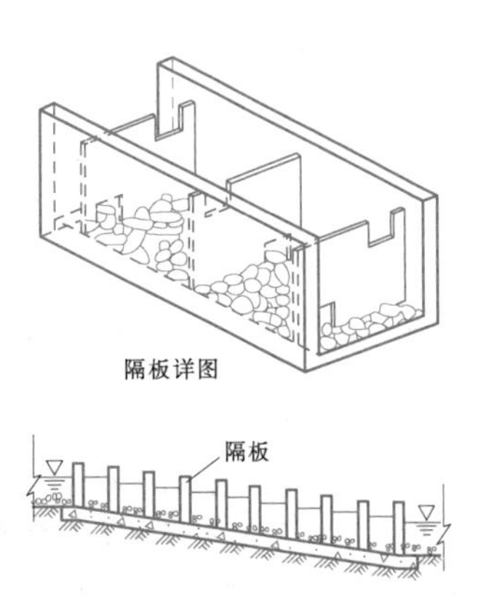

图3.1-27 隔板式鱼道示意图

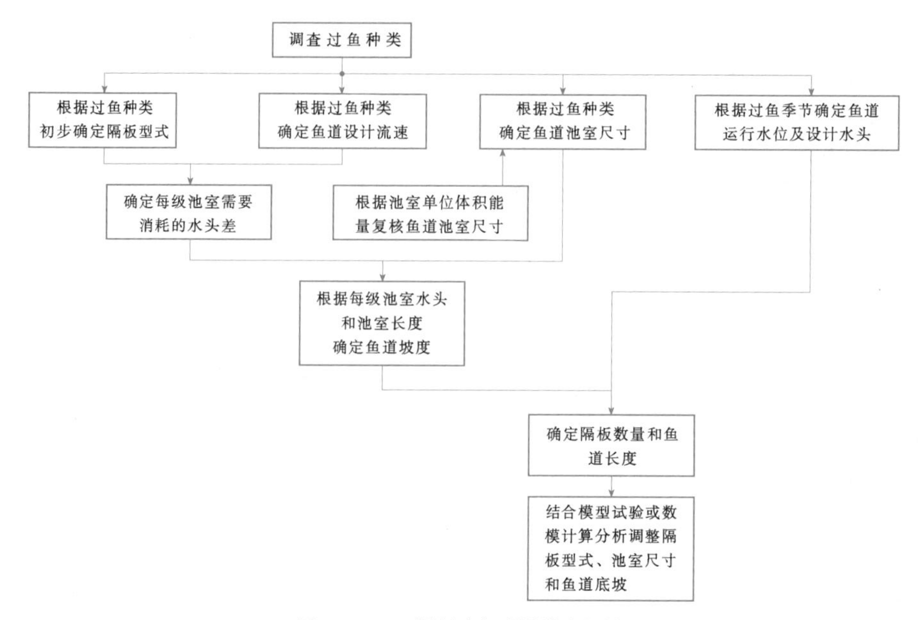

图 3.1-28　隔板式鱼道设计流程图

1）调查过鱼种类。

2）确定设计流速。

3）确定鱼道上下游运行水位及设计水头。

4）确定池室尺寸。

5）根据过鱼种类和设计流速初步确定隔板型式。

6）根据设计流速和隔板型式确定每级池室的水位差。

7）根据池室尺寸和每级池室的水位差确定鱼道坡度。

8）根据鱼道上下游运行水位及设计水头、每级池室的水位差和鱼道坡度确定隔板数量和鱼道长度。

9）结合模型试验或数模计算分析调整隔板型式、池室尺寸和鱼道底坡。

（3）池室结构及尺寸。鱼道池室通常采用混凝土浇筑或者天然石材砌筑。池室底部必须保持一定的粗糙度，以降低池底附近的流速，方便底栖水生物的上溯。可在浇筑池底板混凝土的同时嵌入石块，使石块固结在底板上以实现池底的加糙，如图 3.1-29 所示。隔板材料一般是混凝土、砌石或者木材。

鱼道池室的空间尺寸必须符合过坝鱼群自然习性和行为特征的需要。池室空间尺寸的选定必须满足两个条件：一是满足鱼群有足够的活动空间；二是在较小的紊动程度下耗散水流能量，流速不能过小以防鱼池内泥沙淤积。为了确保低紊动度和池中水流能量的足够转化，一般池室内单位体积水流消耗的能量不能超过 150W/m^3。若是以过鲤科鱼为主的鱼道，单位体积水流消耗能量的容许值一般不宜超过 60～80W/m^3。池室单位体积能量可按下式计算：

图 3.1-29　池室内部加糙效果（实例）图

$$E=\frac{\rho g\,\Delta hQ}{bh_w(l_b-d)} \tag{3.1-2}$$

式中　E——单位体积能量，W/m^3；

ρ——水的密度，取 1.0×10^3kg/m^3；

g——重力加速度，取 .81m/s^2；

b——池室宽度，m；

h_w——池室水深，m；

l_b——池室长度，m；

d——隔板厚度，m；

Δh——上、下级水头差，m；

Q——流量，m^3/s。

鱼道池室宽度 b 主要由过鱼量、过鱼对象习性、隔板孔缝尺寸及消能条件等决定，国外一般取 1～5m，国内鱼道多通过个体不大的鲤科鱼类，池室宽度一般可取 2～3m。

池室长度 l_b 与水流的消能效果和鱼类的休息条件关系较大，较长的池室水流条件相对较好，过坝鱼类休息水域大，有利于鱼类通过。根据我国富春江鱼道放鱼试验观测，池室长度可为过坝鱼类平均长度的4～5倍，设计通常取池室宽度的1.25～1.5倍。考虑鱼类上溯途中有一定的休息场所，一般每隔10～20块隔板设置一个休息池，其长度一般是池室长度的两倍。

池室水深 h 一般可为1.0～2.5m。

目前，我国对鱼道尺寸的统计和研究资料较少，国外推荐的鱼道池室最小尺寸见表3.1-4。

表3.1-4　鱼道池室最小尺寸　单位：m

过鱼种类	池室长 l_b	池室宽 b	水深 h_w
鲟鱼	5.0～6.0	3.0～5.0	1.5～2.0
鲑鱼 海鳟 哲罗鱼	2.5～3	1.6～2	0.8～1.0
河鳟 白鲑 鲤科鱼 其他	1.4～2.0	1.0～0.5	0.6～0.8
河流上游的鳟鱼	>1.0	>0.8	>0.6

(4) 池室隔板设计。

1) 设计原则。

a. 隔板过鱼孔的型式、位置、尺寸应适应主要过鱼对象的洄游习性。

b. 隔板过鱼孔内的最大流速不应大于主要过鱼对象的极限流速。

c. 两隔板间流态有利于鱼类溯游，即要求主流明确顺直，不能有过大的旋涡和涌浪。

d. 隔板应能适应主要过鱼季节下游水位的一定变幅。

e. 隔板形态力求简单、平顺，避免锐缘，以免触伤鱼类；要便于就地取材，施工方便，且有利于维修及更换。

2) 隔板型式及尺寸。隔板式鱼道按隔板过鱼孔的形状及位置可分为溢流堰式、淹没孔口式、竖缝式及组合式四种。

a. 溢流堰式。过鱼孔口布置在隔板顶部表面，水流呈溢流堰流态下泄，主要靠下级水池水垫消能，过流平稳，堰顶可以是圆的、斜的、平顶的或曲面的。该型式鱼道消能不充分，适应上下游水位变动的能力差、一般通过水体表层、喜跳跃的鱼类，如图3.1-30所示。如英国的特鲁因姆（Truim）和卡拉哥（Craigo）鱼道。

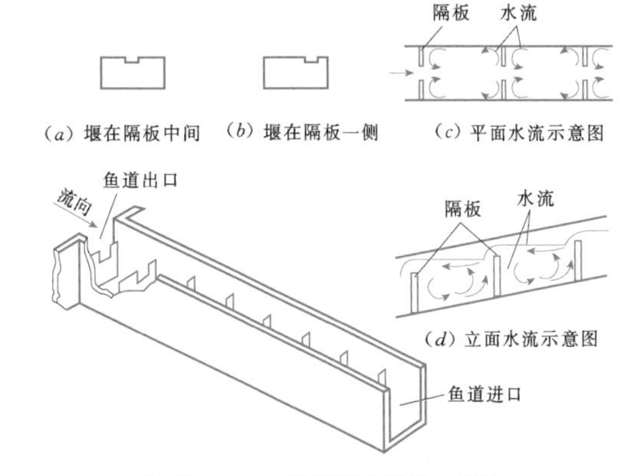

图3.1-30　溢流堰式隔板示意图

溢流堰顶自由水层的厚度和宽度对鱼的蹿越影响较大，一般水舌厚度应控制在0.2～0.3m以内，水舌宽度为0.3～0.5m，溢流堰建议最小尺寸见表3.1-5。

表3.1-5　鱼池隔板淹没孔口及溢流堰最小尺寸　单位：m

过鱼种类	淹没孔口式		溢流堰式	
	宽 b_s	高 h_s	宽 b_a	高 h_a
鲟鱼	1.5	1	—	—
鲑鱼 海鳟 哲罗鱼	0.4～0.5	0.3～0.4	0.3	0.3
河鳟 白鲑 鲤科鱼 其他	0.25～0.35	0.25～0.35	0.25	0.25
河流上游的鳟鱼	0.2	0.2	0.2	0.2

b. 淹没孔口式。按孔口型式又分一般孔口式、管嘴式和栅笼式。水流通过孔口主要依靠水流扩散来消能，孔口一般宜布置在鱼道的底部，适合需要一定水深的中、大型鱼类，底栖鱼群及各种小鱼，溢流堰式和淹没孔口式隔板及池室尺寸如图3.1-31所示。孔口的尺寸视不同过鱼种类而异。该型式鱼道能适应上下游较大的水位变幅。

为了控制流速和流态，相邻隔板上的孔口采取交叉布置的型式。一般孔口尺寸见表3.1-5。

我国采用淹没孔口式隔板的有江苏团结河闸鱼道、洋口北闸鱼道等，均采用长方形孔口。

法国研究了波尔达管嘴的水力条件，通过原体试

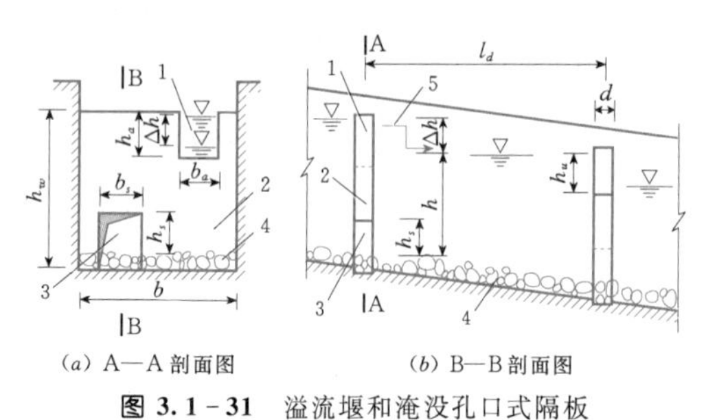

(*a*) A—A剖面图 (*b*) B—B剖面图

图 3.1-31 溢流堰和淹没孔口式隔板及池室尺寸示意图

1—溢流堰；2—隔板；3—淹没孔口；4—加糙的池室底部；5—水流方向

验改进了波尔达管嘴型式，认为此型式管嘴和一般孔口式和溢流堰式隔板相比，在过鱼率相同的条件下，造价较省。

苏联对栅笼式鱼道的研究认为，这种栅笼能消除水流的收缩和扭曲，形成均匀的扩散，在过鱼孔前形成最小流速，对诱鱼导鱼较为有利。

c. 竖缝式。隔板过鱼孔为从上到下的一条竖缝，根据竖缝结构的复杂程度可分为一般竖缝式和带导板的竖缝式(简称导竖式)等，根据竖缝数量分为双侧竖缝式和单侧竖缝式等。竖缝式主要利用水流的扩散和对冲作用进行消能，消能效果比一般孔口式和溢流堰式充分，但其流态较复杂。竖缝式鱼道如图 3.1-32 所示。

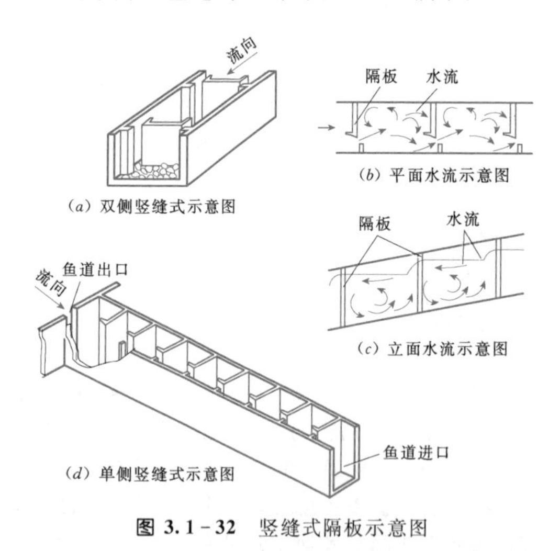

(*a*) 双侧竖缝式示意图 (*b*) 平面水流示意图 (*c*) 立面水流示意图 (*d*) 单侧竖缝式示意图

图 3.1-32 竖缝式隔板示意图

国外对此型隔板作了较多的研究，其中以加拿大弗雷塞河上的鬼门峡（Hell's Gate）鱼道最为著名。目前，国外这种型式采用较多。我国采用双侧导竖式的有江苏斗龙港闸鱼道、甘肃瓜州闸鱼道等；采用单侧导竖式的有江苏利民河闸大鱼道、浙江富春江鱼道、安徽裕溪闸鱼道及广西右江鱼梁鱼道等。

竖缝宽度，国外一般为鱼道宽度的 1/6～1/8，水池长度的 1/8～1/10；国内单侧竖缝宽度一般为鱼道宽度的 1/5，水池长度的 1/5～1/6。国外相关研究推荐的单侧竖缝式鱼道隔板尺寸可以参照图 3.1-33 和表 3.1-6。

表 3.1-6 竖缝式鱼道最小尺寸
（GEBLER，1999 和 LARINIER，1992）

过鱼种类		河鳟、鲤科鱼、白鲑及其他		鲟
		斑鳟	鲑鱼、海鳟、哲罗鱼	
竖缝特征尺寸（m）	s	0.15～0.17	0.3	0.6
	c	0.16	0.18	0.4
	a	0.06～0.10	0.14	0.3
	f	0.16	0.4	0.84
池室尺寸（m）	b	1.2	1.8	3
	l_b	1.9	2.75～3.00	5
最小水深（m）		0.5	0.75	1.3
流量（m^3/s）		0.14～0.16	0.41	1.40
挑流角 α		不小于 20°，竖缝宽度较大时，建议挑流角范围为 30°～45°		

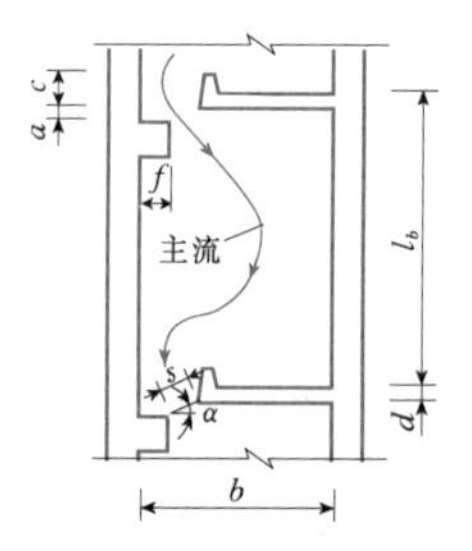

图 3.1-33 竖缝式隔板平面布置示意图

d. 组合式。此型隔板的过鱼孔系溢流堰式、淹没孔口式及竖缝式的组合，该型式鱼道能较好地发挥各种型式隔板过鱼孔的水力特性，也能灵活地控制所需要的池室流态和流速分布，是目前国内外采用最多的隔板型式。国外最常用的是潜孔和堰的组合，如美国的邦纳维尔鱼道、麦克纳里鱼道、北汉及冰港鱼道等；国内较多采用的是孔（堰）与竖缝组合，如江苏辽河鱼道（孔口和竖缝）、湖南洋塘鱼道（孔口和堰）等。近年修建的广西长洲鱼道、江西赣江石虎塘鱼道、吉林珲春河老龙口鱼道等均为这种型式。

（5）池室水力设计。池室水力条件的主要决定因素，包括隔板的型式、水池的尺寸及鱼道流量等。池室水力条件须满足两个要求：一是过鱼孔中的流速不大于主要过鱼对象的极限流速；二是池室流态要适应不同习性、不同规格鱼类的游动。

隔板式鱼道水力设计首先需要确定鱼道的设计流速，鱼道设计流速由需要通过的过鱼种类确定。鱼道设计流速确定了鱼道上、下级水池容许的水位差。相邻池室容许最大水位差 Δh 可按下式计算：

$$\Delta h = \frac{v_m^2}{2g} \quad (3.1-3)$$

式中 v_m——鱼道设计流速，m/s。

对于过鲑鱼（Salmon）为主的鱼道，相邻池室水位差不宜超过 0.2m，一般以 0.15m 为宜；对于以过鲤科鱼（Bream）为主的鱼道，最大水位差一般控制在 0.06～0.08m 以内。

当鱼道较长时，消能不充分，导致下游段能量积累流速过大，进而影响过鱼效果时，应开展水工模型试验确定隔板布置。

（6）耗水量。各种类型的鱼道耗水量可按式（3.1-4）～式（3.1-6）估算。

1）淹没孔口式隔板。

$$Q = \mu A\sqrt{2g\Delta h} \quad (3.1-4)$$

式中 A——孔口面积，m^2；

Δh——相邻池室水位差，m；

μ——流量系数，一般取 0.65～0.85。

2）溢流堰式隔板。

$$Q = \frac{2}{3}\mu\sigma B h_u^{1.5}\sqrt{2g} \quad (3.1-5)$$

当 $0 \leqslant \frac{\Delta h}{h_u} \leqslant 1$ 时

$$\sigma = \left[1-\left(1-\frac{\Delta h}{h_u}\right)^{1.5}\right]^{0.385}$$

当 $\frac{\Delta h}{h_u} > 1$ 时 $\sigma = 1$

式中 h_u——堰上水头，m；

μ——流量系数（$\mu \approx 0.6$）；

B——堰宽，m；

σ——淹没系数。

3）竖缝式隔板。

$$Q = \frac{2}{3}\mu_r s h_o^{1.5}\sqrt{2g} \quad (3.1-6)$$

式中 h_o——隔板前水深，m；

μ_r——流量系数，可查图 3.1-34；

s——竖缝宽，m。

式（3.1-6）适用范围为：s=0.12～0.30m，h_u=0.35～3.0m，Δh=0.01～0.30m。

4）组合式隔板。组合式隔板的流量可分别按组合的孔、堰、缝的公式（3.1-4）～式（3.1-6）计算后相加。

鱼道池室数量可由式（3.1-7）确定。

$$n = \frac{H_{max}}{\Delta h} - 1 \quad (3.1-7)$$

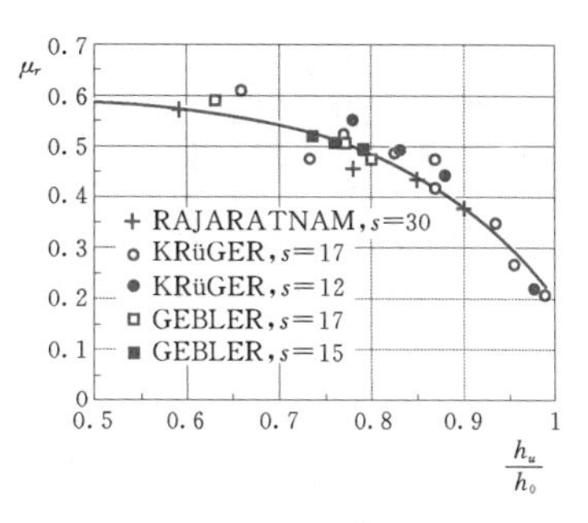

图 3.1-34 μ_r 与 $\frac{h_u}{h_0}$ 的关系

［h_u—隔板后水深，m；μ_r—流量系数，由实验室试验（RJAARATNAM，1986 和 GEBLER，1991）和原型（1993）的结构得出］

式中 H_{max}——鱼道设计水头，m；

Δh——相邻池室水位差，m。

鱼道坡比可按式（3.1-8）计算。

$$I = \frac{\Delta h}{l_b} \quad (3.1-8)$$

式中 I——鱼道坡比；

l_b——池长，m。

（7）鱼道休息池。

1）根据鱼道的长度、坡度等，应每隔 10～20 块隔板设一个平底休息池，其长度为鱼道池室长的 2 倍，水深与鱼道池室水深相同。

2）鱼道休息池可布置在鱼道轴线的直线段，也可布置在转弯处。但转弯处因水流流向改变，流速流态较为紊乱，宜适当加长休息池长度。

（8）鱼道总长度估算。根据上述鱼道池室数量、池长，休息池数量和池长，再计入隔板厚度和鱼道进、出口闸长度，可估算鱼道总长度。

（9）槽身结构设计。鱼道中作为枢纽挡水一线的槽身建筑物，其洪水标准及建筑物级别与枢纽挡水建筑物一致；鱼道其他部分槽身建筑物可按枢纽工程次要建筑物等级标准设计，经论证等级标准还可适当降低。

鱼道槽身可采用混凝土、浆砌块石等材料；隔板可采用混凝土预制构件，亦可在鱼道现场用浆砌块石砌筑。槽身纵向应根据结构和地基条件分段设置结构缝，槽身断面可采用整体式或分离式结构。结构设计和地基处理应符合有关规范。

（10）鱼道槽身型式实例。

1）广西长洲鱼道。长洲鱼道既要通过体形较大的中华鲟，又要通过中、小体形的鲥鱼、鳗鱼等鱼类，各种鱼类的容许流速相差很大，故采用组合断面。设计鱼道槽身断面底宽 5m，两侧边墙高 2.5m，上接 1∶2斜坡，坡高 1m，共高 3.5m，如图 3.1-35 所示。

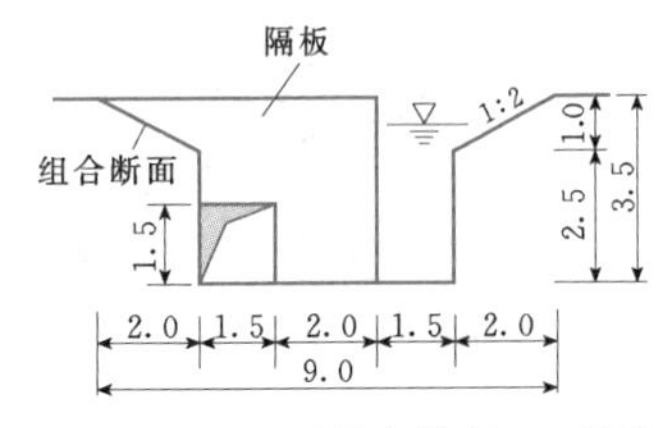

图 3.1-35　长洲鱼道槽身横断面（单位：m）

2）吉林老龙口鱼道。吉林老龙口鱼道共 140 块隔板，为组合式隔板。槽身具有矩形和梯形两种断面、两种隔板型式，其中自上游出口至 0＋038.00 段为矩形槽身断面，设矩形竖孔型隔板共 50 块；自 0＋038.00 断面以下至下游进口为梯形槽身断面，采用梯形竖孔加另一侧浅表孔隔板共 90 块，鱼道槽身净尺度 2.5m×3.0m，鱼道过鱼孔设计流速 1.8～2.0m/s，鱼道槽身正常过鱼水深 0.7～3.1m。鱼道槽身隔板型式如图 3.1-36 所示。

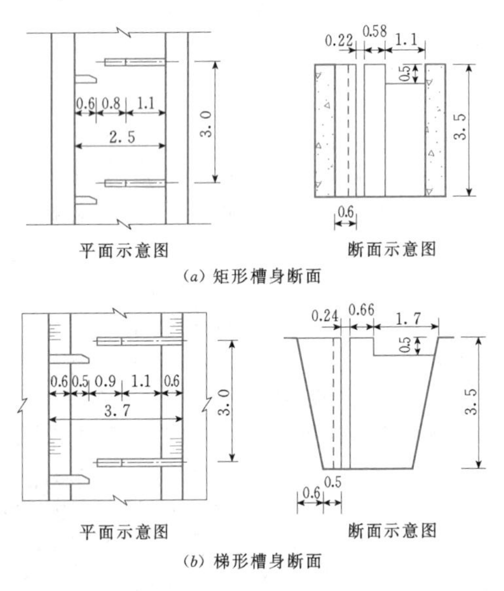

图 3.1-36　老龙口鱼道隔板布置图（单位：m）

3）江西石虎塘鱼道。石虎塘鱼道槽身采用下部为矩形、上部为梯形的复式断面。设计鱼道槽身断面底宽 3.0m，水池净深 2.0m，每级水池长 3.6m，隔板为一侧垂直竖孔＋坡孔、另一侧表孔的隔板型式，孔的宽度为 0.50m。石虎塘鱼道全程在 3 个弯段处及观测室设置了平底休息室，并在进口设置了集鱼、补水系统。石虎塘鱼道槽身隔板型式及补水系统如图 3.1-37 和图 3.1-38 所示。

4）右江鱼梁鱼道。鱼梁鱼道布置有鱼道进口、鱼道池室、休息池、鱼道出口、补水系统、挡洪闸门、检修闸门等。鱼道池室宽 3m、长 3.3m，池室隔

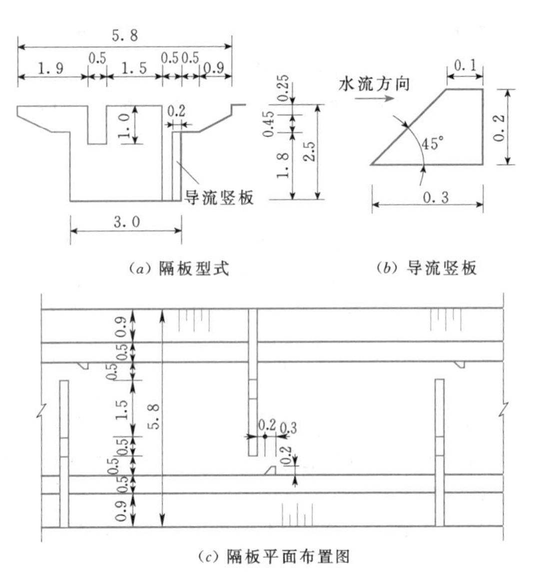

图 3.1-37　石虎塘鱼道槽身隔板布置图（单位：m）

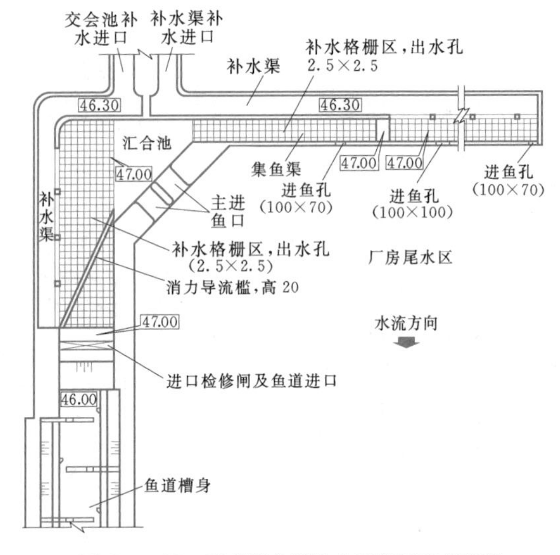

图 3.1-38　石虎塘鱼道补水系统平面布置图（尺寸单位：cm；高程单位：m）

板采用竖缝式结构，隔板厚度 0.3m，水深 2.5m，共设 201 个水池，其中休息池 22 个。鱼梁鱼道隔板型式见鱼梁鱼道池室平面布置图，如图 3.1-39 所示。

3. 鱼道出口设计

（1）设计内容。

1）确定出口平面位置。

2）选定出口高程。

3）控制出口水位流量及拦污、排污设施选择。

（2）布置原则。鱼道出口布置的一般原则如下：

1）鱼道出口应远离泄水流道，以免进入上游的

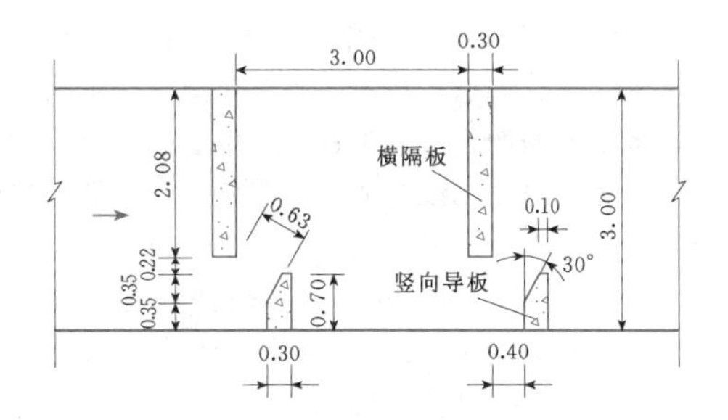

图 3.1-39 鱼梁鱼道池室平面布置图（单位：m）

鱼再被泄水带回下游。

2）鱼道出口应适应主要过鱼季节中上游水位的一般变幅，必要时需设调节设备或设置几个不同位置和高程的出口。

3）鱼道出口应傍岸，出口处水流应平顺、无旋涡，利于引导鱼类上溯。

4）鱼道出口一定范围内不应有妨碍鱼类继续上溯的不利环境，如严重污染区、漂浮物聚集区、码头和船闸上游引航道出口等区域。

(3) 出口高程。鱼道出口高程应适应主要过鱼季节中库水位的一般变幅和过鱼对象的习性。一般情况下，确定鱼道出口高程时，宜在主要过鱼季节水库最低运行水位时，有大于 1.0m 的水深。对于水体底层鱼类，应设置深出口，对于中上层鱼，出口高程可在水面以下 1.0～1.5m。

(4) 出口部位水位流量控制。鱼道出口结构一般为开敞式。为了控制上游来水，可设闸门控制鱼道水位及流量，确保隔板过鱼孔流速满足设计要求，并为鱼道检修创造条件。在过鱼季节中，当上游水位变幅较大时，可在鱼道槽身旁侧开设多个不同高程的出口，也可在鱼道出口段布置一些不溢流的潜没孔口隔板，以适应上游水位变化。英国皮特罗基里鱼道出口如图 3.1-40 所示，设有活动调节堰调节鱼道出口水位及流量如图 3.1-41 所示。

(5) 出口拦污和排污。水库区漂浮和悬浮的污物常常会随着水流进入鱼道，阻塞在狭小的过鱼孔口前，影响水流和过鱼。为防止和减少污物进入鱼道，鱼道出口应尽可能布置在河道凸岸，并在库区或鱼道出口部位设置简单有效的拦污、清污设备。

在污物较多的水库和季节中，应考虑在库区拦截污物，并把污物导向冲污孔或溢流坝等地方，随水流泄向下游。若出口与电站厂房布置在同一侧，可考虑与电站厂房排漂设施相结合。库区拦污排的设计参见本章 3.3 节。

库区污物不多或不便设置拦污排时，可以在鱼道的出口端部——进水口的水槽内设置清(捞)污设备。

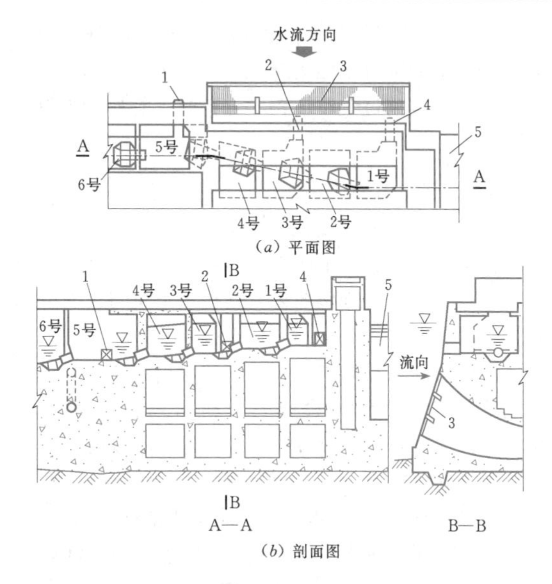

图 3.1-40 英国皮特罗基里（Pitlochry）鱼道出口

1—5 号池出口闸；2—3 号、4 号池出口闸；3—水轮机进水口拦鱼栅；4—1 号、2 号池出口闸；5—溢流坝段

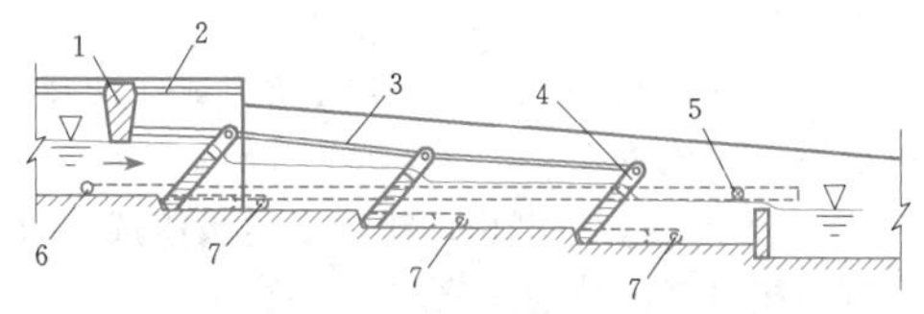

图 3.1-41 鱼道出口调节堰结构

1—水平滑块；2—滑动沟槽；3—连杆；4—水平调节堰；5—诱鱼水管调节阀；6—诱鱼水管进水口；7—调节堰最低运行位置

4. 鱼道进、出口闸的设计

鱼道进、出口均应设独立的控制闸门及检修设备，以满足鱼道运行和检修的要求。在鱼道正常运行期间，闸门开启。在非正常运行季节，闸门关闭以避免污物进入鱼道。鱼道闸门可视需要选用平板门或叠梁门。

鱼道闸门应配备启闭设备。鱼道进口闸门应考虑承受双向水压，并应启闭灵活。

鱼道与枢纽挡水建筑物相结合的进、出口建筑物，其防洪标准及级别与挡水建筑物一致；不与闸坝结合布置的鱼道进、出口建筑物，可参照《水利水电工程进水口设计规范》(SL 285) 确定。鱼道进、出口闸室由边墩和底板两个部分组成，通常为钢筋混凝土结构，其型式分为分离式和整体式两种。一般鱼道进、出口闸室规模都不大，多采用整体式结构。进、出口闸的结构设计和地基处理可参照《水闸设计规范》(SL 265)。

当鱼道上游出口闸前水位较高时，闸下流速较大，宜在闸门后设置消力墩（坎），且应对闸门后的前几块隔板局部进行加固。

在每年鱼道过鱼季节首次运行时，宜对鱼道进行预充水。

3.1.2.7 辅助设施

1. 导鱼及诱鱼设施

为了避免鱼类受下泄水流诱导进入闸坝和电站下游，增强鱼道进口进鱼效果，宜在鱼道进口设置导鱼及诱鱼设施。

鱼道的导鱼设施主要利用鱼类对电刺激的反应设置电栅系统，而诱鱼设施主要利用鱼类对声、光、水、色的生理习性，设置喷洒水及灯光等设备。

（1）导鱼电栅。

1）电栅的组成、基本类型及适用条件。

a. 电栅的组成。电栅一般由供电电源及其附属器件、电极、支撑构件、设备间等部分组成。

b. 电栅的基本类型。

（a）按电极阵排数划分。

a）单排电栅。电栅由单排电极组成，可呈直线、折线或曲线布置。

b）双排电栅。电栅由双排电极组成，两排间电极可前后对应或相互叉开（链式）排列。

c）多排电栅。电栅由两排以上电极组成。

（b）按电极阵结构划分。

a）埋设式电栅。电极阵埋固在设计断面位置。

b）悬挂式电栅。电极阵悬挂在设计断面上方。

c）浮筒式电栅。电极阵连接在浮筒上，浮筒固定在设计断面水面上。

（c）按供电电源划分。

a）交流电。用380V或220V交流电。

b）脉冲电。用220V交流电经脉冲发生仪形成直流脉冲电。

电栅通常采用脉冲电。

c. 适用条件。水体的电导率宜在50～500μs/cm；水温不宜低于10℃；所诱导的鱼类体长一般在15cm以上。

2）电栅的布置。电栅的一端位于鱼道进口上游翼墙上，另一端向下游延伸，置于河道中或对岸相应建筑物上，电栅轴线与水流流向的交角不宜大于45°。

3）电栅设计。

a. 基本资料。主要过鱼对象的种类、规格及游动习性；主要过鱼季节下游水位变幅及水体的电导率；工程建筑物的组成及相对位置；导鱼位置附近的地形；供电情况；主要过鱼季节漂浮物的构成及形状大小；冬季冰凌情况。

b. 设计基本内容及步骤。根据鱼道重要性确定设计洪水频率；根据主要过鱼季节鱼道上、下游水位组合，确定电栅的设计水位；根据主要过鱼对象的极限流速，确定电栅轴线布置，电栅所处位置的水流流速应小于主要过鱼对象的极限流速。

c. 电工计算。根据电栅实际断面面积、电极阵结构型式及选取的供电电源类型，计算电栅所需动率；根据供电电源的负载性能，确定所需供电电源数量。

d. 稳定及结构计算。根据电栅设计水位及有关水文、气象、漂浮物等因素，进行悬索及支撑构件计算；对于埋设式电栅，可根据上述因素及电极直径、埋设深度，校核其稳定性。

4）电栅运行管理。仪器设备间应靠近电栅，室内必须有良好的照明、通风、防潮、绝缘条件。

电栅电源除正常电网供电外，还须备有可靠的备用电源，电栅供电线路宜与其他用电线路分开配电，电栅周围一定区域内应设明显警示标志，电栅电极阵上应装红色指示灯，以便夜间警示，电栅运行时严禁在电栅上、下游一定距离内围观、捕鱼、游泳、投石、驶船，保持该区安静和安全。

电栅运行时需做好运行记录，记录内容包括：①仪器性能情况，若采用脉冲电，记录各时段内的脉冲频率、脉冲宽度、脉冲电压、电流等；②逃鱼情况，应记录分散逃鱼、集中逃鱼、品种、规格、数量及相应逃鱼时间（时段）；③水文、气象、污物情况；④分析逃鱼与仪器性能、水文、气象、漂浮物等因素的关系。

（2）管网喷水、洒水诱鱼。利用水声、水花诱引鱼类聚集在进口附近，在鱼道下泄水流的导引下进入鱼道进口。

（3）光、色等物理因素诱鱼。利用某些鱼类对光、色的生理反应，引诱鱼类聚集至进口附近，在鱼道下泄水流导引下进入鱼道进口。

鱼道进口部位应以与水体相近的湖绿色或与鱼体相近的深青色为好。对某些要求趋光性的鱼类，鱼道进口应有照明设施，以提高夜间进鱼率。照明系统应该能提供不同强度的光线，逐渐从明亮的周围环境变化到黑暗的鱼道环境，或者模拟周围环境，如浑浊的水流环境等。

在富春江的灌溉引水渠进行鱼类游泳能力试验时发现，淡水鱼一般对白色有恐惧感。其他鱼道观测还证实，普通的照明灯能诱集蟹、鳗等趋光性鱼类。

2. 观测室和观测计数设备

鱼道应设观测室及相应的观测计数设备，以便观测过鱼效果，掌握过鱼规律。观测室应设置在鱼道出口附近，以便观测到成功上溯的鱼类。观测室应满足下列要求：

(1) 观测室内要有照明、通风、防潮、绝缘等设施。

(2) 观测室的观测窗应能观测到通过鱼道的全部鱼类。窗面应与鱼道槽壁齐平，以免影响局部流态及可见度。窗底坎不能高于鱼道底部，以便观测在底部爬行或溯游的鱼蟹。

(3) 鱼道中靠近观测窗的隔板过鱼孔应靠近观测窗，其面积不应小于原隔板过鱼孔面积。为了改善观测窗前过鱼孔的流态，可适当加大窗前后隔板的间距。

(4) 鱼道观测室内灯光不宜过亮，以免影响过鱼；观测室外应设置水下照明装置，以便夜间观测。

3.1.2.8 水工模型试验

水工模型试验应明确试验目的，建立与之相适应的试验模型，对设计采用的各种参数进行试验验证。

1. 试验研究目的

(1) 研究鱼道进、出口的水流条件，确定鱼道及进、出口位置。

(2) 确定鱼道池室结构型式（槽身断面形状、隔板型式、隔板及池室细部尺寸）、鱼道坡比、池间落差。

(3) 验证鱼道池室、隔板及休息池的水力条件。

(4) 确定鱼道流量及鱼道的综合流速系数，模拟鱼道槽身全程充水过程，了解鱼道水面线及沿程流速变化情况，观测消能效果。

(5) 优化鱼道进、出口的数量和布置方式。

(6) 确定补水系统布置及补水量大小。

2. 模型设计

水力学水工试验模型应满足几何相似、水流运动相似和动力相似，遵循弗劳德相似准则。鱼道水工水力学模型试验除需满足鱼道建筑物的特殊要求外，还需满足相关水工模型试验规程。

3. 水工模型的范围和研究内容

(1) 枢纽整体模型。整个枢纽的模型宜包括鱼道进、出口附近各一定区域。模型比尺不宜小于1∶120。主要用于研究鱼道与其他各建筑物之间的相互关系，确定鱼类上溯的流速屏障位置；主要过鱼季节枢纽在不同调度方式下鱼道进、出口的水流条件，确定鱼道在枢纽中的整体布置；枢纽上、下游水位变化对鱼道的影响；进、出口诱鱼、导鱼的条件。

(2) 鱼道整体模型。从鱼道下游进口至上游出口，模型比尺一般为1∶15～1∶40。主要用于研究不同水位组合条件下的鱼道整体水力条件，包括鱼道槽身充水过程水流条件，鱼道沿程流速及水面线变化情况等，优化鱼道进出口的数量与布置、鱼道底坡坡度、池室尺寸，测算鱼道流量及鱼道的综合流速系数等。

(3) 鱼道局部模型。可分为鱼道隔板局部模型和鱼道集鱼系统局部模型两类，模型比尺一般为1∶5～1∶10。鱼道隔板局部模型范围可取鱼道中段15～20块隔板。鱼道集鱼系统局部模型可取集鱼系统及其补水系统和有关的鱼道进出口段。隔板局部模型试验主要用于研究鱼道隔板型式、隔板细部尺寸、池室水力条件及鱼道槽身断面型式、鱼道底坡、各池室间水头差等。鱼道集鱼系统局部模型试验主要研究集鱼系统的布置，确定补水系统型式及补水量大小。

一般先进行鱼道局部模型试验确定鱼道隔板型式、池室及底坡等关键尺寸后再进行鱼道整体模型试验。

3.1.2.9 鱼道运行管理

1. 运行管理的主要内容

(1) 根据不同的过鱼季节及上下游水位的变化情况，确定鱼道的运行方式。

(2) 统计鱼道过鱼量，观测过鱼量与各种因素（气候、水文、水闸运行情况等）的关系。

(3) 实测不同水位差时鱼道沿程水面线及典型隔板过鱼孔的流速。

(4) 观测各种鱼类对隔板过鱼孔流速和隔板间流态的适应性。

(5) 进行鱼道放鱼试验和鱼类对各种物理环境（光、电、声、色、水）的反应试验，不断熟悉鱼类习性，调整环境因素，提高过鱼效果。

(6) 每隔一定时期进行闸上资源调查，正确评估鱼道效益，研究改进措施，提高鱼道管理运行水平。

2. 鱼道的运行方式

(1) 一般运行方式。在主要过鱼季节，鱼道上下游闸门全部打开，鱼道流量、水面线、流速都不受闸门控制，称为一般运行方式，大部分鱼道都以一般运行方式为主。

(2) 控制运行方式。在主要过鱼季节，下游水位较低时，在某种上下游水位组合情况下，鱼道上游闸门全开，而下游闸门局部开启，这种运行方式称为控制运行方式。此时，上游来水流量大于下泄流量，鱼道中水位升高、流速减小，有利于进入鱼道的幼鱼及蟹苗上溯。

在主要过鱼季节初期，当主要过鱼对象为幼鱼、蟹苗时，应以闸门控制运行方式为主；过鱼季节末期，一般此时下游水位已较高，且过鱼对象主要是中、小鱼和成鱼，隔板过鱼孔设计流速已和这些鱼类的容许流速相适应，此时可用一般运行方式。

(3) 两种运行方式的交替运行。在主要过鱼季节，可规定一个上下游水位差的临界值 H 作为调节运行方式的参考：当实际水位差大于 H 时，用控制运行方式；小于 H 时，用一般运行方式。

3. 影响鱼道过鱼效果的主要因素

(1) 下游水产资源。鱼道过鱼量与下游水产资源数量有关，而下游资源又与该处的地理位置、生物、水质、气候、水文等因素有关。

(2) 鱼道进口位置。鱼道进口是否易被鱼类发现，有无诱鱼、集鱼等设施，也直接影响鱼道过鱼效果。

(3) 鱼道的流速和流态。鱼道隔板型式、水池空间尺度、隔板过鱼孔流速及水池流态应适应鱼类洄游习性及鱼类个体尺寸，便于鱼类上溯及休息，进入鱼道的鱼能顺利上溯，过鱼效果好。

(4) 鱼道运行方式。在主要过鱼季节，可根据上游和下游水位，适时采用不同的运行方式。尤其是对沿江、沿海鱼道，适当开启鱼道或水闸闸门进行倒灌，其过鱼效果更为显著。

(5) 枢纽运行情况。当枢纽运行时，下泄水流有利于吸引鱼类集聚至鱼道进口附近，过鱼效果好。当下泄水流停止后，鱼道进口水流更易吸引已集聚的鱼类进入，过鱼效果更为显著。

(6) 水文、气候因素的影响。一般鱼道在水位差较小时过鱼较多，刀鱼、鳗苗喜在夜晚和清早活动；此外，气温、湿度等对过鱼量也有一定的影响。

4. 过鱼资料的统计分析

国外鱼道和其他过鱼设施的过鱼资料中，一般用全年过鱼总数来表示鱼道过鱼的效果；有的在河床中进行放鱼试验，以求得鱼道过鱼数的百分比。为了全面评价过鱼效果，应从下列几个方面统计分析：

(1) 全年观测小时数、全年观测日数、过鱼种类及总过鱼量。鱼道每天各小时的过鱼量是不均衡的；一般认为，全年观测日数及每天平均观测小时数越多，反映过鱼情况越全面；平均每小时过鱼量越多，鱼道过鱼效果越好。

(2) 设计水头变化范围内的过鱼情况。这是评价鱼道设计是否合理的主要指标。设计水头变化范围内的过鱼情况良好，就表明设计中采用的流速、隔板型式、池室尺度是合理的。

(3) 鱼的下行情况。在鱼道观测中如发现有一部分鱼下行，应分析其原因。有的是降河洄游；有的是鱼道设计或运行方式不当，鱼类无力游完全程；有的因为水位差太小，鱼道内流速太低，鱼类找不到上溯方向而在鱼道的观测室附近徘徊。若发现是因为设计和运行方式不当，则应做相应的改进。

(4) 昼夜间鱼类洄游情况。昼夜均需对过坝鱼类进行观测，以便分析和掌握不同鱼类过坝时间的规律，用以指导鱼道的运行和管理工作，以及为今后的鱼道建设提供借鉴和参考。

3.1.2.10　鱼道案例

1. 长洲鱼道设计

(1) 基本资料。

1) 主要过鱼对象。包括需要上溯产卵的中华鲟和鲥鱼成鱼，上溯至上游生长肥育的白肌银鱼和七丝鲚，成鱼下行产卵后孵化出的鳗鲡和花鳗鲡幼小鱼。

2) 主要过鱼季节。每年的1～4月。

3) 鱼道设计流速。鱼道既要通过大型的中华鲟，又要通过中小型的鲥鱼和鳗鱼，因此，在同一隔板中，划分出低速水流区和高速水流区，设计流速为0.8～1.3m/s。

4) 设计水位。上游设计水位20.60m，为水库正常蓄水位；下游最高设计水位11.95m，为多年1～4月平均高水位；下游最低设计水位5.31m，为多年1～4月平均低水位，并考虑了下游河道水位下切的影响。

(2) 设计标准。长洲水利枢纽工程为Ⅰ等工程，工程规模为大(1)型，主要建筑物(如大坝、泄洪、发电和通航建筑物)为2级建筑物，次要建筑物为3级建筑物。长洲鱼道与枢纽挡水建筑物结合的部分为2级建筑物，其他均为3级建筑物。

(3) 鱼道布置。

1) 鱼道总体布置。鱼道位于外江厂房安装间的左侧，引用流量为6.64m^3/s。由下至上布置有进口闸、鱼道水池、休息池、观测室、挡洪闸段和出口闸，全长1443m。进口布置在厂房尾水下游约100m处，为敞开式，底宽5m，在进口闸下游右侧设置导墙。出口布置在坝上游约160m的外江侧，亦为敞开式，底宽5m。鱼道与坝轴线相交处设置了挡洪闸。鱼道平面布置如图3.1-14所示。

2) 鱼道细部结构。

a. 进口、出口闸。进口闸上下游方向长12.4m，顶部高程为13.30m。进口闸过鱼部位槽宽7.0m，底部高程为2.28m，采用整体式结构。进口闸设检修闸门，闸门采用平板门，上游侧和下游侧均设检修平台。闸顶部还布置有启闭排架和导鱼电栅设备间房。

出口闸上下游方向长14.3m，顶部高程为22.00m。出口闸过鱼部位槽宽7.0m，底部高程为17.60，采用整体式结构。进口闸设检修闸门，闸门采用平板门，下游侧设检修平台。闸顶部布置有启闭排架。

b. 池室。鱼道池室为分离式结构，由两侧边墙和底板组成。边墙和底板大部分采用混凝土，仅在鱼道内侧砌筑厚0.4m的浆砌石，形成便于鱼类上溯的环境。每级水池均设预制混凝土隔板，隔板由一侧“竖孔—坡孔”和一侧底孔组成，交错布置。底孔尺寸1.5m×1.5m，“竖孔—坡孔”宽1.5m。水池宽5m、长6m，池室水深3m，底坡$i=12.55‰$，共设198块横隔板，9个休息池，休息池底板为平底，其长度为12～34m。观测室段位于靠上游坝轴线附近，该段为平底、矩形。

c. 挡洪闸。挡洪闸位于坝顶公路上游侧，上下游方向长18.0m，顶部高程为34.40m。挡洪闸过鱼部位槽宽5.0m，鱼道水池底部高程为15.97m，采用整体式结构。挡洪闸门采用平板门，顶部布置有启闭机房。

3）导鱼、诱鱼设施。鱼道进口设置喷洒水管网，水管网由主管和支管组成，布置在进口检修闸上，洒水面积约50m²。水源取自上游水库，并与厂内消防供水系统相连。设两种取水方式，即自流供水方式和加压供水方式。在每年的主要过鱼季节，全天24h开启辅助诱鱼装置，根据上下游水位差进行调试，通过喷水管网出水情况确定供水方式。

厂房尾水下游设置了外江导鱼电栅，电栅一端位于鱼道进口闸边墙外侧，另一端位于厂坝导墙的下游，与水流方向交角约为55°。电栅为悬挂式结构，由主索、吊索、水平索、电极（包括附件）及支柱等组成。在主索上水平距离每隔10m做一个挂点，悬挂水平索。电栅主索设置了自动断点，当漂浮物推力超过设计值时，主索自动断开，可保证支柱的稳定安全。

2. 鱼道过鱼效果

2011年5月中下旬，枢纽下游水位在鱼道下游设计水位范围内时，鱼道进行了试运行。有关单位应用渔获物统计分析，调查鱼道江段鱼类种类组成、规格，采用渔业声学调查方式统计鱼类资源丰度、空间分布情况，采用Simrad EY60型鱼探仪监测鱼道过鱼效果，其结果如下。

（1）过鱼种类。在试运行期间的连续取样中发现，有18种鱼类通过鱼道上行，其中以赤眼鳟、瓦氏黄颡鱼、鲮鱼为优势种群。通过与坝下同时段的渔获物对比可知，进入鱼道的赤眼鳟和鲮鱼以相对较大的个体为主。通过性腺发育期可知，鲮鱼个体以雄性个体为主，占85%以上。鱼道对该江段的另一优势种鱼类——广东鲂的过鱼效果不明显。“四大家鱼”仅发现有鲢鱼从鱼道中通过，且数量极少（仅2尾）。对于鱼道设计针对的几种过鱼对象，在试运行调查中尚未发现。其可能由于数量极少（如中华鲟、鲥鱼），或无过坝需求（如七丝鲚）等原因造成。此外，上述鱼类的洄游季节均在1～4月，而监测评价实施的时间为5月中下旬，已错过这些鱼类的主要洄游时段。

（2）鱼道的通过效果。通过水声学设备的定点监测，在一个昼夜内，约有4125尾鱼完全进入鱼道并上行，同时约有3798尾鱼可以从鱼道出口上行至上游水域。对于不同鱼类进入各池室的具体情况，通过鱼道池室内的生物取样可知，进入鱼道的不同种类均可以寻找到出口并上行至上游水域。同时，能够进入观测室下游段的不同规格的鱼类也可以上行至出口位置。然而，只有那些个体相对较小的鱼类可以从入口位置上行至观测室下游段，而相对较大的个体却比较困难，其中以赤眼鳟最为显著。根据观测，在观测室下游的第一个转弯休息池处局部流速偏大。

（3）过鱼时间规律。在鱼道进口位置，鱼类通过呈现两种明显的趋势：一是傍晚和凌晨为鱼类进入鱼道的主要时段，而且鱼类的体长规格相对其他时段（夜晚）的要大；二是夜间鱼类以游出鱼道为主，期间的鱼类个体相对较小。

在出口位置，鱼类游出鱼道有两个高峰期：一是7：00～15：00，为鱼类上行的高峰期，通过数量约占一个昼夜通过总量的67.4%，同时该时段内通过的鱼类规格相对较大；二是20：00左右，为鱼类上行的次高峰期，在该时段内上行的鱼类个体规格相对较小。

（4）鱼道设计参数复核。鱼道的总体布置合理，鱼道进口对鱼类具有很好的吸引效果。对于流速而言，从入口到鱼道出口呈递增式阶梯分布，在观测室以下的第一个转弯休息室局部增大，观测室以下鱼道水池流速变化不大，临近鱼道进口处流速变缓。由于观测期坝下水位达到9.00m以上，下游的水位将鱼道下游部分池室淹没，在鱼道进口段形成一定的顶托作用，导致鱼道入口处流速偏小。

在主要过鱼季节，坝下的水位变化幅度较大，在高水位时会对鱼道进口附近相当长的一段鱼道内形成顶托作用，可采用多进口或者补水的方式，便于上溯鱼类找到鱼道进口。

3.1.3 其他过鱼设施

当水头大于20～25m时，可采用鱼闸、升鱼机、人工孵化场及产卵槽、集运鱼船等措施。当条件许可时，可采用开闸纳苗的过鱼方式。对降河性鱼类，应考虑鱼类下行设施。

3.1.3.1 开闸纳苗

对沿江沿海的枢纽，在鱼汛期，当下游的水（潮）位高于上游时，可局部开启水闸闸门的纳苗孔，使下游大量幼苗随水（潮）流纳入上游。这是增殖上游水产资源简易而有效的措施。

江苏省太湖水产试验站于1963年6月在太仓县浏河闸下测定河蟹大眼幼体密度，河边的表层为208300只/m^3，中层为25421只/m^3；河中的表层为4251只/m^3，中层为3124只/m^3。当年即在浏河闸开始开闸纳苗，次年在沿江水闸中普遍推广。浏河闸历年平均纳苗量为2～5t（每0.5kg蟹苗约8万～9万只）。

湖北省武汉市和洪湖县亦于1964年开始开闸纳苗。湖北省的纳苗门有三种类型：原闸门上开纳苗孔、两节闸门（原闸门分为上下两块，中间用螺杆连接，纳苗时开启上闸门）、闸槽中加分节闸板。

当开闸纳苗历时较长，倒灌水量较大时，必须注意两个问题：

（1）倒灌水量是否影响上游排水，倒灌海水（在沿海挡潮闸上）是否影响上游水质。

（2）倒灌水量是否引起闸上底板或岸坡的冲刷。

3.1.3.2 鱼闸

当枢纽水头大于20～25m，且要求过鱼量不大时，可采用鱼闸过鱼。鱼闸系利用闸室充、泄水，使鱼过坝。鱼闸主要型式有闸式和井式（又分斜井、竖井）两种，典型的井式鱼闸如图3.1-42所示。这种鱼闸占地少、投资省，鱼类不必克服水流阻力即能过坝，但需机械操作，过鱼不连续。

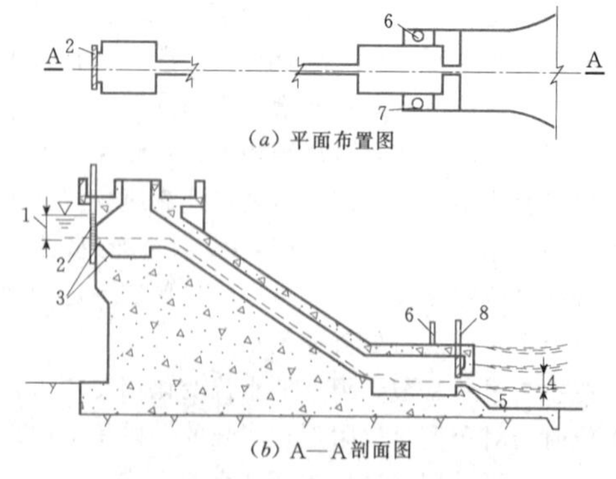

图3.1-42 典型的斜井式鱼闸

1—上游水位变幅；2—鱼闸出口闸门；3—上游调节堰及鱼闸出口；4—下游运行水位范围；5—鱼闸进口；6—旁通闸；7—诱鱼水阀；8—下游闸门

鱼闸在荷兰、苏格兰、爱尔兰和俄罗斯应用比较多，在德国的萨尔河和胜利河也有一些鱼闸。鱼闸的结构和船闸类似，两者基本上都由一个闸室、一个下层进口和一个上层出口和关闭装置组成。鱼闸运行程序如下：

（1）下游闸门开启，闸室水位为下游水位。通过上游门（或旁通管）向下游泄水，引诱下游的鱼进入闸室。

（2）关闭下游门，上游闸门缓慢开启，继续充水至闸室水位与上游齐平，（或用驱鱼栅）让鱼进入上游。

（3）关闭上游门，通过下游门（或旁通管）排空闸室。如此循环进行。

国外较有名的鱼闸有英国的奥令鱼闸，它为适应上游水位变幅，有四个出口；苏联的斯大林格勒鱼闸，有两个闸室，以便连续过鱼；美国的邦纳维尔顿坝和麦克纳里坝上的鱼闸。国外部分鱼闸概况见表3.1-7。

鱼闸的主要水力学问题是确保下游有合适的诱鱼流速和流态，以利鱼类进入，故需一系列供水、扩散、消能和排水设施。通常，鱼闸进口有短鱼道与河床相连。

3.1.3.3 升鱼机

当枢纽设计水头更大时，可用升鱼机过坝。在美国和加拿大此类设施较多，通常用缆车起吊盛鱼容器至上游或用专用车转运到别处投放。

国外有名的如美国的朗德布特坝过鱼缆机，提升高度132m，如图3.1-43所示。此外，如美国的下贝克坝（87m）、泥山坝（90m）、格陵彼得坝（106m）以及加拿大的克利夫兰坝（90m）等，都采用缆机提运方式过鱼。

此种过鱼设施的优点是：占地少、易布置、投资省，适于高坝过鱼，又能适应库水位较大变幅，便于

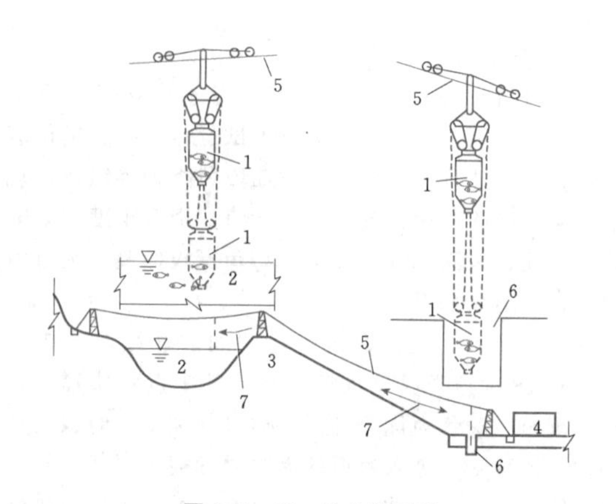

图3.1-43 升鱼机图例

1—活动装鱼斗车；2—水库；3—大坝；4—电站；5—缆索；6—下游集鱼渠；7—装鱼斗车运行方向

表 3.1-7　国外部分鱼闸概况

国别	鱼闸地点	河流及建成年份	水头(m)	过鱼品种	闸室数量	闸室尺寸(m)			进口尺寸(m)	辅助机组(kW)	流量(m^3/s)	流速(m/s)	备注
						宽	长	高					
苏联	齐姆良电站	顿河 1952	16	鲑鱼、鲱鱼	1	5	7	36.8	6×6.5	5000	25	0～1.2	1964年过其他鱼346万尾，但不过鲑鱼、鲱鱼
	斯大林格勒电站	伏尔加河 1961	26	鲑鱼、鲱鱼	2	8.5	8.5	36	8.5×14.4	8000～11000	75	1.5	1967年过鱼130万尾
美国	麦克纳里坝	哥伦比亚河 1953	约33	鲑鱼、鳟鱼	1 1	2.1 6.0	2.4 9.0	33					
	邦维尔坝	哥伦比亚河 1938	约15	鲑鱼、鳟鱼、鲱鱼	4	6.0	9.0						每小时可运转4次
英国	奥令坝	康农流域 1952年后	41.1		4								库水位变幅21.20m
	路易察特坝	康农流域 1952年后	17.2		2								库水位变幅9.10m

长途转运，还可以满足施工期过鱼。其缺点是：过鱼不连续，也不能大量过鱼，机械设施较多，运行和维护费用高。

升鱼机的关键在于下游的集鱼效果，下游进口一般布置有短鱼道相接，以诱导鱼类游进入集鱼池或集鱼设施，然后驱鱼进入升鱼机。

3.1.3.4　集运鱼船

在有通航建筑物的枢纽，也可采用集运鱼船过鱼。集运鱼船分为集鱼船和运鱼船两部分。集鱼船可驶至鱼类集群处，打开两端闸门，水流通过船身，并用补水机组使其进鱼口流速比河床流速大 0.2～0.3m/s，以诱鱼进入船内，再通过驱鱼装置将鱼驱入运鱼船内，再由运鱼船运鱼过坝，将鱼投放至上游。

此种过鱼方式的优点是：机动性好，可在较大范围内变动诱鱼流速，可将鱼运送到上游安全的地方投放，不受枢纽布置干扰，造价较低，适用于已建枢纽需补建过鱼设施的情况。其缺点是：运行管理费用较大，诱集底层鱼类较困难。集运鱼船应用较少，其集鱼效果尚需进行深入探索。

3.1.3.5　人工孵化场及产卵槽

虽然人工孵化场本身不属于过鱼建筑物，却是保护和恢复渔业资源的一种重要手段，简要介绍如下。

人工孵化场及产卵槽是人工增殖放流的主要设备，如美国的德沃歇克（坝高 219m）、大苦里（165m）、底特律（110m）、寇利兹孵化场、加拿大的麦他魁克孵化场等，我国的宜昌中华鲟养殖基地等。

人工孵化场通常为拦捕亲鱼后，人工采卵，孵化成幼鱼后，向特定水域投放一定数量的补充群体，达到鱼类资源恢复和增殖的目的。这种方法不需要亲鱼过坝，又解决了幼鱼下行问题，是目前国际上普遍采用的珍稀、濒危物种保护和渔业资源恢复手段之一。

孵化场主要组成部分一般有下游拦鱼导鱼堰、亲鱼进口、输鱼、选鱼、孵鱼、养鱼设备以及供水、转运等设施。寇利兹鲑鱼人工孵化场的设置解决了摩西罗克坝（高 184m）的过鱼问题。

产卵槽是模仿天然产卵场条件（水质、水深、流速及环境等）的人工孵育设施，可以解决人工孵化场孵出的小鱼长成以后成活率不高的问题。美国和加拿大有多处产卵槽，如美国的麦克纳里坝、黄尾坝产卵槽以及加拿大的琼斯溪、罗勃逊溪和西顿溪产卵槽。

1954 年，苏联政府在里海流域建立了 13 个人工增殖站，在伏尔加河下游建立了 8 个。1955～1985 年，里海流域放流全长 7～10cm 的俄罗斯鲟 2100 万尾/a，1963～1975 年，放流相同规格欧洲鳇 1200 万尾/a。在增殖放流实施一段时间后，通过渔获物分析，伏尔加河约 27.7%的俄罗斯鲟、30.1%的闪光鲟和 91.5%的欧洲鳇来自人工放流的幼鲟，促进了 20 世纪 70 年代里海的鲟鱼资源恢复，大幅度地提高了鲟鱼产量。

近年来，我国的鱼类人工增殖放流工作得到了普遍推广，从2005年长江珍稀和经济鱼类放流项目启动实施以来，三年中沿江10省（自治区、直辖市）已向长江干支流及湖库水体投放中华鲟225352尾、达氏鲟22000尾、胭脂鱼690780尾，补充了这些珍稀种类在长江天然水体中的自然种群数量，可适当减缓其物种的衰退、濒危和灭绝，起到一定的物种保护作用；放流经济鱼类45种，15.75亿尾，除了“四大家鱼”，还有长江特有的其他经济鱼类及大鲵、中华鲟、中华绒蟹等其他水生生物，较为有效地补充了长江天然水体中的经济鱼类种群，可促进其资源增殖，对长江中上游的特有经济鱼类也起到了一定的保护作用。

鱼类增殖放流站主要建筑有蓄水池、亲鱼培育池、催产孵化车间、鱼苗培育缸（池）、鱼种培育池、大规格鱼种培育池、养殖污水处理池、活饵料培育池、防疫隔离池、综合楼、进场公路及其他配套设施，培育池和车间尽量按照生产流程规划布置，站内需种植树木和草皮进行绿化，绿化面积不以低于30%为宜。

图3.1-44所示为广西乐滩水电站忻城县的鱼类人工增殖保护站平面布置示意图。

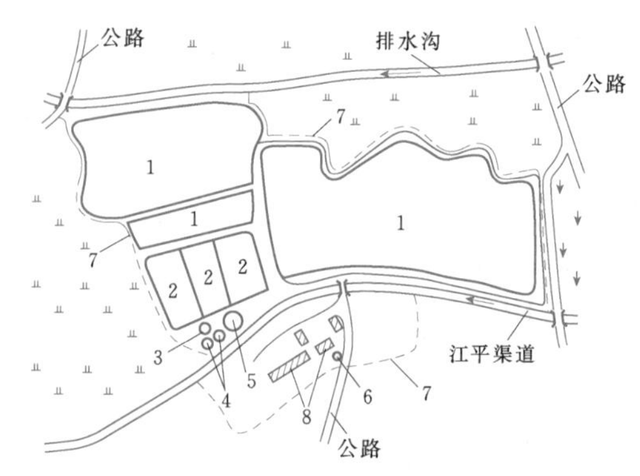

图3.1-44 乐滩水电站忻城县鱼类人工增殖保护站平面布置示意图

1—培育塘；2—亲鱼塘；3—收苗池；4—孵化环道；5—圆形产卵池；6—水池；7—保护站边界线；8—管理用房

图3.1-45所示为贵州索风营枢纽鱼类增殖站布置示意图。

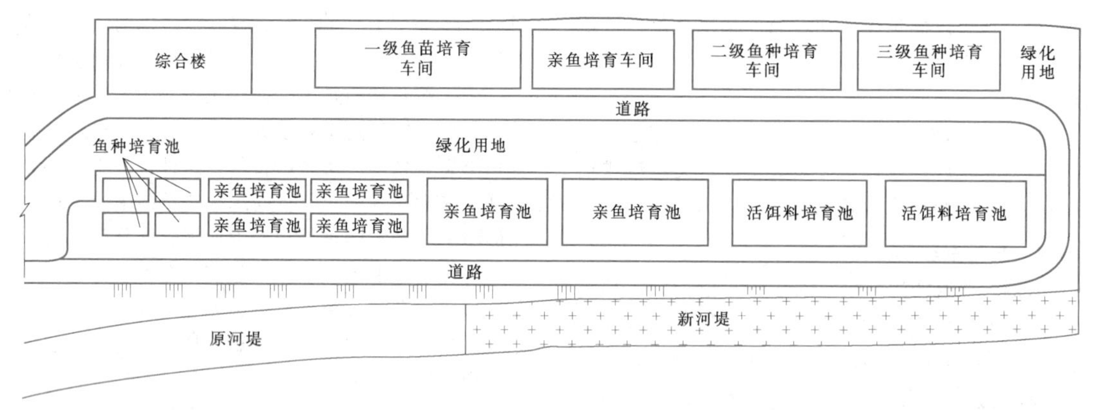

图3.1-45 索风营枢纽鱼类增殖站布置示意图

人工增殖放流的副作用主要是影响了放流种类自然种群的遗传多样性。近年来，除上述的河道外人工再造的鱼类增殖站的措施外，提出在河道内鱼类保护要求，采取工程措施及优化调度等方式再造鱼类适宜生态环境措施，如葛洲坝下游的人工再造中华鲟产卵场方案。

3.1.3.6 鱼类下行设施

鱼道设计主要是考虑鱼类上溯问题。但是，成熟的蟹、鳗及幼鲑等许多鱼类在一定季节还要下行入江或回海，故也需设计降河性洄游鱼类下行设施。

鱼类下行方式可以通过旁通道、水轮机、溢洪道、水闸、过鱼建筑物等。在下行的鱼类中，不仅是成鱼、亲鱼，更多的是新生的幼鱼。幼鱼是补充鱼类资源的新一代，应被列为保护和输送下行的首要对象。对它们的保护输送，需要把它们从河道水流中引导、分离出来。下行鱼分离出来后，或被导向旁通道，由旁通道输送至下游；或导集在固定区域后通过其他方式把它们安全地输向下游；也可采用集鱼船在上游集捕幼鱼后过坝下行。

1. 拦鱼栅

下行鱼自水流中拦截引导出来的方式多采用拦鱼栅，包括机械鱼栅和习性鱼栅等，布置在发电引水系统和溢洪道等区域。机械鱼栅是采用网目或楔形丝等材料机械拦导，但这种鱼栅易于堵塞，引起水头损失，影响发电量，且维修费用极高。而习性鱼栅则根据鱼对外界刺激的特性，采用声音、亮光、空气气泡、紊流、电流或这些方式的组合来拦导鱼类，以免误入发电引水系统或溢洪道。

2. 旁通道

进水口拦鱼栅设置于河流引水处，同时也阻拦了降河洄游鱼类下行，为此必须设置一条旁通道。为了确保鱼类能进入旁通道，需要合适的诱鱼水流。如美国鱼类和野生生物管理局要求旁通道最小诱鱼水流流量等于水轮机下泄总流量的2%～5%，拦鱼栅与水流斜交处采用较低流量，以使鱼类快速游向旁通道，在拦鱼栅与水流垂直处增大到5%。

3. 通过水轮机和溢洪道下行

国外曾进行过大量的试验，认为部分鱼类可以通过溢洪道和水轮机下行，如100ft水头（约30.5m）时，鲑鱼可顺利通过水轮机，但要求过水道有足够的尺寸；幼鲑可通过100ft水头的溢洪道而无显著伤亡。当水头更大时，对水轮机和溢洪道有特殊要求，如果水流流速超过16m/s，下行的鱼类受损严重。不同的水轮机对鱼类的影响也不一样，对冲击式水轮机，下行鱼类的死亡率几乎达100%，轴流式和混流式水轮机次之，灯泡式水轮机对鱼类的威胁最小。

4. 通过水闸或过鱼建筑物下行

鱼类可以通过低水头水闸或鱼道下行。我国在上溯肥育的幼鱼长到一定规格后，可以通过枢纽设置的低水头水闸或鱼道下行。有的闸坝在鱼类下行季节，正值汛后排水期，鱼类可通过水闸闸孔下行。澳大利亚的伯内特河大坝的过鱼系统就分别考虑了鱼类向上、下游洄游的通道，采用自动的水箱和起重机实现鱼类向上游洄游；采用自动"鱼闸"系统实现鱼类向下游洄游。

3.2 过木建筑物

3.2.1 概述

在有流放木（竹）材需求的河道上修建闸坝时，需妥善解决木（竹）材的过坝问题。木（竹）材过坝建筑物简称过木建筑物，其作用是用适宜的方式将木材（原木或排木、竹）由大坝的上游运送到下游。

常用的木材过坝方式有水力过坝和机械过坝两种。水力过坝方式适用于中低水头、水量充沛的枢纽；机械过坝方式适用于上游水位变幅较大、水头较高或过木用水与发电、灌溉、通航等任务用水矛盾较突出的枢纽。

枢纽的过木建筑物除了木材过坝的主体建筑物外，还包括水库拖运设施，坝上下游编排、停排、引航、防浪，以及大坝的防护等设施。本节主要介绍木材过坝主体建筑物的设计。

由于其他运输方式的发展及木材资源短缺、环境生态的保护等因素，20世纪70～80年代兴建的过木建筑物逐渐闲置，有限的木材资源多改用公路、铁路转运或者直接船运。后来建的水利水电枢纽也基本没有过木的需求和规划。

3.2.1.1 类型

1. 水力过坝

木材水力过坝是借助水力漂浮作用，将木材从上游水库浮运或漂送至坝下游河道。主要建筑物型式有以下几种：

（1）流木槽，设在坝外，为单根原木过坝。

（2）流木道，又称漂木道，设在坝内，为单根原木过坝。

（3）水筏道，设在坝内，为排筏过坝。

（4）利用通航建筑物过木。

（5）利用水闸闸孔过木。

水力过坝工程实例见表3.2-1。

2. 机械过坝

在坝上设置机械，将木材从上游水库吊运至下游河道。主要型式有以下几种：

（1）木材传送机。有纵向（原木）传送机和横向（原木或排节）传送机两种。利用链条或其他牵引设备，把木材连续地从上游传至下游。

（2）升排机。有斜面式、垂直式和混合式三种。类似升船机的一种木排过坝机械，把木材间断地从坝上游运送至下游。

（3）起重机。利用起重机械作为吊运木材的过坝设备。

（4）索道。有连续循环式索道和往复式索道两种。用索道吊运木材过坝。

（5）陆路运输过坝。通过公路或铁路将木材运输过坝。

机械过坝工程实例见表3.2-2。

3.2.1.2 型式选择

选择木材过坝方式需考虑的主要因素有：木材年过坝量，流送方式，木排的型式规格或原木的径级及长度，流送季节性及其强度，上、下游水位落差和水位变幅，坝型及坝高，地形、地质条件，河流流量等。

1. 木材流送方式

木材流送方式包括单漂、放排、拖排，其中单漂和放排是利用木材本身的漂浮特性运输木材。浮运方式应根据河道的特性，如水深、河宽、弯道半径、流

表3.2-1　水力过坝工程实例

序号	站　　名	到材方式	过坝方式	年过坝量（万 m^3）		枢纽建成年份
				设计	实际	
1	广东泽联	木排	变坡式筏道		6.80～9.75	
2	广东风岗	木排	变坡式筏道		2.00～3.50	
3	湖南大栗坪跌坎式筏道	木排	跌坎式筏道		6.50	1979
4	广东凉口台阶式筏道	木排	台阶式筏道		1.68～2.90	
5	湖南涔天河		水筏道	35	15.00	1970
6	四川龚嘴	单木	漂木道	160		1978
7	四川映秀湾	单木	利用闸孔过木			1971

注　广西西津（建成时间为1964年）、湖南双牌（1963年）、广西麻石（1975年）、浙江富春江（1977年）、广东蓑衣滩（1975年）等枢纽，均利用船闸过木。

表3.2-2　机械过坝工程实例

序号	工程位置及名称	过坝型式	木材流送方式	枢纽建成年份
1	甘肃碧口水电站	纵向原木运输机	单漂	1976
2	江西洪门水库	横向原木或排节运输机	排运	1978
3	江西柘林水库	横向排节运输机	排运	1975
4	浙江赋石水库	横向竹排运输机	排运	1977
5	福建池潭水电站	斜面升排机	排运	1980
6	福建嵩口坪水电站	斜面升排机	排运	1974
7	湖南沅江渡水电站	斜面升排机	排运	1974
8	广西青狮潭水库	斜面升排机	排运	1964
9	浙江老石坎水库	斜面升排机	排运	1970
10	湖南柘溪水电站	斜面升船机	排运	1975
11	安徽陈村水电站	斜面升船机	排运	1978
12	江西上犹江水电站	混合升排机	排运	1975
13	浙江黄坛口水电站	9t桅杆起重机	排运	1959
14	浙江新安江水电站	10t门式起重机	排运	1960
15	湖南柘溪水电站	10t门机加平台车	排运	1975
16	安徽梅山水库	往复式索道	排运	1956
17	安徽响洪甸水库	往复式索道	排运	1958

速、河道的通航要求等，以及木材浮运数量、浮运终点、浮运设备等因素来选择。木材的浮运方式大致有自流赶羊浮运、排筏浮运、袋形浮运三种。

木材浮运设施包括导引设施、河绠和排模子。导引设施主要是指用不同方式固定的漂子导引木材浮运。河绠是用钢索连起来的一串漂子，围出一定面积的水域，设在木材浮运河道的某一地方，用来阻拦、收集和储存木材和进行木材的水上作业。河绠一般设在浮运木材的终点，或由赶羊浮运转为排筏浮运的地方，或在闸坝过木建筑物上游的待运处。排模子是专门用来组编排筏的地方，一般位于河绠围区口门下端，是用漂子围成的若干单独的水域，在其中把木材进行分类和编排作业。

2. 过木方式的适用情况

木材过坝方式的适用情况见表3.2-3。

3.2.1.3　设计基本资料

1. 自然条件

设计过木建筑物的自然条件包括水文、气象、泥沙、地形、地质等。

2. 木材流送规划

木材流送规划包括近期和远期流送规划。木材流送规划包括：

（1）木材过坝量。

（2）木材浮运的时间。

（3）流送木材的情况：包括流送方式；排型及其规格；单木的直径和长度，各种直径和材长的比例，材种、材质及其容重等。

3. 枢纽资料

水利枢纽资料包括上、下游梯级开发情况，枢纽总体布置，水库运行方式，各级流量，上游特征水位，

表 3.2-3 **木材过坝方式的适用情况**

类型	过木型式		流送方式	可能达到的台班生产率（m^3）	适用坝型	适用坝高
水力过坝	水力过木道	流木槽	单漂	500～1000	各种坝型	各种坝高
		流木道	单漂	2000	混凝土坝	中低坝
		水筏道	排运	3000	各种坝型	中低坝
	利用船闸过坝		排运	3000～5000	各种坝型	中低坝
	利用水闸闸孔		单漂	—	混凝土坝	低水头
机械过坝	木材传送机	纵向	单漂	1000	各种坝型	各种坝高
		横向	单漂或排运	1000～2000	各种坝型	各种坝高
	升排机	斜面	排运	400～2000	土坝	各种坝高
		垂直	排运	400～4000	混凝土坝	各种坝高
		混合	排运	400	混凝土坝	各种坝高
	起重机		排运	500～1000	混凝土坝	各种坝高
	索道	往复式	排运	100～200	各种坝型	各种坝高
		循环式	排运	600	各种坝型	各种坝高
	陆路运输		单漂	—	各种坝型	各种坝高

下游水位—流量—流速关系等。

4. 其他资料

其他资料包括建筑材料、施工机械、动力和交通运输等方面的资料，以及水工模型试验等资料。

3.2.1.4 设计原则

（1）满足木材年过坝量的要求。

（2）满足木材流送工艺要求，同时应考虑与河道上、下游梯级的协调、工程近期和远期木材过坝的规划。

（3）必要时考虑施工期和水库蓄水期的木材过坝。

（4）与枢纽其他功能相协调。

（5）对有通航要求的枢纽，一般与船只过坝建筑物分别建设，以免互相干扰。但当木材和船只两者或其中之一的过坝量较小时，两者也可考虑共用，且应考虑尽量利用已有过坝建筑物。

（6）力求降低过木建筑物造价，减小过木成本。

（7）减少对环境的影响。

3.2.1.5 木材过坝能力

1. 主要影响因素

（1）木材过坝量。木材过坝建筑物的设计通过能力应满足设计日过坝量的要求，设计日过坝量按连续三个到材高峰月平均计算。新开发的木材流送河道，缺乏到材历史资料时，过坝强度按设计年木材过坝量和相似流域不均衡系数计算确定。施工期和蓄水期的木材过坝量应按照相应时段最高年运量作为设计过坝量。

（2）年作业天数。年过坝作业天数应根据到材方式、过坝工艺、运转方式和过坝设施性能来确定，一般可参照表 3.2-4 取用。

表 3.2-4 **年过坝作业天数** 单位：d

到材方式 \ 过坝工艺		木材随到随过坝	不要求随到随过坝
季节性	单漂	90～180	180～270
	排运		120～210
常年	人工排运	180～240	210～270
	拖排	210～270	210～270
	船运	240～300	270～300

（3）日作业班数。日过坝作业时间一般按 1 班（8h）作业进行计算。在到材高峰期，日照长的季节可考虑 1.5 班，在需要和确有条件时，经过论证可按 2 班作业计算。

日过坝时间利用系数一般取 0.8～0.9。

过坝设施的装载系数一般取 0.7～0.9。

（4）到材不均衡系数。宜按实际统计资料计算。缺资料时，可取年内月到材不均衡系数为 2.0～3.0，年内季到材不均衡系数为 1.5～2.0。

2. 木材过坝能力的计算

(1) 搜集资料。

1) 年内各月份到材的数量、树种、材种及规格，排运到材的排型、规格等。

2) 过坝方式的有关技术数据，如设备的装载能力、速度等。

3) 木材过坝能力的有关数据，如年作业天数、日作业班数、时间利用系数、装载系数等。

(2) 计算所确定过坝方式的台班（或小时）生产率（在本节的过坝型式内详述）。

(3) 计算台班年过坝能力。

$$N_{in} = N_l m n_n \tag{3.2-1}$$

式中　m——日作业台班数；

n_n——年内作业天数；

N_l——台班生产率。

(4) 根据年过坝量计算过坝设备台数。

$$Z = \frac{N_n}{N_{in}} \tag{3.2-2}$$

式中　N_n——设计年过坝量；

N_{in}——台班年过坝能力。

(5) 三个月的木材过坝能力。根据库区三个连续到材高峰月的到材总量校核三个月内木材过坝的通过能力。

$$k = \frac{N_l Z m n_i}{N_s} \geqslant 1 \tag{3.2-3}$$

式中　k——三个连续到材高峰月的通过能力系数；

N_s——三个连续到材高峰月的到材总量，m^3；

n_i——三个连续到材高峰月中总的作业天数；

Z——过坝设备台数；

N_l、m 意义同前。

3.2.2　木材水力过坝

木材水力过坝适用于中、低水头，水量充沛的枢纽，上游水位变幅在10m以内，上下游为单漂或排运的河流。若采用分级船闸过木，适应水头范围会更大。水力过坝具有通过能力大、结构简单、造价低、管理和检修方便等优点，缺点是耗水量大。

常用的水力过坝方式主要有过木槽道类和利用水闸、船闸过木等。过木槽道类主要有流木槽、流木道和水筏道三种类型。水力过木槽道，根据槽中的不同水深又可分为全浮式、半浮式和湿润式三种。常用的多为全浮式水筏道（过排）及流木道（过原木）两种。

3.2.2.1　布置

1. 基本要求

(1) 在漂木的设计洪水频率内，应使木排（或原木）安全而又畅通地进出水力过木道。

(2) 在直接靠近水力过木道的上、下游处，应有一定的水域面积作为等待过坝木排的停靠、系泊和重新编组的安全场地。

(3) 在设计保证率（根据不同的漂木道等级，一般 $P=75\%\sim90\%$）低水头情况下，应保证上、下游有足够的航道或渠道断面尺寸。

2. 平面布置

水力过木道在枢纽中的平面位置应根据地形、地质和枢纽的总体布置来考虑，一般有以下三种：

(1) 坝侧式。水力过木道靠近河岸的一侧。

(2) 坝中式。水力过木道设于溢流坝中段。

(3) 绕坝式。水力过木道布置于河床外的岸边。

一般宜采用坝侧式。优点是：靠近河岸，上游的木筏（或原木）可以在岸边停留、改编，施工条件好，造价较低，运行管理也较方便。缺点是：与枢纽中的其他建筑物相邻，进出口会受到横向水流的影响。坝侧式水筏道布置如图3.2-1所示。

如果河床有足够的宽度，也可采取坝中式布置。优点是：靠近主航道，进出口较通畅。缺点是：对进出口的引导设施要求较高，工程造价高，管理也不方便。

绕坝式水力过木道的优点是：施工和运行时，与枢纽主体工程互不干扰。缺点是：线路长，工程量大，运行管理较不方便。

3. 进出口布置

在径流式水电站或有灌溉渠首建筑物的枢纽中，应设置拦木措施，防止漂木进入电站前池或灌溉渠首。过木建筑物的进口宜布置在离开泄水建筑物和引水建筑物进口一定距离的地方，以免运行时发生干扰；出口应布置在有一定流速的下游河段，以便木材继续流运。

3.2.2.2　流木槽

流木槽常用木板做成，渠槽一般采用梯形断面，支承在木框上，下有木支柱，如图3.2-2所示。流木槽通常位于河岸，为绕坝式，适用于长距离输送木材，但耗用的木料较多，在我国较少采用。瑞典过去曾广泛采用流木槽长距离输送木材，后都改为更经济的公路运输。

1. 流木槽的组成

流木槽分为槽首、槽身和槽尾三部分。

(1) 槽首建筑物。槽首建筑物为泄水和用于木材入槽的建筑物。若水库水位变化幅度不大，可设置叠梁门，若库水位变化幅度较大，则需要采用多个不同槛高的进水口。在每个进水口下游设一个支槽，然后

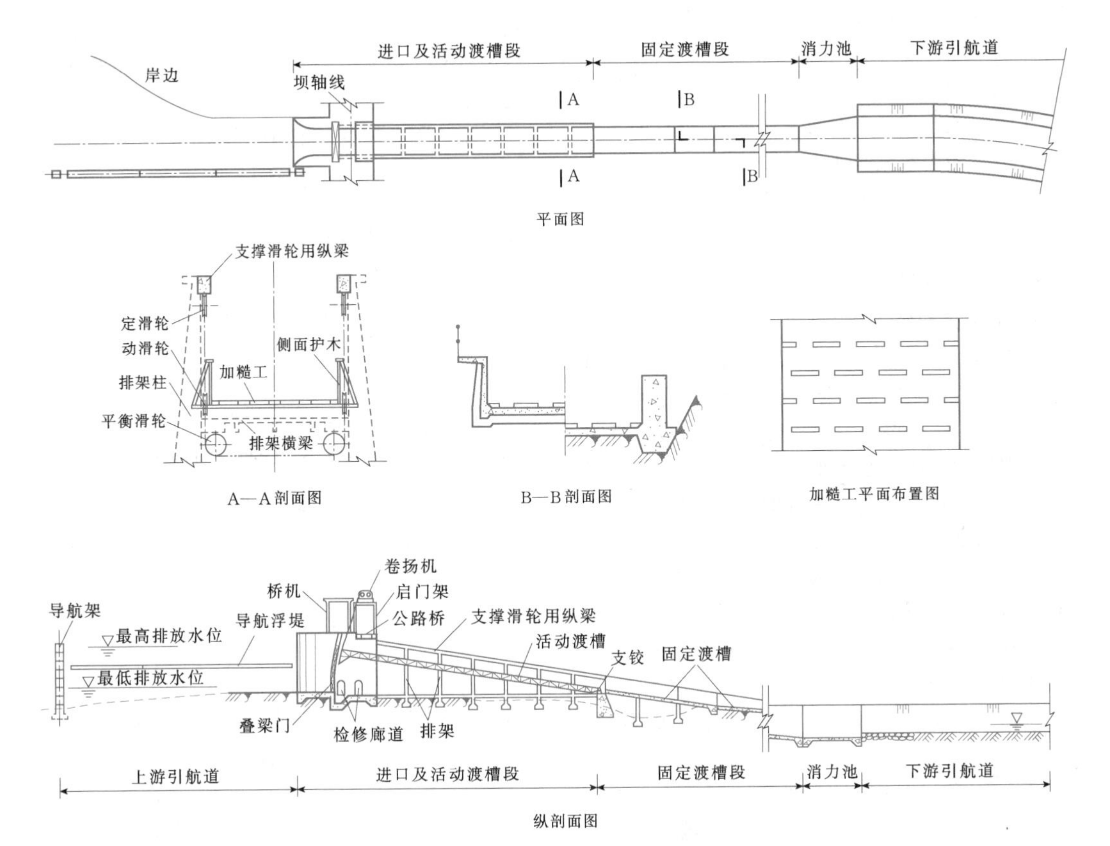

图 3.2-1　坝侧式水筏道布置示意图（单位：m）

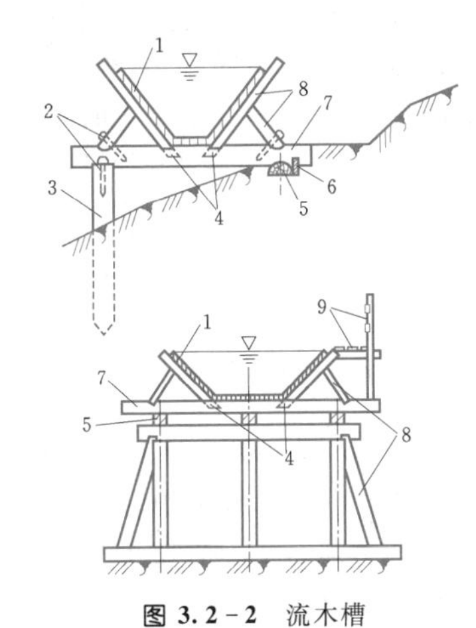

图 3.2-2　流木槽

1—木板流木槽；2—销钉；3—木支桩；4—榫；5—纵梁；6—防滑卡子；7—横梁；8—支架；9—护栏及人行道

汇合到主流木槽。

（2）流木槽身。用于长距离输送木材到下游。

（3）槽尾建筑物。槽尾建筑物为木材进入下游河道的建筑物。如地形适宜，可用衬砌加固的渠道来代替。

2. 流木槽的设计及生产率

（1）宽度。流木槽槽内水面宽度 B 为

$$B = nd_{\max} + \Delta b \qquad (3.2-4)$$

式中　$d_{\max}$——原木的最大直径，m；

n——沿槽宽方向排列的原木根数；

Δb——富余宽度，m，根据断面形状、槽中水流速和原木直径确定，一般可取为 $d_{\max}$。

（2）深度。流木槽最小水深 h 为

$$h = Cd_{\max} + \Delta h \qquad (3.2-5)$$

式中　C——木材的沉没系数，相当于木材的密度，如杉木为 0.75，松木为 0.8～0.85；

Δh——富余水深，一般可取 0.1～0.3m。

注：原木为原条按照一定的规格分截的木材（原条为仅经过修枝的木料）。

（3）转弯半径及流速。流木槽应尽可能布置成直线，当需要转弯时，转弯角度宜小于 15°，转弯半径不小于流送木材长度的 10 倍。

流木槽坡度较平缓，槽中的容许流速一般为 0.4～0.6m/s，在特殊情况下可达 1.0m/s。

（4）生产率。流木槽的过木能力为

$$T = 3600\frac{vn}{L}K \quad (3.2-6)$$

式中 T——流木槽每小时的流送能力，根/h；

v——槽内水流流速，m/s；

n——沿槽宽排列的原木根数；

L——原木长度，m；

K——槽的利用率，通常可取0.3。

3.2.2.3 流木道和筏道

流木道为单根原木过坝，筏道是排筏过坝。流木道和筏道可用混凝土或钢筋混凝土做成，为了降低造价，缩短长度，一般坡度较大，流速也大。为了减小流速，需在流木道和筏道底部加糙。

水筏道的坡度、流速与木排的排型、结构有关。由于树种、材种、木材径级、材长、河道条件、流送期和流送工艺等方面的不同，各级林区在编扎排型方面有较大的差异；不同的排型对筏道的要求也不同。例如，福建的竹钉排是一种硬结构矩形排，大部分为直径较大的松杂木，而杉木仅作为渡架，因而吃水深、容重大，对筏道纵坡和出口的要求较高。湖南的蓑衣排是八字形的排，头小尾大，排尾编扎疏松、灵活，对筏道适应性强，可以在跌坎式筏道上使用。广东的无钉排（又称绕扎排）用尼龙绳绕扎，对筏道的适应能力强。因而，在筏道设计上，特别是在筏道纵坡的设计上，一方面应考虑不同排型对筏道的要求，另一方面也应不断改进木排的结构，以适应筏道。

1. 流木道和筏道的基本尺寸

（1）宽度。流木道的宽度可用式（3.2-4）计算，取Δb=0.1～0.2m。

筏道的宽度为

$$B = b_n + \Delta b \quad (3.2-7)$$

式中 B——筏道的净宽，m，一般不超过10m；

b_n——最大排宽，m；

Δb——后备宽度，m，一般Δb=0.5～1.0m。

若仅流送单节的蓑衣排，净宽B可采用木排最大宽度b_n。

实践表明，筏道宽度不宜比木排宽太多。否则，既增加工程造价，又不利于木排运行。

（2）最小水深。流木道和筏道的最小水深可用式（3.2-5）计算。计算筏道的最小水深时，式中d_{max}应为排筏厚度。

当容许木材或木排与渠底摩擦时，最小水深可适当减少，不受式（3.2-5）的限制。

（3）最小曲率半径。如果流木道和筏道较长，必要时可以转弯，转弯角度一般为15°～20°。流木道的最小曲率半径不小于木材长度的10倍。也可以参照筏道刚性排筏，用式（3.2-8）计算。

对于刚性排筏，筏道的最小曲率半径为

$$R_{min} = \frac{L^2}{8(B-b)} - \frac{b}{2} \quad (3.2-8)$$

式中 L——木排的最大长度，单根流送时为最大材长，m；

B——筏道的宽度，单根流送时为流木道宽度，m；

b——木排的宽度，单根流送时为木材最大直径，m。

对于柔性排筏，筏道的最小曲率半径为

$$R_{min} = \frac{n_2 bl}{4\delta} \quad (3.2-9)$$

或

$$R_{min} = \frac{15n_2^2 bl}{(n_2+1)\alpha} \quad (3.2-10)$$

$$\alpha = \arctan\frac{\delta}{b} \quad (3.2-11)$$

式中 n_2——木排的排节个数；

l——单个排节的最大长度，m；

δ——排节之间的间隙，m，一般取δ=0.1～0.3m；

α——排节之间最大转角的一半，(°)；

b——排节的宽度，m。

当流送多节原木排时，R_{min}不宜小于100m；当流送多节原条排时，R_{min}不宜小于120m。

（4）超高。木材在曲线段所产生的离心力必须用超高来平衡。弯道超高的计算公式较多，常用的两个公式有式（3.2-12）及式（3.2-13）。

$$\Delta h = \frac{v_0^2}{g\cos i}\ln\frac{R_2}{R_1} \quad (3.2-12)$$

$$\Delta h = 2\Delta y = 2kv_0^2\frac{B}{gR} \quad (3.2-13)$$

式中 Δh——弯道渠底内外边的高差，m；

v_0——弯道起始断面平均流速，m/s；

g——重力加速度，取9.81m/s²；

i——渠底纵坡；

R_1、R_2——内外弯道半径，m；

Δy——横向水面超高，即外墙水面高于中心线水面的数值，m；

R——弯道中心线曲率半径，m；

B——筏道内水面宽度，m；

k——超高系数，见表3.2-5。

（5）坡度。

1）流木道的坡度可采用1∶10～1∶30，根据地形和地质条件决定。坡度陡，可缩短流木道，但流速大，需要把底板和两壁加糙，木材易撞击损伤。

表 3.2-5　　超高系数 k 值表

弯道曲线形状	k
简单圆曲线	1.0
带有缓和曲线过渡的复曲线	0.5
既带有缓和曲线过渡，槽底又有横向倾斜	0.5

2）筏道坡度一般采用 1∶50～1∶100，比流木道平缓。如果为保持排筏完整，可稍陡些，但要由人工进行操作保护，并对筏道底板加糙，以减小流速。

（6）流速。

1）流木道中流速一般不大于 5m/s，流速太大则易撞击损伤木材。

2）筏道中流速一般采用 3.5～4.5m/s，如有放排工人操作保护，最大流速可达 5m/s。

根据原有的观测，小型筏道最大排速达 7m/s 时，放排工人仍能随排过坝。故在保证安全的前提下，可适当提高排速，以增加筏道的流放效率，并可缩短筏道长度。

2. 流木道和筏道的生产率

流木道的生产率按下式计算：

$$N = 2826 n_1 v d_p^2 K \qquad (3.2-14)$$

式中　N——每小时通过的木材量，m^3/h；

n_1——通过木材的列数，一般选用 1～2 列；

v——进口流速，m/s，当用人工引入时不宜大于 1m/s；

d_p——木材的平均直径，m；

K——在入口处木材纵向充满系数，与 n_1 值有关，见表 3.2-6。

表 3.2-6　　K 与 n_1 的关系

n_1	1	2	3	4	>4
K	0.7	0.6	0.5	0.4	0.2～0.3

筏道的生产率可按下式计算：

$$N = \frac{3600W}{t_1 + t_2 + t_3} \qquad (3.2-15)$$

$$t_2 = \frac{l_i}{v_i}$$

式中　N——每小时通过的木材量，m^3/h；

W——每节木排平均材积，m^3；

t_1——木排在进口运行时间，s，一般取 60s；

t_2——木排在筏道中的流送时间，s；

t_3——木排在出口运行时间，s，一般取 60～120s；

l_i——水筏道各坡段的长度，m；

v_i——水筏道各坡段最低设计水位的计算平均流速，m/s。

3. 流木道和筏道进口的结构

（1）结构布置。水力过木道进口包括上游引导设施、闸墩、岸墙、上层结构以及闸门和启闭机等，其作用是控制进口流量适应年水位变幅，并引导木排（或原木）进入陡槽。

在综合利用的枢纽工程中，水力过木道进口宜尽量远离灌溉或发电站取水口和溢洪道。如靠近，则应在进口前修建引导设施，如导墙或漂浮体。导墙的墙顶高程应高于最高过木水位 0.50m 以上，长度不小于最大排长。

漂浮式引导设施的漂浮体可用木排结构或钢筋混凝土趸船结构，也可采用钢浮筒，最好由多节串联的浮漂组成。浮漂的宽度不小于 1.2m，长度不大于 15m。如果导漂须承担较大的横向流速及有防浪要求时，宜采用双联式浮漂。在导漂上应能按需要设置绑绳柱（立式或卧式）、导缆钳、信号灯及其他辅助设施，以供木材停靠和导引之用，并保证工作人员操作安全。当导漂下部横向流速较大时，应设置漂檐板，防止木材钻漂。

引排道的水域宽度一般应大于最大排宽的 1.5～2.0 倍，深度应大于木排（原木）吃水深 0.5m 以上。

进口前的水流流向与进口段中心线的平面交角不宜大于 25°。进口段呈喇叭形，收缩角一般为 13°左右，以使进口水流平顺，无明显的侧收缩；闸墩和工作桥高度应不妨碍工人操作；公路桥下的净空不宜小于 2.5m，流木道上的净空不宜小于 1.5m。

（2）进口高程。进口高程可按下式估算：

$$H_2 = H_1 - H_0 \qquad (3.2-16)$$

式中　H_1——水库最低过木水位，m，保证率一般为 75%～90%；

H_0——堰顶水头，m。

已建成的水筏道的单宽流量 q 一般为 $1～3m^3/(s·m)$，流木道的单宽流量有大于 $10m^3/(s·m)$ 的。无加糙工的水筏道的单宽流量，只要求保证木排运行所需的水深，一般单宽流量为 $1.5～2.0m^3/(s·m)$。按公式估算出的进口高程是底坎的可能最高位置；实际的底坎高程还要考虑闸门设置。小型水筏道进口底坎高程一般低于正常作业水位 1.0～1.5m。

（3）进口闸门。闸门型式可根据上游水位变幅的大小及调节流量的需要选择。

1）叠梁式闸门。适用于上游水位变幅 1～2m。这种型式是利用前后两道叠梁闸门的阻水作用，使水力过木道进口槛顶形成波状水流。槛顶水深一般采用0.5～1.0m。前后两道叠梁闸门，可分段启闭，以适应上游水位变化，调节过木道内的流量，如图3.2-3所示。

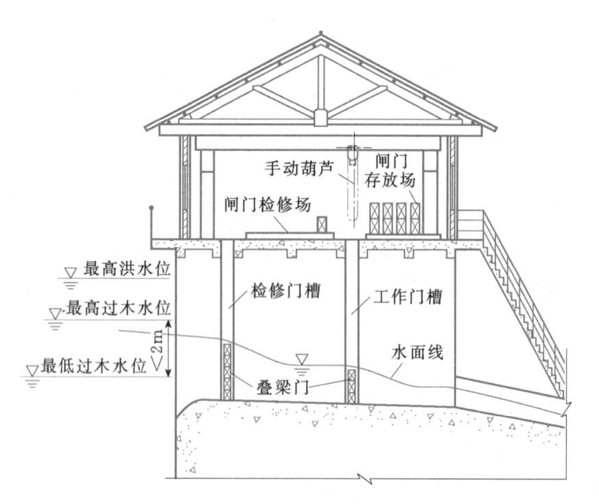

图3.2-3 设有叠梁工作门和检修门的固定式进水口

叠梁闸门的优点是：启闭方便，维修简单，造价低廉。缺点是：启闭过程中叠梁上、下两面过水，常有振动，有时还会卡在门槽内。

当上游水位变幅超过2m时，由于叠梁式闸门形成的跌落高度增加，叠梁处形成跌水，木排流经该处，木排头随跌水潜入水底，撞击底板，再经过一段距离后，又露出水面。这样的水流条件，对放排工操作和木排安全流放都很不利，因此，当上游水位变幅大于2m时，应另行选择其他类型的调节闸门。

2）斜坡式闸门。闸门可随着库水位变化而转动启闭，水流和木材在闸门顶上溢过，然后沿闸门下游斜坡表面流送，这对避免垂直叠梁闸门过木的跌落有利。缺点是：闸门的启闭较为困难，一般用于小型流木道。斜坡式闸门进水口如图3.2-4所示。

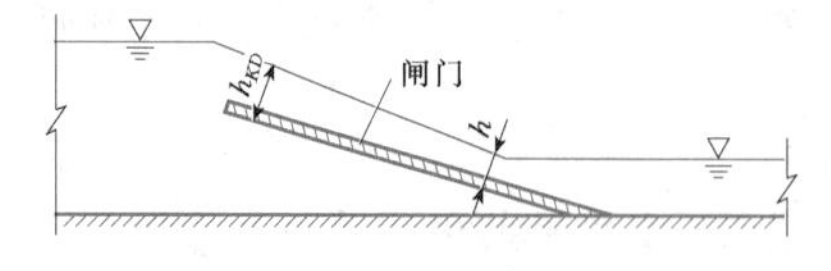

图3.2-4 斜坡闸门进口布置

3）扇形闸门。扇形闸门设有上游挡水面板、门顶过水面板和两个侧边的面板。闸门有固定式启闭和水力自动启闭两种。这种闸门的优点是：调节水位较准确，结构刚度较大，运行比较可靠。缺点是：闸门重量大，施工较复杂，不宜用于窄孔口的过木道，如图3.2-5所示。

4）活动渡板闸门。由平板闸门和渡板两部分组成。前端的平板闸门为一垂直升降闸门，作为上游挡

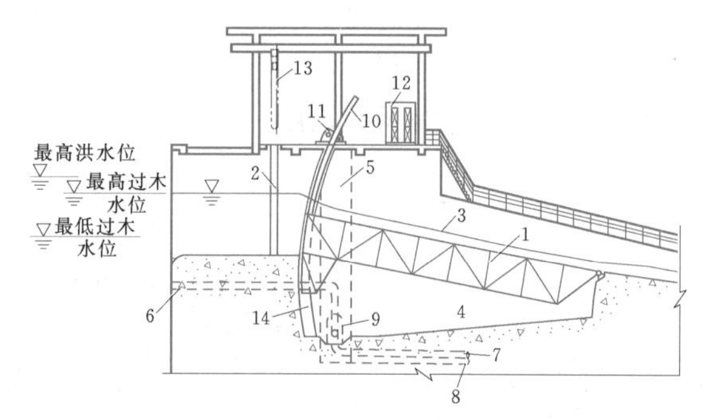

图3.2-5 设有扇形闸门的活动式进水口

1—扇形工作闸门；2—叠梁检修门槽；3—水面线；4—压力室；5—竖井；6—压力室进水管；7—压力室排水管；8—竖井排水管；9—自动调节装置；10—刚性齿杆；11—双向锁定装置；12—叠梁门存放场；13—手动葫芦；14—弧形闸门门槽

水面，渡板前端与平板闸门为铰接，而尾部设有滚轮。当平板闸门升降时，渡板尾部滚轮作水平移动。渡板上可开孔，以增强水流的连通作用，减少启门力，如图3.2-6所示。

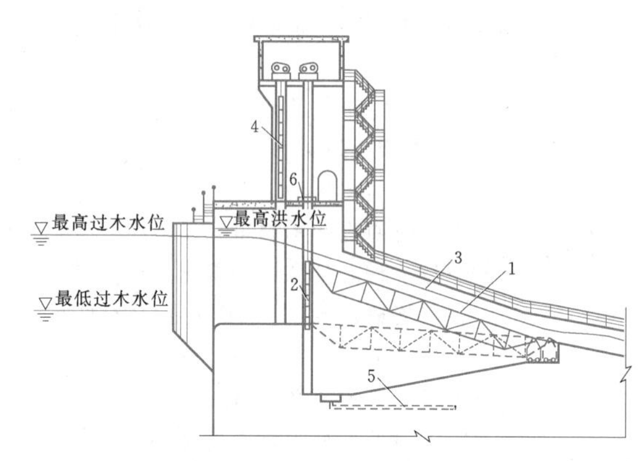

图3.2-6 设有渡板的活动式进水口

1—渡板；2—挡水门；3—水面线；4—事故工作门；5—检修排水管；6—双向锁定装置

在大渡河龚嘴水电站第一次采用了宽9.0m、长24.0m、适应上游水位变幅5.0m的活动渡板闸门，运行情况良好。

5）活动渡槽闸门。这种闸门由活动渡槽及叠梁闸门两部分组成，其头部结构示意图如图3.2-7所示。

为缩短活动渡槽计算跨度，可将启闭机的钢丝绳连续穿过渡槽上的动滑轮和侧向排架纵梁上的定滑轮，以定滑轮作支点。这对启闭效率虽有些影响，但活动槽的结构较为经济（在活动渡槽与下游固定渡槽的衔接处，应设置止水）。

6）下沉式弧形门。设于漂木道的进口，漂木时将门顶下沉至水面以下，使水流和木材在弧形门两支

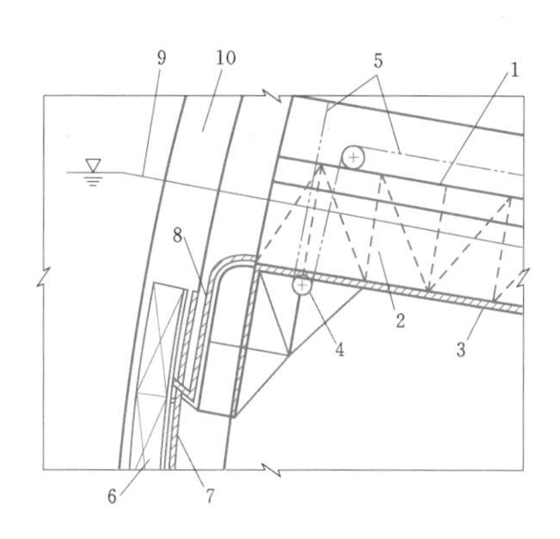

图 3.2-7 活动渡槽的头部结构

1—活动渡槽；2—渡槽侧板；3—渡槽底板；4—支承滑轮；5—钢丝绳；6—弧形叠梁门；7—弧形叠梁门侧止水；8—活动渡槽头部止水；9—水面线；10—门槽

臂间的溢流面板上通过。这种闸门比渡板或扇形闸门节省钢材。铰支座位于水面以上，便于检修。下沉式弧形闸门支臂较长，并要求有一定刚度，故用于窄孔口不经济。适用于库水位变幅 2～3.5m 的情况，如图 3.2-8 所示。

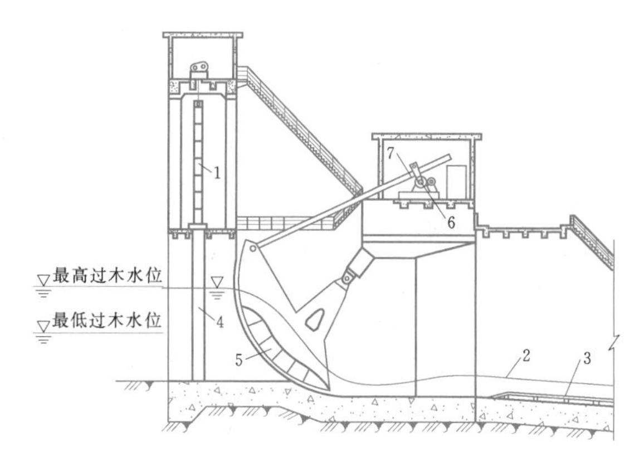

图 3.2-8 设有下沉式弧形门的活动式进水口

1—事故工作门；2—水面线；3—加糙物；4—事故工作门门槽；5—弧形门；6—双向锁定装置；7—刚性齿杆

(4) 加速移动设施。当采用单漂过坝时，在进口附近应有诱导设施，必要时应在进口附近设各种类型的加速器，以增加木材进入流木道进口的速度，提高流木道的过木能力。

采用的加速设备有绞盘机、钢索、推杆、滚筒、履带、喷水管和推木船等。

图 3.2-9 所示为在诱导通道内设绞盘机和管式水流加速器。绞盘机布置于通道两侧的尾部，从远处向进口集中木材。为了避免木材堵塞在进口前的喇叭口内，在两侧诱导浮漂侧面各安装一条水下管式水流加速器，并在通道上方亦布置数列水面管式水流加速器。管式水流加速器的工作原理是使高压水流经过喷嘴，形成射流作用于木材，使木材移动。水流加速器的水泵可分散或集中配备，前者使用较为灵活。喷嘴最好是可以拆卸和调整方向的型式。

4. 流木道和筏道的槽身结构

(1) 结构布置。槽身位置一般应靠近岸坡修建，在平面上宜采用直线。在平面内需要布置弯道时，宜适当放缓纵坡。平面和纵断面应相互配合。通过计算，选出合理的加宽和超高值。

槽身的横断面有矩形和梯形两种。两侧可用挡土墙或护坡保护。侧墙顶宽一般不小于 0.7m，墙顶应在最高水面以上 0.5m，槽内两侧应平整。

槽身的底坡一般都大于临界坡，水流湍急，故常称为陡槽。如果建在风化岩或土基上，必须做好衬砌，且应加大槽底糙率。

(2) 纵坡。陡槽纵坡的设计主要以保证放排人员和木排的安全为原则。根据筏道漂木时上、下游的落差和地形条件的不同，可采用等坡、变坡或多级跌坎。按照不同排型、树种、材径、容重和加糙型式等参数，选定筏道中的单宽流量、纵坡最小水深和排速。广东、湖南等省采用的平均纵坡多为 5%～6%，个别加糙水筏道的平均纵坡达到 10.9%。一般认为，竹钉排的纵坡不应大于 3%，蓑衣排与无钉排纵坡应不大于 6%，并采取变坡设计，特别在出口段宜控制在 2%以下。对于某些坡度大、流量小的山溪小河，也可以采用跌坎式水筏道，但仅适用于蓑衣排，纵坡一般不超过 7%。

筏道纵坡在运用上变坡比等坡好。

变坡筏道在出口段呈 c_2 型壅水曲线，因而出口段的水深较相同条件的等坡筏道大 10%左右，从而降低了出口流速，改善了过排条件，是一种较好的底坡型式。变坡筏道一般设计成上陡下缓，前段坡度为 10.0%～16.6%，出口段一般用 1%～3%。为使木排在变坡处下方不撞击槽底，应使相邻两段坡差 $\Delta i<3\%$。例如，涔天河水筏道采用 8.3%～14.3%等六种坡度，最大坡度变化为 2.3%，运行情况良好，变坡处加糙工无损坏现象。又如，福建省建瓯叶芳筏道，采取了变坡设计，进口段为 10m 平坡段，紧接着 10m 长的底坡为 1.66%的较缓坡段，再接 129m 长底坡 3.33%的陡坡段和 10m 长平坡段，最后为 18m 长的扩散段和底坡为 -1.1%的反坡段。经多年运行实践证明，在各种设计流送水位时，木排均能顺畅通过。某变坡水筏道纵断面布置如图 3.2-10 所示。

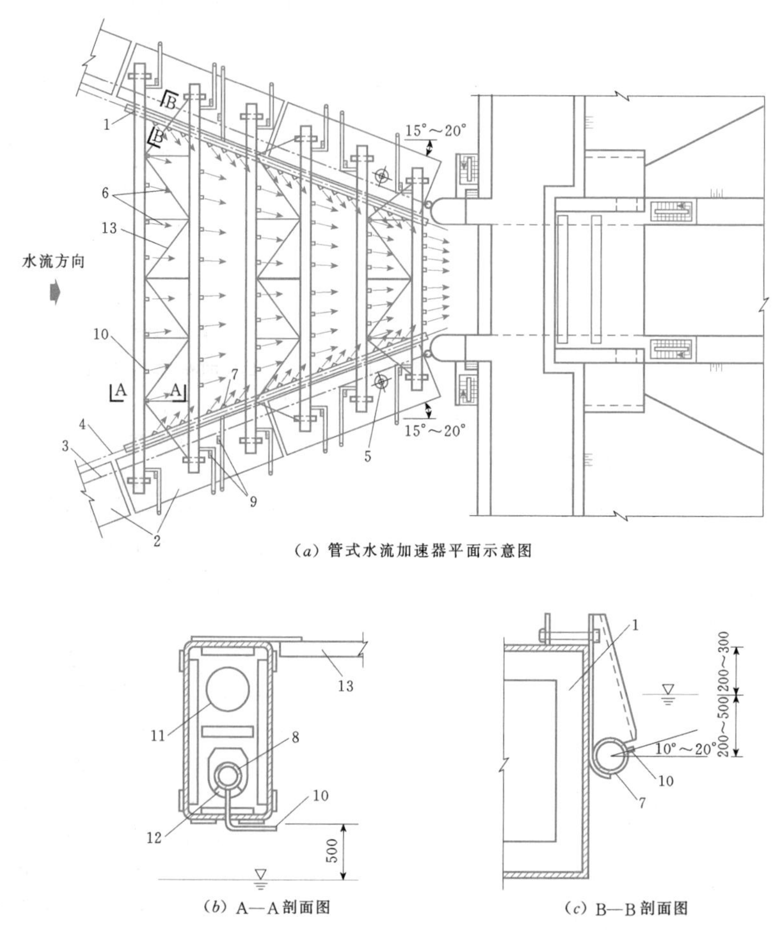

（a）管式水流加速器平面示意图

（b）A—A剖面图　　（c）B—B剖面图

图 3.2－9　流木道进口通道及管式水流加速器（单位：mm）

1—钢浮漂；2—双联水泥浮漂；3—固定导漂钢丝；4—围漂牵引索；5—牵引绞盘；6—喷嘴射流方向；7—水下输水管；8—水上输水管；9—水泵；10—喷嘴；11—隔板；12—鞍座；13—连接系

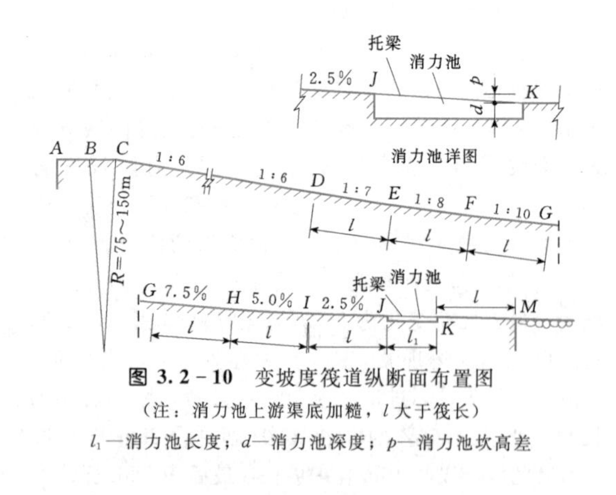

图 3.2－10　变坡度筏道纵断面布置图

（注：消力池上游渠底加糙，l 大于筏长）

l_1—消力池长度；d—消力池深度；p—消力池坎高差

跌坎式水筏道是在斜坡式水筏道的基础上增设几级跌水，形成多级消力池，使水流通过逐级消能，以降低流速，改善出口流态，并利用消力池进出口的集中跌差，增大筏道的平均底坡。跌坎式筏道跌坎的级差 p 应根据排型、放排技术水平等因素选取；山区小河八字排过坝时，一般以 0.8m 为宜，坎顶应做成圆弧形。两级跌水之间的距离 l 应不小于最大排节长度，一般为 15～20m，过长就不能充分发挥跌坎式筏道的优点，过短则一个木排将同时跨越两个跌坎，不安全。跌坎消力池长度 l_p 主要根据水力计算确定，一般池长以不超过排长 1/3 为宜。为确保木排安全通过消力池，在池上设有钢筋网支架，这种构造对防止木排碰撞下坎是有益的。消力池之间的陡坡段，底坡常用 6%，各级纵坡可以不一致，只宜由陡到缓，而不宜相反。跌坎式水筏道如图 3.2－11 所示。

跌坎式筏道沿程流速比较均匀，一般放排可以连续放送几个排节，甚至十几个排节。已建跌坎式筏道内流速都控制在 3m/s 以内，下游水流衔接平顺，放排情况良好。据调查，现有跌坎式水筏道的消力池长

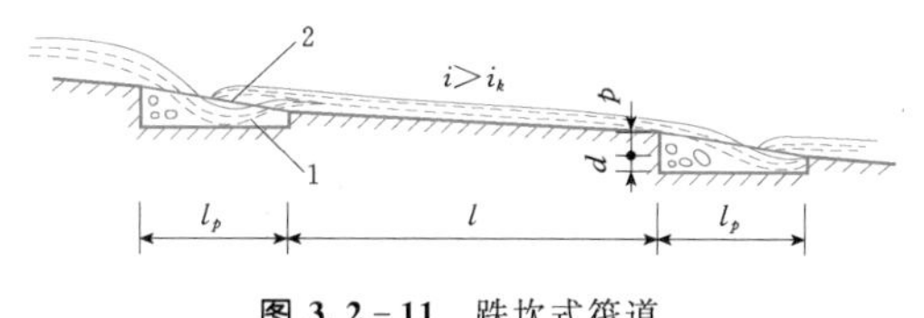

图 3.2-11 跌坎式筏道

1—消力池；2—钢筋网支架

度仅 2～3m，且消力池内会发生淹没水跃。跌坎式筏道宜在坡度大、流量小的山溪小河上修建。

(3) 底板加糙。

1) 加糙的作用。底板加糙的作用是降低流速、增加水深，以便加大坡度，缩短筏道的长度，改善出口水面衔接，节约投资。

几种加糙齿原型实测成果见表 3.2-7。

表 3.2-7　　加糙齿原型实测成果

齿　形	齿　高 (cm)	底　坡	单宽流量 [m³/(s·m)]	出口最大流速 (m/s)	水　深 (m)	增加糙率
双人字	10	1∶10	2.0	3.59	0.66	0.0403～0.052
梅花条	10	1∶10	2.0	3.39	0.65	0.056
斜方格	10	1∶10	2.0	4.52	0.45	0.033～0.039
不加糙	0	1∶10	2.0	7.94	0.26	0.020

表 3.2-7 说明：加糙后，水深可增加 0.73～1.54 倍，流速可降低 43%～57%。

加糙后的槽底，水流掺气会引起紊乱和底部负压，容易发生木材擦底、撞齿以及散排的现象。但只要加糙工的型式和底坡、单宽流量、加糙齿间距、齿高等参数选取得当，就可以改善筏道的水流流态和木排运行条件，避免撞齿和散排。

2) 加糙工的型式及其水流特性。

a. 90°角双人字形。90°角双人字形加糙工的流态是在筏道横断面内形成三股凸起、两股低凹的水面；在表层水流中，凸起部分向低凹处流动；在低层水流中，低股流向高股。在横向环流和水流的纵向运动作用下，形成沿纵向的四股螺旋流。由于环流作用产生向下的吸沉力，木排容易发生撞齿打排现象。可见，双人字形加糙工的流态存在对木排运行不利的问题，90°双人字形加糙工如图 3.2-12 所示。

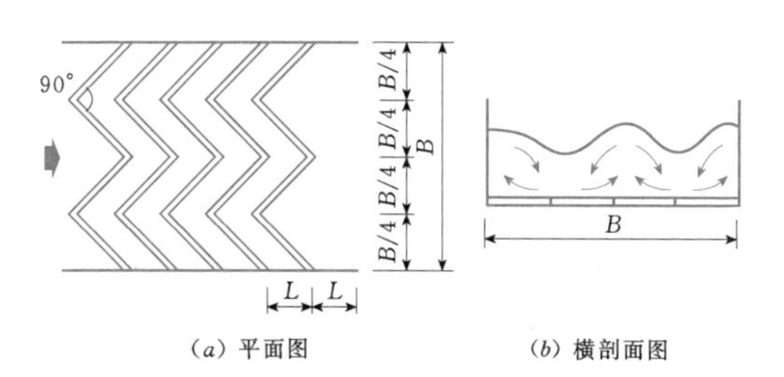

(a) 平面图　　(b) 横剖面图

图 3.2-12 双人字形加糙工

b. 双齿逆波折形。为了改善 90°角双人字形加糙的流态，把人字形的交角由 90°扩大到 135°，呈双波折形。模型试验表明，双齿尖指向下游的逆波折形比双齿尖指向上游的正波折形的过排条件好，这种加糙齿形的水流状态与双人字形相似，水面沿纵向形成四股螺旋流。但螺旋流强度较 90°角双人字形为弱。由于齿交角的增大，凹凸水面差减小，动水压力差也较小，所以横向环流产生的负压也小，水流比较平稳，使用情况良好。双齿逆波折形加糙工如图 3.2-13 所示。

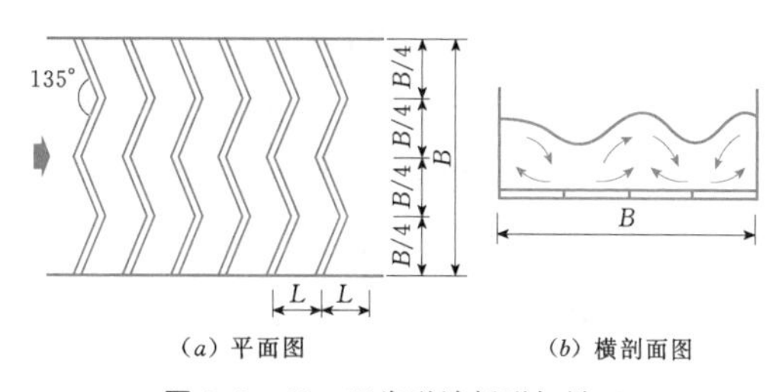

(a) 平面图　　(b) 横剖面图

图 3.2-13 双齿逆波折形加糙工

c. 斜方格形。斜方格形加糙工的布置呈正反人字形组成的斜方格。斜方格形的流态是水流在整个筏道内形成交错排列的丘状，水面起伏小，水流平稳，无掺气现象。斜方格加糙工同样产生环流，前后方格形成的环流大小相等而方向相反，破坏了水流内部连续的环流结构，消除了下沉力，避免沉排撞齿现象，运行情况良好。斜方格形加糙工如图 3.2-14 所示。

d. 梅花条形。这种加糙工是将短横条齿坎在平面上相间错开布置。水流在每条齿坎上形成波峰，整个水面峰谷交错，木排也随着水流呈有节奏的波状起伏运动。若排速较流速快，排前水位壅高，则排头抬起，筏行平稳。但试验发现：水流在齿间做横向左右摆动，木排在筏道下段有沉排撞齿的现象。梅花条形加糙工布置如图 3.2-15 所示。

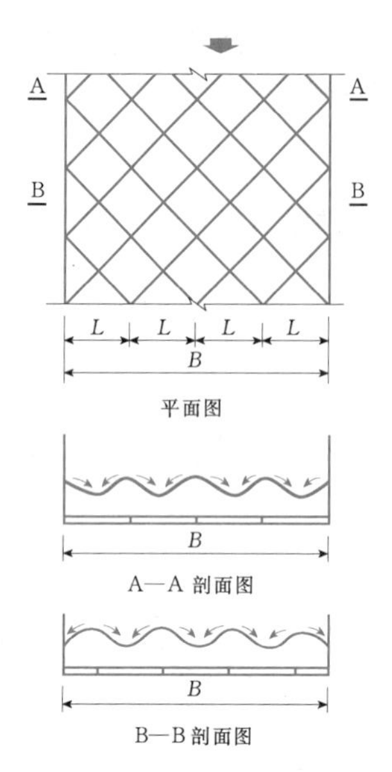

图 3.2-14 斜方格形加糙工

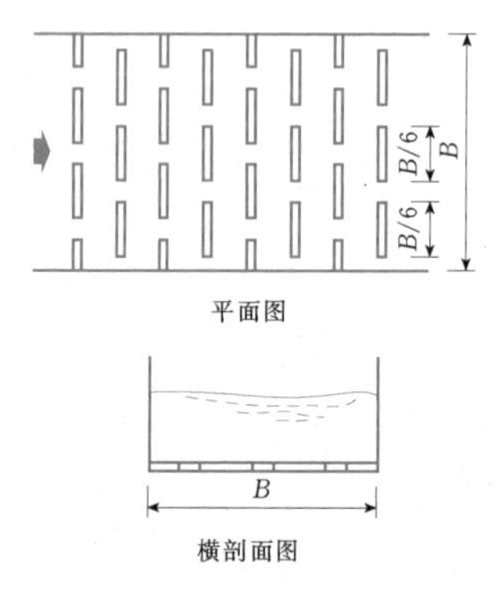

图 3.2-15 梅花条形加糙工

3）加糙工的构造。加糙工的齿坎断面常采用矩形或直角梯形两种，阻水槛高 a 一般为 10～20cm，宽高比 $b/a \geqslant 1$。为了减轻木材或木排的碰撞，可将迎水面顶削成钝角，高度 $c=(1/3\sim1/4)a$。矩形加糙工的齿坎断面如图 3.2-16 所示。

加糙工的材料常用木材和混凝土两种。与槽身的连接可以是装配式的，也可以是现浇的。为了提高加糙工的坚固性和耐久性，齿坎宜采用高标号钢筋混凝土。为了更有效地防止过槽的原木或木排撞击底部的横向齿坎，宜在水力过木道的整个长度上敷设 3～4 根钢轨作为纵梁，纵梁之间不宜设横隔板，如图 3.2-16 所示。

4）加糙工的糙率计算。有加糙工的明渠均匀流公式中的谢才系数，可按下列经验公式计算。

a. 双人字形。

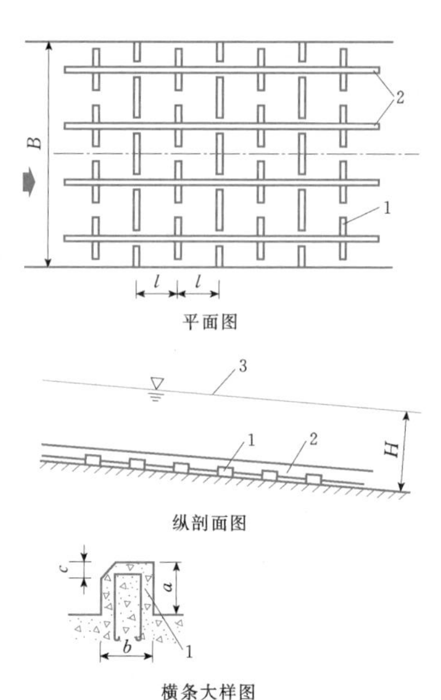

图 3.2-16 加糙工布置

1—横条；2—纵向钢轨；3—水面线

$$\frac{1000}{C}=(116.1-6.1\sigma-1.2\beta)K_1 \tag{3.2-17}$$

$$\sigma=\frac{h}{a}$$

$$\beta=\frac{B}{h}$$

式中 C——谢才系数；

σ——相对光滑度；

β——水流相对宽度；

h——齿坎顶水深，m；

a——加糙齿高度，m；

B——槽底宽度，m；

K_1——渠底坡度 $i\neq0.15$ 时的修正系数，按表 3.2-8 求得。

表 3.2-8 修正系数

i	0.04	0.07	0.1	0.15
K_1	0.75	0.85	0.93	1.0
K_2	0.90	1.0	1.06	1.0

式（3.2-17）适用范围：$5\leqslant\sigma\leqslant12$。

b. 斜方格形。

$$\frac{1000}{C}=41.3-2.7\alpha+0.5\beta \tag{3.2-18}$$

式（3.2-18）适用范围：$1.7\leqslant\alpha\leqslant6.03$；$4.97\leqslant\beta\leqslant17.6$；$1/C=0.0275\sim0.0455$。

c. 双齿逆波折形。

$$\frac{1000}{C}=83-1.8\alpha-0.75\beta \quad (3.2-19)$$

式（3.2-19）适用范围：$2.1\leqslant\alpha\leqslant14.1$；$3.1\leqslant\beta\leqslant15.23$；$1/C=0.0544\sim0.0703$。

d. 梅花条形。

$$\frac{1000}{C}=(54.5-2.1\sigma+0.33\beta)K_2 \quad (3.2-20)$$

式中符号意义同前，K_2 值按表 3.2-8 插入求得。

式（3.2-20）适用范围：$3\leqslant\sigma\leqslant8$。

5. 流木道和筏道的出口结构

（1）结构布置。出口位置应靠近下游主流区，其轴线应尽量与主流方向一致，其夹角不宜大于 30°。出口应连接在一段无侧向水流干扰的顺直河槽上。河槽直线长度应大于最大排长。

出口建筑物主要由护坦、导墙两部分组成。根据水流流速可能冲刷的情况，需在软基河床护坦后的一定长度内，设置海漫、防冲槽、护坡等辅助防护措施。

为了减少出口的单宽流量、降低流速，出口段也可以修成扩散平台型式，扩散角度的大小按水力计算求出平台上的水深，再根据木排吃水深度和木排对出口水流条件的要求综合研究确定，一般不大于 7°。扩散段不宜过长，靠河一侧导墙末端与护坦末端相齐。墙顶在下游最高放排水位以上 0.5m。靠岸一侧的导墙在护坦下游用渐变曲线面与岸坡相接。

（2）出口的水流衔接。一般筏道的纵坡都属陡槽，其出口与下游水面的衔接通常表现为水跃的型式，木排能否顺利地通过水跃区进入下游河槽，关键在于筏道出口与下游水面的衔接型式和水跃高度。部分水筏道的原型观测资料见表 3.2-9。流木道的要求与筏道基本相同，但可略低于水筏道。

下游水面衔接可根据跃前断面的弗劳德数 Fr 值来判断；Fr 值宜控制在 2.5～4.5 之间。对单木排流放的情况，可采用较大值。

（3）出口型式。

1）平台跌坎式出口。在筏道的末端，设一水平平台，其宽度可以不变，也可以逐渐扩大，平台下游端为跌坎。平台的长度由水力计算确定，一般为 10～25m，如图 3.2-17 所示。

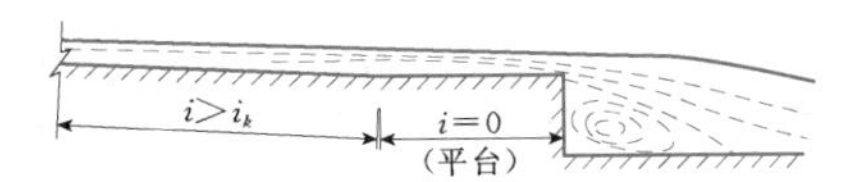

图 3.2-17　平台跌坎式出口

等宽平台的水流在平台区呈 c_2 型壅水曲线，有利于在平台上或平台下游形成面流或远驱式水跃。

筏道出口的水面衔接型式与下游水深和坎高有关。为了安全流送排筏，在浅水河床下游水深小（0.5～1.0m）且变幅不大，难以形成淹没水跃时，采用低坎平台（坎高 0.5m），以形成远驱式水跃流送排筏。在深水河床下游水深大到（2.5m 以上）足以形成水跃时，采用高坎平台（坎高不小于 2m），使其形成波状水跃或面流水跃流送排筏。淹没水跃易使排筏撞损，应避免采用。

出口平台的相对高程应按筏道下游的最低过排水位和过排流量来确定。筏道出口高程不宜定得太低，以免出口形成淹没水跃；但也不能定得过高，以免枯水期形成跌坎。当过排单宽流量 $q\leqslant1.5m^3/(s\cdot m)$ 时，出口平台的高程比下游河道流送枯水位低 0.50m 为宜。

当出口流送水位变幅比较大时，为了改善出口水面衔接，可在出口段修建不同标高的多级平台，每级高差 0.30m 左右。这样，当水位变化时，水面衔接位置从一级平台移到相邻一级平台，每级平台的长度应大于一个排节的长度。跌坎端部宜做成龟背形，以免刮断扎排缆绳。

涔天河水筏道出口下游水位变幅达 3.40m，通过试验，选用图 3.2-18 所示出口型式。筏道出口按固定坡延至最低排水位以下 2.40m（试验指出，至少为 1.50～2.50m），加糙工延至最低过排水位 1.00m 左右；同时，下游最低过排水深应大于筏道末端设计水深。

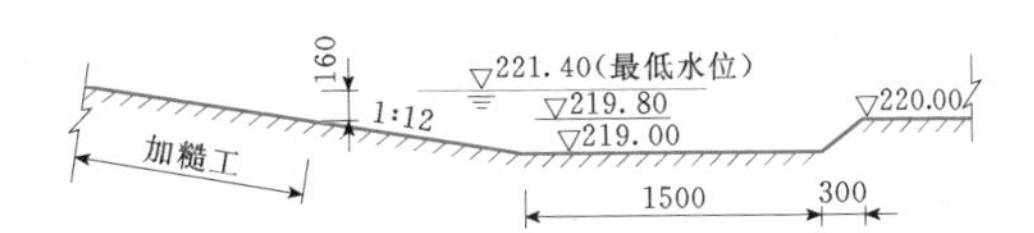

图 3.2-18　涔天河水筏道出口
（尺寸单位：cm；高程单位：m）

2）消力池加平台式出口。在陡坡末端设置格栅式综合消力池，池后再布置出口平台，如图 3.2-19 所示。

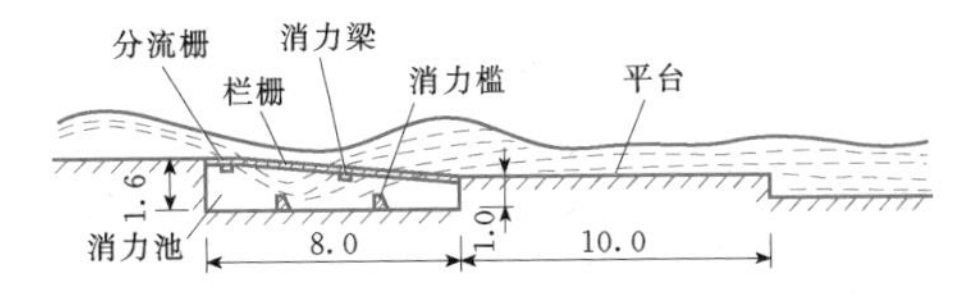

图 3.2-19　格栅式综合消力池和平台的出口（单位：m）

水流通过综合式消力池消能，在消力池末端产生面流水跃，增加了平台上的水深。而在出口平台或下

表 3.2-9　部分水筏道原型观测资料表

筏道名称	筏道类型及尺寸(m)						底坡情况			筏道内流态			出口水力衔接						排型尺寸 长×宽 (m×m)	平均流速 (m/s)	过排情况
	类型	高差	全长	平均坡度(%)	宽度	出口平台	底坡(%)/坡长(m) 1	2	3	单宽流量 [$m^3/(s \cdot m)$]	平均水深(m)	平均流速(m/s)	坎高(m)	水深(m)	流速(m/s)	水跃型式	跃高(m)	水跃位置			
桥坝	陡坡式	1.70	48.5	3.5	3.3	20	4.8/25	2.1/23.5	—	3.4	0.68	5.0	0.8	0.63	5.4	远驱式水跃	0.35	平台上	松木平行排 35×2.9	5.8	良好
隆中滩	陡坡式	2.30	52	4.5	4.2	—	9/16	5.5/16	0/20	2.2	0.46	4.8	1.7	0.41	5.3	面流	0.5	下游河床	松木平行排 80×2.9	—	较好
大浪平	陡坡式	1.73	29	6.0	4.2	10	7.3/21	2.6/8	—	2.5	0.60	4.2	3.0	0.50	5.0	远驱式水跃	—	平台上	松木平行排 80×2.9	5.7	较好
平头滩	陡坡式	2.15	40	5.4	4.2	10	9.4/17	3/19	0/4	3.0	0.49	6.1	2.5	0.42	7.1	淹没面流	0.7	下游河床	松木平行排 80×2.9	7.0	困难
泽联	陡坡式	7.10	200	3.5	4.2	10	7/60	2.6/80	1.6/60	2.5	0.40	6.3	0.7	0.36	7.0	远驱式水跃	0.45	下游河床	松木平行排 80×2.9	7.1	较好
隆中	陡坡式	9.40	250	3.8	4.2	15	0/10	5/160	1.7/80	2.2	0.40	5.5		0.30	7.3	淹没水跃	1.2	平台	松木平行排 80×2.9	—	不能过排
叶方	方格加糙齿高 17cm	4.30	150	3.0	5.0	18	1.6/10	3.33/130	—	2.2	0.62	3.6	0.6	—	—	波状水跃	—	平台	松木平行排 65×4.5	—	良好
东游	逆人字加糙齿高 20cm	2.7	144	2.0	5.5	8.5	1/10	2.4/113	0.9/15	3.3	0.90	3.6	1.5	0.80	4.1	淹没水跃	—	筏道内	松木平行排 65×4.5	4.0	较差

注 1. 加糙筏道出口平台纵坡为 $i=1\%\sim1.5\%$ 的逆坡。

2. 表中各筏道出口均为扩散形平台。

游河道，则发生波状水跃，改善了出口平台的流态。但消力池在格栅上的跃前水深很小，木排在此有擦底现象。因此，它只适用于容许擦底的排型。

3）消力池加消能栅式出口。实验表明，筏道出口，特别是平台后，不宜设普通的消力池。因普通消力池是底流消能，产生淹没水跃，打排事故常在此发生。为了克服这种缺点，尤其是对于纵坡较大而又不宜做加糙工的筏道，可以在出口水跃区设消能栅，木排依靠消能栅的消能和垫层作用顺利通过水跃区。消能栅为一种漂浮结构，上游端固定于跌坎处，下游端悬浮在水中，其长度视筏道的纵坡和流量而定，一般为10～20m。当增加消能栅的长度有困难时，也可以用增加栅的浮力代替长度的要求。浮力增加后，使消能栅保持其斜卧位置，因而保证了消能效果。消能栅要设在筏道出口的水跃区，才能够最有效地发挥消能作用。当下游水位变幅较大时，水跃的位置常随着流量和下游水位的变化而移动。为此，可将固定点设计成活动的，以适应这种水位变化的需要，使之始终保持在最佳水力状态。消能栅式出口示意图如图3.2-20所示。

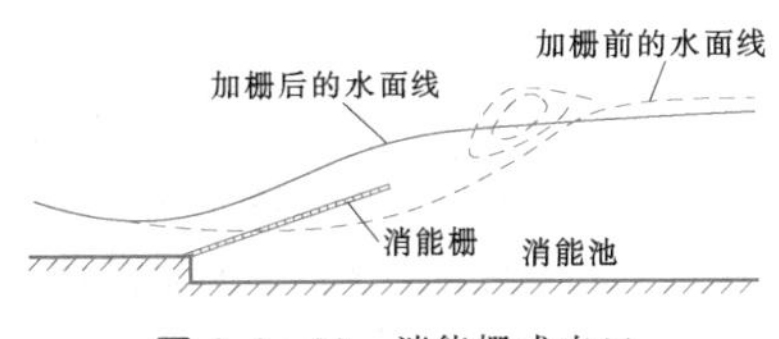

图3.2-20 消能栅式出口

3.2.2.4 利用通航建筑物过木

在有通航建筑物的水利水电枢纽中，也可利用通航建筑物过木。设计应注意以下几点：

(1) 上、下游引航道的口门区，应便于木筏进出，纵向流速宜小于1.5m/s，横向流速小于0.2m/s。引航道的曲率半径一般不得小于船舶、船队或木排长度的3～4倍。

(2) 山区河流有工人随排操作，采用自流浮运的作业方式时，木筏过船闸不宜用轮船拖带，可采用分级牵引的方式。在平原河道上，可采用拖轮拖带进出闸室。

(3) 计算通过能力时，应考虑的因素是：

1）设计采用的排型尺寸应尽可能不改变原有的浮运方式，在不影响木排筏浮运的条件下，为提高过木能力，宜采用多层排筏。

2）在计算过木时间时，应考虑木材流送的季节性特点，逐月到材的不均衡性等因素。

3）计算方法参考通航建筑物。

(4) 利用升船机过木，在引航道前需做好编排工作，进入引航道需采用人工随排操作或做好其他保护措施，使木排顺利进出承船厢。对于靠船和导航建筑物，需考虑木排的撞击作用。

(5) 利用通航建筑物过木，要加强管理，保证放排人员和通航建筑物的安全。

3.2.2.5 利用枢纽水闸过木

利用枢纽部分闸孔过木，过木的闸孔要能使下游发生面流水跃或波状水跃，以便木材顺利地过闸，进入下游河道。过木的闸孔上、下游应设置引木道。

利用水闸闸孔过木一般是单根原木过闸，木材长度应不大于闸孔宽度，以免木材堵塞闸孔。闸墩上游端需用金属或方木保护，以抵抗木材撞击，闸墩及下游护坦也要加固，使其能承受木材撞击。

岷江映秀湾水电站利用水闸两个闸孔过木，过木闸孔靠近进水闸，孔宽12m。在上、下游引航道一侧建导墙，进水闸前设拦木栅，防止表面漂木、中层半浮木和底层沉木进入进水闸。在过木闸孔和进水闸底槛下部设置冲沙孔，运用情况良好。

3.2.2.6 施工期木材水力过坝

施工期木材过坝可利用各种导流建筑物（导流明渠、导流隧洞、导流底孔）过木。

1. 利用导流明渠过木

(1) 湖南柘溪水电站。导流明渠在左岸，全长560m，底宽为16m，渠底纵坡$i=2.5‰$，处于弯道段，出口处设横跨明渠的交通桥，渠内有两个桥墩，边孔宽约6m，中孔宽约12m。从运行情况看，在该明渠内流放木排的最优流量为100～300m^3/s，相应流速为2～3m/s。

(2) 四川龚嘴水电站。导流明渠在左岸，渠底宽35m，纵坡$i=5.4‰$，明渠进口有两个桥墩，中孔宽12.5m，两边孔为14m。历年到材多集中在汛期（6～9月），一般瞬时最大密度500～700根/min，最大材长12m，最大材径1.2m。实测在流量Q为2200m^3/s时，漂木通过渠道130～350根/min，其通过能力随洪峰流量的增大而增加。

2. 利用导流隧洞过木

(1) 湖南柘溪水电站。导流隧洞在右岸，全长436m，断面为13.6m×12.8m（高×底宽），最大纵坡$i=1.2\%$，弯道半径180m。

运行初期，工人不随木排过洞，在试放的120个木排中，有58%～66%的木排被撞坏，其后在枯水季节流量较小时，改为工人随排过洞。适宜放排的最佳流量为120～250m^3/s，相应流速为1.8～2.8m/s。隧洞进口处落差为1～1.5m，流速为3～3.5m/s。在隧洞流量小于50m^3/s时，受进口底坎落差达2～3m

的影响，木排很难进洞。

木排的尺寸为13m×5m（长×宽），流放木排的间距一般为100m，平均每日放排能力达2800～3000m³。

(2) 甘肃碧口工程。导流隧洞布置于右岸，与永久泄洪隧洞相结合。断面为圆拱直墙式13m×11.5m（宽×高），全长678m，弯道半径为200m，纵坡$i=3‰$。进口型式为直立塔式进口，出口明渠轴线与河道呈60°交角，并设有低坎式扭曲鼻坎。

坝的上游为单漂流送的木材，最大材长8m。流量小于970m³/s才能过木。当过木期流量$Q=100\sim300m^3/s$时，相应的洞内（衬砌段）流速5～9m/s；进出口无诱导设施，过木情况良好。

3. 利用导流底孔过木

新安江导流底孔布置在靠近右岸的8号～10号三个坝段内。每个坝段设一个马蹄形断面底孔，高13m、宽10m、长76.6m。

导流底孔按流量$Q<250m^3/s$时，容许过排流速为2.5m/s设计。经运行测定，在9号坝段底孔过排时，孔内流速为3m/s。排型尺寸为10m×2m×0.5m，由三人操作，每次过排2～3节，平均每3min可过排一次。

4. 应注意的问题

(1) 水力条件。在进行导流工程选线和布置时，应力求进口水流平顺，中段最好为直线，弯道半径宜大于150m，出口与天然河道连接平顺。根据柘溪采用明渠和隧洞放排的经验，问题大都发生在水流跌落处，如隧洞进口、明渠交通桥桥墩处。新安江通过导流底孔过排时，也因进口流态的原因而引起打排情况。因此，在导流建筑物的设计中，应尽量减小跌水落差和横向水流。柘溪工程经验表明，当集中落差不大于1～1.5m时，木排可以流放。

(2) 断面尺寸。在单漂流放的河道上，尤其是汛期流放，在来材密度很大的情况下，导流建筑物进口的净宽应按最大材长进行设计，以防止木材在进口前"堆垛"。流送线路的宽度应满足最大材长回转通过的要求。

柘溪导流隧洞放排情况表明，排宽以不超过1/2洞宽为宜；对于无人驾驶自行流放的木排，木排对角线长度应小于洞宽。为保证木排航行稳定，排厚不宜小于0.3～0.4m。

(3) 减少对施工的干扰。应设置木材进洞的诱导设施和上游木材阻拦设施，控制木材均匀进洞。在单漂流送的河流上，应在大坝上游适当位置设置拦河绠，防止洪水期大量木材随洪水流下，堵塞导流建筑物进口，造成壅水，使施工围堰等工程遭到破坏。

(4) 保证人员的安全。利用导流建筑物过木风险比较大，特别是导流隧洞和导流底孔，首先要解决人员及建筑物安全问题。在正式运行前，应通过试放发现问题，订出放木制度和操作规程，以保证安全放木。应设置安全措施保证随排人员的人身安全。

3.2.3 木材机械过坝

木材过坝机械主要有木材运输机、升排机、起重机、索道以及公路和铁路运输机械等。机械过坝方式不消耗水量，适用于发电、灌溉与过木用水矛盾突出、上游水位变幅大的水利枢纽。

3.2.3.1 木材运输机

木材运输机分纵向和横向两种。纵向运输机主要是由桁架和传动设备组成，传动设备有链式、滚筒式和绳索式等；横向传送机一般多是板链结构，可运送原木和排节过坝。

我国一些木材过坝机械的技术特性参数见表3.2-10。

1. 纵向运输机

纵向运输机适用于单漂流送、过木运量大、上游水位变幅也大的各种坝型和坝高。优点是：结构简单，工程投资小，不耗水，耗电少而台班生产率较高，且横向尺寸小，易于布置。缺点是：水下检修较困难，需设置一套专供水下检修的附属设备。

(1) 布置。纵向运输机，即运行方向与木材的轴线方向一致，在平面布置上应使上、下游成一直线。纵坡过原木的一般不超过25°，过竹子的一般不超过10°。用链条时，上游各驱动段长度中，斜坡段一般不大于100m；下游分段长度一般不宜大于200m。上游尾部从动轮中心线应在最低过木水位0.80m以下。碧口水电站纵向原木运输机布置如图3.2-21所示。

运输机上游坡的布置要能适应水库水位变幅和进行尾部从动轮的水下检修。常用的布置方式有以下四种：

1) 沉浮式。运输机根据水库水位的变幅布置。布置一节时，钢架的上端铰接于坝顶，可以随水位的涨落而转动；下端铰接于沉浮箱上。布置多节时，除顶上一节外，其余各节两端均铰接于沉浮箱上。正常运行时，沉浮箱可充水下沉。尾轮水下部分发生故障时，沉浮箱可充气排水连同传送机浮出水面。每节沉浮箱都备有独立的动力传动装置，并可随水位的升降联结或拆卸。这种布置的优点是：结构简单、造价较低。缺点是：运行、维修、拆装都较复杂。其布置如图3.2-21所示。

表 3.2-10 我国部分机械过坝工程实例

序号	工程位置及名称	过坝型式	木材流送方式	设计年过坝量（万 m^3）	实际年过坝量（万 m^3）	设计台班生产率（m^3）	实际台班生产率（m^3）	上、下游倾角或坡比	坝高（m）	坝型	木排规格（m×m×m）或原木直径（m）	设计年过坝作业天数（d）	运行速度（m/min）	每次过坝时间（min）	设计日运行班数	备注
1	甘肃碧口水电站	纵向原木运输机	单漂	50	21	900	2110	上游 24°26′38″，下游 16°23′22″，17°	101.8	土坝	0.3～0.4	140	0.826m/s		2	当年 10 月 15 日至次年 3 月末
2	江西洪门水库	原木横向排节运输机	排运	木材 15，毛竹 100 万根	木材 3，毛竹 30 万根	木材 700，毛竹 9200 根	木材 1500，毛竹 3 万根	上游 17°31′，下游 18°2″	40	土坝	长 20～25，宽 2.4～2.6	实际 60	0.5m/s		实际每天 2～3h	
3	江西柘林水库	横向排节运输机	排运	木材 45，毛竹 160 万根		1720		上游 21°48′，下游 22°13′，14°19′	63.7	土坝	15×4×0.5	300			每天 9h	
4	浙江赋石水库	横向竹排运输机	排运	毛竹 250 万根	毛竹 60 万根	137 帖/h	100m^3/h	上游 22°40′，下游 24°30′	46.8	土坝	20～50 根/帖	12 月至翌年 4 月	0.38m/s			
5	福建池潭水电站	斜面升排机	排运	18～20		520		上游 1∶6，下游 1∶5	78	混凝土坝	26×4×0.8	270	90	16.5	2	
6	福建嵩口坪水电站	斜面升排机	排运	2.5～3.0	1.5		200	上游 1∶6.5，下游 1∶6.5	27.5	混凝土坝	10×4		48	20		
7	湖南沉江渡水电站	斜面升排机	排运	3	2.3	160	200	上游 1∶5，下游 1∶5	30	浆砌块石		310	60		1	
8	广西青狮潭水库	斜面升排机	排运	木材 2.4，毛竹 200 万根	毛竹 52 万根	木材 110，毛竹 3600 根	木材 45，毛竹 3600 根	上游 1∶3.15，下游 1∶3.15		土坝	8×3×0.4	300	55	12	3	
9	浙江老石坎水库	斜面升排机	排运	毛竹 60 万根		毛竹 96 帖	120 帖	上游 1∶3，下游 1∶3,1∶6	33.5	土坝						

续表

序号	工程位置及名称	过坝型式	木材流送方式	设计年过坝量（万 m^3）	实际年过坝量（万 m^3）	设计台班生产率（m^3）	实际台班生产率（m^3）	上、下游倾角或坡比	坝高（m）	坝型	木排规格（m×m×m）或原木直径（m）	设计年过坝作业天数（d）	运行速度（m/min）	每次过坝时间（min）	设计日运行班数	备注
10	湖南柘溪水电站	斜面升船机	排运	12	1.4	1134		上游1∶6，下游1∶4	104	混凝土坝	15×5×1两块	300	斜架车60，承载车36.6		2	年过坝300d，其中过木64d
11	安徽陈村水电站	斜面升船机	排运	木材6万t，毛竹5万t		260		上游1∶5，下游1∶4.6	75	混凝土坝						
12	江西陡水水电站	混合升排机	排运	木材30，毛竹200万根	木材4，毛竹60万根	400	300～350	下游1∶10，1∶6.4，1∶3.8，1∶2.8，1∶10	55	混凝土坝	(15～20)×2.3×(0.4～0.8)	290		设计8.5，实际7	1	实际运行2班
13	浙江黄檀口水电站	9t桅杆起重机	排运	10	5.5		200	—	40	混凝土坝	(2.5～16)×2.3			8～10	2	
14	浙江新安江水电站	10t门式起重机	排运		11.4		500～600	—	105	混凝土坝	12×(2.5～3)×0.80			6		
15	湖南柘溪水电站	10t门机加平台车	排运	15.5	12		500	下游6%～11%	104	混凝土坝	(12～18)×(2.7～3)×0.7	300		6～7		
16	安徽梅山水库	往复式索道	排运	0.8～1.0	0.93	50～60	最高100一般50～60	上游10°，下游12°	88.2	混凝土坝				10～12		
17	安徽响洪甸水库	往复式索道	排运	0.8～1.0	0.78	50～60	50～60	上游13°，下游15°	87.5	混凝土坝				8～10		

注 表中台班生产率除注明者外，均系平均值。

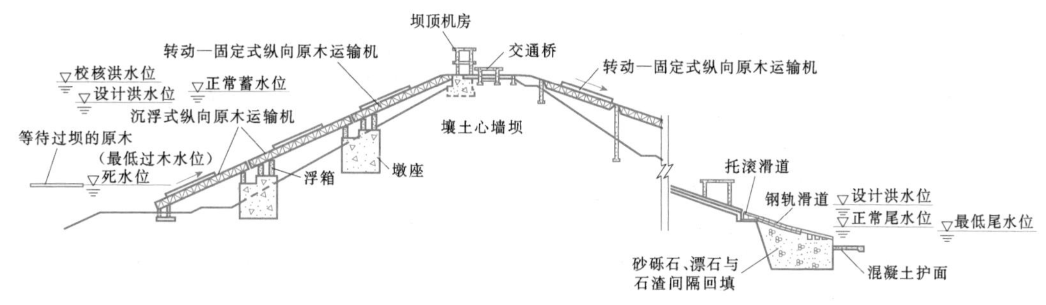

图 3.2-21 纵向原木运输机布置图

2）升降式。上游水库内设两个顶部有卷扬机的混凝土导墩。传送机只有一节桁架，其顶端铰接于坝顶，另一端悬吊在卷扬机的钢缆上，可随水位的变化而升降，并能锁定在导墩上。需检修水下部分时，可用卷扬机吊出水面。其优点是操作比较简单，不运行时可吊出水面，免受风浪影响，便于维护。缺点是：结构较笨重，还须增设混凝土墩和卷扬设备。其布置如图 3.2-22 所示。

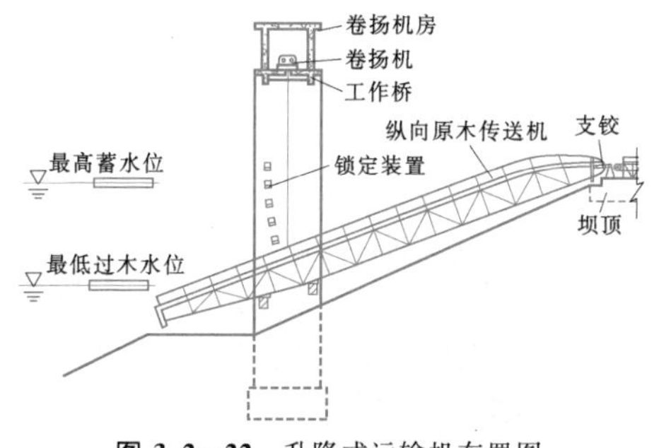

图 3.2-22 升降式运输机布置图

3）浮箱式。传送机为一节，桁架的顶端铰接在坝顶，下端铰接于浮箱上，浮箱随水位而起落。水下段需检修时，可以采用设在浮箱上的龙门架起吊，也可以通过改变浮箱的吃水深度，使其露出水下部分。这种布置适用于较短的传送机。优点是：结构简单、重量轻、造价低。缺点是：长期浮在水面上，受风浪影响，浮箱水下部分的维修也很困难。

4）固定式。当上游过木水位变幅很小时，上游面也可以布置成固定式运输机。这种布置方式仅需要在水位变幅范围内设置较短的铰接钢架槽，用起吊设备吊出水下部分进行检修。

运输机在下游坡面的布置，当下游坡较长时，可以分成若干节；在入水之前，最好设一段顶部在最高过木水位以上的滑道，以避免传送机尾轮的张紧装置潜水和在水下检修，如图 3.2-21 所示。在滑道上采用变坡，以控制入水角度，使其呈抛物线形，避免木材入水后碰击河底。选用滑道的滑速为 11～17m/s，而入水的滑速不超过 8m/s。木材入水后应进入有流速的水域内，否则，还需设置引航渠用水力加速器把木材送入有流速的河段。

（2）结构。纵向运输机是由上游坡、坝顶和下游坡的若干节运输机械联合而成的。传送机由承托构件、坝顶传动装置、张紧装置、钢架和安全装置等基本部件组成。下游坡设若干单节机械时，下游还应有传动装置。传送机各部分结构的尺寸应满足计算强度要求，并使各级材长、材径均能顺利通过。

承托构件是运输机牵引承载专用部件。由链条、横梁、滚轮、挂钉等组成，如图 3.2-23 所示。各种承托构件的参考尺寸见表 3.2-11。表中 Z 为挂钉数，t 为链条节距。其他符号为构件的尺寸，如图 3.2-23 所示。常用的牵引链为焊接圆环链，见表 3.2-12。横梁是由专门的连接环连接在链条上，滚轮直径 100～125mm，可用滚动轴承或滑动轴承。横梁两端的滚轮在钢架槽上的位置如图 3.2-24 所示。钢架断面尺寸根据受力条件来确定。

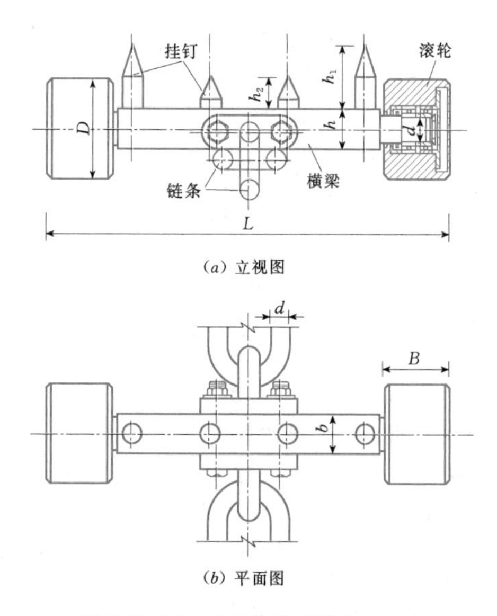

图 3.2-23 承托构件（单位：mm）

表 3.2-11　承托构件尺寸

序号	横梁		挂钉			滚轮			链条		质量（不包括链条）
	$b\times h$	L	h_1	h_2	z	D	B	轴承	d	t	
1	30×30	370	75	27	3	100	50	滑动	19	102	8
2	45×45	430	75	40	3	100	50	滑动	22，25	116，136，150	11.5
3	45×45	460	80	40	3	125	65	滚动	22，25	116，136，150	17
4	45×45	460	80	40	4	125	55	滑动	22，25，28	116，136，150，180	15
5	45×45	520	80	40	4	125	85	滚动	22，25，28	116，136，150，180	21.5
6	50×50	460	80	40	4	125	55	滑动	22，25，28	116，136，150，180	16.5
7	50×50	520	80	40	4	125	85	滚动	22，25，28	116，136，150，180	23

注　表中尺寸单位为mm，质量单位为kg。

表 3.2-12　焊接圆环链的技术特性

环链直径（mm）	链节距（mm）	环孔宽（mm）	链重（kg/m）	最大工作荷载（kg）	破断荷载（kg）
19	102	25	6.4	2500	13600
22	116，136，150	33	8.1，8.3，8.7	3000	18300
25	150	38	10.8	4000	23600
28	180	42	13.3	4000	29500

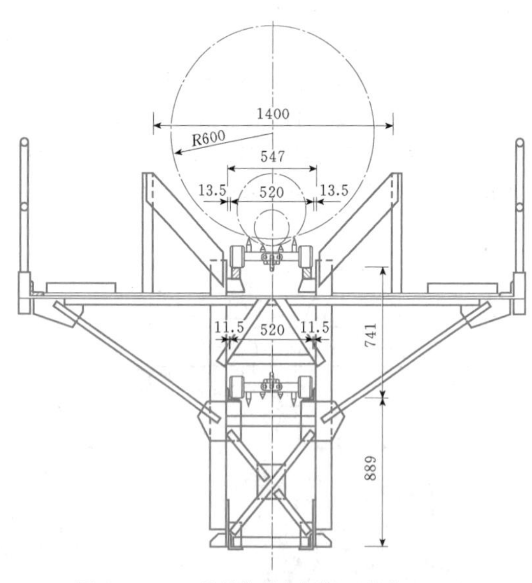

图 3.2-24　承托构件与钢架（单位：mm）

坝顶传动装置一般布置成上、下游集中驱动型式，如图3.2-25所示。它由电动机、制动器、减速器、联轴节、牵引链轮和传动链轮等组成。坝顶过渡段如图3.2-26所示。此结构也适用于上、下游坡各节间的过渡段。

张紧装置的作用在于调整牵引构件，使其具有适宜的初张力，以避免牵引构件过分松弛。张紧装置一般都布置在尾部从动轮处，如图3.2-27所示。

在上游倾角较大的运输机上，常设阻滑安全门和阻滑支撑，防止原木下滑事故。阻滑支撑是一种逆止结构，如图3.2-28所示。

当运输机在坝上游采用浮式布置时，需要设浮箱及龙门架。沉浮式布置需要设沉浮箱和供气系统。当有几节沉浮箱时，其节间宜设置装拆方便的半自动联结锁。起吊式布置需设一套启闭机和锁定装置。

下游入水前用一段滑道。滑道有托滚和钢轨两种，如图3.2-29所示。滑道工作面应和运输机横梁挂钉连线所成弧线相一致，并低于挂钉连线。

（3）台班生产率。

$$N=\frac{8\times 3600vqK_1K_2}{l} \qquad (3.2-21)$$

式中　N——台班生产率，m^3/台班；

l——每根原木平均长度，m；

v——链条运行速度，0.5～1m/s；

q——每根原木平均材积，m^3；

K_1——时间利用系数，取0.8～0.9；

K_2——装载系数，人工喂料，$K_2=0.7\sim0.8$；机械喂料，$K_2=0.8\sim0.9$。

2. 横向运输机

横向运输机适用于过坝运量大、水库水位变幅

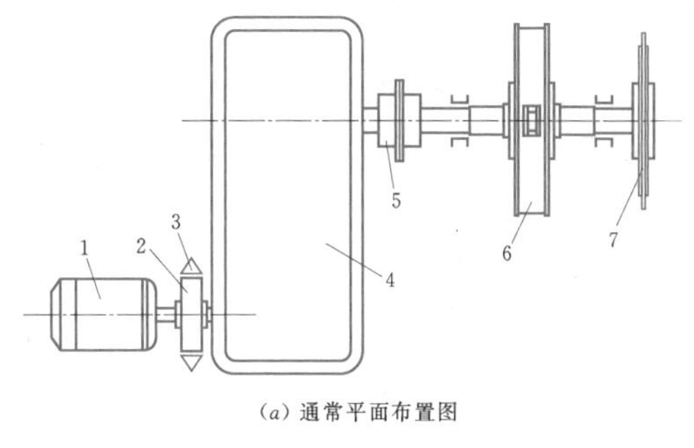

(*a*) 通常平面布置图

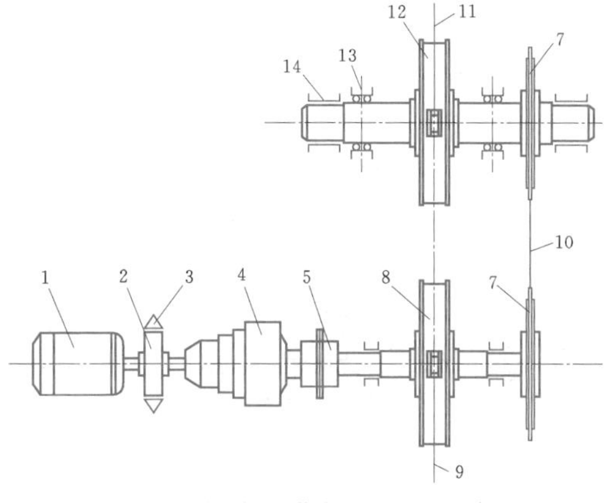

(*b*) 碧口水电站传动装置布置图

图 3.2-25 坝顶传送驱动装置示意图

1—电动机；2—制动轮联轴节；3—制动器；4—减速器；5—齿轮联轴节；6—牵引链链轮；7—传动链链轮；8—下游牵引链链轮；9—下游牵引链；10—传动链；11—上游牵引链；12—上游牵引链链轮；13—转动式钢架槽；14—坝顶支铰轴承

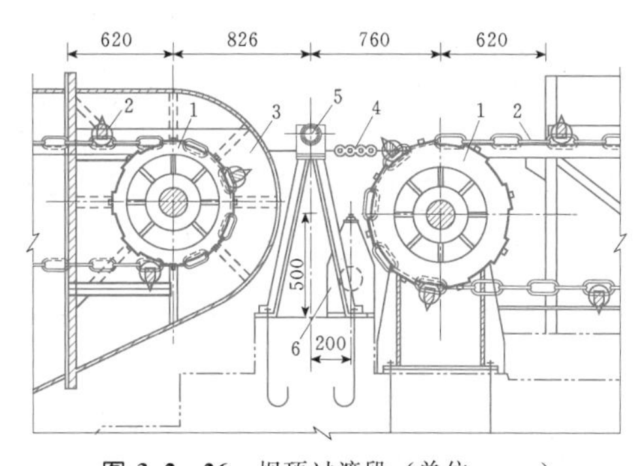

图 3.2-26 坝顶过渡段（单位：mm）

1—链轮；2—链条及滚轮装置；3—支铰；4—传动链条；5—过渡托滚；6—张紧装置

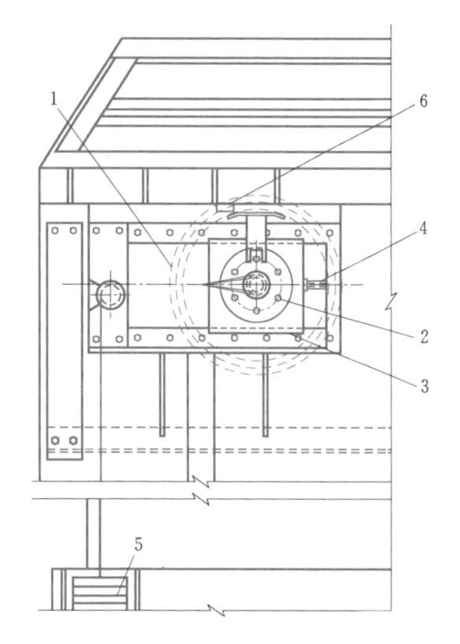

图 3.2-27 张紧装置

1—链轮；2—轴承；3—滑块；4—止退螺杆；5—张紧铁；6—行程开关

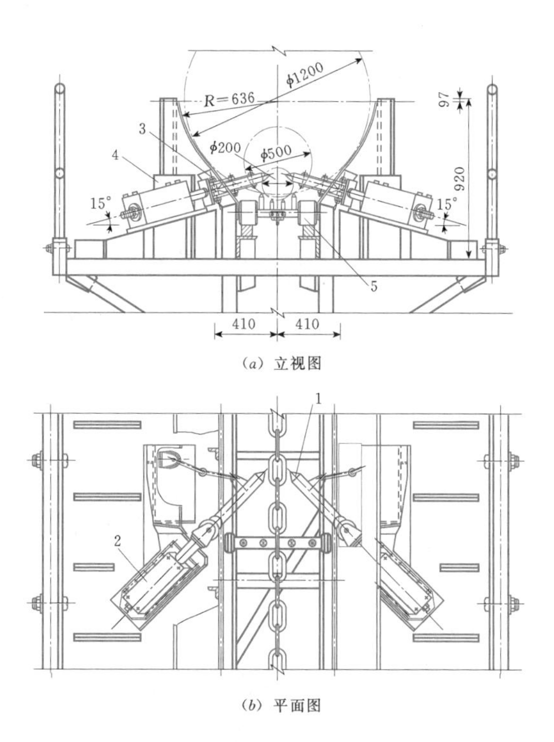

图 3.2-28 安全防滑装置（阻滑支撑）（单位：mm）

1—支撑；2—缓冲器；3—扭转弹簧；4—阻滑支座；5—链条及滚轮装置

较大的各种坝高和坝型，可适应单漂流送或排节流送的木、竹过坝。其优点是：结构简单、设备不多、维修方便、土建工程量不大、台班生产率高、不耗水、耗电少。缺点是：所需横向尺寸较大，水下检修困难。

（1）布置。横向运输机运行方向与木材轴向垂直，运送排节时，坡度的倾角不大于25°，运送原木时，运输机坡度的倾角可达50°，甚至更大，如图3.2-30所示。上游面尾轮的水下检修可用趸船上的起吊设备，将水下活动钢架吊出水面检修。也可以采

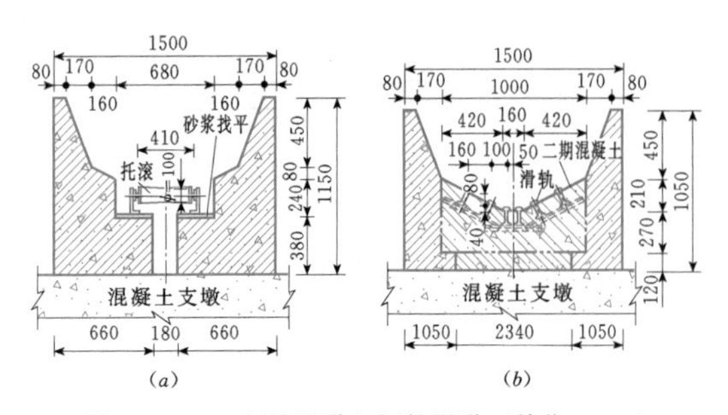

图 3.2-29 托滚滑道和钢轨滑道（单位：mm）

用纵向运输机的几种方法，如沉浮式、升降式、浮箱式等解决尾轮的检修问题。连接坝顶和上、下游面的转弯的竖曲线半径：单根原木过坝 $R\geqslant 2$m；软吊排过坝，$R>5$m；一般平型排节过坝，$R\geqslant 10$m。相应的圆心角 $\alpha>30°$。下游尾架的布置可参照上游的方式。在坝顶，输送机常从坝顶公路桥上面通过。

（2）结构。横向运输机是由链条、滚轮装置、传动装置、尾轮张紧装置、钢架等基本部件组成，如图 3.2-31 和图 3.2-32 所示。

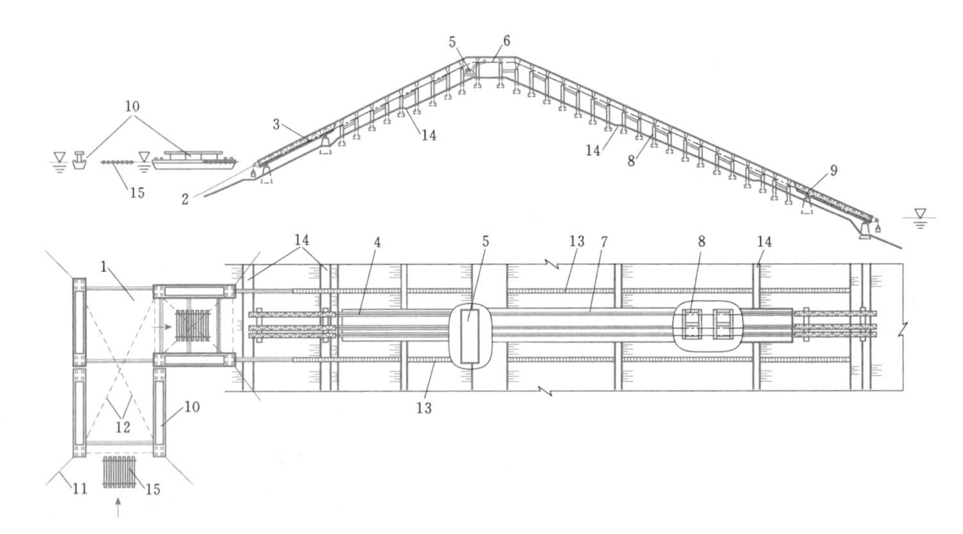

图 3.2-30 横向木材传送机的布置图

1—水下通道；2—尾水轮张紧装置；3—上游活动钢架；4—上游固定轨道；5—机房及操纵室；6—链条传动装置；7—下游固定轨道；8—钢筋混凝土排架；9—下游活动钢架；10—趸船；11—锚索；12—水下保护网；13—人行道；14—马道；15—木排

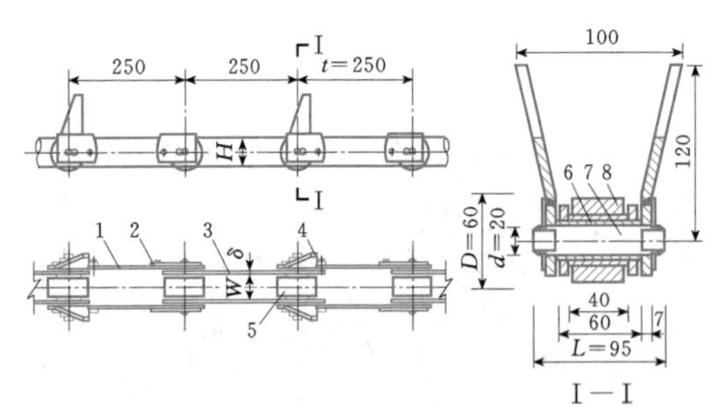

图 3.2-31 横向运输机的链条滚轮装置（单位：mm）

1—外链片；2—卡板；3—内链片；4—钩片；5—滚轮；6—内衬套；7—销轴；8—外衬套

传动装置由电动机、减速机、制动器、联轴节、传动链轮和链条等组成，通常有两种布置：一种是把传动装置的电动机、制动器和减速机布置在传送机侧面机房内，传动轴伸至传送机下面，带动传动链轮和链条，将动力传给它上面的牵引链轮和链条；另一种布置是将上述设备布置在传送机下面的机房内，如图 3.2-32 (*a*)、(*b*) 所示。

横向运输机上游坡的阻滑支撑在木材上行经过该处时将阻滑板压倒，如图 3.2-33 中虚线所示。木材通过后，重锤使它恢复直立的位置，由止动块抵住阻滑板，防止木材下滑，如图 3.2-33 所示。

（3）台班生产率。

$$N=\frac{8\times 3600vqK_1K_2}{L} \qquad (3.2-22)$$

式中 N——工作台班 8h 生产率，m^3/台班；

v——链条运行速度，取 0.4～0.7m/s；

q——过排的排节平均材积或过木的每根原木的平均材积，m^3；

L——过排的排节间距或过木的拖木钩间距，m；

K_1——时间利用系数，取 0.8～0.9；

K_2——装载系数，过排为 1.0，过木为 0.7～0.9。

3.2.3.2 升排机

升排机是一种利用承载车把排节从坝的上游沿着

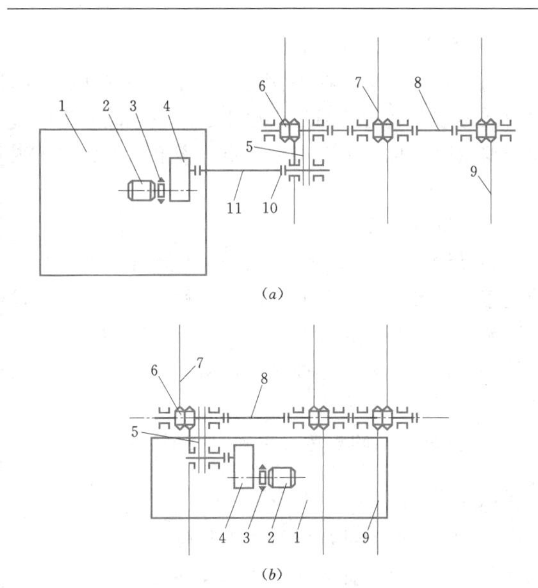

图 3.2-32 横向运输机机房及传动装置布置图

1—机房；2—电动机；3—制动器；4—减速机；5—传动链；6—牵引链链轮；7—上游牵引链；8—牵引链驱动轴；9—下游牵引链；10—联轴节；11—传动轴

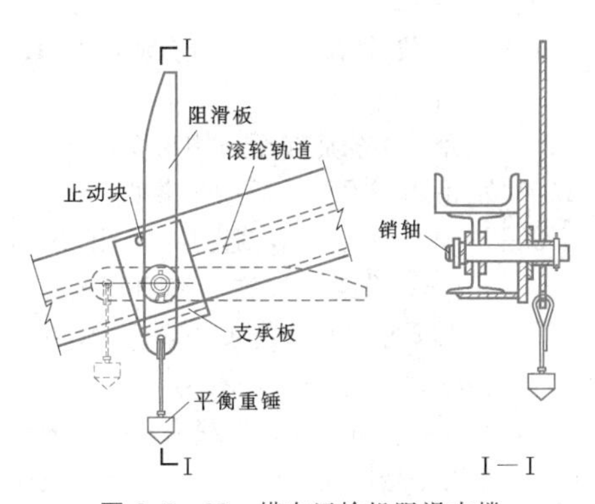

图 3.2-33 横向运输机阻滑支撑

轨道运送到坝下游的过木设施。升排机一般为干运，其原理及构造与升船机基本相同。我国已建成的升排机多是中小型的，年过坝量在 10 万 m^3 以下。升排机的布置型式有斜面式、垂直式和垂直斜面混合式三种。

1. 斜面升排机

斜面式升排机适用于土坝和混凝土坝，我国采用斜面式升排机较多，常用的上、下游斜坡坡度为 1∶3～1∶6，承载车运行速度为 0.8～1.5m/s，年输送木材能力 12 万 m^3 左右。最大的斜面式升排机建在福建的池潭水电站，混凝土坝高 78m，升排机的年运输量为 18 万～20 万 m^3。

斜面升排机的布置、构造、计算基本上与斜面升船机相同。

2. 垂直升排机

垂直升排机的布置、结构、计算和垂直升船机基本上相同，只是结构较为简单，我国较少采用。

3. 混合式升排机

混合式升排机由上游面为垂直、下游面为斜面的两种型式混合组成，其特点是自动化水平较高，但机械传动比较复杂，耗电量也大，过坝运量不大。其在我国的运用如江西陡水水电站的升排机，如图 3.2-34 所示。

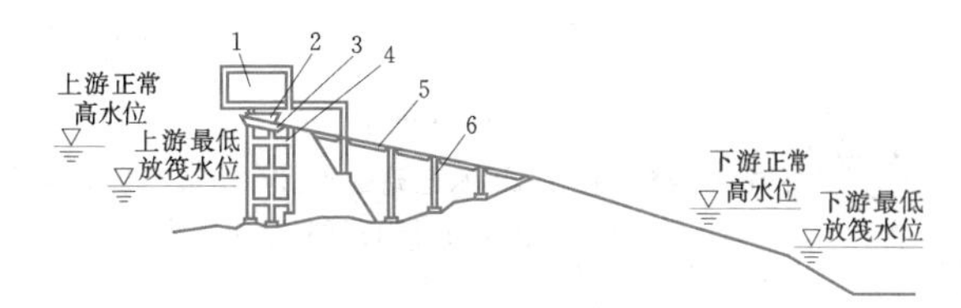

图 3.2-34 垂直斜面混合式升排机

1—机房；2—小车；3—大车；4—排架；5—轨道梁；6—支墩

升排机的台班生产率，按下式计算：

$$N = \frac{8 \times 60qK}{T} \qquad (3.2-23)$$

式中 q——每次过坝排节平均材积，m^3；

T——每次过坝所需时间，min；

K——时间利用系数，取 0.8～0.9。

3.2.3.3 起重机

起重机吊运木材过坝具有布置灵活，不受地形和上、下游水位变幅的限制，不耗水，不需要水下检修，土建工程量小，施工干扰少，还可以和电站施工用的起重机相结合等优点。如浙江黄坛口水电站，使用一台起重机吊排过坝；新安江水电站，使用两台门机接力吊排过坝；湖南柘溪水电站采用一台门机加平台车转运木材过坝，见图 3.2-35 和表 3.2-11。据我国已建成电站的木材过坝经验，采用 10t 门机，年过坝量可达 15 万 m^3 左右。

起重机常用于吊运厚排节或木捆排过坝，因此，需对流送木排进行分排和合扎，并在坝的上、下游均应设置作业场。作业场的工艺设施应当与起重机的设计过坝生产率相适应，并应力求操作安全、方便。木排吊运出水点应不受风浪影响，入水点应位于电站尾水的回流区以下。

起重机吊排过坝的台班生产率与工作循环次数及起重量有关，可按下式计算：

$$N = \frac{8 \times 60K_1K_2}{T}\frac{Q}{\rho} \qquad (3.2-24)$$

式中 N——台班生产率，m^3/台班；

Q——起重量，t；

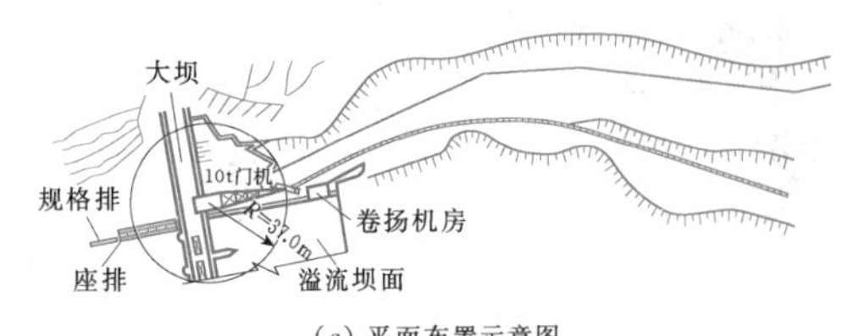

(a) 平面布置示意图

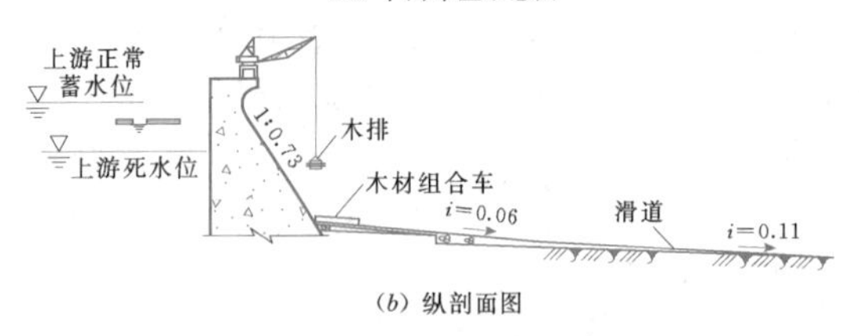

(b) 纵剖面图

图 3.2-35　湖南柘溪水电站起重机与滑道结合运木过坝布置示意图

ρ——木材密度，t/m^3；

T——一个工作循环所需时间，min；

K_1——时间利用系数，取0.8～0.9；

K_2——装载系数，一般取0.7～0.9。

工作循环时间与提升高度、运距、机械的运行速度、出入水点处装卸速度等有关。载荷提升速度通常为0.5～1m/s；当载荷较小而提升高度很大时，可提高到2m/s。

3.2.3.4　索道

索道适用于排节或木捆排过坝，能在地形复杂、坝高和水库水位变幅很大的情况下运送木材过坝，特别适用于坝后无水、运输距离较长、其他过木型式难以布置的情况，但运量较小。索道运木过坝有往复式和循环式两种。往复式索道过坝量比较小，安徽的梅山和响洪甸水库使用了这种型式。台班生产率为50～60m³，年过坝量仅1万m³左右。往复式索道最大年过坝量约在6万m³以下。循环式索道年过坝量较大，一般可达20万m³。

索道的布置根据水利枢纽的总体布置情况确定。索道示意图如图3.2-36所示。

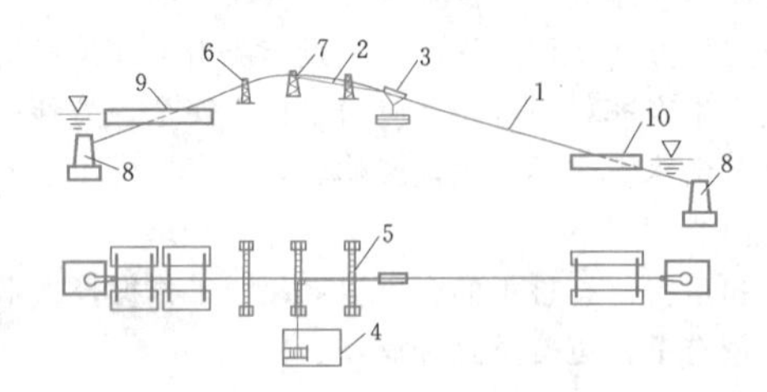

图 3.2-36　木材过坝架空索道布置图

1—承载索；2—牵引索；3—跑车；4—绞盘机；5—鞍座；6—支架；7—导向滑轮；8—固定支座；9—装车站台；10—卸车站台

1. 选线和断面设计

(1) 选线要求。在平面上，一般要布置成直线，尽可能地避免转弯和通过交通要道。当无法避免通过交通要道时，也要采取安全措施。索道的纵坡以不大于18°为宜。

(2) 纵断面设计。

1) 纵断面为凸起型，其总的弯折角较大，为了使跑车能顺利地通过凸起区段，一般在峰顶处要多设立支架，以减小弯折角角度，支架数应不小于3个，在地形条件较好时，应控制弯折角在5°左右；地形较差时，弯折角也不宜大于10°。

2) 按纵断面的总弯折角确定支架数目 n。

$$n=\frac{\alpha}{\delta} \tag{3.2-25}$$

式中　α——凸起纵断面的总弯折角；

δ——每一支架处的容许弯折角。

3) 应保证承载索下面有一定的自由界限尺寸。当绘制了纵断面图，并计算出承载索线形轨迹后，应在纵断面图上绘制出承载索（带有荷重跑车）的线型轨迹，其轨迹与地面距离不应小于下式计算值：

$$h=h_1+h_2+e \tag{3.2-26}$$

式中　h——承载索荷重轨迹与地面的最小距离，m；

h_1——跑车滚轮底缘至吊钩高度，m；

h_2——吊钩至木捆最低点的高度，m；

e——安全高度，m，通过一般山坡时，$e=2m$；当架空索道与各种道路相交时，其安全高度按有关要求确定。

2. 承载索

承载索可分别按耐久性、承载力和变形的要求选择和计算，并依据悬链线理论，按容许最大载荷条件计算承载索。

3. 牵引索

采用惯性过峰顶的往复式过坝索道时，其重车牵引速度取1.5～2.5m/s；回空速度可取3～5m/s；但重车跨越峰顶的速度一般要小于1m/s。

牵引索应根据牵引张力及其破断张力来验算，安全系数一般取4～5。

4. 驱动机构

驱动机构的主要设备为一台由柴油机或电动机带动的单卷筒绞盘机。其传动机构宜采用带有离合器的变速箱，以便根据运行工艺要求改变牵引速度。

5. 支撑和挂运机构

(1) 支架。对于永久性索道，应采用钢筋混凝土支架或钢支架。

支架承吊鞍座的位置应能保证跑车在吊运最长木

材时，不使木材与支架相碰，即要求由跑车中心至支架的最小距离大于1/2最大材长。常用支架有以下几种：

1）悬臂支架。过坝的最大材长小于8m时，可采用悬臂式构架，这种构架型式结构简单，投资省。支架高度可按式（3.2-26）的计算值再加上鞍座高度和支铁以上的支架高度，如图3.2-37所示。图3.2-37中的C值可取0.5～1.0m。

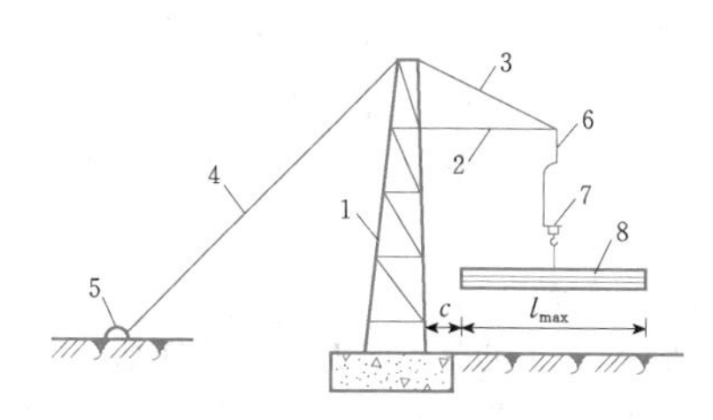

图3.2-37 悬臂式支架

1—支架；2—支铁；3—绷绳；4—拉索；5—支座或拉盘；6—鞍座；7—跑车；8—木捆

2）门式刚性支架。当材长大于8m时，可采用门式钢结构支架。其构件用型钢制作，如图3.2-38所示。

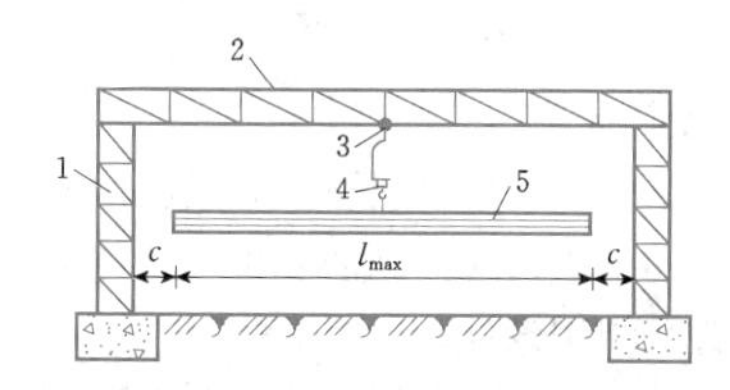

图3.2-38 门式刚性支架

1—钢结构支架；2—钢架梁；3—鞍座；4—跑车；5—木捆

门式钢架的净宽应为

$$B = l_{max} + 2C \qquad (3.2-27)$$

式中 l_{max}——过坝木材最大材长，m；

C——富余宽度，取C=0.5～1.0m。

3）门式缆索支架。此种支架的缺点是鞍座的摆动较大，如图3.2-39所示。

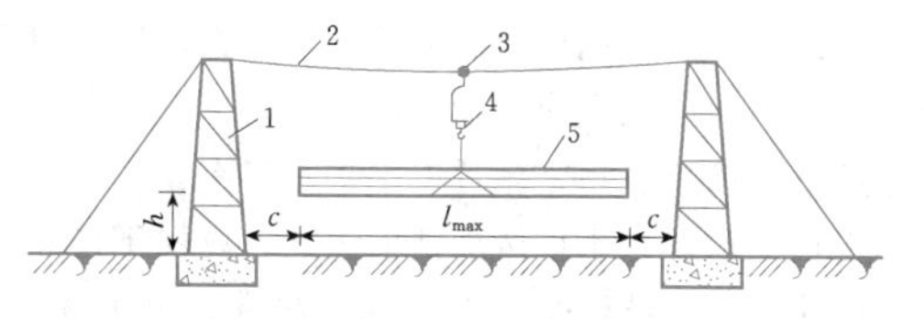

图3.2-39 门式缆索支架

1—塔架；2—钢索；3—鞍座；4—跑车；5—木捆

（2）挂运机构。挂运机构包括鞍座、牵引索的导向设备、运行跑车、止动器、挂钩等。

6. 装车站台和卸车站台

装车站台和卸车站台通常为浮台。永久性浮台应采用钢筋混凝土结构或钢丝网水泥结构，临时性浮台可采用木结构。浮台上应架设简易屋架，承载索起点可锚接在库区固定支座上。装车浮台和卸车浮台应能沿着承载索方向在库区作前后移动，以适应水位变化时的作业要求。

7. 索道生产率

索道生产率的计算，对于往复式索道，用式（3.2-23）；对于循环式索道，可用式（3.2-24）。

3.3 排漂建筑物

3.3.1 概述

江河流域内的降雨径流、山洪、泥石流、大风暴雨等自然因素以及人类活动的不断增加，对生态环境影响不断增大，造成地表浮渣、植被、洪水冲毁物及人类活动废弃物等被带入江河，形成大量的漂浮物。在天然情况下，除部分漂浮物滞留在岸边或聚集在旋涡周边，大部分随江河水流流入湖海。漂浮物主要产生在洪水期，平水期和枯水期相对较少。

在河流上修建大坝后，虽然大部分漂浮物可从开敞式表孔泄水建筑物下泄，但可能仍有部分漂浮物聚集在水电站或其他引用水建筑物进口，堵塞拦污栅，轻则造成水头损失，减少发电量和引用水流量，并污染水源；重则影响拦污栅安全和渠首闸门启闭，甚至造成电站机组被迫停机和威胁渠首建筑物的安全。因此，在修建水电站和引用水工程时必须考虑排漂问题，有条件时应尽量采取以清理为主的处理措施，根据我国现有条件，电站设计中多采取"以排为主"的原则，设置必要的排漂建筑物或其他排漂设施。

我国几乎所有水电站都不同程度地受到漂浮物的影响。早期修建的水电站，通常需用船只载人在电站前池打捞漂浮物，并采用带抓斗的门机清除电站引水口拦污栅上的漂浮物。这种措施对河流漂浮物较少的枢纽有一定的效果，但在河流漂浮物较多的枢纽上收效甚微。随着人们对漂浮物危害的认识逐渐提高，大多数水利水电工程设计都考虑了排漂问题，在枢纽布置中，设置了排漂设施或排漂建筑物。

从已建的大中型水利枢纽的设计和运行管理经验看，在漂浮物较多的情况下，采取"坝前拦截"和"拦、导、清、排"的综合措施，可以较有效地清除和排泄漂浮物。

本节主要介绍采用水力方式将坝前漂浮物泄向下游的排漂建筑物的设计，包括排漂的主体建筑物和导（拦）漂设施等。

3.3.1.1 设计基本资料

1. 自然条件

自然条件包括地形、地质、水文、泥沙、气象等资料。

2. 漂浮物特性

漂浮物特性包括来源、种类、数量、运移规律与堆积形态等。

（1）漂浮物的种类、数量。漂浮物的情况与上游流域面积、植被、流域降雨量、降雨强度和时空分布，两岸坡地开垦和附近城市废弃物状况，在建和待建公路、铁路以及其他工程等有关。大量漂浮物多集中在库区暴雨期，从总量上看，丰水期最多，平水期和枯水期相对较少。

漂浮物主要分为三类：

1）植物类。包括玉米、高粱、小麦、水稻等农作物秸秆，木材、毛竹、根、枝、芦苇、杂草及水浮莲等，是堵塞拦污栅的主要漂浮物，多见于主汛期。

2）无机物类。包括工业、生活及船舶垃圾类，如泡沫、塑料、塑胶制品等。此类漂浮物重量轻、大小不一，其数量仅次于植物类。

3）事故类。包括散失的木筏、竹排、船板、房料、家具及日用品、人畜尸体、航标船等。此类漂浮物的特点是尺寸大，遇旋涡区易沉入水下，或呈半沉状态到坝前。此类漂浮物虽然数量不多，但是对电站运行影响最大。

（2）漂浮物形成特点。漂浮物的形成与河流形态（如有无弯道、坝前水库有无支流汇入）有关。库区暴雨径流携带的大部分漂浮物顺主流运移；部分滞留并聚集在河湾、港汊、回流中，且越聚越多，少量质量较轻的漂浮物则被风浪吹向岸边；在枯水期无雨或小雨的情况下，漂浮物通常分散在水库水面上，缓慢地向电站和引用水建筑物的进水口漂流，聚集在拦污栅上。

（3）漂浮物流域特性。不同江河流域的漂浮物特性随库区环境的不同，各有差异。

黄河上已建水利枢纽大多位于我国西北地区，属黄土高原和水土易流失地带，植被差。库区漂浮物主要有芦苇、芨芨草、苇根以及地表各种矮小植物等，由于其来自地面冲刷或河床塌陷，含泥量较高，密度一般接近或大于1t/m³，在河中属于半沉半浮状态。一般情况下，水草漂浮物多分布在水深0.6m处。漂浮物状态还与坝前垂直流速有关。据盐锅峡水电站观测资料，当垂线平均流速小于1.0～1.2m/s时，水草漂浮物多会下沉沿河底运动，当平均流速小于0.5～0.8m/s时，水草漂浮物会沉于河底。同时还观测到水草漂浮物在拦污栅上的分布为下部多、上部少，拦污网与拦污栅拦漂量的比值为1∶12，这与黄河含沙量高、泥沙颗粒细等特点有关。

长江流域一般植被较好，长江上游属于山区性河流，河床狭窄稳定，沿岸被开垦种植农作物和果树。河中漂浮物主要是暴雨径流冲下来的树枝、原木、秸秆、塑料制品等，漂浮物密度一般小于1t/m³，多随水流在水面上漂浮。据葛洲坝二江电站汛期监测资料，漂浮物主要挂在拦污栅上面的几节，而下面的栅体比较干净，说明长江主要为水面漂浮物。

水电站设计中应根据各流域情况，分析、确定漂浮物的特性。

3. 枢纽资料

枢纽资料主要包括流域梯级开发规划及现状、枢纽总布置、拦河坝和主要泄水建筑物型式、水库调度运行方式、各级流量的上游特征水位、下游水位—流量关系、对外交通、施工期进度安排及导截流设计等。

4. 其他

设计的基本资料还包括建筑材料、施工机械、动力和交通运输资料、各种试验资料，如材料试验、水工模型试验及结构应力试验资料等。

3.3.1.2 设计原则

（1）应结合合理的枢纽布置和泄洪调度方式，并考虑施工期和蓄水期对排漂的要求，合理进行排漂建筑物的布置及结构设计。

（2）应最大限度地利用溢流坝、溢洪道和水闸等开敞式泄水建筑物兼顾排漂。

（3）专设的排漂建筑物应靠近电站进水口临河道主流一侧布置，并顺应厂坝前流速流态布置拦导漂设施，使漂浮物通过排漂建筑物排泄到下游。

（4）开敞式泄水建筑物和专用排漂建筑物的消能工应考虑排漂物对其的冲击作用。

（5）在编制泄洪调度运用规划时，应考虑清污和排漂要求。

3.3.1.3 枢纽布置及泄洪调度方式

（1）应充分考虑厂前的防漂要求。在漂浮物较多的河流上，泄流表孔应兼顾排漂要求。

（2）排漂建筑物宜靠近电站进水口布置。应使排漂孔进口的流速大于厂房前池的流速，以便于排除厂前的漂浮物。电站进水口位置应尽可能避开回流区。除河床溢流式厂房外，不宜将电站进水口正对主流布置。

（3）拟定泄洪调度运用方案时，对于清漂量大的枢纽，应采取有利于聚集漂浮物的泄流方式；对于排漂量大的坝后式和河床式电站枢纽，应采取优先开启靠近电站一侧的表孔排泄厂前的漂浮物。

3.3.1.4 排漂方式及选择

1. 排漂方式

(1) 一般尽可能直接利用表孔、溢洪道、水闸等开敞式泄洪孔兼顾排漂。

(2) 在漂浮物较多的河道上，可专门布置坝身排漂孔。

(3) 坝前设置拦（导）漂设施将漂浮物导引入溢流坝、水闸、溢洪道或排漂孔。拦（导）漂设施有拦（导）漂排、清漂船只和清漂机械等。

配合排漂孔排漂，可在电站引水口前采用船只载人清漂或采用带抓斗的门机为拦污栅清污。如乌江渡和构皮滩等水电站，因漂浮物不多，仅在大坝上游河谷较窄处设置全断面拦漂排，采用船只载人清漂。

(4) 对于有拦河闸的引水式水电站，可采用“反冲除漂”措施。即当引水渠首进水口堵塞时，突然开启开敞式拦河闸孔泄洪，此时进水口拦污栅前水位低于拦污栅后水位，在“反压”作用下，使贴栅漂浮物脱离栅面经泄洪闸排至下游。四川岷江映秀湾水电站采用“反冲除漂”，运用效果较好。

(5) 当河床较窄时，排漂建筑物也可布置在远离坝区的岸边，与枢纽主体工程互不干扰。在径流式电站中，排漂孔可远离电站进口，以免电站引水受排漂干扰。

2. 方式选择

排漂方式的选择取决于以下几个方面：

(1) 枢纽布置与建筑物组成，特别是泄水建筑物的型式、尺寸与运行方式，以及施工组织等条件。

(2) 坝址流域面积、坝址河谷及近坝河段的地形地质条件。

(3) 漂浮物的组成、数量和特性。

3.3.2 坝身排漂孔

3.3.2.1 布置

1. 基本要求

坝身排漂孔多采用开敞式表孔，其布置要求与开敞式泄水闸的闸孔基本相同，同时需考虑以下几个方面：

(1) 宜布置在河流的主流区，以确保漂浮物在排漂设计水位下顺畅地通过排漂孔。

(2) 排漂孔上、下游应有一定的水域面积，以满足漂浮物在过坝前后滞留的需要。

(3) 在上、下游应有足够的引漂、排漂的流道断面。

(4) 排漂建筑物的排漂率通常应达到80%以上。

2. 布置方式

(1) 坝中式。排漂孔通常布置在泄洪建筑物和厂房之间。优点是：靠近主流区，靠近厂房，进、出口水流较顺畅，便于泄洪与排漂综合调度，工程量较小。坝中式运用较为广泛。

(2) 坝侧式。排漂孔靠河岸布置。优点是：漂浮物可以在岸边停留，运行管理方便。缺点是：偏离河道主流，进、出口会受到横向水流影响，对有通航建筑物的枢纽，易与通航要求产生矛盾。

对于大、中型水利水电工程，排漂孔位置的确定应通过水工整体模型试验验证。

3. 布置实例

(1) 三峡水利枢纽。三峡水利枢纽建设采取分期蓄水运用方案，初期蓄水位156.00m，防洪限制水位135.00m；正常蓄水位175.00m，防洪限制水位145.00m；库区水位变幅最大达40m。排漂设计的原则为“以排为主，辅以坝前清漂”，采用常规排漂孔。根据模型试验研究，确定高水位时以泄洪表孔进行排漂为主，低水位时以排漂孔排漂为主。采用明流引漂、无压排漂方式。泄洪坝段的左侧导墙坝段和右侧纵向围堰坝段分别布置1号、2号排漂孔，进口高程133.00m，孔口尺寸10m×12m（长×宽，下同），用于排泄左、右岸电站厂前的漂浮物；右岸电站和地下电站之间布置3号排漂孔，进口高程133.00m，孔口尺寸7m×12m，用于排泄右岸电站和地下电站厂前的漂浮物。当水位超过表孔的堰顶时，按下泄流量需要，可开启泄洪表孔排漂。泄洪表孔共22孔，堰顶高程158.00m，孔口宽度8m。

试验表明，无论高水位利用表孔还是低水位利用排漂孔排漂，漂浮物的运动规律均与表面流态一致，泄洪坝段及左厂房前漂浮物均能顺水流经表孔或排漂孔排往下游；右厂房前由于处于河道转弯处，存在顺时针方向的大回流，漂浮物有部分滞留，需辅以人工清漂。2010年7月20日，三峡入库洪峰流量70000m^3/s，洪水挟带大量漂浮物滞留右厂房前，后采用清淤机械船只配合运输船只打捞漂浮物，并就地焚烧处理。从排漂效果看，高水位时，电站总排漂率为80%～90%，低水位时，总排漂率约为60%～80%。三峡水利枢纽排漂孔布置示意图如图3.3-1所示。

1) 1号、2号泄洪排漂孔。可用于排漂，并参与泄洪，排漂水位135.00～150.00m，主要担负左、右岸电站排漂任务，单孔最大排漂流量为1300m^3/s。

1号、2号排漂孔进口体型相同，均采用喇叭形斜进口，短有压段接明流泄槽，弧门处孔口尺寸为10m×12m（宽×高），下游出口布置不同。1号排漂

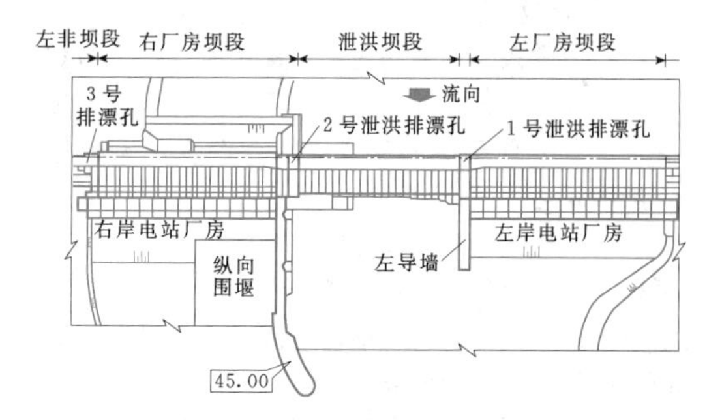

图 3.3-1 三峡水利枢纽排漂孔布置示意图（单位：m）

孔弧门后为坝体明流泄槽接左导墙顶部泄水槽，泄水槽末端采用鼻坎挑流；2号排漂孔弧门后为坝体明流泄槽，接末端挑流鼻坎。

1号、2号排漂孔均设两道闸门。有压段中部设平板事故检修闸门，由坝顶门机启闭，动水关门，静水启门。在有压段出口处设弧形工作闸门，由液压启闭机动水启闭。1号排漂孔布置剖面如图3.3-2所示。

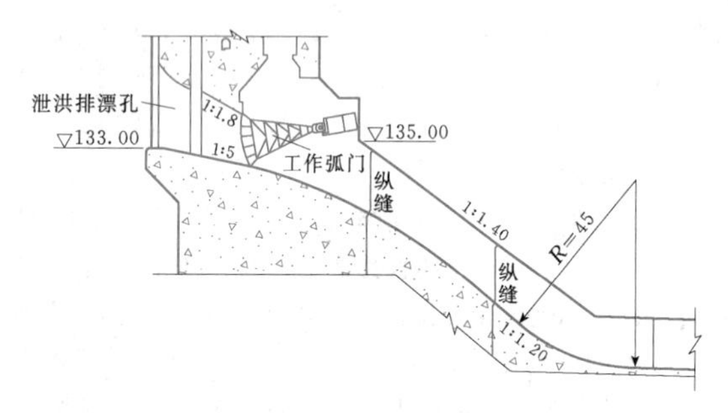

图 3.3-2 三峡水利枢纽1号排漂孔纵剖面示意图（单位：m）

2）3号排漂孔。仅供排漂使用，不参与泄洪调度，排漂水位135.00～150.00m，担负右岸电站和地下电站厂前的排漂任务，单孔最大排漂流量为910m³/s。进口堰面体型与1号、2号排漂孔相同，弧门处孔口尺寸为7m×12m（宽×高），下游矩形明流泄槽设在厂房右安Ⅱ段下部，采用挑面流消能，与尾水渠下游水流衔接。

3号排漂孔设有三道闸门，上游设置事故检修门和弧形工作门，出口处下游增设反钩叠梁检修门。3号排漂孔布置剖面如图3.3-3所示。

3）泄洪表孔。表孔正常运用水位在161.00m以上，单孔设计最大泄洪排漂流量为1070m³/s。表孔跨缝布置，每孔净宽8m，堰顶高程158.00m，堰面采用WES曲线，下接反弧段，末端采用鼻坎挑流。

表孔设置两道平板闸门，由坝顶门机启闭。表孔

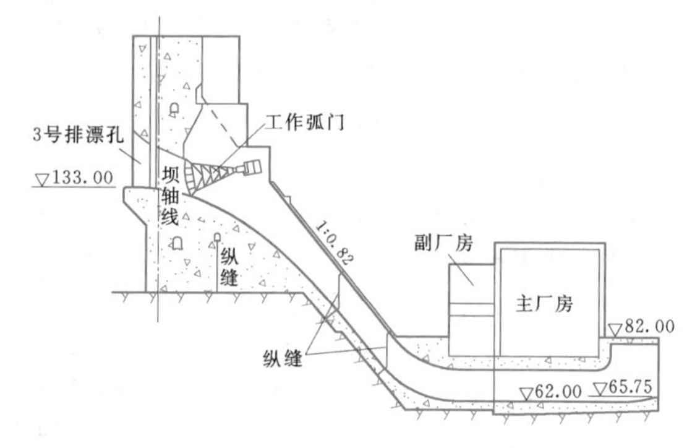

图 3.3-3 三峡水利枢纽3号排漂孔纵剖面示意图（单位：m）

布置剖面如图3.3-4所示。

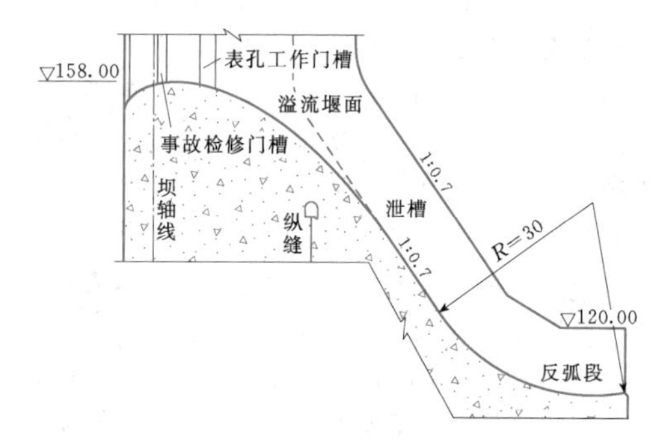

图 3.3-4 三峡水利枢纽泄洪表孔纵剖面示意图（单位：m）

（2）葛洲坝水利枢纽。汛期主要靠二江泄水闸排漂，其次是位于大江电站安装场坝段的排漂孔和二江厂闸导墙中的排漂孔。

葛洲坝水利枢纽排漂孔布置如图3.3-5所示。

1）二江排漂孔。位于二江电站与泄水闸之间的导墙中，孔宽12m，顶部为开敞式，全长250m。堰顶布置上、下两扇提升式双扉门。汛期闸门提升至坝顶时，排漂孔敞开泄洪；双扉门落到堰顶时挡水，平水期和枯水期可借助下沉的上扉门顶溢流曲面排漂泄流；排漂孔内最大流速9～12m/s。排漂孔结构布置如图3.3-6所示。

2）大江电站排漂孔。位于大江电站右安装场坝段，为双孔有压管道，每孔高3m，宽6.5m。排漂孔下层设置有双管排沙洞，单孔排漂流量为180～295m³/s，孔内流速10～15m/s。大江电站排漂、排沙孔布置剖面如图3.3-7所示。

3）运行经验及教训。葛洲坝水利枢纽运行20多年，为保证葛洲坝电站安全运行，先后研究和运用各种漂浮物治理措施。

a. 排漂孔与导漂屏相结合治理措施。在二江电站

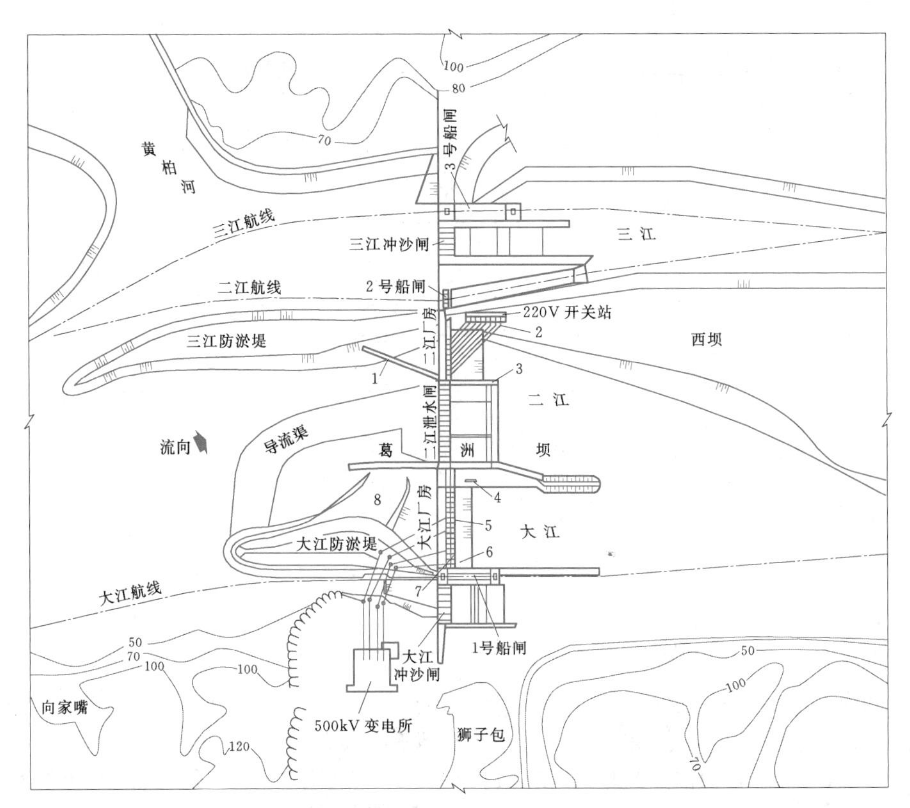

图 3.3-5 葛洲坝水利枢纽排漂孔布置示意图（单位：m）

1—导沙坎；2—操作管理楼；3—厂闸导墙（排漂孔）；4—左管理楼；5—中控楼；6—右管理楼；7—右安装场（排漂孔）；8—拦导沙坎

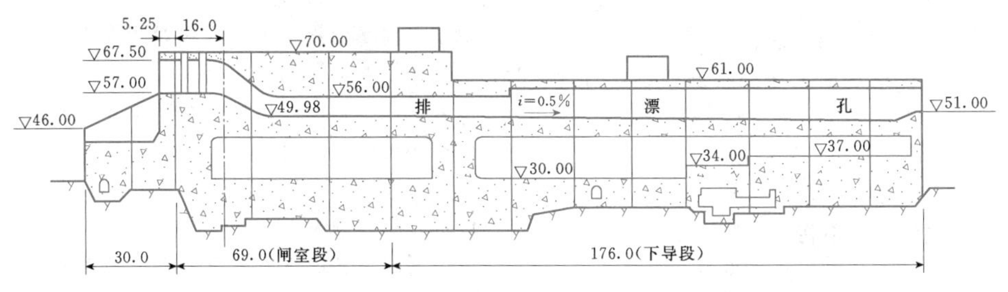

图 3.3-6 葛洲坝二江厂闸导墙排漂孔剖面示意图（单位：m）

厂闸导墙上设置二江排漂孔，在二江排漂孔左侧至三江防淤堤 5 号水文站之间（即二江导沙坎上部）设置用钢丝绳连接的浮筒拦漂、导漂屏，浮筒采用厚度为 6mm 的钢板卷制，直径约 1200mm，每节长约 30m。工程实践表明，在长江汛初流量 30000～40000m^3/s，有大量漂浮物顺流而下，由于二江电站进口水域水流流态复杂，剧烈往复流使得导漂屏受力大，排体结构强度难以承受。1981 年汛期，长江大洪水将拦漂排第一、第二节浮筒冲毁，1983 年 7 月 26 日大洪峰，堆积如山的漂浮物将其余的导漂屏冲毁，其残留部分于 1984 年全部拆除。

之后通过多年运行实践表明，汛期只要开启二江泄水闸左区闸孔泄洪及大江电站排漂孔，大量漂浮物均能顺利地排入下游。1984～1986 年之间曾开启过二江排漂孔，由于无拦漂排，二江排漂孔最大过流流量仅 516m^3/s，排漂效果较差，最终退出了运行，1996 年改建为目前的自备电站。

b. 运用清污桥人工清污。在坝面拦污栅间，原设计有用于人工清污的一种安全防护通道。由于它阻碍现场实际作业，于 1983 年 11 月被全部拆除。后来清污人员直接下到拦污栅顶部进行操作。

c. 运用导漂浮筒。导漂屏拆除后，1984 年 8 月

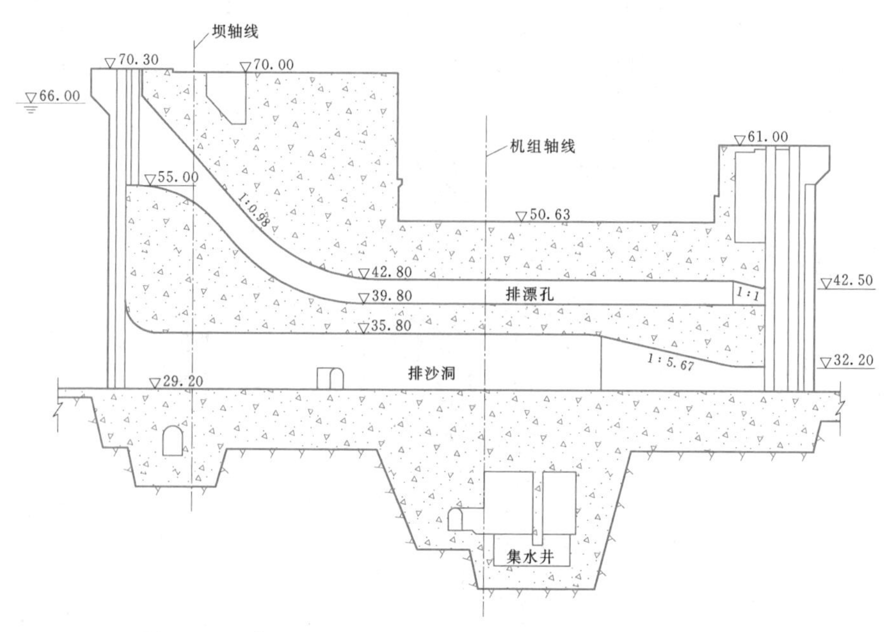

图 3.3-7 葛洲坝大江电站排漂、排沙孔纵剖面示意图（单位：m）

试验性地利用拆除后的导漂屏浮筒在 2 号、3 号机拦污栅前面架设的一拦漂装置，其只拦不排。由于没有排泄通道，1985 年汛期试用二江泄水闸第 1 孔弧门全开度泄水进行拉漂试验（8h），效果不理想，对泄水闸运行不利。导漂浮筒于 1985 年 11 月全部拆除，后来不再运用。

d. 运用液压清污抓斗清污。该设备是利用拦污栅门机 25t 回转吊进行移动式清污机械的起落，由于采用钢丝绳悬挂，在水面流速中不易控制，清理树干、树根和闸门槽漂浮物效果较好，对堆积密实成块的污物难以插下爪齿，不能清理栅面污物，同时还存在液压缸过热、密封等故障。

e. 运用斗式清污机清污，辅以人工清渣。目前，该设备液压管阀配件大部分已经失效，二江 1 号、2 号清污机已报废。

f. 在电网用电的低谷期间停机返漂，以便清污和减小拦污栅压差。2007 年 7 月 21 日，曾进行过二次返漂清污。

g. 利用非汛期进行机组进水口闸门槽内部的漂浮物清理。由于漂浮物逐年堆积时间久、数量多，采用该方式难以彻底清理漂浮物。

h. 改造拦污栅结构导漂。长江电力股份有限公司检修厂通过对现场漂浮物黏附拦污栅栅条情况和过栅情况进行分析，并根据机组导叶的最大开度，提出对拦污栅进行结构改造来导漂，以便让细小特别是生活垃圾类漂浮物顺利过栅，目前已完成了部分机组拦污栅的改造。但对于体积大、半浮半沉的漂浮物，仍没有有效的治理措施。

i. 机械清污。鉴于葛洲坝二江电站无排漂通道，现有漂浮物治理手段主要以机械清污为主。

2008～2009 年，长江电力股份有限公司开展了葛洲坝二江电站漂浮物导漂、排漂方案研究，初步构思了三类漂浮物治理方案：①在新主河槽凹岸的二江电站进口水域黄草坝坝段增设排漂渠（孔），继续辅以拦污栅改造以及坝前清漂；②是改建二江泄水闸左区靠二江电站侧三孔闸孔为排漂孔进行排漂，继续辅以拦污栅改造以及坝前清漂的方案；③是在上游以原导漂屏原理再设计导漂建筑物配套二江泄水闸合理调度进行排漂的方案。推荐在黄草坝坝段增设排漂渠方案。同时，又进行了漂浮物机械输送系统方案研究。根据上述初步研究成果综合分析，上述各导漂、排漂方案实施工程难度大，效果尚有待试验验证，存在不确定因素较多，最终未实施。

3.3.2.2 设计

排漂孔通常采用明流引漂，无压排漂方式，采用弧门或平板门控制孔口。闸门通常设置在进口段，门后多设计成明流泄槽型式。

1. 孔口结构

（1）进口高程。排漂孔进口高程通常结合电站排漂运用水位及泄洪要求综合确定。排漂孔的排漂率主要与堰上水头有关，堰上水头越大，进口流速越大，排漂效果越好。

（2）孔口高度。孔口高度通常考虑堰上掺气水深及足够净空确定。掺气水面以上的净空高度一般为孔口高度的15%～25%，且不小于1.5m，对于非直线段，宜适当加高。

最小堰上水深h可按下式计算：

$$h \geqslant 1.2\delta + 0.2 \qquad (3.3-1)$$

式中 h——堰上水深，m，堰上最小水深应不小于2m；

δ——排漂期观测到的最大漂浮物厚度，m。

（3）孔口宽度。孔口宽度一般应大于常遇最大漂浮物的长度。根据有关工程经验，对于无压明流排漂孔，单孔宽度一般为6.5～12.0m；对于有压排漂孔，宜采用较小孔口。对有特殊漂浮物的河流，孔口宽度宜经专门调查研究及试验后确定。

（4）排漂流速。排漂孔内的流速宜为8～15m/s。

2. 孔口体型

排漂孔以表孔式体型为主。开敞式表孔具有超泄能力大、水流平顺、结构简单、便于排漂与泄洪相结合等特点。对于具有防洪任务的工程，为了汛前预泄、腾出库容，一般将排漂孔堰顶高程降低，设计成胸墙式表孔或中孔，以使低水位时排漂与高水位时泄洪相兼顾。

（1）设计要求。

1）排漂孔由喇叭式进口段、溢流堰面、泄槽和反弧段等组成。其体型及水力学设计可参照本卷第1章1.2节和1.3节等相关内容。对于泄槽侧壁高度，除考虑掺气水深外，应考虑最大漂浮物厚度和安全超高。

2）大型工程应经水工模型试验验证，中、小型工程必要时可进行试验验证，当枢纽水力条件较简单时，可参照类似工程经验进行设计。

3）对于有泄洪要求的排漂孔，还须兼顾泄洪水力学要求。

4）对于有排漂要求的溢流坝段，下游应设导墙及护岸，必要时布置方案需经试验确定。

（2）进水口型式选择。排漂孔进水口型式分为水平孔口和斜孔口两类。结合泄洪时，一般多采用水平进口型式，如图3.3-4和图3.3-8所示。在三峡水利枢纽排漂孔设计中，对单孔口、双孔口、水平孔口和倾斜孔口等进水口型式均进行了研究比选和水工模型试验，最终确定采用单孔、斜进口型式，见图3.3-2和图3.3-3。其特点是进口底板平直线段较短，可直接连接幂曲线；或经短圆弧后，接斜直线段，后接幂曲线；闸门布置在斜面上，该型式能更好地适应高水位时排漂的特点。

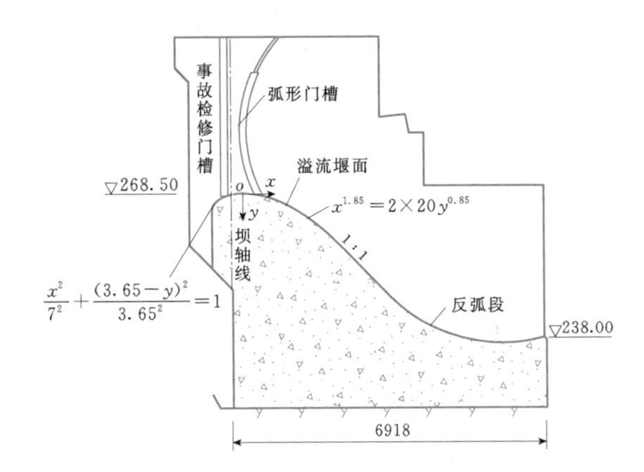

图3.3-8 彭水电站溢流表孔纵剖面示意图（单位：m）

3.3.3 排漂孔闸门

排漂孔闸门的选型和布置主要取决于排漂孔的平面及纵剖面的布置、枢纽其他建筑物的布置以及运行要求等，通常可选择舌瓣门、带舌瓣的弧门或平板门、弧形门等型式。

3.3.3.1 表孔舌瓣门

在平底表孔末端单独布置舌瓣门排漂，由于受支承条件限制，舌瓣门的孔口尺寸不宜过大，水头不宜太高。这种下沉式布置的优点是排漂过程中水流和漂浮物不会冲击弧门支铰。巴基斯坦的尼拉姆吉拉母电站舌瓣门布置如图3.3-9所示。

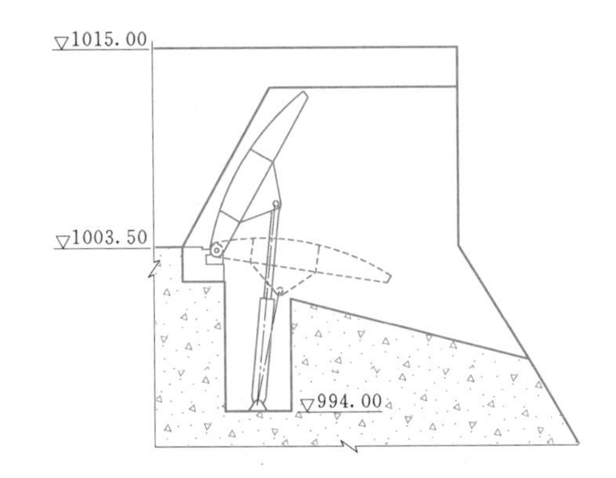

图3.3-9 尼拉姆吉拉姆电站舌瓣门布置示意图（单位：m）

3.3.3.2 带舌瓣的弧门

对于河床式电站，为了控制下泄流量，简化枢纽布置，避免单独设置排漂孔，可在表孔弧门上局部套制舌瓣门。这种布置门叶结构比较复杂；考虑漂浮物可能会冲击支铰和支臂，应设置导流板。在建的汉江兴隆表孔（排漂孔）弧门布置如图3.3-10所示。

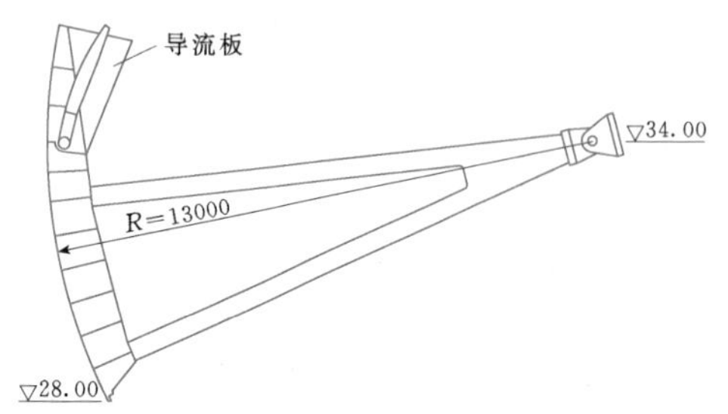

图 3.3-10　汉江兴隆水利枢纽表孔（排漂孔）弧门布置示意图（尺寸单位：mm；高程单位：m）

3.3.3.3　带舌瓣的平板门

按照枢纽布置需要，有的枢纽可设置带舌瓣的平板门控制排漂孔。上节门下沉时即可排漂。为了适应水流流态，将上节门的顶部做成类似溢流堰型式的弧形结构。葛洲坝水利枢纽排漂孔闸门布置如图 3.3-11 所示。

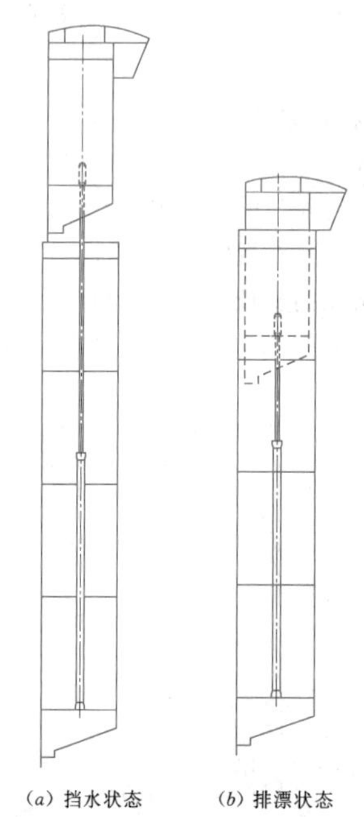

(*a*) 挡水状态　　(*b*) 排漂状态

图 3.3-11　葛洲坝水利枢纽排漂孔闸门布置示意图

带舌瓣的平板门排漂方便，但闸门的制造安装精度要求较高，结构较复杂。

3.3.3.4　潜孔弧形闸门

对大型工程，通常可设置潜孔弧形闸门控制排漂孔。该型式闸门对水流适应能力强，运行灵活，在低水位时用作排漂，高水位时兼顾泄洪。三峡排漂孔弧形工作门及门机布置如图 3.3-12 所示。

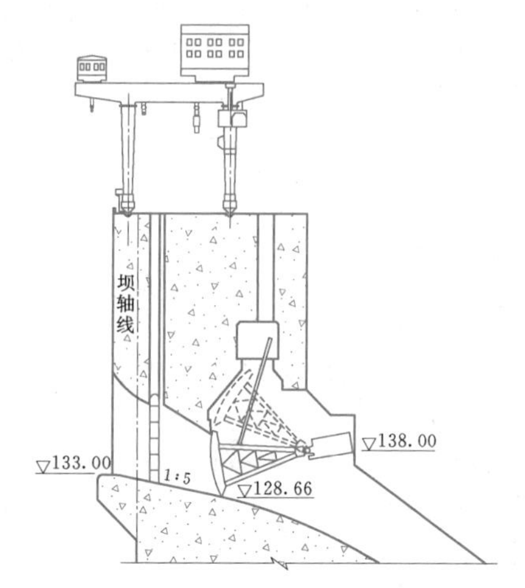

图 3.3-12　三峡水利枢纽排漂孔弧形工作门及门机布置示意图（单位：m）

3.3.4　导（拦）漂设施

在漂浮物较多的河流上，以导（拦）漂设施辅助坝身排漂，使流近厂前的漂浮物经由导漂设施引向排漂建筑物排往下游，也可采用与漂浮物相适应的水上清（捞）漂设备进行集中清理。

3.3.4.1　型式

目前，国内设有导（拦）漂设施的水电站有柘溪、盐锅峡、葛洲坝、岩滩、大峡、长湖、下马岭、龚嘴、黄坛口、湖南镇、古田二级、下苇甸、云南大寨、以礼河二级、湖北陆水、汉江黄龙滩、王甫洲、兴隆等。根据国内外一些工程实例，导（拦）漂设施型式主要有浮筒式、浮箱式、竹木排等。

作为导（拦）漂设施的辅助手段，当漂浮物较多时，也可采用与漂浮物相适应的水上清（捞）漂设备进行集中清理。

1. 浮筒式

浮筒式导（拦）漂设施主要为钢板卷焊制成的浮筒，或硬聚氯乙烯管材两端用 PVC 板材焊接密封制成的浮筒。浮筒上焊有耳件，用钢丝绳串连组成拦漂排。单个浮筒高度一般为 300～800mm，保持一定的吃水深度，有时在拦漂排浮筒的上游迎水面加有挂栅，以拦截水下一定深度的物体。浮筒式拦漂排的构件大多能预制，可在现场安装，施工，维修方便。有关工程实例如下：

(1) 岩滩水电站。岩滩水电站位于广西大化县境内红水河中游，靠近大坝上游设置长度约 300m 浮筒导（拦）漂排。导（拦）漂排主体由两排浮筒组成，主浮筒靠近库区主流一侧（内侧），辅浮筒位于外侧，中间采用构件连接。导（拦）漂排一端固定在大坝上，另一侧固定在塔座上。导（拦）漂排可随水位变化，运用效果良好。

（2）大峡水电站。电站位于黄河大峡峡谷出口，电站漂浮物不考虑向下游排放，仅考虑打捞方式。在坝前300m河道拐弯处布置一个浮式拦漂排（见图3.3-13），总长200m，由66节带栅体浮筒组成，可随上游水位变化在8.00m范围自动升降，设计流速3m/s。平时由清污船清污，还可将整个浮栅牵引至右岸岸边停放，2000年投入运行，运行状况良好。

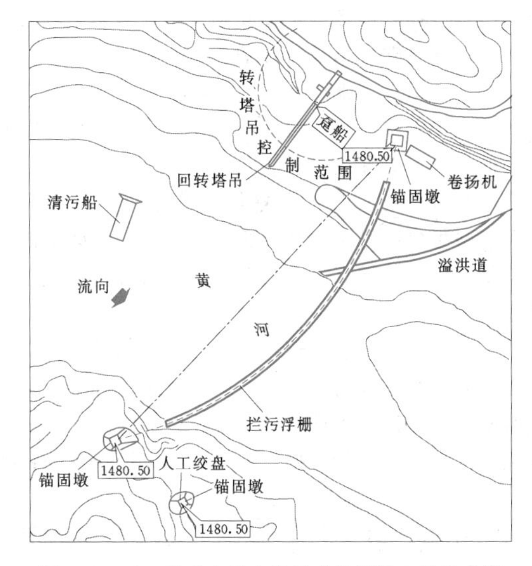

图 3.3-13 甘肃大峡电站浮式拦漂排布置示意图

（3）湖北陆水水电站。陆水水电站进水口前设浮筒拦漂排，由于积聚在排前的漂浮物长期未予清除，部分漂浮物越排进入厂前，堆积在排前的漂浮物受水流和风浪的反复作用，冲击排体浮筒，曾多次发生连接纽环断裂，浮排解体事故等。

（4）湖南柘溪水电站。柘溪水电站较早采用由汽油筒串连成的拦漂排，后改为由带栅条的浮筒连成的拦漂排，拦漂效果较好。但也出现过如浮筒锈穿进水、固定钢索拉断、浮筒间连接环扭断事故等。

（5）俄罗斯萨扬舒申斯克水电站。萨扬舒申斯克水电站位于叶尼塞河上。库区淹没范围大，有大量林木资源，为有效拦截漂木，在大坝上游800m处布置两道横向主拦漂排，并在离坝址最近的支流库湾设有四个辅助拦漂排。拦漂排跨度超过1000m，可适应水位变幅达40.00m，为网格状托架结构。其浮体部分由圆柱形金属浮筒组成，浮筒由直径720mm管体制成，并分成若干段，每段长12m，由两个成对的隔板连接。1998年安装了拦漂排后，有效地控制漂木进到坝前。

（6）马来西亚巴贡水电站。巴贡水电站位于马来西亚沙捞越中部拉让江支流巴贡河，地处热带雨林地区原始森林，为了拦截河流上的漂流原木和灌木等植被，在河道建筑物上游设置了漂浮缆索拦漂排。拦漂排水位变幅大（195.00～228.00m），为世界上最长的拦漂排（见图3.3-14）。拦漂排总长678m，缆索拦漂排分为两部分，长度分别为226.4m和225.4m，每部分中间设一个地锚。单元浮体长度6m，平台宽度1.9m，每个单元浮体由两个平行连接钢质圆筒组成。

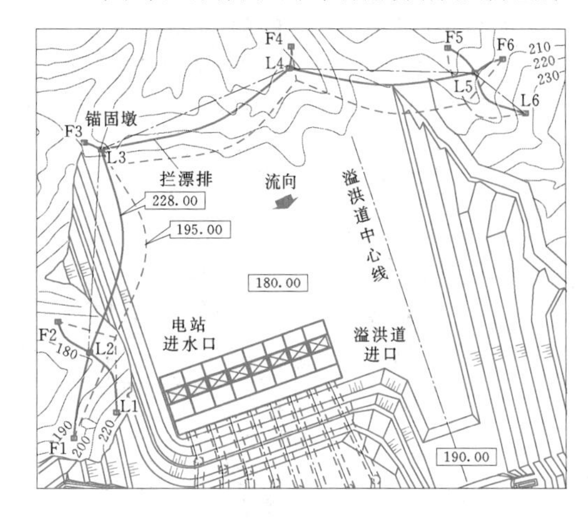

图 3.3-14 马来西亚巴贡电站拦漂排布置示意图（单位：m）

缆索拦漂排分别采用了两端固定锚头和浮动式锚固端，浮动锚固端部结构为带有浮箱的滚轮装置和卷扬提升设备。浮排中间布设两处地锚。地锚高程170.00～180.00m，斜拉钢缆长度为80～75m。拦漂排各个浮体结构之间由不锈钢销轴连接。

2. 浮箱式

浮箱式导（拦）漂设施大都为用钢板焊接件或用钢筋混凝土预制件现场安装而成，一般尺寸较大。单个浮箱有的长几十米，有一定的拦截深度，必要时箱体内还要加载压重保持稳定。浮箱之间一般用十字铰连接，可兼作工作桥。浮箱式拦漂排可用于漂浮物较多、流量较大的河流。有关工程实例如下：

（1）飞来峡水电站。飞来峡水电站位于珠江水系北江干流上，坝前设置浮箱加挂栅拦漂排，2001年完成投入运行。拦漂排起导、拦漂作用，将漂浮物先由拦漂排拦截，排漂孔开启后，漂浮物顺水流经排漂孔排至下游。拦漂排直线长度282m，轴线与坝前河中主流方向夹角为6°6′12.3″，排前设计流速3.5m/s，水位变化幅度13.00m。拦漂排一端为固定锚头，用钢丝绳牵引；另一端在进水口边墩上，靠台车上、下升降，以调整活动锚头装置与其水面保持一致。

飞来峡水电站浮式拦漂排自2001年运行以来，基本正常发挥其功能，对电站安全运行起到较大的作用。

(2) 王甫洲水电站。王甫洲水电站位于汉江干流上，属低水头径流式电站，在电站建设阶段没有考虑设置拦漂排设施，2000年电站投产发电后，由于每年汛期库区有大量水草，经常出现水草进入机组流道，堵塞拦污栅，影响电站发电效益，故运行管理单位在厂前水域设置了浮箱拦漂排（见图3.3-15），拦截由库区下来的水草。拦漂排总长240m，由39个浮箱单元节柔性连接而成，两端分别固定在船闸上游导航墙支墩和电站安装场上游端部，中部设四根锚链抛锚水下。每节浮箱单元长6m，通过铰式联结环相连。

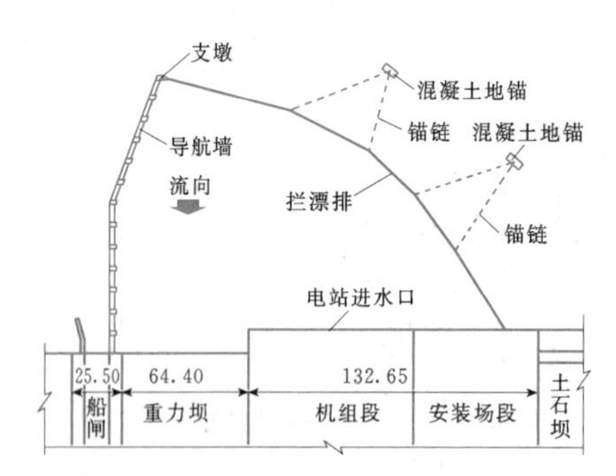

图3.3-15 汉江王甫洲水电站拦漂排布置示意图（单位：m）

王甫洲水电站拦漂排运行以来，基本能正常发挥对库区来草进行预先拦截和清理的功能。

(3) 广西山秀水电站。山秀水电站位于左江下游，在厂房进水口设置闸式活动拦污栅、浮式拦漂排，并使用新型清污机械。

浮式拦漂排为多节浮箱结构，栅叶布置于浮箱迎水面，从浮箱中心线往水下延伸1.5m，浮箱之间由拉杆连接。浮排两端分别设置带轮子的浮筒，一端布置在电站上游右岸墩，另一端连接在导墙闸墩上，两支承点连线与坝轴线垂线夹角为4°，张力方向与坝轴线垂线为11.5°，基本与河道主流方向一致。为使活动浮筒能随水位变幅自动升降，浮排由固定卷扬机控制。浮式拦漂排的设置大大减少了进水口拦污栅前的污物；对未能拦截的半浮污物，在厂房设置活动拦污栅进行拦截；拦污栅倾斜布置，采用移动耙斗式清污机清污。

广西山秀水电站浮式拦漂排、闸式活动拦污栅、清污机形成有效的清污系统，减小水头损失、增加发电量，给电站带来了巨大的经济效益。

3. 竹木导漂排

竹木导漂排一般用毛竹绑扎而成，适合径流量较小、水位变幅小、漂浮物较少的临时性或中小型工程。其优点是价格便宜，维修方便；缺点是树枝等枝状物容易卡在毛竹的缝隙中，不易清除，本身也不够坚固，易损坏。

3.3.4.2 总体布置原则及实例

影响导（拦）漂设施布置的主要因素有漂浮物的数量和种类、水库水位变幅、水流流态及河岸特性、枢纽工程的整体布置和导（拦）漂排保护范围等。

1. 一般原则

(1) 导（拦）漂设施通常固定在电站拦污栅前沿一定的范围内，应选择地形和水流条件有利的位置进行布置。导（拦）漂建筑物轴线与水流流线的夹角不宜大于15°～30°，流速不宜大于3m/s。

(2) 根据漂浮物的沉浮深度，确定导（拦）漂建筑物的拦、导漂深度。

(3) 各类导（拦）漂建筑物的布置、构造和尺寸，一般可参照已建工程经验设计，并进行必要的计算；重要工程的导（拦）漂建筑物的布置应通过水工模型试验确定。

(4) 导（拦）漂建筑物一般以钢丝绳张拉固定，两端锚系。当流速与钢丝绳跨度较大时，可设置中间支墩或分段抛锚，以减小导（拦）漂排的跨度。为适应坝前水位变化并便于操作，锚系端应设置卷扬机等设备。

我国部分水电站的导（拦）漂设施布置概况见表3.3-1。

2. 工程布置实例

(1) 导（拦）漂排布置在电站进口前沿。如已建的汉江王甫洲水利枢纽、汉江兴隆水利枢纽、广东梅江丹竹水电站等，如图3.3-15～图3.3-23所示。

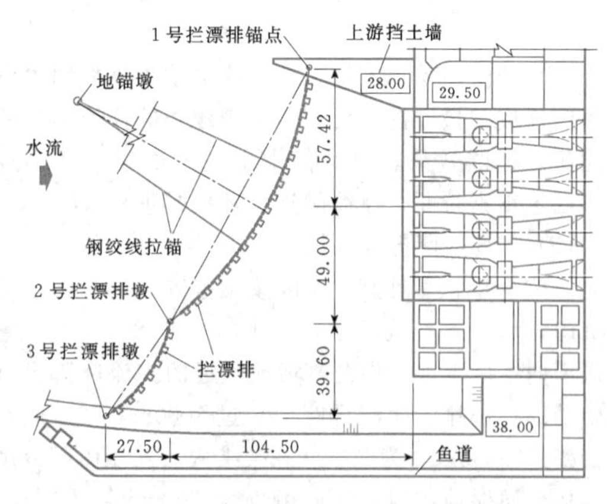

图3.3-16 汉江兴隆水利枢纽拦漂排布置示意图（单位：m）

(2) 导（拦）漂排布置在枢纽上游，如大峡水电站及乌江构皮滩电站、马来西亚巴贡电站的拦漂排等。

表 3.3-1 我国部分水电站导（拦）漂设施布置概况

工程名称	工程位置	导（拦）漂排型式	长度（m）	浮排轴线与水流夹角（°）	排前流速（m/s）	运行水位（m）	两端支承结构	备注
葛洲坝二江水电站	长江三峡出口，湖北省宜昌市境内	采用拦、导、排方式，二江电厂上游布置浮筒式导漂排，由10节钢质浮筒与尼龙网组成，浮筒每节长30m，直径120cm，厚6mm	384	45	3～3.5	63～67	采用上游端固定，下游端垂直浮筒活动的锚头。浮排每节浮筒用两根锚链固定在导沙坎和库底预埋锚环上，锚链直径43mm及34mm，每节之间用卸扣连接	于1981年建成并使用，运行不久，在1981～1983年三年汛期中被冲毁，1985年全部拆除。毁坏原因：角度偏大，污物难以顺导漂排流向下游，排前污物过厚，排体前后水头差过大
大峡水电站	甘肃省黄河干流，大峡峡谷出口	采用拦、捞方式，拦浮排为66节浮筒加拦污栅	200		3	1474～1480	两端头栅体与岸边固定铰通过钢丝绳连接，栅体之间为铰接	浮筒上采用圆钢焊接钢结构挂栅，拦污栅由ϕ20mm圆钢焊接而成，栅条间距为20cm，浮栅水下部分1.5m
大朝山水电站	澜沧江中下游，漫湾电站下游	采用拦、导、排方式，导漂排为实体浮箱结构加格栅，导漂排水上拦污高度50cm，水下150cm，浮箱宽150cm，长600cm	308	15.8	0.65	840～900.42	滚轮支承，右支承装置通过钢丝绳和滑轮装置与浮箱连接，左支承装置通过铰轴与浮箱连接，左右连接装置分别连接有两个平衡浮箱	导漂排高12m，两端点高程900.42m，直线距离308m
飞来峡水电站	珠江水系北江干流中下游清远市	采用拦、导、排方式，拦漂排为浮箱加挂栅。浮箱宽度约200cm，长600cm	282	6.6	3.5	18～24	采用上游端固定，下游端活动的锚头装置。固定锚头随水位变化，采用主牵引钢丝绳与浮式拦漂排相连接过渡	每个浮箱上设5片挂栅，由ϕ50mm圆钢焊接而成，栅条间距为30cm。挂栅吃水深度1.4m，水面以上高度30～50cm
白渔潭水电站	湖南衡阳市耒水下游	固定拦污栅加浮式拦污栅，浮式拦污栅由钢支撑连接的前后圆浮筒组成	128			58～54	桅杆式固定端。采用灌注桩打入基岩，外套圆环栓形浮筒，外径3m，内径0.9m，内外均贴滑动材料。拦污栅之间采用铸铁可转动铰接结构	

续表

工程名称	工程位置	导（拦）漂排型式	长度（m）	浮排轴线与水流夹角（°）	排前流速（m/s）	运行水位（m）	两端支承结构	备注
湖南镇水库	浙江省衢州市境内，钱塘江支流乌溪江	浮排共81节，每节浮排内卧装2个油桶，单个油桶直径57cm，长度91cm	211			205～229	钢丝绳滑环结构，钢丝绳轨道采用等距异面倾斜直线轨道，轨道钢丝绳采用 ϕ46mm—6×19（股数×钢丝数）。浮排节之间采用刚性转动插销连接	大坝坝高129m，水库水位变幅大，最多一天变幅可达7m
梅江丹竹水电站	广东梅县松南镇	浮排由浮筒、挂栅、人行桥、防护网组成。采用等截面圆形钢制双浮筒型式，下设活动挂栅。上、下浮筒均为直径50cm，中心距70cm。人行桥宽70cm	156	10.6			上、下游活动锚头，由浮筒和主、侧轮组成，浮筒直径2m，高3m，浮筒与端部浮排之间通过钢制拉杆连接，拉杆两侧采用轮式支承	拦污排迎水面设高50cm的扩张金属网
山秀水电站	左江下游	浮式拦漂排为多节浮箱结构，栅叶布置于浮箱迎水面，浮箱之间由拉杆连接		4			两端设置带轮子的浮筒，一端布置在电站上游右岸墩，另一端连接在导墙闸墩上	
王甫洲水电站	湖北汉江干流老河口下游3km	拦漂排由39个单元节柔性连接而成。每个浮箱单元节长600cm，拦漂排各单元节通过铰式连接环相连	240		0.88	85.48～89.24	两端分别固定在船闸上游导航支墩和电站厂房安装场上游的端部，中部设四根抛锚水下的锚链牵引定位	每个单元节由浮箱、平衡配重和拦污栅条组成。浮箱尺寸为6m×0.63m×0.5m（长×宽×高），采用厚3mm钢板制成
引黄工程汾河水库	山西省万家寨水库连接段	自浮式拦漂排，由一系列浮筒、悬挂在浮筒下的挂栅及连接装置组成。挂栅布置在浮筒的中间。浮筒采用圆筒形钢结构，直径80cm，长度102.5cm	20.5		0.23	1115～1126	活动锚头装置，采用工字钢做轨道。传力体系采用刚排架，通过膨胀螺栓将排架与沉井连接	进水塔进口两侧各浇筑一个钢筋混凝土立柱，固定锚头轨道，柱断面100cm×120cm
昌山水电站	广东乐昌市	采用拦、排方式为主，人工清污为辅，电站拦沙坎上游设拦污栅，配合排漂及人工清理	63	20		86.5～87.5		

续表

工程名称	工程位置	导（拦）漂排型式	长度(m)	浮排轴线与水流夹角(°)	排前流速(m/s)	运行水位(m)	两端支承结构	备注
兴隆水利枢纽	湖北省汉江干流下游，潜江、天门市境内	钢浮箱格栅式拦漂排，由31节钢浮箱和平衡浮箱、钢格栅、系排墩、上游水底系排桩及钢缆拉索等部件组成。拦漂排系于系排墩上，并通过水下钢缆拉索与上游水底系排桩拉接	200	<30	1.0	36.2～41.75	固定锚头，由锚绳直接拴在锚墩上	每个单元节由浮箱、平衡箱和拦污栅条组成。浮箱尺寸为5m×1m×1m（长×宽×高）。平衡箱长1.2m。 钢浮箱按吃水深度0.8m控制，结构及连接按拦漂排上、下游水位差0.3m设计
青溪水电站	广东韩江支流一汀江干流上杭以下河段第二个梯级电站，位于大埔县境内	竹木拦漂排，由ϕ45.5mm主缆索、拦污竹木排、5t卷扬机等部分组成。拦漂排受力靠主缆索吊拉。拦漂排长150m，宽1.2m，高0.6m	150	15～30	0.9	64～73		用一根长400mϕ16mm的钢丝绳穿过主缆索和拦漂排上12对5t定滑轮连接至卷扬机上，随着水位涨落运行
景洪水电站	云南澜沧江	钢浮筒格栅式拦漂排，由105个浮排单元组成，包括双浮筒、钢格栅、系排墩。单个浮排单元长329cm，由3节浮筒组成	349		<1.0	591～610	活动锚头，滑块支承，左右支承装置通过铰轴与浮筒连接	单个浮筒采用圆筒形钢结构，直径30cm，长度86cm，间距18cm
昭平水电站	广西昭平市	导（拦）漂系统由浮筒拦漂排、拦污栅和靠厂房两个带拦漂舌瓣门的弧门组成	345	20	0.7			钢丝绳连接浮筒，浮筒下焊长2m圆钢，间距30cm
左江水利枢纽	珠江流域左江上游，位于广西崇左市宁明县	双浮筒式、可收放式拦漂排，由45节主浮筒和1节可调封头浮筒组成	249	7		106.5～108	上游固定锚头（带转向拉杆），下游活动锚头（带转向定轮），中间设导向安全牵引墩、锚固装置及导向连接机构。浮排采用钢丝绳作牵引绳，浮筒均匀铰接在牵引绳上，牵引绳上游端通过转向拉杆与右岸固定墩铰接，下游端活动穿过导墙上游转向定轮后导向右岸固定卷扬机铰接	单个浮筒采用Q235钢板焊接管，直径72cm，长度50cm。拦污栅用ϕ20/16mm圆钢焊接组成，栅条间距为20cm，单节浮栅1.25m×1.1m（宽×高）

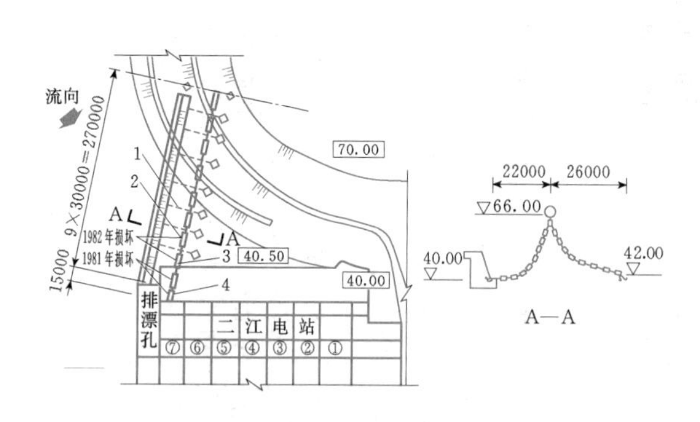

图 3.3-17　长江葛洲坝二江电厂拦漂排布置示意图（尺寸单位：mm；高程单位：m）

1—主锚链；2—副锚链；3—大浮筒；4—小浮筒

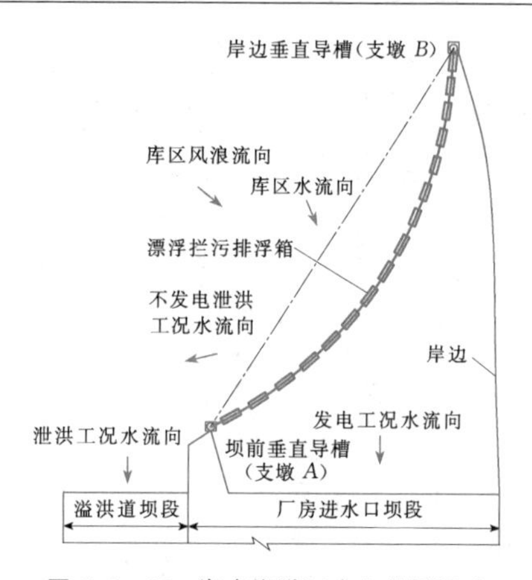

图 3.3-18　湖南省洪江水电站漂浮式拦漂排布置示意图

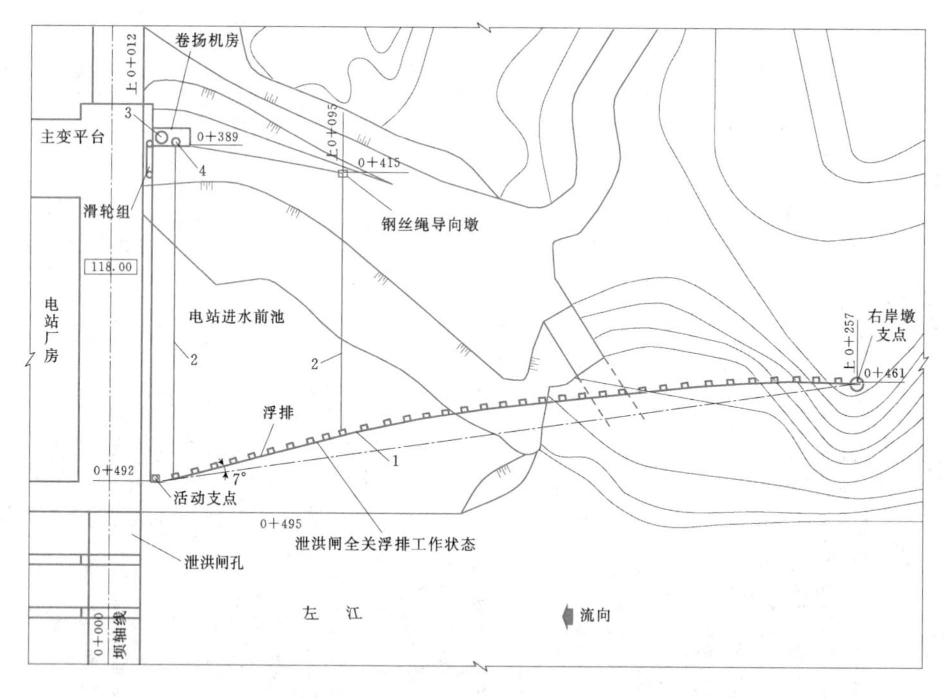

图 3.3-19　广西左江水利枢纽可收放浮式活动拦漂排布置示意图（单位：m）

1—主牵引钢丝绳；2—收放钢丝绳；3—JM10t 卷扬机；4—JM5t 卷扬机

如果河道较窄，漂浮物的数量较少，布置方便，也可采用这种型式，这种布置还兼有警示功能，可以防止渔船、游船等进入坝前水域，如图 3.3-14 和图 3.3-24、图 3.3-25 所示。

3.3.4.3　结构设计

1. 排体结构

浮式拦漂排的排体结构设计目前尚无相应的技术标准可循，通常借鉴有关工程经验，参考浮式防波堤等类似工程进行设计。

（1）设计荷载。拦漂排的主要荷载有风荷载、水荷载、波浪荷载及漂浮物的撞击荷载等。

按照受力方向，荷载可分为竖向和水平两类。水平荷载主要为水流作用力、波浪作用和风荷载。考虑到拦漂排的结构自重与浮力保持平衡，通常将拦漂排简化为平面受力体系，即只计水平荷载。水流作用力的大小取决于水流流速和拦漂排的阻水面积，波浪作用则与水域条件和风速等因素有关。

1）水流作用力。水流作用力标准值可采用《港

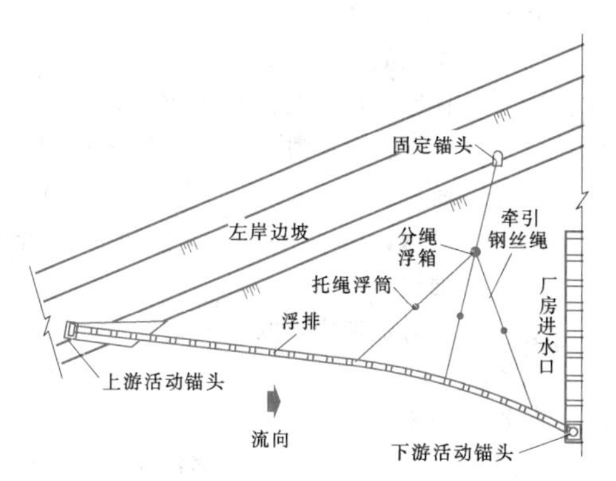

图 3.3-20 广东梅江丹竹水电站拦漂排布置示意图

图 3.3-21 广西昭平水电站导漂排置示意图（尺寸单位：mm；高程单位：m）

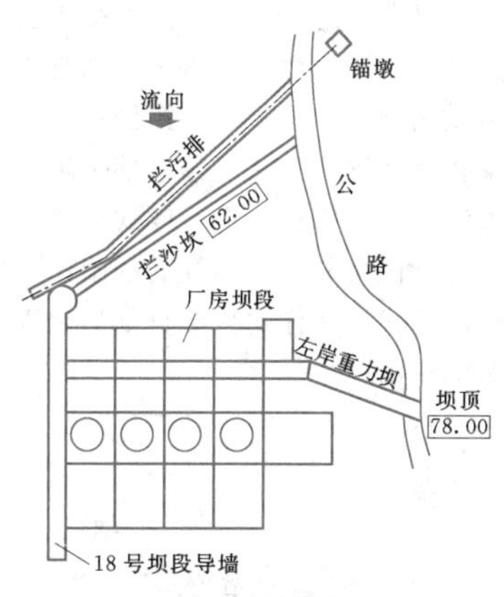

图 3.3-22 广东青溪水电站进水口前拦漂排布置示意图（单位：m）

口工程荷载规范》(JTJ 215—1998) 中的公式计算：

$$F_w = C_w \frac{\gamma}{2g} v^2 A \qquad (3.3-2)$$

式中 F_w ——水流作用力标准值，kN；

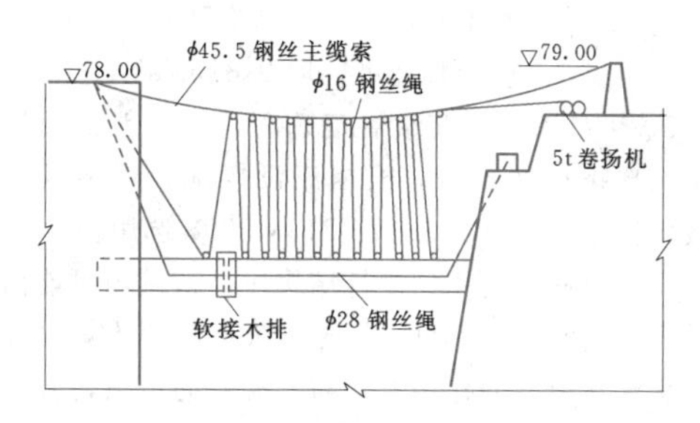

图 3.3-23 广东青溪水电站拦漂排结构示意图（尺寸单位：mm；高程单位：m）

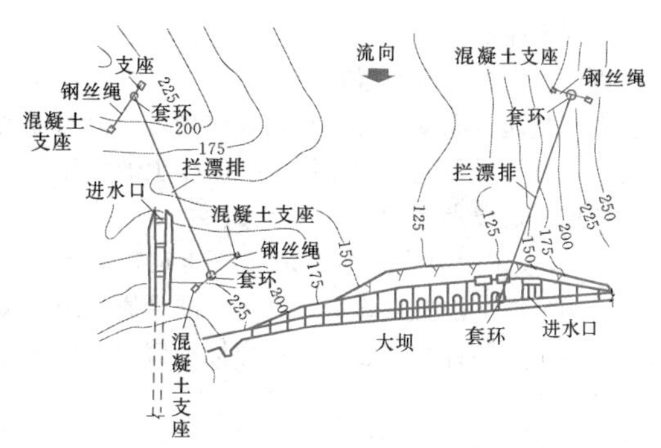

图 3.3-24 湖南镇水库拦漂排平面布置示意图（单位：m）

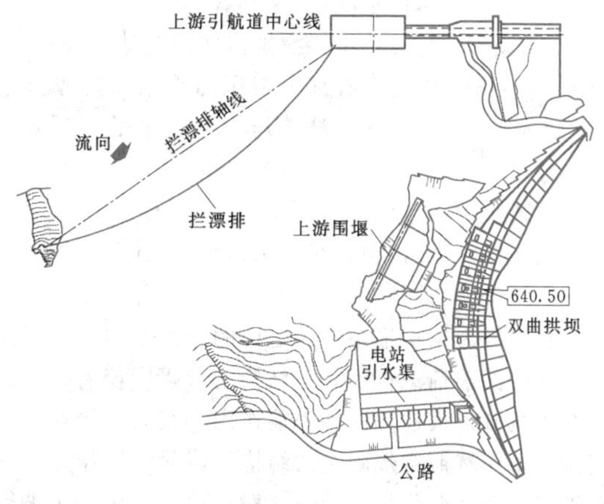

图 3.3-25 乌江构皮滩水电站拦漂排平面布置示意图（单位：m）

v ——水流设计流速，m/s；

C_w ——水流阻力系数；

γ ——水的重度，kN/m^3，淡水取 10.00，海水取 10.25；

A ——计算构件在与流向垂直平面上的投影面积，m^2，一般取拦漂排水面以下的阻水面积；在拦污栅塞满漂浮物极端条件下，单位长度阻水面积可取拦污栅条水面以下的高度计算；

g——重力加速度，取 $9.81m/s^2$。

C_w 可参考相关荷载规范选用，对一般常用的矩形梁（单排）取 2.32，根据淹没情况，可乘以淹没系数，淹没系数可参考 JTJ 215—1998 选用。

设计流速可采用拦漂排结构所处范围内可能出现的最大平均流速，亦可根据相应表面流速推算。

水流作用力的作用方向与水流方向一致，合力作用点位置可按下列规定采用：对上部构件，位于阻水面积形心处；对下部构件，顶面在水面以下时，位于顶面以下 1/3 高度处；顶面在水面以上时，位于水面以下 1/3 水深处。

由于拦漂排通常布置在电站上游，考虑到电站发电引水流量随时间变化的过程比较缓慢，厂前水域的流速、流态相对稳定，故作用于拦漂排上的水流作用力可按照静荷载考虑。

2）波浪作用力。波浪力是导漂建筑物的重要荷载，必须依据波浪要素确定。目前尚缺少原型观测数据和比较统一的计算方法，波浪力标准值通常可根据下式计算：

$$p_u = \eta \frac{\gamma}{2}(2h_1 + h_0)L_1 b \qquad (3.3-3)$$

式中　p_u——单位拦漂排上的水平波浪力，kN；

γ——水的重度，kN/m^3；

b——计算单位拦漂排构件的宽度，m；

η——考虑只有部分浪压力作用在拦漂排上而引入的波浪压力修正系数，$0.0 \leqslant \eta \leqslant 1.0$；

$2h_1$——计算波高，m；

h_0——波浪中心线至水面距离，m；

$2L_1$——波长，m。

拦漂排为采用锚系柔性定位的漂浮结构，受周期性变化的波浪荷载作用，其结构变形幅度较大，对波浪冲击具有很大的缓冲和消能作用，其运动状态十分复杂，不能按照常规固定式结构采取静力计算方法确定波浪荷载及其作用效应，一般需适当简化，或进行模型试验验证。

波浪对拦漂排锚系的作用效应可参考有关锚系的浮式建筑物进行设计。

3）风的作用力。由于导漂建筑物在水面以上的高度不大，通常风荷载很小，一般小于最大波浪压力的 5%。风对拦漂排水上部分的水平力标准值计算公式为

$$p_a = k_a \rho A_a \frac{v_a^2}{2g} \qquad (3.3-4)$$

式中　p_a——水平风力标准值，kN；

k_a——空气阻力系数；

ρ——空气的密度，kN/m^3；

A_a——计算构件在与流向垂直平面上的投影面积，一般取拦漂排出露水面以上的面积，m^2；

v_a——风速，m/s，风向垂直拦漂排单元轴线；

g——重力加速度，取 $9.81m/s^2$。

（2）计算方法。

1）悬链线理论计算。

a. 浮式拦漂排属于柔性大位移结构体系，许多工程按照悬链线理论对漂浮式拦漂排结构进行计算分析。通过一定条件下的假定，建立简化计算模型，对悬链线力系建立动态平衡方程进行求解。

由于悬链线理论不能准确反映水流分布影响，计算结果在一定程度上不能反映真实张力的非均匀性，所得到的最大张力值、最大弧垂等工程设计中的控制结果可能与实际受力情况相差甚远。

拦漂排端部的锚固力和浮排节间受力可按下式计算。

$$F = \frac{qL^2}{8f} \qquad (3.3-5)$$

式中　F——悬索链的轴向拉力，kN；

L——悬索链的长度，m；

f——悬索链矢高，m；

q——均布荷载，kN/m。

由式（3.3-5）可知，浮排的长度越大，矢高越小，则轴向力越大，因此，要根据实际情况选择浮排的参数。如果浮排长度太大，可考虑把浮排分成几段，在中间设置混凝土墩或锚索等中间支点。

b. 对中、小型水电站浮式拦漂排的初步设计，若水文气象资料缺乏，如其河床底部平坦，可假定拦漂排全部被漂浮污物塞死，进行浮式拦漂排前后水面超高计算。可近似将其看成半开启的闸门，用水力学闸孔淹没出流公式计算浮式拦漂排前后水面超高，见式（3.3-6）～式（3.3-8）。

$$Q = \mu b e \sqrt{2g(T_0 - Y_{下})} \qquad (3.3-6)$$

$$Y_{下} = T_0 - \frac{Q^2}{\mu^2 b^2 e^2 \times 2g} \qquad (3.3-7)$$

$$T_0 = T + \frac{a_0 v^2}{2g} \qquad (3.3-8)$$

式中　Q——流量，m^3/s；

b——闸孔宽度，m；

e——拦漂排高度，m；

g——重力加速度，取 $9.81m/s^2$；

$Y_{下}$——下游水深，m；

μ——流量系数；

T_0——计入行进水头的拦污栅前水深；

T——拦污栅前水深，m；

a_0——动能修正系数；

v——流速，m/s。

浮式拦漂排两个固定端的水平拉力可按下式计算：

$$H_p = \frac{qL^2}{8f} \tag{3.3-9}$$

式中 H_p——水平拉力，kN；

q——由拦漂排上、下游水位差产生的均布荷载，kN/m；

L——浮式拦漂排两端距离，m；

f——拦漂排的矢高，m。

2）非线性迭代计算法。根据近期有关研究成果，水电站漂浮式拦漂排，由若干浮箱（筒）链接成索状，可简化为柔系平面结构。将水流、风、波浪对拦漂排浮箱（筒）作用转化为链节点作用力，根据虚功原理导出拦漂排平衡状态的非线性方程组，采取迭代方法求得拦漂排轴线张拉形状和张力的数值解。

在非线性迭代计算法中，对拦漂排计算作了如下假定：

a. 漂浮式拦漂排结构可以简化为由有限段刚体、用理想光滑铰连接而成的平面柔性结构。

b. 在理论上存在一条表征拦漂排稳定平衡状态的平面折线，该折线代表在某种荷载条件下拦漂排的张拉性状；由该形状可以唯一确定在相应荷载条件下结构的张力。

c. 水流、风和波浪对拦漂排结构产生的作用力局限于水平面内；并按照作用集中程度、沿浮箱（筒）作用面积分别等效为作用在拦漂排铰接处的节点力系。

d. 拦漂排在进水口上游水域运动缓慢，忽略结构的惯性效应，按静力条件研究拦漂排结构的稳态平衡状态。

按照武汉大学针对非线性迭代方法开发的计算程序，在水流、风、波浪给定条件下，采用非线性迭代计算理论和方法，可以得到反映有限段柔索状结构受任意方向节点荷载时的曲线形状、张力分布和最大弧垂出现的位置等结果，计算结果比较合理地反映漂浮式拦漂排结构的受力情况。该方法具有计算精度高、收敛性好的优点，其适用范围也比悬链线理论广。

在设计大中型水电工程的拦漂排时，应考虑布置必要的监测仪器，以验证目前采用的设计计算方法和建立正确的拦漂排设计理论。

2. 支承结构

拦漂排的支承结构位于水库中，不易检修。因此，支承墩的布置关键在于合理确定张力荷载，满足整体稳定、抗浮稳定、抗倾稳定和基础承载能力等要求，并应考虑场地限制条件，满足通行小车的荷载要求。

（1）荷载及工况。支承墩上的荷载可分为基本荷载及特殊荷载两类。

1）基本荷载。自重及水重，设计运行水位下的静水压力及扬压力等，拦漂排对支墩施加的拉力。

2）特殊荷载。校核运行水位时的静水压力及扬压力，施工期荷载、土压力及锚筋荷载等。荷载取值与计算应参照有关规范规定进行。

（2）结构计算。对支承墩须进行整体抗滑稳定、地基应力、抗倾覆稳定、抗浮稳定计算，必要时应进行沉降计算。

（3）稳定及应力安全标准。根据枢纽等别和支承墩布置条件合理确定其级别，稳定及应力设计标准可参照《水利水电工程进水口设计规范》（SL 285）等有关规范进行。

3.3.4.4 支承方式

通常将拦漂排一端就近布置在电站和泄水建筑物间的导墙闸墩上游端，另一端设置在上游岸边。

（1）导（拦）漂设施支承按锚固的方式可分为端部锚固和端锚加中间锚固两类。

1）对水面宽度和水位变幅较小或漂浮物较少、单个浮箱（筒）尺寸和拦漂排的长度较小时，拦漂排一般只采用端部锚固。将浮排或浮筒捆绑或串连在钢丝索上，钢丝索两端固定在岸边锚墩或其他建筑物上。但钢丝索必须留有一定的富裕长度，以适应水位的变化。

2）环境荷载（拦漂排周边承受的荷载）和水位变幅较大，单个浮箱尺寸和拦漂排的长度较大时，除在端部锚固外，还必须采用中间锚固。采用锚链对浮箱锚固，既可限制浮箱的水平位移，又可分担各浮箱上的环境荷载，分担波浪的动力作用，减小导漂建筑物接头、端部荷载，相应减小支承端结构尺寸。王甫洲和兴隆水利枢纽采取了端锚加中间锚固的型式。这种锚固方式锚链的长度一般为水深的3.5倍，可采用抛锚或固定锚两种方式。

（2）导（拦）漂设施支承按两端支承方式可分为固定式和垂直升降活动式两类。

1）固定式拦漂排结构简单，便于施工，但只能用于库水位变幅不大的情况。对于水位变幅较小的河床式电站，两端锚墩上一般埋设锚环固定锚绳；对于水位变幅较大的高坝大库，如果是在工程后期补设的拦漂排，其两端锚固也可采取固定式。但缺点是在水位变化过程中，不能有效地拦截两端锚固点附近的漂浮物。

2）垂直升降活动式拦漂排类似于船闸的浮式导航墙，其特点是锚固端借助安装在凹槽轨道内的垂直行走小车，整个拦漂排能够随较大的库水位变化上、下浮动，水位变化时在两端不留缺口。这种布置的拦漂排不仅始终处于平面受力状态，而且可对在拦漂排范围内的漂浮物进行有效拦截。但拦漂排支承埋件宜在破堰蓄水前完成施工。

部分工程从施工工期、节省工程量和投资考虑，综合上述两种浮排的特点，采用可收放式的活动拦漂排，拦漂排仅适应机组发电变幅范围的水位，可在机组停运时退出工作状态。广西左江水利枢纽的拦漂排采用了可收放式拦漂排的支承方式。

3.3.4.5 导（拦）漂排钢结构

浮式拦漂排一般多采用钢结构焊接组装型式，主要部件有浮箱（筒）、平衡箱（筒）、拦漂栅、支承部件及连接装置等。

1. 端部支承部件

固定式端部支承主要部件一般为锚环和钢丝绳等，如图3.3-26所示。

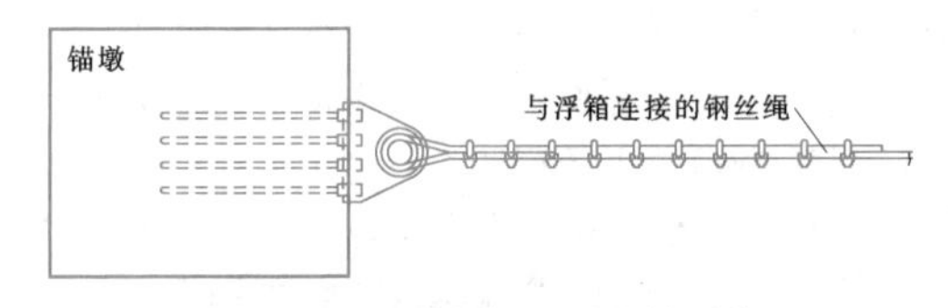

图 3.3-26 彭水水电站拦漂排端部固定式锚固布置示意图

垂直升降活动式端部支承主要部件一般有轨道、行走轮、拉杆或钢丝绳等。端部支承的轨道分为转动式和固定式。轴向力不大的拦漂排可采用转动式，其轨道为一条工字形钢轨，其上、下用多个铰链连接在混凝土墩上。轴向力特别大的拦漂排，可采用固定式轨道，即在支承墩竖井开口的两侧安装轨道，浮排端部装置在竖井内可沿轨道随水位上、下浮动，从竖井开口处引出钢丝绳或十字连接铰与拦漂排连接。

拦漂排的上游端部可根据地形条件设置，尽量采用与下游端部相同的活动结构，如受条件限制，也可采用固定式，即将一端钢丝绳连接在一个固定的锚墩上。

浮排端部设行走装置，包括浮箱行走轮和轨道等，可随水位变化沿轨道升降。浮箱大小应使其浮力可克服行走轮的摩阻力，以推动端部装置上、下滑动。工程实例如图3.3-27～图3.3-30所示。

2. 浮箱（筒）结构

拦漂排的单节浮排可采用单筒或双筒式的焊接结构。浮筒上游侧一般设拦漂格栅，格栅底部一般至水下1m左右。考虑交通要求，浮筒上部设置行走平台和栏杆或在上方设钢丝绳，以便悬挂安全带。

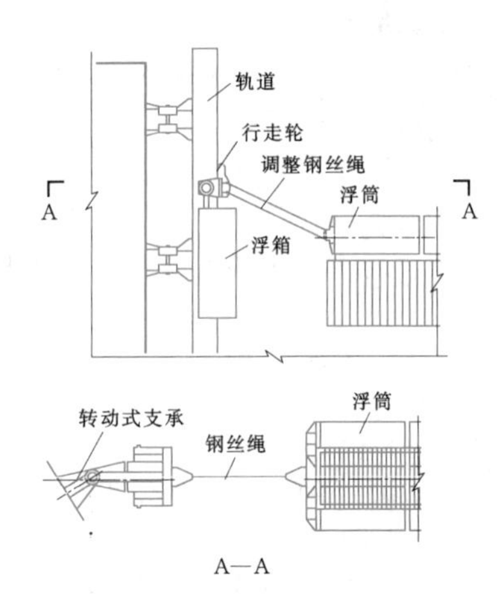

图 3.3-27 广东梅州西阳水电站浮排转动式轨道端部装置示意图

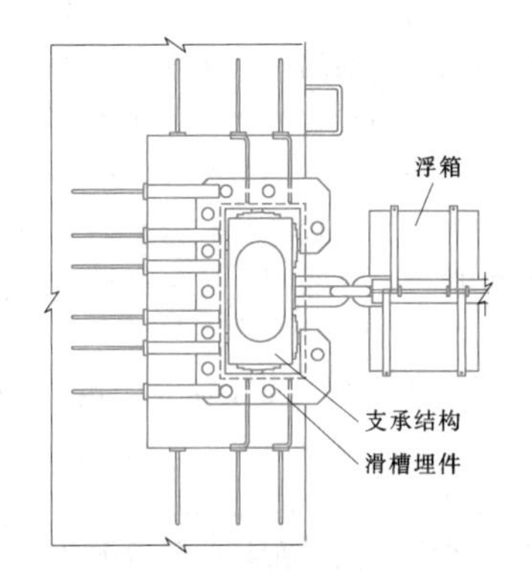

图 3.3-28 景洪水电站拦漂排活动式支承布置示意图

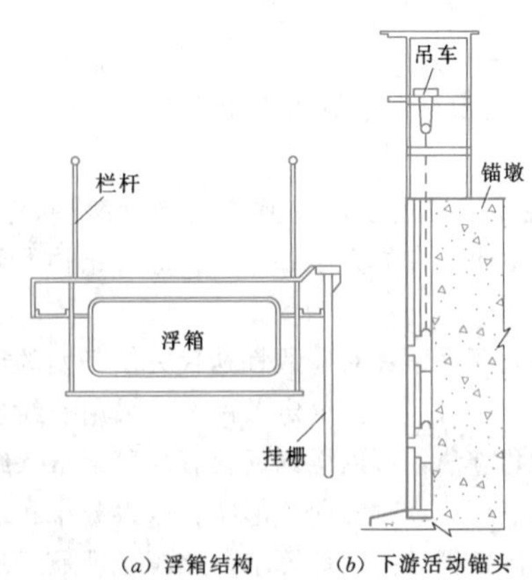

图 3.3-29 飞来峡水电站拦漂排浮箱及下游活动锚头布置示意图

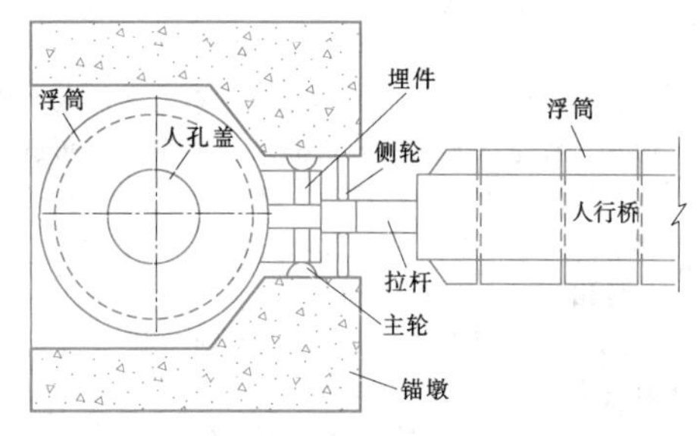

图 3.3-30 梅江丹竹水电站拦漂排活动锚头与浮排连接示意图

单节双筒式浮排由浮箱（筒）、平衡箱和栅叶组成，通过节间连接串联成拦漂排。浮箱（筒）和平衡箱（筒）的断面一般为矩形或圆形；拦漂排单节长度一般为5m左右。结构示意及工程实例如图3.3-31～图3.3-36所示。

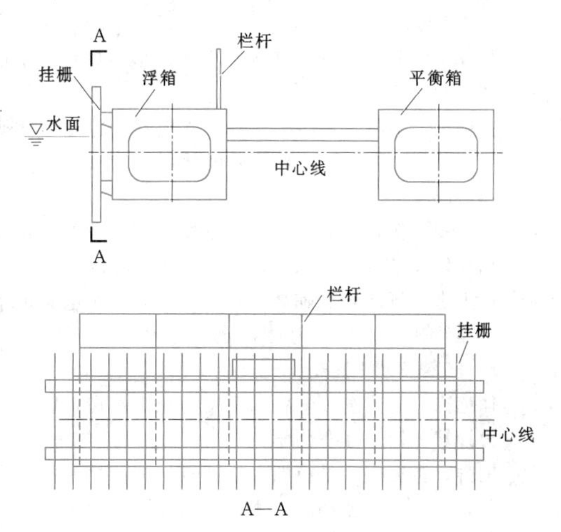

图 3.3-31 汉江兴隆水利枢纽拦漂排结构示意图

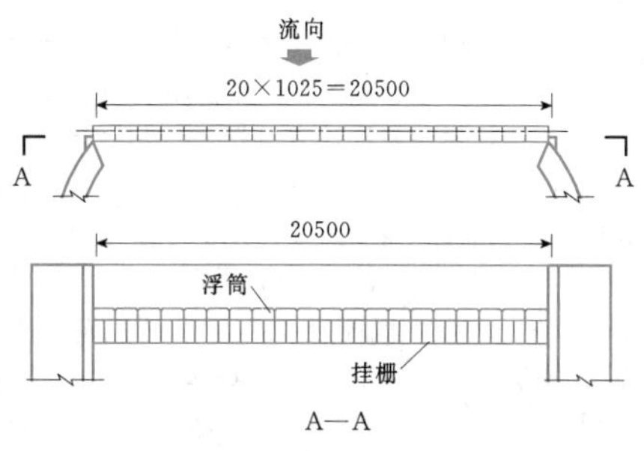

图 3.3-32 引黄工程汾河水库单浮筒式布置平面及立视图（单位：mm）

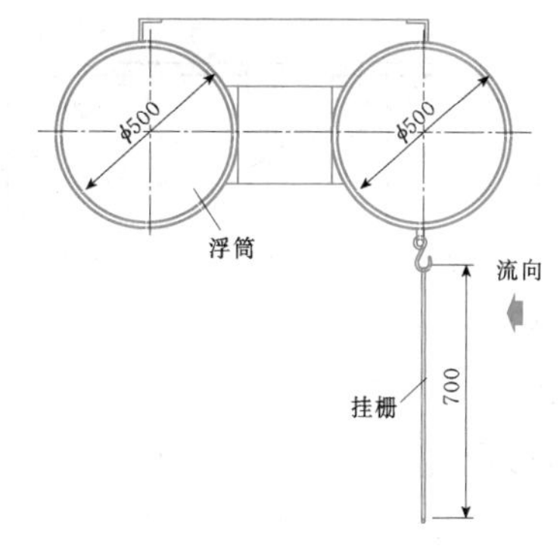

图 3.3-33 广东梅州西阳水电站双浮筒式加挂栅示意图（单位：mm）

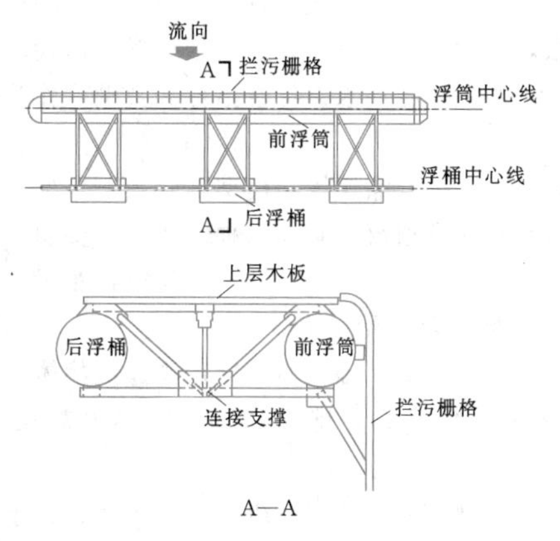

图 3.3-34 湖南白渔潭水电站浮式拦漂排结构示意图

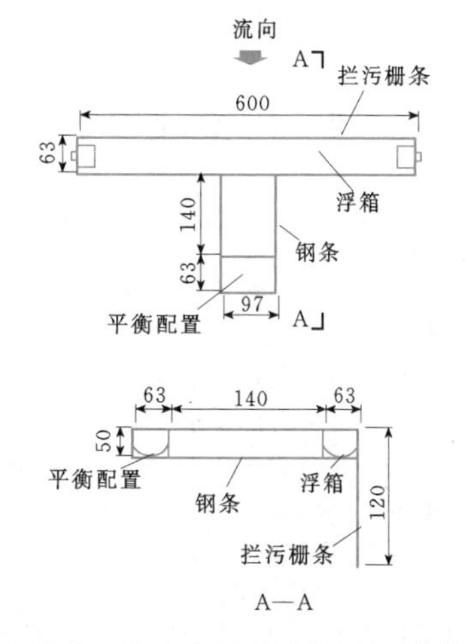

图 3.3-35 汉江王甫洲水电站浮筒拦漂排单元结构示意图（单位：cm）

3. 节间连接装置

浮箱（筒）的节间连接可采用十字铰装置或钢丝绳，以适应浮箱（筒）各方向的变形。端部装置与浮箱（筒）头、尾之间，通常采用钢丝绳连接，以便留有一定的间隙，使浮排在排漂时可在一定范围内活

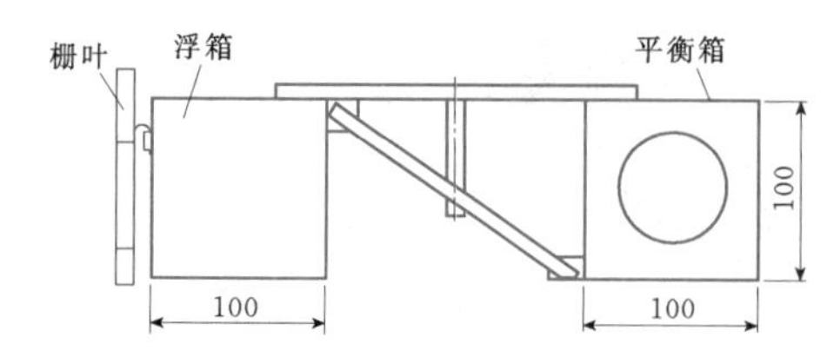

图 3.3-36　乌江构皮滩水电站拦漂排单元结构示意图（单位：cm）

动，同时可以通过收放钢丝绳，以调整浮排曲线的矢高。

3.3.5　排（拦、导）漂建筑物模型试验

在可行性研究阶段，可先结合枢纽整体布置初拟排（拦、导）漂建筑物的布置。在初步设计和施工详图阶段，宜对布置进行必要的模型试验，以检验和优化布置，并测定各项水力特性指标和数据，作为设计和运行的依据。

排（拦、导）漂建筑物模型试验主要包括物理模型试验研究和数值模型研究两种。研究主要内容包括漂浮物运移规律［排（拦、导）漂建筑物布置、漂浮物运动轨迹、聚集形态等］、排（拦、导）漂效果、排漂和滞漂的比例、排（拦、导）漂建筑物体型及水力学条件试验研究、排（拦、导）漂设施受力模拟等。

经过模型试验，观测枢纽在不同运行工况下漂浮物的漂移迹线，以选择适合排（拦、导）漂建筑物的类型；评价排（拦、导）漂建筑物设施的布置及排漂效果；确定漂浮物的排漂率及适合排漂的水位及流量条件等。

参考文献

［1］华东水利学院．水工设计手册　第六卷　泄水与过坝建筑物［M］．北京：水利电力出版社，1982.

［2］南京水利科学研究所．鱼道［M］．北京：电力工业出版社，1982.

［3］ADAM BEATE，BOSSE RAINER，DUMONT ULRICH ET AL. Fish Passes - Design，Dimensions and Monitoring［R］．Rome：Food and Agriculture Organization of the United Nations in arrangement with Deutscher Verband für Wasserwirtschaft und Kulturbau e. V.（DVWK），2002.

［4］A BOK，P KOTZE，R HEALTH AND J ROSSOUW. Guidelines for the Planning，Design and Operation of Fishways in South Africa，WRC Report No TT 287/07［R］．South Africa：WRC，2007.

［5］A. W. W. 特恩彭尼．水电站洄游鱼类的补救措施［D］．郭恺丽，译．水利水电快报，2000（9）：http：//www. cnki. com. cn/Article/CJFDTotal - SLSK200009004. htm

［6］水利部中国科学院，中国水产科学院珠江水产研究所水工程生态研究所．长洲水利枢纽工程鱼道过鱼效果原型观测与初步评价专题报告［R］．2011.

［7］祁济棠，张正雄．木材过坝工程［M］．北京：中国林业出版社，2002.

［8］张光斗，王光纶．专门水工建筑物［M］．上海：上海科学技术出版社，1999.

［9］LYJ 103—87　木材水运工程规程规范［S］．北京：中国林业出版社，1987.

［10］董士镛，陈万阳．闸、坝与电站建筑物［M］//葛洲坝工程丛书：第5册．北京：水利电力出版社，1995：198-201.

［11］杨逢尧，魏文炜．水工金属结构［M］．北京：中国水利水电出版社，2005.

［12］长江科学院．三峡右岸电站和地下电站连通布置方案厂前区水力学条件及漂浮物运移规律试验报告［R］．2000.

［13］长江科学院．长江三峡水利枢纽总体布置水力学模型试验阶段报告［R］．1991.

［14］童中山，周辉，吴时强，等．水电站导漂建筑物研究现状［J］．水利水运工程学报，2002，1（3）：73-78.

［15］许吉雨，杨自多．左江水利枢纽浮式活动拦漂排设计［J］．广西水利水电，2003（增刊）：53-56.

［16］徐远杰，杨建东，陈辉春，关江，等．水电站进水口漂浮式拦污排张力计算［J］．水利学报，2005，3（36）：303-308.

［17］徐远杰，杨建东．索状柔系结构稳定平衡形状和张力计算［J］．工程力学，2002，19（4）：71-74.

［18］王群，肖振彪．王甫洲水电站机组上游拦污排受力分析［J］．电力与能源，科技信息，2008（4）：299-301.

［19］彭君山．葛洲坝电站排漂清污措施的研究［J］．人民长江，1990（11）：1-6.

［20］杨凡．马来西亚巴贡水电站大型拦木排设计与研究［J］．西北水电（水工与施工），2008（6）：7-10.

［21］于晖．浮式拦污栅设计方法探讨［J］．水利水电工程设计，2002（3）：16-17.

［22］SL 253—2000　溢洪道设计规范［S］．北京：中国水利水电出版社，2000：37-47.

［23］SL 319—2005　混凝土重力坝设计规范［S］．北京：中国水利水电出版社，2005.

［24］JTJ 215—1998　港口工程荷载规范［S］．北京：人民交通出版社，1998.

［25］SL 285—2003　水利水电工程进水口设计规范［S］．北京：中国水利水电出版社，2003.

［26］SL 266—2001　水电站厂房设计规范［S］．北京：中国水利水电出版社，2001.

第4章

闸门、阀门和启闭设备

本章的修编是在第1版《水工设计手册》的基础上，对内容和结构做了修改、补充和调整，修编后各节主要内容的变化如下：

（1）4.1节调整了闸门的组成和分类，对各类闸门的特性、工程实例进行了修改和补充。

（2）4.2节丰富了泵站的内容，增加了抽水蓄能电站、升船机内容。

（3）4.3节增加了船闸输水系统阀门和抽水蓄能电站高压阀门等内容。

（4）4.4节完善了空化与空蚀方面的内容，介绍了闸门流激振动试验研究的原理和方法，防止和减轻闸门有害振动的措施和方法。

（5）4.5节修改补充了荷载、材料和容许应力、计算方法的内容，介绍了有限元在结构分析中的应用，取消了建立并求解有限元刚度矩阵的例子，增加了高强度螺栓连接的应用。

（6）4.6节增加了新型滑道及结构型式、各种轨道参数和轴承材料的特性及应用等内容。

（7）4.7节补充了启闭机的内容，并将自动挂脱梁也列入其中。详细介绍了各种启闭机的组成和特性、布置型式、工程应用实例和最新系列参数，以及液压系统、电气控制及检测系统等内容。

（8）新增加了4.8节“拦污栅及清污机”、4.9节“防腐蚀设计”、4.10节“抗冰冻设计”和4.11节“抗震设计”等内容。

章主编　崔元山

章主审　沈德民　金树训

本章各节编写及审稿人员

<table>
<tr><th>节次</th><th>编　写　人</th><th>审稿人</th></tr>
<tr><td>4.1</td><td rowspan="2">崔元山</td><td rowspan="11">沈德民
金树训</td></tr>
<tr><td>4.2</td></tr>
<tr><td>4.3</td><td>石运深　田连治</td></tr>
<tr><td>4.4</td><td>郑圣义　黄细彬</td></tr>
<tr><td>4.5</td><td>郑圣义　王山山</td></tr>
<tr><td>4.6</td><td>沈得胜　金晓华</td></tr>
<tr><td>4.7</td><td>张祖林　吴　淳　卜建欣</td></tr>
<tr><td>4.8</td><td>胡艳玲　张祖林</td></tr>
<tr><td>4.9</td><td>马会全　李大伟　陆　阳</td></tr>
<tr><td>4.10</td><td>马会全　张春丰</td></tr>
<tr><td>4.11</td><td>崔元山</td></tr>
</table>

第4章　闸门、阀门和启闭设备

4.1　概　　述

闸门及启闭设备是设置在水工建筑物各种过水孔道上的控制设备，是水工建筑物的重要组成部分。闸门的作用是在不同使用情况下按照运行要求，开启或关闭各种过水孔道，可靠地调节下泄流量和上、下游水位，以达到防洪、灌溉、发电、通航、过木及排沙、排冰、排漂等目的。为叙述方便，除特别说明外，以下将闸门、阀门统称为闸门。

4.1.1　闸门的组成、分类和设计基本资料

4.1.1.1　闸门的组成

广义的闸门由活动部分、埋设部件和启闭设备三个主要部分组成。

1. *活动部分*

活动部分是可以开关的堵水体，在闸门上称为门叶，在阀门上称为阀体。活动部分按功能还包含以下各部分：

（1）承重结构。承重结构是具有足够强度和刚度的结构物，用以封闭孔口并能安全承受水压力。

（2）行走支承部分。它们一方面将承重结构传来的力传给埋设部件，另一方面保证承重结构物在移动时灵活可靠。

（3）止水密封部分。其功能是用以堵塞活动部分和埋设件之间的缝隙，使闸门在封闭孔道时无漏水现象，或使漏水量减到规范允许的范围。

（4）与启闭设备相连接的部件。

2. *埋设部件*

埋设部件是埋置在过水孔道周围土建结构中的构件，包括行走支承轨道，止水埋件，门槽护角埋件，底坎埋件，闸门上、下游衬护件以及闸阀阀壳等。

3. *启闭设备*

启闭设备是控制门叶或阀体在孔道中不同位置的操纵机构，一般由下列各部分组成：

（1）动力装置。

（2）传动装置。

（3）制动装置。

（4）连接装置。

（5）行走支承装置。

以平面闸门为例，闸门的三个部分如图4.1-1所示。

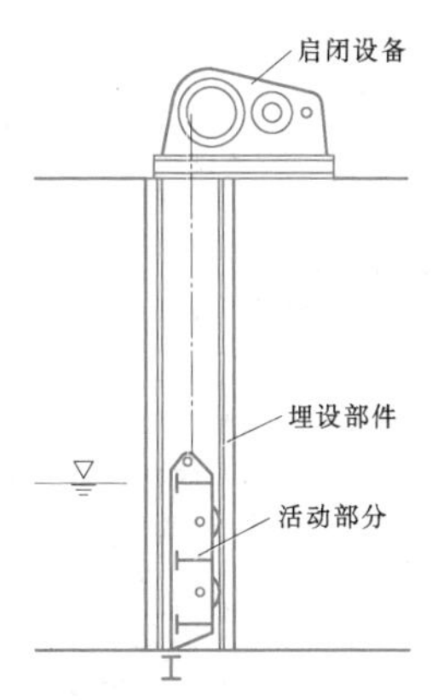

图4.1-1　闸门的组成

4.1.1.2　闸门的分类

闸门的种类和型式很多，表征闸门的特性也很多，如闸门的工作性质、重要性、水头大小、孔口位置、制造材料和方法、构造特征和操作方式等。以下按一些主要特性进行分类，并作简要说明。

1. *按闸门的工作性质分类*

（1）工作闸门。承担控制流量并能在动水中启闭或部分开启泄流的闸门。但也有例外，如通航用的工作闸门，需在静水条件下操作。

（2）事故闸门。闸门的下游（或上游）发生事故时，能在动水中关闭的闸门。当需要快速关闭时，也称为快速闸门。这种闸门在静水中开启。

（3）检修闸门。水工建筑物及设备进行检修时用以挡水的闸门。这种闸门在静水中启闭。

2. *按闸门设置的部位分类*

（1）露顶式闸门。其设置在开敞式泄水孔道，当闸门关闭挡水时，门叶顶部高于挡水水位，并仅设置两侧和底缘三边止水。

（2）潜孔式闸门。其设置在潜没式泄水孔口，当闸门关闭挡水时，门叶顶部低于挡水水位，并需设置

顶部、两侧和底缘四边止水。

3. 按制造闸门的材料和方法分类

按制造闸门的材料和方法分类，闸门可分为钢闸门（焊接闸门、铸造闸门、铆接闸门、混合连接闸门）、铸铁闸门、木闸门、钢筋混凝土闸门（普通钢筋混凝土闸门、预应力钢筋混凝土闸门、钢丝网水泥混凝土闸门）和其他材料闸门等。

4. 按闸门的构造特征分类

按构造特征分类的闸门见表 4.1-1。

4.1.1.3 闸门设计的基本资料

（1）水工建筑物的情况。如建筑物的任务、规模、重要性、运行特性以及总体布置等。

表 4.1-1 闸门按构造特征分类表

挡水面特征	运行方式		闸（阀）门名称	说明
平面形	直升式		滑动闸门 定轮闸门 链轮闸门 串轮闸门 反钩闸门	
	横拉式		横拉闸门	
	转动式	横轴	舌瓣闸门 翻板闸门 盖板闸门（拍门）	上翻板、下翻板两种
		竖轴	人字闸门 一字闸门	
	浮沉式		浮箱闸门	
	直升—转动—平移		升卧式闸门	上游升卧、下游升卧两种
	横叠式		叠梁闸门	普通叠梁、浮式叠梁等
	竖排式		排针闸门	
弧形	转动式	横轴	弧形闸门 反向弧形闸门 下沉式弧形闸门	铰轴在底坎以上一定高度
		竖轴	立轴式弧形闸门	包括三角门
扇形	横轴转动式		扇形闸门	铰轴位于下游底坎上
			鼓形闸门	铰轴位于上游底坎上
屋顶形	横轴转动式		屋顶闸门	又称浮体闸
立式圆管形 部分圆	直升式		拱形闸门	分压拱、拉拱闸门等
整圆			圆筒闸门	
圆辊形	横向滚动式		圆辊闸门	
球形	滚动式		球形闸门	
壳形	移动式		针形阀	
			管形阀	
			空注阀	
			锥形阀	外套式、内套式两种
			闸阀	
	转动式		蝴蝶阀	卧轴式、立轴式两种
			球阀	单面、双面密封

（2）闸门的孔口情况。如孔口位置、数量、尺寸、运行条件(如动水启闭、局部开启运行、动闭静启、静水启闭等)、运行要求(如操作控制的可靠度、准确度、频繁度要求，排冰、排污要求)以及控制方式要求(如现地控制、远方控制、集中监控、自动控制等)。

（3）上、下游水位情况。要收集各种可能出现的水位组合条件。

（4）河道水质。如水的化学成分、泥沙含量和水生物的生长情况等。

（5）冬季情况。如最低温度、冰情等。

（6）过坝要求。如船只、木排、竹筏的规格、大小、年运输量等。

（7）气象和地震。如风力、波浪、涌潮强度、地震烈度等。

（8）材料供应。

（9）制造、安装和运输方面的条件。

根据上述设计基本资料便可对闸门进行设计。闸门设计工作一般可按图 4.1-2 所示流程进行。

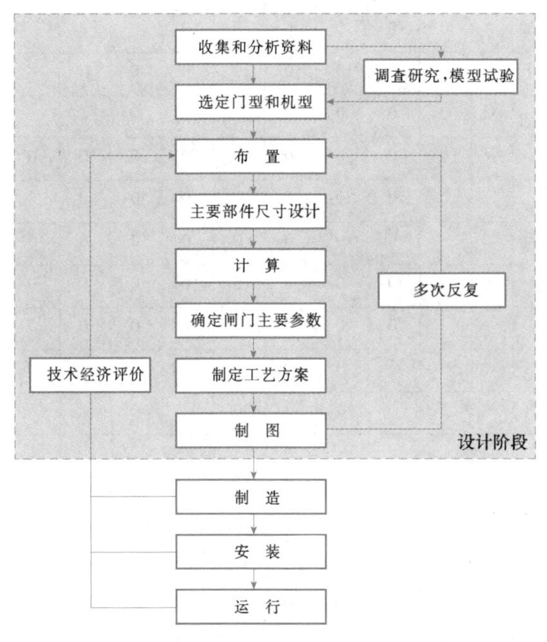

图 4.1-2 闸门设计工作流程图

4.1.2 孔口尺寸和设计水头系列

4.1.2.1 孔口尺寸

影响闸门孔口尺寸的因素很多，满足使用要求是最主要的因素。其他因素如土建结构型式、消能防冲要求、材料供应情况及施工技术条件等，也都必须考虑。此外，还要考虑工业生产的标准化、系列化的要求。下面提供《水利水电工程钢闸门设计规范》(SL 74—2013) 推荐的孔口尺寸系列，选择时应优先采用：

（1）露顶式溢洪道闸门的孔口尺寸，按表 4.1-2 选用。

（2）潜孔式泄水闸门的孔口尺寸，按表 4.1-3 选用。

（3）其他闸门（尾水闸门除外）的孔口尺寸，按表 4.1-4 选用。

表 4.1-2～表 4.1-4 中“0”表示推荐的孔口尺寸。

4.1.2.2 设计水头

SL 74—2013 规定的闸门设计水头要求如下：

（1）设计水头为 10.00～20.00m 时，按 0.50m 递增。

（2）设计水头为 20.00～50.00m 时，按 1.00m 递增。

（3）设计水头大于 50.00m 时，按 2.00m 递增。

4.1.3 闸门的型式和选择

闸门的型式很多，因此选型工作比较复杂。选定的型式应是技术可行的，又是经济合理的。一般来说，选型时首先要考虑水工建筑物对闸门提出的各种运行要求，如对水流的控制程序、运行的频繁程度、安设的位置、孔口的尺寸和数量等。其次，要考虑制造安装方面的条件，如制造材料、可能达到的制造安装技术水平等。最后，还要考虑所选门型应在经济上合理，不仅包括造价，还包括运行和维护费用、使用年限以及邻近建筑物的相应造价等。

下面介绍几种水利水电工程上常用的闸门和阀门，以及它们的主要优缺点和适用范围，供选型时参考。

4.1.3.1 平面直升闸门

平面直升闸门是应用十分广泛的门型，因为它能满足各种类型泄水孔道的需要。木制和铸铁、铸钢闸门仅适用于孔口尺寸较小的情况，钢筋混凝土闸门主要用于低水头中小型水利工程，钢质焊接闸门目前使用最为普遍。反钩闸门改善了平面闸门所特有的门槽水力学条件，可用于检修闸门的布置。

1. 优点

（1）可以封闭相当大面积的孔口。

（2）所占顺水流方向的空间尺寸较小。

（3）闸门结构比较简单，制造、安装和运输相对比较简单。

（4）门叶可移出孔口，便于检修维护。

（5）门叶可在孔口之间互换，故在孔数较多时，可兼作其他孔的事故闸门或检修闸门。

（6）门叶可沿高度分成数段，便于在工地组装。叠梁闸门即为独立的各段叠合而成的平面挡水结构，启门力小。

表 4.1-2　　露顶式溢洪道闸门的孔口尺寸

高度(m) \ 宽度(m)	1.0	1.5	2.0	2.5	3.0	3.5	4.0	4.5	5.0	6.0	7.0	8.0	9.0	10.0	12.0	14.0	16.0	18.0	20.0	22.0	24.0	26.0
1.0	0	0	0																			
1.5	0	0	0	0																		
2.0		0	0	0	0	0	0															
2.5			0	0	0	0	0	0	0	0												
3.0				0	0	0	0	0	0	0												
3.5					0	0	0	0	0	0	0	0										
4.0							0	0	0	0	0	0	0	0								
4.5							0	0	0	0	0	0	0	0								
5.0									0	0	0	0	0	0	0	0						
6.0										0	0	0	0	0	0	0	0					
7.0											0	0	0	0	0	0	0					
8.0												0	0	0	0	0	0	0	0			
9.0												0	0	0	0	0	0	0	0			
10.0												0	0	0	0	0	0	0	0	0		
11.0													0	0	0	0	0	0	0	0		
12.0														0	0	0	0	0	0	0	0	0
13.0														0	0	0	0	0	0	0	0	0
14.0															0	0	0	0	0	0	0	0
15.0															0	0	0	0	0	0	0	0
16.0															0	0	0	0	0	0	0	0
17.0																0	0	0		0	0	0
18.0																0	0	0		0		
19.0																	0					
20.0																	0					
21.0																	0					
22.0																	0					

表 4.1-3　　潜孔式泄水闸门的孔口尺寸

高度(m) \ 宽度(m)	1.0	1.5	2.0	2.5	3.0	3.5	4.0	4.5	5.0	6.0	7.0	8.0	10.0	12.0	14.0	16.0	18.0	20.0
1.0	0	0	0	0														
1.5	0	0	0	0														
2.0	0	0	0	0	0	0												
2.5		0	0	0	0	0												

续表

高度(m) \ 宽度(m)	1.0	1.5	2.0	2.5	3.0	3.5	4.0	4.5	5.0	6.0	7.0	8.0	10.0	12.0	14.0	16.0	18.0	20.0
3.0			0	0	0	0	0	0	0									
3.5			0	0	0	0	0	0	0									
4.0				0	0	0	0	0	0	0	0	0						
4.5					0	0	0	0	0	0	0	0						
5.0					0	0	0	0	0	0	0	0	0					
6.0					0	0	0	0	0	0	0	0	0	0				
7.0						0	0	0	0	0	0	0	0	0	0			
8.0							0	0	0	0	0	0	0	0	0	0		
9.0								0	0	0	0	0	0	0	0	0	0	
10.0									0	0	0	0	0	0	0	0	0	0
11.0										0	0	0	0	0	0	0	0	0
12.0										0	0	0	0	0	0	0	0	0
13.0											0	0	0	0	0	0	0	0
14.0											0	0	0	0	0	0	0	0
15.0												0	0	0	0	0	0	0
16.0												0	0	0	0	0	0	0
18.0												0	0	0				0

表 4.1-4 其他闸门(尾水闸门除外)的孔口尺寸

高度(m) \ 宽度(m)	0.6	0.8	1.0	1.5	2.0	2.5	3.0	3.5	4.0	4.5	5.0	5.5	6.0	6.5	7.0	7.5	8.0	10.0	12.0	14.0	16.0	18.0	20.0
0.6	0																						
0.8	0	0																					
1.0	0	0	0																				
1.2	0	0	0																				
1.5		0	0	0																			
2.0			0	0	0																		
2.5				0	0	0																	
3.0				0	0	0	0	0															
3.5					0	0	0	0															
4.0					0	0	0	0	0														
4.5					0	0	0	0	0	0													
5.0						0	0	0	0	0	0												
5.5							0	0	0	0	0	0											

续表

高度（m）＼宽度（m）	0.6	0.8	1.0	1.5	2.0	2.5	3.0	3.5	4.0	4.5	5.0	5.5	6.0	6.5	7.0	7.5	8.0	10.0	12.0	14.0	16.0	18.0	20.0
6.0							0	0	0	0	0	0	0										
6.5							0	0	0	0	0	0	0	0									
7.0							0	0	0	0	0	0	0	0	0								
7.5									0	0	0	0	0	0	0	0							
8.0							0	0	0	0	0	0	0	0	0	0	0	0					
9.0									0	0	0	0	0	0	0	0	0	0					
10.0							0	0	0	0	0	0	0	0	0	0	0	0	0	0	0		
11.0												0	0	0	0	0	0	0	0	0	0		
12.0													0	0	0	0	0	0	0	0	0	0	0
13.0																0	0	0	0	0	0	0	0
14.0																	0	0	0	0	0	0	0
15.0																	0	0	0	0	0	0	0
16.0																	0	0	0	0	0	0	0
18.0																	0	0	0			0	0

（7）闸门的启闭设备比较简单，对移动式启闭机的适应性较好。

2. 缺点

（1）需要较高的机架桥和较厚的闸墩（但升卧式平面闸门并不要求很高的机架桥）。

（2）具有影响水流的门槽，对高水头闸门特别不利，容易引起空蚀现象。

（3）埋设件数量较大。

（4）所需启闭力较大，且受摩擦阻力的影响较大，需要选用较大容量的启闭设备。

表 4.1-5 列出了国内外已建成的若干平面闸门特征值，可供参考。

表 4.1-5　　平面闸门特性表

工程所在地	工程名称	孔宽×孔高（m×m）	设计水头（m）	说明
湖北	水布垭水电站	5×11	152.20	放空洞定轮事故闸门，总水压力 108354kN
湖北	三峡水利枢纽	7×11	85.00	泄洪深孔定轮事故闸门，总水压力 106610kN
贵州	天生桥一级水电站	6.8×9	120.00	放空洞链轮事故闸门，总水压力 73542kN
河南	小浪底水利枢纽	9×17.5	51.00	2 号明流洞滑动检修闸门，总水压力 69000kN
青海	龙羊峡水电站	5×9.5	120.00	事故闸门，总水压力 66700kN
四川	二滩水电站	13×17	37.00	泄洪洞定轮事故闸门，总水压力 64017kN
青海	李家峡水电站	8×13	60.00	中孔定轮事故闸门，总水压力 57070kN
甘肃	碧口水电站	8×11.5	60.00	工作闸门，总水压力 55500kN
福建	水口水电站	15×22.5	22.50	溢洪道定轮事故闸门，总水压力 38450kN
山东	麻湾分凌闸	30×5.5	4.50	定轮工作闸门
荷兰	伊色耳（Ijssel）挡潮闸	80×11.60		露顶式工作闸门
美国	约翰日（John Day）船闸	26.2×34.4	34.40	主航道工作闸门，总水压力 160000kN

续表

工程所在地	工 程 名 称	孔宽×孔高(m×m)	设计水头(m)	说 明
法国	杰尼赛（Sénissiat）水电站	11×9	67.40	链轮式工作闸门，总水压力 62000kN
苏联	努列克（Нурек）水电站	3.5×9	120.00	泄洪孔链轮式事故闸门，总水压力 36400kN
瑞士	莫沃森（Mauvoisen）水电站	1.8×3	200.00	底孔铜滑道工作闸门
巴西	伊泰普（Itaipu）水电站	6.7×22	140.00	定轮闸门，总水压力 190000kN
法国	谢尔邦松（Shirponcon）水电站	6.2×11	126.00	链轮式闸门，总水压力 82100kN
巴基斯坦	曼格拉（Mangla）水电站	9.24×9.24	85.40	定轮闸门，总水压力 68900kN

4.1.3.2 弧形闸门

弧形闸门是应用十分广泛的门型，和平面闸门同是方案选择中优先考虑的门型，特别在高水头情况下，其优点更为显著。

1. 优点

(1) 可以封闭相当大面积的孔口。

(2) 所需机架桥的高度和闸墩的厚度均相对较小。

(3) 一般不设置影响水流流态的门槽。

(4) 所需启闭力较小。

(5) 埋设件的数量较少。

2. 缺点

(1) 需要较长的闸墩。

(2) 门叶所占据的空间位置（闸室）较大。

(3) 不能提出孔口以外进行检修维护，不能在孔口之间互换。

(4) 门叶承受的总水压力集中于支铰处，传递给土建闸墩结构时需作特殊处理。

表 4.1-6 列出了国内外已建成的若干弧形闸门特征值，可供参考。

表 4.1-6　　弧形闸门特性表

工程所在地	工 程 名 称	孔宽×孔高(m×m)	设计水头(m)	说 明
云南	小湾水电站	5.0×7.0	160.00	放空底孔工作闸门，总水压力 108500kN（充压式止水）
湖北	水布垭水电站	6.0×7.0	152.20	放空洞工作闸门，总水压力 89633kN（偏心铰压紧式止水）
贵州	天生桥一级水电站	6.4×7.5	120.00	放空洞工作闸门，总水压力 87350kN（充压式止水）
贵州	构皮滩水电站	10.0×9.0	80.00	泄洪洞工作闸门，总水压力 81000kN（充压式止水）
河南	小浪底水利枢纽	8.0×10.0	80.00	1号明流洞工作闸门，总水压力 75690kN（转铰式止水）
河南	小浪底水利枢纽	4.8×5.4	140.00	1号孔板洞工作闸门，总水压力 62550kN(偏心铰压紧式止水)
河南	小浪底水利枢纽	4.8×4.8	130.50	2、3号孔板洞工作闸门，总水压力 55420kN(偏心铰压紧式止水)
河南	小浪底水利枢纽	4.5×4.5	122.00	排沙洞工作闸门，总水压力 42000kN（偏心铰压紧式止水）
四川	二滩水电站	13.0×15.0	37.00	泄洪洞工作闸门，总水压力 74770kN（充压式止水）
湖南	东江水电站	6.4×7.5	119.52	二级洞工作闸门，总水压力 74100kN（偏心铰压紧式止水）
云南	大朝山水电站	7.5×10.0	89.00	工作闸门，总水压力 66750kN
青海	龙羊峡水电站	5.0×7.0	120.00	底孔泄水道工作闸门，总水压力 64000kN(偏心铰压紧式止水)
湖北	三峡水利枢纽	7.0×9.0	85.00	泄洪深孔工作闸门，总水压力 63000kN（转铰式止水）
甘肃	碧口水电站	9.0×8.0	70.00	左岸泄洪洞工作闸门，总水压力 60500kN
甘肃	刘家峡水电站	8.0×9.5	60.00	右岸泄洪洞工作闸门，总水压力 57000kN
重庆	草街航电枢纽工程	14.8×25.5	25.00	冲沙闸工作闸门，总水压力 54349kN
湖南	五强溪水电站	19.0×23.0	23.00	溢洪道工作闸门，总水压力 52060kN

续表

工程所在地	工程名称	孔宽×孔高 (m×m)	设计水头 (m)	说明
福建	水口水电站	15.0×22.5	22.50	溢洪道工作闸门，总水压力43080kN
重庆	彭水水电站	14.0×24.5	24.50	溢洪道工作闸门，总水压力42000kN
广西	岩滩水电站	15.0×22.5	22.50	溢洪道工作闸门，总水压力37970kN
辽宁	蒲石河抽水蓄能电站	14.0×19.0	18.588	泄洪闸工作闸门，总水压力25876kN
苏联	维柳斯克(Вилюйск)坝	40.0×16.0①	15.20	溢洪道工作闸门，总水压力48500kN
巴西	伊泰普(Itaipu)水电站	20.0×21.34	20.84	溢洪道工作闸门，总水压力44200kN
加拿大	麦加 (Mica)	12.2×12.8	61.00	泄洪孔工作闸门，总水压力85280kN
巴基斯坦	塔别拉 (Tarbela)	4.88×7.3	135.60	泄洪孔工作闸门，总水压力46970N（偏心铰压紧式止水）
巴基斯坦	曼格拉(Mangla)水电站	11.0×13.0	48.50	溢洪道工作闸门，总水压力58900kN
苏联	努列克(Нурек)水电站	5.0×6.0	110.00	泄洪孔工作闸门，总水压力55000kN（偏心铰压紧式止水）

①　建造时为40.0m×14.0m，1981年改建时加高2m。

4.1.3.3　翻板闸门

翻板闸门型式多种多样，由于它可以适应河水暴涨暴落的运行特点，特别适合用在洪水暴涨的山区河道。近年来，翻板闸门得到了很大发展，不仅在城市生态工程、市政工程上大量使用，而且在一些中、大型工程上也有应用。水力自动操作翻板闸门不宜用于重要的防洪排涝工程。

目前，翻板闸门的跨度从数十米到百米以上，启闭的动力也有水力驱动、气压驱动、液压及机械驱动等多种型式。

1. 优点

(1) 可以利用水力自动操作，在山区小河上应用，比较经济，管理简便。

(2) 便于泄洪排沙。

(3) 跨度可以很大，可用于城市景观工程等。这种翻板闸门，一般采用液压及机械驱动方式，可以任意调节水位，对下游的冲刷也比较小，得到了广泛的应用。

2. 缺点

(1) 采用水力自动操作，只能在一两种水位组合下动作，不能任意调节水位或流量。

(2) 采用水力自动操作，刚开门时，下游流量骤增，对河床有较严重的冲刷作用，特别是孔数较多时，容易在各孔开启不一致的情况下形成集中泄流而加重冲刷。

(3) 泄水时门叶处于流水之中，容易发生磨损、撞击和振动等不良现象。

(4) 运用水头较小，一般不超过10m。

表4.1-7列出了国内已建成的若干翻板闸门特征值，可供参考。

表4.1-7　**翻板闸门特性表**

工程所在地	工程名称	孔宽×孔高 (m×m)	设计水头 (m)	说明
浙江	碧莲水电站	8×4	4.00	钢筋混凝土闸门，水力自控
浙江	双塔水电站	10×5	5.00	钢筋混凝土闸门，水力自控
广东	洋头下寨子水电站	6×3	3.00	钢筋混凝土闸门，水力自控
吉林	伊通河拦河闸	10×4.1	3.80	钢闸门，液压启闭机控制
内蒙古	乌海卡布其沟综合整治工程	16.8×3.5	3.50	钢闸门，液压启闭机控制
福建	邵武东关水电站	25×5	5.00	钢闸门，液压启闭机控制
河南	郑州新区A坝控制闸工程	104×6.12	6.12	钢闸门，液压启闭机控制
安徽	黄山花山坝工程	42.6×4.8	4.80	钢闸门，液压启闭机控制
北京	新凤河水环境治理工程	30×2.5	2.50	盾形闸门，气动控制

4.1.3.4 人字闸门

人字闸门广泛应用在单向水级的船闸上作为工作闸门，它只能在静水中操作运行。

1. 优点

(1) 可以封闭相当大面积的孔口。

(2) 门叶受力情况类似于三铰拱，对结构有利，比较经济。

(3) 所需启闭力较小。

(4) 航道净空不受限制。

2. 缺点

(1) 只能在静水中操作运行。

(2) 门叶抗扭刚度较小，容易产生扭曲变形，造成止水不严密而漏水。

(3) 门叶长期处于水下，水下部分的检修维护比较困难。

(4) 与平面直升闸门或横拉闸门相比，所占闸首空间位置较长。

表 4.1-8 列出了国内已建成的若干大型人字闸门特征值，可供参考。

表 4.1-8　人字闸门特性表

工程所在地	工程名称	孔宽×坎上水深 (m×m)	上、下游水位差 (m)	说明
湖北	三峡水利枢纽船闸	34×5	113.00	双线 5 级船闸，最大门高 38.5m
福建	水口船闸	12×3	57.36	3 级船闸，最大门高 19.1m
湖南	五强溪船闸	12×2.5	60.90	3 级船闸，最大门高 23m
湖北	葛洲坝大江船闸	34×5	27.00	单级船闸，最大门高 34.5m
江西	万安船闸	14×2.5	32.50	单级船闸，最大门高 36.25m
广东	飞来峡水利枢纽	16×3	17.49	单级船闸，最大门高 18m
福建	沙溪口船闸	12×2.5	27.00	单级船闸，最大门高 27.2m
福建	高砂船闸	12×2.5	14.50	单级船闸，最大门高 15m
湖北	凌津滩船闸	12×2.5	10.00	单级船闸，最大门高 16.2m
广西	大化船闸	12×3	29.00	单级船闸

4.1.3.5 横拉闸门

横拉闸门和人字闸门一样，也只能在静水中操作运行，但却能承受双向水头，因此，广泛用在双向水级的船闸上作为工作闸门。

1. 优点

(1) 可以封闭相当大面积的孔口。

(2) 可以承受双向水级。

(3) 门叶具有较大的刚度。

(4) 所需闸首长度较短。

(5) 航道净空不受限制。

2. 缺点

(1) 只能在静水中操作运行。

(2) 需要较大的门库和门坑，并且有淤积问题。

(3) 门叶长期处于水下，零部件的检修维护比较困难。

(4) 所需启闭力较人字闸门大。

(5) 与人字闸门相比，门叶重量较大，造价较高。

表 4.1-9 列出了国内外已建成的若干大型横拉闸门特征值，可供参考。

表 4.1-9　横拉闸门特性表

工程所在地	工程名称	孔宽×孔高 (m×m)	设计水头 (m)	说明
天津	新港船闸	22×9.7		主航道工作闸门
江苏	施桥一线船闸	20×14.5	正 7.60，反 3.20	主航道工作闸门
江苏	施桥二线船闸	23×12.9	正 5.60，反 2.50	主航道工作闸门

续表

工程所在地	工 程 名 称	孔宽×孔高 (m×m)	设计水头 (m)	说　　明
江苏	邵伯一线船闸	20×12	正 7.20	主航道工作闸门
江苏	邵伯二线船闸	23×11.6	正 4.00，反 1.80	主航道工作闸门
江苏	刘山一线船闸	20×16.2	正 5.50，反 2.80	主航道工作闸门
江苏	刘山二线船闸	23×14.7	正 7.00，反 2.10	主航道工作闸门
德国	威耳姆斯哈文（Wilhelmshaven）船闸	63×20		主航道工作闸门
法国	勒·哈尔（Le Havre）船闸	70×24.5		主航道工作闸门

4.1.3.6　三角闸门

当面板呈平面型式时，立轴式弧形闸门也称为三角闸门。三角闸门既能承受双向水级，又能在动水中操作运行，一般可用在船闸主航道上作为工作闸门。

1. 优点

(1) 可以封闭相当大面积的孔口。

(2) 可以承受双向水级。

(3) 可以在动水中操作运行。对于沿海地区，同时受径流和潮汐动力作用的感潮河段上平潮期开闸通航，并兼有泄水任务的船闸，特别适用。

(4) 水压力合力通过门叶旋转中心，故启闭力较小。

(5) 上、下游水位差不大时，可通过两扇门叶的缝隙直接输水，省去专门的输水设施。

2. 缺点

(1) 门叶所占空间位置很大，致使闸首结构庞大而复杂。

(2) 门叶长期处于水下，零部件检修维护较为困难。

(3) 门叶重量较大，造价较高。

表 4.1-10 列出了国内外已建成的若干三角闸门特征值，可供参考。

表 4.1-10　　三角闸门特性表

工程所在地	工 程 名 称	孔宽×孔高 (m×m)	设计水头 (m)	说　　明
江苏	谏壁一线船闸	20×12	正 3.50，反 5.00	主航道工作门，兼作输水用
江苏	谏壁二线船闸	23×11.6	正 4.50，反 5.00	主航道工作门，兼作输水用
江苏	焦港船闸	23×10.14		主航道工作门
安徽	裕溪船闸	23×14.67		主航道工作门
荷兰	新沃特伟赫（Nieuwe Waterweg）阻浪闸	360×22		一对立轴式弧形闸门

4.1.3.7　浮箱闸门

浮箱闸门只能在静水中操作运行，除在船坞上作为工作闸门外，还可用在船闸、溢洪道和水闸上作为检修闸门。

1. 优点

(1) 可以封闭相当大面积的孔口。

(2) 不要求特别的启闭设备，门叶可以在水中自由浮动，运输方便，对河道上有多孔闸孔宽度相同的水闸，作为共用的检修闸门更加有利。

(3) 门叶刚度较大，由于具有中空闸室，重量相对较轻。

(4) 当布置在水闸或溢洪道墩的上游时，可不设门槽，有利于泄水。

2. 缺点

(1) 静水中运移、就位和挡水等的操作比较费时。

(2) 需要有一定的吃水深度才能运行。

(3) 门叶重量较大，造价较高。

表 4.1-11 列出了国内外已建成的若干浮箱闸门特征值，可供参考。

表 4.1-11 浮箱闸门特性表

工程所在地	工程名称	孔宽×孔高 (m×m)	设计水头 (m)	说明
湖北	三峡船闸	34×13.7	11.70	下闸首检修闸门
湖北	葛洲坝1号、2号船闸	34×13.6	12.70	下闸首检修闸门
河北	大黑汀水库	18×16.7	16.00	溢洪道检修闸门
山东	中运河临时性水资源控制设施	51×7.5	7.50	检修闸门
安徽	蚌埠船闸	15×5.5	5.20	下闸首检修闸门
委内瑞拉	古里（Guri）水电站	20×27		溢洪道检修闸门
美国	帕克尔（Parker）水电站	19.8×17.7		溢洪道检修闸门
美国	麻雀点（Sparrows Point）船坞	62.8×11.9		船坞工作闸门
美国	布勒默顿（Bremerton）船坞	54.8×18.3		船坞工作闸门

4.1.3.8 闸阀

闸阀是最早作为高压阀门型式、成套设备应用于水利工程上而得名。它由阀叶、阀段、上下游管道、腰箱、腰箱盖及液压启闭设备等组成。最初的闸阀多用铸铁或铸钢制造，后来逐步演变为焊接钢结构的高压滑动闸门，一般用于淹没出流条件下的深孔工作闸门，近年来在抽水蓄能电站尾水闸门中应用较多。

1. 优点

(1) 整个闸阀腰箱盖以下部分埋入混凝土中，结构紧凑。

(2) 可布置在水库正常蓄水位以下很深的位置，高度方向占用空间小。

2. 缺点

(1) 腰箱及阀段比较重，制造安装复杂，造价高。

(2) 闸室长期位于水下，设备处于潮湿环境，极易锈蚀，容易导致电气操作失灵，检修维护不方便。

4.1.3.9 锥形阀门

锥形阀门适用于泄水道尾部，以便控制水流。

1. 优点

(1) 在各级开度下，水力条件较好。

(2) 泄水时水流在空中的消能较为完善，有利于下游防冲。

(3) 阀体结构比较简单。

(4) 所需启闭力较小。

2. 缺点

(1) 适用的孔口尺寸较小。

(2) 阀体悬臂支承，工作条件较差。

(3) 泄水时下游空气非常潮湿，对周围居民、设备等不利。

表 4.1-12 列出了国内外已建成的若干锥形阀门特征值，可供参考。

表 4.1-12 锥形阀门特性表

工程所在地	工程名称	孔口直径 (m)	设计水头 (m)	说明
江苏	宜兴抽水蓄能电站	1.0	40.00	下水库泄水钢管工作阀
广东	锦潭水电站	2.0	80.00	放空底孔工作阀
广东	枫树坝水电站	4.0	70.00	泄水道工作阀
广东	泉水水电站	2.2	70.00	泄水道工作阀
美国	格林谷（Glen Ganyon）水电站	2.4	162.00	泄水底孔工作阀
葡萄牙	沙拉芒德（Salamonde）水电站	2.6	70.00	泄水底孔工作阀

4.1.3.10 蝴蝶阀门

蝴蝶阀门广泛应用在水电站的水轮机上游侧，用作事故时的断流设备，也可用作水库泄水道和船闸输水道的控制设备。

1. 优点

(1) 可以封闭相当大面积的孔口。

(2) 启闭力小，动作快速，适宜作为事故断流装置。

(3) 阀体结构简单。

2. 缺点

(1) 局部开启时，水力摩阻损失较大，在全开位置上也有较大的阻水作用，不宜在高水头、高流速时控制水流。

(2) 漏水量较大。

表 4.1-13 列出了国内外已建成的若干蝴蝶阀门特征值，可供参考。

表 4.1-13　　蝴蝶阀门特性表

工程所在地	工程名称	孔口直径 (m)	设计水头 (m)	说明
吉林	丰满水电站	5.3	70.00	引水道事故阀
辽宁	云峰水电站	5.3	54.40	引水道事故阀
云南	龙江水利枢纽	5.2	86.00	引水道事故阀
吉林	白山抽水蓄能电站	4.5	112.00	引水道事故阀
广东	南水水电站	2.5	150.00	引水道事故阀
贵州	普定水电站	4.0	60.00	引水道事故阀
西藏	羊卓雍湖抽水蓄能电站	2.3	175.00	引水道事故阀
四川	冶勒水电站	3.4	80.60	引水道事故阀
西藏	直孔水电站	5.1	39.00	引水道事故阀
福建	水东水电站	4.6	33.00	引水道事故阀
美国	康诺文戈 (Gonowingo) 水电站	8.25	30.50	引水道事故阀
美国	伊勘特纳 (Ekentna) 水电站	1.67	247.00	引水道事故阀
法国	鲍尔特 (Bort) 水电站	3.0	110.00	泄水道工作阀
法国	蒂格尼 (Tignes) 水电站	2.2	154.00	泄水道工作阀

4.1.3.11　球形阀门

球形阀门和蝴蝶阀门相似，同样广泛用在水轮机上游侧作为快速断流装置。

1. 优点

(1) 阀门全开时，孔道中没有阻水物体，故水力性能良好。

(2) 启闭力较小，动作快速。

(3) 漏水量较小。

2. 缺点

(1) 局部开启和开启过程中水流紊乱，水力性能较蝴蝶阀门差。

(2) 阀体结构比较复杂。

表 4.1-14 列出了国内外已建成的若干球形阀门特征值，可供参考。

表 4.1-14　　球形阀门特性表

工程所在地	工程名称	孔口直径 (m)	设计水头 (m)	说明
浙江	天荒坪抽水蓄能电站	2.2	526.00	引水道事故阀
广东	广州抽水蓄能电站	2.21	537.00	引水道事故阀
辽宁	蒲石河抽水蓄能电站	2.7	394.00	引水道事故阀
山东	泰安抽水蓄能电站	3.33	253.00	引水道事故阀
北京	十三陵抽水蓄能电站	1.75	537.00	引水道事故阀
加拿大	曼尼考干 (Manicougan) 水电站	3.65	154.00	引水道事故阀
法国	普拉格尼勒 (Pragnères) 水电站	1.2	1250.00	引水道事故阀
塔吉克斯坦	努列克 (Нурек) 水电站	4.2	375.00	引水道事故阀，总水压力 52000kN

4.2 闸门在水工建筑物中的布置

4.2.1 总体布置原则

闸门的总体布置主要是确定闸门和启闭机的设置位置、孔口尺寸、型式、数量、运行方式及与运行和检修有关的布置要求。确定闸门的布置和型式，应该结合工程的整体规划和水工建筑物的总体布置进行技术经济比较，做到技术先进、经济合理、运行安全。

闸门设计中，首先要注意与各专业之间的配合及原始资料的确认。一般根据工程的规划设计和水工布置确定位置、尺寸、型式，并根据水头、水文、泥沙、水质、漂浮物和气象等方面的情况以及地震、冰情等其他特殊要求等基本原始资料，确定主要设计原则，论证合理的闸门布置和结构型式，必要时对重大技术问题提出科研试验要求。

(1) 闸门的设置位置。闸门的设置位置应保持水流平顺，尽量避开门前横向流和旋涡、门后淹没出流和回流等对闸门运行不利的位置。

(2) 闸门的门型和孔口尺寸。闸门的门型和孔口尺寸要根据工程对闸门的运行要求、设置部位和启闭机型式，根据各种闸门的特点，通过技术经济比较选定。孔口尺寸应按 SL 74 中提供的系列标准选用，宽高比小的孔口一般适用于水头高的闸门，宽高比大的孔口一般适用于水头低的闸门。选用平面闸门时，要根据运行条件，注意门槽水力学问题。

(3) 启闭机的布置。启闭机的布置要根据运行要求和闸门的布置比较各种启闭机的优缺点，进行技术经济比较后选定，启闭机容量、扬程等参数可按标准系列选用。进行技术经济比较时，要考虑静水或动水启闭、是否局部开启或快速关闭、扬程及操作方式、检修条件、自动化程度等因素。当泄水和水闸系统中的多孔口工作闸门需要短时间内全部开启或均匀泄水时，宜选用固定式启闭机。

(4) 配套设施的布置。启闭机房的布置、门库的布置、对外交通、闸门及启闭机的检修平台及运输通道、检修用启吊设备、走梯栏杆及孔口盖板、吊物孔、吊钩锚环、拉杆、锁定、自动挂钩梁的存放、其他安全设施等配套设施，要根据闸门的总体布置统一考虑。除了开启和关闭的情况以外，闸门的布置还要考虑平时闸门所处的位置。如快速闸门要求在孔口以上处于事故关门待命状态，检修闸门可能处于门库中存放状态等，这些都与布置有一定的关系，需要引起注意。

(5) 其他。闸门应便于制造安装及运行维护，零部件尽量采用标准化、定型化产品。要考虑运输条件，便于分件，避免超限、超重，尽量减少工地工作量。

4.2.2 泄水系统

4.2.2.1 表孔溢洪道

在有控制的溢洪道上，一般设置工作闸门和检修闸门各一道。但当水库水位每年低于闸门底坎的连续时间足够长，并能满足检修要求时，可不设检修闸门。当工程比较重要，一旦闸门发生故障就会引起严重后果时，宜加设事故闸门。

检修闸门的数量视闸孔数量和检修频率等而定。SL 74—2013 规定：对泄水和水闸系统的检修闸门，10 孔以内的宜设置 1～2 扇；10 孔以上的每增加 10 孔宜增设 1 扇。工作闸门和检修闸门之间应保持足够的空间位置，以满足闸门安装检修和设置启闭机等方面的要求。

表孔溢洪道的工作闸门型式有平面闸门、弧形闸门、鼓形闸门、扇形闸门和舌瓣闸门等，其中平面闸门和弧形闸门应用最广泛。鼓形闸门、扇形闸门和舌瓣闸门对泄放大量表层污物或冰块能提供较宽的孔口，过去欧美用得较多，近年来国内也开始大量应用。闸门高度的确定除考虑闸门结构和启闭设备的因素外，还同土建结构有密切关系。由于水工消能技术的进步，工程实用的溢流单宽流量已有不少超过 $200m^3/(s \cdot m)$，从而使露顶式闸门的挡水高度日益增大，达到 20m 以上。表 4.2-1 的统计资料可供参考。

闸门的跨度除满足泄放表层漂浮物的要求外，与土建结构及制造安装的技术水平密切相关。技术水平一般可用单扇门叶的总水压力和启闭机的起重量来表征。目前，我国露顶式平面闸门的最大总水压力约在 38450kN（福建水口水电站溢洪道，闸门尺寸为 15m×22.5m—22.5m，定轮事故闸门），露顶式弧形闸门的最大总水压力约在 54349kN（重庆草街航电枢纽工程，闸门尺寸为 14.8m×25.5m，冲沙闸工作闸门），启闭机的最大启闭力约在 5000kN（重庆草街航电枢纽工程冲沙闸工作闸门，闸门尺寸为 2×4500kN，露顶式弧形闸门液压启闭机）。

工作闸门底缘与堰顶接触点的位置一般宜处在堰顶最高点的下游侧，以利于压低泄流水舌和减少堰面出现负压的机会。

适宜用作表孔溢洪道的检修闸门型式有平面闸门、浮箱闸门和叠梁闸门等，选择时应考虑闸门的启闭方式和贮存场所。

当多孔口溢洪道的工作闸门要求均匀开启或在短时间内全部开启时，宜选用固定式启闭机。

表 4.2-1　　溢洪道单宽流量与闸门尺寸

工程所在地	工　程　名　称	单宽流量 [m³/(s·m)]	闸门型式和尺寸 (孔宽×门高—水头，m×m—m)
四川	龚嘴水电站溢洪道	240	12×18—23.50，潜孔式定轮平面闸门
湖北	丹江口水电站溢洪道	235	8.5×22.5—22.30，露顶式滑动平面闸门
贵州	乌江渡水电站溢洪道	200	13×18.5—21.36，潜孔式弧形闸门
甘肃	碧口水电站溢洪道	202	15×16—16.00，露顶式弧形闸门
湖北	水布垭水电站	261.7	14×21.8—21.30，露顶式弧形闸门
青海	龙羊峡水电站	163.9	12×17—16.50，露顶式弧形闸门
巴基斯坦	曼格拉（Mangla）水电站溢洪道	315	11×13—48.50，潜孔式弧形闸门
委内瑞拉	古里（Guri）水电站溢洪道	270	15×21—21.00，露顶式弧形闸门
美国	宛纳普姆（Wanapum）水电站溢洪道	222	15.25×19.8—19.80，露顶式弧形闸门
巴西	伊泰普（Itaipu）水电站溢洪道	207	20×21.34—20.84，露顶式弧形闸门
云南	糯扎渡水电站	261.5	15×20—19.50，露顶式弧形闸门

为保证泄洪安全，泄水和水闸系统工作闸门的启闭机应设置备用电源。在小型工程中，小容量的启闭设备可以设置手动和电动两种操作装置。

在严寒地区，闸门在冬季有挡水要求时，应考虑冰冻对闸门的影响。闸门结构一般不允许承受冰的静压力，因此，应研究防止在门前形成冰盖的措施。对需要在冬季冰冻期间运行的闸门，应在门槽止水座等部位安设加热保温装置，以防止冻结。

露顶式闸门顶部应在可能出现的最高挡水位以上加 0.30～0.50m 的超高。

4.2.2.2　深孔泄水道

深孔泄水道通常担负泄洪、引水、放空、排沙等重要任务。为保证工作闸门在高速水流条件下的安全运行，一般应设置工作闸门和事故闸门各一道。事故闸门除满足工作闸门所在水道的上游或下游发生事故时，能在动水中关闭孔口外，平时也可用于挡水或兼作检修闸门。当工程较小或重要性较低时，事故闸门也可改设检修闸门。当下游水位较高，工作闸门有可能常年处于淹没状态时，在下游侧也要设置检修闸门。

闸门宜布置在泄水道的平直段上，使水流平顺。泄水道全段包括门槽段等体型应进行水力设计或水工模型试验验证。从进口到工作闸门所在处应有恰当的断面收缩比，闸门孔口面积通常为压坡段开始断面面积的 70%～85%，以维持闸门上游水道水流处于正压状态。闸门下游水道水流应处于明流状态，必须避免在闸门段出现明满流交替的不稳定流态。

当深式泄水孔（洞）为无压孔（洞），闸门尺寸相同的孔口较多时，可以考虑几个孔口共用一扇闸门并设移动式启闭机操作事故闸门。但当工作闸门设置于出口处，深式泄水孔（洞）为有压孔时，为了避免洞身长期承压，可设置事故闸门用以挡水；此时，每个孔口可单独设置一扇事故闸门。

深式泄水孔（洞）工作闸门有平面闸门、弧形闸门、空注阀门和锥形阀门等。大多数泄水道选用平面闸门和弧形闸门。由于平面闸门存在门槽空蚀和启闭力较大的缺点，因而弧形闸门用得较多。目前，我国潜孔式平面闸门的最大总水压力约为 10.8 万 kN（湖北水布垭水电站放空洞 5m×11m—152.20m 定轮事故闸门），潜孔式弧形闸门的最大总水压力为 10.85 万 kN（云南小湾水电站 5m×7m—160.00m 放空底孔工作闸门），启闭机的最大启闭力达到 1 万 kN（云南龙开口水电站导流底孔封堵闸门 1×1 万 kN 固定卷扬式启闭机）。空注阀门和锥形阀门适用于小孔口泄水道的尾部。

泄水道事故闸门或检修闸门常用平面闸门，一般布置在泄水道进口。

布置平面闸门时，要注意采用合理的门槽型式。对高水头平面闸门，可采取以下门槽减蚀措施：

（1）进一步优化门槽体型，使门槽初生空化数尽量小。

（2）设置掺气槽、通气孔，使水流掺气。

（3）采用高抗空蚀性能护面，如钢板衬砌或聚合物衬砌等。

（4）泄水道表面光滑平整。

对有局部开启要求的门槽，应采取更严格的门槽减蚀措施。

三峡水利枢纽工程的检修闸门应用了无门槽的反

钩闸门。它是在过水孔道进口不设置门槽而在其进水口上游坝面处设置反钩槽，利用反钩槽作为导向，使闸门上下滑动启闭，从而使泄水道进口体型平整，水流不受门槽干扰。

当平面闸门门槽布置在泄水道进口处时，门槽前胸墙高度不宜低于上游泄洪水位［见图 4.2－1（*a*）］，否则门槽将出现与泄水道同时进水的情况，形成复杂紊流，易导致门槽附近空蚀破坏，并将增大闸门的启闭容量，危及启闭设备的运行安全。因此，宜采用图 4.2－1（*b*）、（*c*）所示的布置方式。

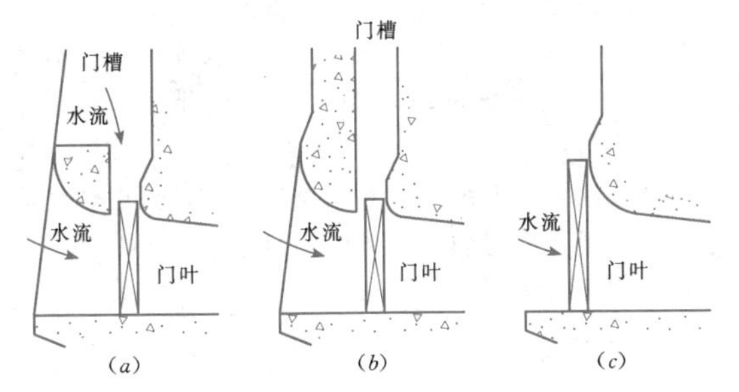

图 4.2－1　泄水道进口闸门布置

布置弧形闸门时，要注意止水型式的选择，尤其是高水头高压弧形闸门的止水装置，其缝隙漏水可能导致闸门振动。

工作闸门无论设置在孔道的进口、中部或出口，必须采取有效措施，使其下游管道水流在闸门启闭过程中确保明流状态。

当潜孔式闸门门后不能充分通气时，应在紧靠闸门下游的孔口顶部设置通气孔。通气孔道要顺畅，通气量要充分，通气孔道应与启闭机室分开，其上端进气口应选在空间比较宽敞、行人较难达到的部位，并加设防护措施，以利安全。

当闸门下游水流确保明流困难时，除在门后的流道顶部设置可调控的通气孔外，应经严格的科学试验，提出有效的改进措施，并验证门后的水力特性，不危及土建和闸门的安全。例如，在排沙孔及类似条件下，当出现高速水流条件下的淹没出流过程时，为了减少空化，通常设置可调控的通气孔（一般为电动控制阀）补气并在补气过程完成后及时关闭，避免高速水流在通气管连接段边界附近形成空化，并防止从进气口向外喷水。下游水位升高后，通气孔的作用会减弱，空化会有所加强，而提高闸门启闭速度则会缩短空化时间。由于不同运行条件下空化规律不同，所以闸门启闭速度与电动控制阀的匹配显得非常重要，一般通过原型试验加以解决。

空注阀门和锥形阀门，由于喷射水流的扩散，下游空气雾化，对居民生活、机电设备都不利（锥形阀门尤其严重），必须妥善研究工程的总体布置和防护措施。一般来说，喷射水流的影响范围可划分为三区：水舌掺气区、小溅沫区和水雾区。在无风情况下，各区范围可参考表 4.2－2（表列数值为阀门上游总能头的倍数）。

表 4.2－2　空注阀门和锥形阀门喷射水流的影响范围

影响范围	水舌掺气区	小溅沫区	水雾区
高　度	0.50～0.52	0.60～0.70	0.80～0.90
宽　度	1.05～1.10	2.80～3.10	3.00～4.20
长　度	1.85～2.10	4.50～4.80	5.50～6.20

泄水道事故闸门或检修闸门的充水平压装置的选择应考虑闸门充水水头，充水过程对闸门、门后流道的影响及对充水时间的要求。一般高水头时，宜采用土建埋设旁通管充水；对于中低水头，可选用门体充水阀。当选用充水阀时，应使平压阀门的操作灵活可靠。在考虑下游有关设备的漏水量后，充水平压阀的大小应满足充水容量和充水时间方面的要求。低水头闸门也可选用闸门节间充水。节间充水要有导向装置，并应使节间充水所需的启门力与整扇闸门的静水启门力大体相当。

对潜孔式闸门，要特别考虑检修维护的方便，在土建结构上要布置检修平台，在门叶上要设置简易交通过道。

当水流含沙量较高时，门叶面板及止水宜安设在上游侧，以减少门叶梁格和门槽内的泥沙淤积，并应根据泥沙性质，考虑闸门埋件及邻近土建结构表面的保护问题。对多沙河流的高压闸门，除考虑气蚀问题外，还应考虑高速高含沙水流对闸门、埋件及周边水工建筑物的磨损问题。

4.2.2.3　水闸

水闸闸门结构型式及其布置应根据水闸特点、使用条件、水流主要参数以及制造、运输、安装维修条件等因素，结合闸室结构布置合理选定。

在水闸上，一般设置工作闸门和检修闸门各一道，对特别重要的进洪闸、泄洪闸等，可设置事故闸门。当下游水位较高，底坎经常被淹没时，应研究设置下游检修闸门的必要性。工作闸门每年有较长时间不挡水者，可不设上游检修闸门。检修闸门门叶的设置数量可按与表孔溢洪道相同的办法确定。

工作闸门的型式有平面闸门、弧形闸门、拱形闸门、翻板式闸门、升卧式闸门、双扉式闸门等。此外，还有以钢丝网水泥、混凝土为主要材料的各种壳体闸门和水力操作闸门等。

有通航或抗震要求的水闸，可采用升卧式或双扉式闸门。此时，要合理选择轨道的起弧高度、弧轨半径以及锁定装置等，并充分考虑闸门检修方便。

挡潮工作闸门一般要求启闭迅速，闸门的面板应布置于迎海水侧，并宜采用双向止水。

排灌闸工作闸门的支承、止水及底缘型式应考虑双向水压力作用。

小型水闸，特别是农田水利工程中的水闸，可以选用以钢筋混凝土或钢丝网水泥为主要材料的闸门，以便就地加工，降低造价，而且维护工作也较简便。但要特别注意加工的精度要求，以达到开启灵活、止水严密的目的。设计中对闸门的零部件要注意简单实用，便于加工装配，并使安装时有进行调整的余地。

在有较大涌潮或风浪的工程中，当采用潜孔弧形闸门且上游水位有时低于门楣时，应在进口胸墙段上设排气孔，以减轻涌潮所产生的强压气囊对闸门的冲击力。必要时可以适当加强门叶结构。

检修闸门的型式有平面闸门、叠梁、浮式叠梁和浮箱闸门等。其中，浮式叠梁和浮箱闸门要求有一定的吃水深度，选用时要酌情研究。

常用的启闭机有卷扬式、液压式和螺杆式等。小型工程可选用配有人力操作的启闭机。

水闸一般地处平原，河床属第四纪冲积层，抗冲能力较低，一般容许的单宽流量不大，故多孔水闸宜采用闸门均匀全开的运行方式，以选用固定式启闭机为宜。对管理条件较差的水闸，其启闭设备的选型或设计要考虑适当的防护措施。

近40年来，我国有约20座低水头弧形闸门发生程度不同的支臂失稳事故。经分析研究认为，主要是设计者对低水头弧门支臂受力的特点认识不足。支臂失稳的原因有多方面，应从设计、制造、安装、运行和维护管理各个方面加以重视，并采取有效的预防措施。

(1) 在总体布置上，闸门应布置在水流平顺的地方，避免在闸前产生横向流、淹没出流和回流对闸门产生冲击，避免胸墙底部空腔产生“水—气锤作用”的不利影响。

(2) 弧形闸门支臂是薄弱环节，而支臂的动力稳定性又是问题的关键，在目前破坏机理还不十分清楚的情况下，从构造上予以保证，不失为切实可行的办法。比如框架平面外的加强、适当加强上支臂和支臂端部等。

(3) 设计计算时，应正确选取支臂计算长度（$\mu=1.2\sim1.5$），并且考虑由于不均匀沉陷和安装误差等原因所产生的支铰摩阻力对支臂平面外产生的附加弯矩。

(4) 合理设计垂直次梁，尽量减小垂直框架平面的弯矩，使支臂更接近于单向偏心受压杆件的假定。

(5) 必要时，要对弧形闸门的主框架进行动力稳定分析。研究表明：由弧门门叶和主梁传来的动水压力对支臂激发的纵向激振干扰力的频率θ等于支臂横向自振频率Ω的2倍时，支臂有可能产生参数共振(将弧门支臂视为处于空气中的两端铰接压杆)。纵向激振干扰力的频率θ可以通过模型试验或原型观测得到。

(6) 遵守操作规程，不得违章操作。比如避免门顶过水或门顶和门底同时过水，不得长期停留在振动开度等。当出现振动时，要及时调整开度，避开振动区。

(7) 注意设备维护保养。弧门支铰要保证转动灵活，冬季运行要有防冰冻措施，每年汛前对电源、闸门和启闭设备进行检查及试运行等。

4.2.3 引水系统

4.2.3.1 电站引水道

电站引水发电系统通常在进水口及出口设有闸门。进水口一般布置拦污栅、检修闸门和事故闸门，出口一般为尾水检修闸门。

为满足机组以及事故闸门及其门槽检修的要求，电站进水口一般应设置检修闸门。检修闸门的型式一般选用平面滑动闸门，在静水中启闭。

当多机组电站进水口检修闸门设有移动式操作时，可以考虑闸门的多孔共用，其设置数量根据孔口数量、工程重要性和事故闸门或快速闸门的使用情况、检修条件等因素综合考虑。SL 74—2013规定：一般3～6台机组可设置进水口检修闸门1套；6台机组以上，每增加4～6台机组可增设检修闸门1套。特殊情况经论证后可予增减。

当机组或钢管要求闸门做事故保护时，对坝后式电站，其进水口应设置快速闸门（或蝴蝶阀、球阀）和检修闸门；对引水式电站，除在压力管道进口处设快速闸门（或蝴蝶阀、球阀）外，宜在长引水道进口处设置事故闸门。此时，事故闸门可以在引水道出现事故时动水关闭，避免事故进一步扩大。

蝴蝶阀和球阀特别适宜用在一管分岔安装数台机，除每台水轮机前需要单独设置快速断流装置和水头很高的情况，否则，多采用快速闸门。

平面闸门用作快速闸门时，应满足对机组和钢管的保护要求，接近底坎时关门速度不宜超过5m/min。平面闸门启闭机通常采用液压启闭机，可以实现现地和远方操作，并配有可靠的电源和准确的开度控制装置。目前，液压控制系统可以实现无泄露，并且在动力电源消失的情况下，能够保证2min内快速关闭闸门。

当闸门设置在调压井内时，应研究涌浪对门叶停放和下降的影响。

对于河床式电站，当机组有可靠的防飞逸装置时，其进水口只需设置事故闸门和检修闸门。

对于贯流式机组电站，考虑到尾水管孔口尺寸较进水口尺寸小，以及动水关闭对机组的水力作用较为稳定等因素，一般将事故闸门布置在尾水管出口处。此时，闸门的设计水头、支承型式、止水型式等要考虑上、下游水位的影响。必要时可在闸门边柱底部设置滑道或滚轮，借助下游水头，迫使闸门止水全部紧贴座板，以达到止水紧密的目的。

对于抽水蓄能电站，当引水道中采用埋藏式高压管道时，应在引水道的进、出水口处设置一道事故闸门。当引水道中采用高压明管或者引水道和地下厂房有快速闭门保护要求时，应在引水道的进、出水口处设置一道快速闸门和一道检修闸门。

电站尾水检修闸门用于挡下游尾水以便进行尾水管、水轮机等相应部位的安装和检修。尾水检修闸门通常采用平面滑动闸门，配备移动式启闭机，闸门多孔共用。对于闸门设置数量SL 74—2013规定：一般3～6台机组可设置尾水检修闸门2套；6台机组以上，每增加4～6台机组可增设尾水检修闸门1套。特殊情况经论证后可予增减。

尾水检修闸门一般在无压状态便具备初始止水效果，以保证检修工作顺利进行。可以采用类似前述尾水事故闸门边柱底部设置滑道或滚轮、设置弹性反向滑座、弹性反轮等来达到止水紧密。

当下游淤积比较严重，升降尾水闸门有困难时，在布置中应采取有效的冲淤措施。

对于长尾水系统的抽水蓄能电站，应在每台机组尾水支管的适当位置设置一道尾水事故闸门，并应在尾水道进、出水口处设置一道检修闸门；短尾水系统，一般应在每条尾水道进、出口处设置一道事故闸门和一道检修闸门。如果经过论证，事故闸门具备检修条件，也可不设置检修闸门。

引水道进口应根据河流污物性质、数量及机组特点，安设拦污栅及清污装置。在一般河流污物数量不多的情况下，一道拦污栅已能满足要求，并可采取提栅清污方式。当污物数量较多时，应研究设置多道拦污设施和采取有效的清污措施，以及监视栅网前、后水位差的测压装置。拦污栅的孔口尺寸及安设位置应根据经济过栅流速而选定。

抽水蓄能电站的拦污栅由于出流扩散不均，存在着局部高流速区栅后尾流产生的流激振动问题。总体布置上，要使进、出水口具有良好的水力学特性，达到进、出水流平顺，过栅流速一般不大于1.2m/s。结构设计上，应考虑双向水流作用下的水动力影响。梁格的双向迎水面宜采用流线形，栅条横断面宜采用方形，栅条的宽厚比应大于7，采用刚性滑道支承等。

4.2.3.2 泵站引水道

泵站进水侧应设置拦污栅和检修闸门，当引水建筑物有防淤或控制水位要求时，应设工作闸门。

泵站出口设断流装置的目的是为了保护机组安全。断流方式很多，包括拍门及快速闸门（或快速工作闸门）等。采用拍门及快速闸门（或快速工作闸门）断流的泵站，其出水侧应设事故闸门或经论证设检修闸门。采用真空破坏阀断流的泵站，可根据水位情况确定设置防洪闸门或检修闸门，不设闸门必须有充分论证。对于经分析论证无停泵飞逸危害的泵站，也可以仅设检修闸门。

对于立式或斜式轴流泵站，当出水池水位变幅不大时，常采用虹吸式出水流道，配以真空破坏阀断流方式。正常运行工况下，由于出水流道的虹吸作用，其顶部出现负压；停机时，需及时打开设在驼峰顶部的真空破坏阀，使空气进入流道而破坏真空，切断驼峰两侧的水流，防止出水池的水向水泵倒灌，使机组很快停稳。由于运行可靠，一般可不设事故闸门，但要根据出口高程及外围堤岸的防洪要求设置防洪闸门或检修闸门。

检修闸门的数量应根据机组台数、工程重要性及检修条件等因素确定。《泵站设计规范》（GB/T 50265—2010）规定：一般每3～6台机组宜设置2套；6台机组以上每增加4～6台机组可增设1套。

事故闸门停泵闭门宜与拍门或快速闸门联动，以保证泵站事故停机时，如拍门或快速闸门出现事故，事故闸门能及时下落，保护机组安全。

拍门、快速闸门和事故闸门门后应设通气孔，以减少拍门、闸门出现振动和撞击等现象。通气孔口应设置在紧靠门后的流道或管道顶部，要有足够的面积。为安全起见，通气孔的上端应远离行人处，并与启闭机房分开。

单泵流量在8m^3/s以下时，可选用整体自由式拍门；单泵流量较大时，可选用快速闸门或双节自由式、液压控制式及机械控制式拍门。

拍门、快速闸门和事故闸门事故停泵闭门时间应满足机组保护要求。对于拍门，还应满足一定的开启角要求，以减小拍门的水力损失。可以采用减小或调整门重和空箱结构措施增大拍门的开启角，当采用加平衡重的措施增大拍门的开启角时，由于出现撞击力增大、平衡滑轮系统不稳定等问题，要有充分论证。

双节式拍门的下节门宜做成部分或全部空箱结构，上、下门高度比可取 1.5～2.0，以增大下节门开启角并减小下节门撞击力。

轴流泵机组用快速闸门或有控制的拍门作为断流装置时，应有安全泄流设施。可在拍门或闸门上设小拍门，亦可在胸墙上开泄流孔或墙顶溢流。泄流孔的面积可根据机组安全启动要求，按水力学孔口出流公式计算确定。

拍门的橡胶水封和缓冲橡胶宜设在闸门埋件上，以避免长期受水流冲击而破坏。

拍门、快速闸门应设缓冲装置，以减小断流时的撞击力。

为保证止水严密，拍门宜倾斜布置，其倾角可取 10°左右。

适宜选做检修闸门的有平面闸门和叠梁。设在进水口侧的检修闸门与水电站尾水闸门相类似，也应设置具备初始止水效果的止水装置。

泵站引水道的通气设备、充水平压装置和拦污、清污措施，与水电站引水道基本相同。

4.2.4　通航系统

4.2.4.1　船闸系统

1. 船闸主航道

在船闸主航道上，上、下闸首应设置工作闸门和检修闸门各一道。检修闸门用于工作闸门、闸室结构和输水系统的检修，当工作闸门失事可能引起严重后果时，船闸上闸首应设置事故闸门。

闸门的型式可根据航道孔口尺寸、水位组合、输水方式、对净空的要求以及水工建筑物的结构型式等因素综合考虑，按经济合理、安全可靠等原则选定。常用的有人字闸门、三角闸门、横拉闸门、平面闸门（上提式、下降式或卧倒式）等。

承受单向水头、静水启闭的工作闸门、中高水头的工作闸门宜选用人字闸门。承受双向水头、动水启闭或局部开启输水的工作闸门宜选用三角闸门。承受双向水头、静水启闭的工作闸门宜选用横拉闸门。有帷墙的上闸首、井式船闸或动水启闭的工作闸门宜选用升降式平面闸门。

上提式平面闸门只适用于开门后净空能满足通航要求的情况。船舶对净空的要求与船型及操作习惯等有关，应根据实际情况确定。

下降式或卧倒式平面闸门要注意门坑的淤积问题，不适宜用在多泥沙河流上，否则，检修和维护都较困难。平面闸门和三角闸门往往还兼作输水设备。

检修闸门的门型可以根据闸首的布置、存放、启吊、运行等条件确定，常见的有平面闸门、浮箱闸门、浮式叠梁和普通叠梁等。选择时应优先考虑操作简便、拆装迅速的门型，以减少因检修而断航的时间。当通航水位变化很大，采用固定式启闭机已不合理时，可采用上层事故闸门（检修闸门）加下部挡水叠梁门的组合门型，效果比较好。如三峡、葛洲坝、万安等船闸。

当利用主航道工作闸门进行输水时，必须考虑有效的消能措施，以减轻水流及涌浪对闸室内船舶停泊条件的影响。通常，水位差在 1.50m 以下时，可不采取消能措施；水位差超过 4.00m 时，不宜采用工作闸门输水。

人字闸门和卧倒式平面闸门一般只适用于单向水级的船闸。但对水级换向不太频繁的双向水级船闸，如果采取改良布置和改变操作程序，也可采用人字闸门。图 4.2-2 所示为国内兴建的几座双向水级船闸采用人字闸门的布置型式，可供借鉴。A 向水级时，操作程序与单向水级人字闸门相同；B 向水级关门时，左门叶应早于右门叶启动，行程略大于右门叶，达到位置 2 时停止，待右门叶就位后，再由位置 2 逆行到位置 1 而关闭航道；开门时程序相反。

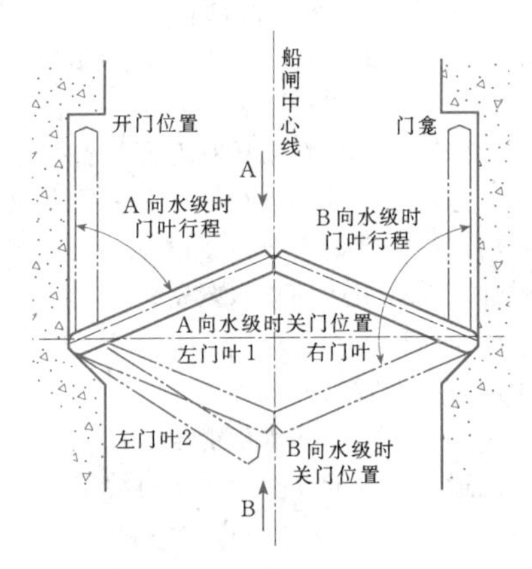

图 4.2-2　双向水级人字闸门布置图

闸门水下部分零部件的设计应简单可靠，不宜过分精巧，并且要便于更换、维修。在多泥沙河道上，除在门型选择时应予以充分注意外，还应设置有效的冲淤设备。

闸门开启后暴露在航道侧的门叶表面要采取保护措施，防止船舶碰撞和篙钩牵引。

门叶顶部一般布置有交通便通，门叶内部也要设置上下交通道，以利检修维护。

启闭机的选用应根据闸门的型式与使用工况确

定。目前，上、下闸首人字闸门选用液压式要多一些，但是在均匀运行方式下，机械四连杆启闭机的运行特性明显优于液压直联式启闭机，而液压直联式启闭机要通过变速方式才能改善其运行特性。

启闭机宜布置在设计的最高通航水位以上，并应考虑检修方便。启闭机布置不得影响船闸的通航净空尺寸。

2. 船闸输水系统

输水系统工作阀门的运行要求与深孔泄水道的工作闸门大致相似。常用的有平面阀门、反向弧形阀门、蝴蝶阀门等。当船闸水头小于10.00m时，宜选用升降式平面阀门；当船闸水头为10.00～20.00m时，宜选用升降式平面阀门或反向弧形阀门；当船闸水头大于20.00m时，宜选用反向弧形阀门。

由于输水道工作阀门的工作条件比较恶劣，因此，即使是低水头船闸，也要采取防止阀门发生空蚀、振动的有效措施。反向弧形阀门宜在门楣缝隙处的负压区设置通气孔。通气管设计、门槽设计及门叶底缘设计，均可参照深孔泄水道闸门进行，但应注意水流掺气对停泊条件的影响。

反向弧形阀门可减轻门井内的水位波动和吸气爆气，从而改善阀门的工作条件和闸室的停泊条件。

由于输水道阀门常年在较恶劣的条件下频繁使用，其损坏机会较多，故在结构、零部件设计中，应预留较大的安全度，并要简单可靠。此外，要充分考虑阀门的检修问题。应设置检修平台并安装必要的设备，使检修工作方便灵活。检修闸门常选用平面闸门。

在输水廊道进口处是否设置拦污栅主要根据河流中污物的数量及船闸的规模等因素确定，而在输水廊道出口处一般都不设置拦污栅。对污物较多的河道，可在输水道进口设置拦污栅，其要求与水电站引水发电系统的拦污栅大致相同。

4.2.4.2 升船机系统

与船闸相比，升船机运行时基本不耗水，因此对需要节省水量和需要咸淡水、清浊水分离，防止咸水和浊水污染的地方，在条件允许时，可以优先选用升船机。由于升船机不需要充、泄水，在与承船厢衔接的航道内，水面不易产生波动，既改善了船舶在引航道内的停泊条件，也降低了引航道的防护要求。升船机的运船速度比船闸快，特别是水头高时，这一优点显得更加突出。升船机的建造和安装要求有较高的工艺水平，机电设备是保证升船机运行的重要部分。

目前，湖北高坝洲水电站300t级垂直升船机、湖北隔河岩水电站300t级两级垂直升船机（提升高度分别为42m和82m，为国内首座高升程垂直升船机）、国内最大的福建水口水电站2×500t级垂直升船机都已经投入运行。建设中的三峡3000t级垂直升船机，最大提升高度113m，是目前世界上规模最大、技术最为复杂的升船机。

升船机的类型比较多，根据运船方式，可分为干运和湿运两类。在已建成的升船机中，除了小型、简易斜面升船机外，一般都采用湿运。根据运船的方向，可将升船机分为斜面升船机和垂直升船机两种。一般认为平衡重式垂直升船机较好，适用于高升程通过大吨位船舶。由于斜面升船机适应闸首水位变幅能力较低，适用于上、下游水位变化不大的情况。

斜面升船机的斜面坡度直接影响工程造价、运行费用及运行条件。船厢的不同驱动方式（自行方式、齿轨爬升、钢绳拽引等）对坡度有不同的要求，纵向斜面和横向斜面采用的坡度也不相同，要对各种因素综合考虑之后确定。斜面升船机在运行过程中，承船厢内水体的波动、船舶所受的水流阻力、船舶的振动等水动力学问题是斜面升船机设计中的重要课题。必要时，可通过实验研究确定承船厢的运行过程线，使承船厢的水力学条件满足船舶停泊安全的要求。

垂直升船机宜选用湿运全平衡式。承船厢的总体布置应考虑平衡设备、驱动设备、事故保护装置、纵横导向设备以及船厢与船首衔接的拉紧、密封、充泄水等连接设备的布置要求。船闸采用湿运方式过坝，由于不改变船体结构的受力条件，对大型船舶非常有利。装有标准水深的船厢，其中有无船只其重量是不变的，因此，可以用同等配重加以平衡。由于全平衡式升船机功耗小，运营费用低，已得到广泛应用。包括三峡、水口、五强溪等水电工程的升船机都采用了全平衡式垂直升船机。承船厢的总体布置应考虑的因素比较多，但是首先需要考虑的问题是安全防护措施问题。如船厢水体超载或欠载引起的平衡系统失控问题、船厢超量失水问题、事故制动问题等。

升船机的上、下闸首应设置工作闸门和检修闸门各一道。由于上、下游水位变幅一般都比较大，经常采用的是由卧倒式通航闸门与挡水工作闸门为一体的组合式工作闸门，一般采用下沉式。三峡工程由于水位变幅大，工作闸门辅以工作叠梁门以适应水位。检修闸门用于工作闸门的检修或作为防洪挡水闸门。

与一般工作闸门不同，升船机工作闸门除了考虑卧倒式通航闸门的装设及启闭以外，还要考虑船厢充泄水水泵、对接密封装置、船厢拉紧及锁定装置，以及控制这些装置的液压泵站等，可与船厢设备布置一起考虑。

船闸与升船机应符合消防安全的有关规定。可结合水工布置考虑设置消防与冲淤设备。

4.3 闸门的结构布置

4.3.1 平面闸门

平面闸门在水利枢纽中应用十分广泛，它具有结构简单、重量轻、抗振性能好、布置紧凑和便于维修等优点，特别是在泄水、发电和通航建筑物中的检修和事故闸门，采用平面闸门还能适应多孔共用的特点。

4.3.1.1 梁系布置

闸门门叶结构由面板、主梁、边梁、水平次梁及垂直次梁等构件组成，这些梁系的连接型式一般有同层布置和叠层布置两种，如图 4.3－1 和图 4.3－2 所示。

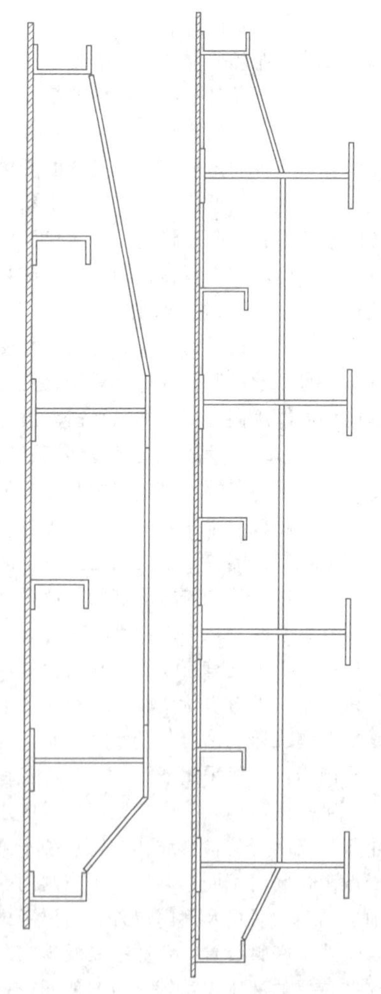

图 4.3－1　梁系同层布置

梁系同层布置是指主、次梁的前翼缘均紧贴面板。对于这种连接型式，梁系与面板形成刚强的整体，其优点为：整体刚度好；面板为四边支承，受力条件好。其缺点为：水平、垂直次梁相遇时，垂直次梁（隔板）需开孔让水平次梁通过，在支承处还需加小肋板加强，而垂直次梁遇主横梁时则需断开，因此，制造工艺复杂。目前，实腹式主横梁的闸门中多数采用同层布置。

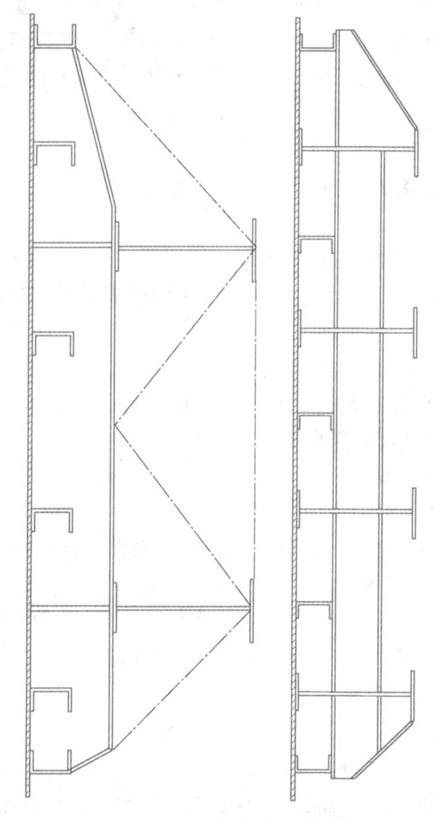

图 4.3－2　梁系叠层布置

梁系叠层布置有主、次梁叠层和水平、垂直次梁互相叠层之分。叠层布置荷载传递清楚，受力明确，但整体刚度不如同层布置；面板视次梁具体布置可按四边或两边支承计算；有时为使梁系受力明确和制造加工简便而采用叠层布置。

平面闸门的主横梁根数可按孔口型式及宽高比布置成双主梁或多主梁。对主梁间距的布置应考虑下列因素：

(1) 主梁一般按等荷载要求布置，使每根水平主梁承受的荷载大致相等，以便采用相同的梁截面，也有利于制造。

按等荷载原则确定多主梁式闸门主梁位置有图解法和数解法两种。采用数解法确定主梁位置，假定第 $k(k=1,2,\cdots,n)$ 根主梁至门顶水面的距离为 Z_k，可按以下方式计算。

1）对露顶式闸门，有

$$Z_k = \frac{2H}{\sqrt[3]{n}}[k^{1.5} - (k-1)^{1.5}] \qquad (4.3-1)$$

式中　n——主梁根数；

H——水面至门底的距离。

2）对潜孔式闸门，有

$$Z_k = \frac{2H}{\sqrt[3]{n+m}}[(k+m)^{1.5} - (k+m-1)^{1.5}] \qquad (4.3-2)$$

$$m = \frac{na^2}{H^2 - a^2} \qquad (4.3-3)$$

式中　a——水面至门顶的距离。

（2）主梁间距应适应制造、运输和安装的条件。

（3）主梁间距应满足行走支承布置的要求。

（4）底主梁到底止水的距离应符合底缘布置的要求。

一般工作闸门和事故闸门下游倾角不小于30°，当闸门支承在非水平底坎上时，其夹角可适当增减。当不能满足30°的要求时，应对闸门底部采取补气措施，同时保证泄水时水流不致冲击底主梁，门底不产生负压和引起强振；对于部分利用水柱的平面闸门，其上游倾角不应小于45°，宜采用60°，如图4.3-3所示。

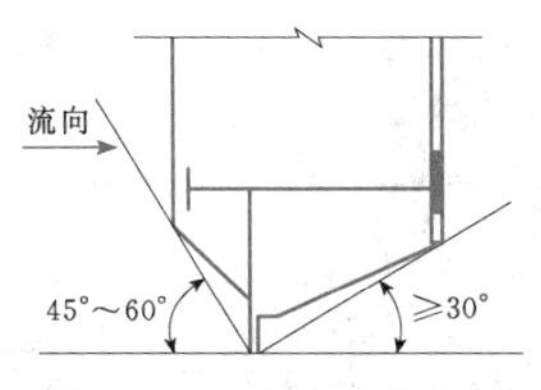

图 4.3-3　闸门底缘布置

露顶式的双主梁闸门，主梁宜布置在静水压力合力线上、下等距离的位置上，如图4.3-4所示，并注意上主梁到闸门顶缘的距离 a_0 不宜太大，一般不超过 $0.45H$，且不宜大于3.6m。

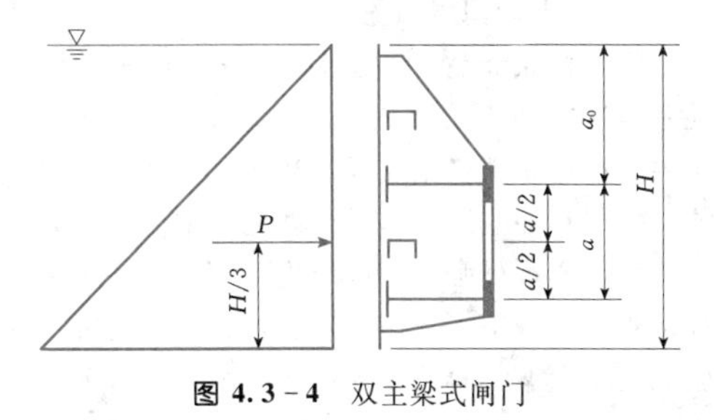

图 4.3-4　双主梁式闸门

4.3.1.2　主梁高度

主梁可按跨度和荷载情况分别采用实腹式或桁架式。实腹式主梁高度的选定应满足最小梁高的要求，并考虑经济梁高的因素。初选梁高 h 时可采用下式：

露顶式闸门　　　$h = l/10$

潜孔式闸门　　　$h = l/6$

式中　h——主梁高；

l——主梁的计算跨度。

为缩小门槽尺寸和节约钢材，对大跨度的闸门，可采用变截面主梁，其端部梁高为跨中梁高的0.4～0.6倍，梁高改变的位置宜距支座1/4～1/6跨度处，同时应满足强度的要求。

根据刚度要求，受均布荷载的等截面简支梁的最小梁高 h_{min} 可由下式计算：

$$h_{min} = \frac{5[\sigma]l^2}{24E[f]} = 0.21\frac{[\sigma]l^2}{E[f]} \qquad (4.3-4)$$

式中　$[f]$——梁的容许挠度，mm；

$[\sigma]$——容许应力，N/mm²；

E——弹性模量，N/mm²；

l——计算跨度，mm。

主梁的最大容许挠度 $[f_{max}]$ 应根据《水利水电工程钢闸门设计规范》（SL 74）的要求分别确定。

初选主梁的经济梁高时，对不等翼缘钢梁，可采用下列经验公式估算：

$$h_e = 5.1\omega^{1/3} \qquad (4.3-5)$$

式中　h_e——不等翼缘钢梁的经济梁高，cm；

ω——需要的梁截面模量，cm³。

平面闸门的边梁应采用实腹梁型式，滑动支承宜采用单腹板式边梁，简支轮支承宜采用双腹板式边梁。

为使闸门具有一定的刚度，应设置门背联结系（平行于面板）及竖向联结系（垂直于面板），门背联结系宜采用桁架式结构或框架式结构，竖向联结系宜采用实腹式结构，也可采用桁架式结构。

4.3.1.3　支承系统

平面闸门根据结构需要和运用工况可采用滑动式支承结构和滚动式支承结构。

滑动式平面闸门一般对高水头工作闸门则要求滑块具有高压低摩性能，往往采用弧形轨头平面滑块的线接触型式，而对于检修门来说，则布置铸钢或铸铁滑块，以满足压强为主。而对于摩擦和磨损性能无较高要求。

滚动式平面闸门一般布置简支轮式结构，受力明确。而对于大孔口高水头，滚动式平面闸门往往布置多轮式结构，采用偏心轴（套）调整多轮的共面。对于小孔口、中小水头滚动式平面闸门也可布置成悬臂轮结构，这样可减小门槽尺寸，方便安装检修。轮式支承根据需要可布置成线接触和点接触，轮子结构可采用滑动轴承或滚动轴承。一般门槽轨道硬度要略高于轮子表面硬度。荷载及跨度较大的平面闸门，滑块支承宜做成弧面形，轮子踏面也宜做成弧面形，或采用带调心功能的球面轴承，以适应主梁挠度变形对支承受力偏心的影响。

4.3.2　弧形闸门

弧形闸门是水利水电工程中普遍采用的门型之一，它具有启闭力小、操作简便和水流条件好等优点，适用于泄水建筑物上作为工作闸门之用。

弧形闸门有露顶式和潜孔式两种。露顶式弧形闸门面板曲率半径 R 一般可取门高的 1.0～1.5 倍，潜孔式弧形闸门面板曲率半径 R 可取门高的 1.2～2.2 倍。弧形闸门的支铰位置应尽量布置在不受水流及漂浮物冲击的高程上。

对于溢流坝上的露顶式弧形闸门，其支铰位置一般可布置在 $(1/2 \sim 3/4)H$（H 为门高）附近，并高于该处最高泄洪水面线；对于平原水闸的露顶式弧形闸门，其支铰位置可布置在 $(2/3 \sim 1)H$ 附近，并高于下游最高水位；潜孔式弧形闸门支铰位置则可布置在 $1.1H$ 以上，使支铰不直接受水流冲击。

弧形闸门的结构布置可根据孔口宽高比布置成主横梁式或主纵梁式结构。宽高比较大的弧形闸门，宜采用主横梁式结构；宽高比较小的弧形闸门，可采用主纵梁式结构。梁系的连接又有同层布置（等高连接）和叠层布置（非等高连接）等方式，目前以同层布置居多，布置上一般有主横梁同层布置、主纵梁叠层布置、主纵梁同层布置三种结构型式。

4.3.2.1　主横梁同层布置

主横梁同层布置型式如图 4.3-5 所示，面板支承在水平次梁、垂直次梁（隔板）和主横梁组成的梁格上，隔板与主横梁在同一高度，主横梁与面板直接焊接，支臂与主横梁用螺栓连接构成刚性主框架。水压力经面板、水平次梁和隔板传给横梁主框架，再通过支铰传至闸墩。这种结构的优点是闸门整体刚度大，适用于宽高比较大的弧形闸门。

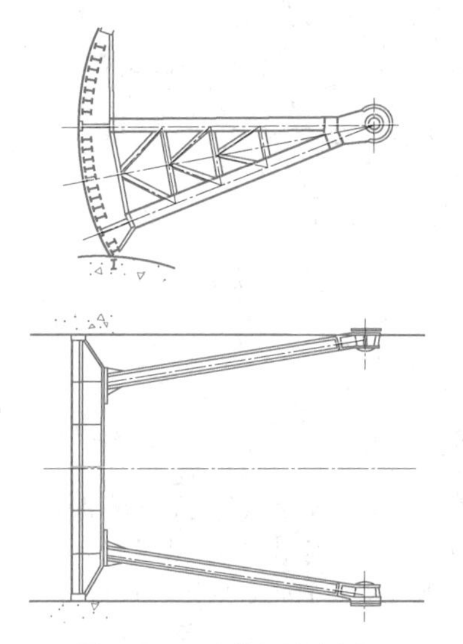

图 4.3-5　主横梁同层布置

4.3.2.2　主纵梁叠层布置

主纵梁叠层布置型式如图 4.3-6 所示，面板支承在水平次梁、垂直次梁构成的梁格上，梁格又支承在两根主纵梁上，支臂与主纵梁用螺栓连接组成主框架。水压力经面板、梁格传给纵梁主框架，再通过支铰传至闸墩。这种结构布置的主要优点是便于运输分段，安装拼接较简便，其缺点是增加了梁系连接高度，结构整体刚度较同层布置差，适用于宽高比较小的弧形闸门。

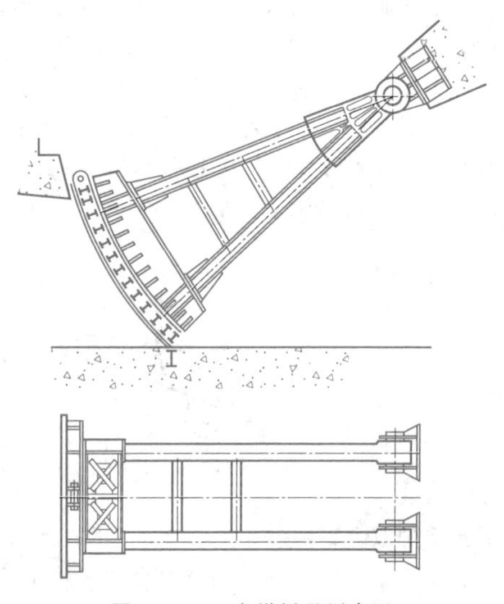

图 4.3-6　主纵梁叠层布置

4.3.2.3　主纵梁同层布置

主纵梁同层布置型式如图 4.3-7 所示，面板支承在垂直次梁和主纵梁上，而垂直次梁与主纵梁之间有高差，采用多根横梁支承垂直次梁，并与主纵梁等高连接，但往往也可将该横梁做成与主纵梁等高，从而形成整体刚度较强的门叶结构；支臂与主纵梁用螺栓连接组成主框架。水压力经面板、垂直次梁、横梁传给纵梁主框架，再通过支铰传至闸墩。这种结构的特点是面板直接参与主纵梁工作，降低了梁格连接高度，增加了闸门整体刚度，但主纵梁的制造加工要求较高。当闸门止水对面板精度有要求时，闸门纵向分块的分缝面必须经机械加工，左、右门叶采用螺栓连

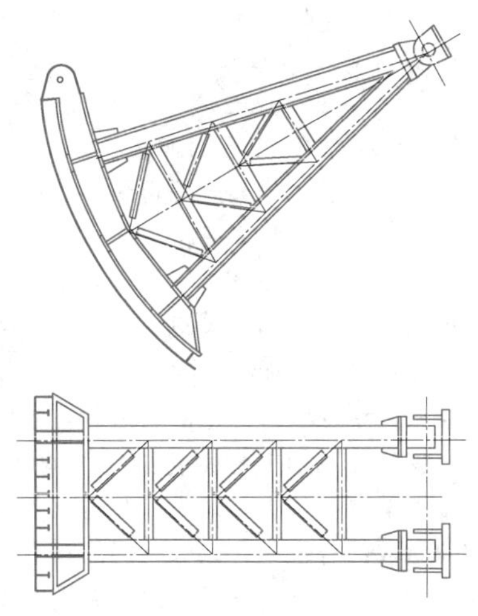

图 4.3-7 主纵梁同层布置

接，以减少工地焊接变形量。因此，分缝的拼接要求较高，工艺复杂，适用于宽高比较小的高水头弧形闸门。

4.3.2.4 主框架型式

主横梁式弧形闸门多采用双主梁布置，主梁与支臂组成主框架，因而其支臂布置数量与主梁数相应。单支臂弧形闸门结构简单，但抗扭刚度较低，在小孔口上偶有采用。多支臂结构布置及其制造均较复杂，仅在高度较大的弧形闸门上采用。目前采用较多的是双主梁式和三主梁结构布置。主梁一般为等荷载布置，主梁之间的距离应适应制造、运输和安装的要求。露顶式弧形闸门的主梁间距应尽量布置大些，以减小上悬臂端的高度。主横梁式弧形闸门的支臂有直支臂和斜支臂两种。支臂和主横梁的组成有三种框架型式，图 4.3-8（a）、（b）所示两种型式的框架中，一般取 $l_1=0.2L$ 左右，这样可以大大减小主梁跨中截面的最大弯矩，从而减小主梁截面，节省钢材。

图 4.3-8（a）所示型式的框架适用于深孔弧门及跨度小的表孔弧门，图 4.3-8（b）所示型式的框架多用于大跨度露顶式表孔弧门，只有在孔口净空不适宜采用以上两种型式时才采用图 4.3-8（c）所示

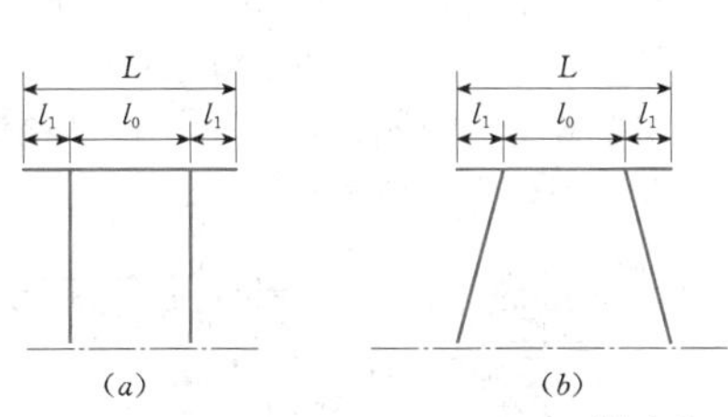

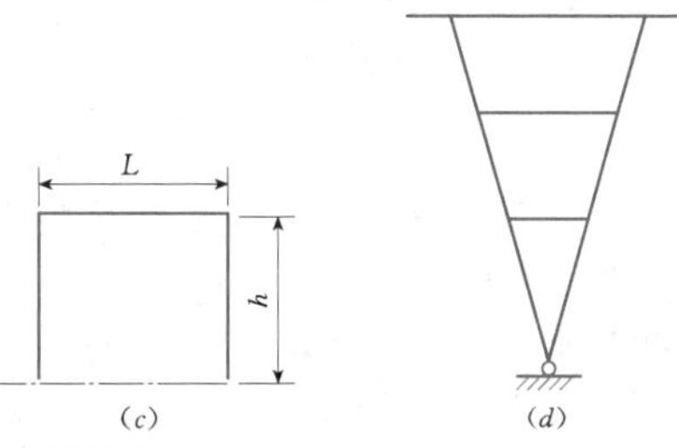

图 4.3-8 主梁框架型式

型式的框架。主纵梁式弧形闸门的主框架型式可采用图 4.3-8(d) 所示的型式。支臂与主横梁的连接构造应具有足够的刚性。斜支臂与主梁如采用螺栓连接时，应设抗剪板，抗剪板与支臂连接板顶板应保证接触良好，如图 4.3-9 所示。抗剪板在支臂安装后焊于主梁后翼缘上。支臂连接板应有一定厚度，并设加劲肋加强。

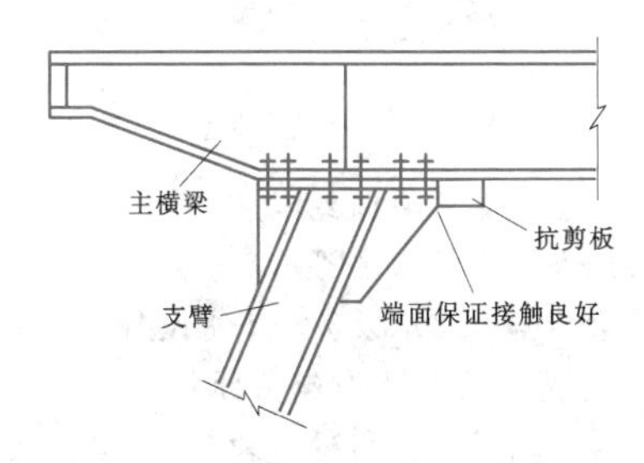

图 4.3-9 横梁与支臂的连接构造

对于双主梁斜支臂弧形闸门，由于支臂偏斜布置，上、下支臂与主梁连接处均须保持水平连接，因

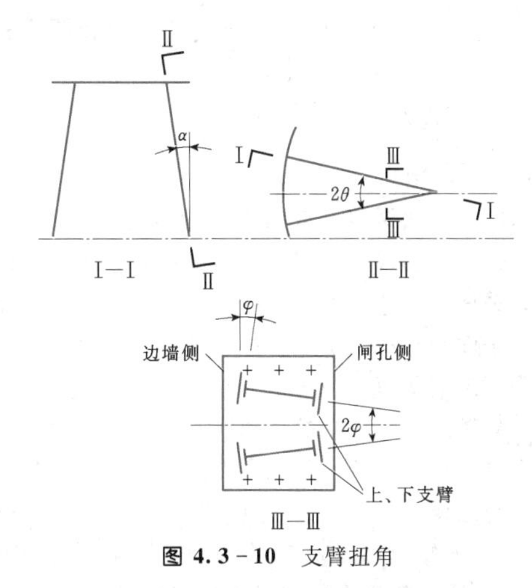

图 4.3-10 支臂扭角

而在支铰处两支臂夹角平分线的垂直剖面上形成扭角 2φ，如图 4.3-10 所示，φ 可按下式计算：

$$\varphi=\arctan\left(\frac{\tan\theta\sin\alpha}{\sqrt{\cos^2\theta-\sin^2\alpha}}\right) \tag{4.3-6}$$

式中 α——斜支臂水平偏斜角度；

θ——上、下两支臂夹角的一半。

4.3.2.5　主框架单位刚度比 K_0

弧形闸门的实腹式主横梁与支臂单位刚度比 K_0 值可按两种情况分别进行选取：直支臂弧形闸门，$K_0=4\sim11$；斜支臂弧形闸门，$K_0=3\sim7$。

K_0 值按下式计算：

$$K_0=\frac{I_{l0}h}{I_h l_0} \tag{4.3-7}$$

式中　I_{l0}、l_0——主横梁的截面惯性矩、计算跨度；

I_h、h——支臂的截面惯性矩、长度。

4.3.2.6　支臂计算长度系数 μ

支臂计算长度系数 μ 是根据支臂单位刚度比 K_0 及支臂与支座的连接方式确定的。单层厂房框架的等截面柱与基础连接方式为铰接时，取 $\mu=2$；等截面柱与基础的连接方式为刚性固定时，则取 $\mu=1$。弧形闸门的主框架计算简图是按单层框架铰接分析的，这种假定虽没有完全反映结构的实际工作状态（因支铰并非完全铰接），但对支臂受力分析是安全的；其次，弧形闸门的侧止水和侧轮对框架的侧向位移是有限制的。因此，在进行支臂框架平面内稳定验算时，其计算长度按下式计算：

$$h_0=\mu h \tag{4.3-8}$$

式中　h_0——支臂计算长度；

h——支臂的长度（由框架的形心线计算起）；

μ——支臂计算长度系数，对主横梁式的矩形框架或梯形框架圆柱铰和圆锥铰支臂取 1.2～1.5，对主纵梁式多层三角形框架的支臂取 1.0。

4.3.3　人字闸门

人字闸门由两扇各自围绕其端部竖直轴旋转的闸门组成。当开启时，门扇各自转到闸首两侧闸墙的门龛内；关闭时，两扇门旋转到航道内，端部互相支承，在平面上形成人字形，并组成三铰拱结构。

人字闸门的每扇门可做成平面式或拱式。由于平面式门扇轴线与三铰拱的压力线不能一致，每一门扇将受到轴向压力与弯矩的联合作用。而拱式门扇由于其轴线与三铰拱的压力线相重合，故门扇只承受轴向压力而无弯矩作用，因而材料较省（约省 5%～10%），但由于拱式人字闸门要求闸墙门龛尺寸较大，门体制造、安装较复杂，造价也高，目前较少采用。

4.3.3.1　结构布置

按照门扇的梁系布置特征，平面式人字闸门又可分为横梁式和竖梁式两种。当门扇高度较大，超过门扇宽度时，一般均采用横梁式；当门扇高度小于宽度或门扇高度为闸室有效宽度的 0.4～0.5 倍时，可采用竖梁式。

1. 横梁式人字闸门结构布置

梁系布置，一般以横梁式用得最多。横梁式人字闸门（见图 4.3-11）的每一扇门由承重结构、支承设备、止水、安全保护设备及工作桥等组成。承重结构包括面板、次梁、主梁、隔板、斜接柱、门轴柱以及斜杆（背拉杆）等。面板、次梁、主梁、隔板共同组成梁系结构，承受水压产生的弯矩和三铰拱作用的轴向压力。斜接柱和门轴柱则将梁系结构连成整体，作为纵向支承梁参与传递轴向力，并与顶主横梁、底主横梁共同组成闭合框架，以保持门体具有足够的刚度。斜杆（背拉杆）既是连系构件，又是减少门扇变形和扭转复位的重要支撑。支承装置包括底枢、顶枢、支垫、枕垫和导卡等。顶枢、底枢是支承闸门重量、防止门扇倾倒的设备。底枢中心与顶枢颈轴的连线构成门扇的转动轴（在平面上称为旋转中心），支垫、枕垫起铰支承的作用，传递三铰拱作用的轴向力。导卡用来保证两门扇关闭到位准确，防止门扇间产生相对错位。安全保护装置包括检查设备（检查门扇关闭正确与否及闸门开度、变位等检测设备）、防护护弦及限位支承装置等。

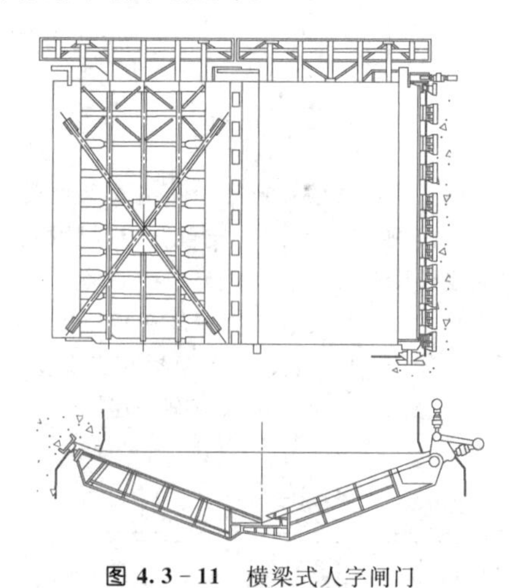

图 4.3-11　横梁式人字闸门

2. 竖梁式人字闸门结构布置

竖梁式人字闸门（见图 4.3-12）的每一门扇同样是由承重结构、支承设备、止水设备、防护设备及工作桥等组成。承重结构包括面板、次梁、竖向主梁、顶横梁、底横梁、斜杆（背拉杆）等。由面板、次梁、竖向主梁组成梁系结构。水压力通过竖向主梁传至顶横梁和底横梁。顶横梁承受水压力产生的弯矩和三铰拱作用的轴向压力，底横梁将水压力直接传递至底坎。斜杆（背拉杆）是连系构件，同时起到减少门扇变形和扭转变位的作用。支承设备包括顶部枢座、底侧铰座、支垫、枕垫以及导卡等。顶部枢座及底侧铰座共同支承门扇重量，防止门扇倾斜，枢座中心与铰座轴的连线构成门扇的转动轴。其他设备的作用与横梁式相同。防护设备包括防护木及限位支承装置等。

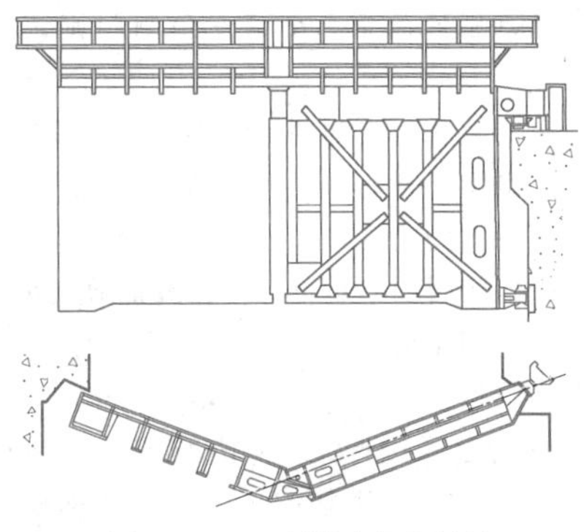

图 4.3-12 竖梁式人字闸门

4.3.3.2 平面尺寸布置

人字闸门位于全关位置时，门扇轴线与船闸横轴线的夹角 θ 一般可取 20°～22.5°。为了减小人字闸门对闸墙的水平推力，国内新设计的人字闸门 θ 值一般采用 22.5°；横梁式人字闸门的主横梁高度根据门扇高度、宽度和荷载等情况，可初选门扇计算长度的 1/8～1/12。门扇旋转中心的最佳位置，应使门轴柱上的支枕垫块在闸门进入全关位置时能迅速与枕垫块接触，使底枢不承受人字闸门挡水时的拱推力；而在开门时，又能迅速脱开，使顶枢、底枢恢复其在门扇旋转状态时的支承作用。因此，旋转中心位置向支承反力作用线上游偏离的距离一般可取 40～100mm。另外，门叶在全开时，外形应全部隐藏在门龛以内，内外侧均应留有 100～200mm 裕量。

4.3.3.3 主要零部件布置

人字闸门的主要零部件包括背拉杆、顶枢、底枢、支垫、枕垫和止水等。

1. 背拉杆

为保证门扇的抗扭刚度，减少扭曲变形，在门扇下游面应设置背拉杆，其与水平面的夹角一般宜在 30°～60°之间。当门扇高度和宽度相差过于悬殊时，可设置两组背拉杆，呈上下型或左右型。背拉杆一般均做成长度可以调节的预应力式，小型闸门也可做成固定式，焊在门扇梁系翼板上。

2. 顶枢

人字闸门的顶枢是防止门扇倾倒并保证绕铅垂轴旋转的上部支承结构，一般有两种结构型式：一种是铰接框架式，用法兰螺母调整；另一种是通过拉架的两拉杆（A、B 杆）受力传递到拉架，再锚固到闸顶混凝土中，拉架底部用锚栓固定（也可采用预应力锚栓）。顶枢布置中应尽可能使两拉杆靠近门扇的开门和关门轴线，并应有调节长度的机构，A、B 杆用楔块调整。

3. 底枢

人字闸门的底枢是承受门扇自重以及由于自重而产生水平推力的重要部件。底枢结构有固定式与微动式两种。采用固定式底枢一般是连续式支枕垫型式，而且要确保关门挡水时，底枢蘑菇头不承受水压力，通过连续式支枕垫块将水压力传至闸墙。底枢必须有良好的润滑。近年来一些大型工程人字闸门已开始采用自润滑球形轴瓦代替底枢管路系统润滑加油装置，简化了润滑机构，取得了较好的效果。

4. 支垫、枕垫

支垫、枕垫是人字闸门挡水时的主要支承结构，也是人字闸门组成三铰拱结构的铰点部件，分别布置在斜接柱、门轴柱和闸墙槽上。支垫设在门扇的斜接柱和门轴柱上，枕垫设在闸墙槽内，水压力通过支垫、枕垫传给混凝土闸墙。支垫、枕垫可采用连续式或分段式，采用连续式可兼作止水，采用分段式应与主横梁一一对应设置。支垫块与枕垫块（承压条）可分别通过调整螺栓进行间隙调整，达到共面的要求。安装调整好后，垫块背面采用填料（巴氏合金或环氧砂浆）封实。承压条支承面在门轴柱端可采用相同或不同半径的弧面，斜接柱端可采用弧面或平面，承压条材质宜选用抗锈蚀性能好、强度高的锻钢。

5. 止水

止水是人字闸门关门挡水起密封作用的关键部件，包括侧止水与底止水。当采用连续式支枕垫时，可兼作侧止水；采用分段式支枕垫时，则需专门布置侧止水。底止水可采用竖向坎侧布置或水平坎顶布置，应考虑门扇塌拱和主横梁弯曲挠度的影响，并应避免对门体产生过大的浮力，止水型式一般采用 P 型橡胶结构。

4.3.4 横拉闸门

横拉闸门的结构布置大致与平面闸门相同，唯在门顶或门底设置滚轮，作为支承行走装置。在门叶两端柱上设置滑动支承，作为传递水压力的装置。其布置如图 4.3-13 所示。

门叶一般采用双面板矩形竖剖面，即所有主梁等高布置，门厚可取孔口宽度的 1/5～1/8，高宽比大于 1 的横拉闸门也可采用梯形竖剖面，但其端柱应采用矩形剖面，闸门厚度应满足强度和稳定性要求。对

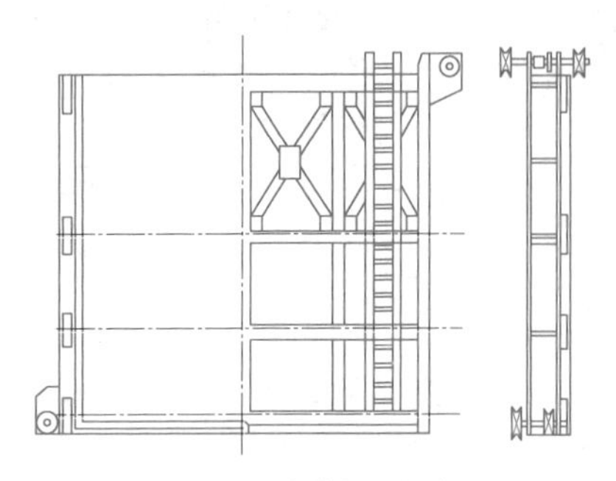

图 4.3-13　横拉闸门布置

于口门宽小于 12m 运行不频繁的闸门，也可采用单面板结构，但应设置门背联结系。

门叶结构大都采用横梁式，除闸门跨度较小或需要设置浮箱时采用实腹式横梁外，多数采用矩形桁架梁，梁高按门叶抗倾稳定要求确定，抗倾稳定安全系数应大于 1.25。桁架杆件可采用型材或管材，竖向联结系和端柱应采用桁架结构。端桁架应具有较大的刚度，并应满足布置缓冲垫块、支承和吊架的要求。

闸门的支承行走导向装置由主轮和侧轮组成。主轮承受门重，一般宜按对角线布置在门叶顶、底两对角，底主轮与底横梁连接，顶主轮与吊架连接。侧轮应靠近主轮成对设置，除起引导作用外，还有保证启闭过程中门叶抗倾稳定的作用。对设有浮箱的横拉闸门，为了保证抗倾稳定性，在靠近门库一侧端架的底部，宜增设一对侧轮。为了减轻主轮荷载，可在门叶底横梁以上、最低通航水位以下的各横梁间设置浮箱，其布置可按各主轮受力均匀的要求确定；浮力大小按可利用空间的大小、抗倾稳定性和风浪等因素确定。

设置在门轴柱、门槽和门库支承墙上的上、下游支承滑道，应能安全传递全部水压力。为使关门时门叶顺利就位和紧密接触，每对条形支承滑道应做成楔形截面，楔块斜度可取 1∶8～1∶10，支承边缘与闸墙面距离可取 5～10cm。门槽侧的端柱顶部宜布置导向轮，门槽处宜布置导向卡，门槽和门库端部应分别设缓冲垫块和限位装置。

横拉闸门侧止水宜采用尼龙支承条止水，双面板辊轴支承结构的底止水宜采用双面压靠式止水，其他支承结构型式的底止水可采用单面水压式止水。

4.3.5　三角闸门

三角闸门实质上就是两扇左右对称的立轴弧形闸门，可绕立轴旋转、能在动水中启闭和局部开启条件下工作的闸门。三角闸门结构布置应简单合理，受力明确。对承受双向水头、在动水条件下启闭或在局部开启条件下输水的工作闸门宜选用三角闸门。动水启闭时要求过流条件好，以减弱水流对门叶的冲击，并具有足够的刚度。

门叶旋转中心位置的确定与人字闸门大致相似，可根据闸门顶枢、底枢结构布置、检修要求和开门后门叶不影响通航的有效宽度为原则。门叶中心角视工作水头及输水条件而定，一般宜取 60°～70°，面板设在水压力较大的一侧。大型三角闸门（口门宽大于 16m）宜用圆弧形面板，小型三角闸门则可用平面面板。

三角闸门宜采用空间网架结构，网架杆件宜采用圆形管材，空间节点宜采用空心球节点。三角闸门的端柱应具有较大的刚度，并应满足枢轴支承布置的要求。为减少启闭时门扇重量，可在最低通航水位以下的水平网架之间设置浮箱。

三角闸门枢轴支承杆夹角可取 50°～65°；顶枢支承杆宜采用花兰螺母调整器，并应有可靠的防松措施；底枢支承杆宜采用整体式结构，并配楔块调节器，底枢蘑菇头应采用不承受水平力的结构型式。底枢布置大致与人字闸门相似。

三角闸门一般利用中缝和两侧边缝同时输水，此时，在门叶两端均设置有羊角，中、边羊角一般对称布置，长度大致相等，对于只承受单向水压力的三角闸门，为改善止水的密封条件，也可设置非对称型的羊角。羊角在面板以外的外伸长度应满足闸室船只停泊条件的要求和泄水所需的最大边缝过流宽度。中缝与边缝止水宜采用尼龙止水，底止水宜采用橡塑复合止水，结构型式应便于整体更换，底止水与底坎之间的间隙宜小于 3mm。

4.3.6　阀门

在水利水电工程泄洪排沙、引水发电和通航建筑物中，当作用水头较高、孔口尺寸较小且闸（阀）门在淹没出流条件下工作时，采用高压阀门可较好地适应其水力特性。特别是小型阀门已趋向标准化生产，如用于泄水和供水的直径 1m 以下的各类电动闸（阀）门，用于排沙的 1m 以上的矩形孔口平板阀门，用于电站水轮机组的直径 2～4m 的蝴蝶阀和球阀，用于放空水库改善下游消能的直径 2～3m 的锥形阀等，均可由专业工厂按标准进行生产供货。它们的结构特点是阀门埋件、阀体与启闭机同为一体，因而整体刚度大、密封性能好、抗振性强。它们的适用水头可达 80～100m。在通航建筑物船闸输水系统中，除了对于小孔口采用平板阀门外，对水头及孔口尺寸相对较大的阀门门型已趋向采用反向弧形阀门型式。实践证明，反向弧形阀门更有利于闸室进出水流和水力学条件，改善阀门的水动力特性。各种典型的阀门结构布置方案简述如下。

1. 泄洪排沙平板阀门

泄洪排沙平板阀门的门型一般水头较高，为便于较低布置排沙孔道，工作阀门较多布置在出口。由于存在喷射出流和启闭过程中补气的问题，阀门均采用带门龛钢衬的整体封闭式结构，采用单吊点垂直式竖向双作用液压启闭机，活塞杆端部与阀门刚性固定连接，阀门启闭过程在密闭门龛中进行，与启闭机之间的密封座盖起止水密封作用。

泄洪排沙平板阀门结构一般为实腹主横梁焊接结构，门槽尺寸应尽量减小，宜采用带错距的全钢衬整体门槽，在门槽尺寸容许条件下可选用悬臂定轮门。当采用窄门槽型式时，则宜采用滑动式阀门结构，支承采用高压低磨滑块材料，其水力特性相对较好。为形成较优的水流条件，尚可采用附环阀门型式，开门时附环填补门槽形成无门槽过水。不管采用何种门型，均宜通过减压模型试验验证确定。为减少泥沙磨损和提高抗空蚀性能，门槽及阀门面板与底缘宜采用耐磨蚀的不锈钢材质，面板底部宜作成锐角底缘结构，面板底部宜机械加工，底止水可作成刚性止水，阀门的顶止水和侧止水宜设在下游面。为降低启闭阀门的摩阻力，顶水封和侧水封宜采用橡塑复合水封。阀门后顶部应设有用阀门控制的通气孔，防止门后及门槽出现较大负压，造成空蚀破坏。

2. 抽水蓄能尾水事故阀门

对抽水蓄能电站，尾水闸门一般均要求动水关闭，对厂房机组起事故保护作用。即当机组侧发生事故时，闸门能迅速动水关闭，截断下游水库侧水流，起事故保护作用。而平时当机组检修或停机度汛时，又能关闭挡下游尾水，起检修门作用。根据十三陵抽水蓄能电站等经过运行考验的典型工程实例，一般闸门均布置成高压阀门型式，采用双作用液压启闭机与阀门刚性连接（启闭机安装在阀门的上冠顶部，与上冠连接采用法兰螺栓连接），阀体为焊接结构，并可采用金属止水兼作滑动支承（门槽尺寸小），亦可采用悬臂定轮阀门和橡胶水封止水。阀门门槽是由底槛、左右侧槽、前后胸墙和上冠等六大构件组成的一个封闭钢壳体。一般主轨硬度略高于主轮硬度。钢壳体材质，特别是孔口段，宜采用耐锈蚀性能较优的不锈钢。阀门下游顶部应设置采用阀门控制的通气孔。

3. 船闸输水廊道反向弧形阀门

由于反向弧形阀门门井位于阀门上游，门井不会吸气，对闸室停泊条件大有好处，因此，在高水头船闸布置中得到广泛应用。

研究表明，廊道采用门后突扩体型增压作用较为显著，而适当降低廊道高程，增大阀门段廊道淹没水深，及采用门楣通气方式可达到保护阀门段免遭空蚀破坏的目的。正由于高水头反向弧形阀门廊道水力学条件较为复杂，对于大型船闸，一般其设计动水荷载为静水荷载的1.8～2.0倍《船闸闸阀门设计规范》(JTJ 308) 对长廊道动水关门的一般船闸规定为1.4～1.6。

阀门结构布置分为横梁式、竖梁式和横梁全包式三种。横梁全包式的梁系和支臂周边全用导水板封闭，使门体连成整体，并形成圆滑平顺的导流曲面，从而减轻水流的冲击，避免过大的水流脉动，这种型式的门体刚度大、抗振性能好，但相对造价较高。

阀门底缘型式对阀门动力特性及启闭力影响较大，一般底缘角度可通过模型试验确定，应保持锐角底缘，最好设计成刚性底止水。

4.4 水力设计

水工闸门应具有下列水力性能：

(1) 具有较大的泄流能力，即在各种运行水位和开度条件下，具有较大的流量系数或较小的摩阻系数。

(2) 具有平顺的压力分布和稳定性良好的泄水流态，闸门及其邻近过流建筑物没有显著的空化现象。

(3) 具有较小的水流脉动压力和紊动强度，没有引起危害性振动的振源。

(4) 具有明确稳定的动水作用力，使得启闭力较小且较稳定。

4.4.1 泄流能力

1. 堰顶闸门

堰顶闸门一般指水库溢洪道或水闸所采用的露顶式闸门。过堰水流的流态有堰流和孔流两种，视泄流时门叶底缘是否与水流表面相接触而判定。当门叶底缘脱离水流，对泄水不起控制作用时，称为堰流，可参照本卷第1章“泄水建筑物”计算；反之则为孔流，本节仅提供孔流时泄流能力的计算方法。

判定堰流与孔流的分界点至关重要，它与堰顶型式、闸门型式、上下游水位以及闸门相对开度等因素有关。对常见的堰型和门型，孔流的判别条件见表4.4-1。

孔流时，孔口的泄流量按式(4.4-1)计算：

$$Q = \mu_1 be\sqrt{2gH} \quad (4.4-1)$$

式中 b——闸孔净宽，m；

e——闸门开启高度，m；

g——重力加速度，取9.81m/s^2；

H——堰顶以上的上游水深，m；

μ_1 ——孔流流量系数，其值与堰型、门型及闸门相对开度有关，按表 4.4－2 查用。

表 4.4－1 孔口泄流为孔流的判别条件

堰型	门 型	判 别 条 件
平顶堰	平面闸门或弧形闸门	$e/H \leqslant 0.65$
实用堰	平面闸门	$e/H \leqslant 0.75$
	弧形闸门	$q^2/(gH)<5$ 时，$e/H \leqslant 0.75$
		$q^2/(gH)>5$ 时，$e/H \leqslant 0.8$

注 e 为闸门开启高度，m；H 为堰顶以上的上游水深，m；q 为过堰单宽流量，$m^3/(s \cdot m)$；g 为重力加速度，m/s^2。

表 4.4－2 孔流流量系数 μ_1

堰 型	门 型	μ_1 值计算公式
平顶堰或宽顶堰	平面闸门	$\mu_1=(0.6\sim0.18)n_1$，适用范围：$0.1<n_1<0.65$
	弧形闸门	$\mu_1=(0.97-0.26\theta)-(0.56-0.26\theta)n_1$，适用范围：$0.44<\theta<\pi/2$，$0.1<n_1<0.65$
实用堰	平面闸门	$\mu_1=0.745-0.274n_1$，适用范围：$0.1<n_1<0.75$
	弧形闸门	$\mu_1=0.685-0.190n_1$，适用范围：$0.1<n_1<0.75$

注 n_1 为闸门相对开度，$n_1=e/H$；θ 为弧形闸门底缘的切线与水平线的夹角（当闸门相对开度为 n_1 时），rad。

对水闸，当闸下为淹没出流时，由表 4.4－2 查得的流量系数 μ_1，应乘以淹没系数 σ，其值按式（4.4－2）计算：

$$\sigma = 0.95\sqrt{\frac{\ln(1-\Delta z/H)}{\ln(h_c''/H)}} \qquad (4.4-2)$$

式中 Δz ——上、下游水位差，m；

H ——堰顶以上的上游水深，m；

h_c'' ——闸下水流收缩断面的共轭水深，m。

2. 潜孔闸门

潜孔闸门一般指进水口潜没于水下的闸门。

整个泄水系统的泄流能力与沿程阻力损失及局部损失之和有关。闸门本身的泄流能力则以距闸门上游一倍孔径处的能头减去闸下收缩水深作为有效工作水头 H，潜孔闸门的泄流能力按式（4.4－3）计算：

$$Q = \mu_2 A\sqrt{2gH} \qquad (4.4-3)$$

$$\mu_2 = \frac{1}{\sqrt{1+\zeta_2}} \qquad (4.4-4)$$

式中 A ——闸门全开时的孔口面积，m^2；

μ_2 ——按面积 A 定义的流量系数；

g ——重力加速度，取 $9.81m/s^2$；

ζ_2 ——闸门的阻力系数，各种闸门的 ζ_2 值，可按表 4.4－3 查用。

表 4.4－3 闸门的阻力系数 ζ_2

门 型	闸门下游流态	底缘型式	阻力系数 ζ_2
平面闸门	压力流	(a)	$\zeta_2=1.8\left(\frac{1}{n_2}-0.81n_2\right)^2$
		(b)	$\zeta_2=\eta\left(\frac{1}{n_2}-n_2\right)^2$
		(c)	$\zeta_2=0.78\left(\frac{1}{n_2}-0.65n_2\right)^{2.25}$
	自由流	(c)	$\zeta_2=0.5\left(\frac{1}{n_2}-0.65n_2\right)^{1.67}$
弧形闸门	压力流		$\zeta_2=0.3+1.3\left(\frac{1}{n_3}-n_3\right)^2$
	自由流		ζ_2 按图 4.4－1 查取
蝴蝶阀门			$\zeta_2=1000e^{-5.57\beta}$

注 1. $n_2=e/h$，为按孔高 h 计算的闸门相对开度；$n_3=\varphi/\varphi_0$，为弧形闸门按中心角 φ 计算的闸门相对开度，$n_3 \approx n_2-0.05$。β 为蝴蝶阀门开启的转角，rad，全开时为 $\pi/2$。

2. $\eta=1+0.43\phi+0.41\phi^2$，$\phi$ 见图 4.4－2，以 rad 计。

3. 平面闸门门叶的底缘型式，如图 4.4－2 所示。

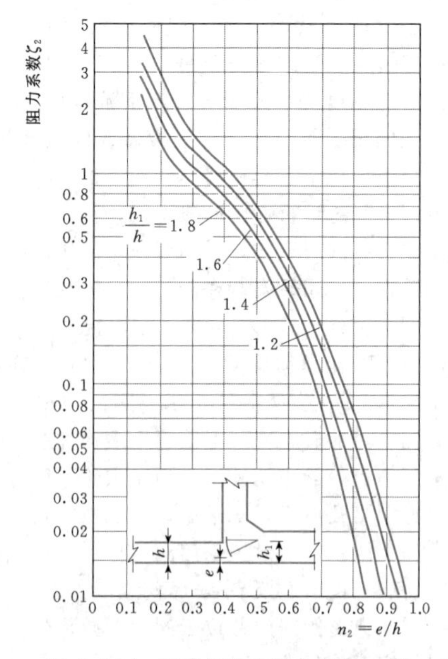

图 4.4－1 弧形闸门的阻力系数 ζ_2 值

4.4.2 作用在闸门上的水压力

作用在闸门上的主要荷载为静水压力，其计算可

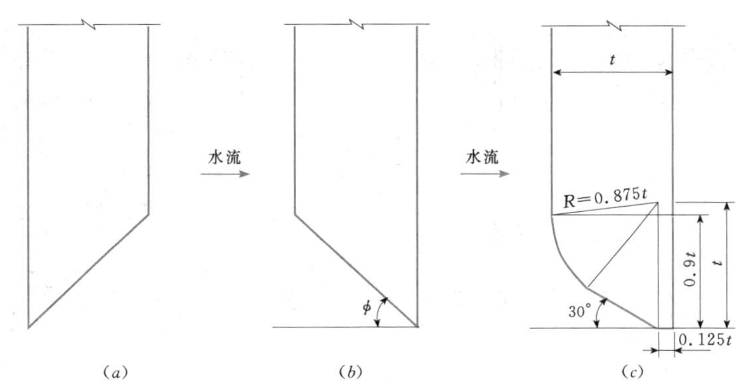

图 4.4-2 平面闸门底缘型式

参见 SL 74—2013。本节着重介绍孔口泄流时，由于水的流动，作用在闸门上的静水压力水头的一部分转化为流速水头，从而引起水压力的变化，形成动水压力。动水压力包括时均压力和脉动压力两部分，前者不随时间变化，而仅为空间坐标的函数，后者为随时间变化的不规则的力。以下主要讨论时均压力，它一般近似地按静水压力分布计算。

4.4.2.1 平面闸门

下面分别叙述作用在平面闸门面板上游侧、门顶横梁和门底底缘上的动水压力。

1. 面板上游侧的动水压力

作用在平面闸门面板上游侧的动水压力分布如图 4.4-3 所示。

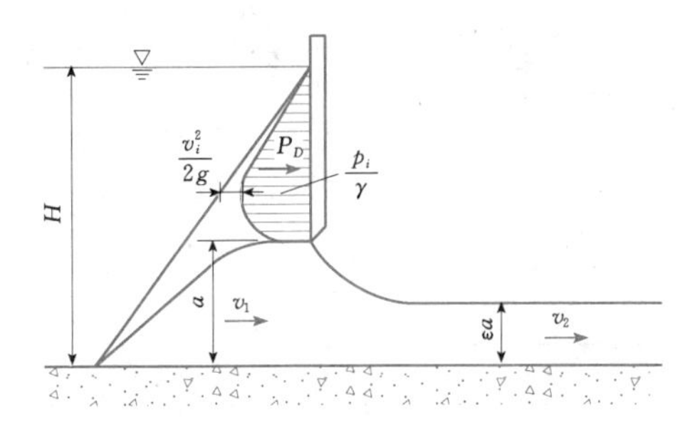

图 4.4-3 面板上游侧的动水压力分布

按理论分析和试验成果，动水总压力小于按静水头计算的总水压力，但差值一般不大，故在结构分析时按静水头计算是方便适宜的。当必须计算动水压力时，则可按式（4.4-5）计算动力系数 ξ（定义为水平动水总压力 P_D 与水平静水总压力 P_S 的比值，或称水平推力系数）。

$$\xi=\frac{P_D}{P_S}=\frac{\sqrt{2\varepsilon}}{\left(\frac{1}{n}-1\right)\pi}\left[\left(\frac{2K+1}{\sqrt{K}}-\frac{3}{2}\right)\frac{\pi}{2}-\frac{2K+1}{\sqrt{K}}\arctan\sqrt{\frac{1}{K}}\right] \quad (4.4-5)$$

其中
$$K=\frac{1+(n\varepsilon)^4}{2(n\varepsilon)^2} \quad (4.4-6)$$

式中 n——闸门相对开度；

ε——闸下出流的垂直收缩系数。

为便于计算，将式（4.4-5）绘成 ξ—n 曲线，如图 4.4-4 所示。图中还绘入了有关工程的试验成果。

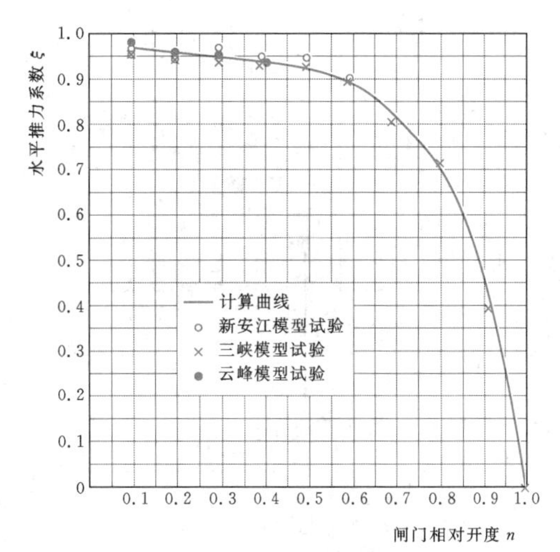

图 4.4-4 ξ—n 曲线

2. 门叶顶横梁上的动水压力

作用在门叶顶横梁上的动水压力随平面闸门布置的位置分为两种情况。

（1）闸门布置在坝面，如图 4.4-5（a）所示。门叶顶的动水压力与坝面形状有关。一般来说，若闸门与坝面间的缝隙很小，则门顶动水压力基本上等于静水压力。而若在坝面设有凹壁，以致在门叶与坝面间形成了过水通道，则门顶动水压力有所下降，但影响不大，仍可按静水压力考虑。坝面凹壁的存在主要影响门叶下游面上的压力分布，从而可降低闸门的启闭力。

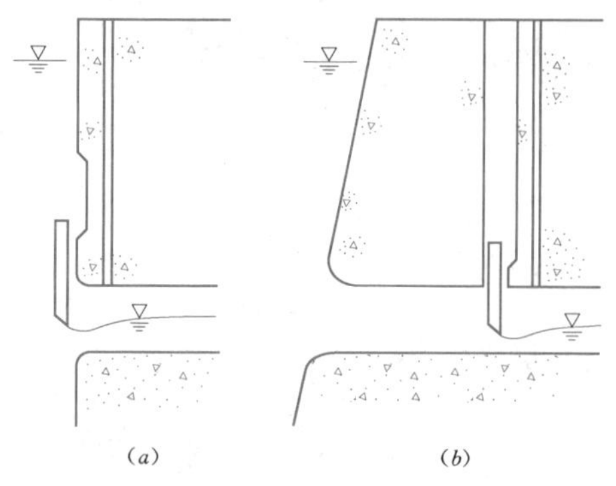

图 4.4-5　平面闸门的布置

(2) 闸门布置在门井内，如图 4.4-5 (b) 所示。门顶动水压力将视闸门与前、后胸墙和门楣间的相对尺寸而变化，如图 4.4-6 所示。

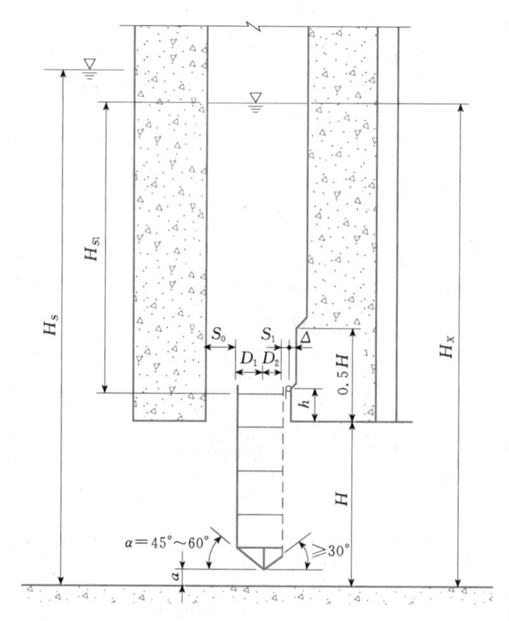

图 4.4-6　闸门与胸墙、门楣相关尺寸及底缘上、下游倾角

设 H_X 为门井内的水面线到孔底的水深，H_S 为考虑泄水道沿程水头损失后门井处的水头，则

$$\frac{H_X}{H_S}=\frac{1}{1+\frac{\mu_2(S_1+\Delta)}{S_0}} \tag{4.4-7}$$

若取流量系数 $\mu_2=0.7$，则根据式 (4.4-7) 可绘成图 4.4-7。当 $S_0/(S_1+\Delta)>5$ 时，H_X/H_S 值基本趋于稳定；因此当需要较大的门顶动水压力时，应选取较大的 $S_0/(S_1+\Delta)$ 值。

为取得门井水面线基本稳定的状态，对电站进水口和利用水柱下降的事故闸门，对于图 4.4-6 中胸墙和门楣的相关尺寸，SL 74—2013 作如下规定：

(1) $S_0\geqslant5S_1$，且 S_1 宜尽量小。

(2) $\Delta\approx S_1$，或 $\Delta=100$mm。

(3) $h=(0.05\sim0.1)H$，且不小于 300mm。

对于大型电站或重要的事故闸门，宜通过模型试验确定其胸墙和门楣的相关尺寸。

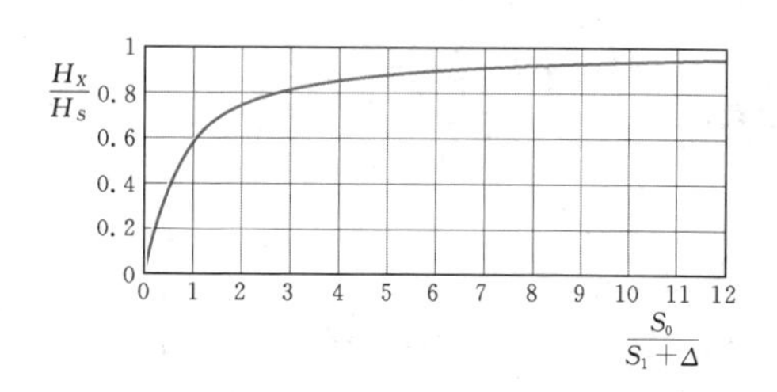

图 4.4-7　$\frac{H_X}{H_S}$—$\frac{S_0}{S_1+\Delta}$ 曲线

3. 门叶底缘上的动水压力

(1) 底缘型式的选择。作用在门叶底缘上的动水压力与底缘形状和闸门开度的关系很大；SL 74—2013 对平面闸门底缘的上、下游倾角作如图 4.4-6 的规定。

(2) 上托力系数。按理论分析，当闸门开度达到某一数值时，底缘的上游倾角 α 存在一个极限值 α_k；若 $\alpha<\alpha_k$，则底缘上游侧出现下吸力；若 $\alpha>\alpha_k$，则底缘上游侧出现上托力，其关系如图 4.4-8 所示。

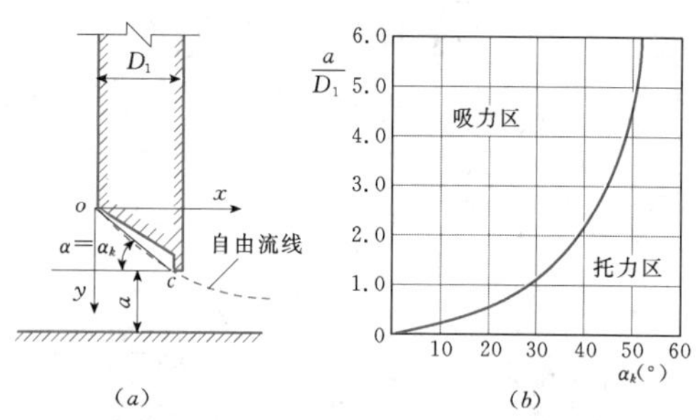

图 4.4-8　平面闸门底缘的自由流线临界倾角和流态区别

令 β_t 为上托力系数，表示上托力（负值为下吸力）与底缘投影面上静水压力 (H_S-a) 的比值；据 E. 脑大舍 (E. Naudascher) 和西北水利科学研究所分别进行系统试验所取得的不同底缘倾角的 β_t 值分别绘于图 4.4-9～图 4.4-12 中。

综合各单位的理论分析、计算和试验曲线，SL 74—2013 采纳了西北水利科学研究所关于闸下自由出流情况的部分资料，底缘上托力系数 β_t 取值列于表 4.4-4。

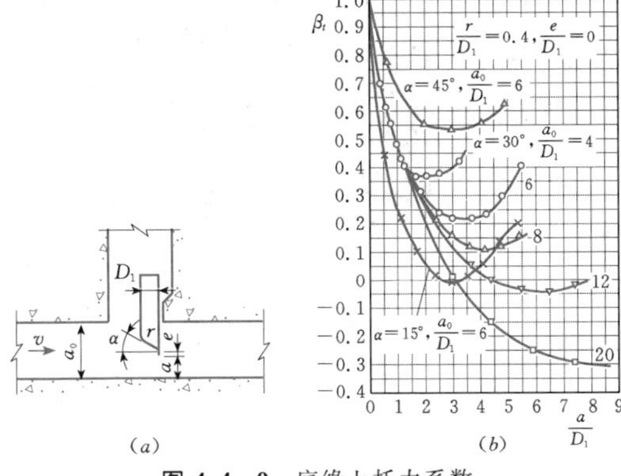

图 4.4-9　底缘上托力系数

$\left(\alpha=15°、30°、45°，\frac{r}{D_1}=0.4，\frac{e}{D_1}=0\right)$

a—闸门开启高度；a_0—引水道孔高

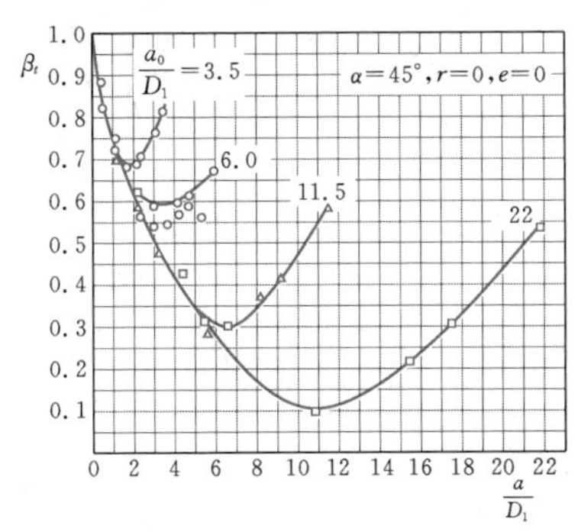

图 4.4-10　底缘上托力系数

（$\alpha=45°$，$r=0$，$e=0$）

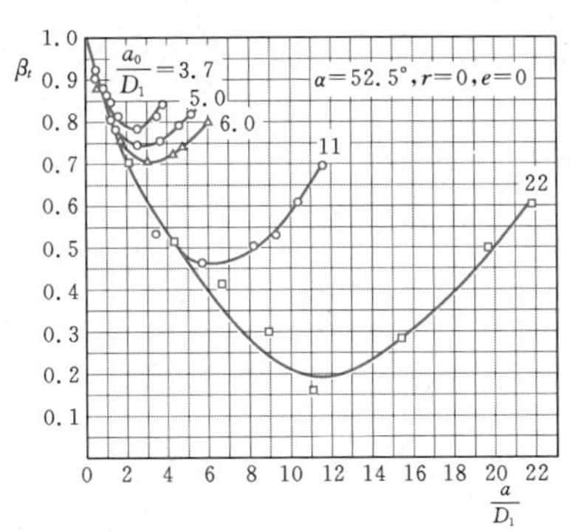

图 4.4-11　底缘上托力系数

（$\alpha=52.5°$，$r=0$，$e=0$）

表 4.4-4　　上托力系数 β_t 值

α（°） \ a/D_1	2	4	8	12	16
60	0.8	0.7	0.5	0.4	0.25
52.5	0.7	0.5	0.3	0.15	—
45	0.6	0.4	0.1	0.05	—

注　a 为闸门开启高度，m；D_1 为闸门底止水至上游面板的距离，m；α 为闸门底缘的上游倾角（见图 4.4-6）。

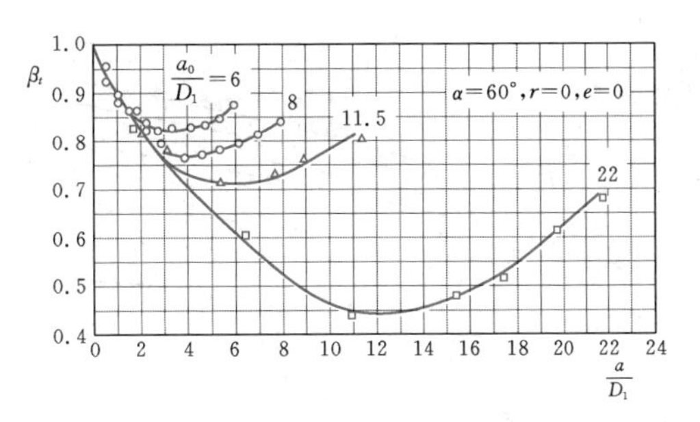

图 4.4-12　底缘上托力系数

（$\alpha=60°$，$r=0$，$e=0$）

4.4.2.2　弧形闸门

作用在弧形闸门面板上游侧的动水压力按势流理论用式（4.4-8）计算（见图 4.4-13）：

$$p_{yD}=\gamma\left[H-y-(H-a)\left(\frac{K_{1C}K_{2C}}{K_1K_2}\right)^2\right] \tag{4.4-8}$$

其中

$$K_1=\frac{y}{\text{sinarctan}\dfrac{y}{a+\sqrt{a^2-y^2+2y\sqrt{R^2-a^2}}}} \tag{4.4-9}$$

$$K_2=\frac{y}{\text{sinarctan}\dfrac{y}{-a+\sqrt{a^2-y^2+2y\sqrt{R^2-a^2}}}} \tag{4.4-10}$$

K_1、K_2 也可由图 4.4-14 查得。K_{1C}、K_{2C} 为 c 点的 K_1、K_2 值，亦可按 $y=a$，从图 4.4-14 中查得。其余符号意义参见图 4.4-13。

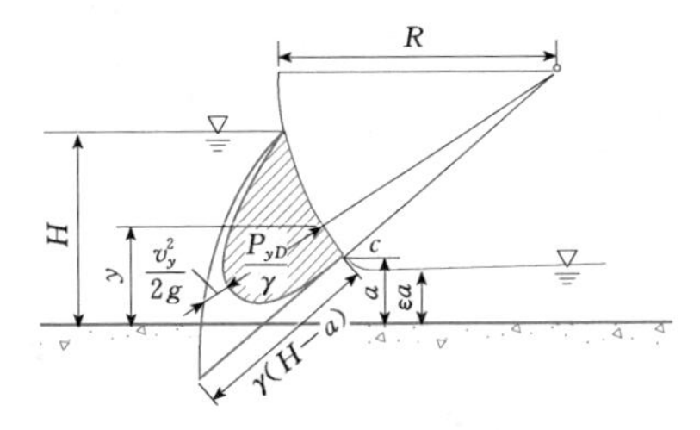

图 4.4-13　弧形闸门面板上游侧的动水压力

由式（4.4-8）计算得到的动水压力与模型试验成果相当吻合。

4.4.2.3　舌瓣闸门

从门顶溢流的要求来说，舌瓣闸门的外形应按非真空堰堰顶曲线设计，但从制造角度考虑，一般都做成接近该曲线的一段圆弧。

作用在舌瓣闸门面板上游侧的动水压力变化很大，若将开度 θ 时面板上的动水总压力与关门时（一

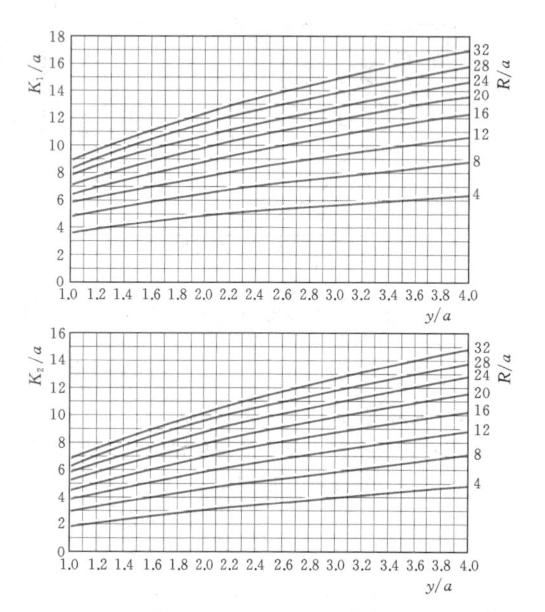

图 4.4-14　K_1、K_2 曲线

般布置中取 $\theta=60°$）静水总压力之比定义为动力系数 ξ，则动力系数 ξ 与开度 θ 角的关系如图 4.4-15 所示。图中实线为理论曲线，黑点为模型试验成果。从试验还可看出，当 $\theta<-10°$ 时，动水压力很不稳定（图中阴影区），出现负压力，闸门易发生振动。图 4.4-15 对门顶需要溢流的其他闸门，如鼓形闸门、屋顶闸门、带舌瓣的平面闸门和弧形闸门等，都具有参考价值。

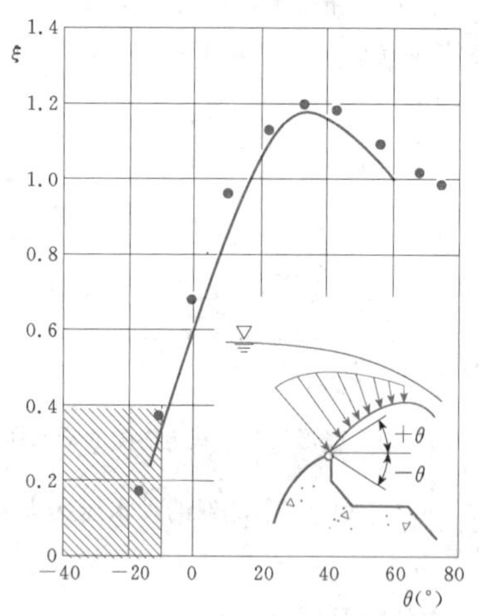

图 4.4-15　舌瓣闸门的动力系数

4.4.2.4　蝴蝶阀门

蝴蝶阀门在部分开启时，阀板上的动水压力分布很不理想，水流紊乱，阻力较大，因此很少局部开启运行。为了计算启闭阀板的控制力，需要了解阀板启闭过程中作用在其上的绕轴水力力矩 T。图 4.4-16 所示为三种不同外形的阀板及其力矩系数试验曲线。

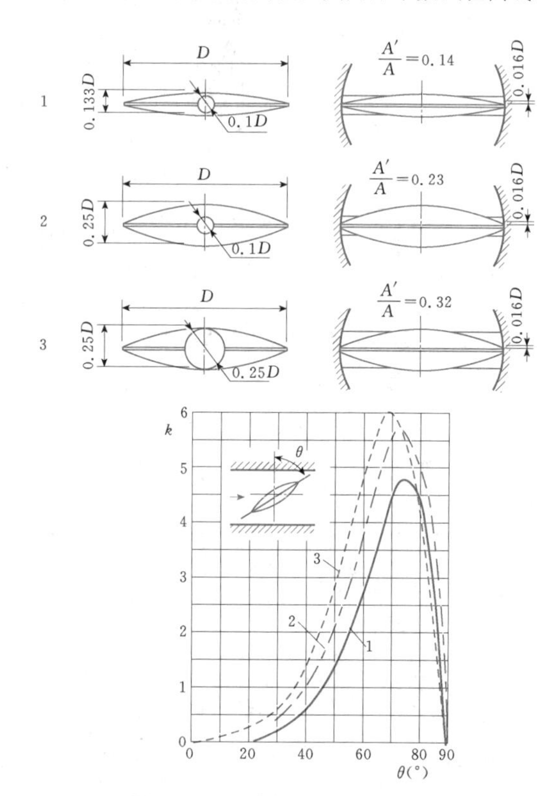

图 4.4-16　蝴蝶阀门的力矩系数

A'—阀板侧向投影面积；A—阀板总面积

绕轴水力力矩 T 值按式（4.4-11）计算：

$$T=9.81kD^3v^2 \tag{4.4-11}$$

式中　T——绕轴水力力矩，N·m；

D——阀板直径，m；

v——阀门下游距离 D 处的流速，m/s；

k——力矩系数，其值随阀板开度 θ 而变化，由图 4.4-16 查取。

4.4.2.5　球形阀门

球形阀门的动水压力分布与蝴蝶阀门相似，也不宜作局部开启运行。图 4.4-17 所示为两种不同阀体型式的力矩系数试验曲线，水力力矩 T 值仍可按式（4.4-11）计算。力矩系数 k 值按图 4.4-17 查取。图中Ⅰ型的外侧具有加强肋片，Ⅱ型的外侧呈光滑球形；与阀壳间仅有 0.025D 的缝隙。

4.4.3　空化与空蚀

高速水流通过闸门门槽或在门叶底缘绕流时，由于边界突变，容易发生空化水流，致使门叶、阀体及邻近的门槽或建筑物发生空蚀。

空化水流的发生条件通常用水流空化数 K 来判

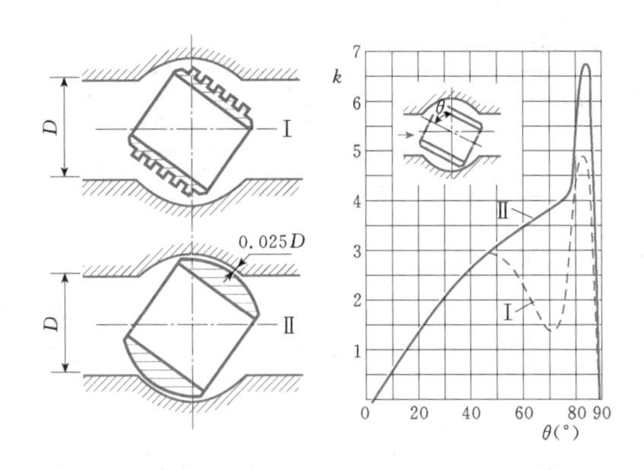

图 4.4-17 球形阀门的力矩系数

别。水流空化数 K 定义为

$$K=\frac{\dfrac{P_1}{\gamma}+\dfrac{P_a}{\gamma}-\dfrac{P_V}{\gamma}}{\dfrac{v_1^2}{2g}} \tag{4.4-12}$$

式中 P_1——计算点的压强，kPa；

P_a——大气压强，kPa，其与高程的关系如图 4.4-18 所示；

P_V——水的饱和蒸汽压强，kPa，其与水温的关系如图 4.4-19 所示；

γ——水的重度，取 9.81kN/m³；

v_1——计算点的流速，m/s；

g——重力加速度，取 9.81m/s²。

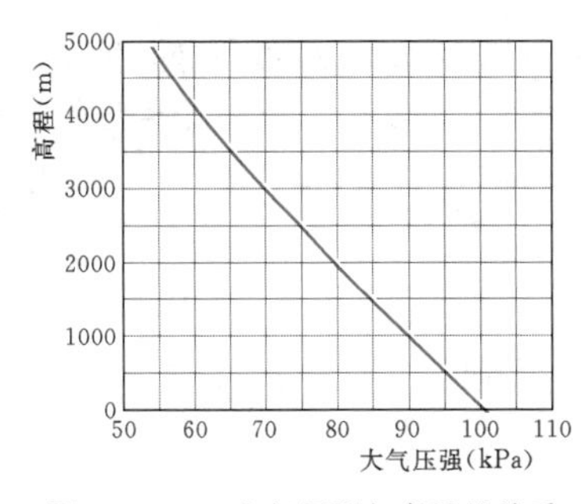

图 4.4-18 大气压强与高程的关系

如果固体边界不变，水流的空化数降低到某一临界值时，水流开始出现空化，此时的空化数称为该固体边界的初生空化数，用 K_i 表示。

(1) $K>K_i$ 时，表明不发生空化。

(2) $K=K_i$ 时，表明空化初生。

(3) $K<K_i$ 时，表明已发生空化。

K_i 是判别空化是否发生的重要参数，其值随固体边界的体型而定。例如，平面闸门的门槽按其形状不同而有不同的 K_i 值。K_i 值越小，说明门槽体型越好，越不容易发生空化。

K_i 值一般由水工模型试验确定。由于误差的存在，实际使用时要保留一定的安全裕度。通常，某一固定边界的 K 值应满足下式：

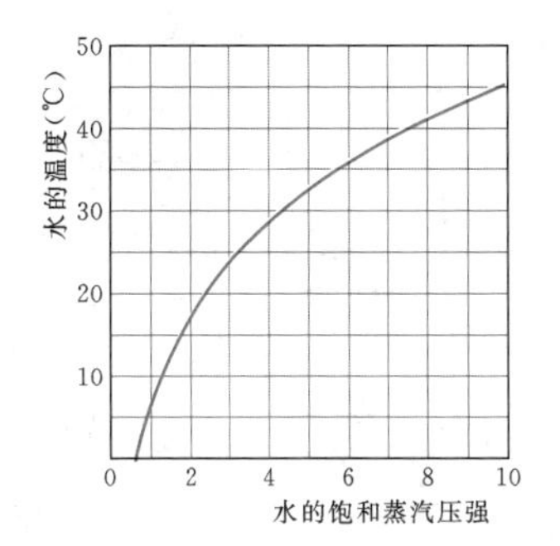

图 4.4-19 水的汽化压强与水温的关系

$$K\geqslant(1.2\sim1.5)K_i \tag{4.4-13}$$

4.4.4 门槽型式的选择

常用的平面闸门门槽型式有Ⅰ型和Ⅱ型两种，见表 4.4-5。表中列出它们各部分的尺寸比例、初生空化数和适用范围。在计算门槽空化数 K 时，对应的 P_1、v_1，宜取紧靠门槽上游泄水道断面的平均压强和平均流速。

4.4.5 通气孔面积计算

1. 泄水道

当潜孔式闸门门后不能充分通气时，为了保证闸门正常工作，改善水流流态，防止发生有害的空蚀和振动等现象，必须在闸门下游侧进行通气。

通气量的确定十分重要，国内外现有的许多估算公式大多是根据室内试验和现场实测资料整理而成的经验公式。由于泄水道的流态变化很大，各种经验公式估算的结果差别很大。

(1) SL 74—2013 推荐采用经验公式(4.4-14)直接计算泄水道工作闸门或事故闸门的充分通气量 Q_a，即

$$\left.\begin{aligned}A_a&\geqslant\frac{Q_a}{[v_a]}\\Q_a&=0.09v_wA\end{aligned}\right\} \tag{4.4-14}$$

式中 A_a——通气孔的断面面积，m²；

$[v_a]$——通气孔的容许风速，一般取 40m/s，小型闸门取 50m/s；

v_w——闸门孔口的水流流速，m/s；

A——闸门下游管道的面积，m²。

(2) 对于高水头大型工程的重要闸门，也可按下列半经验半理论公式计算充分通气量：

$$Q_a=\frac{v_wA_a}{1+21.2\dfrac{A_a^2}{\varphi_0 aBv_w}\sqrt{\dfrac{g}{L}}} \tag{4.4-15}$$

式中 A_a——闸门下游泄水道在水面以上的截面面积，m²；

表 4.4-5　　平面闸门门槽型式的选择

槽型	图　形	门槽几何形状的参数	适　用　范　围
Ⅰ	水流 D W	(1)较优宽深比 $W/D=1.6\sim1.8$。 (2)合宜宽深比 $W/D=1.4\sim2.5$。 (3)门槽初生空化数的经验公式为 $K_i=0.38\dfrac{W}{D}$(适用范围为 $W/D=1.4\sim3.5$)	(1)泄水孔事故门门槽和检修门门槽。 (2)水头低于 12.00m 的溢流坝堰顶工作闸门门槽。 (3)电站进水口事故、快速闸门门槽。 (4)泄水孔工作门门槽，当水流空化数 $K>1.0$(约相当于水头低于 30.00m，或流速小于 20m/s)时
Ⅱ	水流 X Δ D R W	(1)合宜宽深比 $W/D=1.5\sim2.0$。 (2)较优错距比 $\Delta/W=0.05\sim0.08$。 (3)较优斜坡 $\Delta/X=1/10\sim1/12$。 (4)较优圆角半径 $R=30\sim50$mm，或圆角比 $R/D=0.10$。 (5)门槽初生空化数 $K_i=0.4\sim0.6$(可根据已有科研成果及工程实例类比选用)	(1)泄水孔工作闸门门槽，其水流空化数 $K>0.6$(约相当于水头为 30.00～50.00m，或流速为 20～25m/s)时。 (2)高水头、短管道事故闸门门槽，其水流空化数 $1.0>K>0.4$ 时。 (3)要求经常部分开启，其水流空化数 $K<0.8$ 的工作闸门门槽。 (4)水头高于 12.00m，其水流空化数 $K<0.8$ 的溢流坝堰顶工作闸门门槽

B——闸门下游泄水道内水面宽度，一般取孔宽，m；

L——闸门下游泄水道长度，m；

φ_0——通气孔的风速系数，一般取 0.6；

g——重力加速度，取 9.81m/s^2；

其余符号意义同前。

对式（4.4-15）求解时要进行试算。为方便计，将式（4.4-15）改写为

$$\frac{a}{A_a}=\frac{v_w}{v_a}-M \tag{4.4-16}$$

$$v_a\leqslant[v_a] \tag{4.4-17}$$

$$M=21.2\frac{A_a}{\varphi_0 B v_w}\sqrt{\frac{g}{L}}=111\frac{A_a}{\sqrt{L}Bv_w} \tag{4.4-18}$$

然后，利用图 4.4-20 按图解法求解。

（3）SL 74—2013 还推荐了一个半理论半经验公式：

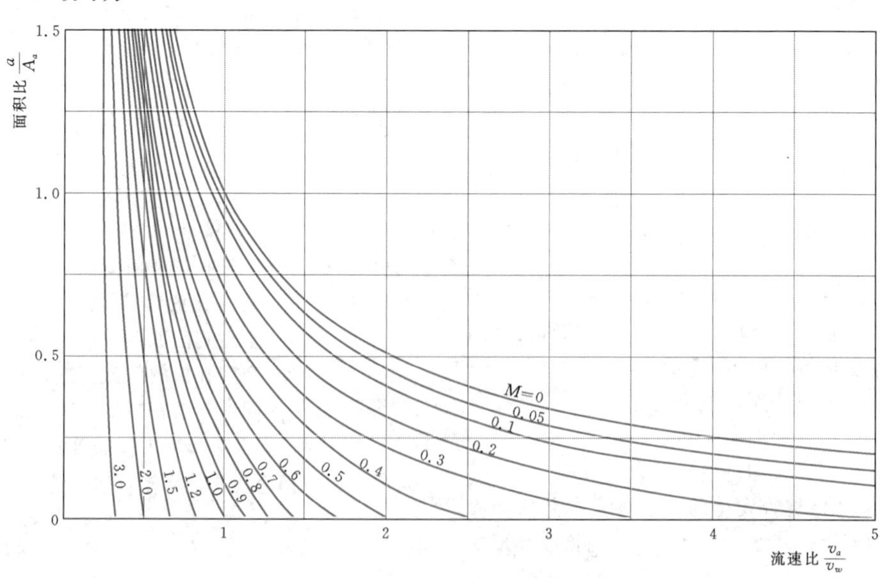

图 4.4-20　$\dfrac{a}{A_a}=f\left(\dfrac{v_a}{v_w},M\right)$ 曲线

$$\beta = K(Fr-1)^{[a\ln(Fr-1)+b]}-1 \quad (4.4-19)$$

其中

$$Fr=\frac{v}{\sqrt{9.81e}} \quad (4.4-20)$$

$$\beta=\frac{Q_a}{Q_w} \quad (4.4-21)$$

式中 β——气水比；

Q_w——闸门在一定开度下的流量，m^3/s；

Fr——闸门孔口断面的弗劳德数；

v——闸门孔口断面平均流速，m/s；

e——闸门开启高度，m；

K、a、b——各区间的系数，见表 4.4-6；

其余符号意义同前。

表 4.4-6　半理论半经验公式系数表

管道类型	区间号	L/h	Fr 的范围	$\beta=K(Fr-1)^{[a\ln(Fr-1)+b]}-1$		
				K	a	b
设平面闸门的压力管道	Ⅰ	6.10～10.66	3.96～20.30	1.1580	0.112	−0.242
			3.87～3.96	1.0154	0.000	0.000
	Ⅱ	10.66～27.40	1.94～6.29	1.0150	0.035	0.004
			1.61～1.94	1.0152	0.000	0.000
	Ⅲ	27.40～35.78	1.91～17.19	1.0420	0.039	0.008
			1.38～1.91	1.0413	0.000	0.000
	Ⅳ	35.78～77.00	1.08～15.67	1.1300	0.028	0.144
设弧形闸门的无压管道	Ⅴ	6.10～10.66	4.57～32.59	1.3420	0.173	−0.438
			3.49～4.57	1.0153	0.000	0.000
	Ⅵ	10.66～27.40	1.70～18.06	1.0540	0.019	0.013
			1.56～1.70	1.0515	0.000	0.000
	Ⅶ	27.40～35.78	2.45～10.81	1.0730	0.053	0.070
	Ⅷ	35.78～77.00	2.33～8.31	1.1700	0.182	−0.019

注　L 为闸后管道长度，m；h 为管道净高度，m。

2. 引水道

水电站或排灌站引水道内的水流流速一般要比泄水道小得多，水流的挟气、掺气现象也要轻得多，但若通气不足，同样会引起负压、空蚀、振动以及机组出力降低等不良现象。

引水道的通气计算方法，目前还研究得不够充分，尚无切实可用的计算公式。SL 74—2013 规定，快速闸门门后通气孔面积按引水道面积的 4%～7% 选用；事故闸门的通气孔面积可酌情减少。

4.4.6 闸门的振动

4.4.6.1 振动原因

闸门运行过程中在动水荷载作用下产生振动。一般情况下，泄水道边界层紊动和水流内部随机脉动作用力激励产生的闸门振动不致造成危害。通常，当来流平稳时，作用于闸门的水流脉动压力的均方根值约为总水头的 3%。

引起严重危害的振动是闸门结构在特殊水动力荷载作用下产生共振及由空化水流作用诱发的闸门振动。造成闸门强烈振动的根本原因在于特殊水动力荷载与结构动力特性的不利组合作用，特别是当水动力荷载的高能区位于闸门结构低频区，形成低阻尼、高响应放大倍数的共振状态，以致因振动幅值迅速上升，最终导致支臂动力失稳而破坏。例如，门前出现空化水流、气囊运动和门后产生淹没水跃等流态时，作用于闸门的动水荷载就更为复杂，动荷载量级将显著加大，对闸门结构的危害性也将增加。如果激振频率是外力固有的，则属于强迫振动；如果激振频率是由于结构与水流发生耦合而次生的，则属于自激振动（如止水振动）。

分析国内外的闸门强烈振动实例，振动原因大致有如下几种。

1. 止水振动

由于止水漏水引起闸门或邻近建筑物和设备振动的实例很多。振动往往在关门时发生，大都具有自激振动的性质。维持振动所需的能量来自闸门上游恒定的水压力。关于振动过程，参照图 4.4-21 说明如下：当止水橡皮处于图 4.4-21（a）所示的位置时，止水与止水座间有缝隙 Δ，因此，上游压力水便由该缝隙中以流速 v 射向下游。按伯努利方程，得到 m 点的压力将小于 n 点的压力，设此时由水压力产生的绕 O 点力矩为 M_1，它将使止水橡皮产生弯曲变形；在某一压力值时，该弯曲变形恰好使止水与止水座相接触，如图 4.4-21（b）所示位置。这时，由于缝隙 Δ 已被堵塞，漏水停止，按伯努利方程算得 m 点和 n 点具有相同的压力。由此水压力图形求得绕 O 点的力矩 M_2 将小于 M_1，止水的弯曲变形值小于 Δ，于是，缝隙重新开放，止水橡皮回复到图 4.4-21（a）所示的位置。这样，止水橡皮便会在图 4.4-21（a）、（b）所示两种位置上交替反复出现，构成止水橡皮的弯曲振动。这里止水橡皮本身又起了控制阀的作用，即止水的振动诱发了水压力的变化，这种变化反过来又增强和维持了止水橡皮的振动。止水的振动会在门叶结构的影响下变成周期性的作用力，使门叶产生振动。当它与门叶结构的自振频率接近或一致时，门叶结构将产生有害的共振。

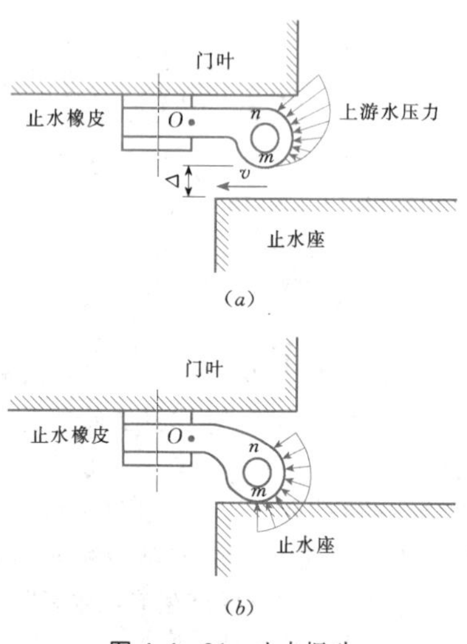

图 4.4-21　止水振动

2. 闸门绕流

当水流绕阻水体流动时，在阻水体下游将出现一个尾流区，图 4.4-22 所示为水流绕圆柱形阻水体时的情况。

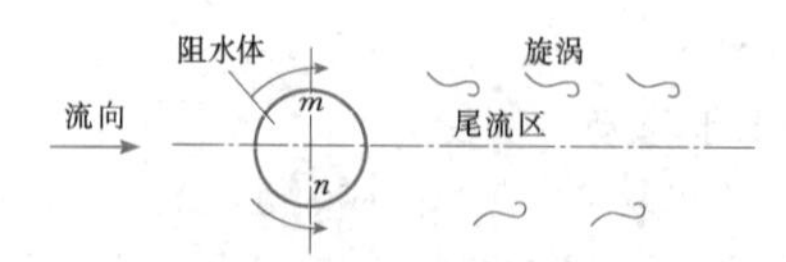

图 4.4-22　绕阻水圆柱体的水流

在一定的流速时，尾流区内将出现左右交替发生的一连串旋涡，通常称为卡门涡街。对卡门涡街的研究认为，其形成主要与脱体自由剪切层的不稳定有关。在一定条件下，自由剪切层破碎成为单独的旋涡。由于旋涡是交替地脱离阻水体的 m 点和 n 点，使作用在 m、n 点附近区域内的压力发生交替变化，时而 m 点附近的区域压力大于 n 点附近的区域，时而又反过来。这样，对阻水体来说，便作用着一个垂直于水流方向忽左忽右的力，力的变化频率 f 可由下式确定：

$$f = Sh\,\frac{v}{D}\ (\mathrm{Hz}) \tag{4.4-22}$$

式中　v——水流的流速，m/s；

D——阻水体的特征尺寸，如果是圆柱体则为其直径，m；

Sh——斯特劳哈尔（Strouhal）数，与雷诺数 Re 有关（见图 4.4-23），在工程实用范围 $Re = 10^3 \sim 10^5$ 内，其值可认为是 0.2。

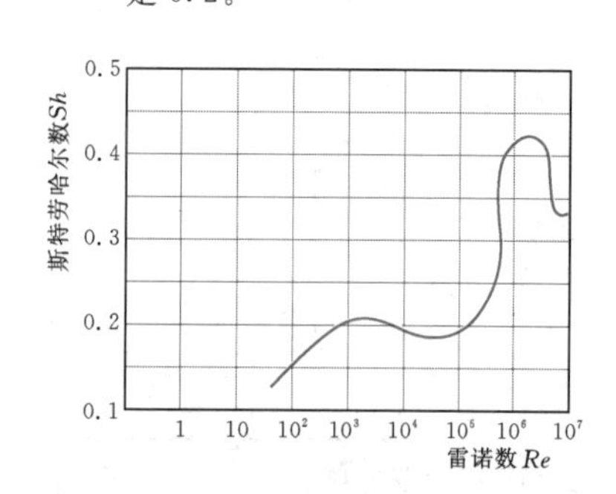

图 4.4-23　斯特劳哈尔（Strouhal）数

若频率 f 值接近或等于阻水体结构或零部件的自振频率，便将发生强烈振动。当门顶和门底同时泄水时，门叶将成为一个阻水体，在一定条件下便发生跳动或振动。曾有一座直径 3.5m、跨度 25m 的圆辊闸门，在门顶和门底同时过水时发生垂直方向的强烈跳动，位移幅值达到 30cm。

3. 溢流水流的颤抖

当闸门门叶顶部溢流时，在某种水舌厚度时，水舌的不稳定往往造成水舌内外空气压力的差异，使水舌发生波折颤抖。在一定条件下，当水舌的颤抖频率与门叶结构、零部件或邻近建筑物的自振频率一致时，便会使这些结构物发生强烈振动。

其他引起闸门振动的原因还很多，如闸门门叶底部的负压、闸门下游水跃对门叶的冲击等。

4.4.6.2　闸门流激振动试验研究

流激振动在闸门的运行过程中普遍存在。流激振动靠结构体系外的水流补充能量，结构体系依靠自身运动状态的反馈作用调节能量输入，维持结构的持续振动。为防止和减轻闸门的有害振动，需对闸门的动力特性与在有激励情况下的动力响应进行试验研究。通过测试闸门结构在不同水位、开度组合条件下的振动响应情况，取得闸门振动的加速度、动位移等物理参数，明确振动类型、性质及其量级等，为闸门减振分析提供依据。

结构的频率和振型通常称为模态。一个固定的频率和振型对应于结构的一个特定的模态，即模态参数。通常，结构的动力响应大都是由前几阶模态控制，简化的计算分析方法可取第一阶模态。

模态参数可以由计算或试验分析过程得到，这个过程称为模态分析。如果是通过有限元分析得到模态参数，则称为计算模态分析；如果是通过试验将采集的系统输入信号与输出信号经过参数识别获得模态参数，称为试验模态分析。通常，模态分析都是指试验模态分析。

通过模态分析方法搞清楚闸门结构在某一易受影响的频率范围内各阶主要模态的特性，就可能预测结构在此频段内，在外部或内部各种振源作用下的实际振动响应。因此，模态分析是结构动态设计的一个重要方法。

应用结构模态分析的方法可测试闸门结构动力特性，取得闸门结构的固有频率、阻尼比、振型等模态参数，分析闸门发生强烈振动的内因，为闸门共振分析提供依据。

进行闸门的试验模态分析时，要充分考虑不同的支承条件和作用水头对闸门动力特性的影响，确保获得在典型开度和典型水位情况下闸门动力特性的测试成果。在闸门主要构件（如横梁、纵梁、面板、支臂）的关键部位布置安装加速度传感器和应变计等传感器，测量闸门结构在不同水位和不同开度组合条件下的振动量级。

运行模态分析可在真实的运行条件和环境条件下，在结构不可能或者是很难被外部激励力激励的情况下完成结构的模态识别，是在只有输出响应的情况下模态参数的有效识别工具。而结构在运行状态时识别的模态参数是非常有益的，此时得到的模态模型代表了在实际边界条件下真实的情况。

流激振动时采用运行模态分析不仅可以确定闸门结构的动力特性参数（频率、阻尼、振型等），同时还可确定结构振动的量值（如结构振动的位移、速度、加速度等）。

4.4.6.3 防止和减轻闸门有害振动的方法

导致闸门发生振动并破坏的因素很多，包括设计、制造、安装、运行和维护等诸多方面。

应在设计阶段就对动力问题有足够的重视，对于某些特殊的、比较复杂的水力条件下工作的闸门，如无经验可循，宜通过数值模拟分析或物理模拟试验，或二者相结合的方法，对未来运用条件下的闸门动力相应问题，采用同时满足水动力条件和结构动力条件相似的水弹性模型，来直接模拟和预测闸门系统垂直和水平的流激振动响应，并根据闸门上的动水荷载、振动模态特征和流激响应测试结果，综合分析闸门振动的激励源，从而给出改善闸门水动力特性的结构参数，使设计得到完善。

一般情况下，若经试验模态分析与数值模拟所取得的前几阶模态频率与水流压力脉动的主频接近，并且落入水流脉动的高能区，则可能激起闸门较大的振动。结构动态优化设计就是根据试验成果修改闸门结构参数，如提高模态频率，特别是基频，避开脉动压力的主频区，从而减小闸门的振动。如当弧形闸门以侧向振动为主时，可以增加支臂及其间横撑与竖撑的刚度，改善闸门的整体性，使其模态频率得到提高，得到新的动态优化设计方案。根据优化方案的结构尺寸，同时应用弹性相似模型及数值模拟模型再次进行试验模态分析及有限元分析，会发现前数阶模态频率会有所提高，基频高于脉动压力主频，有利于抗振。

1. 工程实例

以下几个工程实例，均通过闸门流激振动试验研究，改进了结构的动力特性。

（1）蒲石河抽水蓄能电站泄洪排沙闸 14m×19m—19m 弧形工作闸门。由于下游水位高，局部开启时，门后水跃可能引起闸门流激振动。为此，对闸门的静力及流激振动问题进行了试验分析研究：

1）建立了两支臂、三支臂及修改后三支臂弧门的静力有限元模型，经过修改后，结构变形和应力分布更加均匀。从能量谱来看，脉动压力的能量主要集中在低频部分。

2）建立了比例为 1∶20 的修改后三支臂弧门水力相似模型，测试了不同工况下闸门主要构件上的脉动压力荷载，测试结果表明脉动压力均方根值均不大。

3）建立了比例为 1∶20 的修改后三支臂弧门水弹性相似模型，并建立了修改后三支臂弧门模态分析的有限元模型。试验模态分析结果表明，干模态有限元分析前两阶频率和振型与试验模态分析结果基本吻合。由于水流附加质量影响，闸门相同振型的湿模态频率要低于干模态频率。

4）利用水弹性相似模型，测试了不同工况下闸门主要构件上的振动应力、振动加速度、振动位移，测试结果表明均在容许范围内。

(2) 小浪底2号孔板洞中闸室4.8m×4.8m—129.85m偏心铰弧门。由于门后突扩突跌布置，闸室后为明流段。结合偏心铰弧门的特点，进行了以下几方面的闸门流激振动原型观测试验研究：

1) 弧门在局部开启（固定开度）泄洪时的振动应力、加速度和位移特性。

2) 弧门在后移及连续开启过程中振动的应力和加速度特性。

3) 弧门在连续关闭及前移过程中振动的应力和加速度特性。

观测结果表明，观测工况下弧形闸门振动属微小振动，闸门振动位移和加速度响应在容许的范围内，振动应力远小于闸门结构容许应力的20%。

(3) 锦屏一级水电站深孔5m×6m—91.00m弧形工作闸门。通过闸门流激振动全水弹性模型仿真试验研究和三维有限元动力和静力计算，对闸门的流激振动安全性进行了综合评估。

模型比例为1∶20，用水弹性材料制作水弹性模型，试验模态分析得到的动力特性与计算值吻合。振动试验表明，该闸门在运行中未发生水力共振现象，闸门的动、静应力在安全范围内，可以安全运行。研究结论如下：

1) 模型试验与有限元计算的闸门低阶自振频率和振型比较吻合，说明模型是满足水弹性相似要求的，能反映闸门流激振动特性。

2) 闸门径向脉动压力的高能量频率小于10Hz，与闸门低阶自振频率相差较大，不会发生水力共振，闸门侧缝处的脉动压力优势频率比较高，也避开闸门低阶自振频率，未引起闸门共振。

3) 闸门在无侧止水条件下的主要振动形态是侧向摆振和扭转振动，属随机强迫振动，闸门径向和切向振动很小。

(4) 三峡水利枢纽导流底孔6m×8.5m—80.00m弧形工作闸门。利用完全水弹性模型研究了闸门流激振动问题。通过对模型进行试验模态分析确定闸门的动力特性，同时对原型闸门进行有限元动力计算，验证模型试验结果。

在对模型闸门进行水力学试验，测量其振动加速度、振动应力和脉动压力，并预报原型闸门流激振动特性的过程中，发现模型闸门存在严重振动问题，并通过研究减振措施，较好地解决了这一问题。

2003年汛期，在上游水位135.00m、下游水位71.84m条件下对该闸门进行了原型振动观测，获得了原型闸门的动力特性和响应特性。观测成果不仅为闸门的安全运行提供了科学依据，而且验证了水弹性模型预报成果的正确性。

1) 减振措施。在减振措施研究中，采用了以下两种方法：

a. 改变闸门水力学条件，将闸门两侧的缝隙从上游面封堵并保持闸门仍能自由运动，相当于原型闸门侧止水不漏水。在这种条件下，振动试验结果表明闸门的自激振动消失，振动显著减小。原型闸门在不同开度区间大多数观测点的振动加速度最大值与对应的模型值是比较接近的，只有少数测值相差较大。

b. 改变闸门主纵梁的结构型式，将闸门两个主纵梁的侧面沿中性轴切出5个孔，并贯穿主纵梁，孔的总面积约为主纵梁侧面积的1/6。模型修改以后，模态分析表明其动力特性完全未变。用修改后的模型进行放水试验，在相同试验条件下，试验结果表明，闸门并未产生自激振动，门叶侧向最大振动加速度为$7.25m/s^2$，支臂近支铰处最大动应力仅为11.76MPa。说明将潜孔弧形闸门主纵梁的结构型式做这种改变既不改变其动力特性，又能防止发生自激振动。实际上，这样修改使门侧水体有了横向通道，难以与闸门形成振荡系统。

2) 结论。以上研究结果表明，两种减振措施均是有效的。通过模型试验和原型观测成果的对比分析，得出以下结论：

a. 通过对完全水弹性模型进行模态分析，能可靠预报闸门的动力特性。

b. 完全水弹性模型是预报闸门振动的可靠手段，能够比较可信地预报闸门的振动加速度和闸门结构的静应力和动应力，这是变态水弹性模型难以做到的。

c. 潜孔弧形闸门在侧水封漏水条件下很容易发生危害性自激振动。

d. 防治潜孔弧形闸门自激振动的有效措施有两种：其一是保证侧水封不损坏漏水；其二是在闸门设计时将闸门主纵梁两侧沿中性轴开孔，孔口面积约为主纵梁侧面积的1/6左右，在这种结构型式下，即使侧水封漏水也可避免发生自激振动。

2. *解决闸门流激振动的措施*

当闸门的运行方面出现与设计不相符合的运用条件时，如水头增加、下游水位变化、止水磨损松动、安装误差过大、非正常过水等，都可能使正常设计条件下运用不会出现的振动突然出现。这种情况，一般通过原型观测或模拟试验进行研究，确定振源和振动的危害程度，并从改善或避开特殊有害的水流条件和改善或加固结构两方面采取相应的减振、防振措施。

从国内外工程实例的调查和失事原因分析来看，危害闸门结构的严重振动几乎总是与某些不利的水力条件（如底缘被淹没、局部开启、止水不良、通气不足等）相联系，当这些水力条件所形成的振源得到消除或控制之后，闸门的振动也将消失。因此，闸门的流激振动最重要的防振措施就是消除振源。

对于平面闸门，应力求避免临门水跃的闸后流态，特别是对于高水头下经常动水操作的闸门，应尽量使闸后保持明流状态并充分通气，当无法避免时，应进行专门的水力学或水弹性试验加以论证。在闸后水跃不可避免的条件下，应提高闸门悬吊结构及支承结构的刚度，尽可能增加阻尼。当闸门与悬吊结构产生垂直水流方向的振动，即单自由体质量振动时，增加支承结构的刚度和阻尼比加强门叶结构效果更加明显。

对于弧形闸门，支臂是弧门结构的薄弱环节。绝大多数低水头弧门失事为支臂失稳所致。

从振源分析，弧门局部开启时，下游产生水跃可能对闸门产生较强的脉动力，运行时应尽可能避开某些可能使闸门产生较大振动的水位、开度的组合区域。一些空化与气囊等气液两相流，其脉动压力远大于非空化流。因此，应尽量避免进口空化，以减少弧门在大开度时出现有害振动，泄水结构应尽量避免明满流过度的水流流态，减少可能产生的气囊运动的动力作用对闸门的不利影响。

从结构分析，当把支臂振动简化为受轴向力作用的横向振动问题，可以得出著名的 Mathieu 方程。根据该方程，当激振频率 ω 等于支臂的一阶频率 Ω 的 2 倍时，即 $\omega=2\Omega$ 时，支臂产生参数共振。由于支臂的一阶频率所对应的不稳定区宽度最大，因而也是最危险的。支臂的一阶频率 Ω 按下式计算：

$$\Omega = 0.001\frac{\pi^2}{l^2}\sqrt{\frac{EJ}{m}}\sqrt{1-\frac{P_0}{P_1}} \quad (4.4-23)$$

$$P_1 = \frac{\pi^2 EJ}{l^2}$$

式中 l——支臂长度，m；

E——弹性模量，N/mm^2；

J——截面惯性矩，mm^4；

m——支臂单位长质量，kg/m；

P_0——支臂轴向静荷载，N；

P_1——支臂失稳时屈曲成一个半波时的欧拉临界力，N。

大量的试验研究资料表明，在 0～10Hz 范围内的水流脉动压力能谱密度大，动荷载主能量主要集中在低频区。因此，增加支臂的刚度，降低频率比值 $\frac{\omega}{2\Omega}$（一般小于 0.5），使结构远离第一不稳定区是比较有效的解决办法。为此，合理选用刚度比 K 就显得非常重要，从过去低水头弧门选用的刚度比 K 值来看，往往都选用其上限，造成支臂结构单薄，个别工程的 K 值甚至达到 25，这显然是不安全的。从增加支臂刚度的角度考虑，在其下限附近选取刚度比 K 值是比较合适的。对斜支臂弧形闸门，实腹式主横梁与支臂单位刚度比 K_0 值的范围是 $K_0=3\sim7$，可以在 $K_0=3$ 附近取值。

支臂的动力失稳是这种结构型式的一种特殊振动。激振力由面板传递到支臂，构成作用在支臂上轴向的脉动力。波浪力、侧止水漏水、底缘的卡门涡流等均可以是激励力的来源。由于这种情况通常与“参数共振”、“旋涡脱体”等非线性力学相关，问题比较复杂。通常启闭过程中出现的强大的脉动压力是闸门振动的激励源。由于无法从根本上改变这种状况，采用结构动态优化设计是避免闸门振动的重要手段。其中增加阻尼是有效的抑振措施，对闸门绕支铰转动的单自由体质量振动效果更明显。

总之，解决闸门的流激振动问题，确保结构动力安全，应首先从改善水动力条件着手，通过物理模型细致研究闸门段流场水流运动规律及作用于闸门体水动力荷载状况，在可能的条件下，改善闸门进流出流条件，消除不利流态的生成及对闸门结构的特殊动力作用。

当改变闸门段边界条件有困难时，可优化闸门结构的动特性，通过对闸门动特性的优化，可以在一定程度上避免特殊水动力荷载引起的共振。对空化水流引起的闸门结构的自激振动则必须从改善水流条件来解决问题。

优化闸门结构的动特性使结构的低频区远离水动力荷载的高能区，是控制和避免闸门危害性振动的一个重要途径。

对于已出现强振的现象，处理方法主要有以下几种：

（1）对闸门止水结构进行优化、调整止水装置各部分的尺寸、在尾流区内或水舌下方通入空气、改变闸门的运行方式等，控制闸门振动的根源。

（2）设法加固门叶结构或零部件结构，提高门叶结构的刚度，改变门叶的自振特性，避免出现共振现象。

（3）应用实验模态分析或运行模态分析的方法测试闸门结构动力特性，取得闸门结构包含固有频率、阻尼比、振型等模态参数。分析闸门发生强烈振动的内因，为闸门共振分析提供依据。

（4）测量闸门结构在不同水位、开度组合条件下振动情况，取得闸门振动的加速度、动位移等物理参数，明确振动类型、性质及其量级等，为闸门减振分析提供依据。

（5）当不利的水力条件所形成的振源得到消除或控制以后，闸门的有害振动也将消失。因此，闸门流激振动最重要的防振措施是消除振源。某些情况下，振源不可能得到消除，就需要一个判断振动危害程度的判别标准。美国阿肯色河通航枢纽中心给出以振动构件的平均位移来划分闸门振动强弱的判断标准，见表 4.4－7。

表 4.4－7　水工钢闸门容许振幅

平均振动位移（mm）	振动危害程度
0～0.0508	忽略不计
0.0508～0.2540	微小
0.2540～0.5080	中等
＞0.5080	严重

此外，金属构件的局部振动动应力要求不大于容许应力的 20%。当超过容许值以后，应进行动力分析，并采取相应措施。

4.5 结构设计

4.5.1 荷载

作用在闸门上的荷载可划分为基本荷载和特殊荷载两类。

（1）基本荷载。包括闸门自重（含加重），设计水头下的静水压力、动水压力、波浪压力、水锤压力、淤沙压力、风压力、启闭力及其他出现机会较多的荷载等。

（2）特殊荷载。包括闸门自重（含加重），校核水头下的静水压力，动水压力，波浪压力，水锤压力，地震荷载，冰、漂浮物和推移物的撞击力，以及其他出现机会较少的荷载等。

特殊情况时，如水下爆破，应专门研究作用在闸门上的荷载。

在进行闸门结构和零部件设计前，应将可能同时作用在闸门上的各种荷载进行组合。荷载组合分为基本组合和特殊组合两类。基本组合由基本荷载组成，特殊组合由基本荷载和一种或几种特殊荷载组成，见表 4.5－1。

作用在闸门上的荷载及组合，可按 SL 74—2013 进行计算，动水压力的计算参见本章 4.4.2 小节。

4.5.2 材料和容许应力

4.5.2.1 结构钢

闸门承载结构的结构钢，应根据闸门的性质、操作条件、连接方式、工作温度等不同情况选择其钢号。钢号选用见表 4.5－2。选用钢材的抗拉强度、屈服强度、伸长率和硫、磷、碳的含量要符合要求。主要受力结构和弯曲成形部分钢材应具有冷弯试验的合格保证。承受动载的焊接结构钢材应具有相应工作温度冲击试验的合格保证。

结构钢的尺寸分组见表 4.5－3，容许应力见表 4.5－4，连接材料的容许应力见表 4.5－5 和表 4.5－6。

表 4.5－1　荷载组合表

荷载组合	计算情况	荷载												说明
		自重	静水压力	动水压力	波浪压力	水锤压力	淤沙压力	风压力	启闭力	地震荷载	撞击力	其他出现机会较多荷载	其他出现机会较少荷载	
基本组合	设计水头情况	√	√	√	√	√	√	√	√			√		按设计水头组合计算
	地震情况	√	√	√	√	√	√	√		√				按设计水头组合计算
特殊组合	校核水头情况	√	√	√	√	√	√	√	√		√		√	按校核水头组合计算
	地震情况	√	√	√	√		√	√		√				按校核水头组合计算

4.5.2.2 铸铁

制作闸门或闸门零件的铸铁主要采用灰铸铁。常用的灰铸铁牌号为 HT150、HT200、HT250，其容许应力见表 4.5－7。

4.5.2.3 铸钢、优质碳素钢和合金钢

铸钢、优质碳素钢和合金钢是制作闸门零件的主要材料。

闸门支承结构（包括主轨）主要采用铸钢和合金铸钢。常用的铸钢牌号为 ZG230—450、ZG270—500、ZG310—570、ZG340—640。常用的合金铸钢牌号为 ZG50Mn2、ZG35Cr1Mo、ZG34Cr2Ni2Mo。

闸门的吊杆轴、连接轴、主轮轴、支铰轴和其他轴主要采用优质碳素结构钢和合金结构钢。常用的优质碳素结构钢有 35 号、45 号钢，常用的合金结构钢牌号为 42CrMo、40Cr。

由上述各种材料制作的机械零件，其容许应力见表 4.5－8。

表 4.5-2　　闸门及埋件常用的钢号

项次	部位	使用条件	工作温度 t（℃）	钢号
1	闸门	大型工程的工作闸门，大型工程的重要事故闸门，局部开启的工作闸门	$t>0$	Q235B、Q345B、Q390B
			$-20<t\leqslant 0$	Q235C、Q345C、Q390D
			$t\leqslant -20$	Q235D、Q345D、Q390E
2		中小型工程不作局部开启的工作闸门，其他事故闸门	$t>0$	Q235B、Q345B
			$-20<t\leqslant 0$	Q235C、Q345C
			$t\leqslant -20$	Q235D、Q345D
3		各类检修闸门、拦污栅	$t\geqslant -30$	Q235B、Q345B
4	埋件	主要受力埋件	—	Q235B、Q345A、Q345B
5		按构造要求选择的埋件	—	Q235A、Q235B

注 1. 当有可靠根据时，可采用其他钢号。对无证明书的钢材，经试验证明其化学成分和力学性能符合相应标准所列钢号的要求时，可酌情使用。
2. 非焊接结构的钢号，可参照本表选用。
3. 大型工程指Ⅰ、Ⅱ等工程，中型工程指Ⅲ等工程，小型工程指Ⅳ、Ⅴ等工程。

表 4.5-3　　钢材的尺寸分组

组别	不同型号钢材厚度或直径（mm）		组别	不同型号钢材厚度或直径（mm）	
	Q235	Q345、Q390		Q235	Q345、Q390
第1组	≤16	≤16	第4组	>60～100	>63～80
第2组	>16～40	>16～40	第5组	>100～150	>80～100
第3组	>40～60	>40～63	第6组	>150～200	>100～150

表 4.5-4　　钢材的容许应力　　单位：N/mm^2

钢材			抗拉、抗压和抗弯 $[\sigma]$	抗剪 $[\tau]$	局部承压 $[\sigma_{cd}]$	局部紧接承压 $[\sigma_{cj}]$
钢种	钢号	组别				
碳素结构钢	Q235	第1组	160	95	240	120
		第2组	150	90	225	110
		第3组	145	85	215	110
		第4组	145	85	215	110
		第5组	130	75	195	95
		第6组	125	75	185	95
低合金结构钢	Q345	第1组	225	135	335	170
		第2组	225	135	335	170
		第3组	220	130	330	165
		第4组	210	125	315	155
		第5组	205	120	305	155
		第6组	190	115	285	140

续表

钢材			抗拉、抗压和抗弯 $[\sigma]$	抗剪 $[\tau]$	局部承压 $[\sigma_{cd}]$	局部紧接承压 $[\sigma_{cj}]$
钢种	钢号	组别				
低合金结构钢	Q390	第1组	245	145	365	185
		第2组	240	145	360	180
		第3组	235	140	350	175
		第4组	220	130	330	165
		第5组	220	130	330	165
		第6组	210	125	315	155

注　1. 局部承压应力不乘调整系数。

2. 局部承压是指构件腹板的小部分表面受局部荷载的挤压或端面承压（磨平顶紧）等情况。

3. 局部紧接承压是指可动性小的铰在接触面的投影平面上的压应力。

表4.5-5　**焊缝的容许应力**　单位：N/mm^2

构件钢材		对接焊缝				角焊缝
钢号	组别	抗压 $[\sigma_c^h]$	抗拉 $[\sigma_l^h]$ 一、二类焊缝	抗拉 $[\sigma_l^h]$ 三类焊缝	抗剪 $[\tau^h]$	抗压、抗拉和抗剪 $[\tau_f^h]$
Q235	第1组	160	160	135	95	110
	第2组	150	150	125	90	105
	第3组	145	145	120	85	100
	第4组	145	145	120	85	100
Q345	第1组	225	225	190	135	155
	第2组	225	225	190	135	155
	第3组	220	220	185	130	155
	第4组	210	210	180	125	145
	第5组	205	205	175	120	145
Q390	第1组	245	245	205	145	170
	第2组	240	240	205	145	165
	第3组	235	235	200	140	165
	第4组	220	220	185	130	155
	第5组	220	220	185	130	155

注　1. 仰焊焊缝的容许应力按本表降低20%。

2. 安装焊缝的容许应力按本表降低10%。

表4.5-6　**普通螺栓连接的容许应力**　单位：N/mm^2

螺栓、锚栓和构件	应力种类	螺栓、锚栓的性能等级或钢号					构件的钢号		
		Q235	Q345	4.6级、4.8级	5.6级	8.8级	Q235	Q345	Q390
A级、B级螺栓	抗拉 $[\sigma_l^l]$				150	310			
	抗剪 $[\tau^l]$				115	230			
C级螺栓	抗拉 $[\sigma_l^l]$	125	180	125					
	抗剪 $[\tau^l]$	95	135	95					
锚栓	抗拉 $[\sigma_l^d]$	105	145						
构件	承压 $[\sigma_c^l]$						240	335	365

注　1. A级螺栓用于 $d \leqslant 24mm$ 和 $l \leqslant 10d$ 或 $l \leqslant 150mm$（按较小值）的螺栓；B级螺栓用于 $d > 24mm$ 或 $l > 10d$ 或 $l > 150mm$（按较小值）的螺栓。d 为公称直径，l 为螺杆公称长度。

2. 螺栓孔的制备应符合《水利水电工程钢闸门制造安装及验收规范》（GB/T 14173）规定的要求。

3. 当Q235钢或Q345钢制作的螺栓直径大于40mm时，螺栓容许应力应予降低，对Q235钢降低4%，对Q345钢降低6%。

表 4.5-7　　灰铸铁的容许应力　　单位：N/mm²

应力种类 \ 灰铸铁牌号	HT150	HT200	HT250
轴心抗压和弯曲抗压 [σ_a]	120	150	200
弯曲抗拉 [σ_w]	35	45	60
抗剪 [τ]	25	35	45
局部承压 [σ_{cd}]	170	210	260
局部紧接承压 [σ_{cj}]	60	75	90

表 4.5-8　　机械零件的容许应力　　单位：N/mm²

应力种类	碳素结构钢	低合金钢		优质碳素结构钢		铸造碳钢				合金铸钢			合金结构钢	
	Q235	Q345	Q390	35	45	ZG230—450	ZG270—500	ZG310—570	ZG340—640	ZG50Mn2	ZG35Cr1Mo	ZG34Cr2Ni2Mo	42CrMo	40Cr
抗压、抗拉和抗弯 [σ]	100	145	160	135	155	100	115	135	145	195	170 (215)	(295)	(365)	(320)
抗剪 [τ]	60	85	95	80	90	60	70	80	85	115	100 (130)	(175)	(220)	(190)
局部承压 [σ_{cd}]	150	215	240	200	230	150	170	200	215	290	255 (320)	(440)	(545)	(480)
局部紧接承压 [σ_{cj}]	80	115	125	105	125	80	90	105	115	155	135 (170)	(235)	(290)	(255)
孔壁抗拉 [σ_k]	115	165	185	155	175	115	130	155	165	225	195 (245)	(340)	(420)	(365)

注　1. 括号内为调质处理后的数值。
2. 孔壁抗拉容许应力系指固定结合的情况，若系活动结合，则应按表值降低 20%。
3. 合金结构钢的容许应力，适用截面厚度尺寸为 25mm。由于厚度影响，屈服强度减少时，各类容许应力可按屈服强度减少比例予以减少。
4. 铸造碳钢的容许应力，适用于厚度不大于 100mm 的铸钢件。

4.5.2.4　铜合金

铜合金在闸门上主要用来制作轴套，也可用来制作滑块。铜合金轴套的容许承压应力见表 4.5-9。

表 4.5-9　　轴套的容许应力

轴和轴套的材料	径向承压 [σ_{cy}] (N/mm²)
钢对 10—3 铝青铜	50
钢对 10—1 锡青铜	40
钢对钢基铜塑复合材料	40

注　水下重要的轴衬、轴套的容许应力降低 20%。

4.5.2.5　复合材料

常见的其他支承滑道及轴承材料还有增强聚四氟乙烯材料、钢基铜塑复合材料、铜合金镶嵌自润滑材料、工程塑料合金材料等四种，其性能参数见表 4.5-10～表 4.5-13。

表 4.5-10　增强聚四氟乙烯材料的物理力学性能

序号	性　　能	指　标	备　注
1	密度（g/cm³）	1.20～1.50	
2	抗压强度（MPa）	120～180	
3	缺口冲击强度（kJ/m²）	＞0.7	
4	球压痕硬度（MPa）	≥100	GB/T 3398
5	容许线压强（kN/cm）	≤80	
6	线膨胀系数（K^{-1}）	≤7.0×10^{-5}	
7	吸水率（%）	≤0.6	
8	热变形温度（℃）	185	

表 4.5-11　钢基铜塑复合材料的物理力学性能

序号	性　　能	铜球/聚甲醛	铜螺旋/聚甲醛
1	复合层厚度（mm）	1.2～1.5	≥3.0
2	抗压强度（MPa）	≥250	≥160
3	容许线压强(kN/cm)	60	80
4	线膨胀系数（K^{-1}）	2.3×10^{-5}	2.3×10^{-5}
5	工作温度（℃）	－40～＋100	－40～＋100

表 4.5-12　铜合金镶嵌自润滑材料的物理力学性能

序号	性　　能	指　标	备　注
1	抗拉强度（MPa）	≥740	
2	断后伸长率（%）	≥10	
3	布氏硬度	≥210	HB

表 4.5-13　工程塑料合金材料的物理力学性能

序号	性　　能	指　标	备　注
1	密度（g/cm^3）	1.1～1.3	
2	抗压强度（MPa）	90～160	
3	硬度（邵氏 D）	＞66	GB/T 2411
4	容许线压强(kN/cm)	＜83	滑块
5	吸水率（%）	≤0.6	
6	热变形温度（℃）	186	

4.5.2.6　止水材料

闸门的止水材料可根据运行条件采用橡胶水封、橡塑复合水封或金属水封。橡胶水封的物理力学性能见表 4.5-14。

4.5.3　计算方法

水工闸门是三维空间结构，原则上应当按空间结构体系进行计算分析。但过去由于计算技术很不发达，按空间结构体系进行计算存在很多困难。因此，在工程实践中长期采用平面体系分析法，即把空间的门叶结构分拆成许多独立的平面结构，然后分别进行分析计算。这样做虽然减小了计算的工作量，但计算结果具有很大的近似性，不能真实反映门叶的工作性状。近年来，随着结构有限元分析法的出现，按空间结构体系对门叶结构进行分析已成为可能，工程实践上也已取得了不少可喜的成果。

表 4.5-14　橡胶水封的物理力学性能

序号	性　　能		指　　标			
			Ⅰ类			Ⅱ类
			7774	6674	6474	6574
1	密度（g/cm^3）		1.2～1.5	1.2～1.5	1.2～1.5	1.2～1.5
2	硬度（邵氏 A）		70±5	60±5	60±5	60±5
3	拉伸强度（MPa）		≥22	≥18	≥13	≥14
4	拉断伸长率（%）		≥400	≥450	≥450	≥400
5	压缩永久变形（%）（B 型试样，70℃×22h）		≤40	≤40	≤40	≤40
6	黏合强度（kN/m）（试样宽度 25mm）		≥10	≥10	≥10	≥10
7	压缩模量（MPa）	20%	5.6～8.0	5.5～6.0	5.5～6.0	5.5～6.0
		30%	5.8～8.0	5.6～6.0	5.6～6.0	5.6～6.0
		40%	6.0～9.0	6.2～6.8	6.2～6.8	6.2～6.8
8	在－40～＋40℃温度环境下工作		不发生冻裂或硬化			

注　1. Ⅰ类是以天然橡胶为基的材料，Ⅱ类是以合成橡胶为基的材料。
2. 橡塑复合水封需做第 6 项性能。
3. 高水头橡胶水封采用 7774。

4.5.3.1 平面结构体系分析法

下面以露顶式平面定轮闸门为例，根据水工闸门门叶各构件之间的荷载分配和计算简图说明平面结构体系分析的方法，如图 4.5-1 所示。

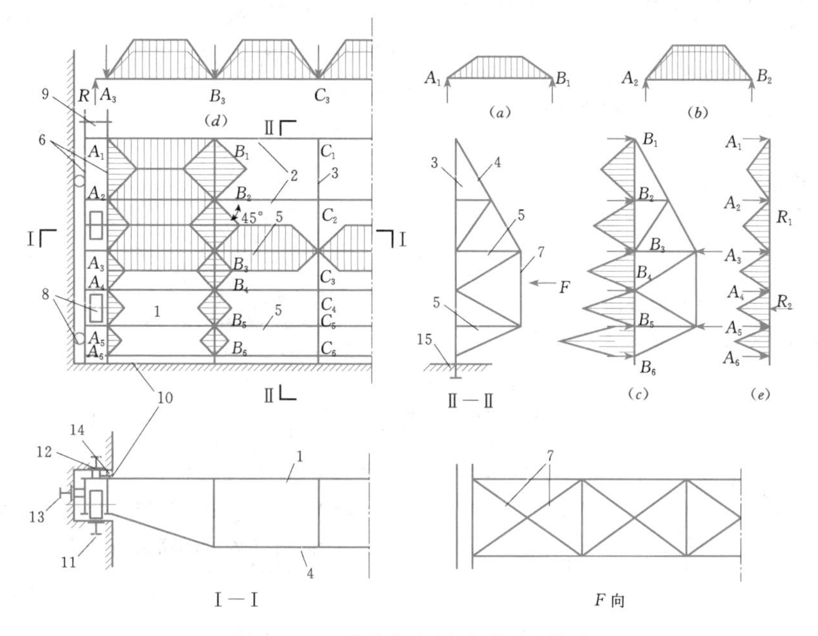

图 4.5-1 露顶式平面闸门的受力情况

1—面板；2—水平次梁；3—竖直次梁；4—竖向联结系；5—水平主梁；6—边梁；7—门背联结系；8—支承行走装置；9—吊头；10—止水装置；11—主轨；12—反轨；13—侧轨；14—止水座；15—底坎

1. 分析

面板直接承受水压力并传递给四周的梁格，荷载按梁格区间角部的等分线（图中阴影区）分配给两侧梁格。水平次梁的荷载如图 4.5-1 (*a*)、(*b*) 所示；竖直次梁除承受面板传递过来的水压力外，还承受水平次梁传递过来的支承反力，其荷载如图 4.5-1 (*c*) 所示；水平主梁承受竖直次梁的支承反力及面板直接传递过来的水压力，其荷载如图 4.5-1 (*d*) 所示。边梁承受水平主梁的支承反力及面板直接传递过来的水压力，其荷载如图 4.5-1 (*e*) 所示。

根据荷载传递途径，可将空间门叶结构分拆成若干独立的平面体系构件。要注意，在两个平面构件的交线上，须考虑应力叠加。弧形闸门或其他型式的闸门，同样可得到一组等价于原来空间结构的平面结构体系。本节只介绍与闸门门叶结构有关的面板计算方法。

我国在 20 世纪 80 年代修订 SL 74 时，曾从模型试验、原型观测和分析等方面对面板的性状进行了深入研究，通过研究得到如下几点结论：

(1) 钢材是一种很好的弹性材料，在小变形范围内工作时，面板的应力状态与弹性薄板理论的分析成果完全一致。实验表明，巴赫公式的推导前提不够严谨，不能反映面板的真实工作性状，不宜继续使用。

(2) 面板在门叶结构中的作用可分成两方面：一方面是传递水压力，在传递水压力过程中产生局部弯曲，其应力可按支承在梁格上的弹性薄板计算；另一方面，它又作为梁格的一部分参与整体结构工作，其应力可按梁格的翼缘板计算。

(3) 面板最大应力的部位（即应力控制点）出现在区格支承边的中点。

(4) 实验表明，面板进入弹塑性工作阶段后，有很大的强度储备，同时靠近应力控制点的塑性区扩展范围很小，具有局部应力的性质，因此，可适当提高面板的容许应力。

2. 面板的计算方法

根据以上结论，得到面板的计算方法如下：

(1) 面板的局部弯曲应力 σ_{mx}、σ_{my}，应根据支承边界情况，按四边固定，或三边固定一边简支，或两相邻边固定、另两相邻边简支的弹性薄板承受均布荷载计算，计算公式如下：

$$\sigma_{my} = \frac{K_y q a^2}{\delta^2} \qquad (4.5-1)$$

$$\sigma_{mx} = \mu \sigma_{my} \qquad (4.5-2)$$

式中 σ_{my}——垂直于主（次）梁轴线方向面板支承长边中点的局部弯曲应力，MPa；

σ_{mx}——面板沿主（次）梁轴线方向的局部弯曲应力，MPa；

q——面板计算区格中心的水压力强度，MPa；

a——面板计算区格的短边长度，由面板与主（次）梁的连接焊缝算起，mm；

δ——面板厚度，mm；

μ——泊松比，取 $\mu=0.3$；

K_y——支承长边中点的弯曲应力系数，按表4.5-15～表4.5-18采用。

表 4.5-15　四边固定矩形弹性薄板受均载的弯曲应力系数 K（μ=0.3）

图　示	b/a	支承长边中点（A点）K_y	支承短边中点（B点）K_x
	1.0	0.308	0.308
	1.1	0.349	0.323
	1.2	0.383	0.332
	1.3	0.412	0.338
	1.4	0.436	0.341
	1.5	0.454	0.342
	1.6	0.468	0.343
	1.7	0.479	0.343
	1.8	0.487	0.343
	1.9	0.493	0.343
	2.0	0.497	0.343
	2.5	0.500	0.343
	∞	0.500	0.343

表 4.5-16　三边固定一长边简支矩形弹性薄板受均载的弯曲应力系数 K（μ=0.3）

图　示	b/a	支承长边中点（A点）K_y	支承短边中点（B点）K_x
	1.0	0.328	0.360
	1.25	0.472	0.425
	1.5	0.565	0.455
	1.75	0.632	0.465
	2.0	0.683	0.470
	2.5	0.732	0.470
	3.0	0.740	0.471
	∞	0.750	0.472

表 4.5-17　三边固定一短边简支矩形弹性薄板受均载的弯曲应力系数 K（μ=0.3）

图　示	b/a	支承长边中点（A点）K_y	支承短边中点（B点）K_x
	1.0	0.360	0.328
	1.25	0.448	0.341
	1.5	0.473	0.341
	1.75	0.489	0.341
	2.0	0.500	0.342
	2.5	0.500	0.342
	3.0	0.500	0.342
	∞	0.500	0.342

表 4.5-18　两相邻边简支另两相邻边固定矩形弹性薄板受均载的弯曲应力系数 K（μ=0.3）

图　示	b/a	1.0	1.1	1.2	1.3	1.4	1.5	1.6	1.7	1.8	1.9	2.0
	长边中点（A点）K_y	0.407	0.459	0.506	0.549	0.585	0.616	0.640	0.662	0.680	0.695	0.708
	短边中点（B点）K_x	0.407	0.425	0.441	0.452	0.459	0.463	0.467	0.468	0.470	0.471	0.472

在初选面板厚度时，δ 值可按下式确定：

$$\delta = a\sqrt{\frac{K_y q}{\alpha[\sigma]}} \qquad (4.5-3)$$

式中　α——弹塑性调整系数，$b/a>3$ 时取 $\alpha=1.4$，$b/a\leqslant 3$ 时取 $\alpha=1.5$；

a、b——面板计算区格的短边、长边长度，由面板与主（次）梁的连续焊缝算起，mm；

$[\sigma]$——钢材的抗弯容许应力，MPa。

（2）当面板与梁格相连接时，应考虑面板参与主（次）梁翼缘工作。面板兼作主（次）梁翼缘的有效宽度 B，对于简支梁或连续梁正弯矩段，可按式（4.5-4）和式（4.5-5）计算，取其中较小值。计算式中的符号见图 4.5-2。

$$B = \xi_1 b \qquad (4.5-4)$$

$$B \leqslant 60\delta + b_l \quad (\text{Q235 钢})$$

或

$$B \leqslant 50\delta + b_l \quad (\text{Q345、Q390 钢}) \qquad (4.5-5)$$

式中 b——主、次梁的间距，$b=(b_1+b_2)/2$，mm；

b_l——梁肋宽度，当梁另有上翼缘时为上翼缘宽度，mm；

δ——面板厚度，mm；

ξ_1——有效宽度系数，按表 4.5-19 采用。

表 4.5-19 面板的有效宽度系数 ξ_1、ξ_2

l_0/b	0.5	1.0	1.5	2.0	2.5	3.0
ξ_1	0.20	0.40	0.58	0.70	0.78	0.84
ξ_2	0.16	0.30	0.42	0.51	0.58	0.64
l_0/b	4.0	5.0	6.0	8.0	10.0	20.0
ξ_1	0.90	0.94	0.95	0.97	0.98	1.00
ξ_2	0.71	0.77	0.79	0.83	0.86	0.92

注 1. l_0 为主（次）梁弯矩零点之间的距离。对于简支梁 $l_0=l$；对于连续梁的正弯矩段，可近似地取 $l_0=0.6l\sim0.8l$；对于其负弯矩段，可近似地取 $l_0=0.4l$。其中 l 为主（次）梁的跨度（见图 4.5-2）。
2. ξ_1 适用于梁的正弯矩图为抛物线图形；ξ_2 适用于梁的负弯矩图近似为三角形。

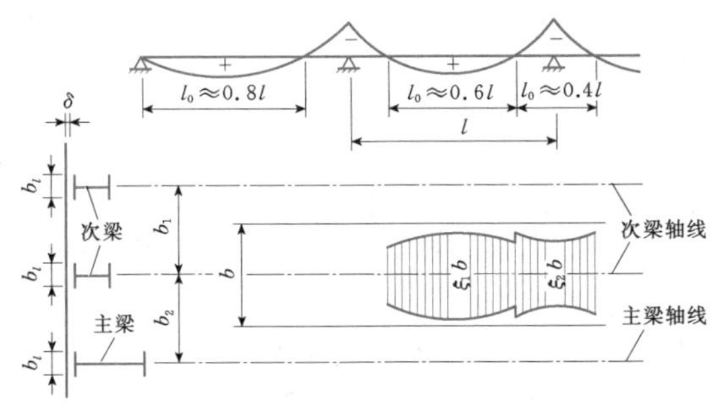

图 4.5-2 面板兼作主（次）梁翼缘的有效宽度 B 计算图

（3）验算面板强度时，应考虑面板的局部弯曲应力与面板兼作主（次）梁翼缘的整体弯曲应力相叠加。叠加后的折算应力 σ_{zh} 按式（4.5-6）或式（4.5-7）验算。

1）当面板的边长比 $b/a>1.5$，且长边布置在沿主梁轴线方向时（见图 4.5-3），只需按式（4.5-6）验算面板 A 点的折算应力 σ_{zh}：

$$\sigma_{zh} = \sqrt{\sigma_{my}^2 + (\sigma_{mx} - \sigma_{ox})^2 - \sigma_{my}(\sigma_{mx} - \sigma_{ox})} \leqslant 1.1\alpha[\sigma] \qquad (4.5-6)$$

$$\sigma_{my} = \frac{K_y q a^2}{\delta^2}$$

$$\sigma_{mx} = \mu\sigma_{my}$$

式中 σ_{my}——垂直于主（次）梁轴线方向面板支承长边中点的局部弯曲应力；

σ_{mx}——面板沿主（次）梁轴线方向的局部弯曲应力；

σ_{ox}——对应于面板验算点的主（次）梁上翼缘的整体弯曲应力；

其余符号意义同前。

σ_{mx}、σ_{my}、σ_{ox} 均取绝对值。

2）当面板的边长比 $b/a\leqslant1.5$ 或短边布置在沿主梁轴线方向时（见图 4.5-4），除验算 A 点的折算应力外，尚需按式（4.5-7）验算面板 B 点的折算应力 σ_{zh}：

$$\sigma_{zh} = \sqrt{\sigma_{my}^2 + (\sigma_{mx} + \sigma_{ox})^2 - \sigma_{my}(\sigma_{mx} + \sigma_{ox})} \leqslant 1.1\alpha[\sigma] \qquad (4.5-7)$$

$$\sigma_{mx} = \frac{K q a^2}{\delta^2}$$

$$\sigma_{my} = \mu\sigma_{mx}$$

$$\sigma_{ox} = (1.5\xi_1 - 0.5)M/W$$

式中 σ_{mx}——面板沿主（次）梁轴线方向的局部弯曲应力；

K——系数，其值对图 4.5-4（a）中取 K_x，对图 4.5-4（b）中取 K_y；

σ_{my}——垂直于主（次）梁轴线方向面板支承长边中点的局部弯曲应力；

μ——泊松比，取 $\mu=0.3$；

σ_{ox}——对应于面板验算点的主（次）梁上翼缘的整体弯曲应力；

ξ_1——面板兼作主（次）梁上翼缘的有效宽度系数；

M——对应于面板验算点主梁的弯矩；

W——对应于面板验算点主梁的截面抵抗矩；

$[\sigma]$——抗弯容许应力；

其余符号意义同前。

σ_{mx}、σ_{my}、σ_{ox} 均取绝对值。

4.5.3.2 空间结构体系分析法

按空间结构体系分析闸门结构是在有限元法结合计算机以后才引起重视的。有限元法是随着计算机的发展而迅速发展起来的一种现代计算方法，它能够比较真实地反映结构物真正的工作性状，且具有自动、

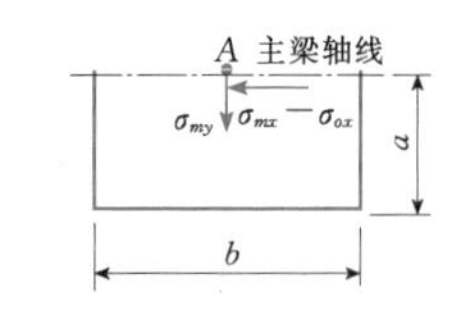

图 4.5-3 应力验算点 A

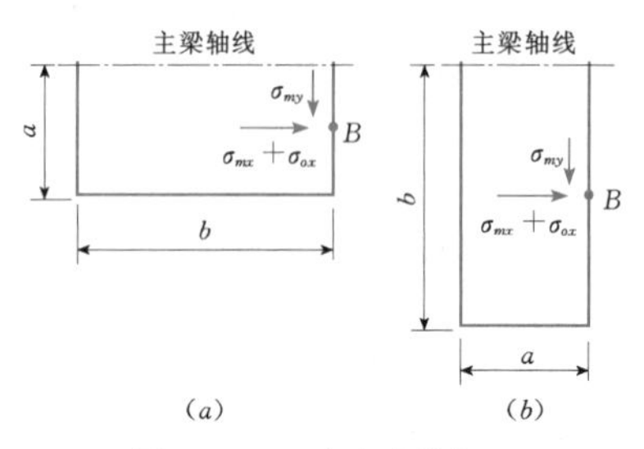

图 4.5-4 应力验算点 B

快速、标准化的优点，目前在结构分析领域内的应用越来越广。近几十年来，各国相继开发了许多通用的大型有限元程序，如 Algor、ANSYS、ABAQUS、MARC、COSMOS 和 NASTRAN 等，这些通用有限元程序的功能很多，侧重点不尽相同。

由于钢闸门构件比较多，且多为板结构，因此采用有限元程序进行空间结构分析时要考虑建模的效率。此外，闸门结构分析时主要考虑结构静应力分析，对非线性等其他功能的要求较少。

1. 闸门有限元模型的建立

在有限元法中，一个重要的问题是如何建立一个与真实连续结构相等价的离散结构的数学模型，使一个无限自由度的结构体系转化为一个有限自由度的结构体系，以便进行分析。这一过程称为结构的离散化，一般可根据结构的具体布置判断确定。因此建立有限元模型时，要考虑闸门的结构型式。闸门是一种典型的空间薄壁结构体系，由一系列板、梁、杆等构件组合而成。正常工作时，闸门所承受的荷载将通过各构件的相互传递来共同承担，面板、主横梁、纵梁等将发生弯曲、轴向、扭转、剪切等组合变形，因此计算模型的选择必须考虑到各构件的几何性质、变形特征、受力特点以及相互作用关系等，以正确地反映出闸门的整体作用以及各构件的实际工作状态。对于平面钢闸门，可以将闸门面板、主横梁、纵梁、端柱等一些板结构离散为板单元，顶底梁、小横梁等离散为梁单元（如果顶底梁、小横梁构件较大，是由钢板组合而成，也可离散为板单元），背拉杆、桁架等离散为杆单元（杆件受弯矩作用可忽略不计）。

(1) 有限元分析的步骤。有限元分析过程中包含以下三个主要的步骤：

1）前处理。创建有限元模型，其中包括创建或读入几何模型、定义材料属性和划分网格。

2）求解。施加荷载及荷载选项，设定约束条件，采用合适的计算模块进行计算。

3）后处理。整理结构应变、应力计算结果，绘制结构变形图及应力曲线，供设计人员进行分析评价。

有限元分析流程如图 4.5-5 所示。

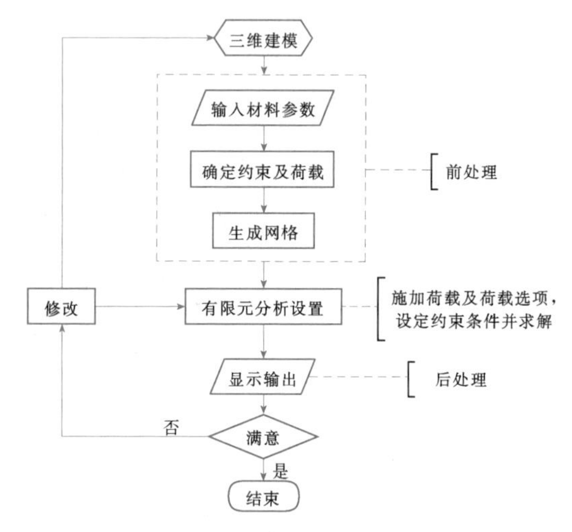

图 4.5-5 有限元分析流程图

(2) 闸门有限元分析的模型分类。闸门有限元模型大致可以分为板梁结构模型、完整空间薄壁结构模型、部分空间薄壁结构模型三种。

1）板梁结构模型。面板采用板单元模拟，其他构件如主梁、小横梁、纵梁、边梁及支臂等均采用梁单元模拟。

2）完整空间薄壁结构模型。将构成闸门结构的所有板件，包括面板、主梁、小横梁、纵梁、边梁及支臂等均采用板单元模拟。

3）部分空间薄壁结构模型。面板采用板单元模拟，主梁及纵梁的腹板、翼缘也采用板单元模拟，水平次梁、底梁及支臂联结系采用梁单元模拟。

板梁结构模型将梁单元与面板通过一条线上的节点耦合在一起，对耦合处的局部应力和形变会产生较大的影响，但对闸门整体刚度影响不大。板梁结构模型的节点、单元数目远远小于完整空间薄壁结构模型，计算速度较快，占用存储空间少，对于复杂的大型钢闸门可以采用这种建模方法，可以大大提高建模和计算速度。

完整空间薄壁结构模型没有对闸门结构进行过多的简化，能够较为真实地反映闸门的空间结构，计算结果更为准确。但其建模过程较为复杂，所需存储空间和计算时间也相对较多。

部分空间薄壁结构模型兼具上述两种模型的优点，对于三角门等可将门体部分用完整空间薄壁结构模拟，对于支臂和背拉杆等可简化为梁单元或杆单元。

（3）建模时要注意的问题。

1）单元类型的选取。单元类型的选取通常与计算目的相关。如果需要求得闸门梁系的内力值，则可采用梁（或杆）单元模拟，计算后通过某些后处理设置对应的选项得到应力值，如果需要得到梁系某一具体点的应力值则要用板壳单元模拟。

2）网格疏密程度。网格的疏密程度基于两个方面的考虑：①计算器的内存量和计算时间；②划分区域的拓扑结构是否有突变。对于同样的实体模型，划分的网格愈密，得到的节点数愈多，总体刚度矩阵方程维数愈多，计算耗时愈长。对于钢闸门而言，考虑到各类板梁的相互支撑作用，设计时应尽可能地使这些构件直接连接以增强闸门的整体刚度。而这些板件之间、板件与杆件连接处，以及构件因某些因素考虑而设置的孔洞处（如主梁腹板常会设排水孔）都是拓扑结构突变处，力的传递不是很顺畅，应力集中明显。这就需要在应力集中处设置更多的节点及单元来模拟。对于内存较小且 CPU 不快的工作站，通常网格划分得较疏，这样能减少计算耗时；对于大内存、高性能的服务器，则可以将网格划分得较密。

3）计算的简化。钢闸门是由大量不同形状、厚度，甚至是不同材质的板件，利用焊接、螺栓连接和铆接拼接而成。在建立有限元模型时，考虑到节点的耦合以及建模的方便，不可避免地要忽略一些细节问题，例如：①不考虑焊缝对板的影响，将焊接在一起的若干块板认定为同一块板；②假定在同一平面（或曲面）的不同厚度的板件具有相同的中性面，如相互连接的不同厚度的主梁后翼缘和纵梁后翼缘，不同厚度的面板等；③忽略非关键构件的影响，如某些加劲板、止水、止水压板等。

2. 闸门约束处理

采用有限元法进行闸门静力计算分析时，约束通常可以作如下处理：

（1）平面闸门。挡水时，门底受铅直方向位移约束，启门时，在吊点处施加铅直方向约束；闸门与支承接触处受水流方向约束；为保持计算模型几何不变性，假定闸门底部面板中间节点在垂直水流方向的水平位移为零。

（2）弧形闸门。建立局部坐标系，假定 x 轴沿主横梁轴线方向，y 轴沿水流方向，z 轴沿铅直方向。闸门在支铰处受 x、y、z 三个方向位移约束及绕 y、z 轴的转动约束；闸门挡水时，门底受铅直方向位移约束；启门时，在吊点处施加铅直方向约束。也可以采用柱坐标简化建模过程。

3. 计算数据后处理

在水压、自重、摩擦力、启门力联合作用下，闸门构件各点处于复杂应力状态。考虑到结构所用材料具有较好延性，采用第四强度理论，其折算应力或等效应力按下式计算：

$$\sigma_{zh}=\frac{\sqrt{2}}{2}\sqrt{(\sigma_1-\sigma_2)^2+(\sigma_2-\sigma_3)^2+(\sigma_1-\sigma_3)^2} \tag{4.5-8}$$

对于结构内部节点的应力值，通常采用绕节点平均法或二单元平均法处理。绕节点平均法就是把环绕某节点的各单元的应力加以平均，用来表征该节点处的应力；二单元平均法是把两个相邻单元的应力加以平均，用来表征公共边中点处的应力。用绕节点平均法和二单元平均法计算得到的节点应力，在内部节点处具有较好的表征性，在边界节点处的表征性较差。因此，边界节点处的应力不宜直接由单元应力平均得到，而要根据内部节点处的应力采用差值公式进行推算。相邻单元具有不同的厚度或者不同的弹性常数时，应力会有突变，因而只容许对厚度及弹性常数都相同的单元进行平均计算。

4.5.3.3 高强度螺栓连接的应用

目前，高强度螺栓在门叶节间连接、弧门支臂与主梁连接、启闭机机架连接、钢梁连接等水工金属结构的连接中得到广泛应用。

高强度螺栓的连接根据其传力方式可分为摩擦型和承压型两种。

摩擦型高强度螺栓连接只利用接触面间摩擦阻力传递剪力，其整体性能好、抗疲劳能力强，适用于承受动力荷载和重要的连接。

承压型高强度螺栓连接容许外力超过构件接触面间的摩擦阻力，利用螺栓杆与孔壁直接接触传递剪力，承载能力比摩擦型高强度螺栓提高较多，可用于不直接承受动力荷载并且无反向内力的连接。

1. 高强度螺栓连接的构造要求

每一杆件在节点上以及拼接接头的一端，永久性的高强度螺栓数目不宜少于两个。

高强度螺栓孔应采用钻成孔。摩擦型连接的高强度螺栓的孔径比螺栓公称直径 d 大 1.5～2.0mm；承压型连接的高强度螺栓的孔径比螺栓公称直径 d 大 1.0～1.5mm。

在高强度螺栓连接范围内，构件接触面的处理方法应在施工图中说明。

高强度螺栓布置的连接排列要求及容许间距应符合规定。

当型钢构件拼接采用高强度螺栓连接时，其拼接件宜采用钢板。

在高强度螺栓连接处，设计时应考虑专用施工机具的操作空间。

结构在同一接头同一受力部件上，当改建、加固或有特殊需要时，允许采用侧面角焊缝和摩擦型连接的高强度螺栓的混合连接，并考虑其共同工作，但两种连接承载力之比宜控制在 1.0～1.5 之内。

结构在同一接头中，允许按不同受力部位分别采用不同性质连接所组成的混合连接，并考虑其共同工作。

采用栓焊混合连接时，宜在高强度螺栓初拧之后施焊，焊接完成之后再进行终拧。当采用先拧后焊的工序时，高强度螺栓的承载力应降低 10%。

高强度螺栓长度应保证拧紧以后螺栓露出长度不小于 3 倍的螺纹螺距。

在构件的节点处或拼接接头的一端，当高强度螺栓沿轴向受力方向的连接长度 $l_1>15d_0$ 时，应将高强度螺栓的承载力设计值乘以折减系数 $[1.1-l_1/(150d_0)]$；当 $l_1>60d_0$ 时，折减系数为 0.7，其中，d_0 为孔径，l_1 为两端栓孔间距离。

在构件的端部连接中，当利用短角钢连接型钢（角钢或槽钢）的外伸肢以缩短连接长度时，在短角钢两肢中的一肢上，高强度螺栓数量应按计算增加 50%。

高强度螺栓摩擦型连接的环境温度为 100～150℃时，其设计承载力应降低 10%。

高强度螺栓摩擦型连接采用加大孔时，其抗剪承载力应乘以折减系数 0.85，此时孔径的限值为：

当 $d\leqslant 20$mm 时，$d_0=d+4$（mm）；

当 $d=22$mm 或 $d=24$mm 时，$d_0=d+6$（mm）；

当 $d\geqslant 27$mm 时，$d_0=d+8$（mm）。

2. 高强度螺栓连接计算

承压型高强度螺栓受剪时，其极限承载力由螺栓抗剪和孔壁承压决定。因此，其计算方法与普通螺栓基本相同，详见 GB 50017《钢结构设计规范》有关规定。对于摩擦型连接高强度螺栓，由于适用于承受动荷载，在水工金属结构连接中得到日益广泛的应用，以下介绍其计算方法。

（1）承载力设计值计算。

1）在抗剪连接中，每个高强度螺栓的承载力设计值应按下式计算：

$$N_v^b = 0.9 n_f \mu P \qquad (4.5-9)$$

式中 n_f——传力摩擦面数目；

μ——摩擦面的抗滑移系数，应按表 4.5-20 采用；

P——每个高强度螺栓的预拉力，应按表 4.5-21 采用。

表 4.5-20 摩擦面的抗滑移系数 μ

在连接处构件接触面的处理方法 \ 构件的钢号	Q235	Q345、Q390	Q420
喷沙（丸）	0.45	0.50	0.50
喷沙（丸）后涂无机富锌漆	0.35	0.40	0.40
喷沙（丸）后生赤锈	0.45	0.50	0.50
钢丝刷清除浮锈或未经处理的干净轧制表面	0.30	0.35	0.40

表 4.5-21 每个高强度螺栓的预拉力 P 单位：kN

螺栓的性能等级 \ 螺栓公称直径（mm）	M16	M20	M22	M24	M27	M30
8.8	80	125	150	175	230	280
10.9	100	155	190	225	290	355

2）在螺栓杆轴方向受拉的连接中，每个高强度螺栓的承载力设计值应按下式计算：

$$N_t^b = 0.8P \qquad (4.5-10)$$

3）当高强度螺栓摩擦型连接同时承受摩擦面间的剪力和螺栓杆轴方向的外拉力时，其承载力应按下式计算：

$$\frac{N_v}{N_v^b}+\frac{N_t}{N_t^b}\leqslant 1 \qquad (4.5-11)$$

式中 N_v、N_t——每个高强度螺栓所承受的剪力和拉力；

N_v^b、N_t^b——每个高强度螺栓的受剪、受拉承载力设计值。

（2）容许应力计算。当采用容许应力法进行计算时，式（4.5-9）～式（4.5-11）可以写成如下的容许应力表达式。

1）在抗剪连接中，每个高强度螺栓的容许剪力按下式计算：

$$[N_v^b]=\frac{n_f\mu P}{k} \tag{4.5-12}$$

式中　k——安全系数，$k=1.6$；

$[N_v^b]$——每个高强度螺栓的容许剪力；

其余符号意义同前。

2）在抗拉连接中，每个高强度螺栓的容许拉力按下式计算：

$$[N_t^b]=\frac{0.88P}{k} \tag{4.5-13}$$

式中　$[N_t^b]$——每个高强度螺栓的容许拉力；

其余符号意义同前。

3）同时承受剪力和拉力时，其容许剪力和容许拉力应满足下式：

$$\frac{N_v}{[N_v^b]}+\frac{N_t}{[N_t^b]}\leqslant 1 \tag{4.5-14}$$

式中　N_v、N_t——每个高强度螺栓所承受的剪力、拉力；

其余符号意义同前。

需要说明的是，在《钢结构设计规范》（TJ 17—74）中规定 $k=1/0.7\approx1.42$，《铁路桥梁钢结构设计规范》（TB 10002.2—2005）中规定 $k=1.7$。式（4.5-12）和式（4.5-13）中安全系数 $k=1.6$ 仅为参考，可根据实际情况合理取用。

4.6　机械零部件设计与埋设件设计

4.6.1　设计原则

水工闸门上所用的零部件很多，如行走支承装置，侧（反）向导向装置、止水装置和起吊装置等。

4.6.1.1　零部件设计的基本原则

（1）有足够的强度、刚度和稳定性。

（2）做相对运动的零部件，要有较低的摩擦系数（制动装置除外），摩擦损耗小，发热小而导热好，效率高，润滑系统简单易行。

（3）工艺性能好，便于加工装配和检修维护。

（4）材料易获得，使用寿命长，价格低廉。

（5）装配后的部件体积小，外观整洁，重量轻，便于运输、安装、拆卸、检查和维护。

4.6.1.2　门槽埋设件设计的基本原则

（1）门槽结构必须能安全地将门叶承受的荷载传递至混凝土，且具有符合使用要求的形状。

（2）有足够的强度、刚度、稳定性、耐磨性和耐久性，以满足运输、安装、埋设和运行各工作阶段的需要。

（3）与水工结构的混凝土间应有足够的结合强度，由埋设件传给混凝土的力应均匀分散，各项强度计算值应低于强度容许值。

（4）浇捣混凝土时，不应有不利的走模和变形。埋设件应采用二期混凝土施工，并有足够的预留空间，以利于安装和二期混凝土浇捣。

（5）因工程具体需要，采用一期混凝土埋设时，埋设件刚度和埋设方法应有相应的安全可靠的措施，以确保设计和使用精度要求。

（6）考虑到埋设件维护和更换的困难，一般其耐久性应高于门叶上相应的零部件。

4.6.2　零件的接触应力计算

在水工闸门上有很多相互接触并传力的零部件，如平面闸门的滚轮和轨道、弧形闸门的支承铰、人字闸门的顶枢和底枢、闸门拉杆的联结吊轴等。它们受力后在接触部位的应力情况属三向应力状态，应按弹性接触理论的方法分析计算。目前，国内通用的为 SL 74 的接触应力计算公式。

4.6.2.1　平面接触问题

圆柱形滚轮与平面轨道是平面接触。接触情况是线接触，其接触应力可按式（4.6-1）验算：

$$\sigma_{max}=0.418\sqrt{\frac{PE}{bR}}\leqslant 3.0\sigma_s \tag{4.6-1}$$

式中　P——作用在滚轮上的荷载，N；

E——材料的弹性模量，MPa；

b——轮缘踏面宽度，mm；

R——滚轮的半径，mm；

σ_s——两种接触材料中较小的屈服强度，MPa。

若两种弹性模量不同的材料接触时，材料的弹性模量应采用如下合成弹性模量 E' 进行计算：

$$E'=\frac{2E_1E_2}{E_1+E_2}$$

4.6.2.2　空间接触问题

圆柱形或圆锥形滚轮与弧形轨头的轨道、双曲率的滚轮与平面轨头的轨道是空间接触，接触情况是点接触，其接触应力可按式（4.6-2）验算：

$$\sigma=\xi\sqrt[3]{\frac{PE^2}{R_2^2}}\leqslant 1.15\sigma_s \tag{4.6-2}$$

式中　ξ——由两接触面的半径 R_1/R_2 比值确定，按表 4.6-1 确定；

R_1、R_2——两接触面的半径，R_1 为小值，R_2 为大值，mm；

表 4.6-1 系 数 ξ 值

$\frac{R_1}{R_2}$	1.00	0.90	0.80	0.70	0.60	0.50	0.40	0.30	0.20	0.15	0.10
ξ_1	0.078	0.084	0.092	0.101	0.112	0.122	0.139	0.162	0.215	0.256	0.330
ξ_2	0.089	0.096	0.101	0.110	0.117	0.122	0.128	0.144	0.164	0.184	0.194

注 ξ_1 为接触面中心处的应力系数；ξ_2 为接触面的椭圆长径末端处的应力系数。

其余符号意义同前。

当 R_1 与 R_2 之比在 0.3～0.8 之间时，也可近似按式（4.6-3）验算：

$$\sigma_{max} = 0.24\sqrt[3]{PE^2\left(\frac{1}{R_1}+\frac{1}{R_2}\right)^2} \leqslant 4.5\sigma_s \tag{4.6-3}$$

式中符号意义同前。

4.6.2.3 与接触问题有关的其他计算

（1）圆柱形滚轮与平面轨道接触时，其接触面是一个矩形，宽度为 $2a$，长度为轮子的踏面宽度 b，当两者用相同的材料制造，且 $\mu=0.3$ 时，宽度之半 a 按式（4.6-4）计算：

$$a = 1.525\sqrt{\frac{PR}{bE}} \tag{4.6-4}$$

圆柱形滚轮与平面轨道接触时，其接触表面剪应力为 $0.2\sigma_{max}$，而最大剪应力发生在距接触表面 $0.78a$ 的深处，其值 $\tau_{max}=0.3\sigma_{max}$。

（2）圆柱形或圆锥形滚轮与弧形轨头的轨道，双曲率的滚轮与平面轨头的轨道，其接触情况是点接触，接触面是一个椭圆，椭圆长半轴为 a，短半轴为 b，当两者用相同的材料制造，且 $\mu=0.3$ 时：

$$a = 1.109m\sqrt[3]{\frac{p}{(A+B)E}} \tag{4.6-5}$$

$$b = 1.109n\sqrt[3]{\frac{p}{(A+B)E}} \tag{4.6-6}$$

$$\left.\begin{aligned} A+B &= \frac{1}{2}\left(\frac{1}{R_1}+\frac{1}{R_2}\right) \\ B-A &= \frac{1}{2}\left(\frac{1}{R_1}-\frac{1}{R_2}\right) \end{aligned}\right\} \tag{4.6-7}$$

式中 a——接触椭圆长轴之半，mm；
b——接触椭圆短轴之半，mm；
m——形状系数；
n——形状系数；
A——系数；
B——系数；
R_1、R_2——滚轮的两个曲率半径，R_1 为小值，R_2 为大值，mm。

当球与平面轨头的轨道接触时，即 $R_1=R_2$ 时，则

$$a = b = 1.109\sqrt[3]{\frac{PR_1}{E}} \tag{4.6-8}$$

形状系数 m、n 是由滚轮形状确定的系数，取用表 4.6-2 的数值，表中的 θ 角由下式求得：

$$\theta = \arccos\frac{B-A}{A+B} \tag{4.6-9}$$

形状系数 m、n 也可直接按图 4.6-1 查得。

最大剪应力距接触面的深度 Z 按下式计算：

$$Z = \beta b \tag{4.6-10}$$

式中 β——求产生最大剪应力深度的系数，按表 4.6-3 取用。

表 4.6-2 形 状 系 数 m、n

θ	10°	20°	30°	35°	40°	45°	50°	55°	60°	65°	70°	75°	80°	85°	90°
m	6.612	3.778	2.731	2.397	2.136	1.926	1.754	1.611	1.486	1.378	1.284	1.202	1.128	1.061	1.000
n	0.319	0.408	0.493	0.530	0.567	0.604	0.641	0.678	0.717	0.759	0.802	0.846	0.893	0.944	1.000

表 4.6-3 系 数 β

a/b	1.0	1.5	2.0	2.5	3.0	3.5	4.0	5.0	6.0
β	0.47	0.56	0.625	0.674	0.712	0.738	0.756	0.774	0.775

需要说明的是：上述设计原则只适用于水工钢闸门的特殊场合，即荷载大，使用频率低，行走路程短的工况，在此工况下只要接触应力与材料屈服强度的比值满足设计规定，滚轮和轨道的工作就是安全的。门机、桥机的滚轮和轨道，当使用频率高、运行距离长时，容许应力应降低，表面硬度需提高，还应进行

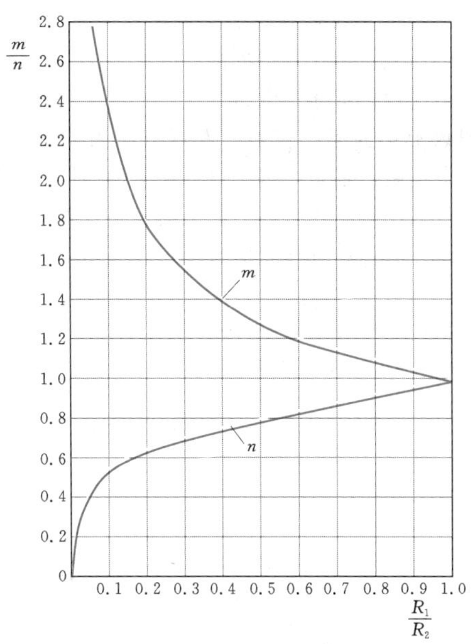

图 4.6-1 形状系数 m、n 与$\frac{R_1}{R_2}$的关系图

疲劳强度验算。

4.6.3 行走支承装置

闸门行走支承装置的作用：①将作用在闸门上的各项荷载安全传递至混凝土结构；②保证门叶平稳、正确和灵活地启闭。常见的有滑动支承和滚动支承。

4.6.3.1 滑动式行走支承

滑动式支承结构简单、造价低，一般多用于检修闸门；利用水柱下压的事故闸门、小型高水头工作闸门也可采用滑动支承，它与滚动支承相比，支承阻力大，抗振阻尼也大。滑道材料有木材、胶木、塑料、复合塑料、铸铁、铸钢、钢材、铜及钢基铜塑复合材料等。木材多用于小型闸门或临时性闸门，目前已较少见。压合胶木于20世纪50年代从苏联引进，一直到20世纪末得到大量应用。由于压合胶木摩擦系数不稳定，使用后期摩擦系数逐渐变大等原因已基本不用，被塑料、复合塑料、铜或钢基铜塑复合材料所替代。铸铁和铸钢及钢材等滑块，因其摩擦系数较大，多数用于静水操作的检修闸门，很少用于动水操作的事故闸门或工作闸门。

1. 滑块与轨道的结构

滑块与轨道的常用结构如图 4.6-2 所示。

图 4.6-2 (a) 所示为平面滑道对平面轨道，承压应力按下式计算：

$$\sigma = \frac{P}{BL} \leqslant [\sigma] \qquad (4.6-11)$$

图 4.6-2 (b) 所示为平面轨道对弧面滑道，图

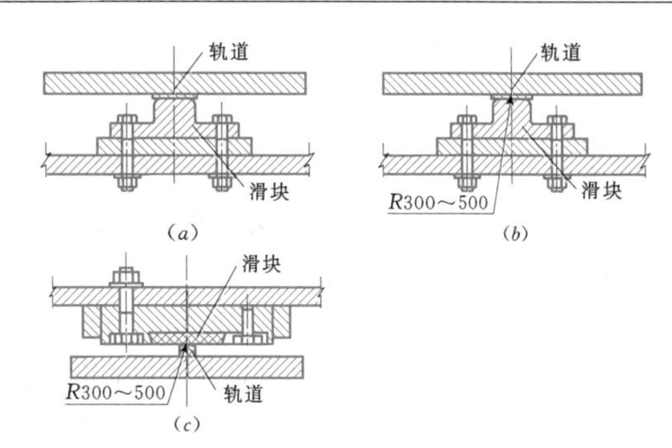

图 4.6-2 滑块与轨道的常用结构（单位：mm）

4.6-2 (c) 所示为弧面轨道对平面滑道，接触应力按下式计算：

$$\sigma_{\max} = 0.418\sqrt{\frac{PE}{LR}} \leqslant 3.0\sigma_s \qquad (4.6-12)$$

上二式中 P——作用在滑块上的荷载，N；

B——滑块踏面宽度，mm；

R——轨道或滑块弧面的半径，mm；

L——滑块有效长度，mm；

E——滑道和轨道材料的弹性模量，MPa；

σ_s——两种接触材料中较小的屈服强度，MPa。

若两种弹性模量不同的材料接触时，材料的弹性模量应采用如下合成弹性模量 E' 进行计算：

$$E' = \frac{2E_1E_2}{E_1 + E_2}$$

2. 滑动支承轨道的计算

滑动支承轨道还应验算下列各项(见图 4.6-3)：

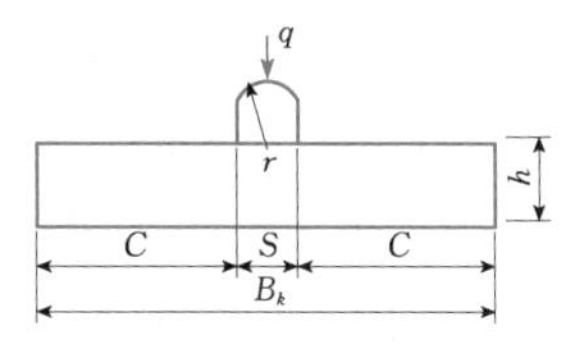

图 4.6-3 滑动支承轨道

(1) 轨道底板的混凝土承压应力。

$$\sigma_h = \frac{q}{B_k} \leqslant [\sigma_h] \qquad (4.6-13)$$

式中 q——滑块单位长度荷载，N/mm；

$[\sigma_h]$——混凝土的容许承压应力，MPa，见表 4.6-4。

表 4.6-4 混凝土的容许承压应力 单位：MPa

应力种类 \ 混凝土强度等级	C15	C20	C25	C30	C40	C50
压应力 $[\sigma_h]$	5	7	9	11	13	17

(2) 轨道底板弯曲应力。

$$\sigma = 3\sigma_h \frac{c^2}{h^2} \leqslant [\sigma] \qquad (4.6-14)$$

式中 $[\sigma]$——抗弯容许应力，MPa。

当门槽为全钢衬时，B_k 建议采用 $S+3h$ 取值。

4.6.3.2 滚动式行走支承

滚动式行走支承在平面闸门、横拉闸门和其他设施上用得很多，常见的有定轮和链轮两种。定轮的承载能力通过不少工程的实践和科学试验研究，单个轮子的设计荷载已可达5000kN。定轮轴承有滚动轴承和滑动轴承之分，滑动轴承又可分为球面滑动轴承和平面滑动轴承。球面滑动轴承具有一定的调心功能，与平面滑动轴承相比，可提高门叶上设多个定轮时对轨道的适应性，近年逐渐得到应用。滚动轴承通过一些工程数十年的运行实践，发现只需采取常规的防水、润滑措施，轴承在水下可长期保持不锈，润滑良好，随着滚动轴承承载能力的不断提高，其综合性能明显优于一般滑动轴承，值得推广。滚动轴承定轮的综合摩擦系数 $f=0.01\sim0.015$，滑动轴承定轮的综合摩擦系数 $f=0.035\sim0.05$。常用定轮构造布置分别如图4.6-4和图4.6-5所示，单轮设计荷载和主要尺寸见表4.6-5。

表4.6-5 单轮设计荷载和主要尺寸 单位：mm

尺寸 \ 荷载(kN)	500	750	1000	1500	2000	2500	3000	3500	4000	5000
D	600	700	700	800	900	900	950	950	1000	1100
L	230	276	300	330	390	390	414	414	440	440
D_1	240	300	320	400	460	480	500	500	540	540
D_2	130	170	180	220	260	280	290	300	320	340
d_1	110	140	150	190	220	260	300	300	320	320
d_2	110	140	150	190	220	240	250	260	280	300
B_1	80	102	108	132	145	174	200	200	218	218
B_2	180	200	220	240	300	300	320	320	360	360
b	140	140	140	160	160	180	180	200	220	220

注 1. 滚轮材料：ZG40Mn2，调质热处理；轮轴材料：40Cr。
2. 滚动轴承定轮接线接触设计，滑动轴承定轮接点接触设计。

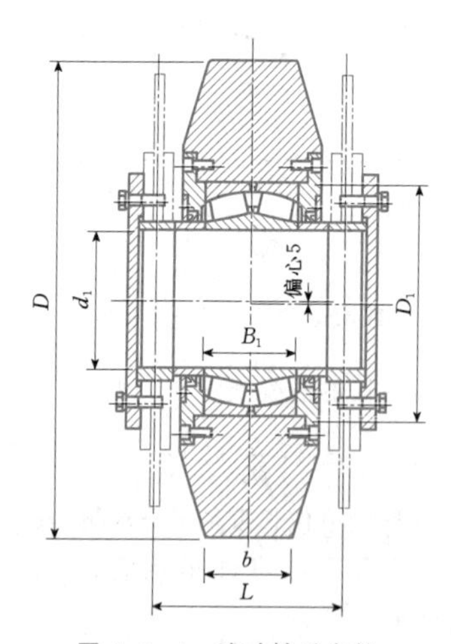

图4.6-4 滚动轴承定轮

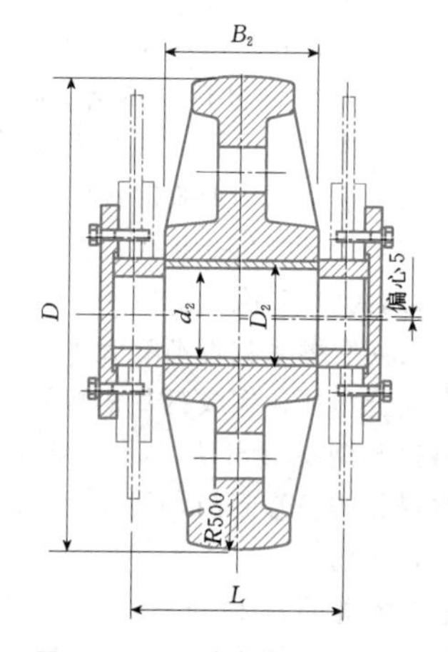

图4.6-5 平面滑动轴承定轮

链轮即履带式滚柱支承，具有承载能力大的优点，近年在一些大型工程中得到应用。链轮闸门构造相对复杂，制造、安装难度大，造价高，由于影响链轮闸门运行摩阻力的因素众多，一般通过经验公式和试验方法确定其综合摩擦系数。多数已建工程链轮闸门的综合摩擦系数采用0.03～0.05，也有个别工程通过试验研究并优化后，最大综合摩擦系数采用0.01。链轮闸门的履带式滚柱支承如图4.6-6所示。

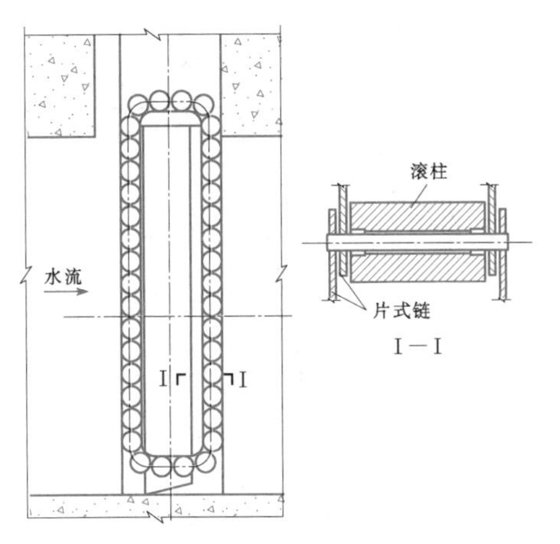

图 4.6-6 履带式滚柱支承

滚柱的计算和线接触滚轮一样，最大接触应力按式（4.6-1）进行。

滚轮轨道可分为轧制钢轨、铸造钢轨、焊接钢轨和组合钢轨。轧制钢轨主要指铁路钢轨和起重机钢轨；铸造钢轨在闸门上专用的一般有 A、B、C、D 四种；焊接钢轨目前还没定型产品，需根据轮压大小专门设计；组合钢轨是指轧制钢轨和垫板的组合或焊接工字钢和锻件轨头的组合等。

1. 铸钢轨道

铸钢轨道如图 4.6-7 所示，其材质应与设计应力配套、底板承压应力和混凝土强度等级配套，容许设计荷载最大可达单轮 5000kN。铸钢轨道主要参数见表 4.6-6。

2. 轧制轨道

轧制轨道如图 4.6-8 所示，用得较多的有 43kg/m 钢轨和 QU120 起重机钢轨两种。

表 4.6-6　铸钢轨道主要参数

轨型	b	B	H	d	R	t_1	t_2	Z_1	Z_2	J_X (cm⁴)	W_1 (cm³)	W_2 (cm³)	F (cm²)	G (kg/m)	最大荷载 (kN)
A	150	300	250	50	120	20	55	138.7	111.3	22172	1598	1992	290	226	2500
B	190	350	280	60	100	25	65	156.8	123.2	37522	2393	3046	385	301	3000
C	230	380	300	60	130	25	70	162.3	137.7	52494	3234	3812	458	357	4000
D	270	420	340	60	150	25	75	180.1	159.9	83644	4644	5231	550	429	5000

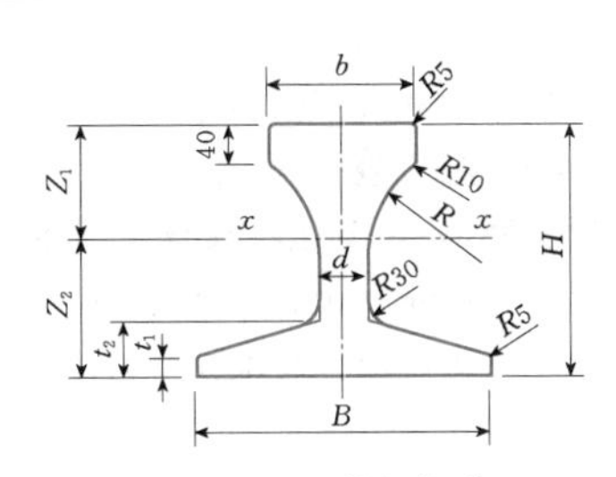

图 4.6-7 铸钢轨道

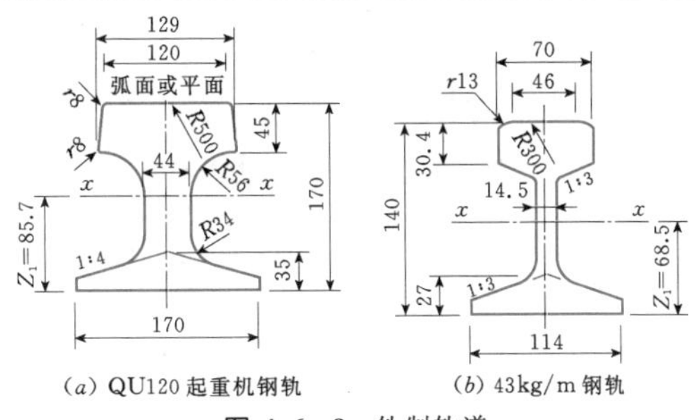

（a）QU120 起重机钢轨　（b）43kg/m 钢轨

图 4.6-8 轧制轨道

QU120 起重机钢轨的参数为：$J_X=4923.79\text{cm}^4$，$W_1=584.03\text{cm}^3$，$W_2=574.54\text{cm}^3$，$F=150.44\text{cm}^2$，$g=118.1\text{kg/m}$，最大荷载 1000kN。43kg/m 钢轨的参数为：$J_X=1489\text{cm}^4$，$W_1=217.3\text{cm}^3$，$W_2=208.3\text{cm}^3$，$F=57\text{cm}^2$，$g=44.651\text{kg/m}$，最大荷载 500kN。

3. 组合轨道

组合轨道如图 4.6-9 所示，其主要参数见表 4.6-7。

组合轨道的最大优点是解决了轨道的铸造及热处理问题，轧制轨道质量有保证，造价相对便宜。

该结构在水口、沙溪口等工程运用，最大荷载在 3000kN 以下，用一般螺栓连接垫板和轨道，间距 250mm。

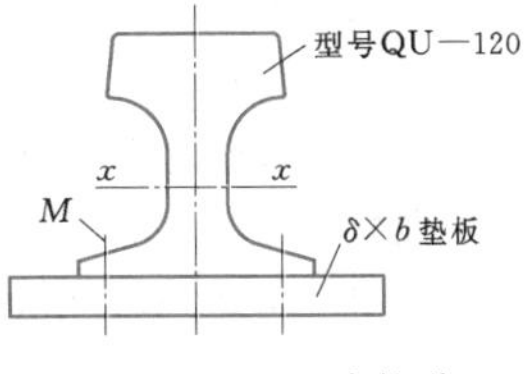

图 4.6-9 组合轨道

4. 焊接轨道

焊接轨道如图 4.6-10 所示。

为满足接触应力的要求，轨头要求有较高的屈服强度，而高屈服强度的材料焊接性能往往较差，故焊接轨道只限用于定轮荷载较低的场合；当荷载较高时，可采用将高强度轨头用螺栓固定在焊接轨道上的组合轨道。

5. 轨道的计算

(1) 轨道底板混凝土承压应力为

$$\sigma_h = \frac{P}{3h_k B_k} \leqslant [\sigma_h] \qquad (4.6-15)$$

表 4.6-7　组合轨道主要参数

每个轮子荷载 (kN)	轨道尺寸 $\delta\times b$ (mm×mm)	抗剪高强度螺栓		轨道自重 (kg/m)
		M (mm)	间距 (mm)	
1500	QU120 垫板 20×250	16	100	161
2000	QU120 垫板 32×300	20	100	201
2500	QU120 垫板 46×350	20	100	252
3000	QU120 垫板 58×400	22	100	313
3500	QU120 垫板 70×450	24	100	380
4000	QU120 垫板 80×490	27	100	446
5000	QU120 垫板 100×570	27	100	585

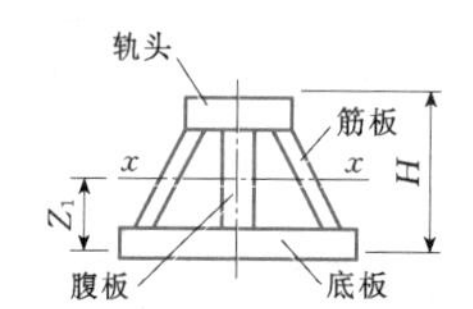

图 4.6-10　焊接轨道

当相邻滚轮中心距 $L<3h_k$ 时，可近似按式 (4.6-16) 计算：

$$\sigma_h = \frac{P}{B_k L} \leqslant [\sigma_h] \qquad (4.6-16)$$

上二式中　P——滚轮荷载，N；

h_k——轨道高度，mm；

B_k——轨道底板宽度，mm；

L——相邻两滚轮的中心距，mm；

$[\sigma_h]$——混凝土的容许承压应力，MPa。

式 (4.6-15) 和式 (4.6-16) 中各物理量含义如图 4.6-11 所示。

(2) 轨道横断面弯曲应力为

$$\sigma = \frac{3Ph_k}{8W_k} \leqslant [\sigma] \qquad (4.6-17)$$

轨道实际埋入混凝土中，混凝土可承担一部分作用力，因此，轨道的弯曲应力和轨道下的混凝土承压应力都有不同程度降低，按半无限体弹性地基上梁考虑更符合实际，故可按式 (4.6-18) 计算。

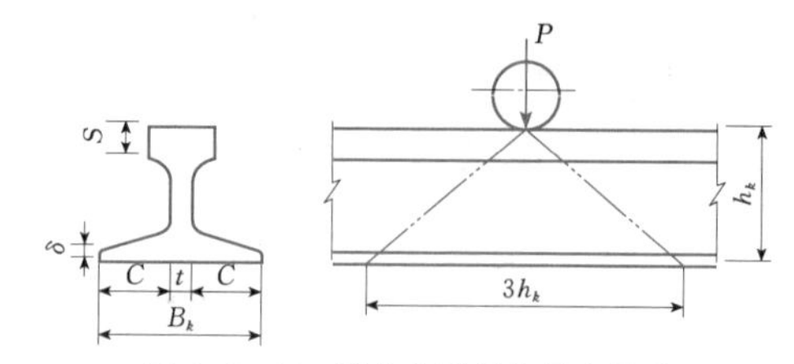

图 4.6-11　滚轮轨道的作用力传递

$$\sigma = 0.93\frac{P}{W_k}\sqrt{\frac{I_k}{B_k}} \leqslant [\sigma] \qquad (4.6-18)$$

式中　I_k——轨道截面的惯性矩，mm^4；

W_k——轨道截面的抵抗矩，mm^3；

$[\sigma]$——抗弯容许应力，MPa。

(3) 轨道颈部的局部承压应力为

$$\sigma_{cd} = \frac{P}{3st} \leqslant [\sigma_{cd}] \qquad (4.6-19)$$

式中　s——颈部至轨面的距离，mm；

t——颈部厚度，mm。

(4) 轨道底板弯曲应力为

$$\sigma = 3\sigma_h \frac{c^2}{\delta^2} \leqslant [\sigma] \qquad (4.6-20)$$

式中　c——底板悬臂段长度，mm；

δ——底板厚度，mm。

4.6.3.3　铰接式支承装置

采用铰接式支承装置的闸门较多，如弧形闸门、扇形闸门、翻板闸门和人字闸门等。

1. 弧形闸门支承铰

弧形闸门支承铰型式有圆柱铰、圆锥铰、球铰等，如图 4.6-12 所示。圆柱铰也适用于扇形闸门、翻板闸门，应用最为广泛。圆锥铰受力比较明确，轴承为锥体，与支臂作用力垂直，适用于大型斜支臂弧形闸门，以传递斜向推力，但结构复杂，自重大，造价高，近年来逐渐被简单的圆柱铰替代。球铰或双圆柱铰可两个方向转动，受力明确，最近出现的大型球面滑动轴承作为球铰的一种，目前已在不少工程上采用，但结构相对复杂，造价相对较高。

在深孔弧形闸门中，为了解决止水问题，龙羊峡、东江、小浪底等工程均采用了偏心铰轴结构，见图 4.6-13，轴承采用滚珠轴承，转动偏心轴，可带动整扇弧形闸门前进或后退，是解决高水头深孔弧形闸门封水的有效措施之一。这种结构型式国外使用较多，国内的使用运行也已日趋成熟，但结构相对复杂，造价相对较高。

限于篇幅，这里只介绍表孔弧形闸门支铰的简要计算，深孔弧形闸门可参照进行。支承铰作用力分析如图 4.6-14 所示。

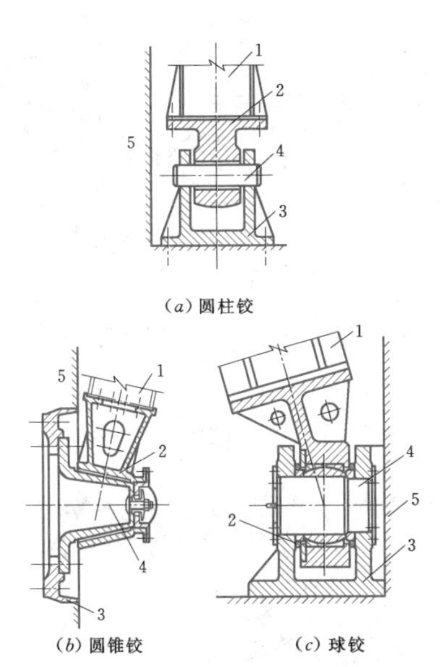

图 4.6-12 弧形闸门的支铰支座结构

1—支臂；2—支铰；3—支座；4—轴；5—闸墩

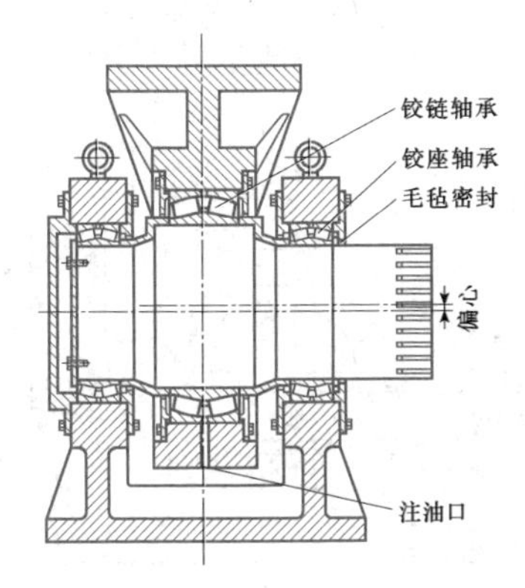

图 4.6-13 偏心铰弧形闸门支铰

(1) 铰链支承板的验算。截面 A—A 的弯矩为

$$M_A = 0.5Na$$

截面 A—A 的抵抗矩为

$$W_A = \frac{b\delta_1^2}{6}$$

$$\sigma = \frac{M_A}{W_A} \leqslant [\sigma] \qquad (4.6-21)$$

式中 a——支臂腹板中心至铰链腹板边缘的距离；

b——铰链（活动铰座）支承板宽度。

(2) 铰座下混凝土压应力的验算。由 N 力所产生的压应力为

$$\sigma_N = \frac{N}{A} \qquad (4.6-22)$$

式中 A——铰座底板的面积。

由 S 力产生的压应力为

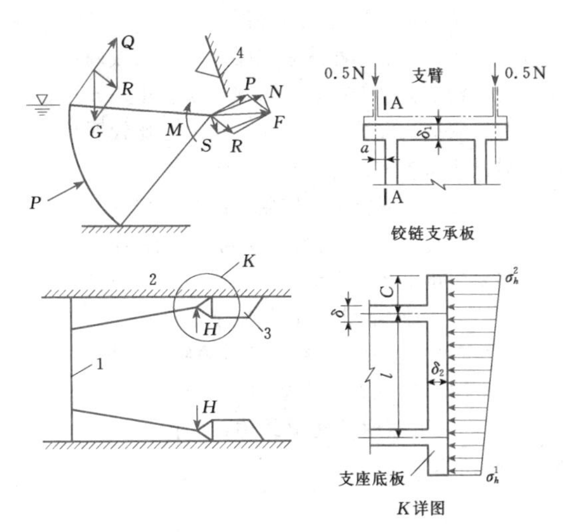

图 4.6-14 支承铰作用力分析

1—门叶；2—闸墩；3—混凝土支座；4—支座底平面；Q—启闭力；G—闸门自重；R—Q 和 G 的合力；P—总水压力；F—P 和 R 的合力；N—F 作用于支座的垂直分力；S—F 作用于支座的水平分力；H—框架支铰所受的侧向推力

$$\sigma_S = \frac{Sh_1}{W_x} \qquad (4.6-23)$$

式中 h_1——铰轴中心至铰座底板底面的距离；

W_x——座板对 x 轴的抵抗矩。

由 H 力产生的压应力为

$$\sigma_H = \frac{Hh_1}{W_y} \qquad (4.6-24)$$

式中 h_1——铰轴中心至铰座底板底面的距离；

W_y——座板对 y 轴产生的抵抗矩。

混凝土表面受的总压力为

$$\sigma_{h\max} = \sigma_N + \sigma_S + \sigma_H \leqslant [\sigma_h] \qquad (4.6-25)$$

(3) 铰座底板中的弯曲应力校核。支承点（距边缘 C 处）的弯矩为

$$M_C = \frac{\sigma_N C^2}{2} \qquad (4.6-26)$$

跨中弯矩为

$$M_l = \frac{\sigma_N l^2}{8} - M_C \qquad (4.6-27)$$

用 M_C 或 M_l 中较大者验算弯曲应力：

$$\sigma = \frac{M_{\max}}{W} \leqslant [\sigma] \qquad (4.6-28)$$

(4) 铰轴验算和轮轴计算相同，不再重复。

2. 人字闸门支承结构

船闸人字闸门支承结构主要由底枢、顶枢和支枕垫座等组成。底枢和顶枢承受闸门自重，保持闸门垂直和沿底枢、顶枢组成的轴线转动，还承受启闭机操作闸门时的推、拉力。支枕垫布置在门叶两端，传递

三铰拱作用的轴向推力，分连续式和分块式两种。连续式支枕垫一般兼作止水，适用于荷载大或底部主横梁布置较密的大型船闸；分块式支枕垫多用于中、小型工程，制造、安装难度较小，受力也比较明确，但必须另设止水结构。

（1）底枢。底枢是人字闸门的重要部件，承受门扇自重及由自重引起的水平推力。底枢不承受水压力，并要防止由于支枕垫磨损，而使底枢承受过大横向水平荷载。故在设计时采取以下措施：

1）底枢中心轴和三铰拱的合力线有一偏移值 m，且偏向上游面（该值一般为40～60mm）。

2）可采用移动式底枢结构，如图4.6-15～图4.6-18所示。

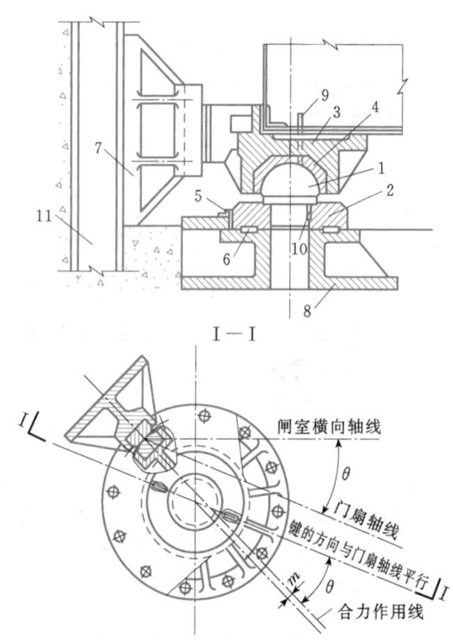

图4.6-15 可动式底枢（一）

1—蘑菇轴头；2—承轴台可动圆盘；3—承轴巢；4—青铜轴衬；5—橡皮套；6—导向键；7—枕垫；8—承轴台不可动部分；9—油管；10—连接键；11—埋固件

3）如采用连续式支枕垫，因支枕磨损量很小，变形量也较小，底枢一般为固定式结构，如图4.6-19和图4.6-20所示。

图4.6-15所示可动式底枢的结构特点是：底枢分固定和可动两部分，关门时两者留有3mm间隙；开门时底枢受水平力作用，间隙消失，力传到底枢的不动部分，移动方向由导向键控制。

图4.6-16所示可动式底枢中：承轴台可动部分始终与枕垫接触，两者间垫有红铜垫片，当支枕垫块磨损时，承轴台可动部分压向红铜片，容许有少量缓冲变形。

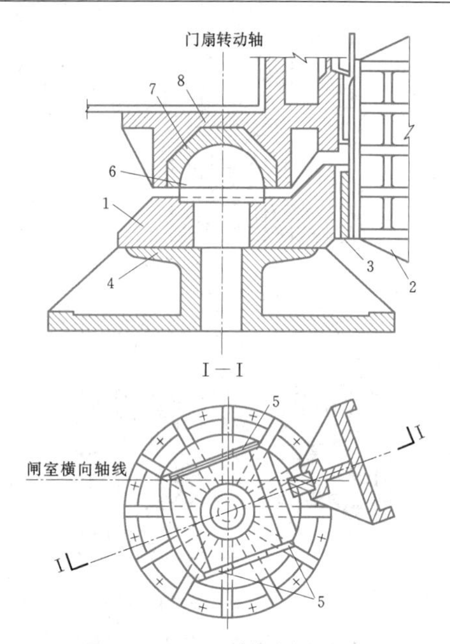

图4.6-16 可动式底枢（二）

1—承轴台可动部分；2—枕垫座；3—红铜垫片；4—承轴台不可动部分；5—侧向导承；6—蘑菇轴头；7—青铜轴承；8—承轴巢

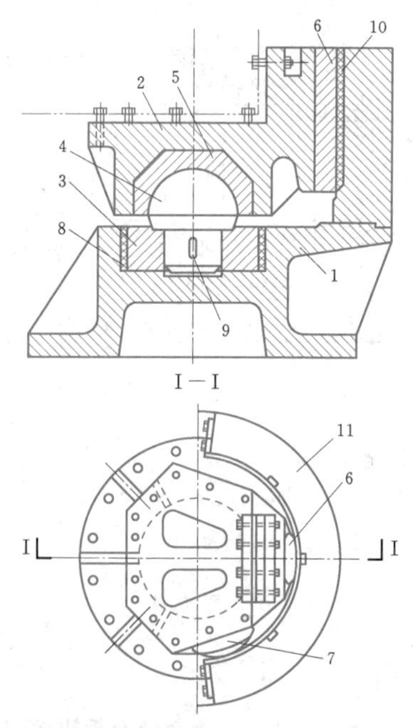

图4.6-17 可动式底枢（三）

1—承轴台固定部分；2—承轴巢；3—承轴台可动圆盘；4—蘑菇轴头；5—青铜轴衬；6—主支垫；7—辅助支垫；8—橡皮圈；9—键；10—胶木；11—扇形枕垫

图4.6-17所示可动式底枢中：承轴台可动部分与固定部分两者间留有间隙；门叶的水平力直接由门叶底主横梁传至扇形枕垫11，底枢不承受水平力。

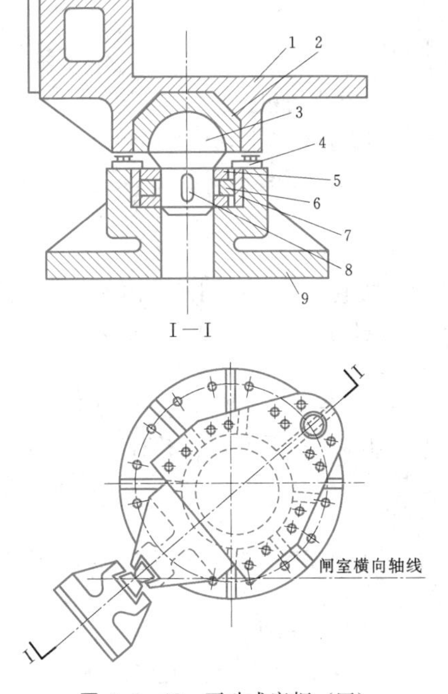

图 4.6-18 可动式底枢（四）

1—承轴巢；2—青铜轴衬；3—蘑菇球头；4—压板；5、6—垫片；7—橡皮垫圈；8—键；9—承轴台

图 4.6-18 所示可动式底枢中：垫片 5、6 是可动部分，在门重力作用下形成三个摩擦面来阻止径向移动，但当移动力大于摩擦阻力时，就容许在任意方向做少量移动。这种结构用得较多。

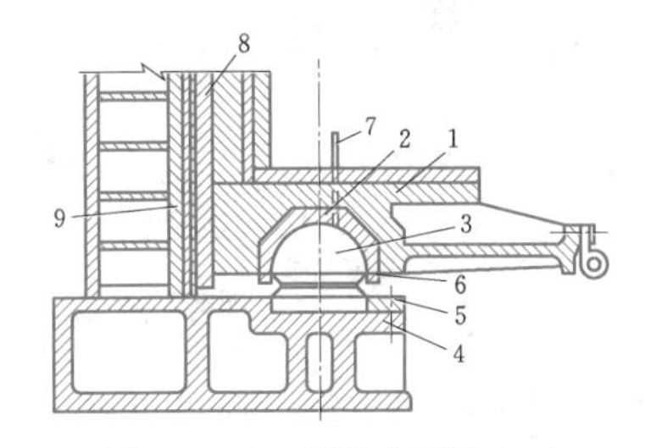

图 4.6-19 固定式底枢（一）

1—承轴巢；2—铸铝青铜轴衬；3—蘑菇轴头；4—承轴台；5—挡板；6—油水封压环；7—润滑油管；8—连续支垫；9—枕垫

图 4.6-19 和图 4.6-20 是固定式底枢，是不容许做径向移动的，一般适合于连续式支枕垫结构，因连续式支枕垫变形小，磨损也小，不致影响底枢的工作，但受力比较复杂，属于超静定结构。

(2) 蘑菇头的应力计算。

1) 作用力的分析。作用在底枢上的力为 B_x、B_y、B_z，作用力的方向如图 4.6-21 (*a*) 所示。

作用在水平面内的合力为

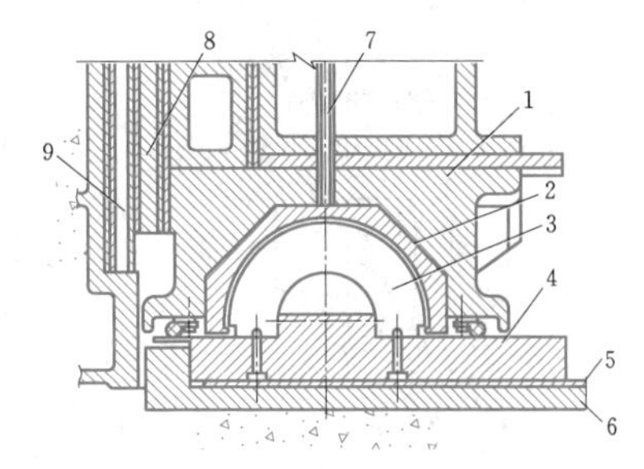

图 4.6-20 固定式底枢（二）

1—承轴巢；2—青铜轴衬；3—轴头；4—轴头下支座；5—衬板；6—衬垫基座；7—输油管；8—支垫；9—枕垫

$$B_0 = \sqrt{B_x^2 + B_y^2} \tag{4.6-29}$$

力 B_0 与 x 轴的夹角为 α，如图 4.6-21(*b*)所示，则

$$\alpha = \arctan\frac{B_y}{B_x} \tag{4.6-30}$$

力 B_0 与 B_z 的合力为

$$R = \sqrt{B_0^2 + B_z^2} \tag{4.6-31}$$

力 R 相对于水平面的夹角为 β，如图 4.6-21 (*c*) 所示，则

$$\beta = \arctan\frac{B_z}{B_0} \tag{4.6-32}$$

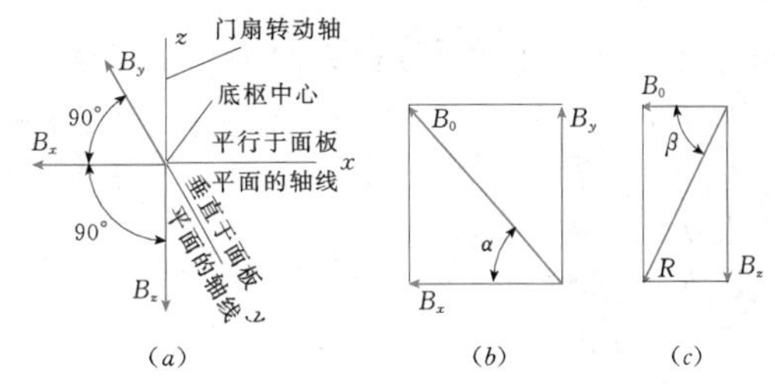

图 4.6-21 底枢受力示意图

2) 应力计算方法。

a. a—b 截面的径向挤压应力的作用范围为锥角等于 2β 的圆锥体，其计算图如图 4.6-22 所示。

$$\sigma = \frac{R}{A_1} \leqslant [\sigma] \tag{4.6-33}$$

式中 A_1 ——正交于合力 R 方向，并由 2β 所限定的截面积为 $A_1 = \pi r_1^2$，$r_1 = r\sin\beta$；

$[\sigma]$ ——钢材容许挤压应力。

b. 蘑菇球状表面与轴承表面紧密接触的压应力为

$$\sigma_{cg} = \frac{3R}{2\pi r^2(1-\cos^3\beta)} \leqslant [\sigma_{cg}] \tag{4.6-34}$$

式中 $[\sigma_{cg}]$ ——青铜轴衬的容许承压应力。

c. 蘑菇轴颈切应力计算。由于蘑菇轴身一般牢固地嵌在承轴台内，其轴颈可按受剪计算。剪切应力

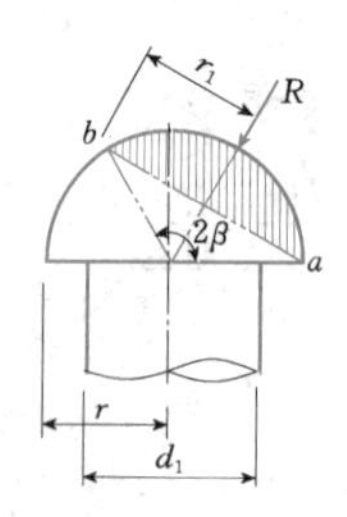

图 4.6-22　蘑菇轴头受力示意图

由水平力 B_0 和由于摩擦产生的扭矩来确定，计算简图如图 4.6-23 所示。

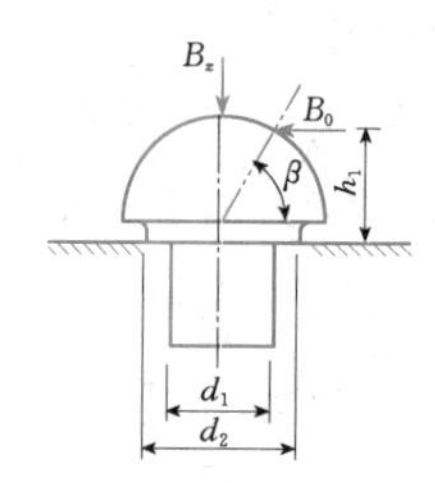

图 4.6-23　环状支承面计算简图

作用在轴上的扭矩按下式计算：

$$M_r = fR\rho \tag{4.6-35}$$

$$\rho = \frac{2}{3}r$$

式中　f——青铜轴衬与轴头间的摩擦系数，$f=0.25$；

ρ——摩擦半径；

r——蘑菇球头半径；

R——蘑菇头所受合力。

切应力按下式计算：

$$\tau = \frac{B_0}{A} + \frac{M_r}{W_K} \tag{4.6-36}$$

$$A = \frac{\pi d_1^2}{4}$$

$$W_K = \frac{\pi d_1^3}{16}$$

式中　A——轴颈的截面积；

W_K——抗扭截面模量；

d_1——轴颈直径。

d. 蘑菇轴头支承面的剪切及挤压应力。蘑菇头垂直荷重作用下产生的剪切应力为

$$\tau = \frac{B_z}{A_1} \leqslant [\tau] \tag{4.6-37}$$

$$A_1 = \pi d_1 h_1$$

式中　A_1——剪切面积；

h_1——轴头剪切面高度。

蘑菇轴头支承面的挤压应力为

$$\sigma = \frac{B_z}{A_2} \tag{4.6-38}$$

$$A_2 = \frac{\pi}{4}(d_2^2 - d_1^2)$$

式中　A_2——挤压面积；

d_2——蘑菇轴头与轴承台接触面直径。

e. 蘑菇头的轴承台底部混凝土的压应力也应进行验算。

(3) 顶枢结构。

1) 顶枢是防止门扇倾倒的上部支承，顶枢中心和底枢中心应保持在一条垂线上，成为人字闸门扇转动的支承轴。顶枢应满足的要求：①固定顶枢的拉杆必须是两根，为使拉杆不受压力，应分别平行于开门和关门的门轴线；②顶枢固定拉杆，其长度必须可调；③应尽可能避免门叶转动时拉杆承受由于扭矩而产生的弯曲。

2) 顶枢由顶枢座、拉杆、调整器和拉锚设备等组成，如图 4.6-24～图 4.6-26 所示，其中，图 4.6-26所示的结构用于小型人字闸门，图 4.6-24 和图 4.6-25 所示的结构用于中型和大型人字闸门。

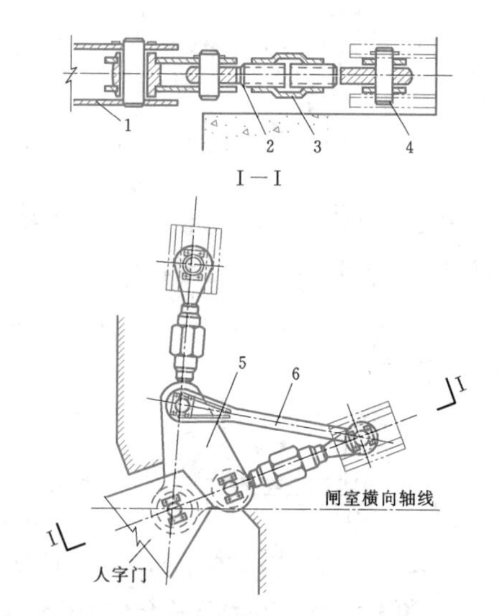

图 4.6-24　铰接框架式顶枢

1—顶枢座；2—拉杆；3—螺丝连接器；4—拉锚装置；5—钢节板；6—联杆

3) 顶枢作用力分析。如图 4.6-27 和图 4.6-28 所示。

顶枢上作用外力为 A_x 和 A_y（见图 4.6-27），其合力 A_0 为

$$A_0 = \sqrt{A_x^2 + A_y^2} \tag{4.6-39}$$

A_0 对于平行于面板轴线的夹角为

$$\alpha = \arctan\frac{A_y}{A_x} \tag{4.6-40}$$

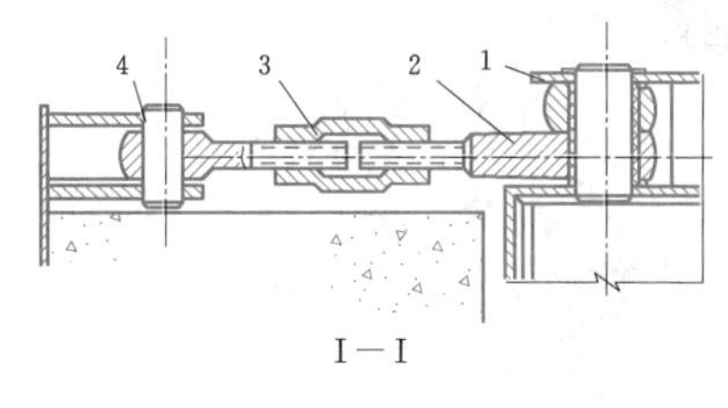

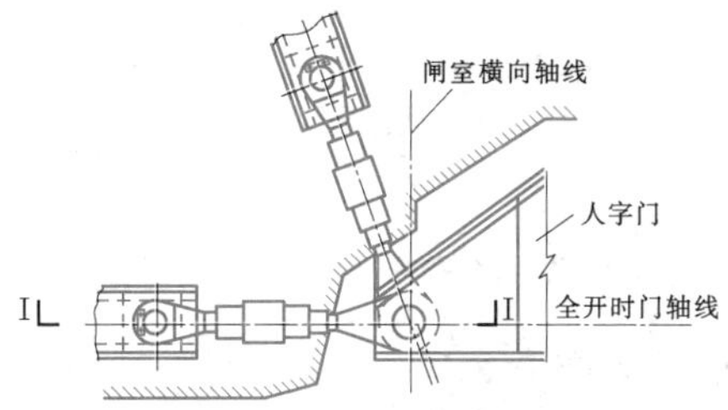

图 4.6-25 用差动螺丝调整器的顶枢

1—顶枢座；2—拉杆；3—螺丝连接器；4—拉锚装置

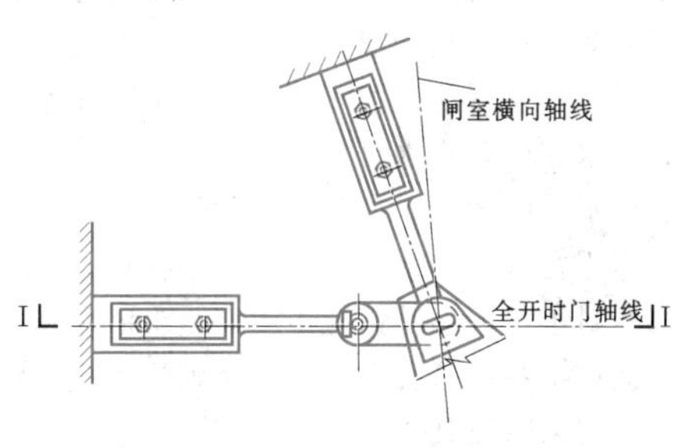

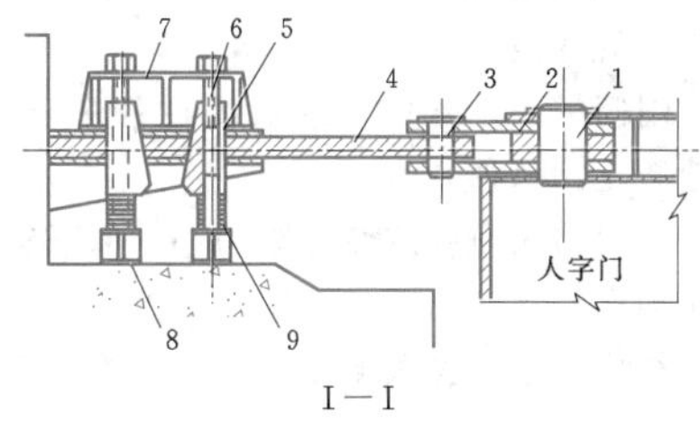

图 4.6-26 用楔形块作调整器的顶枢（单位：mm）

1—顶枢轴；2—拉杆；3—连接轴；4—拉杆；5—楔块；6—螺杆；7—楔盖；8—楔架；9—垫片

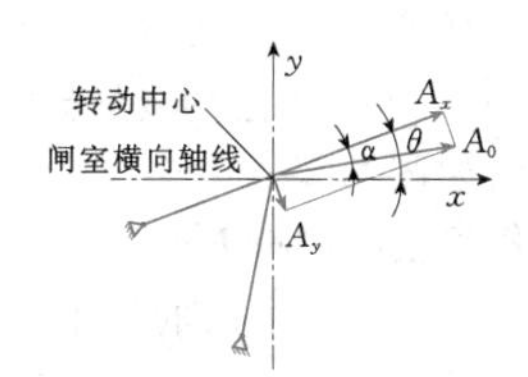

图 4.6-27 顶枢受力简图

闸门开启时产生的摩擦阻力及摩擦力矩为

$$\left.\begin{aligned} T &= A_0 f \\ M_T &= Tr \end{aligned}\right\} \qquad (4.6-41)$$

式中 f——轴与轴瓦间的摩擦系数；

r——顶枢轴半径。

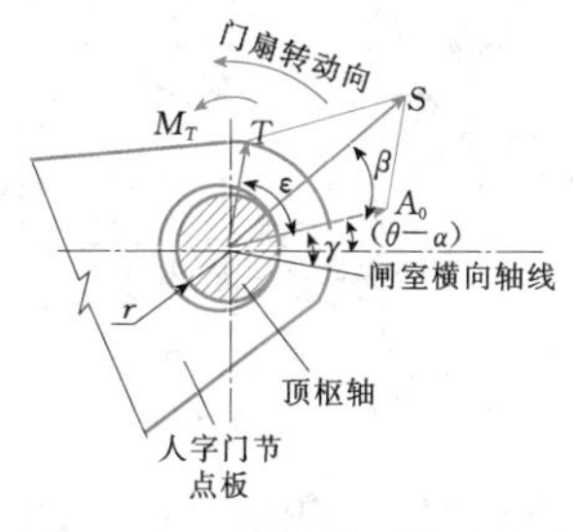

图 4.6-28 顶枢轴受力示意图

由于摩擦阻力 T 的作用点相对于 A_0 的作用点，朝闸门转动的相反方向偏移了一个角度 γ，$\tan\gamma=f$，故力 T 与 A_0 的夹角 $\varepsilon=90°-\gamma$，合力 $S=\sqrt{A_0^2+T^2+2A_0T\sin\gamma}$，合力 S 与 A_0 的夹角 β 为：

$$S\sin\beta = T\cos\gamma$$

（4）支垫、枕垫和导卡。支垫、枕垫是人字闸门挡水时的主要支承结构，是人字闸门组成三铰拱结构的铰点部件，它们分别布置于斜接柱、门轴柱和闸墙槽上。支垫设在闸门中间的斜接柱和端部的门轴柱上，而枕垫设在闸墙槽内，水压力通过支垫、枕垫传给混凝土闸墙。支垫、枕垫分连续式和分块式两种：

1）连续式支垫、枕垫。在大型船闸上，人字闸门下部横梁较密而间距小，一般可采用连续式支垫、枕垫并兼作止水，如图 4.6-29 所示。

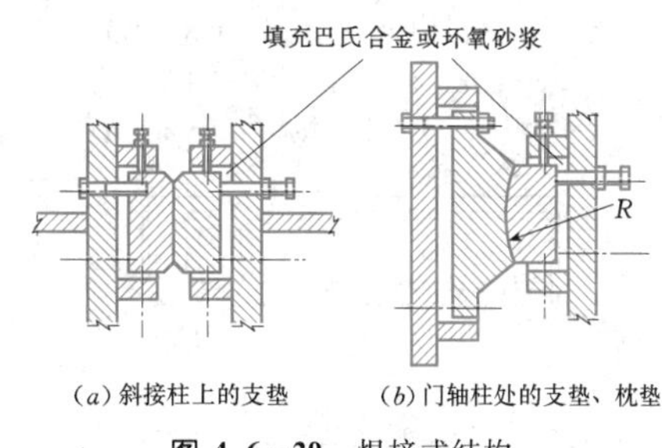

图 4.6-29 焊接式结构

2）分块式支垫、枕垫。不少中、小型船闸，甚至大型船闸，设计采用分块式支垫、枕垫，以减少制造加工和安装难度，并使支承受力相对明确，如图 4.6-30 和图 4.6-31 所示。

3）导卡。人字闸门上的导卡是保证门扇准确关

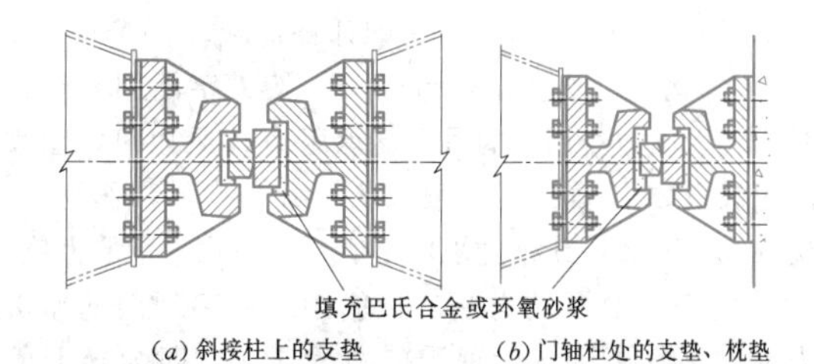

图 4.6-30 两侧可调的支垫、枕垫

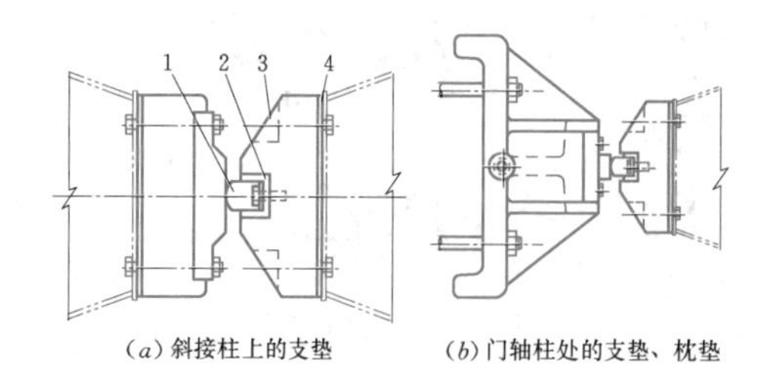

(*a*) 斜接柱上的支垫　　(*b*) 门轴柱处的支垫、枕垫

图 4.6-31　一侧可调的支垫、枕垫

1—衬垫；2—合金垫层；3—底座；4—垫片

闭和防止产生错动的支承设备，目前有卡钳式和导柄式两种，如图 4.6-32 和图 4.6-33 所示。

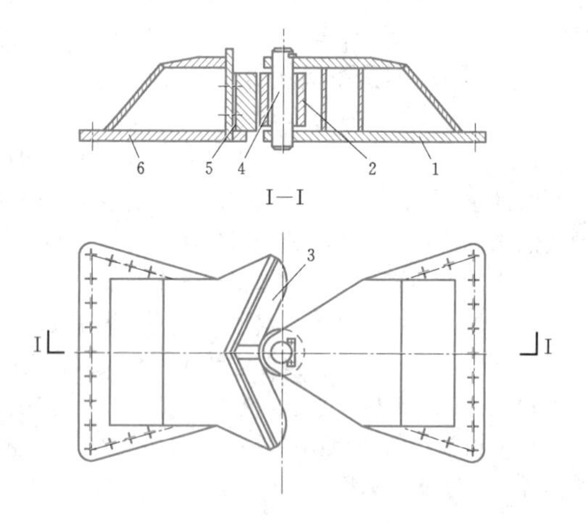

图 4.6-32　卡钳式导卡（单位：mm）

1—导轮座；2—导轮；3—卡钳唇；4—导轮轴；5—调整垫（填料）；6—卡钳座

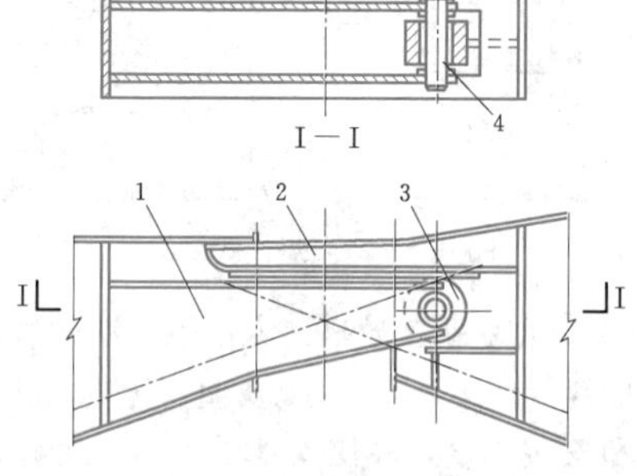

图 4.6-33　导柄式导卡（单位：mm）

1—导轮座；2—支承板；3—导轮；4—导轮轴

(5) 支垫、枕垫和导卡的计算荷载。

1) 支垫、枕垫的设计荷载：按人字闸门三铰拱结构在水压力作用下的最大支承压力 A 乘以可能出现的超载系数 K 确定，一般取 $K=1.1\sim1.5$，作为支、枕的设计荷载，连续支承取小值，分块式支承取大值。

2) 导卡作用力分析：设船舶对人字闸门的撞击力为 Q，则闸门导卡承受的力为 P，P 即为导卡的设计荷载，其受力分析见图 4.6-34，可得计算式 (4.6-42)。

$$\left.\begin{aligned} A &= \frac{Q}{2\sin2\theta} \\ P &= A\sin\theta \\ \frac{P}{A} &= \sin\theta \end{aligned}\right\} \tag{4.6-42}$$

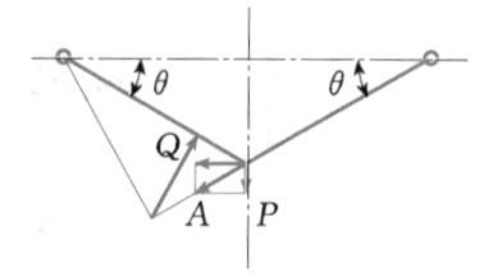

图 4.6-34　导卡受力简图

4.6.4　止水装置

止水装置一般由水封、止水垫板、止水压板、固定螺栓和止水座板等组成。

止水的作用是在闸门关闭后或动水启闭过程中，堵塞门叶和孔口周边的缝隙，以阻止漏水。

止水按其装设位置的不同，可分为顶止水、侧止水、底止水和中间止水。

底止水、中间止水的封水通常靠门叶自重（包括配重或作用在门顶的水柱）的挤压来保证；侧止水和顶止水的封水在大多数情况下主要由上游水压力的挤压来保证；某些特殊要求的止水，则需要预压缩水封或外加压力来保证其正常工作。

止水装置的设计原则如下：

(1) 闸门关闭挡水时（或启闭过程中），能可靠而严密地防止漏（射）水。

(2) 闸门启闭时止水摩擦阻力小，以减轻磨损和降低启闭力。

(3) 结构简单，经久耐用，操作和维护方便。

(4) 为消除漏水，必要时应考虑进行相关部位尺寸调整的可能性。

制作水封的常用材料有橡胶、金属、木材等。由于橡胶的弹性好，是目前使用最广的水封材料。水封橡胶的品种规格繁多，可从化工行业标准《水闸橡胶密封件》(HG/T 3096) 中选用或根据需要设计订货。常用的水封断面如图 4.6-35 所示。图 4.6-35 (*a*) 所示型式常用作顶止水、侧止水，图 4.6-35 (*b*) 所示型式常用作潜孔式弧形闸门的侧止水，图 4.6-35 (*c*) 所示型式常用于露顶式弧形闸门的侧止水，图 4.6-35 (*d*) 所示型式常用作底止水。常用的橡胶水封材质有 6474、6674 和高水头橡胶 7774 三类，其中 6474 适用于中小型工程的中低水头闸门，6674 适用于大中型工程的中高水头闸门，高水头橡胶 7774 适用于大型工程的高水头闸门，大型或高水头闸门的水封橡胶也可采用 6674 加嵌帆布带，以增加橡胶强度。

为了降低水封的摩擦系数和提高耐磨性能，还可采用聚四氟乙烯橡塑复合水封，即在橡胶水封与止水座板接触部位的表面粘贴聚四氟乙烯减磨层。

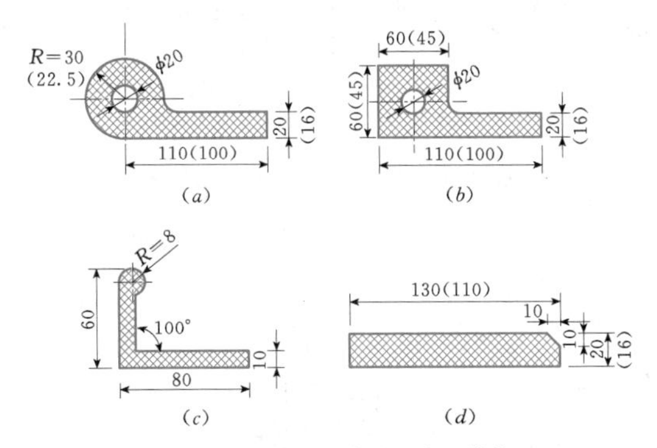

图 4.6-35 常用的定型橡胶止水（单位：mm）

4.6.4.1 止水装置的普通型式

潜孔式平面闸门的顶止水布置型式如图 4.6-36 所示，其中图 4.6-36（*b*）同样可用作侧止水。

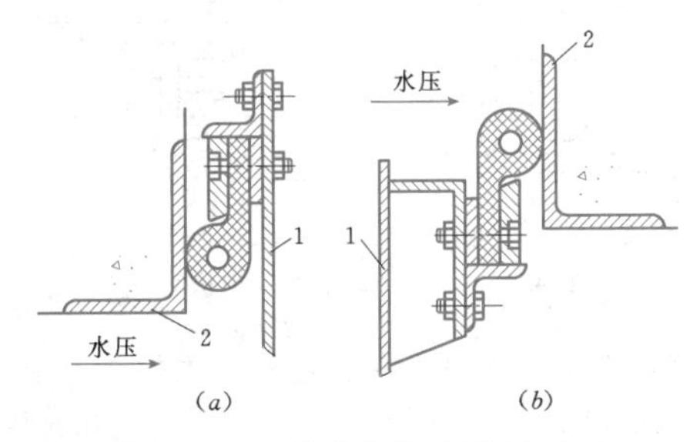

图 4.6-36 潜孔式平面闸门顶止水

1—门叶；2—止水座

潜孔式弧形闸门的顶止水布置型式很多，如图 4.6-37 所示，其中以自重压紧式与转铰式相结合的型式使用成功的实例较多。其侧止水布置如图 4.6-38 所示。

露顶式弧形闸门的侧止水布置型式可参见图 4.6-39中的任一种。

闸门的底止水型式比较简单，常用的如图 4.6-40 所示。图 4.6-40（*a*）所示为平面闸门的常用型式，图 4.6-40（*b*）所示为露顶式弧门的常用型式，图 4.6-40（*c*）所示为潜孔式弧门的常用型式。

当闸门门叶分成数节时，如多节平面闸门、叠梁闸门等，则应在节间设置中间止水，其布置型式如图 4.6-41 所示。

此外，由于顶、侧、底止水往往不在闸门的同一个平面上，需通过加垫连接橡胶块（条），使止水在整个孔口连续，从而达到封水的目的，平面闸门的布置型式如图 4.6-42 所示，潜孔弧形闸门的布置型式

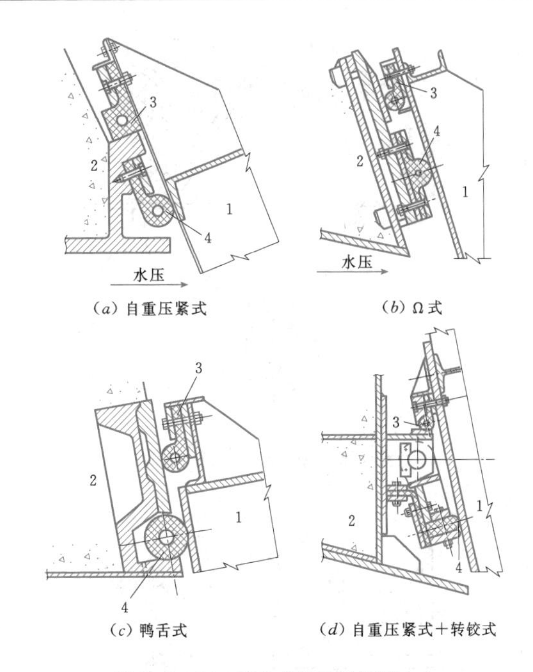

图 4.6-37 潜孔式弧形闸门顶止水

1—门叶；2—胸墙；3—门叶止水；4—胸墙止水

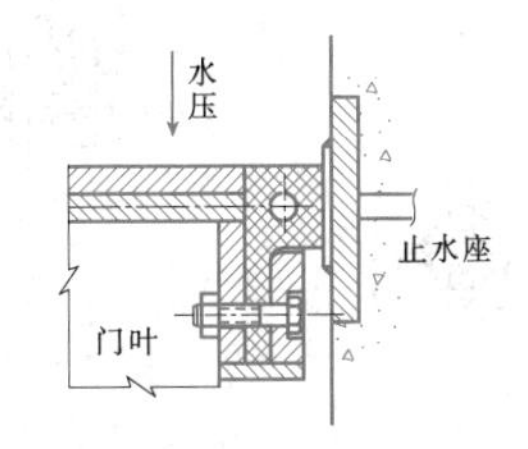

图 4.6-38 潜孔式弧形闸门的侧止水

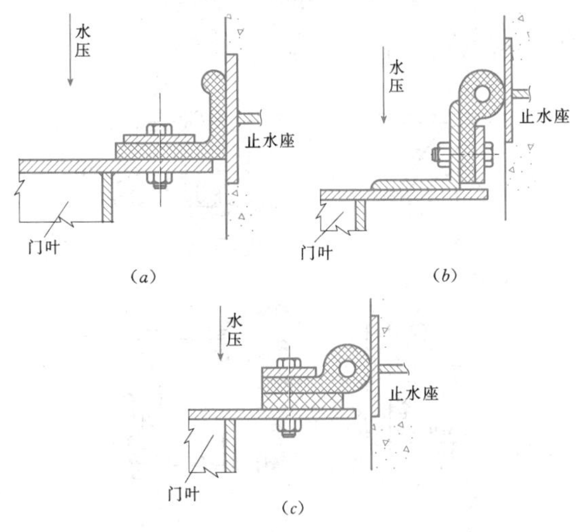

图 4.6-39 露顶式弧形闸门的侧止水

如图 4.6-43 所示，为解决潜孔弧门顶、侧止水连接处封水效果普遍较差的问题，近年出现了将顶、侧止水连接段做成一体的异形转角水封，表孔弧形闸门的

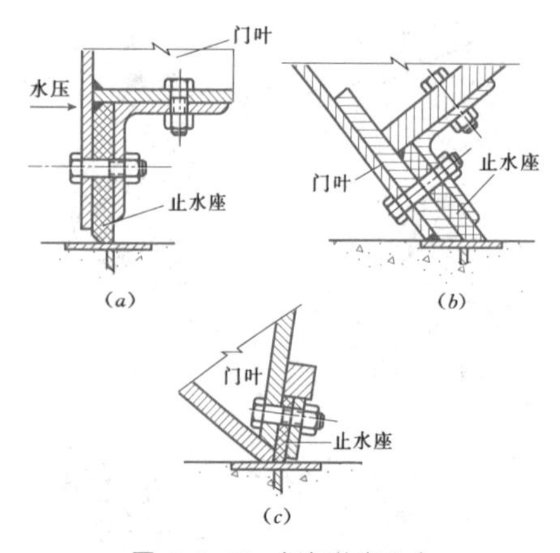

(a)　(b)　(c)

图 4.6-40　闸门的底止水

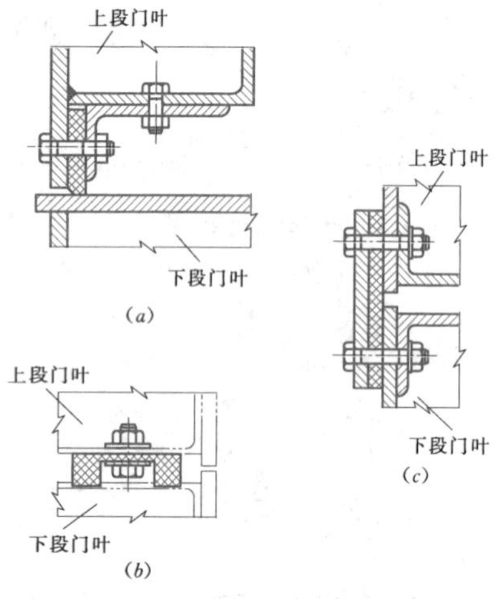

(a)　(b)　(c)

图 4.6-41　闸门的中间止水

布置型式如图 4.6-44 所示。

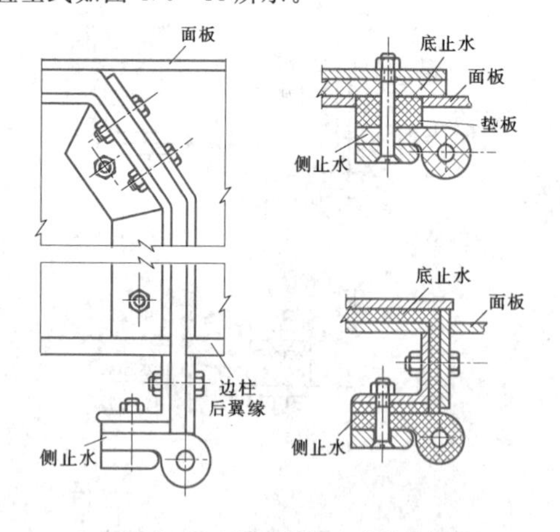

图 4.6-42　平面闸门止水的连接

4.6.4.2　止水装置的特殊型式

当闸门需要双向挡水时，止水装置如图 4.6-45 所示。

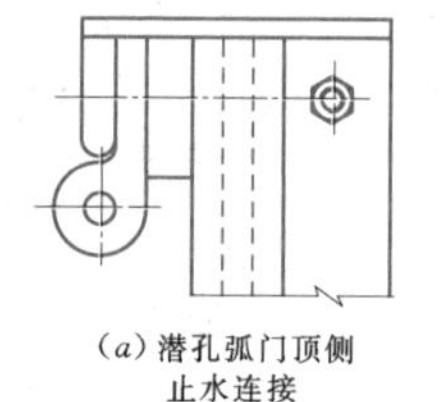

(a) 潜孔弧门顶侧止水连接　(b) 潜孔弧门底侧止水连接

图 4.6-43　潜孔弧门止水的连接

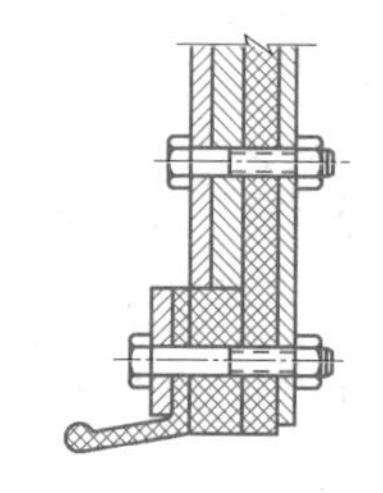

图 4.6-44　表孔弧门侧底止水的连接

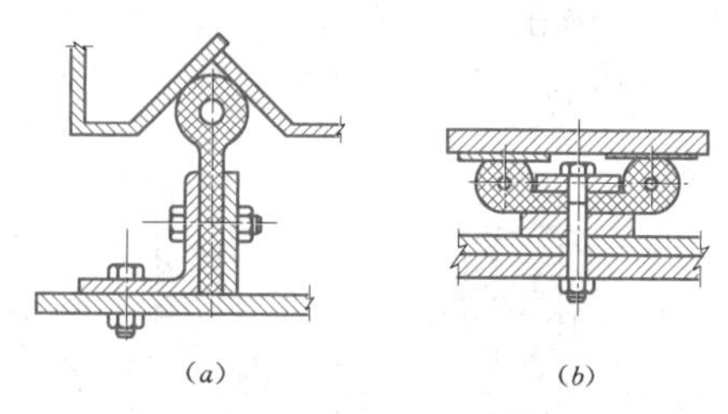

(a)　(b)

图 4.6-45　双向止水的结构型式

高水头弧形闸门止水装置除前述的普通预压式外，目前还常用两种止水型式，即压紧式和充压式。这两种型式均为设置在突扩门槽上的口字形连续止水，压紧式通过转动弧门的支铰偏心轴使闸门前进压紧止水，达到封水目的；充压式通过往止水背部充高压水使止水外伸压紧在门叶面板上达到封水的目的，如图 4.6-46 和图 4.6-47 所示。但两种型式均需以普通预压式止水作为辅助止水。

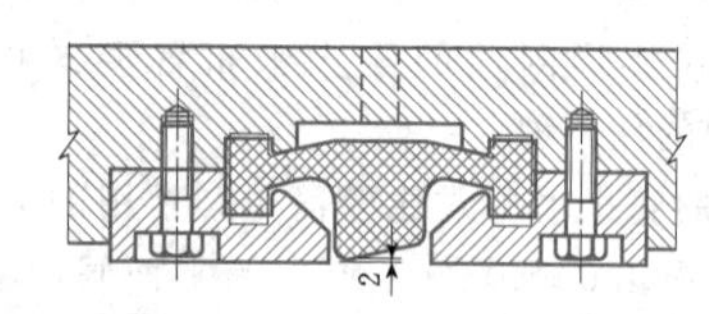

图 4.6-46　充压式止水（单位：mm）

4.6.5　其他

水工闸门上的零部件种类繁多，型式各异，应根据需要设计选用，本章不一一说明，仅对导引装置、吊头、充水阀等作简略介绍。

4.6.5.1　导引装置

导引装置是用来确保门叶移动时使门叶处于正常位置的部件，其结构型式一般有侧向和反向的滑块和

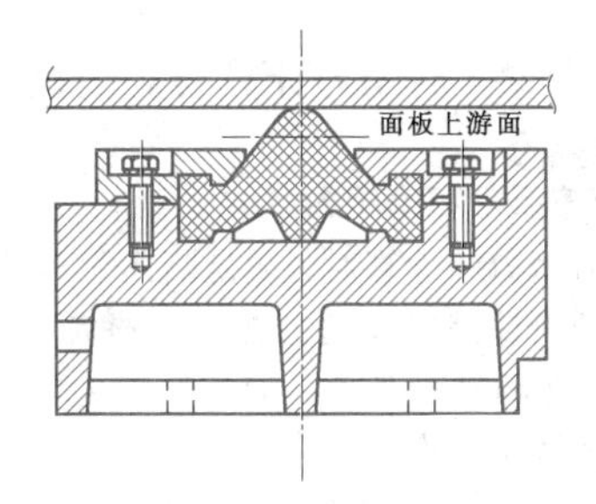

图 4.6-47 压紧式止水

滚轮等；其设计可参考4.6.3小节行走支承装置及原水利电力部水利水电规划设计院1988年编制的《水工闸门侧反向装置定型设计图册》。

4.6.5.2 吊头

吊头又称吊耳，是门叶与启闭机相连接的部件。闸门上的吊点数一般根据闸门孔口大小、宽高比、闸门型式和启闭机型式综合考虑确定，一般设一个吊点或两个吊点，当宽高比大于1时，宜采用双吊点。圆筒形闸门一般采用三个吊点，人字闸门和一字闸门无论宽高比如何，一般每扇门叶采用一个吊点。

垂直升降的平面闸门，吊耳应设置在闸门重心略偏止水侧，以利于封水。升卧式平面闸门，吊耳设在闸门底部。露顶式弧形闸门的吊耳根据启闭机布置可设在弧形闸门面板上游侧，也可设在弧形闸门支臂侧。潜孔式弧形闸门一般设在闸门顶部。

吊头的构造型式比较简单，如图4.6-48所示，为一片或两片钢板，上面开有与启闭机吊具相适应的轴孔，其各部分尺寸可按式（4.6-43）初步选定，并按额定启闭力分别验算孔壁的局部紧接承压力及拉应力。对于双吊点启闭机，考虑不同步引起的受力不均匀，启闭力可酌情乘以超载系数1.1～1.2。

$$\left.\begin{aligned} B &= (2.4-2.6)d \\ \delta &\geqslant \frac{B}{20} \\ a &= (0.9\sim1.05)d \end{aligned}\right\} \tag{4.6-43}$$

1. 孔壁的局部紧接承压应力应满足

$$\sigma_{cj} = \frac{N}{d\delta} \leqslant [\sigma_{cj}] \tag{4.6-44}$$

式中 N——一个吊耳孔所受的荷载，N；

$[\sigma_{cj}]$——局部紧接承压容许应力；

d、δ的物理意义如图4.6-48所示。

2. 吊耳孔拉应力

$$\sigma_k = \frac{R^2+r^2}{R^2-r^2}\sigma_{cj} \leqslant [\sigma_k] \tag{4.6-45}$$

式中 $[\sigma_k]$——孔壁抗拉容许应力；

r、R的物理意义如图4.6-48所示，$r=d/2$；R取$B/2$与$r+a$二者中之小值。

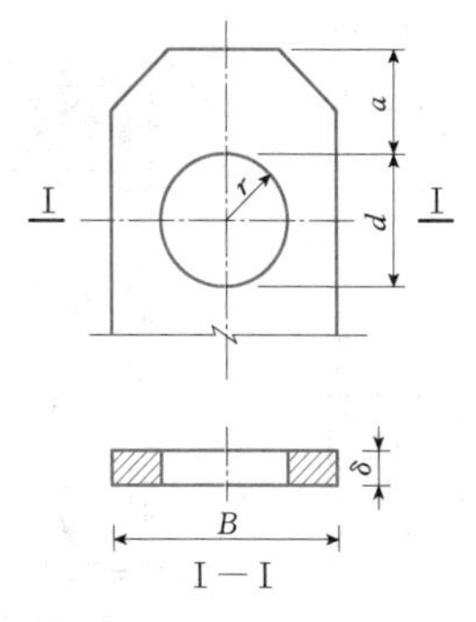

图 4.6-48 吊头的构造

为调整吊耳孔位置而采用轴承板时，两轴承板的总厚度不应小于1.2δ。

对于需要经常拆卸的吊头，例如，采用移动式启闭机的闸门吊耳，既要便于操作，又要保证轴与轴孔间有足够的接触面积，往往将轴孔做成梨形，如图4.6-49所示，其中小圆部分应尽量接近180°。由于R与r相差不大，其强度验算仍可按上述方法进行。

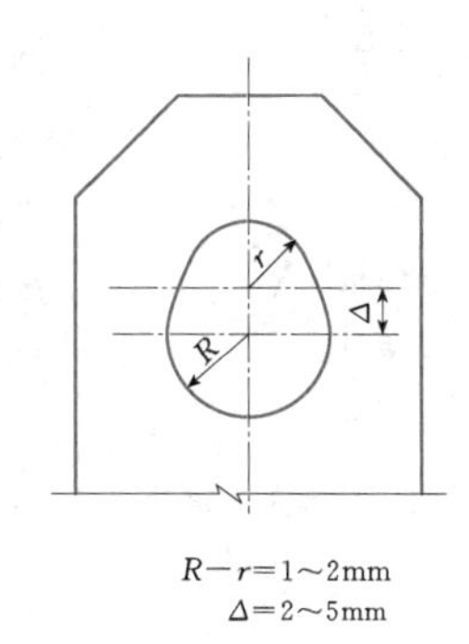

$R-r=1\sim2$mm
$\Delta=2\sim5$mm

图 4.6-49 吊头的梨形轴孔

4.6.5.3 充水阀

充水阀又称平压阀，是设在事故闸门和检修闸门上用以充水平压的装置。充水阀的孔口大小应根据充水量、充水时间、水工建筑物和闸门的布置以及启闭机型式等因素综合考虑确定。充水阀的启闭大都利用闸门的启闭设施进行操作，并需设置反映充水阀工作状态的指示器，以免发生误操作。

事实上，充水阀本身也是一种闸门或阀门，同样有其止水装置和支承导向装置等，目前常用的有盖板式（见图4.6-50）、柱塞式（见图4.6-51）和闸阀式（见图4.6-52）三种，阀型可根据水头的大小、闸门止水的位置选用，阀径则应根据充水容积、漏水量、充水时间、设计水头等计算选择。具体可参考《水工钢闸门系列标准 充水阀》（SL/T 248—1999）。

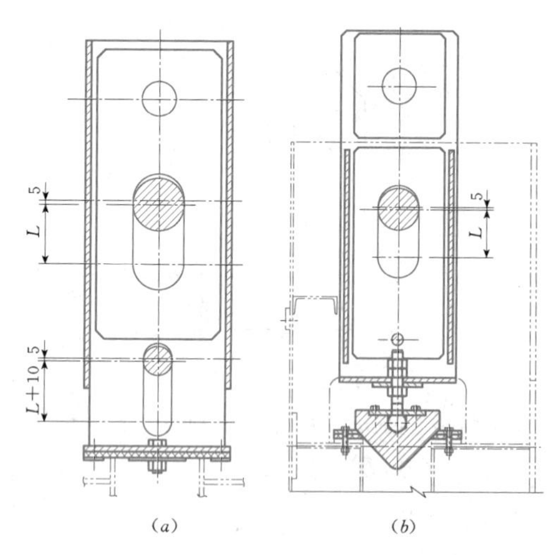

图 4.6-50　盖板式充水阀（单位：mm）

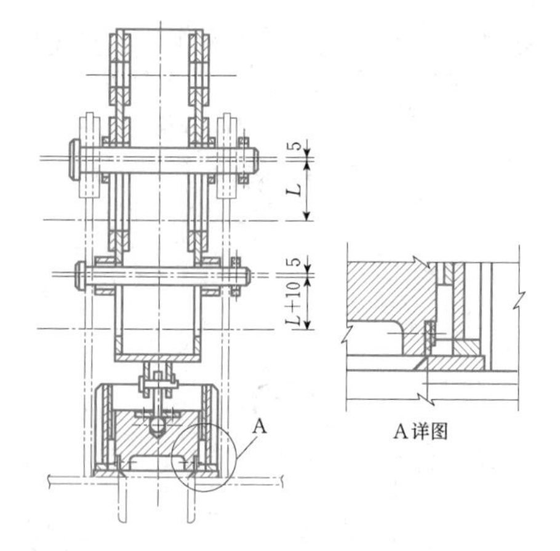

图 4.6-51　柱塞式充水阀（单位：mm）

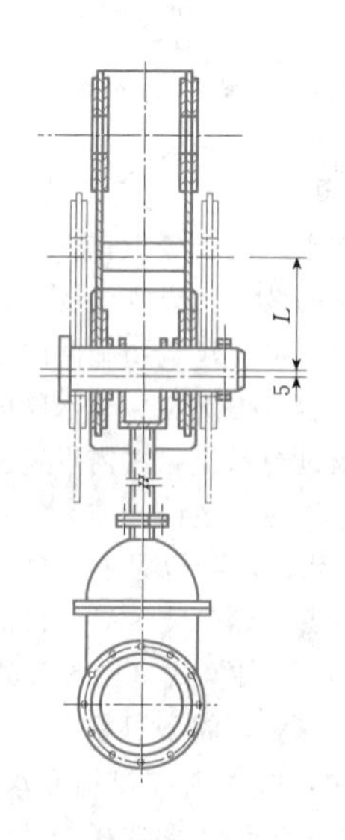

图 4.6-52　闸阀式充水阀（单位：mm）

4.7　启闭力计算与启闭机

4.7.1　摩擦系数和摩阻力

闸门启闭力的计算对于确定启闭设备的容量以及机械零件的设计是必要的。在闸门的启闭力计算中，摩阻力占有很重要的地位，而其计算又涉及接触材料和摩擦系数的正确选用。

通常情况下，闸门在启闭过程中的移动速度很低，作相对运动的部件基本上是直接接触的，可近似看做静摩擦。根据库仑静摩擦定律：摩擦力的大小与接触面之间的正压力 N 成正比，即

$$T = fN \tag{4.7-1}$$

式中　T——摩擦力，kN；

N——正压力，kN；

f——摩擦系数。

摩擦系数的大小与接触体的材料以及接触面的状况(粗糙度、湿度、温度等)有关，不同材料在不同接触面下的摩擦系数是在一定实验条件下测得的平均值，表 4.7-1 为《水利水电工程钢闸门设计规范》(SL 74—2013)中推荐的各种材料的摩擦系数，可供参考选用。

闸门设计中，常见的支承型式有三种，即滑动式、滚动式和链轮式。

滑动式支承滑道材料主要有金属（如青铜、铸铁等）和复合材料等。近年来，随着一些大型水电工程的开发建设，对支承滑道材料提出了更高的要求。过去常用的胶木滑道，由于具有机械性能不稳定、使用寿命短、易老化开裂以及磨损后摩擦系数不稳定等缺陷，已逐渐被淘汰。金属滑道由于摩擦系数较大等原因，其应用也受到一定限制。因此，新型支承材料的研发势在必行。近年来，我国引进和自行研制了多种机械性能稳定的高比压低摩阻的新型滑道材料，如钢基铜塑复合材料滑道、铜合金镶嵌自润滑支承材料、铜合金钉板型自润滑支承材料、增强聚四氟乙烯滑道以及工程塑料合金材料等。这些支承材料在满足技术鉴定的前提下被广泛应用在工程实践中，具有低的动摩擦系数、高的承载能力及良好的耐老化性能，满足了闸门滑道支承材料的要求。

（1）钢基铜塑复合材料滑块是以钢为基体，在钢基上以烧结铜球或铜螺旋为中间层，表层为塑料（聚甲醛或改性聚甲醛）。这种材料既有较高的机械强度，又有较低的摩擦系数，充分发挥了金属和塑料各自的优点，克服了自身的缺点，是一种比较理想的减摩材料。它的摩擦系数约为 0.08～0.12。

表 4.7-2 为钢基铜塑复合材料的物理力学性能参数，供参考。

表 4.7-1　　**摩擦系数 f**

种类	材料及工作条件		f最大值	f最小值
滑动摩擦系数	(1) 钢对钢（干摩擦）		0.5～0.6	0.15
	(2) 钢对铸铁（干摩擦）		0.35	0.16
	(3) 钢对木材（有水时）		0.65	0.3
	(4) 钢基铜塑复合材料滑道及增强聚四氟乙烯板滑道对不锈钢（在清水中）	压强 $q>2.5$kN/mm	0.09	0.04
		压强 $q=2.5\sim2.0$kN/mm	0.09～0.11	0.05
		压强 $q=2.0\sim1.5$kN/mm	0.11～0.13	0.05
		压强 $q=1.5\sim1.0$kN/mm	0.13～0.15	0.06
		压强 $q<1.0$kN/mm	0.15	0.06
滑动轴承摩擦系数	(1) 钢对青铜（干摩擦）		0.30	0.16
	(2) 钢对青铜（有润滑）		0.25	0.12
	(3) 钢基铜塑复合材料对镀铬钢（不锈钢）		0.12～0.14	0.05
止水摩擦系数	(1) 橡胶对钢		0.70	0.35
	(2) 橡胶对不锈钢		0.50	0.20
	(3) 橡塑复合水封对不锈钢		0.20	0.05
滚动摩擦力臂	(1) 钢对钢		1mm	
	(2) 钢对铸钢		1mm	

注　表 4.7-1～表 4.7-5 引自《水利水电工程钢闸门设计规范》(SL 74—2013)。

表 4.7-2　　**钢基铜塑复合材料的物理力学性能参数**

复合材料	铜球/聚甲醛	铜螺旋/聚甲醛
复合层厚度（mm）	1.2～1.5	≥3.0
抗压强度（MPa）	≥250	≥160
容许线压强（kN/cm）	60	80
线膨胀系数（K^{-1}）	2.3×10^{-5}	2.3×10^{-5}
工作温度（℃）	−40～+100	−40～+100

(2) 铜合金镶嵌自润滑支承材料和铜合金钉板型自润滑支承材料是以高强度铜合金为基体，在基体上钻一定比例的盲孔，再在孔中镶嵌固体润滑剂，从而构成自润滑支承材料。该材料承载力大，不易老化，尺寸稳定，摩擦系数在 0.12 左右。

表 4.7-3 为铜合金镶嵌自润滑支承材料和铜合金钉板型自润滑支承材料的铜合金力学性能，供参考。

表 4.7-3　　**铜合金的力学性能**

铜合金	抗拉强度（MPa）	屈服强度（MPa）	伸长率（%）	硬度（HB）
锡青铜	≥200	≥90	≥13	≥60
铝青铜	≥630	≥250	≥16	≥157
高强黄铜	≥740	≥400	≥7	≥167

(3) 增强聚四氟乙烯滑道具有低线膨胀系数、低吸水率、耐磨损、动静摩擦系数相对接近等特点，能够满足闸门滑道支承材料的要求。

表 4.7-4 为增强聚四氟乙烯材料的物理力学性能参数，供参考。

表 4.7-4　　**增强聚四氟乙烯材料的物理力学性能**

性能	指标	备注
密度(g/cm^3)	1.20～1.50	
抗压强度(MPa)	120～180	
缺口冲击强度(kJ/m^2)	>0.7	
球压痕硬度(MPa)	≥100	GB/T 3398
容许线压强(kN/cm)	≤80	
线膨胀系数(K^{-1})	$\leq7.0\times10^{-5}$	
吸水率(%)	≤0.6	
热变形温度(℃)	185	

表 4.7-5 为工程塑料合金材料的物理力学性能参数，供参考。

选定滑动摩擦系数后，就可按式 (4.7-1) 进行滑动摩阻力的计算。

表 4.7-5　工程塑料合金材料的物理力学性能

性　　能	指　标	备　注
密度(g/cm³)	1.1～1.3	
抗压强度(MPa)	90～160	
D 型邵氏硬度	>66	GB/T 2411
容许线压强(kN/cm)	<83	滑块
吸水率（%）	≤0.6	
热变形温度（℃）	186	

滚动摩擦是一个圆柱体在平面上滚动时受到的阻碍作用，是由圆柱体和支承面接触处的变形而产生的，如图 4.7-1 所示。

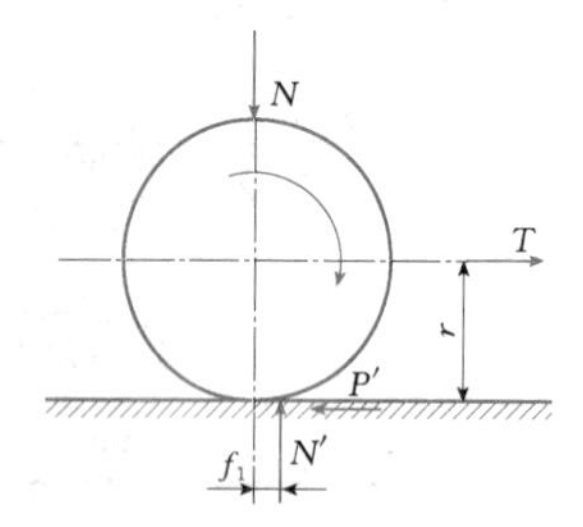

图 4.7-1　滚动摩擦简图（1）

按力偶平衡条件可得到计算摩阻力的公式为

$$T=\frac{f_1 N}{r} \tag{4.7-2}$$

式中　T——摩阻力，kN；

N——正压力，kN；

r——圆柱体半径，mm；

f_1——滚动摩擦系数，有力臂的意义，具有长度量纲，大小主要取决于相互接触物体的材料性质（硬度等）和表面状况（粗糙度、湿度等），见表 4.7-1。

水工闸门的滚动支承应用十分普遍，常用的滚动支承型式有两种，即滚柱（辊子）和滚轮。滚柱支承的闸门（如链轮闸门等），其结构是在门叶和轨道之间有一串圆柱形辊子，门叶移动时，辊子、门叶和轨道三者互作相对运动，如图 4.7-2 所示。其摩阻力仍可按式（4.7-2）计算。

对于滚柱支承的闸门，其最大优点是摩阻力小，承载力高。但因制造复杂，维护要求较高，所以应用较少。

滚轮支承的应用较为普遍，它是在一根固定不动的轴上安装一个可以转动的圆柱体，当门叶移动时，滚轮、轴及轨道三者互作相对运动，在滚轮和轴的接

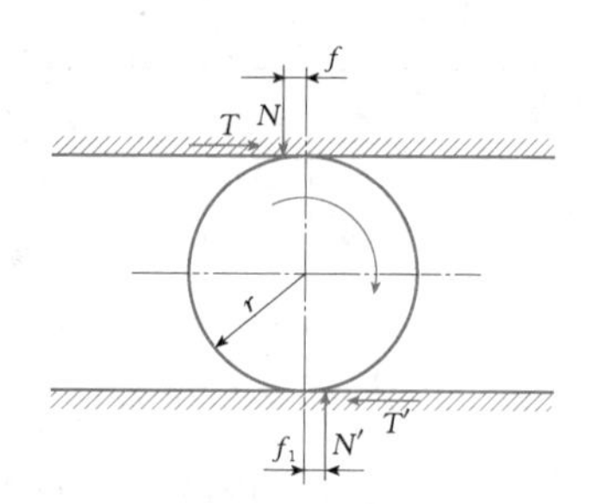

图 4.7-2　滚动摩擦简图（2）

触面上设置有轴承，轴承分为表面直接接触的滑动轴承和加有滚柱（或滚珠）的滚动轴承，如图 4.7-3 所示。

当采用滑动轴承时，滚轮绕轴转动时会在该接触面上产生滑动摩擦，在计算总的摩阻力时要计入这部分阻力。参照图 4.7-3（a），列出力偶平衡方程后求得总摩阻力为

$$T=\frac{f r_0+f_1}{r}N \tag{4.7-3}$$

式中　r_0——轴的半径，mm；

f——轴承与轴的滑动摩擦系数，可由表 4.7-1 查取；

其余符号意义同前。

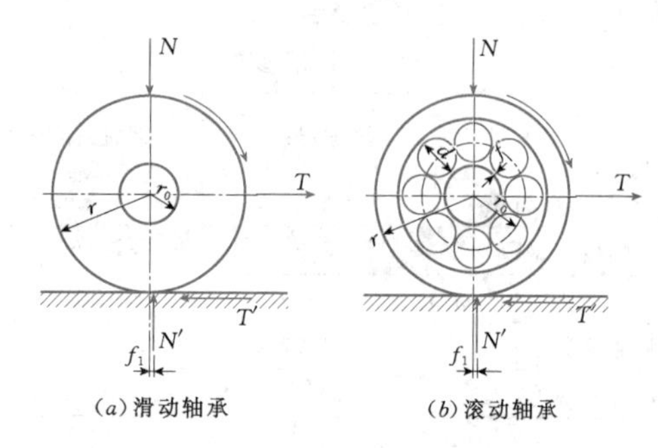

图 4.7-3　滚动轴承与滑动轴承

当采用滚动轴承时，在滚轮与轴之间还有一层滚柱（或滚珠），因此参与运动的物体共有四项，情况比较复杂，但仍可按建立力偶平衡方程的方法来计算总摩阻力。参照图 4.7-3（b），可得出总摩阻力为

$$T=\frac{N f_1}{r}\left(\frac{r_0}{d}+1\right) \tag{4.7-4}$$

式中　d——滚动轴承中滚柱（或滚珠）的直径，mm；

r_0——滚动轴承的平均半径，mm；

其余符号意义同前。

4.7.2　启闭力计算

在闸门启闭力的计算中，其主要影响因素有水压

力、门叶自重以及各种摩阻力等。以下列出常用闸门的启闭力计算公式，其他型式的闸门可参照进行计算。

4.7.2.1 平面闸门的启闭力计算

1. 动水中启闭的闸门启闭力计算

动水中启闭的闸门启闭力计算应包括闭门力、持住力及启门力的计算。

(1) 闭门力计算：

$$F_w = n_T(T_{zd} + T_{zs}) - n_G G + P_t \quad (4.7-5)$$

计算结果为正值时，需要加重，加重方式有加重块、利用门顶水柱压力或机械下压力等。计算结果为负值时，闸门依靠自重可关闭。

(2) 持住力计算：

$$F_T = n'_G G + G_j + W_s + P_x - P_t - (T_{zd} + T_{zs}) \quad (4.7-6)$$

(3) 启门力计算：

$$F_Q = n_T(T_{zd} + T_{zs}) + P_x + n'_G G + G_j + W_s \quad (4.7-7)$$

上三式中 F_w、F_T、F_Q——闭门力、持住力、启门力，kN；

n_T——摩擦阻力安全系数，可采用1.2；

n_G——计算闭门力用的闸门自重修正系数，可采用0.9～1.0；

n'_G——计算持住力和启门力用的闸门自重修正系数，可采用1.0～1.1；

G——闸门自重，kN，当有拉杆时应计入拉杆重量，计算闭门力时选用浮重；

W_s——作用在闸门上的水柱压力，kN；

G_j——加重块重量，kN；

P_t——上托力，kN，包括底缘上托力及止水上托力，底缘上托力计算见式(4.7-12)；

P_x——下吸力，kN，其计算见式(4.7-13)；

T_{zd}——支承摩阻力，kN；

T_{zs}——止水摩阻力，kN。

滑动轴承的滚轮摩阻力 T_{zd} 为

$$T_{zd} = \frac{P}{R}(f_1 r + f) \quad (4.7-8)$$

滚动轴承的滚轮摩阻力 T_{zd} 为

$$T_{zd} = \frac{Pf}{R}\left(\frac{R_1}{d} + 1\right) \quad (4.7-9)$$

滑动支承摩阻力 T_{zd} 为

$$T_{zd} = f_2 P \quad (4.7-10)$$

止水摩阻力 T_{zs} 为

$$T_{zs} = f_3 P_{zs} \quad (4.7-11)$$

上四式中 P——作用在闸门上的总水压力，kN；

r——滚轮轴半径，mm；

R_1——滚动轴承的平均半径，mm；

R——滚轮半径，mm；

d——滚动轴承滚柱直径，mm；

f_1、f_2、f_3——滑动摩擦系数，计算持住力应取小值，计算启门、闭门力应取大值，可参照表4.7-1选用；

f——滚动摩擦力臂，mm，参照表4.7-1选用；

P_{zs}——作用在止水上的压力，kN。

2. 静水中启闭的闸门启闭力计算

静水中启闭的闸门，其启闭力的计算除计入闸门自重和加重外，还应考虑一定的水位差引起的摩阻力。露顶式闸门和电站尾水闸门可采用不大于1m的水位差；潜孔式闸门可采用1～5m的水位差。对有可能发生淤泥、污物堆积等情况时，应酌情增加。

3. 上托力和下吸力的计算

(1) 上托力计算。门叶底缘上的动水压力详见本章4.4节，当采用图4.4-6所示的底缘型式时，上托力可按下式计算：

$$P_t = \gamma \beta_t H_S D_1 B_{zs} \quad (4.7-12)$$

式中 P_t——上托力，kN；

H_S——闸门底止水上的水头，m；

D_1——闸门底止水至上游面板的距离，m；

B_{zs}——两侧止水距离，m；

γ——水的重度，取$10kN/m^3$；

β_t——上托力系数，当验算闭门力时，按闸门接近完全关闭时的条件考虑，取$\beta_t=1.0$；当计算持住力时，按闸门的不同开度考虑，β_t可参照表4.4-4选用。

表4.4-4中β_t值适用于闸后明流流态，且在应用时：对于泄水道闸门，$0<a<0.5H$；对于电站快速闸门，$0<a<a_k$。

a_k为电站快速闸门关闭时闸后明满流转换临界开度。关于临界开度的确定问题，可根据已建成的工程类比或参考有关试验研究报告计算。必要时可通过水工模型试验确定。在一般情况下，也可暂按$a_k=$

0.5H 估算；H 为引水道的孔高。

计算持住力过程线可在上述相对开度范围内进行，特殊情况应通过水工试验论证。

（2）下吸力计算。

$$P_s = p_s D_2 B_{zs} \quad (4.7-13)$$

式中　P_s——下吸力，kN；

D_2——闸门底缘止水至主梁下翼缘的距离，m；

p_s——闸门底缘 D_2 部分的平均下吸强度，可按 20kN/m² 计算，当流态良好、通气充分并符合图 4.7-4 所示要求时，可适当减少。

当溢流坝闸门、水闸闸门和坝内明流底孔闸门的底缘布置满足其下游倾角不小于 30°（见图 4.7-4）且下游流态良好、通气充分时，可不计下吸力。

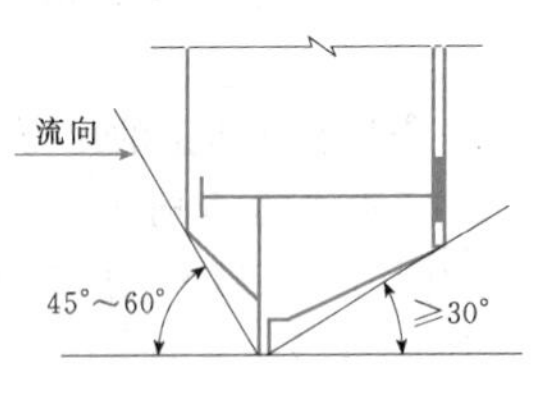

图 4.7-4　闸门底缘倾角

4. 其他

（1）为防止闸门的底部渗漏，除进行上述各项计算外，还应按下式验算底止水在底坎上的压应力 σ_y：

$$\sigma_y \geqslant 0.0012\gamma H_S \quad (4.7-14)$$

式中　γ——水的重度，取 10kN/m³；

H_S——由底坎算起的水头，m。

（2）在多泥沙水流中工作的闸门，计算启闭力时应做专门研究。除考虑水压力外，还应考虑泥沙的影响，包括泥沙引起的支承、止水摩阻力；泥沙与闸门间的黏着力和摩擦力；门上淤积泥沙的重量等。黏着系数和摩擦系数可通过试验确定。此外，还应适当加大安全系数，以克服泥沙局部阻塞增加的阻力。

计算小型闸门的启闭力时，安全系数应适当加大。

（3）在闸门启闭力的计算中，还应根据闸门的选型和布置以及操作运行要求，酌情考虑止水橡皮的预压缩对启闭力的影响。

对于闸门的侧止水，由于结构上以及止水效果的要求，一般需预压缩 2～4mm，计算摩阻力时，应将由橡皮预压缩引起的摩阻力计入。在计算橡皮预压力时，若按胡克定律计算，往往会出现较大的误差，为此，表 4.7-6 所列试验数据可供设计时参考[22]。

表 4.7-6　止水橡皮预压缩量与其压缩力关系的试验数据

绝对变形量 (mm)	平均压力值（止水橡皮长度为 200mm）(kN)			单位压缩力 (kN/m)		
	P60—B	P60—A	P45—A	P60—B	P60—A	P45—A
0.0	0	0	0	0	0	0
0.5	1.06	0.52	0.47	5.3	2.6	2.35
1.0	1.92	0.62	0.53	9.6	3.1	2.65
1.5	2.65	0.72	0.58	13.2	3.6	2.90
2.0	3.35	0.81	0.63	16.7	4.1	3.15
2.5	4.02	0.90	0.68	20.1	4.5	3.40
3.0	4.65	1.00	0.73	23.2	5.0	3.65
3.5	5.29	1.11	0.78	26.5	5.5	3.90
4.0	5.92	1.17	0.85	29.6	5.8	4.25
4.5	6.52	1.35	0.89	32.6	6.7	4.45
5.0	7.16	1.45	0.96	35.8	7.3	4.80
5.5	7.75	1.55	1.00	38.7	7.8	5.00
6.0	8.42	1.65	1.06	42.1	8.3	5.30
6.5	9.07	1.76		45.3	8.8	
7.0	9.76	1.85		48.8	9.3	
7.5	10.44	1.96		50.22	9.8	
8.0	11.16	2.00		55.8	10.0	

4.7.2.2　弧形闸门的启闭力计算

1. 闭门力计算

$$F_w = \frac{1}{R_1}[n_T(T_{zd}r_0 + T_{zs}r_1) + P_t r_3 - n_G G r_2] \quad (4.7-15)$$

计算结果为正值时，需加重；为负值时，依靠自重可以关闭。

2. 启门力计算

$$F_Q = \frac{1}{R_2}[n_T(T_{zd}r_0 + T_{zs}r_1) + n'_G G r_2 + G_j R_1 + P_x r_4] \quad (4.7-16)$$

上二式中　r_0、r_1、r_2、r_3、r_4——转动铰摩阻力、止水摩阻力、闸门自重、上托力、下吸力对弧形闸门转动中心的力臂，m；

R_1、R_2——加重（或下压力）、启门力对弧形闸门转动中心的力臂，m；

其余符号意义同平面闸门启闭力的计算式。

弧形闸门在启闭运动过程中，力的作用点、方向和力臂随运动而变化，因此，必要时可绘制启闭力过程线，以决定最大值。

4.7.2.3 横拉闸门的启闭力计算

启门力 $$F_Q = K(T_1 + T_2 + T_3) \quad (4.7-17)$$

闭门力 $$F_W = K(T_1 + T_2) \quad (4.7-18)$$

上二式中 F_Q——横拉闸门的启门力，kN；

F_W——横拉闸门的闭门力，kN；

K——安全系数，取1.1～1.2。

(1) 当滚轮采用滑动轴承时，摩擦阻力可按下式计算：

$$T_1 = \frac{G}{R}(f_1 r + f)\beta \quad (4.7-19)$$

(2) 当滚轮采用滚动轴承时，摩擦阻力可按下式计算：

$$T_1 = \frac{Gf}{R}\left(\frac{R_1}{d} + 1\right)\beta \quad (4.7-20)$$

(3) 当支承采用滑道时，摩擦阻力可按下式计算：

$$T_1 = Gf_2 \quad (4.7-21)$$

(4) 残余水位差引起的摩擦阻力可按下式计算：

$$T_2 = HBZf_2 \quad (4.7-22)$$

(5) 风压力引起的摩擦阻力可按下式计算：

$$T_3 = hBp_f f_2 \quad (4.7-23)$$

上五式中 G——闸门自重，kN；

R——滚轮的滚动半径，mm；

f_1、f_2——滑动摩擦系数，参照表4.7-1选取；

r——滚动轴半径，mm；

f——滚动摩擦力臂，mm，参照表4.7-1选取；

β——考虑轮缘及轮壳端面摩擦引起的附加阻力系数，当滚轮采用滑动轴承时，取1.2～1.3，当滚轮采用滚动轴承时，取1.5～2.0；

H——闸门浸水深度，m；

B——闸门宽度，m；

Z——残余水位差形成的压强，kPa，取0.5～1.0kPa；

h——闸门受风压力作用部分的高度，m；

p_f——设计风压强度，kPa。

4.7.2.4 人字闸门的启闭力计算

人字闸门启闭力可按下式计算：

$$T = K\frac{\sum M}{R} \quad (4.7-24)$$

式中 T——人字闸门的启闭力，kN；

K——安全系数，取1.2；

R——牵引力到旋转中心的力臂，m；

$\sum M$——最大总阻力矩，kN·m。

大型人字闸门宜绘制阻力矩随时间变化曲线，并求得总阻力矩最大值。

$$\sum M = M_1 + M_2 + M_3 + M_4 \quad (4.7-25)$$

$$M_1 = 0.5fNd_1 + 0.25fG_0 d_2 \quad (4.7-26)$$

$$M_2 = 0.5qh_1 L^2 \sin\alpha \quad (4.7-27)$$

$$M_3 = 0.126\varphi\frac{G_m L^2}{t_0^2}\cos\frac{\pi t}{t_0} \quad (4.7-28)$$

$$M_4 = 0.5h_2 L^2 Z \quad (4.7-29)$$

上五式中 M_1——顶枢和底枢的摩擦阻力矩，kN·m；

M_2——风力阻力矩，kN·m；

M_3——闸门运动惯性阻力矩，kN·m；

M_4——水对闸门产生的阻力矩，kN·m；

f——摩擦系数，参照表4.7-1选取；

N——在垂直荷载作用下顶枢的水平反力，kN；

d_1——顶枢轴直径，m；

G_0——门扇及工作桥上的垂直荷载，kN；

d_2——底枢蘑菇头轴径，m；

q——风压强度，kPa，参照现行行业标准《港口工程荷载规范》(JTJ 215)选用；

h_1——门扇露出水面以上部分的高度，m；

L——门扇宽度，m；

α——计算风向与门扇轴线的夹角，(°)；

φ——门扇全开的转动角度，rad；

G_m——门扇及门扇上的垂直荷载相应的质量，t；

t_0——开启闸门所需的总时间，s；

t——开门过程中的任意时间，s；

h_2——门扇淹没在水中部分的高度，m；

Z——人字闸门启闭时容许的水位差形成的压强，kPa，取0.5～1.5kPa。

4.7.2.5 三角闸门的启闭力计算

(1) 三角闸门的启门力可按下式计算：

$$T_1 = K\frac{\sum M_Q}{R} \quad (4.7-30)$$

式中 T_1——三角闸门的启门力，kN；

K——安全系数，取1.2；

R——牵引力至旋转中心的力臂，m，该值随启闭机型式及作用位置而异；

$\sum M_Q$——开启闸门的总阻力矩，kN·m。

(2) 三角闸门的闭门力可按下式计算：

$$T_2 = K\frac{\sum M_W}{R} \quad (4.7-31)$$

式中　T_2——三角闸门的闭门力，kN；

$\sum M_W$——关闭闸门的总阻力矩，kN·m；

其余符号意义同前。

(3) 三角闸门的总阻力矩应根据闸门结构、止水型式、羊角设置、水流情况及门库曲线等因素计算各项阻力矩，并按水头方向进行总阻力矩的组合，中止水摩擦力产生的阻力矩可忽略不计。

(4) 顶枢和底枢摩擦阻力矩 M_1 可按式（4.7-26）计算。

(5) 底止水摩擦阻力矩根据止水型式可按下列规定计算。

1) 三角直线型底止水，摩擦阻力矩可按下式计算：

$$M_2 = b_1 p_1 f_2 \left(BR_2 + R_1^2 \ln \frac{B + R_2}{R_1} \right) \tag{4.7-32}$$

式中　M_2——三角直线型底止水摩擦阻力矩，kN·m；

b_1——底止水承载宽度，m；

p_1——底止水单位面积的压力值，kPa；

f_2——滑动摩擦系数，参照表 4.7-1 选用；

B——孔口半宽，m；

R_1——闸门面板至旋转中心垂直距离，m；

R_2——中缝面板至旋转中心距离，m。

2) 以门的旋转中心为圆心的圆形底止水，摩擦阻力矩可按下式计算：

$$M_2 = b_1 p_1 f_2 R_2^2 \frac{\pi\theta}{180} \tag{4.7-33}$$

式中　M_2——圆形底止水摩擦阻力矩，kN·m；

θ——闸门中心角，(°)；

其余符号意义同前。

(6) 侧止水摩擦力矩可按下式计算：

$$M_3 = b_2 p f_3 R_3 \tag{4.7-34}$$

式中　M_3——侧止水摩擦阻力矩，kN·m；

b_2——侧止水橡皮承载宽度，m；

p——止水单宽承受总的水压力，kN/m；

f_3——滑动摩擦系数，参照表 4.7-1 选用；

R_3——侧止水橡皮中心至旋转中心距离，m。

(7) 非对称式羊角引起的水压力偏心阻力矩可按下式计算：

$$M_4 = pR_4\Delta \tag{4.7-35}$$

式中　M_4——非对称式羊角引起的水压力偏心阻力矩，kN·m；

p——止水单宽承受总的水压力，kN/m；

R_4——两羊角外伸长度差值中心至旋转中心的距离，m；

Δ——在面板外两羊角外伸长度差值，m。

(8) 水流力阻力矩可按下式计算：

$$M_5 = p_2 R_5 \tag{4.7-36}$$

式中　M_5——水流力阻力矩，kN·m；

p_2——水流力，kN，可参照现行行业标准《港口工程荷载规范》(JTJ 215) 计算；

R_5——水流力作用位置至旋转中心的距离，m。

4.7.3　启闭设备的分类、构造和选型

4.7.3.1　启闭设备的分类

水利水电工程上将启闭闸门、拦污栅所采用的各种启闭设备统称为启闭机，根据布置型式，启闭机主要分为固定式和移动式两类。根据启闭机不同的构造和机构特征可概括以下典型分类关系：

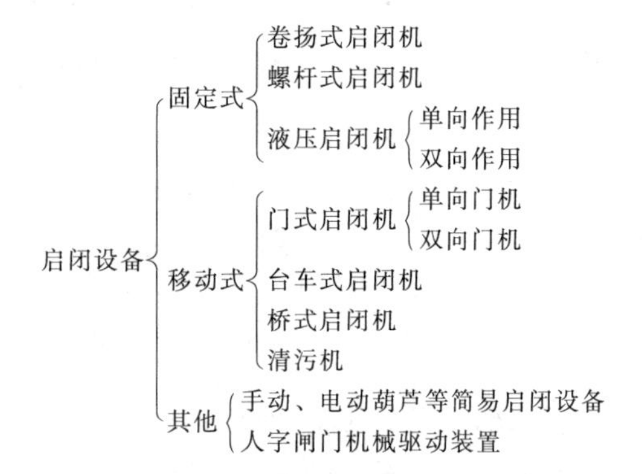

4.7.3.2　启闭设备的构造

水利水电工程常用的启闭机有固定卷扬式启闭机、移动式启闭机、液压启闭机和螺杆式启闭机等，其构造简介如下。

1. 固定卷扬式启闭机

(1) 固定卷扬式启闭机的组成与特性。固定卷扬式启闭机采用钢丝绳作为牵引方式，主要由钢丝绳、滑轮组、卷筒组、驱动机构、机架、安全保护装置及电气控制系统等部分组成，是目前应用广泛的启闭设备，图 4.7-5 所示为典型双吊点固定卷扬式启闭机外观图。

近年来，一些启闭机采用了全闭式传动，减速机输出轴直接驱动卷筒轴，使得启闭机结构更加紧凑，如图 4.7-6 所示。

固定卷扬式启闭机根据机构特征可分为 QP 型卷扬式启闭机、QPK 型卷扬式启闭机、盘香式启闭机和链式启闭机。

1) QP 型卷扬式启闭机。QP 型卷扬式启闭机主要适用于一般平面闸门，是应用最为广泛的启闭机型式。其主要参数见表 4.7-7。

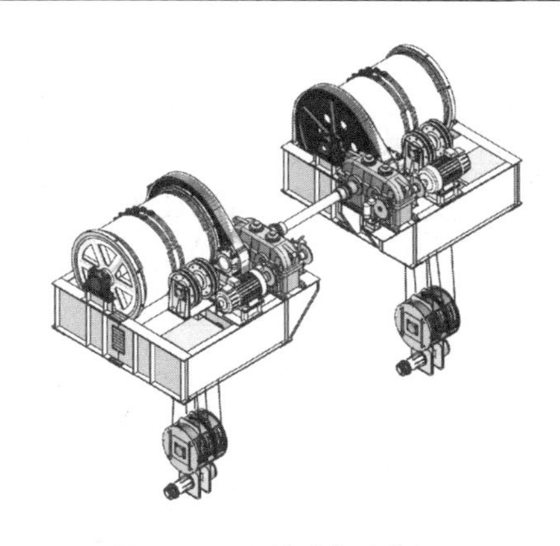

图 4.7-5 固定卷扬式启闭机

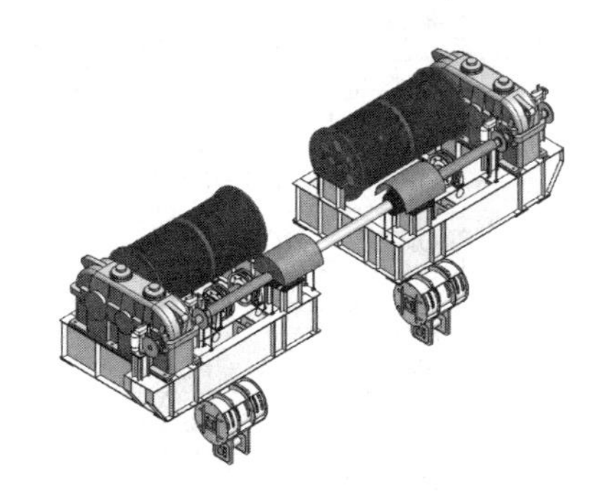

图 4.7-6 全闭式传动固定卷扬式启闭机

表 4.7-7 **QP 型卷扬式启闭机系列参数**

类 别	启闭机型号	启闭力 (kN)	扬程 (m)	启闭速度 (m/min)	最大缠绕层数	吊点中心距 (m)
单吊点	QP—50—8～16	50	8～16	1.0～2.0	1	
	QP—80—(8～16)	80	8～16	1.0～2.0	1	
	QP—100—(8～16)	100	8～16	1.0～2.0	1	
	QP—125—(8～16)	125	8～16	1.0～2.0	1	
	QP—160—(8～16)	160	8～16	1.0～2.0	1	
	QP—200—(8～16)	200	8～16	1.0～2.0	1	
	QP—250—(9～16)	250	9～16	1.0～2.0	1	
	QP—320—(9～16)	320	9～16	1.0～2.0	1	
	QP—320—(17～30)/2		17～30		2	
	QP—400—(8～16)	400	8～16	1.0～2.5	1	
	QP—400—(17～30)/2		17～30		2	
	QP—400—(31～45)/3		31～45		3	
	QP—400—(46～90)/4		46～90	1.0～2.5/2.5～5.0	4	
	QP—500—(8～16)	500	8～16	1.0～2.5	1	
	QP—500—(17～30)/2		17～30		2	
	QP—500—(31～45)/3		31～45		3	
	QP—500—(46～90)/4		46～90	1.0～2.5/2.5～5.0	4	
	QP—630—(8～16)	630	8～16	1.0～2.5	1	
	QP—630—(17～30)/2		17～30		2	
	QP—630—(31～45)/3		31～45		3	
	QP—630—(46～90)/4		46～90	1.0～2.5/2.5～5.0	4	
	QP—800—(8～16)	800	8～16	1.0～2.5	1	
	QP—800—(17～30)/2		17～30		2	
	QP—800—(31～45)/3		31～45		3	
	QP—800—(46～90)/4		46～90	1.0～2.5/2.5～5.0	4	

续表

类　别	启闭机型号	启闭力(kN)	扬程(m)	启闭速度(m/min)	最大缠绕层数	吊点中心距(m)
单吊点	QP—1000—(8～16)	1000	8～16	0.5～2.5	1	
	QP—1000—(17～30)/2		17～30		2	
	QP—1000—(31～45)/3		31～45		3	
	QP—1000—(46～90)/4		46～90	0.5～2.5/2.5～5.0	4	
	QP—1250—(8～16)	1250	8～16	0.5～2.5	1	
	QP—1250—(17～30)/2		17～30		2	
	QP—1250—(31～45)/3		31～45		3	
	QP—1250—(46～90)/4		46～90	0.5～2.5/2.5～5.0	4	
	QP—1600—(8～16)	1600	8～16	0.5～2.5	1	
	QP—1600—(17～30)/2		17～30	0.5～2.5	2	
	QP—1600—(31～45)/3		31～45	0.5～2.5	3	
	QP—1600—(46～90)/4		46～90	0.5～2.5/2.5～5.0	4	
	QP—2000—(8～16)	2000	8～16	0.5～2.5	1	
	QP—2000—(17～30)/2		17～30	0.5～2.5	2	
	QP—2000—(31～45)/3		31～45	0.5～2.5	3	
	QP—2000—(46～90)/4		46～90	0.5～2.5/2.5～5.0	4	
	QP—2500—(8～16)	2500	8～16	0.5～2.5	1	
	QP—2500—(17～30)/2		17～30	0.5～2.5	2	
	QP—2500—(31～45)/3		31～45	0.5～2.5	3	
	QP—2500—(46～90)/4		46～90	0.5～2.5	4	
	QP—2500—(91～150)/5		91～150	0.5～2.5	5	
	QP—3200—(16～25)	3200	16～25	0.5～2.5	1	
	QP—3200—(26～30)/2		26～30	0.5～2.5	2	
	QP—3200—(31～45)/3		31～45	0.5～2.5	3	
	QP—3200—(46～90)/4		46～90	0.5～2.5/2.5～5.0	4	
	QP—3200—(91～150)/5		91～150	0.5～2.5/2.5～5.0	5	
	QP—4000—(18～25)	4000	18～25	0.5～2.5	1	
	QP—4000—(26～30)/2		26～30		2	
	QP—4000—(31～45)/3		31～45		3	
	QP—4000—(46～90)/4		46～90	0.5～2.5/2.5～5.0	4	
	QP—4000—(91～150)/5		91～150	0.5～2.5/2.5～5.0	5	
	QP—4500—(18～25)	4500	18～25	0.5～2.5	1	
	QP—4500—(26～30)/2		26～30		2	
	QP—4500—(31～45)/3		31～45		3	
	QP—4500—(46～90)/4		46～90	0.5～2.5/2.5～5.0	4	
	QP—4500—(91～150)/5		91～150	0.5～2.5/2.5～5.0	5	

续表

类别	启闭机型号	启闭力(kN)	扬程(m)	启闭速度(m/min)	最大缠绕层数	吊点中心距(m)
单吊点	QP—5000—(18～25)	5000	18～25	0.5～2.5	1	
	QP—5000—(26～30)/2		26～30		2	
	QP—5000—(31～45)/3		31～45		3	
	QP—5000—(46～90)/4		46～90	0.5～2.5/2.5～5.0	4	
	QP—5000—(91～150)/5		91～150	0.5～2.5/2.5～5.0	5	
	QP—5600—(18～25)	5600	18～25	0.5～2.5	1	
	QP—5600—(26～30)/2		26～30		2	
	QP—5600—(31～45)/3		31～45		3	
	QP—5600—(46～90)/4		46～90	0.5～2.5/2.5～5.0	4	
	QP—5600—(91～150)/5		91～150	0.5～2.5/2.5～5.0	5	
	QP—6300—(20～25)	6300	20～25	0.5～2.5	1	
	QP—6300—(26～30)/2		26～30		2	
	QP—6300—(31～45)/3		31～45		3	
	QP—6300—(46～90)/4		46～90	0.5～2.5/2.5～5.0	4	
	QP—6300—(91～150)/5		91～150	0.5～2.5/2.5～5.0	5	
	QP—7100—(20～25)	7100	20～25	0.5～2.5	1	
	QP—7100—(26～30)/2		26～30		2	
	QP—7100—(31～45)/3		31～45		3	
	QP—7100—(46～90)/4		46～90	0.5～2.5/2.5～5.0	4	
	QP—7100—(91～150)/5		91～150	0.5～2.5/2.5～5.0	5	
	QP—8000—(20～25)	8000	20～25	0.5～2.5	1	
	QP—8000—(26～30)/2		26～30		2	
	QP—8000—(31～45)/3		31～45		3	
	QP—8000—(46～90)/4		46～90	0.5～2.5/2.5～5.0	4	
	QP—8000—(91～150)/5		91～150	0.5～2.5/2.5～5.0	5	
	QP—9000—(20～25)	9000	20～25	0.5～2.5	1	
	QP—9000—(26～30)/2		26～30		2	
	QP—9000—(31～45)/3		31～45		3	
	QP—9000—(46～90)/4		46～90	0.5～2.5/2.5～5.0	4	
	QP—9000—(91～150)/5		91～150	0.5～2.5/2.5～5.0	5	
	QP—10000—(20～25)	10000	20～25	0.5～2.5	1	
	QP—10000—(26～30)/2		26～30		2	
	QP—10000—(31～45)/3		31～45		3	
	QP—10000—(46～90)/4		46～90	0.5～2.5/2.5～5.0	4	
	QP—10000—(91～150)/5		91～150	0.5～2.5/2.5～5.0	5	

续表

类　别	启闭机型号	启闭力（kN）	扬程（m）	启闭速度（m/min）	最大缠绕层数	吊点中心距（m）
双吊点集中驱动	QP—2×50—(8～16)	2×50	8～16	1.0～2.0	1	1.8～6
	QP—2×80—(8～16)	2×80	8～16	1.0～2.0	1	1.8～7
	QP—2×100—(8～16)	2×100	8～16	1.0～2.0	1	1.8～7
	QP—2×125—(8～16)	2×125	8～16	1.0～2.0	1	2～7.5
	QP—2×160—(8～16)	2×160	8～16	1.0～2.0	1	2.1～8
	QP—2×200—(8～16)	2×200	8～16	1.0～2.0	1	2.1～8
	QP—2×250—(8～16)	2×250	8～16	1.0～2.0	1	2.4～9
	QP—2×320—(9～16)	2×320	9～16	1.0～2.0	1	2.8～9.5
	QP—2×320—(17～30)/2		17～30	1.0～2.5	2	
	QP—2×400—(8～16)	2×400	8～16	1.0～2.5	1	3.1～10
	QP—2×400—(17～30)/2		17～30		2	
	QP—2×400—(31～45)/3		31～45		3	
	QP—2×400—(46～90)/4		46～90	1.0～2.5/2.5～5.0	4	
双吊点分别驱动	QP—2×500—(9～16)	2×500	9～16	1.0～2.5	1	3.1～10
	QP—2×500—(17～30)/2		17～30		2	
	QP—2×500—(31～45)/3		31～45		3	
	QP—2×500—(46～90)/4		46～90	1.0～2.5/2.5～5.0	4	
	QP—2×630—(10～16)	2×630	10～16	1.0～2.5	1	4.1～11
	QP—2×630—(17～30)/2		17～30		2	
	QP—2×630—(31～45)/3		31～45		3	
	QP—2×630—(46～90)/4		46～90	1.0～2.5/2.5～5.0	4	
	QP—2×800—(10～16)	2×800	10～16	1.0～2.5	1	4.1～12
	QP—2×800—(17～30)/2		17～30		2	
	QP—2×800—(31～45)/3		31～45		3	
	QP—2×800—(46～90)/4		46～90	1.0～2.5/2.5～5.0	4	
	QP—2×1000—(11～16)	2×1000	11～16	0.5～2.5	1	4.4～12.5
	QP—2×1000—(17～30)/2		17～30		2	
	QP—2×1000—(31～45)/3		31～45		3	
	QP—2×1000—(46～90)/4		46～90	0.5～2.5/2.5～5.0	4	
	QP—2×1250—(12～16)	2×1250	12～16	0.5～2.5	1	4.7～13
	QP—2×1250—(17～30)/2		17～30		2	
	QP—2×1250—(31～45)/3		31～45		3	
	QP—2×1250—(46～90)/4		46～90	0.5～2.5/2.5～5.0	4	
	QP—2×1600—(13～20)	2×1600	13～20	0.5～2.5	1	5.2～13.5
	QP—2×1600—(21～30)/2		21～30		2	
	QP—2×1600—(31～45)/3		31～45		3	

续表

类别	启闭机型号	启闭力(kN)	扬程(m)	启闭速度(m/min)	最大缠绕层数	吊点中心距(m)
双吊点分别驱动	QP—2×1600—(46～90)/4	2×1600	46～90	0.5～2.5/2.5～5.0	4	
	QP—2×2000—(14～25)	2×2000	14～25	0.5～2.5	1	5.7～14
	QP—2×2000—(26～30)/2		26～30		2	
	QP—2×2000—(31～45)/3		31～45		3	
	QP—2×2000—(46～90)/4		46～90	0.5～2.5/2.5～5.0	4	
	QP—2×2500—(14～25)	2×2500	14～25	0.5～2.5	1	5.8～14
	QP—2×2500—(26～30)/2		26～30		2	
	QP—2×2500—(31～45)/3		31～45		3	
	QP—2×2500—(46～100)/4		46～100	0.5～2.5/2.5～5.0	4	
	QP—2×3200—(16～25)	2×3200	16～25	0.5～2.5	1	5.8～14
	QP—2×3200—(26～30)/2		26～30		2	
	QP—2×3200—(31～45)/3		31～45		3	
	QP—2×3200—(46～120)/4		46～120		4	
	QP—2×4000—(18～25)	2×4000	18～25	0.5～2.5	1	7.9～15
	QP—2×4000—(26～30)/2		26～30		2	
	QP—2×4000—(31～45)/3		31～45		3	
	QP—2×4000—(46～120)/4		46～120	0.5～2.5/2.5～5.0	4	
	QP—2×4500—(18～25)	2×4500	18～25	0.5～2.5	1	8～15
	QP—2×4500—(26～30)/2		26～30		2	
	QP—2×4500—(31～45)/3		31～45		3	
	QP—2×4500—(46～120)/4		46～120	0.5～2.5/2.5～5.0	4	
	QP—2×5000—(18～25)	2×5000	18～25	0.5～2.5	1	8.5～16
	QP—2×5000—(26～30)/2		26～30		2	
	QP—2×5000—(31～45)/3		31～45		3	
	QP—2×5000—(46～120)/4		46～120	0.5～2.5/2.5～5.0	4	
	QP—2×5600—(20～25)	2×5600	20～25	0.5～2.5	1	9.0～17
	QP—2×5600—(26～30)/2		26～30		2	
	QP—2×5600—(31～45)/3		31～45		3	
	QP—2×5600—(46～120)/4		46～120	0.5～2.5/2.5～5.0	4	
	QP—2×6300—(20～25)	2×6300	20～25	0.5～2.5	1	9.0～17
	QP—2×6300—(26～30)/2		26～30		2	
	QP—2×6300—(31～45)/3		31～45		3	
	QP—2×6300—(46～120)/4		46～120	0.5～2.5/2.5～5.0	4	
	QP—2×7100—(20～25)	2×7100	20～25	0.5～2.5	1	9.0～17
	QP—2×7100—(26～30)/2		26～30		2	
	QP—2×7100—(31～45)/3		31～45		3	

续表

类　别	启闭机型号	启闭力 (kN)	扬程 (m)	启闭速度 (m/min)	最大缠绕层数	吊点中心距 (m)
双吊点分别驱动	QP—2×7100—(46～120)/4	2×7100	46～120	0.5～2.5/2.5～5.0	4	
	QP—2×8000—(20～25)	2×8000	20～25	0.5～2.5	1	9.5～18
	QP—2×8000—(26～30)/2		26～30	0.5～2.5	2	
	QP—2×8000—(31～45)/3		31～45		3	
	QP—2×8000—(46～120)/4		46～120	0.5～2.5/2.5～5.0	4	
	QP—2×9000—(20～25)	2×9000	20～25	0.5～2.5	1	10～20
	QP—2×9000—(26～30)/2		26～30		2	
	QP—2×9000—(31～45)/3		31～45		3	
	QP—2×9000—(46～120)/4		46～120	0.5～2.5/2.5～5.0	4	
	QP—2×10000—(20～25)	2×10000	20～25	0.5～2.5	1	10～20
	QP—2×10000—(26～30)/2		26～30		2	
	QP—2×10000—(31～45)/3		31～45		3	
	QP—2×10000—(46～120)/4		46～120	0.5～2.5/2.5～5.0	4	

注　1. 吊点距的最大值是启闭机低速同步轴在无中间支承时的许用值。
2. 高扬程启闭机可采用变频电机。

本类型启闭机也可在增设导向装置后用于露顶弧形闸门或低胸墙潜孔弧形闸门的启闭，称为弧形闸门卷扬式启闭机，目前已经很少采用。

近年来，随着一批高坝大库工程的建设，闸门的挡水水头和孔口尺寸不断增大，启闭机的启闭力（持住力）也越来越大；大容量、高扬程卷扬式启闭机的应用越来越多，启闭机的主要参数已经超出 QPG 系列范围，有了大幅的提升。目前，国内水利水电工程采用的固定卷扬式启闭机最大容量已经达到 2×10000kN，最高扬程达到 159m，表 4.7－8 所列为国内部分工程大容量、高扬程启闭机应用实例。为应对卷扬式启闭机容量和扬程不断增大的需要，启闭机的设计也在不断优化，运用了一些新技术、新材料和新方案，确保设备的安全、经济、高效。

表 4.7－8　　国内部分工程大容量、高扬程卷扬式启闭机应用实例

工　程　名　称	使　用　部　位	启闭机容量 (kN)	启闭机扬程 (m)
云南（四川）向家坝水电站	导流底孔封堵门固定卷扬机	2×10000	68
云南龙开口水电站	导流底孔封堵门固定卷扬机	10000	80
四川锦屏二级水电站	上游调压井事故门固定卷扬机	9000/2000	118
四川（云南）溪洛渡水电站	1 号导流洞封堵门固定卷扬机	2×8000	
四川（云南）溪洛渡水电站		2×7000	
四川大岗山水电站	导流底孔封堵门固定卷扬机	7000	18
云南（四川）向家坝水电站	导流底孔事故门固定卷扬机	2×6500	
四川黄金坪水电站	泄洪洞事故门固定卷扬机	2×6300	64
河南小浪底水利枢纽工程	2 号明流洞事故门固定卷扬机	5000	90
广西天生桥一级水电站	放空洞事故门固定卷扬机	2×4000	125
湖南东江水电站	二级洞事故门固定卷扬机	2×4000	120
云南糯扎渡水电站	右岸泄洪洞事故门固定卷扬机	2×3600	135
云南糯扎渡水电站	左岸泄洪洞事故门固定卷扬机	2×3200	106
湖北水布垭水利枢纽工程	放空洞事故门固定卷扬机	3200	159

续表

工 程 名 称	使 用 部 位	启闭机容量(kN)	启闭机扬程(m)
四川(云南)溪洛渡水电站	坝顶双向门机	8000	
四川大岗山水电站	坝顶双向门机	7000	20
云南小湾水电站	坝顶双向门机	6600	30
四川锦屏一级水电站	坝顶双向门机	6300	25
青海龙羊峡水电站	坝顶双向门机	5000	140
湖北三峡水利枢纽工程	坝顶双向门机	5000	140
云南漫湾水电站	坝顶双向门机	5000	120
四川二滩水电站	坝顶双向门机	5000	20
四川锦屏二级水电站	坝顶双向门机	3200	115

对于超大容量的启闭机，可以增加卷筒数量；对于超高扬程的启闭机，可以增加钢丝绳在卷筒上的缠绕层数；有时甚至需要同时增加卷筒数量和钢丝绳缠绕层数。

对于增加卷筒数量，一般采用双卷筒或四卷筒方案，把大量的钢丝绳分散缠绕到各个卷筒上，减小启闭机单件结构的尺寸，解决制造问题。但是这种结构对闸门及启闭机总体布置造成一定的困难。

对于增加钢丝绳在卷筒上的缠绕层数，在常规螺旋绳槽的多层缠绕中，由于上下层钢丝绳的缠绕旋向相反，上层钢丝绳不能很好地落入下层钢丝绳形成的螺旋槽内，每缠绕一圈，上下层钢丝绳的交叉过渡点在卷筒圆周上的位置不能固定，从而可能引起钢丝绳的排列不整齐而导致双吊点不同步等安全事故。钢丝绳多层缠绕的高扬程启闭机一般有带排绳装置和无排绳装置两种结构型式。前者是通过同步机构和双向月牙螺母控制的排绳导向装置使得钢丝绳能整齐地排列在卷筒上，对于大容量、高扬程启闭机，排绳机构非常笨重，且双向月牙螺母容易磨损，无法保证设备能长期安全可靠地运行。后者采用平行线槽折线型卷筒，通过带有返回凸缘的阶梯挡块，使得钢丝绳排列整齐并平稳跳层。

近年来，折线绳槽卷筒多层缠绕技术被广泛应用于水利水电工程大容量、高扬程卷扬式启闭机上，最大缠绕层数已经达到5层，能有效地控制启闭机整体尺寸，有利于闸门及启闭机的总体布置，同时因为取代了超大规模构件，也降低了设备的制造难度，使设备更加经济、合理。

折线绳槽卷筒多层缠绕的基本原理是在卷筒的一个节距内包括两段直线绳槽和两段折线绳槽，直线绳槽和折线绳槽交替布置，且每一圈的直线绳槽和折线绳槽位置完全相同。相邻两节距的直线绳槽中的钢丝绳形成上层钢丝绳的绳槽，两段折线绳槽使得钢丝绳缠绕前进一个节距。在卷筒端部设有钢丝绳垫升返回挡块，使得钢丝绳被垫升并强迫其返回形成上一层缠绕。上、下两层钢丝绳在直线段是线接触，在折线段是点接触，与螺旋绳槽卷筒多层缠绕相比，折线绳槽卷筒改善了钢丝绳直线段的受力状态，但是在钢丝绳折线段的受力状态并没有得到改善，对钢丝绳寿命的改善是有限的。

折线绳槽卷筒的第一个关键问题是钢丝绳的返回角，规范规定返回角不宜大于1.5°，也不宜小于0.25°，以保证钢丝绳能安全返回。第二个关键问题是垫升返回挡块的体型问题，在三段式挡块中，第一段挡块在折线绳槽处垫升钢丝绳至上一层并使其自然进入直线段；第二段挡块等高，将钢丝绳引导至下一折线段绳槽处；第三段挡块进一步垫升并变窄，强迫钢丝绳在折线段处与下层钢丝绳交叉返回。另外，折线绳槽卷筒的绳槽节距应比标准槽小，以便更好地排列钢丝绳。

2）QPK型卷扬式启闭机。QPK型卷扬式启闭机主要适用于快速平面事故闸门，其主要参数见表4.7-9。当闸门需要快速关闭时，可通过手动或自动控制，使闸门在3～5min以内截断水流，以达到及时保护闸门下游建筑物或设备安全的目的。QPK型卷扬式启闭机的结构布置与QP型卷扬式启闭机相似，仅仅是在减速机输入高速轴另一端装设LT型调速器，用以限制最大闭门速度。QPK型卷扬式启闭机的系列产品机械强度按持住力设计，电动机容量按启门力设计。

3）盘香式启闭机。盘香式启闭机是一种多根钢丝绳多层缠绕的卷扬式启闭机，每根钢丝绳在同一断面重叠多层缠绕，形如盘香，故称盘香式启闭机。盘香式启闭机在传动方式上与QP型卷扬式启闭机相同，

表 4.7-9　　QPK型卷扬式启闭机系列参数

类别		启闭机型号	持住力/启门力(kN)	快速闭门高度/扬程(m)	快速闭门速度/启门速度(m/min)	吊点中心距(m)
单吊点		QPK—60/60—8/8	60/60	8/8	4.0/2.2	
		QPK—100/100—8/8	100/100	8/8	4.0/2.2	
		QPK—160/160—8/8	160/160	8/8	4.0/2.2	
		QPK—200/200—8/8	200/200	8/8	4.0/2.2	
		QPK—250/250—8/9	250/250	8/9	4.0/2.1	
		QPK—320/320—8/9	320/320	8/9	4.0/2.1	
		QPK—400/400—8/9	400/400	8/9	4.0/1.8	
		QPK—500/500—8/9	500/500	8/9	4.0/1.8	
		QPK—630/300—8/10	630/300	8/10	4.0/2.1	
		QPK—800/400—9/10	800/400	9/10	4.0/2.4	
		QPK—1000/500—9/11	1000/500	9/11	4.5/2.4	
		QPK—1250/630—9/12	1250/630	9/12	5.0/2.6	
		QPK—1600/800—10/13	1600/800	10/13	5.0/2.4	
		QPK—2000/1000—10/14	2000/1000	10/14	5.0/2.4	
双吊点	集中驱动	QPK—2×60/2×60—8/8	2×60/2×60	8/8	4.0/2.2	1.8～6.0
		QPK—2×100/2×100—8/8	2×100/2×100	8/8	4.0/2.2	1.8～7.0
		QPK—2×160/2×160—8/8	2×160/2×160	8/8	4.0/2.2	2.1～8.0
		QPK—2×200/2×200—8/8	2×200/2×200	8/8	4.0/2.2	2.1～8.0
		QPK—2×250/2×250—8/9	2×250/2×250	8/9	4.0/2.1	2.4～9.0
		QPK—2×320/2×320—8/9	2×320/2×320	8/9	4.0/2.1	2.4～9.0
		QPK—2×400/2×400—8/9	2×400/2×400	8/9	4.0/1.8	3.2～10.0
		QPK—2×500/2×500—8/9	2×500/2×500	8/9	4.0/1.8	3.2～10.0
	分别驱动	QPK—2×630/2×300—8/10	2×630/2×300	8/10	4.0/2.1	4.0～11.0
		QPK—2×800/2×400—9/10	2×800/2×400	9/10	4.5/2.4	4.0～12.0
		QPK—2×1000/2×500—9/11	2×1000/2×500	9/11	4.5/2.4	4.5～12.5
		QPK—2×1250/2×630—9/12	2×1250/2×630	9/12	5.0/2.6	5.0～13.0
		QPK—2×1600/2×800—10/13	2×1600/2×800	10/13	5.0/2.4	5.0～14.0
		QPK—2×2000/2×1000—10/14	2×2000/2×1000	10/14	5.0/2.4	6.0～14.0

注　吊点中心距的最大值是启闭机低速同步轴在无中间支承时的许用值。

两者最大不同在于卷筒型式和钢丝绳缠绕型式，前者为半径相差 $d/2$（d 为钢丝绳直径）的两个半圆盘均匀缠绕多层钢丝绳，如图4.7-7所示，而后者一般为带螺旋槽的卷筒；前者由多根钢丝绳并排多层缠绕在卷筒上，下端直接同闸门吊耳相连，后者为单根钢丝绳螺旋缠绕在卷筒上，通过滑轮组与闸门吊耳相连。

盘香式启闭机可用于平面闸门、弧形闸门或需要钢丝绳转弯导向的闸门的启闭操作，因应用较少，并未形成系列化参数。

4）链式启闭机。链式启闭机在驱动方式和传动结构方面与QP型卷扬式启闭机相似，主要区别在于其用链条代替钢丝绳，用链轮装置代替卷筒装置，目前这种型式的启闭机已经很少使用。

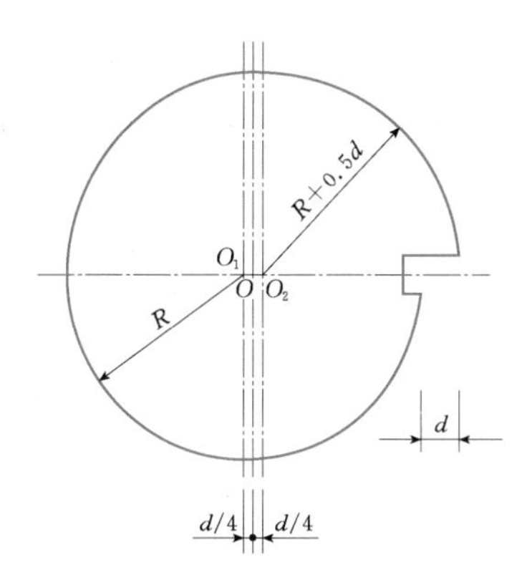

图 4.7-7 卷绳盘

O—卷筒轴中心；O_1—小半圆中心；O_2—大半圆中心

(2) 固定卷扬式启闭机的机构布置。固定卷扬式启闭机一般都采用展开式布置。固定卷扬式启闭机一般布置在启闭机房内，也可以设置机罩后露天布置。

1) 图 4.7-8 所示为单吊点固定卷扬式启闭机的机构布置，电动机通过减速机和一对开式齿轮而使卷筒转动，滑轮组布置在卷筒与电动机之间。

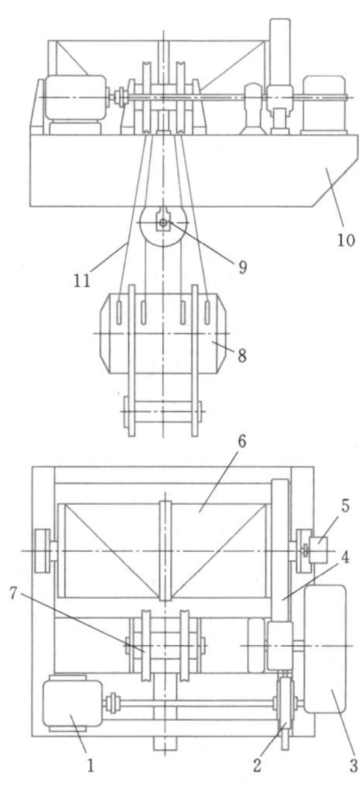

图 4.7-8 单吊点固定卷扬式启闭机

1—电动机；2—制动器；3—减速机；4—开式齿轮副；5—开度仪及主令装置；6—卷筒装置；7—定滑轮；8—动滑轮；9—平衡滑轮；10—机架；11—钢丝绳

2) 图 4.7-9 所示为双吊点集中驱动固定卷扬式启闭机的机构布置，中间为同步轴，同时又是传动轴。

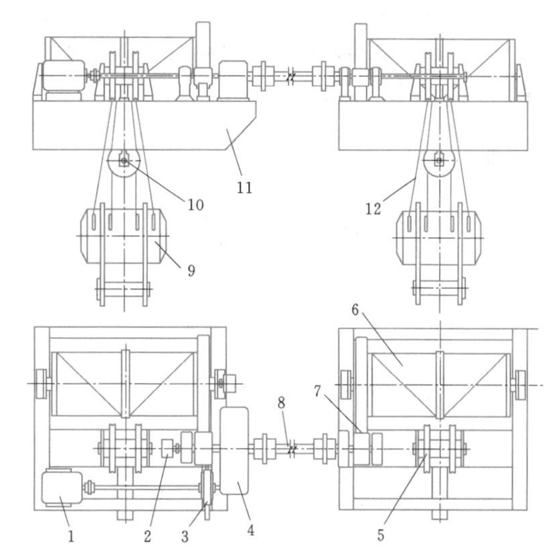

图 4.7-9 双吊点集中驱动固定卷扬式启闭机

1—电动机；2—开度仪及主令装置；3—制动器；4—减速机；5—定滑轮；6—卷筒装置；7—开式齿轮副；8—传动轴；9—动滑轮；10—平衡滑轮；11—机架；12—钢丝绳

3) 图 4.7-10 所示为双吊点单独驱动固定卷扬式启闭机的机构布置，由于容量较大，动滑轮与闸门连接轴较重，一般设移轴装置。

4) 图 4.7-11 所示为双驱动全闭式传动固定卷扬式启闭机的机构布置，用大传动比多级减速机取代

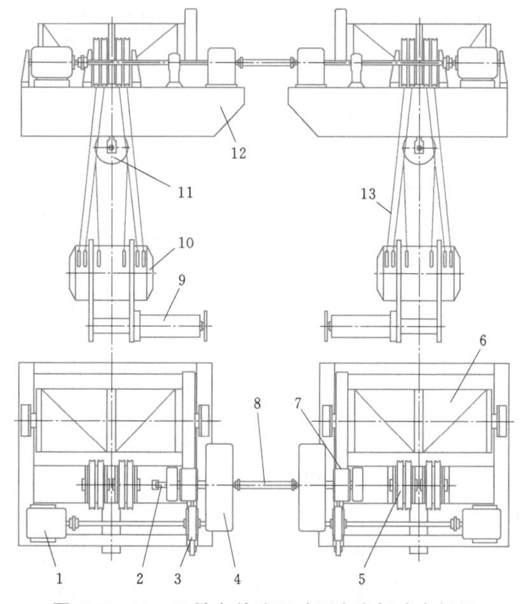

图 4.7-10 双吊点单独驱动固定卷扬式启闭机

1—电动机；2—开度仪及主令装置；3—制动器；4—减速机；5—定滑轮；6—卷筒装置；7—开式齿轮副；8—同步轴；9—移轴装置；10—动滑轮；11—平衡滑轮；12—机架；13—钢丝绳

传统的标准减速机和开式齿轮组合，提高了传动效率，改善了润滑条件，同时使得机构布置更加紧凑，容量较小时也可以采用单侧驱动。

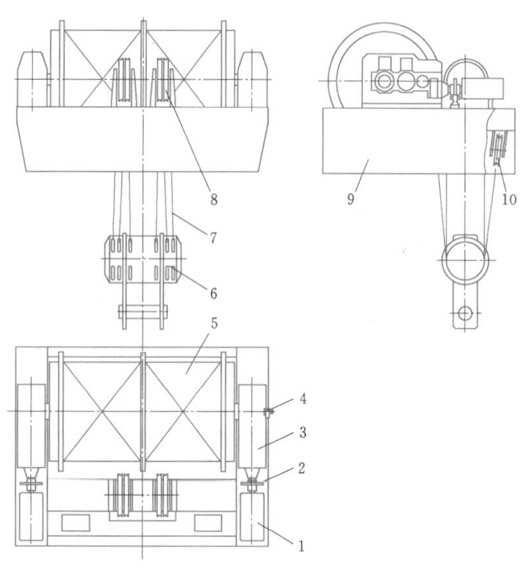

图 4.7-11　全闭式传动固定卷扬式启闭机

1—电动机；2—制动器；3—减速机；4—开度仪及主令装置；5—卷筒装置；6—动滑轮；7—钢丝绳；8—定滑轮；9—机架；10—平衡滑轮

5）图 4.7-12 所示为双吊点盘香式启闭机的机构布置，多根并排钢丝绳组取代了滑轮组，图中为两台减速机加开式齿轮传动，也可采用单台减速机加开式齿轮传动。

2. 移动式启闭机

（1）移动式启闭机的组成和特性。移动式启闭机根据机构特征和功能要求可分为双向门机、单向门机、台车式启闭机、桥式启闭机和移动式清污机。

起升机构的设计一般与卷扬式启闭机相同。对于小容量的移动式启闭机，其起升机构可以直接采用电动葫芦。当多种闸门或拦污栅共用一台移动式启闭机而各闸门或拦污栅的启闭力又相差悬殊时，应分别设置负荷限制，确保安全运行。门式启闭机必要时可设置回转吊、电动葫芦、单梁小车作为副起升机构，双向门机和桥式启闭机必要时可设置副钩或副起升小车。移动式启闭机一般配自动挂脱梁实现与闸门或拦污栅的连接与脱开。

走行机构一般对称布置，门式启闭机一般采用独立驱动，台车式启闭机和桥式启闭机常采用集中驱动。近年来，独立驱动普遍采用集成式三合一（电动机、制动器和减速机）驱动装置替代传统的展开式驱动布置。

对于室外工作的移动式启闭机，应设置夹轨器，

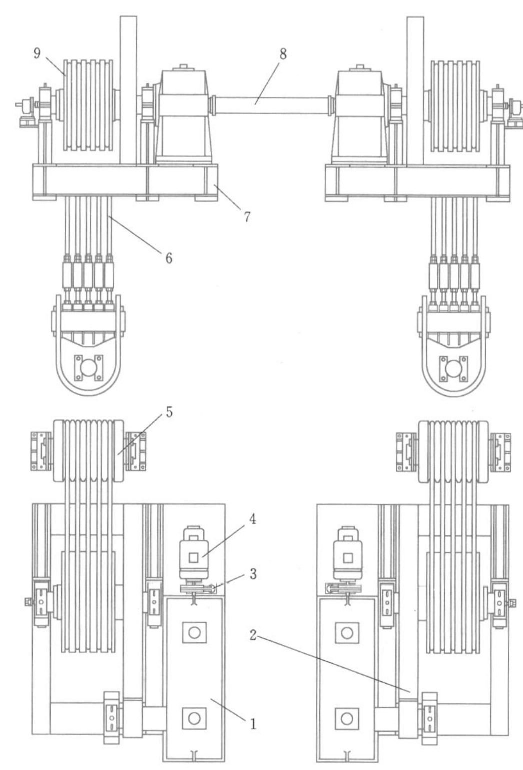

图 4.7-12　双吊点盘香式启闭机

1—减速机；2—开式齿轮副；3—制动器；4—电动机；5—导向装置；6—钢丝绳；7—机架；8—同步轴；9—卷筒装置

必要时还可以设置牵缆或其他型式的锚定装置。夹轨器应设有电气联锁，以策安全运行。

轨道终点应设置行程开关和防撞架，移动式启闭机和起升小车均应设置缓冲器。启闭机缓冲器以橡胶缓冲器和弹簧缓冲器最为常用。

为操作门式启闭机主起升机构工作范围以外毗邻设备（如坝前拦污栅及清污、临近闸门启闭机检修），一般在门式启闭机的门腿上设置回转吊。回转吊通常采用转柱式，不设变幅机构，旋转角不超过 180°。对于容量较小的回转吊，其起升机构多直接采用电动葫芦悬挂在回转臂杆顶部；对于容量较大的回转吊，其起升机构采用卷扬式启闭机，安装于回转机房内。

门式启闭机的门架主框架（垂直于轨道方向）一般为Ⅱ形，根据布置条件也可采用半门架（Γ形），双向门机主框架根据使用要求还可以带悬臂。侧框架（平行于轨道方向）型式一般有⊓形、⊓形、⊓形和□形，当侧框架的高度较大时，为便于设置司机室或回转吊座，还设有中横梁。上平台框架一般为矩形框架。

作用在门架上的荷载主要有自重、起吊力、风压力、惯性力、门架偏斜时的侧向力和活荷载等，在有些地区还应考虑雪荷载。对于中小容量的门机，主梁一般采用单腹板工字形断面，支腿采用丁字形或工字形断面；对于大容量门机，主梁一般采用双腹板梁，支腿采用箱形柱。下横梁由于构造需要一般采用双腹板梁。对于梁、柱需要分块、分段的，其接头处一般采用高强螺栓组连接。

门架结构的设计原则：主要承载结构的构造力求简单、受力明确；尽量降低应力集中的影响；考虑制造、检查、运输、安装和维护的方便；主要承载结构件在不同连接处允许采用不同连接方式，但同一连接处不允许将不同连接方式混合使用。

门式启闭机司机室在整个启闭机工作范围内应有良好的视野，不应将其设置于吊物或起吊臂杆因事故而下落所及之处。对于露天工作的移动式启闭机应设置机房，机房内一般应设置检修电动葫芦。

启闭机运转件必须有可靠的润滑。减速机内采用润滑油；开式齿轮的齿面采用定期在齿面上涂抹润滑脂；低速轴承，一般采用油嘴或油杯进行定期润滑。润滑点较多、分布距离长的情况，宜采用集中润滑系统。

移动式启闭机的电源馈电方式一般可分为两类，即滑线供电和电缆卷筒供电。滑线供电一般适用于启闭机运行距离较长或不便设置电缆卷筒的工况；电缆卷筒供电比较适合启闭机运行距离较短的工况（长距离可采用高压电缆卷筒供电），由同步电缆卷筒收、放电缆，取电点一般位于运行轨道的中部位置，距离较大的也可以分段取电。

启闭机应设置必要的控制和保护系统，使其安全可靠地完成预定功能。

移动式启闭机一般在直线轨道上运行，必要时也可在圆弧轨道上运行。启闭机轨道若敷设在钢梁上，可以直接将轨道焊接在钢梁上，也可以用螺栓压板固定轨道。启闭机轨道若安装在混凝土基础上，考虑到安装精度要求，一般应采用二期混凝土安装，一期混凝土内预埋插筋，轨道安装定位牢固后再浇筑二期混凝土。考虑夹轨器夹轨的需要，轨道头部需高出混凝土面 50～80mm。

近年来，随着水利水电工程对清污要求的提高，开发出了一系列兼有提栅功能的移动式清污机，清污抓斗换成自动挂脱梁即可提栅。

（2）移动式启闭机的机构布置。

1）双向门机。图 4.7－13 所示为典型双向门机的机构布置，在门架上平台轨道上设置主起升小车，小车走行方向与大车走行方向互相垂直。主起升小车操作跨内设备，一般垂直起吊，也可以小角度倾斜起吊。主起升小车走行机构一般采用机械传动，对于走行距离不大或需要斜面起吊承受水平力的，也可以采用液压装置驱动。一台门机可操作多种设备，通过自动挂脱梁与闸门和拦污栅连接。由于双向门机具有一机多能的特点，所以广泛用于水电站坝顶门机，操作各种事故闸门、检修闸门和拦污栅，还可用于设备的检修，提高设备的利用效率。

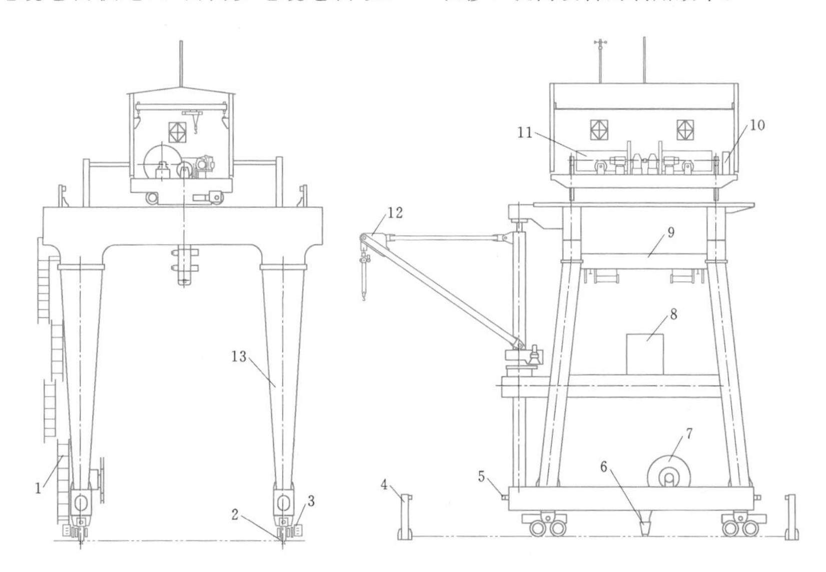

图 4.7－13 双向门机

1—爬梯；2—轨道；3—走行机构；4—防撞架；5—缓冲器；6—夹轨器；7—电缆卷筒；8—司机室；9—自动挂脱梁；10—电气系统；11—主起升小车；12—回转吊；13—门架

图 4.7-14 所示为带双小车双悬臂双向门机的机构布置，在门架上平台轨道上设置主、副起升两台小车，可以在跨内、跨外工作。一台门机可以实现多种功能。

2）单向门机。图 4.7-15 所示为典型单向门机的机构布置，在门架上平台设置起升机构，只能操作固定轴线位置的闸门或拦污栅。门架上可设回转吊以增加门机功能，扩大门机的工作范围，门机通过自动挂脱梁与闸门和拦污栅连接。

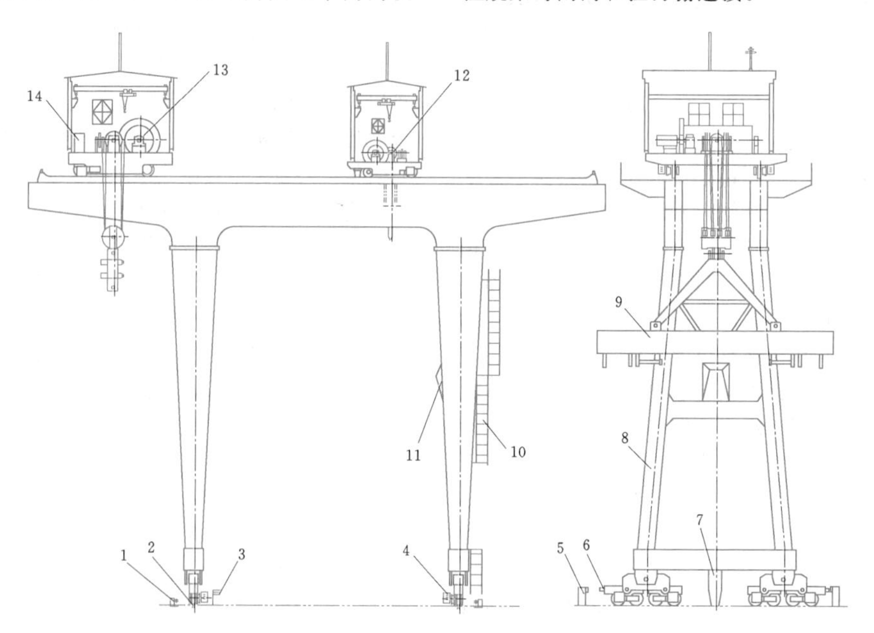

图 4.7-14　双小车双悬臂双向门机

1—防风锚定装置；2—轨道；3—供电滑线；4—走行机构；5—防撞架；6—缓冲器；7—夹轨器；8—门架；9—自动挂脱梁；10—爬梯；11—司机室；12—副起升小车；13—主起升小车；14—电气系统

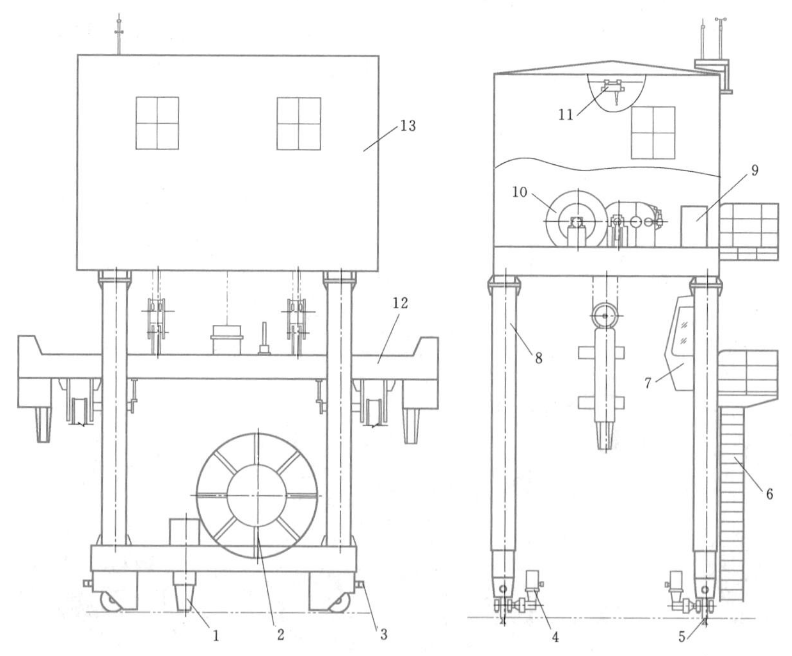

图 4.7-15　单向门机

1—夹轨器；2—电缆卷筒；3—缓冲器；4—走行机构；5—轨道；6—爬梯；7—司机室；8—门架；9—电气系统；10—起升机构；11—检修吊；12—自动挂脱梁；13—机房

3）台车式启闭机。图4.7-16所示为台车式启闭机的机构布置，直接在台车架上设置起升机构，只能操作固定轴线位置的闸门或拦污栅。台车通过自动挂脱梁与闸门和拦污栅连接。

4）桥式启闭机。图4.7-17所示为桥式启闭机的机构布置，在机架上平台轨道上设置起升小车，小车走行方向与大车走行方向互相垂直。一台启闭机可操作多种设备，通过自动挂脱梁与闸门和拦污栅连接。

5）自动挂脱梁。机械自动挂脱梁品种较多，如重锤吊钩式、重锤转钩式、夹钳式、吊环式、挂脱自如式等多种型式。工程中吊环式和挂脱自如式自动挂脱梁应用较多一些，但是容量不大、可靠性较差。目前，在大中型水利水电工程中液压自动挂脱梁逐步得到广泛应用。

图4.7-18所示为双吊点液压自动挂脱梁，图4.7-19所示为单吊点转双吊点液压自动挂脱梁。液压自动挂脱梁的穿轴和退轴由液压装置驱动完成，设置有行程和就位检测装置，挂脱梁和门体之间设有对位导向装置。由于挂脱梁常常水下工作，液压和电控系统都必须具备良好的水密性，确保挂脱梁能正常工作。

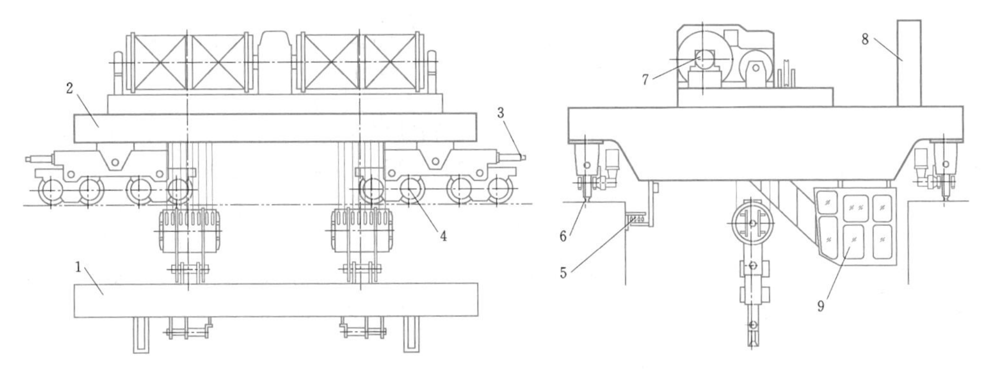

图4.7-16 台车式启闭机

1—自动挂脱梁；2—台车架；3—缓冲器；4—走行机构；5—供电滑线；6—轨道；7—起升机构；8—电气系统；9—司机室

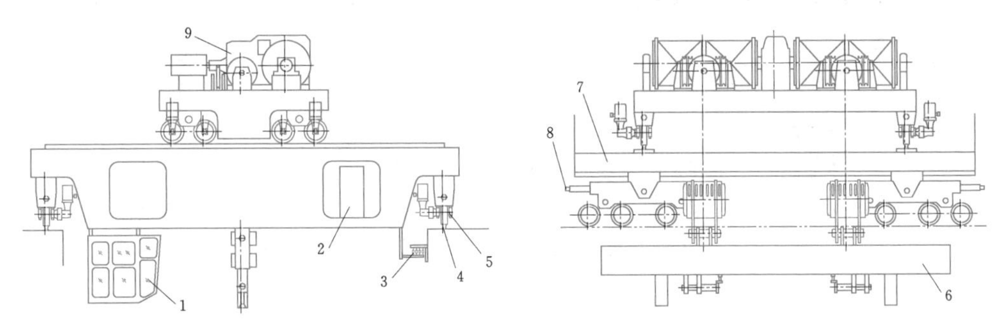

图4.7-17 桥式启闭机

1—司机室；2—电气系统；3—供电滑线；4—轨道；5—走行机构；6—自动挂脱梁；7—机架；8—缓冲器；9—起升机构

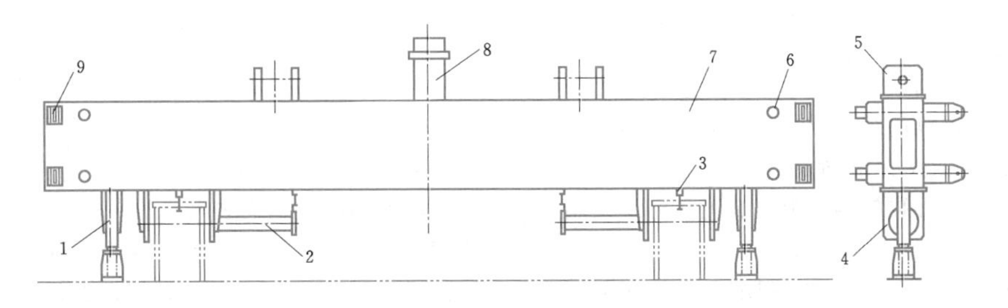

图4.7-18 液压自动挂脱梁（一）

1—导向柱；2—液压穿轴装置；3—就位检测装置；4—下吊耳；5—上吊耳；6—限位柱；7—梁体；8—液压泵站；9—限位装置

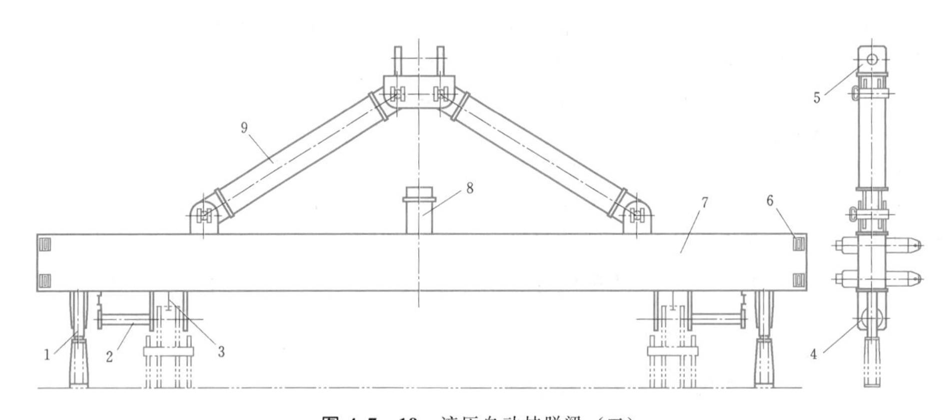

图 4.7-19　液压自动挂脱梁（二）

1—导向柱；2—液压穿轴装置；3—就位检测装置；4—下吊耳；5—上吊耳；6—限位装置；7—梁体；8—液压泵站；9—三角拉杆

图 4.7-20 所示为挂脱自如式机械自动挂脱梁。摆动挂体由弹簧顶紧的常闭控制销限位。挂钩过程：挂钩前，在坝面先将控制销拔出，摆动挂体在重力作用下处于自由下垂状态，挡住控制销，挂脱梁下行，挂体轴沿挂钩斜面滑动［挂钩状态（一）］，挂脱梁继续下到挂钩行程点［挂钩状态（二）］后停止下行，提升挂脱梁，挂住门体挂钩上行［挂钩状态（三）］。脱钩过程：脱钩前，挂脱梁处于挂钩状态［挂钩状态（三）］，挂脱梁下行，挂体轴沿挂钩斜面滑动［脱钩状态（一）］，挂脱梁继续下行到脱钩行程点［脱钩状态（二）］，控制销在弹簧作用下弹出，卡住摆动挂体使其不能向内摆动，脱钩过程完成。

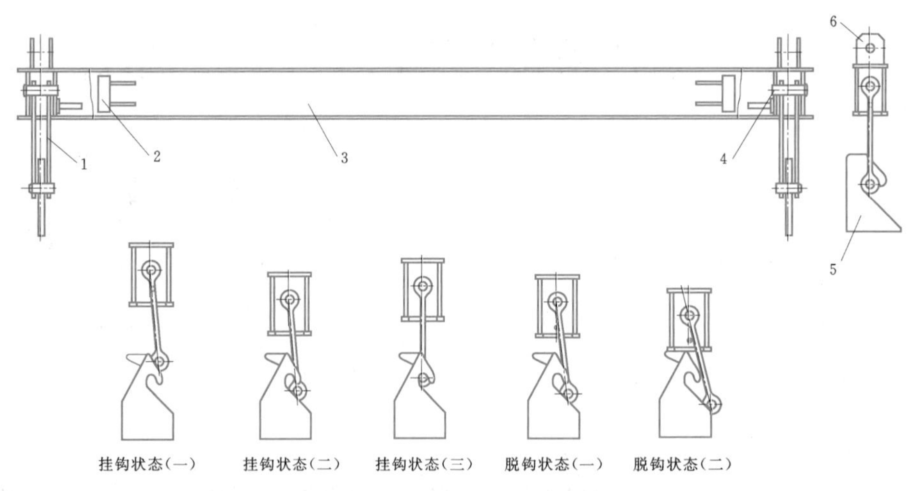

图 4.7-20　挂脱自如式自动挂脱梁

1—摆动挂体；2—限位装置；3—梁体；4—控制销；5—挂钩；6—上吊耳

3. 液压启闭机

(1) 液压启闭机的组成和特性。液压启闭机通常由液压泵站、油缸及支承固定装置、控制阀组、油箱、管道及附件、行程检测及限位装置和电气控制系统组成。

根据油缸作用方式，液压启闭机分为单作用液压启闭机和双作用液压启闭机；根据操作对象位置和特征，液压启闭机分为 QHLY 系列露顶式弧门液压启闭机、QHQY 系列潜孔式弧门液压启闭机、QPPY 系列平面闸门液压启闭机、QPKY 系列平面快速闸门液压启闭机、QRWY 系列人字闸门液压启闭机等。

液压启闭机在失去电源的事故工况下，可使闸门快速下降，比使用机械调速器的 QPK 型卷扬式启闭机更安全可靠。由于机械加工能力等原因，液压启闭机的行程受到一定限制，目前最大行程能达到 20m 左右。表 4.7-10 所列为国内部分工程超大型液压启闭机应用实例。

表 4.7-10 国内部分工程超大型液压启闭机应用实例

工程名称	应用部位	启闭机型式及容量(kN)	启闭机行程(m)
四川锦屏一级水电站	电站快速门启闭机	QPKY—11000/4500	10.3
四川(云南)溪洛渡水电站	电站快速门启闭机	QPKY—10000/4500	
云南(四川)向家坝水电站	电站快速门启闭机	QPKY—8500/4000	
广西岩滩水电站	电站快速门启闭机	QPKY—8000/6000	16.5
湖北三峡水利枢纽工程	电站快速门启闭机	QPKY—8000/4000	14.5
四川二滩水电站	电站快速门启闭机	QPKY—8000/3000	10.5
青海李家峡水电站	电站快速门启闭机	QPKY—6300/3200	
云南(四川)向家坝水电站	电站快速门启闭机	QPKY—6000/3200	
重庆草街航电枢纽工程	冲沙闸弧门启闭机	QHLY—2×5000	
贵州思林水电站	溢洪道弧门启闭机	QHLY—2×4000	
云南糯扎渡水电站	溢洪道弧门启闭机	QHLY—2×4000	10.0
广西天生桥一级水电站	溢洪道弧门启闭机	QHLY—2×3500	10.4
云南(四川)向家坝水电站	泄洪表孔弧门启闭机	QHLY—2×3200	
云南小湾水电站	放空底孔弧门启闭机	QHQY—7500/3000	
云南(四川)向家坝水电站	泄洪中孔弧门启闭机	QHQY—5500/1000	
湖北水布垭水利枢纽工程	放空洞弧门启闭机	QHQY—5000	
湖北三峡水利枢纽工程	泄洪底孔弧门启闭机	QHQY—4500/1000	
四川二滩水电站	泄洪底孔弧门启闭机	QHQY—2×4000/2×3000	
云南漫湾水电站	泄洪底孔弧门启闭机	QHQY—4000/1500	
湖北三峡水利枢纽工程	船闸第1、2闸首人字闸门启闭机	QRWY—2100/2700	7.5
湖北三峡水利枢纽工程	船闸第3～6闸首人字闸门启闭机	QRWY—2100/1700	7.5
广西长洲水利枢纽工程	船闸下闸首人字闸门启闭机	QRWY—1320/1320	5.0

集成式液压启闭机是一种集机、电、液一体化的电液推杆型，电动机、油泵、液压控制阀集成在油缸的下端部或上下侧端部，阀体集成为溢流阀、调速阀、单向阀等，通过控制电动机转向，使油缸往复运动，实现其启闭功能。

油缸是液压启闭机最主要的部件，是液压系统的执行元件，将系统的液压能转换为机械能而推动闸门运动。油缸由缸体、端盖、活塞、密封件、活塞杆、吊头及导向套等组成。图 4.7-21 所示为单作用油缸典型结构，图 4.7-22 所示为双作用油缸典型结构，二者在构造上的主要区别在于密封件的设置型式。

油缸的支承型式分为中间支承和端部支承。表孔弧门油缸一般为尾部悬挂，两端铰支；而潜孔类和卧式液压启闭机油缸一般为腰部支承，为使油缸在闸门启闭过程中不受附加的侧向力影响，常在支承处增加摆动机架，形成十字铰或球铰支承型式。

油缸中的活塞杆是传递机械力的重要部件，不但要能经受拉伸、压缩、弯曲和振动等荷载的作用，同时还必须具有耐磨性和耐腐蚀性。活塞杆常用的防腐措施有表面镀铬或镀陶瓷处理，或者采用不锈钢活塞杆。

液压启闭机行程测量装置即闸门开度仪的传感器根据在油缸上的安装方式可分为外置式和内置式两种。外置式开度仪可分为钢丝绳重锤式、钢丝绳恒力盘簧式和磁尺伸缩式等；内置式开度仪可分为钢丝绳恒力盘簧式和磁尺伸缩式等。

外置式钢丝绳牵引开度仪受外界环境影响大，测量精度低，可靠性差；内置式钢丝绳牵引开度仪具有抗干扰能力强、油缸整体性较好等优点，可以防止因水流冲击而影响检测精度，并减少日常维护工作量。

液压启闭机阀组的集成方式主要有叠加阀、块式集成和插装式集成。叠加阀和块式集成用于滑阀，插装式集成则用于插装阀。

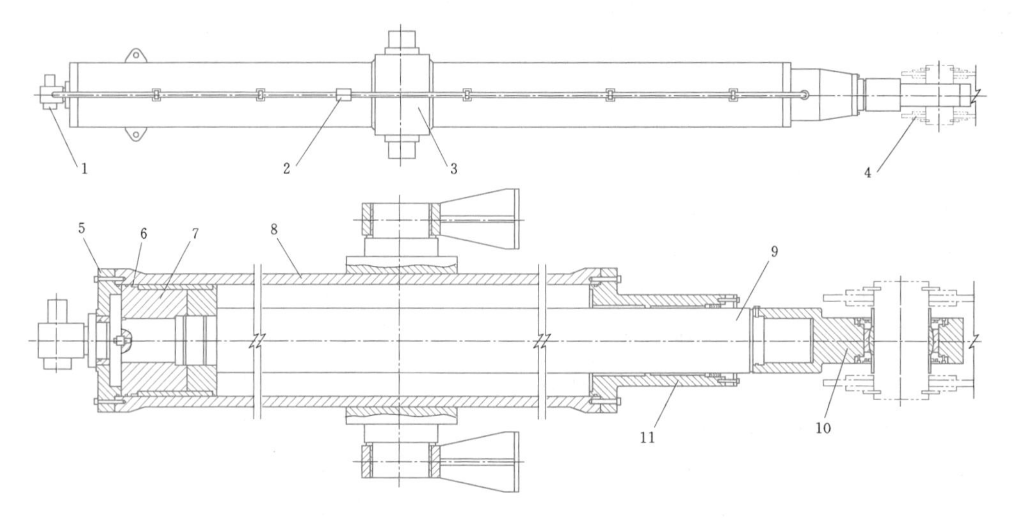

图 4.7-21　单作用油缸

1—开度仪；2—缸旁阀组；3—腰部支承装置；4—门体吊耳；5—上端盖；6—密封件；7—活塞；8—缸体；9—活塞杆；10—吊耳；11—下端盖

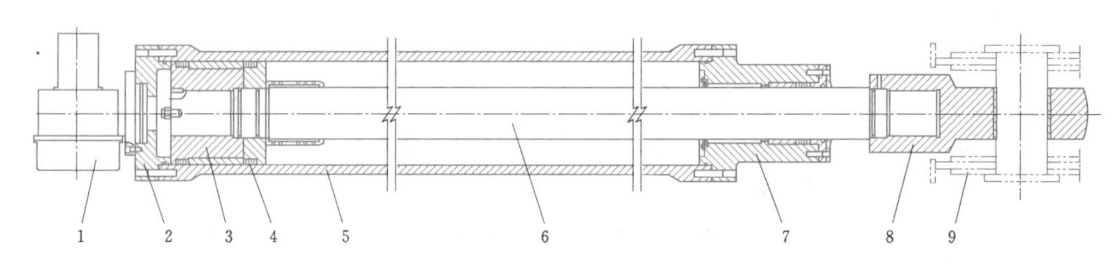

图 4.7-22　双作用油缸

1—开度仪；2—上端盖；3—活塞；4—密封件；5—缸体；6—活塞杆；7—下端盖；8—吊耳；9—门体吊耳

对于双吊点液压启闭机，通过液压同步回路调节两个吊点同步运行，主要有双调速阀同步回路和比例调速阀同步回路。

液压启闭机油箱容积应满足检修时油缸内的油流回油箱时不致溢出。正常操作时，应满足油泵的吸入淹没深度要求。油箱、油管系统一般采用不锈钢材质。对于设置在严寒地区且有冬季运行要求的液压启闭机，宜增设加热设备，并装设温度传感器。

（2）液压启闭机的典型布置型式。

1）QHLY 系列露顶式弧形闸门液压启闭机。QHLY 系列液压启闭机为双吊点、单作用启闭机，适用于露顶式弧形闸门的启闭。当低水头潜孔式弧形闸门设有两个吊点，且可以靠闸门自重作动水关闭时，也可以选用该系列启闭机。

该系列启闭机操作的闸门均为自重闭门，因此，在进行闭门回路的设计时，在有杆腔回路中必须具有足够背压来控制闭门速度，确保液压缸上、下两腔进出油量相匹配，否则闭门过程会产生抖动，也会影响同步偏差信号的精度。

该系列液压启闭机结构有两种支承型式，可以根据水工建筑物的具体条件和闸门的最大开度要求，设计成三种布置方案。该系列启闭机具有主机结构紧凑、运转平稳可靠、便于远控和集控操作，有利于优化水工建筑物的总体布置，技术经济性先进等特点。

表 4.7-11 为 QHLY 系列液压启闭机基本参数。

图 4.7-23～图 4.7-25 所示为 QHLY 系列液压启闭机的三种典型布置方案示意图。图 4.7-23 所示为Ⅰ型布置型式，油缸上、下支点端部球面轴承支承，油缸下挂式方案；图 4.7-24 所示为Ⅰ型布置型式，油缸上翘式方案；图 4.7-25 所示为Ⅱ型布置型式，油缸上支点采用中部圆柱轴或十字铰支承型式。

该系列启闭机液压缸的结构设计应当充分注意当闸门长期处于全关位置、活塞杆全程外伸时，由于缸体和活塞杆斜置，特别是Ⅰ型布置型式，大多会因自重导致整个轴线挠曲，因此，除了适当加大活塞杆导向长度外，可在侧墙上设置支撑托架，减少活塞杆在全程外伸时的挠曲。

表 4.7-11 **QHLY 系列液压启闭机基本参数**

型 号	启门力 (kN)	工作行程 (m)	液压缸内径 (mm)	活塞杆直径 (mm)	启门计算压力 (MPa)	油缸活塞运动速度 (m/min)
QHLY—2×100—3.0	2×100	3	125	80	13.80	0.5～1.2
QHLY—2×125—3.0	2×125	3	125	80	17.25	
QHLY—2×160—3.5	2×160	3.5	140	90	17.71	
QHLY—2×200—4.0	2×200	4	160	110	18.86	
QHLY—2×250—4.5	2×250	4.5	180	125	18.98	
QHLY—2×320—5.0	2×320	5	200	140	19.98	
QHLY—2×400—5.5	2×400	5.5	225	160	20.35	
QHLY—2×500—6.0	2×500	6.0	250	180	21.16	
QHLY—2×630—6.5	2×630	6.5	280	200	20.90	
QHLY—2×800—7.0	2×800	7	300	200	20.38	
QHLY—2×1000—7.5	2×1000	7.5	340	220	18.96	
QHLY—2×1250—8.0	2×1250	8	360	220	19.61	
QHLY—2×1400—8.0	2×1400	8	360	220	21.96	
QHLY—2×1600—8.5	2×1600	8.5	400	240	19.89	
QHLY—2×1800—9.0	2×1800	9	420	250	20.12	
QHLY—2×2000—9.0	2×2000	9	450	250	18.19	
QHLY—2×2200—9.0	2×2200	9	450	250	20.02	
QHLY—2×2500—9.0	2×2500	9	480	250	18.96	
QHLY—2×2800—10.0	2×2800	10	500	280	20.78	
QHLY—2×3200—10.5	2×3200	10.5	560	280	17.32	
QHLY—2×3600—10.5	2×3600	10.5	560	280	19.49	
QHLY—2×4000—11.0	2×4000	11	600	300	18.86	

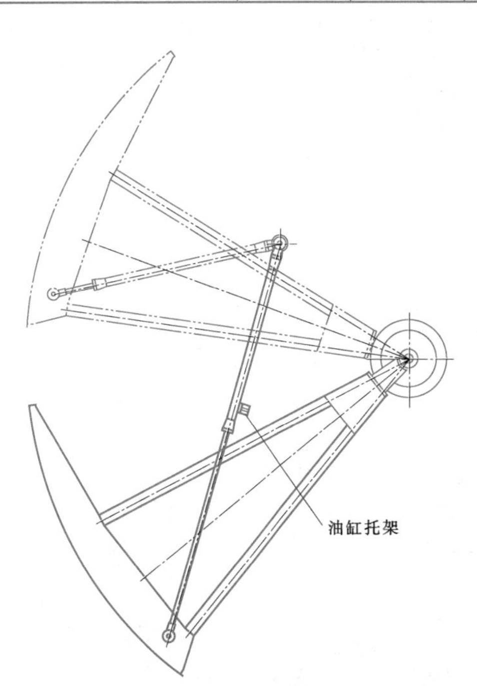

图 4.7-23 QHLY—Ⅰ型液压缸布置图（一）

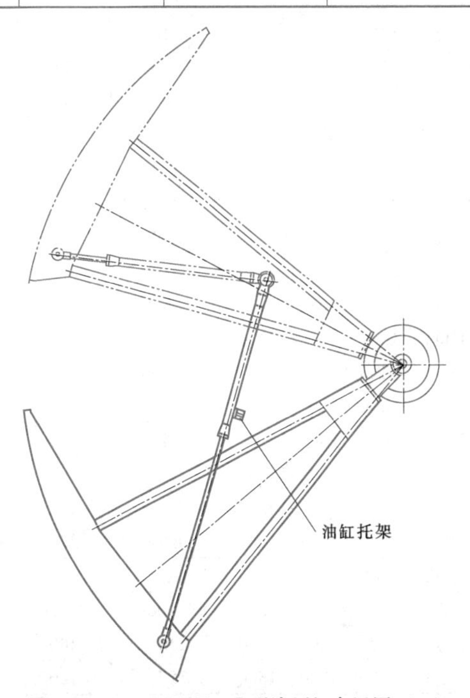

图 4.7-24 QHLY—Ⅰ型液压缸布置图（二）

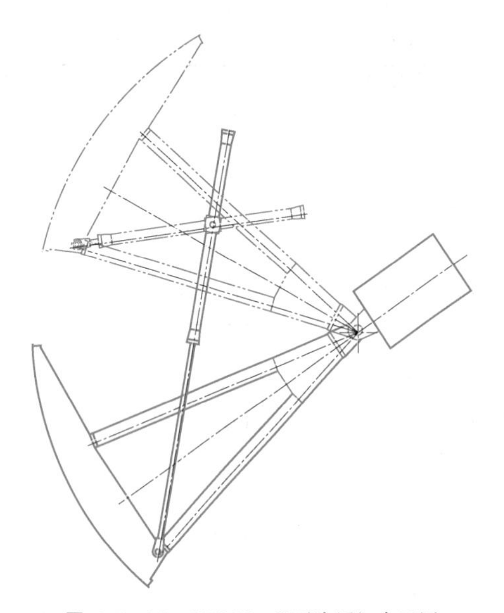

图 4.7-25　QHLY—Ⅱ型液压缸布置图

2）QHQY 系列潜孔式弧形闸门液压启闭机。QHQY 系列液压启闭机为双作用启闭机，一般为单吊点布置，必要时也可以布置为双吊点，适用于水利水电工程各种孔口尺寸的潜孔式弧形闸门的启闭。该系列液压启闭机液压缸结构一般为中部铰轴支承的摆动式结构，与闸门上单吊点连接，能满足动水启闭和局部开启的工作要求。该系列启闭机结构紧凑、自重轻，便于在水工建筑物上进行布置，综合技术经济性能优良。

QHQY 系列启闭机的液压系统和油缸结构相对比较简单，但液压系统闭门回路设计中应使有杆腔保持足够背压，以便当闸门在孔口上段下降时，用以支承闸门重量，防止闸门快速下滑，产生抖动。

QHQY 系列启闭机油缸设计的关键在于如何对受压条件下的活塞杆进行纵向弯曲稳定性计算，一般为了满足压杆的稳定条件，首先应对活塞杆的长细比进行适当控制。

表 4.7-12 为 QHQY 系列液压启闭机基本参数。

表 4.7-12　QHQY 系列液压启闭机基本参数

型　　号	启门力 (kN)	闭门力 (kN)	工作行程 (m)	液压缸内径 (mm)	活塞杆直径 (mm)	启门计算压力/闭门计算压力 (MPa)	油缸活塞运动速度 (m/min)
QHQY—500/100—4.0	500	100	4	250	160	17.26/2.04	0.5～1.2
QHQY—630/100—5.0	630	100	5	280	180	17.44/1.62	
QHQY—800/160—6.0	800	160	6	300	180	17.69/2.26	
QHQY—1000/200—7.0	1000	200	7	320	200	20.41/2.49	
QHQY—1250/250—7.0	1250	250	7	360	200	17.77/2.46	
QHQY—1400/280—8.0	1400	280	8	360	220	21.96/2.75	
QHQY—1600/320—8.0	1600	320	8	400	220	18.26/2.55	
QHQY—1800/320—9.0	1800	320	9	420	250	20.13/2.31	
QHQY—2000/320—9.0	2000	320	9	450	250	18.20/2.01	
QHQY—2200/360—9.0	2200	360	9	450	250	20.01/2.26	
QHQY—2500/400—10.0	2500	400	10	500	280	18.56/2.04	
QHQY—2800/450—10.0	2800	450	10	500	280	20.79/2.29	
QHQY—3200/500—10.0	3200	500	10	560	300	18.23/2.03	
QHQY—3600/560—10.0	3600	560	10	560	300	20.51/2.27	
QHQY—4000/630—11.0	4000	630	11	600	320	19.78/2.23	
QHQY—4500/800—11.0	4500	800	11	650	360	19.57/2.41	
QHQY—5000/1000—12.0	5000	1000	12	720	400	17.77/2.46	
QHQY—5600/1250—12.0	5600	1250	12	750	420	18.48/2.83	
QHQY—6300/1600—12.0	6300	1600	12	800	420	17.31/3.18	
QHQY—7100/2000—12.0	7100	2000	12	840	450	17.98/3.61	
QHQY—8000/2500—15.0	8000	2500	15	900	500	18.19/3.93	
QHQY—9000/2800—15.0	9000	2800	15	950	560	19.47/3.95	
QHQY—10000/3200—15.0	10000	3200	15	1000	600	19.90/4.08	
QHQY—11000/3600—15.0	11000	3600	15	1050	630	19.86/4.16	
QHQY—12500/4000—15.0	12500	4000	15	1100	670	20.92/4.21	

图4.7-26所示为QHQY系列液压启闭机的典型布置方案示意图。

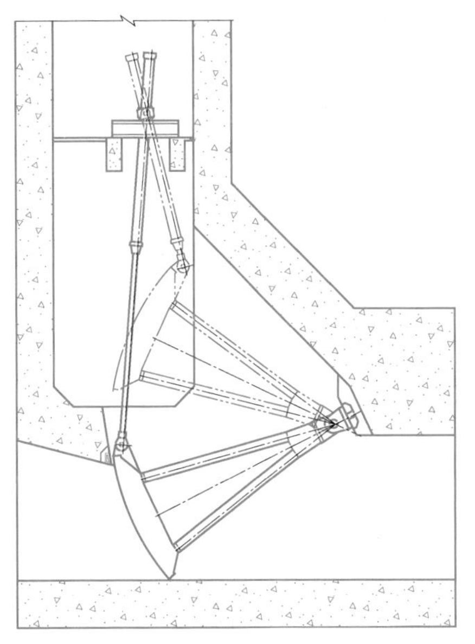

图4.7-26 QHQY系列启闭机液压缸布置图

3）QPPY系列平面闸门液压启闭机。QPPY系列液压启闭机适用于平面闸门的启闭操作，分为Ⅰ型和Ⅱ型两种型式。QPPYⅠ型为双吊点柱塞顶升式单作用启闭机；QPPYⅡ型为活塞提升式单作用启闭机，可以是双吊点，也可以是单吊点。

在进行闭门回路的设计时，必须具有足够背压来控制闭门速度，确保在利用闸门自重闭门过程中液压缸上、下两腔进出油量相匹配，否则，不仅闭门过程会产生抖动，对于双吊点闸门还会影响同步偏差信号的精度。

该系列启闭机一般采用固定式安装，油缸不能摆动，可端部支承，也可中部支承。

表4.7-13为QPPYⅠ型液压启闭机基本参数，表4.7-14、表4.7-15为QPPYⅡ型液压启闭机基本参数。

4）QPKY系列平面快速闸门液压启闭机。QPKY系列液压启闭机为单吊点单作用启闭机，适用于机组进口、调压井下游快速事故闸门的启闭，也可用于一般平面事故闸门的启闭。

快速闸门的操作条件为动水关闭，静水开启。闭

表4.7-13 双吊点QPPYⅠ型液压启闭机基本参数

型　　号	启门力(kN)	工作行程(m)	柱塞缸径(mm)	启门计算压力(MPa)	启门速度(m/min)
QPPYⅠ—2×63—6	2×63	6	80	12.53	0.5～1.0
QPPYⅠ—2×80—6	2×80	6	90	12.58	
QPPYⅠ—2×100—8	2×100	8	100	12.74	
QPPYⅠ—2×125—8	2×125	8	125	10.19	
QPPYⅠ—2×160—8	2×160	8	140	10.4	
QPPYⅠ—2×200—8	2×200	8	140	13.0	
QPPYⅠ—2×250—8	2×250	8	160	12.44	
QPPYⅠ—2×320—8	2×320	8	180	12.58	
QPPYⅠ—2×400—8	2×400	8	200	12.74	
QPPYⅠ—2×500—8	2×500	8	220	13.16	
QPPYⅠ—2×630—12	2×630	12	260	11.87	
QPPYⅠ—2×800—12	2×800	12	280	13.0	
QPPYⅠ—2×1000—12	2×1000	12	300	14.15	
QPPYⅠ—2×1250—13	2×1250	13	320	15.55	
QPPYⅠ—2×1600—13	2×1600	13	340	17.63	
QPPYⅠ—2×1800—13	2×1800	13	360	17.69	
QPPYⅠ—2×2000—14	2×2000	14	400	15.92	

注　QPPYⅠ型的缸径与闸门全开的导向、结构布置、柱塞所受压力和侧向力有关，选用时需进一步计算。

表 4.7-14 单吊点QPPYⅡ型液压启闭机基本参数

型号	启门力 (kN)	工作行程 (m)	液压缸内径 (mm)	活塞杆直径 (mm)	有杆腔计算压力 (MPa)	启门速度 (m/min)
QPPYⅡ—63—6	63	6	100	63	13.30	0.5～1.0
QPPYⅡ—80—6	80	6	100	63	16.90	
QPPYⅡ—100—8	100	8	110	70	17.69	
QPPYⅡ—125—8	125	8	125	80	17.26	
QPPYⅡ—160—8	160	8	140	90	17.72	
QPPYⅡ—200—8	200	8	160	100	16.33	
QPPYⅡ—250—8	250	8	180	110	15.69	
QPPYⅡ—320—8	320	8	200	110	14.61	
QPPYⅡ—400—8	400	8	220	140	17.69	
QPPYⅡ—500—8	500	8	250	140	14.85	
QPPYⅡ—630—12	630	12	280	160	15.20	
QPPYⅡ—800—12	800	12	300	160	15.82	
QPPYⅡ—1000—12	1000	12	300	160	19.78	
QPPYⅡ—1250—13	1250	13	320	160	20.73	
QPPYⅡ—1400—13	1400	13	340	160	19.82	
QPPYⅡ—1600—13	1600	13	360	160	19.59	
QPPYⅡ—1800—13	1800	13	400	160	17.05	
QPPYⅡ—2000—14	2000	14	400	180	19.96	
QPPYⅡ—2200—14	2200	14	420	200	19.45	
QPPYⅡ—2500—14	2500	14	450	200	19.59	
QPPYⅡ—2800—14	2800	14	480	220	19.59	
QPPYⅡ—3200—14	3200	14	500	220	20.21	
QPPYⅡ—3600—16	3600	16	540	250	20.02	
QPPYⅡ—4000—16	4000	16	560	250	20.28	0.8～1.5
QPPYⅡ—4500—16	4500	16	600	280	20.35	
QPPYⅡ—5000—16	5000	16	650	300	19.15	
QPPYⅡ—5600—16	5600	16	670	300	19.87	
QPPYⅡ—6300—18	6300	18	720	320	19.29	
QPPYⅡ—7100—18	7100	18	750	320	19.66	
QPPYⅡ—8000—18	8000	18	800	360	19.96	
QPPYⅡ—9000—18	9000	18	850	360	19.34	
QPPYⅡ—10000—20	10000	20	900	400	19.59	
QPPYⅡ—11000—20	11000	20	950	420	19.29	
QPPYⅡ—12500—20	12500	20	1000	450	19.96	

表 4.7-15　　双吊点 QPPYⅡ型液压启闭机基本参数

型　　号	启门力 (kN)	工作行程 (m)	液压缸内径 (mm)	活塞杆直径 (mm)	启门计算压力 (MPa)	启门速度 (m/min)
QPPYⅡ—2×63—6	2×63	6	100	63	13.30	0.5～1.0
QPPYⅡ—2×80—6	2×80	6	100	63	16.90	
QPPYⅡ—2×100—8	2×100	8	110	70	17.69	
QPPYⅡ—2×125—8	2×125	8	125	80	17.26	
QPPYⅡ—2×160—8	2×160	8	140	90	17.72	
QPPYⅡ—2×200—8	2×200	8	160	100	16.33	
QPPYⅡ—2×250—8	2×250	8	180	110	15.69	
QPPYⅡ—2×320—8	2×320	8	200	110	14.61	
QPPYⅡ—2×400—8	2×400	8	220	140	17.69	
QPPYⅡ—2×500—8	2×500	8	250	140	14.85	
QPPYⅡ—2×630—12	2×630	12	280	160	15.20	
QPPYⅡ—2×800—12	2×800	12	300	160	15.82	
QPPYⅡ—2×1000—12	2×1000	12	300	160	19.78	
QPPYⅡ—2×1250—13	2×1250	13	320	160	20.73	
QPPYⅡ—2×1400—13	2×1400	13	340	160	19.82	
QPPYⅡ—2×1600—13	2×1600	13	360	160	19.59	
QPPYⅡ—2×1800—13	2×1800	13	400	160	17.05	
QPPYⅡ—2×2000—14	2×2000	14	400	180	19.96	
QPPYⅡ—2×2200—14	2×2200	14	420	200	19.45	
QPPYⅡ—2×2500—14	2×2500	14	450	200	19.59	
QPPYⅡ—2×2800—14	2×2800	14	480	220	19.59	
QPPYⅡ—2×3200—14	2×3200	14	500	220	20.21	
QPPYⅡ—2×3600—16	2×3600	16	540	250	20.02	
QPPYⅡ—2×4000—16	2×4000	16	560	250	20.28	0.8～1.5
QPPYⅡ—2×4500—16	2×4500	16	600	280	20.35	
QPPYⅡ—2×5000—16	2×5000	16	650	300	19.15	
QPPYⅡ—2×5600—16	2×5600	16	670	300	19.87	
QPPYⅡ—2×6300—18	2×6300	18	720	320	19.29	
QPPYⅡ—2×7100—18	2×7100	18	750	320	19.66	
QPPYⅡ—2×8000—18	2×8000	18	800	360	19.96	
QPPYⅡ—2×9000—18	2×9000	18	850	360	19.34	
QPPYⅡ—2×10000—20	2×10000	20	900	400	19.59	
QPPYⅡ—2×11000—20	2×11000	20	950	420	19.29	
QPPYⅡ—2×12500—20	2×12500	20	1000	450	19.96	

门速度通常以机组飞逸事故容许时间内能关闭孔口来控制。为了满足能远程控制快速关闭的要求，闸门平时在孔口上方不准设机械锁定装置。液压系统的快速关闭回路采用差动回路，无需启动泵组。但由于油缸上下两腔存在面积差，应注意确保无杆腔能有效补油。由于闸门始终由系统液压锁定回路锁定在孔口上方，电控系统应设置闸门超量下滑自动复位控制，以防止由于泄漏使闸门超量下滑而影响过流。快速回路的控制电源必须十分可靠，通常可引自厂用直流电系统。

表 4.7-16、表 4.7-17 为 QPKY 系列平面快速闸门液压启闭机基本参数。

5）QRWY 系列人字闸门液压启闭机。QRWY 系列液压启闭机为双作用启闭机，专门适用于通航建筑物人字闸门和一字闸门的启闭。用于人字闸门时，油缸成对布置，但一般每套油缸有独立泵站。

QRWY 系列启闭机液压系统中应设置可靠的液控平衡阀，以使人字闸门在正常运行过程中由于风浪可能对启闭机产生负向荷载而造成失速时，液压系统能够迅速平稳地调整过渡。大型人字闸门启闭机液压系统中也可设置多级压力回路，以便在出现较大超灌、超泄反向水头时，启闭机能够以持住方式操作闸门退让，避免启闭机承受过大荷载。启闭机必须在缸旁设置安全保护阀块。

QRWY 系列液压启闭机可根据要求配备匀速和变速启闭的液压和电气控制系统，以优化启闭机参数，提高技术经济指标。启闭机在采用无级变速运行方式时，推荐用比例变量泵配合电气 PLC 实现。

QRWY 系列液压启闭机的液压缸为卧式安装，其

表 4.7-16　　单吊点 QPKY 系列液压启闭机基本参数

型　　号	持住力/启门力（kN）	工作行程（m）	液压缸内径（mm）	活塞杆直径（mm）	持住计算压力/启门计算压力（MPa）	启门速度（m/min）	快速关门时间（供参考）（min）
QPKY—63/63—6	63/63	6	90	63	19.43/19.43	0.5～1.0	3～5
QPKY—80/80—6	80/80	6	100	63	16.90/16.90		
QPKY—100/100—8	100/100	8	110	70	17.69/17.69		
QPKY—125/125—8	125/125	8	125	80	17.26/17.26		
QPKY—160/160—8	160/160	8	140	90	17.72/17.72		
QPKY—200/200—8	200/200	8	160	100	16.33/16.33		
QPKY—250/250—8	250/250	8	180	110	15.69/15.69		
QPKY—320/320—8	320/320	8	200	110	14.61/14.61		
QPKY—400/400—8	400/400	8	220	140	17.69/17.69		
QPKY—500/250—8	500/250	8	250	140	14.85/7.42		
QPKY—630/320—12	630/320	12	280	160	15.20/7.72		
QPKY—800/400—12	800/400	12	300	160	15.82/7.91		
QPKY—1000/500—12	1000/500	12	320	160	16.59/8.29		
QPKY—1250/630—13	1250/630	13	340	160	17.69/8.92		
QPKY—1400/710—13	1400/710	13	340	160	19.82/10.05		
QPKY—1600/800—13	1600/800	13	360	160	19.60/9.80		
QPKY—1800/1000—14	1800/1000	14	400	180	17.97/9.98		
QPKY—2000/1250—14	2000/1250	14	400	180	19.96/12.48		
QPKY—2200/1400—14	2200/1400	14	420	180	19.46/12.38		
QPKY—2500/1600—14	2500/1600	14	450	200	19.60/12.54		
QPKY—2800/1800—15	2800/1800	15	480	220	19.60/12.60		
QPKY—3200/2000—15	3200/2000	15	500	220	20.22/12.64		
QPKY—3600/2200—15	3600/2200	15	540	240	19.60/11.98		

续表

型　　号	持住力/启门力(kN)	工作行程(m)	液压缸内径(mm)	活塞杆直径(mm)	持住计算压力/启门计算压力(MPa)	启门速度(m/min)	快速关门时间(供参考)(min)
QPKY—4000/2500—16	4000/2500	16	560	250	20.29/12.68	0.8～1.5	2～3
QPKY—4500/2800—16	4500/2800	16	600	280	20.36/12.67		
QPKY—5000/3200—16	5000/3200	16	630	300	20.75/13.28		
QPKY—5600/3600—16	5600/3600	16	650	300	21.45/13.79		
QPKY—6300/4000—18	6300/4000	18	670	320	23.16/14.71		
QPKY—7100/4500—18	7100/4500	18	710	340	23.28/14.76		
QPKY—8000/5000—18	8000/5000	18	730	360	25.27/15.79		
QPKY—9000/5600—18	9000/5600	18	760	380	26.47/16.47		
QPKY—10000/6300—20	10000/6300	20	800	400	26.54/16.72		
QPKY—11000/7100—20	11000/7100	20	840	420	26.48/17.09		
QPKY—12500/8000—20	12500/8000	20	900	450	26.21/16.78		

表 4.7-17　　双吊点 QPKY 系列液压启闭机基本参数

型　　号	持住力/启门力(kN)	工作行程(m)	液压缸内径(mm)	活塞杆直径(mm)	持住计算压力/启门计算压力(MPa)	启门速度(m/min)	快速关门时间(供参考)(min)
QPKY—2×63/63—6	2×63/63	6	90	63	19.43/19.43	0.5～1.0	3～5
QPKY—2×80/80—6	2×80/80	6	100	63	16.90/16.90		
QPKY—2×100/100—8	2×100/100	8	110	70	17.69/17.69		
QPKY—2×125/125—8	2×125/125	8	125	80	17.26/17.26		
QPKY—2×160/160—8	2×160/160	8	140	90	17.72/17.72		
QPKY—2×200/200—8	2×200/200	8	160	100	16.33/16.33		
QPKY—2×250/250—8	2×250/250	8	180	110	15.69/15.69		
QPKY—2×320/320—8	2×320/320	8	200	110	14.61/14.61		
QPKY—2×400/400—8	2×400/400	8	220	140	17.69/17.69		
QPKY—2×500/250—8	2×500/250	8	250	140	14.85/7.42		

结构根据设计布置要求的支承型式分两端球面轴承支承和液压缸中间铰支承两种型式。

表 4.7-18、表 4.7-19 为 QRWY 系列人字闸门液压启闭机基本参数。

4. *螺杆式启闭机*

螺杆式启闭机是通过承重螺母的转动，使起重螺杆作升、降运动，以达到闸门开启或关闭的目的。由于起重螺杆在下降过程中能对闸门施加一定的下压力，帮助闸门闭门，因此，这种启闭机对于靠自重不能闭门的小型闸门特别适用。

螺杆式启闭机结构简单、造价低廉，但由于启闭速度慢、效率低，一般用在小型闸门上。容量一般为30～800kN，行程通常在5m以内。

螺杆式启闭机由起重螺杆、承重螺母、传动机构、机架及安全保护装置等组成，可电动操作，也可手动操作。手动操作分直柄和侧摇两种型式，电动操作分直联式和皮带传动两种型式。

为防止起重螺杆因超载而弯曲，应设置负荷和行程限制装置。

表 4.7-20 为 QL 系列螺杆式启闭机基本参数。

表 4.7-18　单缸 QRWY 系列液压启闭机基本参数

型　　号	启门力 (kN)	闭门力 (kN)	工作行程 (m)	液压缸内径 (mm)	活塞杆直径 (mm)	启门计算压力/闭门计算压力 (MPa)	油缸活塞运动速度 (m/min)
QRWY—100/80—1.6	100	80	1.6	125	80	13.80/6.52	1～3
QRWY—160/125—1.6	160	125	1.6	140	80	15.44/8.12	
QRWY—200/160—2.0	200	160	2.0	160	90	14.55/7.96	
QRWY—250/200—2.0	250	200	2.0	180	100	14.21/7.86	
QRWY—320/250—2.5	320	250	2.5	200	110	14.61/7.96	
QRWY—400/320—2.5	400	320	2.5	220	125	15.55/8.42	
QRWY—500/400—3.5	500	400	3.5	250	140	14.85/8.15	
QRWY—630/500—4.0	630	500	4.0	280	160	15.19/8.12	
QRWY—800/630—4.0	800	630	4.0	300	160	15.82/8.92	
QRWY—1000/800—4.5	1000	800	4.5	360	200	14.22/7.86	
QRWY—1250/1000—4.5	1250	1000	4.5	400	200	13.26/7.96	
QRWY—1400/1000—5.0	1400	1000	5.0	400	220	15.98/7.22	
QRWY—1600/1250—5.0	1600	1250	5.0	420	220	15.92/9.03	
QRWY—1800/1400—5.5	1800	1400	5.5	450	250	16.37/7.74	
QRWY—2000/1600—6.0	2000	1600	6.0	480	250	15.17/9.95	

表 4.7-19　双缸 QRWY 系列液压启闭机基本参数

型　　号	启门力 (kN)	闭门力 (kN)	工作行程 (m)	液压缸内径 (mm)	活塞杆直径 (mm)	启门计算压力/闭门计算压力 (MPa)	油缸活塞运动速度 (m/min)
QRWY—2×100/80—1.6	2×100	2×80	1.6	125	80	13.80/6.52	1～3
QRWY—2×160/125—1.6	2×160	2×125	1.6	140	80	15.44/8.12	
QRWY—2×200/160—2.0	2×200	2×160	2.0	160	90	14.55/7.96	
QRWY—2×250/200—2.0	2×250	2×200	2.0	180	100	14.21/7.86	
QRWY—2×320/250—2.5	2×320	2×250	2.5	200	110	14.61/7.96	
QRWY—2×400/320—2.5	2×400	2×320	2.5	220	125	15.55/8.42	
QRWY—2×500/400—3.5	2×500	2×400	3.5	250	140	14.85/8.15	
QRWY—2×630/500—4.0	2×630	2×500	4.0	280	160	15.19/8.12	
QRWY—2×800/630—4.0	2×800	2×630	4.0	300	160	15.82/8.92	
QRWY—2×1000/800—4.5	2×1000	2×800	4.5	360	200	14.22/7.86	
QRWY—2×1250/1000—4.5	2×1250	2×1000	4.5	400	200	13.26/7.96	
QRWY—2×1400/1000—5.0	2×1400	2×1000	5.0	400	220	15.98/7.22	
QRWY—2×1600/1250—5.0	2×1600	2×1250	5.0	420	220	15.92/9.03	
QRWY—2×1800/1400—5.5	2×1800	2×1400	5.5	450	250	16.37/7.74	
QRWY—2×2000/1600—6.0	2×2000	2×1600	6.0	480	250	15.17/9.95	
QRWY—2×2200/1800—6.5	2×2200	2×1800	6.5	540	300	13.9/7.86	
QRWY—2×2500/2000—7.0	2×2500	2×2000	7.0	560	320	15.08/8.12	
QRWY—2×2800/2200—7.5	2×2800	2×2200	7.5	600	360	15.48/7.78	
QRWY—2×3200/2500—7.5	2×3200	2×2500	7.5	630	360	15.25/8.02	

表 4.7-20　　QL 系列螺杆式启闭机系列参数

类　别	型　　号	启门力(kN)	闭门力(kN)	启闭扬程(m)	启闭速度(电动)(m/min)	吊点距(m)
单吊点	QL—6.3—S	6.3	3.2	1.0		
	QL—10—S	10	5.0	1.5		
	QL—16—S	16	8.0	2.0		
	QL—25—S	25	12.5	2.5		
	QL—40—S	40	20	3.0		
	QL—63—S	63	32	3.5		
	QL—80—S	80	40	3.5		
	QL—100—S	100	50	4.0		
	QL—125—S	125	63	4.0		
	QL—160—S	160	80	4.5		
	QL—200—S	200	100	4.5		
	QL—6.3—SD	6.3	3.2	1.0	0.1～0.5	
	QL—10—SD	10	5.0	1.5		
	QL—16—SD	16	8.0	2.0		
	QL—25—SD	25	12.5	2.5		
	QL—40—SD	40	20	3.0		
	QL—63—SD	63	32	3.5		
	QL—80—SD	80	40	3.5		
	QL—100—SD	100	50	4.0		
	QL—125—SD	125	63	4.0		
	QL—160—SD	160	80	4.5		
	QL—200—SD	200	100	4.5		
	QL—250—SD	250	125	4.5		
	QL—320—SD	320	160	4.5		
	QL—400—SD	400	200	5.0		
	QL—500—SD	500	250	5.5		
	QL—630—SD	630	320	5.5		
	QL—800—SD	800	400	6.0		
双吊点	QL—2×25—SD	2×25	2×12.5	2.5	0.1～0.5	1.0～3.0
	QL—2×40—SD	2×40	2×20	3.0		1.0～3.0
	QL—2×63—SD	2×63	2×32	3.5		1.0～3.0
	QL—2×80—SD	2×80	2×40	3.5		1.0～3.0
	QL—2×100—SD	2×100	2×50	4.0		1.0～3.0
	QL—2×125—SD	2×125	2×63	4.0		1.0～3.0
	QL—2×160—SD	2×160	2×80	4.5		1.5～3.5
	QL—2×200—D	2×200	2×100	4.5		1.5～3.5

续表

类　别	型　　号	启门力 (kN)	闭门力 (kN)	启闭扬程 (m)	启闭速度(电动) (m/min)	吊点距 (m)
双吊点	QL—2×250—D	2×250	2×125	4.5	0.1～0.5	1.5～3.5
	QL—2×320—D	2×320	2×160	4.5		1.5～3.5
	QL—2×400—D	2×400	2×200	5.0		2.0～4.0
	QL—2×500—D	2×500	2×250	5.5		2.0～4.0
	QL—2×630—D	2×630	2×320	5.5		2.0～4.0
	QL—2×800—D	2×800	2×400	6.0		2.0～4.0

注　1. 吊点距的最大值是启闭机低速同步轴在无中间支承时的许用值。
2. 当启闭扬程大于表中所列数值时，闭门力应适当减小。

图4.7-27所示为手动、电动两用直联式螺杆式启闭机。

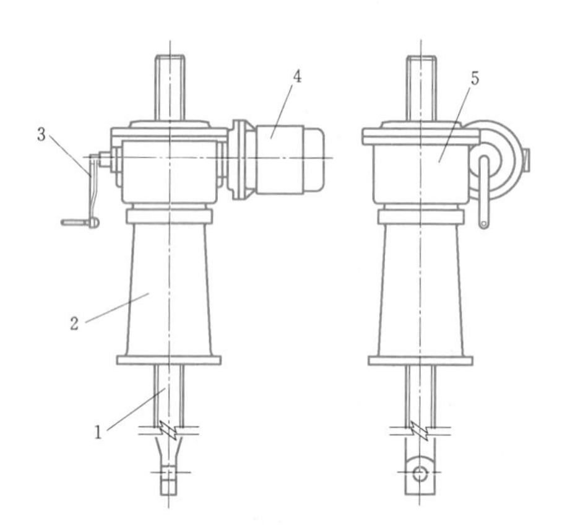

图4.7-27　螺杆式启闭机
1—螺杆；2—支座；3—手摇机构；
4—电动机构；5—齿轮箱

5. 手动、电动葫芦

手动、电动葫芦作为简易启闭设备，具有标准化成品、造价低廉、操作方便等优点，常被中小型闸门采用。根据牵引介质的不同，可分为钢丝绳式和环链式两种。根据安装方式的不同，可分为固定式和移动式两种。当采用双吊点操作时，钢丝绳式电动葫芦自身的结构特点决定了同步困难，推荐采用环链式电动葫芦加机械同步轴。与钢丝绳电动葫芦相比，环链式电动葫芦构造尺寸较小，结构更紧凑，有利于水工建筑物的布置。

6. 人字闸门机械驱动装置

在液压启闭机还未普遍应用于船闸人字闸门启闭操作之前，一般采用机械驱动装置用以操作船闸人字闸门。可分为两种型式，即推拉杆式启闭机和曲柄连杆式（四连杆式）启闭机。

(1) 推拉杆式启闭机。由电动机、制动器、联轴器、减速器等传动机构和工作机构推拉杆组成。推拉杆有齿杆式和螺杆式两种。

(2) 曲柄连杆式启闭机。是刚性传动的典型结构，它采用四连杆式，如图4.7-28所示。其启闭机构传动过程为：双鼠笼电动机—制动器—卧式减速器—两级立轴式圆锥圆柱齿轮减速器—小齿轮扇形开式齿轮副—曲柄—推拉杆（连杆）—人字闸门。

近年来，各种传统人字闸门驱动装置逐渐被直连式人字闸门液压启闭机所取代。

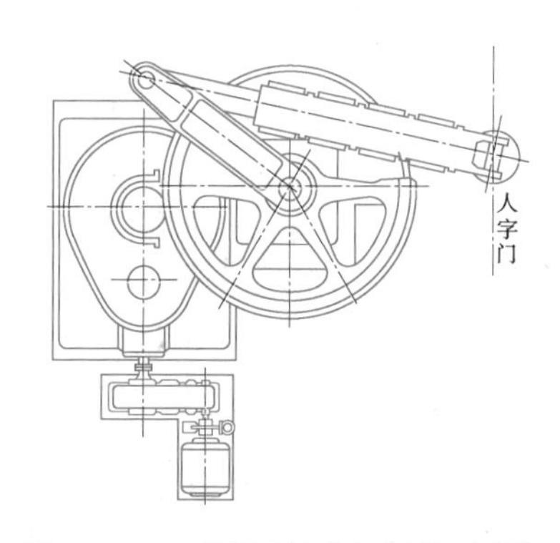

图4.7-28　曲柄连杆式人字闸门启闭机

4.7.3.3　启闭设备的选型

在水利水电工程中，对启闭设备的主要要求为：工作安全可靠，效率高，结构简单，重量轻，造价及维护费用低，操作方便，外观整洁，体积小，占地少等。

选择启闭设备时，应根据上述要求考虑。此外，还应结合具体情况，考虑下列因素：闸门型式、尺寸和运行情况，孔口数量，启门和闭门力，有时还要考虑持住力，启闭行程，启闭速度，吊点数目和间距，动力情况，安装地点的空间尺寸及建筑物情况。

下面针对水利水电工程不同部位、不同闸门的启闭机选择作简要介绍。有关启闭机设计、计算应按现行《水利水电工程启闭机设计规范》(SL 41)执行。

1. 工作闸门启闭机选择

在水利水电工程中，工作闸门担负着挡水、泄水、通航等重要任务，除船闸通航工作门外一般均为动水启闭，部分有局部开启要求，其启闭操作必须及时、可靠，其启闭机一般要求一门一机布置。

(1) 对于泄洪、引水、水闸和船闸等系统的平面提升工作闸门，其启闭机多采用QP型或QPG型固定卷扬式启闭机，也可采用QPPY型液压启闭机，提升或顶升两种方式均可；对于小型闸门，也可采用螺杆式启闭机。对于深孔平面工作闸门，采用QP型或QPG型卷扬式启闭机操作时，应注意避免启闭机钢丝绳和动滑轮长期泡水，必要时加拉杆连接。图4.7-29所示为泄水闸平面闸门及启闭机布置，工作闸门均由启闭排架上的QP型固定卷扬式启闭机操作，图4.7-29(*a*)为启闭机室内布置，图4.7-29(*b*)为启闭机设机罩露天布置，可利用门机进行检修。

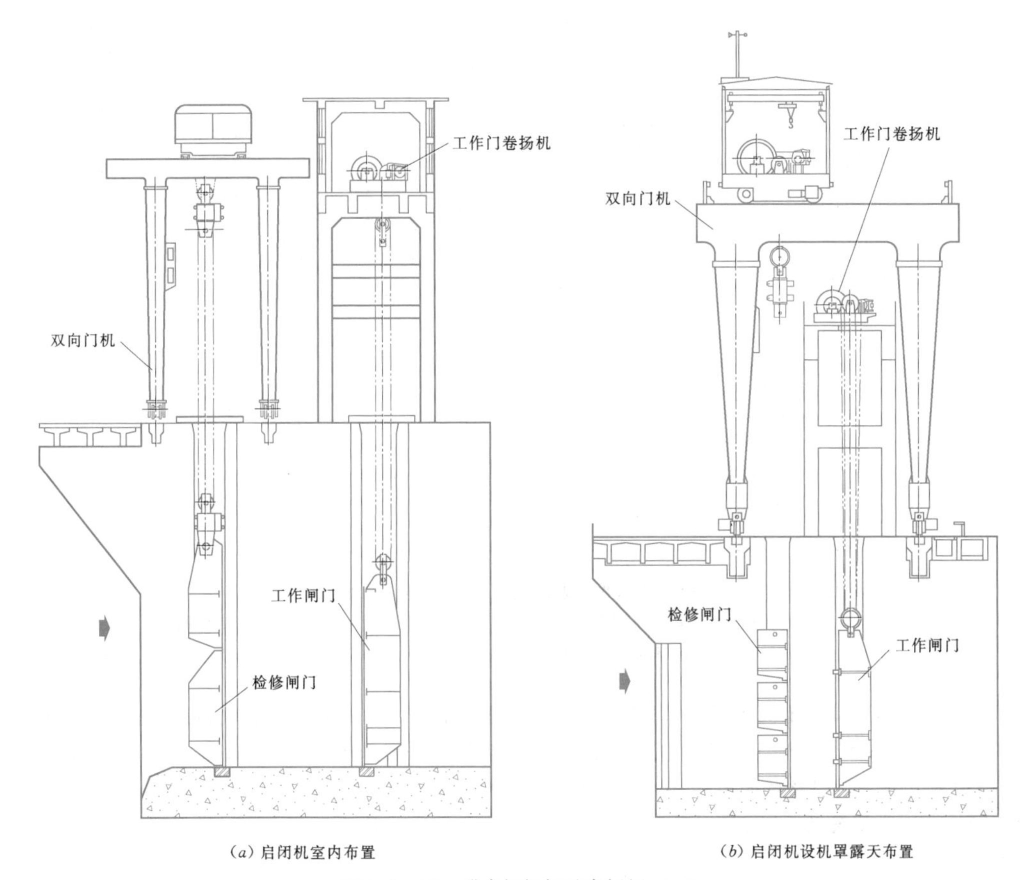

图4.7-29 泄水闸闸门及启闭机(一)

(2) 对于露顶式弧形工作闸门，其启闭机多采用QHLY型露顶弧形闸门液压启闭机，也可采用弧门卷扬式启闭机或盘香式启闭机。对于低水头潜孔式弧形工作闸门，当依靠自重可以闭门时，其启闭机可采用QHLY型露顶弧形闸门液压启闭机或固定卷扬式启闭机。对于超高孔口露顶弧形闸门，其启闭机行程非常大，采用常规液压启闭机行程无法满足要求时，可采用单侧双缸接力式液压启闭机布置，此种型式在福建水口水电站溢洪道弧形闸门上已经成功应用。图4.7-30和图4.7-31所示为泄水闸弧形闸门及启闭机布置，前者液压启闭机为QHLYⅠ型下挂式，两端铰接，可利用门机回转吊进行检修；后者液压启闭机为QHLYⅡ型中部支承，泵站设于闸墩内，可利用大门机进行检修。图4.7-32和图4.7-33所示为溢洪道闸门及启闭机布置，前者弧形闸门由QHLYⅠ型液压启闭机操作，可利用门机回转吊进行检修；后者弧形闸门由固定卷扬式启闭机操作。

(3) 对于深孔式弧形工作闸门，其启闭机一般采用QHQY型潜孔弧形闸门液压启闭机。图4.7-34所示为泄洪深孔闸门及启闭机布置。

(4) 对于水闸、船闸平面升卧式工作闸门、船闸

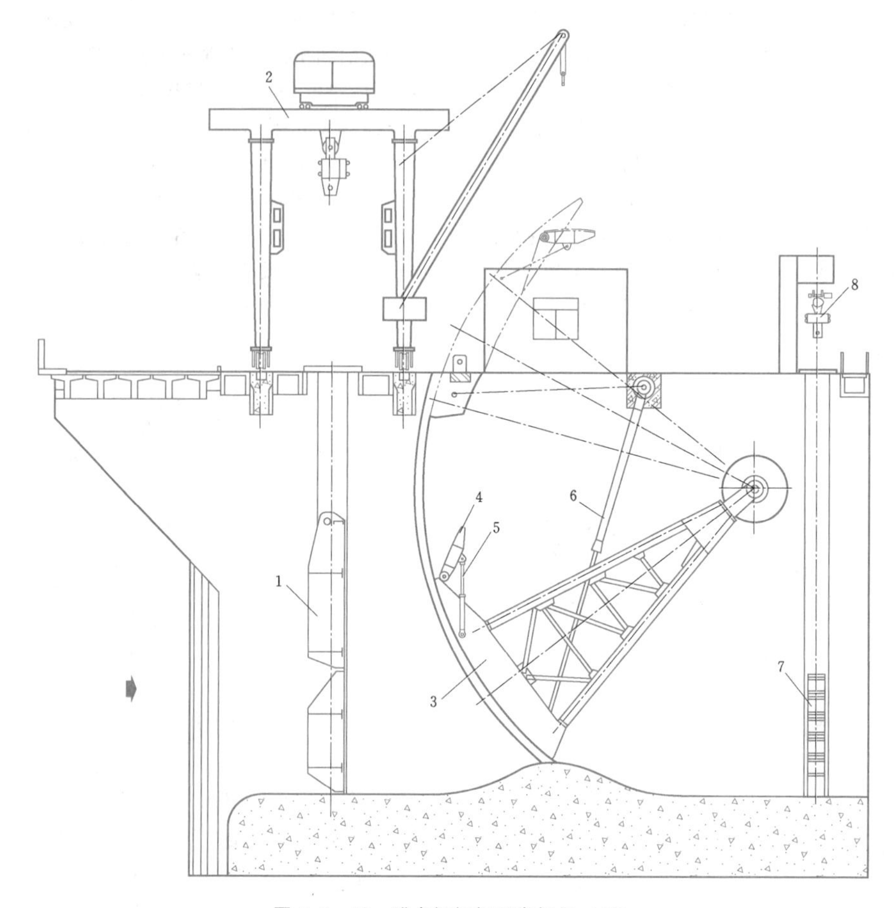

图 4.7-30　泄水闸闸门及启闭机（二）

1—上游检修闸门；2—双向门机；3—弧形工作闸门；4—舌瓣门；5—舌瓣门液压启闭机；6—弧形闸门液压启闭机；7—下游检修闸门；8—移动式电动葫芦

平面下沉式工作闸门，其启闭机多采用 QP 型固定卷扬式启闭机；也可采用 QPPYⅡ型液压启闭机。图 4.7-35 所示为升卧式闸门及启闭机布置。该布置方案能有效降低启闭排架高度，但卷扬机钢丝绳及动滑轮容易泡水，可以采取接拉杆适当加高排架的措施解决。图 4.7-36 所示为下沉式闸门及启闭机布置，图 4.7-36 (*a*) 采用液压启闭机方案，布置比较简洁；图 4.7-36 (*b*) 采用卷扬机方案，为了避免钢丝绳和动滑轮泡水，需加拉杆与闸门连接。

(5) 对于水闸带铰链上翻式和下卧式工作闸门，其启闭机一般选用 QPPYⅡ型液压启闭机。图 4.7-37 所示为上翻式闸门及启闭机布置，图 4.7-38 所示为下卧式闸门及启闭机布置，小型闸门采用集成式液压启闭机。

(6) 对于船闸人字工作闸门，其启闭机一般采用 QRWY 型人字闸门卧式液压启闭机。对于船闸横拉工作门，其操作设备可采用液压启闭机、卷扬式启闭机和齿轮、齿条牵引装置；若采用提升横拉门，则其启闭机一般采用台车式启闭机。图 4.7-39 所示为船闸人字闸门及启闭机布置。

对于选用小型液压启闭机的闸门，也可以选用集成式液压启闭机操作。

2. 事故闸门启闭机选择

在水利水电工程中，事故闸门用于事故工况截断水流，闸门一般要求动闭静启，可多孔共用一扇闸门，也有要求一孔一门设置的。

对于一孔一门且为一门一机的事故闸门设置方案，闸门行程较小时，多采用 QP 型固定卷扬式启闭机操作；对于深孔闸门，其启闭机可采用 QPG 型高扬程启闭机或 QP 型卷扬式启闭机、QPPY 型液压启闭机加拉杆操作。闸门及启闭机布置应避免固定卷扬式启闭机钢丝绳和动滑轮长期泡水。图 4.7-40 所示为深孔事故闸门及启闭机，闸门由固定卷扬式启闭机操作。

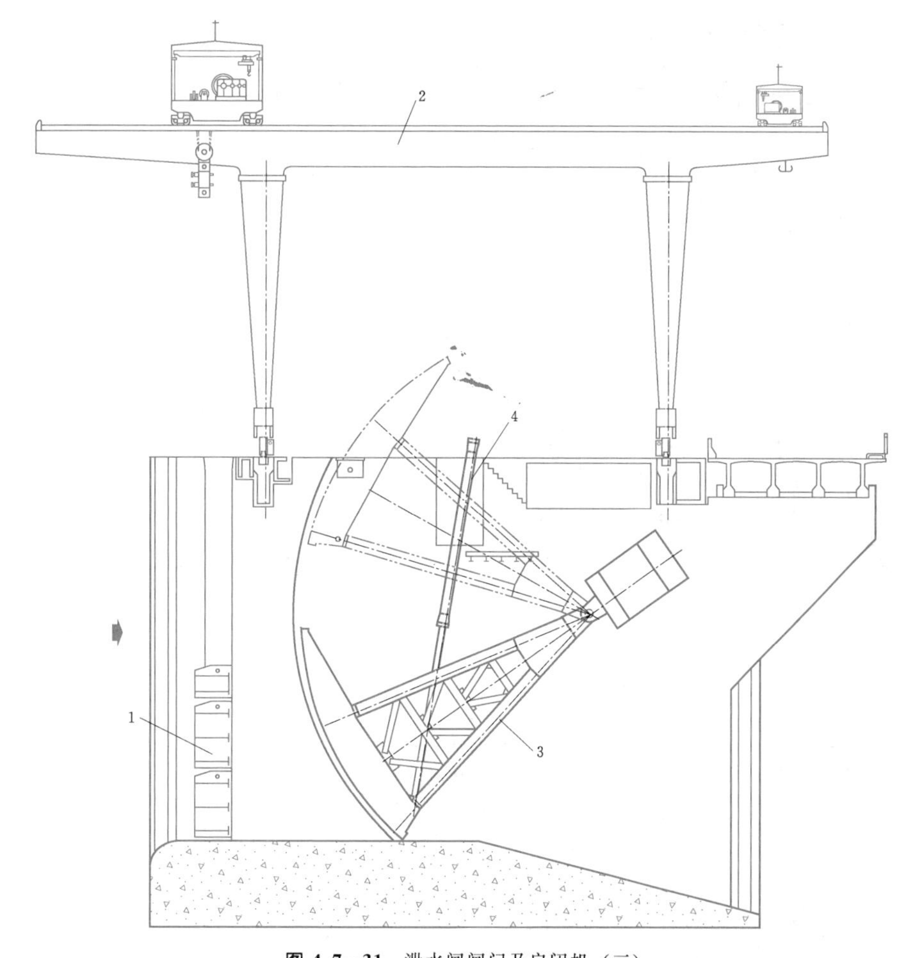

图 4.7-31 泄水闸闸门及启闭机（三）

1—上游检修闸门；2—双向门机；3—弧形工作闸门；4—弧形闸门液压启闭机

对于不需要一门一机设置的事故闸门，其启闭机一般选用移动式启闭机。可以单独设置单向门机或台车式启闭机，也可以与其他设备一起共用双向门机或桥式启闭机。对于一孔一门，尽管不要求一门一机设置，但当孔口不超过三孔时，应综合比较采用移动式启闭机方案和采用一门一机方案，择优选择启闭方案。图 4.7-41 中上游反钩检修闸门和拦污栅均由坝顶双向门机操作。

对于高坝大库重力坝方案，一般泄洪冲沙和引水发电系统均设于坝内，泄洪冲沙系统上游检修门和事故门、电站进口拦污栅、检修门和事故门位置一般都在坝轴线附近，由于各设备操作并不频繁，可考虑利用一台坝顶双向门机统筹操作各设备，还应根据整体布置综合考虑设置副起升机构特别是回转吊的必要性，提高门机的利用效率。

3. 快速闸门启闭机选择

对于水利水电工程水轮发电机机组进口、调压井下游快速事故闸门，闸门由启闭机吊着长期悬挂在孔口上方，并随时处于事故待命状态。要求事故工况快速闭门，其启闭操作必须及时、可靠，启闭机必须一门一机设置。启闭机可采用 QPKY 型平面快速闸门液压启闭机和 QPK 平面快速闸门固定卷扬式启闭机，必要时可加拉杆连接。由于 QPKY 型平面快速闸门液压启闭机优势明显，近年来有取代 QPK 平面快速闸门固定卷扬式启闭机的趋势。图 4.7-41 所示为电站进口闸门及启闭机布置图，快速闸门由液压启闭机通过拉杆连接。

4. 检修闸门启闭机选择

在水利水电工程中，一般多孔共用一扇检修闸门，闸门操作为静水启闭，所以其启闭机一般选用移动式启闭机。可以单独设置单向门机或台车式启闭机，也可以与其他设备一起共用双向门机或桥式启闭机。若检修闸门仅为一孔一扇时，其启闭机一般选用 QP 型或 QPG 型固定卷扬式启闭机，也可采用 QPPY Ⅱ

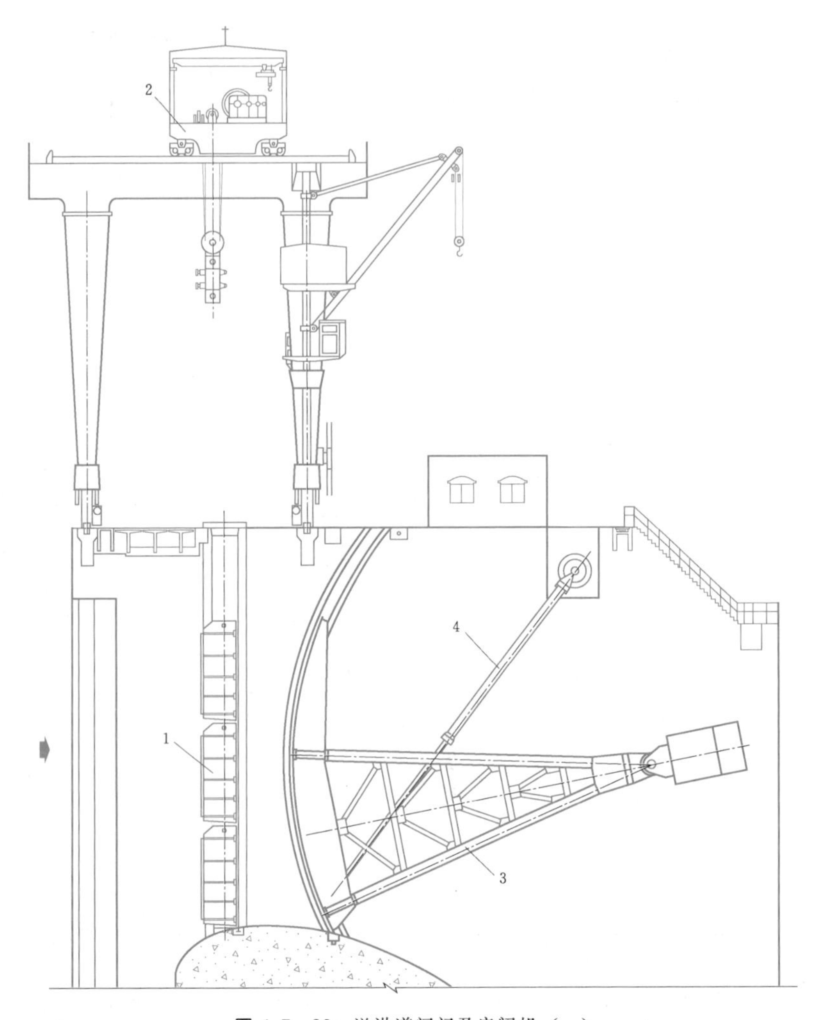

图 4.7-32　溢洪道闸门及启闭机（一）

1—上游检修闸门；2—双向门机；3—弧形工作闸门；4—弧形闸门液压启闭机

型液压启闭机。对于小型闸门，也可采用手动葫芦或电动葫芦操作。少数检修闸门可以不设专门的启闭机，检修时利用汽车吊、船吊等临时设备操作。图4.7-42所示为河床式电站贯流式灯泡机组厂房闸门、拦污栅及启闭机布置图，进口检修门由坝顶大跨度双向门机操作，与泄水闸上游检修门共用坝顶门机。图4.7-43所示进口检修门由单向门机操作。图4.7-44所示进口检修门由双向门机操作，与泄水闸上游检修门共用坝顶门机。

对于河床式贯流式灯泡机组电站，一般泄水闸、电站厂房和船闸均位于一条轴线上，泄水闸上游检修门、电站进口拦污栅、检修门和船闸上闸首挡洪检修门位置一般都在坝轴线附近，由于各设备操作并不频繁，可考虑利用一台坝顶双向门机统筹操作各设备，还应根据整体布置综合考虑设置副起升机构特别是回转吊的必要性，提高门机的利用效率。

5. *拦污栅启闭机选择*

在水利水电工程中，拦污栅一般放下后较少起吊，一般不设专门启闭设备而利用其他设备的附属机构起吊。拦污栅可利用门机副钩或回转吊起吊，也可以利用清污机进行起吊。

4.7.4　启闭设备的电气控制系统

在水利水电工程中，除少数小型设备手动操作外，绝大多数启闭设备均为电动操作。随着电控技术的不断发展，水利水电工程的运行管理已逐渐转变为“无人值班，少人值守”管理模式，除移动式启闭设备不便于远程控制操作外，一般启闭工作闸门和快速闸门的固定式启闭设备要求配置远控功能。启闭设备的电气控制系统分为一次电气和二次自动控制两部分。

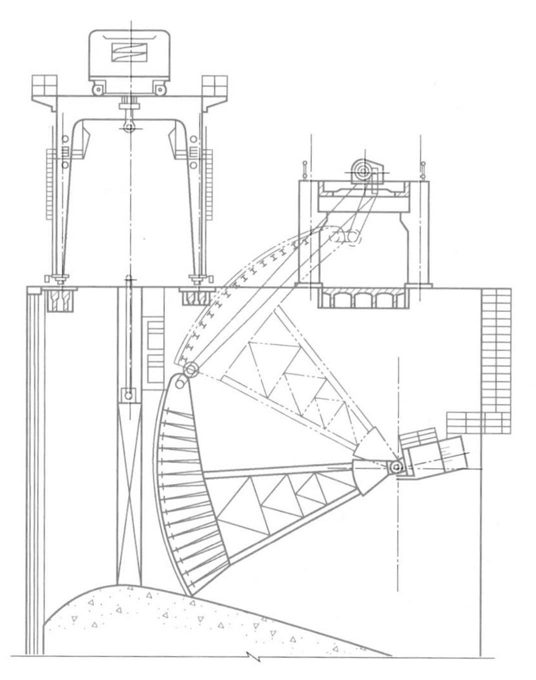

图 4.7-33　溢洪道闸门及启闭机（二）

4.7.4.1　电气

1. 供电电源

水利水电工程启闭设备一般采用380V，50Hz三相交流电源供电。

对于泄洪系统工作门、引水发电系统快速事故门，由于其工作的特殊性，要求其启闭机操作可靠，其供电电源除常用电源外，还必须配备可靠的备用电源。

对于移动式启闭机，有滑线供电或电缆卷筒供电两种方式。一般启闭机运行距离较大时采用滑线供电，运行距离较小时采用电缆卷筒供电，可根据具体情况选择。对于少数走行距离较长、电动机功率较大的移动式启闭机，需采用电缆卷筒供电时，可用高压电源供电，经设在启闭机上的变压器降压后引入各机构。

2. 电动机启动方式

启闭设备一般采用三相异步电动机，其启动方式可分为直接启动、降压启动和变频启动。

将电源电压全部加在电动机定子绕组上的启动方

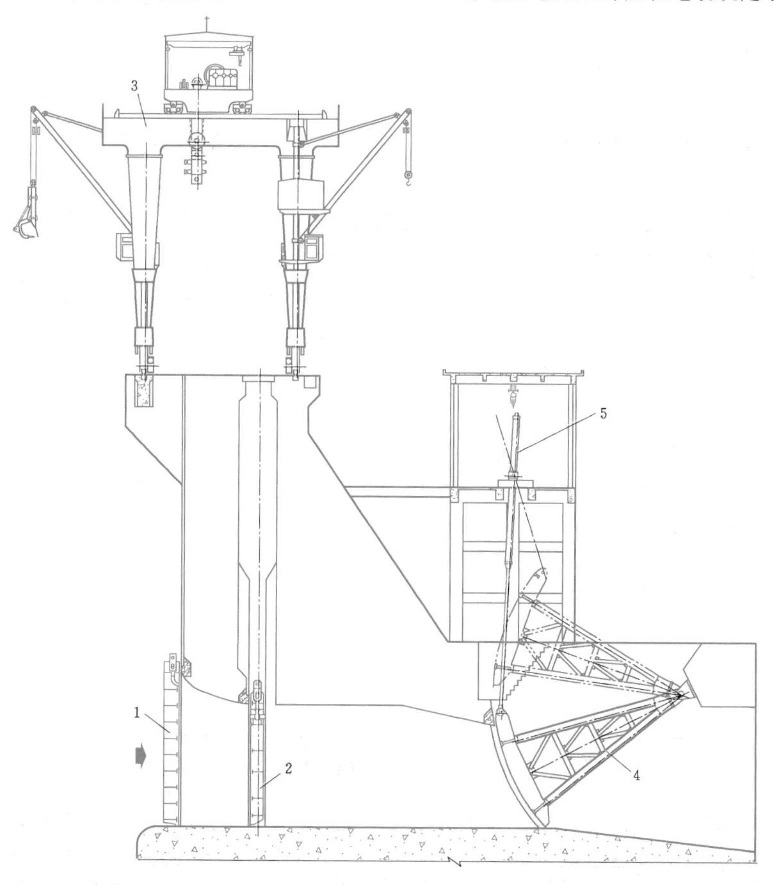

图 4.7-34　泄洪深孔闸门及启闭机

1—上游反钩检修闸门；2—事故闸门；3—双向门机；4—弧形工作闸门；5—弧形闸门液压启闭机

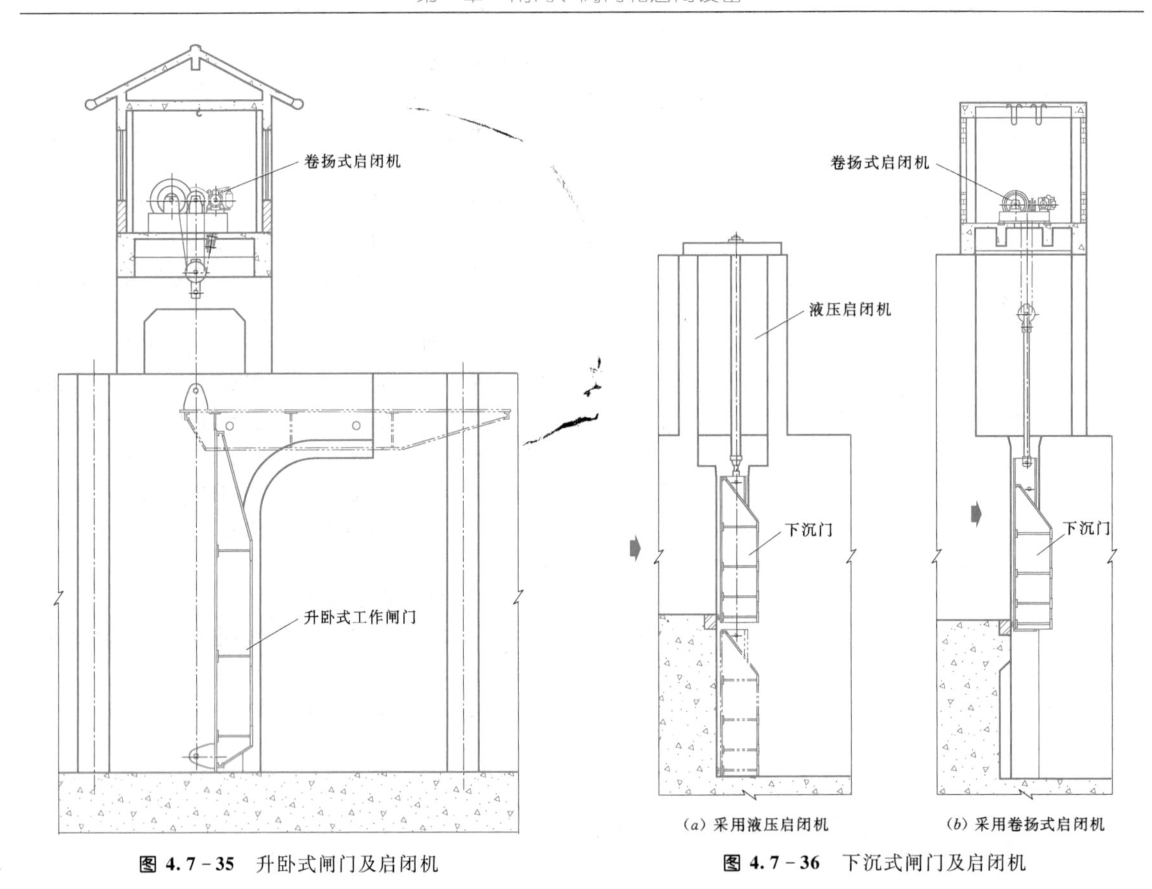

图 4.7-35　升卧式闸门及启闭机

(a) 采用液压启闭机　　(b) 采用卷扬式启闭机

图 4.7-36　下沉式闸门及启闭机

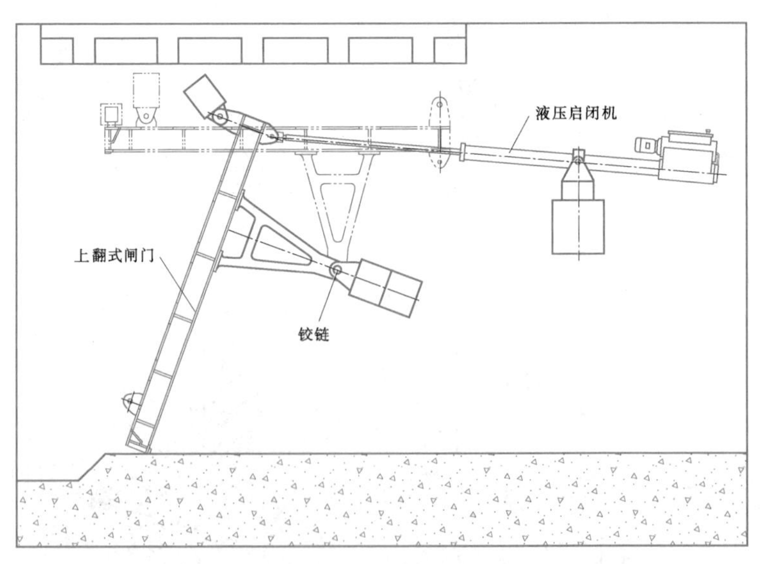

图 4.7-37　上翻式闸门及启闭机

式称为直接启动，也称为全压启动。直接启动时，电动机的启动电流可达到电动机额定电流的 4～7 倍。功率较大的电动机的启动电流对电网具有很大的冲击，将严重影响其他用电设备的正常运行。因此，直接启动方式主要适用于小功率电动机启动。

为减小功率较大的电动机直接启动时其启动电流对电网的冲击，对于功率较大的电动机一般采用降压启动。降压启动是指利用启动设备将电源电压适当降

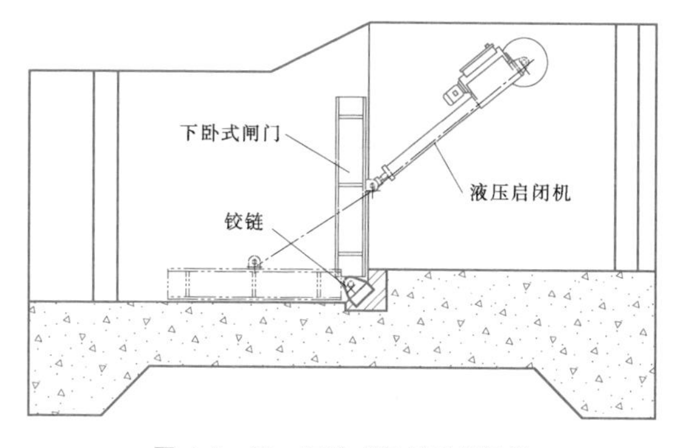

图 4.7-38 下卧式闸门及启闭机

低后加到电动机定子绕组上进行启动，待电动机启动运转后，再使其电压恢复到额定值正常运转。由于电流随电压的降低而减小，所以降压启动达到了减小启动电流的目的。但是，由于电动机转矩与电压的平方成正比，所以降压启动也将导致电动机的启动转矩大为降低。因此，降压启动需要在空载或轻载下启动。常用降压启动有Y/△降压启动和使用软启动器降压启动。

随着电气技术的发展，电动机变频启动得到广泛应用。通过变频器调整电源频率后作为电动机启动电源，降低启动电流，其最主要的特点是具有高效率的驱动性能和良好的控制特性，使得电动机在低速时能够输出较大力矩。

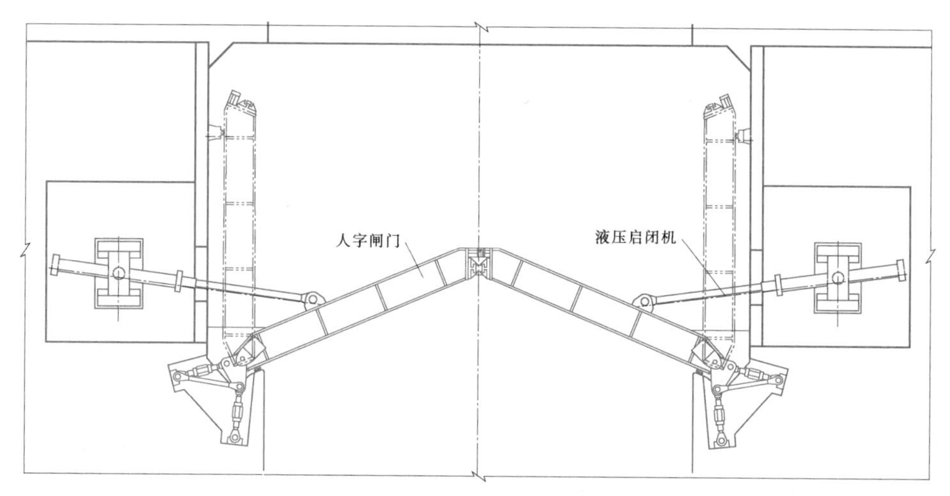

图 4.7-39 船闸人字闸门及启闭机

启闭设备应根据电动机功率和电源情况选择合适的电动机启动方式。

3. 接地

启闭机所有电气设备、正常不带电的金属外壳、金属线管、电缆金属外皮、安全照明变压器低压侧等，均需可靠接地。移动式启闭机由于不导电灰尘沉积等原因造成车轮与轨道有不可靠的电气连接时，应备有专用接地线，钢结构非焊接处较多的场合宜设接地干线。一次回路和二次回路的绝缘电阻、电路的对地绝缘电阻均需满足相关规范要求。

4.7.4.2 自动控制

启闭设备的电气自动控制分为两类，即采用常规继电器逻辑控制和采用可编程逻辑控制器（PLC）控制。前者由常规继电器构成现地控制回路，布线十分复杂，远方控制更是难以解决长线路电压降带来的操作可靠性差等问题；后者由于微电子技术的飞速发展，计算机越来越多地运用于工业控制，PLC也逐渐开发出开放的可联网产品，使得PLC取代常规继电器逻辑控制的控制方案被广泛采用。

1. 启闭设备控制系统设计要求

（1）应充分考虑技术先进性和安全可靠性，确保闸门操作运行满足工程安全运行要求。

（2）应充分了解其所操作各设备的运行要求及运行工况，使系统功能满足预期要求。

（3）应根据启闭机布置环境条件，特别是露天布置的，现地控制装置应具备良好的防护性能。

（4）启闭设备需进行远方集中控制时，还需根据控制范围确定控制设备联网方案。

（5）水利水电工程启闭设备控制系统一般包括一个集中控制中心、若干个LCU（现地控制单元），每个LCU控制一扇或一组闸门。利用计算机、通信网络、PLC和自动化元件等组成完整的自动控制系统。

（6）启闭设备的控制系统不仅要实现闸门现地和远方启闭控制，还要对闸门的工作状态以及其他参数进行监视，并与电站计算机监控系统、水库调度系统

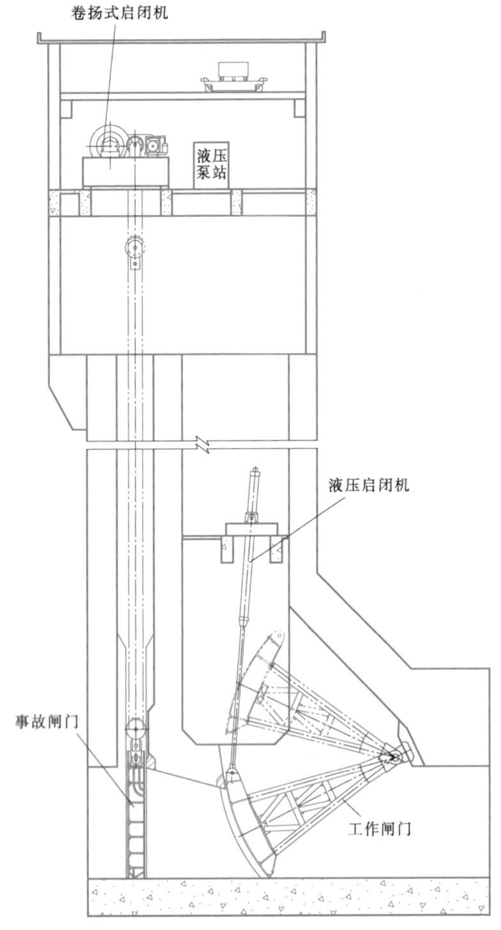

图 4.7-40　深孔事故闸门及启闭机

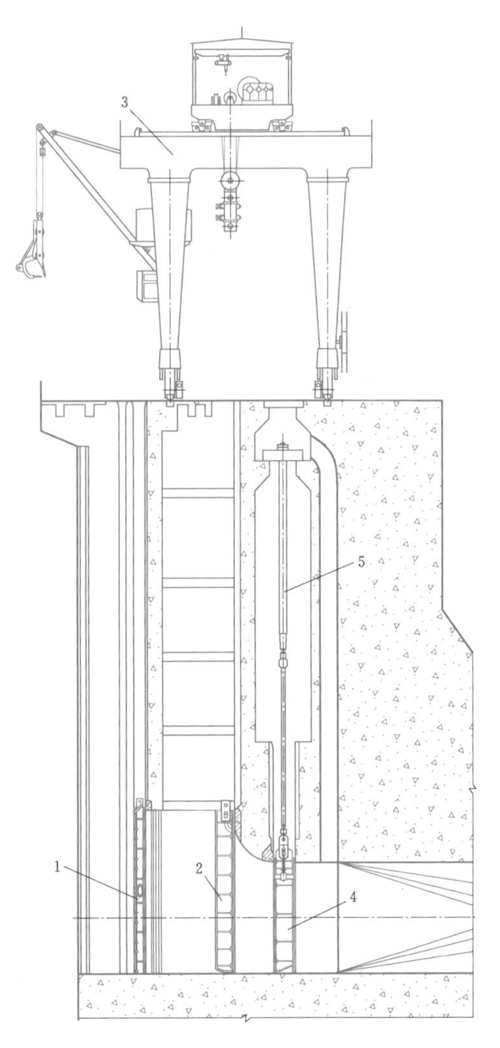

图 4.7-41　电站进口闸门及启闭机

1—拦污栅；2—上游检修闸门；3—双向门机；4—平面快速闸门；5—液压启闭机

等进行信息交换。闸门开度监测、启闭荷重监测、电量和非电量监测等元件是实现闸门自动控制的基础，为系统提供准确的闸门位置、运行工况等信息，也是闸门安全运行的保障，使远方控制成为可能。

（7）现地控制一般采用 PLC 梯形图语言编程。梯形图语言具有简单易用、方便直观的优点，既可进行离线程序开发，也可进行在线的显示、更改。

2. *启闭设备控制系统设计的主要步骤*

（1）确定监控对象和控制要求。

（2）根据闸门的类型和布置，确定启闭设备控制系统的结构及功能。

（3）根据闸门控制要求，确定控制方案，提出 LCU 开关量、模拟量 I/O 点以及 PLC 选择设计。

（4）根据工程总体设计要求，提出启闭设备控制系统控制中心、LCU、通信网络等设备选择和布置设计。

3. *启闭设备现地控制的一般要求*

（1）启闭机电气设备中，可能触及人员带电的裸露部分应设置防止触电的防护措施。

（2）一般每台启闭机设一个现地控制柜，各启闭机的启动及控制设备均布置在各自配套的控制柜内。必要时现地控制柜应设有除湿装置。

（3）室内布置的控制柜防护等级一般为 IP30，室外布置的控制柜防护等级一般为 IP65。

（4）每台启闭机现地控制柜均采用可编程序控制器（PLC）控制。可编程序控制器 PLC 以自动控制为主，并保留现地手动控制。对于需要远控的设备，通过操作权限切换开关可选择操作方式为现地控制（启闭机由常规控制箱操作）或远程控制，且现地控制与远程控制互为闭锁，以现地控制优先。

（5）现地控制柜内应装有高度指示仪及荷重指示

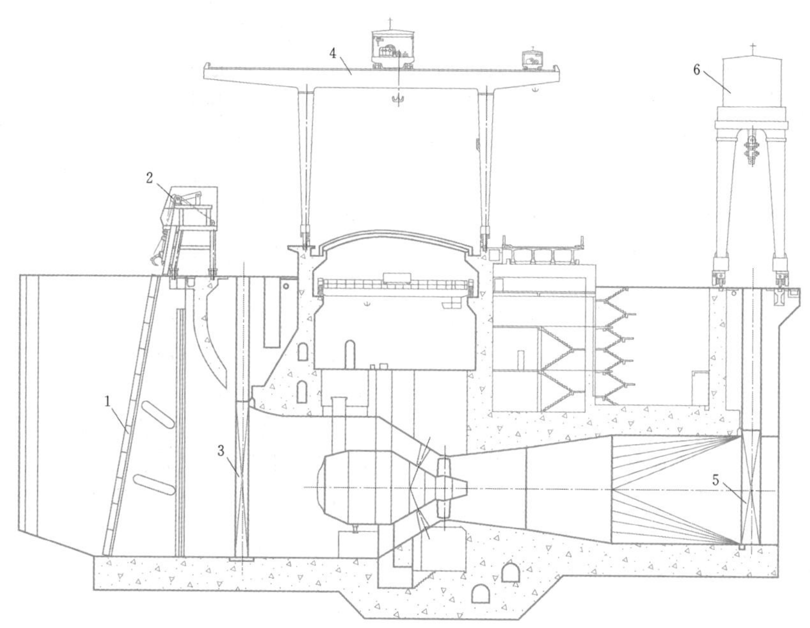

图 4.7-42 河床式电站闸门及启闭机（一）

1—拦污栅；2—清污机；3—进口检修闸门；4—双向门机；5—尾水事故闸门；6—单向门机

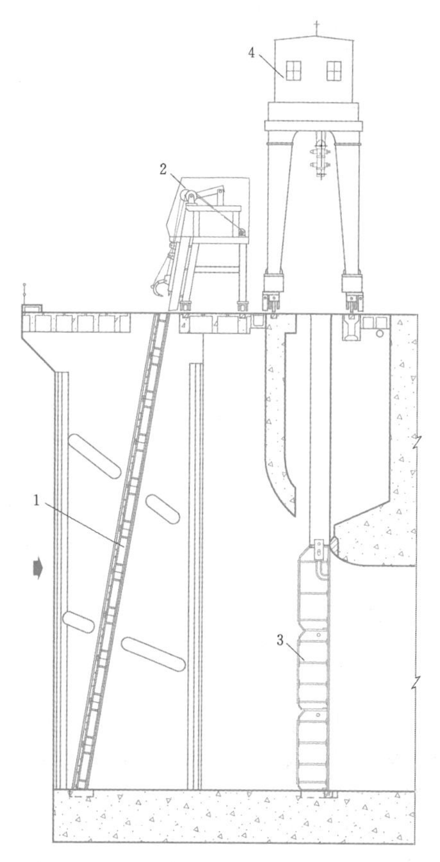

图 4.7-43 河床式电站闸门及启闭机（二）

1—拦污栅；2—清污机；3—进口检修闸门；4—单向门机

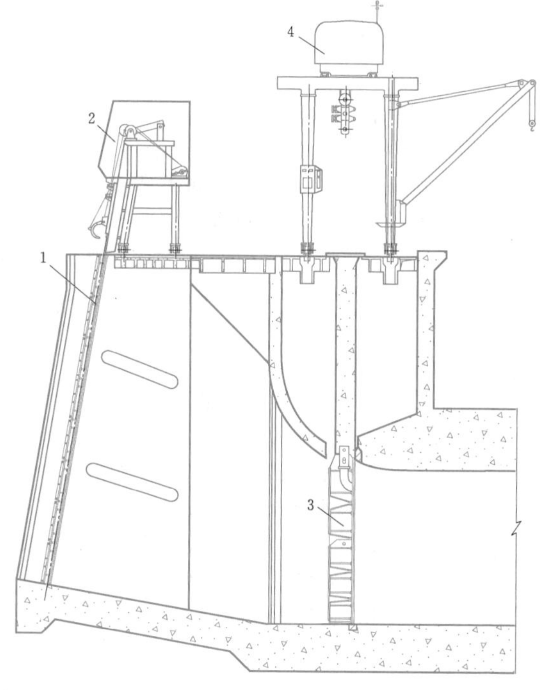

图 4.7-44 河床式电站闸门及启闭机（三）

1—拦污栅；2—清污机；3—进口检修闸门；4—双向门机

仪的二次仪表，可监视闸门启闭的全过程。现地控制柜内还装有启、停及故障指示灯，启、停操作开关或按钮，权限切换开关。

（6）现地控制 PLC 应设置 485 通信接口或以太网卡的通信接口，采用 Modbus Plus TCP/IP 通信协议，以便能够将现地闸门的启闭情况及运行状态传送至上一级控制 LCU 屏，实时地反映现地闸门的启闭运行状况。同时采用硬布线将全开、全关位置及重要的报警信号采用开关量接点输出至上一级控制 LCU 屏，并接收其开启和关闭闸门的控制命令。上一级控制 LCU 屏（含触摸屏）应能显示全部闸门的开度和荷重，并可分别对每扇闸门进行远程显示和控制。

（7）现地控制柜一般应装设下列电气保护：短路保护和过流保护、失压保护、零位保护、缺相保护、限位保护、过载保护、主隔离开关以及断开总电源的紧急开关和联锁保护。一般每种保护装置应有两套报警接点输出。

（8）现地控制柜盘面上为正确运行控制所需的按钮、指示灯、开度仪、切换开关、仪表和其他指示装置等。

4.8　拦污栅及清污机

4.8.1　拦污栅

4.8.1.1　拦污栅的用途及布置型式

1. 拦污栅的用途

拦污栅是用来拦阻水流中所挟带的污物（浮冰、树枝、树叶和杂草等），使有害污物不易进入引水道内，保护机组、闸门、阀及管道等不受损害，使机组或其他设备与结构物顺利运行的金属结构设备。拦污栅一般设置在水电站、泵站和船闸输水廊道的进水口。

2. 影响拦污栅布置的因素

拦污栅的布置对电站的安全运行非常重要，布置和设计拦污栅时，应尽可能地利用水流流向及地形等有利条件，尽量避免污物进入进水口，以减轻对拦污栅的威胁；同时满足过栅水流平顺、水头损失小的要求；此外，应考虑清污方便，便于安装、检修及更换。通常影响拦污栅布置的主要因素有：

（1）电站及水库的容量、等级及引水方式。

（2）进水口的型式、用途、位置及其在水下的深度。

（3）管道的引用流量及容许过栅流速。

（4）水轮机、闸门、阀门的类型及其有关尺寸。

（5）水流所挟污物的性质、大小及数量。

（6）当地气候条件及水库水位的变化情况。

（7）清污方式。

（8）制造、安装及运输条件。

（9）鱼类问题。

3. 拦污栅的布置型式

引水道进口按其在水面下的位置可分为深式及浅式两种，深式进水口拦污栅的布置如图 4.8-1 所示，浅式进水口拦污栅的布置如图 4.8-2 所示。深式拦污栅受冰冻和污物堵塞的几率要比浅式进水口拦污栅小些，一般不要求机械清污。深式进水口或高度较大的浅式进水口的拦污栅，一般垂直置放，这样可以缩短进水口建筑物的长度，减少建筑物的投资。高度不是太大的浅式进水口的拦污栅，一般倾斜置放，这样可以提高清污机的清污效果。由于清污的要求，倾斜置放的拦污栅与水平面的夹角多采用 $\alpha=70°\sim80°$。当电站引用流量一定时，拦污栅倾斜布置较垂直布置扩大了栅面，因而降低了流速，减少了水头损失。

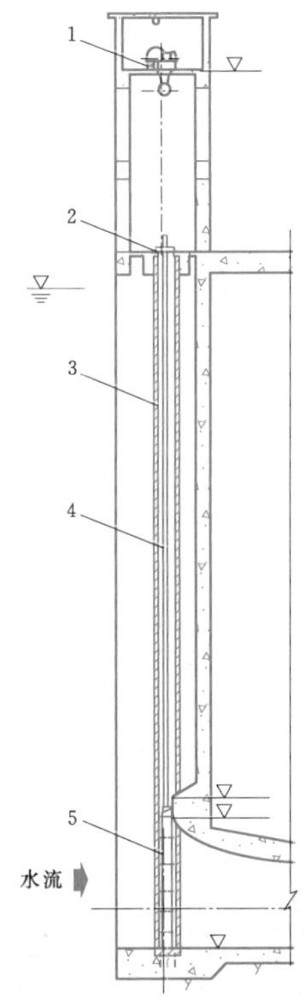

图 4.8-1　深式进水口拦污栅的布置

1—拦污栅启闭机；2—拦污栅锁定梁；3—拦污栅埋件；4—拉杆；5—拦污栅

拦污栅按其在平面上的布置形状有直线、折线、曲线等多种型式。浅式进水口的拦污栅多采用直线式（即平面式）布置；深式进水口拦污栅为了降低过栅流速，可以将拦污栅布置成多边形、拱形及平面式，如图 4.8-3 所示。

现在有不少电站采用连通式布置（刘家峡、碧口、大源渡、岩滩等），前后两道栅槽，由于机组的

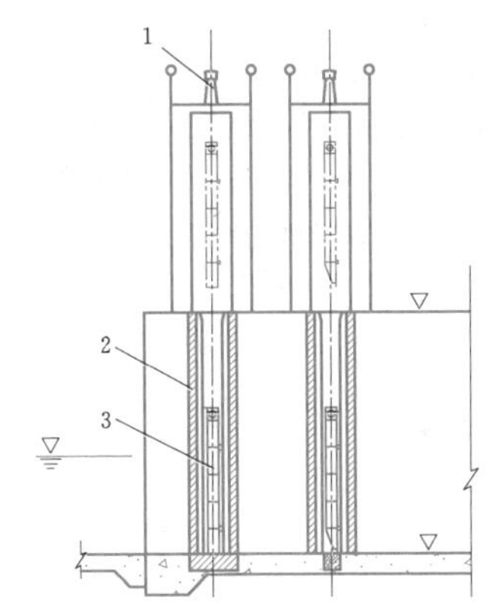

图 4.8-2 浅式进水口拦污栅的布置

1—拦污栅启闭机；2—拦污栅埋件；3—拦污栅

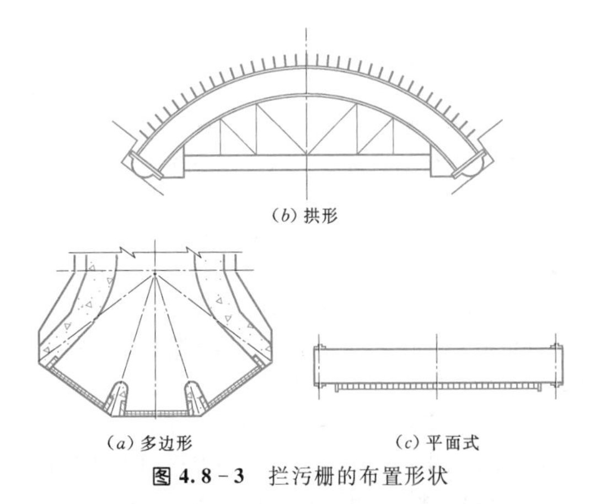

(*b*) 拱形

(*a*) 多边形　　(*c*) 平面式

图 4.8-3 拦污栅的布置形状

各取水口都从同一个连通仓内取水，相对加大了过栅面积，部分堵塞对机组出力影响不大。在污物较多的低水头电站中，采用连通式布置是一个值得推荐的布置型式。

对于污物较多且又不便于设置清污设备的枢纽工程，也可设置两道栅槽，并采用提栅清污。

拦污栅一般采取一栅一槽并与闸门分别设置，但有时为了缩短进水口长度而将拦污栅和检修闸门共用一槽（但不能与事故闸门共槽），在正常运行时，槽内放置拦污栅，电站检修时将拦污栅提出后放置检修闸门。这种布置缩短了进水口的长度节省了一道栅槽，但增大了检修闸门的尺寸，运行也不方便，已经很少采用。

拦污栅可以做成固定式的和活动式的。满足维修条件的抽水蓄能电站拦污栅可采用固定式或活动紧固式，且不必配置专用永久启闭设备，但需考虑适当数量的备用拦污栅。一般情况下，多采用活动式拦污栅。

为解决拦污栅阻塞的问题，有些工程在电站进水口前沿设置一道浮式拦污栅，以减轻进水口拦污栅的压力，提高电站的经济效益。

4.8.1.2 拦污栅的结构

拦污栅包括栅叶和栅槽埋件两部分。栅叶是由栅面和支承框架构成。栅面由数块栅片连接排列而成。每块栅片宽约1～2m，栅片由平行置放的金属栅条连接而成，连接的方式有螺栓连接和焊接连接两种。

螺栓连接的拦污栅，栅片和栅条均可拆卸和更换，其栅片是用长螺栓将平行置放的栅条贯穿于一起。为了保持栅条间距，在栅条间设置等距的间隔环，长螺栓两端用螺帽旋紧。栅片用U形螺栓固定在支承框架上，如图4.8-4所示。这种结构型式的拦污栅的缺点是连接螺栓容易锈死，不便于更换损坏的栅条。因此，连接螺栓和螺帽需要进行防腐蚀处理。

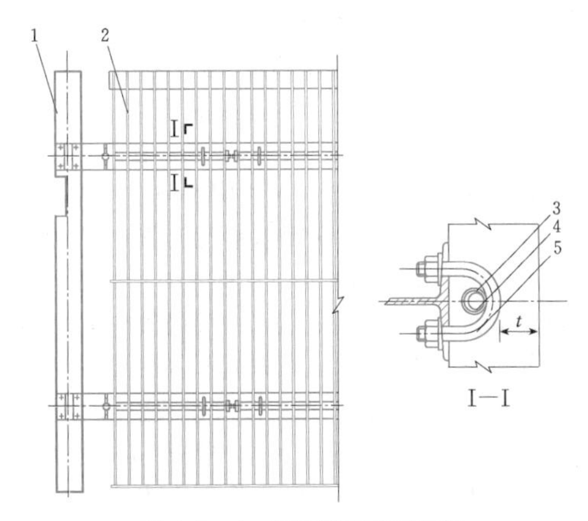

图 4.8-4 螺栓连接的拦污栅

1—框架；2—栅条；3—间隔环；4—长螺栓；5—U形螺栓

焊接连接的拦污栅是不可拆卸的结构，其栅条与开有槽口的肋板焊接在一起构成栅片，栅片上的栅条则直接焊在支承框架上，形成栅面，如图4.8-5所示。这种结构型式拦污栅的优点是可以加强拦污栅的整体刚度，简化了制造拦污栅的工艺流程；缺点是栅条焊接后钢材变脆，在动载下易出现裂纹，由于栅条不可拆卸，故栅条破坏后，也不易修复，为此应注意焊接质量。栅条一般用扁钢制成，其截面常为矩形，有时为了减小水头损失，常采用流线形截面。对于矩形截面的栅条，其高度不宜大于厚度的12倍，也不宜小于50mm；栅条厚度一般为6～12mm，不宜大于20mm；栅条的侧向支承间距不宜大于栅条厚度的70倍。有清污要求的拦污栅，如图4.8-4中Ⅰ—Ⅰ剖面所示的t值，应大于耙齿进入栅面的深度。

拦污栅支承框架的结构与平面闸门相同，由主

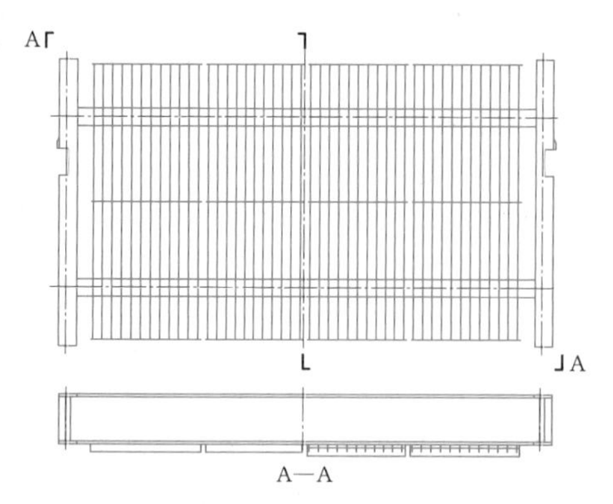

图 4.8-5　焊接连接的拦污栅

梁、边梁、纵向联结系和支承等组成，如图 4.8-5 所示，但构件较轻。当主梁高度较大时，为了增加拦污栅的横向刚度，可在主梁间加设横向连系构件。拦污栅的支承一般采用滑动支承，当要求在一定水头下动水提栅时，为了减少启闭力，也可采用轮式支承。对于高度大的拦污栅，为了便于安装及运输，可以分节设置。分节的高度一般在 3～4.5m 之间，如在工地制造可不受此限制。节与节之间的连接可在边梁腹板上用铰轴相连，并应设置起吊拦污栅时的锁定装置。对于有清污要求的拦污栅，两节对接处栅条的错位应满足清污设备的要求，必要时两节的栅条可连接起来，如图 4.8-6 所示。在布置框架时，主梁与边梁应等高布置，主梁的间距应按等荷载要求确定，并应考虑栅条的强度与稳定。主梁的型式应根据跨度及荷载而采用轧成梁、组合梁或桁架。主梁跨度大于 8m 的拦污栅可以采用桁架式主梁。桁架式梁多用平行弦桁架，节间数目为偶数，跨中对称，桁架高度一般为桁架跨度的 1/7～1/8。

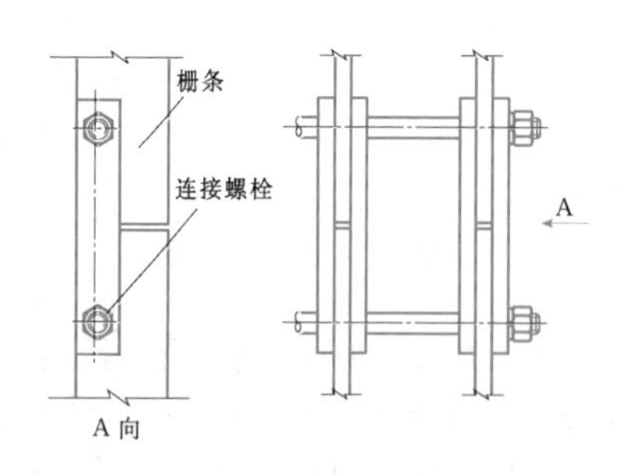

图 4.8-6　两节拦污栅的栅条连接

对于抽水蓄能电站，有发电和抽水两种基本工况，且其水道流速较大。这种具有较大而又极不均匀流速的双向水流冲击拦污栅时，会在栅叶上产生旋涡，旋涡脱体产生的侧向推力和顺向曳引力易使栅条或整扇拦污栅产生振动，从而导致疲劳破坏。因此，抽水蓄能电站的拦污栅应能承受双向水流并有抗振的功能。为了增加结构的刚度，提高抗振性能，使水流圆滑地绕过，栅条及主梁形状宜制造成近乎流线型，如图 4.8-7 所示，并采取适当加大栅条厚度（一般不应小于 14mm）、缩短栅条的支承间距、使用冲击韧性及焊接性能良好的钢材、提高焊接质量等措施。

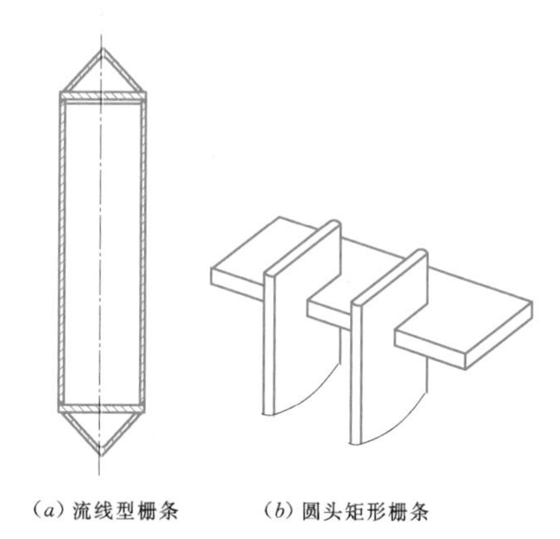

（*a*）流线型栅条　　（*b*）圆头矩形栅条

图 4.8-7　抽水蓄能电站拦污栅的主梁与栅条

拱形拦污栅的栅面结构与普通拦污栅相同，其支承框架与拱形闸门类似。

浮式拦污栅主体结构一般采用圆形浮箱结构，浮箱下接格栅，浮筒之间一般由钢丝绳连接，连接后的浮式拦污栅浮筒通过钢丝绳两岸的活动锚头连接。近年来，流线型实腹、空腹主梁拦污栅得到广泛运用。主梁通常按流线定向。由于空腹横梁里面不能防止锈蚀，故将横梁密封，并经过打压试验。栅条在平面上顺流线转变方向，并分组安装。如设计合理，这种拦污栅的水头损失比较小，运行也很可靠。但也存在很多缺点，如制造困难、横梁与边梁的接头部位构造复杂、拦污栅的结构笨重等。

栅条的间距决定于水轮机的型式及转轮直径。如大型混流式和轴流式水轮机的导叶间隙较大，较大的污物可以通过。而小型的，尤其是冲击式水轮机，只有细小的污物才能穿行。栅条间距还与水流所挟带污物的性质、数量以及为防止鱼类通过的最小尺寸有关。栅条间距不宜过小，过小则易于堵塞。也不宜过大，过大则会通过有害污物。因此，必须进行详尽的论证。

对于轴流式和贯流式水轮机，拦污栅栅条间距可取水轮机转轮直径的 1/20，混流式水轮机拦污栅栅条间距可取水轮机转轮直径的 1/30，对于冲击式机组，可根据喷嘴出口尺寸确定，一般在 20～65mm 之间。

拦污栅槽埋件由主轨、反轨、侧轨和护角构成，其结构型式和作用与平面闸门类似。

4.8.1.3 拦污栅的水头损失与过栅流速

1. 拦污栅的水头损失

水流通过拦污栅的水头损失与水流通过拦污栅时的相应运动有关，是由栅条和支承框架所引起的。水流流向拦污栅的方向可能与栅条横断面的纵轴线重合或成一定角度，在这两种情况下入口水流或多或少都有撞击损失。水流过栅条时，由于过流断面的收缩与扩散，又会产生水头损失。如果将栅条的入口边缘制作成符合水流的流线型，则水头损失便会减少。拦污栅总的水头损失应包括支承构架以及污物所造成的水头损失，后者的损失较栅条引起的损失要大。对于重要的大型工程，拦污栅的总水头损失应通过试验确定。

2. 拦污栅的容许过栅流速

为了使过栅水头损失最小，减少污物对拦污栅堵塞和撞击的机会，保证清污效果，应限制水流行近栅面的速度。水流速度大，水头损失也大，清污较困难，但拦污栅尺寸可减小，造价可降低。相反，水流速度小，拦污栅尺寸将增大，造价将提高。所以，设计时应选用既经济又方便运行的过栅流速。对于高水头坝后式水电站，因为一般没有水下清污要求，与低水头电站相比，其过栅水头损失在总水头损失中所占比例较小，因而可适当选用较高的过栅流速。

一般情况下，平均过栅流速可取 0.8～1.2m/s。经论证，过栅流速可适当提高。抽水蓄能电站进/出水口是否设置拦污栅可通过论证确定，拦污栅除应满足过栅流速、水流均匀及布置要求外，还应研究发电和抽水各种不同工况下水流对拦污栅可能产生的不利影响。

对于泵站系统，采用人工清污时，平均过栅流速宜取 0.6～0.8m/s，采用机械清污时，平均过栅流速宜取 0.6～1.0m/s。

4.8.1.4 拦污栅的结构计算

1. 设计荷载的假定

作用在拦污栅上的荷载包括：作用在栅面上的水压力、流冰及原木对栅面的撞击力、机械清污机具作用在栅面上的附加荷载以及拦污栅的自重等。拦污栅设计荷载主要决定于栅面的水压差。在正常工作状态下（没有堵塞的情况），作用在拦污栅上的荷载是水流通过拦污栅时所形成的上、下游水位差，如果存在污物，则压差将增加。当拦污栅被污物和冰冻完全封堵时，拦污栅将承受单方向的全部水头，这在电站上及拦污栅受力上是不允许的。所以，必须采取有效的清污及防冻措施，来保证拦污栅不被完全封堵。拦污栅的设计荷载应按栅面局部堵塞考虑。设计水位差一般采用 2～4m，对于抽水蓄能电站系统可采用 5～7m；对于泵站系统，可采用 1～2m；对于特殊情况，应经过具体分析确定。对污物较多、清污条件差的河流，可适当提高设计水头。

平面式拦污栅与拱形拦污栅的支承框架各构件的计算，与平面闸门、拱形闸门的相应构件的计算类似。栅条的强度计算也与一般梁的计算相同。故下面仅对栅条的稳定计算与抗振计算作简要介绍。

2. 栅条的计算

（1）荷载。设计水头下栅条单位长度所受的荷载为

$$q = \gamma \Delta h(\delta + d) \tag{4.8-1}$$

式中 Δh——拦污栅设计水位差，m；

γ——水的重度，取 10kN/m³；

δ——栅条厚度，mm；

d——栅条净距，mm。

（2）稳定计算。由于栅条截面通常为狭长的矩形，当荷载超过某一临界值时，栅条会丧失原有平面弯曲的平衡状态，发生侧向扭转及弯曲，引起失稳破坏。因此，不仅要验算栅条的强度，还要验算栅条的稳定性。栅条的稳定计算按悬臂梁和简支梁两种情况分别进行验算。

受均布荷载的悬臂梁：

$$P_L = \frac{12.85}{l^2}\sqrt{EI_yGI_d} \tag{4.8-2}$$

受均布荷载的简支梁：

$$P_L = \frac{28.3}{l^2}\sqrt{EI_yGI_d} \tag{4.8-3}$$

栅条整体稳定的临界荷载 P_L 应满足：

$$P_L \geqslant kql \tag{4.8-4}$$

$$I_y = \frac{h\delta^3}{12}$$

$$I_d = \frac{h\delta^3}{3}$$

上五式中 q——栅条单位长度上的荷载，N/mm；

l——栅条的跨度，mm；

E——钢材的弹性模量，N/mm²；

G——钢材的剪切模量，N/mm²；

I_y——栅条对 y 轴惯性矩，mm⁴；

I_d——栅条断面的抗扭惯性矩，mm⁴；

h——栅条断面高度，mm；

δ——栅条断面厚度，mm；

k——整体稳定安全系数，可取 2。

（3）栅条的抗振验算。拦污栅出现振动破坏的原因是多方面的，其中水流激振是拦污栅破坏的主要原因。水流在通过拦污栅时，在局部损失发生的范围

内，栅条尾部涡流脱落会引起频率随流速的增加而增加的横向激振力。当拦污栅表面作用力的频率与拦污栅的固有频率一致或接近时，将引起拦污栅共振，从而导致拦污栅的破坏。

对于抽水蓄能电站的拦污栅，由于双向水流的作用和流速分布不均等原因，更容易引起拦污栅的有害振动。因此，需要进行流激振动验算或通过试验研究，确定合理的结构型式。

栅条在横向（垂直水流方向）刚度比水平向（顺水流方向）刚度小很多，因此横向振动是导致栅条破坏的主要原因。当过栅流速增大到某一范围时，栅条尾部将出现交替的涡流脱落。涡流脱落产生的横向（即垂直于水流方向）干扰频率按下式计算：

$$f = Sr\frac{v}{\delta} \tag{4.8-5}$$

式中 f——涡流脱落产生的干扰频率，Hz；

v——过栅流速，mm/s，试验实测最大过栅流速，或采用平均过栅净流速的2.25倍；

δ——栅条厚度，mm；

Sr——斯特劳哈尔数，无量纲系数，当迎水面为矩形时，建议采用0.19～0.23，流速大、高厚比大者取大值（对于流线型栅条，$Sr=0.265$；边长比为1∶2.8的矩形栅条，$Sr=0.155$；圆形栅条，$Sr=0.2$；正方形栅条，$Sr=0.13$）。

单根栅条的固有振动频率按下式计算：

$$f_n = \frac{\alpha}{2\pi}\sqrt{\frac{EI_y g}{Wl^3}} \tag{4.8-6}$$

$$W = V\left(\gamma_S + \frac{b}{\delta}\gamma_0\right) \tag{4.8-7}$$

$$V = lh\delta$$

式中 f_n——单根栅条固有频率，Hz；

α——固端系数，两端简支条件下值取为$\pi^2\approx9.87$，两端固定条件下取值为$4\pi^2/\sqrt{3}\approx22.79$，当栅条两端焊接在支撑梁上，建议取值为17～18；

E——栅条材料的弹性模量，N/mm^2；

I_y——栅条对y轴惯性矩，mm^4；

g——重力加速度，取$9810mm/s^2$；

W——栅条的重量与水体的附加重量，N；

l——栅条支点间的距离，mm；

V——栅条支点间体积，mm^3；

γ_S——栅条材料的重度，N/mm^3；

b——栅条净距，mm；

γ_0——水的重度，取$9.81\times10^{-6}N/mm^3$；

h——栅条断面高度，mm。

拦污栅栅条固有频率f_n应大于涡流干扰频率f，并应满足下式（相应于$Sr=0.2$）：

$$\frac{f_n}{f} \geqslant 2.5 \tag{4.8-8}$$

4.8.2 清污机

4.8.2.1 清污方式

为了保证机组的正常运行，防止杂物堆积在拦污栅上，设计时，应根据各电站的具体情况以及污物的性质、数量等综合考虑，采用合理的清理型式，以防堵塞。也可以修建必要的导污设施，将漂污排向下游，并通过导污设施将漂污导入集漂区，再集中排漂，进行处理。漂污的处理过程应符合环保的基本要求。

拦污栅的清污分为人工清污及机械清污两种型式。

（1）人工清污。人工清污一般用于栅前水位较浅、过栅流速不大的小型水电站，由工人使用齿耙直接在拦污栅上将污物捞起或用竹筏、木船在栅前清理污物。在一些大中型水电站中，由于没有有效的清污设备，也采用人工清污。当水深大于5m、污物数量较多时，水面清污有困难，有的电站派潜水员潜入水下清理污物。人工清污劳动强度大，工作条件差，特别是水下工作情况复杂，清理出来的污物十分有限，而且人工清污通常需要停机操作，显然很不经济。

（2）机械清污。机械清污是使用机械将污物从栅面上捞起来。它适用于各种类型的电站和不同种类的污物，不仅效率高，而且能节省大量的劳动力，并降低工人的劳动强度，改善劳动条件，尤其能在动水情况下工作，是人工清污无法比拟的。

4.8.2.2 清污机型式

清污机包括耙斗式清污机和回转齿耙式清污机。

1. 耙斗式清污机

耙斗式清污机宜用在倾斜式拦污栅上，深式或浅式进水口均可使用，适合清除附着在拦污栅栅条表面的稻草、树枝、树叶、城市垃圾等柔软、疏松、体积不大的污物。耙斗式清污机按安装方式分为固定式和移动式，耙斗的开闭方式分为绳索式和液压驱动式。其基本参数见表4.8-1。

耙斗式清污机的工作级别见表4.8-2。

耙斗式清污机操作灵活，效率较高，主要有斜栅式、直栅式和悬挂式。

（1）图4.8-8所示为斜栅式耙斗清污机的机构

表 4.8-1 耙斗式清污机的基本参数

项　目	基 本 参 数
齿耙宽度（m）	0.8、1.0、1.5、2.0、2.5、3.0、4.0、4.5、5.0、5.5、6.0、6.5
耙斗容积（m^3）	0.5、0.7、1.0、1.5、2.0、2.5、3.0、4.5、5.0、5.5、6.0、6.5
耙齿净距（mm）	50、80、100、120、140、160、180、200、250、300
安装倾角（°）	60、70、75、80、85、90
耙斗提升速度（m/min）	3～10

表 4.8-2 耙斗式清污机的工作级别

工作级别	总设计寿命（h）	荷 载 状 态
Q2—轻	1600	不经常使用，抓取污物满斗率小于70%
Q3—中	3200	经常使用，抓取污物满斗率大于70%
Q4—重	6300	每天使用，抓取污物满斗率100%

布置，拦污栅位于轨道外侧，起升机构设于机架上平台，清污耙斗通过倾斜导轨爬行于斜栅面进行清污，污物通过导污装置导向清污机跨内卸污平台卸污，卸污平台上可以停放集污车或设置皮带输送机。将清污耙斗替换为提栅挂脱梁，调整倾斜导轨角度，即可进行提栅操作。近年来，又开发出耙斗、挂脱梁一体式结构，仅需将耙齿更换为抓钩即可提栅。

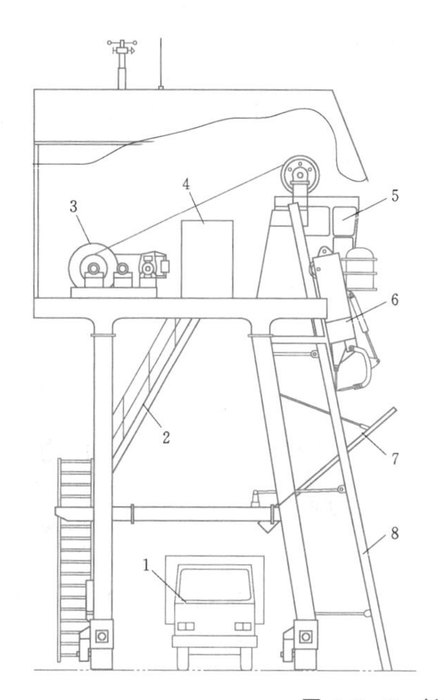

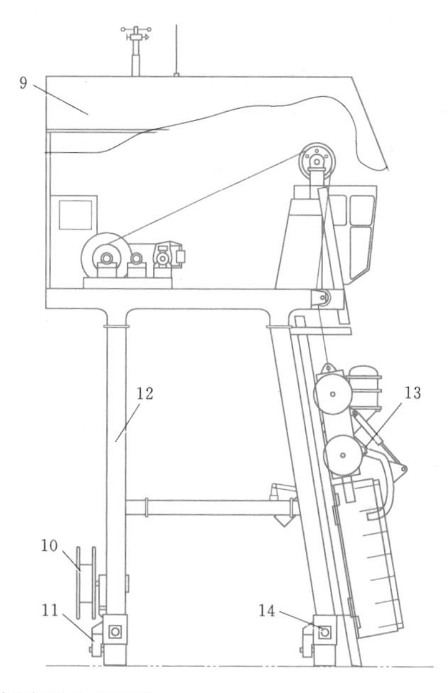

图 4.8-8 斜栅式耙斗清污机

1—卸污车；2—爬梯；3—起升机构；4—电气系统；5—司机室；6—清污抓斗；7—导污机构；8—导轨；9—机房；10—电缆卷筒；11—走行机构；12—机架；13—提栅挂脱梁；14—缓冲器

（2）图 4.8-9 所示为直栅式耙斗清污机的机构布置，起升机构设于机架上平台轨道上，拦污栅和清污耙斗均位于清污机跨内，清污耙斗运行于栅前清污导槽内，污物通过导污装置导向清污机跨外卸污平台卸污，卸污平台上可以停放集污车或设置皮带输送机。需要提栅时，通过移动装置将起升机构后移对准栅槽，清污耙斗更换成提栅挂脱梁即可提栅。

（3）图 4.8-10 所示为悬挂式耙式清污机的机构布置。作为简易清污设备，起升机构通过走行机构倒挂于轨道上，清污耙斗自由下落清污，横向移动卸污，必要时可作弧线布置。悬挂式清污机可用于倾斜式和垂直式拦污栅，效率较低，适用于清污要求不高的运行工况。

2. 回转齿耙式清污机

回转齿耙式清污机多用于泵站进水口的清污，与拦污栅做成整体，动力装置分为液压马达驱动和电动机驱动，回转齿耙式清污机的清污刮板传动装置宜采用回转式输送链。其基本参数见表 4.8-3。

回转齿耙式清污机的工作级别见表 4.8-4。

回转齿耙式清污机主要由机架、栅耙、动力装置和清扫机构等四大部分组成，如图 4.8-11 所示。驱动机构布置在栅体上部的左侧或右侧，孔口较宽时宜

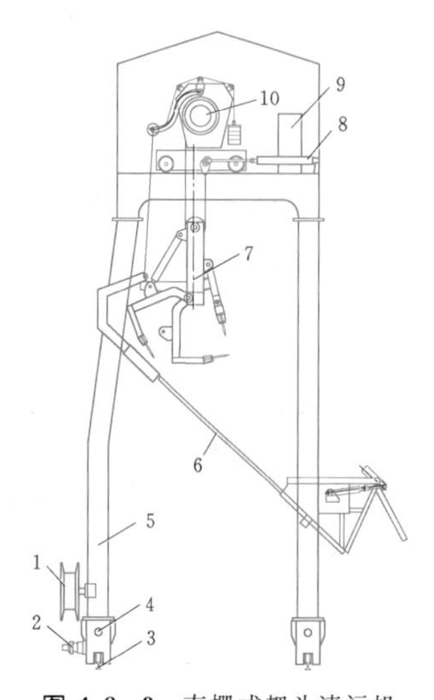

图 4.8-9　直栅式耙斗清污机

1—电缆卷筒；2—走行机构；3—轨道；4—缓冲器；5—机架；6—导污机构；7—清污抓斗；8—起升机构移动装置；9—电气系统；10—起升机构

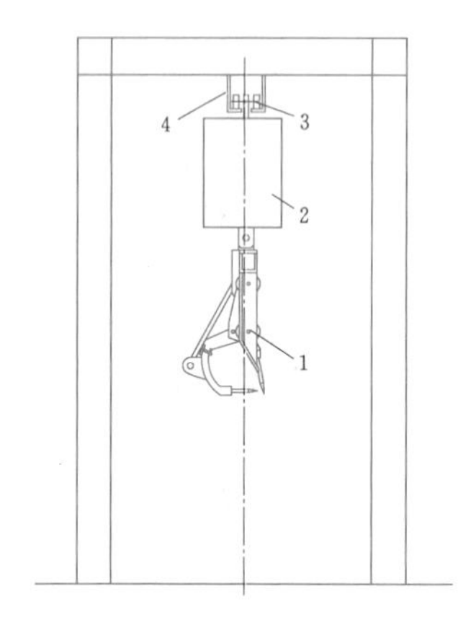

图 4.8-10　悬挂式耙斗清污机

1—清污抓斗；2—起升机构；3—走行机构；4—轨道

表 4.8-3　回转齿耙式清污机的基本参数

项　　目	基　本　参　数
齿耙宽度（m）	0.8、1.0、1.5、2.0、2.5、3.0、4.0、4.5、5.0、5.5、6.0、6.5
栅条净距（mm）	50、80、100、120、140、160、180、200、250、300
安装倾角（°）	60、70、75、80、85、90
齿耙回转速度（m/min）	3～6

表 4.8-4　回转齿耙式清污机的工作级别

工作级别	每天使用时间（h/d）	工作条件	荷载状态
Q2—轻	4～8	清水	一半以下齿耙上有污物
Q3—中	8～16	污水	一半以上齿耙上有污物
Q4—重	≥16	污水	每个齿耙上挂满了污物

注　每天使用时间是指一年内平均每天使用时间。

采用双侧驱动。减速机输出轴上的主动链轮通过链传动带动轮轴组上的从动链轮，从动链轮通过安全保护装置将扭矩传给轮轴传动轴，传动轴带动两个牵引链轮旋转，从而牵引板式滚子链回转，安装在两条牵引链条之间的清污耙便随链条回转，由于每个耙齿都插入栅面内一定深度，故栅面上的污物被强制随耙齿运动，当耙齿传到栅体顶部，牵引链条换向时，耙齿也随之翻转，此时耙上的污物落到工作桥面或皮带输送机等设施上，被送出桥面。

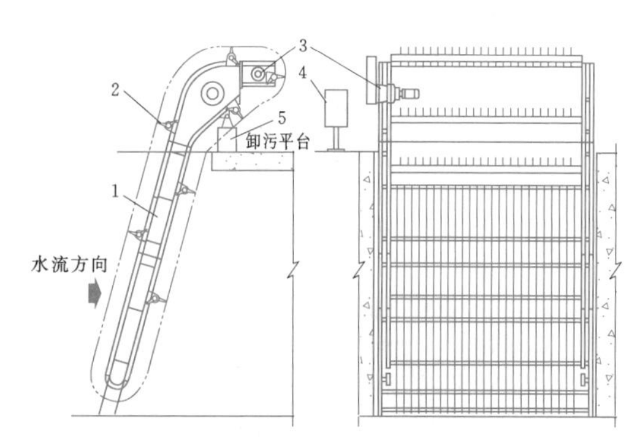

图 4.8-11　回转齿耙式清污机

1—拦污栅栅体；2—回转齿耙；3—驱动装置；4—现场电控柜；5—安装支架

3. 清污抓斗

清污抓斗一般靠自重下行，可分为导向式和自由式两种，前者升降过程利用拦污栅或专设导向槽导向，后者自由悬挂升降；清污抓斗齿耙开闭可通过液压装置或钢丝绳牵引系统控制。

图 4.8-12 和图 4.8-13 所示为液压清污抓斗，前者抓斗通过导向装置运行在专设导向槽中，运行时固定齿耙紧贴栅面，活动齿耙通过液压装置开闭；后者自由悬挂升降，上、下游侧齿耙均为活动式结构。由于液压装置施加闭耙力，抓污更可靠。清污抓斗常常水下工作，液压和电控系统都必须具备良好的水密性，确保其能正常工作。

图 4.8-14 所示为钢丝绳牵引式清污抓斗，适用于倾斜式拦污栅，抓斗通过导向轮爬行于拦污栅面，抓斗结构同液压清污抓斗主要区别在于，液压抓斗开

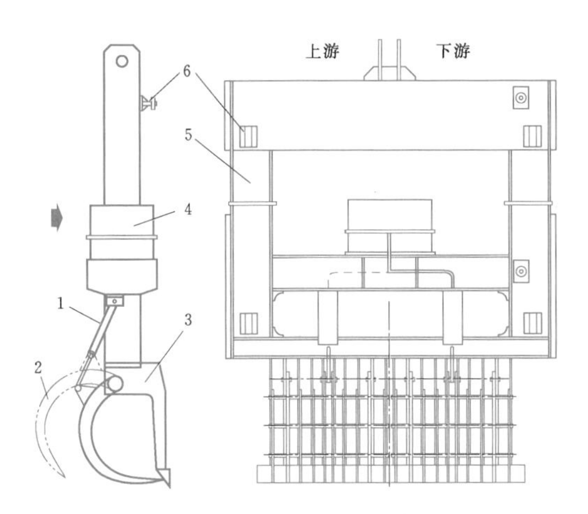

图 4.8-12 导向式液压清污抓斗

1—液压缸；2—活动齿耙；3—固定齿耙；4—液压泵站系统；5—抓斗架；6—导向装置

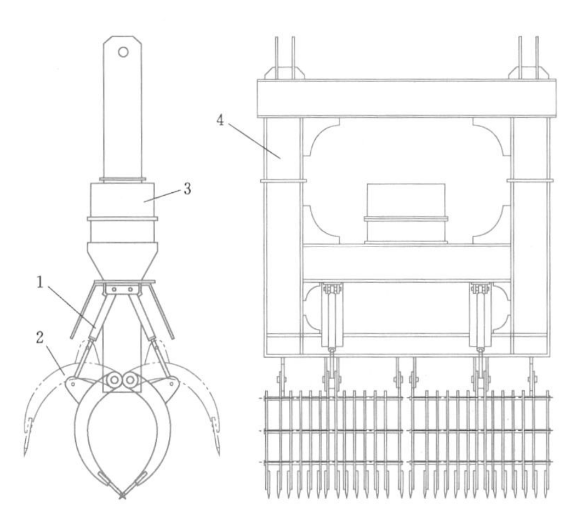

图 4.8-13 自由式液压清污抓斗

1—液压缸；2—活动齿耙；3—液压泵站系统；4—抓斗架

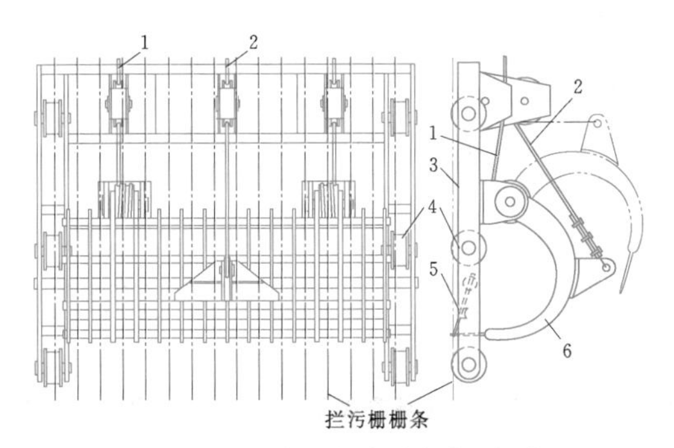

图 4.8-14 钢丝绳牵引式清污抓斗

1—起升绳；2—控制绳；3—抓斗架；4—导向轮；5—固定齿耙；6—活动齿耙

闭耙利用液压装置提供动力，钢丝绳牵引式抓斗利用自重闭耙，钢丝绳牵引开耙。牵引式清污抓斗虽然省却了开闭耙液压装置，但起升、牵引控制机构更加复杂，自重闭耙可靠性差。

4.9 防腐蚀设计

4.9.1 概述

水利水电工程金属结构包括闸门、拦污栅、启闭机、压力钢管、清污机及过坝通航结构等。金属结构有的在大气中，有的在水下，也有的置于干湿交替的环境中，每时每刻都会受到不同程度的侵蚀，如大气中的氧化作用，水中的化学、电化学生物腐蚀，再加上水中的泥沙冲刷、空蚀作用，使水工金属结构遭到不断损耗直至破坏。只有采取有效的防腐蚀措施，才能保证水工金属结构的安全使用寿命。

进行金属结构防腐蚀设计时，首先要选择合理的防腐蚀方案，因为关系到结构的使用寿命、维修周期及工程造价，通常需要通过技术经济论证来选定合理的方案。设计中要注意考虑防腐蚀工艺性需要，使结构各个部位基本上具有相同的保护年限。

在金属结构防腐蚀施工中，影响防腐蚀质量的关键环节是表面预处理的质量，需要引起足够的重视。

4.9.2 防腐蚀方法

大气区和水位变动区的金属结构一般采用涂料保护或金属热喷涂保护；水下区可采用涂料保护、金属热喷涂保护、阴极保护与涂层（涂料涂层或热喷涂金属层）联合保护；处于污染淡水中和海水中的钢结构设备优先考虑采用阴极保护或联合保护。

4.9.3 防腐蚀措施

4.9.3.1 表面预处理

水工金属结构在涂装前应进行表面预处理，并通过表面清洁度和表面粗糙度两项指标进行质量评定。表面预处理过程应在工作环境的空气相对湿度低于85%或基体金属表面温度不低于露点以上3℃条件下施工。

在不同空气温度 t 和相对湿度 ϕ 下的露点值 t_d，可按式（4.9-1）计算：

$$t_d = 234.175 \times \frac{(234.175 + t)(\ln 0.01 + \ln\phi) + 17.08085t}{234.175 \times 17.08085 - (234.175 + t)(\ln 0.01 + \ln\phi)} \tag{4.9-1}$$

式（4.9-1）在 $t \geqslant 0$℃时有效。

部分空气温度 t 和相对湿度 ϕ 下的露点计算值见表4.9-1。在不利的气候条件下，应采取遮盖、采暖或输入净化干燥的空气等有效措施，以满足对工作环境的要求。

表 4.9-1　　**露点计算值**

空气温度 t(℃) 相对湿度 φ(%)	0	5	10	15	20	25	30	35	40	45
95	−0.7	4.3	9.2	14.2	19.2	24.1	29.1	34.1	39.0	44.0
90	−1.4	3.5	8.4	13.4	18.3	23.2	28.2	33.1	38.0	43.0
85	−2.2	2.7	7.6	12.5	17.4	22.3	27.2	32.1	37.0	41.9
80	−3.0	1.9	6.7	11.6	16.4	21.3	26.2	31.0	35.9	40.7
75	−3.9	1.0	5.8	10.6	15.4	20.3	25.1	29.9	34.7	39.5
70	−4.8	0.0	4.8	9.6	14.4	19.1	23.9	28.7	33.5	38.2
65	−5.8	−1.0	3.7	8.5	13.2	18.0	22.7	27.4	32.1	36.9
60	−6.8	−2.1	2.6	7.3	12.0	16.7	21.4	26.1	30.7	35.4
55	−7.9	−3.3	1.4	6.1	10.7	15.3	20.0	24.6	29.2	33.8
50	−9.1	−4.5	0.1	4.7	9.3	13.9	18.4	23.0	27.6	32.1
45	−10.5	−5.9	−1.3	3.2	7.7	12.3	16.8	21.3	25.8	30.3
40	−11.9	−7.4	−2.9	1.5	6.0	10.5	14.9	19.4	23.8	28.2
35	−13.6	−9.1	−4.7	−0.3	4.1	8.5	12.9	17.2	21.6	25.9

1. 清洗结构表面

水工金属结构在进行喷（抛）射清理除锈之前，应清除焊渣、飞溅毛刺等附着物，并应用砂轮机对锐利的切割机边缘进行处理，然后按下列方法之一清洗结构表面可见的油脂及其他污物：

（1）溶剂法。采用汽油等溶剂擦洗处理结构表面，溶剂和抹布应经常更换。

（2）碱性清洗剂法。用氢氧化钠、磷酸三钠、碳酸钠和钠的硅酸盐等溶液擦洗或喷射清洗，清洗后应用洁净淡水充分冲洗，并做干燥处理。

（3）乳液清洗法。采用乳化液和湿润剂配制的乳化清洗液进行清洗，清洗后用洁净淡水冲洗 2～3 遍，并做干燥处理。

2. 喷射或抛射清理

（1）表面清洁度。喷（抛）射处理后，基体金属的表面清洁度等级宜不低于《涂装前钢材表面锈蚀等级和除锈等级》（GB 8923—88）中规定的 Sa2 $\frac{1}{2}$ 级；水上结构及设备（如启闭机等）在使用油性涂料时，其表面清洁度等级应不低于 Sa2 级，表面清洁度等级要求的内容见表 4.9-2。

（2）表面粗糙度。喷（抛）射处理后，表面粗糙度值 Rz 应在 40～150μm 的范围之内。具体取值可根据涂层类别按表 4.9-3 选定。

评定表面粗糙度时可按照《涂装前钢材表面粗糙度等级的评定（比较样块法）》（GB/T 13288）用标准样块目视比较评定粗糙度等级，标准比较样块的粗糙度值见表 4.9-4，也可用表面粗糙度仪直接测定钢结构表面粗糙度值。用表面粗糙度仪检测粗糙度时，在 40mm 的评定长度范围内测五点，取其算术平均值为此评定点的表面粗糙度值，每 10m^2 表面应不少于两个评定点。

表 4.9-2　　**涂装前钢材表面清洁度等级**

除锈方法	等级	表面清洁度要求
手工和动力工具除锈	St2	彻底的手工和动力工具除锈。 钢材表面应无可见的油脂和污垢，并且没有附着不良的氧化皮、铁锈和油漆涂层等附着物，参见 GB 8923—88 中照片 BSt2、CSt2、DSt2
	St3	非常彻底的手工和动力工具除锈。 钢材表面应无可见的油脂和污垢，并且没有附着不良的氧化皮、铁锈和油漆涂层等附着物。除锈应比 St2 更彻底，底材显露部分的表面应具有金属光泽。参见 GB 8923—88 中照片 BSt3、CSt3、DSt3

续表

除锈方法	等级	表面清洁度要求
喷射或抛射除锈	Sa1	轻度的喷射或抛射除锈。 钢材表面应无可见的油脂和污垢，并且没有附着不牢的氧化皮、铁锈和油漆涂层等附着物，参见 GB 8923—88 中照片 BSa1、CSa1、DSa1
	Sa2	彻底的喷射或抛射除锈。 钢材表面应无可见的油脂和污垢，并且氧化皮、铁锈和油漆涂层等附着物已基本清除，其残留物应是牢固附着的。参见 GB 8923—88 中照片 BSa2、CSa2、DSa2
	Sa2 $\frac{1}{2}$	非常彻底的喷射或抛射除锈。 钢材表面应无可见的油脂、污垢、氧化皮、铁锈和油漆涂层等附着物，任何残留的痕迹应仅是点状或条纹状的轻微色斑。参见 GB 8923—88 中照片 ASa2 $\frac{1}{2}$、BSa2 $\frac{1}{2}$、CSa2 $\frac{1}{2}$、DSa2 $\frac{1}{2}$
	Sa3	使钢材表观洁净的喷射或抛射除锈。 钢材表面应无可见的油脂、污垢、氧化皮、铁锈和油漆涂层等附着物，该表面应显示均匀的金属色泽。参见 GB 8923—88 中照片 ASa3、BSa3、CSa3、DSa3

表 4.9-3　涂层类别与表面粗糙度选择范围的参考关系

涂层类别	非厚浆型涂料	厚浆型涂料	超厚浆型涂料	金属热喷涂
表面粗糙度 Rz（μm）	40～70	60～100	100～150	60～100

表 4.9-4　标准比较样块的表面粗糙度值　　单位：μm

区域编号	"S"样块表面粗糙度参数 Rz		"G"样块表面粗糙度参数 Rz	
	标称值	公　差	标称值	容许公差
1	25	3	25	3
2	40	5	60	10
3	70	10	100	15
4	100	15	150	20

注　1. "S"样块用于评定采用丸粉磨料喷射清理后获得的表面粗糙度。
2. "G"样块用于评定采用砂粒磨料喷射清理后获得的表面粗糙度。

(3) 喷射清理施工。喷射清理可分为干式和湿式两种方法，相关规定应符合《涂覆涂料前钢材表面处理　表面处理方法　磨料喷射处理》(GB/T 18839.2)的要求。干式喷射处理所用的压缩空气应经过冷却装置及油水分离器处理，以保证压缩空气干燥、无油，油水分离器应定期清理；喷嘴到基体金属表面宜保持 100～300mm 的距离，喷射方向与基体金属表面法线的夹角宜为 15°～30°；处理后应清除表面上的粉尘、碎屑和磨料。湿式喷射清理后，应用洁净的淡水把磨料和其他残渣冲洗掉，水中可含适量的缓蚀剂。

(4) 磨料选择。喷（抛）射处理所用的磨料必须清洁、干燥。应根据基体金属的种类、表面原始锈蚀程度、除锈方法和涂层类别来选择磨料。

1) 磨料种类。喷（抛）射清理所用的磨料分为金属磨料和非金属磨料，其技术要求应符合 GB/T 18839.2 的规定。金属磨料包括铸铁砂、铸钢丸、铸钢砂、钢丝段；非金属磨料分为天然非金属磨料和合成非金属磨料。天然非金属磨料包括橄榄石砂、十字石、石榴石、石英砂；合成非金属磨料包括炼铁炉渣、铜精炼渣、氧化铝熔渣等。

2) 磨料粒度。金属磨料粒度选择范围宜为 0.5～1.5mm，非金属磨料粒度选择范围宜为 0.5～3.0mm。

3. 手工和动力工具除锈

手工和动力工具除锈只能作为辅助手段用于对涂层缺陷的局部修理和无法进行喷射处理的场合，且表面清洁度等级应达到 GB 8923—88 中规定的 St3 级。

4. 在役金属结构防腐维护

在役金属结构进行防腐维护时，宜彻底清除旧涂料涂层和基底锈蚀部位的金属涂层，与基体结合牢固且保存完好的金属涂层可在清理出金属涂层光泽后予以保留。

4.9.3.2　涂料保护

涂料保护是利用涂料涂装在金属结构表面形成保

护层，把钢铁基体与电解质溶液、空气隔离开来，以杜绝产生腐蚀的条件。涂料保护具有施工方便、造价相对较低的特点。

1. 涂料选用的一般要求

(1) 涂料的选用应根据水工金属结构设备的用途、使用年限、所处环境条件和经济等因素综合考虑。

(2) 选择涂料的使用寿命应根据保护对象的使用年限、价值和维修难易程度确定。

(3) 尽量选用经过工程实践证明性能优良的涂料，也可选用经过试验比对或论证确认性能优良并满足设计要求的新型涂料。

2. 涂层配套性及选择

(1) 涂层配套性。防腐蚀涂层系统应由与基体金属附着良好的底漆和具有耐候性、耐水性的面漆组成，中间漆应选用具有屏蔽性能且与底、面漆之间结合良好的涂料。构成涂层系统的各层涂料之间应有良好的配套性，涂料的配套性可参见表4.9-5。

表4.9-5　涂料配套性参考表

涂于下层的涂料 \ 涂于上层的涂料	磷化底漆	无机富锌涂料	环氧富锌涂料	环氧云铁涂料	油性防锈涂料	醇酸树脂涂料	酚醛树脂涂料	氯化橡胶涂料	乙烯树脂涂料	环氧树脂涂料	环氧沥青涂料	聚氨酯涂料	氟碳涂料
磷化底漆	×	×	×	△	○	○	○	○	○	△	△	△	×
无机富锌涂料	○	○	○	○	×	×	×	○	○	○	○	○	×
环氧富锌涂料	○	×	○	○	×	×	×	○	○	○	○	○	○
环氧云铁涂料	×	×	×	○	○	○	○	○	○	○	○	○	○
油性防锈涂料	×	×	×	×	○	○	○	×	×	×	×	×	×
醇酸树脂涂料	×	×	×	×	○	○	○	×	×	×	×	×	×
酚醛树脂涂料	×	×	×	×	○	○	○	×	×	×	×	×	×
氯化橡胶类涂料	×	×	×	×	×	○	○	○	×	×	×	×	×
乙烯树脂类涂料	×	×	×	×	×	×	×	×	○	×	×	×	×
环氧树脂涂料	×	×	×	△	×	△	△	△	○	○	△	○	○
环氧沥青涂料	×	×	×	×	×	×	×	△	△	△	○	△	×
聚氨酯涂料	×	×	×	×	×	×	×	×	×	×	×	○	×
氟碳涂料	×	×	×	×	×	×	×	×	×	×	×	×	○

注　○为可；×为不可；△为要根据条件而定（注意涂覆间隔时间）。

(2) 涂层系统的选择。水工金属结构应根据其使用环境选用涂层系统。

1) 处于水位变动区的水工金属结构，应选用具有良好的耐候性和耐干湿交替的防腐蚀涂层系统，可参照表4.9-6选用。

2) 启闭机等水上设备及结构应选用耐候性和耐蚀性良好的涂层系统，可参照表4.9-7选用。

3) 处于水下或潮湿状态的水工金属结构，应选用具有良好的耐水性和耐蚀性的涂层系统，可参照表4.9-8选用。

4) 有抗冲耐磨要求的压力钢管、泄洪闸门等金属结构应选用耐水性和耐磨性良好的涂层系统，可参照表4.9-9选用。

5) 引水工程金属结构触水部位的涂料除具备耐水性外，还应符合卫生标准要求，可参照表4.9-10选用。

4.9.3.3　金属热喷涂保护

金属热喷涂保护系统包括金属喷涂层和涂料封闭层。金属热喷涂和涂料的复合保护系统应在涂料封闭后，涂覆中间漆和面漆。

1. 热喷涂金属材料及其选择

用于淡水环境中的水工金属结构，金属热喷涂材料宜选用锌、锌铝合金；用于海水环境中的水工金属结构，金属热喷涂材料宜选用铝、铝合金、锌铝合金、锌；用于大气环境中的水工金属结构，金属热喷涂材料宜选用铝、铝合金、锌铝合金、锌。锌在pH值为5～12、铝在pH值为3～8的介质中都有很好的耐腐蚀性，热喷涂锌涂层用于弱碱性条件下为好，热喷涂铝涂层用于中性或弱酸性条件下为好。

2. 金属涂层厚度及涂料配套

(1) 金属热喷涂复合保护系统中金属涂层的厚度可参照表4.9-11选用。

表 4.9-6　水位变动区(干湿交替)水工金属结构涂料配套参考表

设计使用年限(a)	序号	涂层系统	涂料种类	涂层推荐厚度(μm)
>10	1	底　层	环氧富锌底漆	80
		中间层	环氧云铁中间漆	80
		面　层	氯化橡胶面漆	80
	2	底　层	环氧富锌底漆	80
		中间层	环氧云铁中间漆	80
		面　层	环氧面漆	80
	3	底　层	无机富锌底漆	60
		中间层	环氧云铁中间漆	80
		面　层	氯化橡胶面漆	80
	4	底　层	氯化橡胶铝粉防锈漆	80
		中间层	氯化橡胶铁红防锈漆	60
		面　层	氯化橡胶面漆	80

表 4.9-7　水上设备及结构涂料配套参考表

设计使用年限(a)	序号	涂层系统	涂料种类	涂层推荐厚度(μm)
<5	1	底　层	醇酸底漆	70
		面　层	醇酸面漆	80
	2	底　层	环氧酯底漆	60
		面　层	丙烯酸树脂漆或乙烯树脂漆	80
5～10	3	底　层	环氧(无机)富锌底漆	60
		中间层	环氧云铁中间漆	80
		面　层	氯化橡胶面漆	70
>10	4	底　层	环氧(无机)富锌底漆	60
		中间层	环氧云铁中间漆	80
		面　层	丙烯酸脂肪族聚氨酯面漆	80
	5	底　层	环氧(无机)富锌底漆	60
		中间层	环氧云铁中间漆	80
		面　层	氟碳面漆	60

（2）封闭涂料应与金属喷涂层相容，黏度较低且具有一定耐蚀性，宜选用环氧封闭涂料，pH 值大于 7 的水环境中可选用磷化底漆。

（3）中间漆、面漆的品种及厚度应根据使用环境参考表 4.9-5～表 4.9-10 选用。

表 4.9-8　水下(潮湿)水工金属结构涂料配套参考表

设计使用年限(a)	序号	涂层系统	涂料种类	涂层推荐厚度(μm)
>10	1	底　层	环氧富锌底漆	60
		中间层	环氧云铁中间漆	80
		面　层	厚浆型环氧沥青面漆	200
	2	底　层	无机富锌底漆	60
		中间层	环氧云铁中间漆	80
		面　层	厚浆型环氧沥青面漆	200
	3	底　层	环氧（无机）富锌底漆	60
		中间层	环氧云铁中间漆	80
		面　层	氯化橡胶面漆	80
	4	底　层	环氧（无机）富锌底漆	60
		中间层	环氧云铁中间漆	80
		面　层	改性耐磨环氧涂料	100
	5	底　层	环氧沥青防锈底漆	120
		面　层	厚浆型环氧沥青面漆	200

表 4.9-9　压力钢管内壁、泄洪闸门涂料配套参考表

设计使用年限(a)	序号	涂层系统	涂料种类	涂层推荐厚度(μm)
10～15	1	底　层	厚浆型环氧沥青防锈底漆	125
		面　层	厚浆型环氧沥青面漆	125
15～20	2	底　层	超厚浆型环氧沥青防锈底漆	250
		面　层	超厚浆型环氧沥青面漆	250
	3	底　层	厚浆型环氧沥青防锈底漆	125
		面　层	厚浆型环氧沥青玻璃鳞片涂料（或不锈钢鳞片）	400
>20	4	底　层	超厚浆型无溶剂耐磨环氧	400
		面　层	超厚浆型无溶剂耐磨环氧	400

4.9.3.4　牺牲阳极阴极保护

牺牲阳极阴极保护应和涂料保护联合使用。牺牲阳极阴极保护的金属结构应与水中其他金属结构电绝缘。牺牲阳极阴极保护系统的设计使用年限可根据钢结构的设计使用年限或维修周期确定。

1. 牺牲阳极阴极保护准则

（1）水工金属结构采用碳素钢或低合金钢时，牺

表 4.9-10 引水工程金属结构涂料配套参考表

设计使用年限(a)	序号	涂层系统	涂料种类	涂层推荐厚度(μm)
10～20	1	底层	环氧(水性无机)富锌底漆	60
		中间层	环氧云铁中间漆	80
		面层	环氧面漆	120
	2	底层	环氧防锈底漆	80
		面层	厚浆型无溶剂环氧树脂涂料	400
>20	3	底层	超厚浆型无溶剂耐磨环氧	400
		面层	超厚浆型无溶剂耐磨环氧	400
	4	单层	水泥砂浆	8000～18000

注 本表中所有涂料应具有卫生部门颁发的卫生许可证。

表 4.9-11 金属涂层厚度分类表

所处环境	设计使用年限(a)	涂层类型	最小局部厚度(μm)
大气	≥20	热喷涂锌(锌合金)	120
		热喷涂铝(铝合金)	120
	≥10	热喷涂锌(锌合金)	100
		热喷涂铝(铝合金)	100
淡水	≥20	热喷涂锌(锌合金)	160
	≥10	热喷涂锌(锌合金)	120
海水	≥10	热喷涂铝(铝合金)	160
	≥10	热喷涂锌(锌铝合金)	200

注 推荐选用表中最小局部厚度值，也可选用本表中未规定的厚度值。

牲阳极阴极保护宜使用在含氧环境中，其金属结构的保护电位应达到－0.85V或更低（相对于铜/饱和硫酸铜参比电极）；若在缺氧环境中，金属结构的保护电位应达到－0.95V或更低（相对于铜/饱和硫酸铜参比电极）。最大保护电位应以不损坏金属结构表面的涂层为前提。

（2）水工金属结构包括不同材质的金属材料时，保护电位应根据阳极性最强材料的保护电位确定，但不应超过金属结构中任何一种材料的最大保护电位。

（3）自然电位和保护电位的测量应在金属结构设备表面具有代表性的位置进行，测量保护电位时，应测量距阳极最远点和最近点的电位值，并应考虑电解质中电流和电压产生的误差的影响。

（4）参比电极应根据金属结构设备所处的环境选用，其技术条件应符合《船用参比电极技术条件》（GB/T 7387）的规定。常用参比电极的主要参数和适用环境应符合表4.9-12的规定。

2. 牺牲阳极阴极保护系统设计

（1）在进行牺牲阳极阴极保护设计前，应掌握以下资料，必要时应进行现场勘测：

1）金属结构的设计和施工资料。

2）金属结构表面涂层的种类、状况和寿命。

3）金属结构的电连续性以及与水中其他金属结构的电绝缘情况。

4）介质的化学成分、pH值、电阻率、污染状况以及温度、流速、潮位变化。

（2）牺牲阳极材料和规格。

1）锌基、铝基和镁基合金是常用的牺牲阳极材料。锌合金适用于海水、淡海水和海泥环境，铝合金适用于海水和淡海水环境，镁合金适用于淡水和淡海水环境。

表 4.9-12 常用参比电极的主要性能和使用环境

名称	电极结构	常用符号	电位（V）（相对于标准氢电极）	适用环境
饱和甘汞电极	Hg/HgCl/饱和 KCl	E_{Hg}、E_{SCE}	＋0.25	海水、淡水
铜/饱和硫酸铜电极	Cu/饱和 $CuSO_4$	E_C、E_{CSE}	＋0.32	淡水、土壤
银/氯化银电极	Ag/AgCl/海水	E_{Ag}	＋0.25	海水
锌及锌合金电极	Zn 合金	E_{Zn}	－0.78	海水、淡水、土壤

2）牺牲阳极的性能应符合《镁合金牺牲阳极》（GB/T 17731—2009）、《铝合金牺牲阳极》（GB/T 4948—2002）、《锌—铝—镉合金牺牲阳极》（GB/T 4950—2002）的要求。

3）牺牲阳极的电化学性能测试应符合GB/T 17731—2009和《牺牲阳极电化学性能试验方法》（GB/T 17848—1999）的要求。

4）牺牲阳极的规格应根据金属结构型式、保护电流和牺牲阳极的使用年限，参照GB/T 17731—2009、GB/T 4948—2002、GB/T 4950—2002设计。

(3) 牺牲阳极阴极保护系统的设计计算。

1) 保护电流计算。

a. 无涂层钢常用保护电流密度值应符合表 4.9-13 的规定。

表 4.9-13 无涂层钢保护电流密度参考值

环境介质		保护电流密度 (mA/m²)
淡水	静止	20～55
	流动	45～70
	高流速	50～160
海水	静止	80～120
	流动	100～150

b. 有涂层钢保护电流密度可按式 (4.9-2) 计算:

$$i_c = i_b f_c \tag{4.9-2}$$

式中 i_c ——有涂层钢的保护电流密度, A/m²;

i_b ——无涂层钢的保护电流密度, A/m²;

f_c ——涂层破损系数, $0 < f_c \leqslant 1$。

常规涂料初期涂层破损系数应为:水中, 1%～2%; 泥中, 25%～50%。涂层破损速率为每年增加 1%～3%。

c. 保护电流可按式 (4.9-3) 和式 (4.9-4) 计算:

$$I = K \sum I_n \tag{4.9-3}$$

$$I_n = i_n S_n \tag{4.9-4}$$

式中 I ——结构总的保护电流, A;

I_n ——分部位的保护电流, A;

K ——安全系数, 宜取 1.1～1.2;

i_n ——分部位的保护电流密度, A/m²;

S_n ——分部位的保护面积, m²。

保护面积应包括金属结构在水中和泥中的面积,并应考虑影响金属结构阴极保护效果的其他金属结构的面积。

2) 保护系统计算。

a. 牺牲阳极的输出电流可按式 (4.9-5) 计算:

$$I_a = \frac{\Delta U}{R} \tag{4.9-5}$$

式中 I_a ——单只牺牲阳极的输出电流, A;

ΔU——牺牲阳极的驱动电压, V;

R ——回路总电阻, Ω, 一般情况下其值近似等于牺牲阳极的接水电阻 R_a。

接水电阻 R_a 应根据阳极形状分别按以下方法计算:

a) 对于长条阳极, 若 $L \geqslant 4r$, 可按式 (4.9-6) 计算; 若 $L < 4r$, 可按式 (4.9-7) 计算:

$$R_a = \frac{\rho}{2\pi L}\left[\ln\left(\frac{4L}{r}\right) - 1\right] \tag{4.9-6}$$

$$R_a = \frac{\rho}{2\pi L}\left\{\ln\left[\frac{2L}{r}\left(1 + \sqrt{1 + \left(\frac{r}{2L}\right)^2}\right)\right] + \frac{r}{2L} - \sqrt{1 + \left(\frac{r}{2L}\right)^2}\right\} \tag{4.9-7}$$

b) 对于板状阳极, 可按式 (4.9-8) 计算:

$$R_a = \frac{\rho}{2S} \tag{4.9-8}$$

c) 对于镯形状阳极, 可按式 (4.9-9) 计算:

$$R_a = 0.315\frac{\rho}{\sqrt{A}} \tag{4.9-9}$$

上四式中 R_a ——阳极接水电阻, Ω;

ρ——介质电阻率, Ω·cm;

L ——阳极长度, cm;

r ——阳极等效半径, cm, 对非圆柱状阳极, $r = \frac{C}{2\pi}$ (C 为阳极截面周长, cm);

S ——阳极长度和宽度的算术平均值, cm, 且长度不小于宽度的 2 倍;

A ——阳极的表面积, cm²。

b. 牺牲阳极的数量可按式 (4.9-10) 计算:

$$N = \frac{I}{I_a} \tag{4.9-10}$$

式中 N ——牺牲阳极的数量;

I ——结构总的保护电流, A;

I_a ——单只牺牲阳极的输出电流, A。

c. 牺牲阳极的净质量可按式 (4.9-11) 计算:

$$W_i = \frac{8760 I_m t}{q} K \tag{4.9-11}$$

式中 W_i ——单只牺牲阳极的净质量, kg;

I_m ——金属结构的平均保护电流, A;

t ——牺牲阳极的寿命, a;

q ——牺牲阳极的实际 (电) 容量, A·h/kg;

K ——安全系数, 宜取 K=1.1～1.2。

d. 牺牲阳极的寿命可按式 (4.9-12) 校核:

$$t = \frac{W_i f}{E_g I_a} \tag{4.9-12}$$

$$I'_a = (0.5 \sim 0.6) I_a$$

式中 t ——牺牲阳极的寿命, a;

W_i ——单只牺牲阳极的净质量, kg;

E_g ——牺牲阳极的消耗率, kg/ (A·a);

I'_a ——牺牲阳极在使用年限内的平均输出电

流，A；

f——牺性阳极的利用系数，长条状阳极取 $f=0.90$，其他形状阳极取 $f=0.85$。

4.10　抗冰冻设计

4.10.1　概述

在寒冷地区冰冻期运行和操作的发电、泄水、排冰的闸门，拦污栅和启闭机以及压力钢管等水工金属结构设备应根据其布置方式、运行工况、当地气温及库水位变化等条件，因地制宜地采取有效的防冰和防冰冻措施。

金属结构设备的防冰冻设计要选择合理的防冰冻措施，保证闸门不得承受静冰压力，这关系到设备在冰冻期操作运行的可靠性。因此，应根据设备的类型、布置方式及工作性质等通过技术经济论证，必要时可通过模型试验来选定。

金属结构设备结构件材料要选用具有焊接性好、冲击韧性高和脆性转变温度低的钢材。焊接材料应与母材具有相应的性能，钢板厚度不宜大于40mm。

闸门使用的水封止水材质应适应当地最低气温，具有良好的物理力学性能，深孔弧形闸门的充压式止水装置应采用气压变形止水装置。

闸门转动部位，如主轮和弧门支铰的润滑剂应采用低温润滑脂或采用自润滑轴承。

液压设备，如液压启闭机、液压清污机、液压自动挂脱梁、液压制动器等设备，其液压油的凝固点应低于当地极端最低温度平均值。

4.10.2　闸门

4.10.2.1　闸门防冰冻要求

1. 表孔闸门

在冰冻期挡水的表孔闸门，不需要操作的，为使闸门与闸门前冰盖之间保持有不结冰的水域或水缝，可采用冰盖开槽法、冰盖保温板法、压力水射流法、压力空气吹泡法和门叶电热法；需要操作的，可采用电热法对门槽埋件以及必要时对门叶进行防冰冻处理。

2. 闸井内的闸门

井式进水口的事故闸门、调压井内的快速闸门、泄洪洞和排沙洞进出口的工作闸门等应设置保温的闸门室和启闭机室，也可在闸门井内采暖，并应在井顶加盖保温。在泄洪洞和排沙洞闸门下游出口处设置保温门或挂保温帘封闭洞口而进行保温。

压力前池机组进水口快速闸门的闸门室和启闭机室应设置采暖设施。

排冰的舌瓣闸门应采用电热法防冰冻。

非闸门井中，冬季运行水位以上的闸门埋件防冰冻措施可选择定时加热或连续加热的电热法。加热元件可采用发热电缆、热敏电阻陶瓷等，并应配置具有温控和保护功能的控制箱。

门槽二期混凝土与一期混凝土的接缝应按混凝土施工缝处理。门槽二期混凝土抗冻等级应与一期混凝土相匹配。

4.10.2.2　闸门埋件

闸门埋件防冰冻措施可选择定时加热或连续加热的电热法。典型的加热埋件结构如图4.10-1所示。埋件空腔内可放置电热管、电热板、发热电缆、热敏电阻陶瓷等作为加热体，加热腔体形成封闭的加热室，使埋件表面冻结的冰层与加热室之间产生热交换并将其融化。电热元件的接线部分放在加热室的外部保温层，并避免与腐蚀性、爆炸性气体接触。出线端应采取可靠的绝缘措施，防止出现短路，并应将外壳有效接地。空腔周围与混凝土接触的三面设保温夹层，夹层内灌以聚氨酯发泡进行保温，对腔内热量进行有效隔离，使热量尽量通过埋件工作表面散发，减少加热过程对闸墩混凝土的不利影响。为有效控制加热体内的温度，在埋件侧轨里埋入温度传感器，以便进行温度的监控。为了防止渗漏，埋件应在工厂内进行密封试验。埋件电热法防冰冻措施的加热计算可按以下方法进行。

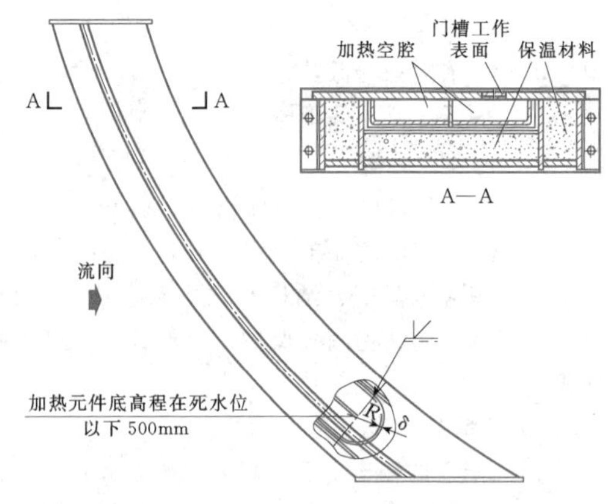

图4.10-1　埋件加热空腔体

1. 定时加热

只要求融化钢埋件工作表面上一定厚度的冰时，可用定时加热的方法，所需加热功率可按式（4.10-1）计算：

$$N=170(1-0.006t_k)\delta_i A_a/T \quad (4.10-1)$$

式中　N——加热功率，kW；

t_k——设置地点的极端最低温度平均值，℃；

δ_i ——需要融化的冰厚，m；

A_a ——钢埋件加热面积，m^2；

T ——拟定的加热时间，h。

2. 连续加热

不允许部分在空气中和部分在水中的钢埋件工作表面上结冰时，可用连续加热的方法，其加热功率可按式（4.10-2）计算：

$$N = 0.03(1-2t_k)A_k + 0.3A_w \quad (4.10-2)$$

式中 A_k ——空气中的钢埋件加热面积，m^2；

A_w ——过冷水中的钢埋件加热面积，m^2。

实现电热法加热，效率比较高的是近年来发展比较快的伴热电缆。伴热电缆即自控温伴热电缆（self-limiting heating cable）是一种新一代的带状恒温电加热器，由于其发热元件的电阻率具有很高的正温度系数(Positive Temperature Coefficient)，简称PTC材料。它是一种将导电粒子分散到高聚合物产品中制得的导电高分子复合材料，是一种半导体。这种聚合物在升温或熔解时，体积会明显增大，并导致凝结的导电粒子之间距离拉大，切断了部分导电通道，其电阻随即增大。因此，它能够自动限制加热时的温度，并随被加热体系的温度自动调节输出功率，因而无需任何附加设备。由于发热元件是相互并联的，所以这种电缆可以按所需长度任意截取，并允许多次交叉使用，而无高温过热点及烧毁之虑。

由于伴热电缆具有自调节功率的特性，能防止过热，而且具有使用维护简便及节能等优点，在加拿大和美国的寒冷地区广泛应用于管道保温、道路融雪、罐加热、建筑物融雪、住房地热、电车轨道防冰、大坝表面除冰、水利闸门防冰等。

对于弧形闸门侧导板，当沿着弧形轨迹布置电加热体时，存在的主要问题是更换比较麻烦。因此，首先应该保证加热体的寿命要长（至少10年以上），并按照不容易更换的部件应保证不经常更换的原则进行考虑。根据冰岛、加拿大等国一些水利工程应用实例来看，当环境温度达到－30～－40℃时，弧形闸门埋件侧导板内加热体的功率可达0.5kW/m以上。

伴热电缆的规格很多，如圆形、扁形等，可以根据用途不同，选择合适的规格。电压等级也随用途不同而不同，一般为单相或三相交流，从110V到5000V不等。

3. 液体循环加热法

液体循环加热多为循环导热油加热法，除具有门槽结构外，还要增设液体循环管路，加热泵站及油箱。

早期采用的加热体，由于经常出现爆裂现象，影响了系统的正常运行，也增加了维护成本。随着技术的发展，一些高性能加热体和导热油的应用使加热系统的性能有了较大改善。

采用导热油做加热介质，加热装置一般采用满足绿色环保要求的全封闭式结构，运行安全可靠；能保证闸门在－40℃条件下正常操作。利用自动控制技术，根据外部环境温度，对加热介质的温度、压力、流量进行实时控制，使加热系统根据调度运行要求及环境温度实现运行自动化，并使系统功耗降至最低，满足节能要求。系统温度、压力、各元件的工作状态可以远程传送至中控室，除了现地控制，还可以在中控室内对系统进行远程控制。近几年采用循环导热油加热法加热埋件的工程实例比较多，实际运行状态良好。

液体循环加热法系统原理图如图4.10-2所示。

实现液体循环加热效率比较高的是近年来发展比较快的热管技术。热管技术是1963年美国洛斯阿拉莫斯洛杉矶（Los Alamos）国家实验室的格罗弗(GM. Grover）发明的一种称为“热管”的传热元件，它是依靠自身内部工作液体的相变来实现传热的高效率传热元件，其导热能力超过任何已知金属的导热能力。

一般热管由管壳、吸液芯和端盖组成，热管内部处于负压状态，充入适当沸点低、容易挥发的液体。管壁有由毛细多孔材料构成的吸液芯，热管一端为蒸发端，另外一端为冷凝端。当热管一端受热时，毛细管中的液体迅速蒸发，蒸气在微小的压力差下流向另外一端，并且释放出热量，重新凝结成液体，液体再沿多孔材料靠毛细力的作用流回蒸发端，如此循环不止，热量由热管一端传至另外一端。这种循环是快速进行的，热量可以被源源不断地传导开来。

热管技术以前被广泛应用在宇航、军工等行业，后来逐渐在民用领域得到越来越多的应用。

4.10.2.3 闸门门叶

为使闸门与闸门前冰盖之间保持有不结冰的水域或水缝，可以采取以下几种门叶防冰冻措施。

1. 冰盖开槽法

采用冰盖开槽法防止静冰压力对门叶的作用时，可在门前冰盖厚度达到可以双人冰上作业时，用人工或机械开冰槽。冰槽的宽度视工具或设备而定。应定时作业，始终保持槽内结冰厚度不要大于1cm。其优点是防冰技术简单、有效。缺点是人工破冰费工费力，劳动强度大，效率低。一般在小型水库或冰层厚度不大的场所使用。

2. 保温板法

保温板法是采用聚苯乙烯保温板覆盖冰层。其优

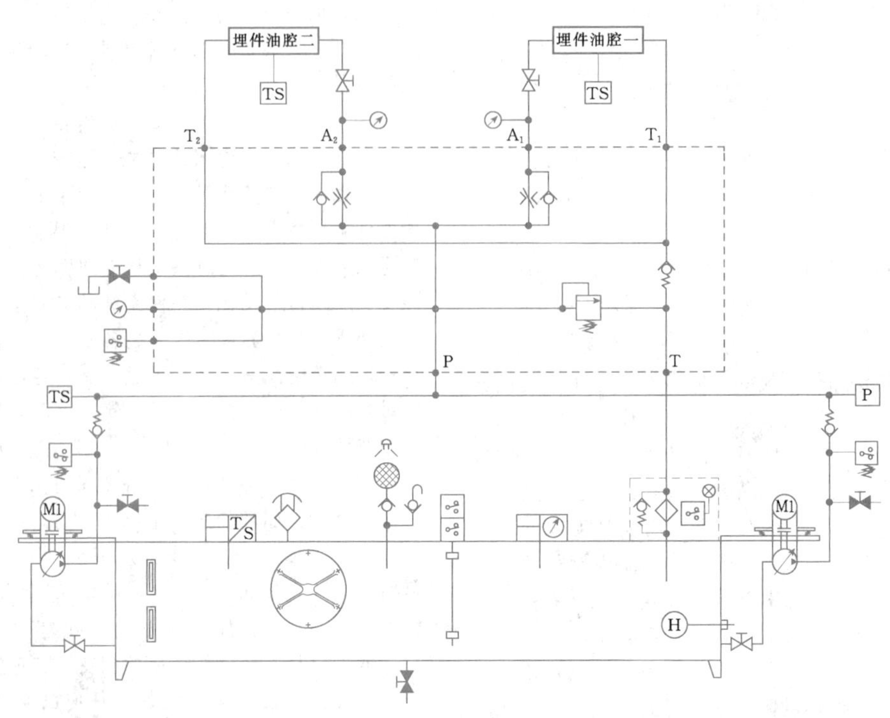

图 4.10－2　加热系统原理图

点为聚苯乙烯是一种高效能绝热材料，导热系数小，重量轻，可以改变局部冰层冻融条件。缺点为聚苯乙烯保温板一次性投资较大，只有反复使用才能使防冰造价降低，而且保温板是脆性材料，非常不易保管。

保温板防冰措施的使用方法有两种：

（1）覆盖冰面。当闸前冰盖层厚度达到可以双人冰上作业时，在闸门前冰盖上，沿闸门跨度连续铺设聚苯乙烯泡沫保温板，其上覆盖一层塑料薄膜，并在其上和四周压载防风。利用保温板的保温效果融化冰盖层，消除冰压力。

（2）保护闸门。在闸门冰盖层形成之前，根据闸门大小，将合乎闸门尺寸的保温板竖直下放于水中紧贴闸门安置，把水面及以下整个闸门保护起来，防止冰荷载对闸门的危害。

当采用聚苯乙烯泡沫板保温，而且其热导率 $\lambda_x \leqslant 0.04$W/（m·℃）和体积吸水率 $w_x \leqslant 2\%$ 时，保温板尺寸可按式（4.10－3）和式（4.10－4）计算：

$$\delta_x = 0.15\delta_{i\max} \tag{4.10-3}$$

$$B = 3.0\delta_{i\max} \tag{4.10-4}$$

式中　δ_x——聚苯乙烯保温板厚度，mm；

B——聚苯乙烯保温板的铺设宽度，mm；

$\delta_{i\max}$——水库冰盖最大厚度，mm。

3. 电热法

采用电热法防止门叶承受冰静压力作用时，加热元件可采用发热电缆或热敏电阻陶瓷，其三相负载分配应相等，并配置具有温控和保护功能的控制箱。加热元件应均匀地贴紧在门叶结构的面板上，其另一面应全部封闭保温。采用聚苯乙烯泡沫板保温防止门叶受冰静压力作用时，其板厚不应小于 30mm，热导率 $\lambda_x \leqslant 0.04$W/（m·℃）和体积吸水率 $w_x \leqslant 2\%$。可保证闸门在严寒气温下，顺利进行开启和关闭操作。其优点是操作简单省力，缺点是耗电量大。

门叶电热法防冰冻应采用连续加热。其所需的总功率应包括通过门叶钢板向过冷水中传热、通过门叶钢板向冷空气传热和通过门叶保温板向冷空气传热所需的功率。可分别按下列公式计算。

（1）通过门叶钢板向过冷水中传热所需的加热功率 N_1（kW）为

$$N_1 = K_{sw}(t_c - t_{us})A_w \tag{4.10-5}$$

$$T_c = 0.3 \mid t_k \mid \tag{4.10-6}$$

式中　K_{sw}——由门叶钢板向过冷水中的传热系数，取 $K_{sw}=0.233$kW/（m²·℃）；

t_c——门叶内部空气加热温度，℃；

t_k——设置地点的极端最低温度平均值，℃；

t_{us}——过冷水温度，℃，计算采用 $t_{us}=-0.1$℃；

A_w——门叶钢板与过冷水接触的面积，m²。

（2）通过门叶钢板向冷空气的传热所需的加热功

率 N_2（kW）为

$$N_2 = K_{sa}(t_c - t_k)A_a \qquad (4.10-7)$$

式中 K_{sa}——由门叶钢板向冷空气的传热系数，可取 $K_{sa}=0.025\text{kW}/(\text{m}^2\cdot℃)$；

A_a——门叶钢板与冷空气的接触面积，m^2。

（3）通过门叶保温板向冷空气传热所需的加热功率 N_3（kW）为

$$N_3 = K_{pa}(t_c - t_k)A_p \qquad (4.10-8)$$

式中 K_{pa}——由门叶保温板向冷空气的传热系数，当采用聚苯乙烯泡沫板保温，而且其热导率 $\lambda_x \leqslant 0.03\text{W}/(\text{m}^2\cdot℃)$，厚度 $\delta_c \geqslant 0.03\text{m}$ 时，可取 $K_{pa}=0.007\text{kW}/(\text{m}^2\cdot℃)$；

A_p——保温板与冷空气的接触面积，m^2。

（4）门叶内加热所需的总功率 N（kW）为

$$N = K(N_1 + N_2 + N_3) \qquad (4.10-9)$$

式中 K——安全系数，$K=1.2$。

4. 压力水射流法

可根据闸门前不冻水面宽度和长度、潜水泵放置水深度、当地最低气温和最大风速、饱和水汽压等参数，经计算适当选取。此方法分为喷水管布置在水面下方和布置在水面上方两种。喷水管布置在水面下方时，水管路布置和调整比较复杂。采用喷水管布置在水面上方时的压力水射流法如图 4.10-3 所示。其优点是水路的布置和调整较简单，效率也高。

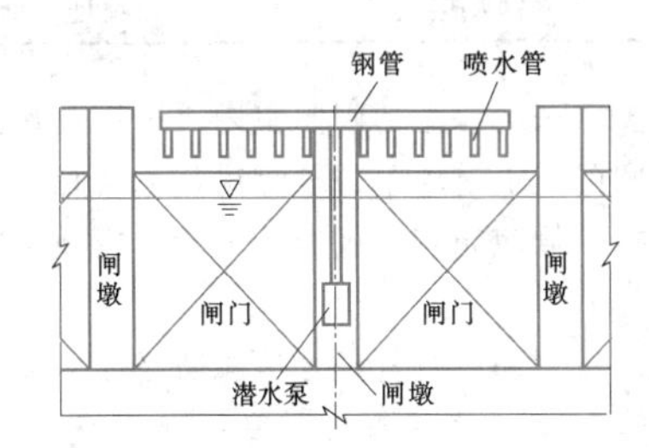

图 4.10-3 压力水射流法示意图

采用压力水射流法防止静冰压力对门叶的作用时，所提供的水温不应低于 0.4℃，压力水射流法防止静冰压力对门叶的作用可按下列公式进行计算。

（1）冰盖下水温补给的热流量 Q_h（kW）为

$$Q_h = 0.6Q_p t_w \qquad (4.10-10)$$

式中 Q_p——潜水泵流量，m^3/h；

t_w——潜水泵放置水深 H_p 处的水温，℃。

（2）冰盖下水深 H_p 处的水温 t_w 应由实测确定。无实测资料时，可采用下列经验公式确定：

$H_p \leqslant 6\text{m}$ 时 $\qquad t_w = 0.1H_p \qquad (4.10-11)$

$H_p > 6\text{m}$ 时 $\qquad t_w = 0.15H_p \qquad (4.10-12)$

式中 H_p——冰盖下放置潜水泵处的水深，m。

（3）水气交界面的辐射、蒸发和对流的全部热流量损失强度 S 可按下式进行计算：

$$S = 0.014(9.5 - t_k) \qquad (4.10-13)$$

式中 S——水气交界面的全部热流量损失强度，kW/m^2；

t_k——设置地点的极端最低温度平均值，℃。

（4）冰盖下水温补给的热流量应满足下式要求：

$$Q_h > SB_0L_0 \qquad (4.10-14)$$

式中 B_0——不冻水面宽度，m，可取 $B_0=0.5\sim1.0\text{m}$；

L_0——不冻水面长度，m，采用集中布置时，L_0 为全部孔口加闸墩宽度；采用单独布置时；L_0 为单个孔口宽度。

（5）潜水泵的流量可按式（4.10-15）选择，其扬程应满足 $H \geqslant 2H_p$，且 $H_p \geqslant 5\text{m}$。

$$Q_p > 0.023(9.5 - t_k)\frac{B_0L_0}{t_w} \qquad (4.10-15)$$

（6）射流管上的射流孔射流速度可按下式计算：

$$v_0 = \frac{0.16v_ch_g}{d} \qquad (4.10-16)$$

式中 v_0——射流孔的出口流速，m/s；

v_c——到水面或到冰盖下的射流冲击速度，m/s，可采用 $v_c \geqslant 0.3\text{m/s}$；

h_g——射流管放置水深，m；

d——射流孔直径，m。

（7）潜水泵的功率可按下式计算：

$$N = 0.6Q_pv_0^2 \qquad (4.10-17)$$

式中 N——水泵功率，kW。

（8）射流管放置水深 h_g 应在现场进行调试，以确定达到水泡直径最大、化冰效果最好的放置水深。射流管应能随库水位变动而保持其最佳放置水深。

（9）冰盖的融化速度可按下式计算：

$$v_b = 0.18d^{0.62}v_0^{0.62}\frac{t_w}{h_g} \qquad (4.10-18)$$

式中 v_b——冰盖的融化速度，m/h。

5. 压力空气吹泡法

压力空气吹泡法需用空压机等设备，因此价格较高，且耗电量大，其操作、养护、维修复杂，易出故障。停机后，由于系统漏气致使供气管从喷气嘴进水而冻住，从而整个系统瘫痪。

采用压缩空气吹泡法防止静冰压力对门叶的作用时，压力可取 $P=0.6\text{MPa}$，喷嘴淹没水深可取 $H=2\sim5\text{m}$，应由试验确定。

压力空气吹泡法防冰应设两台空压机并联，互为备用。

压力空气吹泡法可按压力水射流法的计算方法计

算，但其中的水温应改为气温。

压力空气吹泡法所用的空压机生产率可按下式计算：

$$Q = Knb_0 q_a \quad (4.10-19)$$

式中 Q——空压机生产率，$m^3/(m \cdot min)$；

n——闸门孔口个数；

K——安全系数，可取 $K=1.2$；

b_0——闸门孔口单孔净跨，m；

q_a——消耗气流量指标，可取 $q_a = 0.03m^3/(m \cdot min)$。

压力水射流法或压力空气吹泡法可采用各孔闸门同时定时或多孔闸门分段定时射流或吹泡，不应采用连续射流或吹泡。

压力水射流法的射流管或压力空气吹泡法的吹气喷嘴与闸门门叶外缘的距离宜大于3m。

闸门门叶结构的防腐蚀宜采用金属热喷涂复合保护。其封闭层、中间层和面层涂料应具有良好的耐低温性能。

表4.10-1列出了国内外已建工程寒冷地区比较常用的闸门冬季运行防冰冻措施，可供参考。

表 4.10-1　部分国内外工程防冰冻措施

工程名称	闸门运行最低温度（℃）	防冰冻措施	备注
吉林丰满三期扩建工程永庆反调节水库	−35	循环导热油	闸门埋件防冰
黑龙江大顶子山航电枢纽工程	−37.7		
吉林哈达山水利枢纽工程	−37.8		
吉林两江水电站	−40	压力水射流法	闸门防冰
辽宁引碧入连供水工程	−7.8	电热法	闸门及埋件防冰
河北引滦入津工程	−21.7	循环热油	闸门埋件防冰
北京三家店拦河闸工程	−10	电热法	闸门及埋件防冰
甘肃龙渠水电站	−25	电热法	闸门及埋件防冰
青海牛板筋一、二水电站	−25		
加拿大圣玛丽（St. Mary）水坝	−40	伴热电缆	闸门及埋件防冰

4.10.3 拦污栅

电站总体布置时应尽量减少使进水口容易发生冻害的各种不利因素。例如，尽量使电站进水口处于向阳避风的位置，以利于提高进水口附近气温等。必要时应采取有效措施，防止栅条结冰或冰屑堵塞，影响正常发电。有些水库在高水位下结冰后可能在拦污栅上面形成保护性冰盖，但需满足一定条件。要从根本上解决拦污栅防冰冻问题，应该从拦污栅的布置上，通过技术经济比较，选择合理的方案。

引水式水电站的压力前池进水口应优先采用活动式潜孔拦污栅，尽量避免采用固定式拦污栅。采用表孔拦污栅时，宜把拦污栅布置在采暖保温的闸门室内。

对于压力前池拦污栅，当采用机械清冰时，可采用回转栅式排冰清污机，其上游应布置检修闸门，其下游应布置排冰道或带式输冰设备；当采用人工清冰时，拦污栅应倾斜布置，其倾斜角度可为70°。人工水中清冰时，冬季栅前水深不宜超过3m。

结冰盖运行的明渠引水式水电站压力前池的拦污栅，应布置在采暖保温的闸门室内。采用表孔拦污栅时，应把闸门室上游墙下的承重梁与冰盖相接。

潜孔拦污栅应布置在胸墙的下游，栅顶距冰盖最大厚度0.5m以上。

除了在布置和运行管理上考虑防止冰冻以外，还可以采用加热法。拦污栅加热法一般分为电热及热水、热油和蒸汽加热。

采用电热法是将栅条作为加热体通电加热后使之保持在0℃以上，从而避免拦污栅被冰屑团所封堵。由于冬季一般不需要提栅清污，没有必要对拦污栅框架进行加热，因此这种方法只限于栅条。否则用电量过大，造成浪费。根据加热特点，电热拦污栅一般布置为潜孔式，以节约电能。

需要注意的是，电热拦污栅只能保证栅条不结冰，不能把冰块融化掉。所以在水道中应在只有流冰花和冰雪团而无流冰的条件下，再采用提升式的电热拦污栅效果比较好。

采用电热拦污栅需要将栅条顺序连通并分成若干组，组成星形或三角形连接的加热单元，并用绝缘材料与其他金属部件相隔离。由于栅条的电阻率比较低，根据耗电量调整分组以后可以采用36V以下的安全电压。电热拦污栅的耗电量比较大，通常为每平方米加热面积需要1.8～4.5kW。

采用热水、热油和蒸汽加热栅条时，一般栅条用空心的扁平管做成。使带热液（气）体能在其中循环流动，对拦污栅的要求较高，一般很少采用。

4.11 抗 震 设 计

4.11.1 概述

抗震设防是为了达到抗震效果，在工程建设时对建筑物或结构进行抗震设计并采取抗震措施。

闸门作为水工建筑物结构上重要的一部分，其抗震设防标准，原则上应与相应水工建筑物的抗震设防标准一致。比如，泄水系统或引水发电系统闸门的抗震设防标准应与相应泄水建筑物或闸门所在的进出水建筑物的抗震设防标准一致。

当壅水建筑物遭受较严重损害时，降低库水位是重要的应急措施。泄水系统闸门，特别是坝顶泄水闸门由于它的重要性、易遭受更严重的震害等原因需要重点设防。

抗震设计是地震区的工程结构所进行的一种专项设计，它包括抗震计算和抗震措施两个方面的内容。其中抗震措施是抗震计算以外的所有措施，包括避开不利地段、结构选型、结构布置、抗震内力调整、抗震构造措施等。

闸门抗震设计除了数值计算方法外，还可按抗震概念设计，即从结构的总体地震反应出发，按照结构的破坏机制和破坏过程，运用抗震设计基本要求，合理解决结构设计中的基本问题，如结构总体布置、结构体系、刚度分布、关键部位的细节、结构的延性等，尽量消除结构中的薄弱环节，保证结构的抗震性能。根据抗震概念设计原则，可以不通过计算确定结构和非结构构件的细部构造要求，也就是抗震构造措施，它是抗震措施中的重要内容。

金属结构抗震设计不仅包括闸门，还应包括启闭机和其他附属机电设备。

4.11.2 抗震计算

闸门的抗震计算可按《水工建筑物抗震设计规范》(SL 203) 中有关规定进行。

闸门在地震作用下主要承受作用在其迎水面的地震动水压力和闸门的地震惯性力，其中闸门的地震动水压力的影响更大一些。目前美国、日本等国的水工建筑物抗震设计中，仍采用Westergaard公式或者它的修改型和Zanger电模拟试验成果，分别计算直立和倾斜迎水面上的地震动水压力。

（1）坝体迎水面垂直时，闸门地震动水压力按下式计算：

$$P_w(h) = \frac{7}{8}a_h\rho_w\sqrt{H_0h} \qquad (4.11-1)$$

式中 $P_w(h)$——作用在直立迎水坝面水深 h 处的地震动水压力，kN/m²；

a_h——水平向设计地震加速度，m/s²；

ρ_w——水体质量密度，取 1×10^3 kg/m³；

H_0——坝前水深，m；

h——计算水深，m。

式（4.11-1）即为Westergaard公式。有时需要计算水深 h_1 和 h_2 之间单位宽度总地震动水压力 P_d 及其合力作用水深 h_z。比如，计算作用在深孔闸门上的地震动水压力，根据图4.11-1，可以由下面的两个积分得出：

$$P_d = \int_{h_1}^{h_2} P_w(h)\mathrm{d}h = \frac{7}{12}a_h\rho_w\sqrt{H_0}(\sqrt{h_2^3}-\sqrt{h_1^3}) \qquad (4.11-2)$$

$$h_z = \frac{1}{P_d}\int_{h_1}^{h_2} P_w(h)h\mathrm{d}h = \frac{3}{5}\frac{\sqrt{h_2^5}-\sqrt{h_1^5}}{\sqrt{h_2^3}-\sqrt{h_1^3}} \qquad (4.11-3)$$

式中 h_1、h_2——计算水深，m；

P_d——水深 h_1 到水深 h_2 之间的单位宽度总地震动水压力，kN/m；

h_z——总地震动水压力合力作用水深，m。

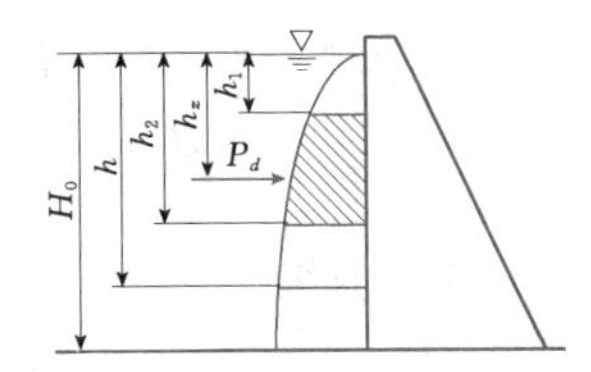

图 4.11-1 Westergaard公式计算简图

当坝体迎水面有折坡时，若水面以下直立部分的高度不小于水深的一半时，可近似取作直立面。

（2）坝体迎水面倾斜时，闸门地震动水压力按下式计算：

$$P_w(h) = a_h\rho_wCH_0 \qquad (4.11-4)$$

其中 $$C = \frac{C_m}{2}\left[\frac{h}{H_0}\left(2-\frac{h}{H_0}\right)+\sqrt{\frac{h}{H_0}\left(2-\frac{h}{H_0}\right)}\right] \qquad (4.11-5)$$

式中 C_m——倾斜坝面动水压力系数，由图4.11-2查取；

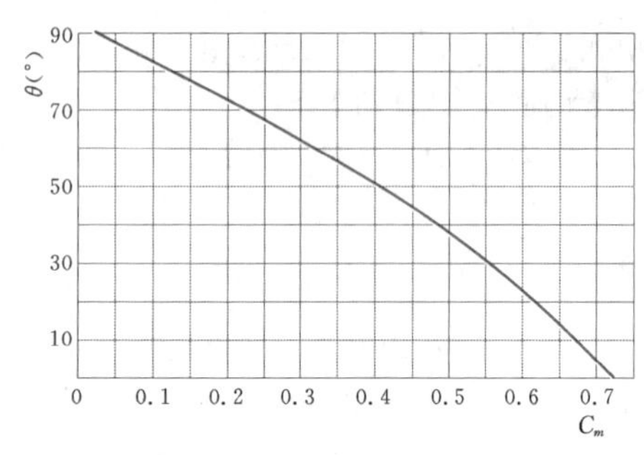

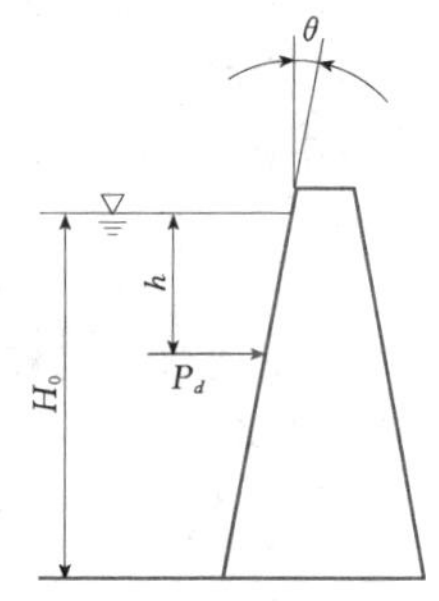

图 4.11-2　倾斜坝面动水压力系数 C_m

其余符号意义同前。

式（4.11-4）即为 Zanger 电模拟试验公式。有时需要计算水深 h 以上部分单位宽度总地震动水压力 P_d 及作用位置 h_z，按下式计算：

$$P_d = \sum P_w(h) = \alpha \frac{C_m}{2} a_h \rho_w H_0^2 \sec\theta \quad (4.11-6)$$

$$h_z = \beta h \quad (4.11-7)$$

式中　P_d——水深 h 以上部分的单位宽度总地震动水压力，kN/m；

α、β——随 h/H_0 变化的系数，由图 4.11-3 查取；

θ——坝体迎水面与铅直面的夹角；

a_h——水平向设计地震加速度，m/s²；

其余符号意义同前。

当坝体水面以下直立部分的高度小于 1/2 水深时，可近似取水面与坝面交点与坝坡脚点的连线作为代替斜面。

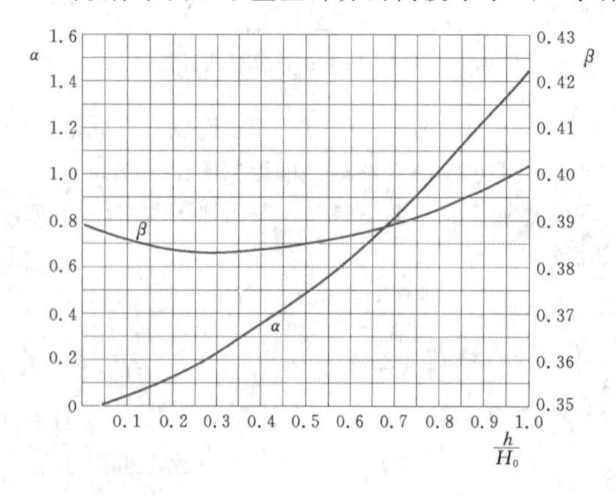

图 4.11-3　α—h/H_0 和 β—h/H_0 曲线

（3）地震惯性力计算。一般情况下，作用在闸门上的地震惯性力只考虑水平向地震作用。由于地震作用是通过水工建筑物间接传递到金属结构和机电设备的，地震惯性力的准确计算要更困难一些。

1）拟静力法。根据《水工建筑物抗震设计规范》（SL 203），首先确定地震作用效应沿水工建筑物的高度分布规律（地震惯性力或地震加速度），计算出给定高度的动态分布系数 α，再将金属结构和机电设备看作集中质量系统，将其重力 G 等参数代入计算公式 $F = a_h \xi G \alpha / g$ 中算出其水平向地震惯性力。公式中的地震作用的效应折减系数 $\xi = 0.25$，是为了弥合按设计地震加速度进行动力分析的结果与宏观震害现象的差异，适用于一般水工建筑物。系数 ξ 的取值是否对金属结构和机电设备同样适用，目前并不很清楚。

2）静力法。结构物上只作用地面运动加速度乘以结构物质量所产生的惯性力。由于该公式［式（4.11-8）］形式简单，比较适合闸门的地震惯性力计算，故采用静力法公式计算闸门的地震惯性力。

a. 闸门的地震惯性力，按下式计算：

$$F_d = a_h G \quad (4.11-8)$$

式中　F_d——水平向地震惯性力，kN；

a_h——水平向设计地震加速度，m/s²；

G——闸门质量，t。

对于高度超过 70m 的坝顶闸门，可以根据具体情况，考虑一定的动力放大系数，一般不大于 1.5。

b. 工作桥及排架顶启闭机的地震惯性力，按下式计算：

$$F_d = 1.5 a_h G \quad (4.11-9)$$

式中　F_d——水平向地震惯性力，kN；

a_h——水平向设计地震加速度，m/s²；

G——启闭机质量，t。

4.11.3　抗震措施

4.11.3.1　概述

抗震构造措施是根据抗震概念设计原则，一般不需计算而对结构和非结构各部分必须采取的各种细部要求。

采取抗震措施时，首先应根据地形地质条件和枢纽建筑物的布置，充分考虑地震对建筑物、金属结构和机电设备的影响，进行设备的选型和布置，防止震害造成金属结构和机电设备的破坏。因此，必须根据设防要求进行抗震设计。

与主体结构相连接的非结构构件和机电设备在地

震中往往会先期破坏。因此，机电设备与主体结构应有可靠的连接和锚固，应使设备在遭遇设防烈度地震影响后能迅速恢复运转，机电设备的基座或连接件应能将设备承受的地震作用全部传递到主体结构上，主体结构中用于固定机电设备的预埋件、锚固件的部位，应采取加强措施，以承受机电设备传给主体结构的地震作用。

对 2008 年 5 月 12 日汶川大地震造成的灾害调查结果表明，应对包括非结构构件和机电设备，自身抗震及其与结构主体的连接等问题引起足够的重视，根据设防要求进行抗震设计是必须的。

4.11.3.2 闸门抗震要求

（1）水闸系统。应尽量在闸墩中间设永久缝并优先采用弧形闸门。当永久缝设在闸室底板时，宜采用平面闸门。

应尽量降低排架高度，减轻机架顶部重量，可采用升卧式闸门或双扉平面闸门。工程调查表明，机架是水闸震害发生的主要部位。正确分析机架最不利的受力条件，合理选取荷载组合，进行结构计算，是机架设计的关键，也是防止震害发生的首要环节。

（2）对具备条件的闸门，门槽顶部应设置盖板并固定，以防止地震期间物体掉入门槽内，造成闸门无法启闭。

（3）闸门的锁定方式、锁定装置及其在闸门上的锁定位置应做到安全可靠，避免因地震动作用造成锁定失效或破坏。应将处于非锁定状态的锁定梁固定，避免在地震力作用下发生移位。

（4）多孔共用的闸门宜存放在储门库内，并设置盖板且固定。

（5）研究在地震工况下，为确保大坝安全而启用升船机或船闸进行行洪的可行性。

（6）进行闸门结构设计时，应做到形状简单、规则，结构质量和刚度分布均匀，避免因局部削弱或突变，形成薄弱部位，产生过大的应力或塑性变形集中。

（7）对于表孔弧形闸门，主横梁与支臂刚度比 K_0 的取值，遵循“强柱弱梁”的设计原则。对于直支臂，$K_0=4\sim11$；对于斜支臂，$K_0=3\sim7$，宜在其下限附近取值。

（8）对于表孔弧形闸门，上支臂往往是抗震的薄弱环节，需要适当加强。

（9）节点的承载力应大于构件的承载力，遵循“强节点弱构件”、“强剪弱弯”的设计原则。尤其对于弧形闸门，节点必须能够完全传递被连接板件的内力，在强震作用下节点能够发挥材料的塑性，保证结构在梁内而不是在支臂内产生塑性铰，承载能力无显著下降的情况下，提高结构的后期非弹性变形能力，即更好地发挥钢材的延性，充分消耗地震输入的能量，确保结构的安全。

（10）在结构设计上注意降低节点梁端翼缘焊缝处的应力集中，改善焊缝的受力状态，迫使大震作用下的塑性铰偏离梁翼缘焊缝，出现在塑性较好的梁上，即充分利用钢材的塑性，避免梁柱焊接节点出现源于焊缝的脆性破坏。应注意消除梁端翼缘焊缝处的各种应力集中源，包括避免出现焊接缺陷并妥善处置引弧板和垫板。

（11）K 形偏心支撑钢框架是将每一根支撑斜杆的两端，至少有一端不在梁柱节点处相连。这种支撑斜杆与柱之间，或斜杆与斜杆之间形成一个耗能梁段，有效地提高了结构的抗震能力，多应用于建筑钢结构当中。必要时，可以对弧形闸门支臂的支撑进行这方面的研究。

（12）闸门的吊耳应具有足够的强度、刚度和稳定性，避免在地震动作用下发生变形或破坏，满足地震条件下紧急启、闭闸门的要求。

（13）抗震设计用钢材，要求有较低的应变时效敏感性、韧脆转变温度和良好的焊接性能。一般情况下，碳当量小于 0.4%时有较好的可焊性。

一般强震的持续时间在 1min 以内，振幅频率通常为 1～3Hz。因此，还要注意在 100～200 循环周次内造成结构高应变、低周疲劳破坏的问题。

4.11.3.3 启闭机抗震要求

（1）对于启闭机的基础，要求其在设计地震作用下，必须牢固可靠。

（2）泄水系统工作闸门的启闭机应具有现地操作和远方操作功能，泄水系统事故闸门（或检修闸门）的固定式启闭机除应具有现地操作功能外，还宜具有远方操作功能。

（3）发电系统快速闸门的启闭机应具有现地操作和远方操作功能，发电系统事故闸门（或检修闸门）的固定式启闭机除应具有现地操作功能外，还宜具有远方操作功能。

（4）泄水系统的启闭机应就近布置柴油发电机组作为应急电源。泄水系统的小型启闭机应设置手摇机构。

（5）门式启闭机、升船机、过鱼设施要求结构尽量对称，刚度和质量分布对称均匀，否则应研究水平地震作用的扭转影响。

（6）门式启闭机应设置锚定装置或锁定装置，防止地震作用时门机倾倒和移动。

(7) 应采取有效措施，避免地震时卷扬类启闭机的钢丝绳脱槽。

(8) 启闭机电气控制柜应采用螺栓或焊接的固定方式，应具有足够的强度、刚度及稳固性，避免在地震作用下发生倾倒。柜（屏）上的表计应组装牢固。当地震基本烈度为Ⅷ度或Ⅸ度时，可将几个柜（屏）在重心以上连成整体。

(9) 招标设计中应明确要求设备制造厂家在设计制造中充分考虑地震强烈震动和摆度对控制设备及柜内元件产生的影响，保证控制及保护系统设备的可靠固定以及柜内元器件及接线的可靠、牢固，在发生地震灾害时控制设备能尽可能地完成保护、控制和操作的功能。

(10) 液压启闭机泵站应具有足够的强度、刚度，并牢固地固定于可靠基础上。

(11) 固定设备与可能发生移动的设备间管路连接应设置伸缩节或连接软管，管路经过伸缩缝时应进行过缝处理。

(12) 电线、电缆管、油管等应采取防止地震时被切断的措施。

(13) 对于自由放置在基础上的设备，不得在地震时发生倾覆、滑移、翘离和被抛掷。

(14) 对于垂直升船机、船闸等高耸过坝设施的金属结构设备，应进行抗震设防的专题研究。

参考文献

[1] 华东水利学院．水工设计手册　第六卷　泄水与过坝建筑物 [M]．北京：水利电力出版社，1987.

[2] SL 74—2013　水利水电工程钢闸门设计规范 [S]．北京：中国水利水电出版社，2013.

[3] 杨逢尧，魏文炜．水工金属结构 [M]．北京：中国水利水电出版社，2005.

[4] 王伟民，於三大，陈绪春．三峡水利枢纽排沙底孔运行监测 [M] //水利水电泄水工程与高速水流信息网，中水东北勘测设计研究有限责任公司科学研究院．泄水工程与高速水流．长春：吉林人民出版社，2004.

[5] 刘晓东，毛延翩．实施通气管阀门改造改善排沙孔空化特性 [J]．水电站机电技术，2004，27 (4)：62-64.

[6] 阎诗武．脉动与振动 [M] //水利水电泄水工程与高速水流信息网，水利部东北勘测设计研究院科学研究院．泄水工程水力学．长春：吉林科学技术出版社，2002.

[7] 安徽省水利局勘测设计院．水工钢闸门设计 [M]．北京：水利出版社，1980.

[8] 严根华．水工闸门流激振动研究进展 [J]．水利水运工程学报，2006 (1)：66-73.

[9] 杨世浩，翟伟廉，郑明燕．弧形闸门流激振动及智能控制探讨 [J]．长江科学院院报，2004，21 (5)：38-40.

[10] 谢省宗，李世琴，林勤华．泄水建筑物振动破坏及其防治 [J]．泄水工程与高速水流，1995，39 (2)：1-27.

[11] 阎诗武，严根华，骆少泽，等．三峡深孔弧门流激振动问题研究报告 [M] //水利水电泄水工程与高速水流信息网，东北勘测设计研究院水力科学研究院．泄水工程与高速水流．长春：吉林科学技术出版社，2000.

[12] 严根华，阎诗武．流激闸门振动及动态优化设计 [M] //水利水电泄水工程与高速水流信息网，东北勘测设计研究院水力科学研究院．泄水工程与高速水流．长春：吉林科学技术出版社，1998.

[13] 李振连，祁志峰，魏皓．小浪底2号孔板洞中闸室偏心铰弧门流激振动原型观测试验研究 [J]．红水河，2007，26 (1)：146-149.

[14] 曹晓丽，吴杰芳，张林让，等．锦屏一级水电站深孔闸门流激振动水弹性模型 [J]．人民长江，2007，38 (11)：179-180.

[15] 余岭，吴杰芳，张林让，等．用完全水弹性模型预报钢闸门流激振动特性 [J]．振动工程学报，2004，17 (增刊)：736-738.

[16] GB 50017—2003　钢结构设计规范 [S]．北京：中国计划出版社，2003.

[17] GB/T 22395—2008　锅炉钢结构设计规范 [S]．北京：中国标准出版社，2009.

[18] 罗邦富，魏明钟，沈祖炎，等．钢结构设计手册 [M]．北京：中国建筑工业出版社，1989.

[19] 范崇仁．水工钢结构 [M]．4版．北京：中国水利水电出版社，2008.

[20] 包头钢铁设计研究总院，中国钢结构协会房屋建筑钢结构协会．钢结构设计与计算 [M]．2版．北京：机械工业出版社，2006.

[21] 《钢结构设计规范》编制组．《钢结构设计规范》专题指南 [M]．北京：中国计划出版社，2003.

[22] 水电站机电设计手册编写组．水电站机电设计手册 金属结构(一)[M]. 北京：水利电力出版社，1988.

[23] 水电站机电设计手册编写组．水电站机电设计手册 金属结构(二)[M]. 北京：水利电力出版社，1988.

[24] JTJ 308—2003　船闸闸阀门设计规范 [S]．北京：人民交通出版社，2003.

[25] SL 41—2011　水利水电工程启闭机设计规范 [S]．北京：中国水利水电出版社，2011.

[26] SL 507—2010　卷扬式启闭机系列参数 [S]．北京：中国水利水电出版社，2011.

[27] 胡涛勇，金晓华．大容量、高扬程卷扬式启闭机的运用 [J]．水工机械，2006，128 (1)：15-17.

[28] 虞喜泉．凌津滩水电站泄洪闸工作闸门2×2000kN盘香式启闭机设计简介［J］．金属结构，1998（2）：111-116．
[29] SL 508—2010 液压启闭机系列参数［S］．北京：中国水利水电出版社，2011．
[30] SL 491—2010 螺杆式启闭机系列参数［S］．北京：中国水利水电出版社，2011．
[31] 张质文，虞和谦，王金诺，等．起重机设计手册［M］．北京：中国铁道出版社，1997．
[32] 汪云祥．水利水电工程液压启闭机的设计、应用及发展［J］．水工机械，2002，113（2）：26-29．
[33] 杨兆福．水工金属结构［M］．北京：水利电力出版社，1989．
[34] SL 105—2007 水工金属结构防腐蚀规范［S］．北京：中国水利水电出版社，2008．
[35] GB/T 50662—2011 水工建筑物抗冰冻设计规范［S］．北京：中国计划出版社，2011．

第 5 章

水　　闸

本章以第 1 版《水工设计手册》第 25 章“水闸”的框架为基础，内容调整和修订主要包括以下几个方面：

（1）将原来第 1 节中的“总体布置”作为 5.2 节，单独设一节。

（2）将原来的第 7 节“闸室底板的应力分析”和第 8 节“闸墩的应力分析”合并后改为 5.7 节“闸室结构应力分析”，删除其中的“反拱底板”内容，增加“预应力闸墩应力计算”等内容。

（3）将原来第 6 节“松软地基的处理”改为 5.8 节“地基设计”，介绍水闸地基处理设计方法，将地基处理的方法进行归类，调整为“换土垫层法、桩基础、振动水冲法、强力夯实法、沉井基础、深层搅拌桩、湿陷性黄土地基处理”等内容，增加“地震液化地基处理”内容。

（4）增加 5.9 节“闸室混凝土施工期裂缝控制”和 5.12 节“安全监测”内容。

（5）将原来第 10 节“其他闸型”改为 5.13 节“其他闸型设计”，增加“立交涵闸”内容，取消“装配式水闸”和“灌注桩水闸”，将“橡胶坝”内容扩充后单独列为 5.11 节“橡胶坝”。

章主编　马东亮

章主审　徐麟祥　张平易　王力理

本章各节编写及审稿人员

节次	编　写　人	审稿人
5.1	马东亮　胡兆球　赵永刚	徐麟祥 张平易 王力理
5.2	马东亮　胡兆球　赵永刚	
5.3	陈文学　王晓松	
5.4	王晓松　陈文学	
5.5	段祥宝　陈灿明	
5.6	陆忠民　顾赛英　黄颖蕾	
5.7	任旭华	
5.8	赵永刚　马东亮　段春平	
5.9	朱岳明　马东亮	
5.10	林少明　李　静　陈　良	
5.11	马东亮　段春平	
5.12	陆忠民　顾赛英　黄颖蕾	
5.13	马东亮　段春平　陆忠民　顾赛英　李　静　陈　良	

第5章 水　　闸

5.1 概　　述

水闸是一种低水头的挡水、泄水建筑物，其作用是调节水位和控制泄流。常与其他建筑物（如堤坝、船闸、鱼道、筏道、水电站、泵站等）组成水利枢纽。

水闸按其功能可分为拦河闸（或节制闸、泄洪闸）、进水闸、排水闸、分洪闸（或分水闸）和挡潮闸，有些水闸兼有多种作用，见图5.1-1。

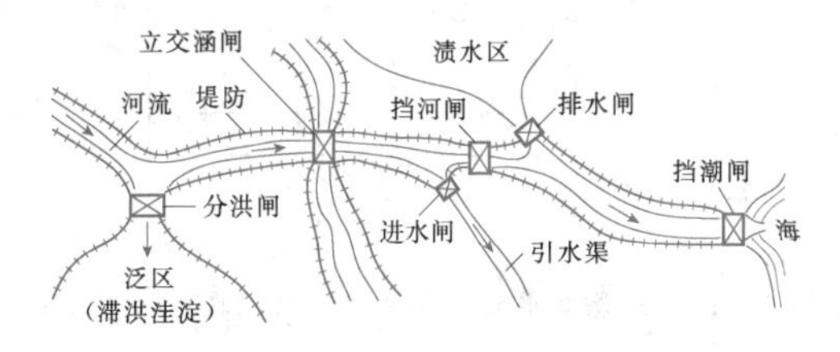

图5.1-1 水闸的分类示意图

水闸一般由闸室段，上、下游连接段和两岸连接段所组成，如图5.1-2所示。上游连接段的主要作用是防渗、护岸和引导水流均匀过闸。闸室段位于上、下游连接段之间，是水闸工程的主体，其作用是控制水位、调节流量。下游连接段的主要作用是消能、防冲和安全排出闸基及两岸的渗流。两岸连接段的主要作用是实现闸室与两岸堤坝的过渡连接。

5.1.1 基本资料

收集有关社会经济、工程规划、勘测、试验和调查资料，基本数据应力求全面、准确，具体内容可根据不同设计阶段分别确定，主要包括以下方面。

(1) 社会经济资料。本工程有关地区的社会经济情况，人口、土地、矿产、水资源等资源，各种自然灾害情况，工农业、交通运输业的现状及发展计划，主要国民经济指标和该地区在全国国民经济发展中的地位、优势和方向，水资源开发和供应状况等。有关国民经济部门近期和远景计划对本工程的要求，建设本工程的必要性等。

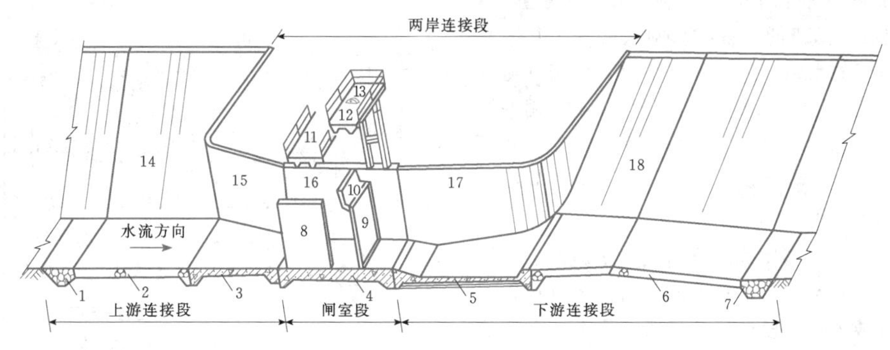

图5.1-2 水闸的组成

1—上游防冲槽；2—上游护底；3—铺盖；4—底板；5—护坦（消力池）；6—海漫；7—下游防冲槽；8—闸墩；9—闸门；10—胸墙；11—交通桥；12—工作桥；13—启闭机；14—上游护坡；15—上游翼墙；16—边墩；17—下游翼墙；18—下游护坡

(2) 工程规划资料。包括河流或河段的规划、水闸挡水和泄水的各项任务以及建筑物的设计标准，主要有：①水闸挡水时，上、下游可能出现的各种水位及其组合情况；②水闸泄洪时，各种设计频率的洪水流量以及相应的上、下游水位；③水闸控泄洪水时，各种泄水流量以及相应的上、下游水位；④交通、航运、过鱼、过木等方面的要求以及相应的等级标准。

(3) 地形资料。包括闸址附近的地形图和河道纵、横断面图，作为闸址选择、枢纽布置、闸槛高程选择以及施工布置的依据。测图比例尺根据不同设计阶段和工程项目的实际需要选择，一般为1∶500～1∶2000。

闸址地形图的测量范围应大于水闸所占范围（包

括水闸的管理和保护范围)，为水闸闸址局部移动留有余地，并要兼顾施工场地布置需要。

(4) 水文、气象资料。包括各种设计频率的洪水流量、潮汐资料，泥沙、冲淤资料，各种运用条件下的水位流量关系，河道的断面尺寸和糙率，以及工程范围内的降雨、蒸发、气温变化、最大风速和多年平均风速、冰冻等资料。

(5) 地质资料。地质资料是选择水闸闸址的主要因素之一，分为工程地质资料和水文地质资料，对于地震区还需收集地震资料。主要是通过勘探了解闸址地区内的地层成因、地层层位岩土类别和相应的物理力学指标，以及地下水的埋藏和活动情况。

(6) 建筑材料、施工机械、动力和交通运输等资料。

(7) 试验资料。根据设计要求，提供地基试验(如原位抗剪试验、桩基试验等)、材料试验、水工模型试验以及结构应力试验等资料。

(8) 有关综合利用、环境保护及生态平衡等方面的资料。

5.1.2 水闸的常用结构型式

按照闸室类型水闸可分为开敞式和涵洞式。开敞式水闸可分为有胸墙水闸和无胸墙水闸，如图 5.1-3 所示。涵洞式水闸可分为有压式水闸和无压式水闸，如图 5.1-4 所示。根据闸门型式、启闭机类型、闸底板形式的不同，常用的开敞式水闸还有：升卧式闸门水闸（见图 5.1-5)、水下卧倒式闸门水闸（见图 5.1-6)、采用液压启闭机的开敞式水闸（见图 5.1-7)、采用卷扬机启闭的水闸、带低堰的开敞式水闸（见图 5.1-8)、平底板开敞式水闸等。此外，水闸常用的结构型式还包括：橡胶坝（参见本章 5.11 节)，立交涵闸、浮运式水闸、自动翻板闸（参见本章 5.13 节)。

1. 闸室的型式

闸室型式主要有整体式和分离式两大类。

(1) 整体式闸室。在垂直水流方向将闸墩和底板组成的闸孔分成若干闸段，每个闸段一般由一个至数个完整的闸孔组成。沉降缝设在闸墩中间，缝间的闸段自成一体，地基发生不均匀沉降时，闸室整体变形，闸门能够顺利启闭。整体式闸室整体性好，适用于中等密实的地基或地震区，采用人工处理的软弱土质地基上一般宜采用整体式。

(2) 分离式闸室。在垂直水流方向将闸室分成若干闸段，在分缝跨底板上设置一条或两条沉降缝，同闸墩构成⊥、⊥⊥、⊥⊥等结构型式，一般采用钢筋混凝土平底板。缝的构造型式有垂直缝和搭接缝。分离式闸室适用于坚实地基或采用桩基础的大、中、小型水闸，以及中等密实地基上基底应力不大的小型水闸。

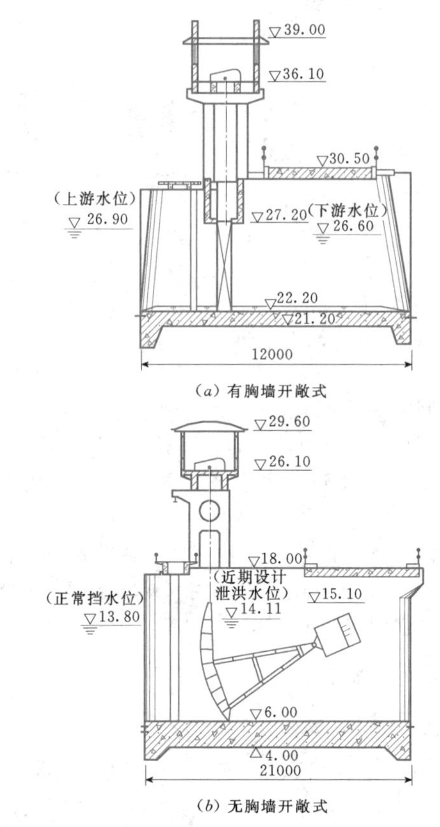

图 5.1-3 开敞式水闸(尺寸单位：mm；高程单位：m)

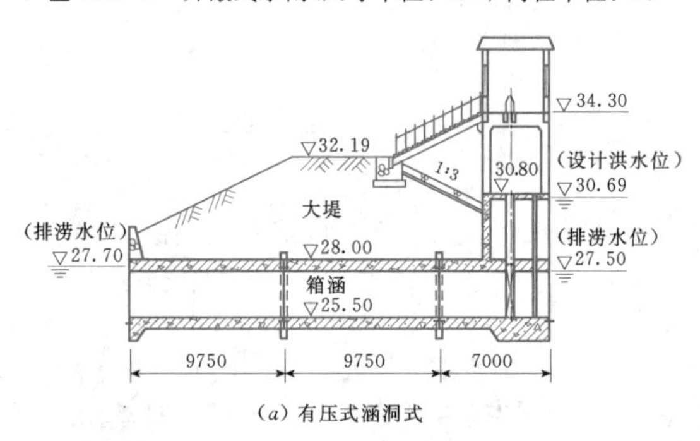

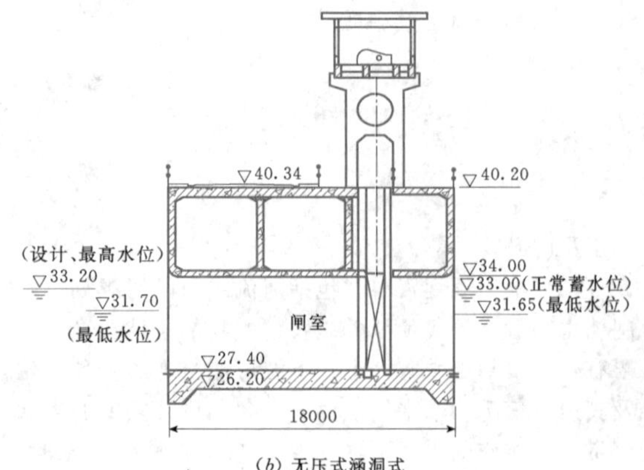

图 5.1-4 涵洞式水闸(尺寸单位：mm；高程单位：m)

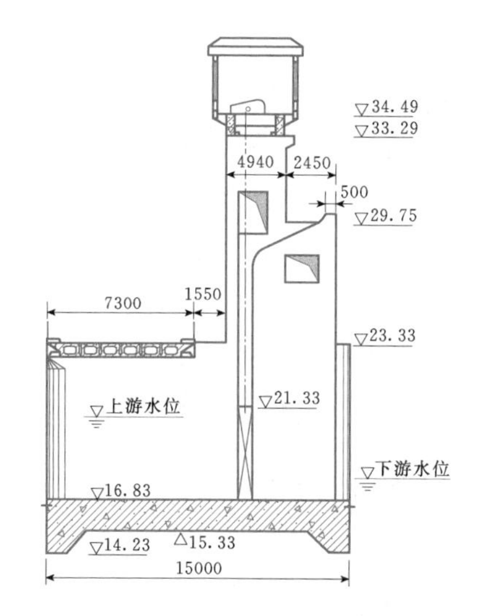

图 5.1-5 升卧式闸门水闸
（尺寸单位：mm；高程单位：m）

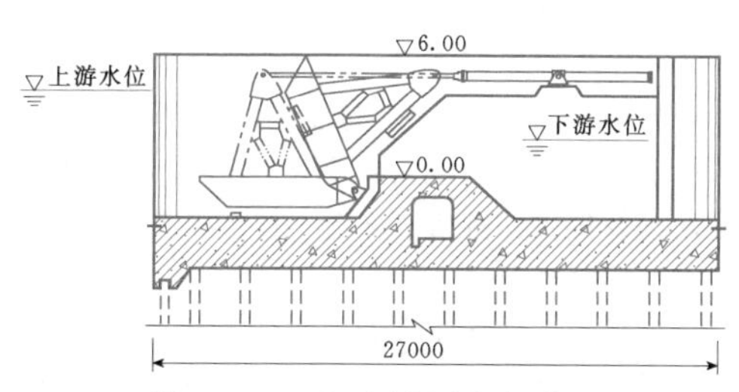

图 5.1-6 水下卧倒式闸门水闸
（尺寸单位：mm；高程单位：m）

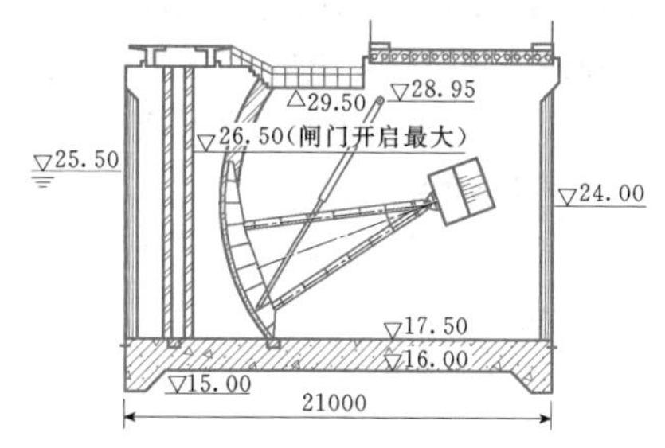

图 5.1-7 采用液压启闭机的开敞式水闸
（尺寸单位：mm；高程单位：m）

2. 两岸的连接型式

水闸与两岸连接的型式主要有岸墙式和河床式两类。

（1）岸墙式。利用岸墙（或边墩）和上、下游翼墙将闸室同两岸连接成一挡水整体，结构布置紧凑，防渗和消能效果较好，这种型式使用较广泛，最适用于挖深较小的单式河槽。当岸墙、翼墙高度过大时(如超过 10m)，结构稳定和应力不易满足要求，需采取减载措施或选用桩基和轻型结构。闸孔数量较少的

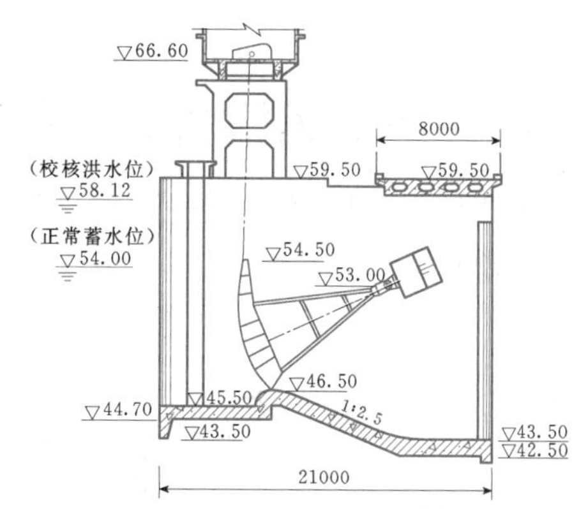

图 5.1-8 带低堰的开敞式水闸
（尺寸单位：mm；高程单位：m）

小型水闸也可采用整体涵洞式结构，闸室两侧不设岸墙，通过翼墙及闸室两侧的填土直接与两岸连接。

（2）河床式（见图 5.1-9）。以阶梯式或斜升式边孔同两岸连成一体，边孔可以过水。在水深较大的复式河槽上建多孔闸时，采用这种型式较为有利，可以免除高大的岸墙、翼墙，减少水闸边载，泄流能力大。其缺点是抗绕渗能力低，因此需加设板桩、刺墙。另外，由于边孔中心线不在消力池内，需控制边孔闸门的运用，即便如此，闸下流态仍较差，且对岸坡冲刷严重。近年来该类型水闸已很少采用。

5.1.3 闸址选择

水闸的闸址应根据水闸的功能、特点和运用要求，综合考虑地形、地质、水流、潮汐、冻土、冰情、施工、管理、周围环境等因素，经过技术经济比较后选定。

1. 地形和水流条件

闸址应选在河床稳定、河岸坚固的河段上，同时应尽量使进、出闸水流平顺均匀，避免发生偏流，防止有害的冲刷和淤积。

（1）拦河闸。闸址一般应设置在河道直线段上。闸址上、下游河道直线段长度均不宜短于 5 倍水闸进口处水面宽度。

（2）进水闸。闸址宜选在河流直线段或弯道凹岸顶部略偏下游处。进水闸引水口至弯道起点之间的距离可按下式估算：

$$l = KB\sqrt{\frac{4R}{B}+1} \qquad (5.1-1)$$

式中 l——引水口至弯道起点之间的距离，m；

B——弯道前直线段的河槽宽度，m；

R——弯道河槽中心线的弯曲半径，m；

K——与渠道分流比有关的系数，一般取 0.6～1.0。

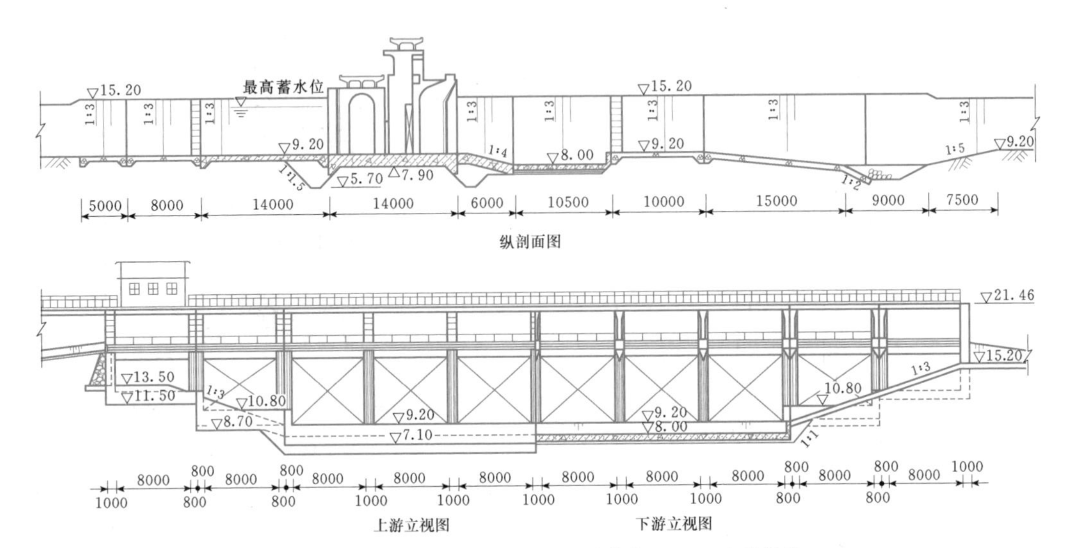

图 5.1-9 河床式水闸结构布置图（尺寸单位：mm；高程单位：m）

（3）排水闸。闸址宜选择在地势低洼、出水通畅处，尽可能使上、下游渠道平顺，并宜选择在靠近主要涝区和容泄区的老堤堤线上。

（4）分洪闸。闸址应选在河道凹岸或直线段上，还应避开险工地段，以免增加险工防护的困难。

（5）挡潮闸。闸址宜选择在岸线和岸坡稳定、泓滩冲淤变化较小、上游河道有足够蓄水容积的潮汐河口附近，且应注意河口淤积、风浪冲刷和海涂变化等因素，并应考虑建闸后对航道、渔港、码头等工程的影响。一般情况下闸址宜接近河口。

2. 地质条件

应选择土质密实、均匀、承载力大、压缩性小、渗透稳定性好和地下水位较低的天然地基建闸。在规划闸址范围内的天然地基不能满足建闸要求时，才考虑人工处理地基的方案。

3. 施工和运用条件

满足施工和运用管理的要求，如场地宽阔，交通、通信方便，距供电电源及天然材料产地或供应地较近，以及供水、排水、导流、截流条件较好等。

4. 综合利用

与枢纽其他建筑物的布置应统一考虑，使各项工程协同工作，避免干扰，充分发挥综合利用的效果。

5. 社会经济条件

考虑社会经济条件，要尽量减小移民迁建数量、占地面积和淹没损失；尽量利用周围已有公路、航运、动力、通信等公用设施；有利于绿化、净化、美化环境和生态环境保护。

国内已建典型水闸工程的基本情况见表 5.1-1。

表 5.1-1　国内已建典型水闸工程的基本情况

编号	工程名称	工程作用	设计流量（m^3/s）	上、下游水位差（m）	孔数	单孔宽（m）	结构特征						地基处理		
							闸室长度（m）	底板厚（m）	闸室型式	底板型式	闸门型式	消能型式	地基土土质类别	地基处理	地震烈度
1	三河闸	泄洪	12000.0	0.30	63	10.0	18.00	1.5	开敞式	整体式平底板	弧形钢闸门	消力池	黏性黄岗土	天然地基	6
2	红旗三闸	防洪、蓄水	4620.0	0.58	84	6.0	13.00		开敞式	反拱形底板	平板门	消力池	粉质黏土	天然地基	7
3	刘家道口闸	防洪、蓄水	12000.0	0.18	36	16.0	27.50	2.5	开敞式	分离式底板	弧形钢闸门	消力池	砂质泥岩	连续抗滑齿坎	9
4	二河新泄洪闸	泄洪	2270.0	0.20	10	10.0	21.00	1.8	开敞式	整体式平底板	弧形钢闸门	消力池	轻粉质壤土	天然地基	7
5	蚌埠闸（扩建）	防洪、蓄水	3410.0	0.12	12	10.0	25.00	2.0	开敞式	整体式平底板	弧形钢闸门	消力池	粉质黏土	天然地基	7

续表

编号	工程名称	工程作用	设计流量（m^3/s）	上、下游水位差（m）	孔数	单孔宽（m）	结构特征						地基处理		
							闸室长度（m）	底板厚（m）	闸室型式	底板型式	闸门型式	消能型式	地基土土质类别	地基处理	地震烈度
6	陶坝闸	排涝、挡洪、蓄水	293.0	0.15	7	5.0	18.00	1.0	胸墙式	整体式平底板	双层平面钢闸门	消力池	轻粉质壤土、砂壤土夹粉细砂	换填水泥土	7
7	石跋河闸	排涝、挡洪、引水	355.0（排涝）	0.30	5	6.0	17.00	0.6	胸墙式	分离式底板	平面钢闸门	消力池	淤泥质重粉质壤土	抽槽除淤、砂桩	6
8	张家沟闸	排涝、挡洪、引水	106.0（排涝）	0.10	3	4.5	14.00	0.6	胸墙式	整体式低堰底板	平面钢闸门	消力池	淤泥质黏土	水泥土搅拌桩	7
9	梅林溪闸	排涝、挡洪	89.60（排涝）	1.31	2	3.0	12.00	0.8	胸墙式	整体式平底板	铸铁闸门	消力池	卵石夹黏土	天然地基	6
10	高港枢纽闸	引水、挡洪	440.0	−0.06	5	10.0	31.90	2.0	胸墙式	整体式低堰底板	弧形钢闸门	消力池	粉砂土	水泥土搅拌桩	6～7
11	海口北闸	挡潮、泄洪、排涝	243.0（排涝）	0.20	11	10.0	16.00	1.5	胸墙式	整体式平底板	弧形钢闸门	消力池	重粉质壤土	天然地基	6
12	江宁河闸	挡洪、排涝、引水	373.0（排涝）	0.10	3	10.0	16.00	1.5	胸墙式	整体式平底板	平面钢闸门	消力池	淤泥质粉质黏土	沉井	7
13	石梁河新闸	泄洪、引水	1460.0	11.50	4	10.0	21.00	1.3	开敞式	分离式平底板	弧形钢闸门	消力池	全风化片麻岩	帷幕灌浆截渗	8
14	双桥闸	泄洪、蓄水	1273.0	0.20	7	8.0	15.00	0.8	开敞式	分离式平底板	平面钢闸门	消力池	砂卵（砾）石	混凝土防渗墙	6
15	南偏泓漫水闸	排涝	214.0	0.05	7	6.0	13.00	1.0	开敞式	整体式平底板	升卧式平面钢闸门	消力池	淤泥质粉质黏土	灌注桩	6
16	营船港闸	排涝、引水、通航	240.0（排涝）	0.20	3	8.0	15.00	1.2	开敞式	整体式平底板	升卧式平面钢闸门	消力池	极细砂	板桩围封	6
17	北偏泓拦污闸	拦截下泄污水	100.0	1.50	7	10.0	10.00	1.0	开敞式	整体式平底板	平面钢闸门	消力池	极细砂	水泥搅拌排桩围封	7
18	白茆闸	防洪、排涝、引水	452.0（排涝）	0.15	5	12.0（中孔）11.0（边孔）	18.00	1.4（中孔）1.1（边孔）	开敞式	整体式平底板	升卧式平面钢闸门	消力池	重粉质砂壤土	灌注桩	6
19	樊口大闸	防洪、排涝	820.0	5.95	11	6.5	28.70	1.8	胸墙式	平底板	平面钢闸门	消力槛	石英砂岩	帷幕截渗	6
20	梳妆台闸	排涝、灌溉、防洪	110.0	0.15	4	3.8	49.15	0.7	涵洞式	箱式框架	平面钢闸门	消力墩	粉质黏土	天然地基	6
21	蔺家坝站防洪闸	防洪、排涝、引水	100.0（引水）	0.15	4	8.0	18.00	1.2	涵洞式	箱式框架	平面钢闸门	消力池	粉质黏土	水泥土搅拌桩	7

续表

编号	工程名称	工程作用	设计流量（m^3/s）	上、下游水位差（m）	孔数	单孔宽（m）	结构特征						地基处理		
							闸室长度（m）	底板厚（m）	闸室型式	底板型式	闸门型式	消能型式	地基土土质类别	地基处理	地震烈度
22	杨官屯河闸	排涝、挡洪、引水	114.0	0.10	2	10.0	17.00	1.7	开敞式	整体式平底板	双扉平面钢闸门	消力池	重粉质壤土	水泥土搅拌桩	7
23	姜家湖涵闸	排涝、挡洪、蓄水	30.0	0.10	2	3.5	56.40	0.7	涵洞式	箱式框架	平面钢闸门	消力池	轻粉质壤土、砂壤土	水泥搅拌桩截渗	7
24	东淝闸	分洪、排洪、蓄水	600.0	5.80	5	5.0	18.00	1.2	胸墙式	分离式平底板	平面钢闸门	消力池	重粉质壤土	水泥土搅拌桩	6
25	朱家山河闸	蓄水、防洪、排洪	215.0	0.10	3	8.0	17.00	1.5	胸墙式	整体式低堰底板	平面钢闸门	消力池	粉土	混凝土地下连续墙	7
26	红山窑闸	防洪	550.0	0.10	6	8.0	20.00	1.7	胸墙式	整体式低堰底板	平面钢闸门	消力池	红砂土	天然地基	7
27	三汊河口闸	蓄水、挡洪			2	40.0	37.00	2.5	开敞式	整体式平底板	双孔护镜门	消力池	淤泥质粉质黏土	灌注桩、水泥土搅拌桩	7
28	龙泉港闸	挡潮、排涝和水资源调度	360.0	1.69	3	10.0	20.00	1.7	胸墙式	整体式平底板	平面钢闸门	消力池	淤泥质粉质黏土	钢筋混凝土地下连续墙围封	6
29	张家浜东闸	排涝、挡潮、引水	179.4（排涝）109.7（引水）	1.84	3	10.0	18.00	1.8	开敞式、胸墙式（边孔）	整体式平底板	平面钢闸门	消力池	灰色砂质粉土	钢筋混凝土板桩围封	7
30	紫石泾闸	排涝、挡潮、引水	116.0（排涝）84.0（引水）		3	8.0	15.00	1.7	开敞式	整体式平底板	升卧式平面钢闸门	消力池	灰色淤质粉质黏土	天然地基	7
31	三洋港闸	挡潮	6400.0	0.18	33	15.0	19.00	1.1	开敞式	整体式平底板	平面钢闸门	下挖消力池	海淤土	沉井基础	7

5.2 总体布置

5.2.1 枢纽布置

水闸枢纽是以水闸为主体的水利枢纽，在总体布置时应首先考虑满足各类水闸的功能要求，确保水闸的正常运行。在此基础上，再根据其他建筑物的功能、特点和运用要求进行布置。水流流态复杂的大、中型水闸枢纽布置，应经水工模型试验验证。

5.2.2 闸室布置

水闸闸室布置应根据水闸挡水、泄水条件和运行要求，结合考虑地形、地质和施工等因素，做到结构安全可靠，布置紧凑合理、施工方便、运用灵活、经济美观。

（1）水闸中心线的布置应考虑闸室及两岸建筑物均匀、对称的要求。拦河闸的中心线一般应与河道中泓线相吻合。排水闸中心线与下游排水河道中泓的交角应为锐角（交角一般宜小于60°）。引水闸中心线与上游河道中泓的交角 δ（即引水角，见图5.2-1）可参考下述方法选择。

当过闸落差大于0.2m时取 $\delta\leqslant30°$；当过闸落差小于0.2m时取：

$$\delta=\arccos\frac{v_0}{v_1} \tag{5.2-1}$$

式中 v_0——引水口外河道的流速，m/s；

v_1——引水口内渠道的流速，m/s。

（2）水闸应尽量选择外形平顺且流量系数较大的

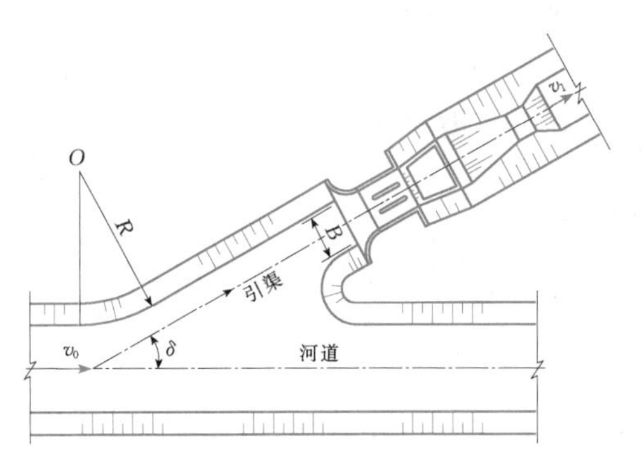

图 5.2-1 引水式水闸布置示意图

闸墩、岸墙、翼墙和溢流堰型式，防止水流在闸室内产生剧烈扰动。

(3) 大型水闸应尽量采用较大的孔径，以利于闸下消能防冲。拦河闸宜选择适当的闸孔总宽度，避免过多地束窄河道。

(4) 闸孔数少于 8 孔时，宜取为奇数，放水时应均匀对称开启，防止因发生偏流而造成局部冲刷。

(5) 主要根据使用功能、地质条件、闸门型式、启闭设备和交通要求来确定闸室各部位的高程和尺寸，既要布置紧凑，又要防止干扰，还应使传到底板上的荷载尽量均匀，并注意使交通桥与两岸道路顺直相连。

(6) 多孔水闸的中间各孔，应采用型式和尺寸相同的闸段并列。边孔闸室可专门布设。但应注意相邻部位的基底应力不要相差悬殊。对于中、小型闸，当地基坚实且较均匀时，可采用一个闸段的整体式结构。

(7) 穿越堤防的水闸布置，特别是在退堤或新建堤防处建闸，应充分考虑堤防边荷载变化引起的水闸不同部位的不均匀沉降。

(8) 地震区水闸布置，应根据闸址地震烈度，采取有效的抗震措施：①采用增密、围封等加固措施对地基进行抗液化处理；②尽量采用桩基或整体筏式基础，不宜采用高边墩直接挡土的两岸连接型式；③优先选用弧形闸门、升卧式闸门或液压启闭机型式，以降低水闸高度；④尽量减少结构分缝，加强止水的可靠性，在结构断面突变处增设贴角和抗剪钢筋，加强桥梁等装配式结构各部件之间的整体连接，在桥梁主梁或预制板与闸墩（或排架）的接合部设置阻滑块；⑤适当增大两岸的边坡系数，防止地震时滑坡。

(9) 天然土质地基上的闸室应注意：①应使闸室上部结构的重心接近底板中心，并严格控制各种运用条件下的基底应力不均匀系数，尽量减小不均匀沉降；②闸室外形应顺直圆滑，保证过闸水流平稳，避免产生振动。

5.2.3 消能与防冲布置

水闸消能防冲布置应根据闸基地质情况、水力条件以及闸门控制运用方式等因素，进行综合分析确定。水闸闸下宜采用底流式消能。当水闸闸下尾水深度较深且变化较小，河床及岸坡抗冲能力较强时，可采用面流式消能。当水闸承受水头较高且闸下河床及岸坡为坚硬岩体时，可采用挑流式消能。当水闸下游水位较浅且水位升高较慢时，除采用底流式消能外，还应增设辅助消能措施。水闸上游防护和下游护坡、海漫等防冲布置应根据水流流态、河床土质抗冲能力等因素确定。土基上大型水闸的上、下游均宜设置防冲槽。双向泄洪的水闸应在上、下游均设置消能防冲设施，挡水水头较高一侧的消力池不设排水孔，兼做防渗铺盖。

5.2.4 防渗与排水布置

水闸防渗排水布置应根据闸基地质条件和水闸上、下游水位差等因素，结合闸室、消能防冲和两岸连接布置进行综合分析确定。

软基上水闸防渗设施有水平防渗和垂直防渗两种型式。水平防渗通常采用黏土铺盖或混凝土铺盖，一般布置在闸室上游，与闸室底板联合组成不透水的地下轮廓线，并在铺盖上游端和闸室下游布置一定深度的齿墙。垂直防渗通常采用混凝土墙（抓斗成槽混凝土截渗墙、水泥土搅拌桩截渗墙、振动沉模混凝土截渗墙、高压喷射水泥土截渗墙等）、板桩等措施，防渗效果较好，但施工相对复杂。砂性土地基应以垂直防渗为主。

岩基上水闸防渗设施通常采用垂直帷幕灌浆。

排水设施有水平排水和垂直排水两种型式。水平排水位于闸基表层，比较浅且要有一定范围。垂直排水由一排或数排滤水井（减压井）组成，主要是排除深层承压水。水闸防渗排水布置应根据闸基地质条件和水闸上、下游水位差等因素，结合闸室、消能防冲和两岸连接布置进行综合分析确定。

双向挡水的水闸应在上、下游设置防渗与排水设施，以挡水水头较大的方向为主，综合考虑闸基底部扬压力分布、消力池（或防渗铺盖）的抗浮稳定性等因素，合理确定双向防渗与排水布置型式。

5.2.5 连接建筑物布置

水闸两岸连接应能保证岸坡稳定，水闸进、出水流平(稳)顺(直)，提高泄流能力和消能防冲效果，满足侧向防渗需要，减轻边荷载对闸室底板的影响，且有利于环境绿化。穿越堤防的水闸应重视上部荷载的变化引起的闸室与连接建筑物之间的不均匀沉降，提出分段填筑的要求，加强分缝、止水等措施。两岸连接布置应与闸室布置相适应。水闸两岸连接宜采用直墙式结构；当水闸上、下游水位差不大时，小型水闸也可采用斜坡式结构，但应考虑防渗、防冲和防冻等问题。

5.2.6 拦沙及排沙设施

闸室一般宜采用平底板，对于多泥沙河道上的水闸可视需要在闸前设置拦沙坎和沉沙池；闸室一般采用单扉门布置，当有特殊需要时（如纳潮、排冰等）也可采用双扉门。

5.3 过流能力与闸室轮廓尺寸

5.3.1 闸孔规模确定（过流能力）

1. 基本资料

（1）过闸设计流量及校核流量。

（2）上、下游河道的水力要素及水位—流量关系曲线。

（3）引水角度及分流比率。

（4）河床及两岸的地质条件和土壤的抗冲能力。

（5）特殊运用要求，包括过船、过鱼、过木、排水、排沙和防淤等运用要求。

2. 堰型及堰顶高程

常用的堰型有宽顶堰和实用堰两种。

宽顶堰流量系数较小（0.32～0.385），但构造简单，施工方便，平原地区水闸多采用该堰型。

当上游水位与闸后渠（河）底间高差大，而又必须限制单宽流量时，可考虑采用实用堰。当地基表层土质较差时，为避免地基加固处理，也可采用实用堰，以便将闸底板底面置于较深的密实土层上。

常用的实用堰有WES堰、克—奥堰、带胸墙的实用堰、折线形低堰、驼峰堰和侧堰等。

宽顶堰与实用堰堰型的比较见表5.3-1。

堰顶高程应根据水闸的任务确定。拦河闸一般与河底相平；分洪闸可布置得比河底高一些，但应满足最低分洪水位时的泄量要求；进水闸堰顶除满足最低取水位时引水流量的要求外，还应考虑拦沙防淤的要求；排水闸的堰顶应布置得尽量低一些，以满足排涝或排碱的要求。设计堰型及堰顶高程应根据水流条件、地质条件、地区条件、运用要求等综合比较确定。

3. 过闸单宽流量

选择过闸单宽流量要兼顾泄流能力与消能防冲这两个因素，并进行必要的比较。为了使过闸水流与下游渠中水流平顺相接，过闸单宽流量与渠道平均单宽流量之比不宜过大，以免过闸水流因不易扩散而引起渠道的冲刷。闸的消力池出口处的单宽流量不宜大于渠道平均单宽流量的1.5倍。

表5.3-1 宽顶堰与实用堰堰型比较

堰型	优点	缺点
宽顶堰	1. 结构简单，施工方便。 2. 自由泄流范围较大，泄流能力比较稳定。 3. 堰顶高程相同时，地基开挖量较小	1. 自由泄流时，流量系数较小。 2. 下游产生波状水跃的可能性较大
实用堰	1. 自由泄流时，流量系数大。 2. 选用适合的堰面曲线，可以消除波状水跃。 3. 堰高较大时，可采用较小断面，水流条件较好	1. 结构较复杂，施工较困难。 2. 淹没度增加时，泄流能力降低较快

过闸单宽流量q可参考表5.3-2选取。对于过闸落差小，下游水深大，闸宽相对河道束窄比例小的水闸，可取表中的较大值。由于水闸下游土质的抗冲流速随下游水深增大而提高，当下游水深较大时，经分析论证或模型试验验证，单宽流量取值可大于表中数值。对于过闸落差大，下游水深小，闸宽相对河道束窄比例大的水闸，以及水闸下游土质的抗冲流速较小时，应取表中的较小值。

表5.3-2 过闸单宽流量q

河床土质	细砂、粉砂、粉土和淤泥	砂壤土	壤土	黏土	砂砾石	岩石
q [$m^3/(s \cdot m)$]	5～10	10～15	15～20	15～25	25～40	50～70

4. 闸室总净宽和单孔净宽

闸室总净宽可按下式估算：

$$B = \frac{Q}{q} \tag{5.3-1}$$

式中 B——闸室总净宽，m；

Q——过闸总流量，m^3/s；

q——过闸单宽流量，$m^3/(s \cdot m)$。

布置闸孔，使各闸孔净宽b之和不小于总净宽，即$\sum b \geq B$。选择闸墩型式和闸墩厚度，拟定闸室总宽度。

闸孔净宽应根据闸的地基条件、运用要求、闸门结构型式、启闭机容量，以及闸门的制作、运输、安装等因素，进行综合分析确定。选用的闸孔净宽应符合《水利水电工程钢闸门设计规范》（SL 74）所规定的闸门孔口尺寸系列标准。初设时，可在表5.3-3范围内选取，一般B较大时，b也应取较大值。

选取平原地区拦河闸的总宽度时，应注意不要过

表 5.3-3　　闸孔净宽 b 参考表

闸门类型	弧形钢闸门		平面定轮钢闸门		平面滑动钢闸门		弧形混凝土闸门		平面定轮混凝土闸门		平面滑动混凝土闸门	
部位	露顶	潜孔	露顶	潜孔	露顶	潜孔	露顶	潜孔	露顶	潜孔	露顶	潜孔
b (m)	6～18	3～12	4～14	3～12	4～16	3～12	4～12	3～10	4～12	3～8	4～10	3～8

分束窄河道。大、中型水闸闸宽与河宽（通过设计流量时的平均过水宽度）的比值为束窄比，一般不宜小于表 5.3-4 所列数值。否则，将会加大连接段的工程量，从而增加工程总造价。

表 5.3-4　　水闸束窄比

河道底宽 (m)	束　窄　比
50～100	0.6～0.75
100～200	0.75～0.85
>200	0.85

5. 过流能力

根据拟定的闸孔型式及尺寸，用堰流或孔流公式计算水闸的泄流能力，并与设计流量（或校核流量）进行比较，二者容许差值应小于 5%，重要工程应通过水工模型试验验证。

凡具有自由表面的水流，受局部的侧向收缩或底坎竖向收缩，而形成的局部降落急变流，称为堰流。若同时受闸门（或胸墙）控制，水流经闸门下缘泄出的，称为闸孔出流（简称孔流）。

堰流和孔流的判断标准见表 5.3-5。

表 5.3-5　堰流和孔流的判断标准

堰　型	堰　　流	孔　　流
宽顶堰	$e/H>0.65$	$e/H\leqslant 0.65$
实用堰	$e/H>0.75$	$e/H\leqslant 0.75$

注　e 为闸门开启高度；H 为堰上水头。

堰流流量的计算公式为

$$Q=\sigma_s \varepsilon m n b\sqrt{2g}H_0^{3/2} \qquad (5.3-2)$$

其中

$$H_0=H+\frac{v_0^2}{2g}$$

式中　b——每孔净宽，m；

n——闸孔孔数；

H_0——包括行近流速水头的堰前水头，m；

v_0——行近流速，m/s；

m——自由堰流的流量系数，它与堰型、堰高等边界条件有关；

ε——侧收缩系数，它反映了由于闸墩（包括翼墙、边墩和中墩）对堰流的横向收缩，使过流宽度减小，局部损失增加，泄流能力减小；

σ_s——淹没系数，当下游水位影响堰的泄流能力时，堰流为淹没堰流，其影响用淹没系数表示。

淹没系数可按以下经验公式计算：

$$\sigma_s=2.31\frac{h_s}{H_0}\left(1-\frac{h_s}{H_0}\right)^{0.4} \qquad (5.3-3)$$

式中　h_s——从堰顶起算的下游水深，m，见图5.3-1。

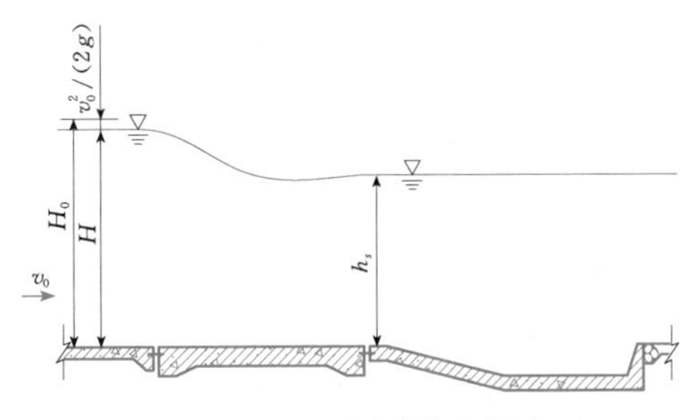

图 5.3-1　堰流计算示意图

自由堰流和淹没堰流的判断标准如下：

$h_s/H_0<0.8$，为自由泄流；$h_s/H_0\geqslant 0.8$，为淹没泄流。

对于平底闸，当堰流处于高淹没度（$h_s/H_0\geqslant 0.9$）时见图 5.3-2，其过流能力也可按下式计算：

$$Q=nb\mu_0 h_s\sqrt{2g(H_0-h_s)} \qquad (5.3-4)$$

$$\mu_0=0.877+\left(\frac{h_s}{H_0}-0.65\right)^2 \qquad (5.3-5)$$

式中　μ_0——淹没堰流的综合流量系数。

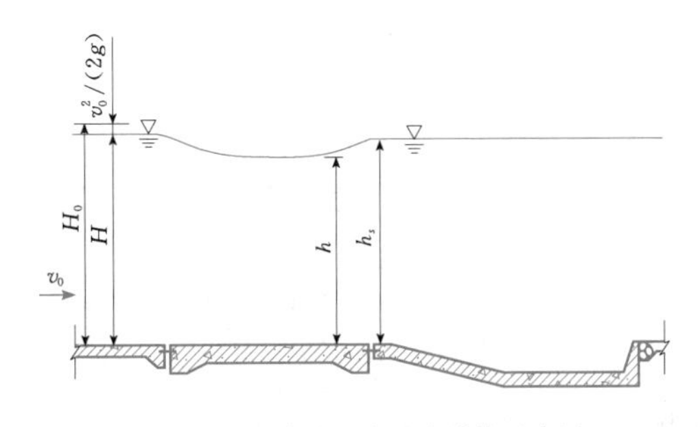

图 5.3-2　高淹没度堰流计算示意图

闸孔出流的泄水能力与闸孔出流的水流流态有关。当闸门下游发生淹没水跃，下游水位影响闸孔的泄流能力时，称为淹没出流。当水跃远离闸门，下游水位不影响闸孔的泄流能力时，则称为自由出流。平板闸门和弧形闸门的自由出流和淹没出流如图 5.3-3 所示，具体判别界限是：

自由出流　　$h_c'' \geqslant h_s$

淹没出流　　$h_c'' < h_s$

式中　h_s——从闸室底板起算的下游水深，m；

h_c''——跃后水深，m；计算公式见式（5.4-2）和式（5.4-3）。

收缩水深 h_c 可用下式计算：

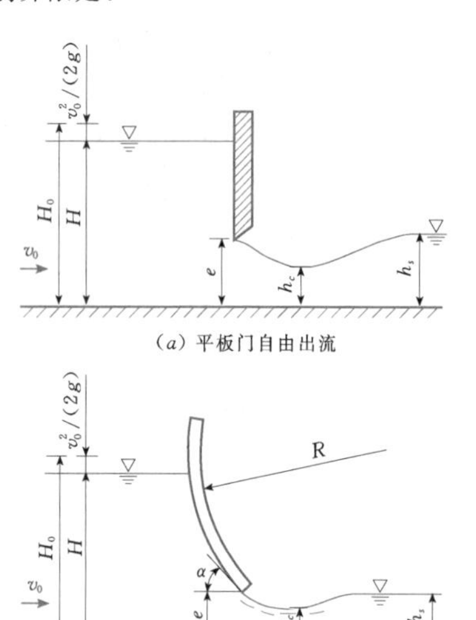

（a）平板门自由出流

（c）弧形门自由出流

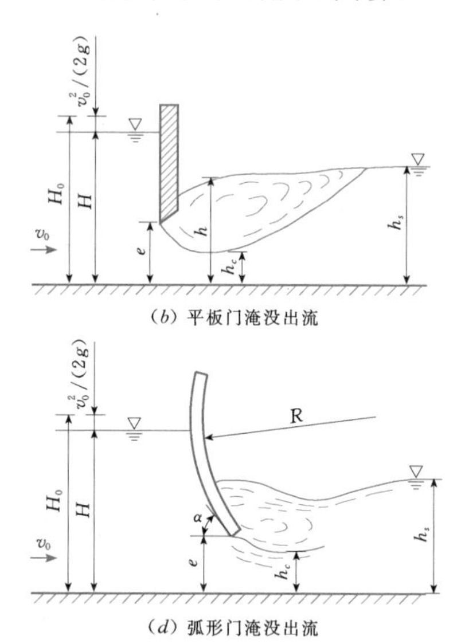

（b）平板门淹没出流

（d）弧形门淹没出流

图 5.3-3　闸孔自由出流和淹没出流示意图

$$h_c = \varepsilon_c e \qquad (5.3-6)$$

式中　ε_c——水流的垂直收缩系数。

对于平板闸门，收缩系数与闸门的相对开度 e/H 有关，其值见表 5.3-6。对于弧形闸门，垂直收缩系数主要取决于弧形闸门底缘的切线和水平线的夹角 α，见表 5.3-7。

表 5.3-6　平板闸门垂直收缩系数

e/H	0.10	0.15	0.20	0.25	0.30	0.35
ε_c	0.615	0.618	0.620	0.622	0.625	0.630
e/H	0.40	0.45	0.50	0.55	0.60	0.65
ε_c	0.630	0.638	0.645	0.650	0.660	0.675

表 5.3-7　弧形闸门垂直收缩系数

α (°)	35	40	45	50	55	60
ε_c	0.789	0.766	0.742	0.720	0.698	0.678
α (°)	65	70	75	80	85	90
ε_c	0.662	0.646	0.635	0.627	0.622	0.620

闸孔出流流量计算公式有下列两种形式：

$$Q = \sigma_s \mu e n b \sqrt{2g(H_0 - \varepsilon_c e)} \qquad (5.3-7)$$

$$Q = \sigma_s \mu_0 e n b \sqrt{2gH_0} \qquad (5.3-8)$$

其中

$$\mu_0 = \mu \sqrt{1 - \varepsilon_c \frac{e}{H_0}}$$

式中　μ、μ_0——闸孔自由出流的流量系数；

σ_s——淹没系数，当闸下为自由出流时，$\sigma_s = 1.0$。

在一般情况下，行近流速水头比较小，计算时常忽略，用 H 代替 H_0 计算。

横向侧收缩对闸孔出流的泄流能力影响较小，当计算闸孔泄流量时一般不予考虑。

对于平底上锐缘平板闸门自由出流情况，可按南京水利科学研究院经验公式计算流量系数 μ_0，其计算公式为

$$\mu_0 = 0.60 - 0.176 \frac{e}{H} \qquad (5.3-9)$$

对于弧形闸门，自由出流时，流量系数可按下式计算：

$$\mu_0 = \left(0.97 - 0.81 \frac{\alpha}{180°}\right) - \left(0.56 - 0.81 \frac{\alpha}{180°}\right) \frac{e}{H} \qquad (5.3-10)$$

式（5.3-10）的应用范围为：$25° < \alpha < 90°$，$0.1 < e/H < 0.65$。

闸门的淹没系数可查表 5.3-8。表 5.3-8 中，$K_z = Z/Z_0$，Z 为闸门上、下游水位差；Z_0 由表 5.3-9 中所列 Z_0/h_k 值计算，$h_k = \sqrt[3]{2q^2/g}$，$q = Q/B$，Q 按自由出流计算。

表 5.3-8 闸下淹没出流的淹没系数 σ_s 值

K_z \ e/H	≤0.30	0.40	0.45	0.50	0.55	0.60	0.65	0.70
0	0	0	0	0	0	0	0	0
0.05	0.178	0.178	0.178	0.178	0.178	0.180	0.196	0.208
0.10	0.252	0.252	0.252	0.258	0.258	0.278	0.299	0.325
0.15	0.310	0.310	0.310	0.326	0.326	0.355	0.379	0.406
0.20	0.359	0.359	0.359	0.380	0.378	0.415	0.444	0.478
0.25	0.403	0.403	0.403	0.435	0.443	0.470	0.499	0.540
0.30	0.445	0.445	0.445	0.481	0.497	0.520	0.549	0.596
0.35	0.482	0.482	0.482	0.524	0.546	0.567	0.596	0.646
0.40	0.518	0.518	0.518	0.567	0.591	0.614	0.641	0.695
0.45	0.553	0.553	0.553	0.605	0.631	0.655	0.685	0.738
0.50	0.587	0.587	0.587	0.644	0.668	0.695	0.729	0.778
0.55	0.620	0.620	0.628	0.685	0.708	0.736	0.772	0.815
0.60	0.652	0.652	0.668	0.725	0.750	0.778	0.815	0.847
0.65	0.684	0.684	0.710	0.767	0.796	0.825	0.858	0.879
0.70	0.717	0.717	0.755	0.815	0.841	0.874	0.908	0.908
0.75	0.750	0.753	0.795	0.864	0.895	0.920	0.930	0.930
0.80	0.784	0.795	0.840	0.910	0.937	0.949	0.949	0.949
0.85	0.821	0.838	0.885	0.945	0.960	0.967	0.967	0.967
0.90	0.860	0.882	0.934	0.971	0.978	0.981	0.981	0.981
0.95	0.906	0.936	0.972	0.989	0.990	0.990	0.990	0.990
1.00	1.000	1.000	1.000	1.000	1.000	1.000	1.000	1.000

表 5.3-9 闸下淹没出流时的 Z_0/h_k 值

H/h_k \ e/H	0.10	0.15	0.20	0.25	0.30	0.35	0.40	0.45	0.50	0.55	0.60
1.4											0.035
1.6							0.019	0.076	0.133	0.187	0.235
1.8				0.010	0.082	0.152	0.219	0.276	0.333	0.337	0.435
2.0		0.045	0.125	0.210	0.282	0.352	0.419	0.476	0.533	0.587	0.635
2.2	0.010	0.245	0.325	0.410	0.482	0.552	0.619	0.676	0.733	0.787	0.835
2.4	0.210	0.445	0.525	0.610	0.682	0.752	0.819	0.876	0.933	0.987	1.035
2.6	0.410	0.645	0.725	0.810	0.882	0.952	1.019	1.076	1.133	1.187	1.235
2.8	0.610	0.845	0.925	1.010	1.082	1.152	1.219	1.276	1.333	1.387	1.435
3.0	0.810	1.045	1.125	1.210	1.282	1.352	1.418	1.476	1.533	1.587	1.635
3.2	1.010	1.245	1.325	1.410	1.482	1.552	1.619	1.676	1.733	1.787	1.835
3.4	1.210	1.445	1.525	1.610	1.682	1.752	1.819	1.876	1.933	1.987	2.035
3.6	1.410	1.645	1.725	1.810	1.882	1.952	2.019	2.076	2.133	2.187	2.235
3.8	1.610	1.845	1.925	2.010	2.082	2.152	2.219	2.276	2.333	2.387	2.435
4.0	1.810	2.045	2.125	2.210	2.282	2.332	2.410	2.476	2.533	2.587	2.635

对于带胸墙的平底闸闸孔出流（见图5.3-4），其流量计算公式为

$$Q=\sigma_s B\mu h_s\sqrt{2g(H_0-h_s)} \tag{5.3-11}$$

$$\mu=\varphi\varepsilon_c\sqrt{1-\frac{\varepsilon_c h_e}{H}} \tag{5.3-12}$$

$$\varepsilon=\frac{1}{1+\sqrt{\lambda\left[1-\left(\frac{h_e}{H}\right)^2\right]}} \tag{5.3-13}$$

$$\lambda=\frac{0.4}{2.718^{16\frac{r}{h_e}}} \tag{5.3-14}$$

式中 h_e——孔口高度；

h_s——从堰顶起算的下游水深，m；

B——闸孔总净宽；

μ——孔流流量系数；

φ——孔流流速系数，一般为0.95～1.0；

ε_c——孔流垂直收缩系数；

r——胸墙底圆弧半径。

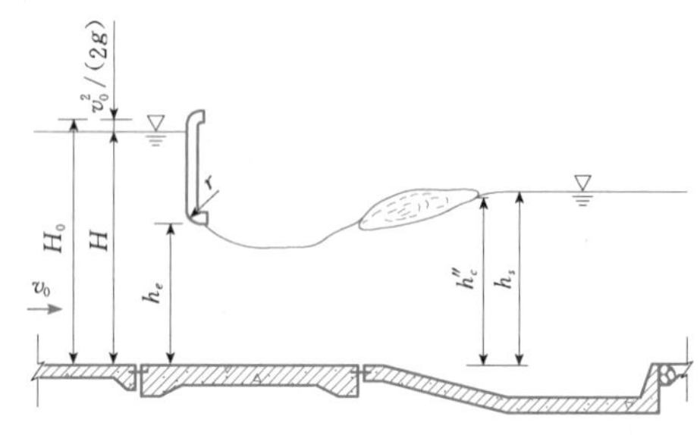

图5.3-4 平底闸闸孔出流示意图

式(5.3-14)的适用范围是$0<r/h_e<0.25$。孔流淹没系数σ_s可由表5.3-10查得，表中h_c''为跃后水深。

表5.3-10 平底闸孔流淹没系数

$\frac{h_s-h_c''}{H-h_c''}$	≤0	0.1	0.2	0.3	0.4	0.5	0.6	0.7
σ_s	1.00	0.86	0.78	0.71	0.66	0.59	0.52	0.45
$\frac{h_s-h_c''}{H-h_c''}$	0.8	0.9	0.92	0.94	0.96	0.98	0.99	0.995
σ_s	0.36	0.23	0.19	0.16	0.12	0.07	0.04	0.02

5.3.2 挡潮闸水力计算要点

1. 挡潮闸孔径确定

设置在感潮河段上的挡潮闸，因闸下河段的水位和流量受潮汐影响，故流态为变量变速流。因此，需要对河口潮汐资料进行分析，选择泄水期可能出现的最不利潮型作为水力计算时的标准潮型，并据此绘出闸下潮汐水位变化过程线及闸下水位、泄量与潮位关系曲线。

挡潮闸的正常运用方式为：当涨潮水位等于闸上水位时，闭闸挡潮；当落潮水位略低于闸上水位时，开闸泄水。我国沿海多为半日潮型，闸门每日启闭两次，因此，闸的上游河段成为一个半日调节的河川水库，流态为变量变速流。

变量变速流计算的基本公式为动力平衡方程式和水流连续方程式，即

$$J=\frac{U^2}{C^2R}+\frac{1}{g}\left(U\frac{dU}{dx}+\frac{dU}{dt}\right)$$

$$dQ=-\frac{dS}{dt} \tag{5.3-15}$$

式中 J、U、C、R——计算断面比降、平均流速、谢才系数及水力半径；

g——重力加速度，取9.81m/s²；

t——计算时间，s；

x——河道计算长度，m；

Q——计算河段的进、出口流量，m³/s；

S——计算河段的蓄量，m³。

式（5.3-15）可采用有限差分形式求解。一般方法是：将河道分段，利用表格及辅助曲线求出各河段的水力特征值，始末断面的始水位—末水位—流量关系曲线及始水位—末水位—蓄量关系曲线；根据关闸期间闸址处河段出流量为0的条件，从回水终点开始，按照基本公式用试算法逐时、逐段进行计算，求出闸上水位变化过程线。

当计算至闸上水位与落潮时闸下潮汐水位相平时，即可进行开闸泄流计算。按照闸址处河段的出流量应与过闸泄量相等的条件（各时段的过闸泄量可根据初拟闸宽，用堰流或孔流公式求得），仍可采用上述方法，经过逐时、逐段计算，求出开闸期间闸上水位变化过程线及流量过程线。

开闸泄流算至闸上水位与闸下潮汐水位相平时为止。关闸及开闸一个周期应约等于12h。挡潮闸的平均泄量即可根据开闸期间的流量过程线求得。

潮汐河口的泄流不仅与闸宽有关，而且与闸上河段断面（蓄量）有关，在计算时可根据不同的河宽与闸宽方案，进行综合经济比较，择其最优方案确定挡潮闸孔径。

2. 挡潮闸堰顶高程的选择与闸顶高程的计算

挡潮闸的堰顶高程，在冲淤平衡或淤积量小的河口，应尽量选择低一些，以减小闸宽和降低泄洪水位。在淤积比较严重的河口，堰顶高程选择过低，往往会造成淤积加重，应根据河口淤积现状和清淤能力来确定适宜的堰顶高程。

挡潮闸顶高程H可按下式计算：

$$H=h_1+h_2+h_3+h_4 \tag{5.3-16}$$

式中 h_1——建闸前设计最高潮水位，m，根据河

口潮汐统计资料，求出与建筑物等级相吻合的某一频率时的最高潮水位；

h_2——建闸后关闸壅高，m；

h_3——浪高，m；

h_4——安全超高，m。

3. 挡潮闸消能计算要点

挡潮闸消能计算时应考虑一个周期的潮位过程，选择最不利的工况计算。

5.3.3　闸室轮廓尺寸

闸室各部位结构尺寸可按下述方法确定：先初拟各部位结构尺寸，然后再根据不同的受力状态，通过稳定分析和内力计算后合理确定。

1. 底板

底板顺水流方向的长度可根据地基条件、挡水高度、上部结构的布置及闸门型式要求确定，并应满足闸室整体抗滑稳定、地基承载力和地基承载力不均匀系数的要求，一般可参考表5.3-11选取。

表5.3-11　水闸底板顺水流方向长度与最大水位差的比值

闸基土质	砂砾土和砾土	砂性土和砂壤土	黏壤土	黏　土
比值	1.5～2.0	2.0～2.5	2.0～3.0	2.5～3.5

底板垂直水流方向的宽度，与闸室结构型式、闸孔净宽 b 和闸孔数有关。地基条件一般的多孔水闸可采用整体式平底板，一般取两孔一联，小型水闸也可取三孔一联或四孔一联，与两岸连接一般需采用岸墙连接，见图5.3-5(*a*)。坚硬地基或采用灌注桩基础的多孔水闸可采用⊥—⊥形分离式底板，底板挑出闸墩的宽度可取为(0.1～0.5)b，中底板宽度可取为(0.8～0)b，与两岸连接一般需采用岸墙连接，见图5.3-5(*b*)。地基条件较好、相邻闸墩之间不致产生较大不均匀沉降的多孔水闸可采用⊥⊥—⊥⊥形分离式底板，与两岸连接一般需采用边墩连接，见图5.3-5(*c*)。坐落在土基上的水闸底板垂直水流方向宽度不宜超过35m，岩基上的宽度不宜超过20m。

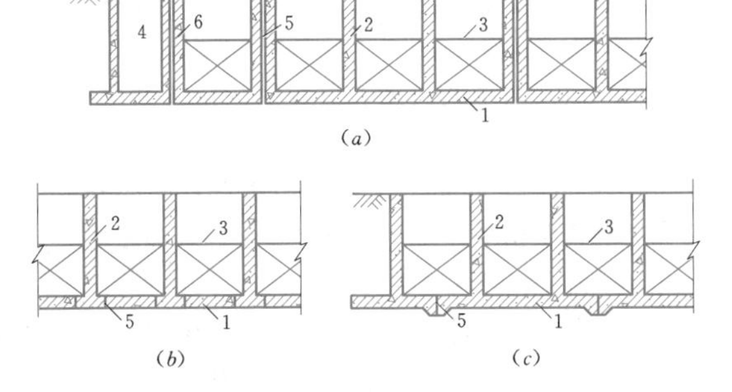

图5.3-5　水闸底板示意图

1—底板；2—中墩；3—闸门；4—岸墙；5—沉降缝；6—边墩

水闸底板的厚度，可根据地基条件、闸室型式和闸孔净宽 b 确定，并应满足结构计算强度的要求，一般可参考表5.3-12拟定。

表5.3-12　水闸底板厚度参考表

结构型式		底板厚度（m）	
		估算公式	参考尺寸
整体式平底板		(1/5～1/8)b	1.0～2.5
⊥—⊥形分离式底板	墩底板	(1/5～1/8)b	1.0～2.0
	中底板	(1/10～1/15)b	0.5～1.0
⊥⊥—⊥⊥形分离式底板		(1/6～1/10)b	1.0～2.5

2. 闸墩

(1) 平面轮廓。闸墩结构型式应根据闸室结构抗滑稳定性和闸墩纵向刚度要求确定，一般宜采用实体式。闸墩的外形轮廓设计应能满足过闸水流平顺、侧向收缩小、过流能力大的要求。

一般采用上游为半圆形、下游为流线形或尖角形的闸墩。闸墩长度一般由上部结构的布置要求决定，闸墩厚度 d 除应满足结构安全外，还应注意与闸的整体外形相协调，可参考表5.3-13选取。

表5.3-13　闸墩厚度参考表　　单位：m

闸孔净宽	闸墩厚度		
	中　墩	缝　墩	边　墩
3～5(小跨度)	0.8～1.0	2×0.6～2×0.8	0.8～1.0
5～10(中等跨度)	1.0～1.3	2×0.8～2×1.0	0.8～1.3
10～15(大跨度)	1.3～1.8	2×1.0～2×1.5	1.3～1.8
15～20(特大跨度)	1.8～2.5	2×1.5～2×2.0	1.8～2.5

墩厚0.4m，施工困难，仅用于低矮闸墩，平面闸门闸墩门槽处最小厚度不宜小于0.4m。

(2) 墩顶高程。水闸闸顶高程应根据挡水和泄水两种运用情况确定。挡水时，闸顶高程不应低于水闸正常蓄水位（或最高挡水位）、波浪计算高度与相应安全超高值之和；泄水时，闸顶高程不应低于设计洪水位（或校核洪水位）与相应安全超高值之和。水闸安全超高下限值见表5.3-14。

表 5.3-14　水闸安全超高下限值　　单位：m

运用情况 \ 水闸级别		1	2	3	4、5
挡水时	正常蓄水位	0.7	0.5	0.4	0.3
	最高挡水位	0.5	0.4	0.3	0.2
泄水时	设计洪水位	1.5	1.0	0.7	0.5
	校核洪水位	1.0	0.7	0.5	0.4

位于防洪（挡潮）堤上的水闸，其闸顶高程不得低于防洪（挡潮）堤堤顶高程。闸顶高程的确定，还应考虑软弱地基上闸基沉降的影响，多泥沙河流上、下游河道变化引起水位升高或降低的影响，防洪（挡潮）堤上水闸两侧堤顶可能加高的影响等。

（3）门槽尺寸。工作闸门门槽应设在闸墩水流较平顺部位，其宽深比宜取 1.6～1.8。根据管理维修需要设置的检修闸门门槽，其与工作闸门门槽之间的净距离不宜小于 1.5m。常用四主轮平面闸门的门槽尺寸可按下式估算：

$$\text{门槽宽}\quad W = 0.035H\sqrt{b_0} + 0.05 \tag{5.3-17}$$

$$\text{门槽深}\quad D = \left(\frac{1}{1.4} \sim \frac{1}{2.5}\right)W \tag{5.3-18}$$

式中　H ——闸门挡水高度；

　　　b_0 ——闸门净宽。

升卧式闸门的门槽断面尺寸也可用式（5.3-17）或式（5.3-18）估算。门槽倾斜端上端终点高程，应保证闸门平卧后高于最高泄流水位。为防止磨损封水橡皮，在闸门运行范围内，闸墩混凝土表面应局部减薄 0.5～1.0cm。门槽内的安装孔和检修孔，其尺寸应略大于主轮直径。升卧式闸门门槽的外形尺寸的拟定，见图 5.3-6 和表 5.3-15。

表 5.3-15　升卧式闸门门槽外形尺寸参考表

闸门型式			向上游回转的升卧式闸门	向下游回转的升卧式闸门
铅直段高度 S			$S \geqslant H$	$S \geqslant 0.8H$
圆弧段	上游边	圆弧半径 R	$R \geqslant 0.3H$	铅直布置
		圆心角 α	$\alpha = 90°$	
	下游边	圆弧半径 R	$R \geqslant 0.3H + W$	$R \geqslant 0.2H$
		圆心角 α	α 取为 80°～70°	α 按计算决定
倾斜段		水平长度 C	$C = M + d + \delta$	$C = M + d + \delta$
		倾角 β	$\beta = 90° - \alpha$	$\beta = 90° - \alpha$

注　1. 圆心角 α 由圆心坐标和倾斜段上端点坐标相对位置，用几何公式计算，α 一般取 50°～70°；
　　2. 安全裕量 δ 一般取 3～5cm。

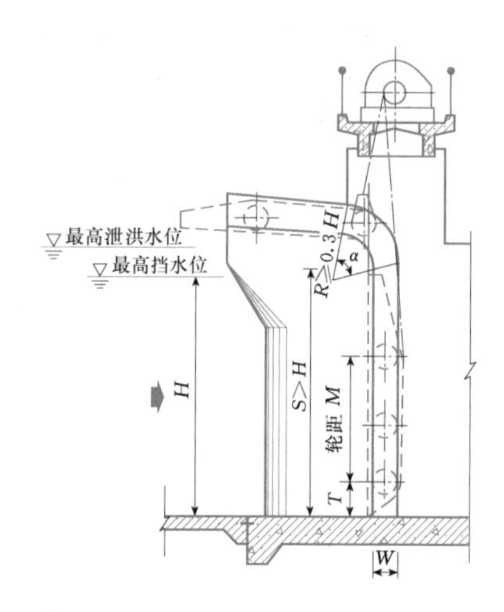

（a）向上游翻转的升卧式门槽

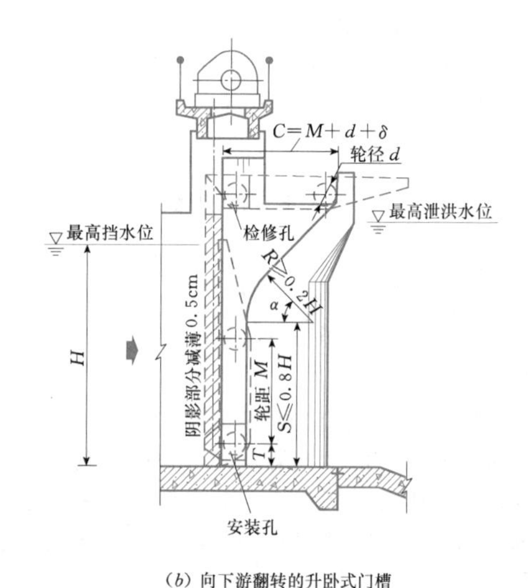

（b）向下游翻转的升卧式门槽

图 5.3-6　升卧式闸门门槽

检修闸门的门槽尺寸也可参考表 5.3-15。

3. 边墩、岸墙及刺墙

兼做岸墙的边墩，墩身及基础尺寸可按挡土墙拟定；重力式岸墙的背水面边坡系数由稳定计算确定，一般可取为 0.3～0.5。

刺墙插入两岸的长度，应按侧向绕渗要求确定，初拟时可取为 1～2 倍水头值，厚度一般为 0.4～0.8m，顶部等于或略低于最高挡水位，底部一般与闸室底板底面相平，并与底板防渗轮廓线相适应。

4. 闸门及胸墙

大、中型水闸的工作门多采用平面闸门、弧形闸门、拱形闸门和薄壳闸门等型式。露顶式工作闸门的安全超高在最高挡水位以上，一般取为 0.3～0.5m。

检修闸门多采用平面闸门或叠梁闸门，门顶高程由检修条件决定。检修闸门通常设置在工作闸门上游，有特殊要求时，也可在工作闸门下游增设一道检修闸门。

在满足泄流要求时，可以在闸门顶部设置胸墙挡水。跨度较小的胸墙，可做成厚 0.3～0.6m 的楔形板；跨度较大的胸墙，可做成板梁式结构。初拟时顶梁厚度取为(1/12～1/15)b，底梁厚度取为(1/8～1/9)b，b 为闸孔净宽。

5. 工作桥、交通桥

工作桥的梁高一般取为跨径的 1/8～1/10。梁底高程应保证闸门全开后，闸门底高于最高泄流水位。桥面宽度，根据启闭机及电气设备布置的要求和运行管理方便而定，但不应小于 3m。

水闸按照交通要求设置的公路桥、农用桥或人行便桥，可参照公路交通部门相关规范设计。

6. 上、下游连接段

水闸上、下游连接段各部位的结构型式及轮廓尺寸，应根据防渗、防冲和稳定计算确定，可参考表 5.3-16 选取。

表 5.3-16　水闸上、下游连接段参考尺寸

部位	结构型式		参考尺寸（m）		扩散角	备注
			长度	厚度		
铺盖	混凝土防渗板		(2～4) ΔH	0.4～0.6		ΔH 为上、下游最大水位差；砌石抗冲护面厚 0.3～0.4m，混凝土抗冲护面厚 0.1～0.2m
	黏土、三合土铺盖			(1/4～1/6) ΔH，且≥1.0		
	水泥土、沥青混凝土铺盖			(1/10～1/20) ΔH，且≥0.5		
上游护底	砌石护底		(3～5) H	0.3～0.5		H 为上游设计泄流水深；砌石底部设砂石垫层厚 0.1～0.15m
护坦	消力池	陡坡段	$md+\delta$	0.7～1.2		池深 d 一般为 1.0～2.5m，陡坡段纵坡 m=3～5，δ 为安全裕量；一般在池身段底部靠下游设反滤层
		池身段	(2～3.5) ΔH	0.5～1.0		
	消力槛		(3～5) ΔH	0.6～1.2		
海漫	混凝土海漫		5～10	0.3～0.5		水平段长 5～15m；斜坡段纵坡 m=10～20；垂直下降高度 1～2m。混凝土海漫底部设反滤层，砌石海漫底部设砂石垫层
	砌石海漫		(3～6) ΔH	0.3～0.5		
防冲槽	上游防冲槽			1		厚度指抛石厚度。抛石坑的上、下游坡可取为 1∶2～1∶5，纵坡与两岸河坡相同
	下游防冲槽			1～2		
翼墙	上游翼墙		(4～6) H		每侧 12°～18°	圆弧形翼墙的圆弧半径 R=(4～8)H，L_h 为护坦长度
	下游翼墙		(1～1.5) L_h		每侧 7°～12°	
护坡	现浇混凝土护坡	温暖地区	上游护坡一般自铺盖始端再向上游延伸(2～3)H；下游护坡一般自防冲槽末端再向下游延伸(4～6)H	0.2～0.3		表列数字未包括垫层厚度；砂石垫层厚度一般为 0.10～0.15m，严寒地区应按照当地冻土深度适当加大护坡和垫层的总厚度
		寒冷地区		0.3～0.5		
	预制混凝土护坡			0.1～0.2		
	混凝土框格护坡	肋部		0.1～0.2		
		抹面混凝土		0.05～0.08		
	砌石护坡			0.3～0.5		
反滤排水	人工筛选滤料 2～4 层		(1/2～1/3) L_h	0.5～0.6		排水孔间距 1～2m，布设排数不少于 4～6 排

5.4　消能与防冲

5.4.1　消能工型式

消能设施的布置型式要根据工程的具体情况经技术经济比较后确定。水闸工程一般建在软土地基上，承受水头不高，且下游抗冲能力较低，多采用底流式消能。下挖式消力池、突槛式消力池或综合式消力池是底流式消能的三种主要型式。

当闸下尾水深度小于跃后水深时，可采用下挖式消力池消能，见图5.4-1。消力池深度一般为1.0～3.0m，消力池与闸室底板之间用斜坡段连接，常用坡度为1∶3～1∶5。当消力池深度不超过1.0m，且闸门后的闸室底板较长时，也可将闸门后的部分闸室底板用1∶4斜坡降至消力池底部高程，作为消力池的一部分。

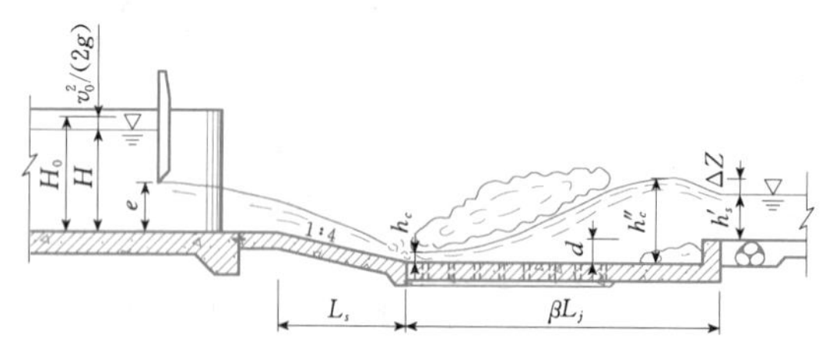

图5.4-1　下挖式消力池示意图

当计算的消力池深度超过3.0m时，如采用一级消能，消力池的工作条件十分复杂，消力池底板的稳定性需要慎重对待，避免影响闸室和下游翼墙的稳定。

当闸下尾水深度略小于跃后水深时，可采用突槛式消力池消能，见图5.4-2。当闸下尾水深度远小于跃后水深，且计算消力池深度又较深时，可采用下挖式消力池与突槛式消力池相结合的综合式消力池消能，见图5.4-3。

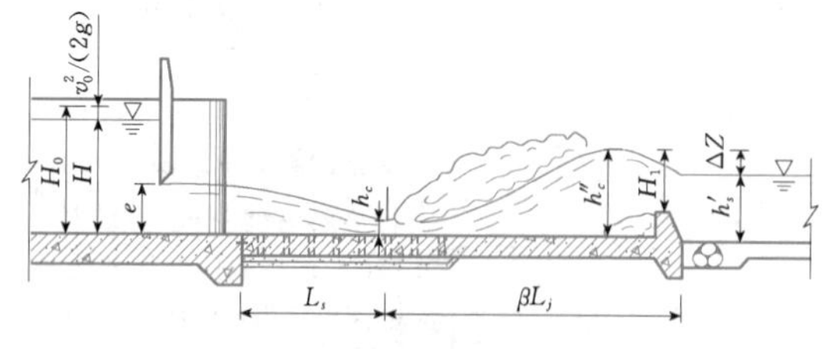

图5.4-2　突槛式消力池示意图

当水闸上、下游水位差较大，且尾水深度较浅时，宜采用二级或多级消力池消能。尽管各级消力池的总长度增加，但消力池底板厚度可以减薄，水闸总的消能防冲工程量并不会显著增加，且在技术上更为可靠。

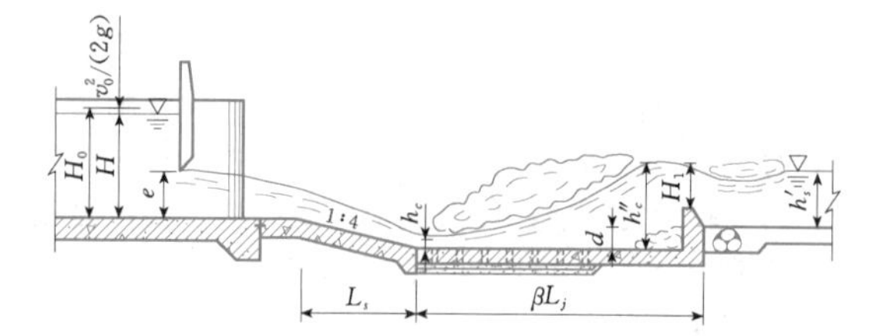

图5.4-3　综合式消力池示意图

当水闸闸下尾水深度较深，且变化较小，河床及岸坡抗冲能力较强时，可采用面流式消能，可分为戽斗面流式消能和跌坎面流式消能两类，在工程中多采用跌坎面流式消能，其特点是用跌坎把高速水舌导向下游水面。在跌坎之后，水舌纵向扩散，并在底部形成充分发育的横轴漩滚，通过表层主流与底层漩滚之间的剪切和掺混作用而达到消能的目的。这种消能方式对尾水位的变化敏感，适用条件比较苛刻。面流式消能的优点是有利于泄放冰凌和漂浮物，闸下可不设海漫。

当水闸承受水头较高，且闸下河床及岸坡为坚硬岩体时，可采用挑流式消能。

在夹有较大砾石的多泥沙河流上的水闸，不宜设消力池，可采用抗冲耐磨的斜坡护坦与下游河道连接，末端应设防冲墙。在水流流速较高部位，应采取适当的抗磨蚀措施。

对于大型多孔水闸，在控制运用中经常只需开启部分闸孔，此时设置隔墩或导墙进行分区消能防冲布置，对改善下游的流态有利。

5.4.2　设计条件

水闸闸下消能防冲设施必须在各种可能出现的水力条件下，都能满足消散动能与均匀扩散水流的要求，且应与下游河道有良好的衔接。

消能工设计条件应根据闸基地质情况、水力条件以及闸门控制运用方式等因素，并考虑水闸建成后上、下游河床可能发生淤积或冲刷下切，以及闸下水位的变动等情况对消能防冲设施产生的不利影响，进行综合分析确定。

选用单宽流量时，应综合考虑下游河床地质条件，上、下游水位差，下游水深，闸室总宽度与河道宽度的比值，闸的结构构造特点和消能防冲设施等因素。过闸单宽流量可按表5.3-2选取。

不同类型的水闸，其泄流特点各不相同，因而控制消能设计的水力条件也不尽相同。应考虑运行方式和运用过程中可能出现的各种不利情况。

（1）对于拦河节制闸，选取保持闸上最高蓄水位不变的情况下，泄放不同流量时对应的下游最不利水位情况作为消能设计的控制条件。

(2) 当闸的下游河道已渠化时，可采用闸门分级开启的运行方式，此时应考虑下一级的蓄水位对闸下水位的影响。

(3) 分洪闸应根据下游条件（分洪道或行、蓄洪区）及规划要求，考虑充水时间对闸下水位的影响，没有分洪道的分洪闸可考虑下游无水。

(4) 排水闸（排涝闸）宜以冬、春季蓄水期通过排涝流量为控制消能设计的水力条件。

(5) 挡潮闸宜以蓄水期排泄上游多余来水量需用闸门控制泄水时，上、下游可能出现较大的水位差为控制消能设计的水力条件。

水闸闸门的控制运用应根据水力设计或水工模型试验成果提出的具体要求，制订合适的闸门控制运用方式，规定闸门的启闭顺序和开度，特别要注意避免闸门停留在可能造成较大振动的开度区，避免不良流态及对闸室结构的不利影响。

当闸门开度为门前总水头的约 0.1～0.2 倍时，门体容易产生振动；当闸门开度为门前总水头的 0.45～0.5 倍时，门前将可能出现剧烈的立轴旋涡和吸气漏斗，出闸水流不稳定，也容易引起门体振动。闸门的控制运用既要避免闸门出现振动，又要保证在任何情况下水跃均完整地发生在消力池内。闸门尽量同时均匀分级启闭，如不能全部同时启闭，可由中间孔向两侧分段、分区对称启闭或隔孔对称启闭，关闭时与上述顺序相反。

5.4.3 消能防冲计算及消能工尺寸确定

5.4.3.1 消能防冲计算

在设计时，应对可能出现的各种水力条件及最不利的水位组合情况进行计算，以确定消能工的体型和尺寸。

1. 底流式消能计算

(1) 底流式消力池深度和长度计算，计算示意图如图 5.4-4 所示。

$$d = \sigma_0 h_c'' - h_s' - \Delta Z \qquad (5.4-1)$$

$$h_c'' = \frac{h_c}{2}\left(\sqrt{1+\frac{8\alpha q^2}{g h_c^3}}-1\right)\left(\frac{b_1}{b_2}\right)^{0.25} \qquad (5.4-2)$$

$$h_c^3 - T_0 h_c^2 + \frac{\alpha q^2}{2g\varphi^2} = 0 \qquad (5.4-3)$$

$$\Delta Z = \frac{\alpha q^2}{2g\varphi^2 h_s'^2} - \frac{\alpha q^2}{2g h_c''^2} \qquad (5.4-4)$$

式中 d——消力池深度，m；

σ_0——水跃淹没系数，可采用 1.05～1.10；

h_c''——跃后水深，m；

h_c——收缩水深，m；

α——水流动能校正系数，可采用 1.0～1.05；

q——过闸单宽流量，$m^3/(s \cdot m)$；

b_1——消力池首端宽度，m；

b_2——消力池末端宽度，m；

T_0——由消力池底板顶面算起的总势能，m；

ΔZ——出池落差，m；

h_s'——出池河床水深，m；

φ——流速系数，一般取 0.95。

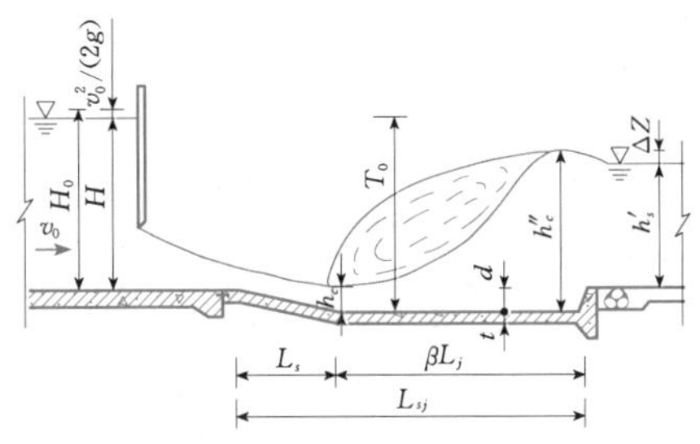

图 5.4-4 消力池计算示意图

消力池的长度按如下经验公式计算确定：

$$L_{sj} = L_s + \beta L_j \qquad (5.4-5)$$

$$L_j = 6.9(h_c'' - h_c) \qquad (5.4-6)$$

式中 L_{sj}——消力池长度，m；

L_j——水跃长度，m；

L_s——消力池斜坡段水平投影长度，m；

β——水跃长度校正系数，可采用 0.7～0.8。

(2) 底流式消力槛高度计算，计算示意图如图 5.4-5 所示。

$$c = h_t' - H_1 \qquad (5.4-7)$$

其中 $$h_t' = \sigma_0 h_c''$$

$$H_1 = \left(\frac{q}{m\sqrt{2g}}\right)^{2/3} - \frac{q^2}{2g h_c''^2} \qquad (5.4-8)$$

式中 h_t'——池中水深，m；

m——流量系数；

H_1——槛上水深，由堰流公式推求，可先不考虑淹没影响，m。

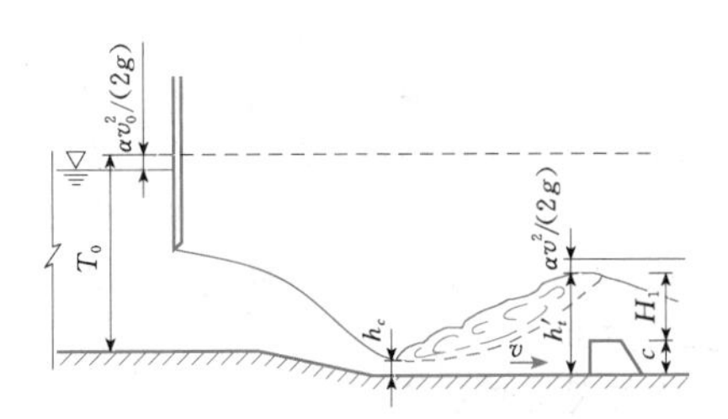

图 5.4-5 消力槛计算示意图

已知 q、T_0，得知 h''_c，即可由式（5.4-7）和式（5.4-8）求出槛高。

2. 面流式消能计算

面流式消能分为戽斗面流式和跌坎面流式两类，设计应根据水闸的各级流量和可能组合的相应水位进行水力计算。戽斗面流式消能主要是选择合适的戽斗体型，如连续式、齿槽式，以确定戽斗半径、仰角和戽坎高度等；跌坎面流式消能一般为连续坎，设计主要是选择合适的跌坎体型，以确定跌坎高度、跌坎仰角、反弧半径和跌坎长度等，跌坎计算示意图见图5.4-6。

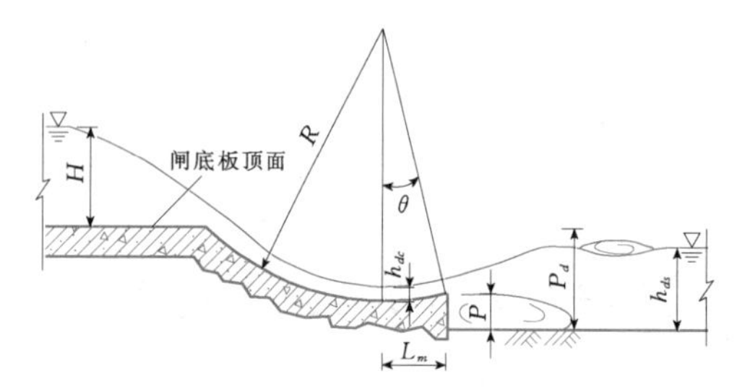

图5.4-6 跌坎计算示意图

选定的跌坎高度应符合式（5.4-9），选定的跌坎坎顶仰角 θ 宜在0°～10°范围内。选定的跌坎反弧半径 R 不宜小于跌坎上收缩水深的2.5倍。选定的跌坎长度 L_m 不宜小于跌坎上收缩水深的1.5倍。

$$\left.\begin{aligned}P &\geqslant 0.186\frac{h_k^{2.75}}{h_{dc}^{1.75}}\\ P &< \frac{2.24h_k-h_{ds}}{1.48\dfrac{h_k}{P_d}-0.84}\\ P &> \frac{2.38h_k-h_{ds}}{1.81\dfrac{h_k}{P_d}-1.16}\end{aligned}\right\} \qquad (5.4-9)$$

式中 P——跌坎高度，m；

h_k——跌坎上的临界水深，m；

h_{dc}——跌坎上的收缩水深，m；

h_{ds}——跌坎后的河床水深，m；

P_d——闸底板顶面与下游河底的高差，m。

戽斗式、跌坎式面流的水力计算可参考本卷第1章1.8节的有关内容。

由于采用面流式消能，水流表面流速大，且在较长的范围内存在较多的涌浪和漩滚，对下游两岸岸坡冲刷的问题较为突出，为此，需在跌坎下游修建导墙和护岸工程；同时为了防止闸基受底部回流的淘刷，以保障跌坎坎脚的安全，也需在跌坎下游修建一定长度的混凝土护坦。

3. 挑流式消能计算

挑流式消能设计应根据水闸的各级流量进行水力计算，选定挑流鼻坎坎顶高程、反弧半径和挑角等，计算下泄水流的挑射距离及最大冲坑深度，并采取必要的防护措施。挑流式消能在水闸工程中较少采用，必要时可参考第1章1.7节。

5.4.3.2 消能工(包括海漫与防冲槽)的构造及布置

消力池底板一般采用混凝土或钢筋混凝土结构，底板厚度根据抗冲和抗浮要求分别计算确定，并取计算结果的大值。厚度一般为等厚或沿水流方向逐渐减小，末端采用始端厚度的一半。根据我国已建水闸工程的实践经验，消力池底板末端厚度不应小于0.5m。

抗冲要求 $$t = k_1\sqrt{q\sqrt{\Delta H'}} \qquad (5.4-10)$$

抗浮要求 $$t = k_2\frac{U-W\pm P_m}{\gamma_b} \qquad (5.4-11)$$

式中 t——消力池底板始端厚度，m；

$\Delta H'$——闸孔泄水时的上、下游水位差，m；

k_1——消力池底板计算系数，可采用0.15～0.20，设计水位差取上限，最大水位差取下限；

k_2——消力池底板安全系数，可采用1.1～1.3；

U——作用在消力池底板底面的扬压力，kPa；

W——作用在消力池底板顶面的水重，kPa；

P_m——作用在消力池底板上的脉动压力，kPa，其值可取跃前收缩断面流速水头值的5%，通常计算消力池底板前半部的脉动压力时取“+”号，计算消力池底板后半部的脉动压力时取“-”号；

γ_b——消力池底板的饱和重度，kN/m³。

消力池底板厚度也可采用式（5.4-12）计算：

$$K_f = \frac{P_1+P_2+P_3}{Q_1+Q_2} \qquad (5.4-12)$$

式中 K_f——抗浮稳定安全系数，可取1.0～1.2，应根据工程等级、枢纽布置、地基特性、计算情况等选用，校核情况下 K_f 值可取下限；

P_1——护坦自重，kN，按混凝土重度计算；

P_2——护坦顶面上的时均压力，kN；

P_3——当采用锚固措施时，地基的有效自重，kN；

Q_1——护坦顶面上的脉动压力，kN；

Q_2——护坦底面上的扬压力，kN。

消力池底板抗浮稳定应按下列情况分别计算：①宣泄消能防冲的设计洪水流量或小于该流量的控制流量；②宣泄消能防冲的校核洪水流量；③消力池排水检修；④地下水位高于上游。同时应根据具体条件分析闸门启闭的不利情况并进行复核。必要时，应将排水设施局部或全部失效情况作为校核情况，复核护坦的稳定。

为减小渗透压力，可在消力池中设置垂直排水孔和铺设反滤层，如图 5.4-7 所示。排水孔间距可取 1.0m，直径为 50～100mm。对于存在多层透水层的复杂地基或粉细砂地基，可设置减压井或加大排水孔直径。

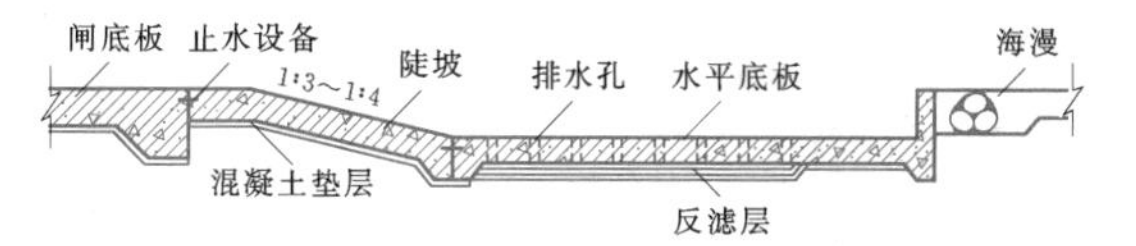

图 5.4-7 消力池结构剖面图

为增强消力池的整体稳定性，土基上的消力池垂直水流方向一般不分缝，长度大于 20m 时，可在消力池斜坡段末端分缝；岩基上或有抗冻胀要求的消力池顺水流方向和垂直水流方向均应分缝，缝距 8～15m，顺水流方向缝宜与闸室分缝错缝布置。有防渗要求的缝需要设置止水。

消力池底板的内力较小，一般可按构造配筋。平面尺寸较大时，可按弹性地基梁计算。消力池较深，边荷载较大时，侧墙外侧底板和消力池尾槛的配筋按悬臂梁计算确定。

为消刹出池水流的剩余能量，消力池后均应设海漫和防冲槽（或防冲墙）。

海漫的长度取决于消能后剩余能量的大小和河床土质的抗冲能力。当 $\sqrt{q_s\sqrt{\Delta H'}}=1\sim9$ 时，且消能扩散良好时，海漫长度计算可按下列公式计算：

$$L_p = K_s\sqrt{q_s\sqrt{\Delta H'}} \qquad (5.4-13)$$

式中 L_p——海漫长度，m；

q_s——消力池末端单宽流量，$m^3/(s\cdot m)$；

K_s——海漫长度计算系数，可由表 5.4-1 查得，消能设施及下游扩散条件较好时取下限，反之取上限。

表 5.4-1 海漫长度计算系数

河床土质	粉砂、细砂	中砂、粗砂、粉质壤土	粉质黏土	坚硬黏土
K_s	14～13	12～11	10～9	8～7

海漫应具有一定的柔性、透水性、表面粗糙性，其构造和抗冲能力应与水流流速相适应，海漫构造图和海漫结构布置图如图 5.4-8、图 5.4-9 所示。海漫宜做成等于或缓于 1∶10 的斜坡。

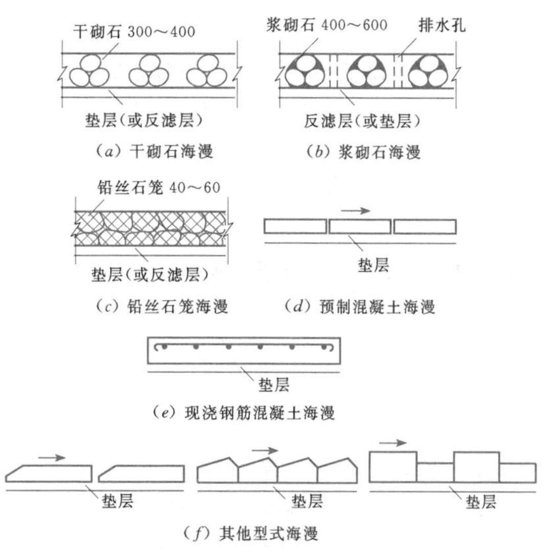

图 5.4-8 海漫构造图（单位：mm）

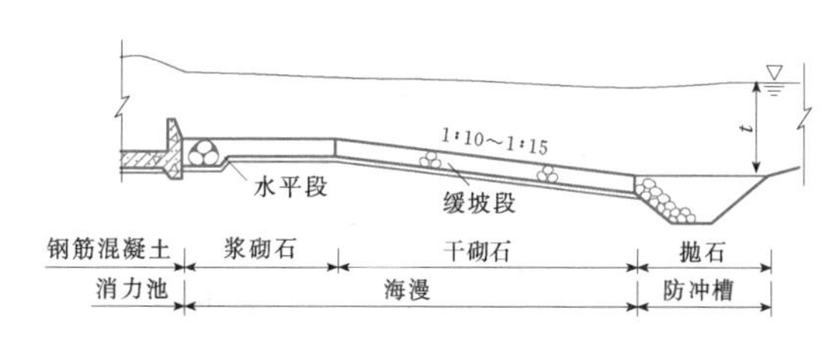

图 5.4-9 海漫结构布置图

砌石海漫的厚度一般为 0.3～0.5m，末端设防冲槽（或防冲墙）。

干砌石海漫一般由直径大于 30cm 的块石砌成，厚度为 0.3～0.6m，下设碎石、中粗砂垫层各 10～15cm，抗冲流速为 3～4m/s，常设在海漫后段。

浆砌石海漫采用 M10 或 M7.5 级水泥砂浆砌成，抗冲流速较高，为 3～6m/s，但柔性和透水性较差，一般用于海漫的首端，约为海漫全长的 1/3。厚度为 0.4～0.6m，内设排水孔和反滤层。

缺少块石的地区可采用现浇钢筋混凝土海漫或预制混凝土海漫，混凝土强度等级不小于 C20，厚度不小于 0.2m，内设排水孔和反滤层。

为有效降低海漫段底流流速，可在海漫表面设置混凝土格埂或糙条，格埂或糙条顶高程宜高于海漫顶面 0.2～0.5m。

海漫末端设置下游防冲槽，深度决定于海漫末端的冲刷深度，应根据河床土质、海漫末端单宽流量和下游水深等因素计算确定。防冲槽（或防冲墙）深度一般为 1.0～2.0m。防冲槽的上、下游边坡坡度可采用 1∶2～1∶5，两侧边坡坡度可与两岸河坡相同，海漫末端的河床冲刷深度可按式（5.4-14）计算：

$$d_m = 1.1\frac{q_m}{[v_0]} - h_m \quad (5.4-14)$$

式中 d_m——海漫末端河床冲刷深度，m；

q_m——海漫末端单宽流量，$m^3/(s\cdot m)$；

$[v_0]$——河床土质不冲流速，m/s，按表5.4-2查得；

h_m——海漫末端河床水深，m。

表5.4-2 粉性土质的不冲流速 $[v_0]$

河床土质	轻壤土	中壤土	重壤土	黏土
$[v_0]$ (m/s)	0.60～0.80	0.65～0.85	0.70～0.95	0.75～1.00

常见的防冲槽的型式有抛石防冲槽和齿墙式防冲槽。抛石防冲槽多采用梯形断面，槽内抛填块石粒径不小于30cm，槽内抛石量稍多于冲刷坑形成后坑上游坡护面所需要的块石量。抛石防冲槽构造型式如图5.4-10所示。

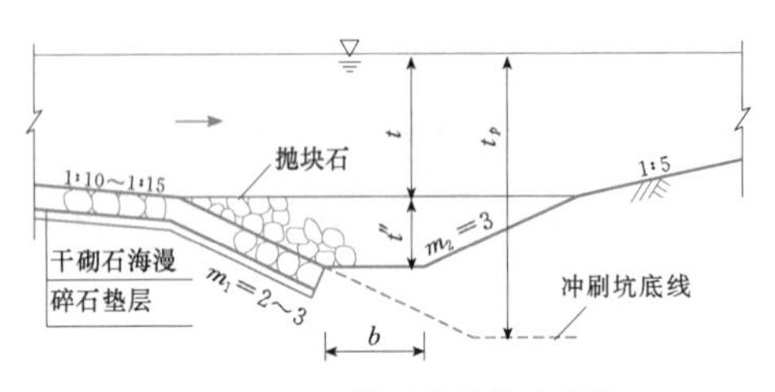

图5.4-10 抛石防冲槽示意图

齿墙式防冲槽在防冲槽上游设置深齿墙或灌注桩、预制钢筋混凝土桩、高压喷射桩等刚性板桩建筑物，埋深大于可能冲刷深度，板桩下游可设堆石保护。齿墙和板桩应保证在冲坑形成后满足强度和稳定的要求。齿墙防冲槽构造型式如图5.4-11所示。

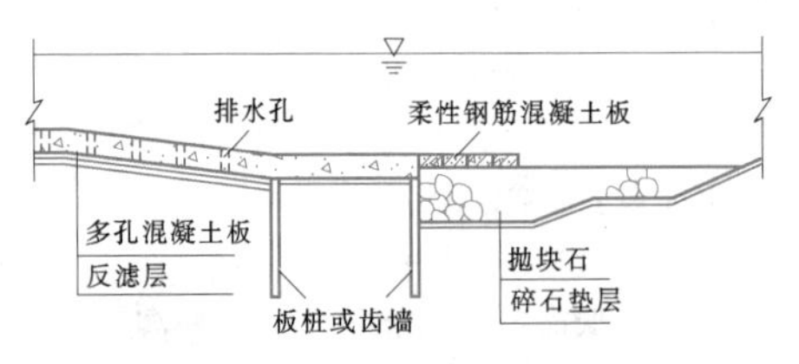

图5.4-11 齿墙防冲槽示意图

水闸进口段由于受上游翼墙或导流墙的约束，使行近流速增大，也会引起上游河底的冲刷，有可能危及上游护砌工程的安全。大、中型工程在上游防护段的首端也应设置防冲槽，其计算方法和构造型式同下游防冲槽。

5.4.4 辅助消能工的构造及布置

消力池内可设置消力墩、消力梁等辅助消能工。如用于大型水闸时，其布置型式和尺寸应通过水工模型试验验证。由于辅助消能工选用的布置型式和尺寸有所不同，其主要作用也不同。

当单孔或少数孔开启时，可在消力池始端设置梯形断面小槛，扩散和挑起水流，减少波状水跃和折冲水流的发生范围，辅助消力槛见图5.4-12，但对流量系数稍有影响。

图5.4-12 辅助消力槛示意图

消力槛一般设置在护坦的末端，多做成迎水面为直立面，背水面为斜坡形的齿形尾槛，见图5.4-13。尾槛不宜过高，一般为0.5～1.0m，以免槛后形成二次水跃，影响海漫的安全。消力槛多采用混凝土或钢筋混凝土结构，并与护坦连成整体，以增强其稳定性。

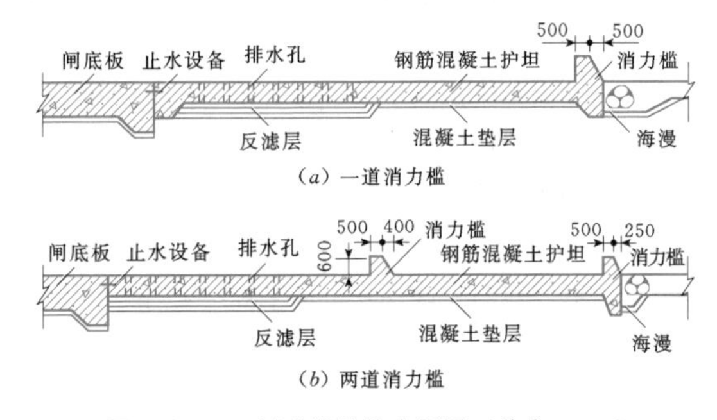

图5.4-13 消力槛结构布置图（单位：mm）

消力槛所受的冲击力 F 可按下式计算：

$$F = K\frac{v^2}{2g} \quad (5.4-15)$$

式中 v——槛前流速，m/s；

K——系数，随槛顶水深增加而增加，当槛顶水深为槛高3～6倍时，$K=0.5～0.9$。

消力齿是适用于下游水深较小情况的一种辅助消能设施，一般多设在消力池的陡坡坡脚处，尽量利用后面的池长。设在消力池中部的消力齿用来阻拦和扩散急流，多采用两排，前后交错布置。齿的型式常采用梯形或三角形断面。为避免在高速水流中发生空蚀，多将齿顶削成半圆形。消力齿结构布置图见图5.4-14。

为了在平面上分散水流，消减能量，常在消力池内或平缓的护坦上设置一些消力墩，其结构布置见图

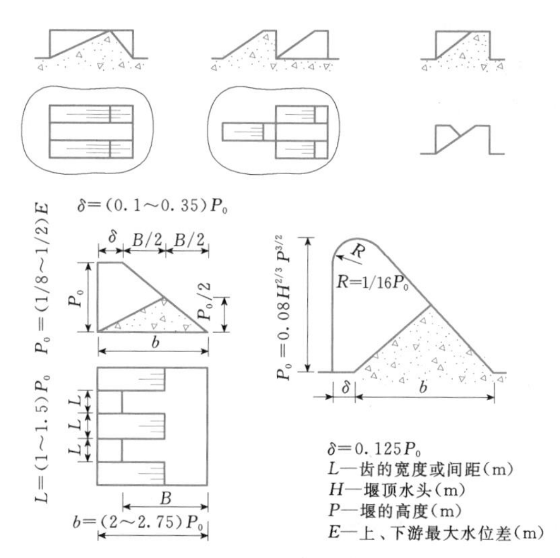

图 5.4-14 消力齿结构布置图

5.4-15。消力墩同消力齿一样，也适用于下游水深较小的情况。设在消力池的陡坡坡脚附近，采用两排或三排，布置成梅花形。为防止冰块或漂浮物的撞击，墩顶应有足够的淹没水深。墩高取 0.17～0.25 倍的下游水深，墩的净距一般采用墩高的 1/2。

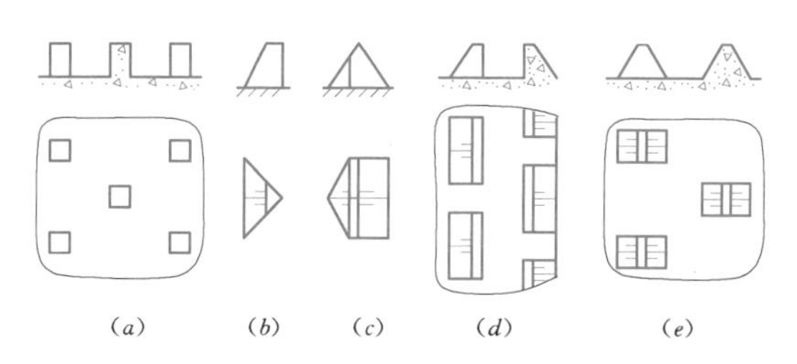

图 5.4-15 消力墩结构布置图

5.5 防渗与排水

水闸渗流有闸基渗流和侧向绕流两类，前者为有压渗流，后者为无压渗流，如图 5.5-1 所示。

5.5.1 闸基渗流分析

5.5.1.1 土的渗透变形判别（方法一）

1. 渗透变形类型判别

水闸地下轮廓布置方案初步拟定之后，应验算地基土的抗渗稳定性，即检验闸基是否会发生渗透变形（管涌、流土、接触冲刷和接触流土等）。

非黏性土可能发生管涌，也可能发生流土。而黏性土，只可能发生流土，不可能发生管涌。非黏性土发生流土和管涌的判别，多采用地基土的细粒含量 P_s 作为依据。渗流破坏可按照以下方法进行判别。

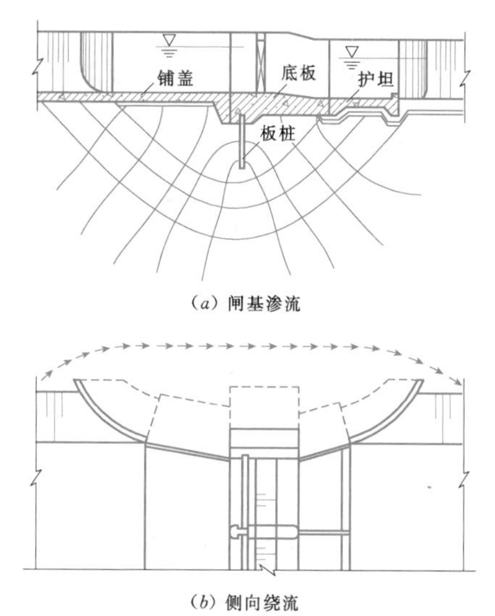

图 5.5-1 水闸渗流图

$$P_s=\frac{\alpha\sqrt{n}}{1+\sqrt{n}}\times 100\% \qquad (5.5-1)$$

式中 P_s——地基土 2mm 粒径以下的土粒含量，%；

n——地基土的孔隙率；

α——修正系数，取为 0.95～1.00。

若地基土中实有的 2mm 粒径以下的土粒含量 $P_{2s}>P_s$，则可能发生流土；反之，则可能发生管涌破坏。此法应用简便，但当土体中 P_{2s} 在 30%左右时，精度较差。

2. 流土临界坡降

流土主要发生在水闸下游渗流出口处。渗流方向自下而上时，非黏性土流土的临界渗流坡降是根据土体的极限平衡条件，并加以修正求得。临界坡降 J_c 的计算公式为

$$J_c=K\left(\frac{\gamma_s}{\gamma}-1\right)(1-n) \qquad (5.5-2)$$

式中 γ_s——土粒的重度，kN/m^3；

γ——水的重度，kN/m^3；

K——系数，取为 1.0～1.17，对于细砂土用较小值，砂砾石用较大值。

将临界坡降除以安全系数 2～3，即可得容许坡降。

验算水闸下游渗流出口处等关键部位的抗渗稳定时，出口段容许渗流坡降 $[J_0]$ 可参考表 5.5-1 所示数值。

3. 管涌临界坡降

对于细颗粒填料在粗颗粒骨架中冲刷的管涌破坏，其临界坡降远小于流土破坏形式。对于管涌土地基，管涌破坏时的临界坡降 J_c，可按照下式计算：

表 5.5-1 各种地基土的出口段容许渗流坡降 $[J_0]$

地基土质	粉砂	细砂	中砂	粗砂	中细砾	粗砾夹卵石	砂壤土	壤土	软黏土	较坚硬黏土	极坚硬黏土
出品段容许渗流坡降 $[J_0]$	0.25～0.30	0.30～0.35	0.35～0.40	0.40～0.45	0.45～0.50	0.50～0.55	0.40～0.50	0.50～0.60	0.60～0.70	0.70～0.80	0.80～0.90

注 1. 表列的数值考虑的安全系数约为1.5。
2. 水闸下游渗流出口处有反滤层保护时，表列数值应乘以提高系数1.3～1.5。
3. 本表适用于非管涌土地基。

$$J_c = \frac{7d_5}{d_f}[4p_f(1-n)]^2 \qquad (5.5-3)$$

$$d_f = 1.3\sqrt{d_{15}d_{85}}$$

式中 d_f——填料的最大粒径，mm；

p_f——相应于 d_f 的土粒含量，%；

d_5、d_{15}、d_{85}——小于该粒径的土重占总土重的5%、15%、85%的颗粒粒径，mm，其中 d_5 为发生管涌时容许被冲动颗粒的计算粒径。

式（5.5-3）中，当 $4p_f(1-n)<1$ 时，为管涌土；否则，为非管涌土。应用式（5.5-3）进行计算时，防止管涌破坏的安全系数可取1.5～2.0。

4. 接触冲刷坡降

当渗流沿着两种不同介质的接触面上流动时，将细粒土带走，即发生接触冲刷。接触流土是指渗流垂直于两种不同介质的接触面流动时，把其中一层的细粒带入另一层的现象。工程实践和试验资料证明，地下轮廓线的水平段与地基土接触面间的水平接触冲刷是一个薄弱环节。因此，水平段渗流坡降是控制水闸地下轮廓设计的关键。铺盖和闸底板等水平段与地基土接触面的水平段容许渗流坡降 $[J_x]$，可参考表5.5-2所列数值。

表 5.5-2 各种地基土的水平段容许渗流坡降 $[J_x]$

地基土质	粉砂	细砂	中砂	粗砂	中细砂	粗粒夹卵石	砂壤土	壤土	软黏土	较坚硬黏土	极坚硬黏土
水平段容许渗流坡降 $[J_x]$	0.05～0.07	0.07～0.10	0.10～0.13	0.13～0.17	0.17～0.22	0.22～0.28	0.15～0.25	0.25～0.35	0.30～0.40	0.40～0.50	0.50～0.60

注 1. 表列的数值考虑的安全系数约为1.5。
2. 水闸下游渗流出口处有反滤层保护时，表列数值应乘以提高系数1.3～1.5。
3. 本表适用于非管涌土地基。

相邻土层之间接触面弥合性较好时，其水平段容许渗流坡降值可参考表5.5-2所列数据，并适当提高。

5.5.1.2 土的渗透变形判别（方法二）

为便于设计参考，下面给出《水利水电工程地质勘察规范》(GB 50487) 推荐的土的渗透变形判别方法。

1. 渗透变形类型判别

土的渗透变形特征应根据土的颗粒组成、密度和结构状态等因素综合分析确定，分为流土、管涌、接触冲刷和接触流土四种类型。黏性土的渗透变形主要是流土和接触流土两种类型，无黏性土的渗透变形主要是流土和管涌两种类型。对于重要工程或不易判别渗透变形类型的土，应通过渗透变形试验确定。

（1）土的不均匀系数。土的不均匀系数 C_u 应采用下式计算：

$$C_u = \frac{d_{60}}{d_{10}} \qquad (5.5-4)$$

式中 d_{60}——小于该粒径的土重占总土重60%的颗粒粒径，mm；

d_{10}——小于该粒径的土重占总土重10%的颗粒粒径，mm。

（2）细颗粒含量的确定。颗分曲线上至少有一个以上粒组的颗粒含量不大于3%的土，称为级配不连续的土。以上述粒组在颗粒颗分曲线上形成的平缓段的最大粒径和最小粒径的平均值或最小粒径作为粗、细颗粒的区分粒径 d，相应于该粒径的颗粒含量为细颗粒含量 P。对于级配连续的土，粗、细颗粒的区分粒径 d 按下式计算：

$$d = \sqrt{d_{70}d_{10}} \qquad (5.5-5)$$

式中 d_{70}——小于该粒径的土重占总土重70%的颗粒粒径，mm。

（3）无黏性土渗透变形类型判别方法。

1）$C_u \leqslant 5$ 的土可判为流土。

2）$C_u > 5$ 的土可采用下列判别方法：

流土型 $\qquad P \geqslant 35\% \qquad (5.5-6)$

过渡型　$25\% \leqslant P < 35\%$　(5.5-7)

管涌型　$P < 25\%$　(5.5-8)

(4) 接触冲刷判别方法。对双层结构地基，当两层土的 C_u 均不大于10，且符合下列规定的条件时，不会发生接触冲刷。

$$\frac{D_{10}}{d_{10}} \leqslant 10 \qquad (5.5-9)$$

式中　D_{10}、d_{10}——较粗、较细一层土的颗粒粒径，mm，小于该粒径的土重占总土重的10%。

(5) 接触流土判别方法。对于渗流向上的情况，符合下列条件将不会发生接触流土。

1) $C_u \leqslant 5$ 的土层：

$$\frac{D_{15}}{d_{85}} \leqslant 5 \qquad (5.5-10)$$

式中　D_{15}——较粗一层土的颗粒粒径，mm，小于该粒径的土重占总土重的15%；

d_{85}——较细一层土的颗粒粒径，mm，小于该粒径的土重占总土重的85%。

2) $5 < C_u \leqslant 10$ 的土层：

$$\frac{D_{20}}{d_{70}} \leqslant 7 \qquad (5.5-11)$$

式中　D_{20}——较粗一层土的颗粒粒径，mm，小于该粒径的土重占总土重的20%；

d_{70}——较细一层土的颗粒粒径，mm，小于该粒径的土重占总土重的70%。

2. 流土与管涌的临界比降确定

(1) 流土型宜采用下式计算：

$$J_{cr} = (G_s - 1)(1 - n) \qquad (5.5-12)$$

式中　J_{cr}——土的临界比降；

G_s——土粒比重；

n——土的孔隙率。

(2) 管涌型或过渡型可采用下式计算：

$$J_{cr} = 2.2(G_s - 1)(1 - n)^2\left(\frac{d_5}{d_{20}}\right) \qquad (5.5-13)$$

式中　d_5、d_{20}——小于该粒径的土重占总土重5%和20%的颗粒粒径，mm。

(3) 管涌型也可采用下式计算：

$$J_{cr} = \frac{42d_3}{\sqrt{\dfrac{k}{n^3}}} \qquad (5.5-14)$$

式中　k——土的渗透系数，cm/s；

d_3——小于该粒径的土重占总土重3%的颗粒粒径，mm。

3. 无黏性土的容许渗流比降确定

(1) 无黏性土的容许渗流比降为土的临界水力比降除以1.5～2.0的安全系数；当渗透稳定对水工建筑物的危害较大时，取2.0的安全系数；对于特别重要的工程也可用2.5的安全系数。

(2) 无试验资料时，无黏性土的容许渗流比降可根据表5.5-3选用经验值。

表5.5-3　无黏性土容许渗流比降

渗透变形类型	流土型			过渡型	管涌型	
	$C_u \leqslant 3$	$3 < C_u \leqslant 5$	$C_u > 5$		级配连续	级配不连续
$J_{容许}$	0.25～0.35	0.35～0.50	0.50～0.80	0.25～0.40	0.15～0.25	0.10～0.20

注　本表不适用于渗流出口有反滤层的情况，若有反滤层保护，流土型及过渡型可提高3倍，管涌型可提高2倍。

5.5.1.3　闸基渗流计算

闸基渗流计算可求解出渗流区域内的渗透压力、渗透坡降、渗透流速及渗流量，一般用改进阻力系数法进行。对于复杂地基，可应用数值模拟法求算。将计算值和容许渗流坡降比较，以确定是否会发生渗透变形。当求出的实际坡降大于表5.5-1和表5.5-2中数据时，应修改地下轮廓。此外，在渗流出口处，设置反滤层盖重是防止渗透变形的有效措施。反滤层和其上的护坦、海漫均属于盖重，验算方法见参考文献[8]。

闸基渗流属有压渗流，一般作为平面问题考虑，基本假定：地基是均匀的，各向同性的；渗水不可压缩，符合达西定律。对于各向异性和非均质土层应进行数值模拟计算。对双层或多层地基的闸基渗流分析计算见参考文献[7]。

1. 地下轮廓线长度

通过闸室稳定分析，水闸的地下轮廓线还可能有所改动。初步拟定地下轮廓线的长度 L 时，可用下式计算：

$$L = CH \qquad (5.5-15)$$

式中　H——上、下游水位差，m；

C——渗径系数，C 值见表5.5-4。

2. 改进阻力系数法

更精确的渗流稳定核算则需用改进阻力系数法计算，其计算示意图如图5.5-2所示。计算沿地下轮廓各关键点水头及其水平段渗流坡降 J_x 和出口段渗流坡降 J_0，再对照表5.5-5，不得大于表中的容许渗流坡降值。下面介绍改进阻力系数法计算闸底

表 5.5-4　　渗径系数 C 值

地基土质	粉砂	细砂	中砂	粗砂	中砾细砂	粗砂夹卵石	轻粉质砂壤土	轻砂壤土	壤土	黏土
无反滤层	—	—	—	—	—	—	—	—	4～7	3～4
有反滤层	9～13	7～9	5～7	4～5	3～4	2.5～3	7～11	5～9	3～5	2～3

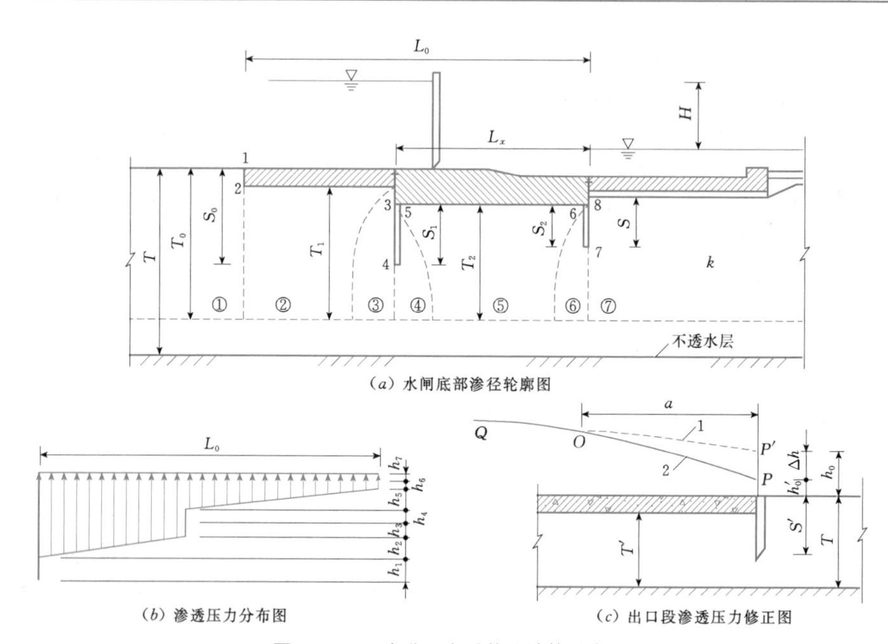

(*a*) 水闸底部渗径轮廓图

(*b*) 渗透压力分布图

(*c*) 出口段渗透压力修正图

图 5.5-2　改进阻力系数法计算示意图

1—原有水力坡降线；2—修正后水力坡降线

①—进口段；②、⑤—水平段；③、④、⑥—内部垂直段；⑦—出口段

表 5.5-5　各种土基上沿闸底板的渗径和容许渗流坡降

地基土质	莱恩法最小比值 L/H	容许渗流坡降	
		水平段 $[J_x]$	垂直段 $[J_0]$
粉砂	8.5	0.05～0.07	0.25～0.30
细砂	7.0	0.07～0.10	0.30～0.35
中砂	6.0	0.10～0.13	0.35～0.40
粗砂	5.0	0.13～0.17	0.40～0.45
细中砾	4.0～3.5	0.17～0.22	0.45～0.50
粗砾夹卵石	3.0	0.22～0.28	0.50～0.55
砂壤土、黏壤土	—	0.15～0.30	0.40～0.60
软黏土	3.0	0.30～0.40	0.60～0.70
坚硬黏土	2.0	0.40～0.50	0.70～0.80
极坚硬黏土	1.5	0.50～0.60	0.80～0.90

轮廓各关键点水头和分段渗流坡降的方法，以便核算闸基的渗流安全。

改进阻力系数法把闸基不透水底部地下轮廓分成三种基本段，如图 5.5-3 所示，包括进出口段、内部防渗墙或垂直段、水平段。各段阻力系数的值如下：

进出口段

$$\zeta_0 = 1.5\left(\frac{S}{T}\right)^{3/2} + 0.441 \qquad (5.5-16)$$

内部垂直段

$$\zeta_y = \frac{2}{\pi}\ln\cot\left[\frac{\pi}{4}\left(1-\frac{S}{T}\right)\right] \qquad (5.5-17)$$

水平段

$$\zeta_x = \frac{L_x}{T} - 0.7\left(\frac{S_1}{T}+\frac{S_2}{T}\right) \qquad (5.5-18)$$

式中　L_x——水平段长度，m；

S_1、S_2——其两端防渗墙长度，当计算 $\zeta_x<0$ 时应取为 0，表示两防渗墙相距太近已互相影响，m；

S——板桩长度，m；

T——透水地基深度，无限深时则用有效深度 T_e，若实际深度 $T>T_e$ 也用 T_e，m。

有效深度的计算公式为

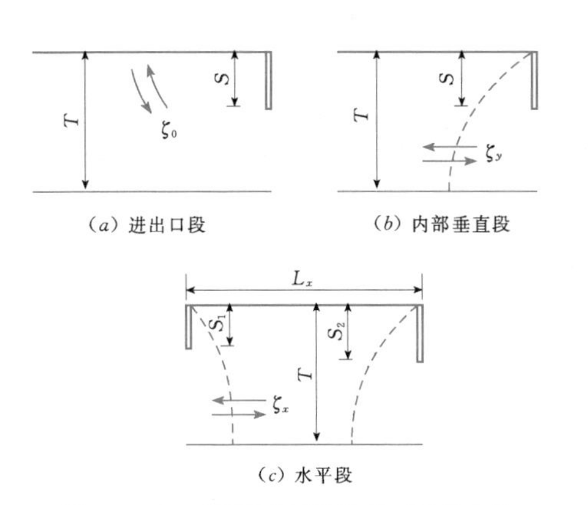

图 5.5-3 改进阻力系数法的三种基本段

$$T_e = 0.5L_0$$

或
$$T_e = \frac{5L_0}{1.6\left(\frac{L_0}{S_0}\right)+2} \tag{5.5-19}$$

式中 L_0、S_0——地下轮廓线的水平投影长度和垂直投影长度，m。

比较式（5.5-19）两式计算结果，取其大值，并由底部地下轮廓线的最高点向下算起。

由沿地下轮廓累加各分段阻力系数 $\sum\zeta_i$ 和已知上、下游水位差总水头 H 计算单宽渗流量 q 与渗透系数 k 之比，其计算公式为

$$\frac{q}{k} = \frac{H}{\sum\zeta_i} \tag{5.5-20}$$

各分段的水头损失为

$$h_i = \zeta_i\left(\frac{q}{k}\right) \tag{5.5-21}$$

总水头损失为

$$H = h_1 + h_2 + h_3 + \cdots = \frac{q}{k}\sum\zeta_i \tag{5.5-22}$$

根据沿地下轮廓各分段端点的水头损失，即可算出渗流坡降。对照表 5.5-1、表 5.5-2 的出口段和水平段容许渗流坡降，判断是否安全，如果计算渗流坡降大于容许值时可调整底部渗径轮廓布局。计算总水头损失还应考虑进口段水头损失值和渗透压力分布图形局部修正，详见《水闸设计规范》（SL 265）。如果需要考虑垂直墙的厚度和倾斜底板的影响时，其修正计算见参考文献［7］。

有关渗流及渗透稳定分析，可参阅《水工设计手册》（第 2 版）第 1 卷第 4 章的有关内容。

5.5.2 地下轮廓布置

闸基防渗布置采用防渗和排水相结合。防渗措施（如铺盖、防渗墙和齿槽等）多布置在水闸上游一侧，用以延长渗径，布置需兼顾侧向绕渗；排水措施（如排水体和反滤层）多布置在下游一侧渗流出口处，将渗流顺利排到下游。

地下轮廓布置型式主要有以下四种：

Ⅰ型：平底式，主要水平防渗措施为铺盖、浅齿墙等，如图 5.5-4（a）所示。

Ⅱ型：铺盖与防渗墙结合布置的型式，如图 5.5-4（b）、（c）所示。

Ⅲ型：双向水头水闸的防渗布置型式，如图 5.5-4（d）所示。

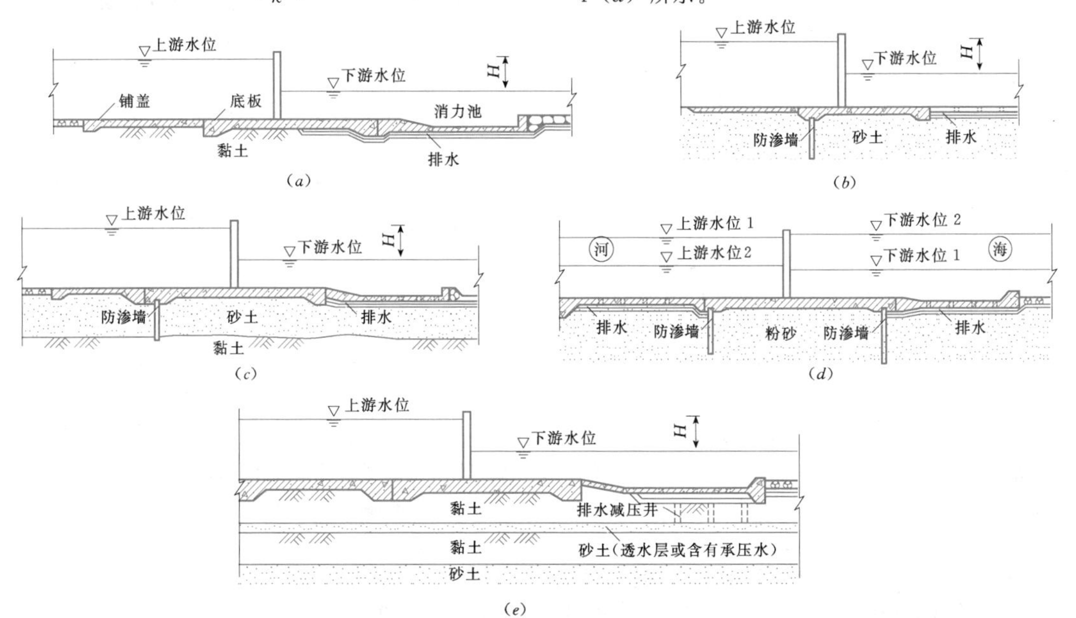

图 5.5-4 地下轮廓布置型式

Ⅳ型：平底式结合排水减压井，如图5.5-4（e）所示。

1. 地下轮廓线

地下轮廓线自铺盖前端开始，到排水前端为止，沿铺盖、板桩两侧、底板、护坦等与地基相接触，其长度为水闸的防渗长度。地下轮廓线示意见图5.5-5。

2. 地下轮廓线的布置

（1）布置原则。地下轮廓线布置应遵循“上防下

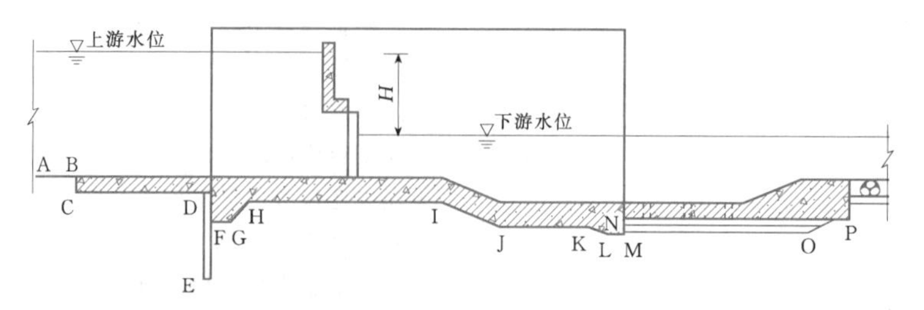

图5.5-5 地下轮廓线示意图

排”原则，上防指由铺盖等水平措施和齿墙、防渗墙、灌浆帷幕等垂直措施组成的防渗系统；下排指由排水孔、减压井等措施组成的排水系统。不同防渗排水布置地下轮廓线对应的理论扬压力分布如图5.5-6所示。

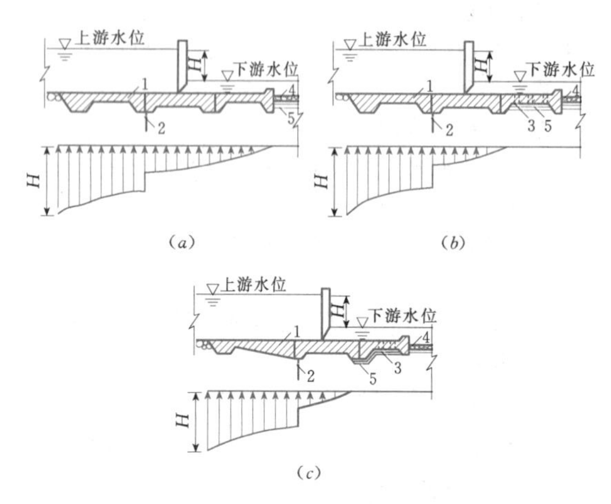

图5.5-6 不同防渗排水布置地下轮廓线对应的理论扬压力分布示意图

1—铺盖；2—防渗墙；3—排水孔；4—海漫；5—反滤层

（2）布置要点。渗流出口和沿地下轮廓线最容易发生渗透变形。其防渗布置型式与闸基土质条件有关。

1）黏性土地基：采用平底式布置型式。下游排水设施可伸入到闸室底板下，但应注意堵塞后检修困难的问题，实际工程一般很少采用。

2）无黏性土地基：主要是采用铺盖与板桩相结合的布置型式。当铺盖兼做阻滑板用时，将板桩或者两排板桩之一布置在铺盖的首端更为有利。为降低渗流出口坡降，可在闸底板末端设置短板桩。

3）粉砂、极细砂地基：可采用封闭式板桩，将闸基四周用板桩围堵起来，以防止地基土液化。反滤层一般都布置在闸后护坦下面，护坦后部设排水孔。粉砂地基渗流出口处，尤应布置级配良好的多层反滤层。

4）黏性土地基下有夹砂层：承受承压水作用时，应验算黏性土覆盖的抗渗、抗浮稳定性，必要时可在下游设置排水减压孔等。

5）当砂基土层较薄，其下不深处为黏性土不透水层时，可在闸室底板或者铺盖上游一侧采用板桩截断砂土层，下游消力池下布置反滤层。

6）当砂基土层很厚时，多采用铺盖、悬挂式板桩和下游设置反滤层的综合布置型式。

3. 地下轮廓线优化布置

地下轮廓线应结合防渗和排水进行优化布置，一般在上游侧布置防渗措施，下游侧布置排水措施。对于砂基尤其是粉细砂地基，为防渗固基需要，一般采用围封板桩结构型式，而在下游侧则采用短截渗墙结合排水反滤型式，这样不仅降低闸底板扬压力，更能保证下游出口渗流稳定，有利于固基。

5.5.3 防渗设施

防渗措施有铺盖、防渗墙和齿墙等。

1. 铺盖

（1）铺盖材料要求和常见型式。铺盖用以延长渗径，降低闸底的渗透压力和渗透坡降（$J=H/L$），材料要求如下。

1）具有相对不透水性，$\dfrac{\text{铺盖渗透系数}}{\text{地基渗透系数}}<\dfrac{1}{100}$。

2）有一定的柔性以适应地基的变形。

3）长度多为闸上水头的3～6倍。

常用型式有黏土铺盖、混凝土和钢筋混凝土铺盖等。水闸工程较少采用沥青混凝土铺盖材料。铺盖与闸底板和上游翼墙的连接处用缝分开，缝中设止水设备。

（2）黏土和黏壤土铺盖。黏土铺盖长度为闸上水头的2～4倍；厚度由$\sigma=\Delta H/J$确定，ΔH为该断面铺盖顶底面的水头差，J为材料的容许坡降（黏土取4～8；壤土取3～5）。

黏土铺盖前端最小厚度为 0.5m，逐渐向闸室方向加厚至 1.0～1.5m。在任一铅直断面上的厚度不应小于(1/6～1/10)ΔH。铺盖表面应筑浆砌块石、混凝土预制板等保护层和砂砾石垫层（见图 5.5-7）。铺盖与闸底板之间做好防渗接头。

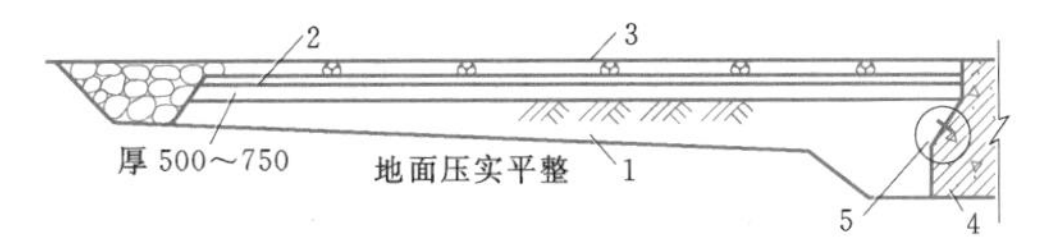

图 5.5-7　黏土铺盖（单位：mm）

1—黏土铺盖；2—垫层；3—浆砌块石保护层（或混凝土板）；4—闸室底板；5—分缝及止水

严寒地区应使黏土铺盖位于冰冻层之下，或将保护层加厚。

(3) 沥青混凝土铺盖。沥青混凝土铺盖通常选用 6 号石油沥青做胶结剂，用沥青、砂、砾石和矿物粉按一定的配合比加热拌和，然后分层压实而成。其厚度一般为 5～10cm，与闸室底板的连接处适当加厚，接缝为搭接。目前工程实践中采用较少。

(4) 钢筋混凝土铺盖。钢筋混凝土铺盖厚度一般不小于 0.4～0.5m，与底板连接的一端加厚至 0.8～1.0m，做成齿墙。混凝土强度等级一般不低于 C20，并配置构造钢筋。钢筋常采用Φ 12～14，间距每米 5～7 根。顺水流方向每隔 15～20m 设一道伸缩缝，两端靠近翼墙的铺盖缝距应适当取小一些。兼做阻滑板的铺盖，沉降缝间距宜适当加大满足抗滑要求，并在铺盖与底板之间设铰接钢筋连接，铺盖配筋按轴心受拉构件计算，且要满足《水工混凝土结构设计规范》(SL 191) 规定的抗裂要求。

2. 防渗墙

(1) 防渗墙布置。浅透水层宜采用截断式防渗墙，并深入相对不透水层至少 1.0m；深透水层防渗墙深度一般为 0.6～1.0 倍上、下游水头差。

防渗墙防渗作用与布置位置、透水地基深度和土层分布等有关。防渗墙布置要点：①透水地基较浅，防渗墙应布置在铺盖或者闸底板上游一侧；②同时布置两道防渗墙时，其单位长度的水头损失比总长相等的一道防渗墙大；③防渗墙长度接近相对不透水层时，水头损失更大；④防渗墙效果随透水地基深度增加而渐减；⑤垂直水流向总宽度较小的水闸受三向的渗流影响较大，防渗墙的作用显著降低；⑥闸底板下游一侧设置短防渗墙有益于降低渗流出口坡降；⑦下游侧防渗墙较长会显著增加底板扬压力，设计地下轮廓时应作出全面比较核算。

(2) 防渗墙材料。防渗墙材料有水泥土、素混凝土、钢筋混凝土、高压喷射水泥浆及木结构、钢板桩等。水泥土搅拌桩防渗墙最小厚度为 16～30cm，素混凝土防渗墙厚度约为 30～50cm，钢筋混凝土防渗墙厚度约为 40～60cm（预制冲沉钢筋混凝土板桩厚度为 20～30cm），高压喷射水泥浆防渗墙厚度不小于 20cm，钢筋混凝土防渗墙适用于各种无黏性土地基，包括砂砾石土地基。近年来，振动沉模混凝土防渗墙应用较广泛，主要适用于相对密度不大的砂性土和卵砾石地基，厚度一般大于 20cm。防渗墙型式及连接见图 5.5-8。

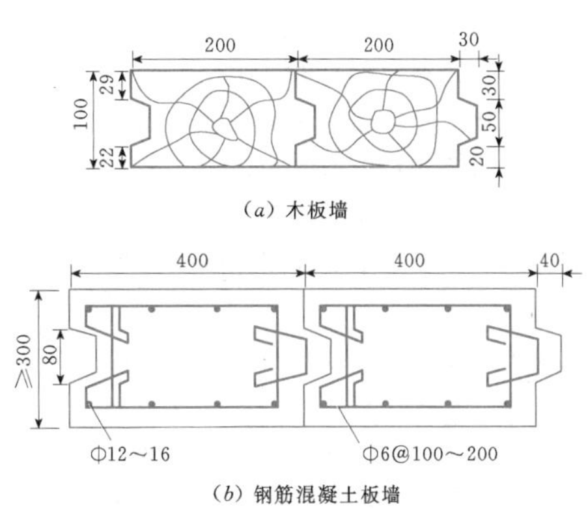

图 5.5-8　防渗墙型式及连接（单位：mm）

(3) 防渗墙与底板的连接方式。防渗墙与底板的连接方式如图 5.5-9 所示。防渗墙紧靠底板前缘，顶宽嵌入黏土铺盖一定深度（适用于闸室沉降量较大），如图 5.5-9 (*a*)、(*b*) 所示；防渗墙顶部嵌入底板底面特设的凹槽内（适用于闸室沉降量较小），如图 5.5-9 (*c*)、(*d*) 所示。

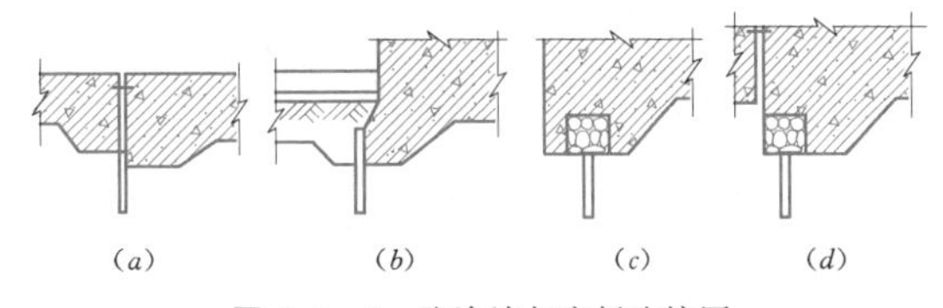

图 5.5-9　防渗墙与底板连接图

3. 齿墙

闸底板的上、下游端均应设有浅齿墙，以增强闸室稳定，延长渗径。其深度不小于 0.5～1.0m。当地基为粒径较大的砂砾石或卵石，且不宜打板桩时，可采用深齿墙或防渗墙与埋藏不很深的不透水层连接。深齿墙宜布置在底板或铺盖的上游侧。深齿墙与底板或铺盖连接处均用接缝分开，接缝中设置止水，以保证其不透水，见图 5.5-10。

5.5.4　分缝与止水

1. 分缝

水闸需设缝，以防止结构物因地基不均匀沉降和

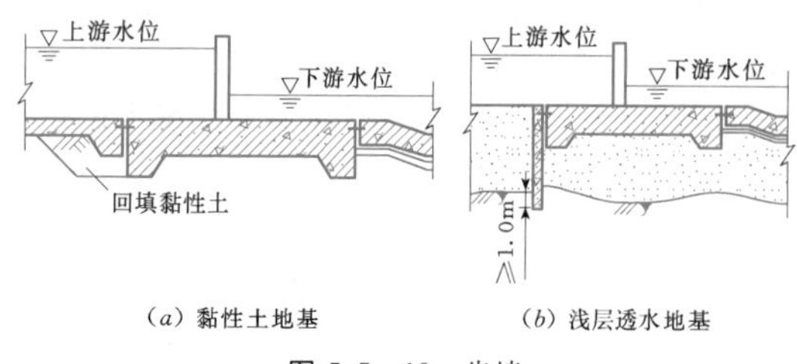

（*a*）黏性土地基　（*b*）浅层透水地基

图 5.5-10 齿墙

温度变形而产生裂缝。缝的间距约为10～30m，缝宽约为2.0～2.5cm，使相邻结构物的沉降互不影响。有抗震要求时，缝宽将更大，应作专门设计。

土基水闸，凡相邻结构沉降量不同处都应设缝分开。混凝土铺盖和护坦因面积较大，本身也应设缝。

分缝内应设填缝材料，常用的填缝材料有沥青木板、沥青油毛毡、挤塑板或闭孔泡沫板等。

2. 止水

凡有防渗要求的伸缩缝和沉降缝，均应设止水结构。止水分铅直止水和水平止水。

铅直止水的位置应靠近临水面，距临水面约0.2～0.5m。缝墩内的铅直止水位置宜靠近闸门，并略近上游。重要的水闸在设置铅直止水后，应加做检查井，用以检查止水和缝的工作情况。图5.5-11（*a*）、（*b*）所示的止水，多用于翼墙、岸墙之间的沉降缝；图5.5-11（*c*）多用于止水要求较高的缝；图5.5-11（*d*）常用于翼墙的分段缝，特别是用于止水要求不太高的部位。

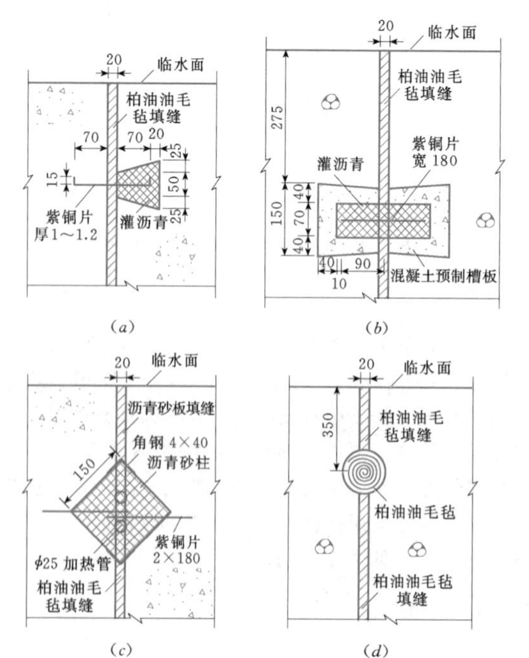

图 5.5-11 铅直止水构造图（单位：mm）

水平止水的位置应靠近底板（铺盖、消力池底板或护坦底板）顶部，距顶部约0.15～0.20m。水平止水构造图见图5.5-12。

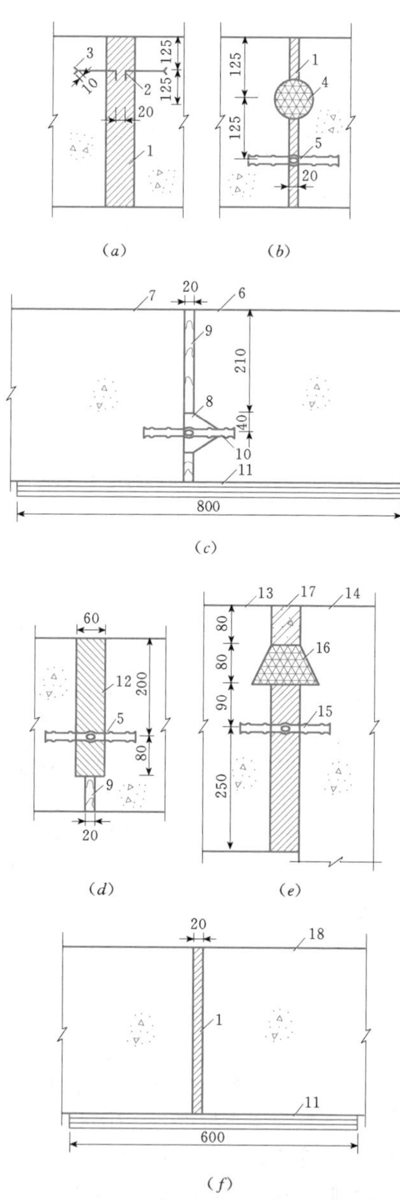

图 5.5-12 水平止水构造图（单位：mm）

1—沥青油毛毡填缝；2—灌沥青；3—紫铜片；4—沥青麻绳；5—塑料止水片（或止水橡皮）；6—先浇的铺盖；7—后浇的铺盖；8—沉淀槽；9—沥青木板；10—塑料止水片；11—三层麻袋涂沥青；12—沥青砂浆嵌缝；13—小底板；14—大底板；15—止水橡皮；16—沥青；17—二期混凝土；18—护坦

5.5.5 排水及反滤设施

1. 排水体

参见图5.5-6，排水体的位置直接影响闸底渗透压力的大小。理论扬压力往往小于实测扬压力值，排水体中尚存剩余扬压力的分析求解见参考文献[12]，也可通过已建工程测压管等观测数据予以修正。

排水体由透水性较强的大颗粒砂石料组成。土基水闸多采用平铺式排水体。为防止发生渗透变形，平铺式排水体在渗流进入处应设反滤层。排水设施的上面是混凝土护坦时，应在护坦后面留排水孔。岩基上建闸，通常在护坦接缝和排水孔的下面铺筑沟状排水体，纵横呈网格状排列。

2. 反滤层设计

反滤层是用2～3层粒径不同、经过选择的砂石料（砂、砾石、卵石或碎石等）铺成（见图5.5-13）。遇到粉土地基，甚至需铺四层。

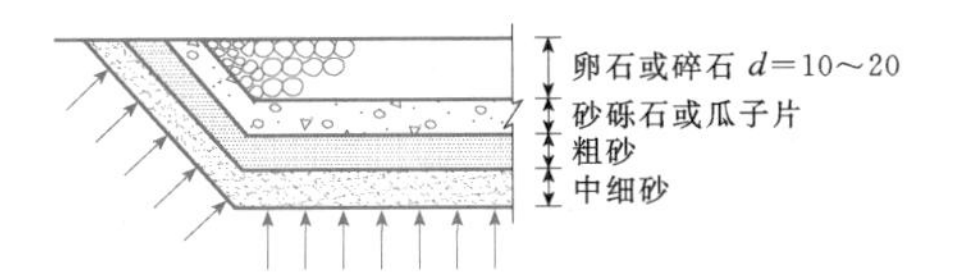

图5.5-13 反滤层示意图（单位：mm）

黏土地基上只铺设一层小砾石即可。只有当渗流坡降很大（$J>5$）时，才考虑铺设两层反滤层（第一层为砂，第二层为砾石）。

无黏性土地基上多选用天然砂砾料做反滤材料。各层反滤层之间的选择以及相互之间的关系，可参考以下的要求进行选择。

（1）基土保土性：保证被保护土的稳定性，应满足下式：

$$\frac{D_{15}}{d_{85}} \leqslant 5 \tag{5.5-23}$$

（2）滤层透水性：保证反滤层土料的透水性，应满足下式：

$$\frac{D_{15}}{d_{15}} = 5 \sim 40 \tag{5.5-24}$$

（3）滤层内部稳定性：保证滤层内部土的稳定性，应满足下式：

$$\frac{D_{60}}{D_{10}} < 10 \tag{5.5-25}$$

滤料级配曲线的细粒范围应大致与被保护土级配曲线平行。

除式（5.5-24）和式（5.5-25）外，美国水道试验站又提出另一条件：

$$\frac{D_{50}}{d_{50}} \leqslant 25 \tag{5.5-26}$$

式（5.5-23）～式（5.5-26）中，D_{10}、D_{15}、D_{50}、D_{60}为保护土颗粒粒径（mm），小于该粒径的土重占总土重的10%、15%、50%、60%；d_{15}、d_{50}、d_{85}为被保护土颗粒粒径（mm），小于该粒径的土重占总土重的15%、50%、85%。

滤料中粒径小于0.1mm的泥沙含量不应超过5%。式（5.5-26）不宜用于被保护土的不均匀系数$C_u=\frac{d_{60}}{d_{10}}>10$的情况。

反滤设计中，多用两层滤料之间或滤料与被保护土之间的层间系数，和滤料本身的不均匀系数范围进行控制。对滤料粒径的规定见表5.5-6。

表5.5-6 对滤料粒径的规定

滤料不均匀系数 $C_u=\frac{d_{60}}{d_{10}}$	1～2	3～4	5～6	7～8
层间系数 $\zeta=\frac{D_{50}}{d_{50}}$	3～10	4～11	5～13	6～14

反滤层每层厚度约为20～25cm。反滤层的铺设长度，应使其末端地基中的渗流坡降小于闸基土料的容许坡降。

反滤层在水闸运行过程中还可能部分堵塞，设计、施工时应考虑这一因素。

闸基地质条件复杂时，也可参照土石坝反滤要求设计，见《水工设计手册》（第2版）第6卷。

3. 土工织物滤层排水

土工织物透水材料可起到排水过滤作用，在大规模施工或厚度受到限制时，土工织物取代粒状滤层是适宜的，透水性和保土性设计要求同粒状滤层。

设计土工织物滤层时，应控制土工织物的孔眼大小O与被保护土的粒径大小d比值关系，以O/d表示。

基土稳定性：$O_{95}/d_{85}<1$，O_{95}和d_{85}分别为土工织物的有效孔径和土层的粒径。

织物透水性：织物渗透系数k_g至少大于基土渗透系数k_s10倍以上，一般是比基土（砂到黏土）大10～100倍，即

$$\frac{k_g}{k_s} > 10 \tag{5.5-27}$$

虽然土工织物滤层在抗滑压缩变形、耐久等方面不及粒状滤层，但其在分隔土层面、加筋强化、施工等方面都有其优点，所以土工织物滤层的应用范围在不断扩大，设计中应考虑土工织物可能带来的淤堵问题。

5.5.6 侧向绕渗和双向排水布置

与土堤衔接的水闸，既要考虑沿底板的垂直截渗措施，还得考虑绕侧边墙面的水平方向防渗措施；实

际上是三向空间渗流问题。防渗设计需计算：①沿边墙渗流的水面高程及其压力；②侧边绕渗对建筑物基底扬压力的影响；③沿边墙底板的接触土面的渗透坡降会否超过临界值发生管涌破坏。

1. 侧岸边墙绕渗计算

绕渗水流的自由面或等水头线分布如图 5.5-14 所示。可以从渗流自由面等高线确定沿墙边各点 1、2、3、4、5、6 的水头压力。

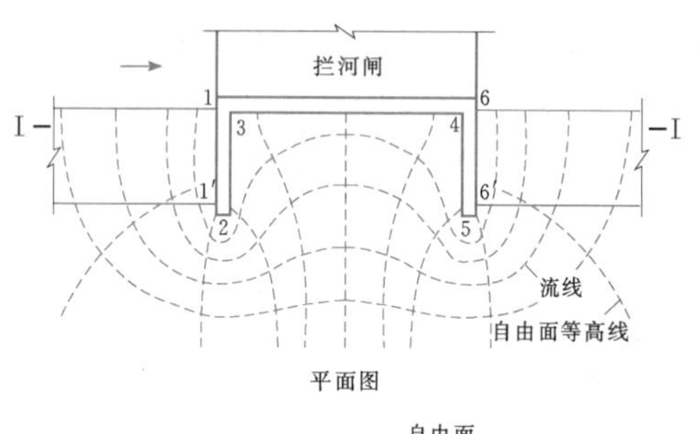

平面图

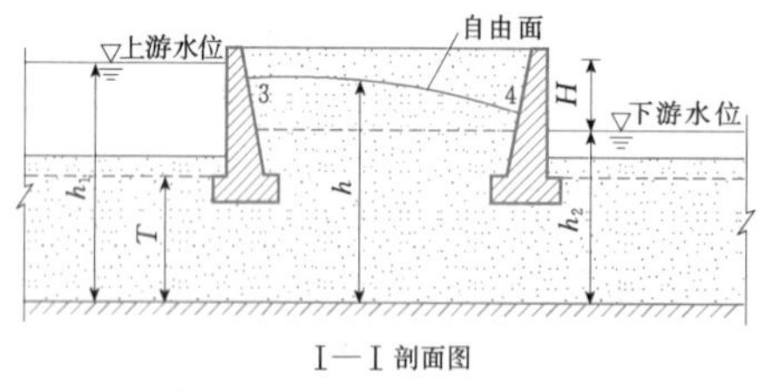

I—I 剖面图

图 5.5-14　闸坝边墙衔接土堤或河岸的绕渗

侧岸绕渗属复杂三向空间渗流，可略去垂向流速变化，简化为水平不透水层上的绕渗计算，绕渗水流在不透水层上的水深 h 的计算式为

$$h = \sqrt{(h_1^2 - h_2^2)h_r + h_2^2} \qquad (5.5-28)$$

其中

$$h_r = \frac{h^2 - h_2^2}{h_1^2 - h_2^2}$$

式中　h_1、h_2——上、下游边界处水深，m；

h_r——化引水头，m。

算出水深 h 再加上不透水层面高程 z 就得到渗流自由面高程或水位（水头），m。

绕渗流量仍可利用有压地基渗流解法，求得单宽流量 q 后，再用下式计算总的绕渗流量：

$$Q = \frac{1}{2}(h_1 + h_2)q \qquad (5.5-29)$$

水闸等建筑物边墙与土堤相接，一般有刺墙及翼墙，绕渗轮廓线甚为复杂。如图 5.5-15 所示有两道刺墙伸入土堤，此时可近似从上游水面与边坡交点处向上游取 ΔL_1 的距离（稍短于上游水深）作为垂直边坡线考虑；同样方法取尾水位与边坡交点作为下游垂直边坡线的边界。此时可引用改进阻力系数法先算出图 5.5-16 (b) 中各关键点的化引水头 h_r，再代入式（5.5-28）计算各点的渗流水深，从而可得到沿边墙各点的渗水压力和接触渗透坡降，以此作为分析边墩稳定性和设计合理接头形式的依据。

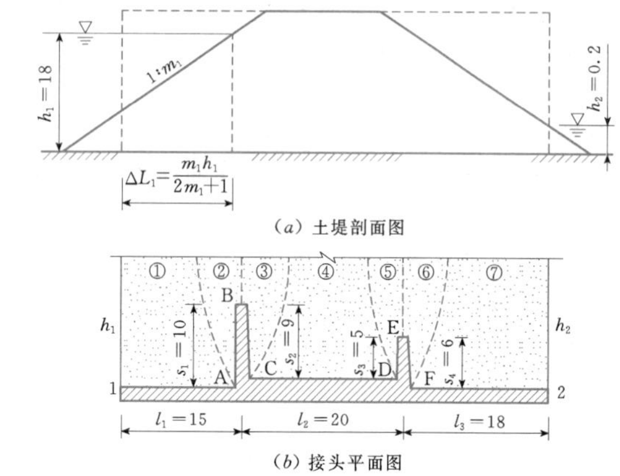

图 5.5-15　闸与土堤接头的绕渗计算示意图（单位：m）

2. 闸底板受侧边绕渗影响的渗流计算

与土堤衔接建筑物靠近接头处底板以及较窄涵闸的全部底板下渗流，因受两侧绕渗影响将向下游集中，下游段底板的扬压力水头与二向渗流计算结果相比将显著抬高，而且越向闸底板两侧边抬高越甚。根据试验分析，由计算的侧边（边墩外侧边或岸墙外侧边）沿垂直水流方向向闸中间量计的影响距离为

$$B = 2.2b + 0.42L \qquad (5.5-30)$$

式中　L——闸底板纵向不透水长度；

b——计算的一侧边上、下游水面横向的宽度差，对于衔接的土堤可取堤内、外水面距离的 2 倍作为上游侧边的有效水面宽，下游取引渠水面宽，上、下游水面等宽时 $b=0$。

侧边绕渗对闸底板扬压力水头的影响将使闸基二向渗流的化引水头百分数（等势线）再额外增加一个百分数为

$$\frac{\Delta h}{H} = \left(M + N\frac{b}{B}\right)\left(\frac{x}{B}\right)^n \times 100 \qquad (5.5-31)$$

式中　x——自闸底板受绕渗影响宽度 B 处向侧边量计的距离，m；

M、N——常数；

n——指数。

常数 M、N 及指数 n 按照计算的断面位置而定，若由下游出渗处向上游沿闸底板量取 $L/4$、$L/3$、$L/2$

三个固定距离时，其值见表5.5-7。

表5.5-7 闸底扬压力三向绕渗系数

断面位置	M	N	n
$L/4$	10.0	42	3.0
$L/3$	3.6	38	2.5
$L/2$	0.4	25	2.0

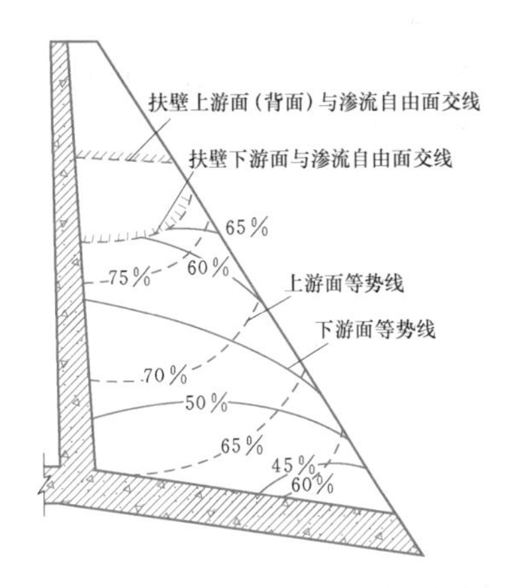

图5.5-16 闸墙扶壁两侧面等势线分布

3. 土堤与涵闸接触面的管涌破坏性验算

土堤与涵闸的接触面是最易被渗流冲蚀发生管涌破坏的薄弱环节，应特别重视该处回填土和接触面的处理。粉细砂地基上建筑物与堤岸接头处更容易出现管涌。建筑物周边渗流向下游集中，会使下游沿边墙水头比按直线比例法计算的结果增大20%左右，局部渗流坡降增大30%左右，甚至会在下游渗流出口增大1倍，对地基土和侧边填土的稳定性均不利。可按照上述方法计算出沿边墙及底板的渗流坡降，再借用莱恩的计算渗径长度方法或查表5.5-5容许渗流坡降值判断是否安全。

对于淤泥质粉细砂闸基，涵闸基底及边墙应采取截渗墙、刺墙、翼墙等防渗措施，防止发生冲蚀管涌破坏；如涵闸坐落在基桩上，底板与基土接触面也应采取防止发生冲蚀管涌破坏的措施。对于地质条件特别复杂的闸基应重视侧向绕渗流与闸基渗流的衔接。

4. 建筑物衔接或横穿土堤的渗流控制措施

（1）适应绕渗的加强防渗措施。

1）建筑物与土堤岸坡相接，应采用延长渗径的防渗措施适应侧边绕渗，效果较好的是垂直防渗措施，即闸墙外水平向伸入土堤的刺墙。如图5.5-16所示为某水库泄洪闸与土坝接头所采用的扶壁式闸墙伸入土坝的扶壁刺墙。

2）延长渗径以适应绕渗设计的措施为在涵闸出口衔接较长的前墙和翼墙；如果是砂基需同时在砂基上加一道截渗墙阻渗。图5.5-17为某堤防建筑物出口的三种防渗措施布局。翼墙设计应满足在内、外水头差作用下基底渗流坡降的安全要求。

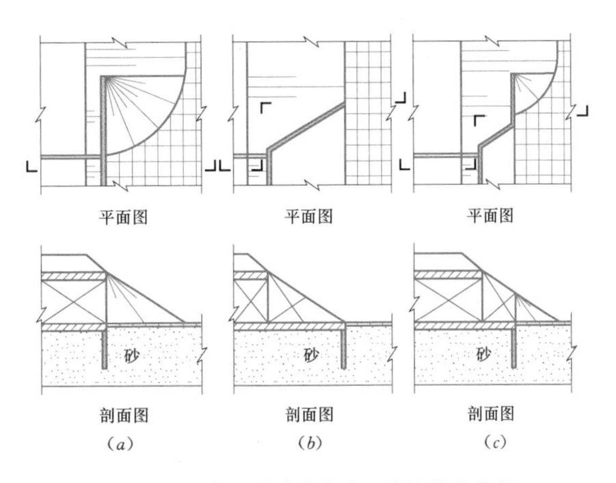

图5.5-17 堤防建筑物出口防渗措施布局

（2）减轻绕渗的排渗措施（排水井及排水孔）。绕渗水流会使得防渗墙或帷幕等防渗措施对于砂基的截渗效果大减，做好下游排渗布局是减轻绕渗危害的重要措施，既可减小建筑物基底的扬压力和出渗坡降，也可降低下游岸墙、翼墙墙后绕渗的渗流水位，从而降低侧岸陡坡滑塌的风险。值得注意的是必须做好排渗出口的滤层保护。

1）排水井是减轻绕渗水头的最简单措施，如图5.5-18所示，在翼墙外侧布置2～3个排水井通至

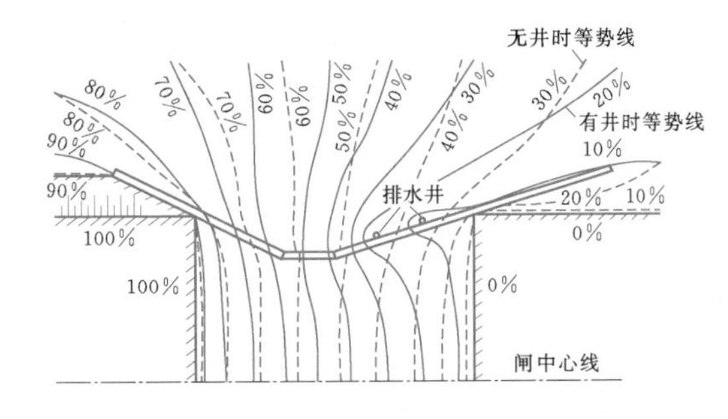

图5.5-18 翼墙外侧排水井对减轻绕渗的作用

下游尾水，可消除底板下等势线向下游弯曲的侧岸绕渗影响，使基底扬压力减小总水头的10%左右，出渗坡降减小约30%；同时，墙后填土的孔隙水压力也可基本消失。此种有滤层的排水井也可同时作为绕渗水位观测井。以贴墙滤层通至尾水的措施也有类似排水井的作用。

2）在下游岸墙、翼墙或不透水护坡上开设排水孔也是减轻墙后或护坡下孔隙水压力的简便措施，也

可改善绕渗的影响。若衔接堤岸的是船闸，其闸室岸墙或不透水护坡需开排水孔减轻填土的孔隙水压力，如图 5.5－19 所示，其计算公式为

$$\frac{P_m}{P_0}=1-\left[1-\frac{C}{1+(\pi+1)\dfrac{d}{a}\times\dfrac{l}{a-d}}\right]\frac{L}{l}\tag{5.5-32}$$

$$C=7\left(\frac{d}{a}\right)^{1/2}(\sin\theta)^{1/6}\tag{5.5-33}$$

式中　C——系数，由边坡 1∶3 到直立墙约为0.9～2.5；

P_m、P_0——孔距中点 M 处水压力与无孔时渗流压力，无孔时的压力可按静水压力考虑；

d——孔径，m；

a——孔距，m；

L——护坡或岸墙全长，m；

l——墙后岸坡浸润线到计算孔距中点 M 的最短渗径长度，m；

θ——坡角，(°)。

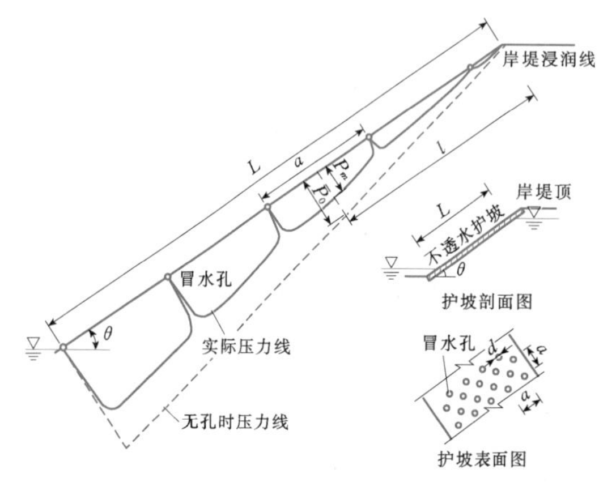

图 5.5－19　护坡开排水孔的减压计算

上部开孔作用很小，只需在墙或护坡的下部开孔，孔距 2m 左右，孔底最好填铺滤料以防止渗水冲蚀岸土。

对于双向挡水的水闸，必要时可根据计算情况在排水孔出口加设逆止阀。

5.6　稳定分析

5.6.1　荷载计算及组合

5.6.1.1　荷载及其计算

1. 作用荷载

在水闸设计中，作用荷载分为基本荷载和特殊荷载两类。

(1) 基本荷载。作用于水闸闸室及岸墙、翼墙上的基本荷载主要有：自重（包括结构自重、填料自重、永久设备自重）、相应于正常蓄水位或设计洪水位情况下底板上的水重、静水压力、扬压力（即浮托力与渗透压力之和）、浪压力、土压力、淤沙压力、风压力、冰压力、土的冻胀力，其他出现机会较多的荷载（如车辆、人群荷载）等。

岸墙、翼墙上的作用荷载，除上述相应于正常挡水位、设计洪水位情况下的荷载外，还应考虑相应于墙后正常地下水位的情况下的水重、静水压力、扬压力和土压力，车辆、人群等荷载是指岸墙、翼墙墙后填土破裂体范围内的车辆、人群等附加荷载。

(2) 特殊荷载。作用于水闸闸室及岸墙、翼墙上的特殊荷载主要有：相应于校核洪水位情况下底板上的水重、静水压力、扬压力、浪压力等，还有地震荷载和其他出现机会较少的荷载（施工各阶段临时荷载、撞击力）等。

岸墙、翼墙上的作用荷载除上述相应于校核洪水位情况下的荷载外，还应考虑墙后正常地下水位情况下的水重、静水压力、扬压力和土压力等。

2. 各荷载计算

(1) 自重。水闸结构自重及填料自重应按其几何尺寸及材料重度计算确定。水闸结构使用的建筑材料主要有混凝土和钢筋混凝土，有的部位也有采用浆砌条石或浆砌块石的。建筑材料的平均重度可经实测确定，当缺乏试验资料时，可采用下列值：混凝土的重度为 23.5～24.0kN/m^3，钢筋混凝土的重度为 24.5～25.0kN/m^3，浆砌条石的重度为 22.0～25.0kN/m^3，浆砌块石的重度为 21.0～23.0kN/m^3。

闸门、启闭机及其他永久设备应尽量采用其实际重量。

(2) 水重。作用在水闸底板上的水重应按其实际体积及水的重度计算确定。多泥沙河流上的水闸，还应考虑含沙量对水的重度的影响。

水的重度一般为 9.81kN/m^3，海水的重度为 10.06kN/m^3，多泥沙河流上浑水重度以实测资料为准。

(3) 静水压力。作用在水闸闸室和岸墙、翼墙上的静水压力应根据水闸不同运用情况时闸室上、下游水位和岸墙、翼墙的墙前、墙后水位的组合条件计算确定。多泥沙河流上的水闸，还应考虑含沙量对水的重度的影响。静水压力方向与作用表面相垂直。作用于闸上任何一点的静水压力强度与该点在水面以下的深度及水的重度成正比。

水闸闸室的上、下游水位和岸墙、翼墙的墙前、

墙后水位的组合条件，应根据水闸工程运行中实际可能出现的水位情况确定。

如图5.6-1（a）所示，闸前为黏土铺盖时，上游水压力P_1、P_2计算公式为

$$P_1 = \frac{1}{2}\gamma H_1^2 L \tag{5.6-1}$$

$$P_2 = \frac{1}{2}(\gamma H_1 + p_b)hL \tag{5.6-2}$$

式中 γ——水的重度，kN/m³；

H_1——黏土铺盖顶面以上的上游水深，m；

p_b——底板b点的扬压力强度，kPa；

h——底板a、b两点间的距离，m；

L——底板相邻沉陷缝的长度，m。

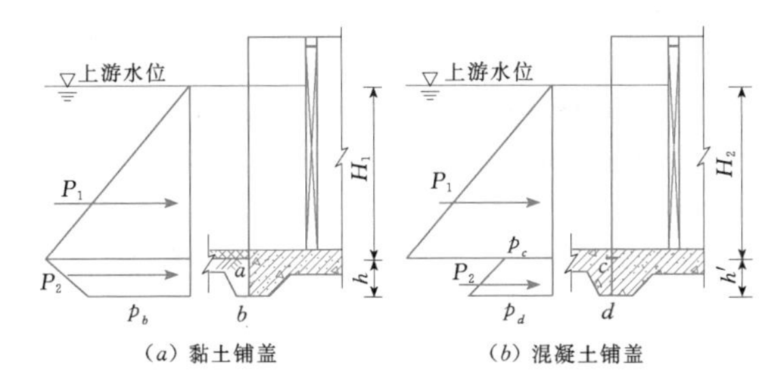

图5.6-1 上游水压力计算图

又如图5.6-1（b）所示，当闸前为混凝土铺盖时，上游水压力P_1、P_2计算公式为

$$P_1 = \frac{1}{2}\gamma H_2^2 L \tag{5.6-3}$$

$$P_2 = \frac{1}{2}(p_c + p_d)h'L \tag{5.6-4}$$

式中 H_2——止水c点以上的上游水深，m；

p_c、p_d——底板c、d点的扬压力强度，kPa；

h'——底板c、d两点间的距离，m；

其余符号意义同前。

下游水压力的计算方法同上游。

（4）扬压力。作用在水闸闸室和岸墙、翼墙基础底面上的扬压力（即浮托力与渗透压力之和）应根据地基类别、防渗排水布置及水闸上、下游水位和岸墙、翼墙墙前、墙后水位的组合条件计算确定。

水闸闸室和岸墙、翼墙基础底面扬压力的水位组合条件，应与计算静水压力的水位组合条件相对应，且选择最不利的水位组合条件。

闸室两侧岸墙应进行侧向绕流计算，宜按相对应部位闸基扬压力水头进行计算，且应考虑墙前水位变化情况和墙后地下水补给的影响。

（5）土压力。作用在水闸上的土压力应根据岸墙、翼墙型式，填土性质，挡土高度，填土内的地下水位，填土顶面坡角及荷载等计算确定。挡土结构的土压力可按下列规定进行计算。

1）对于向外侧移动或转动的挡土结构，可按主动土压力计算；对于保持静止不动（即移动量和转动量很小）的挡土结构，可按静止土压力计算；对于岸墙、翼墙沉井基础、板桩和锚碇墙结构的土抗力，可按被动土压力计算。

2）水闸上的土压力计算采用库仑公式、朗肯公式及朗肯公式的简化形式。各公式的适用条件为：库仑公式主要适用于墙后填土为均质无黏性土，且填土面倾斜时的重力式挡土结构；朗肯公式主要适用于墙后填土为砂性土时的扶壁式或空箱式挡土结构；朗肯公式的简化形式适用于墙后填土为砂性土，且填土表面水平时的扶壁式或空箱式挡土结构。

3）当挡土结构墙后填土表面有均布荷载（含人群荷载）或车辆荷载作用时，可将均布荷载（车辆荷载近似地按均布荷载）换算成等效的填土高度，计算作用在墙背面上的主动土压力。此种情况下，作用在墙背面上的主动土压力应按梯形分布计算。

（6）淤沙压力。作用在水闸闸室和岸墙、翼墙上的淤沙压力应根据闸室上、下游和岸墙、翼墙墙前可能淤积的厚度及泥沙重度等计算确定。

1）淤沙压力按朗肯理论主动土压力公式进行计算。

2）泥沙可能的淤积厚度，应根据河流水文泥沙特性和枢纽布置情况经计算确定；对于多泥沙河流上的工程，宜通过物理模型试验或数学模型计算，并结合已建类似工程的实测资料综合分析确定。对于沿海挡潮闸，在确定泥沙淤积厚度时，除应考虑上游来水含沙量外，还应考虑下游引河布置、潮型、潮流量、附近海岸冲淤变化等因素。

淤沙的浮重度和内摩擦角，一般可参照类似工程的实测资料综合分析确定；对于淤沙严重的工程，宜通过试验确定。

3）岸墙、翼墙墙前泥沙可能淤积的厚度对墙的结构稳定是有利的，在一般情况下可以不计淤沙压力。

（7）风压力。作用在水闸上的风压力应根据当地气象台站提供的风向、风速和水闸受风面积等计算确定。计算风压力时应考虑水闸周围地形、地貌及附近建筑物的影响。风压力按下列规定进行计算。

1）对于计算风速的取值规定为：当风压力参与荷载的基本组合时，采用当地气象台站提供的重现期为50年的年最大风速，或采用多年平均年最大风速的1.5～2.0倍（约相当于重现期为50年的年最大风速）；当风压力参与荷载的特殊组合时，采用当地气

象台站提供的多年平均年最大风速。

2）计算作用在水闸上的风压力时，若当地没有风速资料，可按《建筑结构荷载规范》（GB 50009）选用闸址所在地 50 年一遇的风压，但不得小于 $0.30kN/m^2$。

3）对于作用在岸墙、翼墙上的风压力，由于其作用风向对岸墙、翼墙的稳定一般是有利的，因此，也可以不进行计算。

（8）浪压力。水闸上的浪压力应根据水闸闸前和岸墙、翼墙墙前风向、风速、风区长度（吹程）、风区内的平均水深以及闸前（墙前）实际波态等计算确定。作用在水闸上的浪压力按下列规定进行计算。

1）计算风速的取值同风压力的计算风速取值。

2）计算浪压力，首先要计算波浪要素，即平均波高、平均波长和平均波周期等，波浪要素可按莆田试验站公式计算。

3）波列累积频率是根据水闸不同的级别而确定的，可由表 5.6-1 查得。*P* 为波列累积频率，单位为％。

表 5.6-1 波列累积频率 *P* 值

水闸级别	1	2	3	4	5
P（％）	1	2	5	10	20

4）对于作用在水闸铅直或近似铅直迎水面上的浪压力，应根据闸前水深和实际波形，分别按深水波、浅水波、破碎波等作用进行计算。

5）对于作用在岸墙、翼墙上的浪压力，由于其作用方向对岸墙、翼墙的稳定一般是有利的，因此，也可以不进行计算。

（9）冰压力。冰压力分为静冰压力和动冰压力。冰压力计算按照《水工建筑物荷载设计规范》（DL 5077）的规定执行，要注意下列要求。

1）作用在水闸上的冰压力为基本荷载。

2）静冰压力垂直作用于结构物前沿，其作用点取冰面以下 1/3 冰厚处。

3）静冰压力宜按冰冻期可能的最高水位情况计算，并扣除冰层厚度范围内的水压力。

4）若在闸门附近采取了防止封冻的措施，则不考虑静冰压力。

5）静冰压力和动冰压力应分别在冰冻期和流冰期单独考虑，并单独与其他非冰冻荷载进行组合。

（10）土的冻胀力。土的冻胀力分为切向冻胀力、水平冻胀力和竖向冻胀力。作用于水闸建筑物的冻胀力按《水工建筑物抗冰冻设计规范》（SL 211）的规定计算，但要注意下列要求。

1）标准冻深大于 0.3m 地区的水闸建筑物应进行抗冰冻设计。

2）水闸上的冻胀力为基本荷载。

3）桩、墩基础设计宜取切向冻胀力与其他非冰冻荷载的组合，但斜坡上的桩、墩基础应同时考虑水平冻胀力对桩、墩的水平推力和切向冻胀力的作用，及与其他非冰冻荷载的组合。

4）挡土墙设计应取水平冻胀力与其他非冰冻荷载的组合，但土压力与水平冻胀力不叠加，设计时取两者的较大值。

5）两侧填土的矩形结构设计应取侧墙的水平冻胀力和作用于底板底面的竖向冻胀力与其他非冰冻荷载的组合。

（11）地震荷载。作用于水闸建筑物上的地震荷载一般包括水闸结构自重及填料自重产生的地震惯性力、地震动土压力和水平向地震动水压力。水闸建筑物地震荷载计算可采用动力法或拟静力法。除设计烈度为 8、9 度的 1、2 级水闸或地基为可液化土的 1、2 级水闸，应采用动力法确定地震荷载外，其他水闸建筑物均采用拟静力法确定地震荷载。采用动力法确定地震荷载作用，宜采用振型分解反应谱法。地震荷载计算见《水工设计手册》（第 2 版）第 4 卷第 3 章。

岸墙、翼墙后填土中的地震动水压力会对填土的应力状态有所影响，但一般情况下可不予考虑。

（12）其他荷载。作用在水闸建筑物上的其他荷载有人群、车辆荷载，施工阶段临时荷载与撞击力等，各荷载的计算分述如下。

1）人群、车辆荷载。水闸闸室的人行桥、交通桥上的人群荷载、车辆荷载，按在桥面上可能的最不利组合计算。岸墙、翼墙墙后填土破裂面内的人群荷载、车辆荷载，可换算成作用在填土面上的均布荷载计算。

2）施工阶段临时荷载。水闸施工过程中各阶段的临时荷载应根据工程实际情况确定。

3）撞击力。作用在水闸闸墩、闸门（胸墙）上的撞击力分为漂浮物的撞击力及流冰的撞击力两种，但两种撞击力不会同时作用在闸墩、闸门（胸墙）上。

5.6.1.2 荷载组合

计算水闸闸室及岸墙、翼墙稳定和应力时，应根据水闸的施工、运行、检修情况，并考虑各种荷载出现的几率，将实际上可能同时出现的各种荷载进行最不利的组合，并将水位作为组合条件。对于挡潮闸或排涝闸，应考虑闸室承受双向水头作用，选择最不利荷载组合情况计算。荷载组合可分为基本组合和特殊组合两类。

基本组合是由可能同时出现的基本荷载组成，在基本组合中又可分为完建情况、正常蓄（挡）水位情况、设计洪水位情况和冰冻情况四种。对于河道而言，正常蓄水位情况即是河道的常水位情况。

特殊组合是由可能同时出现的基本荷载和一种或几种特殊荷载组成，由于地震与设计洪水位或校核洪水位同时遭遇的几率小，因此地震荷载只与正常蓄水位情况下的相应荷载组合。在特殊荷载组合中又分为施工情况、检修情况、校核洪水位情况和地震情况四种。施工情况、检修情况和校核洪水位情况为特殊组合Ⅰ，地震情况为特殊组合Ⅱ。

计算闸室及岸墙、翼墙的稳定和应力时的荷载组合可按表5.6-2的规定采用。必要时还可考虑其他可能出现的不利组合。至于闸下排水设备完全堵塞的情况，一般是不允许出现的，因此在水闸设计中是不考虑的。对于岸墙、翼墙墙前有水位较快降落时，还应考虑按特殊荷载组合计算此种不利工况。

表 5.6-2　　荷载组合表

荷载组合	计算情况	荷载												说明
		自重	水重	静水压力	扬压力	土压力	淤沙压力	风压力	浪压力	冰压力	土的冻胀力	地震荷载	其他	
基本组合	完建情况	√	—	—	—	√	—	—	—	—	—	—	√	必要时，可考虑地下水产生的扬压力
	正常蓄(挡)水位情况	√	√	√	√	√	√	√	√	—	—	—	√	按正常蓄（挡）水位组合计算水重、静水压力、扬压力及浪压力
	设计洪水位情况	√	√	√	√	√	√	√	√	—	—	—	—	按设计洪水位组合计算水重、静水压力、扬压力及浪压力
	冰冻情况	√	√	√	√	√	√	√	—	√	√	—	√	按正常蓄水位组合计算水重、静水压力、扬压力及冰压力
特殊组合Ⅰ	施工情况	√	—	—	—	√	—	—	—	—	—	—	√	应考虑施工过程中各个阶段的临时荷载
	检修情况	√	—	√	√	√	√	√	√	—	—	—	√	按正常蓄水位组合（必要时可按设计洪水位组合或冬季低水位条件）计算静水压力、扬压力及浪压力
	校核洪水位情况	√	√	√	√	√	√	√	√	—	—	—	—	按校核洪水位组合计算水重、静水压力、扬压力及浪压力
特殊组合Ⅱ	地震情况	√	√	√	√	√	√	√	√	—	—	√	—	按正常蓄水位组合计算水重、静水压力、扬压力及浪压力

注 1. 表中正常蓄水位情况是对水闸而言，正常挡水位情况是对岸墙、翼墙而言。

2. 对岸墙、翼墙，除表中所列荷载外，完建情况荷载组合时，还应考虑水重、静水压力和扬压力等荷载；在设计洪水位、校核洪水位情况荷载组合时，还应考虑人群、车辆等附加荷载；完建情况、正常挡水位情况及冰冻情况的其他荷载均指人群、车辆荷载；施工情况的其他荷载除说明的外还应考虑人群、车辆荷载；冰冻情况荷载组合时，不应考虑风压力。

5.6.2 闸室稳定分析

闸室稳定计算包括闸室基底应力计算、闸室抗滑和抗浮稳定计算等，对于分离式底板，应特别注意中底板的抗浮稳定问题。对于全风化的岩石地基，其地基性质已与土质地基基本相似，闸室稳定可按土基上的水闸闸室要求进行分析。当闸基土层内含有软弱层时，还应复核沿软弱层的稳定及应力。

5.6.2.1 闸室计算单元选取

闸室稳定计算的计算单元选取应根据水闸结构的布置特点确定。对于顺水流向设永久缝的多孔闸，宜取两相邻顺水流向永久缝之间的闸段作为计算单元，如计算单元不一致时，应分别计算。另外，由于边孔闸墩与中孔闸墩的结构边界条件及受力状况有所不同，应将边孔闸段和中孔闸段分别作为计算单元。对于未设顺水流向永久缝的闸室，取闸室整体作为一个计算单元。

5.6.2.2 闸室基底应力计算

闸室基底应力（对于闸室结构为基底反力）的大小及其分布状况，一般与闸室结构的布置型式，作用荷载的大小、方向和作用点，闸底板的形状尺寸和埋置深度，以及地基土质等因素有关。上游设混凝土铺盖时的闸室作用荷载图如图 5.6-2 所示，土压力、泥沙压力、地震作用等未示。

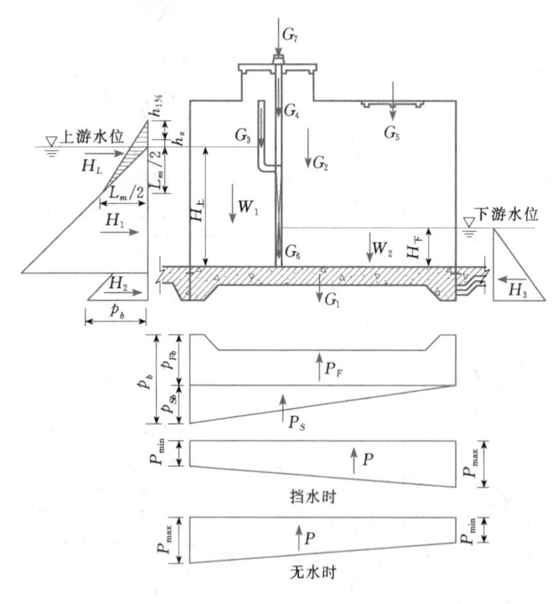

图 5.6-2 上游设混凝土铺盖时的闸室作用荷载图

H_1、H_2、H_3—水压力；H_L—浪压力；L_m—平均波长；$h_{1\%}$—累积频率为1%的波高；h_z—波浪中心线至上游水位的高度；P_F—浮托力；P_S—渗透压力；G_1—底板重；G_2—闸墩重；G_3—胸墙重；G_4—工作桥重；G_5—交通桥重；G_6—闸门重；G_7—启闭机重；W_1、W_2—水重；P—闸室基底反力

1. 结构布置及受力情况对称

对于在垂直水流方向的结构布置及受力情况均对称的闸孔，如多孔水闸的中闸孔或左右对称的单闸孔，闸室基底应力目前普遍采用材料力学偏心受压公式（5.6-5）计算，考虑到闸墩和底板在顺水流方向的刚度很大，闸室基底应力可近似地认为呈直线分布。

$$P_{\substack{max\\min}} = \frac{\sum G}{A} \pm \frac{\sum M}{W} \tag{5.6-5}$$

式中 $P_{\substack{max\\min}}$——闸室基底应力的最大值或最小值，kPa；

$\sum G$——作用在闸室上的全部竖向荷载（包括闸室基础底面上的扬压力在内）之和，kN；

$\sum M$——作用在闸室上的全部竖向和水平向荷载对于基础底面垂直水流方向的形心轴的力矩之和，kN·m；

A——闸室基底面的面积，m^2；

W——闸室基底面对该底面垂直水流方向的形心轴的截面矩，m^3。

2. 结构布置及受力情况不对称

对于在垂直水流方向的结构布置及受力情况不对称的闸孔，如多孔水闸的边闸孔或左右不对称的单闸孔，闸室基底应力按双向偏心受压公式（5.6-6）计算，即

$$P_{\substack{max\\min}} = \frac{\sum G}{A} \pm \frac{\sum M_x}{W_x} \pm \frac{\sum M_y}{W_y} \tag{5.6-6}$$

式中 $\sum M_x$、$\sum M_y$——作用在闸室上的全部竖向和水平向荷载对于基础底面形心轴 x、y 的力矩，kN·m；

W_x、W_y——闸室基底面对该底面形心轴 x、y 的截面矩，m^3；

其余符号意义同前。

3. 闸室基底应力应满足的要求

（1）土基上的水闸。土基上的水闸的基底应力应满足下述两项要求：第一项是保证水闸结构不致由于地基承载力的不足发生剪切破坏而失去稳定；第二项是减少和防止由于闸室基底应力分布的不均匀而发生过大的不均匀沉降差。

1）在各种计算情况下，闸室平均基底应力不大于地基容许承载力，最大基底应力不大于地基容许承载力的 1.2 倍。

2）闸室的基底应力的最大值与最小值之比不大于表 5.6-3 规定的容许值。

（2）岩基上的水闸。由于岩石地基的容许承载力一般较大，压缩性很小，不会因闸室基底应力分布不

表 5.6-3 土基上闸室基底应力最大值与最小值之比的容许值

地基土质 \ 荷载组合	基本组合	特殊组合
松软	1.50	2.00
中等坚硬	2.00	2.50
坚硬	2.50	3.00

注 1. 对于特别重要的大型水闸，其闸室基底应力最大值与最小值之比的容许值可按表列数值适当减小。
2. 对于地震区的水闸，闸室基底应力最大值与最小值之比的容许值可按表列数值适当增大。
3. 对于地基特别坚硬或不可压缩土层甚薄的水闸，可不受本表的规定限制，但要求闸室基底不出现拉应力。

均匀而发生较大沉降差，为了防止闸室基底应力超过地基的承载能力，避免闸室基础底面与岩基之间脱开，闸室基底应力应满足以下要求：

1）在各种计算情况下，闸室最大基底应力不大于地基容许承载力。

2）在非地震情况下，闸室基底不出现拉应力；在地震情况下，闸室基底拉应力值不大于100kPa。

5.6.2.3 闸室抗滑稳定计算

在一般情况下，水闸闸室的稳定受表层滑动控制，因此必须计算沿闸室基底面的抗滑稳定性。沿闸室基底面的抗滑稳定性，主要决定于作用荷载的大小、地基土的性质、闸室底板的尺寸和埋置深度、以及地震条件等因素。为保证闸室结构的抗滑稳定，要求沿闸室基底面的抗滑力（阻滑力）必须大于作用在闸室结构上的水平向滑动力，并需要有一定的安全系数，即采用“单一安全系数计算公式”进行计算。

当闸室底板下部不深处地基存在软弱夹层时，由于软弱夹层的抗剪强度较低，因此，还应核算闸室沿软弱土夹层面连同其上部分土（岩）体一起滑动的抗滑稳定安全系数。

1. 土基上水闸的抗滑稳定计算

对于土基上的水闸，当闸室基底面为平面或闸底板设有较浅的齿墙时，闸室可能沿其基底面滑动，或沿闸室基底面带动的薄层土体一道滑动，抗滑稳定安全系数应按下列规定进行计算。

（1）无可靠的土壤试验资料时的计算。土基上沿闸室基底面的抗滑稳定安全系数的计算公式为

$$K_c = \frac{f\sum G}{\sum H} \tag{5.6-7}$$

式中 K_c——沿闸室基底面的抗滑稳定安全系数；

f——闸室基底面与地基之间的摩擦系数，可按本章5.6节中5.6.4的规定采用；

$\sum H$——作用在闸室上的全部水平向荷载，kN；

其余符号意义同前。

（2）有可靠的土壤试验资料时的计算。沿闸室基底面的抗滑稳定安全系数的计算公式为

$$K_c = \frac{\tan\varphi_0 \sum G + c_0 A}{\sum H} \tag{5.6-8}$$

式中 φ_0——闸室基底面与土质地基之间的摩擦角，可按本章5.6节中5.6.4的规定采用，(°)；

c_0——闸室基底面与土质地基之间的黏聚力，可按本章5.6节中5.6.4的规定采用，kPa；

其余符号意义同前。

式（5.6-8）是根据现场混凝土板的抗滑试验资料进行分析研究后提出来的，因而计算成果能够比较真实地反映黏性土地基上水闸的实际情况。对于黏性土地基上大型水闸，沿闸室基底面的抗滑稳定安全系数宜按式（5.6-8）计算。

（3）基础采用桩基或复合地基时的计算。土基上水闸的基础桩基一般指目前常用的钻孔灌注桩、预制钢筋混凝土桩和预应力管桩等；复合地基一般指水泥搅拌桩或高压喷射注浆法等方法加固后的地基。采用桩基或复合地基时的抗滑稳定安全系数应按下面的方法进行计算。

1）采用桩基础时。对于采用钻孔灌注桩、预制钢筋混凝土桩和预应力管桩基础的水闸，若考虑桩基承担上部所有垂直和水平荷载，此时可不验算闸室基底面的抗滑稳定安全系数。如桩顶嵌入闸室底板，经论证需要同时计入桩基和地基的作用时，应计入桩体材料的抗剪断能力，即桩体在容许变形范围内的水平承载力。抗滑稳定验算时，应先减去桩基所能承担的水平和垂直荷载，再采用式（5.6-8）计算闸室基底面的抗滑稳定安全系数。

2）采用复合地基时。对于采用水泥搅拌桩复合地基的水闸，且搅拌桩顶与闸室底板间设混凝土垫层时，要考虑复合地基抗剪强度指标的提高，即在采用式（5.6-8）验算闸室基底面的抗滑稳定性时，摩擦角 φ_0 值及黏聚力 c_0 值应采用搅拌桩复合地基的等效强度 φ_0' 值及 c_0' 值，φ_0' 值及 c_0' 值的计算见本章5.6节中5.6.4相关内容。

2. 闸底板有较深齿墙时的抗滑稳定计算

在闸室抗滑稳定计算中，如遇特殊情况，沿闸室底板底面按式（5.6-7）或式（5.6-8）计算的抗滑稳定安全系数难以满足要求时，可考虑在闸室底板下设置深齿墙，并计入深齿墙的抗滑作用。当闸室底板

下的齿墙深度可充分发挥齿墙之间土体的阻滑作用时，可按以下方法复核计算闸室抗滑稳定安全系数。

（1）当闸室底板设有较深的齿墙且底板前后齿墙深度相同，考虑闸室结构沿齿墙底部连同齿墙间土体滑动时，闸室抗滑稳定安全系数的计算公式为

$$K_c = \frac{\tan\varphi \sum G + cA'}{\sum H} \qquad (5.6-9)$$

式中　φ——齿墙底部地基土的内摩擦角，(°)；

c——齿墙底部地基土的黏聚力，kPa；

A'——齿墙间土体滑动面面积，m^2；

其余符号意义同前。

φ、c 值的选用，见本章5.6节中5.6.4相关内容。$\sum G$ 值应包括齿墙体间土体重量(按浮重度计算)。

（2）当闸室底板上游齿墙深、下游齿墙浅，考虑闸室沿两齿墙底连线的斜面滑动时，闸室抗滑稳定安全系数的计算公式为

$$K_c = \frac{\tan\varphi(\sum G\cos\beta + \sum H\sin\beta) + cA'}{\sum H\cos\beta - \sum G\sin\beta} \qquad (5.6-10)$$

式中　β——斜面与水平面的夹角，(°)；

其余符号意义同前。

沿上游齿墙底部连同齿后土体滑动时，按式(5.6-9)复核抗滑稳定安全系数。

（3）齿墙后的土压力一般不予考虑，将之作为安全储备，若要考虑，可按1/3的被动土压力或静止土压力作用在闸室尾部计入。

3. 岩基上水闸的抗滑稳定计算

岩基上的水闸闸室是否会发生沿地基表面的水平滑动，也应进行抗滑稳定验算。沿闸室基底面的抗滑稳定安全系数，可按式(5.6-7)或式(5.6-11)计算。

$$K_c = \frac{f' \sum G + c'A}{\sum H} \qquad (5.6-11)$$

式中　f'——闸室基底面与岩石地基之间的抗剪断摩擦系数；

c'——闸室基底面与岩石地基之间的抗剪断黏聚力，kPa；

其余符号意义同前。

式(5.6-11)是抗剪断公式，不仅包含了闸室基底与岩石地基之间的摩擦力，而且还包含了客观存在于闸室基底与岩石地基之间的黏聚力，因此按式(5.6-11)计算显然合理。f'值及c'值见本章5.6节中5.6.4相关内容。

4. 闸室结构受双向水平荷载作用时的抗滑稳定计算

当闸室结构受双向水平力作用时，应验算其合力方向的抗滑稳定性。先求得双向水平力的合力，再用前面的公式计算抗滑稳定安全系数，其抗滑稳定安全系数应按土基或岩基分别不小于表5.6-4和表5.6-5所规定的容许值。

沿软弱夹层面的抗滑稳定计算见《水工设计手册》(第2版)第5卷第1章。

5. 抗滑稳定安全系数的要求

为了保证水闸闸室结构的安全运用，要求计算的抗滑稳定安全系数 K_c 值均不得小于沿闸室基底面抗滑稳定安全系数容许值。在实际应用中，未经充分论证，不应任意提高或降低闸室基底面的抗滑稳定安全系数的容许值。

（1）土基上水闸抗滑稳定安全系数的要求。土基上沿闸室基底面抗滑稳定安全系数的容许值，是保证建筑物安全与经济的一个极为重要的指标，要求按式(5.6-7)或式(5.6-8)、式(5.6-9)、式(5.6-10)计算的沿闸室基底面抗滑稳定安全系数 K_c 值均不得小于表5.6-4规定的容许值。

表5.6-4　土基上沿闸室基底面抗滑稳定安全系数的容许值

荷载组合 \ 水闸级别		1	2	3	4、5
基本组合		1.35	1.30	1.25	1.20
特殊组合	Ⅰ	1.20	1.15	1.10	1.05
	Ⅱ	1.10	1.05	1.05	1.00

注　1. 特殊组合Ⅰ适用于施工情况、检修情况及校核水位情况。
2. 特殊组合Ⅱ适用于地震情况。

（2）岩基上水闸抗滑稳定安全系数的要求。岩基上水闸要求按式(5.6-7)或式(5.6-11)计算的沿闸室基底面抗滑稳定安全系数 K_c 值均不得小于表5.6-5规定的容许值。表5.6-5规定的沿闸室基底面抗滑稳定安全系数容许值应与表中规定的相应计算公式配套使用，切不可将表中规定的容许值用来检验非表中规定的其他公式计算成果。

表5.6-5　岩基上沿闸室基底面抗滑稳定安全系数的容许值

荷载组合		按式(5.6-7)计算时			按式(5.6-11)计算时
		水闸级别			
		1	2、3	4、5	
基本组合		1.10	1.08	1.05	3.00
特殊组合	Ⅰ	1.05	1.03	1.00	2.50
	Ⅱ	1.00			2.30

注　1. 特殊组合Ⅰ适用于施工情况、检修情况及校核洪水位情况。
2. 特殊组合Ⅱ适用于地震情况。

5.6.2.4 闸室抗浮稳定计算

闸室的抗浮稳定性通常由闸室检修情况控制，因此当闸室设有两道检修闸门或只设一道检修闸门，利用工作闸门与检修闸门进行检修时，抗浮稳定性计算公式为

$$K_f = \frac{\sum V}{\sum U} \tag{5.6-12}$$

式中 K_f——闸室抗浮稳定安全系数；

$\sum V$——作用在闸室上全部向下的铅直力之和，kN；

$\sum U$——作用在闸室基底面上的扬压力，kN。

不论水闸级别和地基条件，在基本荷载组合条件下，闸室抗浮稳定安全系数不应小于1.10；在特殊荷载组合条件下，闸室抗浮稳定安全系数不应小于1.05。

5.6.3 岸墙、翼墙稳定分析

岸墙、翼墙的稳定计算包括基底应力、抗滑稳定、抗倾覆稳定和抗浮稳定计算。对于全风化的岩石地基，岸墙、翼墙稳定可按土基上的要求进行分析。

5.6.3.1 岸墙、翼墙计算单元选取

岸墙、翼墙稳定计算单元应根据其结构及布置型式确定。重力式、半重力式、衡重式、悬臂式和无锚碇墙的板桩式岸墙、翼墙可取每延米长作为稳定计算单元。扶壁式、空箱式、组合式岸墙、翼墙可取两相邻永久缝之间的区段作为稳定计算单元。有锚碇墙的板桩式岸墙、翼墙和锚杆式岸墙、翼墙可取一个锚碇区段作为稳定计算单元。圆弧段翼墙结构可取两相邻永久缝之间的区段进行计算。

5.6.3.2 岸墙、翼墙基底应力计算

1. 基底应力计算

岸墙、翼墙基底应力按式（5.6-5）计算，式中 $P_{\max \atop \min}$ 为岸墙、翼墙基底应力的最大值或最小值，kPa；$\sum G$ 为作用在岸墙、翼墙上全部垂直于水平面的荷载，kN；$\sum M$ 为作用于岸墙、翼墙上的全部荷载对于水平面平行前墙墙面方向的形心轴的力矩之和，kN·m；A 为岸墙、翼墙基底面的面积，m^2；W 为岸墙、翼墙基底面对于基底面平行前墙墙面方向形心轴的截面矩，m^3。由于岸墙、翼墙底板在墙前、墙后方向的刚度很大，其基底应力可视为直线分布。

2. 基底应力应满足的要求

（1）土基上的岸墙、翼墙。土基上的岸墙、翼墙基底应力应满足以下要求：

1）在各种计算情况下，岸墙、翼墙平均基底应力不大于地基容许承载力，最大基底应力不大于地基容许承载力的1.2倍。

2）岸墙、翼墙基底应力的最大值与最小值之比不大于表5.6-3规定的容许值。

（2）岩基上的岸墙、翼墙。岩基上的岸墙、翼墙基底应力应满足以下要求：

1）在各种计算情况下，岸墙、翼墙最大基底应力不大于地基容许承载力。

2）在非地震情况下，岸墙、翼墙基底不应出现拉应力；在地震情况下，岸墙、翼墙基底拉应力不应大于100kPa。

5.6.3.3 岸墙、翼墙的抗滑稳定计算

岸墙、翼墙沿基底面的抗滑稳定计算与闸室沿基底面抗滑稳定计算一样，均采用“单一安全系数计算公式”。当岸墙、翼墙底板下部不深处地基存在软弱夹层时，还应核算岸墙、翼墙沿软弱土夹层面连同其上部分土（岩）体一起滑动的抗滑稳定安全系数。

1. 土基上岸墙、翼墙的抗滑稳定计算

（1）抗滑稳定安全系数计算。土质地基上的岸墙、翼墙沿基底面的抗滑稳定安全系数计算应按式（5.6-7）或式（5.6-8）计算，式中符号意义基本相同，只是“闸室”均相应于“岸墙、翼墙”。当无可靠的土壤试验资料时，可采用式（5.6-7）计算，f 值的选用见本章5.6节中5.6.4相关内容。若有可靠的试验资料时，采用式（5.6-8）计算。对于黏性土地基上的大型水闸岸墙、翼墙，沿其基底面的抗滑稳定安全系数宜按式（5.6-8）计算。

（2）基础采用桩基或复合地基时的计算。土基上的岸墙、翼墙常用的桩基础为预制钢筋混凝土桩与钻孔灌注桩，复合地基常采用水泥搅拌桩。采用桩基础或复合地基的岸墙、翼墙，沿基底面的抗滑稳定计算与水闸闸室相同。

（3）抗滑稳定安全系数的要求。沿岸墙、翼墙基底面的抗滑稳定安全系数，反映了岸墙、翼墙是否安全与经济的指标，抗滑稳定安全系数容许值见表5.6-4。

对于设有锚碇墙的板桩式岸墙、翼墙，其锚碇墙抗滑稳定安全系数不应小于表5.6-6规定的容许值。

表5.6-6 锚碇墙抗滑稳定安全系数的容许值

荷载组合 \ 挡土墙级别	1	2、3	4、5
基本组合	1.50	1.40	1.30
特殊组合	1.40	1.30	1.20

对于加筋式岸墙、翼墙，如经论证，加筋材料具有足够的耐久性，在验算抗滑稳定性时，可计入加筋材料的阻滑作用。

2. 岩基上岸墙、翼墙的抗滑稳定计算

(1) 抗滑稳定安全系数计算。岩基上的岸墙、翼墙沿地基表面的水平滑动，可采用式（5.6-7）或式（5.6-11）计算，式中符号意义基本相同，只是“闸室”均相应于“岸墙、翼墙”，f、f'、c'值按本章5.6节中5.6.4相关内容选用。

(2) 抗滑稳定安全系数的要求。岩基上岸墙、翼墙沿其基底面的抗滑稳定安全系数的容许值见表5.6-5。需要注意的是，表5.6-5规定的沿岸墙、翼墙基底面抗滑稳定安全系数容许值应与表中规定的相应计算公式配套使用，不得混淆使用。

3. 当岸墙、翼墙基底面向填土方向倾斜时的抗滑稳定计算

通常情况下岸墙、翼墙的基底面是水平的，但有时根据稳定需要可将岸墙、翼墙底板内侧向填土方向倾斜。对于这种倾斜面基底的岸墙、翼墙，沿该基底面的抗滑稳定安全系数的计算公式为

$$K_c = \frac{f(\sum G\cos\alpha + \sum H\sin\alpha)}{\sum H\cos\alpha - \sum G\sin\alpha} \quad (5.6-13)$$

式中 α——基底面与水平面的夹角，(°)；

其余符号意义同前。

根据工程实践，基底面与水平面的夹角，对于土基一般不宜大于7°，岩基不宜大于12°。

5.6.3.4 岸墙、翼墙的抗倾覆稳定计算

岸墙、翼墙作为一种挡土结构，在倾覆力矩的作用下，有可能绕前趾倾倒，因此，岸墙、翼墙必须进行抗倾覆安全性验算，抗倾覆稳定安全系数的计算公式为

$$K_0 = \frac{\sum M_V}{\sum M_H} \quad (5.6-14)$$

式中 K_0——岸墙、翼墙抗倾覆稳定安全系数；

$\sum M_V$——对于岸墙、翼墙基底前趾的抗倾覆力矩，kN·m；

$\sum M_H$——对于岸墙、翼墙基底前趾的倾覆力矩，kN·m。

对于衡重式岸墙、翼墙，除了需要计算绕前趾倾倒的抗倾覆稳定外，还应验算衡重平台向后倾覆的稳定性。

由于土基上岸墙、翼墙的基底应力最大值与最小值之比按不大于表5.6-3规定的要求控制，可不进行抗倾覆稳定计算。

对于岩基上的岸墙、翼墙，不论水闸级别，在基本荷载组合条件下，抗倾覆稳定安全系数不应小于1.50，在特殊荷载组合条件下，抗倾覆稳定安全系数不应小于1.30。

5.6.3.5 岸墙、翼墙的抗浮稳定计算

当沉井式岸墙、翼墙采用混凝土封底时，应进行施工期沉井抗浮稳定计算；对于采用封底沉井基础且沉井内没有回填足够的压重材料的岸墙、翼墙，也应进行抗浮稳定计算。对于空箱式岸墙、翼墙，当需要对空箱检修时，也应进行抗浮稳定计算。岸墙、翼墙抗浮稳定计算可按式（5.6-12）计算，式中符号的意义基本相同，仅是“闸室”相应于“岸墙、翼墙”。对于岸墙、翼墙的抗浮稳定安全系数值有如下规定：不论其级别和地基条件，基本荷载组合条件下的抗浮稳定安全系数不应小于1.10，特殊荷载组合条件下的抗浮稳定安全系数不应小于1.05。

5.6.4 抗剪强度指标选用

1. 摩擦系数 f 值的选用

土基或岩基上的水闸，多数采用无桩基础，主要依靠闸室或岸墙、翼墙的重量作用在地基上所产生的抗滑力来维持闸室或岸墙、翼墙的稳定。在水闸设计中，基底摩擦系数 f 值综合地反映了闸室和岸墙、翼墙基底的抗剪强度，是一个关系到水闸安全和经济的重要数据，因此，要慎重、正确、合理地选用 f 值。

土基或岩基上的水闸，当采用式（5.6-7）计算闸室或岸墙、翼墙结构的抗滑稳定安全系数时，在无试验资料时，闸室和岸墙、翼墙基底面的摩擦系数 f 值，可按表5.6-7所列数值选用。岩基上水闸工程

表5.6-7 摩擦系数 f 值

地基类别		f
黏土	软弱	0.20～0.25
	中等坚硬	0.25～0.35
	坚硬	0.35～0.45
壤土、粉质壤土		0.25～0.40
砂壤土、粉砂土		0.35～0.40
细砂、极细砂		0.40～0.45
中砂、粗砂		0.45～0.50
砂砾石		0.40～0.50
砾石、卵石		0.50～0.55
碎石土		0.40～0.50
岩石	Ⅴ	0.30～0.40
	Ⅳ	0.40～0.55
	Ⅲ	0.55～0.65
	Ⅱ	0.65～0.75
	Ⅰ	0.75～0.85

注 表中岩石摩擦系数限于硬质岩，软质岩应根据软化系数进行折减。

设计取用的 f 值应慎重，有条件时宜经室内岩石抗剪试验验证确定，重要的水闸还应经室外原位试验确定。

2. 闸室和岸墙、翼墙基底面与地基土的摩擦角 φ_0 值与黏聚力 c_0 值的选用

闸室和岸墙、翼墙基底面与地基土的摩擦角 φ_0 值与黏聚力 c_0 值，宜通过现场混凝土板抗滑试验确定（取用试验值的小值平均值）。在缺乏现场混凝土板抗滑试验成果的情况下，可按室内地基土的试验成果适当折减后采用。

土基上的水闸当采用式（5.6-8）计算闸室或岸墙、翼墙抗滑稳定安全系数时，φ_0 值、c_0 值可按表5.6-8进行折减。

表 5.6-8 φ_0 值、c_0 值（土质地基）

土质地基类别	φ_0	c_0
黏性土	0.9φ	$(0.2\sim0.3)\ c$
砂性土	$(0.85\sim0.9)\ \varphi$	0

注 φ 为室内饱和固结快剪（黏性土）或饱和快剪（砂性土）试验测得的内摩擦角，(°)；c 为室内饱和固结快剪试验测得的黏聚力，kPa。

按表5.6-8规定采用的 φ_0 值和 c_0 值时，还应按式（5.6-15）折算闸室或岸墙、翼墙基底面与地基土之间的综合摩擦系数：

$$f_0=\frac{\tan\varphi_0\sum G+c_0A}{\sum G} \tag{5.6-15}$$

式中 f_0——闸室或岸墙、翼墙基底面与地基土之间的综合摩擦系数；

其余符号意义同前。

对于黏性土地基，要求折算的综合摩擦系数值 f_0 值不大于0.45；对于砂性土地基，要求折算的综合摩擦系数值 f_0 值不大于0.50。若折算的综合摩擦系数大于上述数值，采用的 φ_0 值和 c_0 值均应有充分论证。

对于特别重要的大型水闸，设计采用的 φ_0 值、c_0 值除必须有足够数量的室内地基土试验成果进行折算外，还宜经现场地基土对混凝土板的抗滑强度试验验证。

3. 地基土的内摩擦角 φ 值与黏聚力 c 值的选用

地基土的内摩擦角 φ 值与黏聚力 c 值，统称为地基土的抗剪强度指标。对于砂性土（尤其是粗砂），其抗剪强度因素以内摩擦角 φ 值为主；而对于黏性土（尤其是软黏土、淤泥和淤泥质土），则以黏聚力 c 值为主。

地基土的抗剪强度指标由室内地基土的剪切试验求得。

土基上的水闸，当采用式（5.6-9）、式（5.6-10）计算闸室或岸墙、翼墙的抗滑稳定安全系数时，设计采用的内摩擦角 φ 值及黏聚力 c 值，应取室内饱和直接剪切和三轴剪切试验值的小值平均值，或取野外十字板剪切试验值的算术平均值。

4. 复合地基等效强度指标 φ_0' 值与 c_0' 值的计算

水闸工程常采用水泥搅拌桩与高压喷射注浆法两种复合地基。复合地基的抗剪强度指标采用等效强度指标 φ_0' 值与 c_0' 值，搅拌桩复合地基的等效强度可按式（5.6-16）、式（5.6-17）计算确定。高压喷射注浆法复合地基的等效强度指标可参照搅拌桩等效强度指标进行计算。

$$c_0'=c_1m+c_2(1-m) \tag{5.6-16}$$

$$\varphi_0'=\arctan\left(\frac{\tan\varphi_1}{1+\dfrac{K_2}{\beta K_1}}+\frac{\tan\varphi_2}{1+\dfrac{\beta K_1}{K_2}}\right) \tag{5.6-17}$$

其中
$$c_1=\frac{\eta f_{cu}}{2\tan\left(45^\circ+\dfrac{\varphi_1}{2}\right)} \tag{5.6-18}$$

$$K_1=\frac{k_1k_2k_3}{k_1k_2+k_2k_3+k_3k_1} \tag{5.6-19}$$

$$K_2=\frac{A_2E_s}{l} \tag{5.6-20}$$

$$k_1=\frac{A_1E'}{d(1-\mu^2)\omega} \tag{5.6-21}$$

$$k_2=\frac{A_1E_p}{l} \tag{5.6-22}$$

$$k_3=\frac{A_1E''}{d(1-\mu^2)\omega} \tag{5.6-23}$$

式中 m——搅拌桩的面积置换率；

c_1——搅拌桩桩身黏聚力，kPa；

φ_1——搅拌桩桩身内摩擦角，取 $\varphi_1=20^\circ\sim24^\circ$，桩身强度高时取高值，否则取低值；

c_2——软土层黏聚力，kPa；

φ_2——软土层内摩擦角，(°)；

K_1——搅拌桩的刚度，kN/m；

K_2——桩周软土部分的刚度，kN/m；

β——桩的沉降量 s_1 和桩周软土部分沉降量 s_2 之比，即 $\beta=\frac{s_1}{s_2}$，对填土，一般 $s_1<s_2$，可取 $\beta=0.5$，对刚性基础，则 $s_1=s_2$，$\beta=1$；

f_{cu}——与搅拌桩桩身水泥土配比相同的室内加固土试块（边长70.7mm的立方体，也可采用边长50mm的立方体）在标准养护条件下28d龄期的立方体抗压强度平均值，kPa；
η——桩身强度折减系数，干法可取0.20～0.30，湿法可取0.25～0.33；
k_1——搅拌桩桩顶土层的刚度，kN/m；
k_2——搅拌桩桩身的压缩刚度，kN/m；
k_3——搅拌桩桩底土层的刚度，kN/m；
A_1——搅拌桩截面积，m^2；
A_2——桩周土截面积，m^2；
d——搅拌桩直径，m；
μ——泊松比，可取$\mu=0.3$；
ω——形状系数，取$\omega=0.79$；
E'——桩顶土层的变形模量，kPa；
E''——桩底土层的变形模量，kPa；
E_p——搅拌桩的压缩模量，可取100～120kPa，对较短或桩身强度较低者可取低值，反之可取高值；
E_s——桩间土的压缩模量，kPa；
l——搅拌桩桩长，m。

根据式（5.6-16）、式（5.6-17）算出的φ'_0、c'_0值，需按式（5.6-15）进行验算，采用φ'_0、c'_0值要慎重，要考虑工程处地基土质情况与施工质量，且留有一定安全裕度。

5. 抗剪断摩擦系数f'值与抗剪断黏聚力c'值的选用

闸室和岸墙、翼墙基底面与岩石地基之间的抗剪断摩擦系数f'值与抗剪断黏聚力c'值可根据室内岩石抗剪断试验成果，并参照类似工程经验及表5.6-9所列数值选用。但选用的f'值与c'值不应超过闸室或岸墙、翼墙基础混凝土本身的抗剪断参数值。

表5.6-9　f'、c'值（岩石地基）

岩石地基类别	f'	c'（MPa）
Ⅰ	1.5～1.3	1.5～1.3
Ⅱ	1.3～1.1	1.3～1.1
Ⅲ	1.1～0.9	1.1～0.7
Ⅳ	0.9～0.7	0.7～0.3
Ⅴ	0.7～0.4	0.3～0.05

注　1. 表中岩石摩擦系数限于硬质岩，软质岩应根据软化系数进行折减。
2. 如岩石地基内存在结构面、软弱层（带）或断层的情况，f'、c'值应按现行的《水利水电工程地质勘察规范》（GB 50487）的规定选用。

对于特别重要的大型水闸，设计取用的f'、c'值应慎重，有条件时应经现场岩石抗剪断试验成果验证，并参照类似工程实践经验研究确定。

5.6.5　抗滑稳定构造措施

1. 闸室抗滑稳定构造措施

当闸室沿其基底面的抗滑稳定安全系数计算值小于规定的容许值，不能满足设计要求时，可在原有结构布置的基础上，结合工程的具体情况，采用提高闸室抗滑稳定性的工程措施。下面列举了工程上常用的几种抗滑措施，设计时可采用其中的一种或几种抗滑措施。

（1）变更闸门位置。将闸门位置移向低水位一侧，或将水闸底板向高水位一侧加长。

（2）适当增大闸室结构尺寸。通过增加闸室结构的自重及水闸底板上的水重，增加抗滑力，提高闸室的抗滑稳定性。

（3）增加齿墙深度。通过增加闸室底板齿墙深度来增加阻滑能力，以提高闸室的抗滑稳定性。但是增加齿墙深度是有一定限度的。因齿墙深度过深，其阻滑能力的提高并非与齿墙深度的增加成正比，而且某些情况下，齿墙过深会给施工带来一定的困难。

（4）减少渗透压力。增加铺盖长度或防渗墙、帷幕灌浆深度，或在不影响防渗安全的条件下将排水设施向水闸底板靠近，以减少闸室底板渗透压力。

（5）设置混凝土阻滑板。利用高水位一侧的混凝土防渗铺盖作为阻滑板，即利用铺盖自重和铺盖顶、底面的水压力差值以增加闸室的抗滑稳定性，必须将阻滑板与闸室底板可靠地连接起来，才能保证阻滑板与闸室底板起共同抗滑作用，阻滑板上作用的荷载如图5.6-3所示。

由阻滑板增加的抗滑力可按式（5.6-24）或式（5.6-25）计算：

$$\sum S = 0.8f(G_Z + W_Z - P_{UZ}) \quad (5.6-24)$$

$$\sum S = 0.8[\tan\varphi_0(G_Z + W_Z - P_{UZ}) + c_0 A_3] \quad (5.6-25)$$

式中　$\sum S$——由阻滑板增加的抗滑力，kN；
G_Z——阻滑板重量，kN；
W_Z——阻滑板上的水重，kN；
P_{UZ}——阻滑板上的扬压力（包括浮托力和渗透压力），kN；
A_3——阻滑板与地基的接触面积，m^2；
0.8——考虑地基变形及连接钢筋的拉长对阻滑板效果的折减系数；

其余符号意义同前。

当考虑阻滑板与水闸底板起共同抗滑作用时，抗

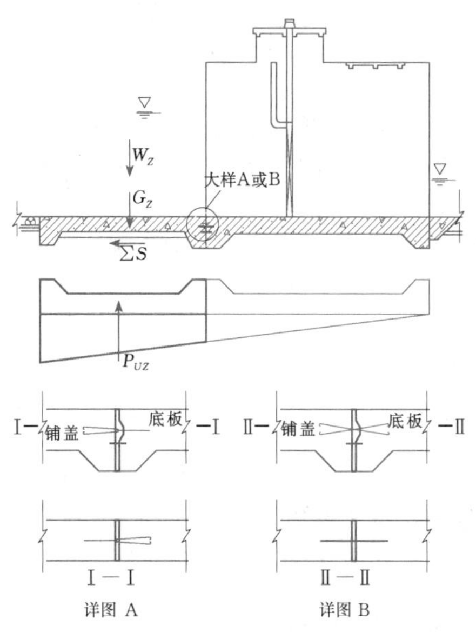

图 5.6-3 阻滑板上作用的荷载图

G_Z—阻滑板重；W_Z—阻滑板上的水重；P_{UZ}—阻滑板底面的扬压力；$\sum S$—阻滑板的抗滑力

滑稳定安全系数可按式(5.6-26)或式(5.6-27)计算：

$$K_c = K_{c1} + K_{c2} = \frac{f\sum G}{\sum H} + \frac{\sum S}{\sum H} = \frac{f\sum G}{\sum H} + \frac{0.8[f(G_Z + W_Z - P_{UZ})]}{\sum H} \quad (5.6-26)$$

$$K_c = K_{c1} + K_{c2} = \frac{\tan\varphi_0 \sum G + c_0 A}{\sum H} + \frac{\sum S}{\sum H} = \frac{\tan\varphi_0 \sum G + c_0 A}{\sum H} + \frac{0.8[\tan\varphi_0 (G_Z + W_Z - P_{UZ}) + c_0 A_3]}{\sum H} \quad (5.6-27)$$

式中 K_{c1}——闸室结构自身的抗滑稳定安全系数，考虑到闸室底板与阻滑板之间的止水设备一旦遭破坏时，必须保证闸室底板不致沿基底面滑动，因此闸室结构自身抗滑稳定安全系数值不应小于1.0；

K_{c2}——由阻滑板增加的抗滑稳定安全系数，K_{c2}值只能作为补充安全因素；

其余符号意义同前。

对于阻滑板可起到防渗与阻滑双重的作用，除能提高闸室的抗滑稳定外，还要求阻滑板本身能尽量满足抗裂要求，以防止阻滑板开裂后对闸基防渗带来的不利影响。

(6) 增设抗滑桩及锚固结构。土基上水闸常采用预制钢筋混凝土桩或钻孔灌注桩、预应力管桩来增加抗滑力，采用水泥搅拌桩等方法也可增加闸室基底与地基之间的摩擦系数，提高闸室的抗滑稳定性。岩基上的水闸可采用锚桩、锚杆等来增加抗滑力。

闸室段之间有变形缝时，如边孔段闸室承受侧边土压力，而其自身抗侧向的滑动稳定不能满足设计要求，也可在闸室段变形缝内设置顶块，以增加闸室侧向稳定。对顶块结构，应进行专门的设计计算。

2. 岸墙、翼墙抗滑稳定构造措施

当岸墙、翼墙基底面的抗滑稳定安全系数计算值小于规定的容许值，不能满足设计要求时，可结合工程的具体情况，采取工程措施，以提高其抗滑稳定性。下面列举了几种常用的措施，但这些工程措施并不适用于所有的情况，因此需根据不同工程的具体情况研究选用其中的一种或几种抗滑措施。

(1) 适当增加底板宽度。增加岸墙、翼墙底板宽度，会增加抗滑力，提高岸墙、翼墙抗滑稳定性。

(2) 基底增设齿墙。一般在岸墙、翼墙底板下增设齿墙，增加阻滑力，提高岸墙、翼墙抗滑稳定性。

(3) 墙后增设阻滑板及锚杆。土基上岸墙、翼墙后面增设钢筋混凝土阻滑板，利用阻滑板自重和阻滑板上的有效重量以增加岸墙、翼墙的抗滑稳定性。必须把阻滑板与岸墙、翼墙底板可靠地连接起来，岸墙、翼墙的自身抗滑稳定安全系数不应小于1.0，阻滑板效果折减系数可采用0.8。具体计算可参照式(5.6-26)或式(5.6-27)计算，式中变量W_Z应包括阻滑板上水重与土重等有效重量。当岸墙、翼墙底板前有护坦、消力池等刚性底板时，也可在底板与结构缝间设置顶块以增加岸墙、翼墙的抗滑稳定。

岩基上的岸墙、翼墙常利用锚固在墙后岩石边坡体中或底板下岩基内的锚杆所提供的拉力来增加岸墙、翼墙的抗滑稳定性。

(4) 墙后改填摩擦角大的填料并增设排水。在岸墙、翼墙墙后采用回填摩擦角较大的填料，或采用在填料中以土工合成材料加筋，同时增设排水措施，以减少墙后的土压力和水压力，提高岸墙、翼墙抗滑稳定性。

(5) 限制墙后填土高度。在不影响岸墙、翼墙正常运用的条件下，适当限制墙后的填土高度，或在墙后采用其他减载措施。一般情况下，岸墙、翼墙前、后水位差大时，是抗滑稳定的控制工况，因此，也可在水闸放水前限制墙后填土高度，待放水后再填土到顶。

(6) 增设抗滑桩。土基上的岸墙、翼墙可采用钢筋混凝土桩或钻孔灌注桩、预应力管桩来增加抗滑力，也可采用水泥搅拌桩增加岸墙、翼墙与地基之间的摩擦系数，提高岸墙、翼墙的抗滑稳定性。岩基上的岸墙、翼墙可采用锚桩等措施来增加抗滑力。

（7）增设卸荷板（减压平台）。在岸墙、翼墙墙背中部附近设置卸荷板（即减压平台），利用卸荷板上的填土重量，减小作用在岸墙、翼墙上的主动土压力，以增加岸墙、翼墙的抗滑稳定性。卸荷板面高程应经过计算比较而定，距墙底高度一般为挡土高度的0.5～0.6倍，一般情况下，卸荷板距墙顶不宜大于4.0m。卸荷板的宽度和截面厚度应通过计算确定，使基底应力分布均匀，同时满足强度的要求。

5.7 闸室结构应力分析

闸室结构设计应根据结构受力条件、工程地质条件及水流条件进行。闸室结构应力分析应根据各分部结构布置型式、尺寸及受力条件等进行。闸室的结构应力计算，严格来讲，应按空间问题分析其应力分布，由于空间问题计算相对复杂，工程实践中可近似地按平面问题分别计算各分部结构。涵洞式、双层式或胸墙及上部结构与闸墩固支连接的胸墙式水闸，其闸室结构应力可按弹性地基上的整体框架结构进行计算。受力条件复杂的大型水闸闸室结构宜视为整体结构采用空间有限单元法进行应力分析。

5.7.1 底板的内力分析

闸室底板是整个闸室结构的基础，是全面支撑在地基上的一块受力条件复杂的弹性基础板。常用的底板型式有整体式和分离式两种，见图5.7-1。按空间问题分析"结构—地基"体系的应力较为冗繁，实践中可简化为平面问题进行计算。在闸室顺流向截出任一横向条带，把底板视为弹性地基上的梁分析其应力。

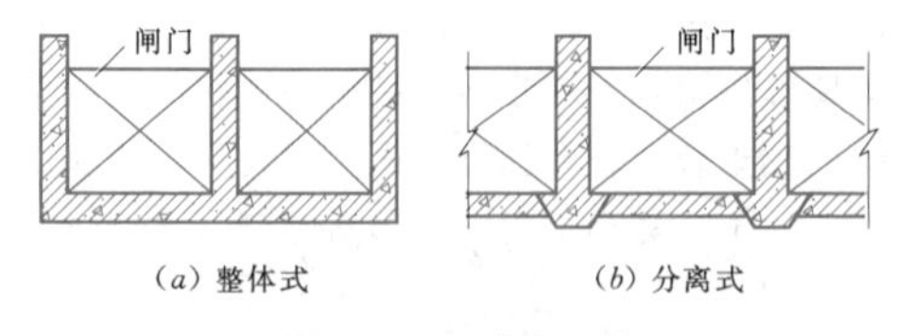

图5.7-1 底板型式

确定基础梁上的作用荷载时，还应计及截条上不平衡剪力的影响，以近似考虑闸室的整体作用。

开敞式水闸闸室底板的应力可按闸门门槛的上、下游段分别进行计算，并计入闸门门槛切口处分配于闸墩和底板的不平衡剪力。

（1）底板应力分析可按以下方法选用。

1）土基上水闸闸室底板的应力分析可采用反力直线分布法或弹性地基梁法。相对密度不大于0.50的砂土地基，可采用反力直线分布法；黏性土地基或相对密度大于0.50的砂土地基可采用弹性地基梁法。

2）当采用弹性地基梁法分析水闸闸室底板应力时，应考虑可压缩土层厚度与弹性地基梁半长之比值的影响。当比值小于0.25时，可按基床系数法计算；当比值大于2.0时，可按半无限深的弹性地基梁法计算；当比值为0.25～2.0时，可按有限深的弹性地基梁法计算。

3）岩基上水闸闸室底板的应力分析可按基床系数法计算。

（2）底板应力分析可按以下步骤进行。

1）将闸室在胸墙与闸门之间切开，分为上、下游两段，按不同荷载组合情况，由静力平衡条件算出分段上的不平衡剪力，并进行闸墩与底板之间的分配。

2）算出各种荷载组合时，上、下游分段单宽截条上的计算荷载及两侧边荷载。

3）根据不同荷载组合稳定计算的基底压力成果，确定底板下压缩层的深度。

4）根据土工试验报告，计算压缩层范围内土层的变形模量E_0值及泊松比μ_0值。

5）按算出的压缩层深度及土质钻探资料，根据压缩层下界面附近有、无下卧岩层，选择相应的基础梁计算方法。

6）从基础梁在各种荷载组合下的弯矩计算成果，绘制弯矩包络图，进行底板的配筋计算。

1. 闸室横向截条上计算荷载的确定

（1）板条及墩条上的不平衡剪力计算。从胸墙与闸门之间的截面划分闸室为上、下游段。按各分段上的底板自重W_1、闸墩重G_1、上部结构重G_2、底板上水重W_2、基底反力R、扬压力U（即浮托力U_1与渗透压力U_2之和）等平衡条件，算出各分段上的总不平衡剪力Q。如图5.7-2所示。不平衡剪力的计算公式为

$$Q=R+U-W_1-W_2-G_1-G_2 \quad (5.7-1)$$

（2）闸墩及底板的不平衡剪力分配。总不平衡剪力Q由闸墩及底板共同承担，各自承担的数值可根据切应力分布图面积按比例确定，不平衡剪力分配计算图见图5.7-3。

截面上的切应力τ_y的计算公式为

$$\tau_y=\frac{QS}{bJ} \quad (5.7-2)$$

式中 J——截面惯性矩，m^4；

S——计算截面以下（外）的面积对全截面形心轴的面积矩，m^3；

b——截面在 y 处的宽度，底板处 $b=L$，闸墩处 $b=d_1+2d_2$，m。

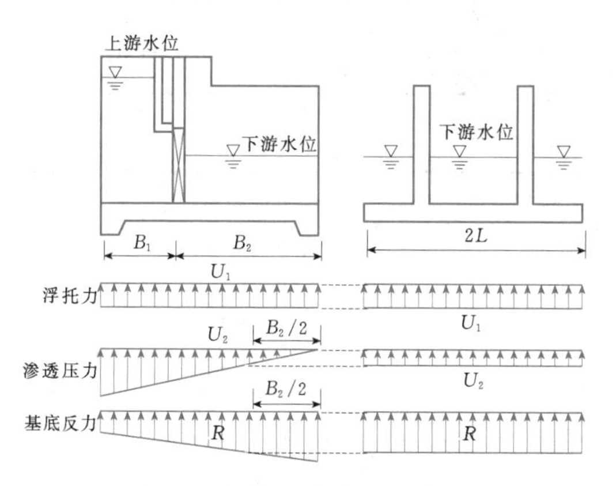

图 5.7-2 闸室底板的作用荷载

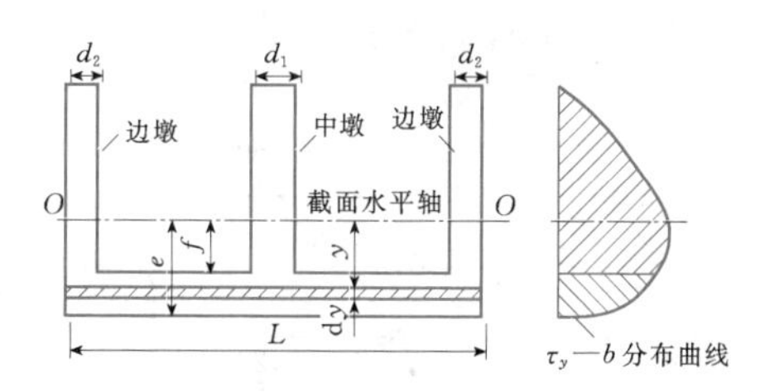

图 5.7-3 不平衡剪力分配计算图

闸墩及底板各自所承担的不平衡剪力可直接应用积分法求得：

$$\left.\begin{aligned}Q_{板} &= \int_f^e \tau_y L\,\mathrm{d}y = \frac{Q}{2J}\left(\frac{2}{3}e^3 - e^2 f + \frac{1}{3}f^3\right)\\ Q_{墩} &= Q - Q_{板}\end{aligned}\right\} \tag{5.7-3}$$

式中 e——截面水平轴至底板底面的距离，m；

f——截面水平轴至底板顶面的距离，m。

(3) 单宽截条上计算荷载。在算得不平衡剪力分配值后，可分别修正闸墩和底板上、下游段单宽截条上的计算荷载。

由闸墩传递的集中荷载的计算公式为

$$P = \frac{G \pm Q_{墩}}{B} \tag{5.7-4}$$

作用于底板的均布荷载的计算公式为

$$q = \frac{W - U \pm Q_{板}}{2LB} \tag{5.7-5}$$

式中 W——分段上的底板自重及板上水重，kN；

G——分段上的闸墩自重及上部结构重，kN；

U——分段上的扬压力，kN；

B——闸室顺水流方向分段长度，m；

$2L$——闸室垂直水流方向分段长度，m；

$Q_{墩}$——分段上闸墩的不平衡剪力，对上游段取“－”号，下游段取“＋”号，kN；

$Q_{板}$——分段底板的不平衡剪力，对上游段取“－”号，下游段取“＋”号，kN。

对于闸室所承受的横向土压力，考虑到所采用的计算方法及填土的力学指标不够可靠，在确定挡土边墩传递给底板的由土压力所产生的力矩时，可分别采用计算值的50%和100%进行计算，选取最不利的应力计算结果。此外，当填土较高时，因填土沉降施加于边墩上的负摩擦力也不容忽视。

基础梁外两侧的边荷载是指计算闸段底板两侧的闸室或边墩背后回填土及岸墙作用于计算闸段上的荷载。边荷载对底板应力有着重要的影响。考虑到所采用的计算方法和弹性地基参数的确定均不够完善，在水闸工程设计中，通常作如下规定：当边荷载使底板内力增加时，则全部计及其影响；当边荷载使底板内力减少时，黏性土地基不考虑其影响，砂性土地基仅考虑50%。

计算采用的边荷载作用范围可根据基坑开挖及墙后土料回填的实际情况研究确定，通常可采用弹性地基梁长度的1倍或可压缩层厚度的1.2倍。

2. 弹性地基参数 E_0 和 μ_0 的确定

对于弹性地基梁计算，地基变形模量 E_0 的误差在30%以下时，对基底反力及弯矩值并不产生影响，或对基底反力及弯矩值影响很小。工程设计中，采用的变形模量计算值 E_0 通常是由再压缩曲线所确定的压缩系数换算求得的，再比照表列数据估定。对于大型工程，还可参照地基土质相类似的闸基实测沉降资料反算推得的变形模量 E_0'，予以修正。

当地基压缩层范围内存在性质完全不同的几个水平土层时，可近似换算为均质土层计算，压缩层的平均变形模量 E_0 值应根据各土层的变形模量 E_{0i} 值求得，其计算公式为

$$E_0 = \frac{\sum H_i \sigma_{zi}}{\sum \dfrac{H_i \sigma_{zi}}{E_{0i}}} \tag{5.7-6}$$

式中 H_i——第 i 土层的厚度，m；

E_{0i}——第 i 土层的变形模量，MPa；

σ_{zi}——第 i 土层的平均法向附加应力，MPa。

土的泊松比 μ_0 值的变化幅度不大（$\mu_0=0.27\sim0.42$），如无试验资料，一般可取砂类土 $\mu_0=0.3$，黏性土 $\mu_0=0.4$，或按表5.7-1所列数据采用。不同土质类别的泊松比 μ_0 值见表5.7-1，变形模量 E_0 的标准值见表5.7-2。

表 5.7-1 泊松比 μ_0 值

土质类别	砂 土	壤 土	塑性黏土	硬 黏 土
μ_0	0.25～0.30	0.33～0.37	0.38～0.45	0.2～0.3

表 5.7-2 变形模量 E_0 的标准值 单位：MPa

土质类别		土的孔隙比 e 0.41～0.5	0.51～0.6	0.61～0.7	0.71～0.8	0.81～0.9	0.91～1.0	1.01～1.1
砾砂、粗砂		500	400	300	—	—	—	—
中砂		500	400	300	—	—	—	—
细砂		480	360	280	180	—	—	—
粉砂		390	280	180	110	—	—	—
砂壤土	0≤B≤1	320	240	160	100	70	—	—
	0≤B≤0.25	340	270	220	170	140	100	—
壤土	0.25<B≤0.5	320	250	190	140	110	80	—
	0.5≤B≤1	—	—	170	120	80	60	50
	0≤B≤0.25	—	280	240	210	180	150	120
黏壤土	0≤B≤1	330	240	170	110	70	—	—
	0≤B≤0.25	400	330	270	210	—	—	—
黏土	0.25<B≤0.5	—	—	210	180	150	120	90
	0.5<B≤1	—	—	—	150	120	90	70

注 B 为土的稠度。

3. 底板内力计算的弹性地基梁法

采用弹性地基梁法分析水闸闸室底板应力时，应考虑可压缩土层厚度 T 与弹性地基梁半长 L 比值的影响。

(1) 郭氏法。当 $T/L>2.0$ 时，可按半无限深的弹性地基梁法计算。先计算出地基上梁的柔度系数 λ，其计算公式为

$$\lambda=10\left(\frac{E_0}{E}\right)\left(\frac{L}{h}\right)^3 \qquad (5.7-7)$$

式中 E_0——地基的变形模量，GPa；

E——梁的弹性模量，GPa；

L——梁长的一半，m；

h——梁的高度，m。

查郭氏表可得弯矩系数，然后计算弯矩。计算时需考虑梁上受均布荷载、弯矩荷载、集中荷载、集中边荷载、均布边荷载的情况。

(2) 链杆法。当 $0.25<T/L<2.0$ 时，可按有限深的弹性地基梁法计算。先按式（5.7-7）计算出地基上梁的柔度系数，查表可得地基反力系数，然后计算弯矩。

(3) 基床系数法。当 $T/L<0.25$ 时，可按基床系数法计算。先计算出地基上梁的柔度系数，其计算公式为

$$\lambda=\left(\frac{4KbL^4}{EI}\right)^{1/4}=\left(\frac{4E_0L^4}{EIh}\right)^{1/4} \qquad (5.7-8)$$

式中 K——基床系数，GPa/m²；

b——梁的宽度，m；

EI——梁的抗弯刚度，GPa·m⁴。

查表可得弯矩系数，然后计算弯矩。

以上计算方法见《水工设计手册》（第2版）第1卷第2章相关内容。

4. 底板配筋及构造

(1) 对闸室底板的上、下游区段分别绘出其各种计算情况的弯矩包络图，按《水工混凝土结构设计规范》（SL 191）计算其配筋，并验算抗裂度或裂缝宽度。

(2) 钢筋每米板宽不得少于3根，并应满足《水工混凝土结构设计规范》（SL 191）最小含钢率的要求，受力钢筋直径不宜小于12mm，也不宜大于32mm，常用的受力钢筋直径为12～25mm，构造钢筋直径为12～16mm。

(3) 钢筋在闸墩范围内的锚固长度。中墩处受拉钢筋不切断，相邻两跨宜连通；边墩或缝墩处则延伸

至墩的另一边（留保护层）切断，墩较薄而受拉钢筋锚固长度大于墩厚时可向上（底层钢筋）或向下（面层钢筋）弯折。构造钢筋伸入墩内时，应满足钢筋锚固长度要求。

（4）底板上、下游齿墙处的应力均有集中现象，宜适当增加钢筋。

5.7.2　闸墩的应力分析

5.7.2.1　闸墩型式及计算条件

1. 闸墩型式

闸墩的作用是分隔闸孔，并用以支承闸门、工作桥和胸墙。其型式除要保证自身稳定和强度外，还要满足上部结构的布置、运用以及水流条件的要求。工程上常见的闸墩型式有平面闸门闸墩和弧形闸门闸墩两种。

闸墩布置型式随着闸门型式的不同而稍有变化。直升式平面闸门［见图5.7-4（*a*）］、升卧式平面闸门［见图5.7-4（*b*）］和弧形闸门（见图5.7-5）的门槽是不相同的。直升式平面闸门闸墩布置型式见图5.7-6。升卧式闸门闸墩的门槽下部为直线形，到某一高度后，门槽的一边扩大为曲线形，见图5.7-4（*b*）。弧形闸门闸墩不需要门槽，而在闸墩上加设牛腿，以支承闸门的支臂，见图5.7-5。

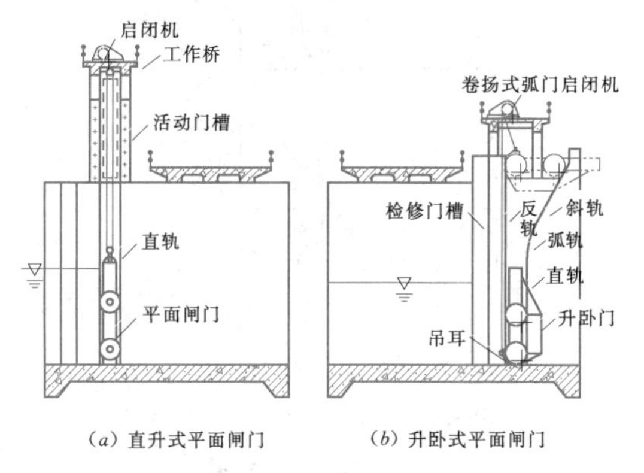

（*a*）直升式平面闸门　（*b*）升卧式平面闸门

图5.7-4　平面闸门示意图

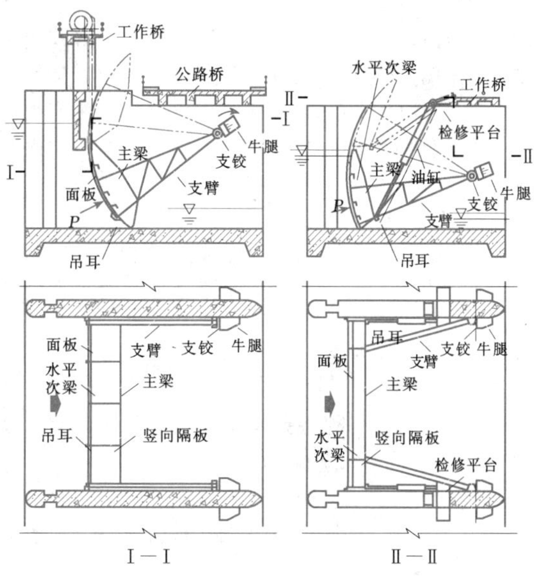

（*a*）采用卷扬式启闭机的弧形闸门　（*b*）采用油压启闭机的弧形闸门

图5.7-5　弧形闸门示意图

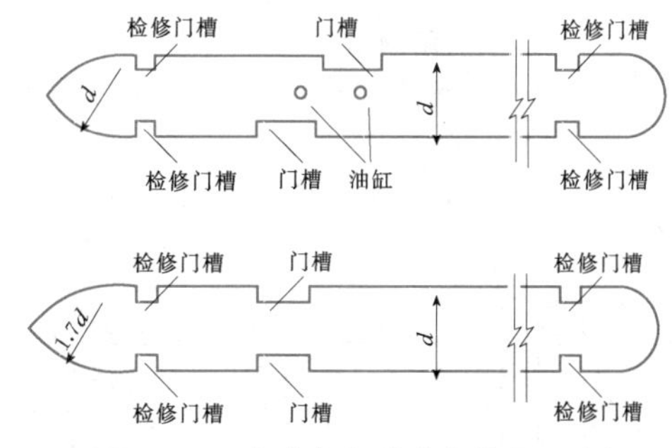

图5.7-6　直升式平面闸门闸墩布置型式

边闸墩有两种型式：一种是设沉降缝与岸墙分开，与闸室成为一体，外形似半个中闸墩；另一种是不设岸墙的边闸墩，它同时起挡土墙的作用，通常有重力式、悬臂式、扶壁式和空箱式等。

2. 计算条件

在使用条件下，当闸门关闭时，闸墩承受上、下游水压力和上部结构的重量，对于平面闸门闸墩，应验算闸墩底部应力和门槽应力；对于弧形闸门闸墩，应验算闸墩牛腿和整个闸墩的应力，特别是闸墩支座附近的拉应力。

在检修条件下，当闸孔一孔进行检修，而相邻闸门关闭或过水时，闸墩承受侧向水压力，对于平面闸门闸墩应验算闸墩的侧向强度；对于弧形闸门的中墩，应验算不对称受力状态时的应力。

5.7.2.2　平面闸门的闸墩应力计算

1. 计算方法

（1）把闸墩看作固结于底板的悬臂梁，按材料力学偏心受压构件进行计算。

（2）闸墩沿水流（纵向）的截面模量很大，墩底水平截面上的垂直正应力一般可不予校核。但为了计算闸墩的门槽应力，必须先计算出纵向截面的垂直应力和切应力。

（3）平面闸门闸墩门槽处截面较小，除验算门槽垂直截面的应力外，还应计算门槽截面处的偏心受拉应力分布状态。

计算时，可以从闸墩与底板的交界面处切开，把墩底截面上的垂直应力作为外荷载作用在闸墩上，再在闸墩的门槽处切开，在所有外荷载（自重、上部荷载、水压力、浪压力、墩底正应力、切应力等）的作用下，按偏心受拉构件，用材料力学方法进行计算。

（4）闸墩水平截面的侧向惯性矩远小于纵向惯性矩，当闸墩两侧水压力不平衡时，应核算水平截面的应力。

2. 应力计算

（1）闸墩墩底水平截面上的垂直应力。闸墩结构受力见图5.7-7，闸墩墩底水平截面上的垂直应力的计算公式为

$$\sigma_z=\frac{\sum W}{A}\pm\frac{\sum M_x}{I_x}x\pm\frac{\sum M_y}{I_y}y \quad (5.7-9)$$

式中　σ_z——墩底水平截面上的垂直应力（以拉应力为正，压应力为负），kN/m^2；

$\sum W$——墩底水平截面以上竖向力之和，kN；

$\sum M_x$、$\sum M_y$——墩底水平截面以上各力对截面形心轴 y、x 的力矩总和，kN·m；

I_x、I_y——墩底水平截面对其形心轴 x、y 的惯性矩，m^4；

x、y——计算点到截面形心轴 y、x 的距离，m；

A——墩底水平截面面积，m^2。

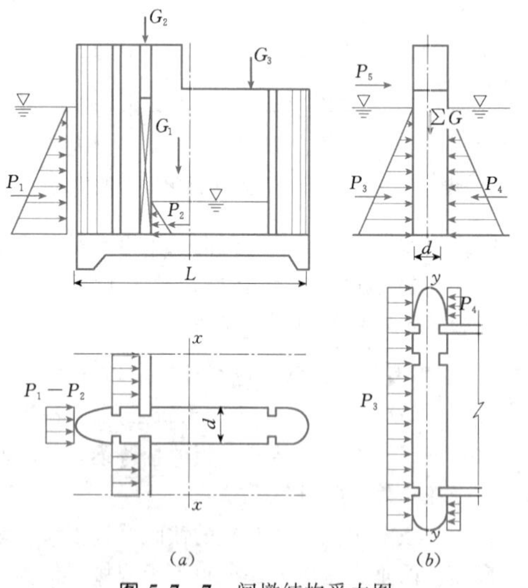

图5.7-7　闸墩结构受力图

P_1、P_2—上、下游水平水压力；P_3、P_4—闸墩两侧横向水压力；P_5—交通桥上车辆刹车制动力；G_1—闸墩自重；G_2—工作桥重及闸门重；G_3—交通桥重；$\sum G$—$G_1+G_2+G_3$

（2）闸墩墩底水平截面上的切应力。其计算公式为

顺水流方向　$$\tau=\frac{Q_yS_x}{I_xd} \quad (5.7-10)$$

垂直水流方向　$$\tau=\frac{Q_xS_y}{I_yL} \quad (5.7-11)$$

式中　Q_x、Q_y——墩底水平截面上 x、y 方向的剪力，kN；

S_x、S_y——计算点以外的面积对形心轴 x、y 的面积矩，m^3；

d——闸墩厚度，m；

L——闸墩长度，m；

其余符号意义同前。

闸墩承受的水平力对水平截面不仅产生力矩和剪力，还产生扭矩，特别是在闸墩上分缝的缝墩，由闸门传递的顺水流方向的水平推力作用于闸墩的一侧，扭矩最大。设各水平力对水平截面形心的扭矩为 M_T，闸墩边缘最大的扭剪应力 τ_{max} 可近似地采用下列公式计算：

$$\tau_{max}=\frac{M_T}{0.4dL^2} \quad (5.7-12)$$

（3）闸墩墩底水平截面侧向最大应力。闸门检修时，闸墩一侧有水，另一侧无水，闸墩受侧向水压力，如图5.7-8所示。

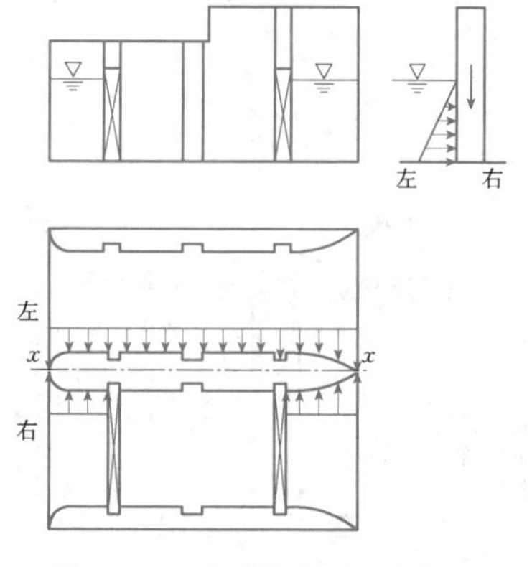

图5.7-8　闸墩侧向受力计算图

闸墩墩底水平截面侧向最大应力的计算公式为

$$\sigma=\frac{G}{A}\pm\frac{My_{max}}{I_x} \quad (5.7-13)$$

式中　G——闸墩上部结构重，kN；

A——门槽截面积，m^2；

M——侧向水压力对墩底截面的弯矩，kN·m；

y_{max}——墩底截面边缘部分到截面形心轴 x 的最大距离，m；

I_x——门槽截面惯性矩，m^4。

（4）闸墩垂直截面上的应力。闸墩垂直截面上的应力可以采用重力法进行计算。在任何高程取一单位高度的水平截条，因该条顶底面的正应力和切应力分

布（只考虑自重和上、下游方向的水压力引起的应力）以及边界荷载分布均属已知，故可根据静力平衡方程求取任何垂直截面上的法向力和切向力，然后除以截面面积，即得该高程垂直截面上的平均正应力和平均切应力。

(5) 闸墩门槽应力。计算门槽应力是在门槽处截取脱离体（取上游段闸墩或下游段闸墩均可），门槽受力见图5.7-9。将前面计算的垂直应力和切应力作用于脱离体上，所有荷载（包括上部结构重、水压力）对门槽截面中心求矩，按偏心受压（或偏心受拉）公式计算应力，其计算公式为

$$\sigma = \frac{\sum P}{A} \pm \frac{My_{max}}{I_x} \tag{5.7-14}$$

其中

$$I_x = \frac{b'h^3}{12}$$

$$y_{max} = \frac{h}{2}$$

$$A = b'h$$

式中 $\sum P$——水平力的总和，kN；

A——门槽截面积，m^2；

M——所有力对门槽截面中心的矩，kN·m；

I_x——门槽截面惯性矩，m^4；

y_{max}——离截面中心最大的距离，m。

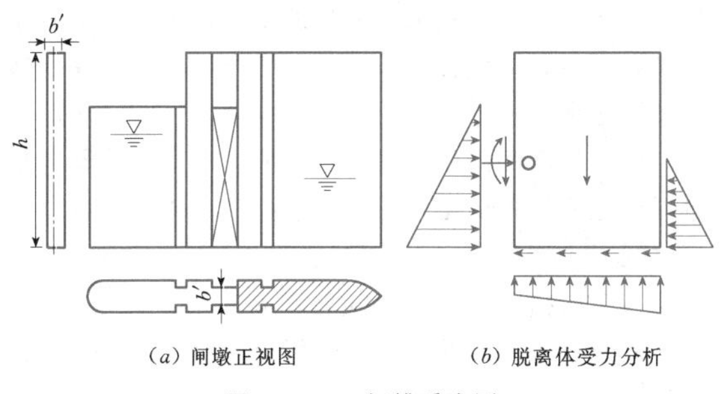

图5.7-9 门槽受力图

还有一种计算门槽应力的方法，是将门槽顶部看做轴心受拉构件，但顶部所受拉力假定由门槽配筋和下游段闸墩水平截面上的剪力共同承担。假定切应力在上、下水平截面上均匀分布，门槽应力计算简图见图5.7-10。

$$P_1 = (Q_{下} - Q_{上})\frac{A_1}{A} = P\frac{A_1}{A} \tag{5.7-15}$$

式中 P_1——门槽顶部所受拉力，kN；

A_1——门槽顶部以前闸墩的水平截面面积，m^2；

A——闸墩的水平截面面积，m^2；

P——门槽承担的总推力，kN。

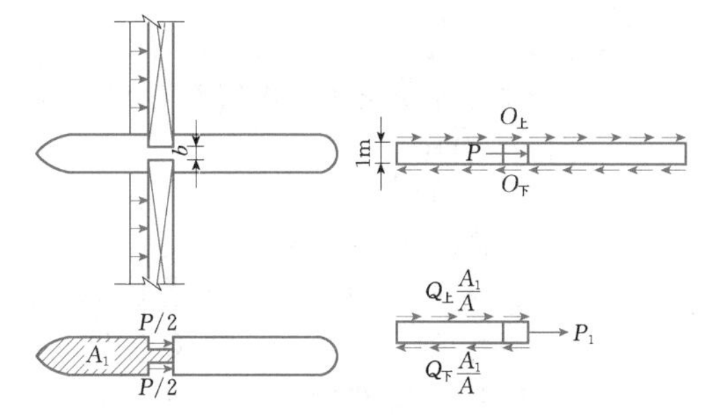

图5.7-10 门槽应力计算简图

门槽顶部所受拉力 P_1 与门槽的位置有关，门槽越靠下游，P_1 越大，1m高闸墩门槽顶部所产生的拉应力 σ 的计算公式为

$$\sigma = \frac{P_1}{b} \tag{5.7-16}$$

式中 b——门槽顶部厚度，m。

当 σ 大于混凝土容许拉应力，按受力情况配筋；当 σ 小于混凝土容许拉应力，则按构造配筋。

5.7.2.3 弧形闸门的闸墩应力计算

1. 闸墩应力分析

弧形闸门闸墩的受力条件比较复杂，不只是偏心受拉，而且还受扭，是一块一边固定、三边自由的弹性矩形板，其应力状况宜采用弹性力学的方法进行分析。对于大型水闸弧形闸门闸墩，有条件时宜采用有限单元法进行应力分析，具体内容详见《水工设计手册》（第2版）第1卷第2章。

弧形闸门闸墩受力见图5.7-11。

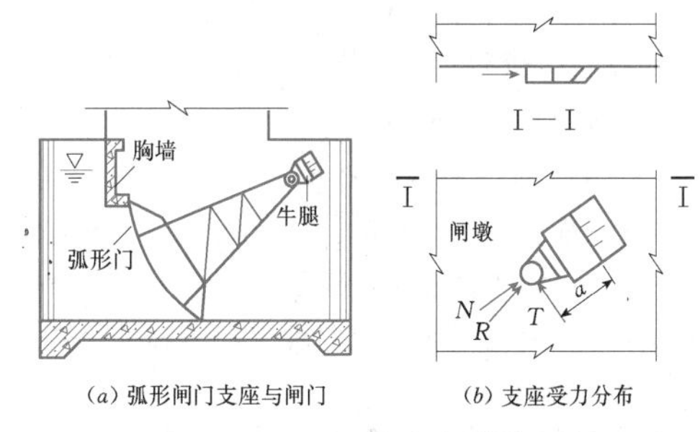

图5.7-11 弧形闸门闸墩受力图

2. 支座应力分析

弧形闸门的支座可按一短悬臂梁来考虑，见图5.7-11(b)。支座受力钢筋的计算，考虑支座受半扇闸门水压力 R 的两个分力 N 和 T 的作用。此外，尚需验算支座与闸墩相接处的面积，以保证支座的安全。分力 N 和 T 对支座分别产生弯矩、剪力和扭矩。

(1) 支座在弯矩 $M=NC$ 作用下，所需钢筋面积的计算公式为

$$A_s = \frac{KNC}{0.80h_0 f_y} \qquad (5.7-17)$$

式中　C——支座垂直分力 N 作用点至闸墩边的距离，m；

f_y——受拉钢筋设计强度，kN/m²；

h_0——支座的有效高度，m；

K——强度安全系数，按《水工混凝土结构设计规范》(SL 191）规定选用。

(2）支座与闸墩相接处的主拉应力 $\sigma_{1\max}$，可按受弯受扭构件计算，其计算公式为

$$\sigma_{1\max} = \frac{M_n}{0.2b_1^2 h_0} + \frac{1.5Q}{b_1 h_0} \qquad (5.7-18)$$

其中

$$M_n = Ta$$

$$Q = R$$

式中　M_n——扭矩，kN·m；

T——支座的切向分力，kN；

a——铰高加支座高的一半，m；

Q——接触面上的总剪力，kN；

b_1、h_0——支座宽度、高度，m。

当 $\sigma_{1\max} \leqslant f_c/K$（$f_c$ 为混凝土的抗拉设计强度；K 为安全系数）时，主拉应力能由支座混凝土平均承担，仅需按构造配置少量抗剪钢筋；当 $\sigma_{1\max} > f_c/K$ 时，全部主拉应力应由钢筋承担。在任何情况下，主拉应力不宜超过 f_c 值，否则，需放大支座尺寸。

(3）支座与闸墩相接处的截面尺寸，建议按下式计算：

$$K_f Q = \frac{0.75b_1 h_0^2 f_c}{C + 0.5h_0} \qquad (5.7-19)$$

式中　f_c——混凝土的抗拉设计强度，kN/m²；

K_f——抗裂安全系数，可取为1.25；

其余符号意义同前。

5.7.2.4　预应力闸墩应力计算

目前预应力闸墩应力的计算主要采用三维有限单元法。由于预应力闸墩是由钢筋和混凝土两种材料性质和力学性质差别很大的成分组成，尤其是混凝土在荷载作用下会表现出明显的非线性，因此采用有限单元法分析的基本前提是要建立钢筋和混凝土的本构关系，并合理选取单元模型以模拟预应力钢筋和混凝土材料，具体内容详见《水工设计手册》（第2版）第1卷第2章2.11节。

预应力闸墩设计一般遵守以下准则：

(1）工程设计时，首先从结构强度、变形、裂缝控制、运行要求、施工条件、技术经济等诸方面进行综合分析，以论证采用预应力技术的必要性和合理性。

(2）由于弧门支承结构是空间结构，在荷载作用下呈三向应力状态，加上混凝土干缩、温度作用等，单靠预压应力来保证结构任何部位都不开裂是困难的，在经济上也是不合理的。因此，应按照工程实际，进行部分预应力设计。

(3）在按部分预应力设计时，在正常使用条件下，一般允许结构中出现不大于1/2混凝土抗拉强度的拉应力或不大于0.1～0.2mm的裂缝，并采用预应力和非预应力筋混合配筋，且非预应力筋用量较多。

(4）工程设计时应进行承载能力和正常使用两种状态的核算，同时需满足构造和施工工艺的要求。

(5）工程设计中，要根据预应力材料、单孔施加力、施工设备机具等，经济合理地选择预应力体系。结构体型、锚束布置与数量、单孔张拉力等都通过优化设计选定。

5.7.2.5　闸墩配筋及结构设计

1. 平面闸门的闸墩与门槽

(1）平面闸门的闸墩配筋。平面闸门闸墩需适当配置构造钢筋。垂直向构造钢筋常用直径为16～25mm的钢筋，每米4～5根，由底板伸至闸墩顶。检修时底部受侧向压力的作用，应按计算要求配置，在底板以上闸墩高度1/4范围内每侧配筋率宜为0.2%，但每米配筋不多于5根直径为25mm的钢筋。水平向分布钢筋，每一侧配筋率宜为0.2%，但每米配筋不多于5根直径为25mm的钢筋，为有利于防止施工期裂缝，宜配置较小直径且较小间距的钢筋。详细要求参考《水工混凝土结构设计规范》(SL 191)。

(2）平面闸门的门槽配筋。若门槽拉应力没有超过混凝土容许拉应力，可按构造配筋；若门槽拉应力超过混凝土容许拉应力，则假定拉应力全部由钢筋来承担。当门槽拉应力没有超过混凝土容许拉应力时，门槽内钢筋水平向的排列可采用与闸墩水平向分布钢筋相同的间距，每侧每米4～5根，但钢筋规格需适当加大；当门槽拉应力超过混凝土容许拉应力时，可考虑采用每侧每米6～8根钢筋，直径大小需满足计算要求。

2. 弧形闸门的闸墩与支座

(1）弧形闸门的闸墩配筋。闸墩内主拉应力超过混凝土抗拉强度容许值的范围都需配置主拉钢筋。主拉钢筋可两面对称地按照主拉应力射线方向扇形布置，并伸入混凝土拉应力小于容许值区域或受压区内，且分批锚固，扇形钢筋与弧门推力方向的夹角不宜大于30°。闸墩面上的钢筋，可结合温度钢筋或构造钢筋，参照平面闸门闸墩钢筋配置要求。

(2）弧形闸门的支座配筋。支座受弯钢筋的配筋率不宜小于0.2%，一般采用直径为20～28mm，不

少于5根的钢筋。两个方向都应布置受剪箍筋，一般采用直径为10～16mm，间距为200～300mm的箍筋。牛腿中弯起钢筋，按构造要求确定，面积不宜少于受弯钢筋的2/3，也不少于3根，布置在靠闸门一边的牛腿上半部。支座内应设置箍筋，箍筋直径不应小于12mm，间距为150～250mm，且在支座顶部2/3高度范围内的水平箍筋总面积不应小于受弯钢筋截面积的50%。

5.7.3 闸室结构计算的有限单元法

在计算受力条件复杂的大型水闸闸室结构的应力时，宜视闸室结构为整体结构采用空间有限单元法进行应力分析，选择合适的有限元结构分析软件计算，分析结果为内力时可直接配筋，结果为应力时按应力图形配筋。

采用有限单元法分析闸室结构应力时，是通过选取合适的单元对闸室结构离散化，利用几何方程、本构方程和变分原理建立起整体结构的平衡方程，由平衡方程组求解未知节点位移和应力，整体结构的平衡方程为

$$[K]\{\delta\} = \{R\} \tag{5.7-20}$$

式中 $[K]$——整体刚度矩阵，由各单元刚度矩阵集合而成；

$\{\delta\}$——整体节点位移列阵；

$\{R\}$——整体荷载列阵，由各单元的等效节点力列阵集合而成。

5.7.3.1 计算单元划分原则

单元网格的划分合适与否，对计算结果的精度有很大的影响。采用有限单元法划分闸室结构单元时应遵循如下的一些原则：

(1) 在应力集中或应力梯度变化急剧的部位，如门槽和牛腿等，单元划分应较密；反之，应力较小或应力梯度变化不大的部位，单元划分则可以较疏。

(2) 单元的形态应均匀，单元最大最小的边长比值应尽量小于2。

(3) 水闸主要部位单元应沿水平面有规则排列。

(4) 根据不同材料性质（混凝土、岩石、断层、土层等）采用不同单元类型划分单元。

(5) 应取足够深度和宽度的地基范围。地基越是软弱，其弹模和闸室弹模相差就越大，就应取较大的深度和宽度。

5.7.3.2 混凝土与地基的本构模型

按照岩基上水闸荷载的量级和特点，混凝土材料和岩石地基可视为各向同性的线弹性体，采用弹性模型。

土质地基或深厚覆盖层，由于变形不仅随着荷载的大小而异，而且还与加载的应力路径有关，除了产生弹性变形之外，还可能产生塑性变形，因此宜用弹塑性模型。

工程实践中，可用Druker—Prager（D—P）准则或Mohr—Coulomb（M—C）准则来模拟土质地基或深厚覆盖层材料的本构关系。

D—P材料是一种理想的弹塑性材料，其屈服面不随着塑性应变的增加而改变。D—P准则是同时考虑了平均应力或体应变能及偏应力第二不变量或形状变化能的屈服准则，其屈服函数为

$$f(I_1,\sqrt{J_2}) - \sqrt{J_2} - \alpha I_1 - k = 0 \tag{5.7-21}$$

式中 I_1——应力状态的第一不变量；

J_2——应力偏张量的第二不变量；

α、k——材料常数。

按照平面应变条件下的应力和塑性变形条件，可推导得D—P准则的材料常数α、k与M—C准则的材料常数c、φ之间的关系为

$$\left.\begin{aligned} \alpha &= \frac{\sin\varphi}{\sqrt{3}\sqrt{3+\sin^2\varphi}} = \frac{\tan\varphi}{\sqrt{9+12\tan^2\varphi}} \\ k &= \frac{\sqrt{3}c\cos\varphi}{\sqrt{3+\sin^2\varphi}} = \frac{3c}{\sqrt{9+12\tan^2\varphi}} \end{aligned}\right\} \tag{5.7-22}$$

5.7.3.3 采用接触单元的有限单元法

由于闸室结构的底板与地基的变形及强度特性相差较大，在外力作用下，其界面可能产生相对错动、滑移或脱开。采用接触单元可以较好地模拟这类非线性接触特性。

1. 接触单元

底板与地基之间的接触是面与面之间接触问题，应采用面面接触单元。考虑到底板与地基之间的相对刚度一般采用柔体对柔体的接触形式，一般设定底板为目标面，地基为接触面。底板与地基形成接触对，见图5.7-12。接触单元的摩擦力f_s和法向力f_n的计算公式为

$$f_s = \begin{cases} k_\tau u_s^e, & \text{滑移前} \\ f_s', & \text{滑移后} \end{cases} \tag{5.7-23}$$

$$f_n = \begin{cases} k_n\nu, & \nu < 0 \\ 0, & \nu > 0 \end{cases} \tag{5.7-24}$$

$$f_s' = \mu f_n$$

式中 k_τ——单元切向刚度，N/m；

u_s^e——单元的切向位移，m；

f'_s ——库仑摩擦类型的静态摩擦限值；

μ ——摩擦系数；

k_n ——法向接触刚度，N/m；

ν ——接触对之间的渗透量，m。

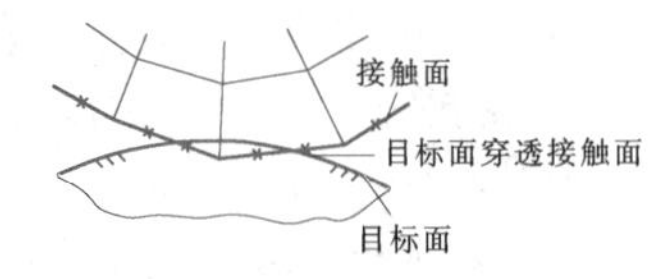

图 5.7-12　接触对

接触分析时需定义接触刚度，其大小取决于两个接触表面之间的渗透量。过大的接触刚度可能会引起总刚矩阵的病态，而造成收敛困难。一般来讲，应选取足够大接触刚度以保证接触渗透小到可以接受，但同时又应让接触刚度足够小以不会引起总刚矩阵产生病态而保证收敛。因此可通过选取不同接触刚度因子，并反复进行计算，直到计算结果收敛于较为恒定的值为止，此时对应的接触刚度因子可作为闸室与地基之间的法向接触刚度。

2. 接触条件的判断

有限单元法中可采用将罚函数法和拉格朗日乘子法结合起来的增广拉格朗日法来施加接触协调条件。增广拉格朗日方程中的接触面接触条件是：

(1) 当 $P_N(u)>0$，$|P_r(u)|>-\mu P_N(u)$ 时，接触面不滑动。

(2) 当 $P_N(u)>0$，$|P_r(u)|<-\mu P_N(u)$ 时，接触面相对滑动。

(3) 当 $P_N(u)<0$，$|P_r(u)|=0$ 时，接触面脱开。

(4) 当 $g_N=un+g_0\geqslant 0$ 时，接触面相对不嵌入。

其中　$P_N(u)$ ——接触边界的法向应力，Pa；

$P_r(u)$ ——接触边界的切向应力，Pa；

μ ——摩擦系数；

g_N ——接触物体的张开函数；

g_0 ——初始张开；

u ——接触边界的位移向量；

n ——接触边界的法向单位矢量。

3. 接触分析计算步骤

采用接触单元分析闸室结构的应力可按下列步骤进行：

(1) 建立闸室结构与地基模型，并按精度要求划分网格。

(2) 识别闸室结构的底板与地基的接触对。

(3) 定义底板作为目标面，地基作为接触面。

(4) 设置接触刚度和黏结刚度。

(5) 施加荷载和边界条件。

(6) 设置荷载步长和收敛准则并求解。

在一些有限元结构分析软件里还包含其他弹塑性材料单元和接触单元的功能，可参考使用。计算过程中选取不同接触刚度因子，反复计算直到计算结果收敛于较为恒定的值为止，把此时对应的接触刚度因子作为底板与地基之间的法向接触刚度，由此得到的计算成果较为符合实际情况。关于有限元计算分析的详细内容，参见《水工设计手册》(第2版) 第1卷第2章2.11节。

5.8　地 基 设 计

在水闸工程设计中应优先考虑使用天然地基，当天然地基在稳定、沉降或不均匀沉降等方面不能满足建筑物要求时，首先应从结构设计、施工及其他方面采取适应性措施。如仍不能保证建筑物的功能和安全或不经济可行时，则应对地基进行处理，以提高地基强度和减小沉降量。当地基防渗不能满足要求时，还必须进行防渗处理。地基处理设计方案应针对地基承载力或稳定安全系数的不足，或对沉降变形不适应等，根据地基情况（尤其要注意考虑地基中渗流作用的影响)、结构特点、施工条件和运用要求，并综合考虑地基、基础及其上部结构的相互协调，经技术经济比较后确定。

5.8.1　地基整体稳定计算

1. 地基承载力确定

(1) 岩石地基的容许承载力可根据岩石类别及其风化程度按表 5.8-1 确定。

表 5.8-1　　岩石地基容许承载力　　单位：kPa

岩石类别 \ 风化程度	未风化	微风化	弱风化	强风化	全风化
硬质岩石	≥4000	4000～3000	3000～1000	1000～500	<500
软质岩石	≥2000	2000～1000	1000～500	500～200	<200

(2) 碎石土地基的容许承载力可根据碎石土的密实度和颗粒类别按表 5.8-2 确定。

表 5.8-2 碎石土地基容许承载力 单位：kPa

颗粒类别＼密实度	密实	中密	稍密
卵石	1000～800	800～500	500～300
碎石	900～700	700～400	400～250
圆砾	700～500	500～300	300～200
角砾	600～400	400～250	250～150

(3) 在竖向对称荷载作用下，可按限制塑性区开展深度的方法计算土质地基的容许承载力；在竖向荷载和水平向荷载共同作用下，可按 C_K 法验算土质地基的整体稳定，也可按汉森公式计算土质地基的容许承载力。对抗剪强度指标值的取用，一般将整个地基视为均质土，取用地基各土层的加权平均值。

2. 整体抗滑稳定计算

地基持力层内夹有软弱土层时，还应采用折线滑动法（复合圆弧滑动法）对软弱土层进行整体抗滑稳定验算。当岩石地基持力层范围内存在软弱结构面时，必须对软弱结构面进行整体抗滑稳定验算。对于地质条件复杂的大型水闸，其地基整体抗滑稳定计算应作专门研究。对于土基上的水闸，由于闸室基底压力较小，一般很少发生深层滑动的情况。但在深厚的软土地基上，在施工期或检修期，应考虑深层滑动的可能性，深层抗滑稳定的计算方法建议采用圆弧滑动法。

5.8.2 地基沉降计算

在软土地基上修建水闸，应进行沉降计算，并分析地基的变形情况，以便选择合理的结构型式和尺寸，确定施工进度和先后次序，必要时，还需对地基进行处理，以保证水闸的安全和正常运行。

凡属下列情况之一者，一般可不进行地基沉降计算：

(1) 岩石地基。

(2) 砾石、卵石地基。

(3) 中砂、粗砂地基。

(4) 大型水闸标准贯入击数大于 15 击的粉砂、细砂、砂壤土、壤土及黏土地基。

(5) 中、小型水闸标准贯入击数大于 10 击的壤土及黏土地基。

对于地基承载力要求特别高的大型水闸，应根据设计要求进行地基沉降计算。

地基沉降计算，一般只计算最终沉降量，地基最终沉降量通常采用分层总和法计算，其计算公式为

$$S_\infty = m\sum_{i=1}^{n}\frac{e_{1i}-e_{2i}}{1+e_{1i}}h_i \qquad (5.8-1)$$

式中 S_∞——土质地基最终沉降量，m；

n——土质地基压缩层计算深度范围内的土层数；

e_{1i}——基础底面以下第 i 层土在平均自重应力作用下，由压缩曲线查得的相应的孔隙比；

e_{2i}——基础底面以下第 i 层土在平均自重应力和平均附加应力作用下，由压缩曲线查得的相应孔隙比；

h_i——基础底面以下第 i 层土的厚度，m；

m——地基沉降量修正系数，可采用 1.0～1.6（坚实地基取较小值，软土地基取较大值）。

对于一般土质地基，当基底压力小于或接近于水闸闸基未开挖前作用于该基底面上土的自重压力时，土的压缩曲线宜采用 e—p 回弹再压缩曲线；但对于软土地基，土的压缩曲线宜采用 e—p 压缩曲线。对于重要的大型水闸工程，有条件时土的压缩曲线也可采用 e—lg$p$ 压缩曲线。

土质地基压缩层计算深度可按计算层面处土的附加应力与自重应力之比为 0.10～0.20（软土地基取较小值，坚实地基取较大值）的条件确定，如图 5.8-1 所示。地基附加应力的计算方法见《水闸设计规范》(SL 265)。

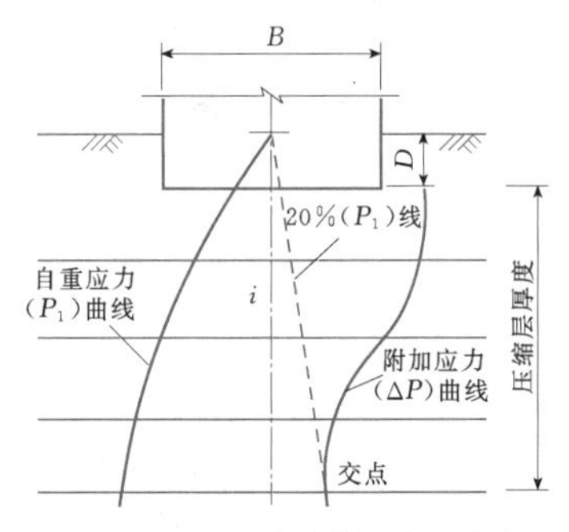

图 5.8-1 沉降计算深度的确定

土质地基容许最大沉降量和最大沉降差，应以保证水闸安全和正常使用为原则，根据具体情况研究确定。天然土质地基上水闸地基最大沉降量不宜超过 150mm。相邻部位的最大沉降差不宜超过 50mm，同时不应超过止水材料的容许拉伸值。

根据已建水闸的实践经验，修建在砂土地基上的水闸，在竣工放水时，闸室受到振动，其地基往往有 30～50mm 的突然沉降，应予注意。

在工程实践中，当地基土计算的最大沉降量或相邻部位的最大沉降差不能满足建筑物要求时，可考虑采用以下措施：

(1) 变更结构型式（采用轻型结构或静定结构等）或加强结构刚度。

(2) 采用沉降缝隔开。

(3) 调整基础尺寸与埋置深度。

(4) 必要时对地基进行人工加固。

(5) 安排合适的施工程序，严格控制施工速率。

5.8.3 地基处理

目前采用的地基处理方法很多，但各种方法都有其局限性和适用范围。水闸软土地基的常用处理方法见表5.8-3。可根据水闸的地基情况、结构特点和施工条件等，采用一种或多种处理方法。选择处理方法时，应考虑对灵敏度较高的软土扰动而引起的承载力降低。

表5.8-3 水闸软土地基的常用处理方法

处理方法	基本作用	适用范围	说明
换土垫层法	改善地基应力分布，减少沉降量，适当提高地基稳定性和抗渗稳定性	主要用于厚度不大的软弱黏性土（包括淤泥和淤泥质土），垫层厚度一般宜为1～2m	对深厚的软弱土地基，仍然有较大的沉降量
砂井预压法	加速地基固结排水过程，提高强度，减少部分沉降量	用于软弱黏性土（包括淤泥和淤泥质土），对略有砂性的或夹薄砂层的黏性土效果较好	需较长的预压时间，建闸后仍有一定的沉降量
深层搅拌桩法	提高地基容许承载力，减少地基沉降量，提高抗振动液化能力，改善地基土稳定性和抗渗稳定性	基坑围护或加固饱和软土，如淤泥、淤泥质土、黏土、粉质黏土等。一般适用于地基承载力不大于120kPa的深厚软土层，特别是淤泥质土。加固深度根据设备条件一般可达15～20m	理论研究跟不上工程实践的需要，设计计算仍处于半理论半经验状况，对施工质量的要求较高，选用该法加固地基时，应根据不同的地基土质情况，精心组织试验和施工
高压喷射注浆法	改善地基承载力，防止砂土液化，止水防渗	适用于处理淤泥、淤泥质土、黏性土、黄土、砂土、人工填土和碎石土地基	鉴于土的组成复杂、差异较大，该法处理的效果差别也较大。因此，采用本法加固地基时，应进行充分的论证，并根据现场试验结果确定适用程度
桩基础	增加地基承载力，减少沉降量，提高抗滑稳定性	较深厚的松软地基，尤其适用于上部为松软土层、下部为硬土层的地基	1. 用于桩尖未嵌入硬土层的摩擦桩（或浮桩）时，仍有一定的沉降量。 2. 用于松砂、砂壤土地基时，应注意渗流变形问题
沉井基础	除与桩基作用相同外，对防止地基渗透变形有利	1. 适用于上部为软土层或粉细砂层、下部为硬土层或岩层的地基； 2. 沉井应下沉到硬土层或岩层，要求松软土厚度一般不超过8～10m，且硬层层面需较平整	不宜用于上部夹有蛮石、树根等杂物的松软地基或下部为顶面倾斜度较大的岩基
强力夯实法	增加地基承载力，减小沉降量，提高抗振动液化的能力	透水性较好的松软地基，尤其适用于稍密的碎石土或松砂地基	用于淤泥或淤泥质土地基时，需采取有效的排水措施
振动水冲法（含挤密砂石桩）	增加地基承载力，减少沉降量，提高抗振动液化的能力	松砂、软弱的砂壤土或砂卵石地基	1. 处理后地基的均匀性和防止渗透变形的条件较差。 2. 用于不排水抗剪强度小于20kPa的软土地基时，处理效果不显著

5.8.3.1 换土垫层法

换土垫层法是把建筑物基底下松软基土部分挖除或全部挖除（当软弱土层较薄时），然后换填强度大、压缩性小的填料作为地基持力层（见图5.8-2），从而将建筑物基底压力通过垫层扩散，使下卧松软土层的应力满足稳定要求，并使建筑物沉降（特别是沉降差）有很大的改善。该法是工程上施工简便、应用广泛的地基处理方法。

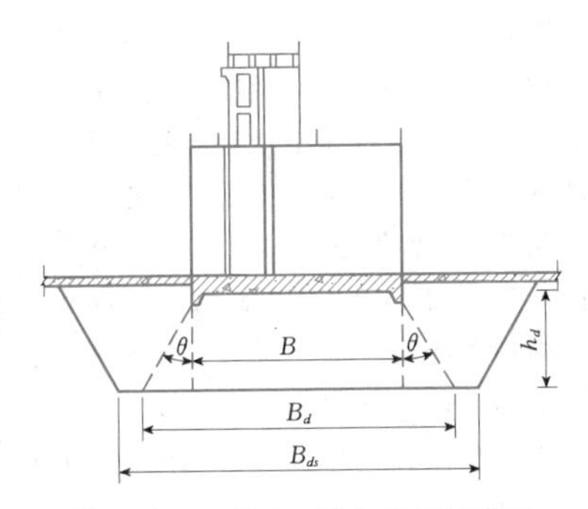

图5.8-2 换土（砂）垫层示意图

1. 垫层材料的选择

原则上应就地取材。一般来说，均质的不含有机物腐殖质的砂土、砂壤土、黏土均可做垫层材料。但根据工程实践，以壤土类（黏粒含量为10%～20%），含砾黏土和级配较好的中、粗砂（且其含泥量应小于5%）更为适宜。粉砂、细砂、砂壤土抗液化性能较差，一般不予采用。

近年来，有些水闸工程采用了土工合成材料加筋垫层（需辅以防渗措施）和水泥土垫层（水泥土水泥掺量为8%～12%），效果较好，可以推广使用。

2. 垫层强度

垫层自身的容许承载力一般宜通过试验确定，无试验资料时，可参考以下经验值（压实度不小于0.96）选取：碎（卵）石为200～300kPa，碎石土为150～200kPa，中、粗砂为150～200kPa，粉质黏土为130～180kPa，灰土为200～250kPa，水泥土（水泥掺量不小于8%）为250～350kPa。

3. 垫层设计

通常假定垫层为建筑物基础的一部分，垫层底面的平均压力$\overline{p_d}$按下式计算：

$$\overline{p_d}=\frac{B}{B_d}\overline{p}+\gamma_0 h_d \tag{5.8-2}$$

$$B_d=B+2h_d\tan\theta \tag{5.8-3}$$

式中 $\overline{p_d}$——垫层底面的平均压力，kPa；

$\overline{p}$——水闸底板底面的平均压力，kPa；

B——水闸底板宽度，m；

B_d——扩散至垫层底面的宽度，m；

γ_0——垫层材料的重度，kN/m³；

h_d——水闸底板底面以下的垫层厚度，m；

θ——垫层材料的扩散角，壤土、含砾黏土可取22°～25°，中、粗砂可取30°～35°。

若有水平推力，可用同样方法换算。

垫层厚度h_d，可由按式（5.8-2）、式（5.8-3）算出的$\overline{p_d}$必须小于软土层容许承载力［R］的条件确定。

考虑到垫层材料扩散角的选用不够准确，加之垫层边缘部位的施工质量往往不易保证，因此为安全计，通常选用垫层的实际宽度B_{ds}要比扩散至垫层底面的宽度B_d大2～3m。

垫层重度应根据不同的填料由实验确定。

4. 垫层施工要点

壤土垫层宜分层压实，土块应破碎至最大直径不超过5cm，层厚一般取20～30cm。土料的含水量应控制在最优含水量附近（±3%），大型水闸垫层压实系数不应小于0.96；中、小型水闸垫层压实系数不应小于0.93。

砂垫层应有良好的级配，宜分层振动密实，层厚视施工工具而定，一般取20～30cm，相对密度不应小于0.75，强地震区水闸垫层相对密度不应小于0.80。

垫层压密效果应根据地基土质条件及选用的垫层材料等进行现场试验验证。

5. 垫层的沉降

换土垫层除按上述方法确定承载力外，还应进行沉降计算。砂土垫层尚需做好防渗措施，并注意在放水时由于荷载突然增加和振动等原因所产生的突然沉降。

5.8.3.2 桩基础

桩基础是较早使用的地基处理方法。当沉降量或稳定性方面不能满足设计要求时，往往采用桩基础；当地基为较厚的松软土层或基础荷载较大时，可用沉井等其他处理方法。

水闸工程中，最常用的是钢筋混凝土预制桩和钻孔灌注桩。按桩的受力情况，可分为摩擦型桩和端承型桩。根据水闸工程的运用特点，在以水压力为主的水平向荷载作用下，闸室底板与地基土之间应有紧密的接触，以避免形成渗流通道，因此为了保证闸基的防渗安全，土质地基上的水闸桩基一般采用摩擦型桩（包括摩擦桩和端承摩擦桩）。如果采用端承型桩（包括端承桩和摩擦端承桩），底板底面以上的作用荷载几乎全部由端承型桩承担，直接传递到下卧岩层或坚硬土层上，底板与地基土的接触面上则有可能出现脱空现象，加之地下渗流的作用，造成接触冲刷，从而危及闸身安全。因此，水闸桩基础通常宜采用摩擦型桩。

1. 闸室桩基的布置

水闸底板多为筏形基础，基底面积较大，桩的根数和尺寸主要与底板底面以上的作用荷载及施工条件等有关，因此桩的根数和尺寸可按照承担底板以上的全部荷载（包括竖向荷载和水平荷载）确定。对于摩擦型桩，经论证后可适当考虑桩间土承担部分荷载。

桩基的平面布置，应尽量使群桩的重心与闸室底板底面以上基本荷载组合的合力作用点相接近，使各桩实际承担的荷载尽量相等，这对减少地基的不均匀沉降，维护水闸结构安全和正常使用是有利的。

桩基的平面布置，如只设一排基桩，一般按等距布置；多排基桩，常采用三角形、矩形或正方形布置。桩距一般为(3～6)d(d 为桩径或边长)。群桩的边桩至底板边缘的净距，一般不少于 0.5d，且不少于 250mm。预制桩的中心距不应小于 3 倍桩径或边长，钻孔灌注桩的中心距不应小于 2.5 倍桩径。

在同一块底板下，不应采用直径、长度不同的摩擦型桩，也不应同时采用摩擦型桩和端承型桩。

当防渗段底板下采用端承型桩时，为防止底板与地基土间产生接触冲刷，应采取有效的基底防渗措施，如在底板上游侧设防渗板桩或截水槽，加强底板永久缝的止水结构等。为安全计，防渗段底板下即使采用摩擦桩，也宜采取相应的垂直防渗措施。若采用不承受水平荷载的端承桩时，桩顶可不嵌入闸底板而留有一定的沉降余地，以防止闸底板与地基脱空。

2. 桩基的设计计算

单桩的竖向荷载和水平荷载以及容许的竖向承载力和水平向承载力，可按现行的《建筑地基基础设计规范》（GB 50007）和《建筑桩基技术规范》（JGJ 94）等有关专业规范计算确定。如采用钻孔灌注桩，桩顶不可恢复的水平位移值不宜超过 0.5cm；如采用预制桩，不宜超过 1.0cm。

深厚的松软土基上的水闸桩基础，在垂直荷载作用下，端承群桩、桩数不少于 9 根的摩擦群桩和条形基础下不超过 2 排的摩擦群桩，如采用的桩距不小于 3d，则群桩的容许承载力为各单桩容许承载力之和。对桩距不大于 6d，桩数超过 9 根的摩擦桩基，可把群桩范围内的桩和土看作一个假想的实体深基础，以桩尖平面的深度作为假想基础的埋置深度进行地基强度和变形计算，其桩尖平面处的地基压应力和沉降量不应大于该平面处地基土的容许承载力和容许沉降量。

在水平荷载作用下，桩基础的水平容许承载力为各单桩的水平容许承载力总和。

5.8.3.3 振动水冲法

振动水冲法具有操作简单、施工进度快、工期短及造价低等优点，其原理为振冲孔添加填料挤扩成桩，对地基起到振冲密实或振冲置换作用，以提高地基承载力，减少沉降量，对饱和砂土还可提高其抗振动液化能力，适用于砂土或砂壤土地基，对黏性土地基也可使用，但加固效果不及砂类土地基。对含水量大、抗剪强度较低的软黏土地基不宜采用。

振动水冲法利用专用施工设备，在很大的水平向冲动力及端部射水的联合作用下，以 0.5～3m/min 的速度挤入地基中并下沉到加固设计高程，在清孔后，向孔内加入碎石、砂、砾石、煤矸石、矿渣等填料，并向上逐段用振冲器振挤，使每段填料均达到要求的密实度。从而在松软地基中形成很多与地基土啮合的碎石柱桩。对砂土地基，也可以不加入填料，利用振冲时砂土由孔坍陷而被挤密，也可以就地取砂料填入孔内。

振冲孔添加填料挤扩成桩的桩径和间距，主要取决于振冲器的大小、机具功率和地质条件。我国常用的振动器直径为 0.3～0.5m，成桩直径最小约为 0.5m，最大可达 1.0m 以上，一般为 0.6～0.8m。振冲孔按梅花形或方格形布置，孔距取 2～3 倍的桩径，一般为 1.5～2.5m。机具功率较大，振冲影响范围较大时，桩的间距可取用大值；机具功率较小，振冲影响范围较小时，桩的间距可取用小值。对于松砂地基，振冲影响范围较大，桩的间距可取用大值；对于松软黏土地基，振冲影响范围较小，桩的间距可取用小值。根据施工机具条件和施工难易程度，振冲孔孔深一般在 4～18m 之间。

振冲孔添加填料应选择比重大、有足够的强度、较好的水稳定性和抗腐蚀性的硬质颗粒材料，且黏粒杂质含量不大于 5%，如中、粗砂，碎石等，同时宜有良好的级配，填料最大粒径一般不宜大于 50mm。当添加与天然地基土质不同的填料时，加固的地基应按复合地基设计，计算方法参见《水利水电工程振冲法地基处理技术规范》（DL/T 5214），其设计参数应根据现场试验结果研究确定；当不添加填料或添加与天然地基土质相同的填料时，加固的地基可按均质地基设计。

振动水冲法处理设计目前尚处于半理论半经验状态，一些设计计算方法还不够成熟，某些设计参数也只能凭经验选定。因此，对于地质条件复杂的大型水闸工程，采用的各项设计数据以及振冲后的效果应经现场试验验证。

采用振动水冲法加固地基，施工过程中使用高压水流会造成场地污染和加固土体含水量增加。设计中也可采用干振碎石桩，即制桩过程中不冲水，只利用偏心块水平振动成孔及捣实碎石。该法成桩直径约为500mm，深度一般为10m左右，但当地基内存在一定厚度的软弱土层时不宜采用。干振碎石桩一般采用梅花形或方格形布置，桩的间距一般不宜大于3倍的桩径。在软弱土层中，应防止桩径鼓胀变大而造成各桩联通，形成渗流通道。

干振碎石桩与桩周土组成复合地基，共同分担上部结构的荷载作用。

5.8.3.4 强力夯实法（强夯法）

强夯法是一种将几十吨（一般为8～40t）的重锤，从几十米高处（一般为6～10m）自由落下，对土进行强夯夯实的地基处理方法。强夯是以很大的冲击能，在土中产生强烈的冲击波与应力压缩土的孔隙，造成土体局部液化，并在夯实点周围产生裂隙，便于孔隙水外逸，使地基土迅速密实固结，从而加固地基。

强夯法适用于砂性土，尤其适用于含卵石、漂石、块石的砂性土，效果显著；对黏性土，强夯形成的孔隙水压力消散缓慢，甚至会产生橡皮土现象，效果不显著，但如辅助以其他的排水措施，也能取得很好的效果。

强夯法的主要机具是重锤和起吊设备，锤重和起吊高度直接影响加固效果，一般根据设计要求加固的影响深度，按梅耶公式选择机具。

$$h = \alpha\sqrt{MH} \qquad (5.8-4)$$

式中 h——影响深度，m；

M——锤重，kN；

H——落距，m；

α——修正系数，经验值采用0.5～0.8，饱和软黏土和粉细砂取小值，其他类土取大值。

为了保证有效地加固地基，夯击区域应大于基础面积，一般取建筑物基础尺寸加上加固深度作为夯击区的范围。

夯点的平面布置可按正方形或三角形排列，相邻夯点的间距，视重锤面积而定，一般约为2.5～4m。夯击时采取分批跳点夯击，夯击的遍数按强夯后地基沉降值达到计算最终沉降量80%左右作为控制标准，一般不超过5遍。

单点夯击次数，应以土体竖向压缩最大、侧向移动最小（侧向变形控制值：砂性土为2～5cm，黏性土为5～10cm）为准则，最好通过试夯击求得最佳击数，一般取4～10击。

夯击时，对孔隙水压力消散快的砂土地基，可连续施夯；对渗透系数小的地基，两遍之间应有间歇，可按式（5.8-5）作为控制标准，一般要停歇2～4周。

$$\sum_{1}^{n}\Delta u \leqslant n(0.1 \sim 0.2)\gamma D \qquad (5.8-5)$$

式中 Δu——观测点的孔隙水压力，kN/m^2；

n——夯击遍数，$n \leqslant 5$；

γ——观测点上覆土体重度，kN/m^3；

D——观测点埋深，m。

强夯法的振动很大，其影响范围一般为10～15m，应注意其对邻近建筑物的影响。

强力夯实法的有效加固深度既是选择地基处理方法的重要依据，又是反映地基处理效果的重要参数。影响强力夯实法有效加固深度的因素很多，除了梅耶公式中所包含的锤重和落距以外，还有地基土质、夯击遍数和前、后两遍的间歇时间等各项强夯参数。鉴于目前尚无一套成熟的理论计算方法，因此强力夯实法的有效加固深度应根据现场试夯结果或当地已建工程经验确定。对于大型水闸工程，应先进行试夯确定各项强夯参数。

5.8.3.5 沉井基础

沉井基础属深基础，当采用桩基所需的单桩根数量较多，不能合理布置，或地基为开挖困难的淤泥、流砂地基时，采用沉井基础较为有利。在我国东部沿海地区的水闸工程中使用较多，其处理效果比较理想，可以同时解决地基承载力和地基渗透变形问题。

沉井应下沉到坚硬土层或岩层上。限于目前施工条件，软土层厚度一般不宜大于10m，否则施工困难。当地基有较高的承压水头，且人工降低有困难时，不宜采用沉井基础。

1. 水闸沉井基础的布置

水闸沉井基础包括岸墙沉井基础和闸室沉井基础。按其连接方式可分为多联式和分离式。多联式如图5.8-3（*a*）所示，两端沉井形成岸墙，中间为闸室沉井，沉井底板即闸室板，中墩、边墩建于其上，如闸室过长，沉井可以分缝。分离式如图5.8-3（*b*）所示，其构造布置与多联式不同，分离式闸室沉井不连续分布，间隔处用平底板或反拱底板连接。对砂性土地基，为防止渗流破坏，不宜用分离式。根据水闸结构特点，通常采用方形或正方形柱式沉井，长边不宜超过30m，长宽比不宜大于3。

2. 沉井设计要求

沉井基础作为水闸深基础，其刃脚处的地基强度

(a) 多联式

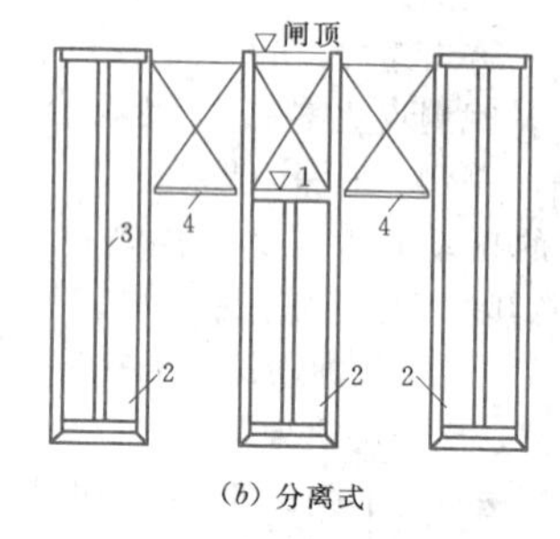

(b) 分离式

图 5.8-3 沉井基础分类图

1—闸底；2—沉井；3—隔墙；4—小底板

须满足下列条件：

$$N+G \leqslant R_j+R_f \qquad (5.8-6)$$

式中 N——作用在沉井结构上的竖向荷载，kN；

G——沉井自重，kN；

R_j——沉井底部地基土的总反力，kN；

R_f——沉井侧面的总摩阻力，kN。

沉井底部地基土的总反力 R_j 等于刃脚标高处土的容许承载力 R 与支撑面积 F 的乘积，即

$$R_j=RF \qquad (5.8-7)$$

沉井侧面作用在井壁上的总摩阻力 R_f，可按下列两个公式计算，取其中最小值。

$$R_f=0.5E_A \qquad (5.8-8)$$

$$R_f=Sf_0 \qquad (5.8-9)$$

式中 E_A——作用在井壁上的主动土压力强度，kN/m²；

S——沉井外侧与土接触的总面积，m²；

f_0——井壁与土之间单位面积的摩阻力，kPa，见表 5.8-4。

又为保证沉井在施工时能顺利下沉到设计标高，沉井自重 G 还需满足下沉要求：

$$\frac{G}{R_f} \geqslant 1.15 \sim 1.25 \qquad (5.8-10)$$

沉井分节浇筑高度应根据地基条件、控制下沉速度等因素确定。

沉井宜下沉到下卧硬土层或岩层，是否封底应根据工程具体情况研究决定。水闸沉井基础不封底时，应注意防渗问题，特别是多联式沉井之间的止水缝处理。

表 5.8-4　井壁单位面积摩阻力 f_0

地基土类别	f_0 (kPa)
泥浆套	3～5
软土	10～12
较软黏性土	12～25
较硬黏性土	25～50
砂性土	12～25
砂砾石	15～20
砂卵石	18～30

沉井井壁及隔墙厚度应根据结构强度和刚度、下沉需要的重量以及施工要求等因素确定，井壁外侧面应尽量做到平整光滑。

隔墙与井壁所分隔的井口尺寸应满足施工要求。隔墙底面应高于井壁刃脚 0.5m 以上。

井壁刃脚底面宽度不宜小于 0.2m，刃角内侧斜面与底平面的夹角宜采用 45°～60°。

5.8.3.6 深层搅拌桩法

近年来，在大、中型水利工程中也采用深层搅拌桩法加固软弱地基，并积累了一定的经验。该法利用水泥作为固化剂，也可以掺入适量的粉煤灰、减水剂和速凝剂等外掺剂，通过深层搅拌将软土和固化剂强制拌和，使固化剂和软土通过物理、化学反应硬结成为有一定强度的水泥土桩。深层搅拌桩可用于各种软土地基加固及基坑围护。采用深层搅拌桩法加固地基既能提高其容许承载力、减少沉降量，也能提高地基的抗振动液化能力，其最大加固深度可达 30m 左右。深层搅拌桩在设计计算上处于半理论半经验状况，搅拌桩加固地基对施工质量要求较高。因此选用深层搅拌桩法加固地基时，应根据不同的地基土质情况和工程的重要性，严格控制施工质量，进行必要的室内和现场试验。

深层搅拌桩的设计包括计算单桩竖向承载力和复合地基承载力，必要时还需验算下卧层的地基强度以及沉降量。

单桩承载力标准值可按下列两个公式计算，取其中较小值。

$$R_k^d=\eta f_{cn,k}A_p \qquad (5.8-11)$$

$$R_k^d=\overline{q_s}U_pL+\alpha A_pq_p \qquad (5.8-12)$$

式中 $f_{cn,k}$——与搅拌桩桩身加固土配比相同的室内加固土试块（边长为 70.7mm 或 50mm 的立方体）的 90 天龄期无侧

限抗压强度平均值，kPa；

η——强度折减系数，可取0.3～0.5；

U_p——桩的周长，mm；

A_p——桩的横截面积，mm^2；

L——桩长，mm；

q_p——桩端天然地基土的承载力标准值，kPa，可按《建筑地基基础设计规范》(GB 50007) 的有关规定确定；

$\overline{q_s}$——桩周土平均容许摩阻力，kPa，按表5.8-5采用；

α——桩端天然地基承载力折减系数，取0.4～0.6。

表5.8-5 深层搅拌桩桩周土平均容许摩阻力$\overline{q_s}$

土的名称	土的状态	$\overline{q_s}$ (kPa)
淤泥、泥炭土	流塑	5～8
淤泥质土	流塑～软塑	8～12
黏性土	软塑	12～15
	可塑	15～18

式(5.8-11)中的加固土强度折减系数η是一个与工程经验、拟建工程性质密切相关的参数。如果施工队伍素质较好，施工质量高，现场实际施工的深层搅拌桩加固强度与室内试验结果接近，且工程地质条件简单，工程对地基沉降要求又不高时，可取高值，反之取低值。

式(5.8-12)中桩端天然地基承载力折减系数α取值与施工时桩底部施工质量有关，特别是当桩端为较硬土层、桩较短时取高值。如果桩底施工质量不好，搅拌桩没能真正支承在硬土层上，桩端地基承载力不能充分发挥，或桩较长时取小值，目前设计中常取$\alpha=0.5$。

为了使单桩承载力的设计合理，设计时应使桩体强度与承载力相协调，即

$$\eta f_{cu,k}A_p \geqslant \overline{q_s}U_pL+\alpha A_pq_p \quad (5.8-13)$$

单桩承载力应通过现场荷载试验加以验证，或先施工试桩，据以确定单桩承载力，当桩体强度小于500kPa时，单桩承载力应通过现场荷载试验确定。

深层搅拌桩基础复合地基承载能力，按桩土分担荷载的原理计算。复合地基承载力标准值的计算公式为

$$f_{sp}=m\frac{R_k^d}{A_p}+\beta(1-m)f_k \quad (5.8-14)$$

式中 f_{sp}——复合地基承载力标准值，kPa；

f_k——天然地基承载力标准值，kPa；

m——深层搅拌桩面积置换率；

β——桩间土承载力折减系数，当桩端土为软土时取0.5～1.0，当桩端土为硬土时取0.1～0.4，当不考虑桩间软土作用时取0；

其余符号意义同前。

桩身强度对β也有影响，如桩端土是硬土，但桩身强度很低，桩身压缩变形很大，这时桩间土可承受较大的荷重，β可能大于0.4。实际设计时，β值还应根据建筑物对沉降要求而定，当建筑物对沉降要求较高时，即使桩端土是软土，β也应取小值，这样较为安全。反之，当建筑物对沉降要求较低，允许有较大沉降时，即使桩端土为硬土，β也可取大值，这样较为经济。

在重要或规模较大的水闸工程中采用搅拌桩基础时，应进行单桩承载力和复合地基承载力现场试验。

设计中，当深层搅拌桩的置换率较大($m>20\%$)，且非单行排列，桩端下面仍然存在软弱的土层时，尚应验算下卧层的地基强度。假定搅拌桩的桩群体与桩间土为一理想的实体基础，按下式验算软弱下卧层地基强度：

$$f'=\frac{f_{sp}A+G-A_s'\overline{q_s}-f_s(A-A_1)}{A_1}<f \quad (5.8-15)$$

式中 f'——假想实体基础底面压力，kPa；

G——假想实体基础的自重，kN；

A_s'——假想实体基础侧表面积，m^2；

$\overline{q_s}$——假想实体基础表面平均摩阻力，kPa；

f_s——假想实体基础边缘下地基土的承载力设计值，kPa；

A_1——假想实体基础底面积，m^2；

f——假想实体基础底面积修正后的地基承载力设计值，kPa；

A——基础底面积，m^2。

群桩体的压缩变形S_1可按下式计算：

$$S_1=\frac{(p_0+p_{02})L}{2E_{ps}} \quad (5.8-16)$$

$$E_{ps}=mE_p+(1-m)E_s \quad (5.8-17)$$

式中 p_0——桩群体顶面处的平均压力，kPa；

p_{02}——群桩体底面处的附加压力，kPa；

L——实际桩长，m；

E_{ps}——复合土层压缩模量，kPa；

E_p——搅拌桩的压缩模量，可取(100～200) $f_{cu,k}$，kPa；

E_s——桩间土的压缩模量，kPa。

复合土层以下各土层的沉降计算，仍采用分层总

和法计算影响深度范围内的各土层的沉降量 S_2，总沉降量为 $S=S_1+S_2$。

5.8.3.7 湿陷性黄土地基处理

对于湿陷性黄土地基，首先应判定地基土属于自重湿陷性黄土还是非自重湿陷性黄土，以及湿陷性黄土层的厚度、湿陷等级、类别等，根据建筑物的类别和湿陷性黄土的特性，并考虑施工设备、施工进度、材料来源和当地环境等因素，经技术经济综合分析比较后确定合适的地基处理方法。常用的地基处理方法有预浸水法、换土垫层法、挤密桩法、强夯法、硅化法及桩基础等。

(1) 采用预浸水法处理是使湿陷性黄土地基预先浸水，把它的湿陷性消除在工程建筑之前。这种方法操作方便，费用低；处理范围广，深度大；同时对洞穴、暗缝、墓坑等隐患可以及时发现，及时处理。但也有一定的缺点，主要是浸水后地基的承载力有所降低。浸水基坑的最小边长或直径为湿陷性土层厚度的1～1.5倍时，才能完全产生湿陷。一般水工建筑物的浸水时间应不小于60天。

(2) 基本消除基础已有土层的湿陷性。其常用方法有强夯法、换土垫层、挤密桩等。这是对于土层较薄（10m以内）时采用的办法。当土层深厚时，常用办法就是预浸水处理。

(3) 黄土的硅化加固是一个复杂的物理化学过程，可以使黄土具有足够的坚固性，能消除湿陷，提高强度和减少渗透等，从而达到加固的目的。对湿陷性黄土地区已有建筑物产生湿陷事故后的地基加固和处理，能起到消除土体湿陷性的作用，同时还能提高地基的承载力。

(4) 建筑物基础穿透湿陷性黄土层，传力于湿陷土层以下的持力土层上。常用方法就是桩基，尤以灌注桩为主。这种方法避过了湿陷性土层，使基础传力于湿陷土层以下的持力土层上，相对来说比较安全可靠，所以被广泛应用于比较重要的独立建筑物的基础处理。

在西北地区湿陷土层较厚，大多在20m以上，完全消除这些土层的湿陷性或彻底穿透湿陷土层往往投资较大。根据工程经验，只要建筑物基础埋深较大，地基承载力满足要求，且外部来水又无法浸透湿陷性地基或做好隔水处理时，可以考虑将建筑物基础坐落于湿陷土层上。

5.8.3.8 地震液化地基处理

1. 地震液化地基的发生条件

地震时饱和砂土地基会发生液化现象，造成建筑物的地基失稳，发生建筑物下沉、倾斜，甚至倒塌等现象。饱和砂土或粉土液化除受地震的振动特性影响外，还取决于土的自身状态。

(1) 土体饱和，且无良好的排水条件。

(2) 砂土或粉土较松散，密实度差，其标准贯入击数（N）小于液化判别标准贯入击数临界值（N_{cr}）。

(3) 上覆非液化土层厚度较小，液化土层土颗粒较小，土中黏粒含量较小，级配不良。

液化土层对水闸的危害主要有水闸上浮、下沉、倾斜和地基失稳（过度下沉）等。因此，在地震区，应避免采用未经加固处理的可液化土层做天然地基的持力层。

2. 地震液化地基的处理措施

(1) 采用非液化土替换全部液化土层。适用于液化土层厚度小于3.0m的情况，替换土可以采用黏性土或水泥土。

(2) 加密法（如振冲加密、振动加密、挤密碎石桩、强夯等）。采用强夯提高液化土层的密实度，使液化土层转换为非液化土层，适用于液化土层厚度大于3.0m情况。

(3) 深基础处理（如桩基础）。桩基础深入非液化土层，承担全部荷载，采用时应注意液化土层液化后闸底板下脱空（底板下形成渗流通道）所带来的渗流稳定问题。

(4) 围封法。采用混凝土地下连续墙、水泥土搅拌桩连续墙、高喷连续墙或振动沉模连续墙等措施将液化土层围封，使其在地震时不会发生喷水冒砂，维持地基的整体稳定性。

液化地基处理采用何种措施，应通过技术经济比较确定。此外，当液化土层顶部上覆一定厚度的非液化土层时，经论证也可以不采用地基处理措施。

5.9 闸室混凝土施工期裂缝控制

5.9.1 闸室混凝土施工期的应力特点和裂缝形成机理

闸室结构混凝土裂缝的成因比较复杂，主要因素有混凝土内外部温差、自生体积收缩变形、线膨胀系数、弹性模量、混凝土的徐变度、地基和基础对混凝土或老混凝土对新混凝土的约束、浇筑块的长度和厚度、极限拉伸率、表面放热性能、养护措施以及结构分缝分块情况和施工分层情况等，而且这些因素大多与时间有关。在施工阶段，结构、材料都已经确定，一般可以通过温度控制的方式进行防裂。在水闸工程中，裂缝多出现在工程的施工期，底板和闸墩是温控防裂的重点，与底板相比，闸墩混凝土的开裂可能性更大。

1. 施工期闸墩的应力特点和裂缝机理

在水闸闸墩中会出现“上不着顶，下不到底”、“中间宽，两头尖”的枣核形裂缝，近年来较高坍落度的泵送混凝土出现后，问题更加突出。这些裂缝往往是贯穿性结构缝，有在早期出现的（曾有 3 天内拆模进行检查，裂缝就已经出现了），也有在相对后期出现的（拆模后经过一段时间才出现）。

闸墩混凝土早期应力特征表现为表面受拉、内部受压，主要原因在于混凝土温度的变化。在温升时期，由于表面散热作用，表面混凝土的温升幅度远小于内部混凝土，产生内外温差，且温差在内部混凝土温度达到峰值时达到最大值。较大的温差造成内部与外部热胀冷缩的程度不同，从而形成自身内外变形约束，导致闸墩表面产生拉应力，内部出现压应力。最大温差出现的时间很早，约在混凝土浇筑后的 1～3 天。虽然早期混凝土弹模小，应力不是很大，但此时混凝土的抗拉强度也很小，且可靠性差，安全度低，很容易产生裂缝。

后期闸墩内外混凝土温度逐渐降低，但内部混凝土的降温幅度远大于表面，结构内部收缩变形大产生拉应力，相应地表面产生压应力。由于后期混凝土弹性模量大，变形约束也大，相应拉应力和压应力都远大于早期。后期闸墩混凝土除自身相互约束外，底板对闸墩的约束作用增强。当底板的约束作用与降温收缩变形叠加后，闸墩中间近底板部位拉应力最大。随着龄期的增长，最大拉应力点越来越接近底板顶面。由于底板顶面属于新老混凝土的接合部位，虽然该部位底板的约束作用最强，但混凝土温升和温降的幅度以及降温收缩变形都远小于闸墩中央，所以最大拉应力点一般不会位于底板顶面。

与闸墩混凝土应力变化规律相对应，早期可能会产生由表及里发展的裂缝。由于表面最大拉应力位于闸墩高度方向的中间略偏下一点，这种裂缝的表面启裂位置较高，扩裂后裂缝会显得相对较长。如果在混凝土施工过程中，由于振捣不均匀等因素使得结构存在薄弱部位，那么裂缝可能先从这些表层薄弱部位启裂，再向上、向下、向内延伸。

对于后期混凝土，闸墩容易产生由里及表的贯穿性裂缝，这类裂缝在闸墩内部中间近底板处启裂，再向上、向下、向外发展。由于此时闸墩内部最大拉应力区的分布较为集中，且混凝土抗拉能力提高，开裂后不易扩裂发展，裂缝会表现得相对较短。

闸墩裂缝在整个发展过程中，闸墩顶部拉应力始终不大，一般不会开裂，底部受到底板混凝土的约束，且最大拉应力并不在底板顶面上出现，所以裂缝一般不会贯穿至底板顶面。闸墩出现的由表及里和由里及表的两种裂缝，在外观上均表现为“上不着顶、下不到底”的枣核形，但其形成机理、启裂位置和发展过程是完全不同的，因此防裂的时间和方法也是不同的。

2. 施工期底板的应力特点和裂缝机理

底板由于尺寸较大，主要只从顶面散热（底面虽也向地基散热，但是较小），内部积蓄的热量较多，早期混凝土内外温差比较大，内外混凝土之间的自身变形约束现象更为明显，所以在与闸墩混凝土强度相同的情况下，早期表面拉应力也大一些。底板混凝土上表面有可能在早期出现由表及里型的裂缝。底板底面应力状态的变化趋势和上表面相似，但因早期内外温差小，拉应力也小。随着混凝土龄期的增加，底板内部温度降低幅度大，变温产生的收缩变形大，最大拉应力逐步移至底板内部，后期混凝土的抗拉强度较大，一般此时底板内部的最大拉应力远小于抗拉强度。因此，在软基上修建的底板混凝土后期一般不会出现裂缝现象，但在岩基上修建的底板混凝土在后期仍有可能出现由里及表型的裂缝。另外，要注意早期底板顶面的拉应力过大的现象，需要加强早期底板顶面的保温，当底板厚度较大时，为减缓混凝土的早期水化反应速度，需在其内部设置冷却水管或改进混凝土的配合比等。

5.9.2 温度控制计算方法

（1）对于岩基上的底板，可以假定为嵌固板，即浇筑在刚性基础上且平面尺寸无限大的混凝土薄板。

混凝土嵌固板浇筑后，在板内形成沿厚度方向不均匀的温度分布。由于受到刚性地基的约束，板不能转动，且在水平方向的位移为零。实际工程中，只要板的平面尺寸大于板厚度的 10 倍，离开板的四周较远的中央部分的温度应力就与嵌固板相近，可以认为温度只沿板的厚度方向变化，按一维问题计算。

（2）对于软基上的底板，可以假定为无限大自由板计算。由于不受外界约束，底板在各个方向都可以自由变形。对于无限大自由板，可以假设温度只沿板的厚度方向变化。

（3）对于水闸的闸墩，一般简化为等效倒 T 形梁来计算其温度应力。

（4）水管冷却目前越来越多地应用于水闸等薄壁结构的温度控制中，起到了非常好的防裂效果。但水管冷却效果至今尚无合适的简化算法，仍以有限元模拟为主。目前在有限元计算中采用的冷却水管模型有两类：一类是等效模型，该模型将水管冷却效果均匀地弥散于整个混凝土结构中，优点是计算量小，缺点是无法获取准确的温度场和应力场，适用于受外界环境温度影响较小的大体积混凝土中，如混凝土重力坝等；另一类是离散模型，该模型将结构中的水管也离散为有限单元，进行实际的水管冷却模拟，优点是能够获得准确的温度场和应力场，缺点是计算量大。对于水闸这类薄壁结构，在水管冷却条件下温度场和应力场更加复杂，建议采用水管离散模型进行计算。

（5）温度和应力控制计算过程。混凝土温度控制的目标是控制应力，即把混凝土的最大拉应力控制在某一个限度之内，根据工程等级和重要性的不同，同一个工程结构中不同部位的重要性也不同，因此需给出不同的防裂安全度。混凝土的抗拉强度除以相应的防裂安全度，即得到混凝土的容许抗拉强度。在施工期到运行期的任意时刻，混凝土的最大拉应力不应超过混凝土的容许抗拉强度。在制订温控防裂方案时还应考虑到施工期混凝土容许抗拉强度随着混凝土强度的增长不断增长的因素。

无论是简化算法还是有限元仿真计算法，计算得到的最大拉应力不应超过混凝土的容许抗拉强度，这是温度和应力控制方案制订的总原则。

根据这个总原则，对不同温控措施组合进行多个工况的反复试算，直到满足总原则。因为影响温度和应力的因素很多，所以各类参数的组合非常多，在现场技术水平和经济条件允许的范围内，在某种参数组合下能够满足应力控制总原则的温控措施组合就作为最优温控方案。在寻求最优温控方案的过程中，会有很多无法满足防裂安全度的方案，根据这些方案的有关温度值，结合最优方案的有关温度值，可以确定出温度控制的有关指标。对水闸来说，典型的温控指标有最高温度值和内外温差值，其他的辅助指标有浇筑温度、温降速度等。因为施工现场无法直接控制应力，而是通过控制温度来控制应力，因此这些温控指标是衡量温控方法实施效果的标准，是温控方案的重要组成部分。

各种类型结构及冷却水管的温度应力计算方法详见《水工设计手册》（第2版）第5卷第6章。

5.9.3　裂缝控制措施

1. 混凝土自生体积变形要求

自生体积变形是由混凝土的材料性质决定，自生体积变形发生在整个混凝土结构中，是混凝土结构贯穿性裂缝产生的重要原因，控制自生体积变形必须通过优化混凝土原材料完成，必要时采用微膨胀混凝土和纤维混凝土等。

此外，还可以通过减小混凝土结构受到的约束来控制自生体积变形造成的拉应力，如可以缩短浇筑块的长度、改变部分混凝土结构的浇筑过程和顺序等。这些措施减小了混凝土结构的约束，对于控制任何可能引起较大拉应力的因素都有好处。

2. 混凝土浇筑温度控制

在混凝土原材料发热量一定的条件下，浇筑温度越低，混凝土内部的最高温度也会越低，对控制后期混凝土内部应力有利，同时表面混凝土受到环境气温影响而产生的表面拉应力也会越小。但严格控制浇筑温度往往需要专门的设备，成本很高，在一些投资很大的工程中采用。一般的水闸工程施工中则通过一些简易的方式适当控制浇筑温度，如采用加高骨料堆积高度并从底部取料、预先采用冷水浸泡骨料等来降低骨料的温度；在混凝土运输过程中采用棉被和遮阳篷保护等来减少受高温环境的影响产生的温升；在混凝土浇筑现场采用仓面覆盖遮阳篷，浇筑时间安排在晚上等措施。

3. 混凝土浇筑时间选择

混凝土浇筑时间的合理选择对温度应力的控制也比较有效。

在同一年中，冬季浇筑比夏季浇筑好。一方面因为冬季混凝土的浇筑温度低，混凝土最高温度也低，使得后期的温降收缩量小；另一方面，环境气温在逐渐上升，混凝土表面温度也逐渐升高，有利于控制混凝土内外温差和表面拉应力。但冬季的昼夜温差比较大，因此要非常重视表面保温。在一年当中最不利的浇筑季节是快进入冬季的阶段，因为此时环境温度不断下降，容易造成比其他时候更大的内外温差。

在同一天中，晚上浇筑比白天浇筑好。

4. 混凝土内部水管冷却

对于无法通过自然散热达到温度和应力控制标准的情况，采用水管冷却是一项非常有效的措施。水管冷却的作用主要是降低混凝土内部最高温度，内部温度降低的同时，减小了内外温差，使两项最主要的温控指标都得到有效控制。

影响水管冷却效果的主要因素有水管材质、管径、布置间距、冷却水温、通水流量和流量变化、开始通水时间和通水历时等。对于水闸结构，混凝土温升快且温升幅度大，所以在混凝土温度峰值出现之前的水管冷却非常重要。冷却水管通常采用钢管，且布置间距较小、开始通水时间较早，在温度峰值前通水流量较大、水温较低，否则不容易控制混凝土的最高温度，在温度峰值后需适当控制混凝土内部温降幅度，与温度峰值前相比通水流量要小、水温要高。这些影响因素之间是相关联的，为了达到相同的冷却效果，如果水管布置得较密，则水管可以由金属管改为塑料管，也可以提高冷却水温或减小流量等。这些因素均需要根据现场实际条件进行优化，混凝土原材料、环境温度、施工过程和工艺等都对水管冷却主要材料和指标有明显的影响。

5. 混凝土表面保温

在施工期采取保温材料进行表面保温后，混凝土表面散热能力大大减弱，内外温差也相应减小，这对防止早期表面裂缝是很有效的。特别是对于昼夜温差大的地区和季节，仅通过内部水管冷却还不能很好地控制内外温差，表面保温起到的作用更大。但表面保温的缺点主要有：表面散热能力的降低，混凝土内部和表面温升幅度加大，将加大后期混凝土的降温幅度，对后期的防裂是不利的；保温期内混凝土表面温度较高，在拆除表面保温材料后如遇气温较低会产生冷击，所以需要较长时间的保温，如果表面保温材料与模板相互关联，延长保温时间会影响模板的循环使用。因此，保温材料的保温性能一定要适中。

在实际工程中表面保温往往与水管冷却配合使用，这样可以避免混凝土内部因为保温而导致的温升过高，同时这两项措施都能够降低内外温差，二者的配合使用是目前最常用的施工期温控措施。当然，这两项措施之间也是相互影响的，对于具体工程应通过现场试验和计算分析选定最优的保温措施。

在有限元仿真计算中一般是通过保温材料的热交换系数来对其保温能力进行定量分析，某些保温材料的热交换系数已经通过多次的试验和工程实践基本确定，可以直接使用。但随着新型的保温材料不断出现，这些新材料的热交换系数仍需通过合适的表面保温试验和反演分析来获取。

6. 混凝土表面养护

混凝土的表面保湿养护非常重要，因为混凝土的干缩变形远大于混凝土的自生体积收缩变形和温降收缩变形，但干缩往往只发生于混凝土表面约 5cm 范围内，主要的干缩量发生在混凝土早期，因此只需对混凝土早期进行表面保湿养护。保湿的方法比较多，有洒水养护、涂养护剂、仓面喷雾等。其中目前最常用的是洒水养护，应注意的洒水的水温不要过低，否则对混凝土表面形成冷击。也可以在保温材料下覆盖一层防水材料，在保温的同时也进行保湿，避免频繁洒水带来的一些不利影响和麻烦。

7. 内外约束条件改善

混凝土的内部约束主要是由于混凝土内外的温度变形不协调引起的，因此需减小内外温差。混凝土的外部约束主要是基岩对底板的变形约束、老混凝土（底板）对新混凝土（闸墩）的变形约束、复杂结构中相连构件之间的相互约束等。减小这些约束的主要措施是缩短浇筑块的长度，如设置施工缝（后浇带）或永久伸缩缝。但有些工程对结构整体性要求比较高，不便设缝，在这种情况下，应调整材料的有关属性，如线胀系数、绝热温升值、自生体积收缩值等，以及通过温控措施来降低混凝土的最高温度，以减小混凝土的变形量。

8. 温度和变形观测

在混凝土温控过程中，需结合关键点的现场温度和变形监测，从而有效地按照指标进行温度和变形控制。

一般混凝土的浇筑温度可以按照规范要求，在平仓后用温度计测量仓面以下 5cm 处的温度即可。冷却水管进、出口水温的测量应该在水管的进口和出口处分别设置温度计，另外还需在进口或出口处安装流量表用来测量和控制流量变化。根据工程经验，底板和闸墩的温度裂缝一般在上、下游方向的中间部位（较长的底板和闸墩会在长度方向的 1/3 和 2/3 处开裂），在该部位的底板和闸墩内部中心和表面（表面向内 5cm 处）分别布置测点以测量内外温差，并在这些位置布置应变计测量变形。混凝土结构中心的测点还可用于测量混凝土的最高温度和最大温升，从而方便控制基准温差。混凝土表面的测点还可以用于判断表面保温材料的厚度和保温时间是否合适，以及判断养护水温是否合适。此外，水管附近温度场梯度较大，在方便的情况下可以在管壁上、距离管壁 20cm 和 50cm 处布置测点。测点的观测频次由温度变化快慢决定。温度变化快的阶段要密集测量（混凝土浇筑后 10 天内、拆除保温设施后 2 天内、停止通水后 1 天内、寒潮到来时等），可以每 3 小时测量一次；温度变化慢的阶段可以减少测量次数，每 6 小时测量一次甚至每 12 小时测量一次。施工期的温度观测一般持续到结构内的温度与环境温度基本一致。

9. 施工反馈研究

混凝土结构温度场和应力场的仿真计算受诸多因素影响，其中之一就是施工材料特性参数的实际模拟。不同混凝土结构的导温系数 α、导热系数 λ、表面散热系数 β 和绝热温升规律都是不同的。为了使混凝土温度场和应力场的仿真计算模型能更好地反映实际情况，必须借助试验并利用数值计算求出具体工程在不同环境条件下的各项热力学参数，这称为反演。在得到符合实际情况的参数后，再对即将施工的混凝土结构进行仿真计算，预报其温度和应力变化趋势，并制订相应的温控防裂措施，这称为反馈。反演是反馈的必然前提，没有反演获得的准确参数，就不能进行正确的仿真计算，也无法制订合理的温控防裂措施。

在反演计算中，常用的方法包括模式搜索法、单纯形法、线性规划法、Powell 法、Monte—Carlo 法、模拟退火法、遗传算法等。

施工反演及反馈计算是一个反复循环的过程，其终极目的就是使计算模型和参数更加准确和精细，使仿真计算能更好地反映工程实际情况，更有针对性地提出合理化的建议及温控措施。图5.9-1是混凝土温控工程反演及反馈分析的流程图。

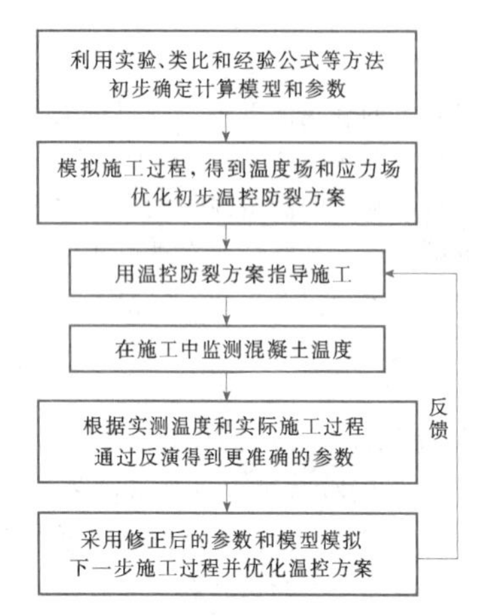

图 5.9-1　混凝土温控反演及反馈分析流程图

10. 温度构造钢筋的设置

对于允许出现裂缝的结构，当考虑温度作用影响，且不满足抗裂要求时，可按下列要求配置温度钢筋限制温度裂缝扩展。

(1) 闸墩底部受基岩约束的竖直墩体如图5.9-2 (*a*) 所示，在离基岩 $L/4$ 高度范围内，墩体每一侧面的水平钢筋配筋率宜为0.2%，但每米配置不多于4根直径为25mm的钢筋；墩体竖直钢筋和上部 $3L/4$ 高度范围的水平钢筋的配筋率宜为0.1%，但每米配置不多于5根直径为20mm的钢筋。

(2) 两端受大体积混凝土约束的墩体如图5.9-2 (*b*) 所示，每一侧墩体水平钢筋配筋率宜为0.2%，但每米配置不多于5根直径为25mm的钢筋；在离约束边 $L/4$ 长度范围内，每侧竖向钢筋配筋率宜为0.2%，但每米不多于5根直径为25mm的钢筋；其余部位的竖向钢筋配筋率宜为0.1%，但每米不多于5根直径为20mm的钢筋。

(3) 底面受基岩约束的底板，应在板顶面配置钢筋网，每一方向的配筋率宜为0.1%，但每米配筋不多于5根直径为20mm的钢筋。

(4) 当大体积混凝土块体因本身温降收缩受到基岩或老混凝土的约束而产生底部裂缝时，应在块体底部配置限裂钢筋。

温度作用与其他荷载共同作用时，当其他荷载所需的受拉钢筋面积超过上述配筋用量时，可不另配温度钢筋。

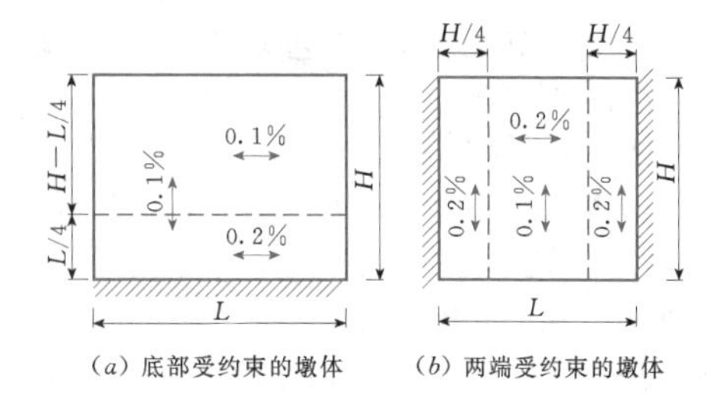

图 5.9-2　墩体温度钢筋配置图

L—墩长；H—墩高

5.10　附属结构及连接建筑物设计

5.10.1　闸室附属结构

闸室的附属结构是指除底板、闸墩和闸门等主体结构以外的其他结构，按其用途可分为胸墙、交通桥（包括公路桥、人行便桥、检修便桥）、排架、工作桥、启闭机房、控制室等。

5.10.1.1　胸墙

胸墙的主要作用是挡水，借以减小闸门的高度和重量以及启闭机容量。胸墙在闸室中的位置总是与闸门位置配合在一起，一般都是直立设置在闸门槽上游侧［见图5.10-1 (*a*)］，当采用升卧式闸门时，胸墙应倾斜设置［见图5.10-1 (*b*)］。此外，胸墙与闸墩相连，可以增加闸室垂直水流向的刚度，在地震区可提高抗震能力。

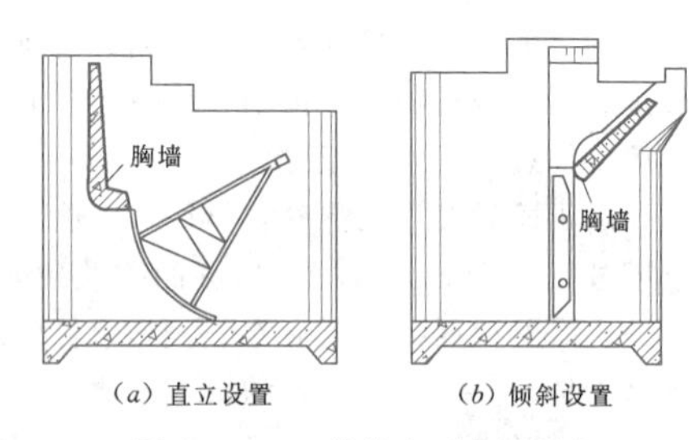

图 5.10-1　胸墙立面布置型式

胸墙的结构型式可根据闸孔孔径大小和泄流要求选用板式或梁板式，如图5.10-2所示。板式胸墙适用于较小的跨度和挡水高度，一般做成上薄下厚的楔形板。当闸孔孔径或胸墙高度大于6m时，宜采用梁板式；可增设中横梁及竖梁，形成肋形结构。当闸室重量较轻，沿地表的抗滑稳定不足时，也可以把胸墙做成U形槽。U形胸墙由两片竖直板和一片水平板组成，槽中填土，见图5.10-3，借以增加闸室的重量和抗滑稳定性。

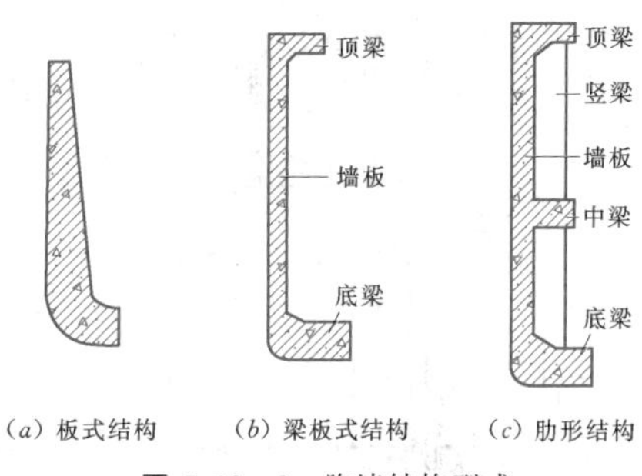

图 5.10-2 胸墙结构型式

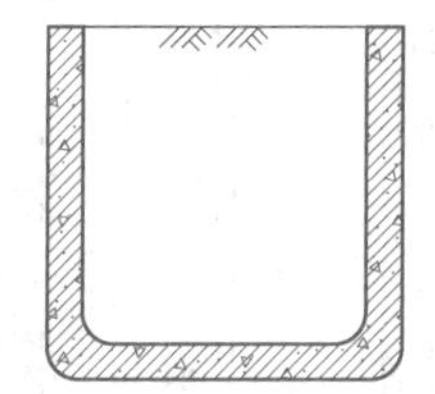

图 5.10-3 U形胸墙

板式胸墙顶部最小厚度一般为 20cm。梁式胸墙的板厚一般不小于 15cm，板跨度不大于 6m，顶梁梁高约为胸墙跨径的 1/15～1/12，梁宽常取 40～80cm，底梁梁高约为胸墙跨径的 1/9～1/8，梁宽常取 60～120cm。

胸墙顶端一般与闸墩齐平，胸墙底高程应根据孔口泄流量要求计算确定。对于梁板式胸墙，常常利用顶梁作为检修的工作便桥，此时顶梁的高度（水平向）不取决于顶梁的强度要求，而应该满足工作桥的宽度要求。梁板式胸墙的底梁除满足强度要求外，还应有一定的刚度要求，避免在水压力作用下发生过大的变形，防止破坏胸墙与闸门顶之间止水的密封性。为了改善孔口的泄流条件，增加流量系数，胸墙迎水面下缘应做成圆弧形或流线形。

胸墙与闸墩连接的支承方式可分为简支式与固结式两种。简支胸墙与闸墩分开浇筑，在接缝处设置垂直止水。简支式可以适应温度变化而自由伸缩，不致产生很大的温度应力而裂缝。对闸墩不均匀沉降的适应性也比固结式结构好，但不能完全摆脱闸墩不均匀沉降的不利影响。固结式胸墙与闸墩同期浇筑，胸墙钢筋伸入闸墩锚固，形成刚性连接。这种连接形式可以增强闸室垂直水流向刚度，减小不均匀沉降，但必须计算由于温度变化、闸墩变位等因素引起的应力。

胸墙的荷载主要是水压力和自重等。在水压力作用下可根据边界支承条件分别按单向板或双向板计算。在竖向荷载的作用下，简支式胸墙可按简支梁计算，梁高与梁跨比值比较大时，宜按深梁计算；固结式胸墙与闸墩、底板联合构成一个框架，可把胸墙简化为框架的一个杆件进行内力计算，胸墙的竖直断面上将出现较大的力矩和轴向力，因此在胸墙的顶部和底部除按水压力引起的内力配筋外，还要按框架分析内力或有限元法分析结果进行配筋。此外，由于闸墩和底板均较长，顺水流方向上各个断面的横向变形不相同，必将在胸墙中产生扭矩，故需配置足够数量的竖直向封闭式箍筋。箍筋直径为 10～12mm，间距为 150～200mm，在接近端部适当加密，借以抵抗扭剪应力。简支式胸墙的顶部和底部需要分别增加一定数量的水平通长钢筋，一般不宜少于 3 根直径为 16mm 的钢筋，也需要布置竖直向的封闭式箍筋，只是数量可以适当减少。

近年来，固结式的板式胸墙多采用预制的方式，先整体预制，板两端的钢筋伸出，吊装就位，然后选择低温时浇筑闸墩，与预制板固结，这样可以基本消除胸墙的干缩和降温拉应力，是防止裂缝的有效措施之一。

多孔水闸的胸墙采用的支撑型式，必须与闸室的构造要求相适应。在一般情况下，采用简支式最合适。对于底板上分缝的闸孔，胸墙与闸墩不应采用固结式连接，以免由于地基不均匀沉降、支承部位的变形等不利因素产生结构次应力，造成不良结果。

5.10.1.2 工作桥及交通桥

1. 工作桥

在水闸的闸孔上往往需要架设工作桥，主要分为主闸门工作桥和检修闸门工作桥两种。工作桥的位置相应地放在闸门上面，因此闸门工作桥多支承于闸墩顶的排架上，见图 5.10-4。主闸门工作桥的高程主要取决于所采用闸门及启闭机的型式、闸门高度及启闭方式。闸门开启后，门底应高出上游校核洪水位 0.50m 以上，以免阻碍过闸水流。检修闸门工作桥通常与闸墩顶齐平。

工作桥的结构型式，可视水闸的规模而定。为了使闸门开启后在桥下有较大的净空，大、中型工作桥多采用钢筋混凝土梁板式结构，由主梁、次梁、面板等部分组成。工作桥的主梁、次梁布置应根据启闭机机座的平面尺寸、地脚螺栓的平面尺寸、地脚螺栓位置及闸门的吊点位置等而定。主梁通常设置两根，多采用 T 形或Ⅱ形截面。梁高一般可取跨度的 1/6～1/10，肋宽约为梁高的 1/2.5～1/4，一般可取 30～50cm；采用螺杆式启闭机时，梁肋中距一般取 1～1.5m；采用固定卷扬式启闭机时，梁肋中距应与启闭机螺栓位置相吻合；采用移动式启闭机时，梁肋中距应等于行车轨道的轨距。梁系布置型式有分离式（或装配式）布置与整体式布置两种。

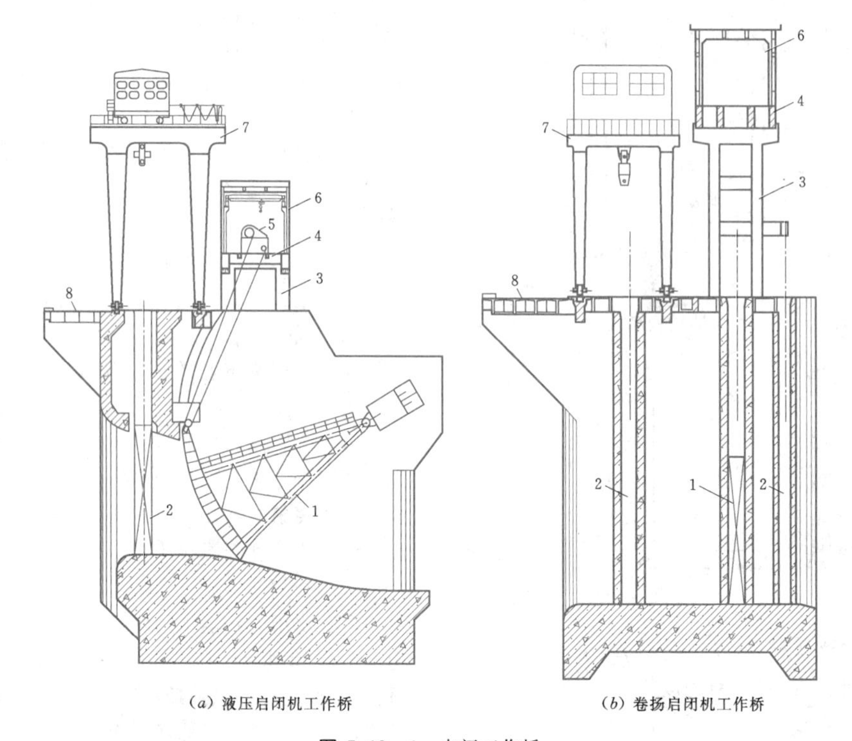

图 5.10-4　水闸工作桥

1—主闸门；2—检修闸门；3—排架；4—工作桥；5—启闭机；6—启闭机房；7—门机；8—交通桥

分离式布置是把工作桥分成独立的两部分，分别位于闸门槽两侧，互不联系（有时在端部设置联系梁），适用于安装行动式启闭机或者需要经常修理更换闸门的工作桥。工作桥主梁直接位于行动式启闭机的轨道下，或放在固定式启闭机的底座螺栓下。

整体式布置是用横梁和面板把位于门槽两侧的主梁联系起来，构成一个整体。工作桥主梁位置可以根据结构合理布局的要求适当移动，一般在启闭机的底座螺栓位置上布置横梁，启闭力通过横梁传递给主梁，这时应尽量使两根主梁的荷载接近相等。整体式工作桥布置见图 5.10-5。

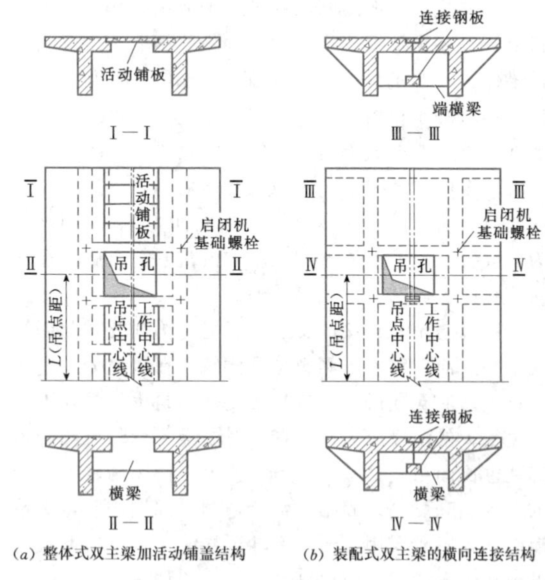

图 5.10-5　整体式工作桥布置示意图

工作桥的总宽度除考虑启闭机以及栏杆或墙体所占位置以外，还应满足操作人员工作的需要，大型水闸主闸门的工作桥桥面总宽度一般为 4～6m。

工作桥的悬空高度较大，原位浇筑比较困难。近年来多采用现场预制的装配式结构，主梁的构造应力求简单，通常采用多跨简支型式。当闸门跨度大、挡水水头高、需要的启门力很大时，主梁的高度往往很大，以致预制构件十分笨重。工作桥也可以采用悬臂式结构、桁架式结构或采用预应力混凝土结构。各种型式的工作桥除应满足结构强度和刚度要求外，还应考虑整体美观，与主体建筑物结构尺寸相协调。

工作桥所受荷载主要是自重（包括桥身重量和启闭机的重量）和启闭力。桥身重量可根据结构尺寸计算确定，启闭机的重量可从厂家产品目录中查找；闸门启闭力计算与闸门型式（平板门和弧形门）有密切的关系，具体计算方法详见《水利水电工程启闭机设计规范》(SL 41)。

2. 交通桥

交通桥是连接水闸两岸交通的主要通道。交通桥桥面高程通常与闸墩顶高程齐平，特殊条件下桥面高程可高于闸墩顶高程，桥面可为水平面或斜面，桥面变坡的起点、坡度视水闸两岸地形情况确定。

工程中采用较多的交通桥结构型式为板式结构和梁式结构。一般情况下，小跨度水闸（3～10m）宜采用现浇或预制混凝土板结构；中等跨度水闸（10～20m）宜采用预应力空心板结构；大跨度水闸（20m以上）宜采用预应力T形梁结构或其他结构。大多数水闸采用单跨简支板梁，多孔整体式底板可采用连续板梁。交通桥的设计应符合《公路桥涵设计通用规范》（JTG D60）、《公路钢筋混凝土及预应力混凝土桥涵设计规范》（JTG D62）规范的要求。

5.10.1.3　排架

大、中型水闸常利用排架支承交通桥和工作桥。当工作桥高程与闸墩顶高程相差较大时，为减少闸墩工程量，常采用排架支承工作桥，排架可以设在闸墩上，也可以直接设置在底板上。

刚架式排架多采用钢筋混凝土框架结构，由立柱和横梁组成。当高度小于5m时，一般采用Π形单层框架，高度大于5m时，采用双层或多层框架结构。

排架各构件的尺寸除满足强度和刚度外，还应兼顾工作桥搁置宽度，并与周边构件尺寸相协调。

排架在顺水流方向构成一个框架，在垂直水流方向是悬臂排架，见图5.10-6。立柱截面在垂直水流向的边长宜大于顺水流向的边长，在有地震荷载作用的水闸上，可取与闸墩厚度相同的边长。支承双主梁工作桥的排架，一般使立柱中心线与梁腹中心线重合；支承交通桥的排架，其立柱中心距的选择，应使排架内力最小。

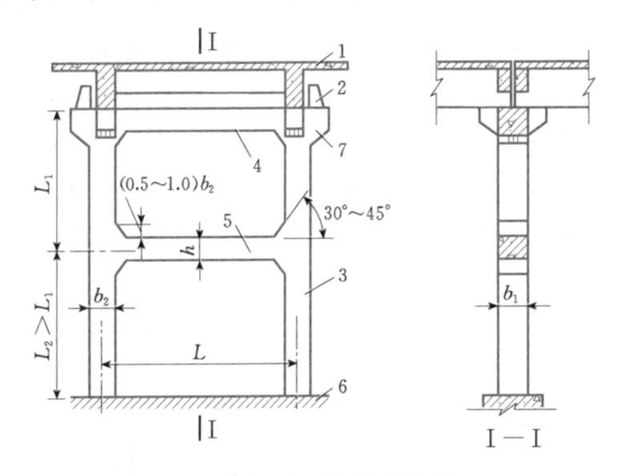

图5.10-6　刚架式排架

1—工作桥；2—防震挡头；3—立柱；4—顶横梁；5—横梁；6—闸墩；7—牛腿

L—排架柱中心距；L_1—排架中横梁中心至顶梁顶面距离；L_2—排架中横梁至闸墩顶面距离；b_1—排架柱横向宽度；b_2—排架柱纵向宽度；h—中横梁高度

立柱截面尺寸一般为30cm×50cm～50cm×80cm。水下部分立柱垂直流向的宽度，应与闸墩等宽，为了减小水流阻力，应采用圆形截面。横梁一般采用与立柱等宽的矩形截面，截面尺寸可取为30cm×60cm～50cm×80cm。当立柱宽度小于桥梁支座的宽度时，排架横梁也可采用T形截面。双层刚架的中横梁不承受外荷载时仅起系杆作用，其截面可取为30cm×50cm～40cm×60cm。

横梁与立柱的节点采用刚性连接，为了提高横梁的抗剪能力和减少节点应力集中，常在节点处设置托承，托承高度约等于立柱截面高度的0.5～1.0倍，斜面与水平面夹角为45°。

排架立柱与基础(闸墩或底板)一般均采用刚性连接，立柱主筋插入基础的长度应满足钢筋锚固的要求。

排架承受的荷载为垂直荷载和水平荷载。垂直荷载有结构自重以及上部工作桥主梁传来的荷载，水平荷载有风压力以及工作桥变温引起的支座摩阻力；在地震区应考虑地震惯性力的作用。排架的内力计算分纵向和横向两个方向进行，纵向（顺水流向）按固定在闸墩上的刚架计算，横向（垂直水流向）按承受轴向力和水平力的独立柱计算；排架各个构件均按偏心受压对称配筋构件设计。

5.10.1.4　启闭机房及控制室

启闭机房是为管理人员能安全操作和保护启闭机具不受恶劣自然环境的侵蚀而设置的。启闭机房设置在工作桥上，一般采用钢筋混凝土结构。为减轻工作桥及地基的负荷，启闭机房可以设置轻型结构。用移动式启闭机时，一般只在工作桥的端部设置机房。机房应满足防风、防雨、防尘、防雷、防晒、防潮和保温等要求，其建筑面积应根据安装机具和操作维修的需要确定。

控制室为集中控制操作闸门而设置，多设在闸室段靠近电源的一岸，室内一般安装有配电盘、开关柜和其他机具、仪表。操作室与工作桥应保证交通方便，操纵台与闸门应能够较方便地通视，以便就近观察机械及闸门运转情况。控制室一般采用钢筋混凝土结构，其建筑面积、空间布置以及采光、照明、通风、保温等设计应满足机电设备和操作管理的要求。

5.10.1.5　其他附属结构

1. 吊梁及吊柱

一些中、小孔径水闸的工作闸门和一些中型水闸的检修闸门，常采用吊梁及吊柱作为悬挂启闭设备的支承结构。吊梁多采用热轧标准工字钢梁，当跨径和启闭力较大时，也可采用现浇钢筋混凝土吊梁，梁下挂工字钢梁做轨道。吊柱多采用等截面钢筋混凝土Γ形柱，柱身截面一般为30cm×40cm～50cm×70cm，柱身与顶部短悬臂之间常加设托承。吊梁和吊柱一般可采用压板螺栓连接。

2. 操作(交通)楼梯、电缆沟、照明线路等

操作（交通）楼梯一般采用钢结构或钢筋混凝土结构，布置和型式应满足安全、轻巧和便利交通的要求；对于高度较大的直立爬梯，应加设安全围栏。

电缆沟一般沿工作桥缘石内侧布置，可采用砌砖或混凝土立墙，钢丝网水泥盖板。沟底部应设排水孔，以防电缆受潮。也可根据闸顶总体布置采用预制的梁式U形电缆沟槽。

照明线路可在缘石内埋管敷设，并在灯柱下设接线盒。照明灯杆可结合桥梁栏杆立柱设置，高度常取为3.5m左右。

5.10.2 连接建筑物

水闸与两岸连接的建筑物包括闸室段的边墩、岸墙、刺墙、边闸孔斜底板以及上、下游连接段的翼墙、导墙和两岸护坡等。其作用为挡土、导流、抗冲、防渗、改善闸室受力状态以及减少闸室与两岸的不均匀沉降。

5.10.2.1 闸室段

闸室段与两岸的连接方式有岸墙式和河床式两种。

岸墙式：闸室段以边孔直立的边墩（或岸墙）作为挡土墙与两岸相连。上、下游设翼墙（或导墙）与两岸护坡连接，见图5.10-7。

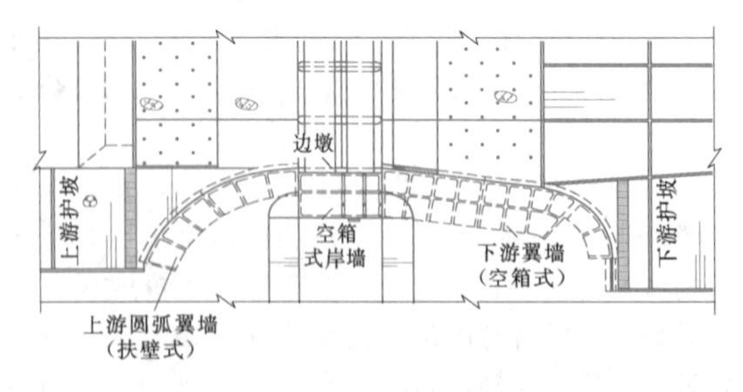

图5.10-7 岸墙式水闸布置图

河床式：闸室段采用斜升式或阶梯式边孔，以斜底板或低岸墙与两岸相连。上、下游直接以护坡型式与河床岸坡相连，见图5.10-8。

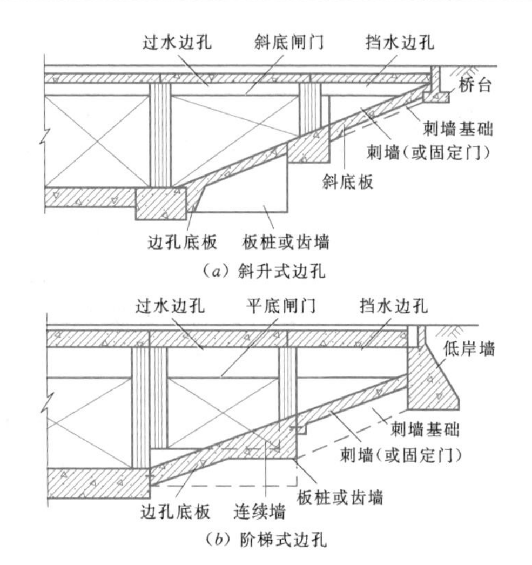

图5.10-8 河床式水闸布置图

1. 边墩兼做岸墙直接挡土

边墩与底板的连接可分为整体连接和分缝连接两种型式，见图5.10-9。后者的布置具有结构简单、施工方便的特点。但是当边墩较高时，土压力和填土重形成的边荷载将使边墩和底板产生较大的弯矩和不均匀沉降。采用边墩和底板分缝连接的型式，虽可以改善底板内力，却难以解决不均匀沉降问题。因此，这种布置办法适用于地基较好、边坡挡土高度较小（一般小于6m）的水闸。

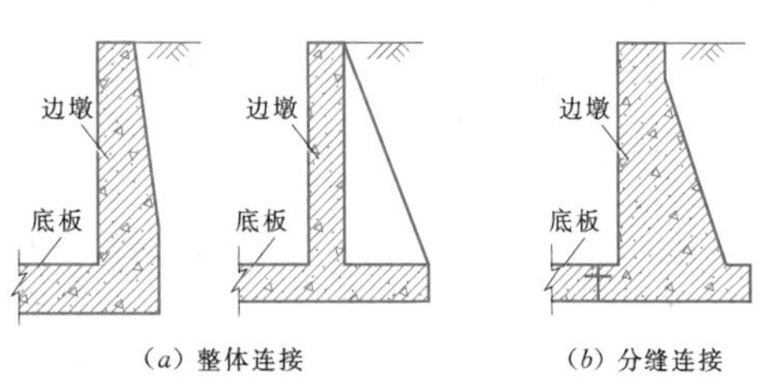

图5.10-9 边墩与底板的连接型式

2. 边墩与岸墙分立，边墩不挡土

在边墩后面设置轻型岸墙，边墩只起支撑闸门及上部结构的作用。土压力全部由岸墙承担。这种布置可以减少边墩和底板的内力，同时还可以使作用在地基上的荷载从较轻的闸室向较重的两岸过渡，减少不均匀沉降。边墩与岸墙分立布置见图5.10-10。采用空箱式或连拱空箱式岸墙，还可以通过在箱内充水或填土来调整地基应力的分布。在分离式大、小底板布置型式中，也可由空箱式岸墙取代边墩，直接挡水。

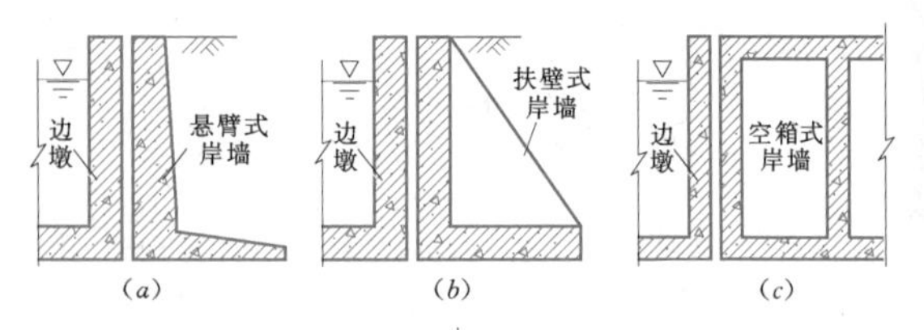

图5.10-10 边墩与岸墙分立布置图

3. 边墩部分挡土，另设刺墙挡水

这种布置型式可以有效地控制两岸地基应力分布的情况，使边孔闸室受力状态得到显著改善，但需增设刺墙和加大交通桥的长度，水闸两岸挡水刺墙的结构布置见图5.10-11。为了满足刺墙底部渗径和侧向渗径的要求，可在刺墙上游加设防渗板或黏土铺盖。各部位间的接缝和刺墙分段的沉降缝，都应加设止水设备。

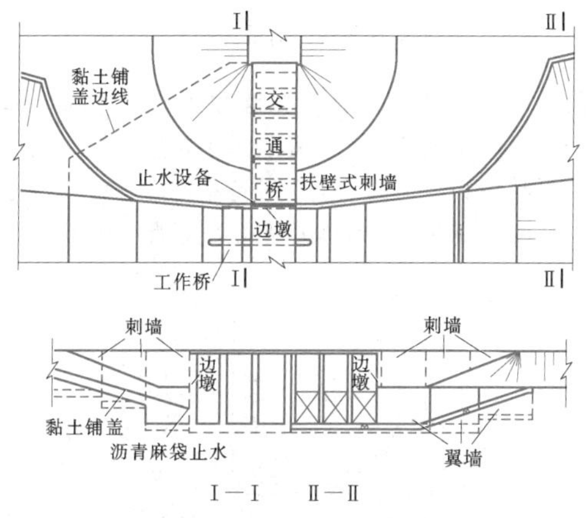

图5.10-11　水闸两岸挡水刺墙的结构布置

4. 防渗刺墙的设置

除上述直接挡水的刺墙外，为了延长两岸绕渗的渗径，一些水闸常在边墩和岸墙后面加设防渗刺墙。防渗刺墙一般均垂直流向布置。在满足闸基防渗要求时，插入两岸部分可以随地形变化，分段抬高基础高程，以降低工程造价。

5.10.2.2　上、下游连接段

水闸上、下游段两岸连接建筑物的常用型式，如图5.10-12所示。上游翼墙的收缩角每侧不宜大于18°，下游翼墙的扩散角每侧宜采用7°～12°。翼墙和导墙沿水流方向的长度，上游为水深的4～6倍，下游不应小于消力池的长度。

(1) 扭曲面翼墙连接[见图5.10-12(*a*)]。这种型式水流条件好，工程量省，但施工复杂，应特别注意墙后填土的质量。

(2) 斜降翼墙连接[见图5.10-12(*b*)]。这种型式工程量省，施工简单，但水流在闸孔附近易产生立轴旋涡，所以大、中型水闸较少采用。

(3) 反翼墙连接[见图5.10-12(*c*)]。翼墙自闸室向上、下游延伸一定距离，然后垂直于水流方向插入河岸。转角可做成圆弧形或折线形，圆弧形转角的半径可取为2～5m，插入河岸部位的翼墙底部，也可分段做成台阶形。这种型式水流条件和防渗效果都较好，但工程量大。

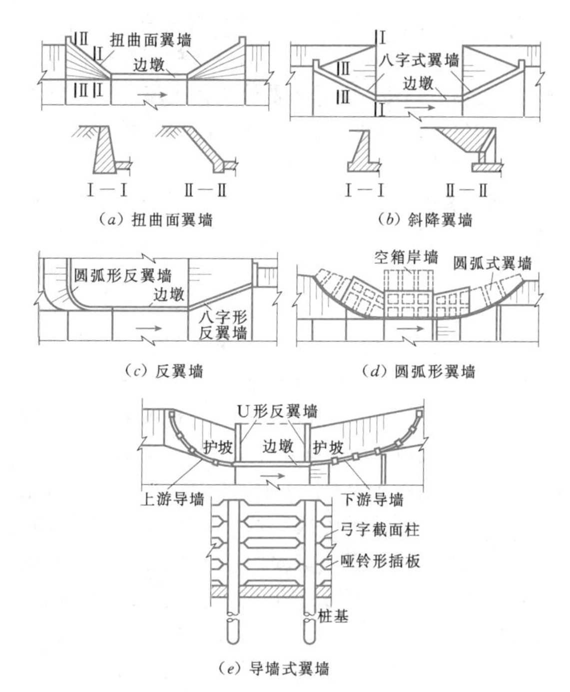

图5.10-12　翼(导)墙平面布置型式

(4) 圆弧形翼墙连接[见图5.10-12(*d*)]。水闸上、下游用圆弧形的直立翼墙与两岸连接。上游圆弧半径一般为15～30m，下游圆弧半径一般为35～40m，翼墙多采用扶壁式、空箱式或连拱空箱式结构。这种布置型式水流条件好，适用于单宽流量大的大、中型水闸。

(5) 导墙式翼墙连接[见图5.10-12(*e*)]。闸室侧面用垂直流向的U形反翼墙挡土，上、下游设置导墙引导水流平顺过闸，导墙后面用护坡结构保护堤岸。导墙应尽量采用轻型透水结构，如桩基、工字截面柱加哑铃形插板结构。导墙的平面布置与图5.10-12(*c*)相似。

在上述各种连接型式的上、下游均应设置护坡结构与河道自然岸坡相连。为了防止表层流速对河岸的冲刷，一般上、下游护坡均比护底略长一些。

5.10.2.3　上、下游连接段结构设计

两岸岸墙、翼墙的受力状态和结构型式与一般挡土墙相似，其设计方法可参见本章5.6节。在高度大、孔数少的水闸工程中，岸墙、翼墙的工程量在水闸总工程量中占很大的比例，选择安全可靠、经济合理的结构断面型式，是水闸设计中不可忽视的一个重要方面。

(1) 重力式。重力式结构主要依靠本身重量维持稳定，是一个梯形的实体结构，见图5.10-13。重力式墙最常见的型式是墙背垂直和墙背俯斜两种结构型式，见图5.10-13（*a*）、（*b*），墙背仰斜的断面［见图5.10-13（*c*）］，实际上是处于挡土墙和护坡间的过渡形式，虽然较经济，但因施工不便，填土难以压实，较少使用。

挡土墙底板和墙身盖顶一般采用混凝土浇筑，而墙身多数采用浆砌块石砌筑，以节省工程造价，挡墙顶宽一般0.4～0.6m，一侧为直立面，另一侧自墙顶向下可做成高度为0.8m左右的铅直段，然后再以1∶0.3～1∶0.5的斜坡直达底板。坡度不宜太缓，以免墙背产生大于容许值的拉应力。混凝土底板宽度宜取墙高的0.6～0.7倍，但在软土地基上，为了减小偏心矩，底板宽度也有超过0.8倍墙高的。

重力式墙断面较大，工程造价较高。为了节省工程造价，可采用半重力式结构，如图5.10-13（*d*）所示。保留重力式墙所需要的底部宽度甚至适当放宽，大幅度缩小上部墙身断面。一般墙面保持垂直，墙背坡度改陡，做成半重力式，通常用混凝土浇筑，局部强度不够的地方适当配置钢筋。这样可以较好地发挥材料的强度，利用填土重量维持稳定，显著地减少工程量。

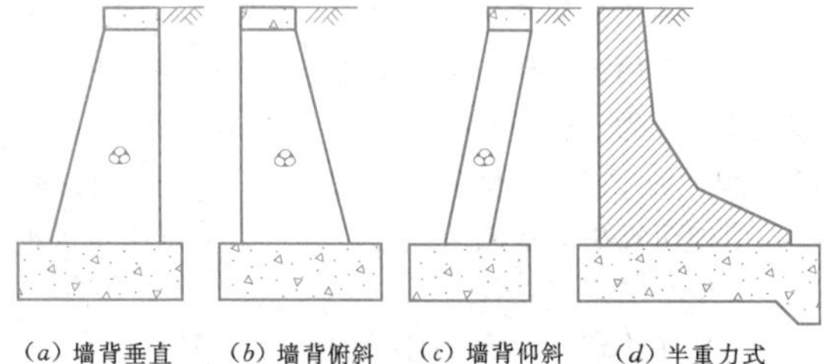

图5.10-13 重力式挡土墙

由于重力式挡土墙结构断面大，用材多和重量重，限制了它在松软地基上的建筑高度，一般墙高不宜超过5～6m，墙身过高，软基承载力可能不够，经济上也不合算。

（2）衡重式。维持重力式墙的顶部断面，在一定深度处墙身突然放宽，形成衡重平台，而墙底则适当缩小，墙面保持直立，墙背底部形成倒坡，形成衡重式挡土墙结构。衡重平台的高度应根据原状土高度及边坡开挖的可能性确定，平台宽度可按计算需要进行适当调整。衡重式墙身一般采用浆砌块石砌筑，与一般重力式挡土墙比较，材料可以节省10%～15%（墙身越高越节省），见图5.10-14。

（3）悬臂式和扶壁式。悬臂式和扶壁式挡土墙通常采用钢筋混凝土结构。悬臂式挡土墙由直立悬臂墙和水平底板组成，具有厚度小、自重轻等优点。扶壁式挡土墙则在直立悬臂墙后间隔增加一个扶壁，多用

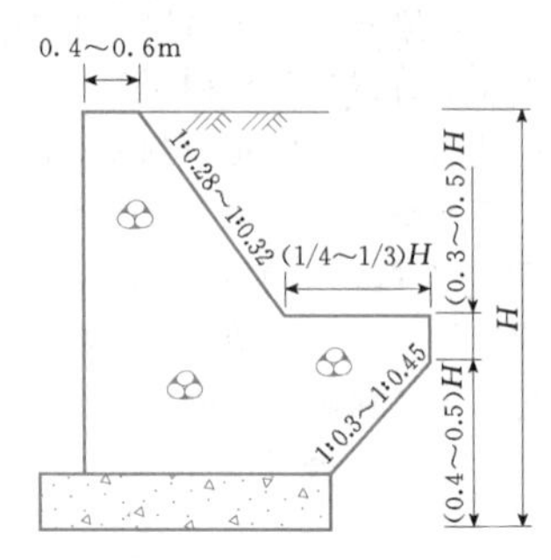

图5.10-14 衡重式挡土墙

于大型水闸的高大岸墙、翼墙和刺墙，它的工程量小，但用的模板较多。二者均属于轻型结构，墙体稳定主要利用底板上的填土重维持稳定。悬臂式挡土墙挡土高度不宜超过7m，扶壁式挡土墙一般不宜超过10m，见图5.10-15。

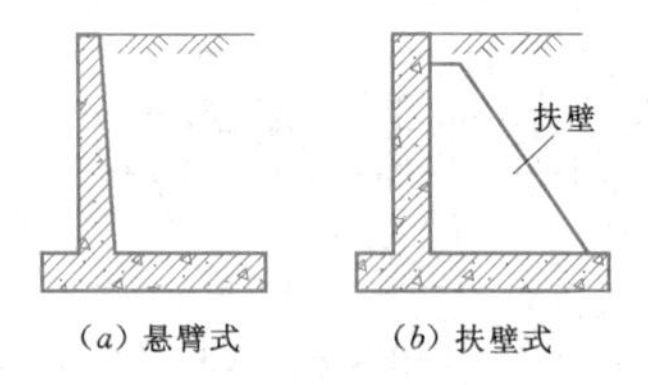

图5.10-15 悬臂式与扶壁式挡土墙

（4）空箱式。空箱式结构由底板、前墙、后墙、扶壁和隔板等组成。可以利用前、后墙之间形成的空箱充水或填土，来调整地基压力。主要特点是重量轻，地基应力较小，分布比较均匀，但结构复杂，模板量大，施工不便和造价高，适用于挡土墙高度比较大，且地基松软的情况，见图5.10-16。

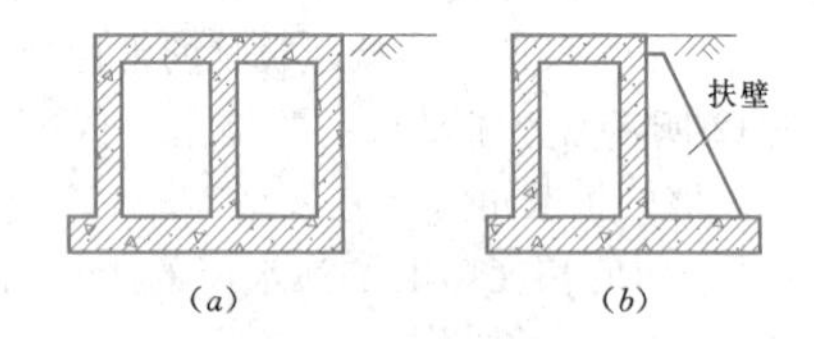

图5.10-16 空箱式挡土墙

为减小钢筋混凝土空箱式结构的工程量，实际工程中采用连拱空箱式挡土墙，见图5.10-17，并在实践中取得了丰富的经验。它是由前墙、隔墙、拱圈和底板等组成。通常前墙和隔墙用浆砌石砌筑，厚为50～70cm，隔墙间距为2～3m。拱形后墙用预制混凝土拱片斜向铺设，并支承在隔墙上用以挡土，拱圈矢跨比常取0.2～0.3，底板多采用混凝土浇筑，前趾可伸出前墙外0.6～1.5m。空箱内不填土或部分填土，视墙身的整体稳定性要求而定。挡土墙的前墙设通水孔和通气孔，使前墙内外水位相平，前墙不承受

水头作用。由于连拱空箱结构存在整体性差、头重脚轻、抗震不利等缺点，近年来较少采用。

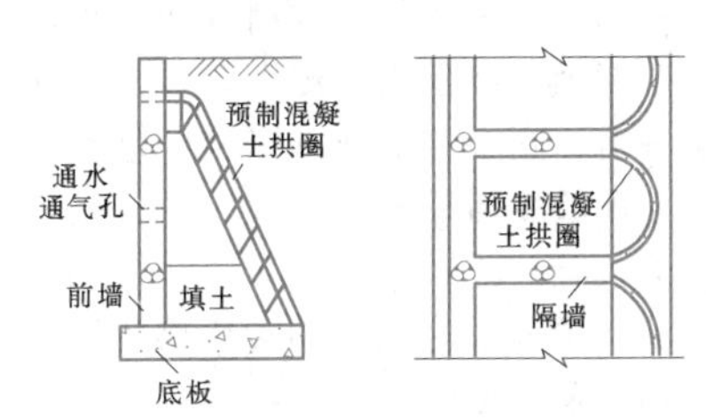

图 5.10-17 连拱空箱式挡土墙

5.11 橡 胶 坝

橡胶坝是一种低水头挡水建筑物，适宜建在水库溢洪道、溢流坝和水流平稳、漂浮物少、悬移质及推移质较少的河道或渠道上。橡胶坝体由橡胶和高强锦纶纤维硫化复合成的胶布围封成坝袋，复合胶布由高强合成纤维织物做受力骨架，内外涂敷合成橡胶做保护层硫化而成。橡胶坝袋锚固在基础底座上，然后向坝袋内充水（或充气），形成相对稳定的类似于坝体的挡水膨胀体。橡胶坝的显著优点是基本不影响河道泄洪，造价低，结构简单，施工简易和运用方便等。橡胶坝运用方式相对简单，蓄水时向坝袋内充水（或充气）升高坝体挡水，泄洪时排除坝袋内的水（或气）坍坝行洪。但橡胶坝也存在坝袋材料易老化、耐久性和坚固性差、检修管理困难等缺点。目前国内已建成的橡胶坝情况见表5.11-1。

表 5.11-1 国内已建成的部分橡胶坝特性表

编号	工程名称	所在河流	所在地	坝高(m)	坝长(m)	充胀型式	内压比	锚固型式	与岸墙接头型式	消能型式	勘测设计单位	工程设计特点	建成年份
1	新洲举水河	举水河	湖北省武汉市	5.00	210.00	充水	1.25	螺栓外锚	斜坡式	底流	武汉大学设计研究院	自动化地下泵房	2001
2	南苕溪2号	南苕溪	浙江省南苕县	3.90	100.50	充水	1.40	螺栓外锚	堵头式	底流	临安市水利水电勘测设计所	半地下式泵房	2005
3	观音阁	好溪	浙江省缙云县	3.50	90.00	充水	1.40	螺栓外锚	堵头式	底流	浙江省水利水电勘测设计院	城市景观优美	2001
4	小埠东	南沂河	山东省临沂市	3.50	1247.00	充水	1.30	螺栓外锚	堵头式	底流	山东省临沂市水利水电勘测设计院	世界最长橡胶坝，设两个泵房	1997
5	王家湾	浑河	辽宁省沈阳市	3.50	401.00	充气	0.75	螺栓外锚	堵头式	底流、面流	辽宁省水利水电勘测设计研究院	充气式，地面自动化控制室	2005
6	水渡河水闸	捞刀河	湖南省长沙市	3.00	110.00	充水	1.25	楔块外锚	堵头式	底流	湖南省水利水电勘测设计研究总院	彩色橡胶坝	2003
7	渔洞水库下游河道治理	洒渔河	云南省昭通市	3.00	25.00	充水	1.30	螺栓外锚	堵头式	底流	云南省水利水电勘测设计研究院	充、排水均用固定水泵	1998
8	壶镇	好溪	浙江省缙云县	2.90	150.00	充水	1.40	螺栓外锚	堵头式	底流	浙江省钱塘江管理局勘测设计院	单跨长150m	2005
9	金钟	县江	浙江省奉化市	2.90	36.00	充水	1.40	螺栓外锚	斜坡式	底流	浙江省水利水电勘测设计院	城市景观优美	2001
10	朝阳城区人工湖	大凌河	辽宁省朝阳市	2.50	400.00	充水	1.40	楔块外锚	堵头式	底流	辽宁省水利水电勘测设计研究院	城市景观优美	2003
11	三门	珠游溪	浙江省三门县	2.50	112.00	充水	1.40	楔块外锚	堵头式	底流	浙江省钱塘江管理局勘测设计院	单跨长112m	2005
12	小黄河	南明河	贵州省遵义市	2.00	23.19	充水	1.40	螺栓外锚	堵头式	底流	贵州省水利水电勘测设计研究院	彩色橡胶坝	2004
13	大花桥	盘龙江	云南省昆明市	2.00	21.50	充水	1.30	螺栓外锚	堵头式	底流	云南省水利水电勘测设计研究院	彩色橡胶坝	2005
14	富公亭电站	孙水河	湖南省娄底市	1.50	50.00	充水	1.40	螺栓外锚	堵头式	挑流	湖南省娄底市水利电力局等	由水轮泵站改建	1986

橡胶坝的设计内容与普通水闸基本相同，主要包括总体布置、过流能力计算、整体稳定计算、渗透稳定计算、结构设计、地基处理设计和观测设计等，其中整体稳定计算、渗透稳定计算、地基处理设计和观测设计与常规水闸相同，不再赘述，下面只对与常规水闸不同的部分进行详细介绍。

5.11.1　橡胶坝类型及组成

按橡胶坝的充、排介质，叠放层次或锚固型式，可以分为多种类型。按充胀介质分为充水式橡胶坝［见图 5.11－1 (*a*)］、充气式橡胶坝［见图 5.11－1 (*b*)］或充气充水组合式橡胶坝。相对而言，充水式橡胶坝较常用。按锚固线布置型式分为单锚固线橡胶坝和双锚固线橡胶坝。按坝袋叠放层次分为单袋式橡胶坝和多袋式橡胶坝［见图 5.11－1 (*c*)］。另外，还有采用橡胶材料制成的帆式橡胶坝（橡胶片闸），采用钢结构与橡胶布相结合的混合式橡胶坝等。

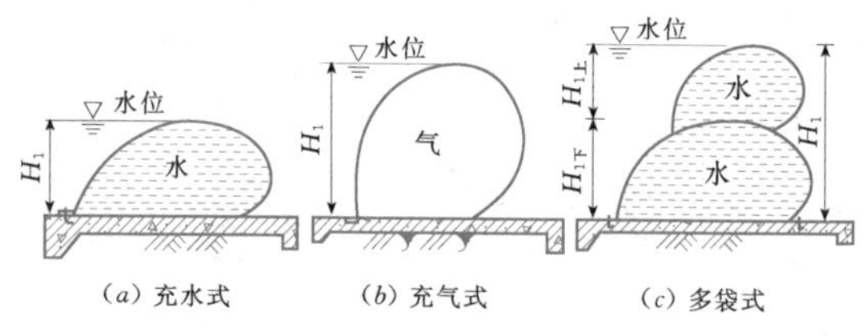

图 5.11－1　橡胶坝类型简图

5.11.2　橡胶坝工程布置

5.11.2.1　工程布置原则

橡胶坝布置应做到布局合理、结构简单、安全可靠、运行方便、造型美观。坝轴线宜与坝址处河段水流方向正交。橡胶坝工程宜布置在河道顺直、河势稳定及工程地质及水文地质条件较好的河段，尽可能避开弯道及偏泓。布置在城镇规划区的橡胶坝，宜布置在城镇规划区的中、下游，避免因非正常运用或溃坝对城镇重要设施造成破坏。

橡胶坝适宜修建在溢流堰或溢洪道上，坝后紧接陡坡段，无下游回流顶托，无须布置上游防渗铺盖和下游消力池。全断面拦蓄河道的橡胶坝要兼顾主槽与滩地的地势差异，合理确定坝底板高程，确保河道岸坡及河床稳定，避免水流折冲危害下游消能防冲设施，同时充排泵房宜布置在堤防内侧或背水侧。布置在河道主槽的橡胶坝宜选择河槽顺直的河段，上、下游顺直段长度不宜小于5倍水面宽度，并应适当加大上、下游主槽及滩地的防冲护砌范围，充、排水泵房可就近布置在滩地或坝端，并尽可能减小其垂直水流向的宽度。当平原河道或渠道的水深较大，且橡胶坝挡水水头较小或具有双向挡水功能时，应预留足够的工作宽度以方便橡胶坝的检修和更换。对于具有调蓄要求，上游河道有较大容积并有水景观功能的橡胶坝，宜结合橡胶坝两端设置冲沙闸、节制闸或小型泄洪涵闸，以调节坝上蓄水位或泄空库容，避免橡胶坝频繁充、坍坝。建在推移质及悬移质较多河道上的橡胶坝，其底板顶面宜适当高出原河床，以改善上、下游水面的衔接，减小坝袋振动及推移质对坝袋的冲刷磨损。橡胶坝工程枢纽平面布置参见图 5.11－2。

5.11.2.2　工程总体布置

橡胶坝工程由坝袋、底板、上游铺盖、下游消能防冲和充、排控制系统等组成。其中，底板、隔墩、岸墙、泵房、铺盖、消力池及护坡等土建部分的抗滑稳定及结构设计与一般水闸基本相同。橡胶坝袋形状、结构强度、锚固方式及充、排系统设计需按《橡胶坝技术规范》(SL 227) 的规定专门设计。橡胶坝总体布置典型型式见图 5.11－3。

1. 坝长的确定

橡胶坝总长应与河（渠）道宽度相适应，应满足河道设计泄洪及坝下消能防冲要求，单跨坝长应满足坝袋制作、运输、安装、检修以及管理要求。对于一般河道，单跨最大长度不宜超过 100m，对冰凌或漂浮物较多的河道，单跨长度以 20～30m 为宜。橡胶坝布置应避免缩减原河道宽度，建坝后的设计及校核洪水位不应超过防洪限制水位。当河道断面较宽时，可布置多跨橡胶坝，单跨长度要适宜，跨间设置隔墩，墩高不小于坝顶溢流水头，墩长应大于坝袋工作状态的长度，且宜小于底板长度约 0.5～1.0m，以避免隔墩下游产生回旋水流冲击磨损坝袋。墩厚一般不小于 0.5m，以便布置超压溢流管，隔墩应满足双向抗滑稳定要求。

2. 坝袋坝顶高程确定

坝顶高程宜高于上游正常蓄水位 0.10～0.20m，坝袋充胀状态下的坝顶溢流水深可取 0.2～0.5m，但应控制坝袋充胀溢流时坝袋内压满足内外压比要求，即溢流水深不应把橡胶坝压扁，下游消能设施应能满足溢流消能的要求。坝顶过流时，坝袋振动不应影响坝的正常使用。

3. 坝底板布置

坝底板的布置包括底板型式及底板尺寸等内容。底板型式主要有平底板、低堰底板及反拱底板等，应根据地基及受力条件合理选择底板型式。

坝底板尺寸主要包括坝底板高程、厚度及顺水流方向上的宽度等。坝底板高程应根据地形、地质、水位、流量、泥沙、施工及检修条件等确定，宜比上游

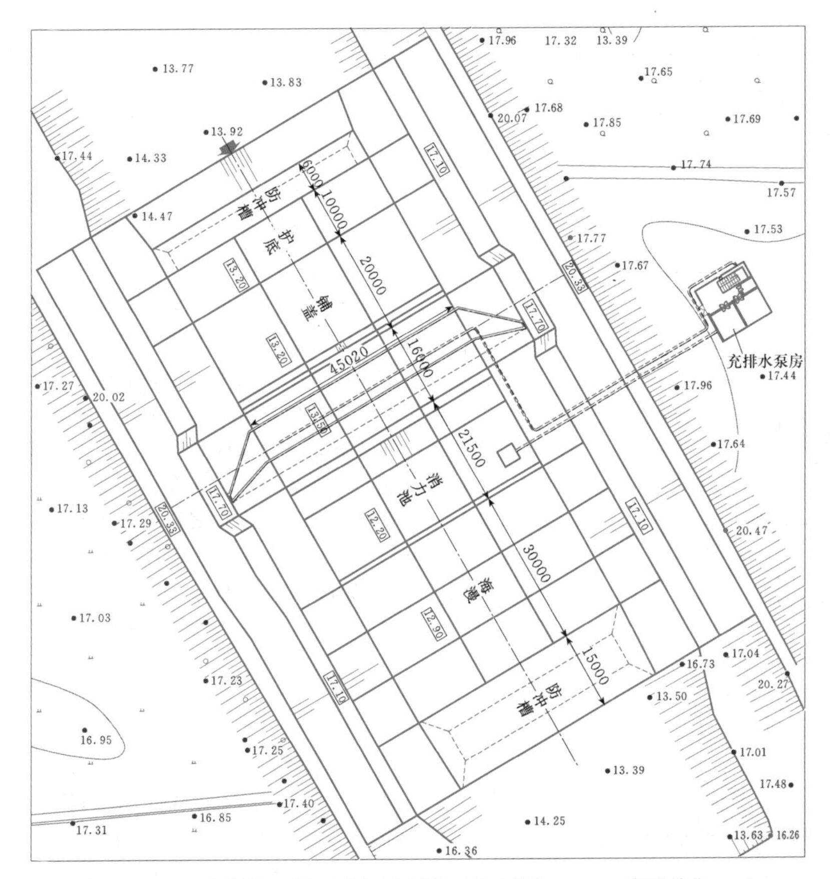

图 5.11-2 橡胶坝工程枢纽平面布置图（尺寸单位：mm；高程单位：m）

河床地形平均高程适当抬高 0.3～0.6m。底板厚度常采用 0.5～0.8m，并应满足抗滑稳定安全要求。底板宽度应满足坝袋坍落线的宽度要求，上、下游留足安装检修的通道宽度。底板顺水流方向应设置永久缝(包括沉降缝及伸缩缝)，缝距不宜大于 20m（岩基）或 35m（土基），缝内设置止水。底板上、下游两端宜设齿墙，齿墙深度一般为 0.5～2.0m。

坝底板端部与岸墙(隔墩)底部连接部位，宜沿垂直水流方向按 1∶10 左右的纵坡适当抬升一定高度，以避免充水橡胶坝端部出现坍肩。该坡高应根据不同坝高对应的坍肩值确定，一般不小于 0.3～0.5m。

充、排水管路及观测管路若布设在底板内，宜与底板整体浇筑，应尽量减少对坝底板影响。

4. 防渗排水布置

应根据坝基地质条件和坝上、下游水位差等因素，确定计算防渗长度，结合上游铺盖、底板及消能防冲地下轮廓线分布，设置完整的防渗排水系统。

5. 消能防冲设施的布置

要根据河床地质条件、泄流运行工况等因素确定消能防冲设施的布置。

6. 坝袋与两岸连接布置

坝袋与两岸连接布置，应使过坝水流平顺。上、下游翼墙与岸墙两端应平顺连接，其顺水流方向护砌长度应根据水流与地质条件确定。

7. 坝袋充、排控制设备

坝袋充、排控制设施包括泵室、水泵或空压机、阀组及管路系统，泵室应满足防洪要求，并方便运行管理，一般布置在堤防背水侧。对于布置在河道主槽内的橡胶坝，泵室可以就近布置在坝端的滩地附近，但泵室应满足防洪要求，并尽量减少对河道行洪的影响。超长橡胶坝可在左、右岸分设控制系统。泵室应具备防寒、防潮及防渗措施。

5.11.3 橡胶坝结构设计

橡胶坝主要包括土建结构、坝袋结构及坝袋锚固三部分。

5.11.3.1 土建结构设计

土建结构包括坝底板、隔墩或岸墙、上游铺盖、下游消力池、海漫、防冲槽、翼墙、护坡及泵室等部分，土建结构的设计与常规水闸的设计基本相同。

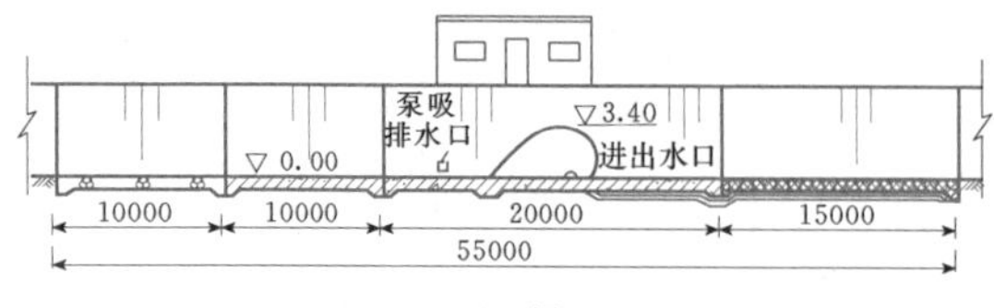

(a) 立面图

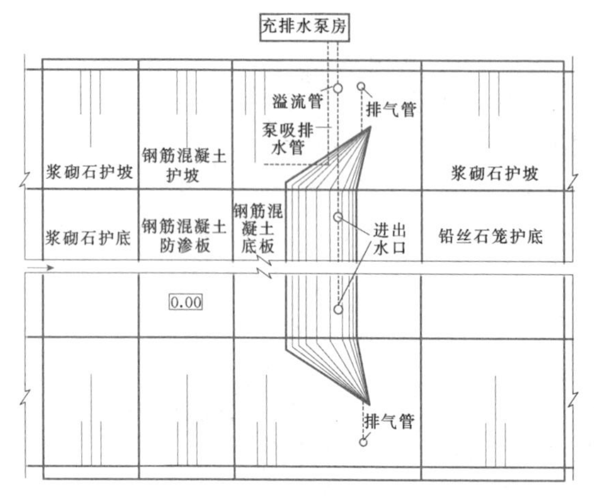

(b) 平面图

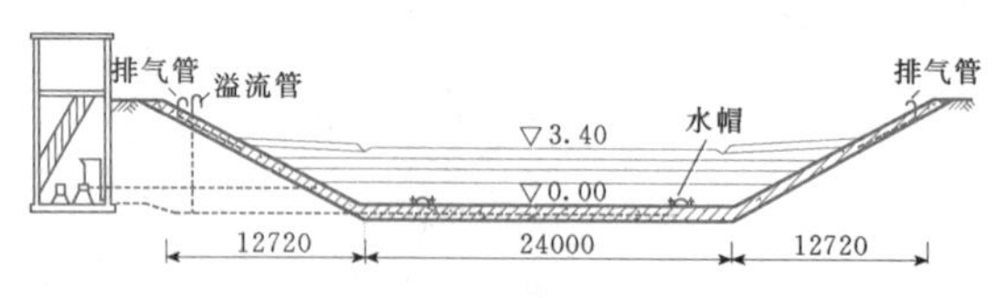

(c) 横剖面图

图 5.11-3 橡胶坝总体布置典型型式图

(尺寸单位：mm；高程单位：m)

橡胶坝的设计工况主要有五种，包括完建试坝或检修工况、设计蓄水工况（上游设计蓄水位，下游无水）、正常运用工况（上游设计蓄水位，下游正常水位）、校核溢流工况及坍坝泄流工况，见图 5.11-4。最不利工况因计算部位和计算目的不同而存在差异。计算荷载包括基本荷载与特殊荷载两部分。下面仅对有特殊要求的底板、岸墙和隔墩进行详细介绍。

1. 底板

底板型式主要有平底板、低堰底板等，应根据挡水要求、地基情况及受力条件等合理选择底板型式。橡胶坝底板常用平底板，主要承受坝袋水压、板前趾后踵部位的水重及扬压力，结构较简单，多为整体性筏式底板，属双向弹性地基板。底板的结构尺寸应根据整体布置、挡水高度、地基条件、整体稳定及结构强度等计算确定。底板厚度一般采用 0.5～1.2m。底板垂直水流向宽度按照不影响河道泄洪断面及满足过流能力要求合理确定。顺水流向长度应满足坝袋坍坝贴地及上、下游检修空间的要求，底板顺水流方向长度按下式计算：

$$L_d = l + l_1 + l_2 + l_3 \tag{5.11-1}$$

其中
$$l_3 = \frac{l_0 - l}{2}$$

式中 L_d——底板顺水流方向长度，m；

l——坝袋底垫片有效长度，m；

l_1、l_2——上、下游安装检修通道，一般取 0.5～1.0m；

l_3——坝袋坍落贴地长度，m；

l_0——坝袋的有效周长，m。

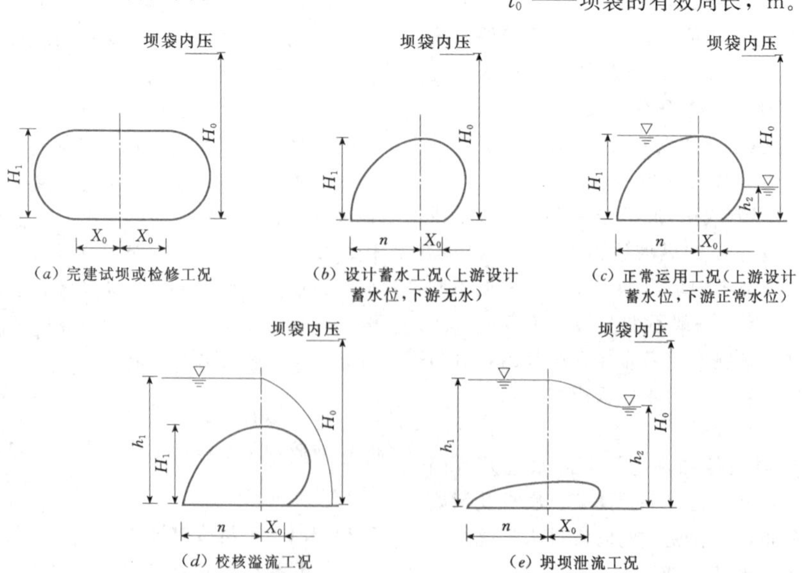

图 5.11-4 橡胶坝工况简图

H_0—坝袋内压；H_1—坝高；h_1—上游水深；h_2—下游水深；n—坝袋上游贴地长度；X_0—坝袋下游贴地长度

底板设计较不利工况有三种，包括完建试坝或检修工况、设计蓄水工况、校核溢流工况。

2. 岸墙与隔墩

多跨橡胶坝应采用隔墩分隔，单跨长度应满足坝的制造、运输、安装、检修以及管理要求。岸墙或隔墩一般与坝底板连成整体，形成橡胶坝端部及底部锚固的隔离体，主要有斜坡式和直墙式两种，其设计高度应满足坝袋锚固布置的要求，并应高于坝顶溢流时最高溢流水位。岸墙或隔墩的稳定及结构计算与水闸设计基本相同，设计最不利工况为单孔检修工况，此时，隔墙一侧为设计蓄水位，另一侧无水。

岸墙或隔墩与坝袋接触部分，应做成光滑度高的接触面，以减少坝袋坍落过程中的摩阻力。一般采用环氧砂浆二次找平磨光，或贴大理石面板、光面塑料板、不锈钢板、水磨石等。

5.11.3.2 坝袋结构设计

橡胶坝坝袋结构设计内容包括确定坝袋径向拉力、坝袋环向各部尺寸、坝袋单宽容积及坝袋堵头轮廓坐标等。

橡胶坝坝袋结构设计工况包括完建试坝或检修工况、设计蓄水工况、正常运用工况、校核溢流工况及坍坝泄流工况。通常情况下，设计蓄水工况较为不利(上游水深等于坝高，下游无水的情况)。

坝袋强度设计安全系数充水坝应不小于 6.0，充气坝应不小于 8.0。

1. 充水式橡胶坝坝袋设计参数的确定

(1) 坝袋径向拉力的确定。坝袋径向拉力的计算公式为

$$T=\frac{1}{2}\gamma\left(\alpha-\frac{1}{2}\right)H_1^2 \qquad (5.11-2)$$

其中 $$\alpha=\frac{H_0}{H_1}$$

式中 T——坝袋径向拉力，kN/m；

γ——水的重度，kN/m³；

α——内外压比，经多方案技术经济比较后确定，一般采用 1.25～1.60；

H_0——内压水头，m；

H_1——设计坝高，m。

(2) 坝袋有效周长 L_0 与底垫片有效长度 l_0 的确定。橡胶坝坝袋轮廓分成四部分：上游坝面曲线段长度为 S_1，下游坝面曲线段长度为 S，上游底垫片贴地段长度为 n，下游底垫片贴地段长度为 X_0，见图 5.11-5。

单锚线锚固的坝袋有效周长为

$$L_0=S_1+S+n+X_0 \qquad (5.11-3)$$

双锚线锚固的坝袋有效周长为

$$L_0=S_1+S \qquad (5.11-4)$$

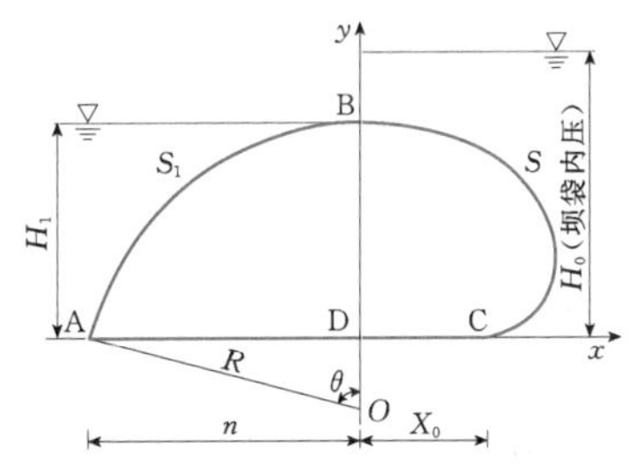

图 5.11-5 充水式橡胶坝示意图

底垫片有效长度的计算公式为

$$l_0=n+X_0 \qquad (5.11-5)$$

坝袋各部分 n、S_1、S 与 X_0 的计算公式如下：

$$S_1=R\theta \qquad (5.11-6)$$

当 $\alpha\leqslant1.5$ 时 $\theta=\arcsin\frac{n}{R}$

当 $\alpha>1.5$ 时 $\theta=\pi-\arcsin\frac{n}{R}$

$$S=\left(1-\frac{1}{2\alpha}\right)H_1F(k,\pi/2) \qquad (5.11-7)$$

$$X_0=\left(\alpha-1+\frac{1}{2\alpha}\right)H_1F(k,\pi/2)-\alpha H_1E(k,\pi/2) \qquad (5.11-8)$$

$$n=\frac{1}{\sqrt{2(\alpha-1)}}H_1 \qquad (5.11-9)$$

上游坝面曲线段半径 R 的计算公式为

$$R=\frac{2\alpha-1}{4(\alpha-1)}H_1 \qquad (5.11-10)$$

其中 $F(k,\pi/2)$、$E(k,\pi/2)$ 分别为第一类、第二类完全椭圆积分。

$$F(k,\pi/2)=\int_0^{\frac{\pi}{2}}\frac{1}{\sqrt{1-k^2\sin^2\varphi}}\mathrm{d}\varphi$$

$$E(k,\pi/2)=\int_0^{\frac{\pi}{2}}\sqrt{1-k^2\sin^2\varphi}\,\mathrm{d}\varphi$$

$$k^2=\frac{2\alpha-1}{\alpha^2}$$

(3) 坝袋单宽容积 V 的确定。

$$V=\frac{1}{2}R^2\theta-\frac{1}{2}n(R-H_1)+\alpha H_1X_0 \qquad (5.11-11)$$

(4) 坝袋横断面曲线段坐标。坐标选取见图 5.11-5。

上游坝面曲线段坐标计算公式为

$$X_i=-\sqrt{Y_i^2+2Y_i(R-H_1)-2RH_1+H_1^2} \qquad (5.11-12)$$

下游坝面曲线段坐标计算公式为

$$X_i = X_0 - \left(\alpha - 1 + \frac{1}{2\alpha}\right) H_1 F(k,\varphi_i) + \alpha H_1 E(k,\varphi_i) \tag{5.11-13}$$

其中 $F(k,\varphi_i)$、$E(k,\varphi_i)$ 分别为第一类、第二类不完全椭圆积分。

$$F(k,\varphi_i) = \int_0^{\varphi_i} \frac{1}{\sqrt{1-k^2\sin^2\varphi}} d\varphi$$

$$E(k,\varphi_i) = \int_0^{\varphi_i} \sqrt{1-k^2\sin^2\varphi}\, d\varphi$$

$$\varphi_i = \arcsin\sqrt{\frac{2\alpha \dfrac{Y_i}{H_1} - \dfrac{Y_i^2}{H_1^2}}{2\alpha - 1}}$$

坝袋各项设计参数也可通过查表格法进行计算，根据数解法的公式计算所得的充水式橡胶坝坝袋设计参数表，可供设计时直接查用。具体表格内容见《橡胶坝设计规范》(SL 227)。计算 T 与 V 时，只需把表中数字乘以设计坝高的平方；其他各项把表中数字乘以设计坝高即为设计时的使用值。

2. 充气式橡胶坝坝袋设计参数的确定

充气式坝袋设计计算包括坝袋径向拉力、坝袋环向各部尺寸、坝袋单宽容积及坝袋堵头轮廓坐标等。

(1) 坝袋径向拉力的确定。坝袋径向拉力的计算公式为

$$T = \frac{1}{2}\gamma\alpha H_1^2 \tag{5.11-14}$$

式中　α——坝内充气压力与相当于坝高的水柱压强之比，经多方案技术经济比较后确定，一般选用 α=0.75～1.10。

(2) 坝袋有效周长 L_0 与底垫片有效长度 l_0 的确定。充气式橡胶坝坝袋轮廓分成三部分：上游坝面曲线段长度为 S_1，下游坝面曲线段长度为 S，上游坝袋贴地段长度为 D，见图 5.11-6。

坝袋有效周长为

$$L_0 = S_1 + S + D \tag{5.11-15}$$

$$S = \frac{1}{2}\pi H_1 \tag{5.11-16}$$

$$S_1 = \sqrt{2\alpha} H_1 \left[F(k,\pi/2) - \frac{1}{2} F(k,\varphi_1) \right] \tag{5.11-17}$$

$$D = \sqrt{2\alpha} H_1 \left[2E(k,\pi/2) - F(k,\pi/2) - E(k,\varphi_1) + \frac{1}{2} F(k,\varphi_1) \right] \tag{5.11-18}$$

$$k = \sqrt{\frac{\alpha}{2}} \tag{5.11-19}$$

$$\varphi_1 = \arccos\left(\frac{1}{\alpha} - 1\right) \tag{5.11-20}$$

其中 $F(k,\pi/2)$、$E(k,\pi/2)$ 分别为第一类、第二类完全椭圆积分。

下游坝面曲线段半径 R 的计算公式为

$$R = \frac{1}{2} H_1$$

(3) 坝袋单宽容积 V 的确定。

$$V = \frac{1}{8}\pi H_1^2 + (1-\alpha) H_1 D + \frac{1}{2}\alpha H_1^2 \sin\varphi$$

(4) 坝袋横断面曲线坐标。坐标原点选在坝顶，水平坐标轴为 x，向上游为正，竖直坐标轴为 y，向下为正，见图 5.11-6。

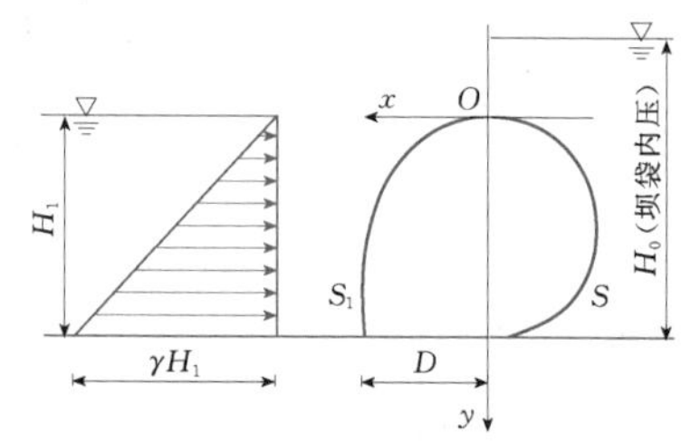

图 5.11-6　充气式橡胶坝示意图

上游坝面曲线段坐标计算公式为

$$X_i = -\sqrt{Y_i H_1 - Y_i^2} \tag{5.11-21}$$

下游坝面曲线段坐标计算公式为

$$X_i = \sqrt{2\alpha} H_1 \left[2E(k,\pi/2) - F(k,\pi/2) - E(k,\varphi_i) + \frac{1}{2} F(k,\varphi_i) \right] \tag{5.11-22}$$

$$\varphi_i = \arccos\left(\frac{Y_i}{\alpha H_1} - 1\right) \tag{5.11-23}$$

其中 $F(k,\varphi_i)$,$E(k,\varphi_i)$ 分别为第一类、第二类不完全椭圆积分。

坝袋各项设计参数也可通过查表格法进行计算，根据数解法的公式计算所得的充气式橡胶坝坝袋设计参数表，可供设计时直接查用。

3. 坝袋胶布技术要求

(1) 坝袋胶料要求：①耐大气老化、耐腐蚀、耐磨损、耐水性能好；②有足够的强度；③在寒冷地区要满足抗冻要求；④坝袋使用的胶料达到物理机械性能要求的规定。

(2) 胶布的层胶厚度：①胶布的外覆盖胶大于2.5mm；②胶布的夹层胶为0.3～0.5mm；③胶布的内覆盖胶大于2.0mm。

(3) 坝袋胶布性能要求：①有足够的抗拉强度和抗撕裂性能；②柔曲性、耐疲劳性、耐水浸泡及耐久性好；③与橡胶具有良好的黏合性能；④重量轻、加工工艺成熟。

橡胶坝袋胶料物理机械性能指标见表 5.11-2。

表 5.11-2 橡胶坝袋胶料物理机械性能指标表

序号	项目		单位	外层胶	内（夹）层胶	底垫片胶	检验依据
1	拉伸强度≥		MPa	14	12	6	GB/T 528
2	扯断伸长率≥		%	400	400	250	GB/T 528
3	扯断永久变形≤		%	30	30	35	GB/T 528
4	硬度（邵尔 A）		Shore A	55～65	50～60	55～65	GB/T 531
5	脆性温度≤		℃	−30	−30	−30	GB/T 1682
6	热空气老化（100℃，96h）	拉伸强度≥	MPa	12	10	5	GB/T 3512
		扯断伸长率≥	%	300	300	200	
7	热淡水老化（70℃，96h）	拉伸度≥	MPa	12	10	5	GB/T 1690
		扯断伸长率≥	%	300	300	200	
		体积膨胀率≤	%	15	15	15	
8	臭氧老化:10000pphm,温度 40℃,拉伸 20%,不龟裂		min	120	120	100	GB/T 7762
9	磨耗量（阿克隆）≤		cm^3/1.61km	0.8	1.0	1.2	GB/T 1689
10	屈挠性、不裂		万次	20	20	10	GB/T 13934

橡胶坝袋型号参照《橡胶坝技术规范》(SL 227) 或橡胶坝袋生产厂家有关技术标准采用。

5.11.3.3 坝袋锚固设计

锚固型式可分为螺栓压板锚固、楔块挤压锚固以及胶囊充水锚固三种，见图 5.11-7。锚固型式应根据工程规模、加工条件、耐久性、施工、维修等条件，经过综合经济比较后选用。

锚固线布置分单锚固线和双锚固线两种。锚固构件必须满足强度与耐久性的要求。单位长度螺栓计算荷载应考虑锚固构件的强度、耐久性、锚固力、锈蚀等因素，根据所采用的锚固型式计算确定。螺栓间距是根据采用的压板强度和螺栓直径进行计算确定。螺栓间距宜取为 0.2～0.3m。

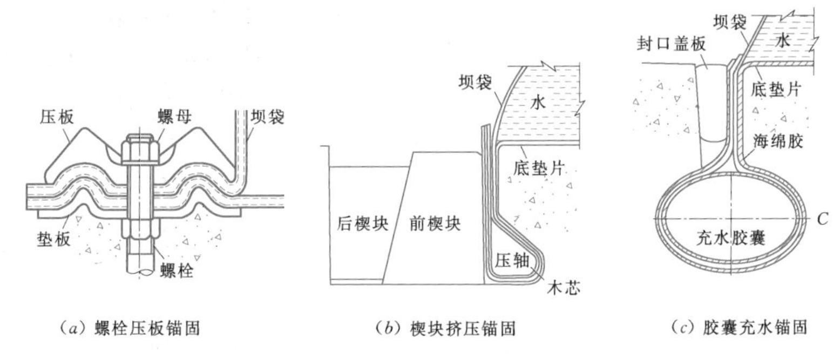

(a) 螺栓压板锚固　(b) 楔块挤压锚固　(c) 胶囊充水锚固

图 5.11-7 坝袋锚固型式简图

1. 螺栓承受荷载计算公式

$$Q_0 = \frac{T_0}{n}k_1 \quad (5.11-24)$$

式中 Q_0——每根螺栓承受的荷载，kN；

T_0——单位长度螺栓计算荷载，kN/m；

k_1——拴紧力及扭转力的影响系数，一般取 $k_1=1.75$；

n——1m 长度内螺栓根数。

2. 螺栓直径计算公式

$$d \geqslant \sqrt{\frac{4\times 1.3Q_0}{\pi[\sigma]}} \quad (5.11-25)$$

式中 d——螺栓直径，cm；

$[\sigma]$——螺栓容许拉应力，N/cm^2。

螺栓的埋置深度 L_m，宜根据螺栓材料的承载力设计值，按混凝土拉拔锥状破坏模型计算确定。《橡胶坝技术规范》(SL 227) 规定埋深最小值为 250mm。当螺栓埋置深度受到限制时，应在螺栓底部弯钩或开叉，或与基础底板中的预埋钢筋焊接在一起，共同承受拉拔力。

3. 压板计算公式

压板计算包括压板截面模量、压板弯矩、压板应力、贴角焊缝、压板伸缩缝计算等。

(1) 压板截面模量计算公式。已知 a、b、d、B、H，见图 5.11-8。

$$C_1 = \frac{1}{2}\frac{aH^2 + bd^2}{aH + bd}$$

$$C_2 = H - C_1$$

$$h = C_1 - d$$

截面惯性矩

$$J_x = \frac{1}{3}(BC_1^3 - bh^3 + aC_2^3) \quad (5.11-26)$$

抗拉截面模量　$$W_{拉} = \frac{J_x}{C_1} \quad (5.11-27)$$

抗压截面模量　$$W_{压} = \frac{J_x}{C_2} \quad (5.11-28)$$

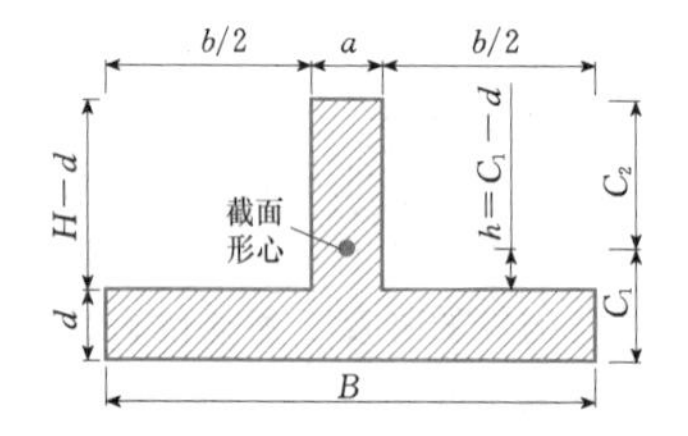

图 5.11-8　压板计算简图

(2) 压板弯矩计算公式为

$$M = k_2 Tl \quad (5.11-29)$$

式中　M——压板弯矩，N·cm；

T——坝袋径向力，N；

l——力臂，cm；

k_2——安全系数。

(3) 压板应力计算公式为

压板拉应力　$$J_{拉} = \frac{M}{W_{拉}} \quad (5.11-30)$$

压板压应力　$$J_{压} = \frac{M}{W_{压}} \quad (5.11-31)$$

(4) 压板贴角焊缝公式为

$$\tau = \frac{N}{0.7h_f l_f} \leqslant [\tau_t^h] \quad (5.11-32)$$

式中　τ——贴角焊缝应力，N/mm²；

h_f——贴角焊缝的厚度，mm；

l_f——计算长度，mm；

N——轴心力，N；

$[\tau_t^h]$——焊缝容许切应力，N/mm²。

(5) 压板伸缩缝计算公式为

$$\Delta l_t = dl(t_2 - t_1) \quad (5.11-33)$$

式中　Δl_t——伸缩缝宽度，mm；

t_2——最高温度，℃；

t_1——最低温度，℃；

l——计算长度，mm；

d——压板厚度，mm。

5.11.4　橡胶坝水力计算

5.11.4.1　橡胶坝过流能力计算

橡胶坝过流能力计算包括建坝后泄洪能力计算、校核溢流工况的溢流能力计算及坍坝过程中分级下泄流量计算等。

建坝后泄洪能力计算时，橡胶坝处于完全坍坝状态，可以采用宽顶堰泄流模型计算。结合上、下游河道比降，选择合适的过坝落差，过坝水位落差一般不超过 0.2m，分别按设计及校核水位计算过坝流量，分析橡胶坝束窄河道造成的水位壅高程度，据此合理确定橡胶坝的长度。

校核溢流工况的溢流能力是为了确定橡胶坝充胀状态下的最大过坝流量，分析过坝溢流量是否满足坝下游补给用水的要求，并为上游水面线的推求提供依据。校核溢流工况的溢流计算按采用曲线形实用堰模型计算。

坍坝过程中分级下泄流量计算是为下游消能防冲设计提供过坝流量。由于坍坝过程是从实用堰向宽顶堰逐渐过渡的过程，流量系数变幅大，按坝袋坍落高度分级，并推算各级坍坝过流量，据此进行消能防冲计算。在边界条件相同的情况下，实用堰的流量系数大于宽顶堰，通常初始坍坝阶段的过流状况是下游消能防冲设计的最不利工况。坍坝过程中分级下泄流量计算模型介于实用堰和宽顶堰之间。

1. 过流能力计算

橡胶坝过流能力计算可按通用的堰流基本公式计算：

$$Q = \varepsilon\sigma_s mB\sqrt{2g}H_0^{\frac{3}{2}} \quad (5.11-34)$$

式中　Q——过坝流量，m³/s；

B——溢流断面的平均宽度，m；

H_0——计入行近流速水头的堰顶水头，m；

m——流量系数；

σ_s——淹没系数；

ε——堰流侧收缩系数。

对单孔坝，ε 可直接查《水闸设计规范》(SL 265) 取定。

对多孔坝，则

$$\varepsilon = \frac{\varepsilon_z(N-1) + \varepsilon_b}{N} \quad (5.11-35)$$

式中　N——坝孔数；

ε_z——中孔侧收缩系数；

ε_b ——边孔侧收缩系数。

2. 流量系数计算

橡胶坝的流量系数介于宽顶堰与曲线形实用堰之间，坝袋完全坍平时，可视作宽顶堰，流量系数一般取 m=0.33～0.36；坝袋充胀时，可视为曲线形实用堰，流量系数一般取 m=0.36～0.45。

对于双锚固线充水式橡胶坝，计算坍坝分级流量时，不同坍落高度的坝顶流量系数可按下式计算：

$$\left.\begin{aligned} m &= 0.1630 + 0.0973\frac{h_1}{H} + 0.0951\frac{H_0}{H} + 0.0037\frac{h_2}{H} \\ \frac{H}{H_1} &= 0.2127 - 0.2533\frac{h_1}{H} + 0.7053\frac{H_0}{H_1} + 0.1088\frac{h_2}{H} \end{aligned}\right\} \tag{5.11-36}$$

式中　H_0 ——坝袋内压水头，m；

H ——运行时坝袋充胀的实际坝高，m；

H_1 ——设计坝高，m；

h_1 ——坝上游水深，m；

h_2 ——坝下游水深，m。

式（5.11－36）为《橡胶坝技术规范》（SL 227）推荐采用的公式，但在实际使用中有一定偏差，应慎重采用。橡胶坝在塌坝过程中的流量系数应介于0.33～0.45之间，建议采用折线形实用堰流量系数计算公式计算，综合分析后确定。

5.11.4.2　橡胶坝消能防冲设计

橡胶坝消防冲设计包括消力池、海漫、防冲槽设计，与常规水闸计算相同。橡胶坝的消能防冲最不利工况由坝袋坍落的不同高度及上、下游水位试算确定。另外，橡胶坝兼具坝工挡水的特点，对于规模较大的橡胶坝，应根据需要评估橡胶坝短时间坍坝（或溃坝）对下游河道的影响。

橡胶坝的消能防冲设计应注意以下几个方面：

（1）控制运用方式与水闸不同。橡胶坝坍坝过程中，坝顶泄流流态由充胀状态的曲线形实用堰流向坍平后的宽顶堰流过渡，不同于水闸的孔流和堰流状态。由于橡胶坝袋是柔性结构，特别是充气式橡胶坝更容易出现局部塌陷，会导致坝顶泄流不均匀，造成局部单宽流量加大，给下游的消能防冲带来不利影响。另外，橡胶坝的充、坍坝次序应尽可能隔跨轮序充、坍，避免形成集中折冲水流，损害下游消能防冲设施。

（2）运行中的橡胶坝贴地段容易产生摆振磨损。由于橡胶坝坍坝泄流与闸孔过流不同，在泄量相同的条件下，橡胶坝消能设施可适当简化，但在推移质及悬移质发育的河道上，应将坝底板与消力池底板之间的衔接段做成斜坡，以防止砂石积聚坝袋贴地段，减少坝袋振动和磨损，同时也便于坝袋检修或更换。

（3）结合橡胶坝的调蓄要求设置调节涵闸（或冲沙闸）。建在平原河道的橡胶坝有一定的蓄水库容，为了增强橡胶坝的调蓄功能，避免频繁充、坍坝，宜设置调节涵闸（或冲沙闸），增强橡胶坝工程的调度灵活性。调节涵闸（或冲沙闸）泄流有利于提前抬升下游水位，改善橡胶坝消能防冲设施。但在调节涵闸（冲沙闸）与橡胶坝之间应设置完全分隔开的导流墙，以方便调节闸或橡胶坝的独立运用。

（4）适当提高防洪河道上频繁启用坝段的设计标准。在大流量的防洪河道上修建多跨橡胶坝时，应避免因泄洪需要而频繁启用各跨橡胶坝。可以根据需要设置专门适于频繁启用的坝段，并提高其坝袋设计标准及坝袋锚固要求。

（5）加强河床及岸坡的防冲护砌。对修建在砂基或土基河床上的橡胶坝，应重视河床演变及人为采砂对河床及岸坡的不利影响，调整治理河道，加大防冲护砌措施，防止横向折冲水流对坝下消能防冲设施的损坏。河道采砂坑会导致橡胶坝消能防冲设施的冲刷损毁，设计时应引起重视。

5.11.5　充、排水（气）系统设计

橡胶坝的充、排水（气）系统设计主要包括确定充排水水泵选型、空压机选型及充、排水（气）管管径和管路布置等。充、坍坝时间及坝袋容积是充排设备选型的主要影响指标。橡胶坝充、坍坝时间的选用应根据工程的具体运用条件确定，尤其是坍坝时间必须满足河道防汛对行洪的要求。根据国内已建橡胶坝工程的统计，其充坝时间一般为2～3h，坍坝时间一般为1～2h。另外，对建在行洪河道或溢洪道上的橡胶坝，由于有可能出现突发洪水的情况，其充、坍坝时间或运用方式应作专门研究。应根据河道行洪过程及洪峰的可预测性，合理确定橡胶坝的坍坝时间，避免因坍坝历时过短，造成类溃坝洪水危及下游河道及堤防的安全。

坝袋的充、排水（气）形式包括动力式和混合式。动力式是指坝袋的充、坍完全利用水泵或空压机进行，混合式是指坝袋的充、坍坝部分利用水泵或空压机来完成，部分利用现有工程条件自充或自排。

橡胶坝充、排水（气）控制系统的设计主要包括水泵选型、空压机选型及管道计算。

1. 水泵选型

水泵选型一般根据橡胶坝的规模，充、坍坝要求时间及拟定的系统计算水泵的流量与扬程，据此选定水泵的型号。水泵的流量按下式确定：

$$Q = \frac{V}{nt} \tag{5.11-37}$$

式中　Q——水泵设计流量，m^3/h；

V——坝袋充水容积，m^3；

n——水泵台数；

t——充、坍坝所要求的最短时间，h。

水泵的设计扬程包括净扬程和管路水头损失两部分，净扬程为水泵出水管管口最高水位与水泵吸水管最低水位的差值，管路水头损失为吸水管进口至出水管末端沿程损失和局部损失之和。

$$H_B = (H_1 - H_2) + \Delta H \qquad (5.11-38)$$

式中　H_B——水泵所需扬程，m；

H_1——水泵出水管管口最高水位，m；

H_2——水泵吸水管最低水位，m；

ΔH——水泵吸水管和压力管水头损失总和，m。

当水泵出水管直接向坝袋内充水时，水泵出水管管口最高水位为

$$H_1 = \alpha H + H_3 \qquad (5.11-39)$$

式中　α——坝袋内外压比；

H——坝高，m；

H_3——坝底板高程，m。

2. 空压机选型

空压机的额定生产率根据坝袋的容积、设计内外压比及充坝时间计算确定；空压机的工作压力根据橡胶坝的额定充气压力确定，工作压力应大于额定充气压力。根据空压机的额定生产率、额定充气压力选用合适的空压机。

3. 管道计算

充、排水管道主要采用钢管，有时也采用PE塑料管；充、排气管道多采用钢管。管路布置应方便充、坍坝，并兼顾各管路总体充、排扬程相互匹配，管径粗细合理，尽可能减少管路长度，节约投资。管道直径应尽可能采用经济管径，其设计管径计算公式为

$$D = \sqrt{\frac{4Q}{\pi v}} \qquad (5.11-40)$$

式中　Q——管段内最大计算流量，m^3/s；

v——管道采用的计算流速，m/s。

水泵吸水管中的流速一般取1.2～2m/s，压力水管中流速一般取2.0～5.0m/s。

5.12　安全监测

5.12.1　概述

水闸工程的安全监测是监视水闸建筑物安全状态，检验设计方案合理性的有效方法。水闸工程安全监测设计内容包括设置监测项目、布置监测设施和拟定监测方法、提出整理分析监测资料的技术要求。

水闸的监测可分为一般性监测和专门性监测。一般性监测项目包括水位、流量、沉降、水平位移、扬压力、绕闸渗流、闸下流态、冲刷、淤积等；专门性监测项目主要有永久缝、结构应力、预应力、地基反力、墙后土压力、冰凌等。

根据水闸工程规模、等级、地基条件、工程施工和运用条件等因素设置一般性监测项目，并根据需要有针对性地设置专门性监测项目。对沿海地区或附近有污染源的水闸，还应经常检查混凝土碳化和钢结构锈蚀等情况。

5.12.2　安全监测设计

监测仪器和设施的布置，应明确监测目的，紧密结合工程实际，突出重点，兼顾全面，相关项目统筹安排，配合布置，做到监测连续、数据可靠、记录真实、注记齐全、整理及时，一旦发现问题，及时上报。

1. 水位监测

水闸的上、下游水位可通过设自动水位计和（或）水位标尺进行监测。测点应设在水闸上、下游水流平顺、水面平稳、受风浪和泄流影响较小处。

2. 流量监测

水闸的过闸流量可通过水位监测，根据闸址处经过定期率定的水位—流量关系曲线推求。对于大型水闸，必要时可在适当地点设置测流断面进行监测，测流断面应设在水流平顺、水面平稳处。测流量的方法可以按传统的水文测量法进行，也可采用流量计测试。

3. 沉降监测

水闸的沉降可通过埋设沉降标点进行监测。测点可布置在闸墩、岸墙、翼墙顶部的端点、中点或沉降缝两侧。

对沉降或不均匀沉降控制要求较高的工程，可在闸上布置静力水准仪，以便进行自动化监测，也可在底板中设置一套水平固定测斜仪监测底板的不均匀沉降。也有些闸中布置有双向或三向测缝计，以得到两个底板之间的相对沉降。固定测斜仪和测缝计的信号宜进行自动采集。

对于水闸的沉降监测，还必须设有工作基点（或起测基点）。工作基点应设在距水闸较远位置的坚硬地基上，工作基点的高程应用水准基点或国家水准点定期校测。

4. 水平位移监测

水平位移测点一般应设置在闸室的上游端或下游端，其测点位置可与沉降测点处于同一位置，但应分别设标点。其测试方法可用视准线法或交会法，对于

较大规模水闸也可用引张线法进行自动化观测。水平位移的工作基点（起测基点）应设置在稳定坚固的岩（土）层上，其平面位置应定期由国家基准点或位移基点进行校测。

5. 扬压力监测

水闸闸底的扬压力可通过埋设测压管或渗压计进行监测。对于水位变化频繁或透水性甚小的黏土地基上的水闸，其闸基底扬压力监测应尽量采用渗压计。

测点的数量及位置应根据闸的结构型式、闸基轮廓线形状和地质条件等因素确定，并应以能测出闸基底扬压力的分布及其变化为原则。测点可布置在地下轮廓线有代表性处或转折处。测压管通常布置在闸墩位置，而渗压计可布置在底板下。有时为了考虑自动化采集的要求，也可在测压管内布置渗压计。

6. 绕闸渗流监测

绕闸渗流可用测压管或渗压计进行监测。一般在闸的左、右岸各布置一个断面，可在岸墙和翼墙侧布置测点。

7. 闸下流态、冲刷、淤积监测

水闸闸下流态及冲刷、淤积情况可通过在水闸的上、下游设置固定断面进行监测。有条件时，应定期进行水下地形测量。

8. 永久缝监测

通常在沉降缝、伸缩缝两侧布置测缝计。测缝计可分为单向、双向和三向测缝计，包括监测缝的张合、缝两侧的不均匀沉降和剪切错动，测缝计宜布置在闸墩或底板的分缝处，有时也布置在缝的不同高程或上、下游。

9. 结构应力监测

结构应力监测包括钢筋计、应变计、无应力计的监测。

钢筋计通常布置在底板内，并形成钢筋应力观测断面，其方向可平行水流方向，也可布置在垂直水流方向，有时也可布置在闸墩，沿不同高程形成一个断面。钢筋计一般应成对布置。

应变计布置原则与钢筋计相同，不同的是有时也可布置在底板或闸墩的中间部位。

由于混凝土的变形受到非荷载因素的影响，因此在钢筋计与应变计附近应布置无应力计。

10. 预应力监测

为了解预应力锚束的受力情况（张拉力、伸长值、预应力损失等），可在锚束的张拉端布置测力计。

11. 地基反力监测

在结构底板与土体接触处布置土压力计，监测底板所受的地基反力的分布情况。目前土压力计所测的值反映了水土压力，该仪器对尺寸及仪器刚度都有要求。结构面土压力计必须沿刚性界面布置埋设，并使其感应膜同刚性界面齐平。

目前，许多闸底板还布置有刚性桩或柔性桩，此时闸上荷载全部或部分由桩承担，仅测土压力是不够的，必要时还需监测桩的压力。

12. 墙后土压力监测

墙后土压力可采用在岸墙、翼墙不同的高程断面上安装土压力计进行监测。

13. 冰凌监测

为及时获得河道封冻情况，及时发现封河、开河时期可能出现的险情，可通过遥感宏观监测、地球物理监测和计算机模拟预报等技术手段进行冰凌监测，其中遥感监测范围大，地球物理监测实时性强，计算机模拟预报技术反演能力强。

5.12.3 巡视检查

水闸巡视检查应包括经常检查、定期检查、特别检查和安全鉴定。

水闸的巡视检查是用眼看、耳听、手摸等方法对工程及设备分部位进行观察和巡视。

经常检查的周期各地区规定不一，多根据水闸的工程规模大小、建成时间长短和运用频繁程度等具体情况确定，但都不少于每月一次。水闸管理单位可根据本工程的具体情况确定，如宣泄较大流量、出现较高水位、冬季冰冻以及暴风雨或地震影响本地区时，都应增加检查次数。

巡视检查应做好记录并及时编制报告。特殊情况下的巡视检查，在现场工作结束后，应立即提交简报。巡视检查中发现异常情况时，应立即编写专门的检查报告，及时上报。

5.12.4 监测要求及资料整理整编

1. 监测要求

当发生非常事件或性态异常时，如高水位期和水位骤降、地震后、监测参量达到临界状态以及监测参量变化速率异常加大、建筑物和地基运行数据不正常或建筑物有老化迹象时，应增加监测频次。水闸安全监测项目频次见表5.12-1。

2. 资料整理整编与分析

每次人工监测、自动化监测和巡视检查均应做好所采集数据（或所检查情况）的记录，并对原始记录加以检查和整理，及时作出分析。每年应进行一次监测资料整编。在整理和整编的基础上，应定期进行资料分析，如发现异常现象，应及时作出判断，有问题须及时上报。每次分析资料时应根据规定对水闸工作状态作出评估。

资料分析的项目、内容和方法应根据实际情况而定，但对于变形量、扬压力及巡视检查的资料必须进行分析。资料分析通常采用比较法、作图法、特征值统计法及数学模型法。使用数学模型法作定量分析时，应同时用其他方法进行定性分析，加以验证。

资料分析后，提出资料分析报告。检测报告和整编资料应按档案管理规定及时归档。

表 5.12-1 水闸安全监测项目频次表

序号	监测项目	监测频次		
		施工期	试运行或运行初期	运行期
1	水闸前、后水位		2～4次/d	2次/d
2	沉降	2～4次/月（软弱土基1次/日）	1～3次/旬	1次/月
3	水平位移	2～4次/月	1～3次/旬	1次/月
4	扬压力	1次/旬（砂基1次/日）	2～5次/旬	1次/旬（砂基汛期高水位应加大频率）
5	绕闸渗流	1次/旬（砂基1次/日）	2～5次/旬	
6	应力应变	1次/旬	1～2次/旬	1次/月
7	土压力	1次/旬	1～2次/旬	1次/月
8	过闸流量		1～2次/d	按需要
9	冲刷、淤积	初始值	按需要	按需要

5.13 其他闸型设计

5.13.1 立交涵闸

5.13.1.1 概述

立交涵闸结构主要应用于平原地区两条河流交叉处，解决两条河流不同水位和不同功能的要求，一般采用上部为渡槽和下部为泄洪涵洞的布置型式，简称“上槽下洞”的结构型式，如图5.13-1所示。水位较高或具有通航功能要求的河流布置在上部，水位较低或没有通航功能的河流布置在下部。立交涵闸具有泄洪、引水与航运相互独立、互不影响、运行管理方便等优点。立交涵闸的施工方式有明挖施工和沉管、顶管施工方式，在航运量较小且具备施工导航条件的河流上采用明挖基坑、旱地施工方案，在航运量大且不具备施工导航条件的河流上采用沉管、顶管施工方案。目前国内已经建成的大型立交涵闸有淮河入海水道淮安枢纽、滨海枢纽和望虞河上的望亭立交枢纽、无锡仙蠡桥水利枢纽等。

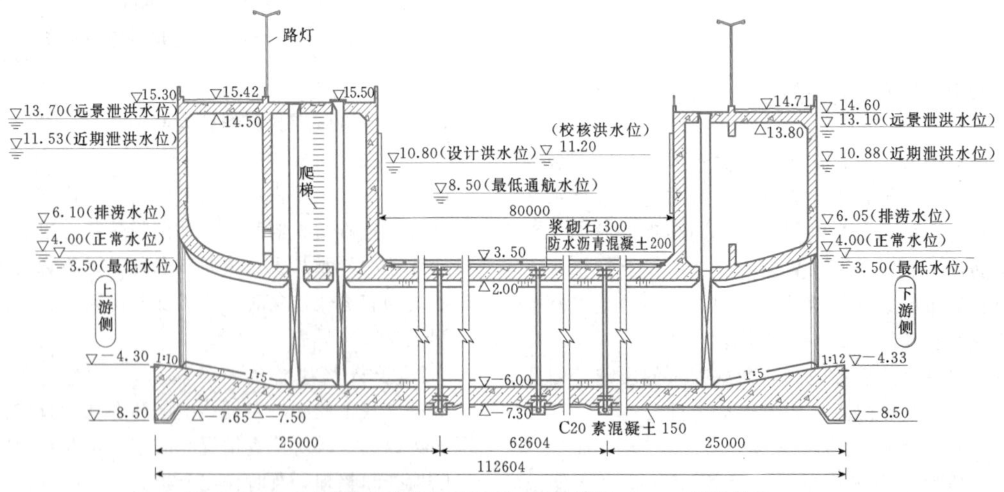

图 5.13-1 立交涵闸典型纵剖面图（尺寸单位：mm；高程单位：m）

5.13.1.2 总体布置

立交涵闸通常布置在两条河流的交汇处，为保证水流顺畅、航道顺直，有正交和斜交两种布置型式，如图5.13-2和图5.13-3所示。上部渡槽的布置要满足通航宽度、通航水深、航道直线段或转弯半径、过流能力和进、出口连接的要求，通航宽度和通航水深一般应留有一定的富余度，并经航道主管部门的批准；下部涵洞的布置要满足过流能力和进、出口连接的要求。此外，立交涵闸的总体布置还应满足防渗排水、消能防冲和便于施工、方便管理、环境优美等要求。

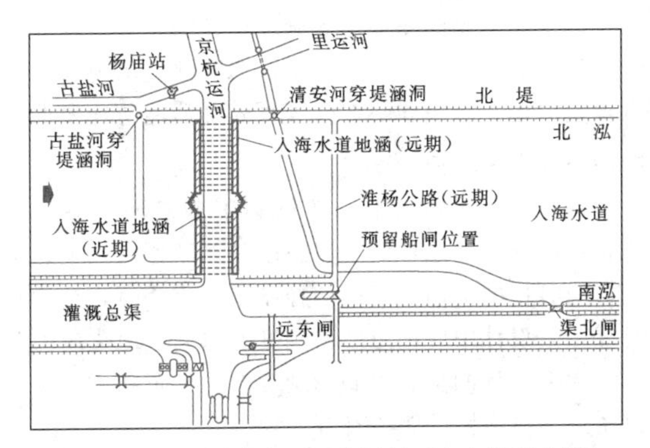

图 5.13-2　淮安枢纽立交涵闸正交布置型式图

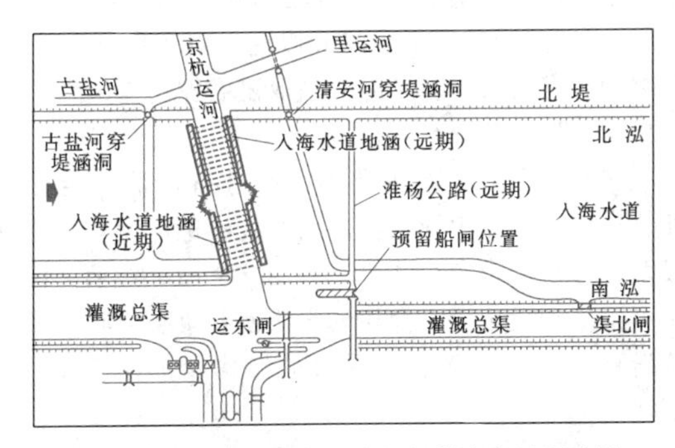

图 5.13-3　淮安枢纽立交涵闸斜交布置型式图

5.13.1.3　规模确定

1. 立交涵闸下部涵洞过流能力

立交涵闸下部涵洞过流能力要满足各项功能的要求，如泄洪、排涝、调水（或灌溉引水）等，一般布置为有压涵洞。过流能力计算公式采用涵洞有压淹没流公式：

$$Q = u'\omega\sqrt{2g(H_0 + iL - h)} \qquad (5.13-1)$$

$$u' = \frac{1}{\sqrt{\zeta_E + \sum\zeta + \frac{2gL}{C^2R}}} \qquad (5.13-2)$$

式中　u'——过涵流量系数；

ω——过水断面面积，m^2；

H_0——涵洞底板以上上游水深（包括行近流速水头），m；

h——涵洞底板以上下游水深，m；

i——涵洞底坡坡度；

L——涵洞总长度，m；

ζ_E——涵洞出口局部水头损失系数；

$\sum\zeta$——从进口到出口前（不包括出口）的各种局部水头损失系数之和；

C——谢才系数；

R——水力半径，m。

涵洞的过流能力的计算结果往往比试验和实际过流能力小，这是由于涵洞的上、下游水位差是指上、下游相对稳定断面之间的水位差，实际上由于水流的动力作用，在涵洞出口处会出现水位跌落，造成涵洞进、出口处的水位差大于上、下游的水位差，两者的差值称为回复落差，从而造成涵洞的试验和实际过流能力偏大。因此，大、中型立交涵闸的过流能力应进行水工模型试验验证。

2. 立交涵闸上部渡槽规模确定

立交涵闸上部渡槽除应满足过流能力要求外，还应满足相应航道等级的通航要求，渡槽规模按满足上述两种要求的规模大者确定。

(1) 渡槽过流能力计算。渡槽的过流能力按下式计算：

$$Q = \sigma_s \varepsilon m B\sqrt{2g}H_0^{3/2} \qquad (5.13-3)$$

$$H_0 = h_1 + \frac{\alpha v_1^2}{2g} \qquad (5.13-4)$$

式中　σ_s——淹没系数，可根据 h_s/H_0 值由表 5.13-1 查得；

H_0——渡槽进口水头，m；

h_1——上游渠道水位超出槽底（始端）值，m；

α——流速分布系数，可取 1.0～1.05；

v_1——渡槽上游渠道断面平均流速，m/s；

g——重力加速度，取 9.81m/s^2；

ε——侧向收缩系数，可取 0.9～0.95；

m——流量系数，可取 0.36～0.385；

B——槽底宽度，m。

表 5.13-1　淹没系数表

h_s/H_0	0.98	0.97	0.96	0.95	0.94	0.93	0.92	0.91	0.90	0.89
σ_s	0.500	0.590	0.660	0.735	0.775	0.825	0.850	0.875	0.900	0.925
h_s/H_0	0.88	0.87	0.86	0.85	0.84	0.83	0.82	0.81	≤0.80	
σ_s	0.945	0.960	0.970	0.980	0.985	0.990	0.995	0.997	1.000	

注　h_s 为下游渠道（出口渐变段后）水位超出槽底（末端）值，m。

(2) 渡槽通航规模确定。渡槽满足通航要求的规模参照《内河通航标准》(GB 50139)确定，主要指标包括渡槽宽度、槽内最小水深和连接航道转弯半径。

渡槽宽度 B 按不小于相应航道等级的天然及渠化河流的双线宽度，或限制性航道的宽度，或5倍相应航道等级的船宽确定，或按下式确定：

$$B = B_b + 2m(H - T) \qquad (5.13-5)$$

式中 B_b ——现状航道底宽，m；

m ——边坡系数；

H ——航道水深，m；

T ——船舶设计吃水深，m。

设计时取上述各种情况计算结果的最大值，重要或运输繁忙的航道应预留一定的富余度，并应经航道主管部门批准。

渡槽水深 h 不小于相应航道等级的限制性航道的水深。

渡槽两端连接段航道的转弯半径应满足《内河通航标准》(GB 50139)中相应航道等级的要求。

5.13.1.4 防渗排水设计要点

(1) 立交涵闸存在涵闸上、下游水位差及两条河流之间的水位差，设计中要针对这两种水位差设置封闭的防渗系统和排水。

(2) 两条河流的水位差在不同的工况下可能存在双向水位差，设计中应考虑双向防渗和排水。

(3) 立交涵闸的防渗布置除需设置必要的止水外(一般采用双层止水)，还可以选择水平防渗、垂直防渗两种方案或者水平防渗和垂直防渗结合的防渗方案。

1) 水平防渗方案。在立交涵闸上、下游结合防冲分别设一定长度的防渗铺盖，在航运渡槽两端各设一定长度的防渗铺盖，铺盖为钢筋混凝土结构，在铺盖末端设冒水孔和反滤层。

2) 垂直防渗方案。在立交涵闸两端和上、下游翼墙及渡槽与通航河道之间连接的翼墙底板下设垂直防渗(混凝土地下连续墙、水泥土搅拌桩截渗墙等)，在渡槽两端和涵洞进、出口护砌上设排水孔。

(4) 为确保工程安全，防止涵闸止水局部失效产生渗流短路，在涵洞顶板(渡槽底板)顶部和渡槽侧墙分缝处加强防渗漏处理。顶板顶部可采用铺设土工膜(土工膜顶部设浆砌块石或毛石混凝土防护)或沥青混凝土防渗层。渡槽侧墙分缝处可采用遇水膨胀性的封缝材料封堵。对于重要的大型工程或涵闸底部为砂性地基的工程，涵洞顶部的防渗漏可采用双层措施(如铺设土工膜+沥青混凝土防渗层等)。

(5) 为减少渗漏隐患，应尽可能加大结构分块尺寸，减少分缝数量。

5.13.1.5 消能防冲设计

由于立交涵闸的下部涵洞埋置较深，且泄洪或排涝期间的上、下游水头差较小，按照常规水闸设计中设置消力池、海漫和防冲槽等可满足消能防冲要求。

5.13.1.6 结构设计要点

(1) 立交涵闸的上部渡槽和下部涵洞为整体结构，一般分为上涵首段、洞身段和下涵首段。上、下涵首与渡槽的侧墙和闸门的控制室连为一体，结构相对复杂，设计中应注意结构刚度的协调，简化应力分布。大型工程的上、下涵首结构内力分布和变形情况宜采用三维有限元结构计算。

(2) 立交涵闸垂直水流方向分块一般采用两孔一联或三孔一联，总宽度控制在30m以内；顺水流方向分块长度一般控制在35m以内。由于顺水流方向墩墙的长度较大，施工时应采取温度控制措施来防止产生施工期裂缝。

(3) 立交涵闸除按常规水闸进行抗滑稳定计算外，还应进行充水期、检修期的抗浮稳定计算。涵身段两侧边块的稳定往往难以满足抗滑稳定要求，设计中可采用加设抗滑支撑块的方法使各块联合起来满足抗滑稳定要求。抗滑支撑块的结构图如图5.13-4所示。

(4) 对于斜交的涵闸，交角一般不大于60°，涵身各块平面上为平行四边形结构，作用的水平向荷载产生扭矩。因此，在计算斜交涵闸的内力和配筋时应考虑扭矩的影响。

5.13.2 浮运式水闸

浮运式水闸是适用于沿海地区的一种新的闸型。在河岸选择适当的场地或造船厂的船坞内，预制整体闸室单元或单体闸底板，用封口板或底板两端空箱板将上、下游开口封闭，形成空箱，涨潮浮起后，拖运至预先挖好的闸基，定位沉放，填塞闸室单元间的横缝或闸底板与闸墩、闸底板与防渗墙间的缝隙，并完建护坦、护坡、闸门止水和工作桥、交通桥等上部结构。浮运式水闸不用施工围堰、截流、基坑排水，节省土方、劳力和三材，减少占地面积，从而节约投资；施工期不影响附近水系的排灌和交通运输；缩短现场施工工期。但该类水闸施工难度大，对抗滑和防渗措施要求高。浮运式水闸一般适用于沿海地区有水上运输条件，闸址两岸现有建筑密集，常规施工费用很大，或建闸闸址处无位置修筑围堰，或河道不容许断流、断航等情况，也有用在闸基淤泥层覆盖厚度较大的地区。

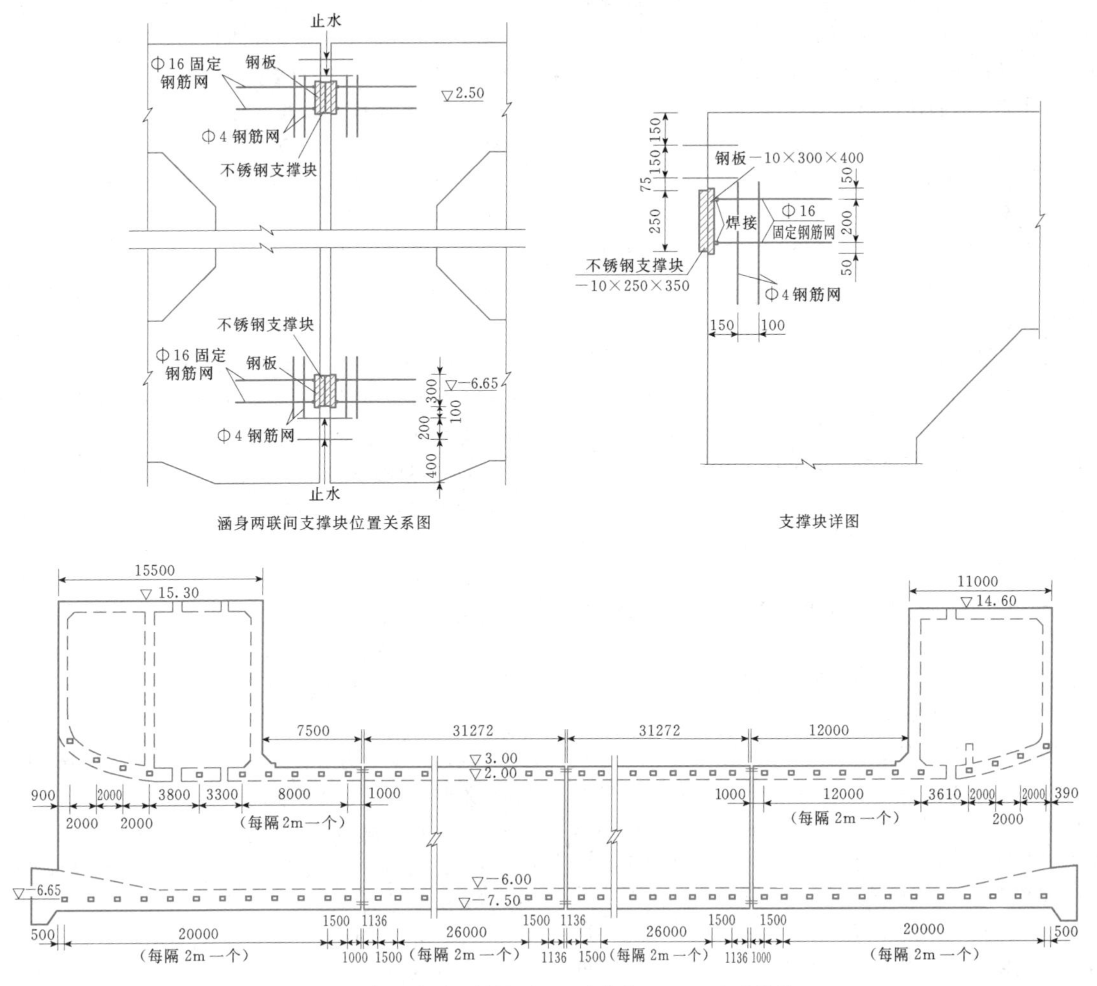

图 5.13-4　抗滑支撑块结构图（尺寸单位：mm；高程单位：m）

5.13.2.1　结构特点及型式

1. 结构特点

(1) 结构的适应性。浮运式水闸结构在满足水闸稳定的前提下，还应适合水上浮运，因此要求闸身尽量采用轻型结构，使闸身重量减轻，以减少起浮和拖运时的动力。可采用钢筋混凝土空箱结构，这种结构具有刚度大、重量轻、抗裂性能较好等特点。

(2) 结构预制单元。预制闸室单元尽可能采用整体结构，避免水闸分缝在水中封堵，单元长度一般为15～30m。当水闸孔数较多时，可将闸室分成多个预制单元，每个预制单元可由若干孔闸底板和闸墩组成，各单元在现场施工拼接。当水闸孔口尺寸较大时，可将闸室分成闸底板、闸墩若干单元，在现场连接，有的工程空箱式闸底板长度已达到99m。

(3) 防渗。浮运式水闸的防渗措施如下：

1) 利用闸底板自身长度来满足防渗要求。一般适用于闸底板直接沉放在防渗性能较好的地基上，闸底板布置可根据水闸设计水头和渗径长度等要求来确定。

2) 利用上、下游端设置的垂直防渗体来达到防渗目的。一般适用于地基透水性强或水闸底板支撑在沉降变形较小的桩基础上。垂直防渗体可以采用防渗钢板桩、高喷防渗墙等。要处理好闸底板与垂直防渗体之间的空隙，使闸底板与垂直防渗体一起形成封闭的防渗体系。闸室与护坦间一般可不设止水设备。

(4) 上、下游连接结构。闸室上、下游端一般设置斜坡与河道平顺连接。为使闸基及河床免遭水流冲刷破坏，需要设置上、下游护坦。护坦的保护范围应根据水力计算确定，当水流条件复杂时，还需通过模型试验确定。小型的单孔水闸一般采用抛石或反滤土工布上抛石的防冲护坦，大、中型或多孔浮运式水闸护坦宜采用反滤土工布上压预制混凝土构件（如混凝土板、混凝土栅格板、混凝土铰链排）。护坦后一般与抛石海漫相连，若护坦长度满足防冲要求时，可在护坦后直接设抛石防冲槽。

（5）两岸连接结构。浮运式水闸两岸连接结构可采用空箱式翼墙、高桩承台式翼墙、抛石基础上砌石墙、网袋块石等。

空箱式翼墙整体预制、浮运沉放，箱内填砂、石，箱外抛石防护，翼墙与闸墩间的缝采用沥青油毛毡填塞。高桩承台式翼墙一般采用前板桩、后方桩结构，水上打桩，赶潮施工承台和上部结构，翼墙分缝设置止水带。闸墙两侧抛石基础上砌石墙一般采用低潮位以下抛块石，以上部分建设初期用干砌块石，以后随基础固结稳定而改为灌砌块石。

浮运式水闸与两侧引堤相连接时，可采用减压空箱来过渡，不仅可减少水闸底板的应力，还可降低水闸与引堤间的沉降差。

（6）闸基处理。对闸址地质条件差的浮运式水闸，水闸宜选用重量轻、刚度大、整体式空箱结构，并采取地基处理措施，减少地基沉降。

由于浮运式水闸的施工不设围堰，且淤泥承载力过低，故不可能对水闸基础做深层加固处理。为提高地基承载力，改善淤泥的整体受力条件，实际工程中一般采取闸基换粗砂垫层加灌浆的处理方法，即水下开挖淤泥基础2～3m（不要扰动下层淤泥，并注意平整度），置换成粗砂（分层进行，利用低潮位对砂基进行压密和平整），待水闸沉放后，通过预留在闸底板上的灌浆孔灌浆来充填基础与底板间可能产生的空隙，增强粗砂基础的整体性和承载性能。这种处理方法能有效地减少地基沉降。但设计时要注意，水闸重心要与水闸底板形心相接近，并严格控制各种运用条件下的地基反力不均匀系数。若是多联水闸，各联闸地基应力要接近，保证水闸均匀沉降。另外，为避免沉降影响水闸的运行，也可采用预留沉降量的措施，确保闸墩顶部的设计高程和通航的净空要求。

有的工程也有采用灌浆及灌混合砂的处理方法，如钢筋混凝土空箱底板单体运行，且底板嵌搁或搁置在闸墩上，当底板沉放就位后，底板与地基间尚有空隙，可在底板上预埋管进行灌浆，或采用灌级配砂和水泥熟料配制成的混合砂，使底板与地基土密合，不仅加强了防渗，还可提高地基强度。

2．结构型式

实际工程中，浮运式水闸常用的结构型式有下列两类。

（1）整体式闸室结构。这种结构的闸室底板与闸墩为一个整体，整体制作，浮运沉放。底板和闸墩可以是实体钢筋混凝土板，也可以是钢筋混凝土梁板或空箱结构。

1）实体底板与梁板式闸墙组成整体闸室结构。这种结构底板较薄，为柔性结构，随地基的沉降而变形，同地基结合较好，但底板抗裂性能较差，适用于孔径较小的水闸。

广东某水闸为单孔水闸，孔径为6.0m，采用平板直升门，如图5.13－5所示。闸室顺水流向长21.0m，宽7.6m，预制部分闸岸墙（边墩）高3.85～4.30m，闸室上、下游设置抛石护坦。闸室钢筋混凝土结构整体预制完成后浮运至现场，沉放就位后，现场浇筑其余上部结构混凝土。

2）空箱底板与空箱闸墙组成整体结构。这种钢筋混凝土空箱底板结构刚度大，适应地基变形能力强，可节省钢材，适用于孔径较大的水闸。

上海某水闸为单孔水闸，孔径为10m，采用平板直升门，如图5.13－6所示。闸室顺水流向长22m，宽14.4m，预制部分闸墙高7.50m，底板空箱高3.5m，闸墙空箱厚1.5m。上、下游护坦采用抛石。

江苏某水闸为多孔水闸，单孔孔径为5m，闸室采用多联组合，如图5.13－7所示。每个浮运单元体为4孔一联，闸室顺水流向长17m，宽12.5m，预制部分闸墩高8m，底板空箱高2.5m，缝墩、中墩空箱厚分别为0.7m、1.2m。

（2）分离式闸室结构。这种结构的闸室底板搁置在闸墙基础的支座上，闸底板与闸墩分开单体浮运。底板和闸墙一般采用钢筋混凝土空箱结构，结构刚度大。这种结构适用于河道宽，单孔孔径大，不容许断流、断航的水闸。

上海某挡潮闸为单孔，净宽为60m，采用悬挂式钢闸门，空箱底板搁置在闸墙基础支座上，如图5.13－8所示。钢筋混凝土空箱闸底板顺水流向为10m，垂直水流向为53.318m，高3.8m。两侧闸墙为空箱结构，下部承台为钢壳沉井，采用钢管桩基础。底板上、下游两侧设置防渗板桩，护坦采用串联式混凝土栅板。该水闸两侧闸墙先行施工，将钢壳沉井沉放到钢管桩顶部形成固定基础后，再将空箱闸底板浮运沉放并搁置在闸墙基础上。

5.13.2.2　设计要点

除与现浇水闸一样要进行水力设计、防渗设计和闸室稳定、沉降、承载能力、结构应力分析及配筋、地基处理等设计外，还应进行预制、浮运、沉放设计。

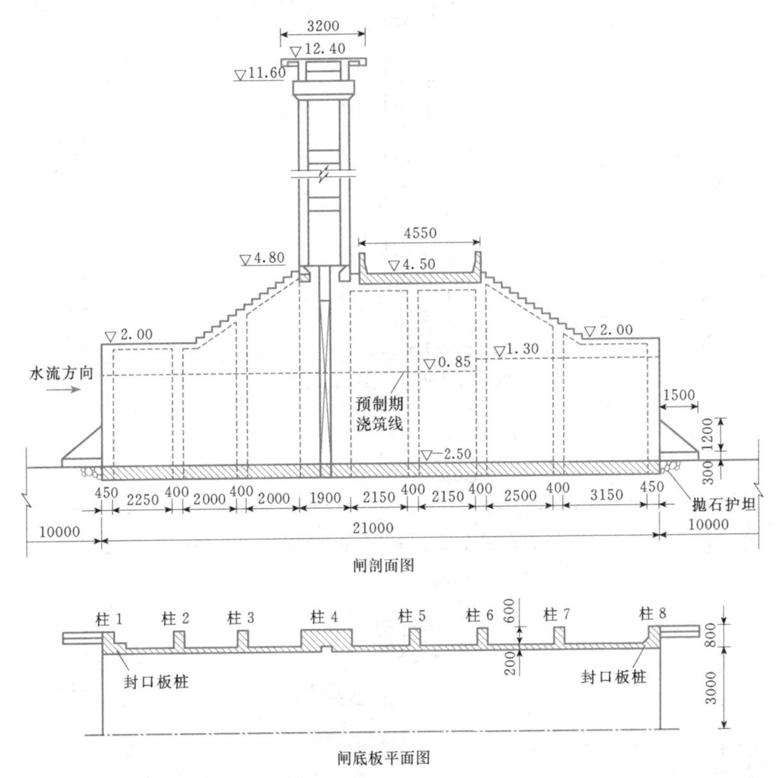

图 5.13-5 预制浮运式水闸结构图（一）
（尺寸单位：mm；高程单位：m）

浮运式水闸各部位的结构尺寸和配筋，应根据各时期的受力特点，采用传统设计的结构力学法或有限元法进行计算。一般按预制、浮运、沉放和竣工运用四个时期的工作情况进行设计。一般闸孔孔径大，受力条件复杂的浮运式水闸采用三维有限元法计算，同时采用传统的结构计算方法进行对照复核，对于闸孔孔径小的、受力条件简单的结构，可采用传统的结构计算方法进行分析。

1. 预制期

浮运式水闸预制场址应尽量选择在离闸位近、地基土质较均匀且地基承载力符合要求的地方或造船厂的船坞内。预制场基面高程应保证浮运件浮运的需要，其计算公式为

$$H_1 \leqslant Z - h_1 - \Delta h \tag{5.13-6}$$

式中　H_1——预制场基面高程，m；

Z——浮运期高潮位，m；

h_1——浮运件最大吃水深，m；

Δh——安全超深，即浮运闸底面与预制场基底顶面间的富余水深，m，一般取 0.3～0.5m，有的工程也取 1m。

预制场必须重视场地的处理，复核预制件浇筑后地基的荷载和沉降，避免预制构件在浇筑过程中产生裂缝。

预制构件施工要做到不漏水、不超重，浮运封堵门还要做到牢固易卸，充、排水开关灵活。

预制闸室单元的结构布置和尺寸的选定，除应考虑地基、水文、气象、航道、潮汐等条件外，还应满足浮运、沉放和后续结构连接的要求。一般在拖运条件许可的情况下，预制闸室单元尽可能做得高些，将闸门安装好，以减少水上施工的困难。预制期，闸底板受力状态与现浇水闸完建情况（即水闸建成无水）相同，内力计算见本章 5.7 节。

2. 浮运期

浮运和沉放是浮运闸工程的关键，对浮运期的水文、气象、航道资料应进行深入细致地调查和分析，选定合适的浮运和沉放水位。一般是高潮浮运，低潮沉放。根据所要求的潮位、流速、风向、风力，计算牵引设备的牵引力和锚定力。浮运前，应先进行试浮，进一步检查预制构件和封堵口门是否密实不漏水，若有漏水应进行处理，同时要了解浮运体的实际吃水深度和稳定性，为浮运奠定基础。

（1）安全吃水深度。浮运闸的安全吃水深度的计

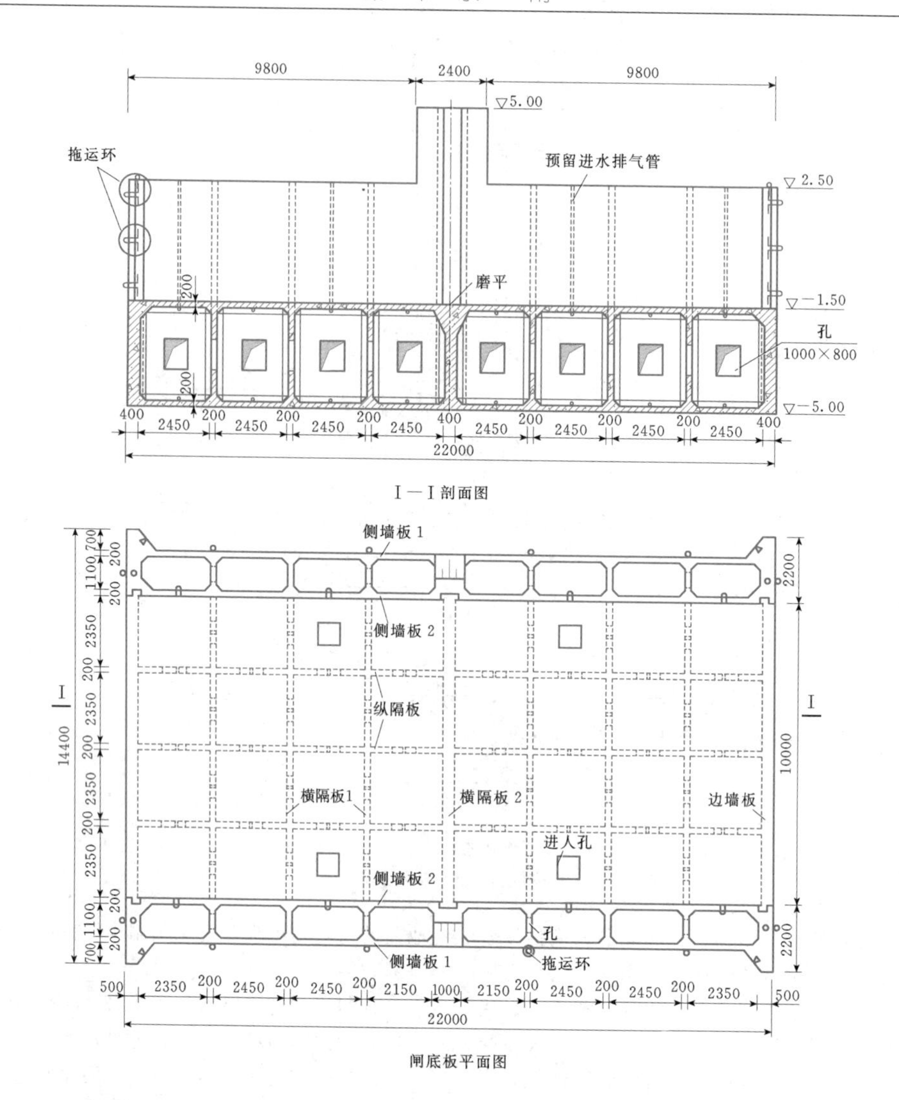

图 5.13-6 预制浮运式水闸结构图（二）（尺寸单位：mm；高程单位：m）

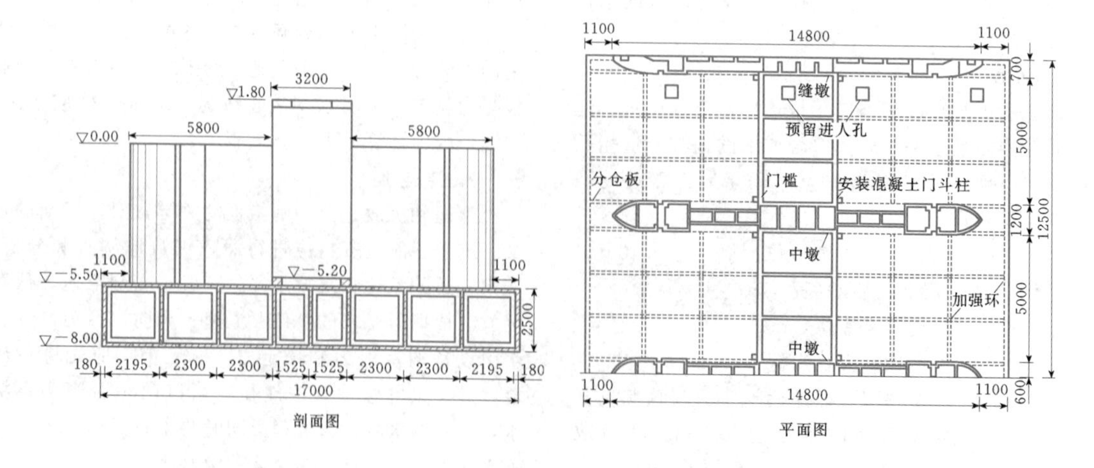

图 5.13-7 预制浮运式水闸结构图（三）（尺寸单位：mm；高程单位：m）

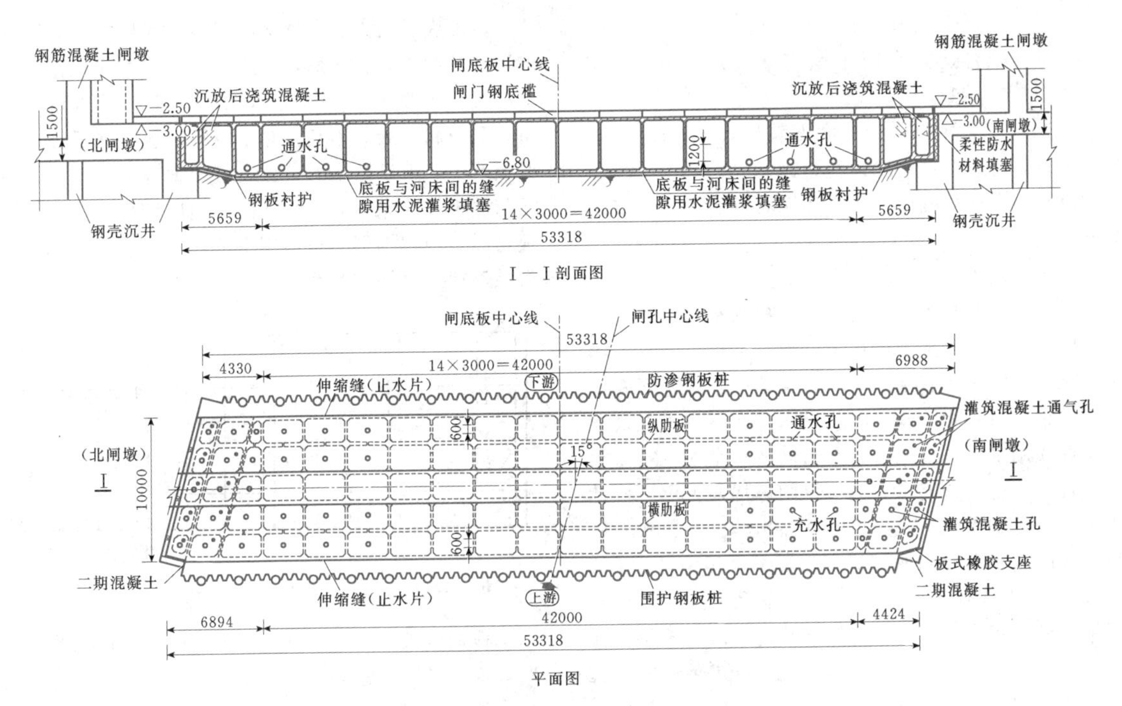

图 5.13-8 预制浮运式水闸结构图（四）

（尺寸单位：mm；高程单位：m）

算公式为

$$h = K\frac{G}{F\gamma} \qquad (5.13-7)$$

式中 h——安全吃水深度，m；

G——预制期闸室单元各部件的总重，kN；

F——排水面积，一般指闸底板面积，m^2；

γ——水的重度，kN/m^3；

K——安全系数，一般取1.05。

（2）浮运稳定性。浮运式水闸预制构件靠自身浮运稳定时，必须分析其浮运的稳定性，计算定倾高度。平面按对称布置时，计算简图如图5.13-9所示，计算公式为

$$m = \rho - e \qquad (5.13-8)$$

$$\rho = \frac{J}{V} \qquad (5.13-9)$$

式中 m——定倾高度，m；

ρ——定倾半径，m；

e——浮运式水闸预制构件的重心至浮心的距离，m；

J——浮面面积对浮面纵向对称轴的惯性矩，m^4；

V——浮运式水闸的排水量（即排开水的体积），m^3。

理论上 $m>0$ 表示浮运呈稳定平衡，但根据近

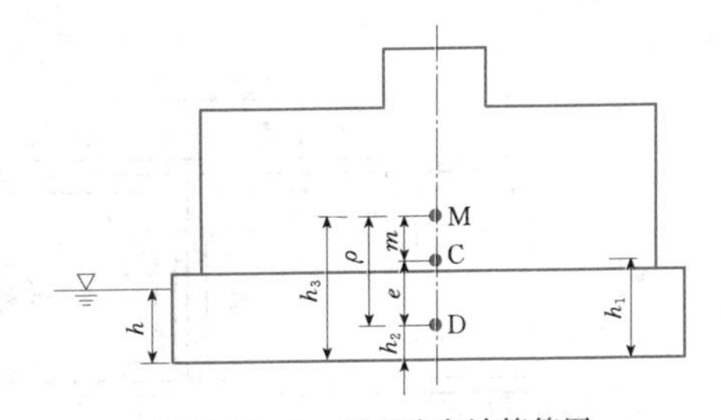

图 5.13-9 浮运稳定计算简图

M—定倾中心；C—建筑物重心；D—浮心

10年实践资料统计分析，m 值实际采用范围多数为0.5～0.6m，一般来说，近程浮运 $m\geqslant0.2$m，远程浮运以液体压载时 $m\geqslant0.5$m。若 $m\leqslant0$ 时，需要调整空箱底板的厚度、空箱高度和隔板分布等。

（3）浮运期干弦高度。浮运式水闸预制的整体闸室单元或单体闸底板浮运期间的干弦高度需满足以下关系：

$$F = H - T \geqslant \frac{B}{2}\tan\theta + \frac{2h'}{3} + S \qquad (5.13-10)$$

式中 F——浮运式水闸的干弦高度，m；

H——浮运式水闸的高度，m；

T——浮运式水闸的吃水深度，m；

B——浮运式水闸在水面处的宽度，m；

h'——波浪高，m；

θ——浮运倾角，采用6°～8°；

S——浮运式水闸干弦富余高度，采用0.5～1.0m。

当浮运式水闸的干弦高度不满足式（5.13-10）的要求时，可考虑密封舱顶等措施。

（4）浮运期结构内力。浮运期底板内力计算方法与预制期相同。

3. 沉放期

浮运式水闸拖至闸址定位后，待潮水处于潮谷平流时即行注水，增加闸体重量以使其下沉。浮运式水闸的充水方式主要有闸腔充水、空箱内灌水及闸腔充水与空箱内灌水相结合。闸腔充水是在封口板上设置进水孔或用水泵抽水注入，空箱内灌水是在空箱顶板上埋设充水孔进行充水。为保持闸体均衡下沉，可计算充水深度和水闸下沉深度，并绘出其关系曲线，以便沉放时调整和控制下沉深度。当下沉至距基面0.2～0.3m时，要最后调正位置并即下沉。沉至基面时经潜水检查正常后，将所有钢索卸荷，防止位移。如果位置偏移，可迅速抽水起浮，校正位置后再次沉放，也可用气垫微调装置顶高底板，调整位置。浮运式水闸沉放完毕后，应立即拆除封口板，防止水流冲刷闸身两侧地基。

（1）底板内力。实体钢筋混凝土底板的内力计算方法同预制板。沉放期，钢筋混凝土空箱底板在水闸即将沉至河底时，箱内充水未满，外水压达到最大值，受力状态最为不利。对于空箱顶板、底板、边肋梁板及上、下游两端封口板，可根据其梁格布置，顶板与底板按均布荷载作用下的四边固结板计算，边梁板与封口板按梯形荷载作用下的四边固结板计算。底板（浮箱）梁格布置简图见图5.13-10。

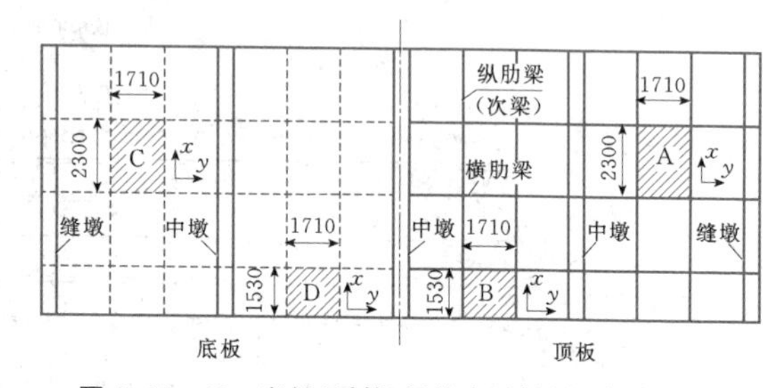

图5.13-10 底板（浮箱）梁格布置简图（单位：mm）

根据底板结构布置型式及顶、底板传递的荷载情况，纵、横肋梁按多跨连续梁计算，如肋板上开孔大时，按T形梁断面计算，否则按工字形梁断面计算。横肋梁上的荷载还应考虑纵肋梁传递的荷载。底板纵肋梁结构及荷载分布见图5.13-11。

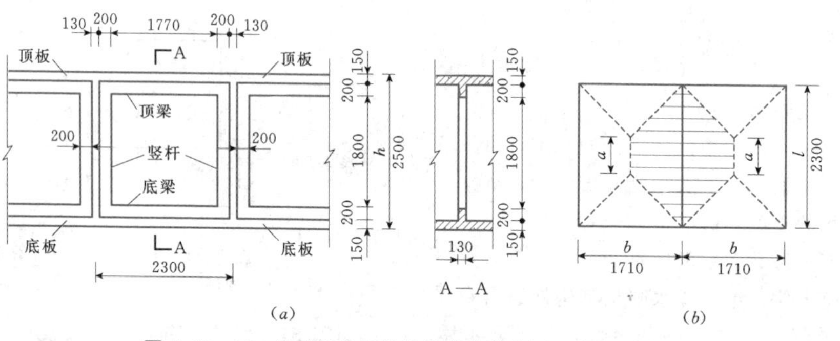

图5.13-11 底板纵肋梁结构及荷载分布图（单位：mm）

（2）闸墩内力。水闸浮运沉放至河底时，钢筋混凝土空箱式岸墙和闸墩的空腔受力最为不利。闸墩结构及受力见图5.13-12。主要荷载为侧向水压力，即空箱外侧为水闸沉放时河水引起的水压力。若沉放中空箱内无充水要求时，则空箱内出现无水的情况。空箱的侧板内力计算简化为：在距侧板与底板交线1.5倍的隔墙净距区段以内可按三边固支、一边自由的板计算，其余部分可按单向板或连续板计算。

（3）缝墩处理。对多组浮运拼装水闸做好缝墩止水防渗至关重要。缝墩处理的常用方法是在闸墩连接缝预留的封口槽内安放闸板，墩内空腔中回填黏土，靠近闸板处填筑反滤层，如图5.13-13所示。若闸基强度高，沉降很小，闸板封口后也可在缝墩内充填水下混凝土。

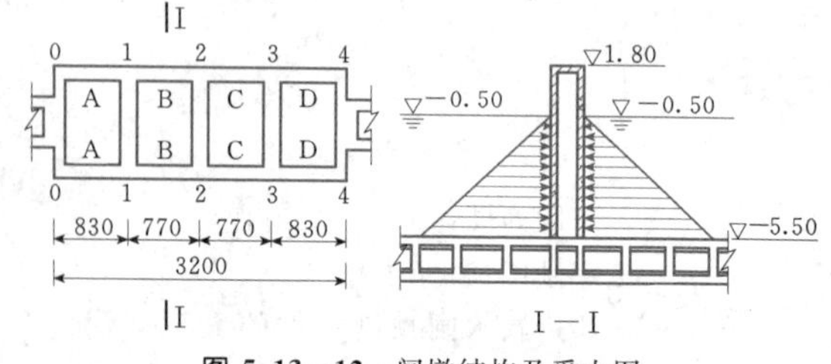

图5.13-12 闸墩结构及受力图
（尺寸单位：mm；高程单位：m）

缝墩的内力可据填料性质计算，若填黏土则按高平行挡土墙（即按贮仓土压力）计算，若墩内充填水下混凝土则按承受液态混凝土压力的模板计算。

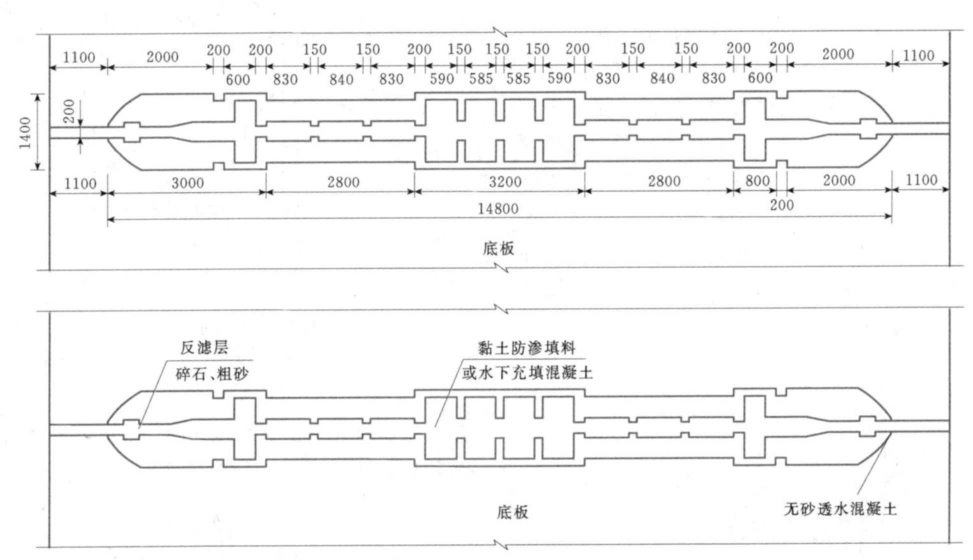

图 5.13-13 缝墩构造图（单位：mm）

4. 竣工运用期

浮运闸竣工运用期的稳定分析和内力计算，与一般水闸相同，见本章5.6节和5.7节。

考虑浮运闸采用预制、浮运、沉放的水中施工方法，在进行整体稳定分析时，底板与地基的摩擦系数和地基容许承载力值应酌情减小。

5.13.3 水力自动翻板闸

水力自动翻板坝（闸）由闸门、转动铰、支墩及底板组成，在中、小型工程上应用的相当广泛。这种闸门的基本原理是杠杆平衡与转动，利用作用在闸门上的水压力与闸门的自重来作为启闭闸门的动力，因此无须其他外加能源，无须其他启闭机械、启闭机架与闸房，也不需要泵房。

水力自动翻板坝适用于各种河宽的闸坝工程。目前水力自动翻板闸门的高度一般不超过6m，与门下的坝体配合还可适用于各种水头的工程。主要用于航运、发电、防洪、灌溉、给水和改善环境。具体如下：

（1）用于通航枢纽的拦河闸坝，能确保上游航道的通航水深。

（2）洪水暴涨暴落的山区河道上的闸坝，能准确及时地自动开启闸门泄洪，又能准确及时地自动回关保水，还能够使洪水挟带推移质顺利过闸。

（3）用于平原河道上的低水头水闸，能准确及时地自动开启泄洪与自动回关保水，还能使泥沙顺利过闸，减缓淤积速度，延长工程使用年限。

（4）用于水库溢洪道上，以增加库容及发电水头，效益显著。

（5）用于城市园林工程，水流从门顶越过形成人工瀑布，瀑布上游是人工湖。

（6）结合城市防洪，用于城市河道的综合治理与水环境改善。

（7）用于城市或企业的给水工程，能确保取水建筑物的水深与取水流量。

（8）与闸门下的坝体配合，可适用于各种水头的工程。

5.13.3.1 水力自动翻板闸分类

根据闸门在运行过程中的稳定性，自动翻板闸可分为非渐开型自动翻板闸和渐开型自动翻板闸。

1. 非渐开型自动翻板闸

（1）单铰翻板闸。采用横轴单铰（一条铰轴线）翻板闸门，将横轴置于门高的1/3处，当上游洪水位高于门顶一定高度时，闸门在水压力作用下，绕横轴自动打开泄洪，水位降至一定高度时，闸门自关，见图5.13-14。

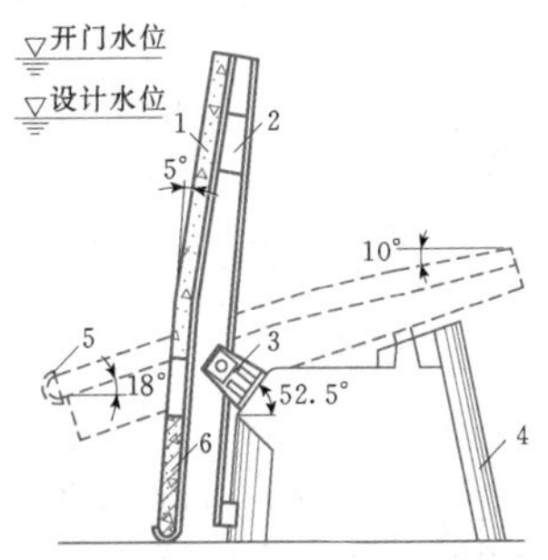

图 5.13-14 单铰式翻板闸

1—木面板或混凝土板；2—钢板；3—支铰；4—支墩；5—配重块；6—钢筋混凝土面板

（2）双铰翻板闸。在单铰基础上进行改进，在原铰位之上一定距离再增加铰位（上铰位），设计成具有两条铰轴线的翻板闸门。在正常挡水时，闸门面板上的水压力通过1/3门高处的下铰位传递到支墩上。当上游洪水位高于门顶一定高度时，闸门在水压力作用下，绕下铰轴自动开启泄洪，并随着闸门的转动而将支承铰位转换成上铰位；退水时，当上游水位下降到指定高程，由于闸门自重对上铰轴的力矩大于水压力对上铰轴的力矩与阻力对上铰轴的力矩之和，从而使闸门能够实现在设定的水位下自动回关，见图5.13-15。

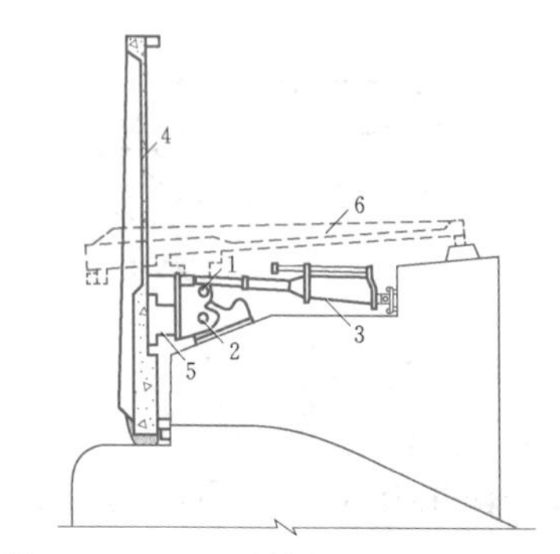

图5.13-15 双铰轴加油压减震器翻板闸

1—上轴；2—下轴；3—油压减震器；4—带肋面板；5—主梁；6—闸门全开位置

（3）多铰翻板闸。为了减小铰位变换时闸门倾角的大幅度突变，从分解倾角突变幅度的思路出发，将高程不同的两个铰轴改变成高程不同的多个铰轴。单铰、双铰翻板闸适用一种指定的水位组合条件，多铰自动翻板闸适用几种指定的水位组合条件，见图5.13-16。

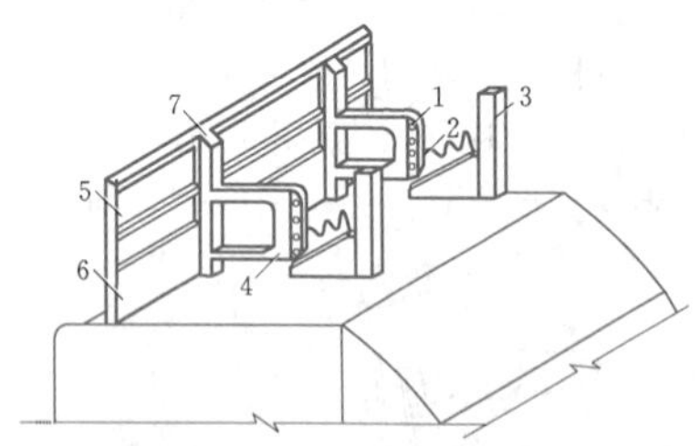

图5.13-16 多铰式翻板闸

1—铰轴；2—轴槽座；3—支墩立柱；4—支腿；5—上部钢筋混凝土空心面板；6—下部钢筋混凝土实体面板；7—大纵梁

2. 渐开型自动翻板闸

（1）滚轮连杆式翻板闸。闸门在运行过程中有无限条铰轴，铰位变化是连续的、渐进的，并且闸门在运行中的任何位置都是在每个支墩上呈双支点受力状态，从而提高了闸门在运行过程中的稳定性，见图5.13-17。

（2）滑块式翻板闸。用滑动摩擦替代滚动摩擦，

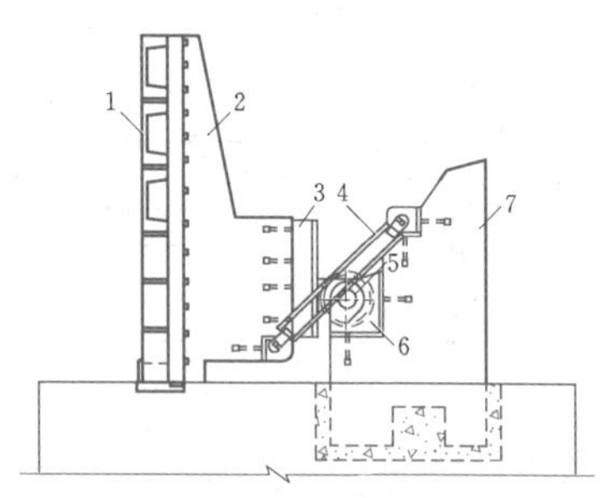

图5.13-17 滚轮连杆式翻板闸

1—面板；2—支腿；3—轨道；4—连杆；5—滚轮；6—轮座；7—支腿

用面接触替代理论上的线接触，从而大大提高闸门的运行稳定性，见图5.13-18。

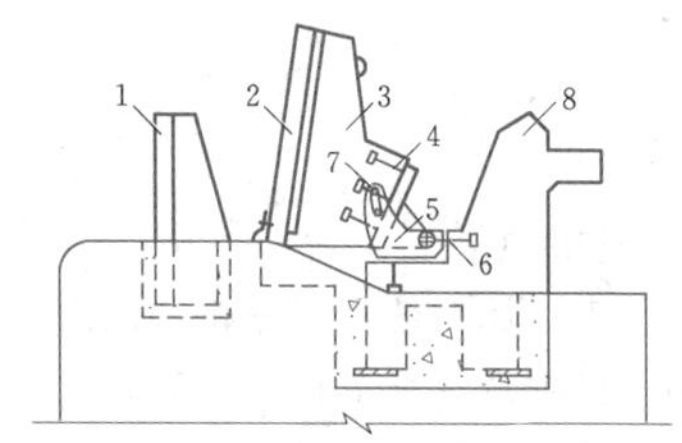

图5.13-18 滑块式翻板闸

1—防护墩；2—面板；3—支腿；4—轨道；5—滑块；6—滑动支承座支腿；7—导槽；8—支墩

5.13.3.2 水力自动翻板闸设计

1. 工作原理

水力自动翻板闸门启闭的基本原理是杠杆平衡与转动。当洪水到来时，水力自动翻板闸门能够随上游水位的升高而及时地自动逐渐开启泄流；来水流量增大，上游水位升高时，闸门会及时地自动加大开度；当来水流量减少，上游水位下降时，闸门会及时地自动减小开度，洪水过程结束时及时回关至全关状态。

水力自动翻板闸门的运行情况如下：闸门全关蓄水时见图5.13-19。小洪水来时，上游水位略有升高，闸门自动开启成一定倾角的小开度泄流（门顶、底出流），门底水流速较大，可将泥沙冲向下游，见图5.13-20。洪水流量增大时，上游水位继续升高，到一定程度，闸门自动增大开度（门顶、底出流）泄流，门下水流速加大，冲沙能力加强，见图5.13-21。洪水流量增大到一定程度，上游水位相应升高，闸门自动倒成一定角度支承在支墩上（全开泄流），此时流量系数较大，洪水流量大幅加大，上游水位的继续升高也很微小（流量系数随流量的增加而增加），见图5.13-22。

2. 运行特点

（1）随上游来水流量的增加（或减少）及时地自动加大（或减少）闸门开度。

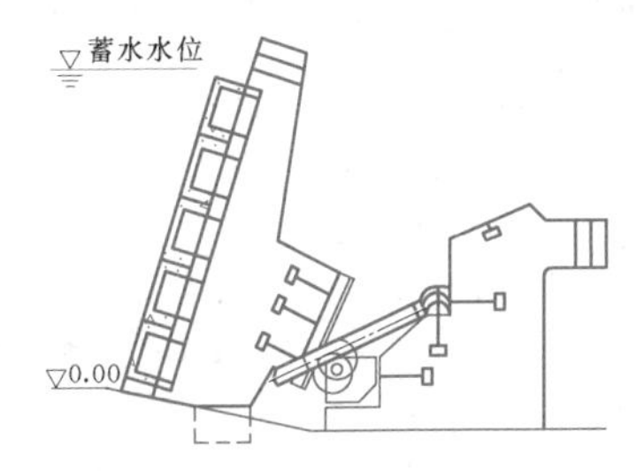

图 5.13-19 水力自动翻板闸门全关蓄水

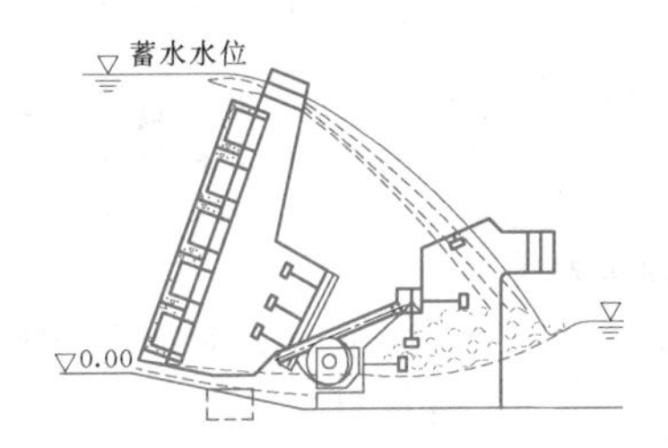

图 5.13-20 水力自动翻板闸门小开度泄流

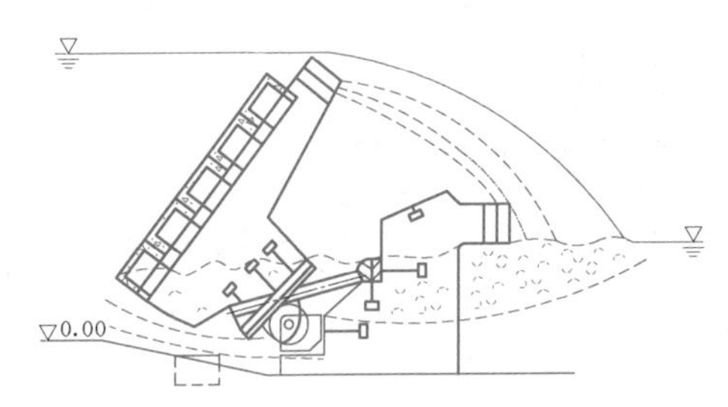

图 5.13-21 水力自动翻板闸门大开度泄流

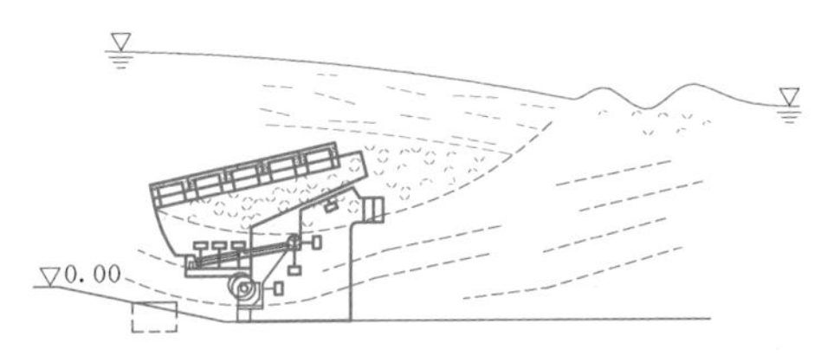

图 5.13-22 水力自动翻板闸门全开泄流

（2）在洪水过程结束时，能够及时地拦截洪水尾水。

（3）闸门启动后，形成门顶、门底同时过流，门顶溢流能使漂浮物顺利过闸，门底射流流速高，便于推移质过闸。

（4）同一枢纽上的所有翻板闸门能够在水力作用下同步开启，不会发生单宽流量集中的现象。

（5）相邻翻板闸门之间一般不需要设置闸墩。

（6）无须另外的启闭设备。

3. 水力计算（过流能力计算）

（1）闭门挡水、门顶溢流时，按薄壁堰或实用堰流计算。

当$\delta<0.67H$（δ为门顶厚度）时按薄壁堰流计算，流量的计算公式为

$$Q=\varepsilon m_0\sqrt{2g}\sum bH^{3/2} \tag{5.13-11}$$

当$0.67H<\delta<2H$时按实用堰流计算，流量的计算公式为

$$Q=\varepsilon m\sqrt{2g}\sum b\left(H+\frac{\alpha_0 v_0^2}{2g}\right)^{3/2} \tag{5.13-12}$$

式中 H——上游水位与全关门顶的高差，m；

Q——过闸流量，m^3/s；

ε——侧收缩系数；

m_0——薄壁堰流的流量系数；

g——重力加速度，取 $9.8m/s^2$；

$\sum b$——总溢流净宽，m；

v_0——行近流速，m/s；

α_0——上游断面的动能修正系数；

m——实用堰流的流量系数。

（2）闸门全开平卧时，按堰流公式计算，其流量系数与淹没系数应根据水力自动翻板闸的特点与实际工程的水力水文条件，通过模型试验确定。流量公式为

$$Q=\sigma_s\varepsilon m\sqrt{2g}\sum bH_0^{3/2} \tag{5.13-13}$$

$$H_0=H+\frac{\alpha_0 v_0^2}{2g} \tag{5.13-14}$$

式中 σ_s——淹没系数，由试验确定；

m——流量系数，由试验确定；

H_0——门下的坝（堰）顶以上的上游全水头，m；

H——门下的坝（堰）顶以上的上游水头，m；

其余符号意义同前。

（3）闸门在开启过程中，水流变化复杂，可采用以下两种计算方法：

1）按堰流公式计算，其淹没系数与流量系数由模型试验给出，计算公式同闸门平卧情况。

2）按门顶薄壁堰流与门底孔流之和计算。

4. 结构特点

（1）水力自动翻板坝的上、下游连接段与常规的开敞式水闸（设平板闸门或弧形闸门）相同，闸室与两岸多采用非溢流坝或刺墙连接。

（2）从闸门的运行稳定性考虑，闸门门叶要有比较大的自重，闸门门叶的材质一般采用钢筋混凝土，闸门采用双悬臂式结构。

（3）门叶由面板和支腿组成，通过运转机构被支承在支墩上。由于作用在面板上的水压上小下大，因此面板由钢筋混凝土预制构件组成，上部设计成槽形板，而下部设计成矩形板。

(4) 闸门的宽度一般为 6～12m。面板由支腿支承，同一扇门设两条支腿，其中心线间距等于闸门宽度的 0.55 倍，面板每边悬臂长度为闸门宽度的 0.225 倍。

(5) 支腿与面板用螺栓连接紧密，门叶的水平截面呈 T 形。

(6) 两岸的边墩上要设置通气孔。若有中墩，中墩上也要设置通气孔。

参考文献

[1] 华东水利学院．水工设计手册：第六卷 泄水与过坝建筑物 [M]．北京：水利电力出版社，1987.

[2] 谈松曦．水闸设计 [M]．北京：水利电力出版社，1986.

[3] 陈宝华，张世儒．水闸 [M]．北京：中国水利水电出版社，2003.

[4] 张世儒，夏维诚．水闸 [M]．2 版．北京：水利电力出版社，1988.

[5] 林继镛．水工建筑物 [M]．4 版．北京：中国水利水电出版社，2006.

[6] 祁庆和．水工建筑物 [M]．3 版．北京：中国水利水电出版社，1997.

[7] 毛昶熙，周名德，柴恭纯．闸坝工程水力学与设计管理 [M]．北京：中国水利水电出版社，1995.

[8] 毛昶熙．堤防工程手册 [M]．北京：中国水利水电出版社，2009.

[9] 江苏省水利勘测设计研究院有限公司．中小型水利水电工程典型设计图集：水闸分册 [M]．北京：中国水利水电出版社，2007.

[10] 湖南省水利水电勘测设计研究总院．中小型水利水电工程典型设计图集：挡水建筑物分册：橡胶坝与翻板坝 [M]．北京：中国水利水电出版社，2007.

[11] SL 265—2001 水闸设计规范 [S]．北京：中国水利水电出版社，2001.

[12] 吴世余．多层地基和减压沟井的渗流计算理论[M]．北京：水利出版社，1980.

[13] 顾晓鲁，钱鸿缙，刘惠珊，等．地基与基础 [M]．2 版．北京：中国建筑工业出版社，2003.

[14] SL 227—98 橡胶坝技术规范 [S]．北京：中国水利水电出版社，1999.

[15] GB 50487—2008 水利水电工程地质勘察规范 [S]．北京：中国计划出版社，2009.

[16] SL 191—2008 水工混凝土结构设计规范 [S]．北京：中国水利水电出版社，2009.

[17] GB 50007—2011 建筑地基基础设计规范 [S]．北京：中国建筑工业出版社，2012.

[18] JGJ 94—2008 建筑桩基技术规范 [S]．北京：中国建筑工业出版社，2008.

[19] DL/T 5214—2005 水利水电工程振冲法地基处理技术规范 [S]．北京：中国电力出版社，2005.

《水工设计手册》（第2版）编辑出版人员名单

总 责 任 编 辑　王国仪

副总责任编辑　穆励生　王春学　黄会明　孙春亮

阳　淼　王志媛　王照瑜

第7卷　《泄水与过坝建筑物》

责任编辑　李丽艳　韩月平

文字编辑　张秀娟　张　鑫

封面设计　王　鹏　芦　博

版式设计　王　鹏　王国华　孙立新　黄云燕

描图设计　王　鹏　樊啟玲

责任校对　张　莉　黄淑娜

出版印刷　焦　岩　孙长福　王　凌

排　　版　中国水利水电出版社微机排版中心